压力容器焊接实用手册

王国璋　编著
胡安定　审阅

中国石化出版社

内 容 提 要

本书介绍了压力容器焊接必需的基础知识。主要包括压力容器常用焊接方法、焊接材料、各类不同金属材料的焊接工艺与特点、石油化工领域中几种类型设备的焊接要求和在役压力容器的焊接修复，以及压力容器的焊接热处理等内容。详细介绍了焊条电弧焊、埋弧焊、熔化极气体保护焊以及碳钢、低合金钢、低温用钢、各种类型不锈钢、异种钢、有色金属及其合金焊接等方面的知识。

本书可供压力容器和设备、结构件等技术领域的设计、技术管理、生产运行维护等方面工程技术人员及中高级技师阅读，也可供石油化工行业相关技术人员及高等院校相关专业师生参考查阅。

图书在版编目（CIP）数据

压力容器焊接实用手册／王国璋编著. —北京：
中国石化出版社，2013.6
ISBN 978-7-5114-1850-0

Ⅰ.①压… Ⅱ.①王… Ⅲ.①压力容器–焊接工艺
Ⅳ.①TG457.5

中国版本图书馆 CIP 数据核字（2013）第 013649 号

未经本社书面授权，本书任何部分不得被复制、抄袭，或者以任何形式或任何方式传播。版权所有，侵权必究。

中国石化出版社出版发行
地址：北京市东城区安定门外大街 58 号
邮编：100011　电话：(010)84271850
读者服务部电话：(010)84289974
http://www.sinopec-press.com
E-mail:press@sinopec.com
北京科信印刷有限公司印刷
全国各地新华书店经销

*

787×1092 毫米 16 开本 54.25 印张 1328 千字
2013 年 6 月第 1 版　2013 年 6 月第 1 次印刷
定价：178.00 元

序

  压力容器大量应用于石油化工、医药、能源动力、海洋船舶、航空航天等领域，凡是生产装备中各种压力容器、动力锅炉、核反应堆器件及宇航运载工具等设备和构件等皆离不开焊接制造。压力容器焊接技术随着我国国民经济的持续发展，进步极为迅速，应用越来越广泛，在工业生产中所起的作用愈加显著。

  石油化工企业和国民经济其他行业一样，始终是在新旧交替、新陈代谢中不断前进发展，需要不断提高职工队伍整体技术素质，不断培养造就大量的懂技术、理论与实践密切结合的专业技术人才。《压力容器焊接实用手册》一书对压力容器的焊接方法、焊接材料、压力容器用各类材料的焊接和热处理等方面皆进行了详细阐述，内容深入浅出，紧密联系生产实际。文中着重对石油化工压力容器常用的典型焊接结构和典型设备（如球形储罐、热壁加氢反应器、不锈钢复合钢制设备等）的焊接制造作了较详细介绍，值得从事石油化工行业压力容器设计和技术管理等方面的专业人员及其他相关部门技术人员学习和参考。

  该书是编者积数十年从事石油化工设备设计与管理工作体验，以及近十年来参与对诸多石化企业生产装置设备安全检查、评定实践中现场了解的情况，针对当前多数在职设备专业技术人员的实际情况，编写出的需要学习和掌握的基础知识，希望能够对读者有所帮助和提高，用以指导实践，解决生产问题。

  当前，炼油化工生产装置大型化、高科技化以及炼制和处理生产原料的劣质化，对石化行业压力容器和工艺设备提出了越来越高、愈加严格的要求，现代压力容器的焊接技术必须应对和妥善解决以上因素带来的实际技术问题。希望《压力容器焊接实用手册》一书的出版发行，有助于提高从业人员专业技术素质，解决设计和生产实践中遇到的焊接难题，保障压力容器优良的焊接质量，从而对实现和保障石化企业及其他相关行业生产装置和装备的安全、平稳、长周期运行起到有益的作用。

胡安定

前　言

　　压力容器焊接是压力容器制造、安装、使用和维护的重要组成部分，优良的焊接质量是保证设备安全和长周期运行的关键。在石油化工、化肥、化纤行业以及国民经济其他重要部门如冶金、医药、船舶、核动力、军工等领域中，一般生产工况和特殊运行工况下的焊接问题层出不穷，要求专业工程技术人员首先必须具备基本的焊接方面的知识，妥善合理地选择和解决设备材料、焊接材料、焊接和热处理工艺等诸多问题。

　　本书编写过程中，作者参考了有关石油化工容器及设备、容器用金属材料与焊接、石油化工生产装置腐蚀与防护以及在役压力容器的焊接修复等方面的资料，进行了较详细的阐述，并将国家、石化行业和其他相关部委颁发的新版技术标准、规程、规范等内容，编入了正文或附录中；同时也考虑到我国石化企业和其他部门在用的多数压力容器和设备仍沿用原先设计、制造的旧规范、旧材料牌号等实际情况，为了便于使用，相应地重点列入了原先的标准、规范及新旧牌号对照。

　　本书主要阐述了压力容器常用焊接方法、焊接材料以及各类金属材料的焊接和热处理，并重点介绍了石油化工生产装置中典型设备的制造焊接与焊接修复。全书共分六章，第一章较详细阐述了容器常用的焊接方法；第二章介绍常用焊接材料；第三章详细介绍了压力容器用各类金属材料的焊接以及异种金属的焊接；第四章介绍了压力容器的焊接结构，以及石油化工生产中几套主要工艺装置典型设备的焊接；第五章阐述了在役压力容器的焊接修复及焊接修复实例；第六章介绍了压力容器的焊接热处理。本书中所涉及的压力容器设计方面的基础知识、压力容器用各类金属材料（碳钢、低合金钢、低温压力容器用钢、低合金耐热钢和抗氢钢、高合金耐热钢和不锈耐酸钢、有色金属及其合金）等内容，已在本书姊妹篇《压力容器设计实用手册》一书中作了详细阐述。

本书编写过程中，得到了中国石化出版社、中国石化石家庄炼化分公司、河北都邦石化工程设计有限公司的关心和大力支持，特此表示感谢。河北都邦石化工程设计有限公司刘璟、段新奇、王学军、田甜等四位同志参与了本书打字、图表复制、校对等项工作，付出了辛勤劳动。此外，本书编写中参阅了诸多相关教科书、技术丛书、技术手册、专业技术杂志及大量标准、规范，在此诚恳地对相关作者、编写人员等一并表示感谢。

由于编者学识水平有限，书中难免有错误和欠妥之处，恳请读者批评指正。

编者

目 录

第一章 压力容器常用焊接方法 (1)
第一节 概述 (1)
第二节 焊条电弧焊(手工电弧焊,SMAW) (2)
一、概述 (2)
二、焊接电弧 (3)
三、焊接设备及材料 (3)
四、焊接工艺 (4)
五、焊接缺陷及防止 (9)
第三节 埋弧焊(SAW) (27)
一、概述 (27)
二、过程特点及应用范围 (30)
三、自动埋弧焊焊接工艺 (31)
四、自动埋弧焊焊接技术 (36)
五、半自动埋弧焊焊接工艺 (47)
六、埋弧焊主要缺陷及防止措施 (48)
第四节 钨极惰性气体保护焊(TIG) (50)
一、概述 (50)
二、钨极和保护气体 (52)
三、TIG焊工艺过程特点及其局限性 (54)
四、TIG焊应用范围 (55)
五、TIG焊焊接工艺 (56)
六、TIG焊常见缺陷及预防措施 (62)
第五节 熔化极气体保护电弧焊(GMAW) (63)
一、熔化极氩弧焊(MIG) (66)
二、熔化极CO_2气体保护焊 (69)
三、熔化极混合气体保护焊 (73)
第六节 等离子弧焊(PAW) (74)
一、等离子弧及其工作原理 (74)
二、等离子弧焊 (76)
第七节 电渣焊(ESW) (81)
一、电渣焊的过程 (81)
二、焊接设备及电源 (82)
三、电渣焊种类 (83)

四、电渣焊焊接材料 …………………………………………（84）
　　五、电渣焊适用范围 …………………………………………（86）
　　六、电渣焊特点 ………………………………………………（87）
　　七、电渣焊焊接工艺 …………………………………………（87）
　　八、电渣焊焊接缺陷 …………………………………………（91）
 第八节　窄间隙电弧焊 …………………………………………（92）
　　一、窄间隙电弧焊及其分类 …………………………………（92）
　　二、焊接设备及其电源 ………………………………………（93）
　　三、窄间隙电弧焊焊接工艺 …………………………………（94）
　　四、特殊的窄间隙焊接技术 …………………………………（95）
　　五、窄间隙电弧焊焊接材料、特点及应用范围 ……………（95）
　　六、窄间隙电弧焊常见焊接缺陷 ……………………………（96）
 第九节　其他焊接方法 …………………………………………（96）
　　一、气焊(OFW) ………………………………………………（96）
　　二、电阻焊(RW) ………………………………………………（99）
　　三、高频焊 ……………………………………………………（102）
　　四、钎焊(B) ……………………………………………………（107）
　　五、堆焊 ………………………………………………………（126）
第二章　焊接材料 …………………………………………………（148）
 第一节　电焊条 …………………………………………………（148）
　　一、概述 ………………………………………………………（148）
　　二、焊条的分类、型号和牌号 ………………………………（150）
　　三、焊条牌号和国标型号的识别 ……………………………（152）
　　四、压力容器常用焊条介绍 …………………………………（160）
　　五、焊条的选择与使用 ………………………………………（162）
 第二节　焊丝 ……………………………………………………（164）
　　一、概述 ………………………………………………………（164）
　　二、实心焊丝 …………………………………………………（164）
　　三、药芯焊丝 …………………………………………………（165）
 第三节　焊剂 ……………………………………………………（167）
　　一、概述 ………………………………………………………（167）
　　二、焊剂的型号和牌号编制方法 ……………………………（168）
 第四节　电极材料 ………………………………………………（174）
 第五节　焊接用气体 ……………………………………………（176）
第三章　压力容器用材料的焊接 …………………………………（178）
 第一节　碳钢的焊接 ……………………………………………（178）
　　一、低碳钢的焊接 ……………………………………………（178）

二、中碳钢的焊接 ………………………………………………………… (182)
三、高碳钢的焊补 ………………………………………………………… (184)
第二节　低合金钢的焊接 …………………………………………………… (185)
一、低合金高强度钢的焊接 ……………………………………………… (185)
二、低合金超高强度钢的焊接 …………………………………………… (194)
三、低合金耐蚀钢的焊接 ………………………………………………… (195)
第三节　耐热钢的焊接 ……………………………………………………… (199)
一、低合金耐热钢的焊接 ………………………………………………… (199)
二、中合金耐热钢的焊接 ………………………………………………… (207)
三、高合金耐热钢的焊接 ………………………………………………… (210)
四、异种耐热钢的焊接 …………………………………………………… (219)
第四节　低温用钢的焊接 …………………………………………………… (223)
一、概述 …………………………………………………………………… (223)
二、低温用钢的焊接特点 ………………………………………………… (223)
三、低温用钢的焊接工艺 ………………………………………………… (224)
第五节　不锈钢的焊接 ……………………………………………………… (226)
一、概述 …………………………………………………………………… (226)
二、奥氏体不锈钢的焊接 ………………………………………………… (230)
三、马氏体不锈钢的焊接 ………………………………………………… (233)
四、铁素体不锈钢的焊接 ………………………………………………… (236)
五、铁素体－奥氏体双相不锈钢的焊接 ………………………………… (238)
六、析出硬化不锈钢的焊接 ……………………………………………… (241)
第六节　异种钢的焊接 ……………………………………………………… (243)
一、概述 …………………………………………………………………… (243)
二、异种钢的焊接 ………………………………………………………… (245)
第七节　有色金属的焊接 …………………………………………………… (287)
一、铝及铝合金的焊接 …………………………………………………… (287)
二、铜及铜合金的焊接 …………………………………………………… (296)
三、钛及钛合金的焊接 …………………………………………………… (311)
四、高温合金的焊接 ……………………………………………………… (322)
五、镍基耐蚀合金的焊接 ………………………………………………… (331)
第八节　铸铁的焊接 ………………………………………………………… (349)
一、概述 …………………………………………………………………… (349)
二、铸铁的焊接性分析 …………………………………………………… (355)
三、灰铸铁的焊接 ………………………………………………………… (358)
四、球墨铸铁的焊接 ……………………………………………………… (371)
五、其他类型铸铁的焊接 ………………………………………………… (374)

六、铸铁与钢的焊接 …………………………………………………… (377)

第四章　几种石油化工设备的焊接及在役设备的焊接修复 ………………… (379)
第一节　压力容器典型结构焊接实例 …………………………………… (379)
　　一、压力容器 A、B 类焊接接头的焊缝结构……………………………… (379)
　　二、接管焊接结构 ……………………………………………………… (380)
　　三、凸缘焊接结构 ……………………………………………………… (383)
　　四、设备法兰焊接结构 ………………………………………………… (386)
　　五、平封头与受压元件的焊接结构 …………………………………… (387)
　　六、凸型封头与筒体的搭接结构 ……………………………………… (389)
　　七、矩形容器侧板间的焊接结构 ……………………………………… (389)
　　八、裙座与壳体的焊接结构 …………………………………………… (389)
　　九、容器夹套焊接结构 ………………………………………………… (390)
　　十、多层容器典型结构焊接形式 ……………………………………… (392)
第二节　球形储罐的焊接 ………………………………………………… (398)
　　一、球形储罐简介 ……………………………………………………… (398)
　　二、球形储罐的焊接方法及焊接工艺 ………………………………… (410)
第三节　热壁加氢反应器的焊接 ………………………………………… (425)
　　一、结构和选材 ………………………………………………………… (425)
　　二、制造与焊接 ………………………………………………………… (427)
第四节　延迟焦化装置焦炭塔的焊接制造 …………………………… (432)
　　一、结构和选择 ………………………………………………………… (432)
　　二、壳体成形与焊接 …………………………………………………… (432)
第五节　不锈钢复合钢制塔器的焊接 ………………………………… (435)
　　一、不锈钢复合钢制塔类设备简介 …………………………………… (435)
　　二、塔体预制要求 ……………………………………………………… (443)
　　三、复合钢板塔器的焊接 ……………………………………………… (444)

第五章　在役压力容器的焊接修复 …………………………………………… (455)
第一节　在役压力容器常见缺陷和处理原则 ………………………… (455)
　　一、缺陷的类型及特征 ………………………………………………… (455)
　　二、缺陷处理原则 ……………………………………………………… (457)
第二节　焊接修复条件及基本原则 …………………………………… (458)
　　一、焊接修复条件 ……………………………………………………… (458)
　　二、焊接修复的基本原则 ……………………………………………… (458)
第三节　焊接修复程序 …………………………………………………… (459)
　　一、在役压力容器调查 ………………………………………………… (459)
　　二、修复方案制定 ……………………………………………………… (459)
　　三、补焊修复的质量控制和检验 ……………………………………… (460)

第四节　焊接修补方法及工艺 ·· (460)
一、焊补方法 ·· (460)
二、补焊工艺 ·· (462)
第五节　应力腐蚀容器的补焊修复 ·· (464)
一、苛性碱 NaOH 溶液应力腐蚀缺陷补焊 ··· (464)
二、液氨应力腐蚀缺陷焊补 ··· (465)
三、湿 H_2S 应力腐蚀缺陷焊补 ··· (465)
第六节　焊接修复实例 ·· (466)
一、1000m^3 液态烃球罐焊接修复 ··· (466)
二、07MnCrMoVR 钢制 2000m^3 丙烯球罐焊接修复 ··· (469)
三、催化裂化沉降器－再生器的焊接修复 ··· (473)
四、延迟焦化焦炭塔焊接修复 ··· (476)
五、热壁加氢反应器的焊接修复 ·· (480)
六、苯乙烯脱氢反应器裂纹焊接修复 ··· (483)
七、尿素合成塔塔底腐蚀穿孔的焊补 ··· (485)

第六章　容器的热处理 ·· (490)
第一节　热处理的要求和类型 ·· (490)
一、改善机械性能的热处理 ··· (490)
二、焊后消除应力热处理 ··· (492)
三、提高材料或容器的抗腐蚀性能热处理 ··· (494)
第二节　焊后热处理的主要参数、方法和需注意的主要问题 ··· (496)
一、焊后热处理主要参数 ··· (496)
二、焊后热处理方法 ··· (501)
三、焊后热处理需注意的主要问题 ·· (502)
第三节　不锈钢及其复合钢板的焊后热处理 ·· (504)
一、不锈钢的焊后热处理 ··· (504)
二、不锈钢复合钢板的焊后热处理 ·· (506)

附录 A ·· (507)
表 A－1　焊接方法分类——一元坐标法 ··· (507)
表 A－2　焊接方法分类——二元坐标法 ··· (507)
表 A－3　焊条手工电弧焊焊接接头的基本形式与尺寸(GB/T 985.1—2008) ············· (509)
表 A－4　埋弧焊各类焊丝类型、化学成分、焊缝金属力学性能及用途 ····················· (521)
表 A－5　埋弧焊各类焊剂类型、化学成分、焊缝金属力学性能及用途 ····················· (528)
表 A－6　埋弧焊焊接接头的基本形式与尺寸(GB/T 985.2—2008) ························· (536)
表 A－7　铝及铝合金气体保护焊的推荐坡口(GB/T 985.3—2008) ························· (543)
表 A－8　纯铝、铝镁合金手工钨极氩弧焊焊接条件(对接接头，交流) ····················· (549)
表 A－9　铝及铝合金自动钨极氩弧焊焊接条件(交流) ·· (549)

表 A-10	不锈钢钨极氩弧焊焊接条件（单道焊）	(549)
表 A-11	钛及钛合金手工钨极氩弧焊焊接条件（对接，直流正接）	(550)
表 A-12	钛及钛合金自动钨极氩弧焊焊接条件（对接接头，直流正接）	(550)
表 A-13	混合气体保护焊气体成分、性能、特点及应用	(551)
表 A-14	大电流等离子电弧焊接用气体选择	(554)
表 A-15	小电流等离子弧焊接用保护气体选择	(554)
表 A-16	熔透型等离子弧焊焊接参数参考值	(555)
表 A-17	小孔型等离子弧焊焊接参数参考值	(556)
表 A-18	微束型等离子弧焊焊接不锈钢的焊接参数参考值	(557)
表 A-19	管极涂料配方举例	(557)
表 A-20	管极涂料中铁合金材料的配比	(557)
表 A-21.1	电渣焊各种材料及厚度的焊接速度推荐范围	(557)
表 A-21.2	各种接头单熔嘴电渣焊尺寸和位置	(558)
表 A-21.3	对接接头多熔嘴电渣焊尺寸和位置	(558)
表 A-22	电渣焊焊接参数对焊缝质量、过程稳定性和生产率的影响	(559)
表 A-23	电渣焊焊接电压与接头形式、焊接速度、所焊厚度的关系	(560)
表 A-24	焊接电流（焊接送丝速度）与焊接电压的配合关系	(560)
表 A-25.1	电渣焊渣池深度与送丝速度的关系	(561)
表 A-25.2	各种厚度工件的装配间隙	(561)
表 A-25.3	焊丝数目与工件厚度的关系	(561)
表 A-26	电渣焊渣池深度的选取	(561)
表 A-27	美国焊接学会推荐硬钎焊使用的气氛	(561)
表 A-28	各种钎焊方法的优缺点及适用范围	(563)
表 A-29	常见铝及铝合金的钎焊性	(563)
表 A-30	铝及铝合金用硬纤料的适用范围	(564)
表 A-31	铜及黄铜软钎料接头的强度	(564)
表 A-32	铜及黄铜硬钎焊接头的力学性能	(564)
表 A-33	耐磨堆焊合金焊材类型、典型合金系统、性能特点及用途	(565)
表 A-34.1	珠光体钢堆焊焊条的成分、硬度及用途	(568)
表 A-34.2	珠光体钢堆焊药芯焊丝的成分、硬度与用途	(568)
表 A-34.3	珠光体钢带极埋弧焊堆焊层成分、硬度及用途	(569)
表 A-35	高铬奥氏体钢和铬锰奥氏体钢堆焊材料的成分、硬度及用途	(569)
表 A-36.1	铬镍奥氏体钢堆焊焊条的成分、硬度与用途	(570)
表 A-36.2	铬镍奥氏体堆焊焊丝、带极的成分、硬度及用途	(572)
表 A-36.3	等离子堆焊用铬镍奥氏体型铁基粉末的成分、硬度及用途	(573)
表 A-37.1	低碳马氏体钢堆焊焊条的成分、硬度及用途	(573)
表 A-37.2	中碳马氏体钢堆焊焊条的成分、硬度及用途	(574)

表A-37.3	高碳马氏体钢堆焊焊条的成分、硬度及用途	(574)
表A-37.4	普通马氏体钢堆焊药芯焊丝、焊带的成分、硬度及用途	(574)
表A-37.5	普通马氏体钢实心带极埋弧堆焊成分、硬度及用途	(576)
表A-38.1	高速钢堆焊材料的成分、硬度及用途	(576)
表A-38.2	热作模具钢堆焊材料的成分、硬度及用途	(577)
表A-38.3	冷工具钢堆焊材料的成分、硬度及用途	(577)
表A-39.1	高铬马氏体不锈钢堆焊焊条成分、硬度及用途	(578)
表A-39.2	高铬马氏体不锈钢堆焊焊丝、带极成分、硬度及用途	(579)
表A-40.1	马氏体合金铸铁堆焊焊条的成分、硬度及用途	(580)
表A-40.2	奥氏体合金铸铁堆焊焊条的成分、硬度及用途	(580)
表A-40.3	高铬合金铸铁堆焊焊条的成分、硬度及用途	(580)
表A-40.4	高铬合金铸铁实心及药芯焊丝的成分、硬度及用途	(582)
表A-41.1	堆焊用或兼做堆焊用镍基合金电焊条的成分、硬度及用途	(583)
表A-41.2	等离子堆焊用镍基合金粉末的成分、硬度及用途	(584)
表A-42.1	气焊及TIG堆焊用钴基堆焊焊丝的牌号、成分、硬度及用途	(585)
表A-42.2	钴基合金堆焊焊条的牌号、成分、硬度与用途	(586)
表A-42.3	等离子喷焊用钴基合金粉末的牌号、成分、硬度与用途	(586)
表A-43.1	铜及铜合金电焊条的成分、硬度及用途	(587)
表A-43.2	铜及铜合金堆焊用焊条及粉末的成分用途	(588)
表A-43.3	铜及铜合金堆焊用带极及粉末的成分及用途	(590)

附录B (591)

表B-1	焊条电弧焊焊条常用药皮组成物的主要作用	(591)
表B-2	焊条药皮各类掺合剂的组分及主要作用	(592)
表B-3	药皮的类型及其特点	(592)
表B-4	碳钢焊条的型号、药皮类型、焊接位置和焊接电流种类及接地极性要求	(593)
表B-5.1	碳钢焊条熔敷金属化学成分(GB/T 5117—1995)	(594)
表B-5.2	碳钢焊条熔敷金属拉伸性能(GB/T 5117—1995)	(595)
表B-5.3	碳钢焊条熔敷金属冲击性能(GB/T 5117—1995)	(595)
表B-6	承压设备用钢焊条的技术要求(JB/T 4747.1—2007)	(596)
表B-7	低合金钢焊条型号划分(GB/T 5118—1995)	(597)
表B-8.1	低合金钢焊条熔敷金属化学成分(GB/T 5118—1995)	(599)
表B-8.2	低合金钢焊条熔敷金属拉伸性能(GB/T 5118—1995)	(600)
表B-8.3	低合金钢焊条熔敷金属冲击性能(GB/T 5118—1995)	(601)
表B-8.4	低合金高强度钢焊接用焊条	(601)
表B-9	我国目前生产的一些低合金钢焊条及其所对应的标准型号	(603)
表B-10.1	不锈钢焊条各种型号熔敷金属化学成分	(604)

表 B-10.2	不锈钢焊条各种型号熔敷金属力学性能	(605)
表 B-10.3	国产不锈钢焊条商品牌号与 GB、AWS 标准型号对照表	(607)
表 B-11	不锈钢焊条焊接电流及焊接位置代号	(608)
表 B-12	不锈钢焊条新、旧型号对照表	(608)
表 B-13	堆焊焊条熔敷金属化学成分分类（GB/T 984—2001）	(609)
表 B-14	堆焊焊条药皮类型和焊接电流种类（GB/T 984—2001）	(609)
表 B-15	堆焊碳化钨管状焊条碳化钨粉化学成分（GB/T 984—2001）	(609)
表 B-16	堆焊碳化钨管状焊条碳化钨粉的粒度（GB/T 984—2001）	(610)
表 B-17	中合金耐热钢常用焊条标准型号、牌号及化学成分	(610)
表 B-18.1	镍及镍合金焊条熔敷金属化学成分（GB/T 13814—1992）	(611)
表 B-18.2	我国镍及镍合金焊条熔敷金属力学性能	(615)
表 B-18.3	国标标准镍及镍合金焊条熔敷金属化学成分（ISO 14172：2003）	(616)
表 B-18.4	国标标准镍及镍合金焊条熔敷金属的拉伸性能（ISO 14172：2003）	(620)
表 B-18.5	与国标标准对应的一些国家标准镍及镍合金焊条分类（ISO 18274：2004）	(621)
表 B-19.1	铜及铜合金焊条的牌号、熔敷金属化学成分（GB/T 3670—1995）	(622)
表 B-19.2	铜及铜合金焊条熔敷金属力学性能（GB/T 3670—1995）	(623)
表 B-19.3	铜及铜合金焊条型号对照表（GB/T 3620—1995）	(623)
表 B-20.1	铝及铝合金焊条芯的化学成分（GB/T 3669—2001）	(623)
表 B-20.2	铝及铝合金焊条熔敷金属力学性能	(623)
表 B-21.1	国内外碳钢焊条对照表	(624)
表 B-21.2	国内外低合金钢焊条对照表	(624)
表 B-21.3	国内外不锈钢焊条对照表	(626)
表 B-21.4	国内外堆焊焊条对照表	(627)
表 B-21.5	国内外铸铁焊条对照表	(627)
表 B-21.6	国内外镍及镍合金焊条对照表	(628)
表 B-21.7	国内外铜及铜合金焊条对照表	(628)
表 B-21.8	国内外气体保护焊、埋弧焊、气焊焊丝对照表	(628)
表 B-21.9	国内外碳钢及低合金钢用焊剂对照表	(628)
表 B-21.10	国内外不锈钢、有色金属及堆焊用焊剂对照表	(629)
表 B-22	压力容器常用钢焊条熔敷金属的硫、磷含量规定（JB 4747—2007）	(629)
表 B-23.1	碳钢焊条的选用	(630)
表 B-23.2	低合金钢焊条的选用	(630)
表 B-23.3	耐腐蚀低合金钢用焊条的选用	(632)
表 B-24	钼及钼耐热钢焊条的选用	(632)
表 B-25	低合金低温用钢焊条的选用	(633)
表 B-26.1	铬不锈钢焊条的选用	(633)

表 B-26.2	铬镍不锈钢焊条的选用	(633)
表 B-27	阀门密封面堆焊焊条的选用	(634)
表 B-28	镍及镍合金焊条的选用	(635)
表 B-29	铜及铜合金焊条的选用	(635)
表 B-30	铝及铝合金焊条的选用	(635)
表 B-31	异种钢焊接用焊条的选用	(635)
表 B-32	复合钢板焊接用焊条的选用	(636)
表 B-33	常用钢号推荐选用的焊条	(636)
表 B-34	典型的碳素结构钢、合金结构钢焊丝的化学成分（GB/T 14957—1994）	(637)
表 B-35	典型的不锈钢焊丝化学成分（GB/T 4241—2006）	(639)
表 B-36	承压设备用气体保护电弧焊钢焊丝技术条件（JB/T 4747.3—2007）	(644)
表 B-37	承压设备用埋弧焊钢焊丝和焊剂技术条件（JB/T 4747.3—2007）	(644)
表 B-38	碳钢药芯焊丝熔敷金属化学成分要求（GB/T 10045—2001）	(645)
表 B-39	碳钢药芯焊丝熔敷金属力学性能要求（GB/T 10045—2001）	(645)
表 B-40	碳钢药芯焊丝焊接位置、保护类型、极性和适用要求（GB/T 10045—2001）	(646)
表 B-41	低合金钢药芯类型、焊接位置、保护气体及电流种类（GB/T 17493—2008）	(647)
表 B-42	低合金钢药芯焊丝熔敷金属力学性能（GB/T 17493—2008）	(649)
表 B-43	低合金钢药芯焊丝对化学成分分析、射线探伤-力学性能-角焊缝-扩散氢试验的要求（GB/T 17493—2008）	(651)
表 B-44	低合金钢药芯焊丝熔敷金属化学成分（GB/T 17493—2008）	(652)
表 B-45	我国目前生产的一些低合金钢药芯焊丝牌号及对应的标准型号	(655)
表 B-46	不锈钢药芯焊丝熔敷金属化学成分（GB/T 17583—1999）	(655)
表 B-47	国产熔炼型埋弧焊焊剂牌号、成分及其应用范围	(657)
表 B-48	国产烧结焊剂牌号、成分及其使用范围	(659)
表 B-49	我国埋弧焊和电渣焊常用焊剂的选用	(660)
附录 C		(661)
表 C-1	优质碳素结构钢的质量等级、磷硫含量和酸浸低倍组织要求	(661)
表 C-2	优质碳素结构钢牌号、统一数字代号及化学成分（GB/T 699—1999）	(661)
表 C-3	优质碳素结构钢的力学性能（GB/T 699—1999）	(662)
表 C-4	容器用16Mn钢的化学成分及力学性能	(663)
表 C-5	15MnTi和15MnV钢的化学成分及力学性能	(664)
表 C-6	常用440MPa级低合金高强度钢的化学成分及力学性能	(665)
表 C-7	常用490MPa级低合金高强度钢的化学成分及力学性能	(665)
表 C-8	14MnMoVB钢的化学成分及力学性能	(666)

表C-9	一些国产低碳低合金钢的化学成分	(666)
表C-10	一些国产低碳低合金调质钢的力学性能	(667)
表C-11	一些常用低碳调质钢热处理制度及组织	(668)
表C-12	容器用590MPa级低合金高强度钢的化学成分及力学性能	(668)
表C-13	一些常用中碳调质钢的化学成分	(669)
表C-14	一些常用中碳调质钢的力学性能	(669)
表C-15	常用低合金超高强度钢的化学成分及力学性能	(670)
表C-16	中碳调质钢用焊条、焊丝熔敷金属力学性能及用途	(671)
表C-17	我国低合金耐候钢的化学成分（GB/T 4171.4172—2000）	(671)
表C-18	我国低合金耐候钢的力学性能（GB/T 4171.4172—2000）	(672)
表C-19	几种典型耐海水腐蚀钢的化学成分	(673)
表C-20	压力容器用低合金耐腐蚀钢的化学成分	(673)
表C-21.1	高压锅炉用无缝钢管的化学成分（GB 5310—2008）	(674)
表C-21.2	压力容器用低合金耐热钢的化学成分（GB 713—2008）	(676)
表C-22.1	高压锅炉用无缝钢管的力学性能（GB 5310—2008）	(676)
表C-22.2	压力容器用低合金耐热钢的力学性能（GB 713—2008）	(677)
表C-23.1	低温压力容器用低合金钢板的牌号及化学成分（GB 3531—2008）	(678)
表C-23.2	低温压力容器用低合金钢板的力学性能（GB 3531—2008）	(678)
表C-23.3	低温压力容器用低合金钢板的牌号及许用应用（GB 150.2—2011）	(679)
表C-24	国产及美国低温用钢的化学成分及力学性能	(680)
表C-25	国外一些含Ni低温用钢的化学成分及力学性能	(682)
表C-26	高合金耐热钢的标准化学成分（包括弥散硬化型高合金耐热钢标准化学成分）（GB/T 4238—2007）	(683)
表C-27	高合金耐热钢的标准力学性能（GB/T 4238—2007）	(684)
表C-28	X20CrMoV12-1和X20CrMoWV12-1马氏体高合金耐热钢焊条、电弧焊、TIG焊、埋弧焊、焊缝金属典型化学成分及力学性能	(688)
表C-29	美国AwsA5.9/A5.9M：2006焊丝标准规定的高铬合金钢焊丝标准化学成分	(688)
表C-30	奥氏体耐热钢的熔化极惰性气体保护焊典型工艺参数	(689)
表C-31	奥氏体耐热钢薄板手工钨极氩弧焊推荐工艺参数	(689)
表C-32.1	不锈钢热轧钢板的化学成分（GB/T 20878—2007）	(690)
表C-32.2	承压设备用不锈钢板牌号及化学成分（GB 24511—2009）	(701)
表C-33.1	各国不锈钢及耐热钢牌号对照	(703)
表C-33.2	承压设备用各国不锈钢牌号对照表（GB 24511—2009）	(709)
表C-34	焊接用不锈钢盘条的牌号及化学成分（GB/T 4241—2006）	(710)
表C-35	不锈钢药芯焊丝熔敷金属化学成分	(715)
表C-36	不锈钢埋弧焊几种焊丝与焊剂的选配	(718)

表C-37	国外超级奥氏体不锈钢的化学成分	(719)
表C-38	奥氏体不锈钢对接焊坡口形式与尺寸示例	(720)
表C-39	奥氏体不锈钢角接焊缝的坡口形式与尺寸示例	(721)
表C-40	奥氏体不锈钢埋弧焊坡口形式、焊接参数示例	(721)
表C-41	常用低碳及超级马氏体不锈钢的化学成分	(721)
表C-42	国内外常用铁素体-奥氏体双相不锈钢的化学成分	(722)
表C-43	国内外常用铁素体-奥氏体双相不锈钢的力学性能	(723)
表C-44	铁素体-奥氏体双相不锈钢焊焊接工艺方法选择及坡口形式与尺寸	(723)
表C-45	铁素体-奥氏体双相不锈钢焊接材料	(725)
表C-46	铁素体-奥氏体双相不锈钢典型焊接材料熔敷金属化学成分	(725)
表C-47	典型析出硬化马氏体不锈钢的化学成分	(726)
表C-48	典型析出硬化马氏体不锈钢的力学性能	(726)
表C-49	析出硬化半奥氏体不锈钢的化学成分	(726)
表C-50	析出硬化半奥氏体不锈钢的力学性能	(727)
表C-51	析出硬化奥氏体不锈钢的典型化学成分	(727)
表C-52	析出硬化奥氏体不锈钢A-286低温拉伸性能	(727)
表C-53	析出硬化不锈钢的焊接材料	(727)
表C-54	异种金属的熔焊焊接性	(728)
表C-55	珠光体钢与马氏体钢采用熔化极混合气体保护焊的焊接参数	(728)
表C-56	铝及铝合金的牌号及化学成分(GB/T 3190—2008)	(729)
表C-56a	表C 56所涉字符牌号与其曾用牌号对照表	(742)
表C-57	铝及铝合金轧制钢板的力学性能(GB/T 3880—2006)	(743)
表C-58	铸造铝合金化学成分(GB/T 1173—95)	(764)
表C-59	铸造铝合金杂质允许含量(GB/T 1173—95)	(765)
表C-60	铝及铝合金焊条芯的化学成分(GB/T 3669—2001)	(766)
表C-61	铝及铝合金焊丝的化学成分(GB/T 10858—2008)	(766)
表C-62	铝及铝合金气焊、碳弧焊的溶剂配方	(767)
表C-63	铝及铝合金气焊焊接接头及平坡口形式	(767)
表C-64	铝及铝合金钨极氩弧焊焊接接头及坡口形式	(768)
表C-65	铝及铝合金熔化极惰性气体保护焊焊接接头及坡口形式	(769)
表C-66	铝及铝合金手工钨极交流氩弧焊焊接参数	(770)
表C-67	铝及铝合金手工钨极交流氩弧焊焊接参数	(770)
表C-68	铝合金钨极脉冲交流氩弧焊工艺参数	(771)
表C-69	铝及铝合金手工钨极直流氩弧焊焊接参数	(771)
表C-70	铝及铝合金自动钨极直流正接氩弧焊焊接参数	(771)
表C-71	半自动MIG焊参数	(771)
表C-72	自动MIG焊参数	(772)

表 C-73	脉冲 MIG 半自动焊参数	(772)
表 C-74	脉冲 MIG 自动焊参数	(773)
表 C-75	铝及铝合金板材对接平焊焊接规范参数	(773)
表 C-76	纯铜的代号及化学成分	(773)
表 C-77	纯铜的力学性能	(774)
表 C-78	常用黄铜的牌号及化学成分	(774)
表 C-79	常用黄铜的力学性能及物理性能	(774)
表 C-80	常用青铜的化学成分	(775)
表 C-81	常用青铜的力学性能及物理性能	(776)
表 C-82	白铜的化学成分	(776)
表 C-83	白铜的力学性能和物理性能	(776)
表 C-84	铜及铜合金焊条电弧焊参数	(776)
表 C-85	铜及铜合金埋弧焊焊接参数	(777)
表 C-86	纯铜的 MIG 焊参数	(778)
表 C-87	铜合金的 MIG 焊参数	(778)
表 C-88	磷脱氧紫铜的气焊规范	(779)
表 C-89	纯铜气焊参数	(779)
表 C-90	纯铜碳弧焊焊接参数	(779)
表 C-91	纯铜的 TIG 焊参数	(780)
表 C-92	青铜和白铜的 TIG 焊参数	(780)
表 C-93	铜与铜合金异种接头 MIG 焊用焊丝、预热温度和道间温度	(781)
表 C-94	铜与铜合金一种接头 TIG 焊用填充金属、预热及焊层间温度	(781)
表 C-95	钛及钛合金牌号和化学成分(GB/T 3620.1—2007)	(782)
表 C-96	钛及钛合金 TIG 焊焊接坡口形式	(787)
表 C-97	钛及钛合金自动钨极氩弧焊焊接参数	(788)
表 C-98	钛及钛合金手工钨极氩弧焊焊接参数	(788)
表 C-99	钛及钛合金等离子弧焊典型焊接参数	(788)
表 C-100	钛及钛合金真空电子束焊焊接参数	(789)
表 C-101	钛及钛合金无坡口对接埋弧自动焊焊接参数	(789)
表 C-102	钛及钛合金埋弧自动焊接头尺寸和焊接参数	(789)
表 C-103	大厚度钛及钛合金埋弧焊自动对接焊焊接参数	(790)
表 C-104	我国常用变形高温合金的化学成分	(791)
表 C-105	我国铸造高温合金的化学成分及性能	(794)
表 C-106	镍基高温合金的化学成分示例	(795)
表 C-107	典型镍基合金的物理性能	(795)
表 C-108	典型镍基合金的热处理制度	(796)
表 C-109	镍基高温合金板材的力学性能	(796)

表 C - 110	典型铁基高温合金板材的化学成分和热处理制度	(797)
表 C - 111	铁基高温合金板材的物理性能	(797)
表 C - 112	铁基高温合金板材的力学性能	(798)
表 C - 113	典型钴基高温合金(板材)的化学成分和热处理工艺	(799)
表 C - 114	典型钴基高温合金(板材)的物理性能	(799)
表 C - 115	典型钴基高温合金(板材)的力学性能	(799)
表 C - 116	焊接用高温合金常用牌号及化学成分	(800)
表 C - 117	相同和不同牌号高温合金 TIG 焊用焊丝(包括与不锈钢焊接用焊丝)	(802)
表 C - 118	高温合金手工 TIG 焊焊接参数	(804)
表 C - 119	高温合金自动 TIG 焊焊接参数	(804)
表 C - 120	镍基高温合金 TIG 焊接头的力学性能	(804)
表 C - 121	高温合金 MIG 焊焊接参数	(807)
表 C - 122	典型镍基高温合金等离子弧焊焊接参数	(807)
表 C - 123.1	中国变形耐蚀合金牌号及化学成分(GB/T 15007—2008)	(808)
表 C - 123.2	中国铸造耐蚀合金牌号及化学成分(GB/T 15007—2008)	(813)
表 C - 124	美国镍合金牌号及化学成分	(814)
表 C - 125	美国铁镍基合金牌号及化学成分	(815)
表 C - 126	美国镍合金的物理性能和力学性能	(816)
表 C - 127.1	中国与美国耐蚀合金牌号对照表	(816)
表 C - 127.2	国内外耐蚀合金牌号对照表	(817)
表 C - 128	镍铜合金的牌号和化学成分(GB/T 5235—2007)	(819)
表 C - 129	我国对应于 Monel 合金的耐蚀合金牌号和化学成分	(819)
表 C - 130	常用 Ni - Cr 合金牌号和化学成分	(819)
表 C - 131	常用 Ni - Mo 合金的牌号和化学成分	(819)
表 C - 132	适用于某些镍基耐蚀合金的电弧焊方法	(820)
表 C - 133	镍基耐蚀合金焊条熔敷金属化学成分(GB/T 13814—2008)	(821)
表 C - 134	镍基耐蚀合金焊条代号及熔敷金属化学成分(ISO 14172:2003)	(825)
表 C - 135	与国际标准对应的一些国家标注镍基耐蚀合金焊条分类(ISO 14172:2003)	(828)
表 C - 136	镍基耐蚀合金焊缝熔敷金属的拉伸性能(ISO 14172:2003)	(830)
表 C - 137	镍及镍合金焊丝化学成分(GB/T 15620—2008)	(831)
表 C - 138	镍及镍合金焊丝和焊带代号及化学成分(ISO 18274:2004)	(834)
表 C - 139	与国际标准对应的一些国家标准镍及镍合金焊丝(ISO 18274:2004)	(837)
表 C - 140	镍基耐蚀合金 MIG 焊的典型焊接参数	(839)
表 C - 141	镍基耐蚀合金采用小孔法等离子弧焊典型焊接参数	(840)
表 C - 142	镍基耐蚀合金埋弧焊的典型焊接参数	(840)

表 C-143　镍基耐蚀合金在钢上埋弧堆焊典型焊接参数 …………………………………… (841)
表 C-144　镍基耐蚀合金在钢上埋弧堆焊的堆焊层化学成分 …………………………… (841)
表 C-145　镍基耐蚀合金在钢上自动熔化极气体保护电弧焊参数和堆焊层
　　　　　化学成分 …………………………………………………………………………… (841)
表 C-146　镍基耐蚀合金在钢上焊条电弧焊堆焊参数和堆焊层性能 …………………… (842)
表 C-147　镍基耐蚀合金在钢上热丝等离子弧堆焊焊接条件 …………………………… (842)
表 C-148　镍基耐蚀合金在钢上热丝等离子弧焊堆焊层化学成分 ……………………… (843)
表 C-149　铸铁焊接用焊条熔敷金属化学成分（GB/T 10044—2006） ………………… (843)
表 C-150　灰铸铁气焊焊丝的成分（GB/T 10044—2006） ……………………………… (843)
表 C-151　铸铁焊接用气体保护焊焊丝化学成分（GB/T 10044—2006） ……………… (844)
表 C-152　铸铁焊接用药芯焊丝熔敷金属化学成分（GB/T 10044—2006） …………… (844)
表 C-153　球罐定位焊、支柱与赤道板组合焊缝的焊接规范（举例） …………………… (844)
表 C-154　1000m³16MnR 球罐焊接规范（举例） ………………………………………… (845)
表 C-155　2000m³CF-62 钢球罐焊接规范（举例） ……………………………………… (845)

附录 D　相关技术标准 ……………………………………………………………………… (846)

第一章 压力容器常用焊接方法

第一节 概 述

金属焊接是将两个同种或异种金属物体,通过适当的手段(加热、加压或同时加热加压),使两者产生原子(分子)间结合而连成一体的连接方法,它是各种产品制造工业中十分重要的加工工艺之一。焊接不仅可以解决各种钢材的连接,而且可以解决铝、铜等有色金属及钛、锆等特种金属材料的连接,以及它们与钢的连接,广泛应用于石油化工、机械制造等行业和部门中。

生产中主要根据所需焊接产品的结构、材料、生产技术条件以及考虑产品的要求,按照各种焊接方法的特点和适用范围,选择和确定焊接方法。焊接方法种类繁多,焊接的分类法也种类甚多,一般有族系法和坐标法两大类。

族系法是根据焊接工艺中某几个主要特征将焊接方法首先分成几大类,然后在每个大类中又根据焊接工艺特征分为若干小类,从而形成族系。这种分类方法在工程上和生产中应用居多,族系法分类如图1-1所示。

焊接方法按族系法分类的优点是:因为是按焊接工艺特征分类,分类的层次可多可少,比较灵活,且主次关系明确。缺点是:表中三大类之间没有一定的、一致的分类原则,且大类与其下各层次分类所根据的原则不一致。例如大类中的熔焊是以焊接过程中金属是否熔化和结晶为准则,固相焊是以是否固相结合、是否加压为准则,钎焊是以钎料为主要划分依据,这样对于如点焊、闪光焊、熔化气压焊等某一种焊接方法,会因为强调的特点不同而有不同的分类。同时由于上、下各主次分类之间的局限性,限制了跨界交叉分类,使得一些焊接方法(如扩散钎焊、热喷涂等)无法归类。

焊接方法按坐标法分类有一元坐标法和二元坐标法两种。前者是单纯以焊接工艺的外部特征为分类准则,即以焊接工艺中的某两个特征作为横坐标和纵坐标列出表格,然后将各种焊接方法按其所具有的两个特征列入表内的某

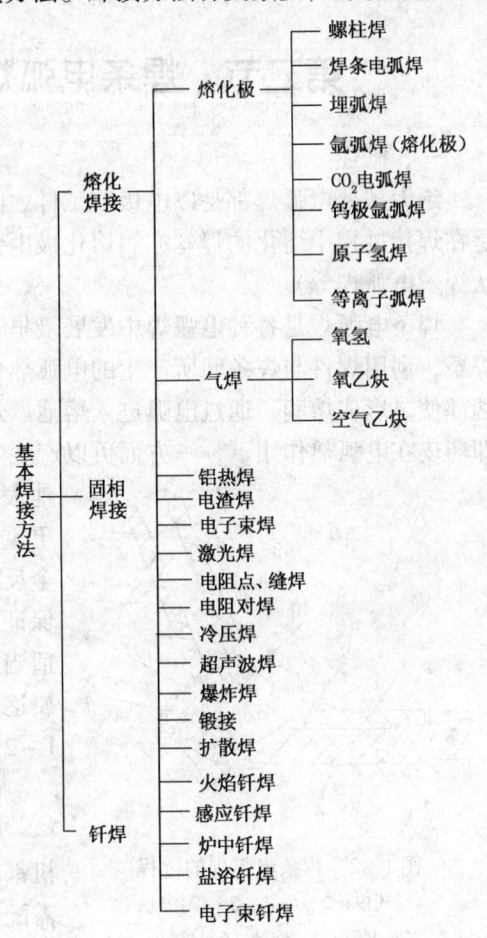

图1-1 焊接方法按族系法分类

一坐标位置中(见附录A"表A-1")。这种分类方法的优点是:可根据焊接分类直接了解某个焊接方法的某些特征,也可以根据这两种特征将某一焊接方法归入表中的某一位置,故适应性较强,此后出现的诸多新焊接方法均可按相应的特征归入表中的一定位置。其缺点是:统一以固定的两个特征(热源和保护方法)作为所有焊接方法的归类准则,未必都能够确切地反映某个特定焊接方法的主要特征;另外,更重要的是不能反映两种金属在什么状态下形成结合的最本质的特征(例如形成固相结合或液相结合等)。

二元坐标法综合了前两种分类方法的优点,它是以焊接工艺特征为一类(元),在横坐标上分层列出其主、次特征,类似于族系法;同时又以焊接时物理冶金过程特征为第二类(元),在纵坐标上分层列出其主次特征。这种分类方法由于选择了焊接工艺和焊接冶金过程这两类关键的特征作为坐标参数,可以达到更为科学的分类目的,能够清晰地了解各种焊接方法的本质,并为开发新的焊接方法提供了方向。二元坐标分类法见附录A"表A-2"。

压力容器焊接分类基本采用族系法,并以其中第一大类熔化焊为主。熔化焊中,按能源种类细分为电弧焊、气焊、铝热焊、电渣焊、电子束焊、激光焊等,其中电弧焊(包括焊条电弧焊、埋弧焊、钨极气体保护电弧焊、等离子弧焊、熔化极气体保护焊)和气焊则是目前压力容器制造和修复中常用的焊接方法。

第二节 焊条电弧焊(手工电弧焊,SMAW)

一、概述

绝大部分电弧焊都是以电极与工件之间燃烧物的电弧作为热源,焊条电弧焊所用的电极是在焊接过程中熔化的焊丝亦属熔化极电弧焊一类(其他还有埋弧焊、气体保护电弧焊、管状焊丝电弧焊等)。

焊条电弧焊是各种电弧焊中发展最早、目前仍应用最广的一种焊接方法。它是手工操作焊条,利用焊件与焊条间所产生的电弧热使电弧下的部分金属熔化而形成熔池,并熔化焊条端部使之形成熔滴,通过电弧进入熔池。焊接区借焊条药皮熔化所产生的气体和熔渣保护,即药皮在电弧热作用下,一方面可以产生气体以保护电弧,另一方面可以产生熔渣覆盖在熔池表面,防止熔化金属与周围气体作用;另外,熔渣更重要的作用是与熔化了的焊芯、母材发生一系列冶金反应(物理化学反应),或添加需要的合金元素,以保证和改善焊缝金属性能。焊接过程中,随着电弧以适当的弧长和速度在工件上不断前移,熔池内液态金属逐步冷却结晶,形成焊缝。焊条电弧焊的过程如图1-2所示。

焊条电弧焊具有以下主要优点:

① 设备简单,维护方便。焊接使用的交、直流焊机都比较简单,焊接操作不需要复杂的辅助设备,只需配备简单的辅助工具。

② 不需要辅助气体防护。焊条不但能提供填充金属,而且在焊接过程中能产生保护熔池和避免焊接处

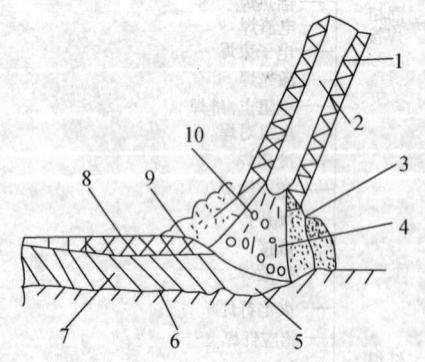

图1-2 焊条电弧焊的过程
1—药皮;2—焊芯;3—保护气;
4—电弧;5—熔池;6—母材;
7—焊缝;8—渣壳;9—熔渣;10—熔滴

第一章　压力容器常用焊接方法

氧化的保护气体，并且具有强强的抗风能力。

③ 操作灵活，适应性强。凡是焊条能够达到的地方都能进行焊接，可达性好。适用于焊接单件或小批量产品，以及焊接短的、不规则的、空间任意位置的，和其他不易实现机械化焊接的焊缝。同时也适用于大多数工业用金属和合金的焊接、异种金属的焊接，以及铸铁的焊补和各种金属材料的堆焊等。

焊条电弧焊的主要缺点有：

① 对焊工操作技术要求高，必须经常进行焊工培训。

② 劳动条件差，焊工在施焊过程中始终处于高温烘烤和有毒烟尘环境中。

③ 生产效率低，焊接时需经常更换焊条和进行焊道熔渣清理。有一定的焊接损耗。

④ 不适用于特殊金属（如活泼金属 Ti、Nb、Zr 等，难熔金属 Ta、Mo 等）以及薄板的焊接。

二、焊接电弧

焊条电弧焊的热源来自焊接时焊条与工件间形成的焊接电弧，焊接电弧的温度分布可分为三个区域，即：阴极区——焊接钢材时，铁阴极斑点的温度约2400℃，产生的热量约占熔化金属总热量36%；阳极区——焊接钢材时，铁阳极斑点的温度约2600℃，产生的热量约占熔化金属总热量43%；弧柱区——阳极区和阴极区之间的空间，焊接钢材时，温度高达6000～7000℃，产生的热量约占熔化金属总热量21%，随着电流的增大，弧柱区的温度增高。由于交流电弧两个电极的极性在不断变化，故两个电极（阳极区和阴极区）的平均温度是相等的，而直流电弧正极的温度要比负极温度高200℃左右。

三、焊接设备及材料

（一）焊接设备

焊条电弧焊基本焊接电路如图1-3所示。它由交流或直流弧焊电源、电缆、焊钳、焊条、电弧、工件及地线等组成。直流电弧燃烧稳定，用直流电源焊接时，工件接直流电源正极、焊条接负极时，称正接或正极性，此时焊件所得的热量较多。工件接负极、焊条接正极时，称反接或反极性，此时焊件所得的热量较少。采用正接或反接，主要从电弧稳定燃烧的条件来考虑，不同类型的焊条要求不同的接法（一般在焊条说明书上都有规定）。采用交流弧焊电源焊接时，由于极性在不断变化，不必考虑极性接法。交流电弧的燃烧稳定性不如直流电弧，但交流焊接设备简单、维护方便、耗电少。

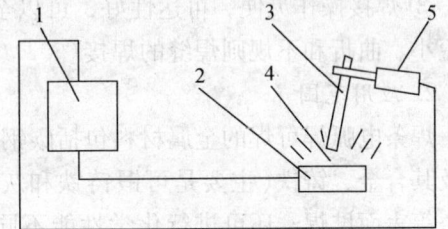

图1-3　焊条电弧焊基本焊接电路
1—弧焊电源；2—工件；3—焊条；
4—电弧；5—焊钳

（二）焊接材料

焊条电弧焊所用的焊接材料为涂有药皮的熔化电极，通常称为电焊条（简称焊条），如图1-4、图1-5所示。焊条一方面作为电弧的一极，是焊接电流的通道，另一方面向待焊处供给填充金属。焊条电弧焊对焊接区的保护作用由焊条药皮在焊接过程中产生的气-渣联合保护提供。不同的金属材料和厚度所采用的不同电焊条的种类、型号、牌号和选用原则等见本章第二节"焊接材料"。

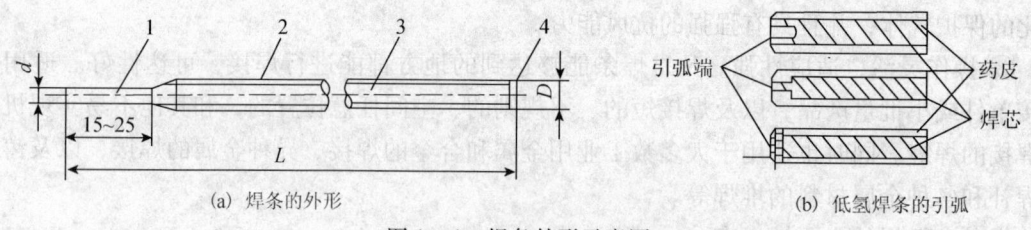

图1-4 焊条外形示意图

1—夹持端；2—药皮；3—焊芯；4—引弧端；

L—焊条长度；D—药皮直径；d—焊芯直径(焊条直径)

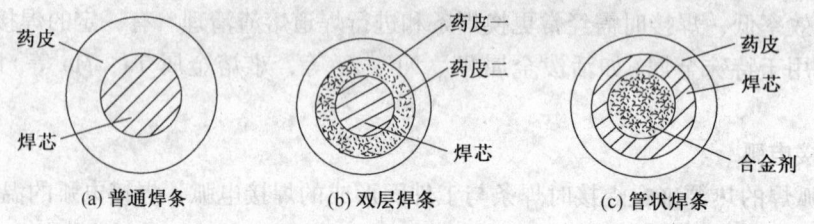

图1-5 焊条的断面形状

（三）焊接过程特点及应用范围

1. 过程特点

① 焊接电流及电流密度小。常用焊接电流和电流密度为 50～250A 和 10～20A/mm²，焊缝熔深较浅，熔敷率较低，因而生产率低。

② 焊接过程中飞溅较大。焊接中形成的"气–渣焊接区"，只能起到保护电弧和隔绝熔化金属与周围气体接触的作用，不能控制焊液飞溅，故使熔敷率有所降低，并且增加了焊后清理工作量。

③ 焊接操作灵便，可达性好，可以全位置焊，室内、野外、高空均可操作，并且宜用于短小、曲折和不规则焊缝的焊接。

2. 应用范围

焊条电弧焊可焊的金属材料包括碳钢、低合金钢、不锈钢(耐蚀钢和耐热钢)、铝、铜、镍及其合金、铸铁(主要是可锻铸铁和灰口铸铁)等，并可对上述金属进行耐蚀、耐冲击、耐磨等表面堆焊，还可进行化学性能不同但冶金性能相似的异种金属焊接。不宜用于 Pb、Sn、Zn 等低熔点金属焊缝，也不宜用于 Ti、Zr、Nb 等活性金属以及 Ta、Mo 等难熔金属的焊接。

焊条电弧焊可焊的厚度最小为 1.0mm，由于熔敷率不高，从经济和通用性考虑，合适的最大厚度一般为 38～40mm，如遇形状不规则的工件，难以采用其他焊接方法，焊接时，其可焊厚度也可增大到 250mm，但在这类情况下，经济上很不合算。

四、焊接工艺

（一）焊接接头及其坡口

焊条电弧焊焊接接头的基本形式有对接接头、角接接头、搭接接头和T形接头，如图1-6所示。其中对接接头是压力容器中采用最多的接头形式，因其应力集中最小和容易保证焊接质量。选择接头形式时，主要根据产品结构，并综合考虑受力条件，加工成本等因素。

对接接头与搭接接头相比，具有受力简单均匀、节省金属等优点，但对下料尺寸和组对要求比较严格；T形接头通常作为一种联接焊缝，承载能力较差，但它能承受各种方向的力和力矩，在船体结构中应用较多；角形接头承载能力差，一般用于不重要的焊接结构；搭接接头一般用于厚度小于12mm的钢板，其最小搭接长度应不小于3~5倍厚，它易于装配，但承载能力差，在石油化工及其行业储罐设备中应用较多（如罐底板及壁板、顶板等焊接）。

焊接坡口的基本构成要素有间隙、坡口角和钝边，如图1-7所示。为保证焊透，必须使电弧能深入到焊接接头的根部和两侧壁，对于不开坡口的接头，需有间隙；对于开坡口的接头，需有间隙和坡口角。一般情况下，坡口角应适当大些，以避免夹渣。焊接厚板

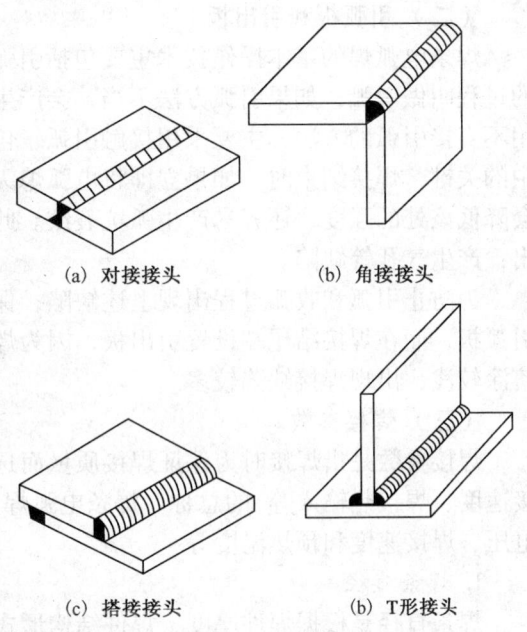

(a) 对接接头　　(b) 角接接头

(c) 搭接接头　　(b) T形接头

图1-6　焊条电弧焊接头的基本形式

时，为达到同样的焊透效果并减小热输入、熔敷金属量以及焊接应力和变形，可采用U形坡口，以减少坡口角度，此时在坡口根部须倒圆。在坡口中，为防止烧穿，需有钝边，钝边尺寸应保证第一焊道焊透。

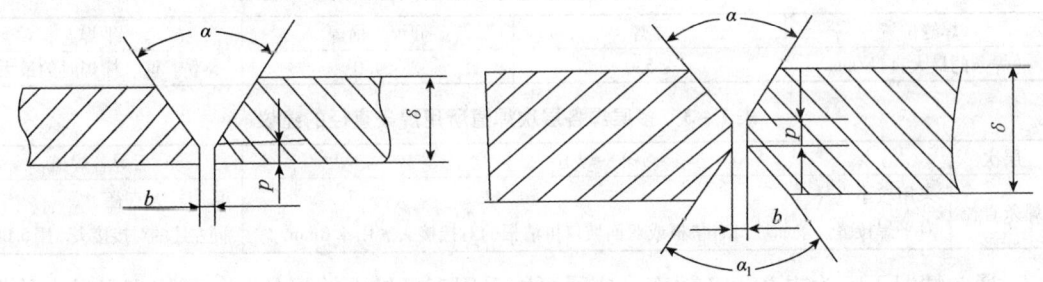

图1-7　对接接头坡口的基本构成要素

p—钝边；b—间隙；α、α_1—坡口角度；δ—板厚

对于因受可达性条件限制，只能从单面焊接，且要求全焊透的情况，除了采用单面焊双面成形焊接操作技术外，还可采用焊缝背面加衬垫的方法。常用的焊缝衬垫形式有：①同金属衬垫（衬条），其材料应大致相同于基本金属和焊条。第一条焊道应使接头的两边结合在一起并与衬垫相连，如果衬垫不妨碍接头的使用特性，可以保留；否则，应拆除。②铜衬垫（衬垫内通水，表面开有背面焊缝成型槽）。③非金属衬垫（柔性耐火成型衬垫），用夹具或压敏带将其紧贴在接头背面，适用于空间曲面的对接焊缝。④打底焊缝。这种焊缝是在坡口下面熔敷第一道焊缝之前，先在接头背面熔敷焊缝，完成打底焊缝之后，所有的其余焊道均从正面在坡口内完成。

焊条电弧焊焊接接头的坡口形式与尺寸见附录A"表A-3"。

（二）引弧板和引出板

焊条电弧焊的基本操作技术主要包括引弧、运条、接头和收弧。焊接开始时，引燃电弧的过程叫做引弧，如果引弧方法不当，会产生气孔、夹渣等焊接缺陷。焊条电弧焊一般不采用不直接引弧的方法，主要采用接触引弧，包括碰击法和划擦法两种方法。收弧是焊接过程中的关键，焊接结束时，如果立即将电弧熄灭，则焊缝收尾处会产生凹陷很深的弧坑，不仅会降低该处的强度，还容易产生弧坑裂纹。此外，过快拉断电弧会使熔池中的气体来不及逸出，产生气孔等缺陷。

为防止引弧和收弧过程出现上述缺陷，保证焊缝质量，需在筒节纵向焊缝的开始端设置引弧板，而在焊接结尾端设置引出板，因为焊条电弧焊开始处和收尾处的焊缝总是不致密，熔涂较浅，出现焊接缺陷较多。

（三）焊接参数

焊接参数是指焊接时为保证焊接质量而选定的有关物理量（如焊接电流、电弧电压、焊接速度、焊接热输入等）的总称。焊条电弧焊焊接参数主要包括焊条直径、焊接电流、电弧电压、焊接速度和预热温度等。

1. 焊条直径

焊条直径是根据焊件厚度、焊件结构形式、焊接位置、焊接层数和焊条种类等进行选择的，一般情况下可按表 1-1～表 1-3 确定焊条直径。

表 1-1　根据焊件厚度选择焊条直径的参考数据

焊件厚度/mm	≤1.5	2.0	3.0	4.0~5.0	6.0~12.0	≥13.0
焊条直径/mm	1.6	2.0	3.2	3.2~4.0	4.0~5.0	5.0~6.0

表 1-2　根据焊接位置选择焊条最大直径的参考数据

焊缝位置	立焊	仰焊、横焊	平焊
焊条的最大直径/mm	<5.0	<4.0	>立、仰、横焊时的最大值

表 1-3　多层焊各层次焊道所用焊条直径的建议

层次	第一焊道	后焊各焊道
焊条直径	采用较小直径 对平焊位置、单面坡口有垫板或双面坡口可清根的对接接头、用 4.0mm	采用较大直径 同左述的对接接头，用 5.0mm

通常情况下，为提高生产效率，应尽可能采用直径较大的焊条，但是用直径过大的焊条焊接时，容易造成未焊透或焊缝成形不良等缺陷。对于厚度较大的焊件的搭接和 T 形接头焊缝，应选用直径较大的焊条；对于小坡口焊件，为了保证根部熔透，宜采用较细直径焊条；对于特殊钢材，需要小工艺参数焊接时，应选用较小直径的焊条。对于重要的焊接结构，应根据规定的由热输入确定的焊接电流范围参照表 1-4 焊接电流与焊条直径的关系来决定焊条直径。

表 1-4　各种直径焊条使用电流参考值

焊条直径/mm	1.6	2.0	2.5	3.2	4.0	5.0	5.8
焊接电流/A	25~40	40~60	50~80	100~130	160~210	200~270	260~300

焊条直径越粗，熔化焊条所需的热量越大，必须增大焊接电流。对于每种焊条，都有一个最合适的电流范围（见表 1-4）。焊条电弧焊在使用碳钢焊条时，可根据所选用的焊条直径，按下面经验公式确定焊接电流：

$$I = Kd \tag{1-1}$$

式中 I——焊接电流，A；

d——焊条直径，mm；

K——经验系数，见表1-5。

表1-5 焊接电流经验系数 K 与焊条直径的关系

焊件厚度/mm	2	3	4~5	6~12	>13
焊条直径/mm	2	3.2	3.2~4	4~5	4~6

但是，在采用同样直径焊条焊接不同厚度的钢板时，电流应有所不同。一般来说，由于厚板的焊接热量散失较快，应选用计算电流值的上限。

2. 焊接电流

焊接电流是焊条电弧焊的主要焊接参数，直接影响焊接质量和劳动生产率。焊接电流根据焊件材料的厚度、焊条类型及其直径、焊接接头形式、焊缝位置和层数等因素决定。焊接电流越大，熔深越大，焊条熔化快，焊接效率也高。但焊接电流太大时，飞溅和烟雾大，焊条尾部易发红，部分涂层（药皮）会失效或崩落，而且容易产生咬边、焊瘤、烧穿等缺陷，增大焊件变形，还会使焊缝热影响区晶粒粗大，焊接接头韧性降低。反之，如果焊接电流太小，则引弧困难，焊条容易粘连在工件上，电弧不稳定，易产生未焊透、未熔合、气孔和夹渣等缺陷，且生产率降低。

焊接电流的选用原则是：首先应保证焊缝质量，其次应尽量采用较大的电流，以提高生产效率。对于板厚较大的接头、T形接头和搭接接头，在施焊环境温度较低时，由于导热较快，应选用较大的电流。但还须考虑焊条直径、焊接位置和焊道层次等因素。焊接电流与焊条直径的关系见表1-4，与焊接位置的关系见表1-6。

表1-6 焊接电流和焊接位置的关系

焊接位置	平焊、或单面焊双面成型第一层	立焊和横焊	仰 焊
关系值	1	1-(10%~15%)	1-(15%~20%)

3. 电弧电压

电弧电压主要由电弧长度决定。电弧长，则电弧电压高，反之则低。焊条电弧焊时，电弧不宜过长，否则会出现电弧燃烧不稳定、飞溅大、熔深浅以及产生咬边、气孔等缺陷；如果弧长太短，则容易黏焊条。一般情况下，力求使用短弧，使电弧长度不超过焊芯直径，其长度等于焊条直径的0.5~1.0倍较好，此时相应的电弧电压为16~25V。对于碱性焊条，电弧长度不宜超过焊条直径，取焊条直径的一半为好；酸性焊条的电弧长度可等于焊条直径。

4. 焊接速度

焊接速度是指焊接过程中，焊条沿焊接方向移动的速度，即单位时间完成的焊缝长度。焊接速度的选择应根据线能量、并与焊接电流和电弧电压的选择相适应，它由焊件材料种类、生产率以及焊工技术熟练程度等因素决定。

焊接速度过快，会造成焊缝变窄和形成较严重凹凸不平，容易产生咬边及焊缝波形变尖；焊接速度过慢，会使焊缝变宽，余高增加，功效降低。焊接速度直接决定热输入量的大小，一般根据钢材的淬硬倾向来选择。压力容器采用焊条电弧焊时，焊接规范必须根据容器材料及其厚度等因素进行综合考虑，特别是必须根据容器材料对热输入量的敏感性来选择，故选择合适的焊接速度十分关键。

5. 焊缝层数

厚板的焊接一般需开坡口采用多层焊或多层多道焊,多层焊和多层多道焊接接头的显微组织较细,热影响区较窄。前一条焊道对后一条焊道起预热作用,后一条焊道则对前一条焊道起热处理作用,因此可以提高焊缝的延性和韧性,特别是对于易淬火钢,由于后道焊缝对前道焊缝的回火作用,可以改善接头的组织和性能。

焊缝层数对于低合金高强钢焊接接头的性能有明显的影响。焊缝层数少、每层的焊缝厚度过大时,由于晶粒粗化,会导致焊缝延性和韧性下降,故每层焊道厚度一般不应超过 4~5mm。

6. 焊接热输入

熔焊时由焊接能源输入到单位长度焊缝上的热量称为热输入,可按下式计算:

$$Q = \frac{\eta I U}{u} \tag{1-2}$$

式中 Q——单位长度焊缝的热输入量,J/cm;
  I——焊接电流,A;
  U——电弧电压,V;
  u——焊接速度,cm/s;
  η——热效率系数,焊条电弧焊取 $\eta = 0.7 \sim 0.8$。

热输入对低碳钢焊接接头性能影响不大,故对于低碳钢焊条电弧焊一般不作热输入规定。而对于低合金钢和不锈钢等钢种,一般要通过试验来确定焊接热输入范围,并在焊接工艺中规定热输入,以避免热输入过大,使焊接接头性能降低;或热输入过小,焊接时可能产生裂纹。通常情况下,允许的热输入范围越大,越便于焊接操作。

7. 预热温度

焊接开始前,对被焊工件全部或局部进行适当加热的工艺措施称为预热,它可以减缓焊接接头焊后冷却速度,避免产生淬硬组织,减小焊接应力和变形,是防止产生裂纹的有效措施。对于刚性不大的低碳钢和强度级别较低的低合金高强钢的一般结构,一般不必预热。但对于刚性大的或焊接性差的易产生裂纹的结构,焊前需进行预热处理。

焊接预热温度应根据母材化学成分、焊件的性能、厚度、焊接接头的拘束程度、施焊环境温以及产品的技术标准等进行综合考虑,重要的结构须经过裂纹试验来确定不产生裂纹的最低预热温度。预热温度越高,防止裂纹产生的效果越好,但过高的预热温度会使熔合区附近的金属晶粒粗化,降低焊接接头质量。容器整体预热通常采用各种炉子炉内加热,通过测温元件控制炉内温度(升温、恒温降温);局部预热一般采用气体火焰或红外线加热,用表面温度计测量温度。

8. 后热与焊后热处理

焊接后立即对工件全部(或局部)进行加热或保温使其缓慢冷却的工艺措施称为后热,其目的在于避免焊缝形成淬硬组织以及使扩散氢逸出焊缝表面,防止产生裂纹。后热温度主要由工件材料确定。

焊接后为改善焊接接头的显微组织和性能或消除焊接残余应力而进行的热处理称为焊后热处理。其主要作用是消除焊件的焊接残余应力,降低焊接区的硬度,促使焊缝内扩散氢逸出,稳定组织及改善力学性能、高温性能等。选择热处理温度需根据钢材性能、显微组织、接头的工作温度、结构型式或热处理目的等因素进行综合考虑,并通过显微金相和硬度试验来确定。

重要的焊接结构(如锅炉、压力容器等)对于焊后热处理(整体或局部热处理)有专门的规程规定(如《容规》、GB 150《压力容器》、GB 151《管壳式换热器》等)。对于厚度超过规定要求的需进行焊后消除应力退火处理，热处理温度根据结构材质确定（必要时须经过试验确定）。铬钼珠光体耐热钢焊后一般需要高温回火，以改善接头组织、消除焊接残余应力。

五、焊接缺陷及防止

焊接缺陷的类型很多，按其在焊接接头中的位置可分为外部缺陷与内部缺陷两个大类。外部缺陷位于焊接接头表面，可用肉眼或低倍放大镜确定，如焊缝尺寸不符合要求，咬边、焊瘤、弧坑、烧穿（焊穿）、表面气孔、表面裂纹等。内部缺陷位于焊接接头内部，需用无损探伤方法或破坏性试验才能发现，如未焊透、未熔合、内部气孔、夹渣、裂纹等。

焊条电弧焊常见的焊接缺陷有焊缝形态缺陷、气孔、夹渣和裂纹等。焊接缺陷会导致设备或构件应力集中，降低其承载能力和缩短使用寿命。一般技术规程规定，焊接接头不允许存在裂纹、未焊透、未熔合和表面夹渣等缺陷，咬边、内部夹渣和气孔等不能超过一定的允许值，对于超标缺陷必须进行彻底打磨和焊补。例如，TSG R7001—2004《压力容器定期检验规则》规定：

① 内、外表面不允许有裂纹。如果有裂纹，应当打磨消除，打磨后形成的凹坑在允许范围内不需补焊，不影响定级；否则，可以补焊或者进行应力分析，经过补焊合格或者应力分析结果表明不影响安全使用的，可以定为2级或者3级。裂纹打磨后形成凹坑的深度如果在壁厚余量范围内，则该凹坑允许存在。否则，将凹坑按其外接矩形规则化为长轴长度、短轴长度及深度分别为 $2A(mm)$、$2B(mm)$ 及 $C(mm)$ 的半椭球形凹坑，计算无量纲参数 C_o，如果 $C_o<0.10$，则该坑在允许范围内。

A. 进行无量纲参数计算的凹坑应当满足如下条件：
a. 凹坑表面光滑、过渡平缓，并且其周围无其他表面缺陷或者埋藏缺陷；
b. 凹坑不靠近几何不连续区域或者存在尖锐棱角的区域；
c. 容器不承受外压或者疲劳载荷；
d. T/R 小于 0.18 的薄壁圆筒壳或者 T/R 小于 0.10 的薄壁球壳；
e. 材料满足压力容压设计规定，未发现劣化；
f. 凹坑深度 C 小于壁厚 T 的 1/3 并且小于 12mm，坑底最小厚度 $(T-C)$ 不小于 3mm；
g. 凹坑半长 $A \leq 1.4\sqrt{RT}$；
h. 凹坑半宽 B 不小于凹坑深度 C 的 3 倍；

B. 凹坑缺陷无量纲参数 C_o 的计算：

$$C_o = \frac{C}{T} \cdot \frac{A}{\sqrt{RT}}$$

式中，T 为凹坑所在部位容器的壁厚（取实测壁厚减去至下次检验期的腐蚀量，mm），R 为容器平均半径（mm）。

② 内表面焊缝咬边深度不超过 0.5mm。咬边连续长度不超过 100mm、并且焊缝两侧咬边总长度不超过该焊缝长度的 10% 时；外表面焊缝咬边深度不超过 1mm、咬边连续长度不超过 100mm、并且焊缝两侧咬边总长度该焊缝长度的 15% 时，对于一般压力容器不影响定级，超过时应予以修复。但对于低温容器，不允许有焊缝咬边。

（一）焊缝形状缺陷及预防措施

焊缝形状缺陷有焊缝尺寸不符合要求、咬边、底层未焊透、未熔合、烧穿、焊瘤、弧坑、电弧擦伤、严重飞溅等，产生原因及防治方法如下。

1. 焊缝尺寸不符合要求

此类缺陷主要指焊缝余高及余高差、焊缝宽度及宽度差、错边量、焊接接头环向及轴向形成棱角、焊后变形量等,如图1-8~图1-10所示。其中,焊缝余高过大,会造成应力集中,而焊缝高低于母材,则达不到足够的强度;焊缝宽度不一致,会影响焊缝与母材的结合强度;错边量、棱角和变形过大,会使传力扭曲及产生应力集中,使强度下降。

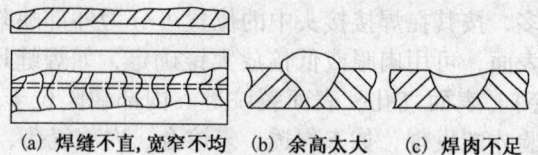

(a) 焊缝不直,宽窄不均　　(b) 余高太大　　(c) 焊肉不足

图1-8　焊缝尺寸不符合要求

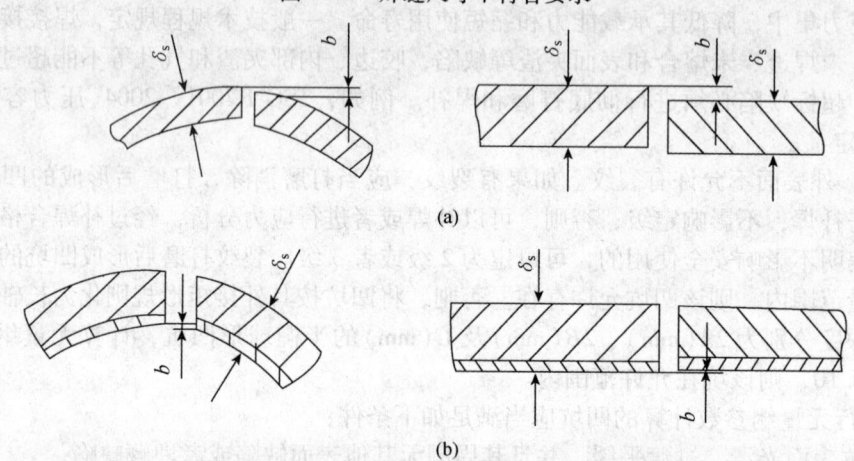

图1-9　焊接接头对口错变量

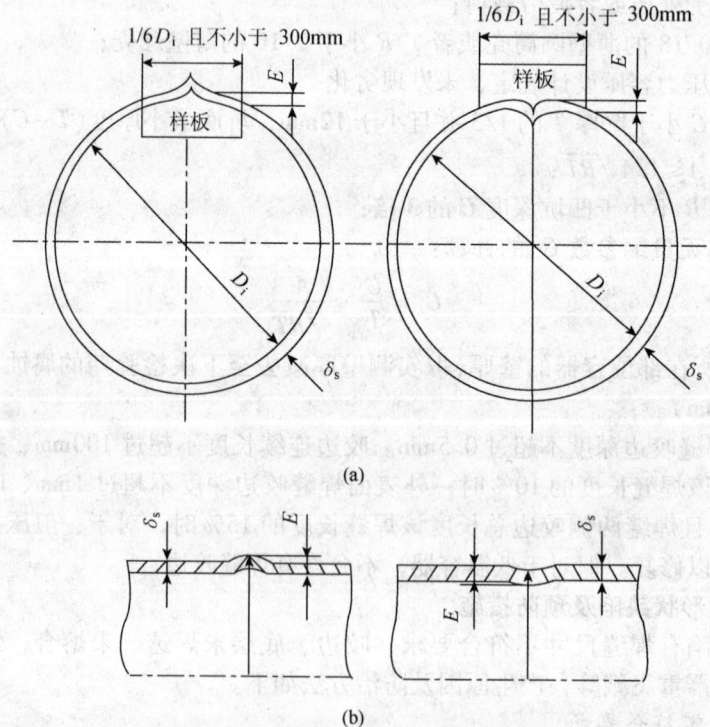

图1-10　焊接接头环向及轴向棱角

缺陷产生的主要原因是坡口角度不当或钝边及装配间隙不均匀,工件成形和安装偏差,焊接电流过大或过小,运条速度和手势不当或焊条角度选择不当,焊工操作技能低等。

预防措施:选择适当的坡口角度和装配间隙,提高工件制造成形和装配质量,选择合理地焊接工艺和提高焊工操作技术水平。

2. 咬边、未焊透及未熔合

此类缺陷与焊接规范、焊条位置和角度、待焊处清理不净和坡口构成要素等有关。

(1) 咬边

咬边是指沿着焊址的母材部位烧熔形成的沟槽或凹陷,亦即电弧将焊缝边缘熔化后,未得到熔敷金属填充所留下的缺口,如图1-11所示。过深的咬边将减弱焊接接头强度,且易形成应力集中,引发裂纹。产生的原因是电流过大、电弧过长及电弧热量过高、焊接角度不正确或运条方法不当等。

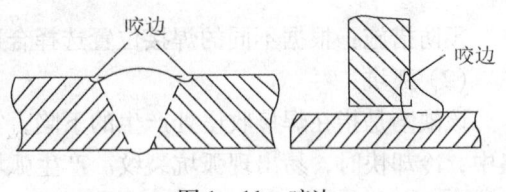

图1-11 咬边

预防措施:选择合适的焊接电流和焊接速度,施焊时电弧不宜过长,运条方法要正确并保持合适的焊接角度。

(2) 未焊透

该缺陷是指焊缝接头的底层未完全熔透,即母材与熔敷金属之间、母材之间局部未熔合,如图1-12所示。未焊透处会形成应力集中和容易产生裂纹,压力容器及重要的焊接接头不允许存在未焊透缺陷,必须铲除,重新补焊。其产生原因主要是:坡口角度或间隙过小;坡口钝边过大;焊根未清理干净;焊接电流过小,焊速过快,弧长过大;焊接时有磁吹偏现象;焊接电流过大,基体金属尚未充分加热;装配不良等。

预防措施:正确选用和加工坡口尺寸,合理装配,保证间隙,选择合适的焊接电流和焊接速度,正确操作,防止焊偏。

(3) 未熔合

该缺陷是指熔焊时,焊道与母材之间或多层焊缝的焊道与焊道、层与层之间,存在未完全熔化结合的区域,如图1-13所示。未熔合直接降低了接头力学性能,使焊接结构承载能力下降。其产生原因主要是焊接热输入太低或电弧指向偏斜、坡口侧壁的锈垢及污物未清理干净、层间清渣不彻底等。

预防措施:正确选择焊接热输入量,彻底清除坡口侧及层间污物、锈垢或熔渣。

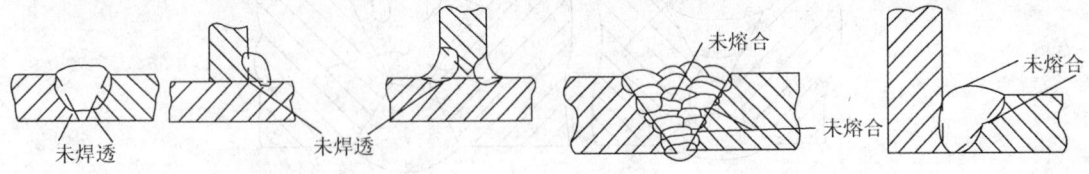

图1-12 未焊透　　　　　图1-13 未熔合

3. 焊瘤、弧坑及烧穿(焊穿)

(1) 焊瘤

该缺陷是指在焊接过程中熔化金属流溢到焊缝之外未熔化的母材上,形成未能母材熔合在一起的堆积金属焊瘤,如图 1-14 所示。它影响焊缝成形,且在该处易形成夹渣和未焊透。其产生的主要原因是熔池温度过高,液体金属凝固较慢,在自重作用下形成焊瘤。

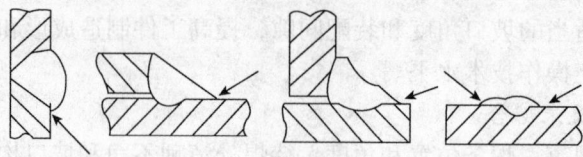

图 1-14 焊瘤

预防措施:根据不同的焊接位置选择合适的焊接工艺参数,严格控制熔孔的大小。

(2) 弧坑

该缺陷是指在焊接收尾处产生的下陷,它使该处的焊缝强度降低,而且由于弧坑处杂质集中,冷却快时,易出现弧坑裂纹。产生弧坑的主要原因是熄弧停留时间过短,薄板焊接时的电流过大等。

预防措施:收弧操作中,焊条应在熔池处稍作停留或作环形运条,待熔池内金属填满后再引向一侧熄弧。另外还需正确选择焊接电流。

(3) 烧穿(焊穿)

烧穿是焊条电弧焊中一种常见缺陷,压力容器和重要焊接构件焊接接头不允许存在此种缺陷。产生烧穿的原因主要是对焊件加热过甚(例如焊接电流过大)、装配间隙过宽、焊接速度过慢以及电弧在焊接处停留时间过长等。

预防措施:正确选择焊接电流和焊接速度,严格控制焊件装配间隙,并保持其沿焊缝长度均匀一致,保持合理的坡口钝边高度。

(二) 焊缝气孔、夹杂和夹渣缺陷及预防措施

1. 气孔

焊接时,熔池中的气体在凝固时未能逸出而残留下来所形成的空穴称为气孔,如图 1-15 所示,它是一种常见的焊接缺陷。气孔有圆形、椭圆形、虫形、针状形、条形和密集形等多种形状,按其分布情况可分为焊接内部气孔和表面气孔两类。气孔不但会影响焊缝的连续性和致密性,而且将减少焊缝有效面积,同时也会带来应力集中,从而降低金属的强度和韧性,对动载强度和疲劳强度更为不利。在个别情况下,气孔还会引起裂纹。因此,在压力容器及焊接结构中,对焊缝中气孔的大小和数量都有一定的限制,并将其作为压力容器按其状况等级评定的重要指标之一。

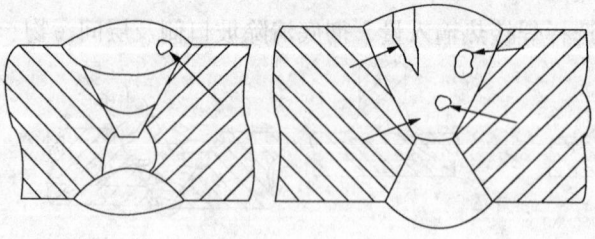

图 1-15 气孔

焊接过程中,熔池周围充满了大量的气体,它们不断与熔池金属发生作用及复杂的冶金反应。而且熔池周围的气体成分随焊条药皮、焊接规范等不同而变化,其中 H_2、N_2、CO 的大量存在是引起气孔的主要原因。按照焊缝中气体来源和形成不同,可将其分为扩散型(析

出型)气孔和反应型气孔两类。析出型气孔是在焊接过程中,因气体在液、固态金属中的溶解度差造成过饱和状态的气体析出所形成的气孔,这类气孔有氢气孔、氮气孔。例如高温时氢能大量溶解于液态金属中,在电弧高温下由分子离解为原子,并能溶解在 Fe、Cu、Al、Ni 等金属中,在焊缝冷却过程中,已积聚成气泡的氢来不及逸出,从而形成氢气孔。氢气孔大多位于焊缝表面,某些情况下也可能位于焊缝内部。一般认为氮气孔与氢气孔相似,也大多位于焊缝表面,且多数聚集成堆,呈蜂窝状。反应型气孔是由于焊接熔池的冶金反应生成不熔于金属的气体(如一氧化碳、水蒸气),在焊缝冷却时来不及逸出所形成的气孔,由于 CO 气体逸出的速度一般小于熔池结晶的速度,故大多数气孔沿结晶方向呈条虫状分布。

气孔的形成与焊接规程、焊条烘干、环境湿度和待焊处清理状况等因素有关。例如,焊接电流太小或焊接速度过快,电弧过长或偏吹,熔池保护效果不好、空气进入熔池;焊接电流过大、焊条发红造成药皮提前脱落,失去保护作用;焊件表面和坡口处有油、锈、水分等污物未清理干净;焊条药皮受潮、未烘干或焊接环境空气湿度大等,皆易出现气孔。此外,运条方法不当(如收弧过快)易产生缩孔,接头引弧动作不正确易出现密集气孔等。

预防措施:焊前清除坡口两侧 20~30mm 范围内的油污、锈、水分等污物,焊条按说明书规定的温度和时间烘干和使用保温筒;正确选用焊接工艺参数,如焊接电流应适当,不应过大或过小,尽量采用短弧焊接和预热焊;不允许使用不合格焊条(如焊芯锈蚀、药皮开裂或剥落、偏心度过大等);野外施焊需有防风设施。

从焊接过程冶金方面考虑,焊条药皮中的氧化剂和脱氧剂要适当,如焊接低碳钢时,适当增加氧化性可以减少由氢气产生的气孔,而焊接含碳量较高的碳钢,适当增加脱氧剂,则可减少一氧化碳气孔。其次可在焊条药皮中适当增加或减少某些合金剂和造渣剂也可减少气孔生成,例如适当增加 SiO_2、MnO_2 或减少 K_2O、FeO,对减少气孔有利。另外,调节焊渣的黏度,适当加入一些 CaF_2、TiO_2、以降低熔渣的高温黏度,使气体较顺利逸出,也可减少气孔。

2. 夹杂和夹渣

夹杂是指残留在焊缝金属中由冶金反应产生的非金属夹杂物和氧化物;夹渣则是指残留在焊缝中的熔渣,如图 1-16 所示。夹杂和夹渣削弱了焊缝的有效面积,从而降低了焊缝的应力水平,同时还会引起应力集中,容易使焊接结构在承载时遭受破坏。

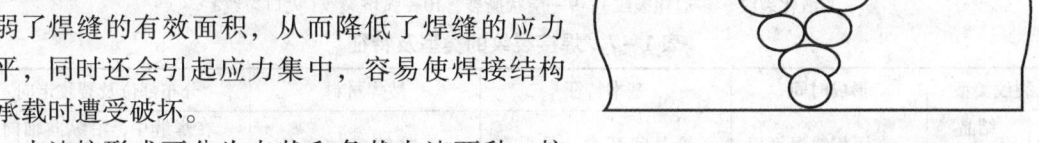

图 1-16 焊缝中的夹渣

夹渣按形成可分为点状和条状夹渣两种,按成分可分为氧化物夹渣、氮化物夹渣、硫化物夹渣等。氧化物夹渣的主要成分是 SiO_2,其次是 MnO_2、TiO_2 和 Al_2O_3 等,一般多以硅酸盐形式存在,它是熔池反应过程的产物,故熔池脱氧越完全,焊缝中夹渣越少。氧化物夹渣易引起焊缝热裂纹,并使焊缝韧性降低。氮化物夹渣在焊缝中较少存在(只有在气体保护不好或光焊丝焊接时才较多产生),其主要成分是 Fe_4N,它是焊缝在时效过程中由饱和固溶体析出的氮化物,以针状分布晶粒或晶界上。氮化物夹渣使焊缝金属硬度增加,塑性显著下降。硫化物夹渣主要来自焊条药皮和含硫偏高的母材,有 MnS 和 FeS 两种形态。一般情况下,MnS 夹渣对钢的性能影响不大,而 FeS 夹渣由于在熔池结晶时沿晶粒边界析出,并在 Fe 或 FeO 形成低熔点共晶(988℃),易促使焊缝出现热裂纹。

夹渣的产生与焊接规范、操作不当（例如使熔渣流到电弧前面，或使液体金属流到熔渣上面）和熔渣黏度有关。焊接过程中，如果层间清渣不净，焊接电流太小，焊接速度过快，焊条材料与母材化学成分匹配不当，坡口设计和加工不合适等因素皆会导致焊缝出现夹杂或夹渣缺陷。

预防措施：正确选择焊条的渣系，采用脱渣性好的焊条；选择合适的焊接规范，使熔池存在的时间不要太短，多层焊时，彻底清除层间熔渣；调整焊条角度和运条方法（例如焊条适当摆动以利熔渣浮出）；焊接过程中注意保护熔池，防止空气侵入。

（三）焊缝裂纹缺陷及预防措施

焊接接头裂纹按其生成温度和时间不同，可分为冷裂纹、热裂纹和再热裂纹，按其破坏方式基本特征有层状撕裂裂纹、应力腐蚀裂纹（SCC）；按其产生的部位和走向不同，可分为纵裂纹、横裂纹、焊根裂纹、弧坑裂纹、熔合线及热影响区裂纹等。焊接裂纹有时出现在焊接过程中（如热裂纹和大部分冷裂纹），也有时出现在设备放置或运行过程中（如冷裂纹中某些延迟裂纹和应力腐蚀裂纹），有的则出现在焊后热处理或再次受热过程中（如再热裂纹）。图1-17所示为焊接接头中经常出现的裂纹形态分布。按产生裂纹的本质区分，焊接裂纹大体可分为五大类，各类的裂纹的形成时间、分布部位及基本特征等列于表1-7。

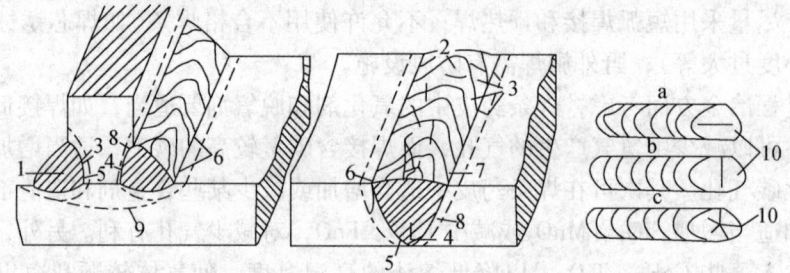

图1-17 各种裂纹形式及分布

a—纵向裂纹；b—横向裂纹；c—星形裂纹；
1—焊缝中纵向裂纹；2—焊缝中横向裂纹；3—熔合区裂纹；4—焊缝根部裂纹；5—HAZ根部裂纹；
6—焊趾纵向裂纹（液化裂纹、再热裂纹）；7—焊趾纵向裂纹（液化裂纹、再热裂纹）；8—焊道下裂纹（延迟裂纹、液化裂纹、多边化裂纹）；9—层状撕裂；10—弧坑裂纹（火口裂纹）

表1-7 焊接裂纹的类型及特征

裂纹类型		形成时间	基本特征	被焊材料	分布部位及裂纹走向
热裂纹	结晶裂纹（凝固裂纹）	在固相线温度以上稍高的温度，凝固前固液状态下	沿晶间开裂，晶界有液膜，开口裂纹断口有氧化色彩	杂质较多的碳钢、低中合金钢、奥氏体钢、镍基合金及铝	在焊缝中，沿纵向轴向分布，沿晶界方向呈人字形，在弧坑中沿各方向或呈星形，裂纹走向沿奥氏体晶界开裂
	液化裂纹	固相线以下稍低温度，也可为结晶裂纹的延续	沿晶间开裂，晶间有液化，断口有共晶凝固现象	含S、P、C较多的镍铬高强钢、奥氏体钢、镍基合金	热影响区粗大奥氏体晶粒的晶界，在熔合区中发展，多层焊的前一层焊缝中，沿晶界开裂
	失延裂纹及多边化裂纹	再结晶温度T_R附近	表面较平整，有塑性变形痕迹，沿奥氏体晶界形成和扩展，无液膜	纯金属及单相奥氏体合金	纯金属或单相合金焊缝中，少量在热影响区，多层焊前一层焊缝中，沿晶界开裂

续表

裂纹类型		形成时间	基本特征	被焊材料	分布部位及裂纹走向
再热裂纹		600～700℃回火处理温度区间，不同钢种再热开裂敏感温度区间不大相同	沿晶间开裂	含有沉淀强化元素的高强钢、珠光体钢、奥氏体钢、镍基合金等	热影响区的粗晶区，大体沿熔合线发展至细晶区即可停止扩展
冷裂纹	延迟裂纹（氢致裂纹）	在 M_s 点以下，200℃至室温	有延迟特征，焊后几分钟至几天出现，往往沿晶启裂，穿晶扩展，断口呈氢致准解理形态	中、高碳钢，低、中合金钢，钛合金等	大多在热影响区的焊趾（缺口效应）、焊根（缺口效应），焊道下（沿熔合区），少量在焊缝（大厚度多层焊焊缝偏上部），沿晶或穿晶开裂
	淬硬脆化裂纹	M_s 至室温	无延时特征（也可见到少许延迟情况），沿晶启裂与扩展，断口非常光滑，极少塑性变形痕迹	含碳的 NiCrMo 钢、马氏体不锈钢、工具钢	热影响区，少量在焊缝，沿晶或穿晶开裂
	低塑性脆化裂纹（热应力低延开裂）	400℃以下，室温附近	母材延性很低，无法承受应变，边焊边开裂，可听到脆性响声，脆性断口	铸铁、堆焊硬质合金	熔合区及焊缝，沿晶及穿晶开裂
层状撕裂		400℃以下，室温附近	沿轧层，呈阶梯状开裂，断口有明显的木纹特征，断口平台分布有夹杂物	含有杂质（板厚方向聚性低）的低合金高强钢厚板结构	热影响区沿轧层，热影响区以外的母材轧层中，穿晶或沿晶开裂
应力腐蚀裂纹（SCC）		任何工作温度	有裂源，由表面引发向内部发展，二次裂纹多，撕裂棱少，呈根须状，多分支，裂纹细长而尖锐，断口有腐蚀产物及氧化现象且有腐蚀坑，断口周围有裂纹分枝，有解理状，河流花样等	碳钢、低合金钢、不锈钢、铝合金等	焊缝和热影响区，沿晶或穿晶开裂

焊接接头裂纹是压力容器及焊接结构中最危险的一种缺陷，常易造成突然破坏，是评定压力容器安全性（失效、破坏）的重要指标之一。

1. 热裂纹

焊接热裂纹是比较常见的一种焊接缺陷，它是在焊接过程中焊缝和热影响区金属冷却到固相线附近的高温区时所产生的裂纹。从一般常用的低碳钢、低合金钢到奥氏体不锈钢、铝合金和镍基合金等的焊接接头，皆有产生焊接热裂纹的可能性，它是一种不允许存在的危险焊接缺陷。根据其产生的机理、温度区间和形态，一般可分成结晶裂纹、高温液化裂纹和高温低塑性裂纹等类型。

焊接热裂纹具有高温沿晶断裂性质，其发生断裂和条件为：在高温阶段晶间延性或塑性变形能力 δ_{min} 不足以承受裂缝凝固过程或高温时冷却过程所积累的应变量 ε，即 $\varepsilon \geq \delta_{min}$。此时，

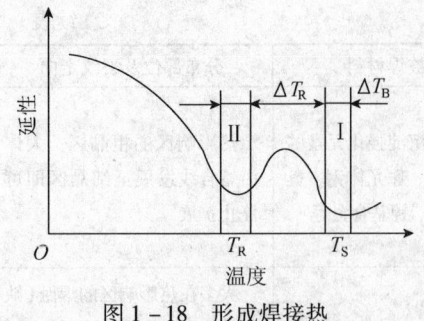

图1-18 形成焊接热裂纹的"脆性温度区间"

高温阶段金属中存在两个脆性温度区间(见图1-18)，与此对应也存在两类热裂纹，即图中"Ⅰ区"所示的为与液膜有关的裂纹——结晶裂纹和高温液化裂纹，"Ⅱ区"所示的为与液膜无关的裂纹——高温失延裂纹和高温位错多边化裂纹，后者一般不常见，偶尔出现在单相奥氏体钢焊接接头的焊缝或热影响区内。结晶裂纹容易在焊缝中心形成，特别容易产生于弧坑(弧坑裂纹)；高温液化裂纹一般出现于焊缝熔合区附近，多产生于焊线熔合线的凹陷区和多层焊的层间过热区，导致液化裂纹的液膜只能是焊接过程中沿晶界重新液化的产物，故称之为"液化裂纹"。

(1) 结晶裂纹

结晶裂纹是热裂纹中最常见的一种，发生在焊缝金属结晶和冷却过程中的固相线附近。其形成机理为：焊缝金属在凝固过程中，要经历"液-固"态和"固-液"态两个阶段，前者液相占主要部分，后者固相占主要部分。在液-固(第一阶段)时，液相焊缝金属自由流动并发生形变，少量的固相晶体只作位置移动，第二阶段固-液态时，最后凝固的存在于固相晶体间的低融点液态金属已形成低融点共晶体液态薄膜，由于其强度低而使应变集中，同时液态薄膜的塑性低变形能力很差，从而在固-液态区间易产生结晶裂纹，对焊缝金属具有晶间破坏作用。

结晶裂纹的形成主要取决于以下两种因素：冶金因素——化学成分、组织偏析、高温塑性等影响液态薄膜的存在及性质；力的因素——焊缝金属冷却产生的拉应力，影响它的因素很多，如工件刚度、焊接工艺等。

结晶裂纹外观呈明显或不明显的锯齿状，且不论在焊缝和弧坑上分布的位置如何，其方向和走向总是与结晶时的等温面相垂直，其裂口均有较明显的氧化情况。结晶裂纹主要出现在含杂质较多的焊缝和单相奥氏体钢、镍合金及铝合金焊缝中，个别情况下也产生在焊接热影响区内。此外，靠近焊缝的母材夹渣也可能引起热裂纹。碳素钢中，低碳钢一般不易产生热裂纹，但随着钢中碳含量增加，发生裂纹倾向增大。

(2) 液化裂纹

液化裂纹是一种沿奥氏体晶界开裂的微裂纹，其尺寸很小，一般都在0.5mm以下，大多出现在焊缝熔合线的凹陷区(距焊缝表面约3~7mm)和多层焊的焊层过热区，如图1-19所示。

液化裂纹的形成是由于焊接时热影响区或多层焊焊缝层间金属，在高温下使这些区域的奥氏体晶界上的低熔共晶被重新熔化，金属的塑性和强度急骤下降，在拉伸应力作用下，沿奥氏体晶界开裂而产生的。

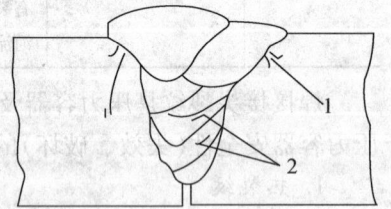

图1-19 高温液化裂纹的部位
1—凹陷区；2—多层焊层间过热区

液化裂纹可起源于熔合线或结晶裂纹，裂纹产生后可沿热影响区晶间低融点扩散，成为粗晶区的液化裂纹；也可起源于粗晶区，所产生的裂纹可能是平行于熔合线的较长的纵向裂纹，有时则垂直于熔合线，发展为较短的横向裂纹。

（3）热裂纹预防措施

严格控制母材及焊条中 S、P 等有害杂质含量，降低热裂纹的敏感性，调节焊缝金属的化学成分，限制易偏析元素含量，改善焊缝组织，细化晶粒，减少或分散偏析程度；采用碱性焊条，选用合适的焊接工艺参数，适当提高焊缝成形系数（即焊缝断面宽与深的比值）和采用多层多道排焊法；避免弧坑裂纹，收弧时采用与母材相同的引出板或逐渐灭弧，并填满弧坑；改进焊接结构型式或采用合理的焊接顺序，提高焊缝冷却收缩时的自由度。

焊接热裂纹的产生原因及防止对策参见图 1-20。

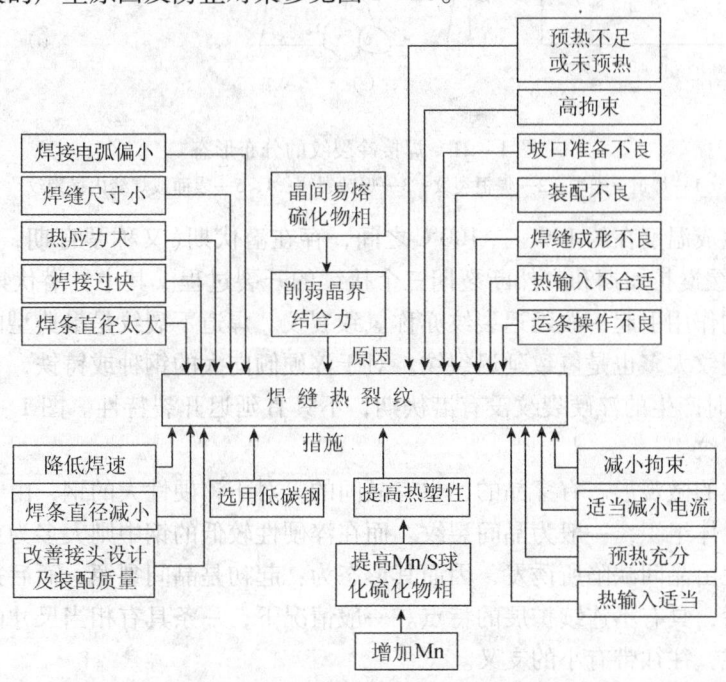

图 1-20　结构钢焊接热裂纹原因及防止

2. 冷裂纹

焊接接头冷却到较低温度下（对于钢来说在 M_s 温度以下）产生的裂纹称为冷裂纹，它包括延迟裂纹（氢致裂纹）与淬硬裂纹。主要发生在高、中碳钢，低、中合金高强钢的焊接热影响区，对于某些超高强钢、钛及钛合金等，冷裂纹有时也出现在焊缝金属中。冷裂纹可以在焊后立即出现，也可能经过一段时间（几小时、几天甚至更长时间）才出现，故这种裂纹也称延迟裂纹。延迟裂纹是冷裂纹中较常见的一种形态，具有更大的潜在危险性。焊接冷裂纹的分布形态见图 1-21。

焊接冷裂纹多发生在具有缺口效应的焊接热影响区或存在物理化学不均匀性的氢聚集的局部区域，大体有四种形式，即焊道下裂纹、焊根裂纹、焊趾裂纹及表面或焊缝内横向裂纹。其中焊道下裂纹多为微小裂纹（图 1-21 中的 1 裂纹），一般形成于距焊缝边界约 0.1~0.2mm 的热影响区，该部位无应力集中，裂纹走向大体与焊缝平行，且不显露于表面。焊根裂纹和焊趾裂纹[图 1.1-20(b)、(c)、(f) 中的 2 和 3]起源于应力集中的缺口部位，焊根裂纹有的沿热影响延伸，有的则转入焊缝内部。横向裂纹常起源于淬硬倾向较大的合金钢焊缝边界而延伸至焊缝和热影响区，走向均垂直于焊缝边界，裂纹尺寸不大，常显露于表面。

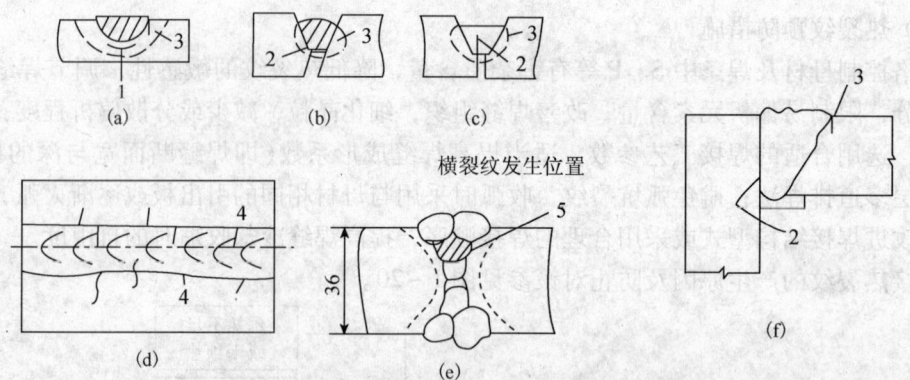

图1-21 焊接冷裂纹的分布形态
1—焊道下裂纹；2—焊根裂纹；3—焊趾裂纹；4、5—表面或焊缝内横裂纹

延迟裂纹生成温度在约100～-100℃之间，存在潜伏期（又称孕育期，时间有几小时、几天或更长）、缓慢扩展期和突然断裂期三个接续的开裂过程。其中，潜伏期阶段的冷裂纹通常是由于氢的作用引起，故延迟裂纹亦称氢致裂纹。焊道下裂纹是最典型的氢致裂纹，焊根裂纹和焊趾裂纹大多也是氢致延迟裂纹。对于淬硬倾向大的钢种或铸铁，在焊接过程中冷却到M_s至室温时产生的淬硬裂纹没有潜伏期，不具有延迟开裂特性。图1-21中的横向裂纹大多是淬硬裂纹。

焊接冷裂纹的微观形态有穿晶的，也有晶间的。对于淬硬性大的钢，由于存在对冷裂纹十分敏感的马氏体组织，一般为晶间裂纹。而在淬硬性较低的钢中则大多为穿晶裂纹。穿晶裂纹的裂源往往由晶间缺陷所诱发，因而其形态为：起初是晶间裂源，而后是穿晶扩张。延迟裂纹形成以后，具有不连续扩展的特点。一般情况下，一条具有相当尺寸的裂纹是由许多条裂纹集合而成，往往带有小的支叉。

在研究延迟裂纹形成机理的各种理论中，目前能够比较完整地解释氢、应力交互作用的延迟裂纹理论是三轴应力晶格脆化学说。该学说认为，如果在三个晶粒相交的空间或裂纹的前端处于三向应力状态，新的裂纹尖端处就会聚集较多的氢，当其超过一定界限之后便会发生晶格脆化而产生裂纹。随着时间延长，此处又重新聚集更多的氢，并使裂纹向前扩展或产生新的裂纹。这种过程断续交替进行，从而使延迟裂纹断续扩展延伸。故延迟裂纹的产生机理在于钢种淬硬之后受氢的侵袭和诱发，使之脆化，在拘束应力的作用下产生了裂纹。促使延迟裂纹形成和扩展的主要因素是钢种的淬硬倾向、焊缝金属中扩散氢的作用和焊接时拘束度的影响。钢种的淬硬倾向越大（即焊缝金属中马氏体转变而形成的淬硬组织越多），扩散氢在一定温度区间（-100～100℃）浓度越高（超过产生裂纹的临界氢含量$[H]_{cr}$)和焊接拘束程度越大（拉伸拘束度R_F)，则越容易产生延迟裂纹，而且使潜伏期大大缩短。

炼油厂加氢裂化等生产装置及煤直接液化装置中热壁加氢反应器不锈钢堆焊层（母材多为2.25Cr-1Mo或2.25Cr-1-Mo-0.25V，堆焊层为TP309L+TP347），在高温高压的氢气氛中，氢气扩散入钢材中内，在反应器停工冷却过程中，温度降至150℃以下时，由于氢来不及向外释放，往往会使堆焊层产生氢致剥离和氢致裂纹现象（称堆焊层氢致剥离），这也是一种在室温或略高于室温条件下发生的氢致延迟开裂行为。剥离裂纹大多沿熔合线附近不锈钢侧粗大奥氏体晶粒的晶界扩展,或者紧靠增碳层类马氏体齿形边界扩展,且裂纹也可能出现在增碳层类马氏体组织中,如图1-22所示。这种剥离是在氢的诱导下,堆焊层残余应力与碳化物沉淀相、微观缺陷相互作用的结果。

冷裂纹预防措施:

焊接工艺方面,选择合理的焊接参数和热输入,控制800~500℃(或800~300℃)的冷却时间,改善焊缝及热影响区组织状态,减少焊缝的淬硬倾向。焊前预热,控制层间温度,焊后立即进行消氢处理,加快氢的扩散,使氢从焊接接头中逸出。进行焊后热处理,消除焊接残余应力,改善焊接接头组织和性能。冶金方面,选用碱性低氢型焊条,使用前严格按照说明书规定进行烘焙。焊前清除焊件上的油污、水分,以减少焊缝中氢含量。合理选择焊缝金属的合金成分,提高焊缝的抗裂能力。另外,焊接过程应采用降低焊接应力的各种措施,如合理设计焊接接头型式,减小拘束度,避免应力集中;选择合理的焊接顺序,减小焊接内应力等。

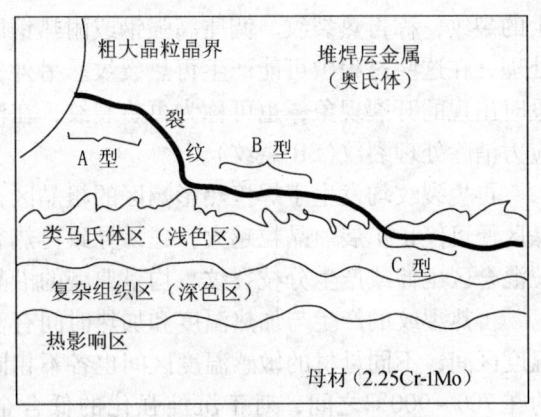

图1-22 氢致剥离裂纹形成的位置

焊接冷裂纹产生原因及其对策参见图1-23。

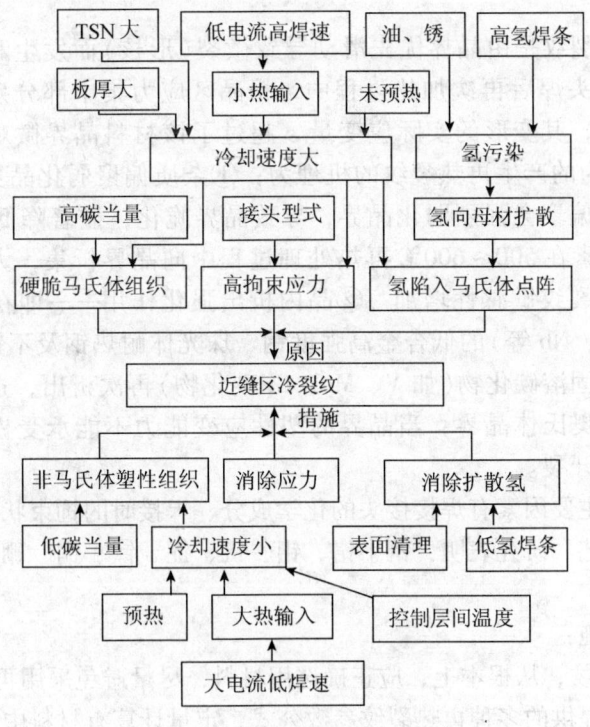

图1-23 冷裂纹原因及其对策

3. 再热裂纹

焊接后焊接接头在一定温度范围内再次加热(如消除应力热处理或其他加热过程)而产

生的裂纹，称再热裂纹。调质高强钢或耐热钢以及时效强化镍基合金等，焊后常需进行回火处理，在这些过程中可能产生再热裂纹。另外，一些耐热钢和耐热合金的焊接接头在高温服役时出现的开裂现象，也可称为再热裂纹，在消除应力热处理过程中产生的再生裂纹也称为应力消除处理裂纹（SR 裂纹）。

再生裂纹均发生于焊接热影响区的粗晶区，大体沿熔金线发展，裂纹不一定连续，在细晶区便可停止扩展。晶粒越大，越易导致再热裂纹。它有时也向熔合线或热影响区粗、细晶粒混合区延伸或产生分枝裂纹，均呈典型的沿晶开裂特征。

再热裂纹的产生与加热温度和加热时间有密切关系，存在一个最易产生再热裂纹的敏感温度区间，不同母材的敏感温度区间也各不相同。例如，对于奥氏体不锈钢和一些高温合金约在 700～900℃ 之间，对于沉淀强化的低合金钢约在 500～700℃ 之间。淬火+回火或淬火+析出强化的调质钢焊接接头有明显的再热开裂倾向，而碳化物析出强化的 Cr-Mo 或 Cr-Mo-V 耐热钢焊接接头，则具有更加显著的再热开裂倾向。

再热裂纹产生的先决条件是再次加热过程前，焊接区存在较大的残余应力、应变及应力集中的各种因素（如咬边、焊趾等缺陷），因此，在拘束度大的厚板或应力集中部分最易出现再热裂纹。

另外，内壁堆焊的不锈钢复层容器（如热壁加氢反应器、热壁高压分离器等），发现过复层下裂纹。其特点是紧靠复层下的母材热影响区中产生细小裂纹，沿堆焊方向不连续分布。这种裂纹只产生在热影响区经受二次加热的部位，即相邻两道焊层搭接处下面的区域，属于再热裂纹。

研究确认，再热裂纹是由晶界优先滑动导致微裂（形核）而发生和扩展的。形成再热裂纹的条件是，在接头焊后再次加热过程中，粗晶区应力集中部分残余应力松弛，使晶界出现微观局部滑动，其变形的实际应变量 ε 超过了该材料晶界微观局部的塑性变形能力 δ_{min}。目前普遍认为的产生再热裂纹的机理为：①杂质偏聚弱化晶界——即焊接接头晶界上的杂质及析出物偏聚会强烈弱化晶界，导致晶界脆化，显著降低蠕变抗力，例如 S、P、Sn、Pb、As 等元素在 500～600℃ 再热处理过程中向晶界析集，大大降低了晶界的塑性变形能力，使再热裂纹敏感性增加。②晶内析出强化作用——即在含有某些合金元素（V、Cr、Mo、B、Ti、Nb 等）的低合金高强度钢、珠光体耐热钢及不锈钢中，由于第一次加热过程中过饱和的固溶碳化物（如 V、Mo、Cr 碳化物）再次析出，造成晶内强化，便滑移应变集中于原先的奥氏体晶界，当晶界的塑性应变能力不能承受松弛应力过程中的应变时，就会导致沿晶开裂。

影响再热裂纹的主要因素有焊接接头的化学成分、焊接时的拘束状态以及焊接工艺和焊后消除应力热处理工艺。研究表明，钢中铬、钼、钒、铌、钛、铜、硼等合金元素对再热裂纹最为敏感。

再热裂纹预防措施：

① 为防止再热裂纹，从根本上，应正确选用材料，尽量避免采用再热敏感性高的钢种，可参考国内外有资料提供的多种再热裂纹参数公式，定量计算有材料中关化学成分对再热裂纹敏感性的影响。但使用时应注意每一经验式的应用条件（各种元素的含量范围），由于经验式大多没有考虑元素间的相互作用，与实际再热裂纹敏感性有一定偏差，只能作为初步评价。

② 选用低匹配的焊接材料，使焊缝金属在消除应力（SR）范围内的强度比母材低，提高其塑性变形能力，以便残余应力的释放大部分由蠕变塑性较好的焊缝金属承担。

③ 尽可能消除焊缝附近的应力集中（如咬边、焊趾及焊缝根部缺陷等），设计上注意避免过大的应力集中和减小拘束应力。

④ 对于淬硬倾向大的钢种，焊条电弧焊比埋弧焊、电渣焊的再热裂纹倾向大，焊接时宜采用较大的热输入，需焊前预热及焊后缓冷处理，以避免或减缓消除应力热处理（SR）时的二次析出硬化作用。焊前预热应采用比防止冷裂纹更高的预热温度或配合后热才能有效。此外，采用回火焊道（焊趾覆层或 TIG 重熔）有助于细化热影响区晶粒，减小应力集中和焊接残余应力，有利于减小再热裂纹倾向。

⑤ 改善焊后热处理工艺。由于合金存在一定的再热裂纹敏感温度区间，焊后热处理或其他再热过程温度，宜在保证改善组织和消除应力的前提下，尽量避开这一区间或停留过长的时间。一般在 500℃ 以下可用较缓慢的加热速度，500℃ 以上则尽可能快速加热，这是因为对于一定合金其析出强化速度一定，如果加热速度超过其析出强化速度（或时效硬化速度），就不致形成再热裂纹。此外还可采用低温焊后热处理、中间分段焊后热处理、完全正火处理等避开再热裂纹敏感温度区间的工艺。

4. 层状撕裂

层状撕裂属于冷裂纹范围，由轧制层非金属夹杂物与基体金属的脱聚开裂而形成，通常存在于轧制的厚钢板角接接头、T 形接头和十字接头中，大多发生在靠近焊缝熔合线的热影响区。它的宏观特征是具有阶梯状外形，即裂纹由平行于钢板轧制面的平台和大致与平台垂直的剪切壁所组成；是由于多层焊角焊缝产生的过大的 Z 向应力，在焊接热影响区及其附近的母材内引起的沿轧制方向发展的具有阶梯状的裂纹。促使产生层状撕裂的条件主要是存在脆弱的轧制层组织（层间存在非金属夹杂物），以及板厚方向（Z 向）存在拉伸应力。

层状撕裂在焊接过程中即可形成，也可在焊接结束后开裂和扩展，甚至还可延迟至使用期间才会出现，即具有延迟破坏性质。这种裂纹一般是产生于接头内部的微小裂纹，采用无损探伤较难检查发现，也难于排除和修补，故存在潜在危险性，易造成较大破坏性事故。

层状撕裂按其裂源可分为三类，见图 1-24 和表 1-8。由于焊接接头内夹杂物与基体脱离而形成的层状撕裂（亦称为脱聚开裂），如果钢材轧层中存在多量的非金属夹杂物，则易造成脱聚开裂，因此即使是低碳钢接头也会存在层状撕裂的危险。

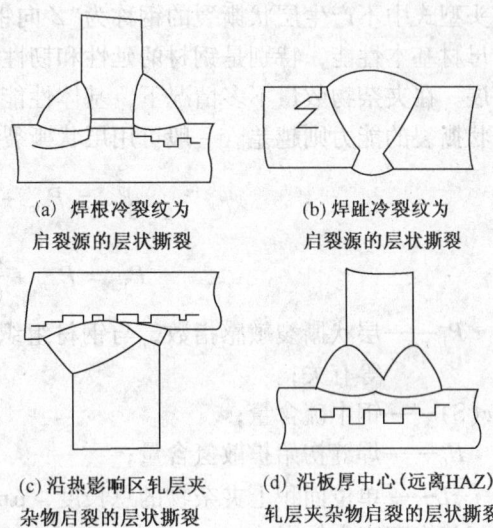

(a) 焊根冷裂纹为启裂源的层状撕裂
(b) 焊趾冷裂纹为启裂源的层状撕裂
(c) 沿热影响区轧层夹杂物启裂的层状撕裂
(d) 沿板厚中心（远离HAZ）轧层夹杂物启裂的层状撕裂

图 1-24 层状撕裂类型

表1-8 层状撕裂裂源分类及其防止措施

启裂分类	成因	防止措施
第Ⅰ类 以焊根裂纹、焊趾裂纹为启裂源,沿HAZ发展[图1-23(a)及(b)]	由冷裂而引起的(P_{cm}、H_0、R_F偏高) 伸长的MnS夹杂物 角变形引起的弯曲拘束应力或缺口引起的应变集中	同防止冷裂措施 降低钢中S含量,选用Z向钢 改变接头或坡口形式,防止角变形及应变集中
第Ⅱ类 以轧层夹杂物以启裂源,沿HAZ发展[图2-23(c)]	伸长的MnS夹杂物及硅酸盐夹杂 物拘束度大,存在Z向拉抻拘束应力 氢脆	降低钢中夹杂物数量(如添加稀土),选用Z向钢 减小拘束度 采用低氢焊接材料 改进接头或坡口形式 堆焊隔离层
第Ⅲ类 完全由收缩应变而致,以轧层夹杂物为启裂源,沿远离HAZ的母材板厚中央发展[图1-23(d)]	轧层中的长条MnS夹杂物及硅酸盐夹杂物 拘束度大,弯曲拘束产生的残余应力 应变时效	选用Z向钢 减小拘束度 改进接头或坡口形式 堆焊隔离层 钢板端面须经机械加工

影响层状撕裂的因素主要有钢材性能、扩散氢、硫含量、拘束应力以及接头形成方式等。

(1) 钢材性能的影响

钢中轧层上的夹杂物是主要影响因素,夹杂物是造成钢材各向异性的主要原因,也是层状撕裂的启裂点。存在于钢中的非金属夹杂物在钢板轧制过程中被延展成片状,并分布在与钢板表面平行的各层中,它与金属基体结合力差,在两向应力和剪应力作用下,很容易与基体脱开或本身破碎而形成层状撕裂。钢中含硫量越多,Z向拉伸时的延性就越低,层状撕裂倾向也越大;反之则层状撕裂倾向越小,故一般将含硫量低、断面收缩率$\psi_2 \geq 25\%$时在任何接头型式中不产生层状撕裂的钢称为"Z向钢"。

母材基本性能,特别是钢材的延性和韧性,都影响裂纹在水平方向扩展或垂直方向的剪切扩展。在夹杂物数量不多情况下,基体性能的影响则更为突出。母材的塑性、韧性越差,抗层状撕裂的能力则越差。一般可用层状撕裂敏感指数P_L表示:

$$P_L = P_{cm} + \frac{H_0}{60} + \frac{L}{7000} \quad (1-3)$$

$$P_L = P_{cm} + \frac{H_0}{60} + 6w(S) \quad (1-4)$$

式中 P_L——层状撕裂敏感指数,与钢材组织状态(用碳当量衡量)、时效应变和氢脆作用等有关;

$w(S)$——钢中硫含量;

H_0——焊缝初始扩散氢含量;

L——单位面积上夹杂物的总长度,$\mu m/mm^2$。

(2) 拘束应力的影响

拉伸应力是产生焊接裂纹的重要条件之一,层状撕裂也不例外。只有在角接接头或丁字、十字接头这类形成较大二向拘束应力的焊接接头,才会引起层状撕裂。故在接头设计上应尽量使二向拘束应力减小,工艺上采用多层焊、预热或保持层间温度也能降低拘束应力。

(3) 接头形成方式等因素影响

国外有关资料提出层状撕裂的危险性可按下列经验关系式判断:

$$LTR = INF(A) + INF(B) + INF(C) + INF(D) + INF(E) \qquad (1-5)$$

式中 LTR——层状撕裂危险性,可为正值或负值,为正值时表示具有较大层状撕裂危险性,负值时表示具有抵抗层状撕裂的性能。绝对值越大,表示影响越大;

$INF(A)$——焊脚尺寸 K 的影响;

$INF(B)$——接头形成方式的影响;

$INF(C)$——承受横向拘束时,板厚 δ 的影响;

$INF(D)$——拘束度 AF 的影响;

$INF(E)$——焊前预热条件的影响。

上式中,$INF(A\sim E)$ 五种因素的影响情况见表 1-9。当 LTR 绝对值为正且数值较大时,必须选用 ψ_2 值较大的钢材;$LTR \leq 10$ 时,不致产生层状撕裂,对钢材的 ψ_2 无特殊要求。

表 1-9 LTR 与 $INF(A\sim E)$ 的关系

$INF(X)$	参变因数			LTR
$INF(A)$	$INF(A)=0.3K$	焊脚尺寸 K/mm	10	3
			20	6
			30	9
			40	12
			50	15
$INF(B)$				-25
				-10
				-5
				0
				3
				5
				8
$INF(C)$	$INF(C)=0.2\delta$ 接头横向拘束	$\delta=20$mm		4
		$\delta=40$mm		8
		$\delta=60$mm		12
$INF(D)$	拘束度 R_F	低—可自由收缩,如T形接头		0
		中—可部分自由收缩,如箱形梁隔板		3
		高—难以自由收缩,如环焊缝		5
$INF(E)$	预热条件	不预热		0
		预热温度 $T_0>100$℃		-8

注:表中"LT"表示易产生层状撕裂的板件。

层状撕裂预防措施：对于层状撕裂应从预防着手，因为已经发生的层状撕裂修复很困难，而且往往在重焊时更易再度发生新的层状撕裂。防止层状撕裂的措施主要应考虑以下几点：

① 改善焊接接头设计，尽量减小拘束度和拘束应变。例如将贯通板端部延伸一定长度，有助于防止起裂（见图1-25）；改变焊缝位置，将垂直贯通板改为水平贯通板以改变焊缝收缩应力方向，使接头总的受力方向与轧层水平，以提高抗层状撕裂性能（见图1-26）；改变坡口位置以改变应变方向，如图1-27所示（图中易产生层状撕裂的板件以 LT 表示）；减小焊角尺寸，以减少焊结金属体积，从而使焊缝的收缩应变减小。

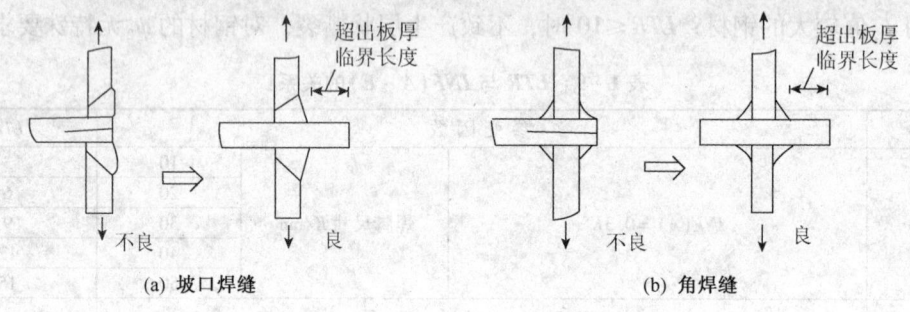

图1-25 贯通板延伸示意图

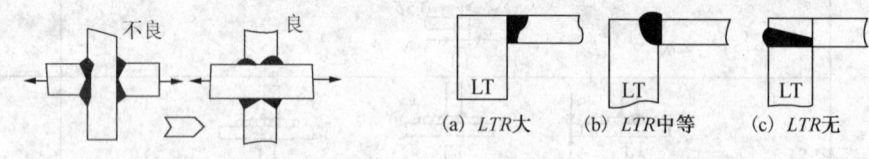

图1-26 改变焊缝布置示意图　　图1-27 改变坡口位置示意图

② 根据焊接接头的拘束度估计可能发生层状撕裂时，应对钢板进行层状撕裂敏感性评定，并选用对层状撕裂敏感性低的钢板。例如，焊接结构件可整体或部分选用"Z向钢"。

③ 对层状撕裂比较敏感的钢种，如工况和设计允许，可采用强度等级较低和塑性、韧性较好的焊接材料，使焊缝能够承受较大的拘束应变，以降低钢板厚度方向的应力。此外，也可在坡口处的钢板表面预先堆焊数层较低强度的焊缝金属，堆焊层厚度可根据钢板的层状撕裂敏感性和结构刚性确定。

④ 改进焊接工艺。如采用低氢型焊条；控制焊缝尺寸，避免大的焊脚；采用小焊道多道焊；适当预热，但须防止由此增大收缩应变；采取中间退火处理，以消除应力等。

不同类型的层状撕裂的防止措施可参考表1-8。

5. 应力腐蚀裂纹（SCC）

应力腐蚀裂纹是金属材料在特定腐蚀环境下受拉应力作用时，所产生的延迟开裂现象。据统计，石油化工设备中的焊接结构，破坏事故中主要由腐蚀而引起的脆化（如应力腐蚀裂纹、腐蚀疲劳及氢损伤或氢脆等），其中约半数为应力腐蚀裂纹，因此已成为企业中越来越突出的问题。

(1) 应力腐蚀裂纹的特征

应力腐蚀裂纹的特征,从表面裂纹形貌看,外观常呈龟裂形式,裂纹断断续续,在焊缝上以近似横向发展的裂纹居大多数,一般见不到明显的均匀腐蚀痕迹。该类裂纹多数出现在焊缝,也可能出现在热影响区。这种裂纹一旦产生,则由表面向纵深方向发展,裂纹细长而又尖锐,裂口的深宽比大到几十至100以上,且往往形成大量的二次裂纹,带有多量分支的显著特征(见图1-28)。应力腐蚀裂纹端口形貌,均为脆性断口,常附有腐蚀产物或氧化现象,断口呈沿晶或穿晶型,有时也呈沿晶-穿晶混合型。

纯金属不会产生应力腐蚀裂纹,但凡含有合金成分的金属材料(即使含有微量合金元素),在特定的环境中都存在一定的SCC倾向。易于产生SCC的金属材料与介质环境的组合见表1-10。

(a) 高温水中的Inconel 合金(300℃1000×10⁻⁶Cl⁻)
(b) 海滨露天存放几年的奥氏体钢焊缝

图1-28 SCC断面形貌

表1-10 易于产生SCC的金属材料与介质环境的组合

合金	腐性介质
碳钢与低合金钢	苛性碱($NaOH$)水溶液(沸腾);硝酸盐水溶液(沸腾);氨溶液;海水;湿的$CO-CO_2$-空气;含H_2S水溶液;海洋大气和工业大气;$H_2SO_4-HNO_3$混合水溶液;HCN水溶液;碳酸盐和重碳酸盐溶液;NH_4Cl水溶液;$NaOH+Na_2SiO_3$水溶液(沸腾);$NaCl+H_2O_2$水溶液;CH_3COOH水溶液;$CaCl_2$、$FeCl_3$水溶液;$(NH_4)_2CO_3$等
奥氏体不锈钢	氯化物水溶液;海洋气氛;海水;$NaOH$高温水溶液;H_2S水溶液;水蒸气(260℃);高温高压含氧高纯水;浓缩锅炉水;260℃H_2CO_4;$H_2SO_4+CuSO_4$水溶液;$Na_2CO_3+0.1\%NaCl$;$NaCl+H_2O_2$水溶液;高温碱液[$NaOH$、$Ca(OH)_2$、$LiOH$];连多硫酸($H_2S_nO_6$, $n=2\sim5$);湿润空气(湿度90%);热$NaCl$;湿$MgCl_2$绝缘物等
铁素体不锈钢	高温高压水;H_2S水溶液;NH_3水溶液;海水;海洋气氛;高温碱溶液;$NaOH+H_2S$水溶液等
铝合金	$NaCl$水溶液;海洋气氛;海水;$CaCl_2+NH_4Cl$水溶液;水银等
黄铜	NH_3;NH_3+CO_2;水蒸气;$FeCl_3$;水银;$AgNO$等
钛合金	HNO_3;HF;海水;氟里昂;甲醇、甲醇蒸气;HCl(10%, 35℃);CCl_4;N_2O_4(含O_2, 不含NO, 24~74℃);湿Cl_2(228℃、346℃、427℃);H_2SO_4;CCl;红烟硝酸等
镍合金	HF;$NaOH$;氟硅酸等

注:表中凡有百分数的皆指质量分数。

是否产生应力腐蚀裂纹决定于金属材料、介质及拉应力三个条件,当这三个条件同时具备时,经过裂纹开始形核、扩展和破裂三个阶段。其中,裂纹开始形核为孕育阶段,即形成

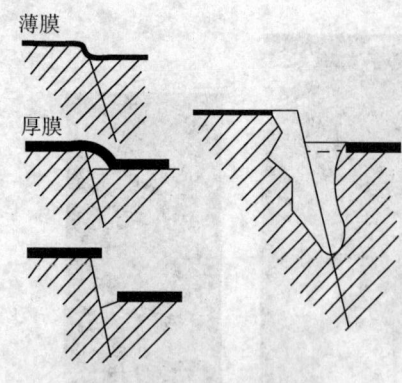

图 1-29 滑移阶梯的溶解启裂

局部性的最初腐蚀裂口,拉应力起了主要作用,它使材料表面产生塑性变形,形成活化的滑移系统,局部处产生"滑移阶梯",导致金属表面膜破坏,如图 1-29 所示。当位错沿某一滑移面通过时,在表面上出现断层,暴露在腐蚀介质中金属"阶梯"因无保护而快速溶解,滑移的交点处最容易腐蚀而成腐蚀坑。

裂纹扩展阶段为腐蚀裂口在拉应力与腐蚀介质共同作用下,沿着垂直于拉应力的方向向纵深(或横向)扩展,且逐步出现分枝。裂纹扩展途径可分成三类,即 A 类——裂纹一直向纵深发展,主要呈穿晶型,有少量分枝,此类裂纹多发生于强度较高的不锈钢及 $\sigma_s = 800 \sim 1000 MPa$ 的高强钢;B 类——裂纹沿横向扩展,主要呈穿晶型,形成树枝状密集分枝,此类裂纹多发生于强度较低的不锈钢及对氢敏感的超强度钢;中间类——介于 A、B 类之间,裂纹同时向纵深和横向扩展,主要呈沿晶型,较多放生于不锈钢构建中。破裂溃裂阶段是发展最快的裂纹最终崩溃性发展阶段,是拉应力局部越来越大的累积结果,最终破坏是应力因素起主导作用。

(2) 应力腐蚀裂纹的影响因素

① 应力的作用。拉应力的存在是产生 SCC 的先决条件(压应力不会引起 SCC),在没有拉应力情况下,即使存在 SCC 腐蚀环境,也只能引起轻微的一般腐蚀。据统计,造成 SCC 的应力主要是残余应力,约占 80%,其中焊接引起的残余应力约占其中 30%,由成形加工(如弯管、矫形、胀管等)引起的残余应力为 45%,其他外加应力(如承载应力、热应力)为 20%。

② 介质的影响。介质的浓度和温度对于具体金属材料 SCC 的影响是不同的,例如碳钢及低合金钢在 H_2S 介质中将产生应力阴极氢脆开裂,H_2S 浓度增大时,临界应力 σ_{th} 显著降低,在湿 H_2S 环境下影响更为严重。对于某一强度的钢材,皆存在一个产生 SCC 的最低 H_2S 浓度,即临界应力 σ_{th} 等于钢的屈服点 σ_s 时的 H_2S 浓度。焊接接头的 SCC 临界应力远小于相应强度母材的抗拉强度,且材料的抗拉强度越高,SCC 临界应力降低。例如,HT50、HT60、HT70、HT80 高强钢的 SCC 临界应力随强度级别由高到低而依次降低。

H_2S 水溶液温度对钢材 SCC 的影响呈极值型。在室温附近时,SCC 倾向最大,温度降低或升高均使 SCC 倾向下降。H_2S 溶液 pH 值对钢材 SCC 的影响为,pH < 3 时,对 SCC 无甚影响;pH > 3 时,随 pH 值增大(直到 pH = 5),SCC 临界应力明显增大,敏感性反而下降。

NaOH 溶液对碳钢及低合金钢的 SCC 影响为,在超过 5% NaOH 的几乎全部浓度范围内都可能产生应力腐蚀裂纹(碱脆),而以 30% NaOH 附近最危险;对于某一浓度的 NaOH 溶液,碱脆的临界温度约为其沸点,碱脆的最低温度约为 60℃。

氯化物溶液极易对奥氏体不锈钢造成 SCC,几乎只要有 Cl^- 存在,即可发生。因 Cl^- 可局部浓集,在含 $10^{-6} Cl^-$ 溶液的气相处(特别是气液相界面处)就会产生 SCC。在 Cl^- 浓度低的稀溶液中,存在一个 SCC 温度敏感范围,一般为 150~300℃ 区间内。在 Cl^- 浓度较低的高温水中,随着 pH 值增加,SCC 倾向将降低,但在高浓度的 Cl^- 溶液中(如 $MgCl_2$ 溶液),

随着温度升高，SCC加速。18-8型奥氏体不锈钢在高浓度Cl^-介质中，当pH=6~7即呈弱酸性时，对SCC最敏感；pH值过低(pH<4)时一般只产生均匀腐蚀，若pH值超过6~7时，SCC也会降低。

（3）应力腐蚀裂纹的防止

① 合理选择耐蚀材料，结构和焊接接头设计应最大限度地减少应力集中和高应力区。例如，由于金属材料中合金系统不同，抗SCC性能相差很大，Ni-Mo-V-B合金系统要优于Cr-Mo-B合金系统。对于奥氏体不锈钢，Ni和Cr的作用存在敏感成分区间，一般提高Ni、Cr含量是有利的，故25-20型钢优于18-8型，且Mo>3.5%奥氏体不锈钢优于不含Mo的钢。另外，δ相为40%~50%双向不锈钢具有最好的抗SCC性能，但是在有阴极氢化反应或存在氢脆时，δ相的存在是不利的。

② 合理选择焊接材料和组装工艺，注意减小从成形加工到组装过程中引起的残余应力。一般要求焊缝熔敷金属的化学成分和组织应尽可能与母材一致。尽可能减小冷作变形度，避免一切不正常组装，防止造成各种型式的伤痕（如组装拉筋、支柱、夹具等切割后遗留下来的焊接痕迹以及随意引弧形成的电弧灼痕等），都会成为SCC的裂源。

③ 制定合理的焊接工艺，保证焊缝成形良好、焊接接头组织均匀，焊接低合金钢时，进行余热或适当提高热输入，以使接头硬度降低（一般要求小于22HRC）。但对于奥氏体不锈钢，因无硬化问题，不需增加热输入，否则将由于晶粒粗化而显著增加SCC倾向。

④ 进行消除应力热处理（整体或局部热处理），最大程度的减小焊接接头拉应力，以及消除焊缝金属和热影响区内的硬化组织，以提高抗SCC性能。但对于不同钢种，宜通过实验确定最佳回火温度。对于合金钢及低温钢，焊后热处理可以减少低温容器脆性断裂倾向，提高塑性和韧性。

第三节 埋弧焊（SAW）

一、概述

埋弧焊是以焊丝与工件间形成电弧作为热源，加热、熔化焊丝和母材，并以覆盖电弧上面及周围的颗粒焊剂及熔渣作保护的焊件方法。焊接时，焊丝端部、电弧和工件被一层可熔化颗粒状焊剂覆盖，无可见电弧和飞溅，焊剂对于焊接电弧稳定性、焊缝质量、焊缝的机械和化学特性有重要影响。

埋弧焊的焊接过程如图1-30所示。主要由四部分组成：①颗粒焊剂由焊剂料斗经软管堆敷到焊缝接口区；②焊丝由焊丝盘经送丝结构和导电嘴送入焊接区；③焊接电源接在导电嘴和工件之间，用以产生电弧；④焊丝及送丝机构、焊剂漏斗和焊接控制盘等装在一台小车上，以实现

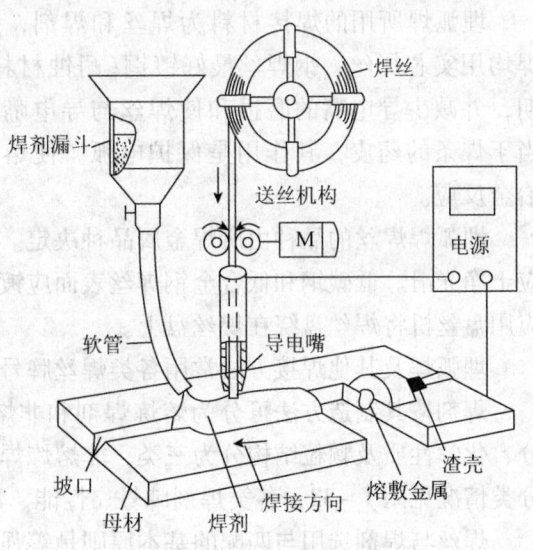

图1-30 埋弧焊焊接过程

焊接电弧移动。

埋弧焊焊缝形成过程如图1-31所示。电弧熔化光焊丝端部使之形成熔滴，通过电弧弧柱进入熔池。熔化覆盖在焊接区的颗粒状焊剂内堆层使之形成熔渣泡，全面保护焊接区。电弧借小车自动向前移动后，已形成的熔池冷却凝固，上面被渣壳覆盖。光焊丝借助送丝机构自动连续送进，电弧相应不断前进，从而形成焊道。

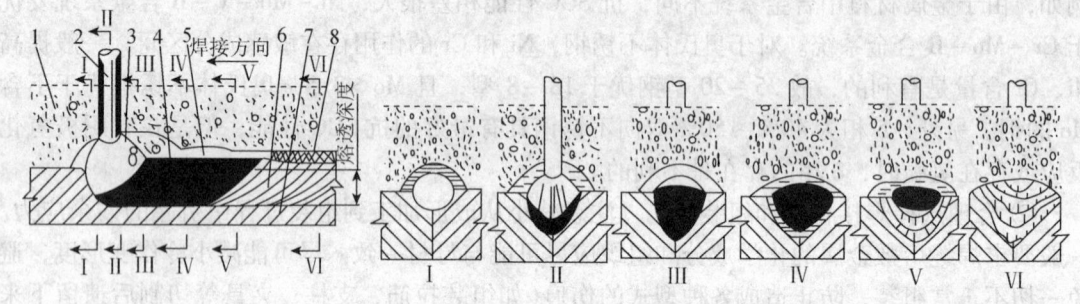

图1-31 埋弧焊焊缝形成过程
1—焊剂；2—焊丝；3—电弧；4—熔池；5—熔渣；6—焊缝；7—焊件；8—渣壳

埋弧焊时，焊丝连续不断送进，其端部在电弧热作用下不断熔化，焊丝送进速度和熔化速度应相互平衡，以保持焊接过程稳定进行。根据应用不同，焊丝有单丝、双丝或多丝，有的应用中以药芯焊丝代替裸焊丝或用钢带代替焊丝。

埋弧焊有自动埋弧焊和半自动埋弧焊两种方法，前者焊丝的送进和电弧的移动均由专门焊接小车完成，后者焊缝送进由机械完成，电弧移动则由焊工持焊枪移动完成半自动埋弧焊由于劳动强度大，目前已很少采用。自动埋弧焊设备是由送丝结构、导电嘴、焊剂储存和送给装置（有时还有焊剂回收装置）、沿待焊焊缝移动小车、焊接电源等组成，对焊剂下电弧供电的焊接电源有交流和直流两种，直流电源同手工电弧焊一样，可以有正极性和反极性。

埋弧焊所用的焊接材料为焊丝和焊剂，焊丝既作电极又用作填充金属。目前，填弧焊均用实芯焊丝，钢焊丝最好镀铜（耐蚀材料或核设施用焊丝除外），以获得较长的储存期，并减少导电嘴的磨损和使焊丝与导电嘴间的导电可靠，以提高电弧稳定性。焊剂相当于焊条的药皮，其作用是保护电弧，使熔滴、熔池不受周围空气侵袭，并参与一定的冶金反应。

埋弧焊焊丝的品种由所焊金属品种决定。自动埋弧焊焊丝的直径一般为3~6mm，表面应干净光滑。低碳钢和低合金钢焊丝表面应镀铜，以防止锈和改善焊丝和导电嘴的电接触，应用盘丝机将焊丝盘绕在焊丝盘上。

埋弧焊及其他焊接方法常用各类焊丝牌号、性能、用途等见附录A"表A-4"。

焊剂按其制造方法可分为熔炼焊剂和非熔炼焊剂两大类，其中熔炼焊剂又可按化学成分、化学性质及颗粒结构分为三类，非熔炼焊剂可分为烧结焊剂及陶制焊剂两大类。焊剂的分类情况见图1-32，各类焊剂牌号、性能、用途见附录A"表A-5"。

焊丝与焊剂选用与匹配的基本原则是等强度、同成分，即熔敷金属的力学性能和化学成分应与母材相同。常见焊剂用途及配用焊丝见表1-11。

第一章 压力容器常用焊接方法

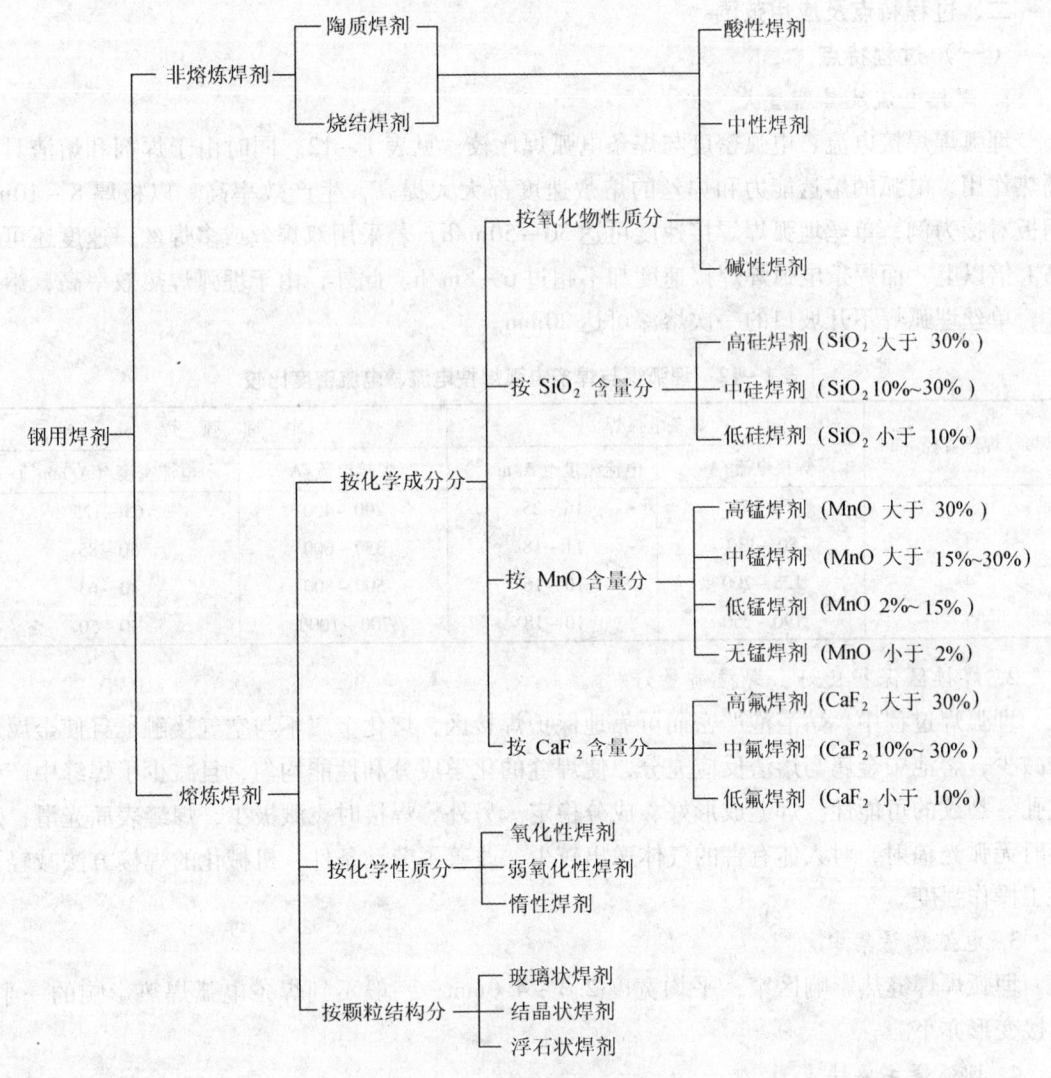

图 1-32 埋弧焊焊剂的分类

表 1-11 常见焊剂用途及配用焊丝

焊剂型号	用 途	焊剂颗粒度/mm	配用焊丝	适用电流种类
HJ130	低碳钢，普低钢	0.45~2.5	H10Mn2	交、直流
HJ131	Ni 基合金	0.3~2	Ni 基焊丝	交、直流
HJ150	轧辊堆焊	0.45~2.5	2Cr13,3Cr2W8	直流
HJ172	高 Cr 铁素体钢	0.3~2	相应钢种焊丝	直流
HJ173	Mn-Al 高合金钢	0.25~2.5	相应钢种焊丝	直流
HJ230	低碳钢，普低钢	0.45~2.5	H08MnA, H10Mn2	交、直流
HJ250	低合金强高度钢	0.3~2	相应钢种焊丝	直流
HJ251	珠光体耐热钢	0.3~2	Cr-Mo 钢焊丝	直流

二、过程特点及应用范围

(一) 过程特点

1. 焊接电流及其密度大

埋弧焊焊接电流、电弧密度与焊条电弧焊比较,见表1-12。同时由于焊剂和熔渣具有隔热作用,电弧的熔透能力和焊丝的熔敷速度都大大提高,生产效率高。以板厚8~10mm钢板对接为例,单丝埋弧焊焊接速度可达30~50m/h,若采用双焊丝或多焊丝,速度还可提高1倍以上,而焊条电弧焊焊接速度却不超过6~8m/h。此外,由于埋弧焊热效率高,熔深大,单丝埋弧焊不开坡口的一次熔深可达20mm。

表1-12 埋弧焊与焊条电弧焊按电流、电流密度比较

焊条/焊丝直径/mm	焊条电弧焊		埋弧焊	
	焊接电流/A	电流密度/(A/mm²)	焊接电流/A	电流密度/(A/mm²)
2	50~65	16~25	200~400	63~125
3	80~130	11~18	350~600	50~85
4	125~200	10~16	500~800	40~63
5	190~250	10~18	700~1000	30~50

2. 焊接区保护良好,焊接质量好

埋弧焊过程中,熔渣泡严密而可靠地保护焊接区,熔化金属不与空气接触,且使金属烧损减少,熔池中金属与熔渣反应充分,使焊缝的化学成分和性能均匀,且减少了焊缝中产生气孔、裂纹的可能性。焊缝成形好、成分稳定。另外,焊接时飞溅极少,焊缝表面光滑;焊接时无弧光辐射,对人体有害的气体逸出较少,改善了劳动条件;机械化的焊接方法减轻了手工操作强度。

3. 电弧热量集中

埋弧焊焊缝热影响区窄,平均宽度2.3~4.0mm,一般不到焊条电弧焊热影响的一半,焊接变形亦小。

4. 埋弧焊主要缺点

焊件待焊边缘的错边量和间隙等精度要求高,装配要求严格;因采用颗粒状焊剂进行保持,一般只适用于平焊和角焊位置的焊接。对于其他焊接位置,则需采用特殊装置来保证焊剂覆盖焊缝区。焊接时不能直接观察电弧与坡口的相对位置,需采用焊缝自动跟踪装置,以保证焊炬对准焊缝不焊偏。由于焊接电流大,电弧的电场强度较高,如果焊接电流低于100A时,电弧稳定性差,故不适用于厚度小于1mm薄件焊接。

(二) 应用范围

埋弧焊是一种较普遍的工艺焊接方法,其中自动电弧焊主要用来焊接长而规则的焊缝。由于具有焊接熔深大、生产效率高、机械化程度高、焊缝质量好等特点,在石油化工设备、锅炉与压力容器、造船、铁路车辆、工程机械、核电设备等领域皆有广泛应用。它除了主要用于金属构件的连接外,还可用来进行金属表面耐磨或耐蚀金属的堆焊。

埋弧焊可焊的金属材料已从碳素结构钢发展到低合金结构钢、不锈钢、耐热钢以及一些有色金属材料(如镍基合金、铜合金等)的焊接,见表1-13。

表1-13 埋弧焊对金属材料的适用性

适用程度	金属种类
最适用	低碳钢；$\delta_s<400$MPa 热轧状态或正火状态的低合金钢
一般适用	纯铁；含碳量为 0.45% 左右的中碳钢；含铬量 <4% 的珠光体耐热钢；$\delta_s>400$MPa 的低合金钢；各种奥氏体耐蚀或耐热不锈钢；紫铜；镍及其合金
难以适用	高碳钢；马氏体时效钢；焊后调质状态使用的低合金超高强度钢；含铬量 <13% 的马氏体耐热钢和耐蚀钢；含铬量 >17% 的铁素体耐热钢和耐蚀钢；低温钢（-40℃级的16Mn, -70℃级的09Mn2V, -196℃级的 Fe-Mn-Al-3.5Ni）
不适用	铸铁；奥氏体锰钢；工具钢；铅、锌等低熔点金属；铝、钛、镁等及其合金

埋弧焊可焊的金属材料厚度一般为 3~650mm，最小厚度可达 1mm。适用于中厚板长焊缝的焊接。

埋弧焊可焊的焊接接头形式和种类通常有圆筒形容器筒节的纵、环焊缝，平板拼接焊缝，各种结构中的角接和搭接焊缝，可焊的焊接接头有对接接头、角接接头、搭接接头及T形接头。

三、自动埋弧焊焊接工艺

（一）焊接接头形式及其坡口

埋弧焊的接头形式及其坡口尺寸见附录A"表A-6"。

（二）焊接规范（参数）

1. 焊接电流

埋弧焊焊接电流决定于金属的熔化量、熔深和焊丝的熔化速度，可根据熔深（H）选定焊接电流。对于焊丝直径为 ϕ5mm、采用高锰高硅含氟焊剂、对板面堆焊或不开坡口、不留间隙的对接焊，焊接电流可按下式确定：

$$I = 100H/1.1 \tag{1-6}$$

式中 I——焊接电流，A；
H——熔深，mm。

上式可理解为：要使焊缝熔深为 1.1mm，需焊接电流 100A。上述情况下，如果为开坡口及留间隙时，要使焊缝熔深为 1.5mm，则需焊接电流 100A。当其他条件不变时，增加焊接电流对焊缝形状和尺寸的影响如图 1-33 所示。无论是 Y 形坡口或 I 形坡口，正常焊接条件下，熔深与焊接电流变化成正比，即 $H=K_m I$，K_m 为比例系数，其大小随电流种类、极性、焊丝直径以及焊剂的化学成分变化而异，见表 1-14。

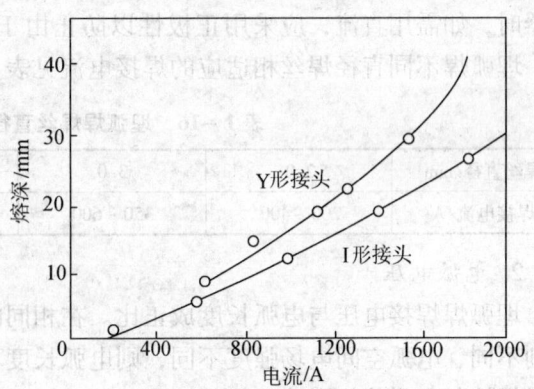

图 1-33 焊接电流与熔深的关系
（焊丝直径 4.8mm）

表 1-14 K_m 值与焊丝直径、电流种类、极性及焊剂的关系

焊丝直径/mm	电源种类	焊剂牌号	K_m 值/(mm/100A)	
			T形焊缝和开坡口的对接焊缝	堆焊和不开坡口的对接焊缝
5	交流	HJ431	1.5	1.1
2	交流	HJ431	2.0	1.0
5	直流反接	HJ431	1.75	1.1
5	直流正接	HJ431	1.25	1.0
5	交流	HJ430	1.55	1.15

在同样焊接电流条件下，焊丝直径不同（电流密度、电弧吹力不同），焊缝形状和尺寸会发生变化。表1-15表示电流密度对焊缝形状和尺寸的影响，从表中可见：当其他条件不变时，熔深与焊丝直径成反比，但这种关系随电流密度的增加而减弱。这是因为随着电流密度的增加，熔池熔化金属量不断增加，熔融金属后排困难，使熔深增加较慢，并随熔化金属量的增加，余高增加，焊缝成形变差，因此在增加焊接电流的同时，需增加电弧电压，以保证焊缝成形。

表 1-15 埋弧焊电流密度对焊缝形状、尺寸的影响
（电弧电压 30~32V，焊接速度 33cm/min）

项目	焊接电流/A							
	700~750			1000~1100			1300~1400	
焊丝直径/mm	6	5	4	6	5	4	6	5
平均电流密度/(A/mm²)	25	36	58	38	52	84	48	68
熔深 H/mm	7.0	8.5	11.5	10.5	12.0	16.5	17.5	19.0
熔宽 B/mm	22	31	19	26	24	22	27	24
形状系数 B/H	3.1	2.5	1.7	2.5	2.0	1.3	1.5	1.3

焊接电流种类和极性对熔深和熔宽有一定影响。当采用含氟焊剂时，直流反接可使熔深较大而熔宽较小，直流正接则相反，即熔深较小而熔宽较大，交流介于两者之间。焊接压力容器时，如需用直流，应采用正极性以防止由于熔合比过大而产生热裂纹或使焊缝性能变差。埋弧焊不同直径焊丝相适应的焊接电流见表1-16。

表 1-16 埋弧焊焊丝直径与焊接电流的关系

焊丝直径/mm	2.0	3.0	4.0	5.0	6.0
焊接电流/A	200~400	350~600	600~800	700~1000	800~1200

2. 电弧电压

埋弧焊焊接电压与电弧长度成正比。在相同的电弧电压和焊接电流条件下，如果选用的焊剂不同、电弧空间电场强度不同，则电弧长度不同。在其他条件不变情况下，改变电弧电压对焊缝断面形状的影响，如图1-34所示。电弧电压过小，熔深大、焊缝宽度窄，易产生热裂纹；电弧电压过高，焊缝宽度增加，焊道下凹，脱渣困难，气孔、咬边倾向增加。对于埋弧焊，电弧电压的调正范围是有限的，这是因为它是依据焊接电流调整的，即一定焊接电

流要保持一定的弧长才可能保证焊接电流的稳定燃烧。

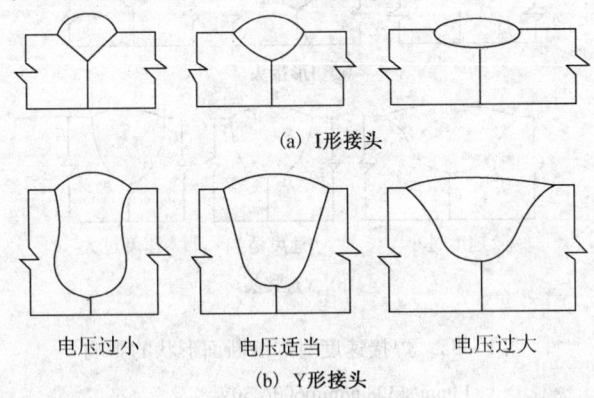

(a) I形接头

电压过小　　电压适当　　电压过大

(b) Y形接头

图1-34　电弧电压对焊缝断面形状的影响

通常情况下,电弧电压对熔宽影响较大,而对熔深的影响较小,故根据熔宽选择电弧电压。由于焊接电流和电弧电压对焊缝形状和尺寸有不同的影响,因此焊接电流和电弧电压应相互配合,否则会出现蘑菇状焊缝,影响焊缝质量。一般情况下可按表1-17选用。

表1-17　焊接电流与之相应的电弧电压

焊接电流/A	520~600	600~700	700~850	850~1000	1000~1200
电弧电压/V	34~36	36~38	38~40	40~42	42~44

电流极性不同时,电弧电压对熔宽的影响不同。表1-18所列为采用HJ431焊剂时,正极性和反极性条件下,电弧电压对熔宽的影响。

表1-18　不同极性埋弧焊时,电弧电压对熔宽的影响

| 电弧电压/V | 熔宽 B/mm | |
	正极性	反极性
30~32	21	22
40~42	25	28
53~55	25	33

3. 焊接速度

焊接速度对熔深和熔宽都有明显的影响,通常焊接速度小,焊接熔池大,焊缝熔深和熔宽均较大。随着焊接速度增加,母材熔合比减小,焊缝熔深和熔宽都将减小,即熔深和熔宽与焊接速度成反比,焊接速度对焊缝断面形状的影响如图1-35所示。焊接速度过小,熔化金属量多,焊缝成形差,且会引起夹渣、过大的余高和满溢等缺陷。焊接速度过大,熔化金属量不足,容易产生咬边、气孔、未焊透等缺陷。两者均使焊缝成形恶化。

4. 焊丝直径

焊丝直径影响熔敷率,在焊接电流一定的条件下,焊丝直径小,电流密度大,熔敷率高。但在一般情况下,由于受送丝速度的限制,为了提高熔敷率,多选用粗焊丝。焊丝对于焊缝的成形的影响如图1-36所示,图中为φ3.2、φ4.0、φ5.6mm三种焊丝直径焊接熔敷率比较,焊丝越细,焊缝熔深越大、熔宽越小。

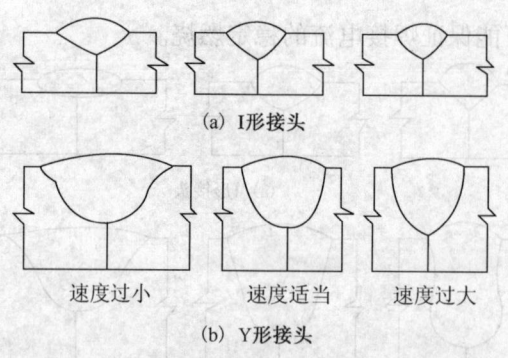

(a) I形接头

速度过小　速度适当　速度过大

(b) Y形接头

图1-35　焊接速度对焊缝断面形状的影响

13mm/s(308in/min)600A,30V

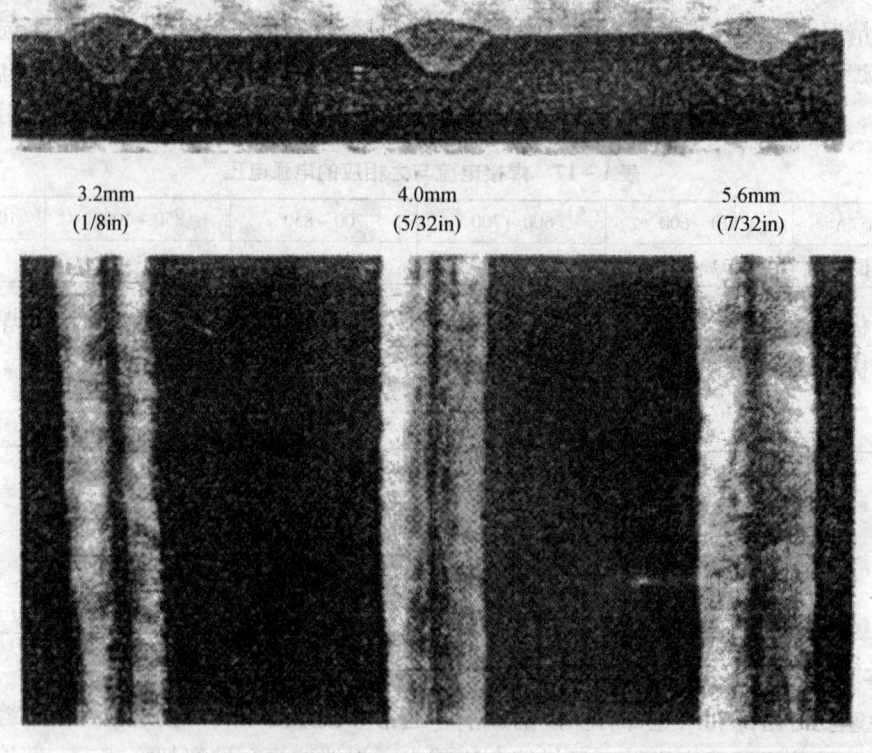

3.2mm　　　　4.0mm　　　　5.6mm
(1/8in)　　　(5/32in)　　　(7/32in)

图1-36　焊丝直径对焊缝形状和熔深的影响

5. 焊丝伸出长度

焊丝伸长长度系指导电嘴之外的焊丝到工件的伸出长度(见图1-30)。在开始焊接时，伸长长度宜为焊丝直径8倍左右，随着焊接过程进行，应逐步调整伸出长度，使得在电流相同时，焊丝的熔化效率最高。

增加焊丝伸出长度一般可以使焊接熔敷率提高25%～50%，但由于长度增加，伸出长度上的电压也会增加，从而使电弧电压下降，故需同时增加电源的电压输出，以保证焊缝成形和质量。在焊接薄板时，可通过增加焊丝伸出长度来减小熔深，以避免烧穿。但是由于伸出长度增大对焊缝成形(特别是余高)有显著影响，故不可随意增加。一般认为，对于$\phi2.0$、

$\phi 2.4$、$\phi 3.2$mm 焊丝,焊丝伸出长度上限为 75mm,对于 $\phi 4.0$、$\phi 4.8$、$\phi 5.6$mm 焊丝,上限为 125mm。表 1-19 所列为埋弧焊合适的焊丝伸出长度推荐值。

表 1-19 埋弧焊焊丝伸出长度

焊丝直径/mm	2.0	3.0	4.0	5.0	6.0
焊丝伸出长度/mm	15~20	25~35	25~35	30~40	30~40

6. 焊剂的粒度、堆高和堆宽

焊剂粒度对焊缝成形和外观有一定的影响。不同的焊接电流对焊剂粒度的要求见表 1-20,粒度小的焊剂堆积密度大,焊接时可以获得较大的熔深和较小的熔宽。

表 1-20 焊接电流及其相应的熔剂粒度

焊接电流/A	焊剂粒度/mm	焊接电流/A	焊剂粒度/mm
<600	0.25~1.5	>1200	1.6~3.0
600~1200	0.4~2.5		

埋弧焊焊剂堆高一般在 25~40mm,应保证在丝极周围埋住电弧。当使用粘结焊剂或烧结焊剂时,由于密度小,焊剂堆高比熔炼焊剂高出 20%~50%。焊剂堆高越大,熔深越浅。焊剂的堆高和堆宽会影响焊缝外观和致密性。

7. 焊丝倾角及工件倾斜焊接

(1) 焊丝倾角

大多数情况下,焊丝与焊件垂直。焊丝的倾斜方向分为前倾和后倾两种,如图 1-37 所示。倾角小于 90°时称为焊丝前倾,大于 90°时称为焊丝后倾,焊丝在一定倾角内后倾时,电弧力后排熔池金属的作用减弱,熔池底部液体金属增厚,使熔深减小。而电弧对熔池前方向的母材预热作用加强,使熔宽增大。在埋弧焊实际操作中,焊丝前倾只在某些特殊情况下使用(例如焊接小直径圆筒形工件的环缝等)。

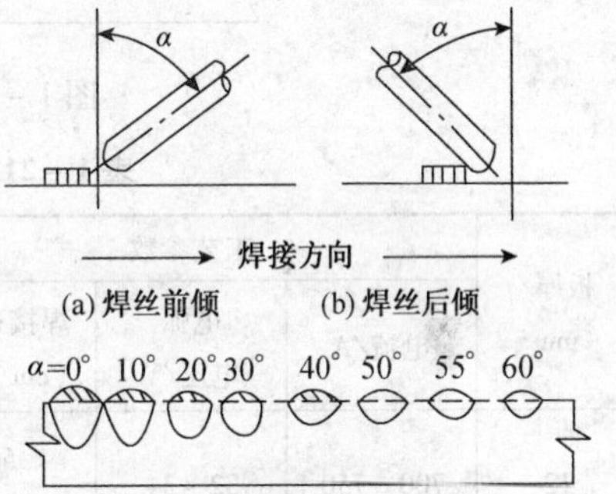

焊丝在垂直于焊缝平面内倾斜称为侧倾,对接焊时,焊丝一般无需侧倾,而在焊接平角焊缝和搭接焊缝时,应有一定的侧倾。

图 1-37 焊丝倾角对焊缝成形的影响

(2) 工件倾斜焊接

焊件倾斜焊接有三种情况:上坡焊、下坡焊和侧向倾焊,图 1-38 所示为上坡焊、下坡焊对焊缝成形的影响。当焊接电流在 800A 以内时,上、下坡焊的极限倾角一般为 6°,焊接电流增大时,倾斜角应减小。对于侧向倾焊,最大侧向倾斜角为 3°。

上坡焊时,若斜度 $\beta > 6° \sim 12°$,会使焊缝余高过大,两侧出现咬边,焊缝成形恶化。在埋弧焊焊接中应尽量避免上坡焊。下坡焊的情况与上坡焊相反,当 $\beta > 6° \sim 8°$ 时,焊缝的熔深和余高均有减小、熔宽略有增加,焊缝成形得到改善。继续增大 β 角将会产生未熔透、焊瘤等缺陷。实际应用中,圆筒形工件的内外环缝一般都采用下坡焊,以减少烧穿和改善焊缝成形。

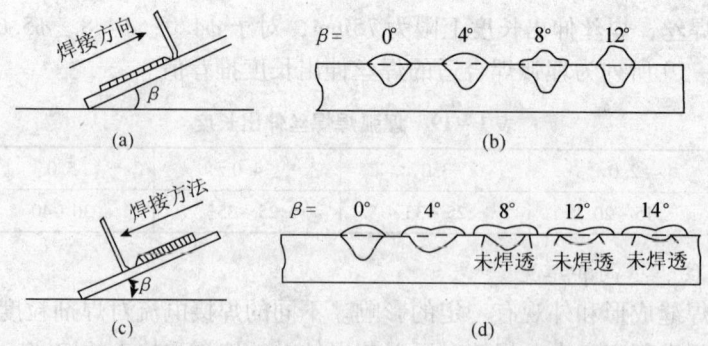

图1-38 工件斜度对焊缝成形的影响

8. 对接坡口形状和间隙

对接坡口形状对焊缝成形的影响如图1-39所示。在其他条件相同时,增加坡口深度和宽度,焊缝熔深增加、熔宽略有减小,余高显著减小。在对接焊缝中,如果改变间隙大小,也可以调整焊缝形状。同时,板厚及散热条件对焊缝熔宽和余高也有显著影响。对接焊对口间隙对焊缝尺寸的影响见表1-21。

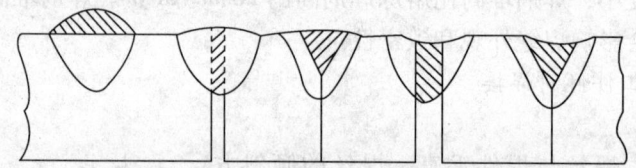

图1-39 坡口形状对焊缝成形的影响

表1-21 焊缝间隙对对接焊缝尺寸的影响

板厚/mm	工艺参数			熔深/mm			熔宽/mm			余高/mm			熔合比/%		
	电流/A	电弧电压/V	焊接速度/(cm/min)	间隙/mm											
				0	2	4	0	2	4	0	2	4	0	2	4
12	700~750	32~34	50	7.5	8.0	7.5	20	21	20	2.5	2.0	1.0	74	64	57
			134	5.6	6.0	5.5	10	11	10	2.0	—	—	71	61	46
20	800~850	36~38	20	10.0	9.5	10.0	27	27	27	3.0	2.0	2.5	60	57	52
			33.4	11.0	11.5	11.0	23	22	22	3.5	2.5	1.5	63	58	49
			134	6.5	7.0	7.0	11	11	10	2.5	—	—	72	61	45
30	900~1000	40~42	20	10.5	11.0	10.5	34	33	35	3.5	3.0	2.5	61	59	55
			33.4	12.0	12.0	11.0	30	29	30	3.0	2.0	1.5	67	63	59
			134	7.5	7.5	7.5	12	12	12	1.5	—	—	72	72	60

注:焊接直径5mm,焊剂HJ330。

四、自动埋弧焊焊接技术

(一)对接直缝自动埋弧焊

对接接头自动埋弧焊时,工件可以开坡口或不开坡口,开坡口不仅为了保证熔深,有时还为了达到其他目的,例如焊接合金钢时,可以控制熔合比,焊接低碳钢时,可以控制焊缝余高等。在不开坡口情况下,埋弧焊可以一次焊透20mm以下的工件,但要求预留5~6mm

的间隙。否则，超过 14～16mm 的板料必须开坡口才能用单面焊一次焊透。

1. 对接接头单面自动埋弧焊

（1）单面焊双面成形

这种焊接技术系采用较大的焊接电流，从正面一次焊透整个厚度，焊件正背两面同时形成良好的焊缝。此时，为了托住熔池，需采用各种衬垫。这种焊接技术简化了焊接工艺，提高了生产率。为了保证焊缝质量的稳定性，防止接头性能下降，单面焊双面成形焊接技术适用于厚度小于 14mm 的中、薄板对接。单面焊双面成形焊接所用的背面衬垫有以下几种：

① 焊剂垫。采用松散细粒状的焊剂作衬垫，用以托住熔池，使背面焊缝成形。承托焊剂的方法有：柔性槽（用柔性薄板卷成的槽，槽内填满焊剂，槽的下部用充气软管内气压不大于 35～70kPa）；刚性槽（钢槽内填满焊剂）；铜垫（铜垫上铺焊剂）。用这种方法焊接时，焊缝形成质量主要取决于焊剂垫托力的大小和均匀与否，以及装配间隙均匀与否。图 1-40 示出焊剂垫托力与焊缝成形的关系。

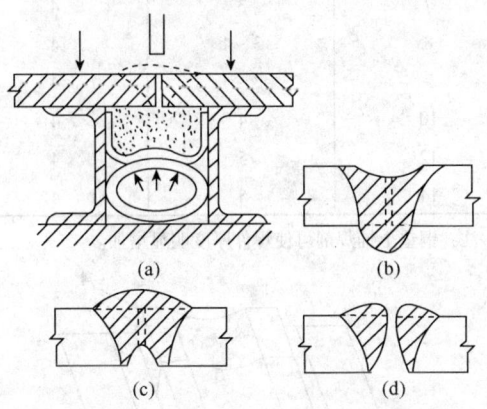

图 1-40 在焊剂垫上的对接焊

采用焊剂垫时，钢板可开或不开坡口，但需留有间隙，应尽可能选用细颗粒焊剂。这种焊接方法的缺点是可能出现由于承托力不均匀而使背面焊缝成形不均匀。表 1-22 所列为"焊剂-铜垫"单面焊双面成形的焊接规范。

表 1-22 焊剂-铜垫法焊接规范

焊件厚度/mm	背面成形槽宽/mm	背面成形槽深/mm	背面成形槽曲率半径/mm
4～6	10	2.5	7.0
6～8	12	3.0	7.5
8～10	14	3.5	9.5
12～14	18	4.0	12.0

② 铜垫。采用截面为矩形、上表面带沟槽的紫铜垫板（见图 1-41），沟槽中铺敷焊剂，焊接时使背面焊缝成形。铜衬垫截面尺寸见表 1-23。

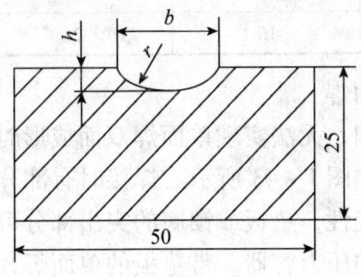

图 1-41 铜垫尺寸

表 1-23 铜衬垫截面尺寸

焊件厚度/mm	装配间隙/mm	焊接电流/mm	焊丝直径/A	焊接电压/V	焊接速度/(m/h)
3	2	3	380~420	27~29	47.0
4	2~3	4	450~500	29~31	40.5
5	2~3	4	520~560	31~33	37.5
6	3	4	550~600	33~35	37.5
7	3	4	640~680	35~37	34.5
8	3~4	4	680~720	35~37	32.0
9	3~4	4	720~780	36~38	27.5
10	4	4	780~820	38~40	27.5
12	5	4	850~900	39~41	23.0
14	5	4	880~920	39~41	21.5

注：铜垫上铺焊剂可使焊件厚度明显增加。

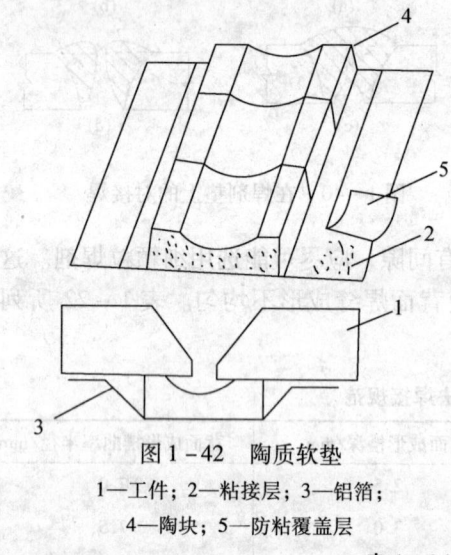

图 1-42 陶质软垫
1—工件；2—粘接层；3—铝箔；
4—陶块；5—防粘覆盖层

焊接过程中，铜衬垫沟槽的焊剂起焊剂垫作用，同时也保护衬垫免受电弧直接作用。这种工艺对工件装配质量、垫板上焊剂托力均匀与否均不敏感。实际应用中，采用铜衬垫也可以不留间隙焊接厚度为 1~3mm 的薄板。

③ 陶质软垫。陶质软垫如图 1-42 所示，是由块状陶垫、铝箔和压敏粘接剂涂层构成。块状陶瓷起焊缝背面成形的铸模作用；铝箔起支撑陶质垫和向被焊工件背面粘贴陶质垫的作用；压敏粘接剂一方面将多块陶质垫粘在铝箔上，另一方面两侧有 50mm 的粘接剂层，使铝箔与被焊工件的坡口两侧粘牢。陶质软垫尺寸列于表 1-24。

表 1-24 块状陶制软垫尺寸

板厚/mm	外形尺寸/mm	凹槽尺寸/mm		焊缝背面成形尺寸/mm	
		槽宽	槽深	B背	h背
4~8	长：20 或 10 宽：30 厚：8	10	2	10~12	2±1
8~16		12	2	16~20	$2^{+1.5}_{-1.0}$
16~20		16	2	20~22	2.5±1.5

（2）带垫板或锁底衬垫单面焊

当焊件由于结构或其他原因，无法实现单面焊双面成形时，可采用材质与焊件相同的垫板或带锁底衬垫的焊接方法，如图 1-43 所示。焊接时有部分厚度熔化，因而成为焊缝的一部分。根据设计要求和加工可能性，垫板或锁底的突出部分可永久保留或焊后除去，前者应力集中较严重，不宜用于重要的压力容器。带垫板的单面焊，垫板必须紧贴于待焊板上，垫板与工件板面间隙不得超过 0.5~1mm，一般用于板厚 10mm 以下的工件。对于板厚 >10mm 焊件，宜采用锁底衬垫，适用于小直径壁厚筒体环缝焊接。

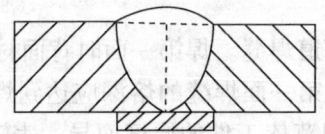
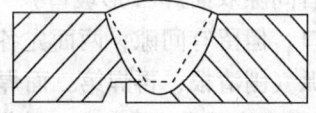

图 1-43 带垫板或锁底衬垫的单面焊

(3) 用其他焊接方法封底的单面焊

如果埋弧焊不允许采用焊缝背面带垫板或锁底衬垫,以及不采用各种衬垫进行单面焊双面成形时,可先在焊件背面用焊条电弧焊或焊条氩弧焊封底,用以作为埋弧单面焊的衬垫,然后在正面进行埋弧焊。一般情况下,封底焊缝的厚度为 5mm,当焊接厚板并开 V 形坡口时,封底焊缝的厚度应大于 8mm。封底焊缝的成形和质量要求,应与主焊缝相同,它既可留作整个焊接接头的一部分,也可在自动埋弧焊后除去,然后再在该处进行埋弧焊。

2. 对接接头双面焊

对接接头双面焊是埋弧焊最常用的焊接技术,易保证质量,主要用于中、厚板焊接。通常情况下,对于工件厚度超过 12~14mm 的对接接头,一般采用双面焊。接头型式根据钢种、板厚、接头性能要求的不同,可采用图 1-44 所示的 I 形、Y 形、X 形坡口。第一面焊接时,所采用的技术与上述单面焊相似,但是不要求完全焊透,焊缝的熔透由反面焊接保证。

对接接头双面焊对焊接工艺参数的波动和工件装配质量不敏感,一般皆可能获得较好的焊接质量。

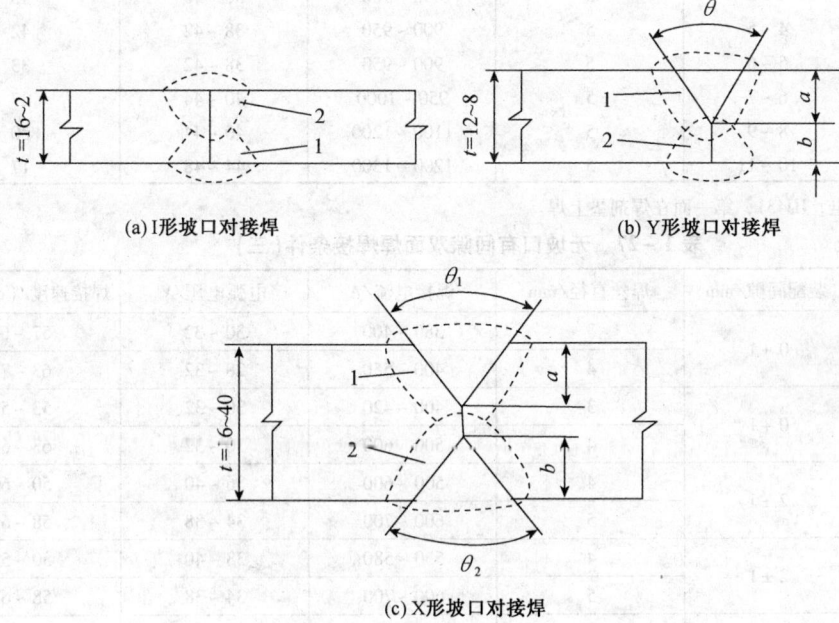

图 1-44 不同板厚的接头形式

(1) 无坡口有间隙双面焊(I形坡口)

焊件不开坡口，但留有间隙，两面先各焊一道焊缝。焊第一面时背面衬焊剂垫，然后对第一面焊缝用碳弧气刨清根，再焊第二面焊缝。第一面焊缝的熔深应达到焊件厚度的1/2～1/3，这两面焊缝至少应重叠2～3mm，其焊接规范依工件的厚度而异，表1-25～表1-27分别为三组数据，可供参考。在预留间隙的I形坡口内，焊前需均匀填塞干净焊剂，然后在焊剂垫上施焊，可减少夹渣和改善焊缝成形。在有些情况下，第一面焊缝焊接后是否需要清根，可视第一道焊缝的质量而定。

表1-25 无坡口有间隙双面焊焊接条件(一)

焊件厚度/mm	间隙/mm	焊接条件	焊接电流/A	焊接电压/V 交流	焊接电压/V 直接反接	焊接速度/(m/h)
10～12	2～3	焊剂431	750～800	34～36	32～34	32
14～16	3～4	焊丝直径	775～825	34～36	23～34	30
18～20	4～5	5mm	800～850	36～40	34～36	25
22～24	4～5		850～900	38～42	36～38	23
26～28	5～6		900～950	38～42	36～38	20
30～32	5～6		950～1000	40～44	38～40	16

注：当焊接厚度大于20mm时，由于热输入量很大，应用范围应加以限制。

表1-26 无坡口有间隙双面焊焊接条件(二)

工件厚度/mm	装配间隙/mm	焊丝直径/mm	焊接电流/A	电弧电压/V	焊接速度/(cm/min)
14	3～4	5	700～750	34～36	50
16	3～4	5	700～750	34～36	45
18	4～5	5	750～800	36～40	45
20	4～5	5	850～900	36～40	45
24	4～5	5	900～950	38～42	42
28	5～6	5	900～950	38～42	33
30	6～7	5	950～1000	40～44	27
40	8～9	5	1100～1200	40～44	20
50	10～11	5	1200～1300	44～48	17

注：采用交流电，HJ431，第一面在焊剂垫上焊。

表1-27 无坡口有间隙双面焊焊接条件(三)

工件厚度/mm	装配间隙/mm	焊丝直径/mm	焊接电流/A	电弧电压/V	焊接速度/(cm/min)
6	0+1	3	380～400	30～32	57～60
6	0+1	4	400～550	28～32	63～73
8	0+1	3	400～420	30～32	53～57
8	0+1	4	500～600	30～32	63～67
10	2±1	4	500～600	36～40	50～60
10	2±1	5	600～700	34～38	58～67
12	2±1	4	550～580	38～40	50～57
12	2±1	5	600～700	34～38	58～67
14	3±0.5	4	550～720	38～42	50～53
14	3±0.5	5	650～750	36～40	50～57
≤16	3±0.5	5	650～850	36～40	50～57

（2）开坡口有间隙双面焊

对于厚度较大的焊件，可能由于材料或其他原因，不允许使用较大的焊接线能量或不允许焊缝有较大余高时，可采用有坡口有间隙的双面焊，以易于控制线能量和余高，获得较好的焊缝成形和接头性能。其坡口形式按工件厚度决定见表1-28。

表1-28 开坡口有间隙双面焊焊接条件

工件厚度/mm	坡口形式	焊丝直径/mm	焊接顺序	坡口尺寸 $\alpha/(°)$	h/mm	g/mm	焊接电流/A	电弧电压/V	焊接速度/(cm/min)
14		5	正	70	3	3	830~850	36~38	42
			反				600~620	36~38	75
16		5	正	70	3	3	830~850	36~38	33
			反				600~620	36~38	75
18		5	正	70	3	3	830~860	36~38	33
			反				600~620	36~38	75
22		6	正	70	3	3	1050~1150	38~40	30
		5	反				600~620	36~38	75
24		6	正	70	3	3	1100	38~40	40
		5	反				800	36~38	47
30		6	正	70	3	3	1000	36~40	30
			反				900~1000	36~38	33

注：第一面在焊剂垫上焊接。

（3）开坡口有间隙多层焊

焊件较厚时（一般超过40~50mm），无论是单面焊或双面焊，往往需采用多层焊。坡口形状一般采用V形、X形或U形，而且坡口角度比较窄。通常情况下，厚度22~40mm时，用V形或X形坡口，厚度在40mm以上时，用U形坡口（见图1-45）。压力容器的纵缝尽可能用对称坡口，其背面的V形坡口内进行焊条电弧焊或氩弧焊封底焊接。深坡口的焊接条件参见表1-29。

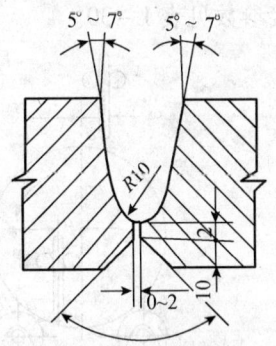

图1-45 用焊条电弧焊封底的深U形坡口

表1-29 深坡口焊接条件

焊接层次	焊接电流/A	焊接电压/V	焊接速度/(m/h)
第一、二层	600~700	35~37	28~32
中间各层	700~850	36~38	25~30
盖面层	650~750	38~42	28~32

多层焊由于工作厚度大、坡口角度窄，其焊道宽度一般比焊缝深度小得多，此时在焊缝中心容易产生梨形焊道裂纹，如图1-46所示。另外，在多层焊结束时，在焊道端部需加衬

板，由于背面初始焊道不能全部铲除，造成坡口角度变窄（见图 1－47），此时形成的梨形焊道更增加裂纹产生倾向。故在埋弧多层焊时，需特别注意和防止。

(a) 坡口角度适当　(b) 坡口角度较小

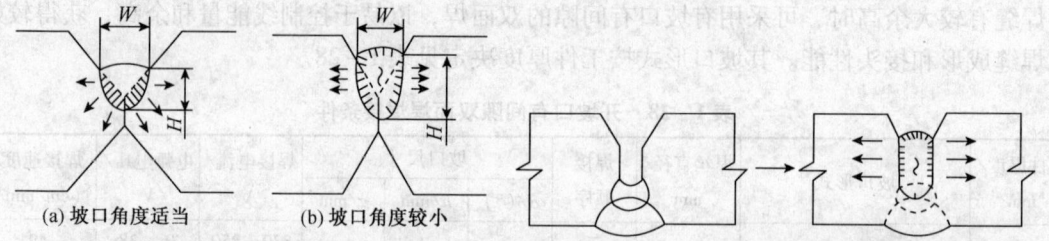

图 1－46　多层焊坡口角度对焊缝的影响

图 1－47　坡口狭窄产生缝隙内部初始裂纹

（二）对接环缝自动埋弧焊

对于圆形筒体的对接环焊缝采用双面焊时，应先在焊剂垫上焊接内环缝，然后再焊外环缝。焊接规范除前述外，还应确定焊丝与筒体横截面垂直轴线间的相对位置。无论焊接内环缝或外环缝，焊丝对垂直轴线的偏移方向皆应是逆筒体旋转方向，如图 1－48 所示，焊丝偏移距离 a 一般在 50～70mm 范围内选取。对于小直径管件，外环缝的偏移距离 a 应小于 30mm。具体选定时还应考虑筒体直径、焊接速度和焊件厚度等因素，若筒体直径较大和焊接速度较快，a 应选取较大值，焊件厚度的影响相当于筒体直径的影响。

（三）角焊缝焊接

焊接 T 形接头或搭接接头的角焊缝时，一般采用船形焊和平角焊两种方法。

1. 船形焊

船形焊方法就是将工件角焊缝的两边置于与焊丝轴线皆成 45°位置，如图 1－49 所示。焊接接头的装配间隙不应超过 1～1.5mm，否则必须采取措施，以防止液态金属流失。船形焊的焊接参数见表 1－30。

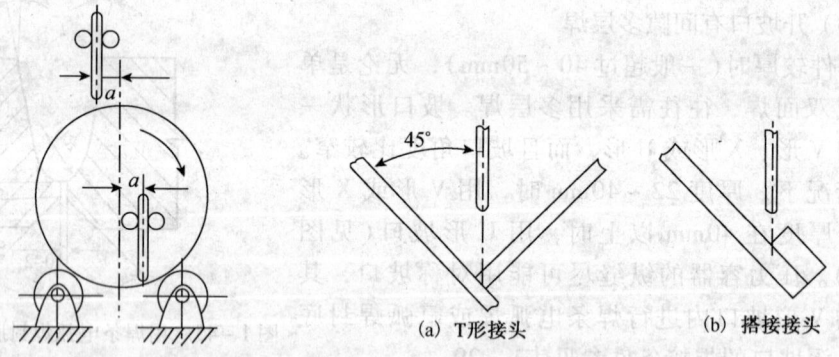

图 1－48　环缝焊接时焊丝位置示意图

(a) T形接头　(b) 搭接接头

图 1－49　船形焊

表 1－30　船形焊焊接参数

焊脚长度/mm	焊丝直径/mm	焊接电流/A	电弧电压/V	焊接速度/(cm/min)
6	2	450～475	34～36	67
8	3	550～600	34～36	50
10	4	575～625	34～36	50
	3	600～650	34～36	38

续表

焊脚长度/mm	焊丝直径/mm	焊接电流/A	电弧电压/V	焊接速度/(cm/min)
12	4	650~700	34~36	38
	3	600~650	34~36	25
	4	725~775	36~38	33
	5	775~825	36~38	30

注：采用交流焊接。

2. 平角焊

当工件角焊缝焊接不便于采用船形焊时，可采用平角焊（见图1-50）。与船形焊相比，平角焊对于接头装配间隙可适当放宽，一般为2~3mm，且不必采取防止液态金属流失的措施。

平角焊时，焊丝与焊缝的相对位置对角焊缝质量影响很大，焊丝偏角应控制在 $\alpha=20°\sim30°$ 范围内。每一单道平角焊缝的断面积不得超过 40~50mm², 当焊脚长度超过 8mm×8mm 时，会产生金属溢流和咬边。平角焊的焊接参数参照表1-31。

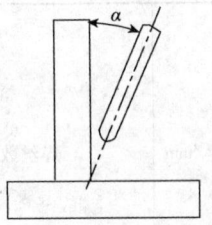

图1-50 平角焊

表1-31 平角焊焊接参数

焊脚长度/mm	焊丝直径/mm	焊接电流/A	电弧电压/V	焊接速度/(cm/min)	电流种类
3	2	200~220	25~28	100	直流
4	2	280~300	28~30	92	交流
	3	350	28~30	92	
5	2	375~400	30~32	92	交流
	3	450	28~30	92	
	4	450	28~30	100	
7	2	375~400	30~32	47	交流
	3	500	30~32	80	
	4	675	32~35	83	

注：用细颗粒HJ431。

3. 多丝平角焊

采用多丝平角焊是为了提高焊接效率和增大焊角尺寸，如图1-51所示。此时，必须选择适当的焊丝位置、角度及距离，其依据是前后熔池的确定。若焊丝距离不大，前面熔池的渣会使后面的电弧不稳定，距离太小则会使前熔池熔渣被卷入后面的熔池。一般情况下，串列电弧焊时前面的电极应使用较大的电流，而后面的电极电流较小，这样焊缝成形较好。

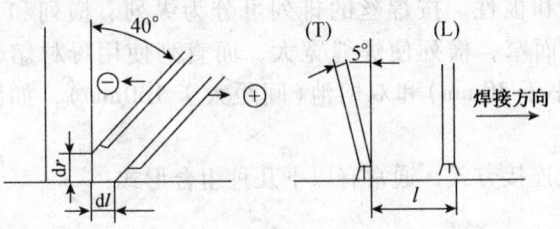

图1-51 串列多丝角焊时焊丝的位置和角度

（四）高效埋弧焊

高效埋弧焊有多丝埋弧焊、带状电极埋弧焊、热丝（冷丝）铁丝埋弧焊和窄间隙埋弧焊等方法。

1. 多丝埋弧焊

多丝埋弧焊是将2根焊丝向同一熔池送进，焊丝可以作为电极，也可以不作电极。按照焊丝根数有双丝埋弧焊、三丝埋弧焊……，在一些特殊应用中焊丝数目可达14根。目前工业上应用最多的是双丝和三丝埋弧焊。与单丝埋弧焊相比，它不但可以提高焊接生产率，还能提高焊接质量。此外，每根焊丝可以用不同规范焊接，对焊缝成形可起到调节作用。表1-32所列为双丝及三丝埋弧焊单面焊的焊接条件。

表1-32 双丝和多丝埋弧焊单面焊的焊接条件

板厚/mm	焊丝数	h_1/mm	h_2/mm	θ/(°)	焊丝	电流/A	电压/A	焊接速度/(cm/min)
20	双丝	8	12	90	前	1400	32	60
					后	900	45	
25	双丝	10	15	90	前	1600	32	60
					后	1000	45	
32	双丝	16	16	75	前	1800	33	50
35	双丝	17	18	75	后	1100	45	43
20	三丝	11	9	90	前	2200	30	110
25	三丝	12	13	90	中	1300	40	95
					后	1000	45	
32	三丝	17	15	70	前	2200	33	70
50	三丝	30	20	60	中	1400	40	40
					后	1100	45	

多丝埋弧焊，按焊接电源可分类有共用电源和独立电源两种，后者的各焊丝焊接规范可单独调节，并可采用不同的电流种类和极性。按焊丝的排列可分为纵列、横列和直列三种，如图1-52所示。纵列使焊缝深而窄，横列使焊缝宽大，而直列使母材熔化较少。按焊丝的间距可分为单熔池（间距小于30mm）和双熔池（间距大于100mm），如图1-53所示。

埋弧双丝焊根据焊丝排列、焊接电源及连接方式，通常有以下几种组合形式：

（1）纵列-共同电源-并联双丝焊

两焊丝共用一个电源并构成并联电路；焊丝纵列，相距6~18mm，形成单熔池。由于两电弧的电磁吸引力使前弧后偏和后弧前偏，前者效果同焊丝后倾，有利于增加熔深；后者效果同焊丝前倾，有利于焊缝成形。此组合方式常用大坡口角的对接焊缝和大截面角焊缝。

第一章 压力容器常用焊接方法

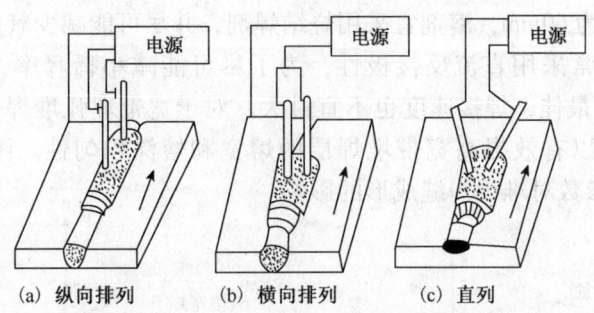

图1-52 双丝埋弧焊焊丝排列方式

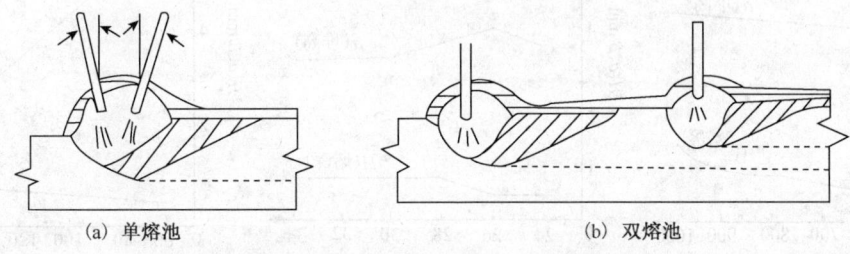

图1-53 纵列双丝焊焊丝的间距

（2）横列-共用电源-并列双焊丝

两焊丝共用一个电源并构成并联电路，焊丝横列。适用于宽而平的焊缝和熔合比较小的埋弧焊。

（3）直列-共用电源-串联双丝焊

两焊丝共用一个电源并构成串联电路，垂直于焊缝表面的两焊丝间夹角为45°，可通过调节两焊丝交点与工件表面的距离来控制焊缝形状和质量。

（4）纵列-直流-直流双丝焊

两焊丝各用一套平特性直流电源和等速送丝机构，焊丝纵列并形成单熔池。前弧电流大，以保证熔透；后弧电流小，以保证良好成形。由于直流电源易产生偏吹，需限制每条焊丝的焊接电流不得超过500~550A。一般只适用于厚1~6mm焊件埋弧焊。

（5）纵列-交流-交流双丝焊

双丝焊各用一套下降特性交流电源和均匀调节式送丝机构，焊丝纵列并形成单熔池。由于无磁偏吹，焊丝直径为2.5~6mm，前丝电流达1500A，后丝电流较前丝低15%~20%，后丝前倾10°~20°。适用于厚板拼接和纵、环缝埋弧焊。

（6）纵列-直流-交流双丝焊

前焊丝用特性直流电源和等速送丝机构，焊丝直径φ3~4mm、焊接电流500~1000A；后焊丝采用空载电压较高的下降特性交流电源和均匀调节式送丝机构，焊丝直径可与前焊丝相同或较细，焊接电流较前焊丝低5%~10%。两焊丝形成单熔池，前丝垂直，直流易引弧；后丝前倾，交流电源使磁偏吹减少。此组合形式应用较多。

2. 带状电极埋弧焊

带状电极埋弧焊具有最高的熔敷速度、最低的熔深和稀释度，尤其是双带极埋弧焊，是目前表面堆焊的理想方法。这种焊接方法的关键是选择合适成分的焊带、焊剂和送丝机构。

一般常用的带材宽度为60mm，溶剂宜采用烧结焊剂，并尽可能减少氧化铁含量。

带极埋弧堆焊通常采用直流反接极性，为了尽可能减小稀释率，焊接电流不宜超过950A，电压以26V为最佳，焊接速度也不宜过大。对于宽带埋弧堆焊，采用轴向外加磁场或横向交变磁场，可以有效提高宽带堆焊层的熔宽和熔深均匀性。图1-54所示为带宽60mm带极堆焊焊接参数对堆焊焊缝成形的影响。

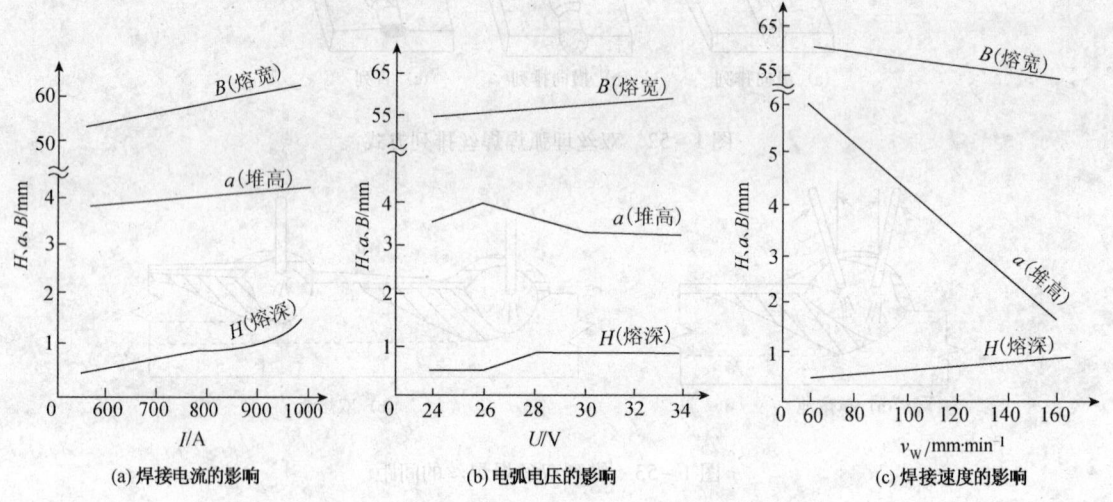

图1-54　带宽60mm带极堆焊焊接参数对堆焊成形的影响

3. 采用焊丝电阻热预热的热丝、冷丝、铁粉埋弧焊

这些方法具有较高的熔敷率、较低的熔深和稀释率，适用于难以制成带极或丝极的某些合金埋弧堆焊及焊接，亦常用于窄间隙埋弧焊。其中，冷丝埋弧焊的金属熔敷率最大可提高到73%左右（一般情况下可提高35%~40%）。在热输入恒定时，熔敷率提高越大，熔深越浅。热丝埋弧焊由于附加电源对焊丝的加热作用，熔敷率可提高50%~100%。铁粉埋弧焊工艺中，为了得到要求的焊缝化学成分，必须严格控制铁粉的合金元素组成，采用此堆焊方法，熔敷率可提高70%，同时可改善焊缝成形、减小熔深和合金成分稀释率。

4. 窄间隙埋弧焊

窄间隙埋弧焊适用于厚板焊接。当厚度在50mm以上的焊件若采用V形或U形坡口埋弧焊，其焊接层数和道数多，焊缝金属的填充量及所需的焊接时间均随焊件厚度呈几何级数增加，且焊接变形很大和难以控制。窄间隙埋弧焊克服了上述弊端，其主要特点为：

① 窄间隙坡口底层间隙为12~35mm、坡口角度为1°~8°、每层焊道数为1~3道，常采用工艺垫板打底焊。

② 采用交流电弧（最好是晶闸管控制的交流方波电源），以避免电弧在窄坡口内极易诱发的磁偏吹。

③ 采用串联双弧焊（串联双焊丝埋弧焊），如交流-交流（AC-AC）或直流-交流（DC-AC）组合的串列双弧，以提高熔敷率和焊接速度。

④ 采用能插入坡口内的专用窄焊嘴，以使焊丝送达厚板窄坡口的底层，焊丝外伸长度一般为50~75mm，以获得较高熔敷速率。

⑤ 采用专用的颗粒度较细的焊剂，脱渣性强，为达到高强韧性焊缝金属性能，大多采用高碱度烧结型焊剂。

⑥ 一般需采用自动跟踪控制，以保证焊丝和电弧在深而窄坡口内的正确位置。

五、半自动埋弧焊焊接工艺

半自动埋弧焊与自动埋弧焊的主要区别是焊接速度及其均匀程度完全由焊工控制。当焊接短而不规则的焊接接头时，焊枪通常不带支托，焊接较长的接头时，一般需在焊枪上加支托装置，以保证焊接质量和减轻劳动强度。在焊接装配间隙较大焊件、或上坡焊、堆焊时，焊枪除沿焊缝移动外，还可以作横向摆动。

半自动埋弧焊焊接对接接头时，可采用单面焊或双面焊。表1-33和表1-34分别为 ϕ2mm焊丝在焊剂垫上进行对接接头单向和双面焊的焊接条件。采用半自动双面焊时，工件不开坡口，其装配间隙可参考表1-35选用，用这种方法可焊接厚度为3~24mm的工件。

表1-33 对接接头焊剂垫上单面半自动埋弧焊焊接条件

板厚/mm	焊接电流①/A	电弧电压/V	焊接速度/(cm/min)	允许装配间隙/mm	允许错边/mm
3	275~300	28~30	67~82	≤1.5	≤0.5
4	375~400	28~30	58~67	≤2	≤0.5
5	425~450	32~34	50~58	≤3	≤1.0
6	475	32~34	50~58	≤3	≤1.0

① 采用交流电焊接，焊丝直径2mm。

表1-34 对接接头双面半自动埋弧焊焊接条件

板厚/mm	焊接电流/A	电弧电压/V	焊接速度/(cm/min)
4	220~240	32~34	30~40
5	275~300	32~34	30~40
8	450~470	34~36	30~40
12	500~550	36~40	30~40

表1-35 不开坡口对接接头悬空双面焊焊接条件

工件厚度/mm	焊丝直径/mm	焊接顺序	焊接电流/A	电弧电压/V	焊接速度/(cm/min)
6	4	正	380~420	30	58
6	4	反	430~470	30	55
8	4	正	440~480	30	50
8	4	反	480~530	31	50
10	4	正	530~570	31	46
10	4	反	590~640	33	46
12	4	正	620~660	35	42
12	4	反	680~720	35	41
14	4	正	680~720	37	41
14	4	反	730~770	40	38
16	5	正	800~850	34~36	63
16	5	反	850~900	36~38	43

续表

工件厚度/mm	焊丝直径/mm	焊接顺序	焊接电流/A	电弧电压/V	焊接速度/(cm/min)
17	5	正	850~900	35~37	60
		反	900~950	37~39	48
18	5	正	850~900	36~38	60
		反	900~950	38~40	40
20	5	正	850~900	36~38	42
		反	900~1000	38~40	40
22	5	正	900~950	37~39	53
		反	1000~1050	38~40	40

注：装配间隙0~1mm。MZ-1000直流。

半自动埋弧角焊缝的焊接，可采用船形焊或平角焊，焊接条件见表1-36。

表1-36 角焊缝半自动埋弧焊平角焊焊接条件

板厚/mm	焊脚长度/mm	焊接电流/A	电弧电压/V	焊接速度/(cm/min)
4	4	220~240	32~34	40~50
5	5	275~300	32~34	40~50
8	8	380~420	32~38	30~40

六、埋弧焊主要缺陷及防止措施

埋弧焊可能产生的主要缺陷，除了由于所用焊接参数不当造成的熔透不足、(未熔合、未焊透)烧穿、咬边、成形不良外，还有气孔、裂纹、夹渣等。焊缝成形方面的缺陷有宽度不均匀(与焊接速度、送丝速度及焊丝导电等不良有关)、余高过高(与焊接电流、焊接电压、上坡倾角、以及环缝焊接时焊丝位置等有关)、满溢(与焊接速度、焊接电压、下坡倾角，以及环缝焊接时焊丝的位置有关)等。咬边缺陷与焊接规范、焊丝位置或角度有关。未熔合和未焊透与焊接规范、坡口、以及焊丝没有对准位置有关。以下主要叙述气孔、裂纹、夹渣等缺陷产生原因及防止措施。

(一) 气孔

埋弧焊焊缝气孔的产生主要与待焊处及焊丝表面的清理、焊剂的烘干和焊剂覆盖层厚度、熔渣黏度、电弧磁偏吹，以及焊接电压等有关。

① 工件焊接部位被污染，如焊接坡口及其附件的铁锈、油污或其他污物等在焊接时将产生大量气体，促使气孔生成。故焊前应在彻底清理后立即施焊。

② 焊剂吸潮或不干净，如焊剂中的水分、污物和氧化铁屑等都会使焊缝产生气孔。因此焊剂需烘干处理，烘干温度和时间由焊剂生产厂家规定。宜采用真空式焊剂回收器，以有效分离回收焊剂中的尘土等污物。

③ 焊接时焊剂覆盖不充分，致使电弧外露卷入空气而造成气孔，一般在焊接筒体环缝(特别是小直径筒体环缝)时易出现此情况，施焊过程中应采取防止焊剂滑落的措施，保持一定的焊剂厚度。

④ 熔渣黏度过大，使焊接时溶入高温液态金属中的气体在冷却过程中形成的气泡，难以通过熔渣层，部分被阻挡在焊缝金属表面附近，产生气孔。为此，须调整焊剂化学成分，

以降低熔渣黏度。

⑤ 电弧磁偏吹。焊接时常有电弧磁偏吹现象发生,(采用直流电源时更为严重),易在焊缝中造成气孔。例如,工件上焊接电缆的连接位置不当、电缆接线处接触不良、部分焊接电缆环绕接头造成的二次磁场等皆易出现磁偏吹,而且在同一条焊缝的不同部位,磁偏吹方向也不相同。在磁偏吹经常发生部位(如接近端部的焊缝),气孔较多出现。为此,应尽可能采用交流电源,将工件上焊接电缆的连接位置尽量远离焊缝终端,避免部分焊接电缆在工件上产生二次磁场等,以减少电弧磁偏吹影响。

(二) 裂纹

埋弧焊焊接接头一般可能产生结晶裂纹和氢致裂纹,前者出现在焊缝金属中,后者可能发生于焊缝金属或热影响区内。

焊接裂纹的形成与焊件、焊丝、焊剂间的匹配,焊丝中的S、Mn、C含量,焊接的冷却速度,焊缝的形状系数,焊接顺序以及焊件刚度等有关。

1. 结晶裂纹

钢材焊接时,焊缝中S、P等杂质在结晶过程中形成低熔点共晶物,并随结晶过程的进行被排挤到晶界,形成高温液态薄膜。由于其在焊缝凝固过程中,不能承受因收缩作用产生的拉应力,从而产生裂纹。

在钢材的化学成分中,S对形成结晶裂纹影响最大,而且其影响程度与钢中其他元素的含量有关。例如,Mn与S结合成MnS后,可抑制S的有害影响,因此为防止产生结晶裂纹,对焊缝金属中的Mn/S比值有一定要求。同时,S对形成结晶裂纹的影响也与钢中含碳量有关。图1-55示出钢中C、Mn、S含量对形成结晶裂纹的影响,可以看出,若钢中C含量越高,要求不产生结晶裂纹的Mn/S值也越高。

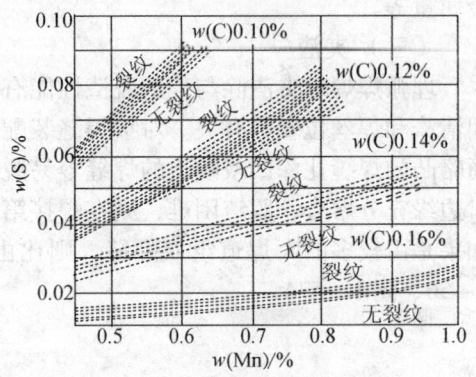

图1-55 焊缝金属中Mn、C、S同时存在对结晶裂纹的影响

埋弧焊焊缝的融合比一般较大,因而母材金属的杂质含量对结晶裂纹倾向有很大影响,母材杂质含量多,或因偏析使焊缝内局部C、S含量偏高,或Mn/S比值达不到要求,皆易产生结晶裂纹。可以通过采用直流正接、加粗焊丝以减少电流密度、改变坡口尺寸等工艺措施减小埋弧焊缝的熔合比,以减少杂质含量,或通过焊接材料调整焊缝金属的成分(如增加含Mn量、降低C、Si含量等),防止结晶裂纹形成。此外,焊缝形状对结晶裂纹的形成也有明显影响,如窄而深的焊缝促使结晶裂纹在焊缝中心形成;焊接接头形式不同以及刚性、散热条件、结晶特点等不同,对产生结晶裂纹的影响也不同。

2. 氢致裂纹

此类裂纹较多发生于低、中合金钢及高碳钢的焊接热影响区中,可能在焊后立即出现,也可能在一段时间后(数小时、数天甚至更长时间)产生,后者称为延迟裂纹。

氢致裂纹的形成与焊接接头中氢含量、接头显微组织及拘束度等因素有关。焊件较厚时,接头的冷速度较大,对于淬硬倾向大的金属材料,易在焊接接头处出现硬脆组织。同时,焊接时溶解于焊缝金属中的氢由于溶解过程中溶解度下降,向热影响区扩散。当热影响区的局部区域氢浓度很高且温度继续下降时,一些氢原子结合成氢分子,在金属内部产生很大的局部应力,在拘束应力同时作用下则易出现氢致裂纹。某些超强钢埋弧焊时,焊接热影响区除了可能产生氢致裂纹外,还可能产生淬硬脆化裂纹和层状撕裂等。这种裂纹也会出现在焊缝金属中。

氢致裂纹的防止,主要应采取以下几种措施:

① 减少氢气来源及其在焊缝金属中的溶解。例如采用低氢焊剂;焊前使用前严格烘干;焊前对焊丝、工件坡口附近的水分、油污或锈蚀等清理干净;通过所选用焊剂的冶金反应,把氢结合成不溶于液态金属的化合物而进入熔渣中,以减小氢对生成裂纹的影响。

② 选择合适的焊接参数,必要时可焊前预热,以降低工件淬硬程度、有利于氢的逸出和改善应力状态。

③ 焊接过程中采用后热或进行焊后热处理。焊后后热有利于焊缝金属中溶解氢逸出。焊后热处理根据焊接材料特性、厚度等因素确定,一般情况下多采用回火处理,以消除焊接残余应力,以及使焊缝金属中已产生的马氏体组织高温回火,改善组织。同时可使焊接接头中的氢进一步逸出,有利于消除氢致裂纹,提高热影响区延性。

④ 降低焊接接头拘束应力,从工件设计结构上尽量消除引起应力集中的因素。如避免缺口、防止焊缝的分布过分密集、坡口形状宜对称,并在符合焊缝强度条件下尽量减少填充金属量等。

(三) 夹渣

埋弧焊焊缝夹渣除与焊剂脱渣性能有关外,还与工件装配情况、焊接工艺、多层焊时层间清渣和焊丝位置等有关。对接焊缝装配不良时,易在焊缝底层产生夹渣;焊缝成形后,平而略凸的焊缝比深凹或咬边的焊缝容易脱渣,夹渣较少;双道焊的第一道焊缝如果不能与坡口边缘充分熔合,脱渣困难,则在焊接第二道焊缝时易造成夹渣;焊接深坡口时,多层焊道如果是由较多的大焊道组成焊缝,则比由较多小焊道组成焊缝产生夹渣的可能性大(见图1-56、图1-57)。

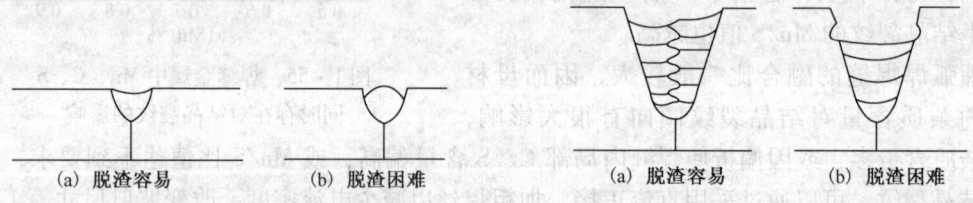

图1-56 焊道与坡口熔合情况对脱渣的影响　　图1-57 多层焊时焊道大小对脱渣的影响

防止焊缝夹渣的主要措施是,选择脱渣好的焊剂及药芯焊丝;选用较大的焊接热输入;仔细清理层间焊渣;合理选择焊接工艺参数以及避免装配不良、焊缝成形差,以便熔渣浮出。

第四节　钨极惰性气体保护焊(TIG)

一、概述

钨极惰性气体保护焊是以钨或钨合金作电极材料在惰性气体保护下,利用电极与母材金属(工件)之间产生的电弧热熔化母材和填充焊丝的焊接过程(加或不加填充金属)。其焊接示意图见图1-58。

第一章 压力容器常用焊接方法

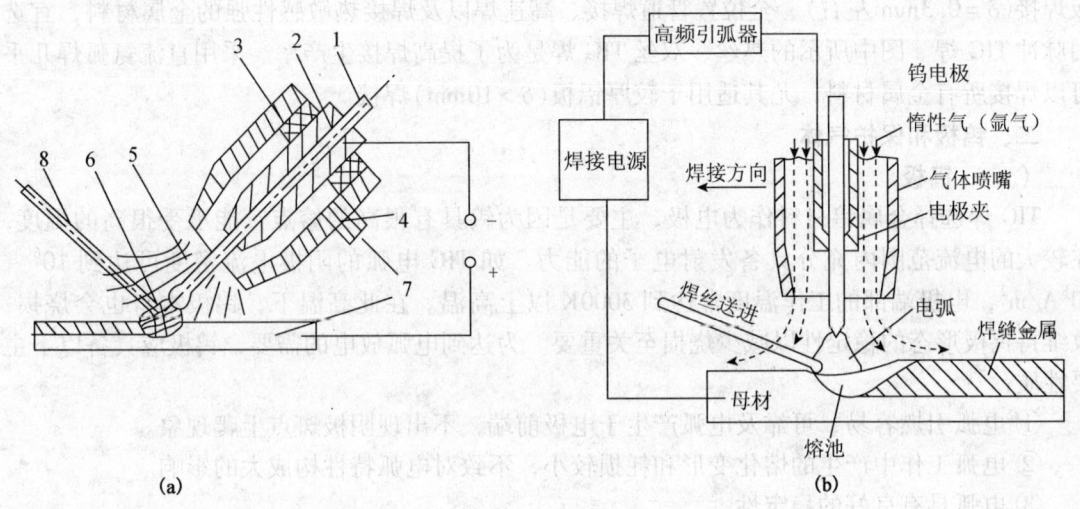

图1-58 TIG焊焊接过程示意图

1—钨极；2—导电嘴；3—喷嘴；4—进气管；5—保护气；6—电弧；7—工件；8—填充焊丝

TIG焊焊接按设备由主电路系统供电系统、水路系统、控制系统和焊枪等组成。采用钨极氩弧焊时，既可用直流电源(但必须有陡降的外特性)。引弧常用高频振荡器，交流稳弧采用脉冲稳弧器或不断开高频振荡器。

TIG焊焊接过程中，惰性气体从焊枪喷嘴喷出，在焊接电弧周围形成气体保护层将空气隔离，从而防止大气中O_2、N_2等对钨极、熔池及焊接热影响区的有害作用，以获得优质焊缝。如果需填充金属，一般在焊接方向的一侧将焊丝送入焊接区，使其熔入熔池而成为焊缝金属的组成部分。TIG所用的填充金属，一般可用与母材相同的材料，既可用焊丝，也可用焊件材料的切条。

TIG焊所用的惰性气体有氩气(Ar)、氦气(He)或Ar-He、Ar-H混合气体(在某些使用场合可加入少量氢气)。采用氩气、氦气或混合Ar-He气体保护的称为钨极氩弧焊、钨极氦弧焊或钨极Ar-He弧焊。由于氦气价格比氩气高得多，工业上主要采用钨极氩弧焊。根据不同的分类方式，TIG焊通常为图1-59所示的五大类型。可以根据工件材料种类、厚度、产品要求以及生产率等条件，选择不同的TIG焊方式。如对于不锈钢、耐热钢、铜合金、钛合金等材料，选用直流TIG焊较合适；铝及铝合金、镁合金、铝青铜等可采用交流TIG焊；对于薄

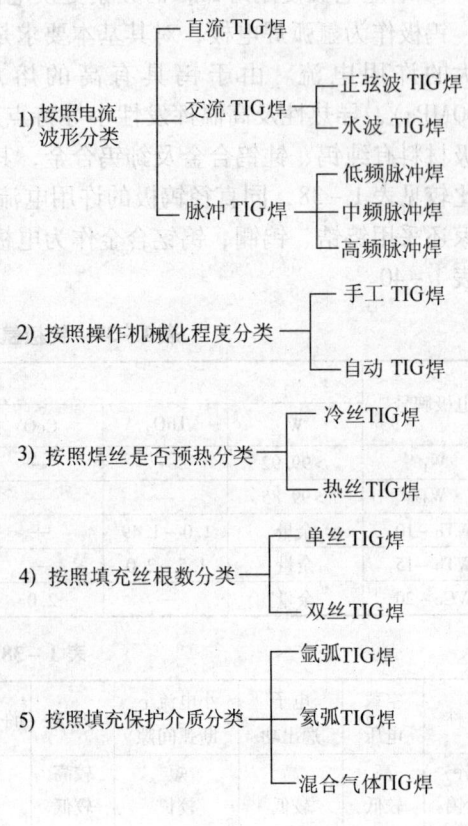

图1-59 TIG焊分类

板焊接($\delta=0.3$mm 左右)、全位置管道焊接、高速焊以及焊接热敏感性强的金属材料,宜选用脉冲 TIG 焊。图中所示的热丝、双丝 TIG 焊是为了提高焊接生产率。采用直流氩弧焊几乎可以焊接所有金属材料,尤其适用于较厚铝板($\delta>10$mm)焊接。

二、钨极和保护气体

(一) 钨极

TIG 焊选择金属钨材料作为电极,主要是因为钨具有很高的熔点,能承受很高的温度,在较大的电流范围内充分具备发射电子的能力。如 TIG 电弧的阴极电流密度可达到 $10^6 \sim 10^8$ A/m^2,电极端部的工作温度常达到 3000K 以上高温。在此高温下,钨极本身也会烧损,故维持钨极形态的稳定性以减少烧损至关重要。为达到电弧放电的需要,钨极应具备以下主要性质:

① 电弧引燃容易,可靠及电弧产生于电极前端,不出现阴极斑点上爬现象。

② 电弧工作中产生的熔化变形和耗损较小,不致对电弧特性构成大的影响。

③ 电弧具有良好的稳定性。

即使钨电弧具备上述要求,但在实际应用中,常会因为电弧烧损及形态变化会带来以下问题,即:

① 形态的变化会使电弧形态改变,影响电弧力及对工件的热输入。

② 会造成焊缝夹钨,对重要构件焊接接头产生不利影响,降低其力学性能,特别是塑性和冲击韧性。

③ 缩短电弧使用寿命,需频繁更换电极,同时也影响引弧性能。

钨极作为氩弧焊电极,对其基本要求是:发射电子能力要强;耐高温而不易烧损;具有较大的许用电流。由于钨具有高的熔点(3410℃)和沸点(5900℃),强度大(850~1100MPa),导热性及高温挥发性小等特点,是用作不熔化电极的理想材料。目前国内常用钨极材料有纯钨、钍钨合金及铈钨合金,其国内牌号、化学成分见表 1-37,三种钨极的性能比较见表 1-38,同直径钨极的许用电流范围见表 1-39。除以上三种钨极材料外,有些国家还采用钨锆、钨镧、钨钇合金作为电极,以进一步提高钨极的性能,其牌号、化学成分见表 1-40。

表 1-37 钨极氩弧焊常用电极的化学成分

电极牌号	化学成分(质量分数)/%						
	W	ThO$_2$	CeO	SiO$_2$	Fe$_2$O$_3$ + Al$_2$O$_3$	Mo	CaO
W$_1$	>99.92	—	—	0.03	0.03	0.01	0.01
W$_2$	>99.85	—	—	总含量不大于 0.15%			
WTh-10	余量	1.0~1.49	—	0.06	0.02	0.01	0.01
WTh-15	余量	1.5~2.0	—	0.06	0.02	0.01	0.01
WCe-20	余量	—	2.0	0.06	0.02	0.01	0.01

表 1-38 钨极性能比较

名称	空载电压	电子逸出功	小电流下断弧间隙	弧压	许用电流	放射性剂量	化学稳定性	大电流时烧损	寿命	价格
纯钨	高	高	短	较高	小	无	好	大	短	低
钍钨	较低	较低	较长	较低	较大	小	好	较小	较长	较高
铈钨	低	低	长	低	大	无	较好	小	长	较高

第一章 压力容器常用焊接方法

表1-39 钨极许用电流

电极直径/mm	直流/A				交流/A	
	正接(电极-)		反接(电极+)		钍钨	钍钨、铈钨
	纯钨	钍钨、铈钨	纯钨	钍钨、铈钨		
0.5	2~20	2~20	—	—	2~15	2~15
1.0	10~75	10~75	—	—	15~55	15~70
1.6	40~130	60~150	10~20	10~20	45~90	60~125
2.0	75~180	100~200	15~25	15~25	65~125	85~160
2.5	130~230	160~250	17~30	17~30	80~140	120~210
3.2	160~310	225~330	20~35	20~35	150~190	150~250
4.0	275~450	350~480	35~50	35~50	180~260	240~350
5.0	400~625	500~675	50~70	50~70	240~350	330~460
6.3	550~675	650~950	65~100	65~100	300~450	430~575
8.0						650~830

表1-40 钨极的国际规格(ISO)

牌号	化学成分(质量分数)/%			标准颜色
	氧化物	杂质	W	
Wp	—	—	≤0.20	99.8	绿色
WT4	ThO_2	0.35~0.55	<0.20	余量	蓝色
WT10	ThO_2	0.85~1.20	<0.20	余量	黄色
WT20	ThO_2	1.70~2.20	<0.20	余量	红色

(二) 保护气体

用于钨极惰性气体保护焊(TIG焊)的保护气体大致有三种,使用最广泛的是氩气(Ar),故通常称TIG焊为氩弧焊;其次是氦气(He),因其稀缺和难以提炼,价格昂贵,国内极少应用;第三种是Ar-He或Ar-H混合气体,按一定配比混合后使用。

1. 氩气

氩气是惰性气体,几乎不与任何金属发生化学反应,焊接过程中也不溶于液态金属中。其密度比空气大,比热容和热导率皆比空气小,见表1-41。这些特性使氩气具有良好的焊接质量保护作用,且焊接过程中具有良好的稳弧特性。

不同金属焊接时,对氩气的纯度要求见表1-42。

表1-41 某些气体部分性能参数

气体	相对分子质量(或相对原子质量)	密度(273K,0.1MPa)/(kg/m³)	电离电位/V	比热容(273K时)/[J/(kg·K)]	热导率(273K时)/[W/(m·K)]	500K时离解程度
Ar	39.944	1.782	15.7	0.523	0.0158	不离解
He	4.003	0.178	24.5	5.230	0.1390	不离解
H_2	2.016	0.089	13.5	14.232	0.1976	0.96
N_2	28.016	1.250	14.5	1.038	0.0243	0.038
空气	29	1.293		1.005	0.0238	—

表1-42　不同金属TIG焊对氩气纯度的要求

焊接材料	厚度/mm	焊接方法	氩气纯度(体积分数)/%	电流种类
钛及其合金	0.5以上	钨极手工及自动	99.99	直流正接
镁及其合金	0.5~2.0	钨极手工及自动	99.9	交流
铝及其合金	0.5~2.0	钨极手工及自动	99.9	交流
铜及其合金	0.5~3.0	钨极手工及自动	99.8	直流正接或交流
不锈钢、耐热钢	0.1以上	钨极手工及自动	99.7	直流正接或交流
低碳钢、低合金钢	0.1以上	钨极手工及自动	99.7	直流正接或交流

2. 氦气

氦气也是惰性气体，与氩气比较，其电离电位很高(见表1-41)，故焊接时引弧较困难，且热导率大，在相同的焊接电流和电弧长度下，氦弧的电弧电压比氩弧高，即电弧的电场强度高，故具有较大的功率。此外，氦气的冷却效果好，使电弧能力密度大，弧柱细而集中，故焊缝熔透力较大。与氩气比较，氦气分子质量(或原子质量)轻、密度小，焊接时要有效的保护焊接区域，所需流量要比氩气大得多，且价格昂贵，故只能在少数特殊场合下应用(如用于大厚度铝合金构件及核反应堆冷却棒等TIG焊)。

3. 氩-氦或氩-氢混合气体

氩-氦混合气体的特点是电弧燃烧稳定，阴极清理作用好，具有高的电弧温度，工件热输入大，熔透深，焊接速度几乎为氩弧焊2倍。混合气体成分一般为He 75%~80%，Ar 25%~20%(体积分数)。氩-氢混合气体中氢的加入可以提高电弧电压，从而提高了电弧热功率，增加熔透，并有防止咬边、抑制CO气孔的作用。但由于氢是还原性气体，故氩-氢混合气体TIG焊只能用于不锈钢、镍基合金和镍—铜合金材料，常用的比例是Ar+H_2(5%~15%)(体积分数)，含H_2量过大时易出现氢气孔缺陷。

采用Ar-H_2混合气体TIG焊，对于工件厚度为1.6mm以下的不锈钢对接接头，其焊接速度提高50%，且焊缝质量好，表面光亮。

三、TIG焊工艺过程特点及其局限性

(一) TIG焊工艺的特点

1. 惰性气体保护

惰性气体只起保护作用，既不与液体金属起化学反应，又不溶解于液体金属，在惰性气体保护下焊接，不需使用焊剂，焊后不需要去除焊渣，故焊缝质量较好。但焊前除油、除锈和去水等清理工作应特别细致。这种焊接方法由于不用焊剂和焊条药皮，焊接过程无焊渣或极少焊渣，因此大大减少焊后清理。

2. 焊接工艺性能良好

TIG焊为明弧焊接，操作时易对中，能观察电弧及熔池。即使在小焊接电流下仍保持电弧燃烧稳定，且焊接过程无飞溅，焊缝成形良好。

3. 钨极电弧热量集中

电弧在惰性气流的压缩下，热量集中，温度高，可使焊接速度增加，熔池减小，热影响区变窄，焊接变形减小。

4. 电弧稳定

钨极电弧非常稳定，即使在很小的电流下（<10A）电弧仍可稳定燃烧，除仰焊外，能进行全位置焊接及脉冲焊接，容易调节和控制焊接热输入，有利于薄板或热敏材料的焊接。

5. 电极具有阴极雾化作用（或阴极清理、阴极破碎作用）

当直流反极性或交流焊接时，焊件处于阴极的整个时间或半周波内，电弧中的钨阴离子（质量较大）受阴极电场加速，高速冲向熔池，击碎熔池表面的氧化膜，形成清洁的金属表面，使焊接得以顺利进行。当母材是容易氧化的轻金属（如Al、Mg及其合金）作为阴极时，破碎、清理作用尤为显著。

6. 热源和焊丝可分别控制

故焊接热输入易于调整，是实现单面焊双面成形的理想方法。

（二）TIG焊工艺的缺点及其局限性

① 熔深较浅，焊接速度慢，生产效率较低。

② 钨极载流能力小，过大的焊接电流会引起钨极熔化和蒸发，其微粒可能进入熔池造成对焊缝金属的污染（焊缝夹钨），使焊接接头力学性能降低（特别是塑性和冲击韧性降低），因此限制了焊接电流的增加。

③ 对工件表面状态要求高，受周围气流的影响较大。工件在焊接前须进行表面清洗、脱脂及去锈等清理工件，焊接时周围需设防风措施。另外，由于是明弧操作，需有适当措施保护眼睛、面部等处。

④ 有整流作用。当交流供电时，由于钨极和焊件的导热系数不同，致使电弧电压和焊接电流在两个半周波动内不相等，出现直流分量，对焊接变压器的工作带来不利。

⑤ 采用的氩气较贵，熔敷率低，氩弧焊机较复杂，和其他焊接方法（如焊条电弧焊、埋弧焊、CO_2气体保护焊）相比，生产成本较高，故一定程度上限制了TIG焊的使用范围。通常用于焊接Al、Mg、Ti、Cu等有色金属及合金，以及不锈钢、耐热钢等。对于某些厚壁重要构件（如压力容器及压力管道）焊接，以及底层熔透焊道焊接、全位置焊接及窄间隙焊接时，往往采用氩弧焊封底，以保持底层焊接质量。

⑥ 对于低熔点和焊接过程中易蒸发的金属（如Pb、Sn、Zn等），采用TIG焊接较困难。

四、TIG焊应用范围

（一）可焊的金属

除对低熔点和蒸发金属用该法焊接较困难外，其他所有金属材料均可用钨极氩弧焊焊接，特别适用于化学性质活泼的金属和合金。常用于奥氏体不锈钢、耐热钢和Al、Mg、Ti、Cu及其合金的焊接，也可用于Zr、Mo等稀有金属及其合金的焊接。

（二）可焊的厚度

由于钨极载流能力小，从生产率和经济性考虑，一般用于焊接厚度小于4mm的薄板。厚度大于6mm时需开坡口才能焊接。TIG焊可焊的最小厚度一般为0.5mm。

（三）可焊的结构和接头

可用于各种工业管道和容器的根部焊缝（即封底焊缝）；位置固定的管子和管道的焊接；

管壳式换热器及废热锅炉等设备中管子与管板的焊接。可用于对焊、角接等各种接头形式的焊接。

五、TIG焊焊接工艺

（一）焊接接头形式及其坡口

钨极氩弧焊焊接接头形式有对接、搭接、角接、T形接合端接五种基本类型，如图1-60所示。其中端接接头仅在薄板焊接时采用。对接接头坡口的形状和尺寸取决于工件的材料、厚度和工作要求。一般情况下，当板厚小于6mm时，采用卷边坡口、I形坡口对接接头；板厚为6~25mm时，采用V形坡口；板厚大于12mm时，推荐采用对称或非对称双V形（不带钝边或带钝边）坡口（见GB/T 985.1—2008）。

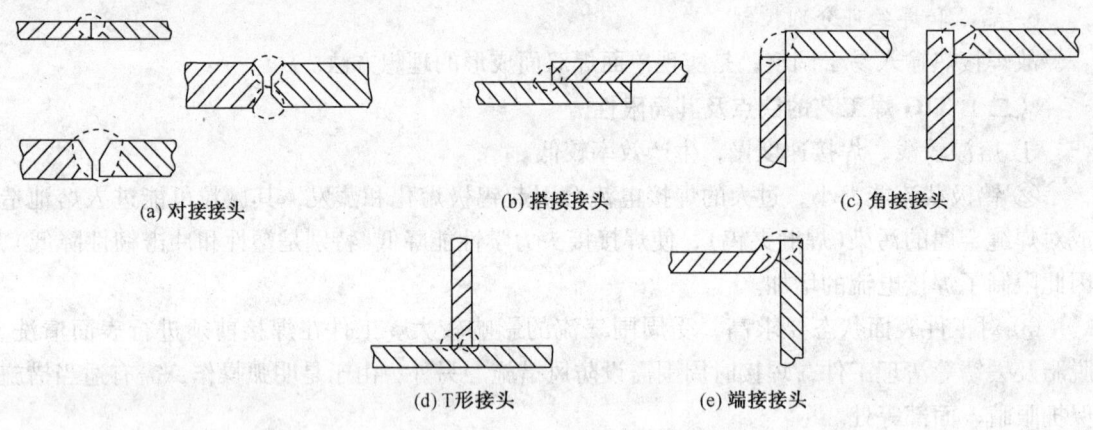

图1-60　TIG焊五种基本接头形式

选择焊接接头时，应考虑接头的施焊位置，如图1-61所示。

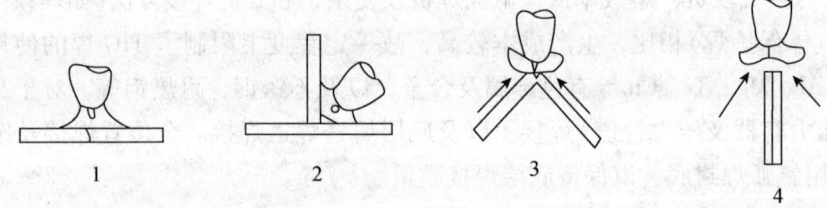

图1-61　焊接接头时气体保护的效果
1，2—保护效果好；3，4—保护效果差

钢材TIG焊焊接接头和坡口形式以及铝及铝合金TIG焊焊接接头和坡口形式见附录A"表A-3"、"表A-7"。

（二）工件和填充焊丝焊前清理

TIG焊对工件和焊丝表面质量要求很高，焊前必须经过严格清理，清除填充焊丝及坡口和坡口两侧表面至少20mm范围内的油污、水分、灰尘、氧化膜等，否则在焊接过程中将影响电弧稳定性、恶化焊缝成形，还可能导致气孔、夹杂、未熔合等缺陷。脱脂除油污及灰尘可用有机溶剂（汽油、丙酮等）或专用化学清洗液擦洗，焊丝或工件表面氧化膜的去除可采用机械清理或化学清理方法。表1-43所列为铝及铝合金的清理方法。

表 1-43　TIG 焊铝及铝合金的清理方法

材料	碱洗			冲洗	中和光化			冲洗	干燥
	溶液	温度/℃	时间/min		溶液	温度/℃	时间/min		
纯铝	NaOH 6%~10%	40~50	≤20	清水	HNO_3 30%	室温	1~3	清水	风干或低温干燥
铝镁、铝锰合金	NaOH 6%~10%	40~50	≤7	清水	HNO_3 30%	室温	1~3	清水	

注：1. 清理后至焊接前的储存时间一般不得超过 24h。
　　2. 表中溶液的百分数皆指质量分数。

（三）焊接规范

TIG 焊与其他焊接方法一样也是以焊接电流、电弧电压、焊接速度作为三个基本焊接规范条件，只是在多数情况下要求得到高品质的焊接质量，从而增加其他一些焊接规范要求，其中，确保气体保护效果十分重要。

1. 焊接电流

焊接电流根据板厚选择。通常都采取缓升缓降控制（见图 1-62），即在焊接引弧时采用较小的引弧电流引燃电弧，然后焊机自动按设定的时间速率，提升电流至所要使用的焊接电流值。当对焊接质量有严格要求时，直流电流的脉动精度应小于 1%。

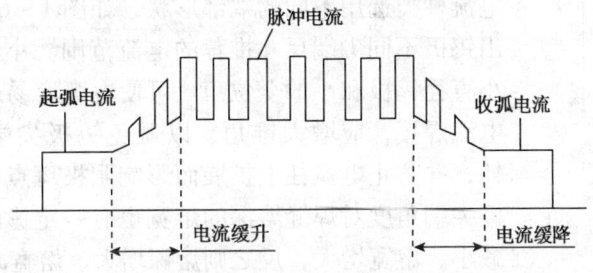

图 1-62　焊接电流缓升缓降示意图

2. 电弧电压

TIG 焊多是以电弧长度作为规范参数。如果电弧长度增加，电极与工件的间距过大，会使电弧对母材的熔透能力降低，也会增加焊接保护的难度，引起电极烧损，在焊缝中发生气孔。反之，如果电极过于接近工件，电弧长度过短，容易造成电极与熔池的接触，钨极被污染或断弧，在焊缝中出现夹钨缺陷。

TIG 焊电弧电压（电弧长度）与焊接电流配合，可控制焊缝形状和质量，根据焊接电流值大小，电弧长度通常选择在 1.2~5mm 之间。若需填加焊丝，应选择较长的电弧长度。

3. 焊接速度

焊接速度与焊接电流、电弧电压配合，可决定焊接线能量，通过改变焊接线能量，可明显影响焊缝形状。

TIG 焊在 5~50cm/min 的焊接速度能够维持比其他焊接方法更为稳定的电弧形态，常被使用在高速自动焊中。通常情况下，高速电弧焊容易产生咬边及焊缝不均匀缺陷，引起应力集中，使接头强度下降，故进行 TIG 焊时，必须均衡确定焊接电流和焊接速度。对于手工 TIG 焊，如果焊枪移动速度不稳定，也会引起不规则焊缝或出现部分熔透不良现象。

4. 氩气流量

氩气流量通常在 3~25L/min 范围内选择。TIG 焊决定保护效果的主要因素有喷嘴尺寸、喷嘴与母材间的距离、保护气体流量、风速等。保护气体流量的选择通常首先要考虑焊枪喷嘴尺寸和所需保护的范围以及焊接电流大小。对于一种直径的喷嘴，如果保护气体流量过大，将会形成紊流流动；并导致空气卷入。表 1-44 列出喷嘴尺寸、保护气体及焊接电流的关系。实际应用中，TIG 焊喷嘴孔径一般在 ϕ5~20mm 范围的选取。

表 1-44 TIG 焊喷嘴孔径与保护气体流量的选用范围

焊接电流/A	直流正极性焊接		直流反极性焊接	
	喷嘴孔径/mm	保护气体流量/(L/min)	喷嘴孔径/mm	保护气体流量/(L/min)
10~100	4~9.5	4~5	8~9.5	6~8
100~150	4~9.5	4~7	9.5~11	7~10
150~200	6~13	6~8	11~13	7~10
200~300	8~13	8~9	13~16	8~15
300~500	13~16	9~12	16~19	8~15

5. 钨极直径、端部形状及伸出长度

TIG 焊钨极直径根据焊接电流大小和电流种类选择，参见表 1-39。钨极端部形状对钨极许用电流、引弧及稳弧性能也有一定影响，需根据所用焊接电流种类选用不同的端部形状，如图 1-63 所示。表 1-45 列出钨极不同尖端尺寸推荐的电流范围。小电流焊接时，应选用小直径钨极和小的全位角。可使电弧容易引燃和稳定；对于大电流焊接，应增大锥角，以避免钨极尖端过热熔化，减少损耗，并防止电弧往上扩展而影响阴极斑点的稳定性。另外，钨极尖端角度对焊缝熔深的熔宽也有一定影响。减小锥角，熔深减小、熔宽增大，反之则熔深增大、熔宽减小。

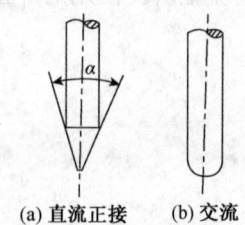

图 1-63 钨极端部的形状
(a) 直流正接　(b) 交流

表 1-45 钨极尖端形状和电流范围（直流正接）

钨极直径/mm	尖端直径/mm	尖端角度 α/(°)	电流/A	
			恒定电流	脉冲电流
1.0	0.125	12	2~15	2~25
1.0	0.25	20	5~30	5~60
1.6	0.5	25	8~50	8~100
1.6	0.8	30	10~70	10~140
2.4	0.8	35	12~90	12~180
2.4	1.1	45	15~150	15~250
3.2	1.1	60	20~200	20~300
3.2	1.5	90	25~250	25~350

钨极伸出长度是指钨极尖端到电极夹之间的钨极长度（见图 1-58），它影响保护效果和钨极的最大允许电流值。钨极伸出长度越长，同一直径钨极的许用电流越小；反之，钨极伸出长度越短，则喷嘴离工作越近，对钨极和熔池的保护效果越好，但妨碍观察熔池，并容易烧坏喷嘴。因此，对于 TIG 焊对接接头的焊接，钨极伸出喷嘴外长度一般宜取 5~6mm，T 形接头为 7~8mm 较好。

6. 喷嘴高度

喷嘴高度是指喷嘴端面至工件表面的距离。TIG 焊的喷嘴高度一般应在 8~14mm 之间。喷嘴高度过小，虽然惰性气体保护效果好，但所能观察的范围和保护区较小，对于加填充金属、进焊丝比较困难，施焊难度较大，且容易使钨极与焊丝或熔池形成短路，钨极烧损大，产生夹钨缺陷。反之，喷嘴高度过大，会使气体保护效果差，影响焊缝质量。

7. 焊丝直径

应根据焊接电流的大小选择焊丝直径（焊接电流根据焊接厚度确定）。表 1-46 给出了 TIG 焊焊接电流与焊丝直径的关系。

表 1-46 TIG 焊焊接电流与焊丝直径的关系

焊接电流/A	10~20	20~50	50~100	100~200	200~300	300~400	400~500
焊丝直径/mm	≤1.0	1.0~1.6	1.0~2.4	1.6~3.0	2.4~4.5	3.0~6.0	4.5~8.0

上述 TIG 焊焊接规范所列的各焊接参数，在实际 TIG 焊应用中独立的参数并不多。例如，手工 TIG 焊工艺中只规定了焊接电流与氩气流量两个参数；自动 TIG 焊工艺需考虑的焊接参数有焊接电流、电弧电压、焊接速度、氩气流量、焊丝直径与送丝速度。附录 A "表 A-8~表 A-12" 列出了不锈钢、铝及铝合金、钛及钛合金等几种金属材料手工 TIG 焊及自动 TIG 焊焊接条件。

（四）特殊焊接技术

1. 脉冲钨极氩弧焊（脉冲 TIG）

这种焊接方法的焊接电流是由维弧电流（基值电流或低值电流）和脉冲电流（高值电流）叠加而成，一个脉冲电流形成一个焊点，一系列脉冲电流则形成由许多焊点搭接而成的连续焊缝。

脉冲 TIG 焊焊接参数根据工件厚度、材料及焊接位置等条件决定，其基本出发点是在脉冲期间加热、熔化，在基值时间冷却凝固，可以看作是氩弧点焊时焊点的重叠。所谓脉冲时间是指取得一定熔深的时间，由工件厚度决定，一般为 0.03~1s 范围内；基值时间是指熔池充分冷却凝固的时间，一般为脉冲时间的 1~3 倍。表 1-47 列出了脉冲 TIG 焊常用的脉冲频率。

表 1-47 脉冲 TIG 焊的脉冲频率

焊接方法	手工焊	自 动 焊			
		$V_焊$/(m/h)			
		12	17	22	30
脉冲频率/Hz	1~2	≥3	≥4	≥5	≥6

脉冲 TIG 焊的电流幅值按一定频率周期性变化，如图 1-64 所示。当每一次脉冲电流通过时，工件被加热熔化形成一个点状熔池，基值电流通过时使熔池冷凝结晶，并同时维持电弧燃烧。故其焊接过程是断续加热过程，焊缝内一个个点状熔池叠加而成。其电流是脉动的，电弧有明或暗闪烁现象。由于采用了脉冲电流，故可减少焊接电流的平均值（高流是有效值），降低工件的热输入，可通过调节脉冲电流、脉冲时间和基值电流、基值时间来调整输入值大小。

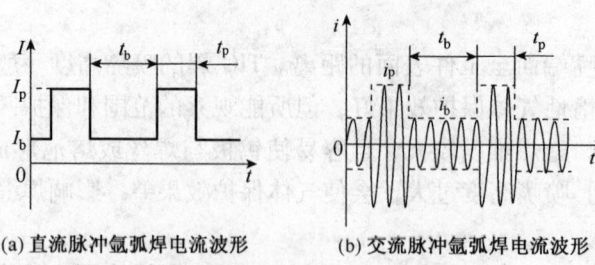

(a) 直流脉冲氩弧焊电流波形　　(b) 交流脉冲氩弧焊电流波形

图 1-64　脉冲 TIG 焊的电流波形

I_p—直流脉冲电流；i_p—交流脉冲幅值；I_b—直流基值电流；

i_b—交流基值电流幅值；t_p—脉冲电流持续时间；t_b—基值电流持续时间

脉冲 TIG 焊的优点和应用如下：

① 具有防焊穿性，可一次焊 0.1～5mm 厚的板材或厚度相差较大的工件。

② 具有广泛的可调节性，可以方便的调节焊接线能量及焊接热循环，适宜焊接可焊性差的金属材料。

③ 具有不敏感性，对焊接工艺参数的波动不敏感，故焊接质量稳定，焊缝成形良好。

④ 减少和防止焊接裂纹，由于焊接过程是脉冲式加热，熔池金属高温停留时间短，金属冷凝快，可减少热敏感材料产生裂纹倾向。

⑤ 焊件热输入少，电弧能量集中且适度高，有利薄板、超薄板焊接。接头热影响变形小，可以焊接厚 0.1mm 不锈钢薄片。

⑥ 可以精确控制热输入和熔池尺寸，得到均匀的熔深，适合于单面焊双面成形和全位置焊接。

⑦ 高频电弧振荡作用有利于获得细晶粒金相组织，消除气孔，提高焊接接头力学性能。

⑧ 高频电弧扦度大，指向性强，适合高速焊（焊接速度可达 3m/min），有利于提高生产率。

表 1-48～表 1-50 分别列出了不锈钢、钛及钛合金、铝合金薄板钨极脉冲焊的焊接条件。

表 1-48　不锈钢脉冲钨极氩弧焊的焊接条件（直流正接）

板厚/mm	电流/A		持续时间/s		脉冲频率/Hz	弧长/mm	焊接速度/(cm/min)
	脉冲	基值	脉冲	基值			
0.3	20～22	5～8	0.06～0.08	0.06	8	0.6～0.8	50～60
0.5	55～60	10	0.08	0.06	7	0.8～1.0	55～60
0.8	85	10	0.12	0.08	5	0.8～1.0	80～100

表 1-49　钛及钛合金的脉冲自动钨极氩弧焊（直流正接）

板厚/mm	钨极直径/mm	电流/A		持续时间/s		电弧电压/V	弧长/mm	焊速/(cm/min)	氩气流量/(L/min)
		脉冲	基值	脉冲电流时	基值电流时				
0.8	2	55～80	4～5	0.1～0.2	0.2～0.3	10～11	1.2	30～42	6～8
1.0	2	66～100	4～5	0.14～0.22	0.2～0.34	10～11	1.2	30～42	6～8
1.5	3	120～170	4～6	0.16～0.24	0.2～0.36	11～12	1.2	27～40	8～10
2.0	3	160～210	6～8	0.16～0.24	0.2～0.36	11～12	1.2～1.5	23～37	10～12

表1-50 5A03、5A06铝合金脉冲钨极氩弧焊焊接条件(交流)

材料	板厚/mm	焊丝直径/mm	电流/A 脉冲	电流/A 基值	脉宽比/%	频率/Hz	电弧电压/V	气体流量/(L/min)
5A03	2.5	2.5	95	50	33	2	15	5
5A03	1.5	2.5	80	45	33	1.7	14	5
5A06	2.0	2	83	44	33	2.5	10	5

2. 低频脉冲钨极氩弧焊(低频脉冲TIG)

该焊接方法的脉冲频率不超过3Hz,且波形前沿不太陡、波动后沿下降缓慢,使电弧的穿透力较大且柔和,从而可保证焊透而不焊穿。另外,由于焊接热量输入速度大,适宜于焊接导热性差别大的异种金属。

在低频脉冲TIG焊工艺中,通过调节脉冲电流、基值电流的大小及持续时间,可以精确控制对工件的热输入和熔池尺寸,焊缝熔深均匀,热影响区窄,工件变形小。特别适用于薄板和单面焊双面成形的焊接,以及全位置焊接。另外,由于焊接过程是脉冲加热,熔池金属在高温停留时间短冷却速度快,可减少焊接裂纹倾向。

(五) 特种钨极惰性气体保护焊

1. TIG点焊

TIG点焊原理如图1-65所示,焊枪端部的喷嘴将被焊的两块母材压紧,靠钨极与母材之间的电弧将钨极下方金属局部熔化形成点焊,所焊材料目前主要为不锈钢、低合金钢等,适用于焊接各种薄板结构以及薄板与较厚材料的连接。

TIG电焊与电阻焊比较,主要优点是易于点焊厚度相差较大的工件,可进行多层板材点焊;焊点强度可在很大范围内调节,焊点尺寸容易控制;对焊件所需施加的压力小,无需加压装置;可以从一面点焊,方便灵活,适用于无法从两面操作的构件。缺点是焊接速度比电阻焊低,焊接费用(氩气消耗及人工费等)较高。

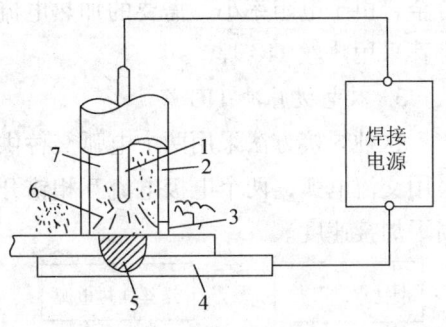

图1-65 TIG点焊示意图
1—钨极;2—喷嘴;3—出气孔;4—母材;
5—焊点;6—电弧;7—氩气

TIG电焊有高频引弧和诱导电弧引弧两种方法,前者是依靠高频高压电弧击穿钨极与工件之间的气隙引弧,后者是先在钨极与喷嘴间引一小电流(约5A)诱导电弧,然后接通焊接电源。先引的诱导电弧由较小的辅助电源供电,是目前常用的高频引弧方法。电弧长度是TIG点焊的重要参数之一,电弧过长会使熔池过热并可能产生咬边,电弧过短则会使母材膨胀后接触钨极,造成污染。此外,为了防止焊点表面过度凹陷和产生弧坑裂纹,点焊结束前应使电流自动衰减或进行二次脉冲电流加热。当对焊点余高有严格要求时,可往熔池送进适量的填充焊丝。表1-51所列为1Cr18Ni9Ti钢TIG点焊焊接条件。

表1-51　1Cr18Ni9Ti钢TIG点焊焊接条件(直流正接)

材料	板厚/mm	焊丝直径/mm	电流/A 脉冲	电流/A 基值	脉宽比/%	频率/Hz	电弧电压/V	气体流量/(L/min)
5A03	2.5	2.5	95	50	33	2	15	5
5A03	1.5	2.5	80	45	33	1.7	14	5
5A06	2.0	2	83	44	33	2.5	10	5

2. 热丝TIG焊

热丝TIG焊原理如图1-66所示，由送丝加热电源在填充焊丝进入熔池之前约100mm处将其加热到预定温度，从电弧后面送入熔池(焊丝与钨极保持40~60℃送入)，这样可使热丝的熔敷速度比冷丝提高2倍。由于热丝TIG焊大大提高了热输入量，使热丝熔化速度增加达20~50g/min，在相同的电流下焊接速度可提高1倍以上(达到100~300mm/min)。

热丝TIG焊存在电弧产生磁偏吹而沿焊道作纵向偏摆的倾向，为此宜用交流电源加热填充焊丝，以减少磁偏吹，当控制加热电流不超过焊接电流60%时，磁偏吹造成的电弧摆动可限制在30°左右，且限制焊丝最大直径不宜超过ϕ1.2mm，因为焊丝过粗，由于电阻小，需增加加热电流，对于防止磁偏吹不利。

热丝TIG焊可用于碳钢、低合金钢、不锈钢、镍和钛及其合金的焊接。对于铜和铝及其合金，由于电阻率小，需要的加热电流很大，会造成过大的电弧磁偏吹，熔化不均匀，故不推荐采用热丝TIG焊。

3. 双电极脉冲TIG焊

这种焊接方法采用两个电弧交替供电，是一种高效的焊接方法，如图1-67所示。由于采用交流电弧，两个电极电流互相错开，从而减少了磁偏吹，可以选择较大的焊接电流，提高了焊接速度。

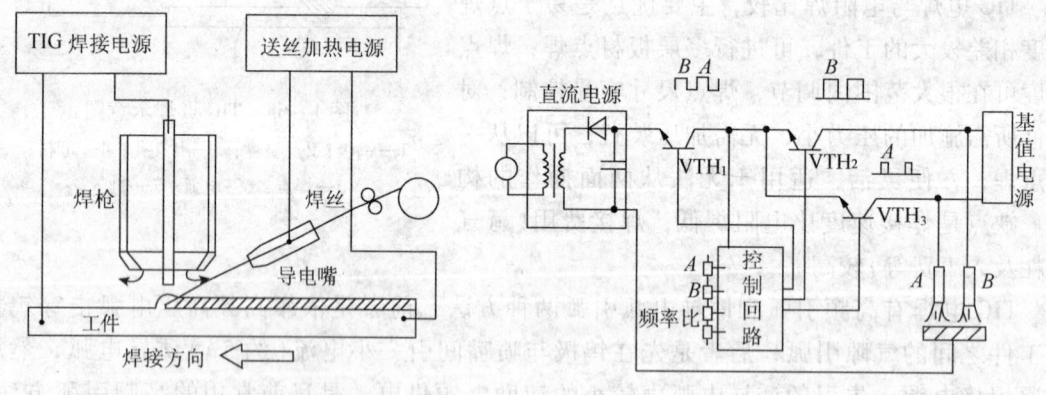

图1-66　热丝TIG焊示意图　　图1-67　双电极脉冲TIG焊

六、TIG焊常见缺陷及预防措施

TIG焊常见缺陷及预防措施见表1-52。除表中所列常见缺陷外，TIG焊过程中，由于氩气纯度、焊件和填充金属表面清洁度、气体层流及焊接材料特性等因素，还可能出现夹渣和氧化膜夹层；如果由于焊接热输入与送丝速度不匹配，则可能出现焊瘤及焊缝成形不良等缺陷。

第一章 压力容器常用焊接方法

表 1-52 TIG 焊常见缺陷及预防措施

缺陷种类	产 生 原 因	预 防 措 施
未焊透	① 焊接电流太小 ② 焊接速度太快 ③ 坡口角度太小，钝边太大，或间隙太小 ④ 钨极烧损，电弧不集中 ⑤ 送丝太快	① 增加焊接电流 ② 降低焊接速度 ③ 坡口角度不小于 30°，钝边不大于 2mm，间隙不小于 2mm ④ 修磨钨极尖端 ⑤ 减低送丝速度
咬边	① 焊接电流太大 ② 电弧电压太高 ③ 焊炬摆幅不均匀 ④ 送丝太少，焊接速度太快	① 降低焊接电流 ② 降低弧长 ③ 保持摆幅均匀 ④ 适当增加送丝速度，或降低焊接速度
气孔	① 有风 ② 氩气流量太小或太大 ③ 焊丝或工件太脏 ④ 氩气管内有水气 ⑤ 焊炬漏水 ⑥ 进气管道或接头有漏气处 ⑦ 送丝手法不好，破坏了氩气保护区 ⑧ 钨极伸出太长，或喷嘴高度太大	① 设法挡风 ② 调整氩气流量 ③ 清除焊丝及工件特焊区的污物 ④ 用干燥无油的热空气吹干氩气管 ⑤ 消除漏水处 ⑥ 检查气路 ⑦ 调整送丝手法 ⑧ 减小钨极伸出长度及喷嘴高度
裂纹	① 焊丝与母材不匹配，或有害杂质硫、磷含量太高 ② 焊件拘束应力太大 ③ 收弧太快，弧坑太深 ④ 焊丝、工件不干净	① 选用硫、磷含量低的焊丝 ② 设法减小拘束，或采用预热缓冷措施 ③ 调整收弧衰减参数，或多次收弧，填满弧坑 ④ 加强清理
夹钨	① 无高频或脉冲引弧装置失效 ② 钨极伸出太长 ③ 加丝技术不好 ④ 焊接电流太大，钨极熔化	① 修理或增添引弧装置 ② 适当减小钨极伸出长度 ③ 改善填丝手法 ④ 适当降低焊接电流，或加大钨极直径

第五节 熔化极气体保护电弧焊(GMAW)

熔化极气体保护电弧焊(GMAW)是采用连续等速送进可熔化焊丝与焊件之间的电弧作为热源来熔化焊丝和母材金属，形成熔池和焊缝的焊接方法(见图 1-68)。为了得到良好焊缝，采用外加气体作为电弧介质并保护熔滴、熔池金属及焊接区高温金属免受周围空气氧化等有害作用。由于不同种类的保护气体及焊丝对电弧状态、电气特性、热效应、冶金反应及焊缝成形等有着不同的影响，因此根据保护气体和种类和焊丝类型可分为不同的焊接方法。以氩、氦或其混合气体等惰性气体为保护气体的焊接方法称为熔化极惰性保护电弧焊(MIG焊)，通常用于有色金属(Al、Cu、Ti 等)及其合金的焊接。在 Ar 气中加入少量氧化性气体(O_2、CO_2 或其混合气体)通常用于黑色金属。采用纯 CO_2 气体或 $CO_2 + O_2$ 混合气体做为保护气体的焊接方法称为 CO_2 气体保护焊(简称 CO_2 焊)，通常用于黑色金属，现已成为其主要的焊接方法。

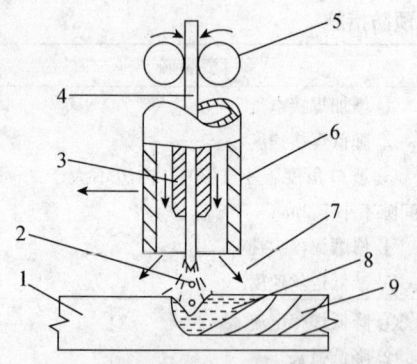

图1-68 熔化极气体保护电弧焊示意图
1—母材；2—电弧；3—导电嘴；
4—焊丝；5—送丝轮；6—喷嘴；
7—保护气体；8—熔池；9—焊缝金属

熔化极气体保护焊焊丝成分应与母材相适应，并应根据焊件厚度和焊接位置来选择合适的焊丝直径。但在实际应用中，为了获得满意的焊接性能和焊缝金属性能，也可能要求焊丝成分与母材成分不同。例如，对于 GMAW 焊焊接锰青铜、铜-锌合金时，最适合的焊丝为铝青铜或铜-锰-镍-铝合金。而最适合焊接高强铝合金和高强合金钢的焊丝，在成分上也完全不同于母材，这是因为某些铝合金或高强合金钢材料成分不适合用作焊缝填充金属。GMAW 焊丝可分为实芯焊丝和药芯焊丝两类，实际应用中大多为镀铜实芯焊丝。除焊丝外，对熔化极气体保护焊的另一个重要影响因素是保护气体。以惰性气体氩、氦或其混合气体保护电弧焊（MIG），通常用于铝、铜和钛等及其合金的焊接。以在氩中加入少量氧化性气体（如 O_2、CO_2 或其他混合气体）的混合气体为保护气体的焊接方法，称为熔化极活性气体保护电弧焊（MAG），通常应用于钢铁材料焊接。其中，活性气体可以是二元气体（如 $Ar-O_2$ 或 $Ar-CO_2$）、三元气体（如 $Ar-CO_2-O_2$）或四元气体（$Ar-He-CO_2-O_2$）。其作用是提高电弧稳定性，改善焊缝成形和提高效率。

熔化极气体保护电弧焊主要是按保护气体进行分类，如图1-69所示。此外，根据焊丝的液滴过渡形态，除了典型的喷射过渡电弧焊以外，还有 GMAW 短路过渡电弧焊和 GMAW 脉冲电弧焊。这些焊接方法对电源要求不同，其中，喷射过渡和短路过渡电弧焊法都采用直接恒压电源，后者对直流电源有特殊的要求。脉冲电弧焊法则采用直流脉冲输出特性的电源。

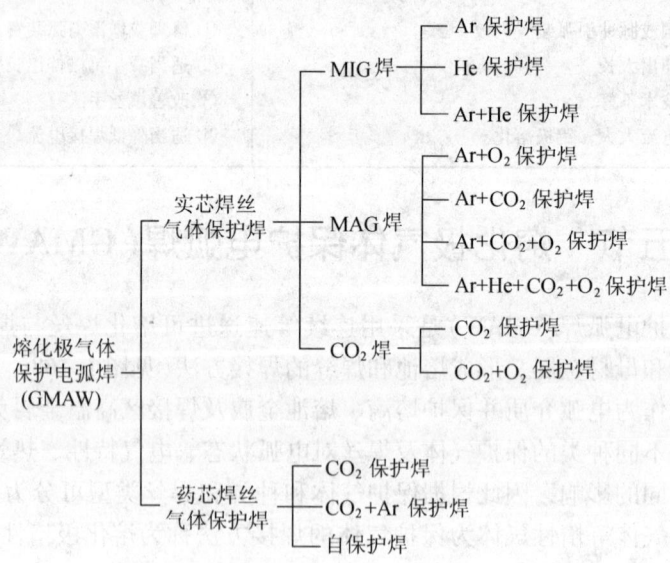

图1-69 熔化极气体保护电弧焊分类

熔化极气体保护焊具有多种功能，与其他焊接方法比较，其主要特点为可以焊接所有的金属与合金；克服了焊条电弧焊长度的限制；能进行全位置焊，而埋弧焊却不能；电弧的熔敷率和焊接速度比焊条电弧焊高；焊丝能连续送进，对于长焊缝可以没有中间接头；当采用射流过渡时，可以得到比焊条电弧焊更深的熔深，故可减少填充金属，并得到等强度焊缝；熔渣量少，可减少焊后清洗工作量。但GMAW焊也存在以下不足之处，即可达性差，因焊枪较大，狭窄处难以伸进，影响保护效果；室外焊接时受风速影响，当风速超过1.5m/s时需有防风设施；GMAW焊系明弧焊，应注意预防辐射和弧光。

GMAW焊接工艺特点按熔滴过渡形式可分为三种，即短路过渡、大滴过渡和喷射过渡。短路过路发生在GMAW法的细焊丝和小电流条件下，这种过渡形或产生小而快速凝固的焊接熔池，适合于薄板、全位置焊和有较大间距的搭接焊。大滴过渡的特征是熔滴直径大于焊丝直径，只能在平焊位置、在重力作用下过渡。无论哪种保护气体，在较小的电流时都产生大滴过渡。喷射过渡为熔滴沿焊丝轴线射出，在电弧力作用下克服重力作用而使之以较高的速度过渡，电弧呈钟罩形，熔滴尺寸与焊丝相近，成为射滴过渡，电流更大时，为射流过渡（见图1-70）。喷射过渡不发生短路，飞溅较小，可用于任何空间位置的焊接。

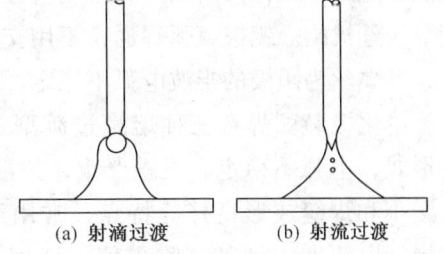

图1-70 喷射过渡示意图

熔化极气体保护焊设备可分为半自动焊和自动焊两种类型。焊接设备主要有焊接电源、送丝系统、焊枪和行走系统（自动焊）、供气系统和冷却系统及控制系统五部分组成，如图1-71所示。其中，焊接电源用来供电和维持焊接电弧的稳定燃烧；送丝系统是将焊丝由焊丝盘送至焊枪，通过与铜导电阻的滑动接触而带电，导电嘴将电流从焊接电源输送给电弧；供气系统是将保护气体通过焊枪喷嘴喷出，将电弧-熔池-焊丝端头保护起来，防止与外界环境接触；冷却水系统是当采用水冷焊枪时供水冷却；控制系统主要是控制和调整焊接程序，如开始和停止输送保护气体和冷却水，启动和停止焊接电源接触器，按要求控制送丝速度、焊接速度、焊接小车行走方向等。

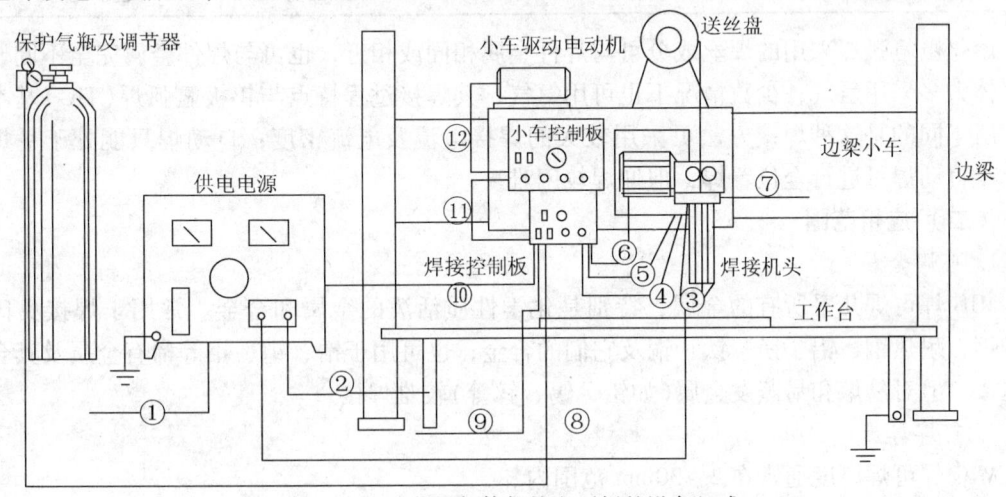

图1-71 熔化极气体保护电弧焊的设备组成

1——一次电源输入；2——工件插头及连线；3——供电电缆；4——保护气输入；5——冷却水输入；
6——送丝控制输入；7——冷却水输出；8——输入到焊接控制箱的保护气；
9——输入到焊接控制箱的冷却水；10——输入到焊接控制箱的220V交流；
11——输入到小车控制箱的220V交流；12——小车电动机控制输入

一、熔化极氩弧焊（MIG）

（一）概述

熔化极氩弧焊系采用焊丝作为熔化极，焊接过程中电弧在焊丝与焊件间、处于氩气保护下燃烧，焊丝在连续送进中，端部不断熔化和形成液滴进入熔池，随着氩弧连续前移，熔池冷却凝固后形成焊缝。

熔化极氩弧焊设备由电源、供气、供水、控制和送丝等系统组成。半自动焊时配焊枪，自动焊时配焊接小车。半自动焊采用直径小于 $\phi2.5mm$ 的焊丝，使用平特性和缓降性电源，配用等速送丝机构。自动焊时采用直径大于 $\phi3.0mm$ 焊丝，使用陡降特性的电源，配用均匀调节送丝机构。钨极氩弧焊通常不用交流电源，主要原因是电流过零时电弧熄灭和难以再引燃，且焊丝为阴极的半波电弧不稳定。

熔化极氩弧焊有三种熔滴过渡型式，即短路过渡、颗粒过渡和喷射过渡。前两种过渡形式，电弧不稳定、飞溅严重，一般不采用。而 MIG 焊喷射过渡焊接由于具有熔深大、飞溅小和焊缝成形良好等特点，常用于中、厚板焊接。焊接过程中为获得喷射过渡，需将焊接电流增大到某一临界值，该值与焊件金属、焊丝直径及其成分、保护气体有关，见表 1-53。

表 1-53 熔化极氩弧焊喷射过渡的临界电流

焊丝材料	各种焊丝直径(mm)的临界电流值/A			
	1.2	1.6	2.0	2.5
碳钢	230~250	260~280	300~320	350~370
1Cr18Ni9Ti	190~210	220~240	260~280	320~330
铝合金	95~105	120~140	135~160	190~220
铜	120~140	150~170	180~210	230~260

熔化极氩弧焊采用的焊丝成分可与焊件金属相同或相近，也可与焊件金属完全不同。保护气体大多采用氩气，少数情况下也可用氦气，其焊接过程特点与钨极氩弧焊（TIG）基本相同。所不同的是这种焊接方法可采用较大的焊接电流及电流密度；自动焊只能处于平焊位置，半自动焊可进行全位置焊，但仰焊较困难。

（二）应用范围

1. 可焊金属

MIG 焊可焊几乎所有的金属，特别是化学性质活泼的金属和合金。常用于焊接奥氏体不锈钢、耐热钢、铝、镁、钛、铜及它们的合金，也可用于锆、钽、钼等稀有金属及其合金的焊接。但对易熔和易蒸发金属（如铅、锡、锌等）较难焊接。

2. 可焊厚度

MIG 焊可焊厚度通常在 2~30mm 范围内。

3. 可焊的接头形式

MIG 焊主要用于对接、T 形和搭接接头的焊接。

4. 适用的焊缝空间位置

主要用于平焊位置。

(三) 焊接工艺

1. 焊接接头型式及其坡口

根据焊接材料及厚度按 GB/T 985 选择接头型式，采用对接坡口时，坡口可以为单面 V 形，也可以为 X 形，也有采用 I 形坡口。坡口角度可稍大(可取坡口角度上限)。

2. 焊接电源种类与极性

通常采用直流焊接电源，最常用直接反极性。此时电弧稳定，熔滴由射滴过渡转变为射流过渡，即电弧呈锥形包围着焊丝端头，形成明显的轴向性很强的液体流速，见图 1-70，飞溅较小。

3. 焊接电流

为获得射流过渡，焊接电流需增至临界电流值。

所谓临界电流，为由大滴向小滴转变的电流，其大小与焊丝直径大致成正比，而与焊丝伸出长度成反比，同时还与焊丝材料和保护气体成分密切相关。常用金属材料的临界电流列于表 1-54。

表 1-54　各种焊丝的大滴—喷射过渡转变的临界电流

焊丝种类	焊丝直径/mm	保护气体	临界电流最小值/A
低碳钢	0.8	98% Ar + 2% O_2	150
低碳钢	0.9	98% Ar + 2% O_2	165
不锈钢	0.9	99% Ar + 1% O_2	170
铝	1.2	Ar	135
脱氧铜	0.9	Ar	180
硅青铜	0.9	Ar	165
硅青铜	1.6	Ar	270

4. 电弧电压(弧长)

电弧电压应与焊接电流相适应，使射流过渡能够稳定进行。电弧电压不但与弧长有关，而且还与焊丝成分、焊丝直径、保护气体和焊接技术以及焊接电缆长度和焊丝伸出长度有关。当其他参数不变时，电弧电压与弧长成正比。在 MIG 焊接中，若弧长过短，会造成瞬时短路，影响气体保护效果，空气卷入易生成气孔，或吸收氮气使焊缝金属硬化。

5. 焊丝伸出长度

丝伸出长度是指导电嘴端头到焊丝端头之间的距离见图 1-72。焊丝伸出长度增加，电阻增大，电阻热引起焊丝温度升高，并使其熔化率稍有增加。但另一方面，由于电阻增加，在焊丝长度上产生较大的电压降，传感到电源后会通过降低焊接电流加以补偿，从而使焊丝熔化率降低，使电弧的物理长度变短。当焊丝伸出长度过大时，会导致其指向性变差、焊道成形不良。短路路过渡时合适的焊丝伸出长度一般为 6~13mm，其他液滴过渡形式为 13~25mm。

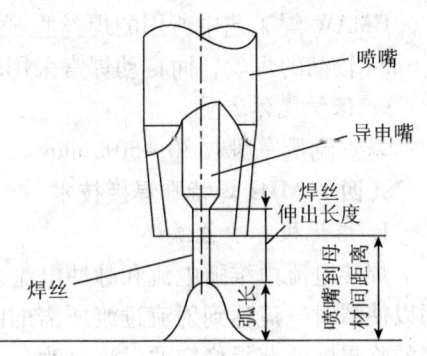

图 1-72　焊丝伸出长度

6. 焊丝倾角

焊枪相对于焊接接头的方向，影响着焊道的形状和熔深，且这种影响比电弧电压或焊接速度的影响还要大。图1-73所示为焊枪倾角及其对焊道断面的影响。图中所示，当焊丝指向与焊接方向相反时，称为右焊法，反之则为左焊法。当其他焊接条件不变时，焊丝从垂直变为左焊法时，熔深减小、焊道较宽和较平。在平焊位置采用右焊法时，熔深较深、焊道变为窄而凸起，电弧较稳定，飞溅较少。对于各种位置的焊接，焊丝倾角大多在10°~15°范围内。另外，在采用半自动焊时，采用左焊法便于观察到焊接接头位置和焊接方向，焊枪前倾角为15°~30°，与工件间距约8~10mm。

对于水平角焊缝的焊接，焊丝轴线应与水平板面成45°工作角（见图1-74）。

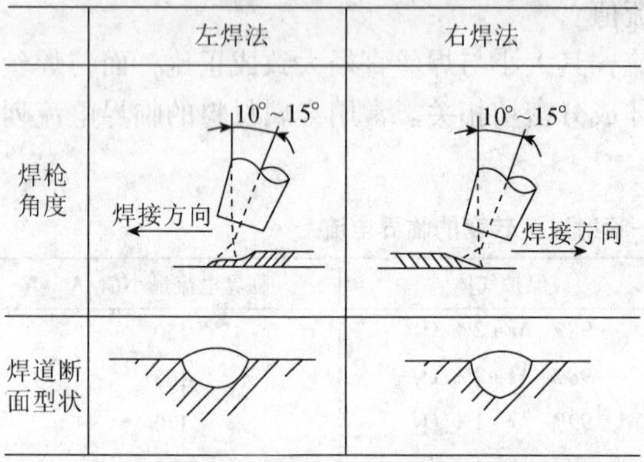

焊枪角度	左焊法	右焊法
焊道断面型状		

图1-73 焊枪倾角及其对焊道断面的影响

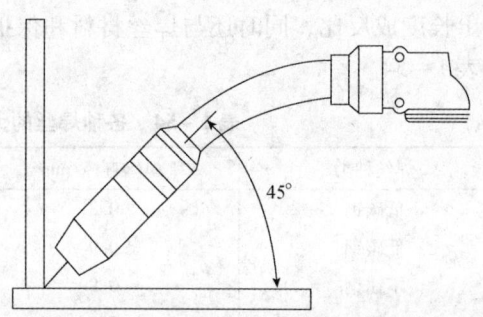

图1-74 焊接角焊缝工作角

7. 焊接接头位置

焊接接头位置有平焊、横焊、仰焊、立焊（向上及向下立焊）、全位置焊等，由焊接结构决定。焊接不同位置的焊缝不仅要考虑GMAW焊法的熔滴过渡特点，还应考虑熔池的形成及凝固特点。

平焊和横焊位置的焊接，可以使用任何一种GMAW焊技术（如喷射过渡法、短路过渡法），皆可得到良好的焊缝，而对于全位置焊，只有采用低能量的脉冲或短路过渡的GMAW焊工艺。同样，在立焊和仰焊位置时，为克服重力对熔池金属的作用，应使用直径小于$\phi 2mm$的细焊丝和采用脉冲射流过渡焊法或短路过渡焊法。

8. 焊丝尺寸

GMAW焊工艺中所用的焊丝直径为$\phi 0.4~5.0mm$范围内，通常半自动焊多用$\phi 0.4~1.6mm$较细的焊丝，而自动焊常采用较粗焊丝，其直径为$\phi 1.6~5.0mm$。

9. 保护气体流量

氩气流量一般取30~50L/min。

（四）MIG焊特殊焊接技术

1. 熔化极脉冲氩弧焊

焊接电流由维弧电流和脉冲电流叠加而成，维弧电流用以维持电弧稳定燃烧，脉冲电流用以使瞬时电流达到射流过渡所需的临界电流值。这样可以使平均电流比普通MIG焊低得多的临界电流获得稳定的射流过渡，一方面可使热输入降低，特别适用于焊接热敏感性大、可焊性差的金属材料，以及可进行薄板或全位置焊接，另一方面可使熔滴的射流过渡轴向性良好,减少飞溅,提高焊缝质量和外观。

这种焊接方法工艺参数的选择,首先须考虑获得稳定的射流过渡,其次应考虑热输入量、电弧形状、过渡频率、熔滴大小等工艺参数。脉冲频率一般取为20～100Hz,当超过60Hz时,电弧指向性强,形状呈束状,可实现全位置焊接。

2. 脉冲送丝氩弧焊

这种焊接方法是通过断续送丝的方式完成焊接过程。其脉冲送丝频率、脉冲送丝步距、基本送丝速度和脉冲送丝速度的下降陡度等,可以在很宽范围内控制金属熔滴过渡的频率、速度和熔滴尺寸。焊接过程中,送丝速度的脉冲变化对熔滴过渡影响不大,但对焊缝成形和金属组织有利。

脉冲送丝氩弧焊工艺的推荐参数一般为:焊丝直径为$\phi1.2$mm时,最佳送丝步距0.5～0.8mm、脉冲送丝频率15～100Hz。采用此法焊接的最小电流比熔化极脉冲氩弧焊的临界平均电流还要小10%～20%。

(五) MIG焊焊接缺陷

MIG焊常见焊接缺陷有裂纹、气孔、夹渣、未焊透及未熔合等。裂纹的产生与焊接材料和熔合比的选择、焊接工艺及其规范参数的确定等有关;气孔的产生与氩气纯度及其保护焊前清理及焊接规范等参数有关;夹渣的产生与氧化物夹杂,导电嘴被烧熔和铜微粒进入熔池,焊接规范选择不当等有关;未熔透的产生的产生与根部焊道的线能量、焊件清理以及坡口尺寸选择不当等有关;未熔合的产生与电弧偏离焊缝中心等因素有关。

二、熔化极CO_2气体保护焊

(一) 概述

熔化极CO_2气体保护与熔化极氩弧焊相似,焊丝既作电极又作填充金属,只是保护气体采用二氧化碳。二氧化碳是一种活性气体,也是唯一适合于焊接用的单一活性气体,它具有焊接速度高、熔深大、成本低和易进行空间位置焊接等优点,仍然是焊接碳钢和低合金钢的最常用气体,其主要缺点是焊接过程中产生飞溅和焊缝成形较差。

CO_2气体保护焊有半自动焊和自动焊两种方法,使用最多的是半自动焊工艺。半自动焊设备由焊枪、送丝机构、供气系统、控制系统及焊接电源等组成。焊接电源一般采用动特性良好的直流电源。当焊丝直径$\leqslant\phi1.6$mm时,可选用具有平、缓升或缓降外特性的电源,并配用等速送丝机构;当焊丝直径$\geqslant\phi2.0$mm时,可选用下降外特性的电源,并配用电弧电压反馈、控制送丝速度的送丝机构。

CO_2气体保护焊的熔滴过渡有短路过渡、半短路过渡、颗粒过渡等形式。

短路过渡采用细焊丝($\phi0.6$～1.6mm)、小电流和低电弧电源,属于短弧焊。其特点是熔滴细小,焊丝与熔池的短路频率一般为20～200s^{-1}。熔滴过渡只发生在焊丝与熔池接触时,焊接过程稳定、飞溅少、焊缝成形良好;电弧断续燃烧、热输入量低、变形小,可进行全位置焊接。但熔深浅、多层焊易产生未熔合,适用于薄件焊接和有较大间隙的搭桥焊。

颗粒过渡(大粒过渡)采用粗焊丝($\phi1.6$～5.0mm)、较大电流和较高电弧电压,属于长弧焊。CO_2保护焊在焊接电流和电压超过短路过渡范围时,都产生非轴向大粒过渡,这是因为在熔滴底部产生三部分压力的作用(电弧收缩力、带电质点撞击力和斑点处的金属蒸汽反作用力),使熔滴偏离焊丝轴线,并上翘和旋转脱离焊丝,产生飞溅和焊缝成形不良。其焊接特点为电弧较集中,熔滴较大而不规则,过渡频率低且为非轴向过渡,过程稳定性较差,焊缝成形较差、飞溅大,但生产率高。

半短路过渡采用的电流和电弧电压介于短路过渡和颗粒粒过渡之间,其特点是熔滴颗粒稍大于短路过渡熔滴,焊缝成形较好,但飞溅较大,可用于焊接厚 6～8mm 钢板的平焊焊缝。

(二) 过程特点及应用范围

1. 过程特点

(1) 焊接质量

焊缝的含氢量低,抗裂性好;对铁锈的敏感性小;热影响区小。但由于 CO_2 具有较强的氧化性,焊接过程中与会引起合金元素烧损和增碳,以及 CO_2 与熔滴和熔池中金属的碳相互作用生成 CO,其结果可能产生飞溅和生成 CO 气孔。此外,由于 CO_2 是强氧化性气体,会使焊缝中含有较多的非金属夹杂物,较大的降低了焊缝冲击韧性,不适合于焊接低合金高强度钢。

(2) 生产率高

由于焊接电流密度大,电弧热量集中,焊缝熔深大、焊丝熔池速度大,故半自动 CO_2 气体保护焊的工效比焊条电弧焊提高 1～2 倍,自动焊则提高 3～4 倍。

(3) 成本低、操作性能

CO_2 气体保护焊成本仅为焊条电弧焊和埋弧焊的 30%～60%,为明弧焊,可进行全位置焊接。

2. 应用范围

(1) 可焊的金属

可焊碳钢、普通低合金钢,也可焊低合金高强度钢、耐热钢和不锈钢(由于 CO_2 气体保护焊使焊缝增碳,影响抗晶间腐蚀性能,采用不锈钢时只能用于对抗蚀性能要求不高的容器焊接)、铸钢、中碳钢、硅钢片、弹簧钢以及铸铁等,还可焊接异种金属材料(如低碳钢与合金钢的焊接)。

(2) 可焊的厚度

不但可焊接厚 0.8mm 薄板,且可焊接厚 150mm 以内的钢板。

(3) 可焊的焊缝形式

半自动 CO_2 气体保护焊主要用于焊接短焊缝和各种曲线形状焊缝,自动焊一般用于焊接形状规则的长焊缝。

(三) 焊接工艺及规范

1. 焊接接头形式及其坡口

CO_2 气体保护焊适用于对接、角接、T 形接和搭接接头等焊接。对接接头坡口形式有不开坡口(I 形坡口)、V 形、X 形、U 形和双 U 形坡口等。

2. 焊丝直径

一般根据工件厚度、熔滴过渡形式、焊接位置等选择焊丝直径,见表 1-55。

表 1-55 CO_2 气体保护焊焊丝直径

板厚/mm	熔滴过渡形式	焊缝空间位置	焊丝直径/mm
1.0~2.5	短路	全位置	0.5~0.8
2.5~4.0	颗粒	平	
2.0~8.0	短路	全位置	1.0~1.4
2.0~12.0	颗粒	平	
3.0~12.0	短路	平、立、横、仰	1.6
>8.0	颗粒	平	≥1.6

3. 焊接电流极性

与 TIG 焊一般采用直流正接不同，CO_2 焊和 MIG 焊均采用直流反接（焊丝接正极），以保证电弧稳定、减少飞溅、熔深大、含氢量低及较好的焊缝成形。但在粗焊丝和大电流焊时，也可以用直接正极性，以使电弧稳定、焊丝熔化速度大（约为反极性的1.6倍），但飞溅稍大。

4. 焊接电流

焊丝电流主要根据焊丝直径和熔滴过渡形式选取，同时也与焊接化学成分、焊丝干伸长、电流极性等有关，可按表 1-56 选取。

表 1-56 CO_2 气体保护焊焊接电流

焊丝直径/mm	焊接电流/A	
	颗粒过渡(30~45V)	短路过渡(16~22V)
0.8	150~250	60~160
1.2	200~300	100~175
1.6	350~500	120~180
2.4	500~750	150~200

5. 电弧电压

电弧电压主要与熔滴过渡形式、焊丝直径、焊接电流等有关。CO_2 短路过渡焊接时，在一定的焊丝直径及焊接电流下，电弧电压若过低，金属过桥不易断开，易发生固态焊丝插入熔池；电弧电压过高，则由于短路过渡变为大滴过渡（颗粒过渡），飞溅大。短路过渡时，电弧电压与焊接电流的最佳配合列于表 1-57。

表 1-57 短路过渡时焊接电流与电弧电压

焊接电流/A	电弧电压/V	
	平焊	立焊和仰焊
75~120	18~21.5	18~19
130~170	19.5~23	18~21
180~210	20~24	18~22
220~260	21~25	—

6. 焊接速度

焊接速度是指电弧沿焊接接头运动的线速度。当其他条件不变时，中等焊接速度时熔深最大,焊接速度降低时,则单位长度焊缝上的熔敷金属量增加,在很慢的焊接速度下,焊接电弧冲击熔池,使熔深减小焊道加宽。相反焊接速度过高,会产生咬边倾向,甚至由于液体金属熔池较长而发生失稳,出现驼峰焊道。对于 CO_2 气体保护焊和半自动焊的焊接速度一般为 5~60m/h 范围内,自动焊为 25~150m/h。

7. 焊丝伸出长度

通常,CO_2 气体保护焊焊丝伸出长度约等于焊丝直径的 10 倍。细焊丝时,以 8~15mm 为宜,粗焊丝时,为 15~25mm,最大不得超过 50mm。

8. 电源的动特性

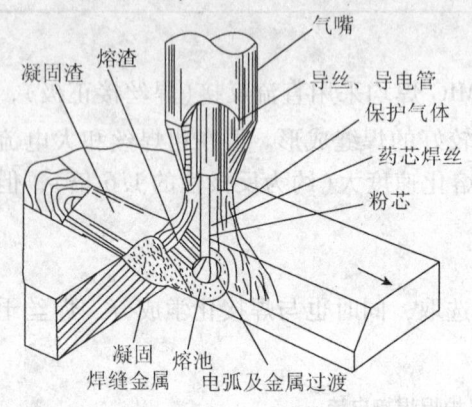

图 1-75 药芯焊丝 CO_2 气体保护焊示意图

CO_2 气体保护焊短路过渡过程的稳定性取决于电源的动特性,必须在焊接回路串联电抗器,适当调节电路电感,可使电弧稳定燃烧、减少飞溅和控制电弧热量。

9. 保护气体流量

对于细丝短弧焊,宜为 8~15mL/min,粗丝长弧焊宜为 15~25mL/min。

(四) 药芯焊丝 CO_2 气体保护焊

药芯焊丝 CO_2 气体保护焊如图 1-75 所示。主要用于结构件的焊接制造,其用量大大超过其他种类气体保护焊用药芯焊丝。这种焊接方法与实芯焊丝 CO_2 焊不同,它是采用由薄钢带轧成如表 1-58 中所示的管状焊丝,内填造渣剂、合金剂、脱氧剂及稳弧剂制成。它既可作为电极和填充金属,又可与 CO_2 气体形成气-渣联合保护。

表 1-58 药芯焊丝断面结构

横截面						
符号	○	⊖	⊘	⊖	⊖	⊚
类别	无缝	对接	搭接	T 形	E 形	双层

药芯焊丝是在结合焊条的优良工艺性能和实心焊丝的高效率自动焊基础上产生的一类新型焊接材料,药芯焊丝 CO_2 气体保护焊主要具有以下特点。

1. 焊接工艺性能好

在电弧高温作用下,药芯中各种物质产生造气、造渣等反应,对熔滴过渡形态、熔渣表面张力等性能产生影响,改善了焊接工艺性。可实现熔滴的喷射过渡和进行全位置焊接,焊道成形良好。

2. 熔敷速度快，熔敷率高，生产效率高

药芯焊丝可进行连续的自动或半自动焊接，焊接时电流通过很薄的金属外皮，电流密度高、熔化速度快，熔敷速度远高于焊条，并略高于实芯焊丝，生产效率为焊条电弧焊的 3～4 倍。

3. 焊缝质量好

药芯焊丝 CO_2 气体保护焊由于形成气－渣联合保护，既可防止有害气体侵入，又具有精炼作用。同时其抗风能力亦有提高。

4. 合金系统调整方便，适应性强

可以通过焊丝外皮金属和药芯两种途径调整焊缝金属的化学成分，特别是通过改变药芯成分，可方便调整焊缝成分的力学性能，以及通过改变药芯中的粉料组成，得到各种不同的渣系、合金系，以满足各种不同焊件的需求。

5. 对焊接电源无特殊要求

高、直流电源及平、陡降特性的电源均可采用，但通常采用直流反接的平特性电源。

6. 能耗低、综合成本低，对环保负面影响小

药芯焊丝电弧焊过程中，连续施焊使焊机空载损耗大为减小；较大的电流密度增加了电阻热和热源利用率，使能源有效利用率大大提高。按焊接生产的综合成本（焊接材料、辅助材料、能源消耗、生成效率、熔敷金属表面填充量、人工费用等）计算，综合成本略低于实心焊丝，不到焊条电弧焊的一半。另外，采用药芯焊丝可免除焊丝酸性、碱洗、电镀等可能造成环境严重污染的生产处理工艺，且焊接过程中产生的固体废弃物焊渣等，在三大类焊接填充物料（焊条、实心焊丝、药芯焊丝）中最小，对环保的负面影响小。

7. 采用药芯焊丝气体保护焊的不足之处

焊丝制造过程复杂，送丝比实心焊丝困难，药芯容易受潮、焊前必须在 250～300℃ 下烘焙。

（五）CO_2 气体保护焊焊接缺陷

CO_2 气体保护焊常见焊接缺陷有裂纹、气孔、夹渣、飞溅、咬边等。裂纹的产生与母材和焊接材料的含碳量；电流和电压的匹配；焊前清理；焊接顺序；气体的含水量；焊缝末端处的弧坑冷却过快等因素有关。气孔的产生与 CO_2 气体纯度及其保护作用不良（保护气体覆盖不足）；工件和焊丝的污染；焊丝的 Si、Mn 含量；电弧电压太高及喷嘴与工件距离过大等因素有关。夹渣的产生与层间清理；焊接规范（如采用多道焊短路过渡）和操作方法以及焊接小车行走速度（如高的行走速度）等有关。飞溅的产生与电感量、焊前清理、焊接电流与电弧电压的配合等有关。咬边的产生与焊前位置、焊接规范等有关（如焊枪角度不正确、焊枪停留时间不足、焊接速度感或电弧电压太多、焊接电流过大等）。焊缝成形不良的主要原因是焊道短路过渡中，燃弧能量不足，使焊道呈现窄而高的形状和熔深较浅。可通过串联直流电感调节，增大电感以延长燃弧时间，提高燃弧能量（对于整流电源）或控制燃弧电流大小和燃弧时间，以提高燃弧能量（对于逆变电流）加以解决。

三、熔化极混合气体保护焊

采用单一气体保护往往不可能获得理想的焊接效果，因而在熔化极气体保护焊应用中，往往采用混合气体的保护方法，以适应不同焊接材料和结构的要求。混合气体一般有多种组

合型，即惰性气体与惰性气体混合、惰性气体与氧化性气体混合以及惰性气体与还原性气体混合。由惰性气体和氧化性气体组成的混合气体具有一定的氧化性，因此也称为活性气体。如 $Ar+CO_2$、$Ar+O_2$、$Ar+CO_2+O_2$、$Ar+He+CO_2+O_2$ 等。这种气体保护方法在上述三类混合气体类别中应用最广，可采用短路过渡、喷射过渡和脉冲射流过渡进行焊接，可用于焊和各种位置的焊接，尤其适用于碳钢、低合金钢和不锈钢等黑色金属材料的气体保护焊。惰性气体与惰性气体组合的混合气体一般采用 $Ar+He$ 或 $Ar+N_2$，其中 $Ar+He$ 混合气体可用于不锈钢、Al、Ti、Ni、Cu 及其合金的气体保护焊，可采用短路过渡、射流过渡或大粒过渡（颗粒过渡）等焊接方法，$Ar+N_2$ 混合气体一般用于不锈钢、铜及铜合金的气体保护焊，可采用短路过渡、大粒过渡焊接方式。惰性气体与还原性气体组合的混合气体常采用 $Ar+H_2$，适用于镍基合金钨极气体保护焊。

对于氧化性混合气体，在氩气中无论加入 O_2 或 CO_2，都能增强氧化性，引起熔滴和熔池金属较强烈的氧化以及其中 Si、Mn 元素的烧损。$Ar+CO_2$ 混合气体不适合于耐蚀不锈钢，焊接不锈钢应采用 $Ar+O_2$ 混合气体保护。我国采用 $Ar+CO_2$ 和 $Ar+O_2$ 二元混和气体较多，三元混和气体（$Ar+CO_2+O_2$）很少采用。四元混合气体（$Ar+He+CO_2+O_2$）能够在较大电流时获得稳定的熔滴过渡，是形成大电流、高熔敷率的 GMAW 焊接方法，同时还可得到良好的焊缝和力学性能及工艺操作性，可用于焊接低合金高强钢，但应综合比较采用这种混合气体保护焊的经济合理性。

采用氧化性混合气体作为保护气体，通常具有下列作用：
① 提高熔滴过渡的稳定性。
② 可以稳定阴极斑点，消除由于阴极斑点跳动而引起的电弧漂移，提高电弧燃烧的稳定性。
③ 改善焊缝熔深形状和外观成形。
④ 增大电弧的热功率。
⑤ 控制焊缝的冶金质量。
⑥ 采用混和气体保护，减少了纯氩（氦）用量，可降低焊接成本。

熔化极混和气体保护焊采用各种混合气体的成分、性能、特点及应用见附录A"表A-13"。

第六节　等离子弧焊（PAW）

一、等离子弧及其工作原理

等离子弧是利用等离子焊枪将阴极（如钨极）和阳极之间的自由弧压缩成高温、高电离度及高焰速度的电弧，它可用于焊接、喷涂、堆焊及切割。等离子枪可分为焊枪和割枪两种，其主要组成部分及术语如图1-76所示（割枪无保护气体和保护罩）。等离子枪的关键部件是压缩喷嘴，一般需用水冷。喷嘴内通过的气体称为离子气。中性气体在喷嘴内电离后使喷嘴内压增加，电离后的离子气从喷嘴流出时受到孔径限制，使弧柱截面变小（机械压缩），且在流经孔道时受冷气膜的作用，弧柱截面进一步收缩（热收缩）。在这两种收缩效应下，弧柱电流密度增加，磁收缩随之增强，弧柱电场强度和弧压降也随之增加，故等离子弧的电弧功率及温度远高于自由电弧。此外，由于离子气受到压缩，从喷嘴喷射出的电弧带电质点的运动速度可高达 300m/s，使等离子弧具有较小的扩散角与较大的电弧挺度（即电弧沿电极轴线的挺直程度），这也是等离子弧的突出优点。

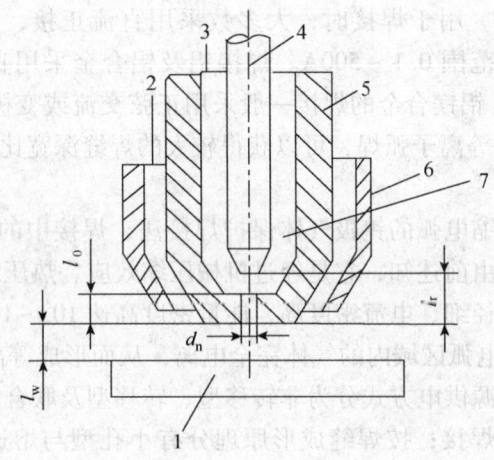

图 1-76　等离子弧枪

1—工件；2—保护气体；3—离子气；4—电极；5—压缩喷嘴；6—保护气罩；7—增压室

d_n—喷嘴孔径；l_0—喷嘴孔道长度；l_r—钨极内长缩长度；l_w—喷嘴至工件距离

等离子弧所具有的电弧力、能亮密度及电弧挺度等特性，与电流、喷嘴孔径及孔道长度、离子气种类与流量、保护气体种类有关，调整这些参数可使离子弧适应不同的加工工艺。如在切割工艺中应选择大电流、小喷嘴孔径、大离子气量及导热能力强的离子气；在焊接工艺中，为防止焊穿工件，应选择小的离子气量及较大的喷嘴孔径。

等离子弧按电源供电方式可分为非转移型、转移型及联合型，见图 1-77，其中基本形式为非转移型及转移型。非转移型等离子弧建立在电极与喷嘴之间，离子弧从喷嘴孔径喷出（也称离子焰）。主要用于非金属材料的焊接与切割。转移型等离子弧建立在电极与工件之间，一般需要先引燃非转移弧，然后将电弧转移至电极与工件之间，工件成为另一电极，由转移弧把能量传递给工件。转移型电子弧一般用于金属材料的焊接及切割。联合型为转移弧和非转移弧同时存在的等离子弧，它需要两个独立电源供电，主要用于电流小于 30A 以下的微束等离子弧焊。

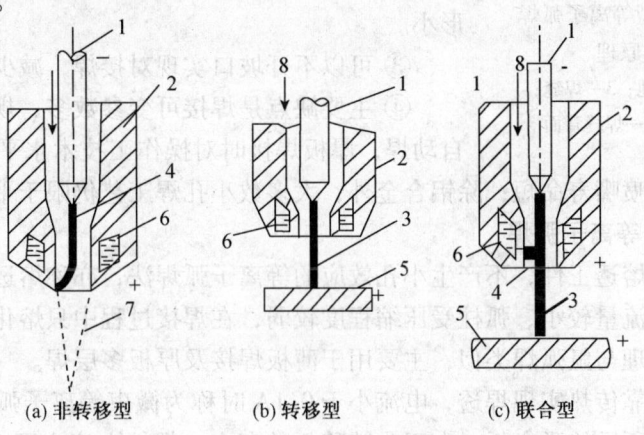

(a) 非转移型　　(b) 转移型　　(c) 联合型

图 1-77　等离子弧的类型

1—钨极；2—喷嘴；3—转移弧；4—非转移弧；5—工件；6—冷却水；7—弧焰；8—离子气

等离子弧的电流极性和电流选择：用于切割时只采用直接正接，即工件接电源正极，切割电流范围为 30～1000A。用于焊接时，大多数采用直流正接，如焊接合金钢、不锈钢、钛、镍及其合金等，电流范围 0.1～500A。焊接铝及铝合金采用直流反接，仅限于焊接薄件，电流不应超过 100A。铝镁合金的焊接一般采用正弦交流或变极性，前者电流范围 10～100A，用变极性方波交流等离子弧焊，可以获得较大的焊缝深宽比，且钨极烧损小。

二、等离子弧焊

等离子弧焊是一种压缩电弧的钨极气体保护焊接法，焊接中的一般电弧称为自由电弧，而等离子弧为压缩电弧，由前述知，它是经过机械压缩效应、热压缩效应和自磁压缩效应产生的等离子电弧，弧柱直径细、电流密度高，能量密度高达 $10^5 \sim 10^6 \text{W/cm}^2$，弧柱区温度最高可达 24000～50000K，电弧区域内的气体完全电离，从而形成等离子弧。

等离子弧除前述按电源供电方式分为非转移型、转移型及联合型外，按性质分有刚性弧和柔性弧两种，后者用于焊接；按焊缝成形原理分有小孔型与熔透型等离子弧，其中 30A 以下的熔透型等离子弧称为微束等离子弧。

（一）小孔型等离子弧焊

利用小孔效应，即依靠等离子弧高温和冲力，穿透整个工件厚度，在熔池底部形成一个贯穿工件的小孔（见图1-78），小孔周围的液体金属在电弧吹力、液体金属重力与表面张力作用下保持平衡，焊枪前进时，在小孔前沿的熔化金属沿着等离子弧柱流到小孔后面，并逐步凝固成焊缝。这种焊接方法亦称穿透性焊接法，其优点在于可以单道焊接厚板（板厚范围 1.6～9.0mm），但只限于平焊（对于某些材料，采取必要的工艺措施，也可实现全位置焊接）。

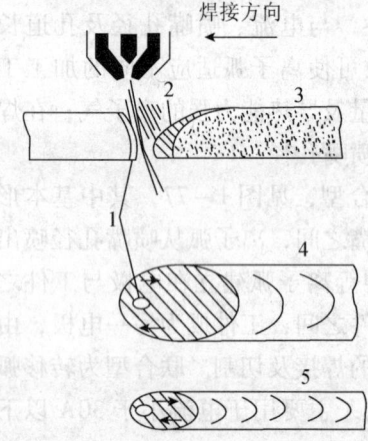

图1-78　小孔型等离子弧焊
焊缝形成原理
1—小孔；2—熔池；3—焊缝；
4—焊缝正面；5—焊缝背面

小孔型等离子弧焊主要具有下列特点：

① 电弧穿透能力强，对较厚板可实现单道焊接，且孔隙率低。

② 焊接中可以生成较为对称的焊缝，焊接横向变形小。

③ 可以不开坡口实现对接焊，减少了坡口加工量。

④ 主要缺点是焊接可变参数多、规范区间窄；仅限于自动焊，厚板焊接时对操作工技术水平要求较高；焊枪对焊接质量影响大，喷嘴寿命短；除铝合金外，大多数小孔焊工艺仍限于平焊。

（二）熔透型等离子弧焊

焊接过程中只熔透工件，不产生小孔效应的等离子弧焊法，亦称熔透性焊接法。这种焊接方法由于离子气流量较小、弧柱受压缩程度较弱，在焊接过程中只熔化工件而不产生小孔效应，焊缝成形原理与氩弧焊类似，主要用于薄板焊接及厚板多层焊。

熔透型离子焊靠传热实现焊透，电流小于 0.1A 时称为微束等离子弧焊。微束等离子通常采用如图1-77所示的联合弧，由于非转移弧的存在，焊接电流小至1A以下时，电弧仍具有较好的稳定性，能够焊接细丝及箔材。这时的非转移弧又称维弧，用于焊接的转移弧称为主弧。

熔透型等离子弧焊与 TIG 焊比较，主要具有以下特点：

① 电弧能力集中。焊接工艺具有焊接速度快，焊缝深宽比大，截面积小，薄板焊接变形小，厚板焊接缩孔倾向小及热影响区窄等优点。

② 电弧稳定性好。由于微束等离子弧采用联合弧，电流小至 0.1A 时电弧仍能稳定燃烧，因此可焊接超薄件(如厚度 0.1mm 不锈钢片)。

③ 电弧挺直性好。等离子弧的扩散角比钨极弧小，仅 5°左右(见图 1-79)，基本上是圆柱形，弧长变化对工件上的加热面积和电流密度影响较小，从而对焊缝成形的影响不明显。

④ 由于等离子弧焊枪的钨极位于喷嘴之内，电极不可能与工件接触，故不存在焊缝夹钨缺陷。

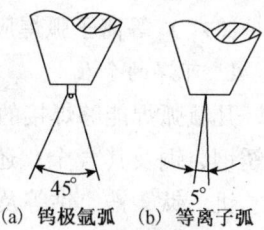

(a) 钨极氩弧 (b) 等离子弧

图 1-79 等离子弧与钨极弧的扩散角

⑤ 熔透法的主要缺点是焊枪结构复杂，加工精度要求高，焊枪喷嘴对焊接质量有着直接影响，必须定期检查维护和及时更换。另外，由于电弧直径小，施焊时要求焊枪喷嘴轴线必须更准确对中焊缝。

(三) 热丝等离子焊接

在热丝等离子焊接中，填充焊丝进入熔池之前，需先通过电流流过焊丝时产生的电阻热被加热(加热电流由单独的交流电源提供)，这样可提高焊接速度，降低稀释率。此焊接方法一般用在大电流熔透法焊接中。

(四) 焊接设备及电源

等离子弧焊焊接设备由焊接电源、控制系统、焊枪(或焊接小车)、气路及水路系统等组成，电源应具有陡降或垂降特性，最好具有电流递增及电流衰减等功能，以满足起弧及收弧的工艺要求。目前常使用的电源有直流电源(硅整流电源或弧焊发电机)、直流脉冲电源及交流变极性电源。

(五) 焊接材料

1. 电极材料

等离子弧焊枪所采用的电极材料与钨极氩弧焊相同，目前国内主要采用钍钨或铈钨电极，除此之外国外还采用锆钨极。由于等离子弧焊枪对钨电极的冷却及保护效果均优于氩弧焊枪，故钨极烧损程度较氩弧焊小。

2. 离子气与保护气

等离子焊枪有两层气体，即从喷嘴流出的离子气及从保护气罩流出的保护气。离子气对钨极应该惰性的，以免钨极烧损过快；保护气体对母材一般亦为惰性气体，但有时可添加少量活性气体。为保证焊接过程稳定，大电流焊接时，离子气与保护气成分应相同；小电流焊接时，离子气一律使用纯氩气，保护气可以用纯氩、也可以选择其他成分。等离子弧焊接所用的气体种类取决于被焊金属，可供选择的气体有：Ar 气，Ar-He、Ar-H_2、Ar-CO_2 混合气及 He 气等。Ar 气常用于焊接碳钢、高强度钢及活性金属(如 Ti、Al、Zr 合金)；Ar-He 混合气多用于铝及铝合金的焊接；Ar-H_2 混合气可用于奥氏体不锈钢及镍基合金焊接；纯 He 气宜用于熔透法焊接(如焊接铜)；Ar-CO_2 混合气可用于低碳钢及低合金钢焊接。大电流及小电流等离子焊接用于气体及保护气体的选择，见附录A"表A-14、A-15"。

3. 填充焊丝

等离子弧焊时，一般情况下无需填充焊丝。焊接某些金属，采用与焊件相同的焊丝（如焊1Cr18Ni9Ti时需用1Cr18Ni9Ti焊丝）；焊接另一些金属时，可采用与焊件材料相匹配的焊丝（如焊30CrMoSiA可用18CrMoA焊丝）。

（六）等离子弧焊应用范围

1. 可焊的金属

凡氩弧焊能够焊接的材料均可用等离子弧焊接。主要用于焊接碳钢、合金钢、耐热钢、不锈钢、铜及其合金；还可焊接难熔、易氧化、热敏感性强的金属，如钼、钨、铍、铬、钽、钒、钛、锆、钴等及其合金，镁合金以及蒙乃尔、因科镍等合金。

2. 可焊的厚度

采用熔透法微束等离子弧焊，可焊直径为$\phi 0.01mm$的极细丝和厚度为$0.05mm$的极薄板；采用穿透法等离子弧焊（小孔型等离子弧焊），可焊厚度$\leqslant 6.0mm$碳钢和合金钢，厚度$\leqslant 8mm$的不锈钢、镍及其合金，厚度$\leqslant 12mm$的钛及钛合金、以及厚度$\leqslant 2.5mm$的铜及其合金。

3. 适用的接头形式

熔透法等离子弧焊，适用于焊多层焊缝的盖面焊缝和角焊缝。微束等离子弧焊，适用于焊接薄板的搭接接头。穿透法等离子弧焊适用于焊接对接接头，且多用在不开坡口一次焊透或开坡口多层焊的打底焊，然后用埋弧焊或气、电焊焊满坡口。

（七）焊接工艺

1. 焊接接头形式及其坡口

用于等离子弧焊的通用接头形式有T形坡口、单面V形和U形坡口以及双面V形和U形坡口。这些坡口形式可采用从一侧或两侧进行对接接头的单道焊或多道焊。除对接接头外，等离子弧焊也可用于焊接角焊缝和T形接头，且具有良好的熔透性。

穿透法等离子弧焊，可用于有间隙或无间隙的对接接头，常用焊丝直径为$\phi 1.0 \sim 1.2mm$时，间隙应小于1.5mm。当焊件厚度$\geqslant 12mm$时，需开60°坡口，留6mm钝边，此时应先用等离子弧焊焊接钝边，再用其他方法焊满坡口。采用微束等离子弧焊，可焊接按对接、搭接、角接、卷边接头和端面接头。

一般情况下，对于厚度大于1.6mm、但小于表1-59所列厚度值的工件，可不开坡口，采用小孔型等离子弧焊，单面一次成焊成。对于厚度较大的工件需开坡口对接时，与钨极氩弧焊相比，可采用较大的钝边和较小的坡口角（见图1-80），第一道焊缝采用小孔型等离子弧焊，填充焊道采用熔透型等离子弧焊完成。对于焊件厚度0.05~1.6mm之间的薄板等离子弧焊，通常采用图1-81所示的接头形式。

表1-59 小孔型等离子弧焊一次焊透的厚度　　　　　　　　　　　　　　mm

材　料	不锈钢	钛及钛合金	镍及镍合金	低合金钢	低碳钢
焊接厚度范围	≤8	≤12	≤6	≤7	≤8

注：不加衬垫，单面焊双面成形。

第一章 压力容器常用焊接方法

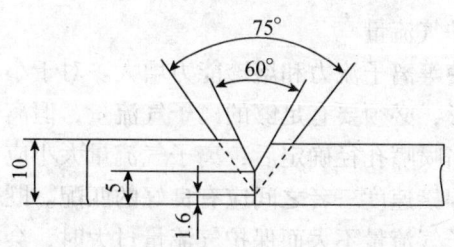

图 1-80 等离子弧焊和钨极氩弧焊 V 形坡口形状的对比
┄┄钨极氩弧焊 ——等离子弧焊

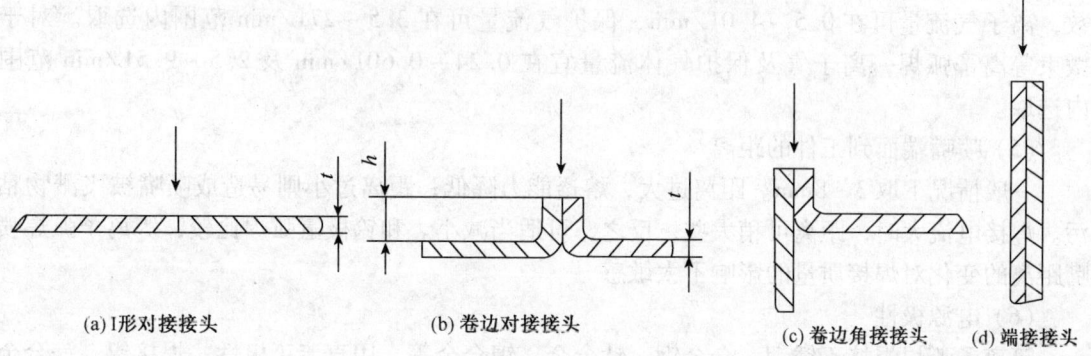

(a) I 形对接接头　　(b) 卷边对接接头　　(c) 卷边角接接头　　(d) 端接接头

图 1-81 薄板等离子弧焊接接头形式
t—板厚(0.025~1mm); h—卷边高度(2~5mm)

2. 焊接规范

（1）焊接电流

等离子弧焊焊接电流根据焊件材料、熔透要求、厚度和接头形式决定。电流过小，不能形成小孔；电流过大，又会因小孔直径过大而使熔池金属坠落。此外，电流过大还可能引起双弧现象。为此，在喷嘴结构确定后，为了获得稳定的小孔焊接过程，焊接电流应限制在合适的范围内。采用小孔型或熔透型等离子弧焊焊接的各类钢焊件，厚度 1~5mm 时，焊接电流可在 60~245A 范围内选取。采用微束等离子弧焊焊接各类材料，厚度 0.025~0.78mm 范围内的对接接头，焊接电流可在 0.3~10A 范围内选取；如果焊件厚度在 0.8~1.5mm 范围内，焊接电流应在 15~36A 范围内选取。

（2）电弧电压

等离子弧焊的电弧电压通常为 21~36V。由于等离子弧指向性强、弧柱直径小，故对弧长不敏感，对焊枪喷嘴至工件的距离不像氩弧焊那么要求严格。

（3）焊接速度

对于小孔型等离子弧焊接，焊接速度是影响小孔效应的一个重要参数。其他条件一定时，焊速增加，焊接热输入减小，小孔直径亦随之减小，最后消失。反之，如果焊速过低，母材过热，背面焊缝会出现下陷甚至熔池泄漏等缺陷。为了获得平滑的小孔焊接焊缝，伴随焊速的提高必须同时提高焊接电流，如果焊接电流一定，增大离子气流量就要增大焊速，反之若焊速一定时，则增加离子气流量应相应减小电流。

等离子弧焊的焊接速度通常在 125~700mm/min 范围内选取。

(4) 离子气流量和保护气流量

离子气流量增加，可使等离子流力和熔透能力增大。对于小孔型等离子弧焊，在其他条件不变时，为保证小孔成形，必须要有足够的离子气流量，但离子气流量过大也会使小孔直径过大，影响焊缝成形。当喷嘴孔径确定后，离子气流量大小应视焊接电流和焊速而定，即离子气流量、焊接电流及焊接速度三者之间应有良好的匹配。既保护气流量应与离子气流量保持适当的比例。如果离子气流量不大而保护气流量过大时，会导致气流紊乱，反之则难以达到气体保护要求。

不论采用熔透型或小孔型等离子弧焊，根据焊件材料、厚度、接头型式以及其他参数，离子气流量可在 0.5~4.0L/min、保护气流量可在 3.5~27L/min 范围内选取。对于微束等离子弧焊，离子气及保护气体流量宜在 0.24~0.60L/min 及 2.5~9.5L/min 范围内选取。

(5) 喷嘴端面到工件的距离

一般情况下取 3~8mm。距离过大，熔透能力降低；距离过小则易造成喷嘴被飞溅物粘污。焊接电流大时，距离可稍大些，反之，可适当减小。和钨极氩弧焊比较，等离子弧焊喷嘴距离的变化对焊接质量的影响不太敏感。

(6) 电源极性

等离子弧焊焊接不锈钢、合金钢、钛合金、镍合金等，用直流正极性；焊接铝、镁合金时用直流反接。

(7) 钨极缩进量

一般情况下，钨极内缩长度在 1.5~3.0mm 内选取。

(8) 起弧与收弧

板厚小于 3mm 时，可以直接在焊件上起弧和收弧。板厚大于 3mm 时，焊接纵缝可采用引弧板及引出板，将小孔起始区及收尾区排除在焊缝之外。环缝焊接时，需采用电流及离子气量递增的方式形成合适的小孔形成区，以及采用电流及离子气量递减的方式获得小孔收尾区。离子气量可通过流量控制器实现较精确控制。

熔透型及小孔型及微束等离子弧焊焊接参数参考值见附录A"表A-16~表A-18"。

(八) 脉冲等离子弧焊焊接技术

脉冲直流电源也可用于等离子弧焊，与TIG脉冲电源相似，电源输出电流波形如图1-82所示。输出电流在脉冲电流与基值电流之间转换，脉冲电流期间，母材熔化；基值电流、脉冲电流以及脉冲电流与基值电流时间均可控制、调节。脉冲等离子弧焊综合了脉冲电弧焊和等离子焊的特点，主要有下列特点：

① 可控制焊接线能量和熔池，从而使焊缝的正反面成形良好。

② 焊接线能量比非脉冲等离子弧焊焊接同厚度的焊件小，从而可减小热影响区宽度、焊接应力及变形。

③ 脉冲电流造成的热循环及其对熔池的搅拌作用，有利于细化焊缝结晶，降低裂纹倾向。

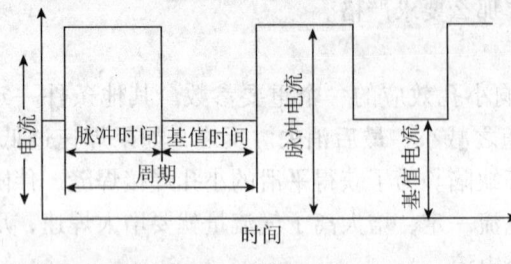

图1-82 脉冲电流波形

(九)等离子弧焊焊接过程中的问题及焊接缺陷

等离子弧焊可能出现的主要问题是"双弧"现象。即在焊接时,除了钨极与焊件间有一个等离子弧外,同时在钨极-喷嘴-焊件间形成另一个串联电弧。双弧的产生表明压缩电弧气流气体隔热绝缘层被破坏,从而使等离子弧稳定性破坏,会严重影响焊接质量。凡是增加等离子弧电流、减小离子流量、减少喷嘴通道直径、电极钝化或电极内缩长度不合适等,均可能使隔热绝缘层减薄而破坏,形成"双弧"。焊接工艺中合理解决破坏隔热绝缘层的原因,即可消除双弧现象。

另外,对于小孔型等离子弧焊采用变极性交流方波电源焊接铝合金时,负半周电流持续时间宜在 2~5ms 范围内(见图 1-83)如果负半周电流持续时间过长(超过6ms),也易出现双弧,且造成钨极严重烧损。

等离子弧焊常易出现的焊接缺陷有咬边、气孔、热裂纹等。

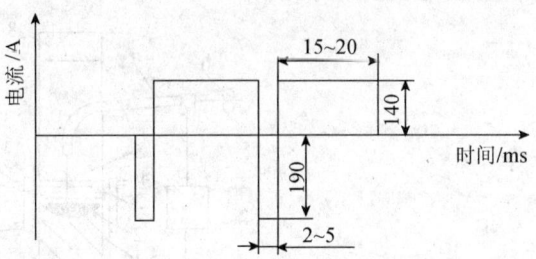

图 1-83 典型的变极性电流波形

1. 咬边及产生原因

不加填充焊丝时最易出现咬边,产生咬边的原因为:

① 离子气流量过大、电流过大及焊速过高。

② 电极与压缩喷嘴不同心或焊枪向一侧倾斜,或采用多孔喷嘴时,两侧辅助孔位置偏斜。

③ 焊接磁性材料时,电缆连接的位置不当,导致磁偏吹,造成单边咬边。

④ 装配错边,坡口两侧边缘高低不平,造成高位置一边咬边。

2. 气孔及产生原因

等离子弧焊气孔缺陷常出现在焊缝根部,产生气孔的原因主要有:

① 焊接速度过高。对于小孔型等离子弧焊,甚至会出现贯穿焊缝方向的长气孔以及闭合气孔会在熔池中产生凹坑,在弧坑部分留下大的气孔。

② 电流过小及其与气流衰减配合不当。

③ 其他条件一定时,电弧电压过高,或起弧和收弧处理焊接参数不匹配。

④ 填充焊丝送进速度太快

(十)热裂纹

等离子弧焊热裂纹的产生与焊件材料抗裂性能差、焊缝形状系数和熔池过大等有关。

第七节 电渣焊(ESW)

一、电渣焊的过程

电渣焊是利用电流通过液体熔渣所产生的电阻热作热源,将工件和填充金属熔合成焊缝的一种垂直位置的焊接方法(见图 1-84)。其焊接过程为:待焊两板边间留有间隙(一般为 20~40mm),使之呈立焊或接近立焊状态。焊件底部有引弧板,顶部有引出板,两侧面用两水冷铜块与两板边围成凹坑,以形成金属熔池和渣池,焊接中强制熔池金属冷却而获得成形良好的焊缝。焊接时首先在焊丝与引弧板间引燃电弧，熔化填撒在引弧板上的焊剂使之形成渣池。此时，焊丝插入熔池，由电弧过程转变为电渣过程，依靠电流由焊丝经渣池流向焊件所产生的电阻热，将焊丝端部和待焊板边熔化而形成金属熔池。由于熔融金属密度大于熔渣，金属熔池处于渣池下面而受到保护，随着焊丝不断向渣池送进和熔化，金属熔池和渣池不断上升，从而使距离热源较远的熔池金属逐渐冷却，并在水冷铜块的强制冷却下形成焊缝。随着焊接过程的进行，送丝机构及冷却铜块逐渐上升，直至完成整条焊缝。

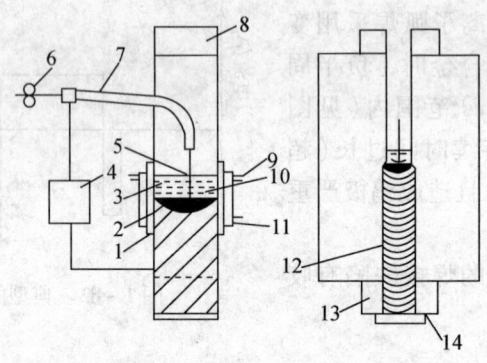

图1-84 电渣焊过程示意图

1—水冷成形滑块；2—金属熔池；3—渣池；4—焊接电源；5—焊丝；6—送丝轮；7—导电杆；
8—引出板；9—出水管；10—金属熔滴；11—进水管；12—焊缝；13—起焊槽；14—石棉泥

综上所述，电渣焊过程可分为三个阶段：

1. 引弧造渣阶段

在电极和起焊槽之间引燃电弧，将不断加入的固体焊剂熔化，使其在焊槽和水冷成形滑块之间形成液体渣池（温度一般为1600~2000℃）。当渣池达到一定深度后，增加焊丝送进速度并降低焊接电压，同时电极被侵入渣池中，使电弧熄灭，转入电渣过程。此阶段电渣过程不够稳定，渣池温度不高，焊缝金属和母材熔合不好，故焊后须将起焊部分割除。

2. 正常焊接阶段

当电渣过程稳定后，由于高温的液态熔渣具有一定的导电性，焊接电流经熔渣时，在渣池内产生的大量电阻热将焊件边缘和焊丝熔化，熔化金属沉积到渣池下面形成金属熔池，为防止金属液漏出坡口间隙，一般用石棉泥封堵。随着电极不断向渣池送进和金属熔池与其上的渣池逐渐上升，熔池下部远离热源的液体金属则逐渐凝固形成焊缝。

3. 引出阶段

为了将渣池熔渣及停止焊接时易于产生缩孔和裂纹缺陷的那部分焊缝金属组织引出工件，在被焊工件上部装有引出板。引出阶段应逐步降低电流和电压，以减少产生缩孔和裂纹。焊后须将引出部分割除。

二、焊接设备及电源

电渣焊设备一般包括焊丝送进机构、焊丝摆动机构、机头移动机构及成形块、焊接电源、控制系统和水冷系统等。焊接电源可采用直流或交流。实际生产中，因交流电源较经济和方便，故应用较广泛。

为保证稳定的电渣过程及减小电网电压波动的影响，电子弧焊电源应保证避免出现电弧放电过程或电渣—电弧的混合过程，因此电渣焊电源必须是空载电压低、感抗小（不带电抗器）的平特性电流，且电渣焊变压器必须是三相供电，其二次电压应具有较大的调节范围。

三、电渣焊种类

电渣焊根据采用电极的形状和是否固定，主要有丝极电渣焊、熔嘴电渣焊（包括管极电渣焊）、板极电渣焊等方法。

1. 丝极电渣焊

丝极电渣焊采用焊丝作为电极，焊丝通过不熔化的导电嘴送入渣池（见图1-85）。按装导电嘴的焊接机头随金属熔池的上升面向上移动，焊接较厚的工件时可采用2～3根或多底层焊丝，还可使焊丝在接头间隙中作横向往复摆动，以获得较均匀的熔宽和熔深。

丝极电渣焊适合于环焊缝焊接，高碳钢、合金钢对接以及丁字接头的焊接，焊件厚度范围40～450mm，一般情况下，多用于对接。单丝不摆动可焊厚度为40～60mm，单丝摆动可焊厚度为60～150mm，三丝摆动可焊厚度为450mm焊件。

2. 熔嘴电渣焊

熔嘴电渣焊的电极为固定在接头间隙中的熔嘴（一般由钢管和钢板点焊成）和焊丝构成，焊丝由送丝机构经熔嘴不断向熔池中送进（见图1-86）。根据焊件厚度，熔嘴可以是单个或多个，可以制成曲线或曲面形状，用于不同形状的焊缝焊接。由于设备较简单、通用性强，可在难以达到的部位进行焊接，因此目前已成为对接和丁字接头的主要焊接方法。

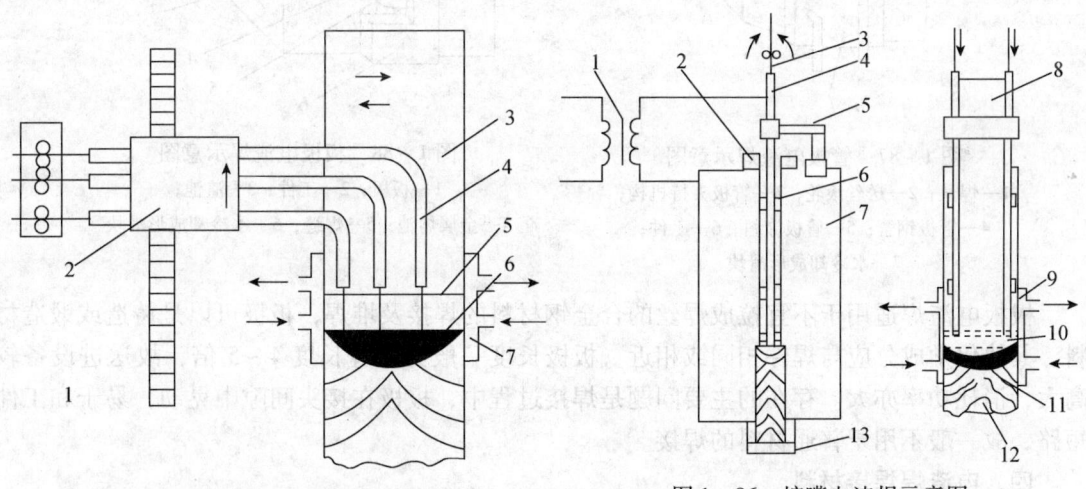

图1-85 丝极电渣焊示意图
1—导轨；2—焊机机头；3—工件；
4—导电杆；5—渣池；
6—金属熔池；7—水冷成形滑块

图1-86 熔嘴电渣焊示意图
1—电源；2—引出板；3—焊丝；4—熔嘴钢管；
5—熔嘴夹持架；6—绝缘块；7—工件；
8—熔嘴钢板；9—水冷成形滑块；10—渣池；
11—金属熔池；12—焊缝；13—起焊槽

采用熔嘴电渣焊时，如果工件较薄，熔嘴可简化为一根或两根管子，在其外表面涂以涂料，以起到绝缘、减小装配间隙以及补充熔渣和向焊缝过渡合金元素的作用。这种形式的熔嘴电渣焊亦称管极电渣焊（见图1-87）。

管极电渣焊的电极为固定在接头间隙中的涂料钢管和不断向渣池中送进的焊丝,由于薄板可以只采用一根管极,操作方便,管极易于弯成各种曲线形状,故多用于薄板及曲线焊缝的焊接。此外,还可以通过涂在管板上的涂料适当地向焊缝中渗合金元素,对细化焊缝晶粒和提高焊缝力学性能有一定作用。

3. 板极电渣焊

板极电渣焊的电极为金属板,见图1-88。根据被焊件厚度不同,可采用一块或数块金属板进行焊接,通过送进机构将板极不断送进熔池,板极不作横向摆动,可得到致密可靠的焊接接头。

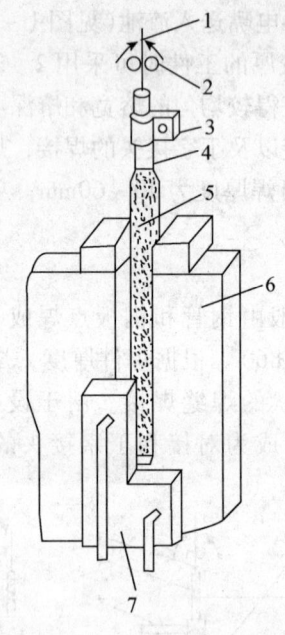

图1-87 管极电渣焊示意图

1—焊丝;2—送丝滚轮;3—管极夹持机构;
4—管极钢管;5—管极涂料;6—工件;
7—水冷却成形滑块

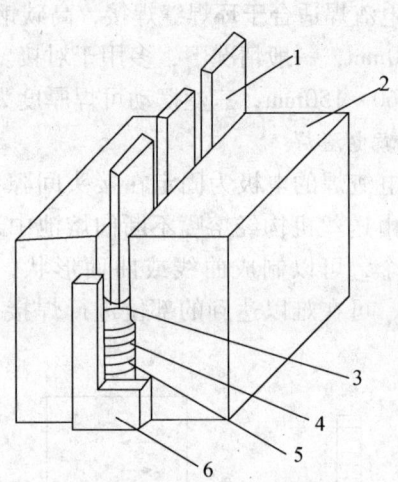

图1-88 板极电渣焊示意图

1—板极;2—工件;3—渣池;
4—金属熔池;5—焊缝;6—水冷却成形滑块

极板电渣焊适用于不宜拉成焊丝的合金钢材料的焊接及堆焊,板极可以是铸造或锻造材料,其他化学成分应与焊件相同或相近。板极长度一般为焊缝长度4~5倍,故送进设备较高大,消耗功率亦大。存在的主要问题是焊接过程中,板极在接头间隙中晃动,易于和工件短路,故一般不用于普通材料的焊接。

四、电渣焊焊接材料

电渣焊所用的焊件材料包括电极(焊丝、熔嘴、板极、管极等)、焊剂及管极涂料。

（一）电极

电渣焊过程中,电极(焊丝)的作用为:

① 将焊接电流引向渣池(电极作用);

② 形成电渣焊缝所必需的填充材料(填充金属作用);

③ 通过焊丝将合金元素过渡到焊缝内,以提高焊缝抗裂纹和抗气孔能力,并保证具有一定的力学性能(渗合金作用)。

电渣焊焊缝金属的化学成分和力学性能主要是通过调整焊接材料的合金成分加以控制,由于渣池温度较低,冶金反应缓慢,且焊剂含量很少,一般不通过焊剂向焊缝金属渗合金元素。故在选择电渣焊电极时,应考虑母材对焊缝的稀释作用。

电渣焊焊接碳钢和低合金钢时,为使焊缝具有良好的抗裂性和抗气孔能力,除控制电极(焊丝)的S、P含量外,其含C量通常应低于母材(一般控制在0.10%左右)。由此所引起的焊缝力学性能的降低,可以从提高Mn、Si和其他合金元素加以补偿。常用钢材电渣焊焊丝选用见表1-60。

表1-60 常用钢材电渣焊焊丝选用表

品种	焊件钢号	焊丝牌号
钢板	Q235A、Q235B、Q235C、Q235R	H08A、H08MnA
	20g、22g、25g、Q345、09Mn2、P355GH	H08Mn2Si、H10MnSi、H10Mn2、H08MnMoA
	15MnV、15MnTi、16MnNb	H08Mn2MoVA
	15MnVN 15MnVTiRe	H10Mn2MoVA
	14MnMoV	
	14MnMoVN	H10Mn2MoVA
	15MnMoVN	H10Mn2NiMoA
	13MnNiMo54	
铸锻件	15、20、25、35	H10Mn2、H10MnSi
	20MnMo、20MnV	H10Mn2、H10MnSi
	20MnSi	H10MnSi

电渣焊电极中,除焊丝外的熔嘴、板极、管极等材料,也可按选用焊丝材料的原则选取。对于焊接低碳钢和合金结构钢,通常采用09Mn2作为极板和熔嘴板,熔嘴管一般选用20号无缝钢管。管极电渣焊所用的电极—管状焊条,焊芯一般选用10、16、20号冷拔无缝钢管。

(二)焊剂

电渣焊焊剂的主要作用与一般埋弧焊剂不同,电渣焊过程中,当焊剂熔化成熔渣后,由于渣池具有相当的电阻而使电能转化成熔化填充金属和母材的热能,此热能还能起到预热焊件、延长金属熔池存在时间和使焊缝金属缓冷的作用。但不像埋弧焊用焊剂那样还具有对焊缝金属渗合金的作用。电渣焊用焊剂必须能迅速和容易地形成电渣过程,并能保证电渣过程的稳定性。焊接过程中,它的主要作用有:

(1)热作用

电流通过熔化焊剂所产生的电阻热可作为热源。

(2)保护作用

熔化焊剂覆盖在熔化金属表面上,有效地防止空气对熔化金属的侵袭。

(3)冶金作用

熔化焊剂与熔化金属间进行着氧化、脱硫以及其他各种冶金反应,且冶金反应较缓和。

(4)稳定作用

使所建立的电渣过程极为稳定。

电渣焊用焊剂一般由 Si、Mn、Ti、Ca、Mg 和 Al 的复合氧化物组成,由于焊剂用量仅为熔敷金属的 1% ~ 5%,故在电渣焊过程中不要求焊剂向焊缝渗合金。表 1 - 61 所列出为常用电渣焊剂的类型、化学成分和用途。

表 1 - 61 常用电渣焊焊剂

牌 号	类 型	化学成分(质量分数)/%	用 途
HJ170	无锰低硅高氟	SiO_2 6 - 9 TiO_2 35 ~ 41 CaO 12 ~ 22 CaF_2 27 ~ 40 NaF 1.5 ~ 2.5	固态时有导电性,用于电渣焊开始时形成渣池
HJ360	中锰高硅中氟	SiO_2 33 ~ 37 CaO 4 ~ 7 MnO 20 ~ 26 MgO 5 ~ 9 CaF_1 10 ~ 19 Al_2O_3 11 ~ 15 FeO < 1.0 S ≤ 0.10 P ≤ 0.10	用于焊接低碳和某些低合金钢

(三) 管极涂料

管极电渣焊管状焊条外表涂有厚度为 2 ~ 3mm 的管极涂料,以防止管极与工件直接接触。管板涂料应具有一定的绝缘性能,且熔入熔池后应能保证稳定的电渣过程。此外,管极涂料与钢管应具有良好的黏着力,以防止焊接中因管板受热而脱落。通常情况下,为了细化晶粒,提高焊缝金属的综合力学性能,常在涂料中适当加入 Mn、Si、Mo、Ti、V 等合金元素,加入量可根据工件材料与焊丝成分而定。

管极电渣焊管板涂料配比及涂料中铁合金材料配比参见附录 A"表 A - 19"、"表 A - 20"。

五、电渣焊适用范围

1. 可焊的金属

电渣焊可焊接碳钢、低合金高强钢、合金结构钢和珠光体耐热钢,也可焊接铬镍不锈钢、铝合金和钛合金,但在焊接过程中应采取严密的防止空气侵入的措施。

2. 可焊的厚度

电渣焊适用于焊接厚度较大的工件。理论上可焊任意大的厚度,但在实际生产中因受设备和电源容量的限制,通常用于焊接厚度为 40 ~ 500mm 的焊件,最大厚度可达 2m。

3. 焊接面断面形状及可焊的结构

电渣焊可焊的焊接面断面形状如图 1 - 89 所示。主要用于焊接大截面结构,可代替整体铸件和锻件。例如铸 - 焊结构、锻 - 焊结构和板焊结构。适用于焊接厚壁筒体的纵、环焊缝,还可将接管焊于厚壁筒体以及裙座与厚壁容器焊接等。

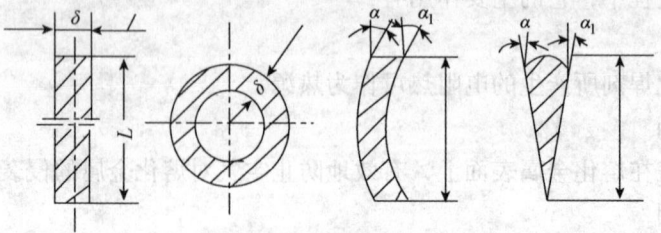

图 1 - 89 电渣焊的焊接面形状

另外,电渣焊也可用于焊接薄板结构以及开坡口的电渣焊结构。如日本已将管板电渣焊应用于焊接 12~14mm 薄板,以解决焊条电弧焊人工操作条件恶劣的船体隔舱中筋板的焊接及船体总装曲线焊缝的焊接问题;以及在一些大型结构现场安装中采用 X 形坡口的电渣焊焊接,其焊接过程分两次焊成,由于采用高的焊接速度,焊接接头热影响区小,晶粒长大不明显,焊后不需正火,仅进行局部消除应力热处理。

六、电渣焊特点

1. 只适合于铅垂位置或与铅垂线夹角小于30°位置的焊接

熔池存在时间长,并对焊缝进行预热,冷却速度缓慢,使低熔点夹杂物和气体容易排出,不易产生气孔、夹渣和裂纹。脱 S、P 充分。

2. 可以一次焊接很厚的工件,无需电弧焊接时需采用多层多道焊,且焊件愈厚效率愈高

此外,由于整个渣池均处于高温下,热源体积大,不论工件厚度多大皆可不开坡口,只要留有一定的装配间隙即可一次焊接成形,因此可节省加工费用和工时,节约金属和电能。与埋弧焊相比,焊丝消耗量减少 30%~40%,电能节省 35%,焊剂消耗量仅为埋弧焊的 5%~10%。

3. 焊缝成形系数调节范围大

可以通过调节焊接电流和电压在较大范围内调节焊缝成形系数,较易调整焊缝的化学成分,以获得所需的力学性能,较易防止产生焊缝热裂纹。

4. 冷裂倾向小

由于渣池体积大,冷却慢,对被焊件有良好的预热作用,故对于焊接碳当量较高的金属材料不易出现淬硬组织,冷裂倾向较小,在焊接中碳钢、低合金钢较厚工件时均可不预热。

5. 焊缝和热影响区晶粒粗大

电渣焊属于热输入焊接方法,焊接线能量大,焊缝和热影响区在高温停留时间长,使热影响区较宽,易产生粗大晶粒和过热组织,从而使焊接接头的塑性和冲击韧性大大降低,这是电渣焊的主要缺陷,故一般情况下,焊后须进行正火和回火热处理,但对于大而厚的焊件尚存在一定困难。

6. 焊接过程不得中断电弧,必须连续焊完

如果因故中断,恢复电渣焊过程的辅助工作量很大。

七、电渣焊焊接工艺

电渣焊的全过程包括焊前准备(工件备料及装配、焊接工卡具准备、焊前设备调试等);焊接过程操作(引弧造渣、正常焊接及引出阶段)与焊接参数控制;焊后工件处理(割除起焊槽、引出板,装配后及时进炉热处理)三大工序。

(一) 焊接参数

电渣焊焊接参数通常分为主要焊接参数与一般焊接参数两类,主要焊接参数包括焊接电流 I、焊接电压 U、渣池深度 h 和装配间隙 c。它们直接决定电渣焊过程的稳定性、焊接接头质量以及生产率和焊接成本。焊接按参数包括焊丝直径 d(或熔嘴板厚度与宽度),焊丝根数 n(或熔嘴、管极数量)。对于丝极电渣焊还有焊丝伸出长度、焊丝摆动速度及其在水冷成形滑块附近的停留时间和距水冷成形滑块的距离等,其中以焊丝直径、焊丝根数对焊接生产率有较大影响,焊丝距水冷成形滑块距离,对焊透及焊缝成形影响较大。

1. 主要焊接参数的选择

选择焊接参数时,首先应保证电渣过程稳定性及焊接接头质量,其次应考虑生产效率等因素。选择参数的步骤为:

(1) 确定装配间隙(c)

电渣焊对接接头及 T 形接头的装配如图 1-90 所示。工件装配间隙根据接头形式和厚度决定,一般为焊缝宽度与焊缝横向收缩率之和。根据经验,可按表 1-62 选取。当焊件厚度及焊缝长度增加时,装配间隙应适当增大。焊接中碳、高碳钢及合金钢时,装配间隙应尽量减小,以减少熔合比。

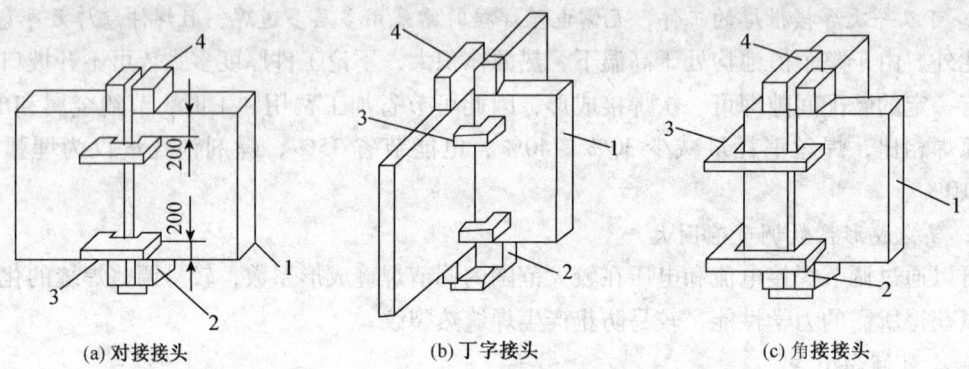

(a) 对接接头　　　(b) 丁字接头　　　(c) 角接接头

图 1-90　对接接头、丁字接头装配图
1—工件；2—起焊槽；3—定位板；4—引出板

表 1-62　各种厚度工件的装配间隙　　　mm

工件厚度	50~80	80~120	120~200	200~400	400~1000	>1000
对接接头装配间隙 c_0	28~30	30~32	31~33	32~34	24~36	36~38
丁字接头装配间隙 c_0	30~32	32~34	33~35	34~36	36~38	38~40

(2) 确定焊丝给进速度(v_f)

根据电渣焊种类不同,焊丝给进速度可按下式计算。

① 丝极电渣焊:

$$v_f \cong \frac{0.14\delta(c_0-4)v_W}{n} \tag{1-7}$$

② 熔嘴电渣焊:

$$v_f \cong \frac{0.11\delta(c_0-4)v_W}{n} \tag{1-8}$$

③ 管极电渣焊:

$$v_f \cong \frac{0.13\delta(c_0-4)v_W}{n} \tag{1-9}$$

式中　v_f——焊接送进速度,m/h;

v_W——焊接速度,可按附录 A "表 A-21.1" 选定(焊接厚度大时,v_W 取下限);

δ——工件焊接部位的厚度，mm；

c_0——装配间隙，mm；

n——焊丝(或熔嘴、管极)数量。

式(1-7)~式(1-9)适用条件为：①丝极电渣焊的焊丝直径为 $\phi3mm$；②熔嘴电渣焊的熔嘴尺寸应符合附录A"表A-21.2"、"表A-21.3"要求；管极电弧焊管极尺寸采用 $\phi12\times3mm$ 或 $\phi14\times4mm$。45#钢不宜采用熔嘴电渣焊，因较易产生裂纹。

电渣焊送进速度与电流的关系如图1-91所示。根据计算出的焊丝送进速度，可从图中查出相应的焊接电流值。

(3) 确定焊接电流(I)

对于丝极电渣焊，焊接电流按下列经验公式确定：

$$I = A + B + \frac{\delta}{n}$$

式中　A——系数，约等于 220~280A；

　　　B——系数，约等于 3.2~4.0A/mm²；

　　　δ——焊件厚度，mm；

　　　n——焊丝根数。

系数 A、B 与焊件金属的化学成分有关，母材含C量≤0.14%时，A、B 取上限值；C = 0.18%~0.26%时，A、B 取中间值；C = 0.27%~0.40%时，A、B 取下限值。另外，焊接电流与焊丝送进速度存在明显的线性关系(见图1-91)。

(4) 确定焊接电压(U)

焊接电压是制约电渣过程稳定及工件是否焊透的重要参数之一，它与接头形式有关。电渣焊焊接参数对焊缝质量、过程稳定性和生产率的影响，见附录A"表A-22"。此外，无论是采用单底层或多底层焊丝焊接，焊接电压皆与每底层焊丝所焊接的厚度有关，对于熔嘴电渣焊则和熔嘴中心距有关。电渣焊推荐采用的焊接电压与接头形式、焊接速度、所焊厚度的关系见附录A"表A-23"。

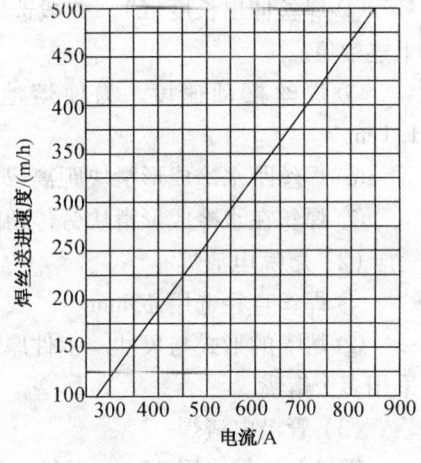

图1-91　焊丝送进速度与电流的关系

电渣焊常用焊接电压为44~55V。当焊接电流增大时，焊接电压应相应提高。焊接电流、焊接送丝速度和焊接电压的匹配见附录A"表A-24"。

(5) 确定渣池深度(h)

渣池深度是保持电渣过程稳定的重要参数，主要与焊件材料、厚度、焊丝送进速度和焊剂导电性有关。附录A"表A-25.1~表A-25.3"和"表A-26"分别列出渣池深度参考值。即电渣焊渣池深度与送丝速度的关系、各种厚度工件的装配间隙(mm)、焊丝数目与工件厚度的关系和电渣焊渣池深度的选取。

2. 一般焊接参数的选择

(1) 丝极电渣焊

① 焊丝直径(d)。焊丝直径与焊件厚度无关，一般均采用 $\phi3mm$ 焊丝。

② 焊丝数目(n)。焊丝根数与焊件厚度有关，可按表1-63确定。

表1-63 焊丝数目与工件厚度的关系

焊丝数目 n	可焊的最大工件厚度/mm		推荐的工件厚度[①]（摆动时）/mm
	不摆动	摆动	
1	50	150	50~120
2	100	300	120~240
3	150	450	240~450

注：①焊丝不摆动的焊接，由于熔宽不均匀抗裂性能较差，目前已很少采用。

③ 焊丝间距(B_0)。焊丝间距与焊件厚度及焊丝根数有关，可按下式选取（经验公式）：

当水冷铜块内面槽深2~3mm时，

$$B_0 = \frac{\delta + 10}{n}$$

当水冷铜块内面槽深8~10mm时，

$$B_0 = \frac{\delta + 18}{n}$$

式中 δ——被焊工件厚度，mm；

n——焊丝根数。

④ 焊丝伸出长度(L)。一般选取$L = 50~60$mm。电阻系数较大和合金钢焊丝，应小于上述数值。

⑤ 焊丝摆动速度。为使熔池内热量均匀，焊丝须横向摆动，摆动速度一般选用1.1cm/s。

⑥ 焊丝距水冷成形滑块距离(b)。一般取$b = 8~10$mm。

⑦ 焊丝在水冷成形滑块旁停留时间。一般取3~6s，常用4s。

(2) 熔嘴电渣焊

① 焊丝直径选用ϕ3mm。

② 熔嘴的形式与尺寸。工件厚度$\delta \leq 300$mm时采用单个熔嘴，厚度$\delta > 300$mm的工件时采用多个熔嘴。

(3) 管极电渣焊

管极电渣焊采用ϕ3mm焊丝，钢管常采用$\phi12 \times 3$或$\phi14 \times 4$无缝钢管。钢管直径过小、厚度过薄，在焊接过程中会由于电阻大而发红甚至熔化；直径过大，则焊接装配间隙增大，生产率降低。

管极电渣焊的管极数量与工件厚度及焊缝长度有关（见表1-64），但2根以上的管极很少采用。此外，为防止焊接过程中管极因受电阻热熔断，其长度应适当，不宜过长。

表1-64 管极电渣焊的管极数量与工件厚度等关系

管极根数	焊接工件厚度/mm		焊缝长度/m
	对接接头	丁字接头	
1	≤60	≤50	≤2
2	50~120	50~100	≤6

注：适用于采用ϕ14mm×4mm钢管的管极电渣焊。

（二）焊接接头形式

电渣焊焊接接头形式有对接、角接、T形接和十字接等形式，各种接头的焊前装配如图 1-92 所示。在压力容器中以对接接头最常见，其中主要是纵向对接缝，也有少量用于环缝对接。

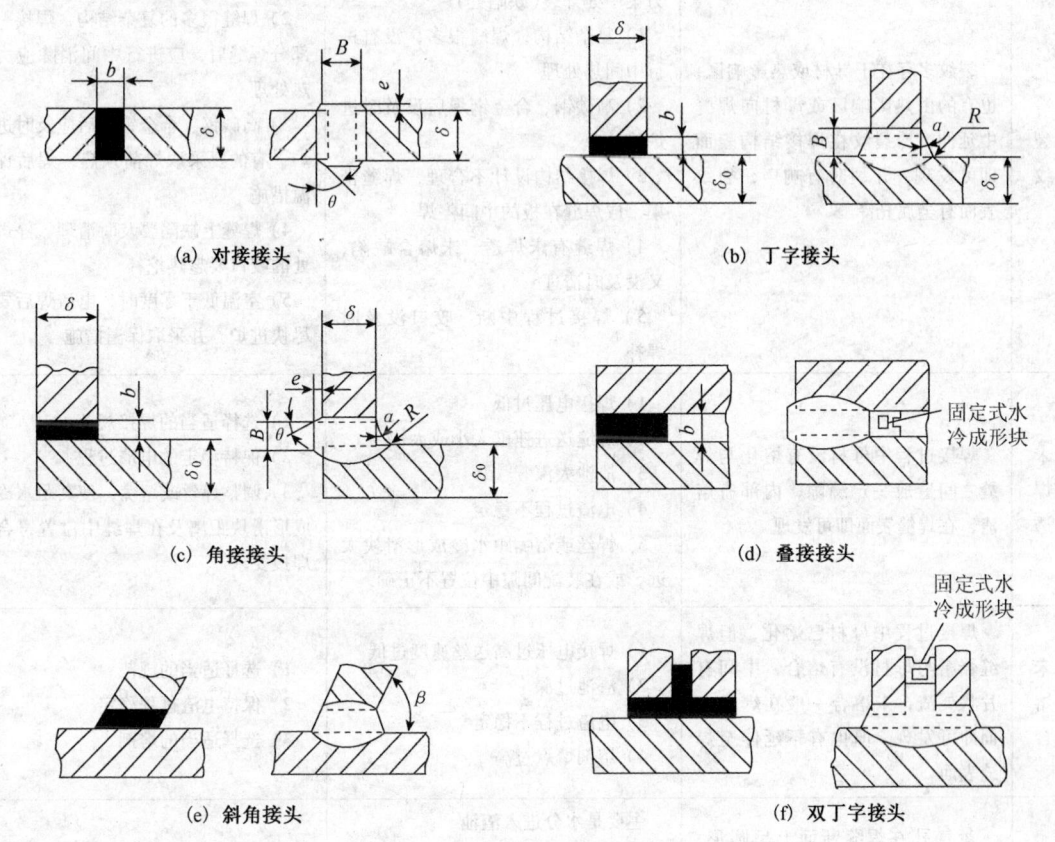

图 1-92 电渣焊基本接头形式

八、电渣焊焊接缺陷

电渣焊接头的常见缺陷及其产生原因和预防措施见表 1-65。

表 1-65 电渣焊接头常见缺陷

名称	特 征	产生原因	预防措施
热裂纹	1）热裂纹一般不伸展到焊缝表面，外观检查不能发现，多数分布在焊缝中心，呈直线状或放射状，也有的分布在等轴晶区和柱晶区交界处热裂纹表面多呈氧化色彩，有的裂纹中有熔渣 2）引出结束部分裂纹产生于焊接结束处或中间突然停止焊接处	1）焊丝送进速度过大造成熔池过深，是产生热裂纹的主要原因 2）母材中的 S、P 等杂质元素含量过高 3）焊丝选用不当 4）引出结束部分裂纹主要是由于焊接结束时，焊接送丝速度没有逐步降低	1）降低焊丝送进速度 2）降低母材中 S、P 等杂质元素含量 3）选用抗热裂纹性能好的焊丝 4）金属件冒口应远离焊接面 5）焊接结束前应逐步降低焊丝送进速度

续表

名称	特 征	产生原因	预防措施
冷裂纹	裂纹多存在于母材或热影响区，也有的由热影响区或母材向焊缝中延伸，冷裂纹在焊接结构表面即可发现，开裂时有响声，裂纹表面有金属光泽	冷裂纹是由于焊接应力过大，金属较脆，因而沿着焊接接头处的应力集中处开裂（缺陷处） 1）复杂结构，焊缝很多，没有进行中间热处理 2）高碳钢、合金钢焊后没及时进炉热处理 3）焊接结构设计不合理，焊缝密集，成焊缝在板的中间停焊 4）焊缝有未焊透、未熔合缺陷，又没及时清理 5）焊接过程中断，咬口没及时焊补	1）设计时，结构上避免密集焊缝及在板中间停焊 2）焊缝很多的复杂结构，焊接一部分焊缝后，应进行中间消除应力热处理 3）高碳钢、合金钢焊后应及时进炉，有的要采取焊前预热，焊后保温措施 4）焊缝上缺陷要及时清理，停焊处的咬口要趁热挖补 5）室温低于零度时，电渣焊后要尽快进炉，并采取保温措施
未焊透	焊接过程中母材没有熔化与焊缝之间造成一定缝隙，内部有熔渣，在焊缝表面即可发现	1）焊接电压过低 2）焊缝送进速度大小或太快 3）渣池太深 4）电渣过程不稳定 5）焊丝或熔嘴距水冷成形滑块太远，或在装配间隙中位置不正确	1）选择适当的焊接规范 2）保持稳定的电渣过程 3）调整焊丝或熔嘴，使其距水冷成形滑块距离及在焊缝中位置符合焊接要求
未熔合	焊接过程中母材已熔化，但焊缝金属与母材没有熔合，中间有片状夹渣，未熔合一般在焊缝表面即可发现，但也有不延伸至焊缝表面	1）焊接电压过高送丝速度过低 2）渣池过深 3）电渣过程不稳定 4）熔剂熔点过高	1）选择适当的规范 2）保持电渣过程稳定 3）选择适当的熔剂
气孔	氢气孔在焊缝断面上呈圆形，在纵断面上沿焊缝中心线方向生长，多集中于焊缝局部地区	主要是水分进入渣池 1）水冷成形滑块漏末 2）耐火泥进入渣池 3）熔剂潮湿	1）焊胶仔细检查水冷成形滑块 2）熔剂应烘干
气孔	一氧化碳气孔在焊缝横截面上呈密集的蛹形在纵截面上沿柱晶方向生长，一般整条焊缝都有	1）采用无硅焊丝焊接沸腾钢，或含硅量低的钢 2）大量氧化铁进入渣池	1）焊接沸腾钢时采用含硅焊丝 2）工件焊接面应仔细消除氧化皮，焊接材料应去锈
夹渣	常存在于电渣焊缝中或熔合线上，常呈圆形，中有熔渣	1）电渣过程不稳定 2）熔剂熔点过高 3）溶嘴电渣焊时，采用玻璃丝棉绝缘时，绝缘块进入渣池数量过多	1）保持稳定电渣过程 2）选择适当熔剂 3）采用玻璃丝棉的绝缘方式

第八节　窄间隙电弧焊

一、窄间隙电弧焊及其分类

此类焊接是在普通气体保护焊或埋弧焊基础上发展起来的、在窄间隙内以不停顿的多层焊方式进行自动焊接的一种方法。焊接电弧由于受到间隙侧壁的限制，不再处于自动状态，因此改变了电弧形状和电场的分布。窄间隙焊对接坡口间隙较小，大约为13mm左右，典型的 GMAW 窄间隙焊接坡口形式如图 1-93 所示。该技术主要用于焊接碳钢及低合金钢厚板，是一种高效和变形小的焊接方法。

窄间隙电弧焊按焊接方法分类，有窄间隙钨极氩弧焊、窄间隙熔化极氩弧焊、窄间隙熔化极 CO_2 气体保护焊、窄间隙埋弧焊、窄间隙熔化极 CO_2 气体保护焊、窄间隙埋弧焊；按焊接接头型式分类，有对接接头窄间隙焊、角接头窄间隙焊和 T 形接头窄间隙焊；按焊接位置分类有窄间隙横焊、立焊及全位置焊。

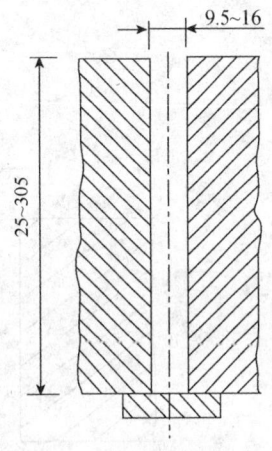

图 1-93　窄间隙 GMAW 的典型坡口形式

二、焊接设备及其电源

（一）窄间隙钨极氩弧焊设备

由焊接电源、程序控制器、行走机构、辅助装置、焊接机头等组成，其中焊接机头由填充焊丝送进机构、焊嘴、电弧电压控制器及机械驱动的三垂直滑块等构成。焊嘴的结构由工件厚度决定，当厚度小于40mm时，可采用通用的钨极氩弧焊嘴，此时须将钨丝伸入间隙内，由间隙外的喷气嘴将氩气喷于间隙内以保护焊接区。当焊接厚度大于40mm时，需采用窄间隙焊嘴，此时除深入到间隙内的焊嘴上有保护喷口外，间隙外还有二次喷嘴，以保护焊接区。为了使窄间隙焊两侧壁熔透，采用横向磁场使焊接电弧向两侧壁作横向偏转。

（二）窄间隙熔化极氩弧焊及 CO_2 焊设备

由焊接电源（多数为脉冲电源）、控制装置、带记录仪的监控装置及焊接机头组成。其中，焊接机头由机械驱动的三垂直滑块和装于其上的焊嘴、送丝机构等构成。

由于焊接坡口间隙小，要求采用专用焊枪，以保证焊丝和保护气体能送到焊接电弧处。应使用水冷导电嘴和从板材表面输入保护气体的喷嘴。通常采用一个或两个导电嘴送进细丝焊。实际应用中，窄间隙焊嘴为水冷式扁焊嘴，带有前后保护气喷口。焊接过程中，由于窄间隙移动焊枪较难，为使侧壁熔透，窄间隙焊嘴应使焊丝端头向侧壁作一定量的摆动，但往往需要特殊的送丝装置。故在窄间隙 GMAW 焊接中，也有采用较简单的粗焊丝技术，即用 $\phi 2.4 \sim 3.2mm$ 粗焊丝直接通过导电嘴最送进坡口中心，不需摆动焊丝便可使电弧熔化坡口两侧的金属，达到全熔透要求。但是由于采用粗焊丝和大电流，不利于空间位置的焊接，一般仅限于平焊。

（三）窄间隙埋弧焊设备

由焊接电源、焊剂头、焊剂输送器、焊接参数控制系统、辅助装置和焊接机头等组成。其中，焊接机头由机械驱动的三垂直滑块及装于其上的窄间隙焊嘴和送丝机构组成。焊嘴为铜制，并带有可更换的陶瓷头。为保证窄间隙两侧壁熔透，伸进间隙的焊嘴作摆动，以使电弧侧壁偏转。其摆动方式有转动式和绞接式，如图 1-94 所示。窄间隙焊熔化极 CO_2 气体保护焊设备与窄间隙氩弧焊基本相同。

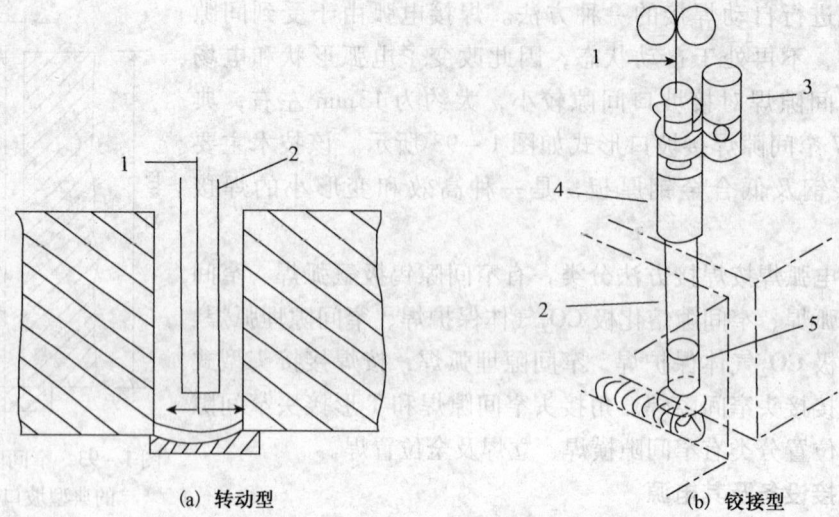

图1-94 转动型及铰接型窄间隙焊嘴示意图
1—焊丝；2—导管；3—旋转马达；4—轴承组；5—接触点

三、窄间隙电弧焊焊接工艺

（一）焊接接头形式及其坡口

窄间隙电弧焊接大多数用于对接接头，也可焊接角接和T形接头，坡口通常有两种形式，即I形坡口和小角度V形或U形坡口。坡口尺寸列于表1-66。

表1-66 窄间隙电弧焊坡口尺寸

窄间隙焊方法	埋弧焊		氩弧焊（TIG和MIG）		CO_2焊
坡口形式	I形	U形	I形	U形	I形
间隙	厚度为150~300mm时，选22~28mm 厚度为250~350mm时，选32~36mm	厚度为60~300mm时，选14~32mm	6.5~10mm	9mm	20~40mm
坡口角		0.5°~1.0°，有时达6°		对TIG焊，为3°；对MIG焊，为1°~1.5°	
其他尺寸参数		圆角半径为6~12mm 钝边高度为2~8mm			

（二）焊接规范

按焊接热输入量大小，可将窄间隙电弧焊工艺分为低热输入与高热输入窄间隙焊两类。

1. 低热输入量窄间隙电弧焊工艺

采用 $\phi0.9$~1.2mm 细焊丝进行小范围和高速焊。主要用于高强钢和热敏感金属材料的焊接，亦称细丝窄间隙焊。为提高生产率，多采用双丝和三丝串列，焊丝间距为50~300mm，每层焊2~3道焊缝。典型的低热输入窄间隙焊接规范列于表1-67。

表1-67 低热输入窄间隙电弧焊的典型规范

焊丝直径/mm	保护气体	焊接电流/A	电弧电压/V	焊接速度/(m/min)	热输入量/(J/cm)
$\phi0.9$	Ar 80% CO_2 20%	220~240	25~26	1.0~1.1	3000~4000

2. 高热输入窄间隙电弧焊工艺

采用 φ2.4～4.8mm 粗焊丝、大电流焊接。主要用于焊接高强钢和合金钢,亦称粗焊丝窄间隙焊。这种焊接工艺生产效率高,若采用脉冲电流焊接法,既可改善粗丝的熔滴过渡特性,又可保证焊缝熔深,且避免了梨形熔深、防止裂纹形成。

四、特殊的窄间隙焊接技术

1. 窄间隙横向焊接法

这种焊接方法有两种坡口形式。一种是 I 形坡口,采用双层气体保护,可用于焊接低碳钢及高强钢,厚度≤90mm 的容器及储罐。另一种坡口形式是在横向焊接位置的上侧板边有一小斜度坡口,焊接时焊丝沿深度方向摆动,而焊接电源随焊丝摆动,同步增减。当焊丝摆向根部时电流增大,产生射流过渡,以保证充分熔透;反之,当焊丝摆离根部时,电流减小,形成短路过渡,促使熔池凝固,防止液体金属下滴。这种焊接方法适合于厚壁储罐或容器现场横向焊接。

2. 管状焊丝窄间隙气体保护焊接法

这种焊接方法与窄间隙 CO_2 焊相似,保护气体仍为 CO_2,不同的是采用管状焊丝代替实心焊丝,以扩大焊接金属材料的范围。

五、窄间隙电弧焊焊接材料、特点及应用范围

各种窄间隙电弧焊所用的焊接材料与各相应的通用焊接方法所用焊接材料相同。

与其他电弧焊方法相比,窄间隙电弧焊具有以下特点:

① 可进行全位置焊接,且简化焊接工艺,降低预热温度,甚至不预热,还可在一定条件下简化焊后热处理。

② 焊接热影响区小(≤1.2mm),晶粒细小、均匀。

③ 生产率及经济效益高,尤其是焊接 50mm 以上的厚板。窄间隙焊的坡口断面积仅为普通埋弧自动焊的 1/3～1/2;焊接材料消耗比电渣焊减少 50%～70%;焊接生产率可提高 2～5 倍,故能耗降低、成本下降。板厚为 150mm 时,窄间隙焊的经济效益为普通埋弧焊的 2 倍。

④ 可采用线能量较低的多层焊,故焊缝和热影响区晶粒细小、均匀,粗晶粒区不超过全宽度的 2/3,焊接残余应力和变形均较小。

⑤ 主要缺点是易产生缺陷且不易发现和修复,由于坡口深而窄,在窄间隙埋弧焊时不易脱渣,一般情况下两侧壁不易均匀熔透,故其常见缺陷多为未焊透和夹渣。

窄间隙焊的应用范围:

1. 可焊的金属

窄间隙电弧焊可以焊接黑色金属和有色金属,既可用于同类金属的焊接,也可以焊接异种金属材料。常用来焊接碳钢、低合金高强钢,还可焊接铁素体、奥氏体不锈钢等。

2. 可焊的厚度

通常可焊的厚度在 25～75mm,最小厚度为 9mm。窄间隙熔化极氩弧焊的可焊厚度达 75mm、窄间隙埋弧焊为 100～300mm,最大可达 700mm。

3. 可焊的结构

窄间隙钨极和熔化极氩弧焊在石油化工行业中主要用于厚壁管环焊缝焊接,窄间隙埋弧焊多用于大型厚壁容器的焊接。特殊的窄间隙焊接方法可用于现场焊接大型石化厚壁设备。

六、窄间隙电弧焊常见焊接缺陷

1. 侧壁未熔合

其产生与伸入窄间隙内的电弧(焊丝)摆动大小、摆动频率高低及焊接速度快慢有关,对于窄间隙埋弧焊,还可能由于焊道与两侧壁交界存在熔渣阻挡,导致侧壁未熔合。

2. 气孔

通常出现在表面焊道上,它的产生与保护气体覆盖不足、焊丝或工件污染、电弧电压太高等因素有关。

3. 夹钨

对于窄间隙钨极氩弧焊及窄间隙埋弧焊产生夹钨缺陷的原因主要与焊接规范有关,如焊接电流过高造成钨极熔化,钨极伸出过长或送丝送进不稳定;溶剂熔点过高等。

第九节 其他焊接方法

一、气焊(OFW)

气焊是利用可燃气体与氧气混合燃烧所产生的热量,将焊件接头及填充金属(焊丝)熔化,而使焊件连在一起的方法。气焊所用的可燃气体有乙炔或丙烷、丙烯、氢气、炼焦煤气、汽油及装有添加剂的新型工业燃气等,其中最常见的是乙炔,其他可燃气体在气焊效率及效果上均低于氧-乙炔气焊。气焊与电弧焊、CO_2气体保护焊、等离子焊、激光焊等比较,由于其焊接加速度慢、生产效率低、热影响区大,且容易引起较大的变形,故应用范围越来越小。

(一) 气焊的特点及应用

气焊的特点是加热火焰稳定,加热速度缓慢、热量分散。由于气焊火焰温度较低,火焰温度和热量不够集中,故生产率低,同时焊后工件变形较大,热影响区大,焊接接头显微组织粗大,性能较差。但由于气焊设备简单,熔池温度容易控制,容易实现单面焊双面成形,因此常用于焊接薄板及薄壁管。例如焊接厚度小于2~3mm的一般金属材料、较薄的不锈钢材料(厚度小于1.5~2mm)焊接有色金属、铸铁补焊,以及用于缺乏电源的场合。

采用气焊焊接低碳钢材料,特别是不锈气焊时,要用中性焰,亦即氧气与乙炔的比例为1.1~1.2时的正常焰(见图1-95)。如果乙炔调节过量,会形成碳化焰,使焊缝金属和近焊缝区金属渗碳,降低焊缝的抗腐蚀能力。气焊只有在焊接铸铁、高碳钢、高速钢、硬质合金、蒙乃尔合金、碳化钨及铝青铜等材料时,方可选用轻微碳化焰。反之,如果乙炔调节量过小,焊炬火焰内过剩氧过高,乙炔加剧燃烧,吸入空气少、火焰体积小,形成氧化焰,具有强烈的氧化性,会使不

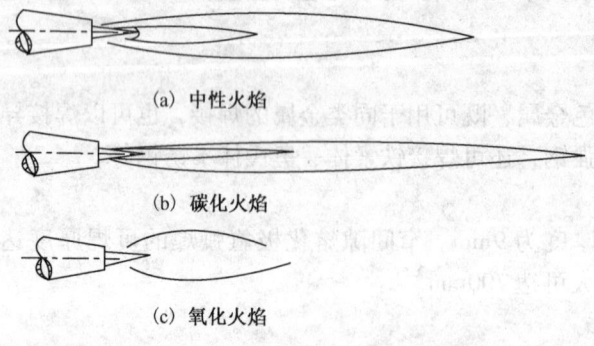

图1-95 氧-乙炔气焊的三种火焰形状

锈钢、碳钢及低合金钢中的 Ti、Cr 及其他合金元素受到氧化,从而会降低焊缝的抗腐蚀能力。但在气焊黄铜时,因其为铜锌合金,焊接时锌易蒸发,与火焰中的氧化合生成氧化锌薄膜,覆盖与熔池表面,从而可防止锌继续蒸发,保证焊缝质量。

(二) 气焊主要工艺参数

1. 焊接方式

气焊的焊接方式有左向焊与右向焊两种,如图 1-96 所示。左向焊适用于焊接薄板,右向焊适用于焊接厚度较大的工件。

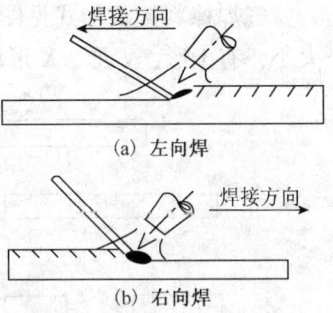

图 1-96　气焊焊接方式

2. 火焰功率

气焊火焰功率由焊炬型号和焊嘴大小决定,实际应用中,可根据焊件厚度选择焊炬和焊嘴型号。每种型号的焊炬和焊嘴可在一定范围内调节火焰大小。对于纯铜等导热性能强的工件,应选择较大的火焰功率;对于非平焊位置气焊,火焰功率应较小。

3. 焊丝选择

焊丝牌号和直径根据工件材质及厚度确定,应选择化学成分与工件相同或相近的焊丝以及与工件厚度相适应的焊丝直径(见表 1-68)。

表 1-68　气焊焊丝直径的选择　　　　　　　　　　mm

工件厚度	1~2	2~3	3~5	5~10	10~15	>15
焊丝直径	1~2	2	2~3	3~4	4~6	6~8

4. 焊嘴倾斜角度

气焊过程中,焊嘴倾斜角主要与焊件材料与厚度有关。焊嘴倾斜角与焊件厚度的关系可按图 1-97 确定。当焊嘴垂直于工件表面时(焊嘴中心线与焊件表面成 90°夹角),火焰能力最集中,焊件吸收的热量最大。随着夹角减小,焊件吸收的热量也随之下降。一般情况下,对于熔点高、导性性好的、厚度较大的焊件,应采用较大夹角,以使接头处吸收的热量增大,反之则应减小倾角。

气焊过程中,预热 1、焊接 2 和结尾 3 三个阶段焊嘴角度的变化示意,如图 1-98 所示。

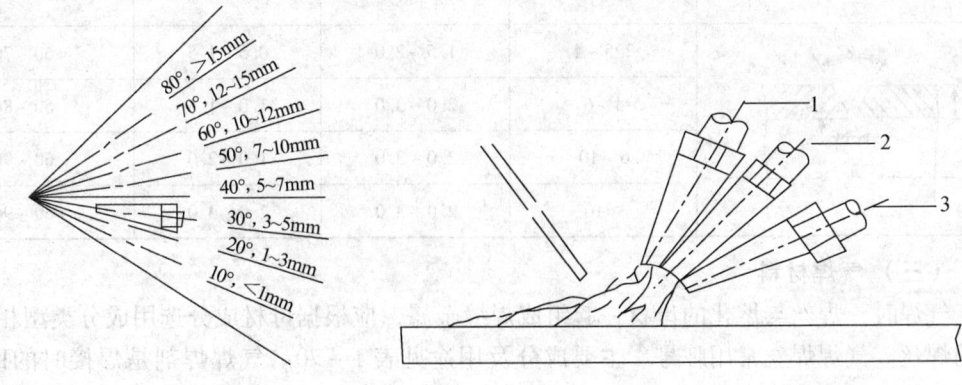

图 1-97　喷嘴倾斜角与焊件厚度的关系　　图 1-98　气焊预热、焊接、收尾阶段焊嘴角度变化

5. 接头形式

气焊板－板接头形式如图1-99(a)所示。经常采用的形式有对接、角接、搭接和卷边接头。

气焊棒料接头形式见图1-99(b)，经常采用对接和搭接接头。对接接头根据棒料直径大小，有Ⅰ形、V形、X形坡口形式。

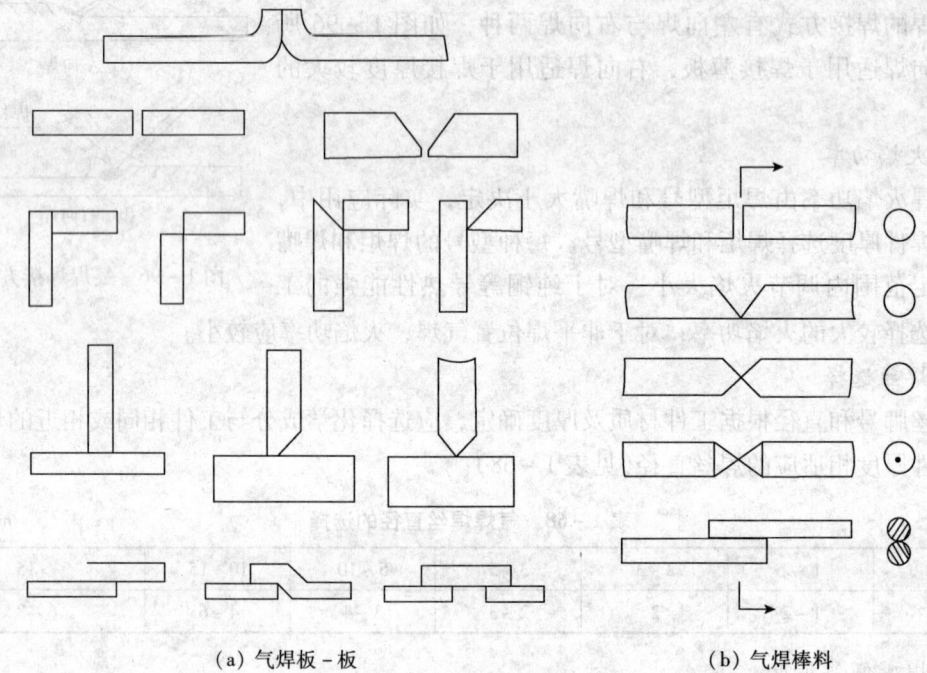

(a) 气焊板-板　　　　(b) 气焊棒料

图1-99　接头形式

气焊管材接头形式见表1-69，按管材壁厚可分为不开坡口(Ⅰ形)和开V形坡口两种形式。

表1-69　气焊管材接头形式

示意图	壁厚 δ/mm	间隙 c/mm	钝边 p/mm	坡口角度 α/(°)
	≤2.5	1.0~2.0	—	—
	2.5~4	1.5~2.0	0.5~1.5	60~70
	4~6	2.0~3.0	1.0~1.5	60~80
	6~10	2.0~3.0	1.0~2.0	60~90
	≥10	2.0~3.0	2.0~3.0	60~90

（三）气焊材料

气焊时，焊丝与熔化的母材一起组成焊缝金属，应根据母材成分选用成分类型相同或相近的焊丝。气焊焊丝常用牌号、主要成分及用途见表1-70。气焊焊剂是焊接时的助熔剂，主要作用是去除焊接过程中产生的氧化物、改善母材润滑性能。常用的气焊焊剂牌号、成分和用途见表1-71。

表 1-70　气焊常用焊丝牌号及主要成分

铸铁焊丝

牌号	C	Mn	S	P	Si	ZRE	用途
HS401	3.0~4.2	0.3~0.8	≤0.08	≤0.5	2.8~3.6	—	灰铸铁
HS402	3.8~4.2	0.5~0.8	≤0.05	≤0.5	3.0~3.6	0.08~1.5	球墨铸铁

碳钢、低合金钢焊丝

牌号	C	Mn	Si	Re	Al	S	P
Ho8MnReA	≤0.10	1.00~1.30	0.10~0.30	0.10(加入量)	0.50(加入量)	≤0.030	≤0.030

表 1-71　气焊焊剂常用牌号及主要成分

不锈钢及耐热钢

牌号	瓷土粉	大理石	钛白粉	低碳锰铁	硅铁	钛铁
CJ101	30	28	20	10	6	6

铸铁

牌号	H_3BO_3	Na_2CO_3	$NaHCO_3$	MnO_2	$NaNO_3$
CJ201	18	40	20	7	15

钢

牌号	H_3BO_3	$Na_2B_4O_7$	$AlPO_4$
CJ301	76~79	16.5~18.5	4~5.5

铝

牌号	KCl	NaCl	LiCl	NaF
CJ401	49.5~52	27~30	13.5~15	7.5~9

二、电阻焊(RW)

电阻焊是将焊件压紧于两个电极之间，通以电流，利用电流经过焊件接触面及临近区域产生的电阻热，使焊接区金属加热到局部熔化或高温塑性状态，在外压力作用下形成金属结合的一种连接方法。电阻焊方法主要有点焊、缝焊、凸焊、对焊四种，见图1-100。点焊时，焊件只在有限的接触面上被焊接，并形成扁球状熔核。点焊又可分为单点焊和多点焊，多点焊时使用2对以上电极，一次通电加热同时形成多个熔核。缝焊类似于点焊，电极为一对旋转滚轮，缝焊时焊件通过滚轮，利用连续通电加热，形成焊点前后搭接的连续多形条形焊缝。凸焊是点焊的一种变形，所不同的是在相焊的一个焊件上加工有凸点，一次可在接点处形成一个或多个熔核。对焊是两个被焊件的端面压紧接触，在电阻热和压力作用下，整个对接面形成金属连接。

(一) 电阻焊特点和应用

① 加热时间短，热量集中，热影响区小，变形与应力小，通常无需焊后校正和热处理。

② 无需焊丝、焊条等填充金属以及氧、乙炔、氩气等焊接耗材，焊接成本低。

③ 电阻焊熔核形成时始终被塑性环包围，熔化金属与空气隔绝，冶金过程及操作简单，且易于实现机械化和自动化。

④ 生产效率高，噪声小，焊接过程中不产生有害气体。

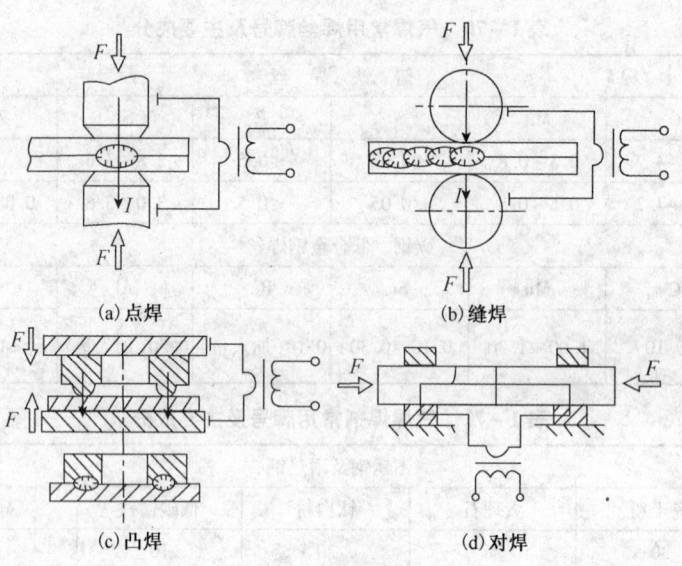

(a) 点焊　　(b) 缝焊　　(c) 凸焊　　(d) 对焊

图 1-100　主要电阻焊方法

⑤ 电阻焊的主要缺点是设备功率大，所用大功率单相交流焊机使三相负载不平衡，不利于电网正常供电；点、缝焊的搭接接头不仅增加了焊接构件重量，不利于电网正常供电；点、缝焊的搭接接头不仅增加了焊接构件重量，且会在两极间熔核周围形成尖角，降低焊接接头抗拉强度和疲劳强度；对电阻焊质量目前尚缺少可靠的无损检测方法；只能通过试样或工件破坏试验检查。

电阻焊大多用于航空、航天、电子、汽车、家用电器等领域，在石油化工行业电气、仪表装备及零部件中也有应用。

（二）电阻热的产生及其影响因素

点焊时产生的焊接热可由下式决定：

$$Q = I^2 Rt \tag{1-10}$$

式中　I——焊接电流，A；
　　　R——电极间电阻，Ω；
　　　t——焊接时间，s。

1. 电阻的影响

焊接过程中产生电阻热的部位共有七处，即上、下电极电阻、上电极与工件接触电阻、上工件与下工件接触电阻、上、下工件电阻及下工件与下电极接触电阻，它们均会产生正比于电流的电阻热。其中，工件本身电阻对焊接热量的产生起主要作用，而工件电阻取决于其电阻率，故电阻率是被焊材料的重要性能。电阻率高的金属（如不锈钢）导热性差，电阻率低的金属（如铝合金）导热性好，故点焊不锈钢时产热易而散热难，点焊铝合金则相反。因此，前者可用较小电流（几千安培）、后者则必须用大电流（几万安培）。此外，电阻率不仅取决于金属种类，通常还与温度、金属的热处理状态和加工方式等因素有关。金属中含合金元素越多，电阻率越高；金属材料淬火状态比退火状态的电阻率高；以及常用金属材料的电阻率随温度的升高而增加，且熔化时的电阻率比熔化前高 1~2 倍。

2. 焊接电流的影响

焊接电流对电阻热的作用远大于电阻和时间的影响[如式(1-9)所示成平方关系],它是点焊中必须严格控制的参数。点焊过程中导致电流变化的主要原因是电网电压波动及交流焊机二次回路阻抗变化。除焊接电流总量外,电流密度也有显著影响,电流密度减小使焊接热降低,焊接接头强度显著下降。

3. 焊接时间的影响

由式(1-9)知,焊接电阻热与焊接时间成正比关系。为了保证熔核尺寸和焊点强度,焊接时间和焊接电流在一定范围内可互为补充,例如可采用大电流-短时间(强条件),也可采用小电流-长时间(弱条件)。强、弱条件的选择取决于焊件的材料性能、厚度及所用焊机的功率等。

4. 电极压力的影响

电极压力变化会改变工件与电极、工件与工件之间的接触面积,从而改变接触电阻和电阻热,对两极之间的总电阻有显著影响。随着电极压力增大,总电阻热减小,产热量减少。此时需相应增大焊接电流或延长焊接时间,以弥补电阻减小的影响,保持焊点强度。

5. 电极材料性能及形状的影响

电极材料的电阻率和导热率关系到焊接热量的产生和散失,电极形状(接触面积)决定着电流密度,皆对熔核的形成和焊点强度产生较大影响。随着焊接中电极端头的磨损和变形,使接触面积增大,导致焊点强度降低。

6. 工件表面的影响

工件表面的氧化物、油污或其他杂质将增大接触电阻,过厚的表面氧化膜甚至会阻止电流通过或局部导通,后者会使电流密度过大,产生喷溅和表面烧损。此外,氧化膜层的不均匀还会引起各焊点受热不一致,造成焊接质量不稳定。

(三) 焊接电流种类及适用范围

电阻焊可采用交流或直流电源,但其适用范围有所不同。交流电通常指单相50Hz交流电,电焊接变压器输出,常用电压和电流范围为1~25V及1~50kA。交流焊机功率因数低,难以提供大的焊接功率。为提高功率因数,亦可采用三相低频焊机。

直流电源主要有直流脉冲、电容储能、三相二次整流和中频逆变等供电方式,一般常采用三相二次整流和中频逆变式。

(四) 电阻焊的可焊性指标

金属材料电阻焊的可焊性,一般可以从下列几方面考虑:

1. 金属材料的导电性和导热性

电阻率低、导热率高的金属材料,电阻焊焊接性能较差,需采用大功率焊机。

2. 金属材料的高温强度

高温($0.5T_m$~$0.7T_m$)屈服强度高的金属材料,点焊时易产生喷溅、缩孔、裂纹等缺陷。需施加大的电极压力,焊接性较差(T_m为金属材料熔点)。

3. 金属材料的塑性温度范围

塑性温度范围较窄的金属材料(如铝合金),对焊接参数波动非常敏感,需使用精确控制焊接参数的焊机,且要求具有良好的焊接随动性,故焊接性能亦较差。

4. 金属材料的对热循环的敏感性

点焊和凸焊的焊接热循环由预压时间－焊接时间－维持时间－休止时间四个基本阶段组成（见图1－101），对于焊接热循环敏感的材料（例如有淬火倾角或冷作硬化的金属材料），易产生淬硬组织，冷裂纹，易于和易熔杂质形成低熔点共晶物而出现热裂纹。经冷作硬化的金属易产生软化区。此外，对于熔点高、线膨胀系数大、易形成致密氧化膜的金属或镀层金属，焊接性亦较差。

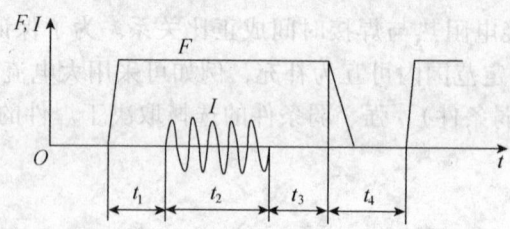

图1－101　点焊和凸焊的基本焊接循环

F—电极压力；I—焊接电流；t_1—预压时间；t_2—焊接时间；t_3—维持时间；t_4—休止时间

三、高频焊

高频焊是利用流经工件连接面的高频电流所产生的电阻热加热，并在施加或不施加顶锻力情况下，使工作金属间形成永久连接的一类焊接方法。它类似于普通电阻焊，但与电阻焊的重要差别在于高频焊是借助高频焊接电流所特有的集肤效应和邻近效应，使焊接电流仅在工件上平行于接头连接而流动，而普通电阻焊焊接电流是垂直于接头界面流动。高频电流穿透工件的深度取决于电流频率、工件的电阻率及磁导率。频率增加时，电流穿透的深度减小，且分布更加集中。通常高频电流采用的电流频率范围为300～450kHz，有时也使用低至10kHz的频率，但都远远高于普通电阻焊所使用的50Hz频率。

由于高频焊时，焊接电流集中分布于工件表很浅很窄的区域内，故只需使用比普通电阻焊小得多的电流就能使焊接区达到要求的焊接温度，能量耗损也小得多，从而可以使用比较小的电极触头和较低的触头压力，并能极大地提高焊接速度和效率。由于加热速度快，焊速可高达150～200m/min。

为了保证焊接质量，高频焊还必须考虑其他一些影响因素，如金属种类及厚度等。对于高热传导金属材料，连接表面过高的热传导会削弱焊缝质量，故在焊接这一类金属材料时，其焊接速度要比焊接低热传导金属材料为高。高频焊时，除黄铜焊件外，一般都不使用焊剂。对于钛及钛合金等在焊接中与氧和氮反应非常快的金属材料，必须采用惰性气体保护。

高频焊根据高频电能导入方式，可分为高频接触焊（或高频电阻焊）与高频感应焊两类；按焊接时接头金属加热、加压状态不同，可分为高频闪光焊、高频锻压焊及高频熔焊；根据焊接所得焊缝的长度不同，可分为高频连续缝焊、高频短缝对接焊及高频熔点焊。

（一）高频焊的基本原理

高频焊的基础在于利用高频电流的两大效应，即集肤效应与邻近效应。

1. 集肤效应

集肤效应是指高频电流经导体时，电流密度趋向集中于导体表面的特性（现象），即在导体外表面附近的电流密度最大，随着离表面距离的增加，电流密度呈指数关系降低。集肤效应是由于导体内部的磁场作用产生的，通常用电流的穿透深度来度量。所谓穿透深度是指导体表面至电流密度减小到表面电流密度的 $1/e$ 处的距离，一般用 δ 表示，它与导体的电阻率平方根成正比，与频率和导磁率的平方根成反比，即导体电阻率越低、电流频率越高、导体导磁较高，则穿透深度越小、集肤效应越显著。

对于圆形断面导体，当通过高频电流时，电流穿透深度 δ 和导体内电流密度的分布分别按下式计算：

$$\delta = 50.3 \times \sqrt{\frac{\rho}{\mu_\tau f}} \quad (1-11)$$

$$I_x = I_0 e^{-\frac{x}{\delta}} \quad (1-12)$$

式中　　δ——电流穿透深度，mm；
　　　　ρ——导体电阻率，$\mu\Omega\cdot cm$；
　　　　μ_τ——导体导磁率，H/cm；
　　　　f——电源频率，Hz；
　　　　I_x——导体距离表面为 x 处的电流密度，A/cm^2；
　　　　I_0——导体表面处（$x=0$）的电流密度，A/cm^2。

由于金属导体的磁导率（μ_τ）和电阻率（ρ）是随温度变化的，通常，随着温度升高，磁导率下降、电阻率增加，故电流穿透深度必然随温度的变化而变化。图 1-102 所示为在不同温度下、不同材料的电流穿透深度和电源频率的关系。

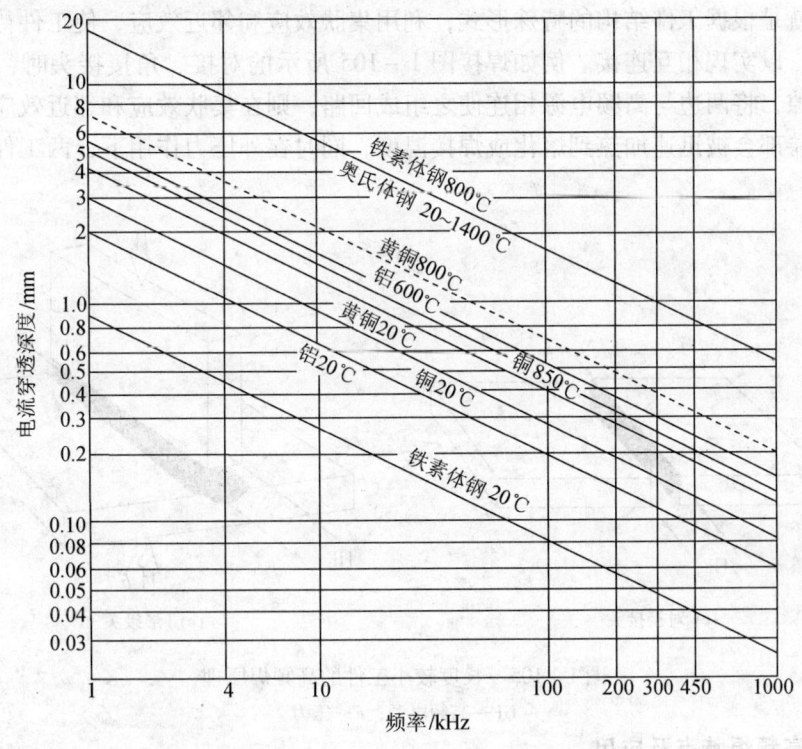

图 1-102　高频焊电流穿透深度与温度、频率的关系

2. 邻近效应

邻近效应就是当高频电流在两金属导体中彼此反向流动或在一个往复导体中流动时，电

流集中流动于导体邻近侧的现象,如图 1-103 所示。图中,高频电流由 A 导入金属板后,不像直流或低频电流那样沿最短路径流动到 B[图 1-103(a)],而是沿着邻近导体的边缘路径而流动到 B[图 1-103(b)]。邻近效应随频率的升高而增强,随邻近导体与工件越加靠近而越加强烈,从而使电流的集中和加热程度更加显著。如果在邻近导体周围加一磁心,则高频电流将会更窄的集中于工件表层,如图 1-104 所示。

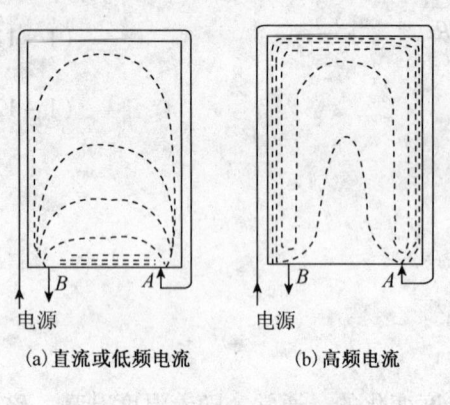

图 1-103 邻近效应的产生

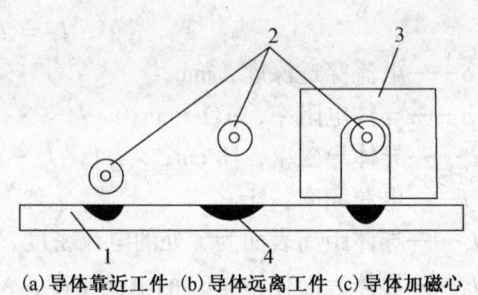

图 1-104 邻近导体位置对邻近效应的影响
1—工件;2—邻近导体;3—磁心;4—电流分布范围

高频焊就是根据工件结构的特殊形式,利用集肤效应和邻近效应,使工件待焊处表层金属快速加热,以实现相互连接。例如焊接图 1-105 所示的对接、角接接头时,在相邻两边间留有小间隙,将两边与高频电源相连使之组成回路,则在集肤效应和邻近效应作用下,相邻两边金属端部会被迅速加热到熔化或焊接温度,同时在外压力作用下,两工件即可牢固的焊成一体。

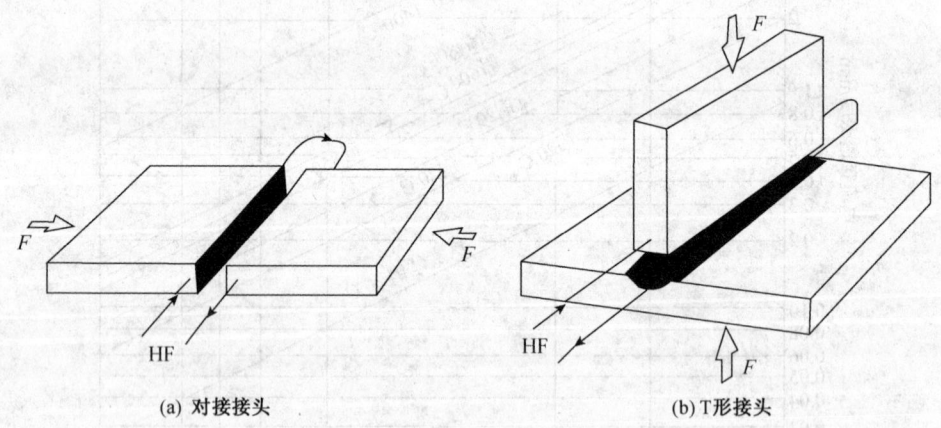

图 1-105 长度较小工件的高频焊原理
HF—高频电源;F—压力

(二) 高频焊特点及应用

1. 焊接速度高

焊接电流高度集中于焊接区,对焊件加热速度极快,且在高速焊接时不产生"跳焊"。一般情况下,焊速达 150~200m/min。

2. 热影响区小

因焊速高，焊件自冷作用强，因此热影响区小，且焊缝不易发生氧化，可获得良好组织与性能的焊缝。

3. 电流频率高

高频电流具有强导通性能，焊前无需清除待焊处表面氧化膜及污物，可省略焊前清理工序。

4. 适用范围广

能焊的金属种类多，产品形状规格多，不但能焊碳钢、合金钢，还可焊接不锈钢、铝及铝合金、铜及铜合金，以及Ni、Ti、Zr等金属及其合金。同时，采用高频焊时，型材和管材的尺寸规格也较多，且可制作异种材料构件。

5. 高频焊的主要缺点

电源回路的高压部分对生产安全存在一定威胁，故对绝缘要求高；回路中震荡管等元件使用寿命较短、维修费用较高；高频焊设备存在一定的辐射干扰，需加以防护。

高频焊是一项较新的焊接技术(20世纪50年代应用于焊接领域)，在管材制造方面获得较广泛应用。除能制造各种材料的有缝管、异型管、散热片管、螺旋散热片管电缆套管等管材外，还能采用高频焊生产各种断面的型材、双金属板、以及一些机械产品(如汽车轮圈、汽车车箱板等)。

(三) 高频焊焊接参数的选择

1. 电源频率的选择

高频焊可在很广的频率范围内实现。提高电源频率有利于集肤效应和邻近效应，从而有利于使电能高度集中在焊接接头连接面的表层，快速加热到焊接温度，使焊接效率提高，故宜尽可能选择较高频率，但须避免对无线电传送频率的干扰。

由于高频焊大多用于高频接触焊制管和高频感应焊制管，为了获得优质焊缝，频率的选择还应考虑管坯材料及其壁厚。一般制造有色金属管材的电流频率比碳钢管材取得高，这是因为有色金属的热导率比钢材大，必须在比焊接钢材速度大的焊接速度下进行，以使能量更加集中，才能实现焊接。通常，管壁薄的应选用高一些的频率，管壁厚的则相反。制造一般碳钢管材时，多采用350~450kHz频率，只有在制造特别厚壁管材时，才采用50kHz频率。

2. 焊接速度的选择

焊接速度提高，对接边缘的挤压速度会随之提高，有利于将被加热到熔化的两边液态金属层和氧化物挤出，从而得到优质焊缝。同时，由于焊速提高后缩短了待焊边缘的加工时间，也可使形成氧化物的时间变短、焊接热影响区变窄，焊接缺陷减少。但是，在输出功率一定的条件下，焊接速度不宜过高，否则会使材料边缘的加热达不到焊接温度，不利于焊合或产生焊接缺陷。高频焊焊接速度与最佳状态下焊接缺陷的关系见图1-106。

3. 对接坡口的选择

高频焊制管一般有三种对接坡口形式，即V形、I形及倒V形(见图1-107)。V形对接由于内侧先接触焊合，内侧焊接电流大于外部焊接电流，以致使内侧焊接温度比外侧大，需要更多的热输入。I形对接时，由于管内、外壁同时接触，温度比较均匀。倒V形对接与V形对接相反，管外壁先接触焊合，外壁焊接电流大于内部，使得外壁温度高于内侧。对于薄壁管，为了便于观察焊接温度，一般控制成V形对接；厚壁钢管则尽可能控制成I形或小V形对接。

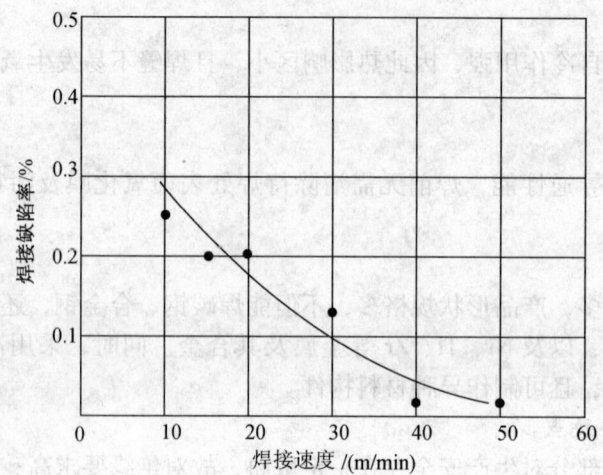

图1-106　高频焊焊接速度与最佳状态下焊接缺陷的关系

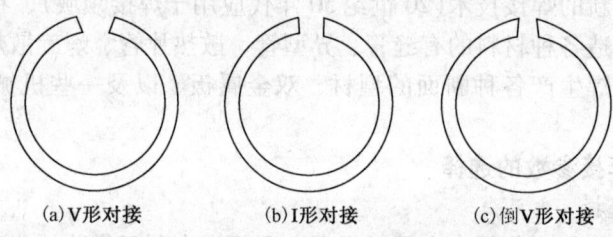

(a) V形对接　　(b) I形对接　　(c) 倒V形对接

图1-107　高频焊钢管对接接头形式

4. 输入功率的选择

高频焊钢管输入功率过小，会造成管坯坡口面加热不足、达不到焊接温度而产生冷焊缺陷；反之输入功率过高时会出现管坯坡口面加热温度高于焊接温度，造成过热、过烧或焊缝烧穿，引起熔化金属严重喷溅而形成针孔或夹杂缺陷。

5. 管坯坡口形状的选择

高频焊钢管管坯坡口形状对钢带端面加热的均匀程度及焊接质量影响很大。通常采用I形坡口，因坡口面加热较均匀和易于加工。但当管坯厚度很大时，由于坡口横断面中心部分加热不足，上下边缘部分加热过度，形成受热不均匀，应改为X形坡口，以保证焊缝质量。

（四）高频焊常见缺陷

高频焊焊接很少出现气孔、夹渣等体积型缺陷，但由于焊接中对原材料质量控制不当或焊接参数选择不当等，会产生冷焊和回流夹杂、钩状裂纹等缺陷。

冷焊和回流夹杂是高频焊制管出现的主要焊接缺陷，所谓冷焊是指低温焊接，回流夹杂是指氧化物夹杂和过烧。由于存在这类缺陷的拉伸或冲击试验断口皆呈现无金属光泽的灰色区域，故将这两类缺陷统称为"灰斑"。两类缺陷中的夹杂物主要是Si、Mn、Fe等元素的氧化物及其复合物（如SiO_2、MnO、FeO和$MnO-SiO_2-FeO$等），一般认为灰斑对焊缝强度无明显影响，但使塑性和韧性显著降低，且可能诱发脆性断裂的尖锐缺口。在大多数情况下，超声波无损检测无法测出这类缺陷，它是导致焊缝脆化的根本原因。

钩状裂纹亦称外弯纤维状裂纹，它是高频焊时，由于热态金属受强烈挤压，使其中原有纵向分布的层状夹杂物向外弯曲过大而造成的开裂。为防止此类缺陷，应限制母材中杂质含量,以及调整焊接参数,使挤压力不要过大。高频焊及高频焊制管常见缺陷见表1-72。

表1-72 高频焊制管常见缺陷

名称	形态		可能产生的原因
冷焊	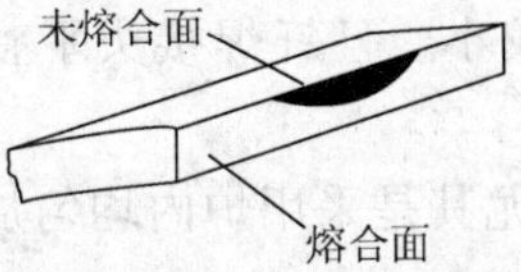 (图示:未熔合面、熔合面)	1. 几乎全部没有熔合 2. 只有一部分未熔合,但未熔合部分很长 3. 有很短的未熔合	1. 温度极低 2. 挤压量不够,加热温度不够,对接条件不合适,带钢边缘形状不合适 3. 打火造成温度波动
回流夹杂	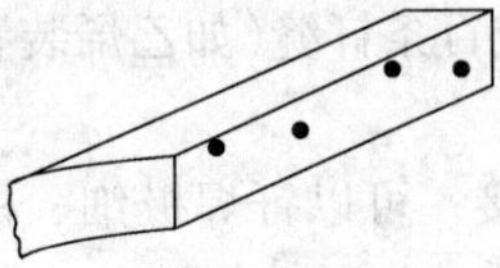 (图示)	熔合面上残留着米粒状或虫蛀状微小氧化物	1. 材质不合适 2. 加热温度过高,挤压量不够,V形角太小、焊接速度太慢
针孔	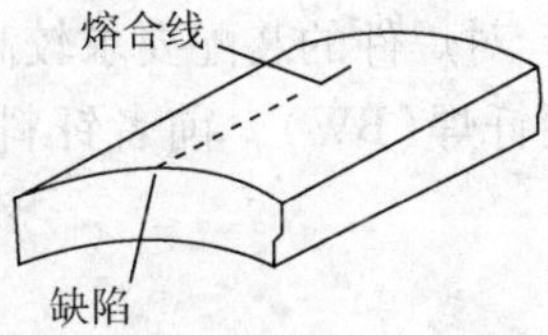 (图示:熔合线、缺陷)	在熔合面局部分布着未排出的熔融物和针孔	加热温度过高,挤压量不够,焊接速度太慢
钩状裂纹	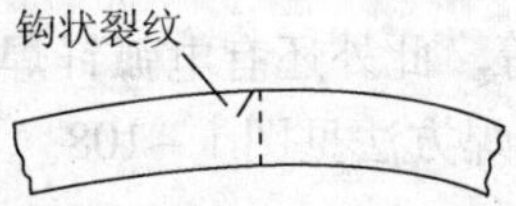 (图示:钩状裂纹)	沿着上升的金属流线有很小的裂纹	焊接热影响区的母材中有非金属夹杂或偏析
平行夹杂物、分层	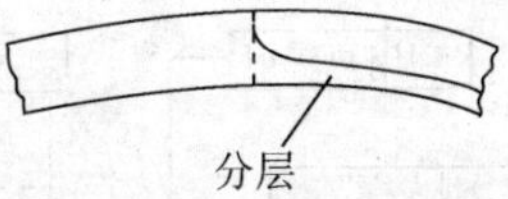 (图示:分层)	平行于金属流线有比较大的裂纹	母材中有分层、夹杂物或偏析
错边、残留毛刺	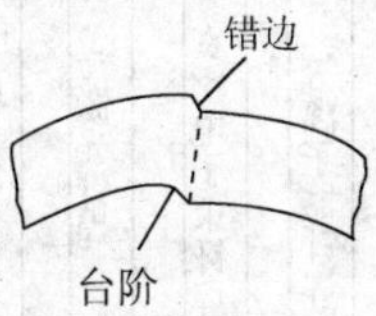 (图示:错边、台阶)	1. 错边 2. 毛刺切削后焊道不平滑	1. 对接条件不合适 2. 刀具设定不合适

四、钎焊(B)

(一)钎焊基本过程及特点

钎焊是采用液相线温度比母材固相线温度低的金属材料作钎料,在低于母材熔点和高于钎料熔点的温度下加热母材,通过液态钎料在母材表面或间隙中润湿、铺展、毛细流动填充接头间隙,并与母材相互溶解和扩散,最终凝固结晶而实现原子间结合的一种材料连接方法。钎焊与熔焊、压焊是现代焊接技术的三大组成部分。

钎焊可分为三个基本过程(或阶段),首先是钎剂的熔化与填缝过程,即预置的钎剂在加热熔化后流入母材间隙,并与母材表面氧化物发生物理化学作用,以去除氧化膜,清洁母材表面。二是钎料的熔化与填满钎缝过程,即随着加热温度继续升高,钎料开始熔化并润湿、铺展,同时排除钎剂残渣。三是钎料同母材相互作用过程,即在熔化的钎料作用下,少部分母材溶解于钎料,与此同时,大量钎料扩散进入到母材中,并在固液界面发生一系列复杂的化学反应。当钎料填满待焊接头间隙并保温一定时间后，开始冷却凝固形成焊接接头。因此，钎焊过程与钎剂、钎料和母材在固相、液相、气相进行的还原和分解，以及润湿和毛细流动、扩散和溶解、固化和吸附、蒸发和升华等物理、化学现象的综合作用有关。

钎焊同熔焊方法比较，主要具有以下特点：

① 钎焊加热温度较低，对母材的组织和性能影响较小。且钎焊接头平整光滑、外形美观。

② 钎焊工件变形较小，容易保证工件的尺寸精度。尤其是采用炉内均匀加热的钎焊方法可将工件的变形减小到最低程度。

③ 生产效率高，某些钎焊方法一次可焊成几十条或成百条钎缝（如乙烯装置中的冷箱－板翅式换热器钎焊）。

④ 可以实现异种金属或合金以及金属与非金属的连接；可以钎焊极细、极薄的或、厚度、粗细相差很大的零件。

⑤ 钎焊的主要缺点是接头强度较低、耐热能力较差，对焊件的装配要求较高。

根据使用钎料的不同，钎焊一般分为软钎焊（S）和硬钎焊（BW），前者钎料液相线的温度低于450℃，后者高于450℃。

（二）钎焊方法

钎焊方法通常根据热源或加热方法分类，常用的钎焊方法有炉中钎焊（FB）、火焰钎焊（TB）、浸沾钎焊（DB）、感应钎焊（IB）和电阻钎焊（RB）等。此外还有电弧钎焊、激光钎焊、超声波钎焊、红外钎焊等其他方法。按加热方式区分的钎焊方法见图1-108。

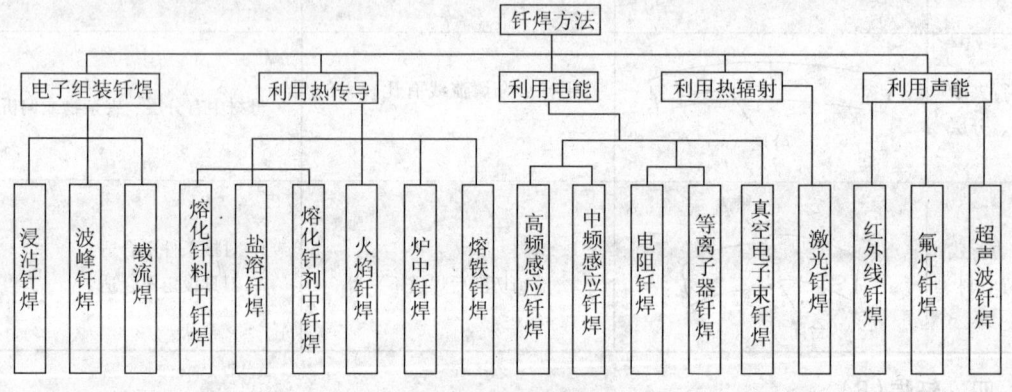

图1-108　钎焊方法分类示意图

1. 炉中钎焊

炉中钎焊按钎焊区的气氛组成，可分为空气炉中钎焊、保护气氛炉中钎焊及真空炉中钎焊三类。

（1）空气炉中钎焊

将装配好的加有钎料和焊剂的工件放入普通工业炉中加热至钎焊温度，依靠钎剂去除钎焊表面的氧化膜，钎料熔化后流入钎缝间隙，冷凝后形成钎焊接头。

空气炉中钎焊加热均匀，工件变形小，设备简单，成本较低，且一炉可同时钎焊多件，生产效率高。其缺点是需对工件整体加热，加热时间长，钎焊过程中工件会被氧化，钎焊温度高则氧化愈显著。

(2) 保护气氛炉中钎焊

亦称控制气氛炉中钎焊，是将加有钎料的工件置于具有活性或中性气氛的炉内加热钎焊。活性气体以氢和一氧化碳为主要成分，不仅能防止空气侵入氧化工件，还能还原工件表面的氧化物，有助于钎料润湿母材。当钎焊钢和铜等金属时，由于它们的氧化物容易还原，活性气体中的 CO_2 含量和露点可以高些；而钎焊含 Cr、Mn 量高的合金钢时（如不锈钢），由于其氧化物难以还原，则应选用露点低、CO_2 含量少的活性气体。另外，由于氢气会使 Cu、Ti、Zr、Nb、Ta 等金属脆化，在考虑采用氢气作为钎焊保护气氛时应慎重。实际应用中，推荐用于硬钎焊的气氛范围见附录 A"表 A - 27"。

保护气氛炉中钎焊也可使用惰性气体，如氮、氩、氦气等。其中，氩气保护炉中钎焊可用来钎焊一些复杂结构、在空气中容易与氧、氮、氢等作用的金属材料（如不锈钢散热器、钛制换热器等）。氮气保护炉中钎焊必须使用纯度 99.9995% 以上干燥纯氮，以防止金属氧化。有时也可在纯氮气氛中加入一些氢、甲烷、甲醇等，以提供特殊钎焊中所需的氧化 - 还原作用（例如汽车铝制散热器及空调蒸发器、冷凝器、水箱等钎焊）。

(3) 真空炉中钎焊

真空炉中钎焊是在抽真空的钎焊炉或钎焊室内进行，特别适用于钎焊大面积且焊缝连续的接头；也适用于钎焊某些特殊金属，包括 Ti、Zr、Nb、Ta、Mo 等。真空炉中钎焊由于被焊件处在真空条件下，不会出现氧化、增碳、脱碳及污染变质。钎焊时焊件受热均匀，热应力小，可将变形量控制到最低限度，尤其适用于精密产品的钎焊。由于真空炉钎焊不用钎剂，不会出现气孔、夹杂等缺陷，且热处理工序可以在钎焊过程中同时完成，可一次钎焊多道邻近的钎缝或同炉钎焊多个组件，焊接效率高。但真空炉钎焊也存在一些缺点，例如在真空条件下金属易挥发，因此不适用于含易挥发元素的金属母材和钎料；对焊件的表面粗糙度、装配质量、配合公差等的影响较敏感，对工作环境要求高。此外，这种钎焊方法所用的真空设备复杂，一次性投资大、维修费用高。

真空炉钎焊可焊的金属种类较多，特别适宜钎焊铝及铝合金、钛及钛合金、不锈钢、高温合金等，也适用于陶瓷、石墨、玻璃、金刚石及一些复合材料。按照炉体结构特征，真空炉钎焊可分为炉外加热的热壁型真空钎焊炉和将加热系统装在真空室内的冷壁型真空钎焊炉；按照钎焊温度，可分为低温真空钎焊炉（<650℃）、中温真空钎焊炉（650～950℃）和高温真空钎焊炉（>950℃）。

真空炉钎焊对钎料的基本要求为：钎料组分中不含 Zn、Cd、Li 等易挥发的元素，蒸汽压高的纯金属也不宜用作真空钎焊用钎料；钎料中的非金属组分（如胶黏剂、助熔剂等）在钎焊过程中挥发后，不得对钎缝或真空设备产生有害影响；熔化温度合适，容易填充钎焊间隙，并能与母材产生良好的合金化作用，形成高强度钎焊接头；在无钎剂除氧化膜的真空条件下，要求被钎焊材料具有良好的润湿性以及在钎焊温度下具有足够的流动性。

2. 火焰钎焊

火焰钎焊是利用可燃气体或液体燃烧蒸气与空气或纯氧的燃烧火焰加热母材和钎料，其加热范围很宽，可从酒精喷灯的数百摄氏度到氧炔火焰（超过 3000℃），但钎焊只需把母材加热到比钎料熔点高一些的温度即可。火焰钎焊最常用的是氧 - 乙炔焰，与气焊不同点在于钎焊常用火焰为氧 - 乙炔焰的外焰区，该区火焰的温度较低、横截面积较大，且使用中性焰或碳化焰（见图 1 - 94），以防止母材过热甚至熔化，因此采用压缩空气代替纯氧和用其他可燃气体代替乙炔,如采用压缩空气雾化汽油火焰、空气-丙烷火焰等。

火焰钎焊的主要工具是钎炬,其作用是使可燃气体与氧或空气按适当的比例混合,从出口喷出点燃燃烧形成火焰。钎炬结构与气焊炬相似。

火焰钎焊应用较广,主要用于铜基、银基钎料钎焊碳钢、低合金钢、不锈钢、铜及铜合金的薄壁和小型工件,也可用于铝基钎料钎焊铝及铝合金。其缺点是手工操作时加热温度较难掌握,火焰钎焊的局部加热过程可能在母材中引起应力或变形。

火焰钎焊的钎炬当采用氧-乙炔焰时,一般可用普通气焊炬,但最好配以多孔喷嘴,以利于均匀加热和温度比较适当。为适应大批量生产和提高钎焊效率,火焰钎焊可以设计成工件运动或钎炬组运动的机械化装置,并采用特种多孔喷嘴。

3. 浸沾钎焊

浸沾钎焊是将钎焊的局部或整体浸入盐混合物熔体或钎料熔体中,依靠熔融液体的热量来实现钎焊过程。由于熔融液体的热容量大、导热快,能迅速均匀地加热钎焊工件,故这种钎焊方法生产效率高,且工件变形、晶粒长大、脱碳等现象皆不明显,同时,钎焊过程中,熔融液体介质能隔绝空气,保护工件不受氧化。钎焊的同时还能完成工件淬火、渗碳、渗氮等热处理过程。

浸沾钎焊根据所使用熔融液体介质不同,一般有盐浴钎焊和金属浴钎焊两类。

(1) 盐浴钎焊

工件的加热和保护依靠盐浴实现,盐混合物熔体的成分对其影响很大。对盐浴的基本要求为:要有合适的熔点;对工件有良好保护作用;使用中保持盐浴成分和性能稳定。一般多采用氯盐的混合物(见表1-73),适用于以铜基和银基钎料钎焊碳钢、合金钢、铜及铜合金和高温合金。

表1-73 盐浴钎焊用盐混合物

成分(质量分数)/%				盐混合物熔点 T_m/℃	钎焊温度 T_B/℃
NaCl	$CaCl_2$	$BaCl_2$	KCl		
30	—	65	5	510	570~900
22	48	30		435	485~900

盐浴钎焊的优点是盐浴槽热容量大,工件升温速度极快并且加热均匀,特别是对钎焊温度可以作精密控制,有时甚至可以在比母材的固相线只低2~3℃的条件下钎焊。此外,一般情况下无需另加钎剂。盐浴钎焊的缺点是焊后清洗较困难,耗电量大,盐浴蒸汽和废水易引起环境污染。

(2) 金属浴钎焊

工件的加热和保护依靠熔化的钎料实现,通过熔化钎料把工件钎焊处加热到钎焊温度,同时渗入钎缝间隙中,并在工件提起时保持在间隙内凝固形成接头。钎焊工件的焊剂处理有两种方式,一种是工件先浸入熔化的焊剂中,然后再浸入熔化钎料中;另一种方式是在熔化钎料的表面覆盖一层钎剂,使工件浸入时先与钎剂接触,然后再接触熔化的钎料。前者适用于熔化状态下不被显著氧化的钎料,否则应采用后一种方式。

金属浴钎焊的优点是工艺较简单,生产效率高,能够一次完成大量多种和复杂钎缝的焊接。缺点是工件表面须作阻焊处理,即将工件进行焊剂处理,然后浸入熔化的钎料中,否则工件表面将全部沾满焊料。金属浴钎焊主要用于以软钎料钎焊钢、铜及铜合金。

4. 电阻钎焊和感应钎焊

（1）电阻钎焊

电阻钎焊是利用电流通过焊件或与焊件接触的加热块所产生的电阻热加热焊件和熔化钎料的钎焊方法，且钎焊过程中须对钎焊处施加一定的压紧力，以保证接头质量。电阻钎焊分为直接加热钎焊和间接加热钎焊两种方式，见图1-109。

电阻钎焊的特点是被加热部分仅是焊件的钎焊处，因此加热速度快。同时钎焊过程中须保持钎焊面紧密贴合，要有适当的压紧力，否则会因接触不良造成母材局部过热或未钎透等缺陷。

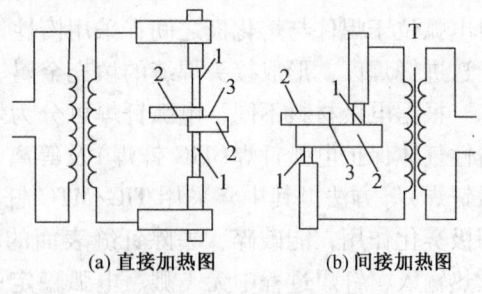

(a) 直接加热图　　(b) 间接加热图

图1-109　电阻钎焊原理图
1—电极；2—工件；3—钎料

直接加热电阻钎焊是由电流直接加热钎焊处，加热程度取决于电流大小和压紧力。一般情况下，加热电流为6~1.5kA，压紧力为0.1~2kN，电极材料可选用铜、铬钢、钼、钨、石墨、铜钨烧结合金等。间接加热电阻钎焊可采用电流只通过一个焊件，另一焊件的加热和钎料的熔化是依靠被通电焊件的热传导实现；也可采用电流通过一较大的石墨板，依靠电流加热石墨板并将电阻热传给其上的焊件实现。一般情况下，间接加热电阻钎焊的加热电流为0.1~3kA，压紧力为0.05~0.5kN。间接加热电阻钎焊的灵活性较大，对焊件接触面配合要求较低，但整个工件被加热的速度较直接加热法慢，一般适用于钎焊热物理性能差和厚度差别大的焊件，对钎焊面的配合要求可适当降低。

电阻钎焊适于使用大电流、低电压操作，可采用普通的电阻焊机，也可使用专门的电阻钎焊设备。其主要特点为加热快、生产效率高；加热热量集中，对钎焊处周围的热影响小；工艺较简单，劳动条件较好，易实现自动化钎焊。主要缺点是钎焊接头尺寸不能太大及形状不宜太复杂，存在一定的局限性。

（2）感应钎焊

感应钎焊是利用焊件在交流电的交变磁场中产生感应电流的电阻热被加热的钎焊方法。由于热量由焊件本身产生，故加热迅速，表面氧化程度比炉中钎焊小，并可防止母材晶粒长大和再结晶倾向。

感应钎焊使用的交流电源通常为高频和中频，工频很少使用。其中感应圈是传递感应电流的重要部件，通常用纯铜管制作（见图1-110），以保证工件加热迅速、均匀。感应钎焊可使用各种钎料，因加热速度快，钎料和钎剂应在装配时（钎焊前）预先放好，钎焊可在空气中、真空或保护气氛中进行。可以用作碳钢、不锈钢、铜及铜合金、高温合金等材料钎焊，以及适用于软钎焊和硬钎焊。常用于钎焊尺寸较小的焊件和特别适用于对称形状的焊件（如管状接头、管与法兰、轴和盘等工件的连接），可以实现大批量生产。

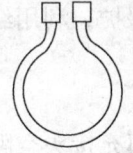   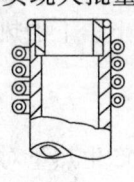 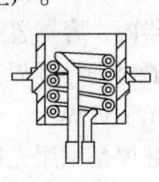

(a) 单匝感应圈　　(b) 多匝螺管形感应圈　　(c) 扁平式感应圈　　(d) 外热式　　(e) 内热式

图1-110　感应钎焊常用感应圈结构

5. 电弧钎焊和激光钎焊

(1) 电弧钎焊

电弧钎焊是利用电弧热加热焊件和熔化钎料的钎焊方法，是一种新型的钎焊工艺。钎焊时电弧位于焊件与熔化极之间，采用惰性气体保护，钎料作为电弧的一个电极，从焊枪中连续送进钎焊区，形成接头焊缝的填充金属。

根据电极材料不同，电弧钎焊可分为熔化极惰性气体保护电弧钎焊(MIG 钎焊)、钨极惰性气体保护电弧钎焊(TIG 钎焊)及等离子弧钎焊(脉冲熔化极/非熔化极惰性气体保护电弧钎焊)等方法。其中，采用 TIG/MTG 钎焊时，对于电极接正极、母材接负极工况，具有阴极雾化作用，能破碎、去除钎缝表面的氧化膜，MIG 钎焊中采用的脉冲电流，可以取得低热输入，钎焊过程中无飞溅、电弧稳定；采用脉冲 MIG 钎焊，钎焊接头能熔敷充足的钎料，热输量很低，焊件变形很小。对于等离子弧钎焊，当电极接负极时，等离子弧的热活化和热蒸发作用可使钎焊加热区得到净化，不需要钎剂，无钎剂腐蚀作用。

为了避免电弧钎焊焊件局部熔化而不能形成良好的钎焊接头，线能量的输入不能过大，一般采用较低的热输入。钎焊过程中，由于氩气流对电弧的压缩作用使热量集中，加热速度快，钎焊接头在高温停留时间短，母材金属不易产生晶粒长大，热影响区窄，接头的组织与性能变化小，强度较高。电弧钎焊用于镀锌钢板钎焊时，可防止锌蒸发和镀锌层破坏，钎缝耐腐蚀。国外多数发达国家在汽车工业的部件制造及电器元件制造上，都已采用了电弧钎焊的方法，我国汽车制造业中，在镀锌钢板焊接技术方面，大多也采用 MIG 钎焊方法。

(2) 激光钎焊

激光钎焊是利用激光束产生的热能，对薄壁精密零件进行局部加热和钎焊的方法。在大多数钎焊过程中，将激光束直接指向接头上的预置钎料，不论是否采用钎剂，均需适当的气体保护。它相对于常规钎焊的优点是只产生一个局部的钎焊连接；激光束热能的可控程度高和激光束易于通过固体而被传输，因此这种钎焊方法可在密封的真空内或充有高压气体的密封设备内进行。由于激光钎焊成本较高，一般只有当常规钎焊方法不适用时才采用这一方法。

6. 红外钎焊和光学钎焊

(1) 红外钎焊

红外钎焊是利用红外线辐射能加热焊件和熔化钎料的钎焊方法。红外线是电磁波谱中波长介于红光和微波之间的电磁辐射波，具有显著的热效应。而且，红外线很易被物体吸收和具有强烈的穿透能力，在工业上被广泛用作热源。作为钎焊热源的红外线辐射器是大功率石英白炽灯，在其上附加抛物面聚焦装置后可对小型零部件进行点状加热，目前已应用于印制电路板上小型元器件钎焊连接。红外钎焊的另一种方法为电热毯钎焊，它由上、下加热垫组成，垫的表面装以加热元件，形状与焊件外形相同，垫内安装有冷却水管。钎焊时将焊件放在密闭容器内，容器置于上、下加热垫之间，容器内抽真空并充氩气保护，利用红外线加热中热量的辐射进行钎焊。

(2) 光学钎焊

光学钎焊是利用光能产生热量对焊点处母材加热，并将钎料熔化填充接头空隙的钎焊方法。目前常用的加热方法有两种，一种是红外灯直接照射，使钎料熔化，一般用于集成电路封盖。另一种是利用透镜和反射镜等光学系统，将点光源射线变成平行光束(光束大小由一组透镜聚焦调节),光束对被焊物的加热时间可通过特殊快门加以调控,通过光束产生的热量使钎料熔化和加热焊件接头。

7. 气相钎焊和扩散钎焊

(1) 气相钎焊

气相钎焊是利用非活性有机溶剂(如氟化物)加热沸腾产生的饱和蒸汽与焊件表面接触时凝结放出的潜热,加热焊件和熔化钎料,进行钎焊的方法。所用的非活性有机溶剂主要是$(C_3F_{11})_3N$,其沸点为215℃,可达到锡铅共晶钎焊温度要求。其钎焊过程为:经加热器加热氟化物溶液产生的饱和蒸汽,在焊件表面沉积后冷凝,释放出潜热,进行钎焊加热。为防止饱和蒸汽逸出,可使用辅助气(如三氯二氟乙烷蒸汽)作为阻挡层。这种钎焊方法加热均匀,能精确控制温度,钎焊质量高,多用于印制电路板上元器件钎焊。气相钎焊示意图见图1-111。

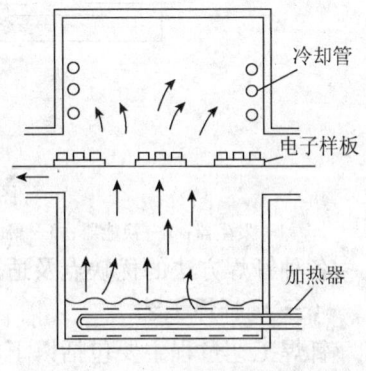

图1-111 气相钎焊示意图

(2) 扩散钎焊

扩散钎焊是把压紧紧密接触的固态异种金属或合金加热到熔点以下,利用相互的扩散作用,在接触处产生一定深度的熔化而实现连接的方法。这种钎焊方法只有当异种金属在加热时能形成共晶或具有低熔点的固溶体时,才能实现。因为这时接触处所形成的液态合金,冷却时可作为两异种金属的钎料,故这种方法亦称自动钎焊或接触-反应钎焊。如果两异种金属或合金加热时不能形成共晶,可在其间放置合适的其他金属或合金垫片,以形成共晶,实现扩散钎焊。

扩散钎焊质量与加热温度、压力和扩散时间有关,其中温度是主要的钎焊参数,对扩散系数影响最大。压紧力有助于消除钎焊结合面细微的凹凸不平,有利于接触形成液态合金钎料和扩散。扩散钎焊可分为三个阶段,加热过程中,首先是异质金属接触处在固态下进行扩散,但未达到共晶浓度;接着,接触处达到共晶成分的区域形成液相,促进合金元素继续扩散,共晶的合金层随时间增加;最后停止加热,接触处共晶的合金层凝固成钎焊接头。

8. 超声波钎焊

超声波钎焊是通过专用的超声波烙铁将超声波传入熔化钎料,利用钎料内发生的空化现象,破坏和去除母材表面的氧化物,使熔化钎料润湿母材表面并形成钎缝的钎焊的方法。这种焊接方法不需要焊剂,常用于低温软钎焊工艺。由于随着温度升高,空化破坏加剧,当焊件受热超过400℃时,超声波振动也会造成钎料多呈小块脱落,故应先将焊件接头表面搪上钎料,再利用超声波烙铁进行钎焊。

需要指明的是,超生波钎焊法与超声波焊接并不相同,虽然两者都是利用超声波(频率在16Hz以上)的高频机械振动能量对焊件接头进行内部加热和表面清理,但前者需使用钎料,由超声波振动传入熔化钎料和利用钎料内发生的空化现象对母材进行清理和实现钎焊。而超声波焊接过程无需使用焊剂,但必须同时对焊件施加压力来实现焊接,它是一种压焊方法,焊原理和如图1-112所示。进行超声波焊接时,既不向焊接输进电流,也不使用外加的高温热源,接头是在母材不发生熔化的情况下形成的固相焊接。

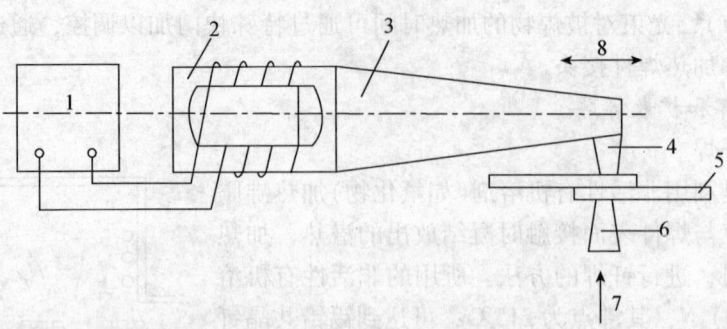

图 1-112 超声波焊接原理示意图

1—发生器；2—换能器；3—聚能器；4—上声极；5—工件；6—下声极；7—压紧力；8—振动方向

各种钎焊方法的优缺点及适用范围见附录 A"表 A-28"。

（三）钎焊工艺

钎焊工艺过程主要包括以下步骤：工件表面处理，需进行脱脂、清除氧化皮、有时还需在表面镀覆有利于钎焊的金属；装配和固定；钎料和钎剂位置的最佳配置和选用阻流剂，以使液体啊钎料均匀分布于钎缝；选择钎焊工艺参数，包括钎焊温度、升温速度、焊后保温时间及冷却速度等；钎焊后清洗，除去可能引起腐蚀的钎剂残留物等；必要时，钎缝及工件进行焊后镀覆等处理（如镀金属保护层、氧化或钝化处理等）。钎焊焊接过程中每一道工序均影响产品的最终质量。

1. 钎焊的焊接参数

钎焊的主要焊接参数是钎焊温度和保温时间。一般情况下，钎焊温度常选为高于钎料液相线温度 25~60℃，以保证钎料填满间隙。但对于某些结晶温度间隔宽的钎料，由于在液相线温度以下已有相当量的液相存在，并且有一定的流动性，这时钎焊温度可稍低于或等于钎料的液相线温度；另外，对于一些要求与母材充分发生反应的钎料（如镍基钎料），钎焊温度宜高于钎料液相线温度 100℃ 以上。

钎焊的保温时间根据焊件大小、钎料与母材相互作用的剧烈程度确定，对于尺寸小或钎料与母材作用较强烈的焊件，保温时间应适当缩短，但必须达到钎料与母材充分相互扩散、形成牢固结合的要求。反之则需增加保温时间，但时间过长也会导致溶蚀等缺陷发生。

2. 钎焊件的升温和冷却速度

升温速度和冷却速度的确定应综合考虑母材性质、焊件尺寸和形状、钎料性质及其与母材的相互作用等因素。

钎焊时升温速度至关重要，它具有合理调节钎剂、钎料熔化温度区间的作用。对于塑性较差、热导率较低或尺寸较厚的焊件，升温速度不宜过快，否则会由于内、外表面的应力差导致开裂或变形。

冷却速度对钎缝质量影响较大。一般情况下，快速冷却有利于钎缝中钎料合金细化，提高其力学性能，可适用于母材传热系数和韧性较高、壁厚较薄的情况。而对于厚壁、热导率低的脆性材料则会出现开裂或变形。另外，对于钎料和母材能产生固溶体的钎焊（如 Cu-P 钎料钎焊铜），应选择较慢的冷却速度，可使钎缝中含有更多的 Cu-P 固溶体，减少 Cu_3P 化合物，提高力学性能。

3. 钎缝的熔析与溶蚀

钎焊时，在钎料流入端出现的钎料瘤缺陷称为熔析，出现的凹坑缺陷称为溶蚀，它们产生的根本原因是由于钎料的组成与钎焊温度不匹配所致。熔析主要发生于应用亚共晶钎料的钎焊中，为防止熔析产生，应提高钎焊升温速度，以防止钎料流入端残留钎料。溶蚀的发生主要由于钎料的成分选择不当、钎焊温度过高、以及钎焊停留时间过长。对于亚共晶钎料钎焊，溶蚀较小，过共晶钎料则较大，故为了减少溶蚀在一般情况下较少使用过共晶钎料。钎焊应用中，由于钎焊温度高出液相线许多，出现溶蚀往往不可避免，已发生溶蚀的液态钎料顺着钎缝流走，从而在钎焊处出现麻点或凹坑。相反，如果液态钎料不流走而长期停留在原处，则会与母材共熔，改变母材成分，使母材变形甚至熔穿或产生更坏的效果。因此在钎焊过程中，应减小钎料合金与母材的互溶度，控制钎焊温度以及钎料在原处停留的时间。

（四）钎焊接头的基本形式

1. 钎焊接头搭接长度计算

钎焊接头的设计，首先应考虑接头强度，其次是组合件的尺寸精度、焊件的装配定位、钎焊的安置、钎焊接头的间隙等工艺问题。钎焊接头大多采用搭接形式，为保证搭接接头与母材具有相等的承载能力，搭接长度按下式计算：

$$L = a \frac{\sigma_b}{\sigma_T} \delta \tag{1-13}$$

式中　σ_b——母材抗拉强度，MPa；

　　　σ_T——钎焊接头抗剪强度，MPa；

　　　δ——母材厚度，mm；

　　　a——安全系数。

实际应用中，对于采用银基、铜基、镍基等强度较高钎料钎焊的搭接接头长度，一般取为较薄件厚度的 2～3 倍；对于采用锡、铅等软钎料钎焊的搭接长度可取为较薄件厚度的 4～5 倍，但不大于 15mm。

2. 钎焊接头的基本型式

钎焊搭接接头按工件形状和接头型式，有平板钎焊钎焊接头、管件钎焊接头、T形和斜角钎焊接头、断面（密封）接头、管或棒与板的钎焊接头、线接触钎焊接头等。

（1）平板钎焊接头

接头形式为图 1-113 所示。图(a)、图(b)、图(c)为对接形式，当要求两焊件连接后表面平齐、且能承受一定的负荷时，可采用图(b)、图(c)形式。其余接头形式有搭接或搭接与对接混合接头。图(j)为锁边接头，适用于薄件钎焊。

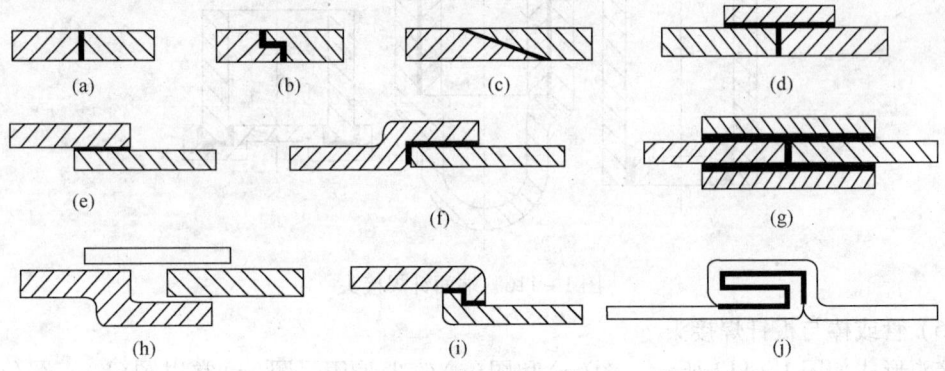

图 1-113　平板钎焊接头形式

(2) 管件钎焊接头

接头形式如图1-114所示。图(a)和图(b)分别为两焊件内孔直径或外径相等的接头形式。

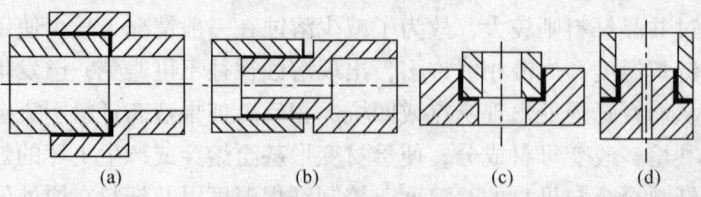

图1-114　管件钎焊接头形式

(3) T形和斜角焊接接头

接头形式如图1-115所示。图(f)、图(g)的搭接面积比图(a)、图(b)的大，楔角接头图(h)、图(i)的搭接面积比图(c)、图(d)的大。如果需要更大的搭接面积可采用图(j)形式图(k)主要用于薄板钎焊。

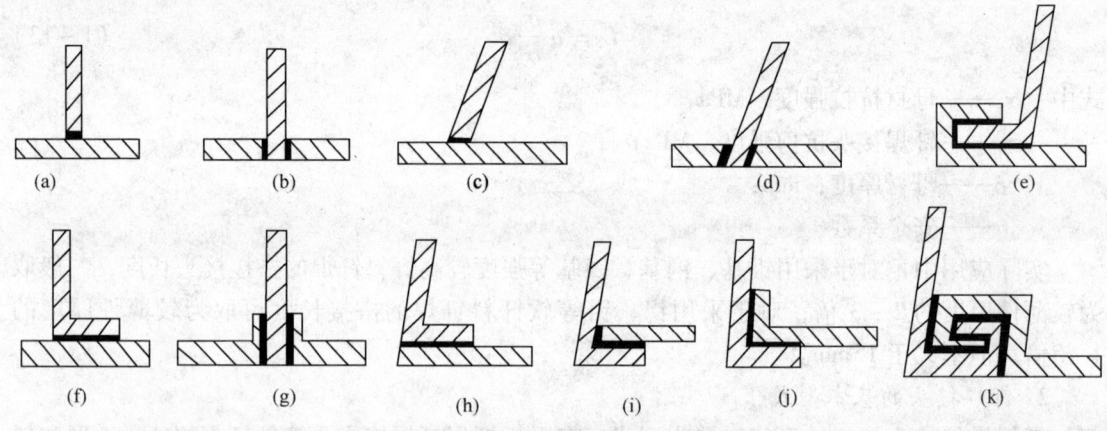

图1-115　T形和斜角钎焊接头

(4) 端面钎焊接头

接头形式如图1-116所示。这种接头具有较大的钎焊面积，具有良好的断面密封效果。

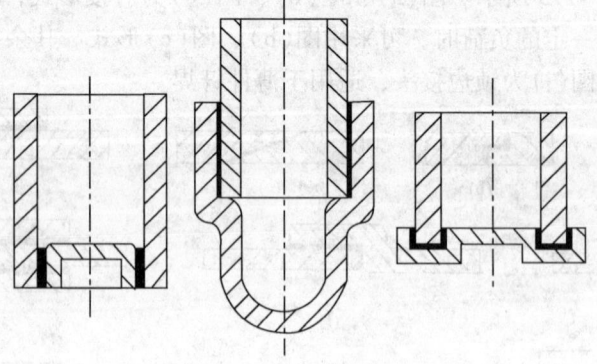

图1-116　端面钎焊接头

(5) 管或棒与板钎焊接头

接头形式如图1-117所示。图(a)和图(e)较少采用，图(a)常以图(b)、图(c)、图

(d)接头代替,图(e)常以图(f)、图(g)、图(h)形式代替图(i)、图(j)、图(k)适用于较厚板钎焊。

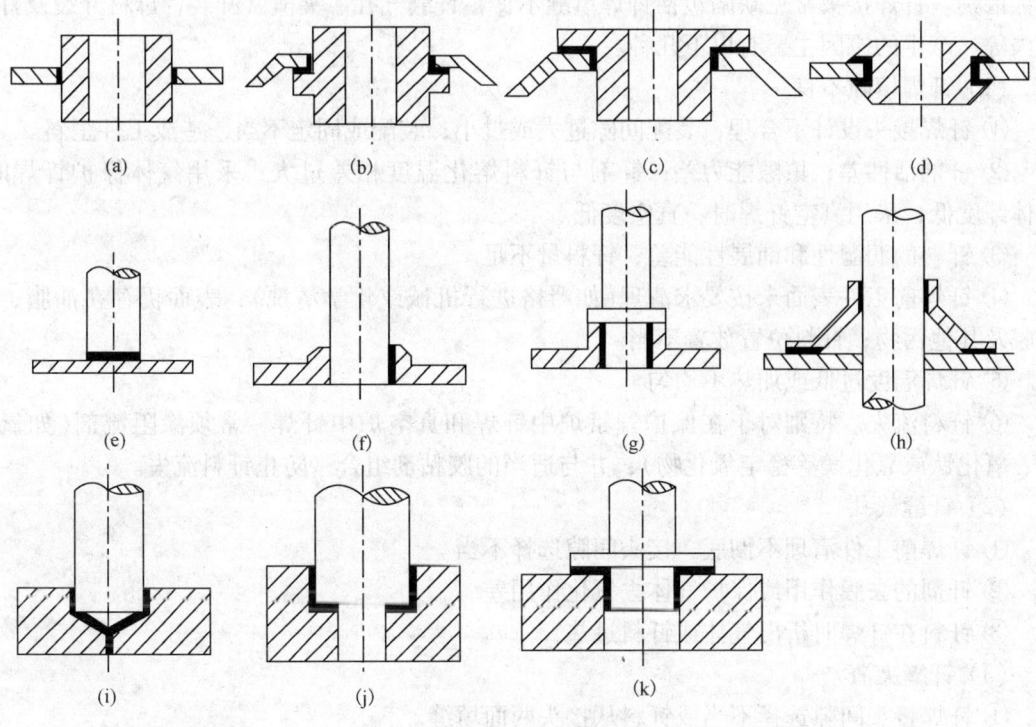

图 1-117 管或棒与板的钎焊接头

(6)线接触钎焊接头

接头形式如图 1-118 所示。这种钎焊接头的强度不高,接头间隙有时是可变的,主要用于钎缝受压或受力不大的结构。

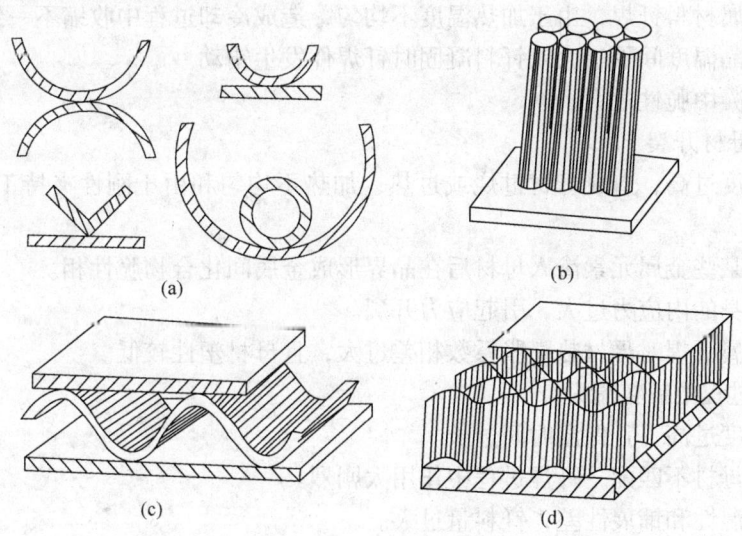

图 1-118 线接触钎焊接头

3. 钎焊接头的缺陷及产生原因

钎焊接头缺陷与熔焊接头相比，无论在缺陷类型、产生原因或缺陷消除方法等方面都有很大区别。钎焊接头常见缺陷包括钎焊填缝不良，钎缝气孔、夹渣、开裂，母材开裂及钎料流失等。产生的原因主要有以下几种。

(1) 钎焊填隙不良

① 钎焊接头设计不合理，装配间隙过大或过小；装配或固定不当，造成工件歪斜。

② 钎剂活性差；填隙能力差；钎剂与钎料熔化温度相差过大；采用气体保护钎焊时，气体纯度低；采用真空钎焊时，真空度低。

③ 钎料的润湿性和铺展性能差；钎料量不足。

④ 钎焊前工件表面未按要求清理（如严格进行机械或化学清洗），表面仍存在油脂、氧化膜及其他污物；钎料位置放置不当。

⑤ 钎焊温度过低或加热不均匀。

⑥ 钎料流失。特别对于在保护气氛炉中钎焊和真空炉中钎焊，常须涂阻流剂（如氧化铝、氧化钛或氧化镁等稳定氧化物），并与适当的胶粘剂组合，防止钎料流失。

(2) 钎缝气孔

① 钎焊前工件清理不彻底；接头间隙选择不当。

② 钎剂的去膜作用或保护气体去氧化作用差。

③ 钎料在钎焊时析出气体或钎料过热。

(3) 钎缝夹渣

① 钎焊接头间隙选择不当或钎料从接头两面填缝。

② 钎料与钎剂熔化温度不匹配；钎剂密度过大；使用量过多或过少。

③ 钎焊温度不均匀。

(4) 钎缝开裂

① 异种金属钎焊时，由于母材热膨胀系数不同，钎缝冷却过程中产生的内应力过大。

② 同种金属材料钎焊，由于加热温度不均匀，造成冷却过程中收缩不一致。

③ 钎料结晶温度间隔过大或钎料凝固时钎焊件发生错动。

④ 钎缝冷凝中脆性过大。

(5) 钎焊母材开裂

① 钎焊温度过高，造成母材过烧或过热；加热不均匀和由于刚性夹持工件引起过大的内应力。

② 钎料中某些金属元素渗入母材后在晶界形成金属间化合物脆性相。

③ 工件本身的内应力过大，引起应力开裂。

④ 异种金属钎焊时母材热膨胀系数相差过大，且母材塑性较低。

(6) 钎焊过程中钎料流失

① 钎焊温度过高，且保温时间过长。

② 钎料与母材不匹配，钎焊过程中作用太剧烈。

③ 钎料润湿性和铺展性差，钎料量过大。

（五）钎焊材料

钎焊材料根据所起作用的不同，分为钎料和钎剂。钎料是钎焊过程中，在低于母材（被焊金属)熔点的温度下熔化并填充钎焊接头的金属或合金材料；钎剂的作用是去除或破坏母材被钎焊部位形成的氧化膜以及改善钎料在母材表面的润湿铺展性能，材料一般为树脂类、有机或无机物类组分。钎焊材料的选用直接影响钎焊接头的质量。

1. 钎焊材料的基本要求

(1) 钎料

① 合适的熔化温度范围。通常情况下至少应比母材的熔温度低几十度。

② 在钎焊温度下具有良好的流动性和对母材的润湿性和铺展性能，能充分填充接头间隙。

③ 成分稳定，钎料与母材的扩散作用能保证与母材形成牢固的钎焊接头。在钎焊温度下，合金元素烧损和挥发小。考虑到钎料的经济性，应少含或不含稀有金属或贵金属。

④ 能达到钎焊接头物理、化学及力学性能要求。

(2) 钎剂

① 应具有良好的去除母材及钎料表面氧化物的能力，活性强。

② 熔化温度和最低活性温度稍低于钎料的熔化温度。

③ 在钎焊温度下具有足够的润湿铺展性能，以利于钎料充分填充接头间隙。

2. 钎焊材料的分类

钎剂可分为软钎剂和硬钎剂两类。按特殊用途可分为铝用钎剂、铜基钎料钎焊不锈钢用钎剂。按钎剂相态可分为粉末状钎剂、液体钎剂、气体钎剂。此外还有膏状钎剂、免清洗钎剂等。

钎料按熔点分类有软钎料(≤450℃)、硬钎料(>450 ~ 950℃)和高温钎料(>950℃)。按化学成分分类有 Sn 基、Bi 基、In 基、Pb 基、Zn 基、Cd 基钎料(皆属于软钎料)和 Al 基、Ag 基、Cu 基、Mn 基、Au 基、Ni 基钎料(皆属于硬钎料)。按钎焊工艺性能分类有自钎性钎料、真空钎料、复合钎料等。各种金属基软、硬钎料的熔点范围如图 1 – 119。

(六) 金属材料的钎焊

金属的钎焊通常用材料的钎焊性来衡量，即金属材料在一定的钎焊条件下，获得优质接头的难易程度，若采用的钎焊工艺简单，且钎焊接头质量好，则表示该种材料的钎焊性好；反之，若钎焊工艺复杂，且难以得到优质的钎焊接头，则表明该种材料钎焊性差。

金属材料的性质是影响其钎焊的重要因素。例如，铜和钢铁材料表面氧化物的稳定

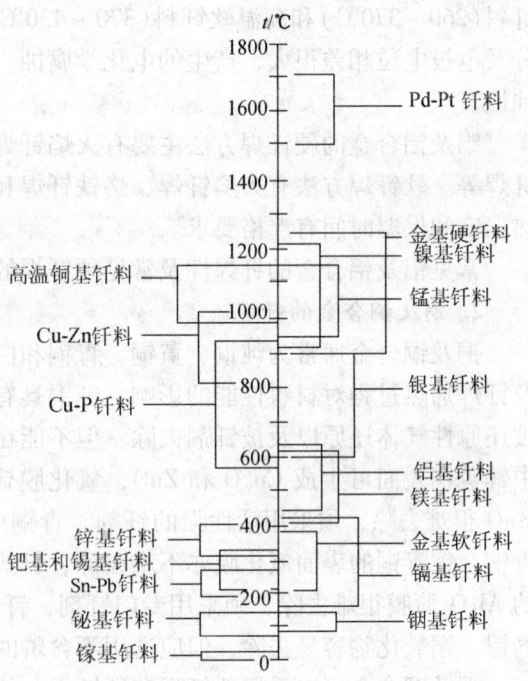

图 1 – 119 各种金属基软、硬钎料熔点范围

性低，容易去除，而铝及铝合金表面的氧化物非常致密和稳定，难以去除，故两者比较，铜和铜的钎焊性比铝及铝合金好。另外，金属材料的钎焊性还应从工艺因素(如钎料、钎剂、

钎焊方法等)来衡量。例如,大多数钎料对铜和钢的润湿性都比铝、钨等材料好,故前者的钎焊性较好、钛及其合金同大多数钎料作用后,会在界面上形成脆性化合物,故钎焊性较差;低碳钢在炉中钎焊对保护气氛要求较低,而铝、钛的高温合金必须用真空钎焊才能获得良好的接头质量,故前者的钎焊性较好。

钎焊的适用范围较广泛。可用于碳钢、低合金钢、不锈钢、铸铁等材料钎焊,工具钢和硬质合金钎焊,钛、锆等活性金属钎焊,钨、钼、钽、铌等难熔(熔点皆在2000℃以上)金属钎焊;金、银、钯、铂等贵金属钎焊;镍基、铁基、钴基等高温合金钎焊;金属间化物(如Ni_3Al、$NiAl$、Ti_3Al、$TiAl$)钎焊;含有增强元素(如硼、碳、碳化硅、氧化铝及石墨等)的铝基复合材料钎焊等方面。

1. 铝及铝合金的钎焊

与其他金属材料比较,铝及铝合金钎焊性能较差,主要表现在表面很易形成一层致密、稳定、熔点很高的氧化膜很难去除,严重阻碍了钎料的润湿和铺展,只有采用合适的钎剂才能使钎焊得以进行;操作难度大,由于铝及铝合金的熔点和所用的硬钎料熔点相差不大,钎焊时可选取的温度范围很窄,温度控制严格,对于一些热处理强化的铝合金还会因钎焊加热而引起"过时效"或退火等软化倾向,使钎焊接头性能降低,钎焊接头的耐蚀性易受钎焊材料影响,钎焊中采用的大部分钎剂都有较强的腐蚀性,且母材与钎料电极电位相差较大(特别是软钎料),易造成电化学腐蚀。

铝及铝合金硬钎焊方法应用较多,通常采用铝基钎料(铝硅钎料居多),软钎焊方法应用很多,一般采用锌基或锡铅钎料,按温度范围可分为低温软钎料(150~260℃)、中温软钎料(260~370℃)和高温软钎料(370~430℃)。当采用锡铅钎料时,为防止钎料与母材成分及电极电位相差很大,产生的电化学腐蚀,可在母材表面预先镀铜或镍,以提高接头的耐蚀性。

铝及铝合金的硬钎焊方法主要有火焰钎焊、炉中钎焊、浸沾钎焊、真空钎焊及气体保护钎焊等。软钎焊方法有火焰钎焊、烙铁钎焊和炉中钎焊等,钎焊时一般都采用钎剂,并对加热温度和保温时间有严格要求。

常见铝及铝合金的钎焊性及常见硬钎焊的适用范围见附录A"表A-29、表A-30"。

2. 铜及铜合金的钎焊

铜及铜合金通常分为纯铜、黄铜、青铜和白铜四类,其钎焊性主要取决于表面膜的稳定性及钎焊加热过程对材料性能的影响。纯铜具有良好的钎焊性,表面生成的CuO和Cu_2O容易被还原性气体还原以及被钎剂去除。但不能在含氢的还原气氛中钎焊,以免发生氢脆。黄铜中锌黄铜表面可生成Cu_2O和ZnO,氧化膜皆可去除,钎焊性较好,但锰黄铜表面生成的MnO很难去除,须采用活性强的钎剂。青铜中锡青铜、镉青铜表面的氧化膜容易去除,硅青铜、铍青铜的表面氧化膜亦不难去除,钎焊性皆较好;对于含10% Al的铝青铜,因生成的Al_2O_3薄膜很难去除,须采用专门钎剂,钎焊性较差。白铜具有较好的钎焊性,表面生成的镍、铜氧化物容易去除,但应选用不含磷的钎料,以防止钎焊接头自裂。

铜及铜合金可以采用软钎焊和硬钎焊。软钎焊中应用最广的钎料是锡铅钎料,这种钎料的工艺性和经济性均好,其润滑性和铺展性随钎料中含锡量增加而提高,接头强度能很好满足使用要求。其中,S-Pb60Sn和S-Pb60SnSb是最通用的钎料,广泛用于散热器、管道、电气接头及发动机部件的钎焊。另外,镉基软钎料耐热性能良好,钎焊接头工作温度可达

250℃，且具有良好的耐蚀性。铜及黄铜软钎料钎焊的接头强度见附录A"表A-31"。

铜及铜合金硬钎焊通常采用银钎料和铜磷钎料，其中银钎料熔点适中，工艺性好，同时具有良好的导电、导热性和力学性能，应用最广。对于要求高导电性的工件，应选用含Ag量最高的B-Ag70CuZn钎料；真空钎焊或保护气氛炉中钎焊，选用不含挥发元素的B-Ag50Cu、B-Ag60CuSn钎料。银钎料含Ag量低，钎焊温度高，接头的韧性较差，但价格便宜，可用于要求要低的场合。硬钎料中，铜磷或铜磷银钎料可用于不受冲击载荷零件的钎焊（如机电、仪表元件），其中B-Cu70PAg铜磷银钎料的韧性、导电性比铜磷钎料好，适用于高导电要求的电器接头钎焊。铜及黄铜硬钎焊接头的性能见附录A"表A-32"。

3. 碳钢和低合金钢的钎焊

碳钢及低合金钢的钎焊性主要取决于金属表面形成氧化物的种类，而低合金钢氧化物的种类主要取决于其本身的化学成分。对于碳钢材料，随着温度的升高，金属表面会形成γ-Fe_2O_3、α-Fe_2O_3、Fe_3O_4和FeO四种类型的氧化物，其中除Fe_3O_4之外，其他三种都是多孔和不稳定的，容易被钎剂去除和被还原性气体还原，故碳钢具有很好的钎焊性。对于低合金钢，若所含合金元素相当低，金属表面基本上是Fe的氧化物，则可视为与碳钢具有相似的钎焊性；若所含合金元素增多，特别是含Al、Cr等易形成稳定性氧化物的元素增多，则钎焊性变差，钎焊时须选用活性较大的钎剂及露点较低的保护气体。

碳钢及低合金钢的钎焊皆可采用软钎焊或硬钎焊两种方法。软钎焊应用最多的钎料是锡铅钎料，但这种钎料中的Sn与钢在结合界面上可形成FeSn金属间化合物，影响钎缝质量，为避免其形成，应控制好钎焊温度和保温时间。锡铅钎料对钢表面具有良好的润滑性，且随含Sn量的提高而增加，故对于密封接头宜采用含Sn量高的钎料。表1-74列出几种典型锡铅钎料钎焊碳钢接头的抗剪强度，其中含Sn量50%的钎料钎焊的强度最高，不含Sb的钎料所焊的接头强度比含Sb的高。

表1-74 锡铅钎料钎焊的碳钢接头抗剪强度

钎料牌号	S-Pb90Sn	S-Pb80Sn	S-Pb70Sn	S-Pb60Sn	S-Sn50Pb	S-Sn60Pb
抗剪强度/MPa	19	28	32	34	34	30
钎料牌号	S-Pb90SnSb	S-Pb80SnSb	S-Pb70Sn-Sb	S-Pb60SnSb	S-Sn50PbSb	S-Sn60PbSb
抗剪强度/MPa	12	21	28	32	34	31

碳钢及低合金钢硬钎焊主要采用纯铜、铜锌和银铜锌钎料。其中，纯铜钎料熔点高，钎焊时易使用母材氧化，须采用气体保护钎焊或真空钎焊，且钎焊接头的间隙宜小于0.05mm，以避免产生因铜的流动性好而使接头间隙填充不满的缺陷。纯铜钎料钎焊的接头具有较高的强度，一般情况下，抗剪强度为150~215MPa、抗拉强度为170~340MPa。

铜锌钎料因含有锌而使熔点降低，为防止在钎焊温度下锌蒸发，可在钎料中加入少量Si，且必须采用快速加热方法。故铜锌钎料钎焊碳钢和低合金钢宜采用火焰钎焊、感应钎焊或浸沾钎焊等方法，钎焊接头具有良好的强度和塑性（如采用B-Cu62Zn钎料钎焊碳钢接头的抗拉、抗剪强度可达420MPa、290MPa）。

铜银锌钎料适用于碳钢及低合金钢的火焰钎焊、感应钎焊和炉中钎焊，钎焊接头具有较好的强度和塑性。由于这种钎料的熔点比铜锌钎料的熔点还要低，故便于钎焊操作。表1-75所示为几种典型银铜钎料钎焊的低碳钢接头强度。

表1-75 银铜锌钎料钎焊的低碳钢接头的强度

钎料牌号	B-Ag25CuZn	B-Ag45CuZn	B-Ag50CuZn	B-Ag40CuZnCd	B-Ag50CuZnCd
抗剪强度/MPa	199	197	201	203	231
抗拉强度/MPa	375	362	377	386	401

钎焊碳钢和低合金钢时，均需使用钎剂和保护气体。钎剂按所选钎料和钎焊方法而定。采用锡铅钎料时，一般选用 $ZnCl_2-NH_4Cl$ 混合焊剂或其他专用钎剂，由于钎剂残渣一般都具有很强的腐蚀性，钎焊后应对接头彻底清洗。采用铜锌钎料时，应选用FB301或FB302钎剂（参见JB/T 6045—2008），即硼砂与硼酸的混合物；在火焰钎焊中，还可采用硼酸甲酯与甲酸的混合液。采用银铜锌钎料时，钎剂可选择FB102、FB103、FB104（参见JB/T 6045—2008），即硼砂、硼酸和氟化物的混合物，这种钎剂同样具有腐蚀性，须对接头进行钎后清洗。

碳钢及低合金钢均可以采用各种常见的钎焊方法进行钎焊，但需注意以下几点：

① 采用火焰钎焊时，宜用中性火焰或稍带还原性的火焰，操作时应尽量避免火焰直接加热钎料和钎剂。

② 采用感应钎焊、浸沾钎焊时，快速加热方法非常适用于调质钢钎焊，同时宜选择淬火或低于回火的温度进行钎焊，以防止母材软化。

③ 采用在保护气氛钎焊低合金高强钢时，要求保护气体纯度高，且必须配用气体钎剂，以保证钎料在母材表面上的润湿和铺展。

④ 钎焊前需进行表面清理（采用机械或化学方法），确保氧化膜和有机物彻底清除，清理后表面不得粘附金属屑粒或其他污物。钎焊后对钎剂的残渣采用化学或机械方法清除干净。

4. 不锈钢的钎焊

（1）不锈钢钎焊须注意的问题

不锈钢根据组织不同可分为奥氏体不锈钢、铁素体不锈钢、马氏体不锈钢、铁素体-奥氏体双相不锈钢、奥氏体-马氏体沉淀硬化不锈钢、马氏体沉淀硬化不锈钢等，它们与碳钢和低合金钢相比，钎焊性较差、钎焊前及钎焊后处理较复杂和严格。不锈钢钎焊中的主要问题一般有以下几个方面：

① 各种不锈钢一般都含有相当数量的Cr，有的还含有Ni、Ti、Mn、Mo、Nb等元素，它们在金属表面能形成各种氧化物甚至复合氧化物，这类氧化膜严重影响钎焊的润湿和铺展。其中，Cr和Ti的氧化物（Cr_2O_3 和 TiO_2）相当稳定，较难去除，采用空气中钎焊时，只有活性强的钎剂才能清除；在保护气氛中钎焊时，只有在低露点的高纯气氛和足够高的温度下才能将氧化膜还原；若采用真空气钎，必须有足够的真空度和温度才能获得好的钎焊效果。

② 钎焊加热温度对不锈钢组织有严重影响。对于奥氏体不锈钢，钎焊加热温度不超过1150℃，否则晶粒将严重长大，对于含C量较高，不含稳定化元素（Ti或Nb）的奥氏体不锈钢，还应避免在敏化温度范围（450~850℃）内钎焊，否则会因组织中碳化物（$Cr_{23}C_6$）在晶界析出造成"贫铬"而降低耐蚀性能。对于马氏体不锈钢的钎焊温度选择要求更严，一种是要求钎焊温度与淬火温度相匹配，使钎焊与热处理工序结合在一起；另一种是要求钎焊温度低于材料的回火温度，以防止母材在钎焊过程出现软化。对于沉淀硬化不锈钢钎焊温度选择也必须与热处理相匹配。

③ 奥氏体不锈钢在钎焊时存在应力、开裂倾向。尤其是采用铜锌钎料钎焊更为明显。为避免应力开裂发生，工件在钎焊前须进行消除应力退火处理，钎焊过程中应尽量使工件均匀受热。

(2) 不锈钢钎焊常用钎料

不锈钢钎焊常用的钎料有锡铅钎料、银钎料、铜基钎料、锰基钎料、镍基钎料及贵金属钎料等，主要根据不锈钢工件的使用要求和材料类别选择不同的钎料。

① 锡铅钎料。不锈钢软钎焊主要采用锡铅钎料，钎料含锡量越多，在不锈钢表面的润滑性越好。但锡铅钎料钎焊接头强度较低，一般只用于承载不大的零件。几种常见锡铅钎料钎焊 1Cr18Ni9Ti 接头的抗剪强度如表 1-76 所示。

表 1-76 1Cr18Ni9Ti 软钎焊接头的抗剪强度

钎料牌号	Sn	S-Sn90Pb	S-Pb58SnSb	S-Pb68SnSb	S-Pb80SnSb	S-Pb97Ag
抗剪强度/MPa	30.3	32.3	31.3	32.3	21.5	20.5

② 银钎料。银钎料是钎焊不锈钢最常用的钎料，钎焊接头的使用温度一般不宜超过300℃，对于强腐蚀性介质耐蚀性差。几种常用银钎料钎焊 1Cr18Ni9Ti 接头的抗拉、抗剪强度列于表 1-77。

表 1-77 银钎料钎焊 1Cr18Ni9Ti 接头的强度

钎料牌号	B-Ag10CuZn	B-Ag25CuZn	B-Ag45CuZn	B-Ag50CuZn	B-Ag65CuZn
抗拉强度/MPa	386	343	395	375	382
抗剪强度/MPa	198	190	198	201	197
钎料牌号	B-Ag70CuZn	B-Ag35CuZnCd	B-Ag40CuZnCd	B-Ag50CuZnCd	B-Ag50CuZnCdNi
抗拉强度/MPa	361	360	375	418	428
抗剪强度/MPa	198	194	205	259	216

采用银钎料钎焊不含镍的不锈钢时，为防止钎焊接头在潮湿环境中腐蚀，应采用含 Ni 多的钎料（如 B-Ag50CuZnCdNi）；钎焊马氏体不锈钢时，为防止母材发生软化，应采用钎焊温度不超过 650℃ 的钎料（如 B-Ag40CuZnCd）；采用保护气氛钎焊不锈钢时，为去除表面氧化膜，宜采用含 Li 的自钎剂钎料（如 B-Ag92CuLi、B-Ag72CuLi）；真空炉中钎焊不锈钢时，为保持良好的润湿性，可选用含 Mn、Ni、Pd 等元素的银钎料。

③ 铜基钎料。用于不锈钢钎焊的铜基钎料有纯铜钎料、铜镍钎料、铜锰钎料等，不锈钢在气体保护气氛或真空条件下钎焊，多采用纯铜钎料；钎焊接头工作温度不宜超过400℃，接头的抗氧化性能差。铜镍钎料主要用于不锈钢火焰钎焊和感应钎焊，钎焊接头使用温度和强度较高（见表 1-78）。铜锰钴钎料主要用于保护气氛中钎焊马氏体不锈钢（1Cr13等），接头强度和工作温度较高，与金基钎料相当（见表 1-79），但生产成本大大降低。

表 1-78 高温铜基钎料钎焊 1Cr18Ni9Ti 接头的抗剪强度

钎料牌号	抗剪强度/MPa			
	20℃	400℃	500℃	600℃
B-Cu68NiSiB	324~339	186~216	—	154~182
B-Cu69NiMnCoSiB	241~298		139~153	139~152

表1-79 1Cr13不锈钢钎焊接头的抗剪强度

钎料牌号	抗剪强度/MPa			
	室温	427℃	538℃	649℃
B-Cu58MnCo	415	317	221	104
B-Au82Ni	441	276	217	149
B-Ag54CuPd	299	207	141	100

④ 锰基钎料。锰基钎料主要用于不锈钢气体保护钎焊,对保护气体纯度要求高,钎焊温度宜低于1150℃,以防止母材晶粒长大。钎焊接头具有较高的使用温度和强度,见表1-80。

表1-80 锰基钎料钎焊1Cr18Ni9Ti接头的抗剪强度

钎料牌号	抗剪强度/MPa					
	20℃	300℃	500℃	600℃	700℃	800℃
B-Mn70NiCr	323	—	—	152	—	86
B-Mn40NiCrFeCo	284	255	216	—	157	108
B-Mn68NiCo	325	—	253	160	—	103
B-Mn50NiCuCrCo	353	294	225	137	—	69
B-Mn52NiCuCr	366	270	—	127	—	67

⑤ 镍基钎料。镍基钎料钎钎焊不锈钢,一般采用气体保护钎焊或真空钎焊,为了防止接头形成过程中钎缝内产生脆性化合物降低强度和塑性,应尽量减小接头间隙,使钎料中B、Si、P等易形成脆性相的元素充分扩散到母材中。另外,对钎焊接头应采取短时保温和进行焊后扩散热处理,热处理温度需低于钎焊温度。镍基钎焊接头具有良好的高温性能。

⑥ 贵金属钎料。钎焊不锈钢用的贵金属钎料主要有金钎料和钯钎料(B-Au82Ni、B-Ag54CuPd)。其中钎料(B-Au82Ni)具有良好的润湿性,钎焊接头具有很高的高温强度和抗氧化性,最高工作温度可达800℃;钯钎料(B-Ag54CuPd)具有与B-Au82Ni相当的特性,但价格较金钎料低,有取代B-Au82Ni趋向。

(3) 不锈钢钎焊用钎剂和炉中气氛

不锈钢钎焊必须采用活性强的焊剂,以去除Cr_2O_3、TiO_2等表面氧化膜。采用软钎焊(锡铅焊剂)时,可配用的钎剂为磷酸水溶液或氯化锌-盐酸溶液。其中,磷酸水溶液活性时间短,必须用快速加热的钎焊方法。不锈钢钎焊采用银钎料时,可配用FB102、FB103或FB104钎剂;采用铜基钎料时,可配用FB105钎剂(参见JB/T 6045—1992)。

炉中钎焊不锈钢时,常采用真空或氢、氩、分解氨等保护气氛。真空钎焊的真空压力应低于10^{-2}Pa;保护气氛钎焊的气体露点应低于-40℃,当所用气体纯度不高或钎焊温度不高时,可掺入少量BF_3气体钎剂。

(4) 不锈钢钎焊技术

不锈钢钎焊技术主要包括钎焊前准备、钎焊方法与工艺要求及钎焊后清洗与热处理。主要应做好以下方面:

① 钎焊前准备。不锈钢钎焊前须进行更为严格的机械清洗和化学清洗,除去表面油脂、油膜二氧化物及其他污物,且应在清理后立即钎焊,以防重新氧化或沾污。

② 钎焊方法及工艺要求。不锈钢钎焊采用炉中钎焊方法时，炉内加热必须具有精确的温控系统，并能快速冷却。保护气氛炉中钎焊用氢气作为保护气体时，对氢气的要求视钎焊温度和母材成分而定，如果钎焊温度越低，母材含有稳定元素越多，则要求氢气的露点越低。例如，对于马氏体不锈钢（1Cr13、Cr17Ni2），在1000℃下钎焊时，氢气露点温度需低于 -40℃；对于不含稳定元素的18-8型奥氏体不锈钢，在1150℃钎焊时，氢气露点温度应低于 -25℃；对含Ti、Nb稳定化元素的18-8型奥氏体不锈钢（如1Cr18Ni9Ti），在1150℃钎焊时，氢气露点温度须低于 -40℃。当保护气氛炉中钎焊采用氩气保护时，对氩的纯度要求更高。如果在不锈钢表面镀铜或镀镍，则可降低对保护气体纯度的要求。

不锈钢采用真空炉中钎焊时，对真空度的要求视钎焊温度而定，随着钎焊温度的提高，真空度可适当降低。

③ 钎焊后的清理及热处理。不锈钢钎焊后须清理残余钎剂及阻流剂。对于马氏体不锈钢和沉淀硬化不锈钢，钎焊后需按材料的特殊要求进行热处理。采用镍铬硼钎料和镍铬硅钎料钎焊的不锈钢接头，钎焊后一般需进行扩散热处理，以使钎料在钎焊中形成脆性相元素（B、Si等）充分扩散到母材中去，以改善钎焊接头的组织和性能。

（七）铸铁的钎焊

铸铁根据其中碳的状态及存在形式可分为灰铸铁、可锻铸铁、球墨铸铁和白口铸铁，除白口铸铁很少使用钎焊外，实际应用中，根据需要可将灰铸铁、可锻铸铁及球墨铸铁本身进行钎焊连接或与异种金属（大多为铁基金属）连接。目前，铸铁钎焊主要用于破损零部件的修补。铸铁钎焊的主要问题是：

① 母材难以被钎料润湿。铸铁中的石墨成分（尤其是片状石墨）严重妨碍钎料对母材的润湿和铺展，使钎料与铸铁不能形成良好的接触。

② 母材的组织和性能易受钎焊工艺的影响。钎焊过程中，当温度超过奥氏体转变温度（820℃）且冷却速度较快时，将形成马氏体或马氏体与二次渗碳体混合的脆硬组织，使母材性能变差。可锻铸铁与球墨铸铁在加热到800℃以上进行钎焊时，渗碳体和马氏体组织析出倾向更大，导致脆硬组织增加，因此，铸铁特别是可锻铸铁与球墨铸铁的钎焊温度不能过高，钎焊后应缓慢冷却。

铸铁钎料主要采用铜锌及银铜钎料，常用的铜锌钎料牌号为 B-Cu62ZnNiMnSiR、B-Cu60ZnSnR 和 B-Cu58ZnFeR（参见 GB/T 6418—2008），钎焊接头抗拉强度可达 120～150MPa。在铜锌钎料中添加 Mn、Ni、Sn、Al 等元素，可使接头与母材等强度。银铜钎料的熔化温度低，钎焊铸铁时可避免产生有害组织，接头的性能好，尤其是采用含Ni的钎料，如 B-Ag50CuZnCdNi、B-Ag40CuZnSnNi（参见 GB/T 10046—2000 中银钎料），可进一步增强钎料与母材的结合力，使接头与母材等强度，特别适用于球墨铸铁钎焊。

铸铁钎焊钎剂的选用视所用的钎料而定。当采用铜锌钎料时，主要配用 FB301、FB302 钎剂（参见 JB/T 6045—1992），它们是硼砂或硼砂与硼酸的混合物。此外，采用 40% H_3BO_3 + 16% Li_2CO_3 + 24% Na_2CO_3 + 7.4% NaF + 12.6% NaCl 混合钎剂，钎焊效果更好。

铸铁钎焊工艺过程主要包括钎焊前准备、选择钎焊方法与工艺及钎焊后清理，必须注意以下几个方面：

（1）钎焊前准备

铸铁钎焊前应彻底清除表面上的石墨、氧化物、油污及砂子等杂物，氧化物的清除可采用机械或化学方法，铸铁表面的石墨可采用氧化性火焰灼烧去除。

(2) 钎焊方法及工艺要求

铸铁可采用火焰钎焊、炉中钎焊或感应钎焊等方法。由于铸铁表面易形成SiO_2薄膜，使用保护气氛钎焊效果不好，一般都采用钎剂钎焊。采用铜锌钎料钎焊较大的工件时，应预先在焊件表面覆盖一层钎剂，然后放入炉内加热或用钎炬加热，待加热到800℃左右时再加入补充钎剂，然后加热到钎焊温度，使钎料熔化填入间隙。

(3) 钎焊后清理及热处理

钎焊后需清理残余钎剂及残渣，如果用温水冲洗难以清除，可采用10%硫酸水溶液或5%~10%磷酸水溶液清洗，然后用清水洗净。为提高钎缝强度，铸铁钎焊后通常进行退火处理，热处理规范为：加热700~750℃、保温20min缓冷。

五、堆焊

(一) 概述

1. 堆焊及其应用

堆焊是采用焊接方法，将具有一定性能的堆焊材料熔敷在被焊金属表面，形成冶金结合的工艺过程，是一种制备具有特殊性能要求的堆焊层方法(对于摩擦堆焊则是利用金属焊接表面摩擦产生热的一种热压堆焊方法)。

堆焊的目的不是为了连接构件，而是为了恢复或增大焊件尺寸，或在被焊金属表面获得具有特殊性能的熔敷层(如耐磨损、抗冲击、耐高温、耐腐蚀性等)。以适应生产工况要求和延长设备或零件的使用寿命。

堆焊技术既是焊接领域的一个重要分支，又是材料表面处理工程中的一个主要技术手段，已被应用于国民经济各个部门，在石油化工设备制造和修复中技术中也有着广泛应用。

堆焊技术主要应用在以下两个方面，一是利用堆焊工艺制造具有综合性能的双金属设备及零部件，其基体和堆焊层可以采用不同性能的材料，能分别满足两者的不同技术要求。使设备或零部件既获得良好的综合技术性能，又能充分发挥材料的使用潜力。例如炼油厂加氢设备(加氢精制、加氢裂化等装置)和煤直接液化装置工艺设备热壁加氢反应器，设备壳体的基体采用抗氢钢板或锻钢($2.25Cr-1Mo-0.25V$、$3Cr-1Mo$或$3Cr-1Mo-0.25V$等)，壳体内表面面层堆焊TP309L+TP347不锈钢，用以防止或减轻器壁直接和高温、高压含氢或氢与硫化氢介质接触引起的高温氢腐蚀、氢脆、硫化物应力腐蚀开裂、铬钼钢回火脆性破坏等损伤。催化裂化装置高温闸阀阀座圈、阀板与导轨(0Cr18Ni材料)等易冲刷部位，大面积堆焊硬质合金；反应再生系统沉降器、再生器等测温热电偶套管堆焊钴铬钨高温耐磨合金(司太立特合金)。石油化工装置中一些操作条件较苛刻的泵类和压缩机、烟气轮机等动力设备(如介质强烈冲刷磨损、腐蚀性强、含结晶物或其他固体颗粒等)，机、泵内过流元件(如叶轮、轴套、叶轮密封环、壳体密封环、级间轴套和轴衬、固定叶片及动叶片等)，经常采用基体(碳钢、合金钢、不锈钢等)堆焊碳化钨等各种硬质合金材料，以适应操作工况要求和延长使用寿命。

堆焊技术的另一个主要应用是修复损坏的零部件。机械零件经过一段时间运行后会发生磨损、磨蚀等，使工作性能和效率降低甚至失效，可利用堆焊方法可修复使用，据统计，我国用于修复旧件的堆焊金属约占堆焊金属总量2/3以上，在石油化工行业应用也较广泛。

2. 堆焊的类型

堆焊技术应用于生产主要应解决两个方面的问题，一是正确选用堆焊材料，二是选择合适的堆焊方法及相应的堆焊工艺。其中选用堆焊材料包括确定堆焊合金成分和堆焊材料形状两方面。堆焊合金成分的选择取决于对堆焊合金性能的要求，由工件的材质、工作条件及堆焊合金使用性能确定。对于堆焊方法及相应堆焊工艺的确定，应考虑所选堆焊方法的工艺特点和堆焊中可能出现的技术问题，尤其是经常遇到的堆焊金属与基体金属之间异种金属的焊接问题。

（二）堆焊的类型及堆焊材料使用性能

1. 堆焊的类型

堆焊的类型按采用的焊接方法分类，有气体火焰堆焊、电弧堆焊、等离子堆焊、电阻堆焊、电渣堆焊、激光堆焊等；按堆焊层性能分类，有包覆层堆焊、堆积层堆焊、耐磨层堆焊和隔离层堆焊。其中以耐蚀堆焊（包覆层堆焊）和耐磨层堆焊应用广泛。

(1) 包覆层堆焊

包覆层堆焊是把堆焊（填充）金属熔敷于碳钢或低合金钢等基体表面，提供抗腐蚀或抗磨保护层的工艺过程。一般要求包覆层具有必须的厚度，表面完整、光滑和完全包覆住基体，其材质主要是不锈钢、镍基合金或铜基合金，通常采用焊条电弧堆焊和埋弧堆焊，较少采用气体保护电弧堆焊方法。采用的填充材料有焊条、焊丝或带极等。堆焊层除耐均匀腐蚀或抗磨损外，还要求抗局部腐蚀。因此须严格控制堆焊层的稀释率，确保堆焊金属和包覆层的合金含量。

(2) 耐磨堆焊

耐磨堆焊是把填充金属熔敷在基体金属表面，提供具有抗磨损、冲击、腐蚀、擦伤和气蚀等性能的保护层的工艺过程。为了节省贵重的填充金属，只是在所需要的部位进行堆焊，设计时不需考虑耐磨层强度，从而可以使用硬度很高、耐磨性很好的堆焊金属，是抗磨料磨损堆焊层最重要的应用之一。

(3) 堆积层堆焊

堆积层堆焊是把填充金属熔敷到金属基体表面、坡口边缘、法兰或管板密封面、或先前堆焊过的堆焊层上，以增大或恢复焊件尺寸的工艺过程。堆积层金属的性能和成分一般应与基体相同或相近。

(4) 隔离层堆焊

隔离层堆焊是预先在金属基体表面或坡口边缘上熔敷一定成分金属层的工艺过程，（隔离层亦称过渡层）。在相焊件为异种材料或有特殊要求的材料时，出于焊件冶金因素的要求，为防止基体成分对焊缝金属扩散、稀释的不利影响；或为了解决两种材料不同膨胀系数或不同热处理制度的要求，通常采用隔离层堆焊工艺。

2. 堆焊材料的使用性能

堆焊金属材料的使用性能包括不同堆焊金属的耐磨性、耐磨蚀性、耐腐蚀性、耐热性及抗高温氧化性等。实际应用中，堆焊设备及堆焊件的工况条件多种多样，有的是多种条件的组合，因此堆焊金属使用性能的要求也各不相同，尤其是对几种性能同时都有要求的操作工况，对堆焊金属的选择更为严格。

(1) 堆焊材料的耐磨性

是指堆焊金属在一定的摩擦条件下抵抗磨损的能力，亦即材料在使用过程中，抵抗由于表面被工作介质（固体、液体或气体）的机械或化学作用引起的材料脱离或转移而造成损伤的能力。常见磨损破坏形式有粘着磨损、磨料磨损、疲劳磨损、冲击磨损、微动磨损等。

粘着磨损是两个相对滑动的工作表面，在载荷作用下造成个别接触点发生焊合，焊合点在滑动中被撕裂、分离。这种磨损约占工程磨损损失总重的15%。粘着磨损与载荷引起的作用应力大小有关，载荷较小时磨损速率小，称为氧化磨损或轻微磨损；载荷较大时，滑动面之间因焊合引起严重磨损，称为金属磨损；粘着磨损最严重的情况是擦伤（包括撕脱和咬死），例如高压阀闸阀阀座与阀板之间有时因密封面产生擦伤而报废。

磨料磨损（磨粒磨损）是由外来的金属或金属磨料粒子对工件表面的切削作用造成的磨损，据估计，这种磨损约占工程磨损半数以上。磨料磨损按外载荷引起的应力大小，可分为低应力擦伤式磨料磨损、高应力碾碎式磨料磨损和凿削式磨损三类。低应力磨料磨损是在低于磨料本身压溃强度的应力作用下产生的工件表面磨损，一般为表面擦伤。当作用应力大于磨料的压溃强度时则发生高应力磨料磨损，工作表面受到很高的局部应力，使磨料粒子压入金属表面，并且使金属中的脆性相（碳化物等）破裂和使基体组织产生塑性变形，通过擦伤、疲劳、塑性变形等过程导致工件表面损坏。凿削磨损是由于磨料粗大，高应力及冲击作用使磨削切入工件表面，同时凿削下大颗粒金属材料，形成较深的凿槽。这种磨损也属于高应力磨料磨损范畴，对工件表面损伤更为严重。

疲劳磨损亦称接触疲劳磨损，是由于相对滑动或滚动的工件表面，在周期性载荷作用下，摩擦副接触区产生很大的应力，当其超过材料接触强度时，在表层或亚表层引起裂纹、并扩展，造成金属剥落。疲劳磨损存在应力疲劳和应变疲劳之分，对大多数点蚀和剥落而言均属于应力疲劳范畴，即主要由疲劳应力引起疲劳磨损裂纹所致，选择堆焊材料时，应有足够的强度及疲劳寿命。

冲击磨损是由于金属表面受到外部连续高速度冲击载荷而引起的磨损。一般表现为表面变形、开裂和凿削剥离。按工件表面所受应力大小及损坏程度可分为轻度、中度和严重冲击磨损三类。轻度冲击磨损时，冲击动能可以被金属表面吸收，弹性变形可以恢复。中度冲击磨损则使金属表面发生严重变形或破裂。当冲击产生的表面应力低于堆焊金属的压缩屈服应力，且堆焊层下部的基体材料有足够的强度是，冲击作用不致产生次表面的流变，即使是脆性堆焊层也能长期工作。故马氏体铸铁合金和高铬合金铸铁堆焊层能在轻度或中度冲击磨损条件下使用，但要求堆焊层具有一定的厚度和足够的基材强度。冲击速度对冲击磨损起着十分重要的作用，很高的冲击速度能在冲击功不大的情况下，使表面应力大大超过材料的抗压屈服强度，造成堆焊层损坏。此外，堆焊金属抗冲击磨损性能还与材料的抗压强度、延性和韧性有关。

微动磨损是两工件接触表面由于环境的振动或接触件之一受到交变应力作用，出现周期性小振幅振动而造成表面损伤的一种特殊磨损形式，可认为是疲劳磨损、粘着磨损、磨料磨损与磨蚀磨损等兼而有之的综合磨蚀形式。实际应用中，对于机械零件配合较紧的部位，在载荷和一定频率的振动作用下，表面产生的微小滑动所引起的磨损，也属于微动磨损。例如，紧密配合的轴颈、发动机涡轮叶片的榫头等出现的磨损。造成微动磨损的影响因素很多，通常从粘着磨损开始形成，故凡是能够抵抗粘着磨损的堆焊金属材料，均适用于微动磨损。在钢中加入 Cr、Mo、V、P 及稀土元素也可以改善微动磨损能力。

(2) 堆焊材料的耐腐蚀性

金属受工作介质或周围介质作用而引起的损坏称为腐蚀。根据腐蚀机理，一般可分为化学腐蚀、电化学腐蚀和物理磨蚀三类。

化学腐蚀是金属材料与非电解质溶液接触，发生化学反应而引起的损坏。通常，腐蚀产物在金属表面形成表面膜，表面膜的性质决定化学腐蚀的速度。如果表面膜的完整性、致密性、强度及塑性都较好，膜与金属的粘着力强，且与金属的热膨胀系数相近，则可以对金属内部起到保护膜作用而减缓腐蚀。例如堆焊金属中，合金元素 Al、Cr、Zn、Si 等能生成完整、致密、粘着力强的氧化膜，从而能减缓腐蚀。

电化学腐蚀是金属材料与电解质溶液接触，由于形成原电池效应，使其中电位低的金属造成损坏。例如地下管线的土壤腐蚀、金属在潮湿大气中的大气腐蚀、电极电位相差较大的异种金属接触处的电偶腐蚀等，均属于电化学腐蚀。选用耐蚀堆焊金属材料，必须考电化学腐蚀因素。

物理腐蚀是金属材料在某些液态金属中，由于溶解作用而引起的损坏或变质。

在腐蚀环境中工作的石油化工设备，不同的介质、温度等操作工况，会引起化学腐蚀、电化学腐蚀或物理溶解，使金属损坏。如果腐蚀气氛中存在磨损，则会加剧磨损及腐蚀，构成"腐蚀磨损"，故堆焊金属须同时具备耐磨性和耐蚀性。常用的耐蚀耐磨堆焊合金有铜基合金、镍铬奥氏体不锈钢、镍基合金和钴基司太立特合金。

(3) 堆焊材料耐磨损、耐磨蚀联合作用性能

堆焊材料的耐磨损、耐磨蚀联合作用，常见的一般有腐蚀磨损和气蚀两种工况。前者是材料同时遭受腐蚀和磨损综合作用的复杂磨损过程，在此过程中，既有腐蚀和磨损的单独作用，又有它们之间的交互作用。腐蚀介质的作用会降低材料的耐磨性，而磨损又会大大加速材料腐蚀速度。故选择堆焊材料所具有的耐磨和耐蚀性，均要比单独磨损或单独腐蚀工况下要求更高。

气蚀也是一种腐蚀与磨蚀联合作用对金属材料的损伤过程，一般发生高速旋转零件与液体接触条件下（如泵的叶轮、水轮机叶片、船用螺旋桨以及某些热交换器管路等）。气蚀产生的原因过程是：高速旋转的零件推动液体，使液流压力发生急剧变化，在其局部压力低于流体蒸汽压的低压区产生气泡，气泡被液流带到高压区时会变得不稳定而溃灭，并在溃灭瞬间局部产生极大的冲击力和高温。由于气泡的形成和溃灭反复作用，使金属表面发生疲劳、脱落，而脱落在液体中的磨料又加剧了这一过程。气蚀破坏的特点是在材料表面产生麻点，诸多麻点又会成为液体介质的磨蚀源。特别是在金属表面的保护膜遭到破坏后，磨蚀更加严重。故气蚀往往不单纯是机械力所造成的破坏，液体介质的化学与电化学作用以及液体中含有磨料等，均是加剧气蚀破坏过程的重要原因。一般来说，堆焊材料如果同时具有较好的抗腐蚀性和较高的强度和韧性，则抗气蚀能力较强（如铬镍及铬锰奥氏体不锈钢）。通常，在严重气蚀工况下，具有高极限回弹性的堆焊材料，抗气蚀性能好。故常用材料的极限回弹性来表示其耗散气泡撞击能量的能力，即

$$极限回弹性 = 1/2 \times \sigma_b^2 / E \qquad (1-14)$$

式中 σ_b——金属材料的抗拉强度，MPa；

E——金属材料的弹性模量，MPa。

一些常用金属材料的耐气蚀性比较见表 1-81。

表 1-81 一些常用材料耐气蚀性比较

材料名称	耐气蚀性
钴基司太立合金 尼龙 镍铝青铜 奥氏体不锈钢 铬不锈钢 蒙耐尔合金 锰青铜 铸钢(低碳低合金钢) 青铜 灰铸铁	高 ↑ ↓ 低

(4) 堆焊材料在高温下的耐磨损、耐腐蚀性

堆焊金属的高温耐磨性能与其抗热性有关,当设备或工件在高温下工作,同时受到磨损、腐蚀、应力等因素综合作用时,对材料的抗热强度、热硬性、热疲劳、热蠕变、抗氧化性及抗高温气体腐蚀等都有要求。高温可能引起堆焊金属硬化组织的回火或稳定组织的暂时软化,或因产生相变,使硬度和脆性发生改变,也可能加剧氧化或起鳞、剥落。此外,在高温下长期工作的堆焊金属或母材,还可能产生蠕变破坏,如果温度交替变化也可能因为热应力导致热疲劳或热冲击破坏。因此应根据高温操作工况选择合适的堆焊材料。

铬含量对提高堆焊层抗氧化性作用显著,可根据不同工作条件选用高铬马氏体不锈钢、工具钢、模具钢、镍基或钴基堆焊合金等不同材料。马氏体 Cr13 钢堆焊材料适用于堆焊在 450℃ 以下工作的金属与金属间磨损的表面(如高温阀门密封面);高碳的 Cr13 钢堆焊材料则用于制作热加工模具和冲头的堆焊层;高速钢堆焊层因具有较高的红硬性,主要用于刀具和热模具的堆焊;高铬铸铁具有优良的抗高温磨损和抗高温氧化性能,可以用在 500℃ 以下代替钴基司太立特合金,含有大量 Mo 的镍基堆焊合金 Ni32Mo15Cr3Si 具有优异的耐蚀性和抗金属间磨损性能,适用于石油化工中受高温磨损和腐蚀联合作用的零件和高温阀门的堆焊;钴基司太立特合金同时具有优异的抗高温磨损、高温腐蚀和高温氧化性能,650℃ 仍可保持较高的硬度(见表 1-82),是目前最优的抗高温磨损和抗高温腐蚀的堆焊材料。

表 1-82 钴基合金焊丝堆焊金属的高温硬度

序号	牌号	堆焊方法	高温硬质 HV							
			427℃	500℃	538℃	600℃	649℃	700℃	760℃	800℃
1	HS111	氧乙炔焰堆焊	—	365		310		274		250
2	HS112		—	410		390		360		295
3	HS113		—	623		550		485		320
4	HS113G	钨极氩弧焊堆焊	475		440		380		260	
			510		465		390		230	
5	HS113Ni		275		265		250		195	
6	HS114	氧乙炔焰堆焊	—	623		530		485		320
7	HS115	钨极氩弧焊堆焊	130		135		140		110	
8	HS116		475		430		370		290	
9	HS117		528		435		355		248	

(三) 堆焊工艺特点

堆焊工艺中的热过程、冶金过程以及堆焊层的凝固结晶和相变过程皆与普通熔焊工艺相同，但因为堆焊的目的是为了获得具有特殊性能的表面层，为此应着重考虑被堆焊件母材对堆焊的影响和堆焊的冶金特点。

1. 母材对堆焊层的影响

设备或工件采用堆焊结构时，必须考虑材料的焊接性和匹配性。多数情况下，设备或零件堆焊层的性能是主要考虑方面，而对母材一般无特殊要求。石油化工设备或零件堆焊结构的基体，一般选用碳钢、低合金钢或低合金铬钼钢，$w(C)$通常在0.10%～0.45%范围内。随着含碳量增加，堆焊的困难加大，故从焊接性和强度综合考虑，低、中碳钢是较理想的堆焊基体材料。由于堆焊材料中的合金元素可以部分取代碳元素的强化作用，使母材的焊接性得到改善，因此除非需高强度，一般不选用中碳合金钢做堆焊材料的基体。通常用作堆焊层的基体材料除中、低碳钢外，还有低合金钢、耐热钢和铬镍奥氏体不锈钢。当要求基体金属具有很高的韧性时，也可选用奥氏体高锰钢，但应注意Mn渗入堆焊层后会稳定奥氏体，使堆焊层不易空淬硬化。为了保证对焊层具有所需的性能，必须考虑母材对堆焊层的稀释作用，必要时应堆焊过渡层，以保证表面堆焊层组织和合金元素成分。

当被堆焊的金属母材碳当量较高时，为防止出现堆焊层开裂，应考虑预热、保温及缓冷等措施。采用较大的热输入、减缓堆焊速度以及堆焊时适当摆动电极等方法，也可在一定程度上取得和预热、缓冷同样的效果。必要时还可采取堆焊过渡层措施，以减少母材碳当量过高或母材与堆焊金属线胀系数相差过大而产生开裂的倾向。堆焊过渡层还可以减少母材对堆焊层性能的不良影响，通常这类过渡层也称缓冲层。例如在铁基材料上堆焊铜基合金时，常选用铝青铜、镍或因Inconel合金作缓冲层。

2. 堆焊的冶金特点

堆焊是一种异种金属材料的熔化焊，其冶金过程与异种钢焊接类似。由于基体与堆焊层合金成分及物理性能存在差异，在焊接过程或焊后使用过程中将会出现诸如堆焊层被稀释、熔合区被污染、热循环、热应力等问题，其结果会导致堆焊层及热影响区成分、组织、性能发生变化。因此，考虑堆焊层的冶金特点，是综合评价堆焊技术和工艺选择是否得当和堆焊质量是否达到工况要求的重要问题。

(1) 稀释率的影响

所谓稀释率是指堆焊金属在与基体金属共同熔化、相互溶解中被稀释的程度，用基体的熔化面积占整个熔池面积的百分比表示。稀释率(即熔合比)对第一层堆焊金属成分、组织和性能影响很大，可以用减少稀释率的方法或采用合金补偿法使堆焊层的成分、组织、性能符合要求。稀释率增加使堆焊金属的合金元素比例下降，引起堆焊层性能下降。堆焊材料中含有较多的合金元素，被堆焊的基体一般是碳钢或低合金钢，为了获得所要求的表面堆焊组织，节约合金元素，必须尽量减小稀释率。

稀释率和母材与堆焊层的成分差别、堆焊工艺方法与工艺参数以及堆焊层数等因素有关，其中堆焊工艺方法影响较大，常用堆焊方法单层堆焊的稀释率见表1-83。采用堆焊中适当调整熔焊工艺参数的方法，如采用尽量小的电流、尽可能快的焊速、增加横向摆动频次等，可在一定程度上降低稀释率。另外，采用含较高合金的堆焊材料，可以对单层堆焊层的稀释率加以补偿(但堆焊层的成分和性能的稳定性比多层堆焊差)。实际应用中，降低稀释率的有效方法是采用多层堆焊(一般堆焊三层后性能则趋于稳定),甚至要求堆焊层成分、组织、性能逐渐过渡。因此,在选择堆焊方法及堆焊工艺时,皆应以减小稀释率作为主要选择原则。

表1-83 常用堆焊方法单层堆焊的稀释率

序号	名称	牌号	国际型号(GB)	相当于AWSJIS	堆焊金属化学成分(质量分数)/%							堆焊层硬度HRC	用途
					C	Cr	W	Mn	Si	Fe	Co	其他元素总量		
1	钴基堆焊焊条	D802	EDCoCr-A-03	ECoCr-A DF-CoCrA	0.70~1.40	25.00~32.00	3.00~6.00	≤2.00	≤2.00	≤5.00	余	≤4.00	≥40	高温高压阀门,热剪切刀刃堆焊
2		D812	EDCoCr-B-03	ECoCr-B DF-CoCrB	1.00~1.70	25.00~32.00	7.00~10.00	≤2.00	≤2.00	≤5.00	余	≤4.00	≥44	高温高压阀门、高压泵的轴套筒,内衬套筒、化纤设备的斩刀刃口堆焊
3		D822	EDCoCr-C-03	ECoCr-C DF-CoCrC	1.75~3.00	25.00~33.00	11.00~19.00	≤2.00	≤2.00	≤5.00	余	≤4.00	≥53	牙轮钻头轴承、锅炉旋转叶轮、粉碎机刃口、螺旋送料机等磨损部件堆焊
4		D842	EDCoCr-D-03	DF-CoCrD	0.20~0.50	23.00~32.00	≤9.50	≤2.00	≤2.00	≤5.00	余	≤7.00	28~35	热锻模,阀门密封面堆焊

(2) 熔合区特性的影响

堆焊金属与基体热影响区之间存在一熔合区,其化学成分介于基体和堆焊层之间,性能也不同于基体,形成过渡层。各种堆焊金属与母材形成的熔合区,各具不同的成分、组织和特性。堆焊的熔合区有时会出现延性下降的脆性交界层,影响结合强度,在冲击载荷作用下易出现堆焊层剥离;熔合区的碳在热处理时或长期高温工况下,会沿熔合线出现扩散迁移,使堆焊层高温持久强度和抗腐蚀性能下降;有些对Fe含量有严格要求的有色金属堆焊材料,如果堆焊在钢质基体上将会受到Fe的严重污染,另外,若基体与堆焊层热膨胀系数相差较大时,在堆焊过程、焊后热处理及使用过程中,可能会产生裂纹。上述情况除通过选择堆焊材料和选择合理的堆焊工艺进行控制外,必要时通常可采用设置过渡层(障碍层)解决,即在工作层堆焊之前,先在基体上堆焊隔离层(亦称过渡层或障碍层),以减少化学成分及物理性能的差别。

(3) 焊接热循环的影响

堆焊层的性能除受到基体稀释的影响外,还受到焊接热循环的影响。各种堆焊合金多层堆焊时,经受热循环发生的变化各不相同,有淬硬、软化、碳化物析出硬化或脆化、严重开裂等。为此,应根据使用要求,选择合适的堆焊合金和堆焊工艺。例如,堆焊层宜采用多道焊或多层焊,后续焊道使先焊的焊道反复多次加热;为了防止堆焊层开裂或剥离,有时需对工件预热、层间保温或焊后缓冷。故堆焊层所经受的热循环要比一般焊缝复杂,以致使堆焊层和熔合区的成分和组织变得很不均匀。

不同的堆焊方法，其热循环状况不同，对堆焊层的影响也不同。例如，采用氧乙炔焰堆焊 Co-Cr-W 合金时，由于加热和冷却速度较慢，堆焊层中碳化物颗粒大，使用还原性火焰堆焊有增碳作用，堆焊层耐磨性提高，但抗裂性下降。不锈钢或镍基合金堆焊层在 490~870℃高温退火时，由于可能析出碳化物和 σ 相沉淀物而使堆焊层变脆和抗腐蚀能力降低。

(4) 热应力的影响

当堆焊层和基体线胀系数相差较大时，在堆焊后冷却、热处理及高温运行过程中，将会产生很大的热应力，甚至出现堆焊层裂纹、剥离。由于热应力的作用，还会引起热疲劳、应变时效等。堆焊层的工作性能取决于内应力的大小和外应力的类型(如剪切、拉伸或压缩应力)。减小堆焊层残余应力除应对堆焊工艺采取必要的措施外，还应从尽量减小堆焊金属与基体的线胀系数差、增设过渡层以及改进堆焊层金属的塑性等方面考虑。

(5) 焊接热源的影响

焊接热源温度不同和保护方法性质不同，对不同堆焊金属会产生不同的影响，尤其对碳化钨等硬质合金堆焊影响较大。一般情况下，对于焊接热源温度较低、熔滴过渡及熔池存在时间短的热源，碳化钨熔化烧损较小，堆焊层质量较高。

(四) 堆焊方法及其选择

1. 堆焊方法

堆焊方法有氧乙炔焰堆焊、焊条电弧堆焊、钨极氩弧焊、熔化极气体保护电弧堆焊、埋弧堆焊、电渣堆焊、高速带极堆焊、等离子弧堆焊、摩擦堆焊、激光堆焊、高频堆焊等，几乎任何一种焊接方法都可以用于堆焊，它是一种材料表面改性行之有效且经济快捷的工艺方法。为了有效地发挥堆焊层作用，要求各种堆焊方法应具有较小的母材稀释率、较高的熔敷率和良好的堆焊层性能。

(1) 氧乙炔焰堆焊

火焰堆焊是用气体火焰作热源，将填充金属熔敷在母材表面的一种堆焊方法，常用的气体火焰为氧乙炔焰。氧乙炔焰堆焊方法设备简单，稀释率低，堆焊层成分较稳定；熔深浅，可控制在 0.1mm 以内，能在小面积在上堆焊；工件温度梯度小，不易出现裂纹；不受堆焊材料形状限制，且易于操作，可见度大，不同空间位置皆可施焊。

采用氧乙炔碳化焰堆焊时，由于火焰温度降低，碳化钨硬质合金烧损、分解、溶解较轻，加之碳化焰有渗碳作用，可以提高以碳化钨为主要抗磨相堆焊层的耐磨性，但韧性降低、生产效率低，工件吸热多、变形大。这钟堆焊方法主要用于要求表面光洁、质量较高的精密零件堆焊，适用于中、小零件或小面积堆焊。

除镍基合金堆焊外，其他堆焊材料进行氧乙炔焰堆焊所采用的火焰一般为碳化焰，这是因为乙炔过剩的碳化焰温度较低，加热缓和，烧损较少，且表面渗碳，降低表层熔点、减少熔深之故。其中乙炔的过剩量大小应根据堆焊金属决定，如铁基合金宜用 2 倍的乙炔过剩焰(即内焰与焰芯长度比为 2)；高铬合金铸铁或钴基合金由于含 C 高、熔点低，可采用 3 倍的乙炔过剩焰；Cr-Ni 奥氏体不锈钢采用 2~2.5 倍乙炔过剩焰，以防止渗碳降低耐蚀性。Ni 基合金采用 2 倍乙炔过剩焰或中性焰。氧乙炔焰堆焊采用预热和缓冷能改善热循环，减少堆焊层开裂倾向。

(2) 焊条电弧堆焊

焊条电弧堆焊为手工堆焊，是用焊条和母材表面间产生的电弧热作热源将填充金属熔敷在基体表面的一种堆焊方法。焊条电弧堆焊的特点是设备简单，适用性强，移动方便，操作灵活，适于现场堆焊和任何位置堆焊，且可达性好，尤其适合于小型或形状不规则零件的堆焊。缺点是，工件温度梯度大，易出现裂纹，稀释率高，较难得到薄而均匀的堆焊层。由于堆焊电流密度小，限制了熔敷速度提高，堆焊层外形尺寸难以保证。

焊条电弧堆焊所用电源及其极性取决于焊条药皮类型，药皮主要采用钛钙型、低氢型和石墨型三种，前两种宜采用直流反接进行堆焊，石墨型药皮宜用直流正接。为减少合金元素烧损和提高抗裂性，较多选用低氢型药皮。堆焊时可通过调节焊接电流、电弧电压、焊接速度、运条方式和弧长等工艺参数控制熔深，以达到降低稀释率。一般情况下，宜采用较小电流，否则熔深增加、稀释率高，且弧长不能太大，以防止合金元素烧损。为减少稀释率对堆焊层硬度的影响，一般需堆焊2~3层，层数过多易产生开裂和剥离。

采用焊条电弧堆焊需进行焊前预热和焊后缓冷或后热处理。预热温度由堆焊金属、基体材质、堆焊面积大小以及堆焊部位的刚性条件等决定。当基体材料为碳钢或低合金钢时，预热温度与其碳当量的关系见表1-84。

表1-84 焊条电弧堆焊预热温度与基体材料碳当量的关系

碳当量[①]/%	0.4	0.5	0.6	0.7	0.8
预热温度/℃	100	150	200	250	300

注：①碳当量 $= w(C) + \frac{1}{6}w(Mn) + \frac{1}{24}w(Si) + \frac{1}{5}w(Cr) + \frac{1}{4}w(Mo) + \frac{1}{15}w(Ni)$。

（3）钨极氩弧堆焊

钨极氩弧堆焊是在氩气保护下，利用钨极与基材表面之间产生的电弧热，将填充金属熔敷在基材表面的堆焊方法。其特点是可见度好，堆焊层形状易于控制，电弧稳定，飞溅小，堆焊层质量优良，可采用手工和自动两种堆焊方法。堆焊材料可采用实心焊丝、药芯焊丝、铸条或粉末材料等。

手工钨极氩弧堆焊熔深较浅，工件吸热少、变形小，易控制堆焊层形状，可以进行全位置堆焊，稀释率比其他电弧堆焊小，但大于氧乙炔焰堆焊。由于熔敷效率低，不适于批量生产，适用于对堆焊质量要求高和形状较复杂的较小零件。自动钨极氩弧堆焊能够控制焊接工艺参数，可以获得很高质量和性能更稳定的堆焊层。其缺点是堆焊效率低，只适用于堆焊面积大和形状规则的工件。

（4）熔化极气体保护电弧堆焊

熔化极气体保护电弧堆焊是利用外加保护气体作为电弧介质，连续等速送进可熔化的堆焊材料与基材间产生的电弧热，将堆焊金属熔敷在基材表面的堆焊方法。可以采用自动或半自动堆焊，根据是否采用保护气体或所用保护气体种类可分为氩气保护堆焊、CO_2保护堆焊、混合气体保护堆焊以及不外加保护气体的自保护药芯焊丝堆焊等方法。氩气保护电弧堆焊合金元素氧化烧损少，飞溅小，质量高，但费用很高；以氩气为主的混合气保护堆焊基本保证了氩弧堆焊的优点，可改善熔滴过渡特性及焊缝成形；CO_2保护电弧堆焊成本低，生产效率高，但合金元素氧化烧损多，过渡系数降低，稀释率较高，堆焊质量较差，适用于对堆焊层要求不高的工件；无保护气体的自保护电弧堆焊需采用专制药芯焊丝，堆焊时自身产生气体或形成气渣联合保护，不需外加保护气体，设备较简单，操作方便，且借助药芯焊丝可以获得比气体保护堆焊较多种合金成分。但由于药芯焊丝品种不多，实际应用受到限制。

熔化极气体保护及自保护电弧堆焊可以采用自动或半自动堆焊方法。半自动堆焊设备简单，易操作，适于现场堆焊，熔敷速度约比焊条电弧堆焊高3~4倍，特别适用于形状复杂工件的堆焊。

(5) 埋弧堆焊

埋弧堆焊是利用填充金属（焊丝、焊带）与基材表面之间产生的电弧作为热源，加热、熔化填充金属和基材表面，并将填充金属熔敷在基材表面的堆焊方法。其特点是电流密度大，熔敷速度快，尺寸稳定，外形美观，无弧光辐射、飞溅，生产效率高，劳动条件好。但堆焊热输入较大，稀释率比其他电弧堆焊高，一般需堆焊2~3层以上。堆焊熔池大，并需焊剂全覆盖，故只能进行水平位置堆焊，适用于堆焊形状规则且面积大的机件。

埋弧堆焊按填充金属形状（或根数）可分为单丝、多丝埋弧堆焊、单带极及多带极埋弧堆焊以及粉末埋弧堆焊等方法，如图1-120所示。

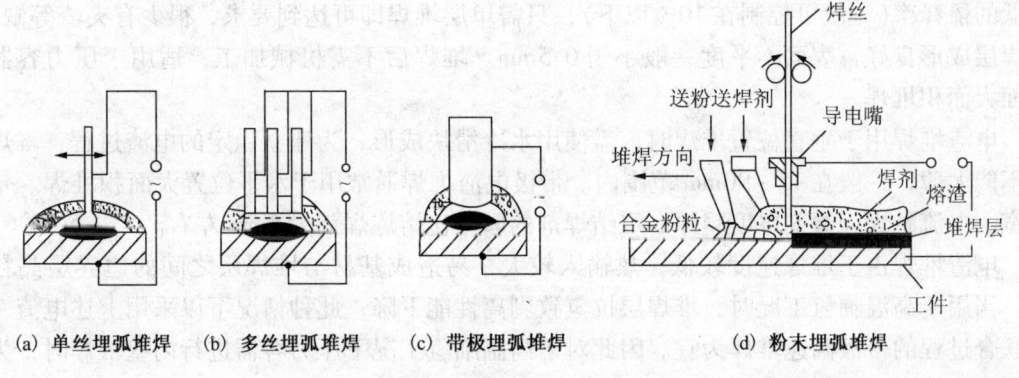

(a) 单丝埋弧堆焊　(b) 多丝埋弧堆焊　(c) 带极埋弧堆焊　(d) 粉末埋弧堆焊

图1-120　几种埋弧堆焊示意图

单丝埋弧堆焊稀释率高（30%~60%），熔敷速度低，一般需堆焊2~3层才能达到要求，应用上受到限制。多丝埋弧堆焊采用两根或两根以上焊丝，可获得较大的熔敷率，效率比单丝埋弧堆焊高，稀释率低。带极埋弧堆焊比丝极埋弧堆焊具有较低的稀释率和高的熔敷速度，熔深浅而均匀。带极尺寸一般为厚×宽(0.4~0.8)mm×60mm。过宽会因电磁力的作用导致两侧咬边。如果采用线圈在带极两侧加磁场力以抵消堆焊时向内的磁场力，可以改变熔池受力及形状，使堆焊层均匀，焊带宽度可增至180mm。带极埋弧堆焊在大面积耐蚀堆焊中应用最广泛（例如用于炼油厂各类加氢装置及煤直接液化装置热壁加氢反应器壳体内壁及高温高压换热器，壳体和管箱内壁、热高压分离器内壁等双层或单层堆焊奥氏体不锈钢材料）。

当埋弧堆焊速度提高到25~28cm/min（带宽为75mm），堆焊过程由电渣过程变为以电渣为主的电渣-电弧联合过程，属于高速带极堆焊。它基本保留了电渣堆焊的高效、稀释率较低的特点，但母材热输入少，热影响区和边界层晶粒细小，多呈奥氏体-马氏体双相组织，大大提高了抗氢致剥离性能，且工件变形小，可以堆焊较薄的工件。但由于焊速高，焊接电流大，使磁致收缩现象严重，故对磁控装置要求高。采用高速带极堆焊方法，一般需堆焊2层即可满足堆焊层成分要求。

高速埋弧堆焊用在铬镍合金钢上堆焊奥氏体不锈钢耐蚀层，堆焊焊接参数见表1-85，该耐蚀层在高温临氢工况下可大大提高抗氢致裂纹的能力，其性能优于电渣焊堆焊。

表 1-85　带极高速埋弧堆焊焊接参数

	焊剂	带极材料	带极尺寸/mm	堆焊电流/A	电弧电压/V	堆焊速度/(cm/min)	外伸长度/mm	焊道重叠量/mm
第一层	260	00Cr25Ni11	0.45*60	550~570	30~34	18~20	38~42	4~6
二层以上	260	00Cr20Ni10	0.60*60	640~660	30~34	14~16	38~42	5~10

(6) 电渣堆焊

电渣堆焊是利用电流通过液体熔渣所产生的电阻热熔化堆焊金属和基材的堆焊过程。渣池覆盖在金属熔池表面，可保护金属熔池不被污染。这种堆焊的熔敷率高(板极电渣堆焊熔敷率可达 150kg/h，一次可堆焊很大的厚度，稀释率低，堆焊的工件熔深均匀，并且还可通过将合金粉末加进熔渣池中，或是将电极的涂料渗入合金元素，对堆焊层成分进行调整。

电渣堆焊中以带极电渣堆焊应用较多，它具有比带极埋弧堆焊高约 50% 的生产效率和更低的稀释率(一般可控制在 10% 以下)，只需单层堆焊即可达到要求，很少有夹渣等缺陷，堆焊层成形良好，表面不平度一般小于 0.5mm。堆焊后不需机械加工，适用于压力容器内表面大面积堆焊。

电渣堆焊用于垂直位置堆焊时，需使用水冷滑块成形，为建立稳定的电渣过程，堆焊厚度不能太薄，一般在 15~90mm 范围内。带极电渣堆焊通常用于水平位置大面积堆焊。带极越宽，电流越大，焊剂厚度越厚。烧结焊剂的厚度比熔炼焊剂大 5mm 左右。

电渣堆焊由于堆焊速度较低，热输入较大，易造成基材与堆焊层之间的边界层晶粒粗大。当用于高温临氢工况时，堆焊层抗氢致剥离性能下降，此种情况下以采用上述电渣-电弧联合过程的带极高速堆焊为宜。因此对于高温临氢工况下压力容器进行内壁堆焊时，为防止剥离，第一层用埋弧堆焊，第二层用电渣堆焊。由于其热输入较大，一般只适用于堆焊大于 50mm 厚壁的工件。

电渣堆焊可以采用丝极(实心焊丝、管状焊丝)、板极或带极等。丝极可以多丝同时送进。板极最宽可达 300mm，故堆焊层比埋弧堆焊更宽。

(7) 等离子弧堆焊

等离子弧堆焊是利用联合型等离子弧或转移型等离子弧为热源，以焊丝或合金粉末为填充金属，将其加热熔化，熔敷在基材表面的堆焊方法，是一种明弧堆焊。与其他常规热源相比，等离子弧温度高，能量集中，燃烧稳定，热利用效率高，熔敷速度较快，焊接参数可调性好，稀释率和表面形状容易控制(稀释率最低可达 5%)，熔合比可控制在 5%~15%，堆焊层厚度为 0.5~8mm，堆焊道宽度为 3~40mm，易实现自动化。其缺点是设备复杂，成本高，噪声大，紫外线腐蚀强和存在臭氧污染。此外，等子弧堆焊热梯度大，为防止堆焊层裂纹，大工件堆焊时需预热。这种堆焊方法主要适用于质量要求高、大批量生产的零件表面堆焊，例如堆焊高温、高压阀门密封面、工程机械刀具及模具等零件。

根据填充金属送给方式及堆焊材料种类不同，等离子弧堆焊可分为冷丝(实心或药芯焊丝、铸棒、焊带)等离子弧堆焊、热丝(实心或药芯焊丝)等离子弧堆焊、预置等离子弧堆焊及粉末等离子弧堆焊。

① 冷丝等离子弧堆焊。是把焊丝直接送入等离子弧区进行堆焊，一般通过自动送丝方式单根或数根并排送入；铸成棒材的合金(如钴基合金棒材、高铬铸铁棒材或带材)通常采用手工送进。冷丝堆焊质量稳定，可用于各类阀门等耐磨、耐腐蚀工件的堆焊。堆焊层厚度

及宽度一般为 0.8~6.4mm 及 4.8~38mm。

② 热丝等离子弧堆焊。需采用单独预热热源，利用电流通过焊丝所产生电子热预热焊丝，再将其送入等离子弧区进行堆焊，可采用单丝或双丝自动送进。这种堆焊方法由于焊丝预热，使熔敷率提高、稀释率降低，并可除去焊丝表面的水分、减少堆焊层气孔。双热丝等离子弧堆焊适用于大面积自动堆焊，如压力容器内壁堆焊不锈钢、镍基合金或铜基合金等材料。用等离子弧双热丝堆焊不锈钢的典型工艺参数见表 1-86。

表 1-86　等离子弧双热丝堆焊不锈钢焊接参数

等离子堆焊参数			焊丝参数			焊接速度/	熔数速度/	稀释率/
电流/A	电压/V	气体流量/(L/min)	焊丝数	直径/mm	电流/A	(cm/min)	(kg/h)	%
400	38	23.4	2	1.6	160	20	18~23	8~12
480	38	23.4	2	1.6	180	23	23~27	8~12
500	39	23.4	2	1.6	200	23	27~32	8~15
500	39	23.6	2	2.4	240	25	27~32	8~15

③ 预置型等离子弧堆焊。预置型等离子弧堆焊是将堆焊金属预置成需要的形状（环状或其他形状）置于工件的待堆焊部位，然后用等离子弧加热熔化而形成表面堆焊层。它适用于形状简单、大批量生产的另件堆焊（如耐高温、耐磨损或耐蚀的排气阀密封面）。

④ 粉末等离子弧堆焊。是将合金粉末自动送入电弧区，并将其熔化而获得堆焊层的堆焊方法。其特点是合金粉末来源广，种类多（如铁基、镍基、钴基、碳化钨等合金粉末），堆焊熔敷率高、稀释率低，堆焊工艺稳定和堆焊质量好，易于实现机械化和自动化，堆焊层厚度可准确控制，堆焊层平滑整齐。可用于各种阀门密封面、石油钻杆接头、模具刃口等堆焊。

(8) 高频堆焊

高频堆焊是利用高频电流（一般为 300~450kHz）的集肤效应，加热工件被堆焊部分的表面，使堆焊合金粉末熔化形成堆焊层，堆焊层厚度可控制在 0.1~2mm，熔深浅，所采用合金粉末的熔化温度应比基材低 150~200℃。堆焊合金粉末有自熔合金和非自熔合金两类。如采用自熔合金，可喷涂到基材表面，然后用高频加热重熔；如为非自熔合金，其合金粉末是由较易熔的金属组分、耐磨组分及焊剂组成，先将其按需要厚度铺置于堆焊部位，然后用高频加热，焊剂、较易熔金属组分及耐磨组分先后熔化后充分混合，形成耐磨堆焊层。这种堆焊方法常用于耐磨层堆焊，耐磨组分中有时可加入较难熔但非常耐磨的高硬度化合物微粒及硼、钼等合金元素，以提高耐磨性。

(9) 激光堆焊

激光堆焊是利用能量密度极高的激光束作为能源，在堆焊材料与基材表面间转换成热能，使堆焊合金与母材熔化、熔合，形成堆焊层。其特点是激光束能量密度高，堆焊速度快、效率高，稀释率低，热影响区小，能堆焊钢材、铝合金、铜合金、镍基合金及钛合金等各类金属，特别适宜于低熔点基材上堆焊高熔点合金。此外，激光堆焊不受磁场的影响，还可通过玻璃窗进行堆焊或利用反射对一般方法达不到的部位进行堆焊。

激光堆焊所用的合金材料有镍基、铁基和钴基等自熔合金，以及这些自熔合金与陶瓷颗粒的复合粉末材料。其堆焊工艺可分为激光合金化法和激光熔敷法两种。

激光合金化法是用激光束有控制地熔化基材到所要求的深度，使堆焊合金粉末与基材表层熔合形成堆焊层，合金粉末的加入采用预置涂层的方法，预置涂层可通过热喷涂或采用气流直接送粉，把预先配好的合金粉末喷注在激光熔池内实现。

激光熔敷法是仅使预置在基材表面或同时注入的合金全部熔化，而基材表面微熔，以保证熔敷层与母材冶金结合，这种方法比激光合金化法稀释率低，主要目的是提高工件表面的耐磨、耐热及耐蚀性能。熔敷材料通常是钴基、镍基、铁基合金及陶瓷材料。

采用激光合金化方法时，为使基材合金化表层的成分和组织均匀，宜用摆动激光束；而激光熔敷方法，固定或摆动激光束皆可采用。

2. 堆焊方法的选择

堆焊方法的选择一般需考虑以下因素：

（1）堆焊设备或工件的结构形状以及堆焊材料形状

凡是结构形状适于自动堆焊的，应尽量和优先选用，因自动化堆焊方法效率高、周期短，堆焊层形状、尺寸规则。采用熔化极气体保护或自保护电弧堆焊、埋弧堆焊等自动堆焊工艺，成形美观、厚度均匀、堆焊层质量好。当堆焊件或堆焊层形状不规则时，可优先选用熔化极气体保护堆焊或自保护半自动电弧堆焊，也可采用焊条电弧堆焊方法。对于小型精密零件宜采用钨极氩弧焊、氧乙炔焰堆焊或激光堆焊。一般情况下，不同形状的堆焊材料所适用堆焊方法，可参照表1-87选用。

表1-87 堆焊材料的形状及适用的堆焊方法

堆焊材料形状	适用的堆焊方法
丝（$d_w = 0.5 \sim 5.8mm$）	氧乙炔堆焊，熔化极气体保护电弧堆焊、振动堆焊、等离子堆焊、埋弧堆焊
带（$t = 0.4 \sim 0.8mm$，$B = 30 \sim 300mm$）	埋弧堆焊、电渣堆焊
铸棒（$d_w = 2.2 \sim 8.0mm$）①	氧乙炔堆焊、等离子弧堆焊、钨极氩弧堆焊
粉（粒）	等离子弧堆焊、氧乙炔堆焊
管状焊丝（药芯焊丝）	气保护及自保护电弧堆焊、氧乙炔堆焊、埋弧堆焊、钨极氩弧堆焊
堆焊焊条（钢芯、铸芯、药芯）	焊条电弧堆焊

（2）堆焊层尺寸特征

当堆焊层厚度及面积较大时，宜选用电渣堆焊、多丝或带极埋弧堆焊；堆焊层薄时，宜选用氧乙炔焰喷熔堆焊。

（3）堆焊合金的冶金特征

对于碳化钨堆焊合金材料，宜选用氧乙炔焰堆焊、钨极氩弧焊、药芯焊丝MIG堆焊。尤其是氧乙炔焰喷熔堆焊层，具有优异的抗磨料磨损性能。

（4）经济性

在保证质量符合使用要求的前提下，尽量降低成本。钴基合金、镍基合金、碳化钨堆焊材料价格昂贵、堆焊成本高，必要时可以采用。铁基堆焊合金的价格主要取决于其中贵重材料含量及本身制造成本，例如，粉粒状堆焊材料及焊条制造成本较低，焊丝及焊带制造成本较高。从生产效率考虑，熔敷速度高的堆焊方法可以缩短堆焊周期，从而降低成本。

（五）堆焊合金的分类

1. 按堆焊材料的形状分类

堆焊方法不同，所要求的堆焊材料形状也不相同。常用堆焊材料形状有条状、丝状、带状、粉粒状、块状等。条状堆焊材料有焊条、管状焊条、铸条等,管状焊条可方便调整堆焊成分,合金过渡系数较药皮过渡高。丝状堆焊材料有实心焊丝、药芯焊丝、水平连铸丝。带状堆焊材料有实心焊带和药芯焊带。粉粒状堆焊材料包括合金粉和焊剂,几乎所有合金均可制成粉粒状堆焊材料,故其成分范围很广。焊剂中的烧结焊剂和粘接焊剂可过渡合金成分。块状堆焊材料是将粉末加粘结剂压制而成,可用碳弧或其他热源进行熔化堆焊,成分调整较方便。表1-88所示为条状、丝状、带状、粉粒状块状堆焊材料形状及其适用的堆焊方法。

表1-88 条状、丝状、带状、粉粒状块状堆焊材料形状及其适用的堆焊方法

堆焊材料形状		适用的堆焊方法
条状	焊条	焊条电弧堆焊
	铸条(丝)	氧乙炔焰堆焊、等离子弧堆焊、钨极氩弧堆焊
丝状		氧乙炔焰堆焊、钨极氩弧堆焊、熔化极气体保护电弧堆焊、埋弧堆焊、振动堆焊、等离子弧堆焊
带状		埋弧堆焊、电渣堆焊、高速带极堆焊
粉状		等离子弧堆焊、氧乙炔焰堆焊
块状		碳弧堆焊等

2. 按堆焊合金系分类

堆焊合金按成分和堆焊层的组织结构,可分为铁基、钴基、镍基、铜基和碳化物硬质合金五大类,各类中又有许多小类,各有不同的性能特点和应用。附录A"表A-33"列出了耐磨堆焊合金堆焊材料类型、典型合金系统、性能特点及用途。

(1) 铁基堆焊合金

铁基堆焊合金性能变化范围广,韧性和抗磨性配合好,品种最多,价格较便宜,应用最广泛。碳是铁基堆焊合金中最重要的合金元素,碳含量的变化也是形成该类合金上述各种基体组织类型的主要元素。其他合金元素(Cr、Mo、W、Mn、SiV、Ni、Ti、B等)对堆焊层的性能也有很大影响,例如W、Mo、V和Cr能使堆焊层有较好的高温强度,并能在480~650℃时发生二次硬化效应,Cr还能使材料抗氧化性增强。根据合金含量、碳含量和冷却速度不同,铁基堆焊合金堆焊层的基体组织有珠光体、奥氏体、马氏体和莱氏体碳化物等几种基本类型,可归纳为珠光体钢堆焊金属、奥氏体钢堆焊金属、马氏体钢堆焊金属和合金铸铁堆焊金属四大类。

① 珠光体钢堆焊金属。该类堆焊金属中的碳含量一般在0.5%以下,所含合金元素以Mn、Cr、Mo、Si为主,总量在5%以下。堆焊后自然冷却时,金相组织主要是珠光体,故称为珠光体堆焊金属(包括索氏体和屈氏体)。堆焊层硬度一般为20~38HRC,当合金元素含量偏高或冷却较快时,产生部分马氏体组织,硬度有所增大。

珠光体钢堆焊金属通常在焊态使用,也可以通过热处理改善性能。由于耐磨性不高,不适合专门用作抗磨堆焊层,少数情况下可用来堆焊对硬度要求不高的零件。该堆焊金属的特点是:焊接性能优良,具有中等硬度和一定的耐磨性,冲击韧性好,易机械加工,价格较便宜。珠光体钢堆焊金属焊条、焊丝及焊带牌号、成分、硬度及拥有见附录A"表A-34.1~表A-34.3"。

② 奥氏体钢堆焊金属。该类堆焊金属包括高锰奥氏体钢(简称高锰钢)、铬锰奥氏体钢和铬镍奥氏体钢堆焊金属。铬锰奥氏体钢堆焊金属又可分成低铬和高铬两类。

a. 高锰奥氏体钢与铬锰奥氏体钢堆焊金属：高锰奥氏体钢堆焊金属中 $w(C)$ 一般在 1%～1.4%，$w(Mn)$ 10%～14%，具有高的韧性和冷作硬化性能，是在强烈冲击条件下抗磨料磨损的良好材料。低铬型铬锰奥氏体钢堆焊金属，$w(Cr)$ 不超过 4%、$w(Mn)$ 12%～15%，高锰型为 $w(Cr)$ 12%～17%、$w(Mn)$ 约 15%。铬锰奥氏体堆焊金属具有与高锰型相同的奥氏体金相组织和十分相近的焊后硬度和冷作硬化后硬度，且堆焊性能更为优良，常用于重要的高锰钢零件堆焊修复中。

高锰与铬锰奥氏体钢堆焊金属皆具有高的韧性、抗冲击性、抗磨性和在磨料磨损条件下表面冷变形硬化的特性，堆焊层焊后硬度为 200～250HB，在承受重冲击工况下，经冷作变形硬化后，表面硬度可达 450～500HB，耐磨性能大大提高。高铬锰奥氏体堆焊金属，由于铬含量较多，阻止了碳化物脆性物作用，还具有耐蚀性、抗气蚀性、抗氧化性和中温下的抗擦伤性能，适用于耐气蚀零件和中温高压阀门密封面堆焊。但由于含碳量较高，耐晶间腐蚀性能差。

奥氏体钢堆焊金属用于堆焊大厚度、大恢复尺寸时，由于韧性高，堆焊层产生开裂、剥落的几率小。由于高锰钢在 260～320℃时加热会脆化，工作温度一般不宜超过 200℃，但铬锰奥氏体堆焊层的工作温度可比 200℃高，有的可高达 600℃。高锰奥氏体和铬锰奥氏体钢堆焊层适用于伴有冲击作用的金属间磨损和高应力磨料磨损的工作条件，对低应力磨损的抗力较差。实用中，常用高韧性的奥氏体高锰钢作基体，表面堆焊马氏体合金铸铁，用于对韧性和抗磨损要求高的场合。

高铬奥氏体钢和铬锰奥氏体钢堆焊材料的成分、硬度及用途，见附录A"表A-35"。

b. 铬镍奥氏体钢堆焊金属：该类堆焊金属的 $w(Cr)$ 一般在 18% 以上，$w(Ni)$ 在 8% 以上，具有优良的耐磨性和抗高温氧化性能。当合金中 Si、C、B 等元素含量较高时，还兼有优良的耐磨性、耐冷热疲劳、耐气蚀性和耐中、高温擦伤性能。含 $w(Mn)$ 5%～8% 的 Cr-Ni-Mn 奥氏体钢堆焊金属和含有相当高铁素体的 Cr29Ni9 型堆焊金属，还具有高韧性与较高的冷作硬化性、抗气蚀性及耐磨性。

铬镍奥氏体钢堆焊金属可以分为两大类，一类是单纯的耐腐蚀铬镍奥氏体钢（通称为奥氏体不锈钢）堆焊金属，通常用作耐腐蚀堆焊层，在石油化工设备及零部件件中应用较广泛。例如对于要求耐磨蚀而又不便于采用整体不锈钢制造的容器、管道及机器零部件，除采用复合钢板（管）或类似的双金属材料制造外，有的必须采用或可以采用堆焊方法制造。采用堆焊方法时大多要求母材与堆焊金属的熔合区具有高的韧性，不允许或限制出现马氏体组织，以减小脆性和堆焊裂纹敏感性；不允许堆焊过程中，因母材对堆焊金属的稀释以及焊剂、药皮中的碳向熔池过渡造成的增碳值超过一定的限度；此外还要求用最少的堆焊层数得到符合要求的表面耐蚀层厚度。

另一类铬镍奥氏体钢堆焊金属，除具有耐腐蚀性外，还同时具有其他一些优良特性。如含有较高 C、Si、B 合金元素的铬镍不锈钢堆焊金属，在中、高温工况具有优良的耐金属间磨损性能，常用于中、高温阀门密封面堆焊；Cr19Ni9Mn6 型铬镍奥氏体钢堆焊金属及铁素体含量高的 Cr29Ni9 型堆焊金属抗气蚀性好，可用于机泵类设备过流零部件抗气蚀堆焊，而且具有较好的耐热和抗高冲击能力。其中 Cr19Ni9Mn6 型焊条和焊丝也是高锰钢焊接、高锰钢与碳钢焊接的常用材料。在碳钢或低合金钢母材上堆焊合金铸铁时，主要作为耐冲击的缓冲层；在堆焊高锰钢时，作为提高熔合区塑性的过渡层。

常用的耐蚀铬镍不锈钢堆焊金属的堆焊工艺，主要有焊条电弧堆焊和带极 Z 堆焊。对于小直径管及管件、法兰密封面、换热器管板密封面、机械零部件等，也可采用 TIG 堆焊工艺。耐蚀不锈钢堆焊时，应首先采用高铬镍的 25 - 20 型、25 - 13 型或 26 - 12 型不锈钢焊接材料在低碳钢、低合金钢结构钢或铬钼钢母材上堆焊一层过渡层。该过渡层堆焊金属应含有一定数量的铁素体，并在与母材交界的熔合区具有良好的韧性，以确保堆焊过渡层有较高的抗裂性和耐蚀性。

带极堆焊是铬镍奥氏体不锈钢进行内壁大面积堆焊最常用的工艺方法（如高温高压热壁加氢反应器带极堆焊等），通常可分为埋弧堆焊（SAW 法）、电渣焊堆焊（ESW 法）和高速带极堆焊（HSW 法）。按使用带极种类的多少，又可分为单层堆焊、双层堆焊及多层堆焊。其中，单层堆焊只用一种不锈钢带，可减少制造中的焊接和热处理工序，缩短制造周期、降低制造成本。但是只堆焊一层不锈钢堆焊金属，对于达到设计规定的化学成分、金相组织及力学性能，技术上有很大难度，对堆焊金属的成分和堆焊工艺参数的控制均十分严格。而双层堆焊虽然增加了带极品种，但由于高 Cr、Ni 含量过渡层的存在，可保证耐蚀层超低碳和具有要求的 Cr、Ni 含量，故对于重要设备或出于对焊接技术与生产管理水平等综合考虑，一般均采用双层焊工艺。

铬镍奥氏体堆焊金属材料的牌号、成分、硬度及用途，铬镍奥氏体钢堆焊焊条的成分、硬度与用途、等离子堆焊用铬镍奥氏体型铁基粉末的成分、硬度及用途，见附录 A "表 A - 36.1 ~ 表 A - 36.3"。

③ 马氏体钢堆焊金属。该类堆焊金属根据碳和合金元素含量及性能、用途不同，可分为普通马氏体堆焊金属、高速钢及工具钢堆焊金属、高铬马氏体钢堆焊金属三类。

a. 普通马氏体钢堆焊金属：该类堆焊金属的 $w(C)$ 一般在 0.1% ~ 1.0%（个别高达 1.5%），另外含有较低或中等含量的合金元素（一般低于 12%，个别可达 14%）。合金元素为 Cr、Mo、W、V、Mn、Ni 等，加入 Mo、Mn、Ni 可提高淬硬性，加入 Cr、N、V、Mo 可形成抗磨的碳化物，加入 Mn、Si 能改善堆焊性能。普通马氏体钢堆焊金属根据含碳量不同，又可分为低碳、中碳、高碳马氏体钢堆焊金属三类。低碳马氏体堆焊金属的 $w(C) <$ 0.30%，堆焊层显微组织为低碳马氏体，硬度 25 ~ 50HRC，其特点为抗裂性好，焊前一般不用预热，硬度适中，有一定的耐磨性，能用碳化钨刀具加工（但硬度高的只能磨削加工），延性好，能承受中度冲击，线膨胀系数较小，开裂和变形倾向较小。中碳马氏体钢堆焊金属的 $w(C)$ 为 0.6% ~ 1.0%（有的高达 1.5%），堆焊金属显微组织是片状马氏体和残留奥氏体，如果含 C、Cr 量较高，由于残留奥氏体增加，可提高韧性，堆焊金属硬度可高达 60HRC，具有好的抗磨料磨损性能，但抗冲击能力差。由于焊接时易产生裂纹，一般应预热 350 ~ 400℃以上。这种堆焊金属材料大多是在焊态使用，如需机械加工，应预先进行退火处理，使硬度降到 25 ~ 30HRC，然后再经过淬火使硬度恢复到 50 ~ 60HRC。

普通马氏体钢堆焊金属随着含 C、Cr 量的增加，抗磨性提高，具有较高的抗金属间磨损和低应力磨料磨损能力，除可直接用作堆焊层外，还可作为在堆焊更脆、更耐磨材料之前的高强度过渡层材料。但普通马氏体钢堆焊金属耐高应力磨料磨损性能不好，耐冲击性能不如珠光体钢和奥氏体钢堆焊金属，且堆焊层的耐热性和耐磨性一般较差。在这类堆焊材料中，以低碳马氏体钢堆焊金属应用较广泛，也可代替珠光体、贝氏体、莱氏体焊条以及部分高锰钢焊条。由于耐磨料磨损性能较差，除可用作堆焊层的过渡层外，一般用于金属间磨损零件的修补堆焊。高碳马氏体堆焊金属适合于堆焊不受冲击或受轻度冲击载荷的中等低应力磨料磨损机件。

普通马氏体钢堆焊金属(焊条、焊丝)的牌号、化学成分、硬度及用途,中碳马氏体钢堆焊焊条的成分、硬度及用途,高碳马氏体钢堆焊焊条的成分、硬度及用途,普通马氏体钢堆焊药芯焊丝、焊带的成分、硬度及用途,普通马氏体钢实心带极埋弧堆焊成分、硬度及用途,见附录A"表A37.1～表A-37.5"。

b. 高速钢及工具钢堆焊金属:该类堆焊金属都属于马氏体钢类型,其焊接性、硬度等都相近似。其中工具钢堆焊金属又可分为热工具钢和冷工具钢堆焊金属两类。

高速钢堆焊金属$w(C)$一般在0.5%～1.0%,$w(Cr)$一般在3.0%～5.0%(有的牌号可达11%～15%,添加的合金元素有W、Mo、V、Si、Mn等。高速钢属于热加工工具钢中的一个类型,淬火回火组织为马氏体+碳化物,堆焊金属中W、Mo含量较高,故具有较高的热硬性(即高温硬度)和红硬性(即保持室温硬度不发生下降的最高加热温度一般可达600℃)。高速钢堆焊金属无论常温还是高温(590℃)都具有很好的耐磨料磨损性能,主要用于制作双金属切削刀具。

热加工工具钢堆焊金属含碳量比高速钢堆焊金属低,除具有较高的高温硬度外,还有较高的强度和冲击韧性,可以抵抗锻造或轧制中的冲击载荷,此外抗冷热疲劳性能也较高,还要求具有高温抗氧化性和耐磨性。主要用于热锻模、热轧辊等堆焊制造与堆焊修复。

高速钢及热加工件工具钢、冷工具钢堆焊金属的名称或牌号、化学成分、硬度及用途,热作模具钢堆焊材料的成分、硬度及用途,冷工具钢堆焊材料的成分、硬度及用途,见附录A"表A-38.1～表A-38.3"。

c. 高铬马氏体不锈钢堆焊金属:该类堆焊金属$w(Cr)$较高,一般在12%以上,具有良好的耐腐蚀性能和一定的高温抗氧化性,当Si、C、B含量较高时,还具有良好的耐磨性和抗中温擦伤性能。该类堆焊金属主要为马氏体组织,当碳含量较低时,可以是马氏体+铁素体(或称半马氏体或半铁素体)组织。

高铬马氏体不锈钢堆焊金属抗热性好、热强度高,具有较好的耐蚀性能。一般用于中温(300～600℃)耐金属间磨损堆焊材料,如中温中压阀门密封面堆焊。含Mo、C的1Cr13型堆焊金属由于耐磨性和抗冲击性能较好,常用于及泵类设备耐气蚀零件的堆焊。

高铬马氏体不锈钢堆焊金属可采用焊条电弧焊堆焊、MIG焊堆焊和丝极或带极埋弧焊堆焊工艺,除尺寸较小工件堆焊前可不预热外,一般需预热150～300℃,焊后可不进行热处理,但有时根据使用要求,也可在750～800℃退火软化,或加热至900～1000℃空冷或油冷后,重新硬化,通过不同的热处理工艺获得不同的硬度。

高铬马氏体不锈钢堆焊金属(焊条、焊丝、带极)成分、硬度及用途,见附录A"表A-39.1、表A-39.2"。

④ 合金铸铁堆焊金属。该类堆焊金属$w(C)$皆大于2%,故属于铸铁类型。为提高堆焊金属的耐磨性,通常加入一种或几种合金元素,如Cr、Ni、W、Mo、V、Ti、Nb、B等。调节合金元素的种类和含量,既能控制堆焊金属的基体组织,又能控制堆焊层碳化物、硼化物等抗磨硬质相的种类和数量,以适应不同工作条件下零件的不同要求。

按照合金元素和堆焊层金相组织,合金铸铁堆焊金属可分为马氏体合金铸铁堆焊金属、奥氏体合金铸铁堆焊金属和高铬合金铸铁堆焊金属三类。

第一章 压力容器常用焊接方法

a. 马氏体合金铸铁堆焊金属：该类堆焊金属 $w(C)$ 一般控制在 2%～5%，$w(Cr)$ 大多在 10% 以下，常加入的合金元素还有 Nb、B 等，合金元素总含量一般不超过 25%，是以 C-Cr-Mo、C-Cr-W、C-Cr-Ni 和 C-W 为主要合金系统的堆焊材料，皆属于亚共晶合金铸铁，金相组织为马氏体+残留奥氏体+含有合金碳化物的莱氏体。其中，马氏体与残留奥氏体呈块状分布，马氏体硬度约为 400～700HV，含合金碳化物莱氏体的硬度为 1200～1400HV，堆焊层的宏观硬度 50～60HRC。这类合金铸铁具有很高的抗磨料磨损性能和较好的耐热、耐蚀和抗氧化性能。

b. 奥氏体合金铸铁堆焊金属：该类堆焊金属 $w(C)$ 为 2.5%～4.5%，$w(Cr)$ 15%～28%，还含有合金元素 Mn、Ni 等，金相组织为奥氏体+莱氏体共晶。堆焊金属中含有较多高硬度的 Cr_7C_3，除硬度较高外，还具有很好的耐低应力磨料磨损性能。但抗高应力磨料磨损性能比马氏体合金铸铁堆焊金属低。这类堆焊金属具有较好的耐蚀性和抗氧化性，堆焊层宏观硬度为 45～55HRC，有一定的韧性，可承受中度冲击，且堆焊层对开裂和剥离的敏感性比其他两类合金铸铁堆焊层都小。

c. 高铬合金铸铁堆焊金属：该类堆焊金属 $w(C)$ 为 1.5%～6.0%、$w(Cr)$ 15%～35%，还含有合金元素 W、Mo、Ni、Si、B 等，以进一步提高耐磨性、耐热性，耐蚀性和抗氧化性。按其金相组织，这类合金又可分为奥氏体型、马氏体型和多元合金强化型。这三种类型的共同特点是均含有大量初生的针状 Cr_7C_3，（硬度可达 1750HV），能大大提高堆焊层耐低应力磨料磨损的能力，而耐高应力磨料磨损能力取决于基体组织对 Cr_7C_3 的支撑作用。在上述三种类型堆焊金属中，以多元合金强化型最好，马氏体型次之，奥氏体型最差。

奥氏体型高铬合金铸铁堆焊金属含碳量较高，奥氏体稳定，不能通过热处理强化，性能较脆，容易因应力作用引起开裂，加入 Mn、Ni 等合金元素可以降低开裂倾向。这类合金堆焊层具有良好的耐低应力磨料磨损性能，能承受中度冲击，抗氧化性好，且堆焊层可磨削加工。马氏体型高铬合金铸铁堆焊金属比奥氏体型抗高应力磨料磨损性能好，有很高的热硬度和抗氧化能力，但只耐中度冲击，堆焊层开裂敏感性大，需进行预热和后热处理。多合金元素强化型高铬合金铸铁堆焊金属由于 W、Mo 或 V 的强化作用，硬度高，有极好的耐磨料磨损性能，在 430～650℃ 范围内仍能保持热硬度，（一般高铬合金铸铁加热到 430℃ 时硬度迅速下降），具有良好的耐热磨损性能，但只能承受轻度冲击，为降低堆焊层开裂倾向，必须堆焊前预热和焊后缓冷。在这类堆焊金属中加入 B 还可进一步提高耐磨料磨损性能，但抗裂性和机加工性能下降。此外，加入 Ni 或降低堆焊金属含碳量，可以降低堆焊层裂纹敏感性。

合金铸铁（马氏体、奥氏体及高铬合金铸铁）堆焊金属（焊条、焊丝等）牌号化学成分、硬度及用途，见附录 A "表 A-40.1～表 A-40.4"。

(2) 镍基堆焊合金

镍与镍基合金堆焊金属可分为两类，一类是碳量较低的 [一般 $w(C) \leq 0.15\%$] 纯镍、镍铜（蒙乃尔）和镍基合金堆焊金属，此类合金具有优良的抗裂性及耐热、耐蚀性能。另一类是使用较多的耐热、耐蚀且耐磨的 Ni-Cr-B-Si 合金和 Ni-Mo-Fe 合金堆焊金属，后者如 60Ni-20Mo-20Fe 耐腐蚀性良好，主要用于耐盐酸、耐碱等化工设备中。

Ni-Cr-Si 系列合金堆焊金属 $w(C)$ 都低于 1.0%，具有较低的熔点（1040℃），较好的润湿性与流动性，属于自熔性合金。堆焊层组织为奥氏体+硼化物+碳化物，有良好的耐低应力磨粒磨损性能和耐金属间磨损性能，以及好的耐腐蚀、耐热和抗高温（950℃）氧化性能，但耐高应力腐料磨损性能与耐冲击性能差，高镍合金堆焊层容易受硫和硫化氢介质腐蚀，不适合在含硫的还原性气氛中使用。

Ni-Cr-Mo-W 合金堆焊金属金相组织为奥氏体+金属间化物，硬度低，机加工性能好（可用碳化钨刀具加工），主要用来抗腐蚀。由于强度高、韧性好、耐冲击和有很好的热抗力，也可用作高温耐磨堆焊材料。

含碳量较低的纯镍、镍铜及镍基合金堆焊金属，具有良好的抗裂性，可用作铸铁或其他难熔合金的过渡层堆焊材料，由于具有良好的耐热和耐蚀性，也可用作耐热或蚀层堆焊材料。

耐热、耐蚀、耐磨类镍基堆焊金属常用于堆焊同时要求耐蚀与耐低应力磨料磨损的耐蚀—耐磨层（如 F121、F122 等 Ni-Cr-B-Si 合金堆焊金属），并且在许多场合可代替钴基堆焊材料。含有金属间化合物的 HAYNESNON-6 耐磨料磨损性能与司太立特 No.6 相当，且耐粘着磨损性能优于司太立特 No.6 合金。

镍基合金常用的堆焊方法为焊条电弧焊堆焊、氧乙炔焰或等离子堆焊及喷熔堆焊，也可采用铸造焊丝 TIG 焊堆焊。采用 TIG 焊堆焊没有增碳及熔渣相互作用而产生的缺陷，是镍基合金较好的堆焊方法。

在低碳钢、低合金钢和不锈钢表面堆焊镍基合金，一般不要求预热，应尽量采用较小的热输入，以防止熔池在高温停留过长时间，在熔合线附近的钢基体母材上出现渗镍裂纹或液化裂纹，堆焊后一般不进行热处理，当母材为含碳量较高的钢时，应先堆焊过渡层。

堆焊用或兼做堆焊用镍基合金电焊条的成分、硬度及用途、见附录 A "表 A-41.1、表 A-41.2"。

(3) 钴基堆焊合金

钴基合金堆焊金属主要指 Co-Cr-W 堆焊合金（司太立特合金）。堆焊金属中 $w(Cr)$ 为 25%~33%、$w(W)$ 3%~21%、$w(Cr)$ 23%~34%。Cr 主要提高氧化性，W 主要提高高温（540~650℃）蠕变强度。在 650℃ 左右仍能保持较高的硬度。该类合金除具有高硬度、高蠕变强度外，还具有一定的耐蚀能力和优良的抗黏着磨损性能，并且随着堆焊金属中含碳量增加，强度提高，生成的 Cr_7C_3 使其具有优良的抗磨料磨损能力。这类堆焊金属材料由于能加工得很光滑，且具有高的抗擦伤能力和低的磨损系数，特别适合于抗金属间磨损，加上同时具有较高的抗氧化性、抗蚀性和耐热性，因此可用作高温腐蚀和磨损工况下堆焊材料。由于钴基合金堆焊材料价格昂贵，实际应用中多以镍基或铁基堆焊金属代用。

钴基合金堆焊应尽量选择低稀释率的氧乙炔焰堆焊或粉末等离子焊堆焊工艺，当工件较大时也可采用焊条电弧堆焊。氧乙炔焰堆焊的堆焊层几乎不被母材稀释，质量较好，多用于堆焊含碳量较低的 CoCr-A 合金。须注意的是，在堆焊较厚工件时，须先用中性焰预热到 430℃ 左右，堆焊后缓冷，以防止堆焊层开裂。采用粉末等离子焊堆焊时，对于大工件也应采取焊前预热、焊后缓冷措施。焊条电弧堆焊稀释率较大，堆焊层除含碳量下降外，也受到母材其他元素玷污，对性能产生不利影响，一般只适用于较大和要求高抗磨性的工件，采用直流反接、小电流短弧堆焊，焊前应根据工件尺寸预热 300~600℃，焊后应进行热处理（600~700℃ 回火，保温 1h，缓冷或砂箱内缓冷），以防止堆焊层产生裂纹。

钴基合金堆焊层一般在焊态下使用，不能通过热处理强化。为减少应力开裂倾向，有时采用消除应力退火处理。

钴基合金堆焊金属材料牌号、化学成分、硬度及用途，见附录 A"表 A - 42.1 ~ 表 A - 42.3"。

(4) 铜及铜基堆焊合金

铜及铜基合金堆焊金属分为纯铜、黄铜、青铜、白铜堆焊金属四类，堆焊材料有焊条、焊丝和堆焊用带极。它们分别具有较好的耐大气、耐海水和耐各种酸碱溶液腐蚀、以及耐汽蚀、耐粘着磨损等性能，但不耐硫化物、铵盐腐蚀和磨料磨损，不适于在高应力磨料磨损工况下使用，主要用作耐腐蚀、耐汽蚀和耐金属间磨蚀的以铁基材料为母材的堆焊层及堆焊修补磨损工件。当用作轴承材料作为摩擦付较软一方时，要求比匹配面的硬度低 50~70HBW，可采用磷青铜、较软的铝青铜或黄铜堆焊材料，作为硬方的摩擦付，可采用铝青铜堆焊金属。铝青铜堆焊材料的抗粘着磨损能力特别好，高于其他三类，故应用较广泛。

铜基合金堆焊时一般不预热，如果堆焊件厚度较大、熔合不良时，可预热 200℃左右。以氧乙炔焰和 TIG 焊堆焊较好，采用焊条电弧焊或 TIG 焊堆焊时，电流应尽量小些，适合于小面积修补堆焊，MIG 则适合于大面积修补堆焊。纯铜堆焊宜采用能量集中的热源（如丝极或带极埋弧堆焊或 MIG、TIG 填丝堆焊），必要时还须预热到 400℃左右，否则易产生熔合不良缺陷。铝青铜堆焊宜采用 TIG 焊丝焊、MIG 焊堆焊与焊条电弧焊堆焊，宜选用较小的热输入，以防止熔合区在高温停留时间过长，在熔合线附钢基体母材上出现渗铜裂纹或液化裂纹。采用黄铜堆焊金属时，宜采用热源温度较低的氧乙炔焰堆焊，以减小锌的蒸发损失。用 B30 白铜堆焊时，如果堆焊金属中含 $w(Fe)$ 超过 5%，通常需先堆焊一层纯镍或蒙乃尔合金过渡层，以防引起裂纹，并宜选用带极埋弧堆焊。

铜及铜合金堆焊金属材料牌号、化学成分、硬度及用途，见附录 A"表 A - 43.1 ~ 表 A - 43.3"。

(六) 堆焊合金的选择与应用实例

1. 堆焊合金的选择

选择堆焊合金时，可按以下步骤和内容进行：

① 分析设备或工件操作工况，确定可能引起失效的类型以及对堆焊金属的要求。

堆焊层的使用工况各有不同，如要求抗磨损、抗冲击、耐腐蚀等等，而且往往不只是一个因素起作用，须进行综合考虑和分析主要与次要因素。在满足工况要求和堆焊合金性能之间存在着较复杂的关系，应对所选用堆焊合金的物理、化学、力学和磨损等特性及试验数据进行综合分析。例如，当要求抗最大磨料磨损能力时应选用含碳化钨等硬度合金堆焊金属；当工作条件伴有冲击的磨料磨损时，应根据冲击载荷递增的顺序，分别选用合金铸铁、马氏体和奥氏体高锰钢堆焊金属；当引起失效的主要因素为腐蚀破坏时，常选用不锈钢、铜基合金或镍基合金堆焊材料；当同时兼有腐蚀与磨损时，宜选用钴基或镍基合金堆焊材料；对于既要求耐磨、又需抗氧化，或是在热腐蚀条件下工作时，推荐采用钴基堆焊合金或含有金属间化合物、碳化物等硬化相的镍基堆焊合金；对于同时要求耐磨性和高温强度的工况，则宜选用钴基堆焊金属；对于同时存在磨料磨损 + 冲击 + 热抗力的工况，可采用 $w(Cr)$5% 的马氏体钢堆焊金属，如果要求更高的热抗力和热强度，则应选用马氏体不锈钢堆焊材料或 18 - 8 不锈钢堆焊材料。

② 按一般规律列出几种可供选择的堆焊材料，分析待选材料与基体材料的相容性（包括热应力和裂纹），初步选定堆焊工艺。当相容性不良时，可考虑采用堆焊过渡层。

③ 进行堆焊零件的现场试验，试验数据必须重复性好。

④ 综合考虑堆焊层寿命和成本，以及工件使用后产生的经济效果，最后选定堆焊金属。应在满足工况要求的前提下尽量采用价廉的堆焊金属。例如在纯磨料磨损工况下，不应选用价格昂贵的钴基合金堆焊材料。虽然钴基合金性能优良、全面，在650℃以上工作，最高使用温度可达800~1000℃，但并非所有性能都优于其他堆焊合金。例如在650~500℃高温范围内可分别选用价格较钴基合金低的镍基合金、高铬铸铁、高速钢、马氏体钢等堆焊金属。

堆焊材料的成本取决于原料价格和堆焊材料供货形状，对于钴基、镍基和钨基合金堆焊材料，原料价格主导作用；而对于铁基堆焊材料，则是材料的形状起主导作用，例如粉末状和管状堆焊材料价格较低，丝状和带状堆焊材料则较贵。另外，在考虑堆焊材料价格时还应同时考虑堆焊方法的熔敷速度和熔敷率，特别是对于批量大的工件堆焊。

⑤ 选择堆焊方法和制定堆焊工艺。根据工作条件选择堆焊金属的一般规律，见表1-89。

表1-89 堆焊金属选用的一般规律

工 作 条 件	可选用的堆焊金属
高应力金属间磨损	亚共晶钴基合金、含金属间化合物的钴基合金、镍基合金或某些铁基合金
低应力金属间磨损	堆焊用低合金钢或铜基合金、铁基合金
金属间磨损+腐蚀或氧化	大多数钴基或镍基合金
高应力磨料磨损	高铬马氏体铸铁、碳化钨、高锰钢
低应力磨料磨损、冲击浸蚀、磨料浸蚀	高合金铸铁（高硬度的马氏体合金铸铁、高铬合金铸铁）
低应力严重磨料磨损	碳化物
气蚀	不锈钢、钴基合金
严重冲击	高锰钢
严重冲击+腐蚀+氧化	亚共晶钴基合金
高温下金属间磨损	亚共晶钴基合金，含金属间化合物钴基合金或镍基合金
凿削磨损	奥氏体锰钢、高铬合金铸铁、马氏体合金铸铁
热稳定性、高温蠕变强度	钴基合金、含碳化物镍基合金

2. 应用实例

（1）阀门密封面堆焊

阀门密封面在其不同的使用工况下，除受到不同温度的金属间磨损外，还可能受到冲蚀、疲劳和热腐蚀以及不同介质的化学腐蚀、电化学腐蚀、应力腐蚀等。实际应用中，阀门基材大多为铸钢、锻钢、铸铁等铁基材料，密封面堆焊材料有铁基、铜基、镍基及钴基等堆焊合金。根据阀门操作工况（温度、压力、介质特性等）分别选用不同的密封面堆焊金属。一般情况下，常温低压阀门密封面可堆焊铜基合金（HS221、T227、T237）。工作温度450℃以下的中、高压阀门密封面可堆焊高铬不锈钢（D502、D507、Mo、D512、D516M、D516F、D517等）堆焊材料。其中堆焊材料D507Mo最高温度可达510℃；D512、D517堆焊材料属于含C量高的2Cr13型，抗裂性较差，需制定合理的堆焊工艺和进行后热处理。对于高温高压阀门的密封面，大多堆焊钴基合金（D802、D812），工作温度可达650℃。当工作温度在

600℃以下时，可采用析出硬化型铬镍奥氏体钢堆焊材料(D547Mo、D557)或铬锰奥氏体钢堆焊材料代替司太立特钴基合金。对于同时要求耐高温和耐腐蚀的阀门密封面，一般只能用镍基或钴基合金堆焊材料。工作温度低于450℃、压力低于16MPa的碳钢阀门密封面，一般可用H08A焊丝+黏接焊剂2Cr13Mn8N堆焊，H08A焊丝配合2Cr13MnSi或3Cr15Mn9B粘结焊剂，还可用于不预热堆焊Dn600的碳钢阀门密封面。对于中压平板闸阀、低压阀门的密封面也可采用铜基粉末(F422)堆焊，以提高耐擦伤、耐腐蚀性能。对于球墨铸铁阀门密封面，一般可采用铬锰型堆焊材料(D567)堆焊。

(2) 高温高压热壁加氢反应器、热高压分离器及高温高压换热器等临氢设备内壁耐蚀层堆焊

石油炼制及煤直接液化热壁加氢反应器在高温(约340~450℃)、高压(约7~21MPa)及临氢条件工作，存在高温 H_2、H_2S 腐蚀破坏危险性，需在反应器壳体(一般为2.25Cr-1Mn、2.25Cr-1Mo-0.25V、3Cr-1Mo-0.25V等)内壁堆焊不锈钢衬里，以防止高温氢腐蚀。例如某厂渣油加氢反应器($\phi 5200 \times 347$)设计温度/压力454℃/21.05MPa，双层堆焊TP309L+TP347L；某厂煤直接液化反应器($\phi 4800 \times 334$)设计温度/压力482℃/20.36MPa（操作温度/压力455℃/19.02MPa），亦采用双层堆焊。

加氢反应器壳体内壁堆焊目前一般均采用稀释率低、生产效率高的埋弧带极堆焊方法(见本节"埋弧堆焊")，为保证耐蚀堆焊层中Cr-Ni含量，通常采用双层堆焊。第一层为过渡层，应采用Cr-Ni含量高的00Cr25Ni13超低碳不锈钢堆焊材料(相当于AWS ER309L)，耐蚀层采用00Cr20Ni10(AWSER308L)或00Cr18Ni12Mo2(AWSER316L)或00Cr20Ni10Nb(AWSER347)，由于347L含有稳定化元素Nb，与308L比较具有较高的抗应力腐蚀能力，故应用最多。另外，不论过渡层或耐蚀层堆料材料，皆应尽量降低其中的C、S、P、Si含量，以提高堆焊层抗应力腐蚀、抗晶间腐蚀和抗氢致剥离的能力。

第二章　焊接材料

第一节　电焊条

一、概述

电焊条是涂有药皮的供焊条电弧焊用的熔化电极，电焊芯和药皮两部分构成。焊条有单层药皮与双层药皮焊条两种，后者主要为了改善低氢焊条的工艺性能，两层药皮按不同成分配方。

（一）焊芯

焊芯是焊条中被药皮包覆的金属芯，焊芯与焊件之间产生电弧并熔化为焊缝的填充金属，其作用有二，一是作为电极，产生电弧和传导焊接电流；二是作为填充金属，在电弧作用下，自身熔化并与熔化的母材形成焊缝。焊条的规格以焊芯长度和直径表示，见表2-1。

表2-1　焊条的规定尺寸与长度

焊条直径/mm	焊条长度/mm					
	非合金钢及细晶粒钢焊条（GB/T 5117—2012）	热强钢焊条（GB/T 5118—2012）	不锈钢焊条（GB983—2012）	堆焊焊条（JB/T 56100—1999）	铜及铜合金焊条（GB/T 3670—95）	铝及铝合金焊条（GB/T 3669—2001）
1.6	200–250	—	200–260		—	
2.0	250–350	250–350				
2.5			230–350		300	
3.2	350–450	350–450	300–460	300, 350	350	340–360
4.0				350, 400, 450		
5.0			340–460			
5.6			—			
6.0	450–700	450–700	340–460	400, 450	350	340–360
6.4			—			
7.0				400, 450		
8.0	450–700	450–700				

注：1. 根据需方要求，允许通过协议供应其他尺寸的焊条；
　　2. GB/T 984《堆焊焊条》按冷拔焊芯、铸造焊芯、复合焊芯、碳化钨管状焊芯四类规定了相应的焊条直径、长度和极限偏差，详见该标准"表5"。

用于焊芯的专用金属丝(称焊丝)分为碳素结构钢、低合金钢和不锈钢三类，焊芯的成分直接影响熔敷金属的成分和性能。各类焊条所用的焊芯见表2-2。

表 2-2　各类焊条所用的焊芯

焊条种类	所用焊芯	焊条种类	所用焊芯
低碳钢焊条	低碳钢焊芯（H08A 等）	堆焊用焊条	低碳钢或合金钢焊芯
低合金高强钢焊条	低碳钢或低合金钢焊芯	铸铁焊条	低碳钢、铸铁、非铁合金焊芯
低合金耐热钢焊条	低碳钢或低合金钢焊芯	有色金属焊条	有色金属焊芯
不锈钢焊条	不锈钢或低碳钢焊芯		

焊芯材料一般为与相应的埋弧焊及气体保护焊焊丝相同，由待焊材料材质决定（参见下节"焊丝"部分）。

（二）药皮

焊条药皮由矿石、岩石、铁合金、化合物料等材料的粉末混合后粘接在焊芯上制成，其主要作用为：稳定焊接电弧，保证电弧容易引燃并稳定地连续燃烧，同时减少飞溅，改善熔滴过渡和焊缝成形；造气造渣以隔绝空气，保护熔化金属和焊缝金属；冶金处理，通过熔渣和铁合金进行脱氧、脱硫、脱磷、除氢，消除焊缝缺陷；向焊缝金属渗合金元素，以达到某些性能要求。

药皮由稳弧剂、造气及造渣剂、脱氧剂、合金剂等多种添加剂组成，其中各组成物的作用如下所述。

1. 稳弧剂

使电弧引弧容易及燃烧稳定。主要是易电离的碱金属与碱碱土金属，如碳酸钾、碳酸钠、碳酸钙、长石、还原钛铁矿、淀粉、铝粉、锰粉等，但碱金属与碱土金属的卤化物（如萤石、NaCl、KCl 等）会使电弧燃烧稳定性降低。

2. 造气剂

在焊接电弧的高温下产生气体，以排除焊接区内的空气和防止空气中 N_2、O_2 再次进入。造气剂可以是有机物或无机物，前者常用的是木粉、纤维素、淀粉、树脂等，它们在电弧高温下可分解出 CO 和氢。无机物主要是碳酸盐（如大理石、白云石、菱苦土等），它们在电弧高温下先分解出 CO_2，然后进一步分解为 CO 和 O_2。

3. 造渣剂

在电弧高温下熔化生成熔渣，以保护熔池金属和高温下的焊缝金属，保证焊缝成形，并具有一定的冶金处理作用。常用的造渣剂为金属及非金属氧化物，氟化物或化工产品，例如钛白钛铁矿、磁铁矿、赤铁矿、大理石、白云石、莹石、石英、云母等。

4. 脱氧剂

使熔渣的氧化性降低和使被氧化的熔化金属脱氧。常用的脱氧剂为铁合金（如锰铁、钛铁、硅铁、铝铁等）、铝粉、石墨等，有时也采用复合合金（如硅钙等）。

5. 合金剂

使焊缝金属获得必要的成分，以达到其力学性能、物理性能或化学性能。常用的合金剂有铁合金（锰铁、硅铁、钼铁、硼铁、钒铁、稀土硅铁等），有时也用合金或纯金属粉（如铬粉、镍粉、钨粉等）。

6. 黏结剂

用于把药皮牢固的粘于焊芯上，常用的是水玻璃（即硅酸钠、硅酸钾溶液或两者混合物）、酚醛树脂等。

7. 稀释剂

用于调节熔渣粘度、增加熔渣活性。常用的有萤石、长石、钛铁矿、含有氧化铁的矿石等。

8. 增塑润滑剂

使药皮具有良好的塑性、弹性、滑性及流动性,并使焊条制备时易通过压涂机的模孔。常用的有钛白粉、白泥、云母、滑石粉、碳酸钠、膨润土等。

药皮中的同一组成物往往兼有数种作用,药皮类型不同,药皮组成物的作用也会不同或发生改变。常用药皮组分及主要作用以及药皮各类掺合剂的组分及作用见附录B"表B-1"、"表B-2"。

二、焊条的分类、型号和牌号

焊条的种类繁多,国产焊条约300余种。同一类型焊条中,根据不同特性又分成不同的型号,且某一型号的焊条可能有一个或几个品种,或同一型号的焊条,由于制造厂不同,也可能有好几个品种。

焊条的分类方法很多,我国通常按照焊条用途、使用性能、熔渣性质及药皮成分分为四大类,如图2-1所示。

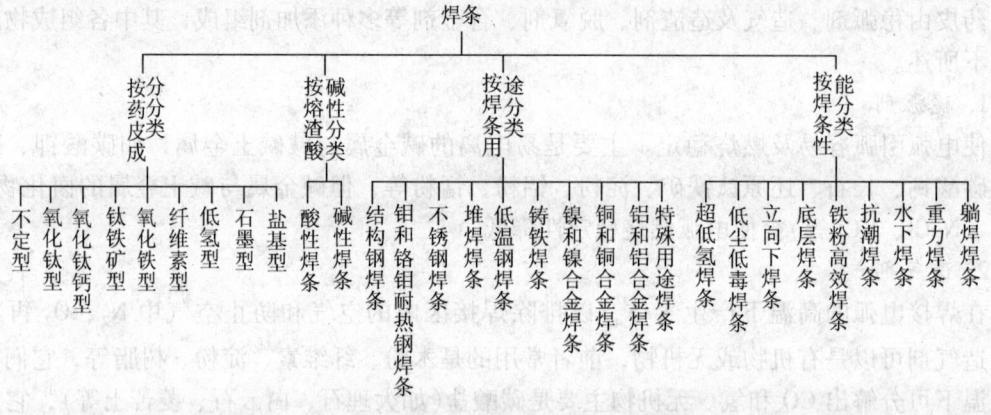

图2-1 焊条电弧焊焊条分类方法

实际生产中,通常按熔渣的碱度,即熔渣中酸性氧化物和碱性氧化物的比例,将焊条分为酸性焊条和碱性焊条两大类,熔渣以酸性氧化物为主的焊条称酸性焊条,以碱性氧化物和氟化钙为主的为碱性焊条,碱性焊条亦称低氢型焊条。在碳钢焊条及低合金钢焊条中,低氢型焊条(包括低氢钠型、低氢钙型及铁粉低氢型)是碱性焊条,其他涂料类型的焊条均属酸性焊条。与强度级别相同的酸性焊条比较,碱性焊条熔敷金属的延性和韧性高、扩散氢含量低、抗裂性能强,但焊接工艺性能(如稳弧型、脱渣性、飞溅等)较酸性焊条差,对锈、水、油污敏感性大、易产生气孔缺陷。此两种类型焊条的特性对比参见表2-3、表2-4。

表2-3 酸性焊条与碱性焊条特性对比(一)

酸 性 焊 条	碱 性 焊 条
① 对水、铁锈的敏感性不大,使用前经100~150℃烘焙1h	① 对水、铁锈的敏感性较大,使用前经300~350℃烘焙1~2h
② 电弧稳定,可用交流或直流施焊	② 须用直流反接施焊;药皮加稳弧剂后,可交、直流两用施焊
③ 焊接电流较大	③ 同规格酸性焊条约小10%左右

续表

酸 性 焊 条	碱 性 焊 条
④ 可长弧操作	④ 须短弧操作,否则易引起气孔
⑤ 合金元素过渡效果差	⑤ 合金元素过渡效果好
⑥ 熔深较浅,焊缝成形较好	⑥ 熔深稍深,焊缝成形一般
⑦ 熔渣呈玻璃状,脱渣较方便	⑦ 熔渣呈结晶状,脱渣不及酸性焊条
⑧ 焊缝的常、低温冲击韧度一般	⑧ 焊缝的常、低温冲击韧度较高
⑨ 焊缝的抗裂性较差	⑨ 焊缝的抗裂性好
⑩ 焊缝的含氢量较高,影响塑性	⑩ 焊缝的含氢量低
⑪ 焊接时烟尘较少	⑪ 焊接时烟尘稍多

表2-4 酸性焊条与碱性焊条特性对比(二)

熔渣 指标	酸 性	碱 性
药皮成分	主要含有氧化铁,氧化锰,氧化钛等氧化物。氧化性强	主要含有大理石、萤石和较多的铁合金。还原性较强
熔渣酸度	酸性 $=\dfrac{\sum 酸性氧化物}{\sum 碱性氧化物}>1$,约在 $1.2\sim1.5$	酸性 $=\dfrac{\sum 酸性氧化物}{\sum 碱性氧化物}\leqslant1$,约在 $0.6\sim1.0$
脱氧、脱氮	用熔渣本身还原,焊缝中氧与氮含量较多	用脱氧剂还原,脱氧过程快而安全
脱硫	充分脱硫困难,因 Mn 和 MnO 的加入量受到限制,否则影响酸度	CaO 与 S 结合成几乎不溶于金属的,稳定的硫化钙,CaF_2 与 S 结合呈挥发性化合物均可脱硫
脱磷	无法脱磷	CaO、MgO、MnO、FeO 与 P_2O_5 结合成稳定的化合物
除氢	有些难于除氢;也有些利于除氢	含有大理石和萤石,有利于除氢。焊缝含氢量低
焊缝冲击性能	常、低温冲击性能一般	常、低温冲击性能较高
抗裂性	较差	好
对铁锈及油脂、水分的敏感性	由于碳的氧化物使熔池沸腾,有利于已溶入气体逸出、不易产生气孔	产生气孔的倾向大
焊接电源	交、直流	只能用直流反接;但加入稳弧剂,也可用交流
焊接电流	较大	较小(约小10%)
焊缝成型	较好,熔深较浅	尚好,易堆高,熔深较深
脱渣性	良好	多层焊第一层较差,以后各层较好
熔渣结构	玻璃状	结晶状
操作	长弧	短弧
烟尘	较少	较多
属何焊条	除低氢型焊条以外的其他焊条	低氢型焊条

(一)焊条型号

焊条型号指的是国家标准规定的各类标准焊条,是反映焊条主要特性的一种表示方法。焊条型号包括以下含义:焊条、焊条类别、焊条特点(如熔敷金属抗拉强度、使用温度、焊芯金属类型、熔敷金属化学组成类型)、药皮类型及焊接电源。不同类型的焊条,型号表示方法不同。具体的表示方法在各类焊条相对应的国家标准中均有详细规定。

（二）焊条牌号

焊条牌号是焊条产品的具体命名。我国从1968年起开始采用统一牌号，即凡属于同一药皮类型，符合相同焊条型号，性能相似的产品，皆统一命名为一个牌号。目前，除焊条生产厂研制的新品种焊条可自取牌号外，绝大部分焊条牌号已采用全国统一标准，每种焊条产品只有一个牌号，但外国牌号的焊条可以同时对应于一种型号。

焊条的牌号是用汉语拼音字母（或汉字）为首的三位数字表示，首位的拼音字母（或汉字）表示焊条大类，见表2-5，其后的前两位数字表示大类中的若干小类，第三位数字表示各种焊条牌号的药皮类型及焊接电源种类，见表2-6。

表2-5　按用途分类的焊条代号

序号	焊条大类	代号	
		拼音	汉字
1	结构钢焊条	J	结
2	钼及铬钼钢耐热钢焊条	R	热
3	铬不锈钢焊条	G	铬
	铬镍不锈钢焊条	A	奥
4	堆焊焊条	D	堆
5	低温钢焊条	W	温
6	铸铁焊条	Z	铸
7	镍及镍合金焊条	Ni	镍
8	铜及铜合金焊条	T	铜
9	铝及铝合金焊条	L	铝
10	特殊用途焊条	TS	特

注：焊条牌号标注时，以拼音字母为主，如J422、A102等。

表2-6　焊条牌号第三位数字的含义

焊条牌号	药皮类型	焊接电源种类
□××0	不定型	不规定
□××1	氧化钛型	交流或直流
□××2	钛钙型	交流或直流
□××3	钛铁矿型	交流或直流
□××4	氧化铁型	交流或直流
□××5	纤维素型	交流或直流
□××6	低氢钾型	交流或直流
□××7	低氢钠型	直流
□××8	石墨型	交流或直流
□××9	盐基型	直流

注：1. 表中"□"表示焊条牌号中的拼音字母或汉字，各类焊条的拼音字母代号见表2-5中的特征字母及表示法栏。
2. "××"表示牌号中的前两位数字。

三、焊条牌号和国标型号的识别

（一）焊条原牌号

1. 结构钢焊条

对焊条原牌号而言，结构钢焊条包括碳钢焊条与低合金钢焊条。

牌号的前列为"J"字母（或汉字"结"）表示结构钢焊条。

第一、二位数字表示熔敷金属抗拉强度等级系列,见表2-7。

第三位数字表示药皮类型和焊接电流种类,见表2-6或附录B"表B-3"。第三位数字前面加字母符号Fe,表示药皮中加入铁粉、名义熔敷效率≥105%(如果熔敷率为130%、140%、150%、160%、180%,则在Fe后标注13、14、15、16、18)。

表2-7 结构钢焊条熔敷金属拉抗强度等级系列

牌 号	熔敷金属抗拉强度等级/ MPa(kgf/mm²)	牌 号	熔敷金属抗拉强度等级/ MPa(kgf/mm²)
J42×	412(42)	J75×	740(75)
J50×	490(50)	J80×	780(80)
J55×	540(55)	J85×	830(85)
J60×	590(60)	J10×	980(100)
J70×	690(70)		

特殊性能的结构钢焊条,需在焊条牌号第三位数字后加注对焊条成分起重要作用的元素或代表焊条主要用途或性能的符号,如表2-8所示。

表2-8 表示结构钢焊条特殊性能和用途的符号

符 号	说 明
Cr、CrCu、CrNi、CrNiCu Ni、NiCu、NiW、NiCuP; Mo、MoNb、MoW、MoV、MoWNbB; CuP、WCu	加入适量元素,使焊缝金属具有较高的韧度、优良的低温冲击韧性、良好的耐大气和耐海水腐蚀性能、抗硫化氢腐蚀、抗氢腐蚀、抗氢氮氨腐蚀性能
H、RH	超低氢焊条、高韧性超低氢焊条
R	用于焊接压力容器的焊条
X、XG	立向下焊条、管子立向下焊条
D	底层焊焊条
DF	低尘焊条
Z、Z13、Z18	重力焊条,后面的数字表示名义焊条效率为130%、180%左右
G	用于焊接管道的焊条
GM	盖面焊条
LMA	耐吸潮焊条
SL	渗铝钢焊条

举例:

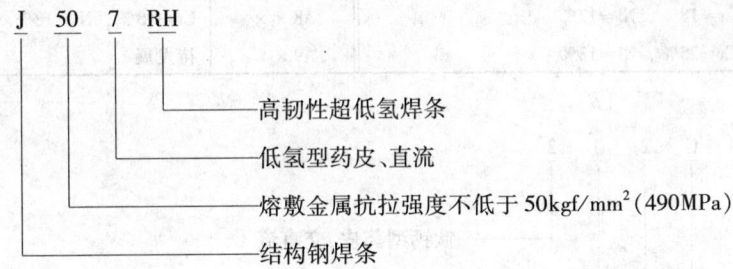

2. 钼钢、铬钼钢耐热焊条

牌号最前列为"R"字母(或汉字"热"),表示钼钢、铬钼钢焊条。

牌号中第一位数字表示熔敷金属主要合金元素成分等级,见表2-9。

牌号中第二位数字表示同一熔敷金属主要合金元素成分等级中的不同牌号，按"0、1、2、3……9"编号。

牌号中第三位数字表示药皮类型和焊接电源种类，见表2-6或附录B"表B3"。

表2-9 钼和铬钼耐热钢焊条熔敷金属主要合金元素成分组成等级

牌号	熔敷金属主要化学成分组成等级	牌号	熔敷金属主要化学成分组成等级
R1××	Mo≈0.5%	R5××	Cr≈5%，Mo≈0.5%
R2××	Cr≈0.5%，Mo≈0.5%	R6××	Cr≈7%，Mo≈1%
R3××	Cr≈1~2%，Mo≈0.5~1%	R7××	Cr≈9%，Mo≈1%
R4××	Cr≈2.5%，Mo≈1%	R8××	Cr≈11%，Mo≈1%

举例：

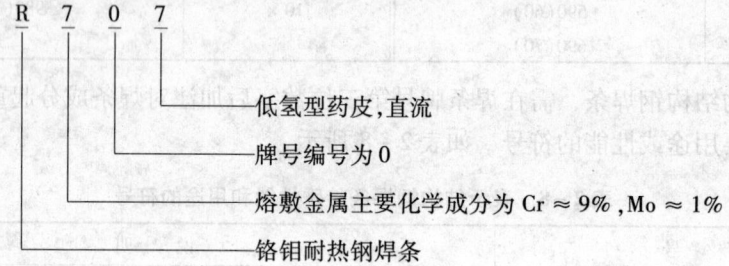

3. 不锈钢焊条

牌号最前列为"G"或"A"字母（或汉字"铬"或"奥"），相应表示铬不锈钢焊条或奥氏体不锈钢焊条。

牌号中第一位数字表示熔敷金属主要合金元素组成等级，见表2-10。

牌号中第二位数字表示同一熔敷金属主要合金元素成分等级中的不同牌号，按"0，1，2，3，…，9"编号。

牌号中第三位数字表示药皮类型和焊接电源种类（见表2-6或附录B"表B-3"）。

表2-10 不锈钢焊条熔敷金属主要合金元素成分组成等级

牌号	熔敷金属主要化学成分组成等级	牌号	熔敷金属主要化学成分组成等级
G2××	Cr≈13%	A4××	Cr≈25%，Ni≈20%
G3××	Cr≈17%	A5××	Cr≈16%，Ni≈25%
A0××	C≤0.04%	A6××	Cr≈15%，Ni≈35%
A1××	Cr≈18%，Ni≈8%	A7××	CrMnN 不锈钢
A2××	Cr≈18%，Ni≈12%	A8××	Cr≈18%，Ni≈18%
A3××	Cr≈25%，Ni≈13%	A9××	待发展

举例：

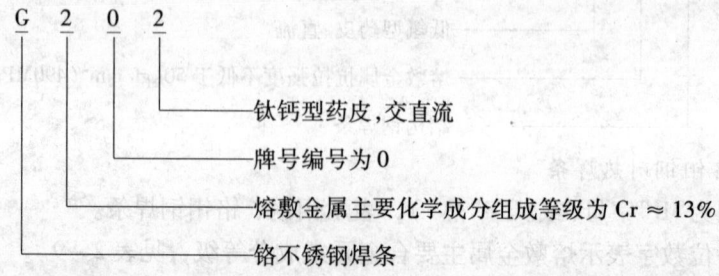

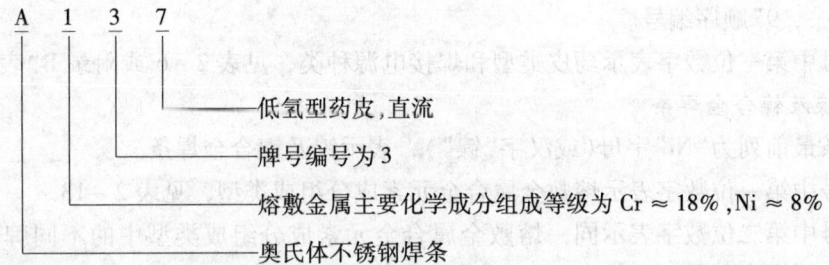

4. 低温钢焊条

牌号最前列为"W"字母（或汉字"温"），表示低温钢焊条。

牌号第一、二位数字表示低温钢焊条工作温度等级，见表2-11。

牌号中第三位数字表示药皮类型和焊接电源种类，见表2-6或附录B"表B-3"。

表2-11 低温钢焊条工作温度等级

牌 号	低温温度等级/℃	牌 号	低温温度等级/℃
W70×	-70	W19×	-196
W90×	-90	W25×	-253
W10×	-100		

举例：

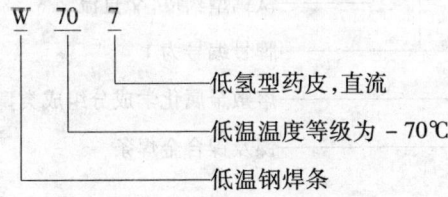

5. 堆焊焊条

牌号前列位"D"字母（或汉字"堆"），表示堆焊焊条。

牌号中第一位数字表示堆焊焊条的用途、组织或熔敷金属主要成分，见表2-12。

表2-12 堆焊焊条的用途、组织或熔敷金属的主要成分

牌 号	用途、组织或熔敷金属主要成分	牌 号	用途、组织或熔敷金属主要成分
D0××	不规定	D5××	阀门用
D1××	普通常温用	D6××	合金铸铁型
D2××	普通常温用及常温高锰钢	D7××	碳化钨型
D3××	刀具及工具用	D8××	钴基合金
D4××	刀具及工具用	D9××	待发展

举例：

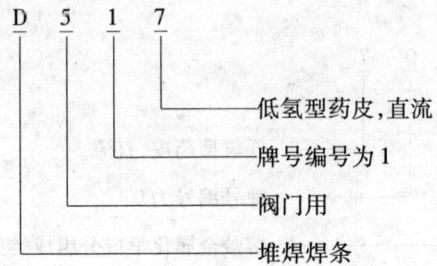

牌号中第二位数字表示同一种用途、组织或熔敷金属主要成分中的不同牌号，按"0，

1,2,3…,9"顺序编号。

牌号中第三位数字表示药皮类型和焊接电源种类,见表2-6或附录B"表B-3"。

6. 镍及镍合金焊条

焊条最前列为"Ni"字母(或汉字"镍"),表示镍及镍合金焊条。

牌号中第一位数字表示熔敷金属合金元素成分组成类型,见表2-13。

牌号中第二位数字表示同一熔敷金属合金元素成分组成类型中的不同牌号,按"0,1,2,3…,9"顺序编号。

牌号中第二位数字表示药皮类型和焊接电源种类,见表2-6或附录B"表B-3"。

表2-13 镍及镍合金焊条熔敷金属合金元素成分组成类型

牌 号	熔敷金属化学成分组成类型	牌 号	熔敷金属化学成分组成类型
Ni1××	纯镍	Ni3××	因康镍合金
Ni2××	镍铜	Ni4××	待发展

举例:

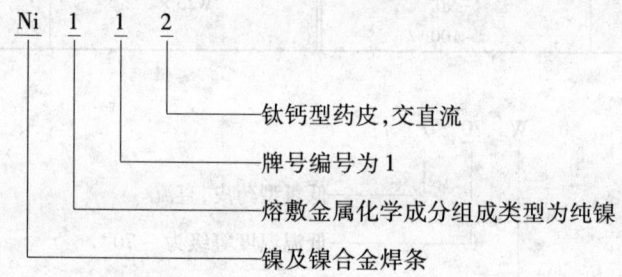

7. 铜及铜合金焊条

牌号最前列为"T"字母(或汉字"铜"),表示铜及铜合金焊条。

牌号中第一位数字表示熔敷金属合金元素成分组成类型,见表2-14。

牌号中第二位数字表示同一熔敷金属合金元素成分组成类型中的不同牌号,按"0,1,2,3…,9"顺序编号。

牌号中第三位数字表示药皮类型和焊接电源种类,见表2-6或附录B"表B-3"。

表2-14 铜基铜合金焊条熔敷金属合金元素成分组成的类型

牌 号	熔敷金属化学成分组成类型	牌 号	熔敷金属化学成分组成类型
T1××	纯铜	T3××	白铜
T2××	青铜	T4××	待发展

举例:

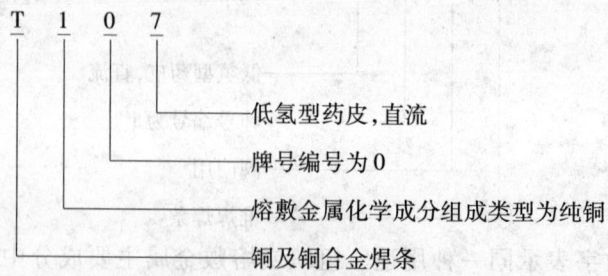

第二章 焊接材料

8. 铝及铝合金焊条

牌号最前列位"L"字母(或汉字"铝"),表示铝及铝合金焊条。

牌号中第一位数字表示熔敷金属合金元素成分组成元素类型,见表2-15。

牌号中第二位数字表示同一熔敷金属合金元素成分组成类型中的不同牌号,按"0,1,2,3…,9"顺序编号。

牌号中第三位数字表示药皮类型和焊接电源种类,见表2-6或附录B"表B-3"。

表2-15 铝及铝合金焊条熔敷金属合金元素成分组成的类型

牌 号	熔敷金属化学成分组成类型	牌 号	熔敷金属化学成分组成类型
L1××	纯铝	L3××	铝锰合金
L2××	铝硅合金	L4××	待发展

举例:

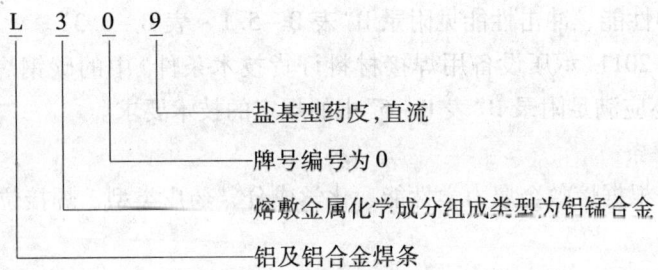

(二)国标型号

1. 碳钢焊条

碳钢焊条型号根据熔敷金属力学性能、药皮类型、焊接中位置及焊接电源种类划分。

型号最前列为"E",表示焊条。

型号中第一、二位数字表示熔敷金属抗拉强度最低值。抗拉强度等级见表2-16。

型号中第三位数字表示焊条的焊接位置,见表2-17。

型号中第三、四位数字组合,表示药皮类型和焊接电源种类,见表2-6或附录B"表B-3"。

第四位数字后附加"R"表示耐吸潮焊条;附加"M"表示耐吸潮和力学性能有特殊规定的焊条;附加"-1"表示对冲击性能有特殊规定的焊条。

表2-16 碳钢焊条国标型号及熔敷金属抗拉强度等级

型 号	熔敷金属抗拉强度的最小值/[kgf/mm²(MPa)]	型 号	熔敷金属抗拉强度的最小值/[kgf/mm²(MPa)]
E43××	43(420)	E50××	50(490)

注:E43××及E50××系列为熔敷金属抗拉强度≥420MPa及≥490MPa。

表2-17 碳钢焊条的焊接位置

型 号	焊接位置	型 号	焊接位置
E××0×	全位置焊接	E××2×	平焊或平角焊
E××1×	全位置焊接	E××4×	向下立焊

注:全位置焊为平焊、立焊、仰焊和横焊的总称。

举例：

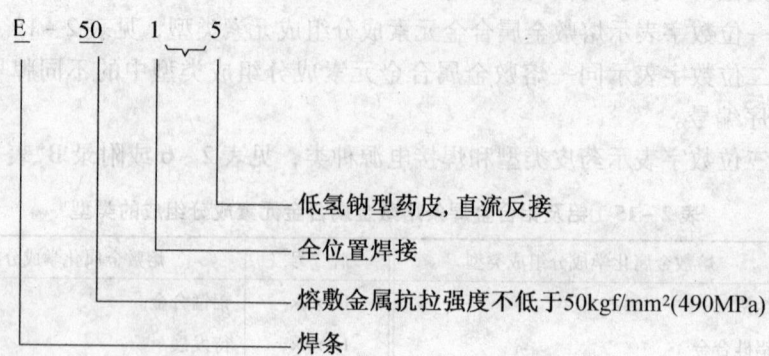

碳钢焊条的型号、药皮类型、焊接位置及焊接电源种类，见附录B"表B-4"，熔敷金属化学成分、拉伸性能、冲击性能见附录B"表B-5.1～表B-5.3"。

NB/T 47018—2011《承压设备用焊接材料订货技术条件》中的碳钢焊条，除满足GB/T 5117的规定外，还应满足附录B"表B-6"中的规定的技术要求。

2. 低合金钢焊条

低合金钢焊条根据熔敷金属力学性能、化学成分、药皮类型、焊接位置及焊接电源种类划分型号。

型号最前列为"E"，表示焊条。

型号中第一、二位数字表示熔敷金属抗拉强度最低值。抗拉强度等级见表2-18。

型号中第三位数字表示焊条的焊接位置，见表2-19。

型号中第三、四位数字组合，表示药皮类型和焊接电源种类，见表2-6或附录B"表B-3"。

后缀字母为熔敷金属化学成分分类代号，并以短划"-"与前面字母分开，若还具有附加化学成分时，附加化学成分直接以元素符号表示，并以短划"-"与前面后缀字母分开。对于E50××-×、E55××-×、E60××-×型低氢型焊条的熔敷金属化学成分分类后缀字母或附加化学成分后面，注有字母"R"时，表示耐吸潮焊条。

表2-18 低合金钢焊条国标型号及熔敷金属抗拉强度等级

型号	熔敷金属抗拉强度的最小值/[kgf/mm²(MPa)]	型号	熔敷金属抗拉强度的最小值/[kgf/mm²(MPa)]
E50××	50(490)	E70××	70(690)
E55××	55(540)	E75××	75(740)
E60××	60(590)	E85××	85(830)

表2-19 低合金钢焊条的焊接位置

型号	焊接位置	型号	焊接位置
E××0×	全位置焊接	E××2×	平焊或平角焊
E××1×	全位置焊接		

举例：

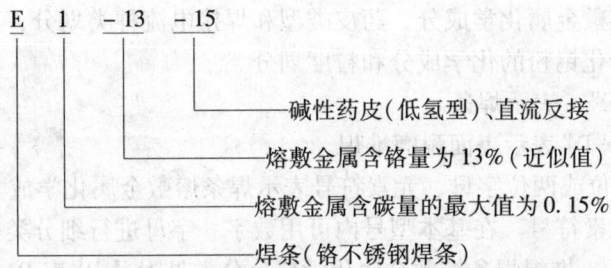

GB/T 5118—2012 中，按熔敷金属强度级别，共分为九个级别、44 类。九个级别为 E50、E55、E60、E70、E75、E80、E85、E90、E100，所对应的熔敷金属抗拉强度分别不低于 490、540、590、690、740、780、830、880、980MPa。各种不同类型低合金钢焊条的划分见附录 B"表 B - 7"。按照熔敷金属化学成分，低合金钢焊条又可分为 C - Mo 钢焊条、Cr - Mo 钢焊条、Ni 钢焊条、Ni - Mo 钢焊条、Mn - Mo 钢焊条等（通常将 C - Mo 钢、Cr - Mo 钢焊条划归为耐热钢焊条，将镍钢焊条划归为低温焊条）。各种低合金钢焊条熔敷金属的化学成分、拉伸性能、冲击性能见附录 B"表 B - 8.1～表 B - 8.3"，低合金高强度钢焊接用焊条钢材牌号、强度级别及焊条牌号见附录 B"表 B - 8.4"。

目前我国生产的一些低合金钢焊条牌号及其对应的标准型号，见附录 B"表 B - 9"。

3. 不锈钢焊条

不锈钢焊条根据熔敷金属的化学成分、药皮类型、焊接位置及焊接电源种类划分型号。

型号最前列为"E"，表示焊条。

字母"E"后面的数字表示熔敷金属化学成分分类代号。如有特殊要求的化学成分，该化学成分用元素符号表示，放在数字的后面。

短划"-"后面的两位数字表示焊条药皮类型、焊接位置及焊接电源种类。药皮类型见表 2 - 6 或附录 B"表 B - 3"，焊接位置及焊接电流见附录 B"表 B - 11"。

举例：（1）

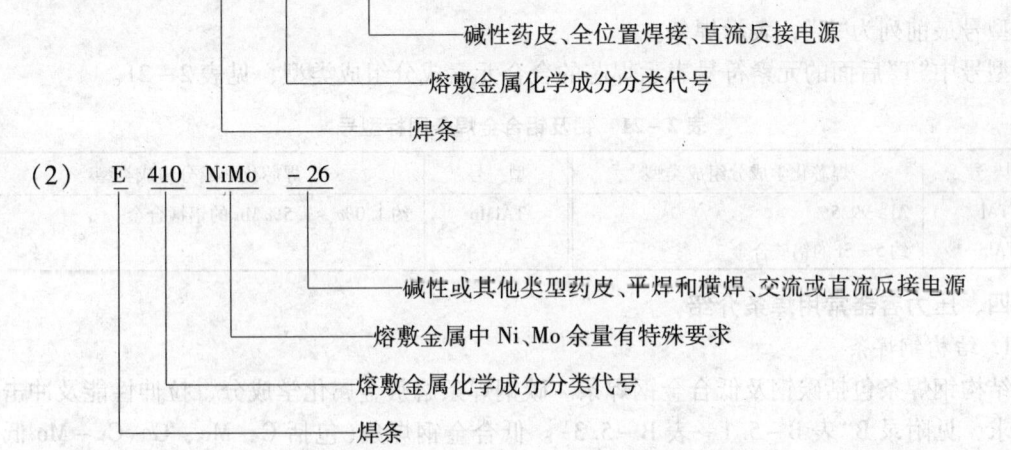

不锈钢焊条各种型号及熔敷金属化学成分、力学性能见附录 B"表 B - 10.1、表 B - 10.2"，国产不锈钢焊条商品牌号与 GB、AWS 标准型号对照表见附录 B"表 B - 10.3"。焊接电流及焊接位置见附近 B"表 B - 11"，新旧型号对照表见附录 B"表 B - 12"。

4. 堆焊焊条

堆焊焊条根据熔敷金属化学成分、药皮类型和焊接电流种类划分，其中仅有碳化钨管状焊条型号根据芯部碳化钨粉的化学成分和粒度划分。

型号最前列为"E"，表示焊条。

型号第二个字母"D"表示表面耐磨堆焊。

字母"D"后用一位或两位字母、元素符号表示焊条熔敷金属化学成分分类代号，还可附加一些主要成分的元素符号。在基本型号内可用数字、字母进行细分类，细分类代号用短划"-"与前面符号分开。堆焊焊条熔敷金属化学成分分类见附录B"表B-13"。

型号中最后两位数字表示药皮类型和焊接电源种类用短划"-"与前面符号分开。如果药皮类型和电源种类不加限定，则型号可简化（如EDPCrMo-Al-03简化成EDPCrMo-Al）。堆焊焊条药皮类型和焊接电流种类见附录B"表B-14"。

对于堆焊碳化钨管状焊条，型号中第一个字母"E"表示焊条；第二个字母"D"表示表面耐磨层堆焊，其后用"G"和合金元素符号"WC"表示堆焊碳化钨管状焊条，"WC"后面用数字1、2、3表示焊芯碳化钨粉化学成分分类代号（堆焊碳化钨管状焊条碳化钨化学成分见附录B"表B-15"），其后用短划"-"分开，短划后面为碳化钨粉粒度代号，用通过筛网和不通过筛网的两个目数表示，并以斜线间隔，也可以用通过筛网的目数表示，见附录B"表B-16"。

5. 铜及铜合金焊条

型号最前列为"T"，表示焊条。

型号中"T"后面的元素符号表示熔敷金属合金元素成分组成类型，见表2-20。

表2-20 铜及铜合金焊条国标型号

型号	熔敷金属化学成分组成类型	型号	熔敷金属化学成分组成类型
TCu	Cu≥99%	TCuSnB	约8%Sn的磷青铜
TCuSi	约3%Si的硅青铜	TCuAl	约8%Al的铝青铜
TCuSnA	约6%Sn的磷青铜	TCuMnAl	约6%Al、约10%Mn的铝青铜

6. 铝及铝合金焊条

型号最前列为"T"，表示焊条。

型号中"T"后面的元素符号表示焊芯的合金元素成分组成类型，见表2-21。

表2-21 铝及铝合金焊条国标型号

型号	焊芯化学成分组成类型	型号	焊芯化学成分组成类型
TAl	Al≥99.5%	TAlMn	约1.0%~1.5%Mn的铝锰合金
TAlSi	约5%Si的铝硅合金		

四、压力容器常用焊条介绍

1. 结构钢焊条

结构钢焊条包括碳钢及低合金钢焊条。碳钢焊条熔敷金属化学成分、拉伸性能及冲击性能要求，见附录B"表B-5.1~表B-5.3"。低合金钢焊条（包括C、Mo、C-Cr-Mo低合金耐热钢焊条和低温Ni钢焊条）熔敷金属化学成分、拉伸性能及冲击性能要求，见附录B"表B-8.1~表B-8.3"，低合金高强度钢强度级别和钢号所对应的焊条牌号见附录B"表B-8.4"。

2. 钼和铬钼耐热钢焊条

C-Mo 及部分 C-Cr-Mo 低合金耐热钢焊条型号、熔敷金属化学成分、拉伸及冲击性能要求，见附录 B"表 B-8.1~表 B-8.3"。中合金耐热钢常用焊条标准型号和牌号及其化学成分，见附录 B"表 B-17"。

耐热钢焊条按其合金成分的质量分数分为低合金、中合金和高合金耐热钢焊条三类。焊条熔敷金属合金元素总质量分数在 5% 以下，属于低合金耐热钢焊条，对应的耐热钢合金系列有 C-Mo、C-Cr-Mo、C-Cr-Mo-V-Nb、C-Mo-V、C-Cr-Mo-V、C-Mn-Mo-V、C-Mn-Ni-Mo 等。熔敷金属合金元素总质量分数在 6%~12% 范围内，属于中合金耐热钢焊条，对应的耐热钢合金系列有 C-Cr-Mo、C-Cr-Mo-V、C-Cr-Mo-Nb、C-Cr-Mo-V-Nb、C-Cr-Mo-W-V-Nb 等。熔敷金属合金总质量分数高于 13% 的属于高合金耐热钢焊条，对应的耐热钢有马氏体、铁素体、奥氏体高合金耐热钢。

3. 低温钢焊条

低温钢焊条的国标型号、熔敷金属化学成分，拉伸及冲击性能要求，见附录 B"表 B-8.1~表 B-8.3"中的镍钢焊条系列。焊条牌号及其所对应的标准型号见附录 B"表 B-9"。低温钢焊条的工作温度等级见表 2-22。

表 2-22 低温钢焊条的工作温度等级

牌号	允许工作温度等级/℃	牌号	允许工作温度等级/℃
W60×	-60	W10×	-100
W70×	-70	W19×	-196
W80×	-80	W25×	-253
W90×	-90		

4. 不锈钢焊条

不锈钢焊条的国标型号、熔敷金属化学成分、力学性能以及国产不锈钢焊条商品牌号与 GB、AWS 标准型号对照，见附录 B"表 B-10.1~表 B-10.3"。

5. 堆焊焊条

堆焊焊条按堆焊合金系列分类，有铁基、钴基、镍基、铜基以及碳化钨等标准型号。堆焊焊条型号分类、熔敷金属化学成分分类，见附录 B"表 B-13"。其中，几种类型的耐磨合金类型、典型合金系统、性能特点及用途见附录 A"表 A-33"。

6. 镍及镍合金焊条

镍及镍合金焊条分为纯 Ni、Ni-Cu、Ni-Cr、Ni-Cr-Fe、Ni-Mo、Ni-Cr-Mo 等类型，焊条熔敷金属的化学成分每一类型分为一种或多种型号的焊条。我国镍及镍合金焊条熔敷金属化学成分见附录 B"表 B-18.1~表 B-18.2"（GB/T 13814—2008）国际标准（ISO 14172）镍和镍合金焊条型号及熔敷金属化学成分、力学性能见附录 B"表 B-18.3、表 B-18.4"；与国标标准对应的一些国家标准焊条分类见附录 B"表 B-18.5"。

7. 铜及铜合金焊条

铜和铜合金焊条主要分为纯铜焊条和青铜焊条两类，应用较多的是青铜焊条。对于黄铜，由于所含的合金元素锌容易蒸发，极少采用焊条电弧焊，一般选用青铜焊芯的焊条，如 T207（ECuSi-B）或 T227（ECuSnB）。铜和铜合金焊条的牌号、成分、熔敷金属机械性能及型号对照表,见附录B"表B-19.1~表B-19.3"。

8. 铝及铝合金焊条

铝及铝合金焊条芯的型号、化学成分及力学性能,见附录B"表B-20.1、表B-20.2"。

9. 国内外常用焊条对照

国内外常用焊条对照表见附录B"表B-21.1~表B-21.10"。

10. 压力容器用钢焊条有关技术条件

JB/T 4747.1—2007《承压设备用钢焊条技术条件》对压力容器用钢焊条的技术要求,见附录B"表B-6"。对压力容器用钢焊条熔敷金属中S、P含量的规定,见附录B"表B-22"。

五、焊条的选择与使用

(一)焊条的选用原则

焊条的选用除应了解焊条的成分、性能和用途外,还须根据被焊焊件的状况、施工条件及焊接工艺等进行综合考虑,一般应注意以下几个方面:

1. 被焊材料的力学性能和化学成分

对于普通结构钢,通常要求焊缝金属与母材等强度,应选用抗拉等于或稍高于母材的焊条。

对于合金结构钢,通常要求焊缝的主要合金成分与母材的成分相同或相近。

对于焊接接头刚性大、接头应力高、焊缝容易产生裂纹的焊接结构,宜考虑选用比母材强度低一级的焊条。

当母材中C及S、P等元素含量偏高时,焊缝易出现裂纹,应选用抗裂性能好的低氢型焊条。

2. 焊件的使用性能和工作条件

对承受冲击载荷的焊件,除满足强度要求外,还应保证焊缝具有较高的韧性和塑性,应选用塑性、韧性较高的低氢型焊条。

对于压力容器壳体等受压元件焊接,应按使用工况(温度、压力、耐腐蚀性等)选择焊条。例如在高温或低温条件下,应选用相应的耐热钢或低温钢焊条;接触腐蚀介质条件下,应根据腐蚀介质及腐蚀特征,选应相应的不锈钢焊条或其他耐腐蚀焊条。

3. 焊件的结构特点和受力状态

对于结构形状复杂、刚性大及大厚度焊件,由于焊接过程会产生很大的应力,导致焊缝出现裂纹,应选用抗裂性好的低氢型焊条。

对于焊接部难以清理干净的焊件,应选用氧化性较强的对表面铁锈、氧化皮、油污不敏感的酸性焊条。

对受条件限制不能翻转的焊件,因有些焊缝处于非平焊位置,应选用适于全位置焊接的焊条。

4. 施工条件及设备

根据焊条特性及其使用要求(包括空载电压值、电流值、电源极性、操作要求等)选择合适的焊条。例如在没有电流电源、且焊接结构又要求必须使用低氢型焊条的场合,应选用交、直流两用的低氢型焊条。

根据焊接现场条件(如低温下焊接、通风条件下焊接、野外焊接操作等),以及焊接位置（如平焊、平焊、立焊、仰焊、立向下焊等）选择合适的焊条。例如在狭小或通风不良的场所，应选用酸性焊条或低尘焊条。

5. 改善操作工艺性能

在满足产品性能要求的条件下，可选用电弧稳定、飞溅少、焊缝成形均匀、容易脱渣的焊接工艺性能好的酸性焊条。此外，选择焊条的工艺性能还应满足施焊操作需要，例如对于立向下焊、管道焊接、底层焊接、盖面焊、重力焊等情况，应选用相应的专用焊条。

6. 合理的经济效益

合理的经济效益应以满足使用性能和焊接操作工艺性为前提，尽量选用成本低、效率高的焊条。例如，铁粉焊条、高效率不锈钢焊条及重力焊条等，较多应用于焊接工作量大的结构。

（二）焊条的具体选用

1. 结构钢焊条的选用

一般根据钢材的强度等级选择相应等级的碳钢焊条或低合金钢焊条。如果焊缝冷却速度较大，为防止产生裂纹，可选用比母材强度低一级的焊条；对于厚板多层焊或焊后进行正火处理的情况，选择强度等级稍高的焊条，以防止焊缝强度过低。

对于相同强度等级酸性焊条或碱性焊条的选择，主要取决于钢材的可焊性与抗裂性。还须考虑容器的结构形状、复杂程度、刚度、板材厚度、载荷性质等。通常，碱性焊条比酸性焊条具有较好的塑性、韧性、抗裂性能以及低温性能，且较适宜于恶劣工作条件。

对于异种钢材料的焊接，可按照其中强度等级较低的材料选取相应的焊条。

焊接耐腐蚀钢材料，须选用配套的专用焊条或熔敷金属化学成分与母材相同或相近的焊条。

对于焊接接头的冷弯角度、低温冲击制性、延伸率、扩散氢含量以及焊条熔敷金属中S、P含量有较高要求时，宜选用带"G"的焊条（如J420G、J506G、（J506RH）J507GR（J507RH）、J507XG等）。

对于第Ⅱ、Ⅲ类压力容器的焊接，应选用碱性低氢型药皮焊条。

结构钢焊条（碳钢、低合金钢及耐蚀低合金钢焊条）的选用，见附录B"表B-23.1～表B-23.3"。

2. 钼及铬钼耐热钢的选用

选用的焊条应保证焊缝金属的化学成分与机械性能和母材基本一致。见附录B"表B-24"。

3. 低温钢焊条的选用

选用的焊条应保证焊缝金属的化学成分和低温性能与母材基本一致。见附录B"表B-25"。

4. 不锈钢焊条的选用

选用的焊条保证焊缝金属的化学成分以及使用温度、腐蚀介质、抗氧化性能等与母材基本一致。见附录B"表B-26.1、表B-26.2"。

5. 堆焊焊条的选用

选用堆焊焊条的主要依据是使用温度、工作介质、磨损类型（磨粒磨损、冲击磨损、金属间磨损）、耐气蚀、耐热性和耐蚀性。附录B"表B-27"列举了阀门密封面堆焊焊条的选择。

6. 镍及镍基合金焊条、铜和铜合金焊条、铝及铝合金焊条的选用

选用焊条的主要依据是用材的合金系列与成分,见附录B"表B-28、表B-29、表B-30"。

7. 异种钢焊接用焊条的选用

选择焊条的依据是异种钢两种材料的化学成分和力学性能,见附录B"表B-31"。

8. 复合钢板焊接用焊条的选用

此类焊条的选择须考虑基层、复层材料的化学成分、力学性能、复层合金元素稀释倾向以及使用温度、工作介质、复层的耐蚀性及抗氧化性等,通常应采用过渡层。焊条的选用见附录B"表B-32"。

9. 常用钢号推荐选用的焊条

见附录B"表B-33"。

第二节 焊 丝

一、概述

焊丝主要用作埋弧焊、气体保护焊、电渣焊以及气焊的填充金属材料,对于埋弧焊、气体保护焊及电渣焊也作电极之用。

焊丝的类型有实芯焊丝、药芯焊丝和有色金属焊丝三大类。前两者为钢焊丝,后者又可分为铜及铜合金、铝及铝合金、镍及镍合金、高温合金焊丝,堆焊用实心及药芯焊丝(如珠光体钢、普通马氏体钢、高铬马氏体不锈钢、铬镍奥氏体不锈钢等堆焊焊丝及高铬合金铸铁、钴基合金等堆焊焊丝),铸铁气焊及气体保护焊用实心焊丝及铸铁焊接用药芯焊丝等。

二、实心焊丝

焊接中普遍使用的是实心焊丝,药芯焊丝只在某些特殊场合使用。焊丝的品种随所焊接金属材料的不同而异,根据GB/T 14957—1994《熔化焊用钢丝》、GB/T 4241—2006《焊接用不锈钢盘条》规定,附录B"表B-34"、"表B-35"所列为典型的碳素结构、合金结构钢及不锈钢焊丝的化学成分。

实心焊丝牌号最前列的字母"H"表示实心焊丝,"H"后面的数字表示碳的质量分数,其后的化学元素符号及后面的数字表示该元素大致的质量分数[当元素的含量$w(Me)$小于1%时,元素符号后面的数字省略]。有些结构钢焊丝牌号尾部标有"A"或"E"字母,"A"表示优质品,即要求焊丝中的S、P含量比普通焊丝低;"E"表示高级优质品,即S、P含量更低。举例如下:

(1)

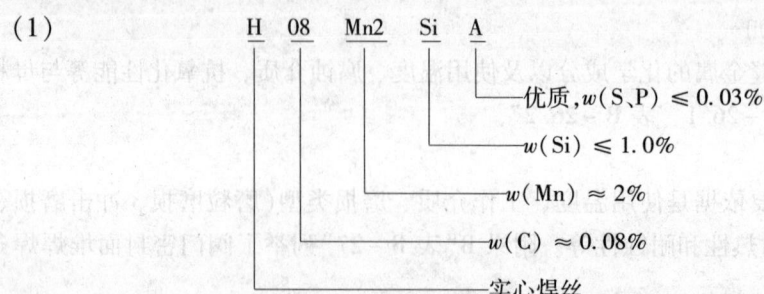

(2)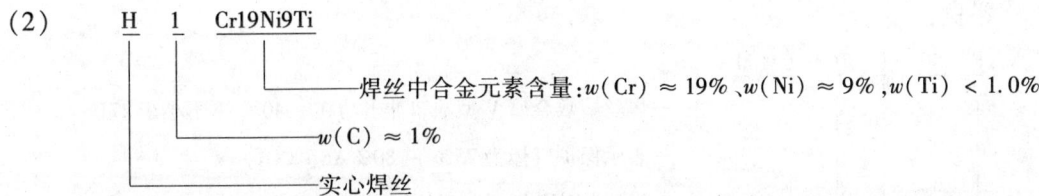

实心焊丝直径的选择一般按用途决定,半自动埋弧焊用焊丝较细,通常为 $\phi1.6 \sim 2.4mm$;自动埋弧焊为 $\phi3 \sim 6mm$。表 2-23 所列为国产钢焊丝直径及允许偏差。各种直径的普通钢焊丝埋弧焊时,使用电流范围见表 2-24,对于一定直径的焊丝,使用的电流有一定的范围,使用电流越大,熔敷率越高。而同一电流使用小直径的焊丝,可以获得较大熔深、较小熔宽的效果,当工件装配不良时,宜选用较粗的焊丝。

表 2-23 钢焊丝直径及其允许偏差

焊丝直径		0.4 0.6 0.8	1.0 1.2 1.6 2.0 2.5 3.0	3.2 4.0 5.0 6.0	6.5 7.0 8.0 9.0
允许偏差	普通精度	-0.07	-0.12	-0.16	-0.20
	较高精度	-0.04	-0.06	-0.08	-0.10

表 2-24 各种直径普通钢焊丝埋弧焊使用的电流范围

焊丝直径/mm	1.6	2.0	2.5	3.0	4.0	5.0	6.0
电流范围/A	115~500	125~600	150~700	200~1000	340~1100	400~1300	600~1600

除不锈钢焊丝和有色金属焊丝外,各种低碳钢和低合金钢焊丝表面最好镀铜处理,这样既可防锈蚀又可改善焊丝与导电嘴的接触状况,但对于抗腐蚀材料焊接用焊丝不允许镀铜。

实心焊丝通常盘绕在焊丝盘上,按国家标准规定,每盘焊丝应只由一根焊丝绕成。

承压设备用气体保护电弧焊钢焊碳丝技术条件(JB/T 4747.2—2007)、及埋弧焊碳钢丝和焊剂技术条件(JB/T 4747.3—2007)见附录 B"表 B-36"、"表 B-37"。

三、药芯焊丝

1. 碳钢用药芯焊丝

我国目前执行的碳钢药芯焊丝国家标准(GB/T 10045—2001),在技术上等效于美国 ANSI/AWSA5.20:1995《电弧焊用碳钢药芯焊丝规程》。包括气体保护和自保护电弧焊用碳钢药芯焊丝。

碳钢药型焊丝的型号表示为"E××× T - XML"。字母"E"表示焊丝,字母 T 表示药芯焊丝。型号中的符号按顺序的含义是:

字母"E"后面的前两个符号"××"表示熔敷金属力学性能

字母"E"后面的第三个符号"×"表示推荐的焊接位置,其中"0"表示平焊和横焊,"1"表示全位置焊接。

短划后的符号"×"表示药芯的焊丝的类别特点。

字母"M"表示保护气体为 75%~80% Ar + CO_2;当无字母"M"时,表示保护气体为 CO_2 或为自保护类型。

字母"L"表示药芯焊丝熔敷金属在 -40℃时,V 形缺口冲击吸收功不小于 27J;当无"L"时,表示药芯焊丝熔敷金属的冲击性能符合一般要求。

举例：

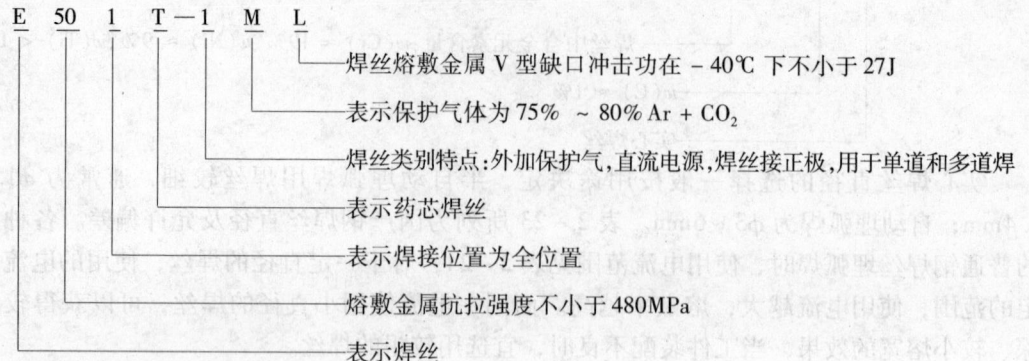

碳钢药芯焊丝熔敷金属化学成分、拉伸试验及V形缺口冲击试验要求指标，以及焊接位置、保护类型、极性和适应要求，见附录B"表B-38"~"表B-40"。

2. 低合金钢药芯焊丝

GB/T 17493—2008 对气体保护和自保护电弧焊用低合金钢药芯焊丝的型号分类和技术要求等作了规定：

焊丝按药芯类型分为非金属粉型药芯焊丝和金属粉型药芯焊丝。

非金属粉型药芯焊丝按化学成分分为钼钢、镍钢、锰钼钢和其他低合金钢等五类；金属粉型药芯焊丝按化学成分分为钼钢、镍钢、锰钼钢和其他低合金钢等四类；

非金属粉型药芯焊丝型号按熔敷金属的抗拉强度和化学成分、焊接位置、药芯类型和保护气体进行划分；金属粉型药芯焊丝型号按熔敷金属的抗拉强度和化学成分进行划分。焊丝的简要说明和国际上主要标准型号的对应关系见 GB/T 17493—2008 附录A和附录B。

非金属粉型药芯焊丝型号为 E×××T×-××(-JH×)，其中字母"E"表示H焊丝，字母"T"表示非金属粉型药芯焊丝，其他符号说明如下：

① 熔敷金属的抗拉强度以字母"E"后面的前两个符号"××"表示熔敷金属的最低抗拉强度；

② 焊接位置以字母"E"后面的第三个符号"×"表示推荐的焊接位置。见附录B"表B-41"；

③ 药芯类型以字母"T"后面的符号"×"表示药芯类型及电流种类。见附录B"表B-41"；

④ 熔敷金属化学成分以第一个短划"-"后面的符号"×"表示熔敷金属化学成分代号；

⑤ 保护气体以化学成分代号后面的符号"×"表示保护气体类型："C"表示CO_2，"M"表示 $Ar+(20\%~25\%)CO_2$ 混合气体，当该位置没有符号出现时，表示不采用保护气体，为自保护型，见附录B"表B-41"；

⑥ 更低温度的冲击性能(可选附加代号)以型号中如果出现第二个短划"-"及字母"J"时，表示焊丝具有更低温度的冲击性能；

⑦ 熔敷金属扩散氢含量(可选附加代号)以型号中如果出现第二个短划"-"及字母"H×"时，表示为扩散氢含量最大值。

金属粉型药芯焊丝型号为 E××C-×(-H×)，其中字母"E"表示焊丝，字母"C"表示金属粉型药芯焊丝，其他符号说明如下：

① 熔敷金属的抗拉强度以字母"E"后面的两个符号"××"表示熔敷金属的最低抗拉强度；

② 熔敷金属化学成分以第一个短划"-"后面的符号"×"表示熔敷金属化学成分代号；

③ 熔敷金属扩散氢含量（可选附加代号）以型号中如果出现第二个短划"－"及字母"H×"时，表示为扩散氢含量，"×"为扩散氢含量最大值。

完整焊丝型号表示示例如下：

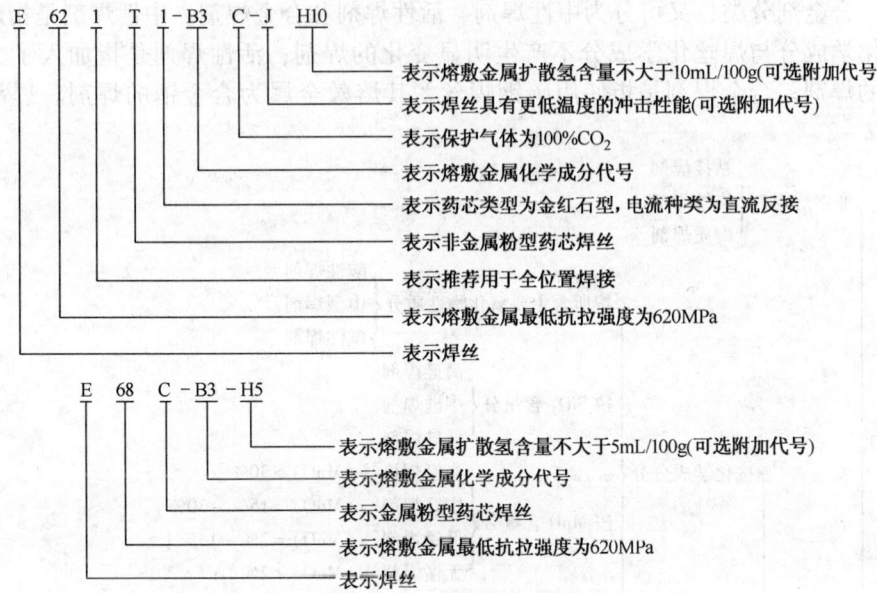

低合金钢药芯焊丝按其熔敷金属抗拉强度等级，可分为 E43、E50、E55、E60、E70、E75 和 E85 八类。非金属粉型药芯焊丝和金属粉型药芯焊丝熔敷金属力学性能见附录 B"表 B－42"。焊丝要求的化学成分分析、力学性能、射线探伤及角焊缝等试验项目应符合附录 B"表 B－43"。

按照焊丝化学成分，低合金钢药芯焊丝，可分为碳钼焊丝、镍钢焊丝、锰钼钢焊丝及其他低合金钢焊丝，其熔敷金属化学成分要求见附录 B"表 B－44"。此外，低合金钢药芯焊丝按照药粉中有无造渣剂，还可分为熔渣型和金属粉型药芯焊丝，前者又可分为酸性和碱性药芯焊丝两类。酸性药芯焊丝也称钛型或金红石型药芯焊丝，渣系成分主要采用 TiO_2-SiO_2，焊丝焊接工艺性优良，可进行全位置焊接，但力学性能和抗裂性较差。碱性药芯焊丝也称钙型药芯焊丝，渣系成分 $CaF_2 \cdot CaCO_3$，焊丝焊接工艺性能一般，力学性能和抗裂性较好。金属粉型药芯焊丝主要由 Fe 粉、合金粉组成，含有少量稳弧剂、脱氧剂、具有较高的熔敷速度，且具有熔渣生成较少、扩散氢含量低、焊接工艺性能好等优点。

我国目前生产的一些低合金钢药芯焊丝牌号及所对应的标准型号，见附录 B"表 B－45"。

3. 不锈钢药芯焊丝

我国不锈钢药芯焊丝的熔敷金属化学成分标准（GB/T 17583—1999）等效于 ANSI/AW-SA5·22—1995，见附录 B"表 B－46"。

第三节 焊　　剂

一、概述

焊剂的作用相当于焊条的药皮，配合一定焊丝用于焊接（或钎焊），参与冶金反应，并改善焊接工艺过程。焊剂有埋弧焊及电渣焊焊剂、气焊焊剂和钎焊焊剂三类，其中埋弧焊及电渣焊焊剂又可分为熔炼焊剂、粘接焊剂和烧结焊剂。熔炼焊剂根据颗结构不同又分为玻璃状焊剂、玉石焊剂和浮石状焊剂，粘接焊剂又称为陶瓷焊剂。经 700～900℃ 烧结温度烧结的焊剂又称为高温烧结焊剂。压力容器焊剂中常用的是熔炼焊剂和烧结焊剂。焊剂按照添加的脱氧剂、合金剂分类，又可分为中性焊剂、活性焊剂和合金焊剂。中性焊剂是指焊接后的熔敷金属化学成分与焊丝化学成分不产生明显变化的焊剂；活性焊剂是指加入了少量 Mn、Si 脱氧剂的焊剂；合金焊剂是指使用碳钢焊丝，其熔敷金属为合金钢的焊剂。焊剂的详细分类见图 2-2。

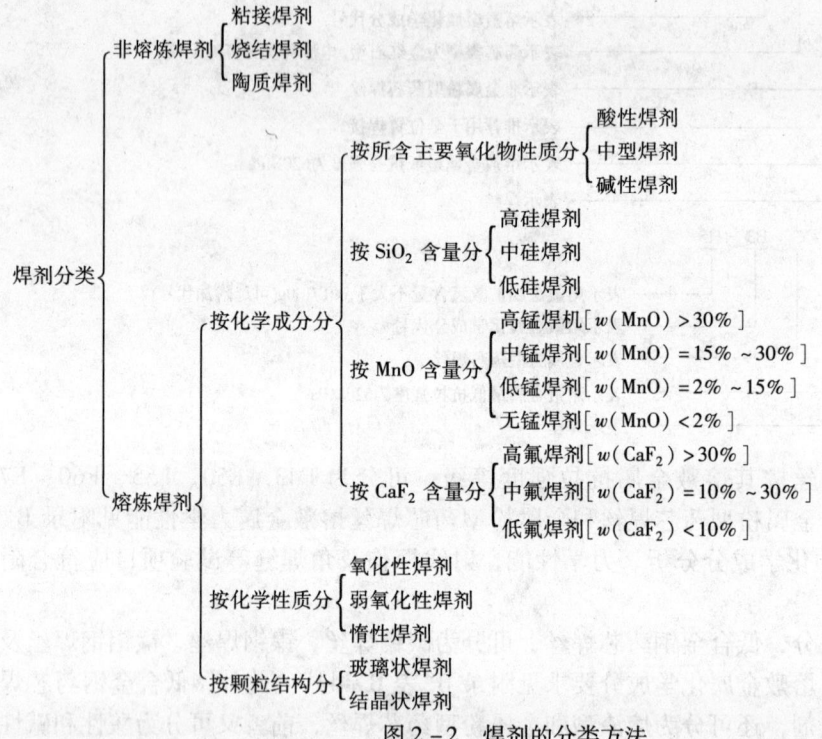

图 2-2 焊剂的分类方法

此外，焊剂也可以按碱度进行分类，按国际焊接学会推荐的焊剂碱度计算公式计算下式 B 值：

$$B = [CaO + MgO + BaO + SrO + Na_2O + K_2O + CaF_2 + 0.5(MnO + FeO)]/[SiO_2 + 0.5(Al_2O_3 + TiO_2 + ZrO_2)]$$

式中各氧化物及氟化物的含量均为质量分数。

上式中如果 $B<1.0$ 则为酸性焊剂，$B≈0$ 为中性焊剂，$B>1.0$ 为碱性焊剂。一般来说，酸性焊剂的焊接工艺性能较好，但焊缝金属韧性较差；当用碱性焊剂或高碱性焊接时，可获得高韧性焊缝，但焊接工艺性能较差。

埋弧焊及电渣焊焊剂除按用途分为钢用焊剂和有色金属焊剂外，通常按制造方法、化学成分、化学性质、颗粒结构等分类。

二、焊剂的型号和牌号编制方法

（一）焊剂的型号

焊剂的型号按国家标准划分，我国现行 GB/T 5293—1999《埋弧焊用碳钢焊丝和焊剂》中规定，焊剂型号依据埋弧焊焊缝金属的力学性能划分。表示方法为：

型号的最前列"HJ"，表示焊剂。

"HJ"后面第一位数字表示焊缝金属抗拉强度、屈服强度及延伸率,见表2-25。

"HJ"后面第二位数字表示拉伸式样与冲击式样的状态,见表2-26。

"HJ"后面第三位数字,表示焊缝金属冲击吸收功不低于27J时的最低试验温度,见表2-27。

型号的尾部为"H×××",表示焊接试板时,与焊剂匹配的焊丝牌号(按 GB/T 14957—1994《熔化焊用钢丝》规定选用)。

表2-25　焊剂型号中第一位数字的含义

X_1	抗拉强度 σ_b/MPa	屈服点 σ_s/MPa	伸长率 δ/%
3	410~550	≥303	≥22.0
4	410~550	≥330	≥22.0
5	480~650	≥437	≥22.0

表2-26　焊剂型号中第二位数字的含义(试样状态)

国标型号	试样状态
HJ×0×-H×××	焊态
HJ×1×-H×××	焊后热处理状态 $\begin{bmatrix} 热处理温度 \\ 626±15℃ \\ 保温1h \\ 炉冷或空冷 \end{bmatrix}$

表2-27　焊剂型号中第三位数字的含义

×$_3$	0	1	2	3	4	5	6
试验温度/℃	—	0	-20	-30	-40	-50	-60

举例:

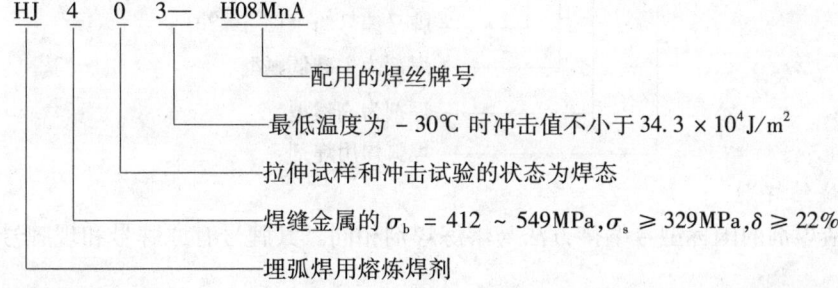

（二）焊剂的牌号

通用的焊剂统一牌号形式与国标焊剂型号相同,但牌号中数字的含义则与焊剂型号中的数字含义不同。

1. 熔炼焊剂:HJ$x_1 x_2 x_3 x$

牌号最前列为"HJ",表示埋弧焊用熔炼焊剂。

"HJ"后面第一位数字,表示焊剂中MnO平均含量,见表2-28。

"HJ"后面第二位数字,表示焊剂中SiO_2、CaF_2平均含量,见表2-29。

"HJ"后面第三位数字,表示同一类型焊剂的不同牌号,按"0,1,2,3…,9"顺序编排。

同一牌号生产两种颗粒度时,牌号后面不加"×"表示普通颗粒度(40~8目),加"×"表示细颗粒度(60~14目)焊剂。

表 2-28 熔炼焊剂牌号中第一位数字含义

熔炼焊剂牌号	焊剂类型	焊剂中 MnO 平均含量(质量分数)/%
HJ1$×_2×_3$	无锰	<2
HJ2$×_2×_3$	低锰	2~15
HJ3$×_2×_3$	中锰	15~30
HJ4$×_2×_3$	高锰	>30

表 2-29 熔炼焊剂牌号中第二位数字含义

熔炼焊剂牌号	焊剂类型	焊剂中 SiO_2 和 CaF_2 平均含量(质量分数)/%	
		SiO_2	CaF_2
HJ$×_1$1$×_3$	低硅低氟	<10	<10
HJ$×_1$2$×_3$	中硅低氟	10~30	<10
HJ$×_1$3$×_3$	高硅低氟	>30	<10
HJ$×_1$4$×_3$	低硅中氟	<10	10~30
HJ$×_1$5$×_3$	中硅中氟	10~30	10~30
HJ$×_1$6$×_3$	高硅中氟	>30	10~30
HJX$_1$7$×_3$	低硅高氟	<10	>30
HJ$×_1$8$×_3$	中硅高氟	10~30	>30
HJ$×_1$9$×_3$	其他	—	—

举例:

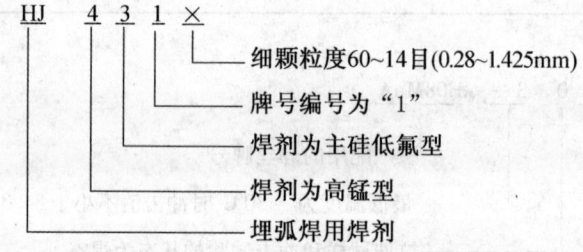

2. 烧结焊剂

烧结焊剂的国标型号编排方法与熔炼焊剂相同。其牌号有原牌号和现牌号之分,表示方法如下:

(1) 烧结焊剂原牌号表示方法

牌号的最前列为"HJ",表示埋弧焊和电渣焊用烧结焊剂。

"HJ"后面第一位数字,以"6"表示烧结焊剂。

"HJ"后面第二位数字,表示焊剂中 SiO_2、CaF_2 含量,见表 2-30。

"HJ"后面第三位数字,表示同一类型焊剂的不同牌号,按"0,1,2,3…,9"顺序编排。

(2) 烧结焊剂现用牌号表示方法($SJ×_1×_2×_3$)

牌号最前列为"SJ",表示埋弧焊合电渣焊用烧结焊剂。

"SJ"后面第一位数字,表示焊接熔渣渣系的类型,用 1~6 六个数字表示,见表 2-31。

第二章 焊接材料

表 2-30 烧结焊剂牌号中 $×_1$ 的含义

烧结焊剂牌号	熔渣类型	主要组分范围(质量分数)/%
SJ1$×_2×_3$	氟碱型	$CaF_2 \geq 15$、$CaO + MgO + MnO + CaF_2 > 50$、$SiO_2 \leq 20$
SJ2$×_2×_3$	高铝型	$Al_2O_3 \geq 15$、$Al_2O_3 + CaO + MgO > 45$
SJ3$×_2×_3$	硅钙型	$CaO + MgO + SiO_2 > 60$
SJ4$×_2×_3$	硅锰型	$MnO + SiO_2 > 50$
SJ5$×_2×_3$	铝钛型	$Al_2O_3 + TiO_2 > 45$
SJ6$×_2×_3$	其他型	—

表 2-31 烧结焊剂现用牌号中第一位数字含义

焊剂牌号	熔渣渣系类型	主要组成范围(质量分数)/%
SJ1××	氟碱型	$CaF_2 \geq 15$ $CaO + MgO + MnO + CaF_2 > 50$ $SiO_2 \leq 20$
SJ2××	高铝型	$Al_2O_3 \geq 20$ $Al_2O_3 + CaO + MgO > 45$
SJ3××	硅钙型	$CaO + MgO + SiO_2 > 60$
SJ4××	硅锰型	$MgO + SiO_2 > 50$
SJ5××	铝钛型	$Al_2O_3 + TiO_2 > 45$
SJ6××	其他型	

"SJ"后面第二、三位数字,表示同一渣系类型中焊剂的牌号,按"01,02,03,…,09"顺序编排。例如:

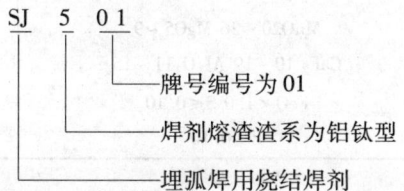

碳钢焊接时,主要选用硅钙型、硅锰型和铝钛型烧结焊剂。

国产熔炼型和烧结型焊剂牌号、成分及其使用范围见附录 B"表 B-47"、"表 B-48";我国埋弧焊合电渣焊常用焊剂和选用参见附录 B"表 B-49"。

不锈钢埋弧焊主要选用氧化性弱的中性或碱性焊剂。熔炼性焊剂有:无锰中硅中氟的 HJ150、HJ151、HJ151Nb 和低锰低硅高氟的 HJ172,低锰高硅中氟的 HJ260。其中,HJ151Nb 主要解决含 Nb 奥氏体不锈钢脱渣难的问题。烧结型焊剂有:SJ601、SJ608 及 SJ701,其中 SJ701 脱渣容易,特别适合于含 Ti 不锈钢的焊接。几种不锈钢埋弧焊焊剂与焊丝的匹配见表 2-32。常用电渣焊焊剂的类型、化学成分用途。见表 2-33。

表 2-32 不锈钢埋弧焊几种焊丝焊剂的匹配

焊剂牌号	焊丝牌号	焊接特点
HJ150	1Cr13、2Cr13	直流正极、工艺性能良好、脱渣容易
HJ151	H0Cr21Ni10、H0Cr20Ni10Ti、H00Cr21Ni10	直流正极、工艺性能良好、脱渣容易,增碳少、烧损铬少
HJ151Nb	H0Cr20Ni10N、H00Cr24Ni12Nb	直流正极、工艺性能良好、焊接含铌钢时脱渣容易,增碳少、烧损铬少

续表

焊剂牌号	焊丝牌号	焊接特点
HJ172	Cr12型热强马氏体不锈钢 H0Cr21Ni10、H0Cr20Ni10Nb	直流正极、工艺性能良好、焊接含铌或含钛不锈钢时不粘渣
HJ260	H0Cr21Ni10、H0Cr20Ni10Ti	直流正极、脱渣容易、铬烧损较多
SJ601	H0Cr21Ni10、H00Cr20Ni10、H00Cr19Ni12Mo2	直流正极、工艺性能良好、几乎不增碳、烧损铬少，特别适用于低碳与超低碳不锈钢的焊接
SJ608	H0Cr21Ni10、H0Cr20Ni10Ti、H00Cr21Ni10	可交直流两用，直流正极焊接时具有良好的工艺性能，增碳与烧铬都很少
SJ701	H0Cr20Ni10Ti、H0Cr21Ni10	可交直流两用，直流正极焊接时具有良好的工艺性能，焊接时钛的烧损少，特别适用于H1Cr18Ni9Ti等含钛不锈钢的焊接

表2-33 常用电渣焊焊剂的类型、化学成分和用途

牌号	类型	化学成分(质量分数)/%	用途
HJ170	无锰低硅高氟	SiO_2 6~9 TiO_2 35~41 CaO 12~22 CaF_2 27~40 NaF 1.5~2.5	固态时有导电性，用于电渣焊开始时形成渣池
HJ360	中锰高硅中氟	SiO_2 33~37 CaO 4~7 MnO 20~26 MgO 5~9 CaF_2 10~19 Al_2O_3 11~15 FeO < 1.0 S ≤ 0.10 P ≤ 0.10	用于焊接低碳和某些低合金钢

3. 低合金钢焊剂型号

GB/T 12470—2003《埋弧焊用低合金钢焊丝和焊剂》中，焊剂型号是按照埋弧焊焊缝金属力学性能、焊剂渣系以及焊丝牌号来表示，即型号表示为：

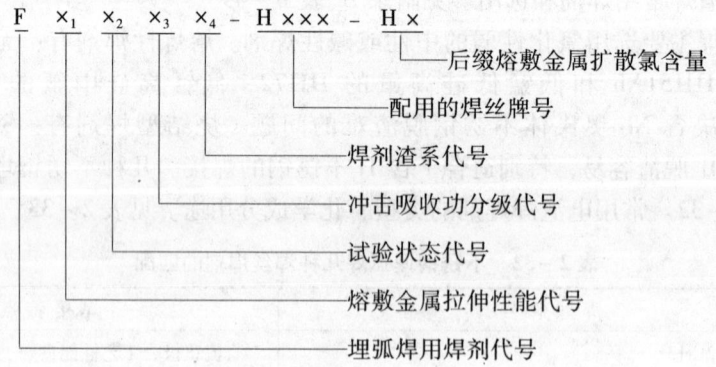

型号最前列字母"F"，表示埋弧焊焊剂。

$×_1$为两位数字表示焊丝-焊剂组合熔敷金属抗拉强度的最低值(MPa)，见表2-34。

$×_2$为试样状态代号，用"0"、"1"表示，见表2-35。

$×_3$为熔敷金属冲击吸收为分级代号，分为10级，见表2-36。

×₄为焊剂渣系代号,见表2-37。

"-"后面为配用的焊丝牌号。

如果需要标注熔敷金属中扩散氢含量时,可加后缀 H×,其中"×"表示扩散氢含量,见表2-38。若不需标准熔敷金属扩散氢含量,则后缀省略。

表 2-34 低合金钢埋弧焊用焊丝和焊剂组合熔敷金属拉伸性能要求

拉伸性能代号 ×₁	抗拉强度 σ_b/MPa	屈服强度 $\sigma_{0.2}$/MPa	伸长度 δ_5/%
5	480~650	≥380	≥22.0
6	550~690	≥460	≥20.0
7	620~760	≥540	≥17.0
8	690~820	≥610	≥16.0
9	760~900	≥680	≥15.0
10	820~970	≥750	≥14.0

表 2-35 试样状态代号

试样状态代号 ×₂	试样状态	试样状态代号 ×₂	试样状态
0	焊态	1	焊后热处理状态

表 2-36 熔敷金属 V 形缺口冲击吸收功分别代号

冲击吸收功分级代号 ×₃	试验温度/℃	冲击吸收功/J
0	—	无要求
1	0	
2	-20	
3	-30	
4	-40	
5	-50	≥27
6	-60	
8	-80	
10	-100	

表 2-37 焊剂渣形及组分

渣系代号 ×₄	主要组分(质量分数)	渣 系
1	CaO + MgO + MnO + CaF₂ >50% SiO₂ ≤20% CaF₂ ≥15%	氟碱型
2	Al₂O₃ + CaO + MgO₂ >45% Al₂O₃ ≥20%	高铝型
3	CaO + MgO + SiO₂ >60%	硅钙型
4	MnO + SiO₂ >50%	硅锰型
5	Al₂O₃ + TiO₂ >45%	铝钛型
6	不作规定	其他型

表2-38 熔敷金属扩散氢含量要求

焊剂型号	扩散氢含量/(mL/100g)	焊剂型号	扩散氢含量/(mL/100g)
F××××-H×××-H16	16.0	F××××-H×××-H4	4.0
F××××-H×××-H8	8.0	F××××-H×××-H2	2.0

注：1. 表中单值均为最大值。
2. 此分类代号为可选择的附加性代号。
3. 如标注熔敷金属扩散氢含量代号时，应注明采用的测定方法。

举例：

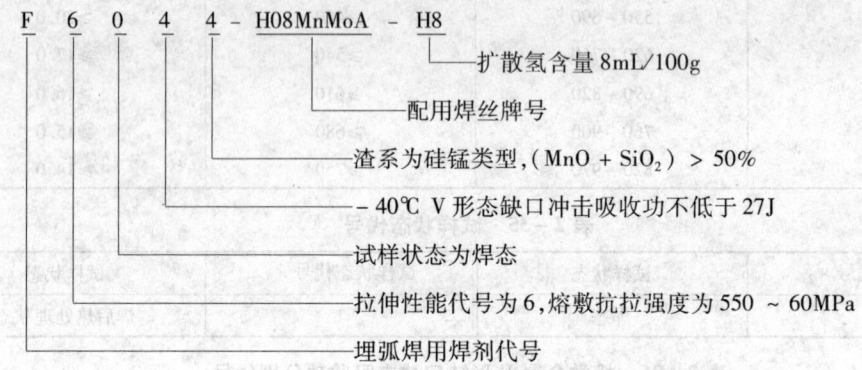

第四节 电极材料

钨极氩弧焊和等离子弧焊所用的电极材料主要是钨极，目前钨极的材料有纯钨材料和钨合金材料，经常使用的是纯钨极、钍钨极、铈钨极。

钨极作为电极材料，对它的基本要求是：发射电子能力强；耐高温且不易熔化烧损；有较大的许用电流。钨具有高的熔点（3410℃）和沸点（5900℃）、强度大（可达850~1100MPa）、热导率小和高温挥发性小等特点，适合用作不熔化电极。目前国内所用的钨极有纯钨、钍钨、铈钨三种，其牌号、特点及化学成分见表2-39和表2-40，三种钨极的性能比较见表2-41，不同直径钨极的许用电流范围见表2-42。有些国家还采用锆钨、镧钨、钇钨作为电极，以进一步提高钨极性能。钨极的国际牌号、化学成分见表2-43。

表2-39 钨极的种类、牌号和特点

种类	牌号	特点
纯钨极	W_1、W_2	优点：熔点、沸点高。缺点：要求较高的空载电压、长时间工作，有熔化现象
铈钨极	WCe20	优点：引弧电流小，弧柱压缩程度较大、寿命长、放射性剂量小
钍钨极	WTh-7、WTh-10 WTh-15、WTh-30	优点：克服纯钨极的缺点。缺点：尚有微量放射性

表2-40 钨极氩弧焊常用电极的化学成分

电极牌号	化学成分(质量分数)/%						
	W	ThO_2	CeO	SiO_2	$Fe_2O_3 + Al_2O_3$	Mo	CaO
W_1	>99.92	—	—	0.03	0.03	0.01	0.01
W_2	>99.85	—	—	总含量不大于0.15%			

续表

电极牌号	化学成分(质量分数)/%						
	W	ThO$_2$	CeO	SiO$_2$	Fe$_2$O$_3$+Al$_2$O$_3$	Mo	CaO
WTh-10	余量	1.0~1.49	—	0.06	0.02	0.01	0.01
WTh-15	余量	1.5~2.0	—	0.06	0.02	0.01	0.01
WCe-20	余量	—	2.0	0.06	0.02	0.01	0.01

表2-41 我国常用的三种钨极性能比较

名称	空载电压	电子逸出功	小电流下断弧间隙	弧压	许用电流	放射性剂量	化学稳定性	大电流时烧损	寿命	价格
纯钨	高	高	短	较高	小	无	好	大	短	低
钍钨	较低	较低	较长	较低	较大	小	好	较小	较长	较高
铈钨	低	低	长	低	大	无	较好	小	长	较高

表2-42 不同直径钨极的许用电流

电极直径/mm	直流/A				交流/A	
	正接(电极-)		反接(电极+)		钍钨	钍钨、铈钨
	纯钨	钍钨、铈钨	纯钨	钍钨、铈钨		
0.5	2~20	2~20	—	—	2~15	2~15
1.0	10~75	10~75	—	—	15~55	15~70
1.6	40~130	60~150	10~20	10~20	45~90	60~125
2.0	75~180	100~200	15~25	15~25	65~125	85~160
2.5	130~230	160~250	17~30	17~30	80~140	120~210
3.2	160~310	225~330	20~35	20~35	150~190	150~250
4.0	275~450	350~480	35~50	35~50	180~260	240~350
5.0	400~625	500~675	50~70	50~70	240~350	330~460
6.3	550~675	650~950	65~100	65~100	300~450	430~575
8.0						650~830

表2-43 钨极的国际规格(ISO)

牌号	化学成分(质量分数)/%			标准颜色
	氧化物		杂质	W	
Wp	—	—	≤0.20	99.8	绿色
WT4	ThO$_2$	0.35~0.55	<0.20	余量	蓝色
WT10	ThO$_2$	0.85~1.20	<0.20	余量	黄色
WT20	ThO$_2$	1.70~2.20	<0.20	余量	红色
WT30	ThO$_2$	2.80~3.20	<0.20	余量	紫色
WT40	ThO$_2$	3.80~4.20	<0.20	余量	橙色
WZ3	ZrO$_2$	0.15~0.50	<0.20	余量	棕色
WZ8	ZrO$_2$	0.70~0.90	<0.20	余量	白色
WL10	LaO$_2$	0.90~1.20	<0.20	余量	黑色
WC20	CeO$_2$	1.80~2.20	<0.20	余量	灰色

等离子弧焊枪所采用的电极材料与钨极材料与钨极氩弧焊相同,目前国内主要采用钍钨及铈钨电极,表2-44列出了钍钨电极的正接极性许用电流(铈钨极也可作为参

考)。由于等离子弧焊枪对钨电极的冷却与保护作用均优于氩弧焊焊枪,故钨极烧损程度较轻。

表2-44 等离子弧不同电极直径的电流范围

电极直径/mm	电流范围/A	电极直径/mm	电流范围/A
0.25	≤15	2.4	150~250
0.50	5~20	3.2	250~400
1.0	15~80	4.0	400~500
1.6	70~150	—	—

第五节 焊接用气体

钨极惰性气体保护焊(TIG)的保护气体不仅是焊接区域的保护介质,也是产生电弧的气体介质。因此保护气体的特性(如物理特性、化学特性等)不仅影响保护效果,也影响到电弧的引燃及焊接过程的电弧稳定。用于TIG焊的保护气体大致有三种,即氩气、氦气及混合气体(Ar-He、Ar-H_2混合气体),使用最广泛的是氩气。

熔化极惰性气体保护电弧焊(MIG)保护气体的主要作用是防止空气的有害作用,实现对焊缝和近缝区的保护。同时,保护气体的种类和流量也将对电弧特性、熔滴过渡形式、熔深与焊道形状、焊接速度及焊缝金属力学性能产生一定影响。用于MIG焊的保护气体一般有惰性气体氩和氦、惰性气体与氧化性气体的混合气体(亦称活性气体,如Ar+CO_2、Ar+O_2、Ar+CO_2+O_2、Ar+He+CO_2+O_2等)、CO_2气体。

等离子弧焊过程中,焊枪有两层气体,即从喷嘴流出的离子气和从保护气罩流出的保护气。离子气应为惰性气体,以防止钨极烧损,保护气对母材一般是惰性的,但如果活性气体不降低焊缝性能,也可在保护气中加入活性气体。等离子弧焊所用气体的选择取决于被焊金属材料,大致有Ar气、Ar-H_2混合气、Ar-He混合气、He气、Ar-CO_2混合气等。

钨极惰性气体保护电弧焊,各种金属对氩气纯度的要求、熔化极气体保护焊保护气体种类、焊接用氩气及CO_2气体质量要求分别见表2-45~表2-48。

表2-45 TIG焊各种金属对氩气纯度的要求

焊接材料	厚度/mm	焊接方法	氩气纯度(体积分数)/%	电流种类
钛及其合金	0.5以上	钨极手工及自动	99.99	直流正接
镁及其合金	0.5~2.0	钨极手工及自动	99.9	交流
铝及其合金	0.5~2.0	钨极手工及自动	99.9	交流
铜及其合金	0.5~3.0	钨极手工及自动	99.8	直流正接或交流
不锈钢、耐热钢	0.1以上	钨极手工及自动	99.7	直流正接或交流
低碳钢、低合金钢	0.1以上	钨极手工及自动	99.7	直流正接或交流

表 2-46 熔化极气体保护电弧焊保护气体种类

焊丝种类	焊接工艺方法	采用的保护气体
实心焊丝	二氧化碳气体保护焊	CO_2，CO_2+O_2
	惰性气体保护焊	Ar，He，He+Ar
	活性气体保护焊	$Ar+CO_2$，$Ar+O_2$，$Ar+CO_2+O_2$
药芯焊丝	药芯焊丝气体保护焊	CO_2，$Ar+CO_2$
	药芯焊丝自保护焊	无

表 2-47 焊接用氩气的质量要求（GB/T 4842—2006）

组 分	氩 气	组 分	高 纯 氩
$Ar(\times 10^{-2})$	≥99.99	$Ar(\times 10^{-2})$	≥99.999
$H_2(\times 10^{-6})$	≤5	$H_2(\times 10^{-6})$	≤0.5
$O_2(\times 10^{-6})$	≤10	$O_2(\times 10^{-6})$	≤1.5
$N_2(\times 10^{-6})$	≤50	$N_2(\times 10^{-6})$	≤4
$CH_4(\times 10^{-6})$	≤5		
$CO(\times 10^{-6})$	≤5	$CH_4+CO+CO_2(\times 10^{-6})$	≤1
$CO_2(\times 10^{-6})$	≤10		
$H_2O(\times 10^{-6})$	≤15	$H_2O(\times 10^{-6})$	≤3

表 2-48 焊接用 CO_2 气体质量要求（HG/T 2537—1993）

项 目	组 分 含 量		
	优等品	一等品	合格品
二氧化碳含量（体积分数）/%	≥99.9	≥99.7	≥99.5
液态水	不得检出	不得检出	不得检出
油			
水蒸气+乙醇含量（质量分数）/%	≤0.005	≤0.02	≤0.05
气味	无异味	无异味	无异味

注：对以非发酵法所得的 CO_2，乙醇含量不作规定。

第三章 压力容器用材料的焊接

第一节 碳钢的焊接

碳钢是以 Fe 为基本成分、含有少量 C 的铁碳合金[$w(C) \leq 1.3\%$],因此碳钢又称为碳素钢。碳钢按含碳量分类有低碳钢[$w(C) \leq 0.30\%$],中碳钢[$w(C) = 0.3\% \sim 0.6\%$]和高碳钢[$w(C) > 0.6\%$],有的国家把 $w(C) \leq 0.15\%$ 的碳钢称成为低碳钢,$w(C) = 0.15\% \sim 0.3\%$ 的碳钢称为软钢。碳钢按脱氧程度分类有镇静钢、半镇静钢和沸腾钢。按冶炼方法分类有转炉钢(氧气转炉钢、碱性空气转炉钢)和电炉钢。按用途分类有结构钢(用来制造各种金属构件和机器零件)、工具钢(用来制造各种工具如量具、刀具、模具等)和其他专用钢(如锅炉、压力容器用钢、焊接气瓶用钢、船舶用钢等)。按照 GB/T 221—2008《钢铁产品牌号表示方法》分类,碳素结构钢分为通用钢和专用钢。

根据使用要求,碳钢按质量不同可分为两类,即普通碳素钢和优质碳素钢。前者冶炼过程控制不严格,S、P 及非金属杂物较多。后者冶炼控制较严,有害杂质及非金属夹杂物较少。按照 GB/T 699—1999《优质碳素结构钢》规定,该钢材等级可根据冶金质量分为三类,即优质钢、高级优质钢[优质碳素钢(A)和特级优质钢(E)]。优质碳素结构钢的质量等级、硫磷含量等要求及其牌号、化学成分、力学性能见附录 C"表 C-1~表 C-3"。

一、低碳钢的焊接

(一) 概述

低碳钢因含 C 量及含其他合金元素含量均很少,焊接性能优良,正常情况下焊接时,整个焊接过程不需要采取特殊的工艺措施即可获得优质的连接。低碳钢的焊接方法很多,如氧乙炔气焊,各种电弧焊方法,如焊条电弧焊、实心和药芯焊丝埋弧焊、实心和药芯焊丝 CO_2 气体保护电弧焊、富 Ar 混合气体(Ar + 少量 CO_2)保护电弧焊、自保护药芯焊丝电弧焊、等离子弧焊、非熔化极氩弧焊(TIG)和熔化极氩弧焊(MAG 及 MIG)、电渣焊、气电立焊、电阻焊、高能束(如电子束、激光束)焊等,几乎所有焊接方法都可适用。但在少数情况下,低碳钢在焊接时也会出现困难。例如,低碳沸腾钢由于含氧量较高,硫、磷杂质易偏析,使焊缝区局部处的硫、磷大大超过平均含量,产生焊接热裂纹,故一般不宜用于承受动载荷或低于 -20℃ 低温条件下工作的重要结构。当母材含碳量偏高(接近上限时)或采用的焊接材料不合格时,也易产生焊接热裂纹。低碳钢焊接接头 HAZ 有时也会出现弯曲性能、冲击性能低或强度不足、疲劳或腐蚀性能不合格等。

(二) 低碳钢的焊接特点

低碳钢因 C、Mn、Si 含量少,塑性好,焊接热过程中无淬硬倾向,对各种焊接接头形式和全部焊接位置的适应性强,且焊接工艺和技术简单,一般情况下不需要焊前预热和控制层(道)间温度和后热,焊后也不必采取热处理改善焊接接头热影响区和焊缝组织,焊缝热影响区不会因焊接而引起的严重的硬化组织或淬火组织,接头产生裂纹的可能性很小。但是，在低碳钢焊接中有时可能出现以下问题：

① 由于低碳钢采用不同的冶炼方法冶炼，尽管主要成分符合国家或行业标准，但钢材中S、P、N、O等含量有时会出现明显差异，从而引起钢的焊接性变化。例如：钢中N含量过高，会使冷脆性增加、时效敏感性增大，导致焊接接头脆化、韧性降低。钢中S、P含量尽量符合标准规定，但有时由于局部偏析，会造成该局部处冷脆和时效倾向，焊接时当这一偏析区位于热影响区熔合线附近时，易形成液化裂纹，以及偏析区S、P熔化进入熔池后，会使熔池凝固后的焊缝中S、P含量增高，导致热裂纹。

② 低碳钢中半镇静或沸腾钢焊接过程中，因母材氧含量较高，晶粒粗大，焊后容易产生焊接热影响区脆化，造成冲击性能、冷弯性能降低。

③ 低碳钢中C、S等元素含量接近上限时，焊接冷却速度变化有可能导致焊接热影响区出现脆硬组织，导致韧性降低或产生裂纹。

④ 低碳钢焊接中，采用酸性焊条所焊焊缝的冲击韧性比相同级别的碱性焊条低，有时难以达到标准要求，宜改用同级别的碱性焊条或氩弧焊。

⑤ 低碳钢材料（板材、管材、棒材等）的交货状态（热轧、正火、控轧、调质等）对焊接接头强度影响较大。对于热轧或正火状态的低碳钢，一般不会因焊接造成热影响区强度下降，但对于控轧或调质处理的低碳钢板，焊接时可能会形成热影响区的软化区，使焊接接头强度降低。此外，焊接材料的熔敷金属强度也直接影响焊接接头的强度，如果熔敷金属强度过高，尽管接头的强度提高，但塑性、疲劳寿命等会相应降低。

⑥ 低碳钢钢板厚度增加会使其焊接性能发生变化，因焊接厚钢板时，心部与其他部位的性能相差很大，容易导致弯曲性能不合格，严重时甚至因心部冲击吸收功低而产生撕裂现象。

根据低碳钢的焊接特点，在下列情况之一时，需采取相应的工艺措施：

① 母材或焊接材料中的C、S含量接近上限时，应避免深而窄的焊缝，以防止产生热裂纹。

② 低温条件下焊接大刚度结构时，需考虑焊前预热。

③ 焊接大角焊缝、对接多层焊第一道焊缝、整个板厚焊透的单层单面焊缝以及大间隙对接焊缝第一道焊缝焊接时，应采用碱性低氢型焊条，以避免产生热裂纹。

④ 为防止出现焊接热影响区晶粒长大和时效淬硬倾向，选择焊接规范时应避免焊接接头严重过热。

另外，低碳钢在下列情况之一时，不宜用作承受动载荷或在低于-20℃工况下的重要焊接结构：

① 沸腾钢——因钢中含氧量高，焊接时易产生裂纹。

② 钢板厚度中心有显著偏析带——因化学成分不均匀，易产生焊接裂纹。

③ 有层状撕裂倾向、时效倾向的厚钢板——因焊接接头易存在显著层状撕裂和脆化倾向。

（三）低碳钢焊接工艺要点

1. 焊接方法的选择

低碳钢作为焊接性优良钢种，几乎可选用所有的焊接方法。其中用得最多的是焊条电弧焊、埋弧自动焊、电渣焊及CO_2气体保护电弧焊。

2. 焊接材料的选用

焊接方法确定之后，对应于该焊接方法的焊接材料即可确定。对于低碳钢焊接材料，一般根据强度和结构的重要性选用。即应首先保证焊接接头的最小强度不低于母材最小抗拉强度，应先根据熔敷金属的最低强度级别与母材最小抗拉强度相匹配。须注意到焊后焊缝金属的实际强度与母材强度的关系，与熔敷金属和母材金属中 C、Mn、Si 含量差异有关。熔敷金属的合金元素最终进入焊缝中的数量和参与脱氧的合金元素数量有关，在焊接熔滴、熔池的脱氧冶金过程中，参与脱氧的合金元素越多，则焊缝金属中所含合金元素的量就越减少，从而可能造成焊缝金属的强度降低，使其低于母材强度。另外，对于重要的低碳钢结构，选择焊接材料还应考虑熔敷金属的塑性和冲击韧性，应使这两个指标尽量达到或接近母材的塑性、冲击韧性最低要求。

常用的低碳钢焊条和施焊条件见表 3-1，几种埋弧焊常用焊接材料选择见表 3-2、表 3-3。

表 3-1 低碳钢常用焊条及施焊条件

钢 号	焊条选用				施焊条件
	一般结构		承受动载荷、复杂和厚板结构、压力容器和低温下焊接		
	国标型号	牌号	国标型号	牌号	
Q235 Q255	E4303、E4313、 E4301、E4320、E4311	J421、J422、J423、 J424、J425	E4316、E4315 （E5016、E5015）	J426、J427 （J506、J507）	一般不预热
Q275	E5016、E5015	J506、J507	E5016、E5015	J506、J507	厚板结构预热 150℃以上
08、10 15、20	E4303、E4301、 E4320、E4311	J422、J423、 J424、J425	E4316、E4315 （E5016、E5015）	J426、J427 （J506、J507）	一般不预热
25、30	E4316、E4315	J426、J427	E5016、E5015	J506、J507	厚板结构预热 150℃以上
20g	E4303、E4301	J422、J423	E4316、E4315 （E5016、E5015）	J426、J427 （J506、J507）	一般不预热
20R	E4303、E4301	J422、J423	E4316、E4315 （E5016、E5015）	J426、J427 （J506、J507）	一般不预热

注：表中括号内表示可以代用。

表 3-2 碳钢埋弧焊常用焊接材料

钢 号	埋弧焊焊接材料的选用		
	焊 丝	焊 剂	
		牌 号	国标型号
Q235	H08A	HJ431、HJ430	F4A×—H08A
Q255	H08A		
Q275	H08MnA		
15、20	H08A、H08MnA		—
25、30	H08MnA、H10Mn2		—
20g	H08MnA、H08MnSi、H10Mn2	HJ431、HJ430	F4A2—H08MnA
20R	H08MnA	HJ431、HJ430	F4A2—H08MnA

注：确定焊剂国标型号中表示的使用温度，对应于国标中该钢种推荐的使用温度。

第三章 压力容器用材料的焊接

表 3-3 低碳钢焊接用焊丝及焊剂

焊接方法	焊接材料	应用情况
埋弧自动焊	H08　　H08A HJ430　HJ431	焊接一般构件
	H08MnA　H10Mn2 HJ431　　HJ130	焊接重要构件
电渣焊	H08Mn2　H08Mn2Si HJ431　　HJ360	
CO_2 气体保护焊	H08Mn2Si H08Mn2SiA	

3. 焊接参数的选择原则及焊接工艺措施

焊接参数的选择原则，应在保证焊接过程稳定的条件下，使焊接热输入与焊接效率之间达到平衡。降低焊接接头热输入，在满足接头强度条件下，尽可能提高焊接热影响区的冲击性能和塑性。

低碳钢焊接工艺较简单，焊接时一般不需要预热、控制层（道）间温度和后热，焊后通常不必采取热处理改善接头热影响区级焊缝组织。对于超过一定厚度的低碳钢焊件，当焊接环境温度过低时，应进行适当预热，预热温度的选择应符合有关规范或规程。GB 150—2011《压力容器》规定，对于压力容器用低碳钢板（Q245R），当厚度超过 32mm 时，需进行焊后消除应力热处理。另外，当焊接接头性能试验不合格时（如焊接接头的弯曲性能不合格、焊缝或焊接热影响区的硬度超过技术要求指标等），也可考虑焊后热处理（退火或正火等），以恢复接头性能。

低碳钢管道和容器在较低温度下焊接的预热要求，见表 3-4；低碳钢结构低温焊接时根据板厚的预热要求，见表 3-5。

表 3-4 低碳钢管道和容器在低温条件下焊接的预热

板厚/mm	在各种气温条件下的预热温度
≤16	≥-30℃时，不预热 <-30℃时，预热至 100~150℃
17~30	≥-20℃时，不预热 <-20℃时，预热至 100~150℃
31~40	≥-10℃时，不预热 <-10℃时，预热至 100~150℃
41~50	≥0℃时，不预热 <0℃时，预热至 100~150℃

表 3-5 低碳钢结构低温焊接时对应于板厚的预热要求

板厚/mm	在各种气温下的预热措施
30 以下	不低于 -30℃时不预热；低于 -30℃时预热到 100~150℃
31~50	不低于 -10℃时不预热；低于 -10℃时预热到 100~150℃
51~70	不低于 0℃时不预热；低于 0℃时预热到 100~150℃

二、中碳钢的焊接

（一）中碳钢的焊接特点

中碳钢 $w(C)$ 范围为 0.30%～0.60%，当 $w(C)$ 在范围下限时，焊接性能良好，随着 C 含量接近上限，焊接性逐渐变差。主要表现为焊接热影响区易出现脆硬组织，虽然强度提高，但脆化和硬化、冷裂纹敏感性增大，含碳量越高，板厚越大，淬硬倾向也越大。如果工作刚性较大或焊接材料、焊接线能量选择不当，当工件冷却至 300℃ 以下时，容易在淬硬区产生冷裂纹。

中碳钢焊接时因熔化母材中的 C 进入熔池中，导致焊缝金属 C 含量增加，且因稀释率的不同而使焊道间的性能发生变化（尤其对于多层多道焊接），造成焊缝强度、硬度等性能不均匀性增大。同时，由于进入熔池的 C 含量增加，也增加了出现气孔的敏感性。另外，随着中碳钢含 C 量的增加，易增加焊缝金属中 S、P 偏析，使热裂纹倾向增大。特别是 S、P 含量在规定指标上限附近时，很易出现焊接热裂纹（以弧坑处最显著）。

中碳钢焊接热影响区易形成脆硬的马氏体组织，该组织对氢更敏感，产生冷裂纹的临界应力值更低，故应避免用除低氢型焊条之外的其他焊条，并采取降低焊接影响区焊接残余应力的措施（如适当提高预热温度、减小拘束度等）。

对于焊后需进行调质处理以达到设计性能要求时，如果中碳钢焊前为退火状态，所选用的焊接材料应能保证焊缝在调质处理后同样能达到母材的强韧性或耐磨性要求；如果焊前为调质状态，一方面应保证焊后焊态下焊缝的性能能达到要求，同时还应保证焊接热影响区不过度软化，且不出现明显的硬化区和性能脆化区。为此，减少热影响软化应限制焊接热输入，而防止焊接热影响硬化则需减缓热影响区冷却速度（如预热、后热、适当提高焊接热输入）。如果以上措施仍不能达到设计对焊接构件性能的要求，则须进行整体热处理。

在中碳钢表面堆焊耐磨或耐蚀的高合金层时，应防止堆焊层与基体成分差异过大，在熔合区产生过多的合金马氏体组织，形成冷裂纹或堆焊层剥离。对于中碳铸钢件的焊接修复，也应防止产生焊接冷裂纹，或因修复部分焊接残余应力过大产生开裂。

（二）中碳钢的焊接工艺要点

1. 焊接方法的选择

中碳钢焊接应选用焊接热输入容易控制、且热输入较小的焊接方法，如焊条电弧焊、CO_2 气体保护电弧焊、氩弧焊等。

2. 焊接材料的选用

焊接材料根据工况条件决定，首先应在强度上尽可能与母材等强度，但不能用提高焊缝含碳量的方法，而是尽量减少焊缝中的含碳量。为了尽量降低氢的危害，应尽可能选用抗裂性好的低氢型焊条（少数情况下，通过控制预热温度和减少熔合比，也可采用钛钙性或钛铁矿型焊条）。当焊接接头不要求等强度时，应选用强度级别较低的 J426、J427 焊条，以免产生裂纹。特殊情况下，还可采用奥氏体不锈钢焊条（如 A302、A307、A402、A407）焊接或补焊中碳钢。由于奥氏体组织塑性很好，采用该类焊条时焊前不必预热。

对于受动载荷或冲击载荷工况下的中碳钢焊接构件,焊接材料的选用应能保证一定的塑性和韧性。如果中碳钢构件需进行焊后热处理,所选用的焊接材料应能保证热处理后的焊缝金属符合构件使用性能要求。

3. 焊接参数选择原则及焊接工艺措施

焊接参数的选择是尽可能减低焊接热输入,例如选用小规格的焊接材料;采取单道不摆动焊接方式;对于厚度较大的焊件,应防止因焊接速度过快而产生淬硬组织。选择焊接参数时宜通过适当的预热,以降低焊缝和加热影响区冷却速度,从而防止和减少马氏体的产生。

预热是焊接或补焊中碳钢的主要工艺措施。焊前预热可以减少熔敷金属冷却速度,降低近缝区淬硬倾向,有效地防止冷裂纹产生;同时,预热还可以改善中碳钢焊接接头的塑性、减少焊接残余应力。焊前预热温度取决于碳当量、工件厚度、焊件的结构刚度、焊接材料类型和焊接方法等因素。通常情况下,35#和45#钢预热温度可在150~250℃范围内,当碳含量或厚度增加,或刚性大的构件,预热温度可提高到250~400℃。局部预热的热范围一般为焊缝两侧150~200mm。

对于厚度大或刚性大的中碳钢焊接构件或苛刻工况条件(如承受动载荷或冲击载荷下使用的构件),焊后应立即进行消除应力热处理,加热温度一般为600~650℃。如果焊后不能立即进行消除应力处理,可先进行250~300℃消氢处理;若消氢处理也无法进行,则应进行后热,促使氢从焊接区逸出,并同时通过减缓焊缝与热影响区冷却速度,以降低组织的硬度和冷脆倾向。

对于需进行焊后调质处理的中碳钢焊件,调质处理过程中应控制淬火时的冷却速度,以防止在回火前形成淬火裂纹。

中碳钢表面堆焊耐磨或耐蚀合金层时,应选用低氢焊接方法(如CO_2气体保护焊)或低氢型焊接材料(如选用低氢型焊条或埋弧焊碱度较高的焊剂)。为了防止堆焊层冷裂纹或剥离,应考虑采用含碳量低、合金元素少的焊缝材料先堆焊过渡层,然后再堆焊合金层。

对于厚度大的中碳钢铸件的焊接修复,应保证焊前预热温度(一般应比钢板预热温度高),焊后须立即进行消除应力热处理,热处理保温时间按工件厚度决定。此外,也可增加中间消除应力热处理。

中碳钢焊接时宜尽量采用U形坡口。对于中碳钢铸件焊补,铲挖的坡口外形应圆滑过渡,以减小熔合比和应力集中,防止热裂纹和气孔产生。坡口加工方法可采用气割、风铲或电弧气刨等。但当采用气割、碳弧气刨等热加工方法时可能产生切割裂纹,应局部预热或降低切割速度。坡口附近的铁锈、油污都应清理干净。由于第一层焊缝的熔合比一般约为30%左右,焊缝的含C量较高,易产生热裂纹(特别在收弧时更易产生),因此焊第一道焊缝时应采用小直径焊条和小电流慢速施焊。

对于一般厚度和刚性不大或在一般工况下使用的中碳钢构件,焊后应缓冷,有时可采用锤击或振动方法减小焊接残余应力,条件许可时应进行整体消除应力热处理。中碳钢焊接时,焊前预热层间温度及消除应力热处理要求,见表3-6。

表 3-6　中碳钢焊接的预热和消除应力高温回火温度

钢号	板厚/mm	操作工艺			
		预热和层间温度/℃	焊条	消除应力高温回火温度/℃	锤击
25	≤25	>50			
			低氢型	600~650	
30	25~30	>100	低氢型	600~650	要
		>150		600~650	要
35	50~100	>150	低氢型	600~650	要
45	≤100	>200	低氢型	600~650	要

中碳钢焊接宜采用直流反接电源,以减少工件的受热、减小金属飞溅和降低焊缝中裂纹与气孔倾向;焊接电源应比焊接低碳钢低 10%~15%。

三、高碳钢的焊补

(一) 高碳钢的焊接性分析

高碳钢的 $w(C) > 0.60\%$,其类别有高碳结构钢、碳素工具钢、高碳碳素钢铸件等。与中碳钢焊接相比,由于其含碳量很高,焊接热影响区更易形成硬脆的高碳马氏体组织,淬硬倾向和冷裂纹倾向更大。故高碳钢一般不适合制造焊接结构,主要用于高硬度或耐磨部件、零件和工具(即用于铸件及工具),但可利用焊接工艺对铸件或零件等进行局部修复焊补或堆焊。

高碳钢的导热性差,焊接时使工件上产生显著的温差,易引起很大的温差应力,当熔池快速冷却形成焊缝时,产生裂纹的倾向较大,一般需焊前预热。

高碳钢焊补前应为退火状态,并进行预热处理,以减少冷裂倾向。通常,焊补后再进行热处理,使其达到高硬度和耐磨性要求。焊接高碳钢时,应选用 C 含量低于母材的高强度低合金钢焊条,使焊缝金属的含 C 量降低。因为在焊接高碳钢过程中,熔化的母材使焊缝金属碳当量明显增加,焊缝金属的淬硬倾向增大、强度升高、塑性降低、冷裂纹敏感性增大。同时,由于焊缝中增碳后,增加了 S、P 偏聚,热裂纹敏感性也增大。而选择低合金钢焊接材料,由于熔敷金属的 C 含量比高碳钢中含 C 量低,则可避免以上情况发生。通常情况下,当要求高强度时,可选用低合金高强钢焊条,当强度要求一般时,可选用低合金钢焊条。高碳钢的焊补也可采用含碳量低的奥氏体不锈钢焊条(如 A302、A307 或 A402、407等)。

(二) 高碳钢的焊接工艺要点

1. 焊接方法的选择

高碳钢铸件及工具的焊补或堆焊应选择方便易行的较低焊接热输入的焊接方法,一般以焊条电弧焊应用较多。

2. 焊接材料的选用

根据钢的碳含量、工件结构和使用条件选择相应的焊接材料。首先须保证焊缝及热影响区不产生冷裂纹,焊接材料应为低氢型。由于高碳钢强度较高,焊缝金属较难达到与母材等强度。如果只考虑提高强度,采用与母材高含碳量相近的焊接材料,会带来前述的诸多焊接质量问题(如淬硬倾向增大,塑性降低,冷裂纹及热裂纹敏感性增加等),因此一般选用含碳量低于母材的低合金高强钢焊接材料。对于焊接接头强度要求较高时,可选用 E7501-D_2 (J707、J707Ni)或 J857、J856 焊条,其他情况下,一般选用 E5016(J506)、E5015(J507)或 E5515(J557)焊条。也可选用与母材强度级别相近的其他低合金钢焊条或填充焊丝。

为了降低高碳钢焊补时的预热温度,甚至不预热,必要时也可选用 18-8 型奥氏体不锈钢焊条(如 A102、A107、A302、A307 等),对于碳含量很高的高碳钢焊补,也可采用 A402 或 A507 焊条,且所采用的不锈钢焊条不必一定是碱性焊条。

3. 焊接参数选择及焊接工艺措施

高碳钢焊补应使用较小的焊接参数,降低焊接热输入,尽可能选用小规格焊条。焊接前严格按照焊接材料推荐的烘干温度进行烘焙。焊补部位及坡口附近的铁锈、油污必须清理干净。

高碳钢焊前应为退火状态,采用结构钢焊条时,焊前必须预热,预热温度通常在 250~350℃以上,且焊接过程中,层间温度应不低于预热温度。焊接过程和焊后应注意焊件保温,并在焊后立即送入炉内,在 650℃下保温,进行消除应力处理。保温时间由焊补厚度决定。

对于厚度、刚度较大的高碳钢铸件或工具的焊补,应采取减小焊接内应力的措施(如合理安排焊道次序、采用分段倒退焊法、锤击焊缝等)。

焊补高碳钢时也应采用直流反接电源,并用小电流、低焊速进行多层焊,以减小熔深,降低母材的熔合比。也可在焊补部位先用低碳钢焊条堆焊一层隔离焊道,以便减少焊缝中的碳含量。

第二节 低合金钢的焊接

一、低合金高强度钢的焊接

低合金钢是在碳素钢基础上添加一定的合金元素冶炼而成,合金元素的质量分数一般为 1.5%~5%,用以提高强度并保证具有一定的塑性、韧性或具有某些特殊性能(如耐低温、耐高温或耐腐蚀性等)。常用的添加元素为 Mn、Si、Cr、Ni、Mo,以及 V、Nb、Ti、Zr 等微量合金元素。低合金钢可以采用热轧、控轧控冷、正火、调质等状态供货。

低合金钢按钢材使用性能可分为高强度钢、低温钢、耐热钢、耐蚀钢、耐磨钢、抗层状撕裂钢等;按用途可分为压力容器用钢、锅炉用钢、船体用钢、桥梁用钢以及石油天然气管线用钢等;按钢的屈服强度下限值可分为 345MPa、390MPa、440MPa、540MPa、590MPa、690MPa、980MPa 等不同强度等级;按钢材使用时的热处理状态可分为热轧、控轧控冷、正火及调质钢;按钢的显微组织可分为铁素体-珠光体钢、针状铁素体钢、低碳贝氏体钢及回火马氏体钢等。在所有低合金钢中,低合金高强度钢应用最为广泛,表 3-7 所列为焊接用合金结构钢的类型及部分钢种牌号,表 3-8 所列为常用低合金高强度钢强度等级、性能及碳当量。

低合金钢用焊接材料,包括焊条电弧焊焊条,埋弧及电渣焊因焊丝和焊剂组合,气体保护电弧焊实心焊丝及药芯焊丝等。

表3-7 低、中合金结构钢的类型及部分钢种牌号

类 别			钢种牌号示例
强度用钢	热轧及正火钢	$\sigma_s = 294 \sim 490$MPa $(30 \sim 50$kgf/mm$^2)$	09Mn2, 09Mn2Si, 16Mn(Cu), 14MnNb, 15MnV, 16MnNb, 15MnTi(Cu), 15MnVN, 18MnMoNb, 14MnMoV
	低碳调质钢	$\sigma_s = 490 \sim 980$MPa $(50 \sim 100$kgf/mm$^2)$	14MnMoVN, 14MnMoNbB, T-1, HT-80, Welten-80C, HY-80, NS-63, HY-130, HP9-4-20
	中碳调质钢	$\sigma_s \geq 880 \sim 1176$MPa $(90 \sim 120$kgf/mm$^2)$	35CrMoA, 35CrMoVA, 30CrMnSiA, 30CrMnSiNi2A, 40CrMnSiMoA, 40CrNiMoA, 34CrNi3MoA, 4340, H-11
特殊用钢	耐蚀钢	石油、化工耐蚀钢	12A1WTi, 12Cr2AlMoV, 12AlMoV, 15Al3MoWTi, 5Cr0.5Mo, 9Cr1Mo
		海水、大气耐蚀钢	09MnCuPTi, 08MnPRe, 10MnPNbRe, 10NiCuP, 08CrNiCuP
	低温钢		09Mn2V, 06AlCuNbN, 3.5%Ni, 9%Ni
	珠光体耐热钢		15CrMo, 2¼Cr1Mo, 12Cr1MoV, 15Cr1Mo1V, 20Cr3MoWV, 12Cr3MoVSiTiB, 5Cr0.5Mo, 9Cr1Mo

表3-8 常用低合金高强度钢

强度等级/ $[\sigma_s/($kgf/mm$^2)]$	热处理状态	钢 号	C_E[①]/%	组 织	备 注
30 (294MPa)	热轧	18Nbb 09Mn$_2$Si 09MnV 12Mn	0.35 0.35 0.28 0.35	铁素体+珠光体	可焊性良好,成本低
35 (343MPa)	热轧	16Mn 16MnRe 14MnNb	0.39 0.39 0.31	铁素体+珠光体	可焊性良好,成本低
40 (392MPa)	热轧 正火	15MnV 15MnTi 14MnMoNb	0.40 0.38 0.44	铁素体+珠光体	可焊性良好,成本低
45 (441MPa)	正火	15MnVN 14MnVTiRe	0.43 0.41	细晶粒铁素体+珠光体或贝氏体	用于要求高强度高韧性及在低温或动载条件下工作的重要焊接结构
50 (490MPa)	正火+回火	18MnMoNb 14MnMoV	0.55 0.50	同上	同上
55 (540MPa)	正火	14MnMoVB	0.47	同上	同上
60 (590MPa)	调质	12Ni3CrMoV 12MnCrNiMoVCu	0.65 0.58	贝氏体或低碳回火马氏体	同上
70 (686MPa)	调质	14MnMoNbB	0.55	同上	同上
80 (784MPa)	调质	12Ni5CrMoV	0.67	同上	同上

注:① $C_E = C + \dfrac{Mn}{6} + \dfrac{Cr+Mo+V}{5} + \dfrac{Ni+Cu}{15}$。

以下所述低合金高强度钢是在热轧、正火（正火＋回火）及调质状态下焊接和使用的、屈服强度为 295～785MPa 的低合金高强度结构钢的焊接。

（一）295MPa、345MPa、390MPa 级低合金高强度钢的焊接

1. 焊接特点

这几类钢是以热轧和正火状态使用的低合金高强度钢，碳当量≤0.4%，碳含量及合金元素含量较低，焊接性能良好，塑性和韧性高。热影响区淬硬组织虽比低碳钢稍大，但仍不明显（尤其是 295MPa 级钢种）。焊接适应性强，适应各种不同的接头形式以及全位置焊接。焊接工艺和技术较简单，一般情况下不需要采取特殊的工艺措施。但是在低温条件下焊接，以及焊接厚板或刚性较大的结构或进行小焊角、短焊缝焊接时，须采取防止产生冷裂纹的措施。

2. 焊接工艺

（1）焊接方法的选择

可以采用几乎所有的焊接方法，常用的是焊条电弧焊和埋弧自动焊。

（2）焊接材料的选用（见表 3-9）

表 3-9 295～345MPa 级低合金高强度钢所用的焊接材料

类别 （公斤级）	钢号	手弧焊 焊条	埋弧自动焊 焊丝	埋弧自动焊 焊剂	电渣焊 焊丝	电渣焊 焊剂	CO_2 焊 焊丝
30 (294MPa)	09MnV、 09Mn2、 09Mn2(Cu)、 12Mn、 09Mn2(Si)、 18Nbb	J422(E4303) J423(E4301) J426(E4316) J427(E4315)	H08A H08MnA	HJ431 (HJ401)			H10MnSi H08Mn2Si
35 (343MPa)	16Mn、 14MnNb(b)、 16MnCu、 14MnNb、 16MnRe、 12MnV、 16MnSiCu	J502(E5003) J503(E5001) J506(E5016) J507(E5015)	不开坡口 H08A 中板开坡口 H08MnA H10Mn2 H10MnSi	HJ431 (HJ401)	H08MnMoA H10MnSi H10Mn2	HJ360 HJ431 (HJ401)	H08Mn2Si
			厚板开深坡口 H10Mn2	HJ350 (HJ402)			
40 (392MPa)	15MnV、 15MnVCu、 15MnVRe、 15MnTi、 15MnTiCu、 16MoNb、 14MnMoNb	J506(E5016) J507(E5015) J553(E5501) J556(E5516) J557(E5515)	不开坡口 H08MnA 中板开坡口 H08Mn2Si H10MnSi H10Mn2	HJ431 (HJ401)	H08Mn 2MoVA	HJ360 HJ431 (HJ401)	H08Mn2Si
			厚板开深坡口 H08MnMoA	HJ350 (HJ402) HJ250			

（3）焊接规范及工艺措施

① 295MPa 级低合金高强度钢的焊接规范和工艺措施。该等级的低合金高强度钢焊接规范和工艺措施，可完全参照低碳钢的焊接。

② 345MPa 级低合金高强度钢的焊接规范和工艺措施。这类钢中，最常用的是 16Mn（压

力容器钢板为 Q345R），其化学成分、力学性能参见附录 C"表 C-4"。此类钢种是铝、钛脱氧的细晶粒钢，因而对过热不敏感，可采用大线能量焊接，以避免出现淬硬组织。此类钢在低温环境下焊接时的预热温度应根据焊件厚度决定，见表 3-10，16Mn 钢埋弧自动焊的焊接规范见表 3-11。

表 3-10　16Mn 钢焊条电弧焊的预热条件

焊件厚度/mm	不同施焊环境温度下的预热温度
<16	≥-10℃时不预热，<-10℃时预热至 100~150℃
16~24	≥-5℃时不预热，<-5℃时预热至 100~150℃
25~40	≥0℃时不预热，<0℃时预热至 100~150℃
>40	预热 100~150℃

表 3-11　16Mn 钢埋弧自动焊规范

接头形式	焊丝	焊剂	规范				
			焊丝直径/mm	电流/A	电压/V	焊速/(m/h)	线能量/(kJ/cm²)
不开坡口对接	H08A	HJ431(HJ401)	5	700	30~32	32	25.6
	H08MnA	HJ431(HJ401)	5	780	30~32	32	17.6
	H10Mn2	HJ431(HJ401)	5	780	30~32	32	25.2
T 形接头	H08A	HJ431(HJ401)	5	640	30~32	25	26.0
	H08MnA	HJ431(HJ401)	5	640	30~32	25	18.9
	H10Mn2	HJ431(HJ401)	5	640	30~32	25	27.2
厚板对接带钝边 V 形坡口多层焊	H10Mn2	HJ230(HJ300)	4	650~700	38~40	15~18	
	H10Mn2	HJ180(HJ300)	4	650~700	38~40	15~18	
多层厚壁对接内层 V 形坡口，外层 U 形坡口多层焊	H08MnA	HJ431(HJ401)	4	550~650	32~34	25~32	
	H10Mn2	HJ431(HJ401)	5	600~650	34~36	25~32	

16Mn 钢在不同厚度、接头形式及焊接条件下焊接时，具有不同的组织及硬度，见表 3-12。一般情况下，在常温下焊接厚度不大的 16Mn 钢时，焊接工艺与低碳钢焊接基本相同，但对于厚度较大的 16Mn 钢（焊件最大厚度超过 20mm 时），焊接时应采取一定的工艺措施，如预热，合理的焊接规范及施焊顺序，焊后热处理等。在装配点固焊时，加大小焊脚、加长短焊缝，以避免底层焊焊缝和焊根产生裂纹等。

表 3-12　16Mn 钢焊接热影响区的组织及硬度

焊接方法	焊接环境温度	厚度/mm	接头形式	焊脚大小焊缝长短	热影响区组织	最高硬度
手工电弧焊埋弧自动焊	常温		对接接头		无淬硬组织	<HV300
	常温		T 形接头	连续焊缝 $K \geq 6mm$	珠光体+铁素体+少量贝氏体	<HV350
				焊缝长 100mm $K<4mm$	出现马氏体	≥HV350
	常温	>16	T 形接头		出现马氏体	≥HV350
	低温				出现淬硬组织	产生裂纹

③ 390MPa级低合金高强度钢的焊接规范和工艺措施：这类钢中，最常用的是15MnTi和15MnV，其化学成分及力学性能参见附录C"表C-5"。该等级低合金高强度钢是在16Mn钢的基础上加入适量的合金元素Ti或V；使晶粒细化，以减少钢的过热倾向，并形成具有强化作用的碳化钛或碳化钒，提高钢的强度。由于这类钢的含碳量上限低于16Mn钢，故平均碳当量与16Mn相当，可焊性良好。

15MnV钢的焊接特点与16Mn钢基本类似，在0℃以上焊接厚度小于32mm的150MnV钢时可不预热；对于厚度大于32mm或刚性较大的构件，焊前应预热100~150℃。15MnV钢焊后热处理回火温度为600~650℃，低于下限温度600℃时，强度稍高、塑性下降；高于上限温度650℃时，强度下降较大、塑性提高。该钢电渣焊的正火温度为950~980℃，低于900℃正火处理，强度下降明显，如果正火温度高于1000℃，则晶粒显著长大，力学性能下降，易引起脆化。正火后的回火温度宜为560~590℃，温度过高会使强度和低温冲击韧性降低。

15MnV钢的焊接应采用稍小的线能量，以避免由于沉淀相的溶入以及晶粒粗大所引起的脆化倾向。

（二）440MPa、490MPa、540MPa级低合金高强度钢的焊接

1. 焊接特点

此两类级别的低合金高强度钢碳当量较高(0.41%~0.55%)，有效明显的淬硬倾向，热影响区硬度最大值可能超过临界值(HV350~450)，从而易导致焊接按冷裂纹。同时由于这类钢中含有一定的合金元素及微量元素，焊接过程中如果工艺不当，也会存在焊接热影响区脆化、热应变脆化及产生焊接裂纹(如氢致裂纹、热裂纹、再热裂纹、层状撕裂等)的危险性。

2. 焊接工艺

（1）焊接方法的选择

几乎所有的焊接方法均可用于此两类钢焊接，其中作为压力容器专用钢品种，最常采用的是焊条电弧焊和埋弧自动焊。

（2）焊接材料的选用

440~540MPa级低合金高强度钢所用的焊接材料列于表3-13。

表3-13 440~540MPa级低合金高强度钢所用的焊接材料

类 别	钢材牌号	手弧焊	埋弧自动焊		电渣焊	
		焊条	焊丝	焊剂	焊丝	焊剂
45 (441MPa)	15MnVN 15MnVNCu 14MnVTiRe	J556(E5516-G) J557(E5515-G) J606(E6016-D_1) J607(E6015-D_1)	H08MnMoA	HJ431(HJ401) HJ350(HJ420)	H10Mn2MoVA	HJ360 HJ431(HJ401)
50 (490MPa)	14MnMoV 14MnMoVCu 18MNMnNb	J707 (E7015-D_2)	H08Mn2MoA H08MnMoVA	HJ350(HJ402) HJ250	H10Mn2MoVA H10Mn2Mo H10Mn2NiMoA (非标准)	HJ360 HJ431(HJ401)
50 (540MPa)	14MnMoVB	J707 (H7015-D_2)	H08Mn2MoVA	HJ350(HJ402) HJ250		

(3) 焊接规范及工艺措施

① 440MPa 级低合金高强度钢的焊接工艺措施。这类钢中,以 15MnVN 较为常用,它是在 150MnV 钢的基础上加入适量的氮,使之与钢中的钒形成氮化钒,以强化基体和细化晶粒。这类钢的化学成分及力学性能见附录 C "表 C-6"。

15MnVN 钢焊接热影响区的显微硬度不比母材高很多,通常硬度值较低,淬硬倾向不大,焊接裂纹倾向不会太大,但热影响区仍存在脆化倾向,一般发生在熔合线至离熔合线为 0.5mm 的区域内。即在该区域内表现为硬度增高、晶粒长大、冲击值下降(尤其是低温冲击韧性值),如果保持一定的钒氮比($V/N \geq 12 \sim 13$),焊后经正火处理,可以消除脆化倾向。但是,如果焊接线能量增加,可能使过热区 -40℃ 冲击韧性值降低,故应选择偏小的焊接线能量。

15MnVN 钢埋弧自动焊推荐的焊接规范及 440MPa 级低合金高强度钢焊接时采用的工艺措施,见表 3-14、表 3-15。

表 3-14 15MnVN 钢埋弧自动焊规范

接头形式	焊丝直径/mm	线能量/(J/cm)	过热区组织	热影响区硬度/HV
16mm 的钢板对接	4	3984	细针状魏氏组织 + 珠光体 + 铁素体	213
	5	5448	较粗魏氏组织 + 网状铁素体 + 珠光体	235

表 3-15 440MPa 低合金高强度钢的焊接工艺措施

钢 号	预 热 温 度	电渣焊焊后热处理范围
15MnVN 15MnVTiRe	100~150℃(板厚≥25mm)	950℃回火、650℃回火

② 490MPa 低合金高强度钢的焊接规范和工艺措施。这类钢中,以 14MnMoV 和 14MnMoNb 较为常用,该两类钢中不同钢号的化学成分及力学性能列于附录 C "表 C-7"。

14MnMoV 钢是在 15MnV 钢基础上增加了 0.5% 左右的 Mo 而获得的无铬无镍中温压力容器用钢,它具有抗回火脆性能力,在中温下具有良好的热强性和组织稳定性。该钢通常以热轧状态供货,但厚板须在正火 + 回火或调质处理后使用。由于 14MnMoV 钢的平均碳当量为 0.50%,因此存在一定的淬硬倾向。对于板厚超过 15mm 或刚度较大的焊结结构件,焊前应进行 150~200℃ 预热。由于该类钢具有一定的延迟裂纹敏感性,因此焊后应立即热处理(见表 3-16)。如果焊后紧接热处理有困难,应及时将焊件加热到 300℃ 左右,保温 4~6h 除氢。

18MnMoNb 钢属于细晶粒、用 Nb 强化的中温压力容器用钢,一般以 40~115mm 厚钢板、退火状态供货,但在制成容器或结构件后,应在正火 + 回火或调质处理后使用。该类钢的平均碳当量为 0.55%,存在淬硬性和延迟裂纹敏感性。进行焊接时,线能量应稍偏大,以避免过热区冲击韧性降低和出现延迟裂纹。但线能量过大,也会造成过热,使晶粒粗大。故通常采用较小线能量 + 适当预热的焊接工艺(预热温度 ≥150℃)。对于含 Cu 的 18MnMoNb 钢,不易采用大线能量焊接。表 3-17 列出了厚度为 115mm、18MnMoNb 钢对接接头所用的焊接材料及工艺措施。

第三章 压力容器用材料的焊接

表 3-16 490MPa 级低合金高强度钢焊后热处理规范示例

钢号	焊后热处理规范	
	电弧焊	电渣焊
14MnMoV 18MnMoNb	600～650℃ 回火	950～980℃ 回火 + 600～650℃ 回火

表 3-17 18MnMoNb 钢焊接工艺举例

板厚及接头形式	焊接方法	焊接材料	工艺条件			
			线能量/(J/cm)	预热/℃	层间温度/℃	后热/℃
厚 115mm 对接接头	手弧焊	J707(E7015-D2)	11500～20500	≥150	≥150	≥150
	埋弧自动焊	H08Mn2MoA + HJ250	24500～34500	≥150	≥150	≥150
	电渣焊	H10Mn2MoA（或 H10Mn2NiMoA）+ HJ431(HJ401)（或 HJ250）		不进行		不进行

③ 540MPa 级低合金高强度钢的焊接规范和工艺措施。这类钢中，以 14MnMoVB 钢较为常用。由于钢中加入一定数量的 Mo 和 B，使之空冷后获得低碳合金贝氏体组织，具有较高的强度和良好的综合机械性能。该类钢的化学成分和力学性能列于附录 C"表 C-8"。所用焊接材料和焊接规范见表 3-18。

表 3-18 14MnMoVB 钢焊接时所用焊接材料和规范

焊接方法	焊丝和焊条	焊剂	焊丝直径/mm	焊丝数目/根	焊接电流/A	焊接电压/V	焊接速度/(m/h)	渣池深度/mm	预热温度/℃
埋弧自动焊	H08Mn2MoA 打底焊条 J606Mo	HJ350 (HJ402)	4	1	720～750	36～38	≈29.5		>150
电渣焊	H10Mn2MoVA	HJ350 (HJ402)	3	2 (不摆动)	500～550	40～42	≈1.0	≈60	不预热

（三）590MPa、690MPa、790MPa 级低合金高强度钢的焊接

1. 焊接特点

此三种级别的低合金高强度钢属于低碳低合金调质高强度钢，多数含碳量低于 0.15%（一般不超过 0.21%），屈服强度一般在 450～980MPa。由于该钢在具有较高的强度的同时还具有良好的塑性、韧性及耐磨性，且与中碳调质钢相比，还具有较好焊接性，因此被广泛应用于一些重要的焊接结构上，如国产的 HQ 系列、美国的 ASTM A514B、A517、日本的 WEL-TEN 系列等低等调质钢。其中，低裂纹敏感性 CF 钢——WEL 系列的 07MnCrMoVR、07MnCrMoVDR、07MnCrMoV-D 及 07MnCrMoV-E 钢，具有较好的低温韧性及优良的焊接性，可用于低温工况的焊接结构(如高压管线、大型球罐及海上采油平台等)。这类钢的焊接特点为：

（1）抗裂性强

母材具有高强度、高塑性和高韧性。但在焊接热影响区有产生冷裂纹和韧性下降的倾向，焊接时只要保证热影响区具有低碳马氏体或下贝氏体组织，即可使之具有与母材一致的综合机械性能。

(2) 可焊性良好

一般不要求很高的预热温度，焊后不要求热处理焊缝金属便可获得焊接接头与母材一致的机械性能。

(3) 淬硬倾向较大

但由于在焊接热影响区的粗晶粒区形成的是低碳马氏体，而这类钢的 M_s 点较高（一般在 400℃ 以上），这一特点使其在焊接冷却过程中，在热影响区产生的低碳马氏体发生自回火，而自回火的低碳马氏体具有较高的强度和韧性。

2. 焊接工艺

(1) 焊接方法和选择

常用的焊接方法为焊条电弧焊、埋弧焊和电渣焊。

(2) 焊接材料的选用

590~790MPa 级低合金高强度钢所采用的焊接材料列于表 3-19。

表 3-19　590~790MPa 级低合金高强度钢所采用的焊接材料

类别	钢号	手弧焊	埋弧自动焊		电渣焊	
		焊条	焊丝	焊剂	焊丝	焊剂
60	12Ni3CrMoV	65C-1（非标准）	H10MnSiMoTiA	HJ350 (HJ402)		
	12MnCrNiMoVCu	803（非标准）	H08MnNi2CrMo（非标准）			
70	14MnMoNbB	J807 J857（E8515.G）	H08Mn2MoA H08Mn2Ni2CrMoA（非标准）	HJ350 (HJ402)	H10Mn2MoA H08Mn2Ni2CrMoA（非标准）	HJ360 HJ431（HJ401）
80	12Ni5CrMoV	840（非标准）	H10Mn2Ni3CrMo（非标准）	804（非标准）		

(3) 焊接规范及工艺措施

确定焊接线能量时，应考虑钢板厚度、预热和层间温度，其上限应从保证焊接热影响区能获得低碳马氏体或下贝氏体组织，下限应能保证焊接热影响区的塑性和抗冷裂性能。为了可靠的防止热影响区冷裂纹产生，还必须严格控制焊接时氢源及选择合适的焊接方法及焊接参数

当结构刚性很大、不允许预热和焊后热处理，而又不要求焊缝与母材等强度的条件下，为防止焊缝及热影响区出现冷裂纹，也可采用奥氏体不锈钢焊接材料（如 A407、A507 或相应的焊丝），此时的熔合比应尽可能小。

如果钢中的 C、S 含量较高（上限值）或 Mn/S 低时，焊接时热裂倾向增大，近缝区易出现液化裂纹。为防止热裂纹产生，应采用较小的焊接热输入控制熔池形状。

一些国产低碳低合金调质钢化学成分、力学性能以及热处理制度及组织见附录 C "表 C-9～表 C-11"。

① 590MPa 级低合金高强度钢的焊剂规范和工艺措施：

这类钢中，以 12Ni3CrMoV 钢和 12MnNiMoVCu 钢较为常见。它们的化学成分及力学性

能列于附录C"表C-12",推荐的焊接规范和工艺措施见表3-20。

12Ni3CrMoV钢的热处理制度及组织,见附录C"表C-11"。

表3-20 容器用590MPa级低合金高强度钢的焊接规范和工艺措施

钢号 板厚及接头形式	焊接方法	焊接材料	工艺条件			
			线能量/(J/cm)	预热/℃	层间温度/℃	后热/℃
12Ni3CrMoV (板厚≤35mm)				≥150		
12MnCrNiMoVCu (厚24mm,对接接头)	手工电弧焊	焊条803(非标准)	15000~20000	80~120	≥80	不进行
	埋弧自动焊	H08MnNi2CrMoA+ HJ350(HJ402)	60000~90000	80~120	≥80	不进行

② 690MPa级低合金高强度钢的焊剂规范和工艺措施。这类钢中,以14MnMoNb较为常用。其化学成分及力学性能见附录C"表C-13"。

14MnMoNb钢过热敏感性较强,热影响区易脆化和回火软化;对于刚性较大的结构,焊接时接头易产生冷裂纹。热影响区脆化主要是由于淬硬组织中有不均匀混合组织和晶粒粗大所致,而回火软化主要是由于较高的退火温度、冷却速度较慢以及在660~710℃之间停留时间过长。故在决定焊接规范时应避免在中温(500~600℃)以上进行组织转变,以防产生不均匀组织,且宜采用较低的焊接线能量。其焊接规范和工艺措施见表3-21,热处理制度及组织见附录C"表C-11"。

表3-21 14MoMnNbB钢的焊接规范和工艺措施

焊接方法	焊接材料	工艺条件			
		线能量/(J/cm)	预热/℃	层间温度/℃	后热
手工电弧焊 (板厚为25mm的容器) (对接接头)	J857(E8515-G)	15000~20000	100~120	≥150	250℃,1h
埋弧自动焊 (板厚为25mm的容器) (对接接头)	H08Mn2Ni2CrMoA+ HJ350(HJ402)	40000~80000	≥150	≥150	250℃,1h
电渣焊 (板厚为50mm的对接接头)	H08Mn2Ni2CrMoA+ HJ431(HJ401)		不预热		不进行

③ 790MPa级低合金高强度钢焊接规范和工艺措施。这类钢中以12Ni5CrMoV钢(相当于国外钢号HY-130钢)较为常用,其焊接规范和工艺措施列于表3-22。

表3-22 12Ni5CrMoV钢的焊接规范和工艺措施

板厚及 接头形式	焊接方法	焊接材料	工艺条件			
			线能量/(J/cm)	预热/℃	层间温度/℃	后热
40mm 对接接头	手工电弧焊	焊条840(非标准)	15000~20000	100~120	≥120	200℃,2h
	埋弧自动焊	H10Mn2Ni3CrMo+ HJ804(非标准)	40000~50000	120~140	≥140	200℃,2h

12Ni5CrMoV 钢的热处理制度及组织，可参见附录 C "表 C-11"中 HY-130 钢种。

二、低合金超高强度钢的焊接

低合金超高强度钢是在低合金高强度钢的基础上加入多元合金元素，以提高钢的淬透性和马氏体回火稳定性，使之在较高的回火温度下获得较高的强度与韧性综合性能。同时，钢中的含碳量比低合金高强度钢有所提高，一般为 0.25%~0.45%。含碳量的增加，虽提高了强度，但塑性和韧性明显降低。这类钢通常属于中碳低合金调质钢，一些常用中碳调质钢的化学成分和力学性能见附录 C "表 C-13、表 C-14"，表 C-15 列出了可用作压力容器的低合金超高强度钢 30CrMnSiA 与 30CrMnSiNi$_2$A 的化学成分和力学性能。

（一）焊接特点

1. 焊接热影响区的脆化和软化倾向大

这类钢的含碳量和含硅量较高，合金元素含量多，在快速冷却时，从奥氏体转变为马氏体的起始温度 M_s 点较低，热影响区产生的马氏体难以产生自回火效应，故硬度很高，易造成脆化。另外，如果钢材在调质状态下焊接，且焊后不再进行调质处理，热影响区将出现强度、硬度低于母材的软化区，使焊接接头强度降低。

2. 焊接裂纹倾向大

焊接热影响区极易产生硬脆的马氏体组织，对氢致冷裂纹敏感性很大。同时，由于钢中 C、Si 含量较多，焊接熔池凝固时，固液相温度区间大，结晶偏析较严重，焊接时存在较大的热裂纹倾向。

3. 焊缝金属的韧性低

这类钢焊缝金属的韧性低于母材，且强度级别愈高，与母材的韧性差别愈大。

（二）焊接工艺

1. 焊接方法的选择

可选用各种焊接方法，常用焊条电弧焊、钨极氩弧焊、自动埋弧焊、等离子焊，还可采用 CO_2 气体保护焊、电子束焊接，熔化极气体保护电弧焊中最宜采用富氩混合气体保护焊。

2. 焊接材料的选用

焊接低合金超高强度钢所用的焊接材料见表 3-23，大多数中碳调质钢皆为低合金超高强度钢，其焊接材料的性能及用途见附录 C "表 C-16"。

表 3-23 低合金高强度钢（30CrMnSiA、30CrMnSiNi$_2$A）的焊接材料

钢号	手工电弧焊焊条	CO_2 保护焊焊丝	Ar 弧焊焊丝	自动埋弧焊焊丝 + 焊剂
30CrMnSiA	J875Cr（E8515-G） J107Cr HT-1（焊芯 H08A） HT-1（焊芯 H08CrMoA） HT-3（焊芯 H08A） HT-3（焊芯 H18CrMoA）	H08Mn2SiA H08Mn2SiMoA	H18CrMoA	H18CrMnA + HJ431（HJ401） H20CrMoA + $\begin{cases}\text{HJ431（HJ401）}\\\text{HJ260}\end{cases}$
30CrMnSiNi2A	HT-3（焊芯 H18CrMoA）		H18CrMoA	H18CrMoA + $\begin{cases}\text{HJ280}\\\text{HJ350-1}[①]\end{cases}$

注：①为 80%~82% HJ350（HJ402）和 20%~18% 陶质 1 号焊剂的混合焊剂。

3. 焊接规范及工艺措施

为防止氢致裂纹的产生，除对于拘束度小、结构简单的薄壁壳体等焊件不用预热处理

外，一般均需焊前预热，最低预热温度及焊道温度取决于被焊钢材中碳及合金元素的含量、焊后热处理条件、构件截面厚度及拘束度、以及焊接时可能有的氢含量。通常预热温度应高于马氏体开始转变的温度（一般高出 M_s 20℃），且层间温度和焊后加热温度也应保持此温度，以保证焊缝及热影响区全部转变为贝氏体，而且也可以使接头的氢能充分逸出，有效防止氢致裂纹。

如果焊前预热温度及道（层）间温度比冷却时马氏体开始转变的温度 M_s 低，为防止产生冷裂纹，焊接后在焊件冷至室温之前必须及时采用适当的热处理措施，即将焊件立即加热至高于 M_s 点以上 10~40℃（一般 M_s 点温度在 300℃ 以上），并在此温度下保温 1h，以使尚未转变的奥氏体转变为韧性较好的贝氏体，然后再冷至室温。

如果焊接以后焊件可以立即进行消除应力热处理时，应将其立即冷却至马氏体转变终了温度 M_f 点以下，并停留一段时间，使尚未转变的奥氏体完成马氏体转变，然后立即进行消除应力热处理。

对于焊接以后进行调质处理的焊件，若焊接接头存在缺陷，其补焊工艺要求与焊接工艺一样，采用的淬火工艺应保证接头部分都能得到马氏体，然后进行回火处理。

由于这类钢焊接热影响区的高碳马氏体氢脆敏感性大，少量的氢足以导致焊接接头产生氢致冷裂纹，为了降低接头中氢含量，除了采用预热及焊后及时热处理，以及采用低氢型或超低氢型焊接材料和焊接方法外，还应在焊前彻底清理焊件坡口周围及焊丝表面的油、锈等，严格执行焊条、焊剂烘干制度，避免在穿堂风、低温及高温环境下施焊，否则应采取挡风和进一步提高预热温度等措施。

这类钢的焊接接头不允许存在未焊透、咬边等缺陷，焊缝与母材的过渡应圆滑，因为上述情况皆可能成为裂纹源。为了改善焊缝成形，宜尽量采用机械化自动化焊接方法，亦可采用钨极氩弧焊对焊趾处进行重熔处理。

30CrMnSiA 与 30CrMnSiNi2A 低合金超高强度钢的焊后热处理要求见表 3-24。

表 3-24 30CrMnSiA 与 30CrMnSiNi2A 低合金超高强度钢的焊后热处理

钢　号	热处理目的	热处理种类和加热温度
30CrMnSiA	消除应力，校形	回火（500~700℃）
	使焊缝获得最佳性能	淬火+回火（480~700℃）
30CrMnSiNi2A	消除应力，校形	回火（500~700℃）
	使焊缝获得最佳性能	淬火+回火（200~300℃）

三、低合金耐蚀钢的焊接

（一）概述

低合金耐蚀钢主要包括低合金耐候钢和耐海水腐蚀用钢两大类。低合金耐候钢即耐大气腐蚀钢，是指含有少量合金元素，在大气中具有良好耐腐蚀性能的低合金高强度钢，主要合金元素有 Cu、P、Cr、Ni、Mn、V、Re 等。耐候钢使用过程中，表面会逐渐形成一层致密的保护膜，阻止大气中氧、水及其他腐蚀介质对金属基体的进一步腐蚀，使腐蚀速率相对于普通低合金钢大大降低。耐候钢可分为一般结构用耐候钢 GB/T 4171—2000《高耐候结构钢》和 GB/T 4172—2000《焊接结构用耐候钢》。其中，一般结构用耐候钢主要用于非焊接或对焊接要求不高的焊接结构（这类钢以 Cu-P 系为主），具有优良的耐大气腐蚀性能。典型钢种包括国产的 09CuPCrNi、09CuPTi、09CuPTiRE、09CuPRE、08CuPRE 等，美国 ASTM242 系列和日本的 JISSPA 系列等。

焊接结构用耐候钢主要用于对焊接要求较高的焊接结构，合金系列有 Cu-Cr、Mn-Cu-Cr 或 Cu-Cr-Ni 等。典型钢种包括国产的 16CuCr、12MnCuCr、15MnCuCr、09Mn$_2$Cu、16MnCu 等，以及美国的 ASTMA588 系列和日本的 JISSMA 系列等。上述两种类型耐候钢的化学成分及力学性能列于附录C"表C-17、表C-18"。

耐海水腐蚀用钢与耐候钢同属于低合金耐蚀钢体系。国产牌号有 10MnPNbRE、10Cr2MoAlRE、08PVRE 等，美国牌号有 Meriner 钢、日本牌号 MariloyG50 钢。附录C"表C-19"列出了此类钢的化学成分。

适用于制造压力容器的低合金耐蚀钢主要有含铝钢、含磷钢及不含铝和磷的钢三类，其化学成分见附录C"表C-20"。其中，含铝低合金耐蚀钢适用于石油化工装置生产中抗高温硫腐蚀环境；含磷低合金耐蚀钢及不含铝和磷的低合金耐蚀钢适用于抗大气或海水腐蚀环境。不含铝和磷的低合金耐蚀钢根据含铝量又可分为以下三类：第一种钢的含铝量不超过0.5%，是制造油罐的较佳材料；第二种钢的含铝量在 1% 左右，是石化生产装置中良好的塔器用钢；第三种钢含铝量为 2%~3%，适用于炼油厂加热炉用钢。

（二）低合金耐蚀钢焊接特点

焊接结构用耐候钢的磷含量较低，除了 Cu 含量之外，其他成分与一般低合金热轧钢或正火钢差别不大，焊接淬硬倾向不大，冷裂倾向也很小，Cu 虽具有促进热裂纹产生倾向，但由于含量较低[一般 $w(Cu)$ 为 0.2%~0.4%]，加之 C 含量较低，焊缝中一般不易产生热裂纹，故总体焊接性能良好。

一般结构用耐候钢（高耐候性结构钢）由于磷含量较高[$w(P)$ 为 0.07%~0.15%]，P 在焊缝金属晶界上易产生偏析，促进结晶裂纹产生，同时还促使焊缝区硬度增加，降低焊接接头塑性和韧性，增大了冷裂纹敏感性，故从改善焊接接头的塑性和韧性考虑，须控制此类钢中的碳、磷含量，要求将 $w(C+P)$ 控制在 0.25% 以下，焊接过程尽量采用小的焊剂热输入，以及向焊缝金属中添加细化晶粒的合金元素，同时应尽量避免在大拘束条件下焊接。

耐海水腐蚀用钢的合金体系与耐候钢相似，其焊接性与耐候钢相似。

含铝低合金耐蚀钢的焊接特点为：

低铝耐蚀钢可焊性良好，基本与 16Mn 钢类似，焊接硬化倾向小，焊前不需预热，焊后一般不进行热处理。

中铝及高铝耐蚀钢的焊接淬硬倾向也很小，同样不需要焊前预热和焊后热处理。但由于含铝量较低铝耐蚀钢高，焊接时铝易氧化而使焊缝增硅增碳，使焊缝性能恶化。为此提出了两类焊缝的合金系统：一类是不含铝的 Mo-V 系铁素体-珠光体钢焊缝（采用 J507Mo 焊接，适用于低、中铝耐蚀钢）；另一类是含铝的高锰奥氏体-铁素体钢焊缝（采用 TS607 焊接，适用于含铝为 2%~3% 的耐蚀钢），故焊缝成分与母材差别很大。另外，在这两类钢焊接中，当钢中含铝量较高、且焊缝中的碳化物形成元素多于母材时，在熔合线靠母材一侧形成"铁素体带"，带内的晶粒粗大，为铝固溶于 α-Fe 的固溶体，塑性、韧性较差、硬度最低，抗高温硫化物腐蚀性能差。由于"铁素体带"是类似于异种钢焊接接头中碳迁移所造成的脱碳层，焊后热处理难于消除，因此应选用在焊缝金属中不存在碳化物形成元素的焊接材料。

含磷低合金耐蚀钢的焊接特点为：磷易在焊缝金属晶界引起严重偏析，促使形成结晶裂纹，同时也促使焊接热影响区的冷裂倾向增加，以及使焊接接头的塑性和韧性降低。为此，应控制母材和焊缝金属中的碳含量低于 0.12%，以及 $w(C+P) < 0.25\%$。

不含铝和磷的低合金耐蚀钢的焊接特点为：这类钢主要是一些含铜低合金钢和 Cr-Mo 珠光体钢，对于前者，为获得较好的焊接性能，含铜量不应超过 0.5%，以避免产生热裂纹；并限制磷含量，以防止冷脆倾向。对于 Cr-Mo 珠光体低合金耐蚀钢，其焊接性能优于含铝耐蚀钢。

（三）低合金耐蚀钢的焊接工艺

1. 焊接方法的选择

最常采用的焊剂方法有焊条电弧焊和自动埋弧焊。为了使含铝耐蚀钢中的铝不易氧化，减轻其对焊接的不利影响，对此类钢宜采用氩弧焊。

2. 焊接材料的选择

耐候钢及耐海水腐蚀用钢焊接材料的选择，除应满足焊件强度要求以及应重点考虑保证焊缝金属的耐蚀性能与母材一致以外，还应综合考虑焊接工艺性能、熔敷金属力学性能及其耐腐蚀性能，须通过工艺评定后确定。低合金耐候钢与耐海水腐蚀用钢焊接材料的选择列于表 3-25。压力容器用低合金耐蚀钢焊接材料的选择见表 3-26。

表 3-25 焊接耐候及耐海水腐蚀用钢的焊接材料

屈服强度/MPa	钢 种	焊 条	气体保护焊丝	埋弧焊焊丝焊剂
≥235	Q235NH Q295NH Q295GNH Q295GNHL	J422CrCu, J422CuCrNi J423CuP	H10MnSiCuCrNiII GFA-50W① GFM-50W① AT-YJ502D② PK-YJ502CuCr③	H08A+HJ431 H08MnA+HJ431
≥355	Q355NH Q345GNH Q245GNHL Q390GNH	J502CuP, J502NiCu, J502WCu, J502CuCrNi J506NiCu, J506WCu J507NiCu, J507CuP J507NiCuP, J507CrNi J507WCu	H10MnSiCuCrNiII GFA-50W GFM-50W AT-YJ502D PK-YJ502CuCr	H08MnA+HJ431 H10Mn2+HJ431 H10MnSiCuCrNiIII+SJ101
≥450	Q460NH	J506NiCu, J507NiCu, J507CuP, J507NiCuP, J507CrNi	GFA-55W GFM-55W AT-YJ602D	H10MnSiCuCrNiIII+SJ101

注：① GFA-50W、GFM-50W 及 GFM-55W 分别为哈尔滨焊接研究所开发的熔渣型和金属芯型药芯焊丝。
② AT-YJ502D、AT-YJ602D 为钢铁研究院开发的熔渣型药芯焊丝。
③ PK-YJ502CuCr 为北京宝钢焊业公司开发的耐候钢药芯焊丝。

表 3-26 压力容器用低合金耐蚀钢的焊接材料

类 别	钢 号	手工电弧焊	自动埋弧焊
含铝钢	12AlMoV	J507Mo(E5015G)焊条	H10Mn2+HJ431(HJ401) H10MnMo+HJ250
	15Al3MoWTi	TS607 焊条；A307(E1-23-13-15)	

续表

类别	钢号	手工电弧焊	自动埋弧焊
含磷钢	09MnCuPTi	J506Cu、J506CuP、J507Cu、J507CuP J506(E5016)、J507(E5015)	H08MnA H10Mn2 }+ HJ431(HJ401)
	10MnPNbRe	J506CuP、J506(E5016) J507CrNi	H08MnA + HJ431(HJ401)
不含铝或磷的钢	09CuWSn	SD-1焊条(H08A芯) JW-1焊条(H08CuWSn芯)	H08CuWSn + { HJ250 HJ350(HJ402)
	12Cr2Mo	R400(E5000-B3) R407(E6015-B3)	H08CrMoVA + { HJ250 HJ260
	16MnCu	J506(E5016)	H08A + HJ431(HJ401)

3. 焊接规范和焊接工艺

大部分耐候钢及耐海水腐蚀用钢的焊接性与屈服强度为235～345MPa的热轧或正火钢相当，它们的焊接工艺可参考这一强度级别的热轧或正火钢的焊接工艺。对于调质状态交货的Q460NH钢，可参考前述低碳低合金调质钢的焊接工艺。对于P含量较高的耐候钢及耐海水腐蚀用钢，为有效防止焊接裂纹产生，应采用母材稀释率较低的焊接工艺方法。对于薄板或较薄件的焊接，为保证焊缝金属的抗拉强度及焊接接头的冲击韧度，应注意控制焊接热输入及层(道)间温度，尽量采用较小的热输入。

低合金耐蚀钢的焊接坡口形式、坡口尺寸及焊接参数的制定与一般低合金结构钢相同，大厚度焊件的焊接可采用埋弧焊工艺。埋弧焊时，根据产品性能要求选择焊丝、焊剂，采用偏小的焊剂热输入，以防止接头过热，保证焊接接头有足够的力学性能。

对于上述压力容器用三种类别低合金耐蚀钢的焊接工艺措施为：

① 对于含铝低合金耐蚀钢，采用小电流、小线能量焊接，以减轻熔合线过热，使铁素体带尽量变窄，以防止塑性、韧性降低，耐蚀性能变差，应选择在焊缝中不存在碳化物形成元素的焊接材料。例如焊接15Al3MoWTi钢，宜选用φ3.2焊条、直流反接、电流为80～110A，宜用多道焊，焊后进行高温回火处理。

② 对于含磷低合金耐蚀钢，应采用小线能量焊接，以减少冷脆倾向，防止产生焊接冷裂纹，必要时宜采取向焊缝金属中添加细小晶粒的合金元素。对于拘束度较大的焊件，须采取减小拘束应力的措施。例如09MnCuPTi焊接时，焊条电弧焊的最佳线能量为8370～14650J/cm，埋弧焊为12560～18840J/cm。

③ 对于不含铝和磷的低合金耐蚀钢，一般情况下，焊前不预热、焊后不需热处理。表3-27所列为这类钢的焊接工艺要求。

表3-27 不含铝和磷的低合金耐蚀钢焊接规范

钢号	焊条直径/mm	电源极性	焊接电流/A
09CuWSn	4.0	直流反接	160～170
16MnCu	4.0	直流反接	130～160

第三节 耐热钢的焊接

一、低合金耐热钢的焊接

（一）概述

低合金耐热钢是合金元素总质量分数在 5% 以下的合金钢，金相组织通常为珠光体或贝氏体，在 500~600℃ 温度范围有良好的热强性。其合金系列有：C-Mo、C-Cr-Mo、C-Cr-V-Nb、C-Mo-V、C-Cr-Mo-V、C-Mn-Mo-V、C-Mn-Ni-Mo 和 C-Cr-Mo-W-V-Ti-B 等。对于焊接结构用低合金耐热钢，为了提高其焊接性，碳的质量分数均控制在 0.20% 以下，其中某些合金成分较高的低合金耐热钢，标准规定的碳质量分数不高于 0.15%。

低合金耐热钢通常以退火或正火+回火状态供货。合金质量分数在 2.5% 以下的低合金耐热钢具有珠光体+铁素体组织，亦称为珠光体耐热钢；合金质量分数为 3%~5% 的低合金耐热钢具有贝氏体+铁素体组织，亦称为贝氏体耐热钢。在动力工程、石油化工等部门应用的低合金耐热钢已有 20 余种，其中最常用的是 Cr-Mo 型、Mn-Mo 型耐热钢和 Cr-Mo 基多元合金耐热钢。附录 C "表 C-21.1、表 C-21.2" 和 "表 C-22.1、表 C-22.2" 所列为我国已纳入国标的高压锅炉用无缝钢管和低合金耐热钢的化学成分和力学性能。

对耐热钢焊接接头性能的基本要求取决于焊接结构的复杂性、运行条件及制造工艺过程，通常应满足以下要求：

1. 焊接接头的等强度和等塑性

焊接接头应具有与母材基体相等的室温和中、高温短时强度，具有与母材相近的塑性变形能力。

2. 焊接接头的抗氢性和抗氧化性

焊接接头应具有与母材基本相同的抗氢性和抗氧化性，为此，焊缝金属的合金成分质量分数应与母材基本相当。

3. 焊接接头的组织稳定性

焊接接头各区的组织不应在制造和长期使用过程中产生明显的变化以及由此引起的脆变或软化。

4. 焊接接头的抗脆性

耐热钢焊接结构（特别是耐热钢制压力容器和管道）都须经历冷态启动或压力试验，且压力容器及压力管道在常温下的试验压力一般工作压力 1.25~1.5 倍，故耐热钢焊接接头应具有一定的抗脆断性。

5. 焊接接头的物理均一性

焊接接头应具有与母材基本相同的物理性能（如热膨胀系数、导热率等），以避免在使用中产生过高的热应力，使焊接接头应力水平降低。

（二）低合金耐热钢的焊接特点

1. 具有淬硬倾向及冷裂纹敏感性

其合金含量不同，具有不同的淬硬倾向，冷裂纹敏感性较强。此类钢的淬硬性取决于它们的碳含量、合金成分及其含量。钢中的主要合金元素 Cr 和 Mo 都能显著提高钢的淬硬性，冷却速度大时易形成淬硬组织，有较大拘束度时，易导致冷裂纹的产生。此外，此类钢焊接时易出现弧坑裂纹。

2. 再热裂纹敏感性强

此类钢焊接接头的再热裂纹(亦称消除应力裂纹)倾向、主要取决于钢中碳化物形成元素的特性含量以及焊后热处理温度参数。由于钢中二次硬化元素的影响，焊后热处理过程中易产生再热裂纹。

这种裂纹一般产生在焊接热影响区粗晶粒段的应力集中部位。再热裂纹的敏感温度在600℃附近，超过650℃以上时，敏感性降低。

低合金钢再热裂纹敏感性通常以裂纹指数 P_{sr} 表征，可按下式计算：

$$P_{sr} = w(Cr) + w(Cu) + 2w(Mo) + 10w(V) + 7w(Nb) + 5w(Ti) - 2 \tag{3-1}$$

当 $P_{sr} \geq 0$ 时，有可能产生再热裂纹。但是，实际上在低合金钢焊接结构中，再热裂纹的形成还与焊接热参数、接头的拘束力以及热处理工艺参数有关。对一些再热裂纹倾向较高的低合金耐热钢，当采用高输入焊接方法焊接时(如多丝埋弧焊、带极埋弧焊)，即使焊后未作消除应力热处理，在接头高拘束应力作用下也会在焊缝层间或堆焊层下过热区产生再热裂纹。

3. 回火脆性

Cr – Mo 钢及其焊接接头在 375～565℃ 温度区间长期运行过程中，会发生渐进的变脆现象，称为回火脆性或长时脆变，它是由钢中的微量元素(如 P、As、Sb 和 Sn 等)沿晶界的扩散偏析造成。回火脆性的综合影响可以用脆性指数 X 表示，对于焊缝金属，X 可按下式计算：

$$X = 10w(P) + 5w(Sb) + 4w(Sn) + w(As)/100 \times 10^{-6} \tag{3-2}$$

对于低合金耐热钢(Cr – Mn 钢)，X 指数不应超过 20，即 $X \leq 20$。

对于母材还应考虑 Si、Mn 等元素的影响，可用 J 指数评定钢的回火脆性，即

$$J = w(Mn + Si) \times w(P + Sn) \times 10^4 (\%) \tag{3-3}$$

对于低合金耐热钢(Cr – Mn 钢)，J 指数不应超过 150，即 $J \leq 150$。实际制造生产中，对于一些运行条件苛刻的 Cr – Mo 钢制壁厚压力容器，有关技术条件规定，母材和焊缝金属经步冷处理(即加快测定钢材对回火脆性敏感性的分步冷却试验法)的试样，其脆性转变温度应满足下式要求：

$$T_1 + 3(T_2 - T_1) < 10℃ \tag{3-4}$$

式中　T_1——试样在步冷处理前的 54J 冲击吸收功转变温度，℃；

T_2——试样在步冷处理后的 54J 冲击吸收功转变温度，℃。

步冷处理的目的是使 Cr – Mn 钢在 200～300h 才能产生同等度的脆变，故步冷试验法是一种加速脆性试验法。工程上为降低 Cr – Mn 钢的焊接金属回火脆性倾向，可以取图 3 – 1 所示的冶金和工艺措施，其中最有效的是降低焊缝金属中 O、S、P 的含量。

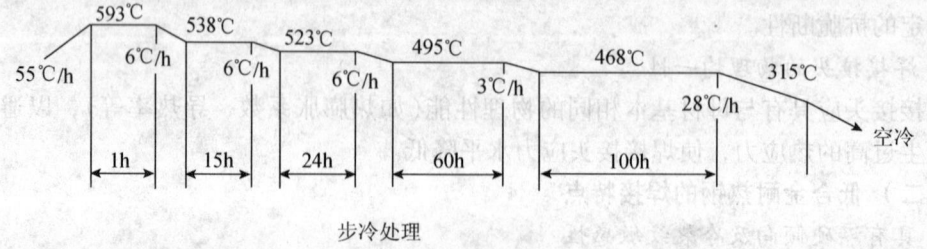

图 3 – 1　测定 Cr – Mn 钢回火脆性敏感性的步冷处理程序

(三) 低合金耐热钢的焊接工艺

1. 焊接方法的选择

原则上，凡是经过焊接工艺评定试验证实所焊接头的性能符合产品技术条件的任何焊接方法，皆可用于此类钢的焊接。实际应用的焊接方法有焊条电弧焊、埋弧焊、熔化极气体保护焊、电渣焊、钨极氩弧焊、电阻焊、感应加热焊等，其中以焊条电弧焊和埋弧焊最常用。CO_2气体保护焊和富氩（$Ar+CO_2$）混合气体保护焊的应用也日益扩大。对于大断面焊接时宜采用电渣焊，高压管道应采用氩弧焊封底，一般管道通常采用闪光焊或摩擦焊方法。管件和棒材也可采用电阻焊、感应压力焊以及电阻感应联焊法，这些焊接方法的优点是无需填充金属，为获得优质接头，必须严格控制焊接参数。

2. 焊接材料的选用

焊接材料的选配原则是，焊缝金属的合金成分与强度性能应基本符合母材标准规定的下限值或达到产品技术条件规定的最低性能指标。如果焊件焊后需经退火、正火或热成形，则应选择合金成分和强度级别较高的焊接材料。

为提高焊缝金属抗裂性能，焊接材料中的碳含量一般应比母材低。对于采用一些特殊用途的焊丝和焊条（如免除焊后热处理所选用的焊条），其焊缝金属的$w(C)$应控制在0.05%以下。

最近研究表明，对于低合金耐热钢 1.25Cr-0.5Mo 及 2.25Cr-1Mo（此两种钢亦属中温抗氢钢），焊缝金属的最佳$w(C)$为0.10%左右，在此含碳量下，焊缝金属具有最高的冲击韧度和与母材相当的高温蠕变强度。而碳含量过低的 Cr-Mo 钢焊缝金属，经长时间焊后热处理会促使铁素体形成，导致韧性下降，因此不宜采用碳含量过低的焊接材料。

低合金耐热钢焊接材料的选用参见表3-28。

3. 焊接工艺措施

① 为防止产生再热裂纹，应选用高温塑性优于母材的焊接材料，适当提高预热温度和层间温度；采用低热输入焊接方法和工艺，以缩小焊接接头过热区的宽度、限制晶粒长大；选择合理的热处理工艺参数，尽量缩短在敏感温度区间内的保温时间；设计及焊接过程应考虑尽量降低焊接接头的拘束度。

② 为降低 Cr-Mo 钢焊缝金属回火脆性倾向，最有效措施是选用的焊接材料应尽量降低焊缝金属 O、S、P 及 Sb、Sn、As 等杂质元素含量。例如，2.25Cr-1Mo 钢焊条电弧焊焊缝金属中由于严格控制了上述杂质元素含量，步冷处理后 54J 冲击吸收功转变温度可达 -53℃。

③ 为确保焊缝金属的韧性、降低裂纹倾向，此类钢的焊条电弧焊大都采用低氢型碱性焊条。对于合金含量较低的薄板，为改善工艺适应性，亦可采用高纤维素型或高氧化钛型酸性焊条。

对于低合金耐热钢管道的封底层焊道或小直径薄壁管焊接，多采用钨极氩弧焊和热丝钨极氩弧焊，后者可进一步提高焊缝金属抗回火脆性能力。

④ 熔化极气体保护焊对于此类钢薄板焊接接头和根部焊道具有较好的工艺适应性，可采用 $\phi 0.8$、$\phi 1.0$mm 细焊丝、低电流、短路过渡焊接，也可采用 $\phi 1.2$mm 以上粗焊丝实现高熔敷效率的喷射过渡或脉冲过渡焊接。另外，采用某些型号的药芯焊丝，可适用于管道环缝的全位置焊接，具有可焊性强、飞溅小、焊缝成形好等优点，且药芯焊丝比焊条药皮具有较好的抗潮性，可以焊制低氢的焊缝金属，这对于焊接低合金耐热钢厚壁焊件尤为重要。

表 3-28a 低合金耐热钢焊接材料选用表

钢号			焊条电弧焊		埋弧焊		气体保护焊			
							实心焊丝		药芯焊丝	
国标	ASTM(DIN)	牌号	国标牌号	型号	牌号	型号	牌号	型号	型号	
15Mo	A204-A、B、C A209-T1 T335-P1 (15Mo3)	R102 R107	E5003-A1 E5015-A1 E7015-A1 (AWS)	H08MnMoA+HJ350	F5114-H08MnMoA F7P0-EA1-A1 (AWS)	H08MnSiMo TGR50M(TIG)	ER55-D2	E500T5-A1 E500T1-A1	
12CrMo	A387-2 A213-T2 A355-P2	R202 R207	E5503-B1 E5515-B1 E8015-B1 (AWS)	H10MoCrA+HJ350	F5114-H10MoCrA F9P2-EG-G (AWS)	H08CrMoSiMo	ER55-B2	E550T1-B2 E550T5-B2L	
15CrMo	A213-T12 T199-T11 A335-P11,12 A387-11,12 (13CrMo44)	R302 R307 R306Fe R307H	E5503-B2 E5515-B2 E5518-B2 E8018-B2 E8015-B2 (AWS)	H08CrMoA+HJ350 H12CrMo+HJ350	F5114-H08CrMoA F9P2-EG-B2 (AWS)	H08CrMnSiMo TGR55CM (TIG)	ER55-B2	E550T5-B2 E550T1-B2 E550T5-B2L	
12Cr1MoV (13CrMoV42)		R312 R316Fe R317	E5503-B2V E5518-B2V E5515-B2V	H08CrMoV+HJ350	F6114-H08CrMoV	H08CrMnSiMoV TGR55V(TIG)	ER55B2MnV		
12Cr2Mo	A387-22 A199-T22 A213-T22 A335-P22 (10CrMo910)	R406Fe R407	E6018-B3 E6015-B3 E9015-B3 (AWS)	H08Cr3MoMoA+HJ350 (SJ101)	F6124-H08Cr3MnMoA F8P2-EG-B3(AWS)	H08Cr3MnMoSi TGR59C2M	ER62-B3	E600T5-B3 E600T1-B3	

第三章 压力容器用材料的焊接

续表

钢 号		焊条电弧焊		埋弧焊		气体保护焊		药芯焊丝
国标	ASTM(DIN)	牌号	国标牌号	牌号	型号	实心焊丝 牌号	型号	型号
12Cr2MoWVTiB	—	R347 R340	E5515－B3V WB	H08Cr2MoWVNbB ＋HJ250	F6111－ H08Cr2MoWVNbB	H08Cr2MoWVNbB TGR55WB	ER62－G	—
18MnMoNb	A302－B, A A533－A, B, C, D1	J707 J707Ni J607 J606	E7015－D2 E7015－G E6015－D1 E6016－D1 E9016－D1 (AWS)	H08Mn2MoA＋HJ350 (SJ101) H08Mn2NiMo＋HJ350 (SJ101)	F7124－H08Mn2Mo F7124－H08Mn2NiMo F8A6－EG－A4	H08Mn2SiMoA MG59－G	ER55－D2 ER80S－D2 (AWS)	E600T1－D3
13MnNiMoNb	A302－C, D A533－A, B, C, D1 A508, 2, 3 (13MnNiMo54)	J607Ni J707Ni	E6015－G E7015－G E9015－G (AWS)	H08Mn2NiMo＋HJ350 (SJ101)	E7124－H08Mn2NiMo F9P4－EG－G	H08Mn2NiMoSi	ER55NiL ER80S－Ni1 (AWS)	E700T1－K3 E700T5－K3

表3-28b 低合金耐热钢的焊接材料选用

钢号	手工电弧焊	自动埋弧焊	CO_2气体保护焊
12CrMo	R202(E5503-B1) R207(E5515-B1)	H10MoCr + {HJ350(HJ402) HJ430(HJ401)}	
15CrMo	R307(E5515-B2)	H08CrMo + HJ350(HJ402) H13CrMo + HJ250	H08Mn2SiCrMo
12Cr1MoV	R207(E5516-B1) R317(E5515-B2-V)	H08CrMoV + {HJ250 HJ251}	H08MnSiCrMoV
12Cr2MoWVTiB	R347(E5515-B3-VWB)		
12Cr3MoVSiTiB	RE317(5515-B2-V) RE417(5515-B3-VNb)		
12MoVWBSiRe	R317(E5515-B2-V) R327(E5515-B2-VW)		

⑤ 电渣焊焊缝金属和高温热影响区的初次晶粒十分粗大,对于一些重要的焊接构件必须进行焊后正火处理或双相区热处理,以细化晶粒,提高焊接接头的缺口冲击韧性。

⑥ 为了防止低合金耐热钢厚板热切割边缘的开裂,焊前应采取的工艺措施为:a. 对于所有厚度的2.25Cr-1Mo、3Cr-1Mo钢板和厚度12mm以上的1.25Cr-0.5Mo钢板,热切割前应将割口边缘预热至150℃以上,切割后的边缘应进行机械加工,并用磁粉检测是否存在表面裂纹。b. 对于厚度15mm以下的1.25Cr-0.5Mo钢板和15mm以上的0.5Mo钢板,切割前应预热100℃以上,切割后的边缘同样作上述机械加工和磁粉检测。c. 对于厚度15mm以下的0.5Mo钢板,热切割前不需预热,但切割边缘宜进行机械加工,去除热切割过程中的热影响区。d. 焊前必须清理切割熔渣和氧化皮,切割面缺口须圆滑过渡,并清除油迹等污物。

⑦ 正确选定预热温度和焊后热处理温度,以有效消除近缝区淬硬现象,减小焊接残余应力,脱除焊缝及热影响区扩散氢含量以及改善金相组织。预热温度主要依据此类钢的碳当量、接头的拘束度和焊缝金属中氢含量等因素决定,并非越高越好。对于$w(Cr)$大于2%的低合金耐热钢,为防止氢致裂纹产生,预热温度不应高于母材中马氏体转变结束点M_f的温度。表3-29所列为各国压力容器规定的最低预热温度。为防止载荷裂纹产生,焊后回火温度应大于650℃。有关资料提出,低合金耐热钢焊件可根据对焊接接头性能的要求,有的可不作热处理,有的需进行回火或正火处理。

表3-29 各国压力容器法规规定的低合金耐热钢最低预热温度

钢种	推荐值		ASME BPVC Ⅷ[①]		BS[②]5500 (PD5500)		ASME[③] B31.1		BS 3351 (低氢焊条)		BS 2633—1994 (酸性焊条)	
	厚度/mm	温度/℃	厚度/mm	温度/℃	厚度/mm	温度/℃	厚度/mm	温度/℃	厚度/mm	温度/℃	厚度/mm	温度/℃
0.5Mo	≥20	80	>16	80	≥12	100	≥12	80	≥12	100	≥38	150
1Cr-0.5Mo 1.25Cr-0.5Mo	≥20	120	≥12	120	≤12 >12	100 150	所有 厚度	150	≤12 >12	100 150	≤12 >12	150 200

续表

钢种	推荐值		ASME BPVC Ⅷ[①]		BS[②] 5500 (PD5500)		ASME[③] B31.1		BS 3351 (低氢焊条)		BS 2633—1994 (酸性焊条)	
	厚度/mm	温度/℃	厚度/mm	温度/℃	厚度/mm	温度/℃	厚度/mm	温度/℃	厚度/mm	温度/℃	厚度/mm	温度/℃
2.25Cr1Mo 1CrMoV	≥10	150	≥12	200	≤12 >12	150 200	所有厚度	150	≤12 >12	150 200	≥12	200 —
2CrMoWVTiB	所有厚度	150										
2Mn-Mo 2Mn-Ni-Mo	≥30	150	—		—		—		—		—	

注：① 美国机械工程学会标准中的锅炉压力容器法规。
② PD5500 为英国标准，代替原 BS5500。
③ 美国机械工程学会标准中的压力管道标准。

a. 不做焊后热处理。对于某些合金成分较低、壁厚较薄的低合金耐热钢焊接接头，如焊前采取预热、使用低氢低碳级焊接材料，且焊接工艺评定证实接头具有足够的塑性和韧性，则可不作焊后热处理。表 3-30 列出了各国压力容器和管道法规对一些常用低合金耐热钢可以省略焊后热处理的厚度界限。

表 3-30　各国制造法规对省略低合金耐热钢焊后热处理最大容许壁厚的规定　　mm

钢种	HPIS[①] WES[②]	ASME BPVC Ⅷ	ASME BPVC Ⅲ	ASME B31.1	PD5500 (BS 5500)	BS 2633
0.5Mo	16 20	19	任何厚度	19	20	12.5
1Cr-0.5Mo 1.25-0.5Mo	13 16	19	任何厚度	13	任何厚度	12.5
2.25Cr1Mo	8 0	19		13	任何厚度	任何厚度

注：① 日本高压(技术)协会标准。
② 日本焊接工程标准。

b. 进行 580~760℃ 温度范围内的回火或消除应力处理。

c. 进行止火处理。焊后止火热处理是为了焊缝热影响(主要是过热区)组织的改善，热处理加热温度应保证接头的Ⅰ类应力降低到尽可能低的水平。焊后热处理(或包括多次的热处理)不应使用母材和焊接接头力学性能降低到产品技术条件规定的最低值以下，且应尽量避免在所处理钢材的回火脆性及再热裂纹敏感温度范围内进行，焊接工艺应规定在这些危险温度范围内的加热和冷却速度。表 3-31 所列为各国制造法规要求的低合金耐热钢焊后热处理温度。表 3-32 所列为有关资料推荐的低合金耐热钢预热温度和焊后热处理温度。

表 3-31　各国制造法规要求的低合金耐热钢焊后热处理温度　　　　℃

制造法规 钢种	ASME B31.1	ASME BPVC Ⅷ	BS 3351	PD5500 (BS 5500)	推荐温度
0.5Mo	600~650	≥595	650~680	650~680	600~620
0.5Cr-0.5Mo	600~650	≥595	—	—	620~640
1Cr-0.5Mo	700~750	≥595	630~670	630~670③ 650~700②	640~680
1.25Cr-0.5Mo	—	≥595	630~670	630~670③ 650~700②	640~680
2.25Cr-1Mo	700~750	≥680	680~720① 700~750②	630~670④ 680~720① 700~750②	680~700
1Cr-Mo-V	—	—	—	—	720~740
2Cr-MoWVTiB	—	—	—	—	760~780

注：① 以提高蠕变强度为主。
　　② 以软化焊缝为主。
　　③ 以提高高温性能为主。
　　④ 以提高常温强度为主。

表 3-32　低合金耐热钢的预热温度和焊后热处理温度　　　　℃

钢　号	预热温度	焊后回火温度(需热处理的厚度 mm)①
12CrMo	150~300	670~710(>10)
15CrMo	250~300	680~720(>10)
12Cr1MoV	250~350	700~740(>6)
12Cr2MoWVTiB	300~400	750~780(任何厚度)
12Cr3MoVSiTiB	300~400	750~780(任何厚度)
12MoVWBSiRe	200~300	750~770

注：① 指焊件最大厚度。

⑧ 焊后缓冷。对于低合金耐热钢的焊接，焊后任何情况下均应在保温材料中缓冷。低合金耐热钢的各种热处理参数中，回火参数的变化范围约为 $[P] = 18.2 \sim 21.4$，其回火参数值由热处理和保温时间确定，即

$$[P] = T(20 + \lg t) \times 10^{-3} \tag{3-5}$$

式中　T——热处理温度，K；
　　　t——保温时间，h。

当回火参数 $[P] = 20.0 \sim 20.6$ 之间时，焊缝金属冲击吸收功达到最高值。如果 $[P] < 20.0$，即在较低的回火温度和较短的保温时间下，焊缝金属的韧性明显下降，但当 $[P] > 20.6$ 时，则也会由于碳化物的沉淀和集聚，使韧性再度降低。

⑨ 低合金耐热钢焊接中，需采用"保温焊"(即在整个焊接过程中，使焊缝及其附近保持足够的温度)、"连续焊"(即整个焊接过程不间断，如需间断则应缓冷并在焊前预热)。应在自由状态下焊接，避免过大的拘束度，并在焊后锤击焊缝，以利于消除内应力。

二、中合金耐热钢的焊接

(一) 概述

耐热钢中合金总质量分数为 6%~12% 的合金钢系列通称为中合金耐热钢。目前，用于焊接结构的中合金耐热钢的合金系列有 C-Cr-Mo、C-Cr-Mo-V、C-Cr-Mo-Nb、C-Cr-Mo-V-Nb、C-Cr-Mo-W-V-Nb 等。这类钢必须以退火或正火+回火状态供货（某些钢种也可以调质状态供货）。其中，合金总质量分数在 10% 以下的耐热钢，退火状态下具有铁素体+合金碳化物组织，在正火+回火状态下为铁素体+贝氏体组织。当钢的合金质量分数超过 10% 时，其供货状态下的组织为马氏体，属于马氏体耐热钢。

中合金耐热钢在石油化工、动力等工业部门应用较广泛，主要钢种有 5Cr-0.5Mo、7Cr-0.5Mo、9Cr-1Mo(9Cr-1MoV)、9Cr-1Mo-V-Nb、9Cr-2Mo、9Cr-2Mo-V-Nb 和 9Cr-Mo-W-V-Nb 等。这类耐热钢的主要合金元素是 Cr，使用性能主要取决于 Cr 含量。Cr 含量愈高，耐高温性能和抗高温氧化性能愈好。在常规的碳含量下，所有中合金铬钢均为马氏体组织。近年来已研制出多种焊接性尚可的低碳多元中合金耐热钢，如 $w(C)$ 为 0.19% 的 9Cr1MoVNb、9Cr1MoWVNb 和 9Cr0.5Mo1.8WVNb 等，其性能填补了低合金珠光体耐热钢与高合金奥氏体耐热钢之间的空白。

中合金耐热钢由于所含合金元素较低合金耐热钢高，一般具有相当高的空淬特性。为保证其优良的综合力学性能，在钢材轧制后必须进行相应的热处理，例如等温退火、完全退火、正火+回火等。

中合金耐热钢焊接中，淬硬和裂纹倾向较高，预热和焊后热处理是防止裂纹、改善和降低焊接接头各区硬度与焊接应力峰值以及提高韧性的不可缺少的重要工序，应保证焊接接头具有与母材相当的高温蠕变强度和高的抗氧化性能，并在此前提下采取合适的焊接方法、焊接工艺和规范，改善其焊接性能。

(二) 中合金耐热钢的焊接特点

1. 淬硬倾向和裂纹倾向

中合金耐热钢普遍具有较高的淬硬倾向，在 $w(Cr)$ 为 5%~10% 的钢中，若 $w(C)$ 高于 0.10%，其在等温热处理状态下的组织均为马氏体。过低的碳含量[例如 $w(C)$ 低于 0.05%]虽然不会导致焊接冷裂纹形成，但将使钢的蠕变强度急剧下降。为了既保证中合金耐热钢的高温蠕变强度又兼顾其焊接性，$w(C)$ 一般控制在 0.10%~0.20% 范围内，故钢在焊接过程中的淬硬倾向难以避免，焊缝和热影响区硬度均会超过容许的最高硬度，只有经过焊后热处理方可使接头各区的硬度值降低到容许范围之内。除焊后热处理外，改善中合金耐热钢淬硬倾向的另一途径则是降低钢中碳含量并适当提高 Mo、V 等合金元素含量，以保持其高温持久强度。另外，这类钢的合金成分中碳化物形成元素（如 V、W、Nb、Ti 等）对淬硬倾向也有较大的影响。例如不添加碳化物形成元素的 5Cr-1Mo 钢，淬透性较大，即使自 1050℃ 奥氏体化温度缓慢冷却时，亦会形成脆性组织，具有高的硬度和低的变形能力；而以 W、V、Nb 或 Ti 等稳定化的 5Cr-1Mo 钢则具有不同的冷却转变特性，只有在相当高的冷却速度下才会形成少量马氏体，其余部分均为贝氏体组织，使焊接接头具有较高的韧性和塑性。

2. 焊接温度参数

焊接温度参数是中合金耐热钢焊接工艺的重要参数。对于壁厚 10mm 以上的焊件，焊前预热可以防止焊接过程中冷裂和高硬度区的形成，预热温度一般为 200~300℃。当中合金耐热钢的 $w(C)$ 在 0.1%~0.2% 范围内时，预热温度应控制在马氏体转变起始温度 M_s 点以下，使一部分奥氏体在焊接过程中转变为马氏体。并使层间温度始终保持在 230℃ 以上，从而不会形成裂纹。焊接结束后将工件冷却到 100~125℃，使部分未转变的残留奥氏体转变为马氏体，紧接着立即进行 720~780℃ 回火处理。其焊接温度参数如图 3-2(a) 所示。当中合金耐热钢的 $w(C)$ 低于 0.1% 时，可按图 3-2(b) 所示的焊接温度参数焊接。它与前者的主要区别在于焊件焊接结束后，将焊件缓冷至室温，使焊接接头各区完全转变成马氏体，紧接着立即进行回火处理。

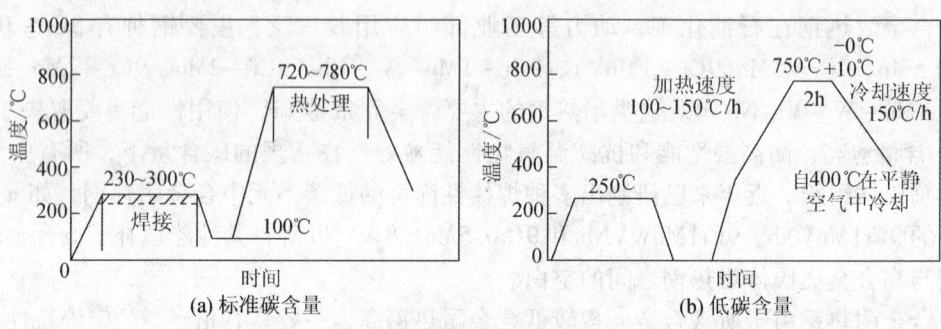

图 3-2　中合金耐热钢的焊接温度参数

中合金耐热钢采用电渣焊时，由于电渣焊的热循环作用，通常焊前无需预热。但对于焊接空淬倾向特别大的中合金耐热钢，依靠电渣焊过程本身的热量很难保持规定时间的层间温度（特别对于长焊缝）。同时，电渣焊焊缝金属和过热区组织晶粒粗大，很易在焊后热处理之前出现裂纹，因此其焊接工艺参数必须保持在焊接工艺规程的范围之内。

焊后回火温度及保温时间是影响中合金耐热钢焊接接头力学性能（特别是冲击韧性）的重要工艺参数。通常情况下提高回火温度和增加保温时间可以显著提高接头的低温缺冲击韧性，且回火温度愈高，保温时间愈长，接头的抗缺口冲击能力愈高。但是，过高的回火温度使焊接接头的抗拉强度显著降低。例如当回火温度从 700℃ 提高到 775℃ 时，接头的屈服强度和抗拉强度大约降低 200~250MPa，故对于中合金耐热钢回火温度的选择应兼顾接头的强度和韧性，不宜过高或过低。

（三）中合金耐热钢的焊接工艺

1. 焊接方法的选择

由于中合金耐热钢的淬硬和裂纹倾向较高，选择焊接方法时应优先采用低氢的焊接方法，例如采用钨极氩弧焊、熔化极气体保护电弧焊。对于厚壁焊件，可选择焊条电弧焊和埋弧焊，但必须采用低氢碱性药皮焊条或焊剂。

2. 焊接材料的选用

中合金耐热钢焊接材料的选择，可选用高铬镍奥氏体不锈钢焊材，即异种材料焊材；也可选用与母材成分基本相同的中合金钢焊接材料。早期的这类钢焊接中，倾向于选择高铬镍奥氏体的焊材，因为焊接工艺较简单，焊前不需预热、焊后可不作热处理，可以防止焊接接头热影响区产生裂纹。但是经过焊接设备或结构长期运行经验表明，这种异种钢焊接接头在高温下长期工作中，由于铬镍焊缝金属的线膨胀系数与中合金耐热钢相差较大，焊接接头存在较高的热应力，且在接头界面存在高硬度区，最终可能会导致焊接接头应力水平降低而失效,因此目前基本上不采用此异种材料焊接方法大多采用与母材成分基本相同的材料。其选用原则是:在保证焊接接头具有与母材相当的高温蠕变强度和抗氧化性前提下,尽量改善焊接性能,减少接头淬硬倾向和裂纹倾向。对此类焊接材料的要求是,首先必须含有与母材相当的 Cr、Mo 含量,但焊材的含 Cr 量不宜过高,因它能与 C、Fe 等形成复杂的碳化物(Fe_3C、Cr_3C),对钢的焊接性产生不利影响,促使钢的空淬倾向,为此可采用稳定化元素 Nb、V 或 Ti 等元素对 Cr-Mo 钢渗合金,使这些元素形成高度稳定的碳化物,从而促使奥氏体内碳含量降低,在较高温度下分解成珠光体型组织,提高了焊缝金属韧性和抗裂性。同时奥氏体内碳含量降低也会减少晶界贫铬,有利于抗晶间腐蚀和应力腐蚀。

中合金耐热钢焊接材料型号、牌号及其化学成分列于表 3-33。

表 3-33 中合金耐热钢常用焊接材料标准型号、牌号及其化学成分

适用钢种	焊材国标型号	焊材牌号	化学成分(质量分数)/%							
			C	Mn	Si	Cr	Mo	V	S	P	其他
1Cr5Mo A213-T5 A335-P5	E5MoV-15 E801Y-B6 (AWS)	R507	≤0.12	0.50~0.90	≤0.50	4.5~6.0	0.40~0.70	0.10~0.35	≤0.030	≤0.035	—
10Cr5MoWVTiB	—	R517A	≤0.12	0.50~0.80	≤0.70	5.0~6.0	0.60~0.80	0.25~0.40	≤0.015	≤0.020	W=0.25~0.45 Nb=0.04~0.14
A213-T7,T9	E9Mo-15	R707	≤0.15	0.50~1.00	≤0.50	8.5~10.0	0.70~1.00		≤0.030	≤0.035	
A335-P7,P9	E801Y-B8 (AWS) E505-15 (AWS)	R717A	≤0.80	0.50~0.10	≤0.50	8.5~10.0	0.80~1.10		≤0.015	≤0.020	Ni=0.50~0.80
A213-T91 10Cr9Mo1VNb	E901Y-B9 (AWS)	R717	≤0.12	0.06~1.20	≤0.50	8.0~9.5	8.0~1.10	0.15~0.40	≤0.030	≤0.035	Ni:0.50~1.00 Nb:0.02~0.08
	EC90S-B9		0.10	0.6	0.3	9.0	1.0	0.2	≤0.030	≤0.03	Ni0.7 Nb0.055

3. 焊接规范及焊接措施

中合金耐热钢焊前准备要求很严格,母材切割之前必须将切割边缘 200mm 宽度内预热到 150℃ 以上,切割表面应采取用磁粉检测是否出现裂纹。焊接坡口应机械加工,并彻底除去坡口表面硬化层(必要时作表面硬度测定)。焊接坡口形式应在保证焊缝根部全焊透的前提下,尽量减小坡口角度或减小 U 形坡口底部圆角半径,缩小坡口宽度,以实现等温焊接工艺,使焊接过程在尽可能短的时间内完成。对于中合金耐热钢,理想的坡口形式为窄间隙和窄坡口,窄坡口的宽度通常为:埋弧焊 18~22mm,熔化极气体保护电弧焊 14~16mm,钨极氩弧焊或热丝钨极氩弧焊 8~12mm。

焊前预热是中合金耐热钢防止焊接裂纹、提高焊缝金属韧性的有效措施。表 3-34 列出推荐的中合金耐热钢的最低预热温度及各国压力容器和管道制造法规规定的最低预热温度。

表 3-34 中合金耐热钢的最低预热温度

钢 种	ASME BPVC Ⅷ		BS 5000		ASME B31.1		BS 3351（低氢焊条）		推荐温度	
	厚度/mm	温度/℃	厚度/mm	温度/℃	厚度/mm	温度/℃	厚度/mm	温度/℃	厚度/mm	温度/℃
5Cr-0.5Mo	≤13 ＞13	150 204	所有厚度	200	所有厚度	175	所有厚度	200	≥6	200
7Cr-0.5Mo	所有厚度	204	所有厚度	200	所有厚度	175	所有厚度	200	≥6	250
9Cr-1Mo 9Cr-1MoV 9Cr-2Mo	所有厚度	204	所有厚度	200	所有厚度	175	所有厚度	200	≥6	250

对于高拘束度焊接接头或焊缝金属中扩散氢合金较高的焊接接头，焊前预热温度应适当提高。

中合金耐热钢焊件焊后热处理的最佳工艺参数，宜通过各种中合金耐热钢系列回火试验确定，回火参数对焊接接头的强度性能和冲击韧性影响很明显。在实际生产中，推荐的以及各国压力容器和管道制造法规对中合金耐热钢)焊后热处理规范见表 3-35。

表 3-35 中合金耐热钢推荐热处理温度范围及各国制造法规规定的热处理温度

法规名称 钢 种	推荐温度/℃	ASME B31.1 温度/℃	BS 3351 温度/℃	ASME BPVC Ⅷ 温度/℃
5Cr-0.5Mo	720~740	705~760	710~760	≥677
5CrMoWVTiB	760~780	—	—	—
9Cr-1Mo	720~740	705~760	710~760	＞677
9Cr-1MoV	710~730	—	—	—
9Cr-1MoVNb	750~770	—	—	—
9Cr-MoWVNb	740~750	—	—	—
9Cr-2Mo	710~730	—	—	—

中合金耐热钢焊接工艺规程所包括的项目和焊接工艺参数基本上与低合金耐热钢相同，所不同的是必须明确规定焊后冷却过程中容许的最低温度以及焊后热处理时间间隔，它们对焊接接头有无裂纹和是否具有高韧性至关重要。对于厚壁焊件还应规定焊接接头容许的冷却速度和焊后立即进行消氢处理。焊接工艺评定应将中合金耐热钢焊件在焊接结束后冷却过程中容许的最低温度、焊件的冷却速度和焊后热处理时间间隔作为重要的参数。

三、高合金耐热钢的焊接

（一）概述

耐热钢中合金元素总质量分数高于 13% 的合金钢系列通称为高合金耐热钢，按其供货状态的金相组织可分为奥氏体型、铁素体型、马氏体型和弥散硬化型高合金耐热钢四类。其中应用最广泛的是铬镍奥氏体高合金耐热钢，其合金系列有 Cr-Ni、Cr-Ni-Ti、Cr-Ni-Mo、Cr-Ni-Nb、Cr-Ni-Nb-N、Cr-Ni-Mo-Nb、Cr-Ni-Mo-V-Nb 及 Cr-Ni-Si、Cr-Ni-Ce-Nb、Cr-Ni-Cu-Nb-N、Cr-Ni-Mo-Nb-Ti、Cr-Ni-Cu-W-Nb-N 等。高合金耐热钢中各种合金元素对钢的组织结构和性能的影响列于表 3-36。高合金耐热钢的标准化化学成分、力学性能见附录 C"表 C-26、表 C-27"。

表3-36 各种合金元素对高合金钢性能和组织的影响

合金元素	对组织结构的影响			对性能的影响				
	形成铁素体	形成奥氏体	形成碳化物	提高耐蚀性	提高抗氧化性	提高高温强度	增强时效硬化	细化晶粒
Al	■	—	—	—	■	—	■	□
C	—	■	□	—	—	□	—	—
Cr	□	—	■	■	■	□	—	—
Co	—	—	—	—	—	■	—	—
Nb	□	—	■	—	—	■	□	—
Cu	□	—	—	□	—	—	□	—
Mn	—	△	—	—	—	—	—	—
Mo	□	—	△	—	—	■	□	—
Ni	—	□	—	□	—	—	—	—
N	—	■	—	—	—	□	—	■
Si	□	—	—	□	■	—	—	—
Ta	□	—	□	—	—	□	—	—
Ti	■	—	■	—	—	□	■	■
W	△	—	□	—	—	■	□	—
V	△	—	□	—	—	□	□	□

注：■—强烈；□—中等；△—微弱。

高合金耐热钢最主要的特征是在600℃以上具有较高的力学性能和抗氧化性。其中，18-8型Cr-Ni钢抗氧化极限温度为850℃、25-13型Cr-Ni钢为1000℃、25-20型Cr-Ni钢可达1200℃。高合金耐热钢与中、低合金耐热钢相比，具有独特的物理性能，其中对焊接产生较大影响的物理性能有热膨胀系数、热导率和电阻率。例如，奥氏体耐热钢的膨胀系数较高，焊接时易引起较大变形，而各种高合金耐热钢的导热率均较低，焊接时应采用较小的热输入。另外，奥氏体耐热钢为非磁性钢（磁导率1.02H/m），铁素体、马氏体型耐热钢磁导率为600~1100H/m，弥散硬化型磁导率在100H/m以下，也均较低。（磁导率用μ表示，单位为H/m，$\mu=B/H$。式中，B—磁介质中的磁通密度，H—磁场强度）。

高合金耐热钢的焊接性能因其金相组织不同而异。例如奥氏体型高合金耐热钢焊接的主要问题是热裂纹倾向较高；铁素体型高合金耐热钢焊接时由于不发生同素异性转变，会导致重结晶区晶粒长大；马氏体型高合金耐热钢的焊接存在高的淬火硬化倾向；沉淀硬化型高合金耐热钢的焊接性则主要取决于弥散过程中的强化机制。

（二）高合金耐热钢的焊接特点

1. 马氏体高合金耐热钢的焊接特点

这类耐热钢中$w(Cr)$在11%~18%范围内，属于高铬耐热钢，焊接时几乎在所有的冷却条件下都会转变成马氏体组织。由于含Cr量较高，焊缝金属自820℃以上温度冷却时，具有空淬倾向，即使在很低的冷却速度下也会产生淬火，形成马氏体组织。但由于Cr具有稳定铁素体的作用，在快速冷却的热影响区内只有一部分转变为马氏体，其余为铁素体，在马氏体组织中所存在的软的铁素体，起到一定的降低钢的硬度和减轻冷裂倾向的作用。

马氏体高铬耐热钢可以在退火、淬火、消除应力处理或回火状态下焊接。焊接热影响区的硬度主要取决于碳含量，当$w(C)>0.15\%$时，热影响区硬度急剧提高，韧性下降、冷裂敏感性加大，同时由于钢的导热率较低，使热影响区应力较高，进一步提高了淬硬倾向。而马氏体耐热钢焊接接头在焊后状态的工作性能主要取决于影响区的综合力学性能（如硬度与韧性之间的合适匹配），因此通常规定进行焊后热处理。

2. 铁素体高合金耐热钢的焊接特点。

这类钢属于 Fe-Cr-C 低碳高铬合金，为阻止加热时形成奥氏体，在钢中加入 Al、Nb、Mo 或 Ti 等铁素体稳定元素。普通铁素体高合金耐热焊接时，焊接过热区有晶粒长大的倾向，使焊接接头韧性和塑性急剧下降，通过降低碳含量并增加少量 Al[$w(Al)$ ~0.2%] 可使其得到改善。但为获得塑性较高的接头，仍需作焊后热处理。

某些铁素体高合金耐热钢焊接时，在820℃以上温度可能形成少量奥氏体组织，当焊缝冷却时转变为马氏体，导致轻微淬硬倾向，由于马氏体主要在铁素体晶界形成，会降低接头塑性。故对于这些铁素体铬钢须进行焊后退火处理（760~820℃）。

降低铁素体高合金耐热钢中间隙元素（如 C、N、O）的含量，提高钢的纯度，并加入适量的铁素体稳定元素（如 Al、Nb、Mo 等），可以完全避免形成马氏体组织。一般情况下，铁素体高合金耐热钢在焊后状态下的焊接接头具有较高的塑性和韧性，不需焊前预热，亦可不进行焊后热处理。

铁素体耐热钢中 $w(Cr)$ 高于21%时，在600~800℃范围内长期加热过程中会形成金属间化合物 σ 相，其性质硬脆，硬度高达 800~1000HV。σ 相的形成取决于钢中 Cr 含量和加热温度，800℃高温下 σ 相形成速度达到最高值；较低温度下的形成速度减慢，σ 相形成需要较长的时间。在高铬钢中添加 Mo、Si、Nb 等合金元素将加速 σ 相形成，因此对于某些铁素体型高铬钢（如 Cr21Mo1、Cr29Mo4、Cr29Mo7Ni2 等钢），甚至会在焊接过程中由于多层焊道热作用而沿晶界形成 σ 相，使焊接接头室温和高温韧性降低。另外，当铁素体耐热钢中 $w(Cr)>17\%$ 是，在450~525℃温度范围内，可能由于沉淀过程而产生"475℃脆性"。并且如果焊件在该温度区间内长时间高温运行，即使 $w(Cr)=14\%$ 的高铬钢也会存在475℃脆变倾向。因此对于铁素体型耐热钢焊件，应避免在600~800℃及400~500℃的临界温度范围内作焊后热处理和长期工作，以防止出现 σ 相和"475℃"脆性。但 σ 相得转变和"475℃脆变"皆为可逆过程，σ 相可以通过850~950℃短时加热并随即快速冷却消除，"475℃脆变"也可以通过700~800℃短时加热并紧接进行水冷加以消除。

对于所有的铁素体型耐热钢，在900℃以上加热时，皆具有晶粒长大倾向，并且随钢中 Cr 含量增加，晶粒长大倾向愈严重，自1050℃以上，粗晶粒加速形成，使变形能力降低。可以通过冷加工+退火，以细化晶粒；或添加 Ti、Al、N 等元素，通过其成核作用遏制粗晶粒形成等方法，以恢复焊件变形能力。铁素体耐热钢焊接接头热影响区由于焊接高温的作用，也会形成粗晶，导致焊接接头过热区韧性下降。粗晶粒长大程度与热影响区的最高温度和保持时间有关。为避免在高温下长期停留而导致粗晶和 σ 相形成，焊接时应采用尽可能低的热输入，即用小直径焊条、低焊接电流、窄焊道技术、高速焊和多层焊等。

3. 奥氏体耐热钢的焊接特点

奥氏体耐热钢的焊接特性与奥氏体系列不锈钢的焊接特性基本相同。这类钢由于塑性、韧性较高，且不可淬硬，故具有较好的焊接性。其焊接的主要问题是需重视焊缝金属中铁素体含量的控制、σ 相得脆变、焊接热裂纹以及焊接接头各种形式的腐蚀等问题（焊接热裂纹及焊接接头的腐蚀将在不锈钢焊接特性中叙述）。

(1) 铁素体含量的控制

奥氏体耐热钢焊缝金属中铁素体含量对焊接接头抗热裂性、热强性和 σ 相脆变影响很大且作用不同,从防止 σ 相脆变和热强性考虑,铁素体含量应愈低愈好[通常要求焊缝金属内铁素体含量 <5%(体)];但为了提高抗裂性,却要求焊缝金属中含有一定量的铁素体。因此应从焊接工艺上妥善解决这一相互矛盾的问题。奥氏体铬镍焊缝金属的常温抗拉强度随着其中铁素体含量增加而提高,但是塑性下降,并且高温短时抗拉强度、高温持久强度及低温韧性也随之明显降低,因此焊接时需控制铁素体含量,特殊需要时宜采用全奥氏体焊缝金属。奥氏体焊缝金属的力学性能与其铁素体的关系如图 3-3 所示。

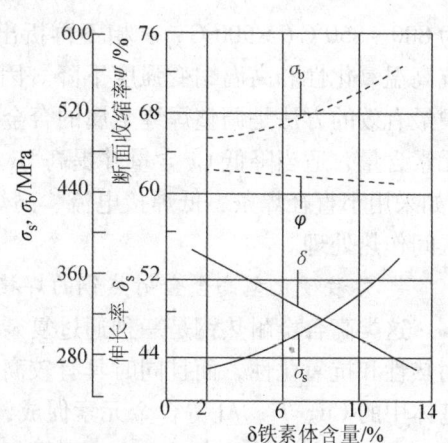

图 3-3 铁素体含量对奥氏体铬镍钢焊缝金属力学性能的影响

图 3-4 所示为各种成分不同的铬镍钢焊缝金属在焊后状态的铁素体含量(Delong 组织图),该组织图考虑到焊接过程中吸收的氮对组织的影响。在计算焊缝金属铬镍量时,应按所采用的焊接方法和工艺参数计及母材对焊缝金属的稀释率。同时还应考虑焊接熔池的冷却速度(铁素体含量随冷却速度提高而减少)

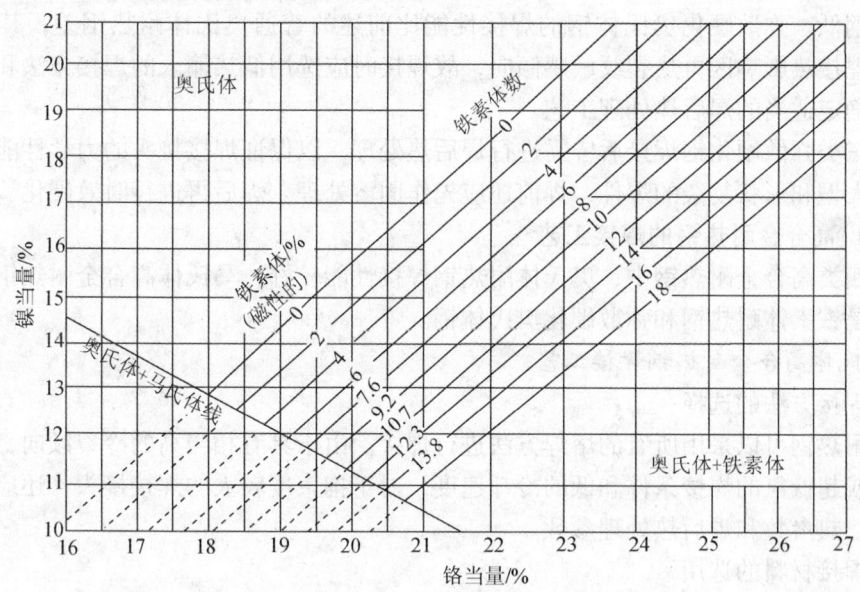

图 3-4 铬镍钢合金钢焊缝的 Delong 组织状态图

镍当量 = $w(Ni) + 30w(C) + 30w(N) + 0.5w(Mn)$

铬当量 = $w(Cr) + w(Mo) + 15w(Si) + 0.5w(Nb)$

(2) σ 相脆变

与 $w(C)$ 高于 21% 的铁素体耐热钢相似,铬镍奥氏体耐热钢和焊缝金属在高温持续加热过程中,也会发生 σ 相脆变,σ 相的析出温度范围为 650~850℃。这类钢中,σ 相析出敏感性最大时的温度范围是:Cr18Ni8 钢为 700~800℃(>850℃,σ 相不再形成),Cr25Ni20 钢为 800~850℃（>900℃，σ 相不再析出）。σ 相的形成使焊接接头缺口冲击韧性显著降低，抗高温氧化性和高温蠕变强度下降。因此必须采取控制焊缝金属 σ 相转变的工艺措施，其中最有效的方法是调整焊缝金属的合金成分，严格控制 Mo、Si、Nb 等加速 σ 相形成的合金元素含量，适当降低 Cr 含量并提高 Ni 含量。在焊接工艺方面，采用热输入量低的焊接方法（如采用小直径焊条、低焊接电流、高焊速多层焊等），焊后焊件应避免在 600~850℃ 温度区间作热处理。

4. 弥散硬化型高合金耐热钢的焊接特点

这类高合金耐热钢是一种通过复杂的热处理工艺获得高强度的耐热钢，它不仅具有高的耐热性和抗氧化性，而且同时具有较高的塑性和断裂韧性。钢的弥散硬化性能是通过添加到基体中的 Cu、Ti、Al 等合金元素促成，这些合金成分在热处理固溶退火或奥氏体化过程中溶解，而后在时效处理时产生亚显微析出相，使基体的硬度和强度提高。此类钢按其从奥氏体化温度冷却时所形成金相组织的不同，可分为马氏体、半奥氏体和奥氏体弥散硬化耐热钢三类。其中，马氏体弥散硬化钢经固溶处理的组织主要是奥氏体，经淬火后转变为马氏体，并在时效处理过程中通过弥散机制进一步强化；半奥氏体弥散硬化钢经固溶或退火处理的组织为奥氏体 + δ 铁素体，通过马氏体转换冰冷处理后（-70℃ 以下），约有 30% 奥氏体转变成马氏体然后再经时效硬化回火处理，以消除内应力并使马氏体回火，进一步提高了强度和韧性；奥氏体弥散硬化钢与前两种弥散型钢比较，热处理比较简单，只作固溶和时效处理，在时效过程中使 Al、Ti 和 P 等元素形成金属间化合物进而使钢强化，但所能达到的强度值比前两种钢低。弥散硬化奥氏体钢的焊接性能比前述的普通奥氏体耐热钢差，其中某些钢种，存在焊接热影响区再热裂纹敏感倾向，故焊接时应选用低热输入的焊接方法和特种焊接材料，并确定适当的焊后热处理工艺。

上述三类弥散硬化钢焊接后皆需进行焊后热处理，以保证焊接接头的力学性能和断裂韧性。对于大型和形状复杂的焊件，焊前还应先作固溶处理，焊后再进行时效硬化。

(三) 高合金耐热钢的焊接工艺

上述四类高合金耐热钢中，奥氏体耐热钢焊接性能较好，马氏体高合金耐热钢焊接性最差，其次是铁素体耐热钢和弥散硬化奥氏体钢。

1. 马氏体高合金耐热钢焊接工艺

(1) 焊接方法的选择

这类耐热钢可以采用所有的熔焊方法进行焊接。由于具有相当高的冷裂倾向，必须严格保持低氢或超低氢的焊接条件和低的冷却速度，对于拘束度较大的焊接接头，还应规定焊接温度参数、热参数和焊后热处理参数。

(2) 焊接材料的选用

这类耐热钢的焊接通常要求采用 Cr 含量与母材基本相同的同质填充焊丝或焊条。由于列入我国国标的高铬马氏焊条品种有限，实际焊接中常选用相应国际标准的国外公司生产的焊接材料。附录 C "表 C28" 所列为两种典型马氏体高合金耐热钢化学成分及力学性能。

(3) 焊接规范及焊接热处理

高铬马氏耐热钢焊条电弧焊，要求较高的预热温度和保持不低于预热温度的层间温度，以防止产生焊接裂纹。预热温度按钢的碳含量、焊接接头壁厚和拘束度、填充金属的合金成分和氢含量等因素确定，常用的预热温度范围为 150~400℃。例如，对于 X20CrMoV12-1

钢，当焊接接头壁厚<6mm时，最低预热温度为200℃，壁厚>10mm时，为350~400℃，手工氩弧焊封底焊道的预热温度可降低到250℃。

此类钢焊后热处理有完全退火和亚临界退火两种，完全退火温度范围为830~885℃，保温结束后冷至600℃，然后空冷。完全退火可使焊接接头的多相组织转变为单相铁素体组织，这种退火工艺要求严格控制整个加热和冷却过程，如果焊接接头不需要达到最大限度的软化，一般不推荐采用。对于$w(C) \geqslant 0.2\%$的马氏体耐热钢焊件，通常要求焊后立即进行亚临界退火处理，以保证焊接接头的综合力学性能（例如硬度与韧性的匹配）以及使用可靠性。亚临界退火的温度为650~780℃，保温后空冷或以200~250℃/h速度冷却。

2. 铁素体高合金耐热钢焊接工艺

(1) 焊接方法的选择

这类耐热钢对过热较为敏感，只能采用低热输入进行焊接，一般多采用焊条电弧焊和钨极氩弧焊。

(2) 焊接材料的选用

这类耐热钢的焊接材料可以有以下三类：①焊接材料的合金成分基本与母材匹配；②采用奥氏体铬镍高合金钢焊接材料；③采用镍基合金焊接材料。对于长期在高温下运行的焊件，由于采用奥氏体填充金属与高铬耐热钢母材焊接时，异种钢接头内存在较高的热应力和界面存在高硬度区等问题，导致焊接接头应力水平降低和开裂倾向，一般不推荐采用。而镍基合金焊接材料价格昂贵，特殊条件下才被采用。故通常选用与母材合金成分匹配的焊接材料。GB/T 983—1995标准中列出的铁素体耐热钢焊条有E430-16(G302)和E430-15(G307)两种，适用于$w(Cr)17\%$以下的各种高铬铁素体耐热钢焊接。高铬铁素体耐热钢焊丝，一般推荐采用AWSA5.9/A5.9M规定的三种高铬合金钢焊丝，见附录C"表C-29"。

(3) 焊接规范及焊后热处理

这类耐热钢焊接时通常需焊前预热，预热温度主要根据钢的化学成分、焊接接头壁厚、拘束度以及所要求的力学性能决定，通常预热温度范围为150~230℃，拘束度高的焊接接头易适当提高预热温度。对于高纯度的低碳铁素体耐热钢，可不作焊前预热，因为这类钢在焊接热循环冷却条件下不形成马氏体，冷裂倾向很小，热影响区亦不会因缓冷发生脆变。

高铬铁素体耐热钢的焊条电弧焊应尽可能采用短电弧，不宜采用电弧摆动焊接方法，以避免Cr元素氧化损失和氮吸收，且短弧焊接可防止焊缝中产生气孔。对于高纯度铁素体耐热钢，因焊缝金属很易被碳、氮、氧等污染，不宜采用焊条电弧焊接方法，最好选用钨极氩弧焊或等离子弧焊。

为防止铁素体耐热钢焊后晶粒进一步长大，焊接接头通常在亚临界温度范围内进行焊后热处理，适用的温度范围为700~840℃，热处理过程中应防止接头氧化和脆变。对于高纯度铁素体焊接接头，当壁厚在10mm以下时可不作焊后热处理，但焊缝金属C+N总质量分数应限制在0.03%~0.05%范围内。对于σ倾向较大的高铬铁素体钢，则应尽可能避免在650~850℃区间进行焊后热处理，且热处理后应快速冷却。

3. 奥氏体耐热钢焊接工艺

(1) 焊接方法的选择

这类耐热钢与马氏体、铁素体型耐热钢相比，具有较好的焊接性，可以采用所有熔焊方法，包括焊条电弧焊、钨极氩弧焊、熔化极气体保护焊、药芯焊丝气体保护焊、埋弧焊及等离子埋弧等。对于某些对过热敏感性不高的奥氏体耐热钢亦可选用高效电渣焊方法。

(2) 焊接材料的选用

这类耐热钢焊接材料的选择原则是首先保证焊缝的致密性，无裂纹、无气孔等缺陷，同时应保证焊缝金属的热强性基本与母材等强度，因此要求焊缝金属的合金成分与母材成分匹配。其次应考虑焊缝金属内铁素体含量、例如对于高温下长期工作的焊件，要求焊缝金属内铁素体体积百分数不超过5%。另外，为提高全奥氏体焊接金属的抗裂性，宜选用 $w(Mn)$ 6%~8%的焊接材料。表 3-37 所列为我国常用的奥氏体耐热钢焊条和焊丝的标准型号、牌号及所适用的母材钢号。

表 3-37 奥氏体耐热钢常用焊条和焊丝

钢 号	焊 条		埋弧焊焊丝牌号	气体保护焊焊丝牌号
	国标型号	牌 号		
0Cr19Ni9	E308-16	A101，A102	H0Cr19Ni9	H0Cr19Ni9
1Cr18Ni9Ti	E347-16	A112，A132	H1Cr19Ni10Nb	H0Cr19Ni9Ti
0Cr18Ni10Ti	E347-16	A132	H0Cr19Ni10Nb	H0Cr19Ni9Ti
0Cr18Ni11Nb	E347-15	A137		H1Cr19Ni10Nb
0Cr18Ni13Si4	E316-16 E318V-16	A201，A202 A232	H1Cr19Ni11Mo3	H0Cr19Ni11Mo3
1Cr20Ni14Si2	E309Mo-16	A312	H1Cr24Ni13Mo2	H1Cr24Ni13Mo2
0Cr23Ni13	E309-16	A302	H1Cr24Ni13	H1Cr24Ni13
0Cr25Ni20	E310-16 E310Mo-16	A402 A412	H1Cr25Ni20	H1Cr25Ni20
0Cr17Ni12Mo2	E316-6	A201，A202	H0Cr19Ni11Mo3	H0Cr19Ni11Mo3
0Cr19Ni13Mo3	E317-16	A242	H0Cr25Ni13Mo3 焊剂 HJ-260 SJ-601，641	H0Cr25Ni13Mo3 保护气体 Ar，Ar+1%O_2 Ar+2%~3%CO_2，Ar+He

同一种奥氏体耐热钢可以采用几种焊条或焊丝焊接，其选择主要取决于焊件的工作条件（使用温度、操作介质和运行时间等）。对于气体保护焊及埋弧焊，原则上应具有不同的合金成分，因焊剂对焊接熔池会产生渗 Si 作用，合金成分中的 Cr 在焊接中会有一定程度烧损。而对于惰性气体保护焊，因无冶金反应，焊丝中的合金成分基本上不烧损，焊丝的合金成分应与母材成分基本相同。

为减少奥氏体耐热钢焊接收缩变形，应尽量减小焊缝横截面，对于 V 形坡口，张开角不宜大于60℃；当焊件壁厚大于20mm 时，宜采用 U 形坡口。对于不能从内部施焊且要求全焊透结构的焊件，应采用各种形状的可熔衬垫或在坡口外侧使用钨极氩弧焊封底焊接底层焊道，并在坡口背面通成形气体。

(3) 焊接工艺及焊后热处理

① 焊条电弧焊。奥氏体耐热钢焊接中以焊条电弧焊应用最为广泛，焊条极大多数采用高铬镍钢焊条芯。因其电阻率高，焊条夹持端面受电阻热作用提前发红，故应选用合适的焊接电流。普通奥氏体耐热钢焊条适用的电流范围比同直径碳钢焊条低10%~15%。焊接操作上，不宜使用焊条摆动焊接法，应采用窄焊道技术，以加快焊缝冷却速度。焊道宽度不应超过4倍焊条直径，多层焊每层焊道厚度应不大于3mm。焊接中为使脱渣、清渣容易、焊道表面平整光滑以及焊道边缘与坡口侧壁圆滑过渡，最好选用工艺性能良好的钛钙型药皮焊

条;为防止药皮中的水分在焊缝中形成气孔,焊条使用前应按药皮类型烘干和妥善保管,以防止从大气中吸收水分。

② 熔化极惰性气体保护焊。采用这种方法焊接奥氏体耐热钢比焊条电弧焊具有较多的优点,如不存在焊条电弧焊因焊条头发红而造成的损失(焊条电弧焊焊条头损失约10%);由于焊丝伸出长度较短,可采用较高焊接电流而形成深熔焊缝;熔化极金属和惰性气体(或惰性气体+少量CO_2或O_2的混合气体)基本上不发生化学反应,焊接中合金成分损失少;简化了层间清理,多层焊缝不易形成夹渣等缺陷。

奥氏体耐热钢熔化极惰性气体保护半自动焊适用的焊丝直径为$\phi 0.6 \sim 1.2$mm,自动焊为$\phi 1.6 \sim 3.0$mm。焊接电源可用各种形式的直流电源或直流脉冲电源,通常采用直接反极性接法(即焊丝接正极)。保护气体可采用纯氩,$Ar+CO_2$或$Ar+O_2$混合气体,纯氦和$He+Ar+CO_2$等混合气体。由于奥氏体耐热钢电阻率较高,在给定的伸出长度下,焊丝的熔化速度较高,故在相同的焊丝直径下,选择比焊接碳钢时较低的电流和电压即可获得相同的熔敷速度(电流值约比焊接碳钢时约低20%)。奥氏体耐热钢熔化极惰性气体保护焊的典型工艺参数见附录C"表C-30"。

③ 钨极惰性气体保护焊。钨极惰性气体保护焊是奥氏体耐热钢最适用的焊接方法之一。焊接过程中,填充金属直接进入熔池,焊丝中合金元素几乎不烧损,保护气体与熔化金属不发生任何反应,焊缝质量优异,并能获得表面成形良好的单面焊双面成形焊缝。由于钨极氩弧焊热输入量较低,特别适用于对过热敏感的各种奥氏体耐热钢的焊接。

奥氏体耐热钢钨极惰性气体保护焊可采用氩、氦或混合气体,根据焊件技术要求确定。在进行单层焊或根部封底焊道焊接时,焊缝背面应通入相同的气体保护。如果对焊接质量无特殊要求,常优先选用氩气,氦气通常用于要求熔深的厚壁焊件。焊接电源一般使用恒流直流电源(正接),也可采用频率范围为$0.5 \sim 20$Hz的低频脉冲直流电源。填充焊缝的合金成分与熔化极气体保护焊焊丝成分基本相同。手工氩弧焊适用的焊丝直径为$\phi 1.6 \sim 2.5$mm,自动氩弧焊宜为$\phi 0.8 \sim 1.2$mm。奥氏体耐热钢的钨极氩弧焊必须考虑这种钢材线膨胀系数大的特点,合理设计焊接顺序和控制焊接热输入,以防焊接变形。焊接厚度小于5mm薄板时,为消除焊接接头挠曲变形,需采取合适的夹紧设施。奥氏体耐热钢各种厚度薄板及不同形式坡口接头手工钨极氩弧焊推荐的工艺参数列于附录C"表C-31"。

④ 焊后热处理。奥氏体耐热钢的焊后热处理按其加热温度可分为低温、中温及高温焊后热处理三种,焊后热处理的目的为:a. 消除焊接残余应力,提高结构尺寸的稳定性;b. 提高焊接接头高温蠕变强度;c. 消除由于不恰当的热加工所形成的σ相。

奥氏体耐热钢焊件的焊后低温热处理,加热温度一般不超过500℃。这种热处理对焊接接头的力学性能不会发生重大影响,主要是为了降低焊接残余应力峰值,提高焊件结构尺寸的稳定性。对于奥氏体铬镍钢,加热温度300~400℃的焊后热处理即可降低峰值应力40%左右,但平均应力只能降低5%~10%。实际应用中,低温热处理的温度范围为400~500℃。

奥氏体耐热钢焊件的焊后中温热处理,加热温度范围为550~800℃。这种热处理目的主要在于消除焊接接头的焊接应力,提高接头的耐应力腐蚀能力。但是在此温度区间内很可能发生σ相变和碳化物析出,从而降低接头和母材的韧性,且这一温度区间在Cr-Ni奥氏体钢危险温度(敏化温度)范围(450~850℃)内,存在晶间腐蚀倾向。因此对于碳含量较高或铁素体含量较多的奥氏体钢焊接接头,选用中温热处理时须特别谨慎。对于某些超低碳 Cr-Ni 奥氏体钢焊接接头，进行 800~850℃ 的中温处理，可以提高接头的蠕变强度和韧性。

奥氏体耐热钢焊件的焊后高温热处理，是加热温度在 900℃ 以上的固溶处理，其目的是为了溶解焊接过程中在焊接热循环作用下形成的 σ 相和晶界碳化物，使焊接接头获得全奥氏体组织，以恢复焊接接头由此损失的力学性能。由于固溶处理过程中冷却速度很快，焊件将产生较大的变形，这种热处理一般只能用于形状较简单的焊件或半成品。表 3-38 所列为几种常用奥氏体耐热钢 σ 焊件进行固溶处理的推荐温度。

表 3-38 常用奥氏体耐热钢焊件固溶处理推荐温度范围

钢　　号	固溶处理温度/℃	钢　　号	固溶处理温度/℃
0Cr19Ni9 AISI 201，202，301	1010~1120	1Cr18Ni9Ti 0Cr18Ni11Ti	954~1065
Cr23Ni13 0Cr17Ni12Mo2 0Cr19Ni13Mo3	1040~1120	0Cr18Ni11Nb	980~1065

4. 弥散硬化高合金耐热钢焊接工艺

（1）焊接方法的选择

弥散硬化高合金耐热钢可以采用任何一种能用于奥氏体耐热钢的焊接方法焊接。较适用的方法有：钨极惰性气体保护焊、熔化极惰性气体保护焊及等离子弧焊。但至今尚未研制出与母材强度完全匹配的弥散硬化高合金耐热钢焊条，且因埋弧焊接法的热输入较高，这类耐热钢焊丝的供应也较困难，故应用范围较窄。

（2）焊接材料的选用

弥散硬化高合金耐热钢焊接时，若要求焊接接头达到与母材相等或相当的高强度，填充材料的合金成分应与母材基本相同。但这类钢的焊接，由于存在焊接裂纹倾向，一般不强求填充金属成分与母材完全一致。通常可采用奥氏体耐热钢或镍基合金填充金属。表 3-39 所列为推荐用于弥散硬化型耐热钢焊接的焊条和焊丝。

表 3-39 弥散硬化高合金耐热钢焊接材料（推荐）

钢的类型	钢　　号	药皮焊条	气体保护焊焊丝	埋弧焊焊丝
马氏体型	S17400 （17-4PH） S15500 （15-5PH）	AMS 5827B A101，A102	AMS 5826 H0Cr19Ni9 H0Cr19Ni9Ti	H0Cr19Ni9
半奥氏体型	1Cr17Ni7Al X17H5M3	AMS 5827B	AMS 5824A H1Cr25Ni20 H1Cr25Ni13	H1Cr25Ni20 ERNiCr-3
	S 35000 （AM350）	AMS 5775A	AMS 5774B	AMS 5774B
	S 35500 （AM355）	AMS 5718A	AMS 5780A	
奥氏体型	0Cr15Ni25Ti2MoAlVB 1Cr22Ni20Co20Mo3W3NbNA286	A302，A312 A402	H1Cr25Ni13 H1Cr25Ni20	H1Cr25Ni13Mo3 H1Cr25Ni20 ERNiCrFe-6

（3）焊接工艺及焊后热处理

① 焊条电弧焊。马氏体及半奥氏体弥散硬化高合金耐热钢可采用焊条电弧焊。如果钢中不含 Al、Ti 等元素，熔敷金属的成分可相似于母材，对于不要求达到高强度的焊接接头，焊后可不作弥散硬化热处理，同时可采用 A102、A101 等普通奥氏体钢焊条焊接。采用焊条电弧焊时，焊前必须将焊条烘干，以使焊缝保持低氢含量，焊接时尽量使用短弧，以减少合金元素氧烧损。如果要求焊接接头与母材的强度值能接近或相等，则需焊后作相应的时效处理（如在 520~600℃ 作回火处理）。对于半奥氏体弥散硬化高合金耐热钢焊接接头，焊后热处理工艺比较复杂，有的需进行水冷+回火处理（即 -73℃/3h，水冷+454℃/3h 回火）或"固溶处理+冰冷+时效处理"即[932℃/1h 固溶+（-73℃/3h，冰冷+454℃/3h，回火）]，在某些情况下需采用双重时效处理（即 746℃/3h，空冷+454℃/3h，空冷）。对于壁厚大于 12mm 的焊件，要求焊后进行固溶处理。

② 钨极惰性气体保护焊及等离子弧焊。弥散硬化高合金耐热钢钨极惰性气体保护焊常用于厚度小于 5mm 焊件的焊接，等离子弧焊可用在厚度 10mm 以下。此两种焊接方法所用的保护气体和焊接参数基本上与奥氏体高合金耐热钢相同。可采用成分与母材匹配的焊丝焊接，以获得与母材等强的焊接接头，并具有优良的综合力学性能。表 3-40 列出了几种含 Al 弥散硬化高合金耐热钢焊丝的典型化学成分及焊件焊后热处理要求。

表 3-40　几种含弥散硬化高合金耐热钢焊丝成分

焊丝牌号	化学成分（质量分数）/%							焊后处理
	C	Mn	Si	Cr	Ni	Al	Mo	
WPH 17-7	0.065	0.40	0.25	16.50	7.50	1.00	—	590℃ 时效
WPH 15-7Mo	0.065	0.40	0.25	14.50	7.50	1.00	2.25	590℃ 时效
WPH 14-8Mo	0.040	0.50	0.30	14.50	8.00	1.10	2.25	565~590℃ 时效
WPH 13-8Mo	0.040	—	0.01	13.00	8.00	1.00	2.25	570~590℃ 时效

③ 熔化极惰性气体保护焊。弥散硬化高合金耐热钢熔化极惰性气体保护焊适用范围较广，可焊接厚度为 3~30mm 的焊件，焊接接头可达到与母材等强度要求。与钨极惰性气体保护焊一样，其特点是可以采用成分与母材相近的焊丝，并使焊缝金属的成分与母材成分基本一致。在保护气体氩气中加入 1%~2% 氧气，使保护气体稍具有轻微的氧化性，可以提高电弧稳定性，改善焊缝成形。但其缺点是焊丝中易氧化的元素（如 Al、Ti 等）会在熔滴通过电弧过渡时产生一定的烧损，降低焊缝金属弥散硬化效果，使接头强度降低。故对于要求与母材等强的焊接接头，应选用 Ar+He 混合气体，这样既可提高电弧稳定性，又不致于产生焊丝中合金元素烧损。

四、异种耐热钢的焊接

（一）概述

高温工况下的设备，特别是大型高温工业设备的不同部位，工作温度往往差别较大（如亚临界和超临界电站锅炉、各种类型工业加热炉等不同部位的受热部件），其受热面壁温温差有时高达 300~400℃。因此从设计和使用经济因素考虑，应分别选用不同级别的耐热钢材料，从而造成在一些零部件的连接中，必然出现异种耐热钢接头的焊接问题。

常见的异种耐热钢焊接接头有：不同低合金耐热钢之间的接头，低合金耐热钢与中合金耐热钢之间的接头，不同中合金耐热钢之间的接头，以及地、总合金耐热钢与高合金耐热钢之间的接头。如果两相焊耐热钢钢种的化学成分和物理性能相差愈大,则焊接问题则愈复杂。例如低/高合金耐热钢焊接接头长期在450℃以上工作时,焊缝熔合区靠近高合金耐热钢侧会出现增碳和高硬度区,而在低合金耐热钢一侧则会产生贫碳带和软化区,从而导致异种钢接头提前失效。

通过大量试验研究和工业应用,目前已基本上掌握了各类异种耐热钢接头焊接材料的选用准则和焊接工艺要点,可以使异种耐热钢焊接接头的使用寿命与同种钢接头的寿命基本相当。

在选用异种耐热钢接头焊接材料时,主要应考虑以下几点:

① 两相焊钢种的合金成分及其含量的差别等级。
② 所选用焊接方法的接头形式及可能达到的最大稀释率。
③ 两相焊钢种对同种钢焊接接头所规定的焊后热处理温度。
④ 异种钢焊接接头的最高工作温度及最低使用寿命。
⑤ 对异种钢焊接接头常温与高温力学性能的要求。
⑥ 异种钢焊接接头生产成本。

(二) 异种耐热钢接头焊材选用原则

1. 低合金耐热不同钢号异种钢接头焊接材料的选用

焊接材料按两钢种中合金成分较低的钢种选择。例如15CrMo与12Cr2Mo钢之间的异种钢接头可按合金成分较低钢种15CrMo选用R302、R307焊条或H08CrMoA焊丝。因为在接头设计时总是将异种钢接头布置在工作温度较低的一侧,接头的力学性能可以满足生产要求。常用低合金耐热钢异种钢接头焊接材料的选用见表3-41。

表3-41 常用低合金耐热钢异种钢接头焊接材料

异种钢接头相焊种	焊接材料		
	焊条电弧焊	TIG/MIG,MAG焊	埋弧焊
15Mo+12CrMo,15CrMo	R102,R107	H08MnSiMo	H08MnMo
15CrMo+12Cr1MoV	R302,R307	H08CrMnSiMo	H12CrMo
15CrMo+12Cr2Mo	R302,R307	H08CrMnSiMo	H12CrMo
12CrMoV+12Cr2MoWVTiB	R312,R317	H08CrMnSiMoV	H08CrMoV
12Cr1MoV+1Cr5Mo	R312,R317	H08CrMnSiMoV	H08CrMoV
12Cr2Mo+10Cr9Mo1VNb	R407	H08Cr3MoMnSi	H08Cr3MnMoA
12Cr2Mo+10Cr9Mo1VNb	R717	E905-B9(AWS)	EB9(AWS)
12Cr2Mo+X20Cr9MoV12-1	R407	H08Cr3MoMnSi	H08Cr3MnMoA
12Cr2Mo+20CrMoV12-1	ECrMoWV12B42 (EN1599:1997)	WCrMoWV12Si (EN12070:1999)	SCrMoWV12/SAFB2 (EN12070/760)
10Cr9Mo1VNb+1Cr18Ni9Ti 0Cr18Ni11Nb 1Cr20Ni14Si2	ENiCrFe3	ErNiCrFe3	—
15CrMo+1Cr18Ni9Ti 12Cr1MoV+0Cr18Ni11Nb 12Cr2Mo+1Cr20Ni14Si2	ENiCrFe3	ERNiCrFe-3	—
15CrMo+1Cr18Ni9Ti① 12Cr1MoV+0Cr18Ni11Nb 12Cr2Mo+1Cr20Ni14Si2	A312 A402,A407	H1Cr24Ni13Mo2	H1Cr24Ni3Mo2

① 只适用于工作温度低于400℃的异种钢接头。

2. 低合金耐热钢与中合金耐热钢异种钢接头焊接材料的选用

此类异种钢接头焊接材料需考虑两相焊钢种合金成分的含量差。当两钢种合金成分含量差较小，或合金成分含量比较接近时，可按合金含量较低的钢种选择相匹配的焊接材料。例如1Cr5Mo 与 1Cr9MoV 钢之间的异种钢接头，可按合金含量较低的 1Cr5Mo 选取。当两钢种合金成分含量相差较大时，焊接材料的选择不仅应考虑两相焊钢种的合金成分，更重要的是需考虑两钢种力学性能以及两种钢所规定的热处理温度的较大差别。例如焊接 T91（1Cr9MoVNb）钢与 13CrMo44（Cr1Mo）钢之间的异种钢接头，为保证接头的质量，应采取如图 3-5 所示的在两异种钢中间堆焊另一种钢号合金成分的折衷方法，即在 T91 坡口面上先采用合金成分介于两者之间的 2.25Cr-1Mo 焊条堆焊 4~5 层作过渡层，然后进行焊后热处理（740~750℃/2h），接着采用 1Cr0.5Mo 低合金钢焊条焊满整个接头，最终作 680℃/1h 焊后热处理。

3. 低合金耐热钢与高合金耐热钢异种钢接头焊接材料的选用

此类异种钢接头大致可分为两组，一组是低合金耐热钢与高合金马氏体耐热钢之间的异种钢接头，另一组是低合金耐热钢与高合金奥氏体耐热钢之间的异种钢接头。

对于第一组异种钢接头，为了确保接头的高温持久强度，必须采用镍基合金焊接材料（如 Inconel82 等）。因为如果选用与其中任何一种母材相匹配的焊接材料，在经过焊后热处理或长期在 400℃ 以上工作温度作用下，都会在焊接接头熔合线上形成如图 3-6 所示的渗碳带。如果采用高 Cr-Ni 奥氏体钢焊条（如 Cr25Ni13 或 Cr25Ni20 焊条）焊接，在高温下长期工作仍难以抑制碳向高铬含量的焊缝边界扩散。例如，2.25Cr-1Mo 钢与 Cr18NiNb 钢采用 Cr22Ni18Mn 焊条焊接的异种钢接头，热处理后焊缝金属熔合区的碳含量显著增加，w(C)最高可达 0.97%，虽然这一区域很窄，但是足以使接头的高温持久性能降低。此外，奥氏体钢的线膨胀系数大大高于铁素体钢，显著提高了异种钢接头的边界热应力，加速了疲劳

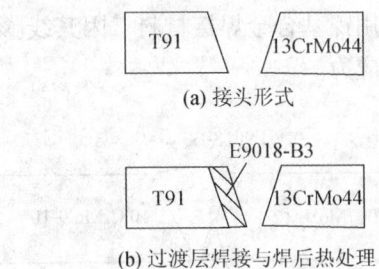
(a) 接头形式

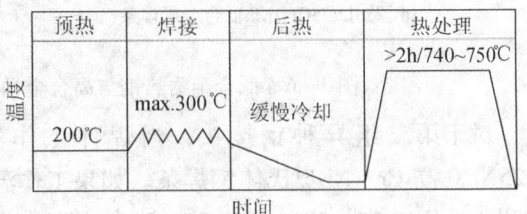
(b) 过渡层焊接与焊后热处理

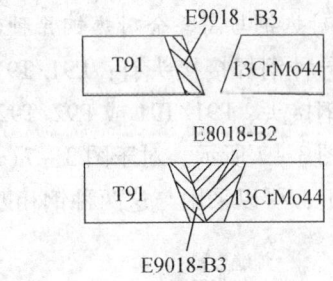

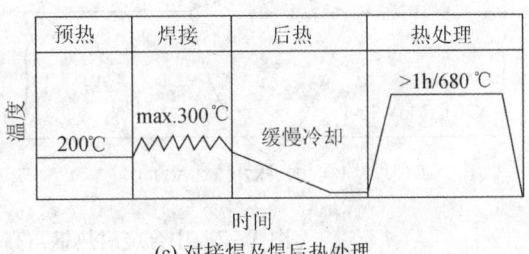
(c) 对接焊及焊后热处理

图 3-5　低合金耐热钢与中合金耐热钢异种钢接头的焊接顺序

时效。而采用镍基合金焊接材料，因其线膨胀系数与高合金马氏体耐热钢相近，可以大大降低接头的热应力。

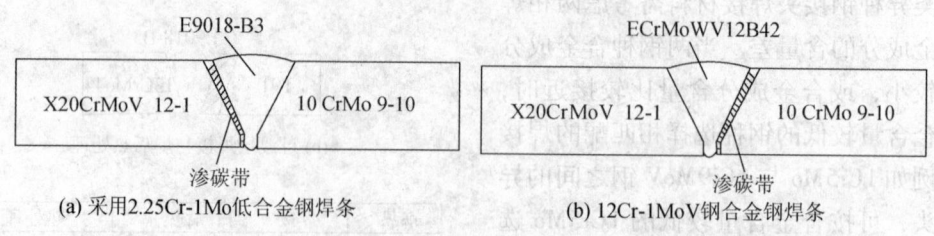

图 3-6　低合金耐热钢与高合金马氏体耐热钢异种钢接头中的渗碳带

对于第二组异种钢接头，当焊件工作温度低于 400℃ 时，可选用 Cr25-Ni13 或 Cr25Ni20 高 Cr-Ni 奥氏体钢焊条。如果工作温度高于 400℃，则应选用镍基合金焊接材料，以防止采用 Cr25-Ni13 或 Cr25-Ni20 焊接材料焊接时，在接头熔合线上形成渗碳带，使高温持久性能下降。

4. 中合金耐热钢与高合金耐热钢异种钢接头焊接材料的选用

最典型的异种钢焊接接头有：P91/T91（9Cr1MoV）钢与 X20CrMoV12-1（12Cr-1MoV）钢之间的异种钢接头、P91/T91 或 P92/T92（9Cr1MoVNb）与 Cr18Ni8Nb 等奥氏体钢之间的异种钢接头，如图 3-7 所示。对于图 3-7(a) 所示的异种钢接头，因两相焊钢种的合金成分与物理性能相近，可以采用与这两种钢相匹配的任何一种焊接材料。

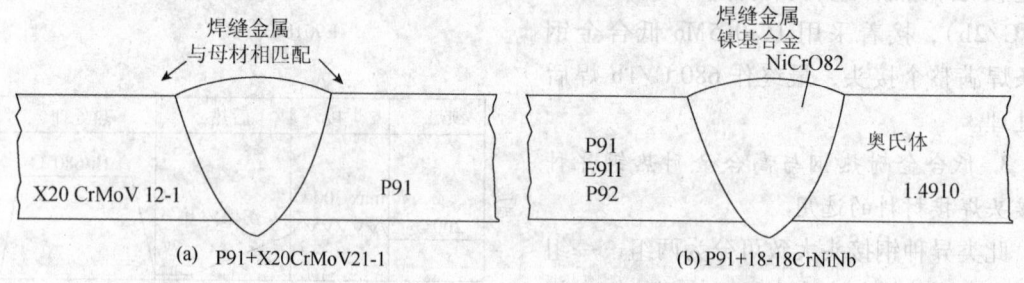

图 3-7　中合金耐热钢与高合金耐热钢异种钢焊接接头

如采用 9Cr1MoV 钢或 12Cr-1MoV 钢焊条或焊丝。对于图 3-7(b) 所示的异种钢接头，应采用镍基合金焊接材料（如 ENiCrFe3 型镍基合金焊条），以防止用高 Cr-Ni 奥氏体钢焊接材料焊接时，在焊缝金属熔合区形成渗碳带，降低接头高温持久性能。

5. 异种耐热钢焊接接头的焊接工艺

制定异种耐热钢焊接接头的焊接工艺应遵循以下原则：

① 焊前预热温度按两相焊钢种中合金成分含量较高的钢种确定。

② 焊后热处理温度范围应控制在两相焊钢种均适用的温度范围内，可以采用折衷的办法确定。如果两相焊钢种焊后热处理温度相差过大，则应采取堆焊过渡层和分部热处理的办法（见图 3-5）。

③ 为减少异种耐热钢接头焊接时母材对焊缝金属的稀释作用，应采用开坡口的接头形成和低线能量焊接方法。

④ 异种耐热钢接头当采用镍基合金材料焊接时，应使用低热输入以及窄焊道操作技术。

第四节 低温用钢的焊接

一、概述

低温用钢主要包括低、中合金低温用钢、Mn-Al 系高合金钢及 Cr-Ni 奥氏体不锈钢。其特点是在相应的低温条件下仍具有良好的韧性和抗脆性能力，能够确保结构的使用安全。低温用钢主要用于低温下工作的容器、储罐、管道和结构，如石油化工设备（炼油、化工、化肥、乙烯、煤液化、液化石油气等）、冷冻设备、食品工业及液态气体储存设备等。工作温度范围为 -20～-253℃。按使用的温度范围：低合金低温钢可分为 -40℃、-70℃、-90℃、-110℃五级，5Ni 钢使用温度等级为 -170℃，9Ni 钢、20Mn23Al 钢及 Mn17Al2CuV 钢使用温度为 -196℃，15Mn26Al4 钢及 Cr-Ni 奥氏体不锈钢使用温度为 -253℃。按照钢材的合金体系，低合金低温用钢可分为不含 Ni 及含 Ni 钢两大类，不含 Ni 的低合金低温钢一般工作温度在 -40℃以上，而含 Ni 低温钢根据 Ni 含量的高低，可以工作在较低或更低的温度下，如 2.5% Ni 钢可用于 -60℃以下、3.5% Ni 钢可用于 -90～-110℃，而中合金低温钢中，5% Ni 钢可用于 -170℃、9% Ni 钢则可用于 -196℃。附录 C"表 C-23"列出了我国常用低合金低温压力容器用钢的化学成分及力学性能，"表 C-24"列出了国产及美国低温用钢的钢号、化学成分及力学性能。"表 C-25"所列为国外一些含 Ni 低温钢的化学成分和力学性能。

低温钢焊接中，最重要的是必须保证焊接接头在使用温度下具有足够的低温冲击韧性和抗脆断能力，确保构件或设备的使用安全。因此需正确选择焊接材料，制订优化的焊接工艺，确保焊接接头焊缝金属和热影响区的低温韧性。

二、低温用钢的焊接特点

（一）可焊性良好

含碳量低，$w(C) \leq 0.2\%$，碳当量较低，淬硬倾向小，因此冷裂纹敏感性不大。薄板焊接时一般可不预热（但应避免在低温下施焊）。当板厚超过 25mm 或焊接接头拘束度较大时，应采用适当的预热措施，但对于低合金低温用钢，预热温度不能过高，一般控制在 100～150℃范围内。

（二）热裂纹倾向较大

主要产生在奥氏体类的焊缝金属。对于含 Ni 低温钢，钢中的 Ni 可能增大热裂倾向，但由于这类钢及焊接材料中的 C、S、P 含量控制较低，采用合理的焊接参数防止接头过热，增大焊缝成形系数，并降低接头的应力集中，可以避免热裂纹产生。

（三）避免产生回火脆性

对于某些含有 V、Ti、Nb、Cu、N 等元素的低温钢，在焊后消除应力处理时，如果加热温度处于回火脆性敏感温度区间（450～550℃），会析出脆性相，使低温韧性降低，故应选择合理的焊后热处理工艺，缩短在敏感温度区间的停留时间，避免产生回火脆性。

三、低温用钢的焊接工艺

（一）焊接方法的选择

常用的焊接方法有焊条电弧焊、埋弧焊、钨极氩弧焊及熔化极气体保护焊等。

（二）焊接材料的选用

低温钢用焊接材料列于表3-42，低合金低温钢用焊接材料的选择参见表3-43。焊接-40℃级16MnDR钢，可采用E5015-G或E5016-G高韧性焊条。埋弧焊时，可用中性熔炼焊剂派和Mn-Mo焊丝或碱性熔炼焊剂配合Ni焊丝，以使焊缝金属具有良好的低温韧性。焊接含Ni低温钢的焊接材料，Ni含量应稍高或相当与母材含Ni量，但当$w(Ni)>2.5\%$时，焊缝易出现粗大的板条贝氏体或马氏体组织，使韧性降低，故焊后应进行调质处理，以提高低温韧性。

表3-42　低温钢所用的焊接材料

温度等级/℃	钢　号	焊接材料的合金系统	手工电弧焊	自动埋弧焊
-40	16MnR	Mn-Mo	J507(E5015-G) J502Mo(E5016-G)	H08A+HJ431(HJ401)
-60	2.5Ni	2.5Ni	J507(E5015-G) W707Ni(E5515-C1)	
-70	09Mn2VR 09MnTiCuRe	Mn-Cu；2.5Ni	W707Ni(E5515-C1) W707	H08Mn2MoVA+HJ250
-90	06MnNb	4.5Ni-Mo等	W107Ni W117，W907Ni(E5515-C2)	
-100	3.5Ni	3.5Ni；3.5Ni-Ti 4.5Ni-Mo	W707Ni(E5515-C1) W907Ni(E5515-C2) W107Ni	
-120	06AlNbCuN	Mn-W-Cu； 4.5Ni-Mo	W107Ni，W117	
-190	20Mn23Al	Fe-Mn-Al	Fe-Mn-Al焊条(1#)	Fe-Mn-Al焊丝(1#)+ HJ173(新)
-190	9Ni	11Ni；60Ni-Cr-Mo 60Ni-Mo-Cr； 70Ni-Mo-W		Ni-Cr-Mo焊丝 Ni-Mo焊丝
-253	15Mn26Al4	Fe-Mn-Al等	Fe-Mn-Al焊条(2#) W197 W257	Fe-Mn-Al焊丝(2#)+ HJ173(新)
-253	Cr-Ni奥氏体 不锈钢	Cr-Ni	Cr-Ni奥氏体 不锈钢焊条	

表3-43 低合金低温钢焊接材料的选择

工作温度/℃	钢 种	焊 条	气体保护焊丝	埋弧焊焊丝焊剂
-40~60	07MnNiCrMoVDR 08MnNiCrMoVDR 09MnD、09Mn2VD(09Mn2VDR) 10Ni3MoVD、15MnNiDR 16MnD(16MnDR)、16MnMoD 20MnMoD	J507NiTiB J507RH J507Ni W607 W607H	ER55-C1 YJ502Ni1 YJ507Ni1 DW-55E DWA-55E DWA-55L MGT-1NS	H10Mn2DR/SJ102DR US-49A/MF-38 US-49A/PFH-55s US-36M/PFH-55LT US36LT/PFH-55N US-2N/PFH-555
-70	09MnNiD、09MnNiDR 2.25%Ni(法国) SL-2N25(日本) ASTM A203A、B(美国) 24Ni8(德国)	W707 W707H W707Ni NB-2N	ER55-C2 MGS-2N	H09MnNiDR/SJ208DR H08Mn2Ni2A/SJ603 US-2N/PFH-55S
-90~110	06MnNbDR 3.5%Ni(法国) SL-3N26、SL-3N45(日本) ASTM A203D、E(美国) 10Ni14(德国)	W907Ni W107、W107Ni NB-3N	ER55-C3 MGS-3N TGS-3N	AWS ENi3/F7P15 US-203E/PHH-203

(三) 焊接规范及焊接措施

确定低温用钢焊接规范和焊接措施,主要应考虑以下三条原则:

1. 控制焊接线能量

为了防止和减少过热,防止出现粗大铁素体或粗大马氏体组织,应尽可能减小焊接线能量,并宜采用提高焊接速度来减小焊接线能量的做法。焊接热输入视焊接方法而定,一般控制为:焊条电弧焊宜在2.0kJ/mm以下,熔化极气体保护焊通常为2.5kJ/mm,埋弧焊易控制在28~45kJ/mm范围内。此外,如果需要焊前预热,则应严格控制预热温度和多层多道焊的道间温度。

2. 采用多层多道焊,并降低层间(道间)温度

只有采用多层多道焊,才能减少焊接线能量以避免过热。同时,多道焊可以利用后一道对前一焊道的重热作用细化晶粒,防止粗大铁素体和粗大马氏体出现。采用多道焊时,应增大焊道数目和降低层间温度。为便于焊道数目的增大,应适当加大坡口角度(可加大到90°)。为了降低层间温度,应尽可能不要连续施焊。在此情况下,最好采用脉冲电弧焊接法(如钨极氩弧脉冲焊或熔化极氩弧脉冲焊)。

3. 运用"表面退火焊道"或"消裂源焊道"方法焊接

"表面退火焊道"是在焊件表面用钨极氩弧不填焊丝重熔一遍,这样可以改善焊缝,提高熔合区的韧性。"消裂源焊道"是在熔合区焊接一焊道,以消除咬边等应力集中源,改善熔合区的韧性和抗裂性。

此外,在低温钢焊接过程中,为避免焊缝金属及近焊缝区形成粗大组织,使焊缝及热影响区韧性降低,施焊时应尽量不摆动焊条,采用窄道焊,焊接电流不应过大,宜采用快速多道焊工艺。

低温钢采用焊条电弧焊和自动埋弧焊的焊接规范列于表3-44。

表3-44 低温钢的焊接规范

焊接方法	焊缝金属类型	焊接材料	焊条或焊丝直径/mm	焊接电流/A	电弧电压/V
手工电弧焊	铁素体-珠光体型		φ3.2 φ4.0	90~120 140~180	
	铁-锰-铝奥氏体型		φ3.2 φ4.0	80~110 80~140	
自动埋弧焊	-40℃	H08A+HJ431(HJ401)	φ2.0 φ5.0	750~820 260~400	35~43 36~42
	-70℃	H08Mn2MoVA+HJ250	φ3.0	320~450	32~38
	-196~253℃	Fe-Mn-Al焊丝+HJ173(新)	φ4.0	400~420	32~34

第五节 不锈钢的焊接

一、概述

(一) 不锈钢简介

不锈钢一般是泛指在大气、水等弱腐蚀介质中耐蚀的钢,而通常所指的不锈钢实际上是此类耐蚀钢和耐酸钢的总称,后者是在酸、碱、盐等强腐蚀介质中耐蚀的钢。不锈钢的定义是钢中主加元素Cr含量能使钢处于钝化状态、又具有不锈特性的钢,其质量分数应高于12%。两者在化学成分上的共同特点是Cr的质量分数均在12%以上。实际上,由于合金化的差异,不锈钢并不一定耐酸,而耐酸钢一般具有良好的不锈性能。

不锈钢按其主要组成元素,可分为Cr不锈钢、Cr-Ni不锈钢、Cr-Ni-Mo不锈钢以及无Ni、节Ni不锈钢等类型;按空冷后的室温组织,可分为铁素体、马氏体、奥氏体不锈钢,铁素体-奥氏体双相不锈钢和析出硬化型不锈钢。各种类型不锈钢热轧钢板的化学成分以及各国不锈钢标准牌号对照表见附录C"表C-32"、"表C-33"。

耐蚀性是不锈钢的重要特性之一,不锈钢的不锈性和耐蚀性都是相对的,有条件的、受到诸多因素的影响(包括介质种类、浓度、纯净度、流动状态、使用温度和压力等)。目前还没有对任何腐蚀环境都具耐蚀性的不锈钢,而是应根据具体的腐蚀介质和使用条件进行合理选择。

在各类型不锈钢中,以奥氏体不锈钢应用最为广泛,品种也最多。这类钢由于Cr、Ni含量较高,在氧化性、中性及弱还原性介质中具有良好的耐蚀性,且具有优良的塑性、冷热加工性,焊接性能优于其他类型的不锈钢。铁素体不锈钢的应用也比较广泛,其中Cr13、Cr17型主要用于腐蚀环境不十分苛刻的场合。超低碳高铬含钼铁素体不锈钢因对氯化物应力腐蚀不敏感,同时具有良好的耐点蚀、缝隙腐蚀性能,广泛用于耐海水、有机酸腐蚀的热交换设备及制碱设备。马氏体不锈钢中应用较为普遍的是Cr13型钢以及添加Ni、Mo等元素后形成的一些新型马氏体不锈钢,主要用于强度要求高,但对耐蚀性要求不太高的场合。双相不锈钢是由奥氏体和铁素体两相组成的不锈钢,其中两相皆占有较大的比例,具有奥氏体不锈钢和铁素体不锈钢的一些特性，如韧性良好，强度较高、耐氯化物应力腐蚀等，在石油化工领域有一定应用（如制作海水处理设备，冷凝器、热交换器等）。析出硬化型不锈钢是在不锈钢中单独或复合添加硬化合金元素，通过适当热处理获得高强度、高韧性，并且有良好耐蚀性的一类不锈钢，通常用作耐磨耐蚀、高强度结构件以及高强度压力容器、化工处理设备等。

根据不锈钢的组织特点，从合金元素对不锈钢组织的影响和作用程度，基本上可将这些元素可分为两大类，即在不锈钢中形成或稳定奥氏体的元素（如 C、Ni、Mn、N、Cu 等，其中 C、N 作用最大），及另一类缩小甚至封闭 γ 相区（即形成铁素体）的元素（如 Cr、Si、Mo、Ti、Nb、Ta、V、W、Al 等，其中 Nb 作用程度最小）。

奥氏体不锈钢有 Fe-Cr-Ni、Fe-Cr-Ni-Mo、Fe-Cr-Ni-Mn 等系列，通常在室温下为纯奥氏体组织，也有一些为奥氏体加少量铁素体，后者有助于防止焊接热裂纹产生。奥氏体不锈钢不能用热处理方法强化，可利用其冷加工硬化性能的特点，通过冷变形方法提高强度，经冷变形产生的加工硬化，同时也可采用固溶处理使之软化。

铁素体不锈钢在固溶状态下为铁素体组织，当钢中含 Cr 超过 16% 时，仍存在加热脆化倾向，在 400～600℃ 停留易出现"475℃ 脆化"；加热至 900℃ 以上易造成晶粒粗化，使塑性降低。此外，这类钢还有脆性转变特性，脆性转变温度与钢中 C、N 含量以及热处理时的冷却速度和截面尺寸有关，C、N 含量越低，截面尺寸越小，脆性转变温度越低。铁素体不锈钢"475℃ 脆化"和 σ 相引起的脆化，可以通过热处理方法消除，（前者可采用 516℃ 以上短时加热后空冷或 700～800℃ 短时加热并紧接进行水冷后消除，后者可加热到 850～950℃ 以上急冷消除）。

马氏体不锈钢 Cr 的质量分数范围为 12%～18%，C 为 0.1%～1.0%，也有一些含 C 量更低的马氏体不锈钢（如 0Cr13Ni5Mo）。这类钢加热时可形成奥氏体，在油或空气中冷却可得到马氏体组织。当碳含量较低时，其淬火状态组织为板条铁素体加少量铁素体（如 1Cr13、1Cr17Ni2、0Cr16Ni5Mo 等）。碳含量超过 0.3% 时，淬火后的组织为马氏体加碳化物。

铁素体-奥氏体双相不锈钢在室温下的组织为铁素体+奥氏体，其中铁素体体积分数一般不高于 50%。这类钢与奥氏体不锈钢相比，具有较低的热裂倾向；与铁素体不锈钢相比，则具有较低的加热脆化倾向（但仍存在铁素体不锈钢加热脆化），且焊接热影响区铁素体粗化程度也较低。

析出硬化型不锈钢可分为马氏体、半奥氏体和奥氏体沉淀硬化钢三类。其中，奥氏体沉淀硬化不锈钢的 Cr、Ni 或 Mn 含量较高，无论采用何种热处理，室温下均为稳定的奥氏体组织，经时效处理，在奥氏体基体上析出沉淀硬化相，从而获得更高的强度。但由于这类钢中含有较多硬化元素，其焊接性较普通奥氏体不锈钢差。半奥氏体沉淀硬化不锈钢固溶处理后冷却至室温得到的不稳定奥氏体组织，经 700～800℃ 加热，析出碳化铬，使 M_s 点升高至室温以上，达到进一步强化。也可在固溶处理后冷却至室温得到的不稳定奥氏体组织，经强化。也可在固溶处理后直接冷却至 M_s 和 M_f 之间（M_s 和 M_f 分别为马氏体起始、终止转变温度），得到部分马氏体组织，再经时效处理亦可达到强化效果。马氏体沉淀硬化不锈钢固溶处理后空冷至室温，即可得到马氏体加少量铁素体和残留奥氏体（或马氏体+少量残留奥氏体），再通过不同的时效温度，可达到不同的强化效果。

铬不锈钢或铬镍不锈钢在氧化性介质中容易先在表面形成富铬氧化膜，可阻止金属离子化而产生钝化作用，提高耐均匀腐蚀性能。这种表面钝化作用对氧化性酸、大气均有较好的耐均匀腐蚀性能。但单纯依靠铬钝化的铬不锈钢在非气化性酸（如稀硫酸、醋酸等）中耐均匀腐蚀的性能相对较低，而高 Cr-Ni 奥氏体不锈钢，由于高 Ni 或添加 Mo、Cu 等元素，更具有较高的耐还原性酸腐蚀的能力，这类钢亦称为耐酸钢。

奥氏体不锈钢和铁素体不锈钢都存在晶间腐蚀倾向。晶间腐蚀是在腐蚀介质作用下，起源于金属表面沿晶界向金属内部的腐蚀作用，是一种局部腐蚀。这种腐蚀会导致晶粒间丧失结合力、材料强度接近消失。引起 Cr-Ni 奥氏体不锈晶间腐蚀的原因主要是：①奥氏体不锈钢在 500~800℃ 温度范围进行敏化处理时，晶界附近碳化铬（Cr、Fe）$_{23}$C$_6$ 沉淀析出造成晶界附近区域贫铬现象，使该区域的铬含量降低到钝化所需的极限 [w(Cr) = 12.5%] 以下。②某些超低碳含钼奥氏体不锈钢 [如 00Cr17Ni13Mo2（316L）] 在敏化温度区间，晶界析出 σ 相（如在沸腾的 65% 硝酸溶液中引起的晶间腐蚀）。③奥氏体不锈钢中所含杂质在晶界被吸附，引起晶间腐蚀（如 Cr14-Ni14 钢中所含杂质在晶界吸附，使材料在硝酸溶液中产生晶间腐蚀）。④奥氏体不锈钢中稳定化元素高温溶解引起晶间腐蚀（例如含 Ti、Nb 稳定化元素的奥氏体不锈钢，焊后在敏化温度加热处理，在硝酸溶液中的晶间腐蚀）。铁素体不锈钢在加热到 925℃ 以上急冷后，也存在晶间腐蚀倾向，其原因与奥氏体不锈钢类似，皆是由于急冷过程由固溶 α 相中的碳化物沿晶界析出造成，只有当铁素体不锈钢的 C、N 总含量低于 0.01% 以下时，才可避免晶间腐蚀发生。但是，对于铁素体不锈钢发生的晶间腐蚀，可以通过 650~815℃ 短时间加热消除。

奥氏体不锈钢的应力腐蚀较其他类型不锈钢较为常见。应力腐蚀是指在静拉伸应力与电化学介质共同作用下，因阳极溶解过程引起的断裂。现有不锈钢只要符合产生应力腐蚀的特定条件（介质条件、应力条件和材料条件），均有产生应力腐蚀的可能。对于奥氏体不锈钢，产生应力腐蚀的介质因素，最重要的是溶液中的 Cl$^-$ 离子浓度和氧含量的关系，只有当溶液中 Cl$^-$ 浓度和氧含量都较高的情况下，并同时具备应力和材料条件时应力腐蚀才会发生（亦称氯脆）。所谓应力条件是指拉应力的作用（主要是加工过程中的残余应力，其中最主要的是焊接残余应力）；材料条件是指不锈钢晶界上合金元素偏析、位错、蚀坑等缺陷形成的断裂源。

（二）不锈钢的焊接方法与焊接材料

1. 不锈钢的焊接方法

对于不同类型的不锈钢，因其组织性能存在较大差异，焊接性也各不相同，不同的焊接方法对于不同类型的不锈钢具有不同的适应性，应根据不锈钢母材的焊接性、对焊接接头的综合要求（如力学性能、耐蚀性等）选择合适的焊接方法。例如对于纯奥氏体不锈钢一般不宜采用埋弧焊焊接，除非采用特殊的焊剂。这是因为埋弧焊时，大量焊剂向焊缝金属中增 Si，使焊缝金属容易形成粗大的单相奥氏体柱状晶，易出现热裂纹。而对于含有少量铁素体的奥氏体不锈钢焊缝，由于通常不会产生热裂纹，埋弧焊则是一种高效优质的焊接方法。对于不锈钢焊接接头耐蚀性要求高时，通常应采用钨极氩弧焊等惰性气体保护焊。对于一些特种焊接方法（如电阻焊、缝焊、闪光焊、钎焊等），也可用于不锈钢焊接。表 3-45 列出了各种焊接方法焊接不锈钢的适用范围。

表 3-45 各种焊接方法焊接不锈钢的适用性

焊接方法	母材			板厚/mm	说 明
	马氏体型	铁素体型	奥氏体型		
焊条电弧焊	适用	较适用	适用	>1.5	薄板手工电弧焊不易焊透,焊缝余高大
手工钨极氩弧焊	较适用	适用	适用	0.5~3.0	厚度大于 3mm 时可采用多层焊工艺,但焊接效率较低
自动钨极氩弧焊	较适用	适用	适用	0.5~3.0	厚度大于 4mm 时采用多层焊,小于 0.5mm 时操作要求严格
脉冲钨极氩弧焊	应用较少	较适用	适用	0.5~3.0 <0.5	热输入低,焊接参数调节范围广,卷边接头
熔化极氩弧焊	较适用	较适用	适用	3.0~8.0 >8.0	开坡口,单面焊双面成形 开坡口,多层多道焊
脉冲熔化极氩弧焊	较适用	适用	适用	>2.0	热输入低,焊接参数调节范围广
等离子弧焊	较适用	较适用	适用	3.0~8.0 ≤3.0	厚度为 3.0~8.0mm 时,采用"穿透型"焊接工艺,开 I 形坡口,单面焊双面成形。厚度≤3.0mm时。采用"熔透型"焊接工艺
微束等离子弧焊	应用很少	较适用	适用	<0.5	卷边接头
埋弧焊	应用较少	应用很少	适用	>6.0	效率高,劳动条件好,但焊缝冷却速度缓慢
电子束焊接	适用	适用	适用		焊接效率高
激光焊接	应用较少	适用	适用		焊接效率高
电阻焊	应用很少	应用较少	适用	<3.0	薄板焊接,焊接效率较高
钎焊	适用	应用较少	适用		薄板连接

2. 不锈钢的焊接材料

(1) 不锈钢焊条

按照熔敷金属的化学成分、药皮类型、焊接位置、焊接电流种类及其用途,不锈钢焊条已列入国家标准 GB/T 983—1995(该标准等效采用美国 ANSI/AWSA5.4—1992 不锈钢焊条标准)。附录 B"表 B-10.1、表 B-10.2"所列为不锈钢焊条熔敷金属化学成分及力学性能,国产不锈钢焊条商品牌号与 GB 及 AWS 标准型号对照见附录 B"表 B-10.3"。

(2) 不锈钢焊丝

附录 C"表 C-34"列出了国家标准中常用的不锈钢焊接用盘条(焊丝)的化学成分,根据母材的成分、对接焊接接头综合性能的要求及可采用的焊接工艺,表中所列的焊丝可选做弧焊、富氩混合气体保护焊、二氧化碳气体保护焊及埋弧焊的填充材料。另外,不锈钢药芯焊丝也得到较广泛应用,附录 C"表 C-35"列出了国标不锈钢药芯焊丝的化学成分(GB/T 17853—1999),该标准等效于美国 ANSI/AWS A5.22—1995 标准。

(3) 不锈钢埋弧焊焊剂

不锈钢埋弧焊主要选用氧化性弱的中性或碱性焊剂。其中,熔炼型焊剂有无锰中硅中氟的 HJ150、HJ151、HJ151Nb 和低锰低硅高氟的 HJ172、低锰高硅中氟的 HJ260。焊剂 HJ151Nb 主要解决含 Nb 不锈钢脱渣难问题。烧结型焊剂有 SJ601、SJ608、SJ701,其中 SJ701 特别适合于含 Ti 不锈钢焊接。附录 C"表 C-36"列出了几种不锈钢埋弧焊焊剂牌号、与焊丝的匹配及焊接特点。

二、奥氏体不锈钢的焊接

（一）奥氏体不锈钢的类型

奥氏体不锈钢以高 Cr – Ni 型不锈钢最为普遍，是实际应用中最广泛的不锈钢。其类型大致可分为：①Cr18 – Ni8 型，（如 0Cr18Ni9、00Cr19Ni10、0Cr19Ni10NbN、0Cr17Ni12Mo2 等）；②Cr25 – Ni20 型（如 0Cr25Ni20、2G4Cr25Ni20 等）；③Cr25Ni35 型（如 4Cr25Ni35，国外铸造不锈钢）。另外还有超级奥氏体不锈钢，这类钢的化学成分介于普通奥氏体不锈钢与镍基合金之间，含有较高的 Mo、N、Cu 等合金化元素，以提高奥氏体组织稳定性、耐腐蚀性（特别是提高耐 Cl^- 应力腐蚀破坏性能）。该类型钢的组织为典型的纯奥氏体。附录 C "表 C – 37" 列出了国外几种典型超级奥氏体不锈钢的化学成分。

（二）奥氏体不锈钢的焊接特点

奥氏体不锈钢与其他不锈钢相比较，焊接性能较好，比较容易焊接。但是对于不同类型的奥氏体不锈钢，在焊接过程中，当奥氏体从高温冷却到室温时，由于 C、Cr、Ni、Mo 等合金元素含量的不同，金相组织转变的差异及稳定化元素 Ti、Nb + Ta 的变化或焊接材料、焊接工艺的不同，其焊接接头可能出现下述一种或多种问题和缺陷。

1. 晶间腐蚀倾向

奥氏体不锈钢的晶间腐蚀机理是以碳化铬沉淀于晶界而使该处的含 Cr 量低于临界值，12.5%（钝化所需的极限）为根据，即 $w(Cr) < 1.25\%$。这种腐蚀倾向沿晶粒边界发生和延伸，可以出现在焊缝技术上、母材的焊接温度敏化区及紧邻于焊缝过热区三个不同的部位。

（1）焊缝晶间腐蚀倾向

奥氏体不锈钢焊缝晶间腐蚀一般产生于以下两种情况，一种是在焊接过程中产生，往往是由于焊接线能量过大或在多层焊接件下出现；另一种情况是焊后经受了敏化加热条件（450 ~ 850℃）而产生的晶间腐蚀倾向。焊缝金属的晶间腐蚀与焊缝金属内的含碳量、稳定化元素含量、以及是单相奥氏体组织还是奥氏体 + 5% 铁素体组织有关。如果不含稳定化元素（Ti 或 Nb 等）、碳含量越大或只有单相奥氏体组织，则晶间腐蚀倾向越大。

（2）母材上焊接敏化区晶间腐蚀

焊接影响区域在焊接热循环作用下，总是有一个区段被加热到峰值温度 600 ~ 1000℃ 区间（即焊接接头敏化区），而热处理恒温加热条件下的敏化区为 450 ~ 850℃ 的温度区间）。防止这种晶间腐蚀的方法是选用含碳低或含有适量稳定化元素（Ti 或 Nb）的奥氏体不锈钢，以及在工艺上尽量减少母材处于敏化温度区间的时间。

（3）特种型式的晶间腐蚀（刀蚀）

含有稳定化元素的奥氏体不锈钢在"高温过热（大于 1200℃）"和随后"中温敏化（450 ~ 850℃）"受热，在紧邻焊缝的过热区中，易发生晶间腐蚀，即形成类似于刀痕的腐蚀沟（刀蚀）。其防止方法是选用超低碳奥氏体不锈钢及其配套的超低碳不锈钢焊接材料，避免近缝区过热，以及减少"中温敏化"的加热效果，不使"中温敏化"加热处于第一面焊缝的表面过热区，接触（面向）腐蚀介质的焊缝应最后施焊。

2. 应力腐蚀开裂倾向

奥氏体不锈钢焊接接头对应力存在敏感的应力腐蚀开裂倾向，其特征是：具有局部性；裂纹从表面开始，裂纹整体呈树枝状，既有主干又有分支，断裂形式既有穿晶型也有晶间型或穿晶 – 晶间混合型。裂纹断口没有明显的塑性变形，微观上具有准解理、山形、扇形、河川及伴有腐蚀产生的泥状龟裂的特征，还可见到二次裂纹或表面蚀坑。应力开裂产生的条件为：产生开裂的温度在 50~200℃ 区间，腐蚀介质与材料的匹配有明确的选择性，以及拉伸应力的存在。由于奥氏体不锈钢的导热性差、且线胀系数大，焊接时会引起相当大的焊接残余拉应力。消除残余应力的方法，可采用锤击焊缝方法、振动法，或采用喷丸处理使表面具有压应力状态；也可以对含 Ti 或 Nb 的稳定性奥氏体不锈钢进行 850~900℃ 稳定化处理，这样既有利于消除残余应力、降低应力腐蚀开裂倾向，又有利于钢中 TiC 或 NbC 形成，从而减少晶间 $M_{23}C_6$ 或 $M_{23}C_6$ 生成和析出，降低一般的晶间腐蚀。此外，调整焊缝金属的合金成分，使其具有奥氏体 – 铁素体双相组织，或采用奥氏体 – 铁素体双相不锈钢，也可有效防止应力腐蚀开裂发生。

奥氏体不锈钢焊接接头的应力腐蚀开裂通常表现为无塑性变形的脆性破坏，很难及时发现和预防，故危害严重，是焊接接头比较严重的失效形式，也是最为复杂和难以解决的问题之一。影响此类钢应力腐蚀开裂的因素有焊接残余应力，焊接接头的组织变化，焊前的各种热加工、冷加工引起的残余应力，焊前酸洗处理不当或焊接中在母材上随意引弧，焊接接头设计不合理造成应力集中或腐蚀介质的局部浓缩等。

奥氏体不锈钢应力腐蚀开裂的金相特征是裂纹从表面向内部扩展，首先发生点蚀往往是裂纹的根源。裂纹通常表现为穿晶扩展，整体为树枝状，尖端出现分枝，裂纹断口没有明显的塑性变形。

防止奥氏体不锈钢应力腐蚀的发生，除需合理设计焊接接头，避免腐蚀介质焊接接头部位聚集，降低或消除焊接接头的应力集中外，还应尽量降低焊接残余应力，在焊接工艺方法上合理布置焊道顺序（如采用分道退步焊接），以及采取一些减少和消除应力的措施。表 3-46 列出了常用 Cr-Ni 奥氏体不锈钢加工或焊后消除应力处理工艺规范。

表 3-46 常用 Cr-Ni 奥氏体不锈钢加工或焊后消除应力处理工艺参数

使用条件或进行 热处理的目的	热处理规范		
	00Cr19Ni10、00Cr18Ni12Mo2 等超低碳不锈钢	0Cr18Ni10Ti、0Cr18Ni10Nb 等含 Ti、Nb 的不锈钢	Cr18Ni9、Cr18Ni12Mo2 等普通不锈钢
苛刻的应力腐蚀介质条件	A、B	A、B	①
中等的应力腐蚀介质条件	A、B、C	B、A、C	C[①]
弱的应力腐蚀介质条件	A、B、C、D	B、A、C、E	C、D
消除局部应力集中	F	F	F
晶间腐蚀条件	A、C[②]	A、C、B[②]	C
苛刻加工后消除应力	A、C	A、C	C
加工过程中消除应力	A、B、C	B、A、C	C[③]
苛刻加工后有残余应力以及使用应力高时和大尺寸部件焊后	A、C、B	A、C、B	C
不容许尺寸和形状改变时	F	F	F

注：A—完全通火，1065~1120℃ 缓冷。
B—退火，850~900℃ 缓冷。
C—固溶处理，1065~1120℃ 水冷或急冷。
D—消除应力热处理，850~900℃ 空冷或急冷。
E—稳定化处理，850~900℃ 空冷。
F—尺寸稳定热处理，500~600℃ 缓冷。
① 建议选用最适合于进行焊后或加工后热处理的含 Ti、Nb 的钢种或超低碳不锈钢。
② 多数部件不必进行热处理，但在加工过程中，不锈钢受敏化的条件下，必须进行热处理时，才进行此种处理。
③ 在加工完后，在进行 C 规范处理的前提下，也能用 A、B 或 D 规范进行处理。

设计中合理选择母材和焊接材料也是防止奥氏体不锈钢应力腐蚀开裂的有效方法。例如在高浓度氯化物介质中，选用超级奥氏体不锈钢（见附录C"表C-37"）是有较好的耐应力腐蚀能力，并选用超合金化的焊接材料，使焊缝金属中的耐蚀合计元素（Cr、Mo、Ni 等）含量高于母材。

3. 热裂纹倾向

奥氏体不锈钢焊接时，焊接接头易产生热裂纹，其原因主要是：奥氏体不锈钢的导热性差、线膨胀系数高，焊接接头中存在较大的焊接拉应力；这类钢的合金成分较复杂，其中 S、P、Sn、Sb、Si 和 B 等杂质在焊接中均可形成易熔间层，构成形成热裂纹的冶金因素；奥氏体钢焊缝的柱状晶方向性很强，有利于有害杂质偏析而促使晶间液态薄膜的形成。因此在焊接拉应力和易熔物质的共同作用下，在焊缝金属内形成热裂纹。

防止奥氏体不锈钢焊接热裂纹的产生的途径有：减少 S、P 等有害杂质；控制焊缝金属的合金成分，适当提高 Mn、Mo 含量并减少 C、Cu 含量；在焊缝金属中形成奥氏体-铁素体双相组织，使 18-8 型钢形成 $\gamma + 5\%\delta$ 双相组织，对于含 Ni 量大于 15% 的单相奥氏体不锈钢焊缝，也可形成 $\gamma + C_1$（一次碳化物）和 $\gamma + B_1$（硼化物）组织；在焊接工艺上，尽可能减少熔池过热和焊接应力，应采用小线能量焊接规范和小截面焊道。

4. 液化裂纹倾向

奥氏体不锈钢焊接接头的液化裂纹倾向多数产生于 25-20 钢中，18-8Nb 钢焊接时也可能产生，而 18-8Ti 焊接接头则很少见到。液化裂纹是由于偏析使近缝区晶界局部发生熔化所造成的。25-20 奥氏体钢焊接时，在其过热区的粗大晶界上同时富集 Cr 与 Ni、Mn、Si 等，由于偏析产物的熔点较低，很容易形成晶界液态薄膜，导致液化裂纹产生。为了减轻液化裂纹倾向，应采用奥氏体加少量铁素的体双相钢母材，限制促使偏析的有害杂质，在焊接工艺上应减少或防止焊接接头过热。

5. 焊接接头的脆化倾向

（1）焊缝金属的低温脆化

奥氏体不锈钢焊接接头在低温使用时，为满足低温韧性的要求，焊缝组织通常应用单一的奥氏体组织，避免 δ 铁素体存在，否则将使低温韧性、塑性大大降低。

（2）焊接接头的 σ 相脆化

奥氏体不锈钢焊接过程中，焊缝中的 γ 相与 δ 相均可能发生 σ 相转变。σ 相是一种脆硬的金属间化合物，主要析集于奥氏体柱状晶的晶界，其成分不定，具有复杂的晶格。例如 Cr25-Ni20 奥氏体不锈钢焊缝在 800~900℃ 加热时，将发生强烈的 γ-σ 相转变。尤其是当 25-20 钢焊缝中的 Cr、Si 含量偏上限和 C、Ni 含量偏下限时，很容易在晶界上析出 σ 相，脆化较严重。在奥氏体-铁素体双相组织的焊缝中，高 δ 铁素体含量较高时，（如超过 12%），δ→σ 的转变将非常显著，会造成焊缝金属的明显脆化。如 1Cr18Ni10VNb 钢焊接接头，由于焊缝中 δ 铁素体约占 25%，在 550~875℃ 长期加热条件下工作时，部分 δ 相会转变为 σ 相而脆化。此外，σ 相析出脆化还与奥氏体不锈钢中合金化程度有关，Cr、Mo 具有明显的形成 σ 相倾向，Cr、Mo 等合金元素含量较高的超级奥氏体不锈钢易析出 σ 相。提高奥氏体合金化元素 Ni 含量，防止焊接过程 N 含量降低，可有效抑制 σ 化作用，是防止焊接接头脆化的有效冶金措施。对于 1Cr18Ni10VNb 钢，为防止 σ 相脆化，应将焊缝中 δ 相减至 5% 以下；对于 Cr25Ni20 钢，如出现 σ 相，可采用固溶处理消除，即将焊接接头加热至

1050~1100℃、保温 1h、水淬。

(三) 奥氏体不锈钢焊接方法与焊接材料的选择

1. 焊接工艺方法

奥氏体不锈钢具有优良的焊接性，几乎所有的熔焊方法皆可适用，许多特种焊接方法（如点阻电焊、缝焊、激光焊与电子束焊、钎焊、闪光焊等，也可用于奥氏体不锈钢焊接。

对于组织性能不同的奥氏体不锈钢，应根据具体的焊接性与焊接接头使用性能要求，合理选择最佳的焊接方法，其中以焊条电弧焊、钨极氩弧焊、熔化极惰性气体保护焊以及埋弧焊应用较多。焊条电弧焊适用于各种焊接位置与不同板厚的平焊，但焊接热输入大，熔深大，存在焊缝中心区域热裂纹倾向，以及热影响区耐蚀性降低。钨极氩弧焊热输入小，焊接质量优良，特别适用于薄板、薄壁管件焊接。熔化极富氩气保护焊适用于焊接中厚板（采用射流过渡焊接）和薄板（采用短路过渡焊接），是高效优质的焊接方法。

奥氏体不锈钢焊接一般不需焊前预热及后热，如果对焊接接头没有应力腐蚀要求或结构尺寸稳定性等特别要求时，也不需作焊后热处理。但是，为了防止出现焊接热裂纹和热影响区晶粒长大及碳化物析出，焊接时应控制较低的层间温度，以保证焊接接头的塑、韧性与耐蚀性。对于纯奥氏体不锈钢与超级奥氏体不锈钢，由于焊接热裂纹敏感性较大，焊接过程中应严格控制焊接热输入，以防止焊缝晶粒严重长大和产生热裂纹。

奥氏体不锈钢焊条电弧焊、钨极氩弧焊、熔化极气体保护焊所采用对接焊和角接焊的坡口形式与尺寸示例见附录 C"表-38"、"表 C-39"；埋弧焊时，坡口角度应适当减小（见附录 C"表 C-40"）。奥氏体不锈钢各种焊接方法焊接参数的选择实例详见有关资料（如《焊接手册》"奥氏体不锈钢的焊接"）。

2. 焊接材料的选择

奥氏体不锈钢焊接材料的选择，通常采用与母材同材质焊接材料，附录 B"表 B10-1"、附录 C"表 C-34"~"表 C-36"分别列出了常用焊接方法所需的焊接材料。在实际应用中，为达到焊接接头某些性能要求（如耐蚀性），也采用超低碳奥氏体不锈钢焊接材料，例如采用 00Cr18Ni12Mo2(316L) 类型的焊接材料焊接 00Cr19Ni10 钢板，采用 $w(Mo)$ 达 9% 的镍基合金焊接材料焊接 Mo6 型超级奥氏体不锈钢等，以确保焊缝金属具有高的耐蚀性。

三、马氏体不锈钢的焊接

(一) 马氏体不锈钢的类型

常用马氏体不锈钢可分为 Cr13 型马氏体不锈钢（化学成分见附录 C"表 C-32"）、低碳马氏体不锈钢及超级马氏体不锈钢（见附录 C"表 C-41"）。Cr13 型马氏体不锈钢主要用于一般腐蚀条件的工况，随着钢中碳含量增加，强度和硬度提高，塑性与韧性降低。当其作为焊接用钢时，$w(C)$ 一般不超过 0.15%。其中，以 Cr12 为基的马氏体不锈钢因加入 Ni、Mo、W、V 等合金元素，除具有一定的耐腐蚀性能外，还具有较高的高温强度、抗高温氧化性能及较好的耐磨性能。

低碳、超低碳马氏体不锈钢是在 Cr13 基础上，在大幅降低 C 含量的同时，将 $w(Ni)$ 控制在 4%~6%，并加入少量 Mo、Ti 等合金元素。此两类钢除具有较高的强度及一定的耐蚀性外，还具有良好的耐汽蚀、抗磨蚀性能。新型超级马氏体不锈钢的特点是超低碳和低氢，$w(Ni)$ 控制在 4%~7%，同时加入少量的 Mo、Ti、Si、Cu 等合金元素。这类钢具有高强度、高韧性及良好的耐腐蚀性能，近年来国外已有研制开发和应用（多用于油气输送管道）。

(二) 马氏体不锈钢的焊接特点

1. 延迟裂纹倾向较大

马氏体不锈钢的淬硬倾向强烈,如果含碳量越高、板厚越大、接头拘束度越大,裂纹倾向也越大。加之,马氏体不锈钢导热性差,焊接残余应力很大;氢的作用,延迟裂纹倾向很明显。为防止裂纹产生,焊后应进行整体或局部高温回火,应使奥氏体大部分转变为马氏体,然后及时进行高温回火处理进行高温回火处理,而决不能冷却到室温后再进行热处理,后则可能产生裂纹,此外这种焊后热处理不能从预热或层间温度直接过渡,否则会产生粗大的晶粒。

2. 脆化倾向大

马氏体不锈钢在冷却速度较大时,易在马氏体-铁素体边界上生成粗大的铁素体和碳化物,而当冷却速度较大时不会产生粗大的马氏体。这两种情况都会使焊接接头脆性倾向增大,塑性显著下降。对于Cr13型马氏体钢,焊缝及焊接热影响区焊后的组织通常为硬而脆的高碳马氏体,含碳量越高,这种硬脆倾向越大,当焊接接头的拘束度较大或氢含量较高时,很容易导致冷裂纹产生。同时由于此类钢在冷却速度较小时,近缝区及焊缝金属会形成粗大铁素体及沿晶析出碳化物,使接头的韧性显著降低。当采用同材质焊接材料进行焊接时,通常须添加少量合金元素Nb、Ti、Al等,并应采取适当工艺措施,以以细化焊缝金属晶粒,提高焊缝金属塑性,尽量减少脆化倾向。

3. 回火脆性

马氏体不锈钢在焊接过程中以及焊接前后的预热和热处理过程中均存在回火脆化倾向。

对于低碳以及超级马氏体不锈钢,由于$w(C)$已降低到0.05%、0.03%、0.02%的水平,虽然从高温奥氏体状态冷却到室温时全部转变为低碳马氏体,但淬硬倾向很小,不同的冷却速度对焊接接头热影响区硬度的影响很小,具有良好的焊接性,这两类钢在经过淬火和一次或二次回火热处理后,由于形成的韧化相逆变奥氏体均匀分布于回火马氏体基体,从而具有较高的强度和韧性且耐蚀性显著提高(优于Cr13)型马氏体钢。

(三) 马氏体不锈钢焊接方法与焊接材料的选择

1. 焊接工艺方法

马氏体不锈钢可采用几乎所有的熔焊方法进行焊接,如焊条电弧焊、钨极氩弧焊、熔化极气体保护焊、等离子弧焊、埋弧焊、电渣焊等。也适用于电阻焊、闪光焊甚至电子束与激光焊接等特种焊接方法。其中,焊条电弧焊是最常用的焊接方法,焊接前焊条需经300~350℃高温烘干,以减少扩散氢含量,降低焊接接头冷裂纹敏感性。钨极氩弧焊主要用于薄壁构件(如薄壁管道)及其他重要部件的封底焊。在焊接重要部位时,为防止焊缝背面氧化,封底焊应采取氩气背面保护的措施。马氏体不锈钢采用$Ar+CO_2$或$Ar+O_2$混合气体的熔化极气体保护焊,具有焊接效率高、焊缝质量好的优点,且焊缝金属具有较高的抗氢致开裂性能。

2. 焊接材料选择

Cr13型马氏体不锈钢一般焊接性能较差,其焊接材料的选择除要求与母材化学成分、力学性能相当以外,对于含碳量较高的马氏体不锈钢或对于焊前预热、焊后热处理难以实施以及焊接接头拘束度较大的情况,也常采用奥氏体不锈钢焊接材料,以提高接头的塑韧性、防止焊接裂纹产生，但是这类焊接接头在强度方面通常是低强度匹配，并且由于焊缝金属在化学成分、金相组织与物理性能、力学性能等与母材有很大差异，会产生较大焊接残余应力，可能引起接头应力腐蚀破坏或高温蠕变破坏，故有时亦采用镍基合金焊接材料，使焊接金属的热膨胀与母材相接近，以尽量降低焊接残余应力及在高温工况下产生的热应力。

低碳及超级马氏体不锈钢焊接性能良好，一般采用与母材相同的焊接材料，焊前不需预热或仅需较低温度预热，但需进行焊后热处理，以保证焊接接头的塑韧性。对于焊接接头拘束度较大及焊前预热或后热难以实施的情况，这类钢的焊接亦可采用奥氏体不锈钢等其他类型焊接材料如00Cr23Ni12、00Cr18Ni12Mo、0Cr17Ni16MnMo等。其中，0Cr17Ni6MnMo焊接材料系国内研制，可用于较大厚度的0Cr13Ni4-6Mo马氏体不锈钢的焊接，具有焊接预热温度低、焊缝金属韧性高、抗裂性好等特点。表3-47列出了Cr13型马氏体不锈钢、低碳及超级马氏体不锈钢的常用焊接材料及对应的焊接工艺方法。

表3-47 两种类型马氏体不锈钢的常用焊接材料及焊接工艺方法

母材类型	焊接材料	焊接工艺方法
Cr13型	G102(E410-16)、G207(E410-15)、G217(E410-15)焊条 H1Cr13、H2Cr13焊丝 AWS E410T药芯焊丝 其他焊接材料：E410Nb(Cr13-Nb)焊丝 A207(E309-15)、A307(E316-15)等焊条 H0Cr19Nli12Mo2、H1Cr24Ni13等焊丝	焊条电弧焊 TIG MIG
低碳及超级马氏体钢	E0-13-5Mo(E410NiMo)焊条 AWS ER410NiMo实心焊丝、AWS E410NiMoT和AWS E410NiTiT药芯焊丝 其他焊接材料：A207(E309-15)、A307(E316-15)焊条 HT16/5、G367M(Cr17-Ni6-Mn-Mo)焊条 H0Cr19Ni2Mo2、H0Cr24Ni13焊条 HS13-5(Cr13-Ni5-Mo)、HS367L(Cr16-Ni5-Mo)、HS367M(Cr17-Ni6-Mn-Mo)焊丝 000Cr12Ni2、000Cr12Ni5Mo1.5、000Cr12Ni6.5Mo2.5焊丝	焊条电弧焊 TIG MIG SAW

（四）马氏体不锈钢的焊接工艺要点

此类不锈钢当采用同材质焊条进行电弧焊时，应选用低氢或超低氢型焊条，须经高温烘干处理。同时应采取如下焊接工艺措施：

（1）预热和后热

预热温度一般为100~350℃，当$w(C)<0.05\%$时，预热温度为100~150℃；当$w(C)$为0.05%~0.15%时，为200~250℃；当$w(C)>0.15\%$时，为300~350℃。为防止产生氢致裂纹，同时还应做后热处理。

（2）焊后热处理

Cr13型马氏体不锈钢焊接接头通常需进行焊后热处理，其目的在于降低焊缝热影响区硬度，改善接头的塑韧性，消除或降低焊接残余应力，这类钢的焊后热处理有回火和完全退火。完全退火热处理可以得到最低的硬度，有利于焊接接头进行机械加工。退火温度一般为

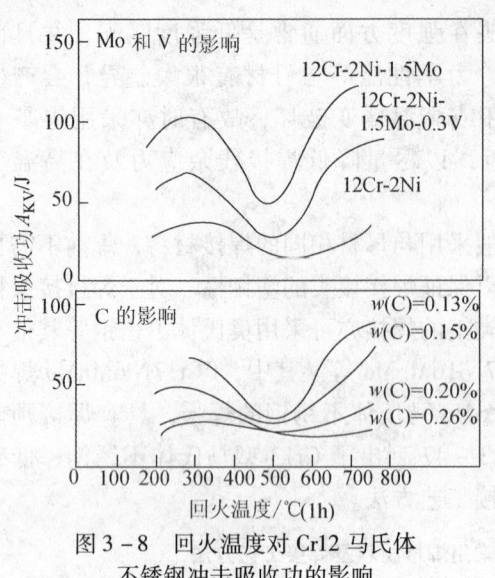

图3-8 回火温度对Cr12马氏体不锈钢冲击吸收功的影响

830~880℃、保温2h后随炉冷却至595℃，然后空冷。回火热处理加热温度的选择主要根据焊接接头的力学性能和耐蚀性要求确定，但不应超过母材的A_{C1}温度，否则会产生奥氏体转变。通常回火温度为650~750℃、保温时间不低于1h（按2.4min/mm确定）、然后空冷。由于高温回火时易析出较多的碳化物，使接头耐蚀性降低，故对于耐蚀性能要求较高的焊接件应采用较低的回火温度。但对于Cr12型马氏体不锈钢不宜在475~550℃回火，因为在此温度区间内，焊接接头的冲击韧性最低，而向钢中添加Mo、V、Nb合金元素和降低C含量，可使冲击韧性显著提高（见图3-8）。

四、铁素体不锈钢的焊接

（一）铁素体不锈钢的类型

铁素体不锈钢通常分为普通铁素体不锈钢和超纯铁素体不锈钢两类。普通铁素体不锈钢有Cr12~Cr14型（如00Cr12、0Cr13Al），Cr16~Cr18型（如1Cr17Mo、00Cr17Mo、00Cr18Mo），Cr25~Cr30型（如00Cr27Mo、00Cr30Mo），这些钢种的化学成分见附录C"表-32"。由于这类钢中C、N含量较高，成形加工和焊接都比较困难，且C、N的作用使钢的晶间腐蚀倾向增加。超纯铁素体不锈钢（Cr26型、Cr30Mo2型）严格控制钢中的$w(C+N)$含量，一般控制在0.035%~0.045%、0.030%、0.010%~0.015%三个水平，并同时添加必要的合金元素，以提高耐蚀性和其他综合性能，因此与普通奥氏体不锈钢相比，超纯高铬铁素体不锈钢具有很好的耐均匀腐蚀、点蚀及应力腐蚀性能。近年来随着真空精炼(VOD)、气体保护精炼(AOD)先进冶金技术的发展及微合金化技术的开发与应用，铁素体不锈钢中的C、N及O等间隙元素含量可以大幅降低，一些加工性、焊接性及耐蚀性良好的超纯高铬铁素体不锈钢得到了较大开发和应用。

（二）铁素体不锈钢的焊接特点

1. 过热区脆化

对于普通铁素体不锈钢，应尽可能在较低的温度下进行热加工，再经短时的780~850℃退火处理，这样可以得到晶粒细化和碳化物均匀分布的组织，并具有良好的力学性能和耐蚀性能。但这类钢焊接过程中，在加热温度高达1000℃以上的热影响区（特别是近缝区），晶粒会急剧长大，使塑韧性大幅度降低，从而引起热影响区脆化。如果焊接拘束度较大，则易产生焊接裂纹。

2. 475℃脆化

铁素体不锈钢焊缝和热影响区处于400~600℃温度区间并停留一定时间，易出现475℃脆化。这种脆化的产生与温度以及在该温度下停留的时间有重要关系，特别是在焊缝区域更易产生。可以通过516℃以上短时加热后空冷或700~800℃短时加热、立即水冷消除。

3. σ相脆化

铁素体不锈钢焊缝和热影响区处于650~850℃温度区间并停留一定时间，易析出σ相而脆化，通过热处理加热到 850~950℃ 以上、急冷，可以得到消除。

4. 焊接接头的晶间腐蚀倾向

普通铁素体不锈钢焊接热影响区的近缝区由于受到焊接热循环的高温作用，在 950℃ 以上温度冷却时产生晶间敏化，在强氧化性酸中将产生晶间腐蚀。为防止晶间腐蚀，这类钢焊后应进行 700~800℃ 短时保温退火处理，使 Cr 重新均匀化，以恢复焊接接头的耐蚀性。另外，降低铁素体不锈钢中 C、N 含量，是消除这类钢晶间腐蚀倾向的根本措施，目前已研制出 $w(C+N) \leq 0.010\%$ 的超纯高铬铁素体不锈钢，因为当 C+N 含量很低时，即使在较高温度下也没有足够能引起晶贫铬的富铬碳、氮化物析出，造成晶界贫铬，而晶界贫铬是产生晶间腐蚀的关键因素。因此，对于超纯高铬铁素体不锈钢（如 Cr26），焊接后在水淬、空冷或在敏化温度区内短时保温都不致引起晶间敏化。

（三）铁素体不锈钢焊接方法与焊接材料的选择

1. 普通铁素体不锈钢的焊接方法与焊接材料选择

普通铁素体不锈钢可采用焊条电弧焊、气体保护焊、埋弧焊、等离子弧焊等熔焊工艺方法，由于这类钢焊接过程中，热影响区晶粒长大严重以及 C、N 化物在晶界聚集，使接头塑韧性降低，在拘束度较大时容易产生焊接裂纹，接头的耐蚀性降低，因此在采用母材同材质焊接材料熔焊工艺时，应采取以下工艺措施：

① 焊前预热 100~150℃，含 Cr 量高时取温度上限或适当提高预热温度。

② 采用较小焊接热输入，焊接过程中不摆动、不连续施焊。多层多道焊时，应控制层间温度 150℃ 以上，但也不能过高，以防止高温脆性和"475℃ 脆化"。

③ 焊后进行 750~800℃ 退火热处理，使焊缝中 Cr 重新均匀化和使 C、N 化物球化，以消除晶间敏化倾向，提高塑韧性。退火后需快速冷却，以防止 σ 相脆化和"475℃ 脆化"。

对于普通铁素体不锈钢焊接，当采用奥氏体型不锈钢焊接材料时，一般不需焊前预热及焊后热处理，但对于不含稳定化元素的铁素体不锈钢，焊接热影响区的敏化难以消除。对于 Cr25-Cr30 型铁素体不锈钢，目前常用 Cr25-Ni13 型或 Cr25-Ni20 型超低碳奥氏体钢焊接材料及相应的气体保护焊焊丝。对于 Cr16-Cr18 型铁素体不锈钢，常用 Cr19-Ni10 型或 Cr18-Ni12Mo 型超低碳奥氏体不锈钢焊条及相应的气体保护焊焊丝。另外，普通铁素体不锈钢的焊接也可采用含 Cr 量与母材相当的铁素体-奥氏体双相不锈钢焊接材料，例如 Cr25-Cr30 型铁素体不锈钢焊接可采用超低碳双相钢 Cr25-Ni5-Mo3 或 Cr25-Ni9-Mo4 型焊接材料，其焊接接头不仅具有较高的强度及塑韧性，焊缝金属还具有较高的耐蚀性。

2. 超纯高铬铁素体不锈钢的焊接方法材料选择

由于超纯高铬铁素体不锈钢中 C、N、O 等间隙元素含量极低，$w(C+N) \leq 0.010\%$，焊接高温引起的脆化并不显著，不需焊前预热和焊后热处理，焊接接头具有很好的塑韧性。这类钢的焊接一般采用与母材同成分的焊丝作填充材料，关键在于焊接过程中必须防止焊接接头污染，为此在焊接工艺中主要应采取以下措施：

① 增加熔池保护。可采取双层气体保护，增大喷嘴直径，适当增加氩气流量等措施。焊丝送进时，需防止焊丝高温端离开保护区。

② 焊缝背面需用氩气保护，最好采用通氩的水冷铜垫板，以增加冷却速度，减少过热。

③ 设置拖罩，增加尾气保护（特别对于多层多道焊尤为重要）。

④ 尽量减少焊接热输入，多层多道焊时控制层间温度低于 100℃。

⑤ 采用其他快冷措施。

超纯高铬铁素体不锈钢的焊接也可采用纯度较高的奥氏体型焊接材料或铁素体-奥氏体双相焊接材料,但需考虑对焊接接头使用工况及耐蚀性的要求。

五、铁素体-奥氏体双相不锈钢的焊接

双相不锈钢是指钢金相组织中的铁素体与奥氏体各占约50%左右的不锈钢,其主要特点是屈服强度可达400~550MPa,是普通不锈钢的2倍。在介质腐蚀环境比较恶劣的条件下(如Cl^-含量高),其耐点蚀、缝隙腐蚀、应力腐蚀及腐蚀疲劳等性能均优于Cr-Ni型及Cr-Ni-Mo型奥氏体不锈钢(如0Cr18Ni9、00Cr18Ni9、0Cr18Ni12Mo2、00Cr18Ni18Mo2等)。此类钢与铁素体不锈钢和奥氏体不锈钢比较,大大减小了铁素体不锈钢焊接热影响区由于晶粒粗化而使塑韧性大幅降低的脆化倾向,也不像奥氏体不锈钢那样对焊接热裂纹比较敏感。此类钢与奥氏体不锈钢相比,导热系数大、线膨胀系数小,更适合于用作腐蚀条件下的设备衬里和用作复合钢板复层。此类钢由于仍具有高Cr铁素体不锈钢的各种脆性倾向,一般不宜用在高于300~500℃范围内工作时间较长易发生"475℃脆性",及由于$\alpha \to \alpha'$相变所引起的脆化,故其使用温度250~300℃。

含Mo的18%~22%Cr双相不锈钢在低应力下有良好的耐中性氯化物应力腐蚀性能,一般应用在70℃以上中性氯化物溶液中的18-8型奥氏体不锈钢容易发生应力腐蚀破裂,而此类双相钢则有良好的耐蚀能力,例如00CrNi5Mo3Si2双向钢耐应力腐蚀的典型介质条件为:(1) Cl^-<1000ppm❶,<150℃,pH≥7.0;(2) H_2S≤5000ppm,Cl^-≤30ppm,150℃,pH≥7。另外,含Mo的双相不锈钢还具有良好的耐孔蚀性,如Cr18型双相钢耐孔蚀能力与AISI316L相当,Cr25型(含Mo、N)双相钢耐孔蚀和缝隙腐蚀性能超过AISI316L钢。

20世纪80年代后期发展的超级双向不锈钢属于第三代铁素体-奥氏体双向不锈钢,国外牌号有SAF2507、UR52N、Zeron100等。这类钢含碳量低(C 0.01%~0.02%),含高Mo和高氮(Mo≈4%、N≈0.3%),钢中铁素体含量40%~50%,此类钢具有优良的耐孔蚀性能,孔蚀能力当量值(PREN=Cr%+3.3Mo%+16N%)大于40。表3-48所列为国内外相钢的主要代表牌号及化学成分。

表3-48 国内外铁素体-奥氏体双相不锈钢主要代表牌号及化学成分(质量分数)   %

商业牌号	生产厂家	UNS标准	相当中国的牌号	Cr	Mo	Ni	N	其他
3RE60	Sandvik, Avesta	S 31500	00Cr18Ni5Mo3Si2	18.5	2.7	5	0.07	1.5Si
SAF2205 (UR45N) (AF22)	Sandvik, Avesta (Creusot-Loire), (Mannesmann)	S 31803	00Cr22Ni5Mo3N	22	3	5.3	0.17	
10RE51	Sandvik	S 32900	0Cr25Ni5Mo2	25	1.5	4.5		
DP3	Sumitonio	S 31260	00Cr25Ni7Mo3WCuN	25	3	6.5	0.16	0.5Cu, 0.3W
Ferralium255 (UR52N)	Langley Alloys (Creusot-Loire)	S 32550	0Cr25Ni6Mo3CuN	25	3	6.5	0.18	
SAF2507	Sandvik, Avesta	S 32750		25	3.8	7	0.27	
Zeron100	Mather and platt Ltd	S 32760		25	3.2	7	0.25	0.7Cu, 0.7W

---

❶ 注:1ppm=10^{-6}。

（一）铁素体-奥氏体双相不锈钢的类型

国内生产的应用的铁素体-奥氏体双相不锈钢品种较少，目前只有 00Cr18Ni5Mo3Si2、00Cr25Ni5Mo3N、0Cr26Ni5Mo2、00Cr25Ni7Mo3WCuN、0Cr25Ni6Mo3CuN 等几种钢号。国际上普遍采用的铁素体-奥氏体双相不锈钢可分为 Cr18 型、Cr23 型（不含 Mo）、Cr22 型、Cr25 型四类。对于 Cr25 型双相钢又可分为普通双相钢和超级双相钢两种，当点蚀指数 PREN＝[$w(Cr)+3.3w(Mo)+16w(N)$]＞40 时，称为超级双相不锈钢。国内列入国家标准的铁素体-奥氏体双相不锈钢目前主要有 Cr18 和 Cr25 两大类型，另外一些与国外典型材料相类似的钢种也有生产和应用。国内外常用铁素体-奥氏体双相不锈钢的化学成分、室温力学性能及点蚀指数见附录 C"表 C-42"、"表 C-43"。

（二）铁素体-奥氏体双相不锈钢的焊接特点

铁素体-奥氏体双相不锈钢具有良好的焊接性，这类钢的焊缝凝固结晶起初为单相 δ 铁素体，当继续冷却时发生 $\delta\rightarrow\gamma$ 相变，随着温度降低，$\delta\rightarrow\gamma$ 相变不断进行，在平衡条件下或非快速冷却下，部分 δ 铁素体保留到室温，形成 $\delta+\gamma$ 双向组织。这类钢但焊接接头在一般的拘束条件下，焊缝金属的热裂纹敏感性很小。但拘束度较大及焊缝金属中含氢量较高时，会导致焊接氢致裂纹倾向，因此在选择焊接材料及焊接过程中应控制氢的来源，防止产生氢致裂纹。

铁素体-奥氏体双相不锈钢焊接过程中，当焊缝热影响区的温度超过双相不锈钢的固溶处理温度时，在 1145～1400℃高温状态下，晶粒会长大，发生 $\gamma\rightarrow\delta$ 相变，使 γ 相明显减少，δ 相增多，为了保证焊缝金属中有足够的 γ 相，应提高焊缝金属化学成分的 Ni 当量（通常是提高 Ni、N 的含量）。另外，此类钢在焊接时会引起金属间化合物 σ 相、X 相和 η 相的沉淀，以及 α' 相的析出，引起脆化。此外，由于双相不锈钢中铁素体含量约达 50%，仍存在铬铁素体钢所固有的脆化倾向，在 300～500℃范围内存在时间较长时，也会出现 475℃脆性以及由于 $\alpha\rightarrow\alpha'$ 相变所引起的脆化，故此类钢的使用温度一般不宜超过 300℃，但限制最高使用温度主要是考虑防止双相钢中铁素体出现 475℃脆变，如果有可靠的使用数据，双相钢的最高使用温度可放宽到 425℃。

（三）铁素体-奥氏体双相不锈钢的焊接方法与焊接材料的选择

铁素体-奥氏体双相不锈钢可采用焊条电弧焊、钨极氩弧焊、熔化极气体保护焊以及埋弧焊等熔焊工艺方法

1. 焊接工艺方法

焊条电弧焊是铁素体-奥氏体双相不锈钢最常用的焊接工艺方法，特点是灵活方便，可实现全位置焊接，特别适用于焊接修复。

钨极氩弧焊广泛应用于管道的封底焊缝及薄壁管道的焊接，焊接质量优良，自动焊的效率较高。保护气体通常采用纯 Ar，当进行管道封底焊接时，应采用纯 Ar＋2%N_2 或纯 Ar＋5%N_2 保护气体，为防止根部焊道出现铁素体化，焊缝背面应采用纯 Ar 或高纯 N_2 进行气体保护。

熔化极气体保护焊可采用实心焊丝或药芯焊丝，具有较高的熔敷效率，可采用自动或半自动熔化极气体保护焊。当采用药芯焊丝时，更易于进行全位置焊接。熔化极气体保护焊的保护气体，对于实心焊丝可采用 Ar＋1%O_2、Ar＋30%He＋1%O_2、Ar＋2%CO_2 或 Ar＋15%He＋2%CO_2 等；对于药芯焊丝可采用 Ar＋1%O_2、Ar＋2%CO_2 或 Ar＝20%CO_2，甚至可采

用 100% CO_2。

铁素体-奥氏体双相不锈钢埋弧焊适用于中厚板焊接,焊接效率高,通常采用碱性焊剂。这类钢各种焊接工艺方法的选择及坡口形式与尺寸、焊接顺序见附录 C"表 C-44"。

2. 焊接材料选择

对于焊条电弧焊,可选用酸性或碱性焊条,根据耐腐蚀性、焊接接头韧性要求及焊接位置等因素决定。采用酸性焊条时,焊缝金属的冲击韧性较低,应严格控制焊条中氢含量,以防止焊接气孔及焊接氢致裂纹。对于要求具有较高冲击韧度的焊接接头和需进行全位置焊接时,以及根部封底焊时,应采用碱性焊条,对于要求耐蚀性高的焊接接头,则应采用超级双相钢成分的碱性焊条。

对于气体保护焊,当要求焊接接头具有较高的冲击韧度或是在较大的拘束度条件下焊接时,宜采用碱度较高的药芯焊丝。对于埋弧焊,宜采用直径较小的焊丝和中小焊接参数下的多层多道焊,以防止产生焊接热影响区焊缝金属的脆化,同时还应采用配套的碱性焊剂,以防止出现焊接氢致裂纹。附录 C"表 C-45"和"表 C-46"列出了各类双相不锈钢的焊接材料以及典型焊接材料的化学成分。

(四) 各种类型铁素体-奥氏体双相不锈钢的焊接要点

1. Cr18 型双相不锈钢的焊接要点

此类钢为超低碳双相不锈钢,具有良好的焊接性,焊接热裂纹及焊接冷裂纹敏感性都较小,焊接接头脆化倾向也较铁素体不锈钢小,故焊前不需要预热、焊后不需作热处理。

这类钢的 α 与 γ 相各约为 50% 时,只要合理选择焊接材料,控制焊接热输入(一般不超过 15kJ/cm)和层间温度(一般不高于 150℃),就可防止出现热影响区晶粒粗大的单相铁素体组织及焊缝金属脆化倾向,保持焊接接头较好的力学性能、耐晶间腐蚀及应力腐蚀性能。由于 Cr18 型双相钢与高 Cr 铬双相钢相比,Cr 含量较低,尽管长期高温使用中有形成 σ 相、碳氮化合物、及"475℃脆化"倾向,但并不明显。

Cr18 型双相钢焊接时,如果接头的拘束度较大,需严格控制氢含量,防止产生氢致裂纹。对于薄板、薄壁管及管道的封底焊接,宜采用钨极氩弧焊,并控制焊接热输入;对于中厚板及管道封底焊以后的焊接,可采用焊条电弧焊、气体保护焊及埋弧焊,其中对于全位置焊接的气体保护焊,最好采用药芯焊丝。

Cr18 型双相钢焊接材料的选择,应优先采用 Cr22-Ni9-Mo3 型超低碳双相不锈钢焊材,另外也可选用含 Mo 的奥氏体不锈钢焊接材料(加 306L 型),但会使焊缝的屈服强度稍有降低。

2. Cr23 无 Mo 型双相不锈钢的焊接要点

此类钢与 Cr18 型双相钢同样具有良好的焊接性能,焊接热裂纹和焊接冷裂纹敏感性很小,焊接接头的脆化倾向也较小,焊前不需预热、焊后不需作热处理。焊接时为获得良好的相比例及防治各种脆化相析出,应控制焊接热输入在 10~25kJ/mm 范围内,层间温度不超过150℃。其焊接工艺方法选择及焊接材料选用见附录 C"表 C-44"、"表 C-45"。另外也可采用 Cr 含量较高,不含 Mo 的奥氏体不锈钢焊接材料(如 309L 型),但会使焊缝的屈服强度偏低。

3. Cr22 型双相不锈钢的焊接要点

此类钢比 Cr18 型双相钢含 Cr 量较高,且 N 含量亦明显提高,Si 含量较低,故其耐均匀腐蚀、点蚀及应力腐蚀性能均优于 Cr18 型双相钢,也优于 AISI316L 型奥氏体不锈钢。

Cr22 型双相钢具有良好的焊接性能,焊接热裂纹和冷裂纹倾向都较小,焊前通常不需预热,焊后也不需做热处理,并且由于 N 含量较高,热影响区的单相铁素体化倾向较小。当焊接材料选择合适,焊接热输入控制在 10～25kJ/cm 和层间温度控制在 150℃ 以内时,焊接接头具有良好的综合性能。Cr22 型双相钢的焊接材料见附录 C"表 C-44"、"表 C-45",优先选用的焊接材料与 Cr18 型双相钢的相同(如 Cr22-Ni9-Mo3),另外还可选用 Cr 含量较高且含 Mo 的奥氏体不锈钢焊接材料(如 309MoL),但焊缝的强度偏低。对于这类钢的焊接,与 Cr18 型双相钢一样,应严格控制焊接材料及焊接过程中的氢来源,以防止产生氢致裂纹。

4. Cr25 型双相不锈钢的焊接要点

在此类双相钢中,当耐点蚀指数 PREN 大于 40 时,称为超级双相不锈钢(见附录 C"表 C-43")。Cr25 型双相不锈钢与其他双相不锈钢一样具有良好的焊接性能,通常不需焊前预热和焊后热处理,但由于其合金含量较高,且添加有 Cu 和 W 合金元素,在 600～1000℃ 范围内加热时,焊缝热影响及多层焊道的焊缝金属易析出 σ 相、X 相、碳化物及氮化物($Cr_{23}C_6$、Cr_2N、CrN)及其各种金属间化合物,使焊接接头塑韧性及耐腐蚀性能大幅度降低。故此类钢焊接过程中应严格控制焊接热输入,但也不能过低,因为当冷却速度过快时会抑制 δ→γ 转变,造成单相铁素体化。因此热输入一般控制在 10～15kJ/cm 范围内(对于中厚板采用较大热输入、中薄板采用较小热输入),焊接时的层间温度应不高于 150℃。此类钢焊接材料与工艺见附录 C"表 C-45"、"表 C-46",优先采用的焊接材料为 Cr25-Ni9-Mo4 型超低碳双相不锈钢焊接材料。当对焊接接头耐蚀性有更高要求时,可选用不含 Nb 的高 Mo 型镍基合金焊接材料。对于此类双相钢的焊接也与焊接其他类型的双相钢一样,应严格控制焊接材料及焊接过程中的氢来源,防止产生氢致裂纹。

六、析出硬化不锈钢的焊接

(一) 析出硬化不锈钢的类型

析出硬化不锈钢按其组织形态可分为析出硬化半奥氏体不锈钢、析出硬化马氏体不锈钢、析出硬化奥氏体不锈钢三种类型。这类钢经过合理的热处理或机械处理,可以获得超高强度,同时具有较高的塑韧性与耐蚀性,是制造高强、耐蚀零件(如各种传动轴、叶轮、泵体等)的主要用钢。此三种类型析出硬化不锈钢的化学成分及力学性能列于附录 C"表 C-47"～"表 C-52"。

(二) 析出硬化不锈钢的焊接特点

1. 析出硬化马氏体不锈钢的焊接特点

析出硬化马氏体不锈钢在高温下为奥氏体组织,经固溶处理后形成马氏组织,再经低温回火,达到时效强化。此类钢具有良好的焊接性能,对于同材质(即焊缝与母材成分相同)等强度焊接,在焊接接头拘束度不大的情况下,一般不需焊前预热和后热,焊后热处理采用与母材相同的低温回火时效,即可得到等强度焊接接头。当不要求接头与母材等强度时,通常采用奥氏体不锈钢焊接材料焊接,焊前不需预热和后热,接头中不会产生裂纹,虽然在热影响区会形成马氏体组织,但由于含 C 量低,淬硬倾向较小,在拘束度不大的情况下,不会出现焊接冷裂纹。但是如果母材中强化元素偏析严重,将使焊接热影响的焊接性与塑韧性降低。

2. 析出硬化半奥氏体不锈钢的焊接特点

析出硬化半奥氏体不锈钢在固溶状态或退火状态下为奥氏体+5%~20%铁素体组织，经过奥氏体化处理→马氏体转变→析出硬化时效处理，可达到超高强度。此类钢具有良好的焊接性能，当要求同材料等强度焊接时，在焊接热循环的作用下，由于焊缝及近缝区加热温度远高于固溶温度，以及铁素体相比增加，造成铁素体含量过高，可能引起焊接接头脆化。另外在焊接高温区，由于碳化物(特别是铬的碳化物)大量溶入奥氏体固溶体，增加了奥氏体的稳定性，降低了焊缝及近缝区的M_s点，使奥氏体在温度降低时难以转变为马氏体，会造成焊接接头与母材强度不匹配。因此必须进行焊后热处理，使碳化物析出，降低合金元素的有效含量，以促使奥氏体向马氏体转变。通常采用整体复合热处理方法，其中包括①焊后调整热处理(746℃加热、3h空冷)使含Cr碳化物析出，提高M_s点，以促进马氏体转变；②低温退火(930℃加热、1h水淬)，使$Cr_{23}C_6$等碳化物从固溶体中析出，可大大提高Ms点；③冰冷处理(-70℃、保持3h)，使奥氏体几乎全部转变为马氏体，然后升温致室温。

当不要求同材料等强度焊接时，可采用奥氏体不锈钢焊接材料(如Cr18Ni9、Cr18Ni12Mo焊接材料)，一般情况下，焊缝与热影响区裂纹敏感性很小。

3. 析出硬化奥氏体不锈钢的焊接特点

析出硬化奥氏体不锈钢中Cr、Ni含量高，M_s点在常温以下，固溶后的奥氏体组织极为稳定，即使冷加工后仍保持奥氏体组织。其硬化机理是通过加入一些低温下固溶度小的化学元素使奥氏体达到过饱和状态，在时效过程中析出强化相，达到超高强度的硬化要求。此类钢中的A-286钢经深度冷变形后，在液氢温度下(-253℃)仍具有良好的塑韧性。表3-49a、表3-49b列出了两种典型的析出硬化奥氏体不锈钢A-286、17-10P的化学成分和A-286钢的低温拉伸性能。其中17-10P钢的强化元素为C与P，与其他析出硬化不锈钢的强化元素有较大差异。对于A-286钢，其焊接性与析出硬化半奥氏体相当，采用通常的熔焊工艺时，裂纹敏感性小，焊前不需预热或后热，焊后按母材时效处理的工艺进行热处理，焊接接头可与母材等强或接近。对于17-10P钢的焊接，由于P含量高达0.30%，焊接高温使磷化物在晶界富集，会造成近缝区具有很大的热裂纹敏感性和脆性，一般不宜采用熔化焊工艺(可采用特种含工艺，如闪光焊、摩擦焊等)。

表3-49a 析出硬化型奥氏体不锈钢的典型化学成分

钢种	化学成分(质量分数)/%										
	C	Mn	Si	Cr	Ni	P	S	Mo	Al	V	Ti
A-286	0.05	1.45	0.50	14.75	25.25	0.030	0.020	1.30	0.15	0.30	2.15
17-10P	0.10	0.60	0.50	17.0	11.0	0.30	≤0.01	—	—	—	—

表3-49b A286钢的低温拉伸性能(冷变形与3%时效)

试验温度/℃	屈服强度/MPa	抗拉强度/MPa	伸长率/%	断面收缩率/%
24	1333	1435	14.0	42.3
-73	1464	1532	14.0	41.3
-129	1510	1590	18.0	41.8
-196	1582	1781	21.0	41.4
-253	1708	1968	23.3	38.9

(三) 析出硬化不锈钢的焊接方法与焊接材料选择

各类析出硬化不锈钢中，除高 P 含量的 17-10P 外，均可采用焊条电弧焊、熔化极惰性气体保护焊（MIG/MAG，即熔化极惰性气体保护焊/熔化极活性气体）、非熔化极惰性气体保护焊（TIG）等熔化焊工艺方法。目前已标准化或商品化的焊接材料列于附录 C"表 C-53"。除表中所列的析出硬化不锈钢焊接材料外对于其他钢种目前尚无同材质焊接材料，可采用普通奥氏体不锈钢焊接材料，常用的有 Cr18Ni12Mo2 型焊接材料，但焊接接头相对于母材为低强度匹配。

第六节　异种钢的焊接

一、概述

异种钢的焊接属于异种金属材料焊接范畴。现代工业对焊接构件提出了更多、更苛刻的要求（如常规力学性能、高温强度、耐蚀性、耐磨性、低温韧性及其他如磁性、导电与导热性、抗辐照性等物理性能等），采用单种金属材料很难同时满足这些使用要求，因此工程中常根据结构不同部件对材料使用性能的不同要求，采用异种材料焊接结构，以满足不同工作条件对材质的不同要求，同时降低结构总体成本。

异种钢的焊接是异种金属材料焊接中的一大类，工程应用中还有异种有色金属的焊接、钢与有色金属的焊接、以及钢与耐高温合金及耐蚀合金的焊接等。

（一）异种金属的焊接性

异种金属由于不同金属的化学成分、物理特性、化学性能差别较大，其焊接要比同种金属焊接复杂，困难得多，焊接中除必须考虑异种金属本身固有的性质和它们之间可能发生的相互作用外，还必须据此选择正确的焊接方法和焊接工艺，其中主要应考虑材料的性质和焊接方法对焊接性的影响。

1. 材料性质对焊接性的影响

异种金属各自固有的化学和物理性能及其在性质上的差异，对焊接性有很大的影响。例如，异种金属的熔化温度、线胀系数、热导率和比电阻等存在较大差异时，都会给焊接造成困难。线胀系数相差较大，会造成焊接接头较大的焊接残余应力和变形，易使焊缝及热影响区产生裂纹；电磁性相差较大，会使焊接电弧不稳定，焊缝成形差甚至不可焊接；异种金属的晶格类型、晶格参数、原子结构等相差较大时，会使"冶金学相容性"变差，即在液态和固态时互溶性差，焊接过程中易出现金属间化合物（脆性相）等等。有些情况下，即使对于冶金学相容性好的异种金属，例如 Ni-Cu 间能互为无限固溶，但当采用电子束焊接时，因 Ni 的剩磁和外界磁效应会引起电子束波动，也会使焊接过程控制和焊缝成形困难。

2. 焊接方法对焊接性的影响

按照"族系法"，焊接方法划分为熔焊、压焊、钎焊三大类，和同种金属材料焊接一样，此三大类焊接方法均可用于异种金属材料的焊接。

（1）异种金属熔焊的焊接性

异种金属熔焊的焊接性主要由以下几方面衡量：①焊接区是否会形成影响力学性质及化学性能的不良组织或金属间化合物；②能否防止产生焊接裂纹及其他缺陷；③熔焊过程中是

否会形成溶质宏观偏析及熔合区脆性相；④在焊后热处理及焊件使用工况下，熔合区是否会发生不利的组织变化等。异种金属的熔焊焊接性见附录C"表C-54"。

熔焊方法中，电弧焊(包括焊条电弧焊、熔化极气体保护焊、钨极氩弧焊、等离子弧焊、埋弧焊等)是应用最多的异种金属熔焊方法，特别在异种钢焊接中应用很广泛。而对于异种有色金属及异种稀有金属的焊接，则应优先选用其中的等离子弧焊接。

(2) 异种金属压焊的焊接性

压焊包括电阻对焊、电阻点、缝焊，冷压焊、摩擦焊、超声波焊、爆炸焊、锻焊、扩散焊等工艺方法，异种金属常用的压焊方法有电阻焊、冷压焊、扩散焊、摩擦焊等。对于一些采用熔焊方法极为难焊的异种金属，可以采用压焊获得满意的焊接接头。其特点是可以防止和控制受焊金属在高温下相互作用形成脆性金属间化合物，有利于控制和改善焊接接头的金相组织和性能，且焊接应力较小。

压焊方法中，电阻焊在异种金属焊接中应用较多，冷压焊则比较适用于异种有色金属和熔点较低、塑性较好的异种稀有金属的焊接；爆炸焊和摩擦焊适用于异种钢、异种有色金属以及钢和有色金属的焊接。

(3) 异种金属钎焊的焊接性

钎焊有火焰钎焊、感应钎焊、炉中钎焊、盐浴钎焊、电子束钎焊等工艺方法，是异种金属材料连接常用的方法。并且在此基础上进一步出现了熔焊-钎焊工艺方法(亦称熔钎焊)，即对异种金属中的低熔点母材一侧为熔焊，而对高熔点母材一侧为钎焊，且常以与低熔点母材相同的金属或合适成分的焊丝为钎料。钎焊不仅广泛适用于异种金属的焊接，而且也可应用于金属与陶瓷及弹性模量高的难熔合金等材料的焊接。

(二) 异种金属的焊接工艺措施及焊接缺陷

1. 焊接工艺措施

① 异种金属焊接过程中，应尽量缩短被焊金属在液态下相互接触的时间，以防止或减少金属间化合物的生成。为此，熔焊时可利用热源偏向被焊件中熔点高的工件来调节被焊材料的加热和接触时间。

② 采用与两种异种金属皆能很好焊接的中间层或堆焊中间过渡层，以防止生成金属间化合物。

③ 在焊缝中添加合金元素，以阻止金属间化合物相的产生和增长。

2. 焊接缺陷及防止措施

异种金属由于合金成分上的差别，在其焊接接头的焊缝与母材之间存在一个熔合区，它是由母材金属向焊缝过渡的过渡区，该区域的化学成分和金相组织不均匀，力学性能、物理性能也有较大差异，因此可能造成焊接接头缺陷或性能的降低。异种金属焊接接头的主要缺陷是指气孔、裂纹及熔合区内成分和组织的不均匀性等，其产生原因和防治措施列于表3-50。

表3-50 常见异种金属焊接缺陷和产生原因和防治措施

异种金属组合	焊接方法	焊接缺陷	产生原因	防治措施
0Cr18Ni9 不锈钢 + 2.25Cr1Mo 钢	电弧焊	熔合区产生裂纹	生成马氏体组织	控制母材金属熔合比，采用过渡层，过渡段
00Cr18Ni10 + 碳素钢	焊条电弧堆焊	熔合区塑性下降，出现淬硬组织	生成马氏体组织	严格控制马氏体组织数量，控制焊后热处理温度

续表

异种金属组合	焊接方法	焊接缺陷	产生原因	防治措施
0Cr18Ni9 + 00Cr18Ni10	焊条电弧焊对接	复层侧塑性下降、高温裂纹	生成马氏体组织，焊接应力大，形成低熔点共晶体的液态薄膜	控制铁素体的含量，采用"隔离焊缝"，控制焊后热处理温度
奥氏体不锈钢 + 碳素钢	MIG 焊	焊缝产生气孔、表面硬化	保护气体不纯，母材金属、填充材料受潮，碳迁移	焊前母材金属、填充材料清理干净，保护气体纯度要高，填充材料要烘干，采用过渡层
奥氏体不锈钢 + 碳素钢	焊条电弧堆焊	熔合区塑性下降，出现淬硬组织	在熔区产生脆性层	采用过渡层，过渡段焊接，选用含镍高的填充材料
Cr-Mo 钢 + 碳素钢	焊条电丝弧焊	熔合区产生裂纹	回火温度不合适	焊前预热，选塑性好的填充材料，焊后选合适的热处理温度
镍合金 + 碳素钢	TIG 焊	焊缝内部气孔、裂纹	焊缝含镍高，晶粒粗大，低熔点共晶物积聚，冷却速度快	通过填充材料向异质焊缝加入变质剂 Mn、Cr，控制冷却速度，把接头清整干净
铜 + 铝	电弧焊	产生氧化、气孔、裂纹	与氧亲和力大，氢的析集产生压力，生成低熔点共晶体，高温吸气能力强	接头及填充材料严格清理并烘干，最好选用低温摩擦焊、冷压焊、扩散焊
铜 + 钢	扩散焊	铜母材金属侧未焊透	加热不足，压力不够，焊接时间短，接头装配不当	提高加热温度、压力及焊接时间，合理进行接头装配
铜 + 钨	电弧焊	不易焊合，产生气孔、裂纹，接头成分不均	极易氧化，生成低熔点共晶，合金元素烧损、蒸发、流失，高温吸气能力强	接头及填充材料严格清理，焊前预热、退火，焊后缓冷，提高操作技术，采用扩散焊
铜 + 钛	焊条电弧焊	产生气孔、裂纹，接头力学性能低	吸氢能力强、生成共晶体及氢化物，线膨胀系数差别大，形成金属间化合物	选用合适焊接材料，制定正确焊接工艺，预热、缓冷，采用扩散焊、氩弧焊等方法
碳素钢 + 钛	电弧焊	焊缝产生裂纹、氧化	焊缝中形成金属间化合物，氧化性强	合理选用填充材料、焊接方法及焊接工艺
铝与钛	焊条电弧焊	氧化、脆化、气孔，合金元素烧损、蒸发	氧化性强、高温吸气能力强，形成金属间化合物，熔点差别大	控制焊接温度，严格清理接头表面，预热、缓冷，采用氩弧焊、电子束焊、摩擦焊
锆 + 钛	电弧焊	氧化、裂纹、塑性下降	对杂质裂纹敏感性大，生成氧化膜，产生焊接变形	清理接头表面，预热、缓冷，采用夹具，选用惰性气体保护焊、电子束焊、扩散焊
耐热铸钢 + 碳素钢	焊条电弧焊对接	碳素钢侧热影响区强度下降	热影响区出现脱碳层	在铸钢上预先堆焊过渡层，选择塑性好的填充材料
钢 + 铸铁	焊条电弧焊对接	产生白口组织，焊缝出现裂纹、气孔	焊缝含碳量高，冷却速度快，填充材料不干净，潮湿，气体侵入熔池	选择合适的焊接方法，严格控制化学成分、冷却速度；选择镍基或高钒焊条；填充材料要烘干；焊前接头及填充材料要清理干净

二、异种钢的焊接

（一）异种钢焊接的工艺特点

1. 异种钢焊接常用钢种

在异种金属焊接中，异种钢焊接结构的应用相当广泛。异种钢焊接根据金相组织可分为珠光体钢、铁素体钢及铁素体-马氏体钢、奥氏体钢及奥氏体-铁素体钢三大类，表 3-51 列出了上述一些常用于异种钢焊接结构的钢种。按这些钢种的力学性能、使用性能、焊接性及工程应用等,上述三大类钢种可分为若干类别,对于同类组织、不同类别的钢种,尽管他们的组织相同,但由于化学成分与性能存在较大差异,工程上也将其之间的组合归属于异种钢焊接。故异种钢焊接就包括金相组织相同或不同两种情况。实际实用中,常见的组合为异种珠光体钢的焊接、异种奥氏体钢的焊接、珠光体钢与奥氏体钢的焊接、珠光体钢与马氏体钢的焊接、珠光体钢与铁素体钢的焊接及奥氏体钢与铁素体钢的焊接等。

表 3-51 常用于异种钢焊接结构的钢种

组织类型	类别	钢 号
珠光体钢	Ⅰ	低碳钢:Q195, Q215, Q235, Q255, 08, 10, 15, 20, 25 破冰船用低温钢;锅炉钢20g, 22g, 20R
	Ⅱ	中碳钢和低合金钢:Q275, Q345, 16Mn, 20Mn, 25Mn, 30Mn, 30, 09MnV, 15MnV, 14MnNb, 15MnVNR, 15MnTi, 18MnSi, 14MnMoV, 18MnMoNbR, 18CrMnTi, 20MnSi, 20MnMo, 15Cr, 20Cr, 30V, 10Mn2, 10CrV, 20CrV
	Ⅲ	船用特殊低合金钢:AK25①, AK27①, AK28①, AJ15①, 901钢, 902钢
	Ⅳ	高强度中碳钢和中碳低合金钢:35, 40, 45, 50, 55, 35Mn, 40Mn, 45Mn, 50Mn, 40Cr, 45Cr, 50Cr, 35Mn2, 40Mn2, 45Mn2, 50Mn2, 30CrMnTi, 40CrMn, 35CrMn2, 35CrMn, 40CrV, 25CrMnSi, 30CrMnSi, 35CrMnSiA
	Ⅴ	铬钼耐热钢:12CrMo, 12Cr2Mo, 12CrMo1R, 15CrMo, 15CrMoR, 20CrMo, 30CrMo, 35CrMo, 38CrMoAlA, 2.25Cr-1Mo
	Ⅵ	铬钼钒、铬钼钨耐热钢:20Cr3MoWVA, 12Cr1MoV, 25CrMoV, 12Cr2MoWVTiB
马氏体-铁素体钢	Ⅶ	高铬不锈钢:0Cr13, 1Cr14, 1Cr13, 2Cr13, 3Cr13
	Ⅷ	高铬耐酸耐热钢:Cr17, Cr17Ti, Cr25, 1Cr28, 1Cr17Ni2
	Ⅸ	高铬热强钢:Cr5Mo, Cr9Mo1NbV, 1Cr11MoNbV, 1Cr12WNiMoV①, 1Cr11MoV①, X20CrMoV121②
奥氏体及奥氏体-铁素体钢	Ⅹ	奥氏体耐酸钢:00Cr18Ni10, 0Cr18Ni9, 1Cr18Ni9, 2Cr18Ni9, 0Cr18NiTi, 1Cr18Ni9Ti, 1Cr18Ni11Nb, Cr18Ni12Mo2Ti, 1Cr18Ni12Mo3Ti, 0Cr18Ni12TiV, Cr18Ni22W2Ti2
	Ⅺ	奥氏体耐热钢:0Cr23Ni18, Cr18Ni18, Cr23Ni13, 0Cr20Ni14Si2, Cr20Ni14Si2, TP304③, P347H③, 4Cr14Ni14W2Mo
	Ⅻ	无镍或少镍的铬锰氮奥氏体钢和无铬镍奥氏体钢:3Cr18Mn12Si2N, 2Cr20Mn9Ni2Si2N, 2Mn18Al15SiMoTi
	ⅩⅢ	奥氏体-铁素体高强度耐酸钢:0Cr21Ni5Ti①, 0Cr21Ni6MoTi①, 1Cr22Ni5Ti①

注:① 为前苏联钢号。
② 为德国钢号。
③ 为美国钢号。

2. 异种钢焊接难点及焊接工艺原则

异种钢焊接的主要难点是熔合线附近的金属韧性下降。在异种钢焊接中,由于合金元素稀释溶解和碳迁移等因素影响,在焊接接头的焊缝和熔合区存在一个过渡区域,过渡区内的化学成分和金相组织不均匀,力学性能和物理性能也有较大差异,从而会造成接头缺陷或性能降低。

异种钢焊接的工艺原则是必须合理解决焊接接头的化学不均匀性以及由此引起的组织和力学性能的不均性、界面组织的不稳定性及应力与变形的复杂性,一般应考虑以下工艺原则:

(1) 根据不同的异种钢组合,确定适合的焊接方法

大部分焊接方法都可用于异种钢焊接,其中以焊条电弧焊应用最广泛、使用最方便。焊

条的种类多,便于选择、适用性强。对于批量较大的可采用钨极或熔化极气体保护焊、埋弧自动焊等工艺方法。摩擦焊、电阻对焊和闪光对焊等压焊方法以及钎焊、扩散焊等方法也可用于异种钢焊接。

(2) 选用正确的焊接材料

应根据异种钢不同母材的化学成分、力学性能和焊接接头的抗裂性、碳含量、焊前预热与焊后热处理、使用条件等因素,正确选用焊条或焊丝、焊剂。对于相焊异种钢金相组织相近的情况,焊接材料选择的最低标准是焊缝金属力学性能、耐热性能等不低于母材中性能较低一侧的指标(但有时也有例外);对于相焊异种钢金相组织相差较大的情况,焊接材料的选择必须考虑焊接过程中填充金属受到稀释后,接头的性能仍应达到使用要求。通常情况下,异种钢焊接材料的选择原则主要需考虑以下几点:

① 保证焊缝金属、过渡区、热影响区等接头区域具有良好的力学性能和综合性能(如耐蚀性、热强性、抗氧化性等),不出现热裂纹、冷裂纹及其他超标的焊接缺陷。

② 在焊接接头不产生裂纹等缺陷的前提下,当焊缝金属的强度和塑性不能兼顾时,应选择塑性较好的焊接材料。

当焊接工艺受到限制时(如焊前预热或焊后热处理),可选用镍基合金或奥氏体不锈钢焊接材料,以提高焊缝金属的塑韧性及抗冷裂性能。

④ 焊丝成分的选择,应以尽可能获得无缺陷和满足性能要求的焊接接头为主,对于碳钢、低合金钢对不锈钢的异种钢焊接,应选用不锈钢焊丝;铬不锈钢对铬镍不锈钢的异种钢焊接,应选用铬镍不锈钢焊丝。

⑤ 异种钢焊缝金属性能只需符合两种母材中的一种,即可认为满足焊接接头使用要求。所选用的焊接材料应具有良好的工艺性能,易于批量生产或货源充足,且应价格合理。

异种钢焊接的焊条、焊丝、焊剂等选用可参考表3-52进行选用。

表3-52 异种钢焊接推荐用的焊接材料

类别	接头钢号	焊条电弧焊		埋弧焊		推荐用焊剂与焊丝匹配
		焊条		牌号		
		型号	牌号	焊丝	焊剂	牌号
Ⅰ+Ⅱ	Q235-A+16Mn	E4303	J422	H08 H08Mn	HJ431	HJ401-H08A
	20、20R+16MnR、16MnRC	E4315	J427	H08MnA	HJ431	HJ401-H08A
		E5015	J507			
	20R+20MnMo	E4315	J427	H08MnA	HJ431	HJ401-H08A
		E5015	J507			
	Q235-A+18MnMoNbR	E4315	J427	H08A	HJ431	HJ401-H08A
		E5015	J507	H08MnA	HJ350	HJ402-H10Mn2
Ⅱ+Ⅱ	16MnR+18MnMoNbR	E5015	J507	H10Mn2 H10MnSi	HJ431	HJ401-H08A
	15MnVR+20MnMo	E6015	J507	H08MnMoA H10Mn2 H10MnSi	HJ431	HJ401-H08A
		E5515-G	J557		HJ350	HJ402-H10Mn2
	20MnMo+18MnMoNbR	E5015	J507	H10Mn2 H10MnSi	HJ431	HJ401-H08A
		E5515-G	J557		HJ350	HJ402-H10Mo2

续表

类别	接头钢号	焊条电弧焊 焊条 型号	焊条电弧焊 焊条 牌号	埋弧焊 牌号 焊丝	埋弧焊 牌号 焊剂	推荐用焊剂与焊丝匹配 牌号
Ⅰ+Ⅴ	Q235-A+15CrMn	E4315	J427	H08Mn H08MnA	HJ431	HJ401-H08A
Ⅱ+Ⅴ	16MnR+15CrMo	E5015	J507	—	—	—
Ⅱ+Ⅴ	15MnMoV+12CrMo、15CrMo	E7015-D2	J707	—	—	—
Ⅰ+Ⅵ	20、20R、16MnR+12Cr1MoV	E5015	J507	—	—	—
Ⅱ+Ⅵ	15MnMoV+12Cr1MoV	E7015-D2	J707	—	—	—
Ⅰ+Ⅹ	Q235-A+0Cr18Ni9Ti	E1-23-13-16 E1-23-13Mo2-16	A302 A312			
Ⅰ+Ⅹ	20R+0Cr18Ni9Ti	E1-23-13-16 E1-23-13Mo2-16	A302 A312			
Ⅱ+Ⅹ	16MnR+0Cr18Ni9Ti	E1-23-13-16 E1-23-13Mo2-16	A302 A312			
Ⅱ+Ⅹ	20MnMo+0Cr18Ni9Ti	E1-23-13-16 E1-23-13Mo2-16	A302 A312			
Ⅱ+Ⅹ	18MnMoNbR+0Cr18Ni9Ti	E2-26-21-16 E2-26-21-15	A402 A407			

3. 异种钢焊接的坡口角度及焊接参数

异种钢焊接的坡口设计应有助于焊缝稀释率的减少及避免在某些焊缝中产生应力集中。对于较厚焊件的对接焊,宜选用 X 形坡口或双 U 形坡口,以减少稀释率和焊后产生的内应力,并采用全焊透结构。此外,确定坡口角度除根据母材厚度外,还应考虑母材在焊缝金属中的熔合比,原则上要求熔合比越小越好,以保证焊缝金属具有稳定的化学成分和性能。

异种钢焊接参数的选择应以减少母材金属的熔化和提高焊缝的堆积量为主要原则。一般情况下,焊接线能量越大,母材溶入焊缝则越多。为了减少焊缝金属的稀释率,通常采用小电流和高焊接速度。由于焊接方法不同,熔合比的范围也不同(见表 3-53)。

表 3-53 不同焊接方法的熔合比范围

焊接方法	熔合比/%	焊接方法	熔合比/%
碱性焊条电弧焊	20~30	埋弧焊	30~60
酸性焊条电弧焊	15~25	带极埋弧焊	10~20
熔化极气体保护焊	20~30	钨极氩弧焊	10~100

4. 异种钢焊前预热及焊后热处理

异种钢焊前预热主要是降低焊接接头的淬硬裂纹倾向。当两被焊的异种钢中有淬硬钢时,必须进行焊前预热,其预热温度由相焊件中焊接性较差的钢种确定。例如,Cr12 型热强钢与 12CrMoV 低合金耐热钢焊接时,应按照淬硬倾向大的 Cr12 型钢选择预热温度。如果选用奥氏体不锈钢焊接材料,则预热温度可降低或不进行预热。

异种钢焊接接头进行焊后热处理的目的是为了提高接头淬硬区的塑性及降低焊接应力。当异种钢母材的金相组织相同且焊缝金属的金相组织也基本相同时,可按其中合金含量较高的钢种确定热处理规范。当异种钢母材的金相组织不同时,确定焊后热处理工艺时应考虑由于母材的物理性能不同,有可能使接头局部应力升高而引发焊接裂纹。因此,对于异种钢接头,焊后是否采用热处理以及选择何种热处理规范,需根据具体构件所用的钢种、焊缝的合金成分及接头类型实际情况确定。

5. 异种钢焊接接头过渡层的采用

异种钢焊接时,有些情况下需先在其中一种钢的焊接坡口上堆焊一层适当厚度的过渡层,然后再将过渡层与另一种钢焊接。由于堆焊时拘束度很小,拘束应用也很小,采用这种工艺方法既可消除扩散层,也可减少熔合区形成裂纹的倾向。堆焊过渡层的厚度根据异种钢的淬硬性确定,对于无淬硬倾向的钢,过渡层厚度约为5~6mm,对于易淬硬钢,应为8~9mm,对于刚性大的异种钢焊接接头,则应适当增加堆焊过渡层厚度。

6. 异种钢焊接接头的焊接工艺评定

异种钢焊接接头的焊接工艺评定要求,除执行同种钢号的有关规定外,还应符合下列要求:

① 拉伸试样的抗拉强度应不低于两种相焊钢号标准规定值下限的较低者,拉伸试验方法按 GB/T 228—2008 规定进行。

② 弯曲试验的弯轴直径和弯曲角度应按塑性较差一侧母材标准进行工艺评定。弯曲试验方法按 GB/T 232—2010 规定进行。

③ 冲击试样除焊缝中心取三个试样外,两侧母材应在热影响区取三个试样(对于奥氏体钢母材可不作)。试验方法按 GB/T 229—2007 规定进行。其中,焊缝区试样的冲击吸收功平均值应不低于两相焊钢号标准规定值的较低者,且只允许有一个试样的冲击功低于规定值,但不应低于规定值的70%;两侧热影响区的冲击吸收功按各自母材钢种分别评定。

④ 异种钢接头中,对于要求耐晶间腐蚀的奥氏体钢焊接接头,应按 GB/T 4334—2008 有关规定方法进行耐晶间腐蚀试验。

(二)同类组织、不同钢种的异种钢焊接

同类组织、不同钢种的异种钢焊接主要包括异种珠光体钢的焊接、异种马氏体-铁素体钢的焊接和异种奥氏体钢的焊接。

1. 异种珠光体钢的焊接

这一类钢中,除一部分碳钢外,大部分钢皆具有较大的淬硬倾向,有明显的裂纹倾向,故焊接时首先要防止近缝区裂纹,其次是防止或减轻由于化学成分不同、特别是碳及碳化物形成元素含量不同所引起的界面组织力学性能的不稳定和劣化。

采取焊前预热或后热焊接工艺,可以防止异种珠光体钢接头近缝区产生裂纹。因为预热或后热形成的缓冷条件可以使近缝区在温度接近被焊钢材的 M_s 点时,促使马氏体转变发生,并消除熔池中溶解的氢,此外还可消除或减小焊接应力。为防止淬火钢近缝裂纹倾向,某些情况下可采用奥氏体焊接材料或堆焊隔离层,以提高焊接接头的塑韧性和减少氢向热影响区的富集。

异种珠光体钢焊接经常采用的焊接方法有两种,其一是采用珠光体类焊接材料,焊前预热或后热;另一种方法是采用奥氏体不锈钢焊接材料,或堆焊隔离层,焊前不需预热。表3-54给出了异种珠光体钢的组合及其焊接材料、预热及热处理工艺,表3-55给出了异种珠光体钢气体保护焊接材料。

表3-54 异种珠光体钢的组合及其焊接材料、预热和热处理工艺

被焊钢材组合	焊接材料 牌号	焊接材料 型号①	预热温度/℃	回火温度/℃	其他要求
Ⅰ+Ⅰ	J421、J423 J422、J424 J426	E4313、E4301 E4303、E4320 E4316	不预热或 100~200	不回火或 500~600	壁厚≥35mm 或要求保持机加工精度时必须回火，$w(C)\leq0.3\%$ 时可不预热
Ⅰ+Ⅱ	J427、J507	E4315、E5015			
Ⅰ+Ⅲ	J426、J427 A507	E4316、E4315 E1-16-25Mo6N-15 (E16-250MoN-15)	150~250 不预热	640~660 不回火	
Ⅰ+Ⅳ	J426、J427、J507 A407	E4316、E4315、E5015 E2-26-21-15(E310-15)	300~400 不预热	600~650 不回火	焊后立即进行热处理 焊后无法热处理时采用
Ⅰ+Ⅴ	J426、J427、J507	E4316、E4315、E5015	不预热或 150~250	640~670	工作温度在450℃以下，$w(C)\leq0.3\%$ 时不预热
Ⅰ+Ⅵ	R107	E5015-A1	250~350	670~690	工作温度≤400℃
Ⅱ+Ⅱ	J506、J507	E5016、E5015	不预热或 100~200	600~650	
Ⅱ+Ⅲ	J506、J507 A507	E5016、E5015 E1-16-25Mo6N-15 (E16-250MoN-15)	150~250 不预热	640~660 不回火	
Ⅱ+Ⅳ	J506、J507 A407	E5016、E5015 E2-26-21-15(E310-15)	300~400 不预热	600~650 不回火	焊后立即进行回火处理 —
Ⅱ+Ⅴ	J506、J507	E5016、E5015	不预热或 150~250	640~670	工作温度≤400℃，$w(C)\leq0.3\%$，壁厚≤35mm 时不预热
Ⅱ+Ⅵ	R107	E5015-A1	250~350	670~690	工作温度≤350℃
Ⅲ+Ⅲ	A507	E1-16-25Mo6N-15 (E16-250MoN-15)	不预热	不回火	
Ⅲ+Ⅳ	A507	E1-16-25Mo6N-15 (E16-250MoN-15)	不预热	不回火	工作温度≤350℃
Ⅲ+Ⅴ	A507	E1-16-25Mo6N-15 (E16-250MoN-15)	不预热	不回火	工作温度≤450℃，$w(C)\leq0.3\%$ 时不预热
Ⅲ+Ⅵ	A507	E1-16-25Mo6N-15 (E16-250MoN-15)	不预热或 200~250	不回火	工作温度≤450℃，$w(C)\leq0.3\%$ 时可不预热
Ⅳ+Ⅳ	J707、J607 A407	E7015-D2、E6015-D1 E2-26-21-15(E310-15)	300~400 不预热	600~650 不回火	焊后立即进行回火处理 无法热处理时采用
Ⅳ+Ⅴ	J707 A507	E7015-D2 E1-16-25Mo6N-15 (E16-250MoN-15)	300~400 不预热	640~670 不回火	工作温度≤400℃，焊后立即回火 工作温度≤350℃
Ⅳ+Ⅵ	R107 A507	E5015-A1 E1-16-25Mo6N-15	300~400 不预热	670~690 不回火	工作温度≤400℃ 工作温度≤380℃
Ⅴ+Ⅴ	R107、R407 R207、R307	E5015-A1、E6015-B3 E5515-B1、E5515-B2	不预热或 150~250	660~700	工作温度≤530℃，$w(C)\leq0.3\%$ 时可不预热
Ⅴ+Ⅵ	R107、R207 R307	E5015-A1、E5515-B1 E5515-B2	250~350	700~720	工作温度500~520℃，焊后立即回火
Ⅵ+Ⅵ	R317、R207 R307	E5515-B2-V、E5515-B1 E5515-B2	250~350	720~750	工作温度≤550~560℃，焊后立即回火

① 括号内为 GB/T 983—1995 型号。

表 3-55 异种珠光体钢气体保护焊的焊接材料

母材组合	焊接方法	焊接材料的选用		预热及热处理温度/℃
		保护气体(体积分数)	焊丝	
Ⅰ+Ⅱ Ⅰ+Ⅲ	CO₂ 保护焊	CO₂	ER49-1(H08Mn2SiA)	预热 100~250 回火 600~650
	TIG 焊 MAG 焊	Ar+(1%~2%) O₂ 或 Ar+20% CO₂	H08A H08MnA	
Ⅰ+Ⅳ	CO₂ 保护焊	CO₂	ER49-1(H08Mn2SiA)	预热 200~250 回火 600~650
	TIG 焊 MAG 焊	Ar+(1%~2%) O₂ 或 Ar+20% CO₂	H08A H08MnA	
			H1Cr21Ni10Mn6	不预热，不回火
Ⅰ+Ⅴ	CO₂ 保护焊	CO₂ 或 CO₂+Ar	ER55-B2 H08CrMnSiMo GHS-CM	预热 200~250 回火 640~670
Ⅰ+Ⅵ	CO₂ 保护焊	CO₂ 或 CO₂+Ar	H08CrMnSiM ER55-B2	
Ⅱ+Ⅲ	CO₂	CO₂	ER49-1，ER50-2 ER50-3，GHS-50	预热 150~250 回火 640~660
Ⅱ+Ⅳ	CO₂ 保护焊	CO₂	PK-YJ507，YJ507-1	预热 200~250 回火 600~650
	TIG MAG	Ar+O₂ 或 Ar+CO₂	H1Cr21Ni10Mn6	不预热，不回火
Ⅱ+Ⅴ	CO₂ 保护焊	CO₂	ER49-1，ER50-2 ER50-3，GHS-50 PK-YJ507，YJ507-1	预热 200~250 回火 640~670
Ⅱ+Ⅵ	TIG MAG	Ar+O₂ 或 Ar+CO₂	ER55-B2-MnV H08CrMoVA	预热 200~250 回火 640~670
	CO₂ 保护焊	CO₂	YR307-1	
Ⅲ+Ⅳ Ⅲ+Ⅴ Ⅲ+Ⅵ	CO₂ 保护焊	CO₂	GHS-50，PK-YJ507 ER49-1，ER50-2，3	预热 200~250 回火 640~670
Ⅳ+Ⅴ Ⅳ+Ⅵ	TIG MAG	Ar+20% CO₂	ER69-1 GHS-70	预热 200~250 回火 640~670
	CO₂ 保护焊	CO₂	YJ707-1	
Ⅴ+Ⅵ	TIG MAG	Ar+O₂ 或 Ar+CO₂	H08CrMoA ER62-B3	预热 200~250 回火 700~720

(1) 焊接材料选择

① 选用与合金含量较低一侧的母材相匹配的珠光体焊接材料。要求焊接接头的抗拉强度不低于两种相焊钢母材规定值的较低者，其中Ⅰ~Ⅳ类钢主要保证接头的常温力学性能，Ⅴ~Ⅵ类钢还要保证接头的耐热性能。通常皆选用低氢型焊接材料，以保证焊缝金属的塑性和抗裂性能。

② 坡口面堆焊金属隔离层。对于异种珠光体焊接接头在其使用温度下可能产生扩散层时，宜在坡口面堆焊具有 Cr、V、Ti 等强烈碳化物形成元素的金属隔离层。对于焊接性能差的淬火钢[Ⅳ类及部分 $w(C)$ 超过 0.3% 的 Ⅴ、Ⅵ类]应采用塑性好、熔敷金属不会淬火的焊

接材料预先堆焊隔离层(厚8~10mm),堆焊后立即进行回火处理。

③ 选用奥氏体不锈钢焊接材料。对于产品不允许或焊接施工现场无法进行焊前预热和焊后热处理的异种珠光体焊接接头,可以选用奥氏体不锈钢焊接材料,以利用奥氏体焊缝良好的塑韧性及排除扩散氢的来源,从而有效防止焊缝和近缝区出现冷裂纹。但对于高温工况下的异种珠光体钢焊接接头,应考虑奥氏体焊接材料与母材之间线胀系数较大差异而造成接头界面的附加热应力,甚至可能导致接头提前失效。因此在实际应用中,对于高温工况下的异种珠光体焊接接头,皆不宜采用奥氏体不锈钢焊接材料,而应与母材同材质的焊接材料,并严格按照焊前预热、后热及焊后热处理焊接工艺进行。

④ 采用低碳钢焊接材料或珠光体耐热钢焊接材料。对于低碳钢和珠光体耐热钢的焊接,由于此两类钢的热物理性能比较相近,焊接性良好,可采用与它们成分相对应的焊接材料。当采用低碳钢焊接材料时,焊后在相同的热处理条件下,焊接接头具有较高的冲击韧度。焊条电弧焊时可选用E5015焊条,埋弧焊时选用H08A焊丝和431焊剂,焊后立即进行650℃回火处理。对于普通低合金钢与珠光体耐热钢的焊接,应选择与其中强度等级较低母材所对应的焊接材料,而不是根据珠光体耐热钢的化学成分选择焊接材料。

(2) 焊前预热、层间温度及焊后热处理

对于异种珠光体钢的焊接,当低碳钢与普通低合金钢焊接时,需按普通低合金钢选用预热温度,板厚较大或强度超过500MPa时,预热温度应不低于100℃,层间温度通常等于或略高于预热温度。层间温度高时,会引起焊接接头组织和性能变化。当普通低合金钢和珠光体耐热钢焊接时,焊前应进行整体或局部预热,预热温度按珠光体耐热钢确定。对于质量要求高或刚性大的焊接结构,须采用整体预热。多层焊的层间温度不应低于预热温度。如果焊接过程发生间断,则应使焊件保温后缓慢冷却,重新施焊时须按原要求进行预热。常用异种珠光体钢焊接接头焊前预热温度参见表3-54。

异种珠光体钢焊接接头焊后热处理的目的是:改善淬火钢焊缝金属与近缝区的组织和力学性能;降低及消除焊接接头的残余应力和促使扩散氢逸出;防止产生冷裂纹及焊件变形,保持焊件尺寸精度;改善铬钼钒钢工件高温工况下的抗热裂性能等。这类钢的焊后热处理应注意以下问题:

① 普通低合金钢与珠光体耐热钢焊接的焊接接头,必须进行焊后回火热处理,如果不能立即进行,则需作后热处理(加热温度200~350℃,保温2~6h)。

② 强度等级超过500MPa(即σ_s>500MPa)且具有延迟裂纹倾向的低合金高强度钢异种钢焊接接头,焊后应及时进行局部高温回火热处理。

③ 焊前需预热的焊件,装炉时炉温不应高于350℃,焊后需立即进行回火的焊件,装炉温度不应低于450℃。以保持焊件的尺寸精度。

④ 焊件升温速度(℃/h)与被焊钢材的化学成分、焊件类型、壁厚及炉子功率等因素有关。通常,升温速度可按$200 \times 25/\delta$计算(δ为焊件厚度)。当焊件厚度大于25mm时,回火升温速度应小于200℃/h。

⑤ 异种钢焊接接头在回火保温阶段中,对于厚件或大件结构的温差不应超过±20℃。

⑥ 焊件冷却速度与其厚度、材料的回火脆性及再热裂纹倾向等因素有关,一般不应小于200℃/h。对于厚度大于25mm的焊件,冷却速度应小于$200 \times 25/\delta$;对于有回火脆性的钢,在回火脆性温度区间应快速冷却;对于有再热裂纹倾向的钢,其回火温度应避开再热裂

⑦ 常用异种珠光体钢焊接接头的焊后热处理回火温度可参见表3-54及表3-55。这类钢的焊接接头在局部回火热处理时，焊缝两边应有一定宽度的均匀加热区，对于容器或管道，加热宽度为 $W \geqslant 1.25(RS)^{-1/2}$（式中 R 为平均直径，mm；S 为管壁厚度，mm）。

2. 异种马氏体-铁素体的焊接

(1) 焊接材料的选择

表3-51中所列的第Ⅶ~Ⅸ类钢属于马氏体-铁素体钢范畴，这类组织的钢中含有强烈形成碳化物的元素 Cr，在熔化区中不会存在明显的扩散层，但铁素体相在焊接时存在热影响区晶粒长大倾向，导致韧性严重降低，且焊接时马氏体在热影响区易产生脆硬组织，使塑性下降，并可能出现焊接裂纹。故异种马氏体-铁素体钢焊接时，应防止焊接接头近缝区产生裂纹以及塑性、韧性的降低。

对于第Ⅶ类异种高铬钢的焊接，焊条电弧焊应选用 E410-15(G207)不锈钢焊条，埋弧焊选用 HlCr13 焊丝；对于高铬不锈钢与高铬耐酸钢的焊接（Ⅶ+Ⅷ类），可采用与焊接高铬不锈钢类似的焊接材料，特殊情况下也可选择奥氏体不锈钢焊接材料，如 E309-15(A307)焊条和 HlCr25Ni13 焊丝；对于高铬不锈钢与高铬热强钢的焊接（Ⅶ+Ⅸ类），可按高铬不锈钢母材一侧成分选用 E401-15(G207)焊条，也可选用 E11MoVNiW-15(R817)或 E11MoVNi-15(R827)焊条；对于高铬耐酸耐热钢与高铬热强钢的焊接（Ⅶ+Ⅸ类）可选用 E430-15(G307)不锈钢焊条及 E11MoVNiW-15(R817)、E11MoVNi-15(R827)、高铬钢焊条或 E309Mo-16(A312)奥氏体不锈钢焊条。

(2) 预热和焊后热处理

对于异种低碳铁素体不锈钢的焊接，焊前可不预热，应选择较低的焊接热输入，层间温度应低于100℃，以防止晶粒长大；对于 $w(C)$ 大于0.1%的异种马氏体-铁素体不锈钢的焊接，焊前需预热200~300℃，焊后进行700~740℃高温回火热处理；对于高铬不锈钢与高铬耐酸耐热钢的焊接，预热和回火温度的选择和焊接高铬不锈钢类似；对于高铬不锈钢与高铬热强钢的焊接，焊前需预热350~400℃，焊后保温缓冷后立即进行700~740℃高温回火热处理；对于高铬耐酸耐热钢与高铬热强钢的焊接，其预热、回火温度的选择和高铬不锈钢与高铬热强钢焊接时相近。异种马氏体-铁素体钢的焊接材料及焊前预热、焊后热处理回火温度，可参考表3-56选择。

表3-56 异种马氏体-铁素体钢的焊接材料及预热、回火温度

母材组合	焊条型号① GB/T 983—1995	牌号	预热温度/℃	回火温度/℃	备注
Ⅶ+Ⅶ	E410-15(E1-13-15)	G207	200~300	700~740	接头可在蒸馏水、弱腐蚀性介质、空气、水气中使用，工作温度540℃，强度不降低，在650℃时热稳定性良好，焊后必须回火，但0Cr13可不回火
Ⅶ+Ⅷ	E410-15(E1-13-15)	G207	200~300	700~740	
	E309-15(E1-23-13-15)	A307	不预热或150~200	不回火	焊件不能热处理时采用。焊缝不耐晶间腐蚀。用于无硫气相中，在650℃时性能稳定
Ⅶ+Ⅸ	E410-15(E1-13-15) E11MoVNiW-15	G207 R817	350~400	700~740	焊后保温缓冷后立即回火处理
	E307-15(E1-23-13-15)	A307	不预热或150~200	不回火	—

续表

母材组合	焊条型号①		预热温度/℃	回火温度/℃	备注
	GB/T 983—1995	牌号			
Ⅷ+Ⅷ	E309-15 (E1-23-13-15)	A307	不预热或 150~200	不回火	焊缝不耐晶间腐蚀，用于干燥侵蚀性介质
Ⅷ+Ⅸ	E430-15(E0-17-15) E11MoVNiW-15	G307 R817	350~400	700~740	焊后保温缓冷后立即回火处理
	E309Mo-16 (E1-23-13Mo2-16)	A312	—	—	—

① 括号内为 GB/T 983—1985 的型号。

3. 异种奥氏体钢的焊接

表3-51 中所列的第Ⅹ~ⅩⅢ类钢属于奥氏体及奥氏体-铁素体钢范畴。异种奥氏体钢焊接时，焊缝易出现晶间腐蚀以及脆性相析出脆化等，应考虑奥氏体钢本身的焊接特点，选择合适的焊接材料和焊接工艺。

（1）焊接方法及焊接材料的选择

异种奥氏体钢可采用各种焊接方法焊接，如焊条电弧焊、TIG 焊、MIG 焊、埋弧焊、电渣焊、电子束焊、电阻焊、摩擦焊等，其中焊条电弧焊应用最广泛。

异种奥氏体钢焊接材料的选择，必须考虑其焊缝的合金成分，当其与最佳含量稍有差别时，容易产生裂纹倾向，应严格控制焊缝金属中有害杂质 S、P 的含量和碳含量，限制焊接热输入及高温停留时间，可添加稳定化元素（Ti、Nb 等）及奥氏体 + 少量铁素体的双相组织焊缝。

（2）焊前预热及焊后热处理

异种奥氏体钢的焊接，一般不需焊前预热，但需根据焊缝金属成分及使用条件进行后热处理，以防止焊缝出现晶间腐蚀和析出相脆化。表3-57 列出了常用异种奥氏体钢焊接用焊条及焊后热处理工艺。

表3-57 异种奥氏体焊接用的焊条及焊后热处理工艺

焊条	焊后热处理	备注
E316-16(A202)	不回火或 950~1050℃ 稳定化处理	用于 350℃ 以下非氧化性介质
E347-15(A137)		用于氧化性介质，在 610℃ 以下有热强性
E318-16(A212)		用于无侵蚀性介质，在 600℃ 以下具有热强性
E309-16，E309-15(A302、A307)	不回火或 870~920℃ 回火	在不含硫化物或无侵蚀性介质中，1000℃ 以下具有热稳定性，焊缝不耐晶间腐蚀
E347-15(A137)		不含硫的气体介质中，在 700~800℃ 以下具有热稳定性
E16-25Mo6N-15(A507)		适用于含 $w(N) < 35\%$ 又不含 Nb 的钢材，700℃ 以下具有热强性

（三）珠光体钢与奥氏体钢的焊接

1. 焊接特点

珠光体钢与奥氏体钢在化学成分、金相组织、物理性能及力学性能等方面皆存在很大的差异,其异种钢焊接接头易出现焊缝金属稀释问题、熔合区边界会形成淬硬组织过渡层及碳扩散层,导致焊接裂纹及引起应力集中等。此外由于这两类钢的线胀系数相差较大,焊接中产生的较大残余应力难以靠焊后热处理方法有效清除。因此必须根据其焊接特点采取相应的焊接工艺措施。

(1) 焊缝金属的稀释

此两类钢相焊时,两种母材都要发生熔化,与填充金属共同形成焊缝,由于珠光体钢中合金元素远低于奥氏体钢,当其熔化进入焊缝后会对整个焊缝金属的合金成分产生稀释作用,使焊缝金属与母材在成分和组织上产生很大差异,严重时焊缝中将出现马氏体组织,易导致焊接裂纹。例如,对于奥氏体不锈钢与低碳钢的焊接,在稀释率小于13%时,焊缝金属仍可保持奥氏体-铁素体组织,但当溶入焊缝中的低碳钢母材超过20%时,焊缝金属则转变为奥氏体-马氏体组织,存在裂纹倾向。为减少珠光体钢与奥氏体钢焊接时前者对焊缝金属的稀释作用,通常采用铬镍含量高的奥氏体钢焊接材料或镍基合金焊接材料(如Inconel、Inconel182等)。

(2) 形成熔合区过渡层(淬硬层)

此两类钢采用高铬镍奥氏体钢焊接材料焊接时,由于珠光体钢与奥氏体填充金属材料的成分差异较大,珠光体一侧熔化的母材金属在熔池的边缘与填充金属熔合度差,形成和焊缝金属成分不同的高硬度马氏体或奥氏体淬硬组织过渡层,从而易导致焊接裂纹。选用奥氏体化能力很强的奥氏体钢焊接材料(如高含Ni量)和控制焊接时液态金属的高温停留时间,可以减少过渡层(脆性层)宽度,改善异种钢焊接接头熔合区质量。

(3) 形成熔合区碳扩散层

此两类钢焊接时,由于珠光体钢比奥氏体钢含碳量高、合金元素含量较少,在珠光体一侧熔合区的两边形成碳浓度差,焊接加热过程中,一部分碳将通过界面由珠光体一侧迁移扩散到奥氏体侧,使珠光体一侧形成脱碳层,而在奥氏体一侧则形成增碳层,造成两侧的力学性能相差很大,当焊接接头受力时易引起应力集中,并使接头的高温持久强度降低约10%~20%。为防止熔合区中碳迁移、扩散,可在珠光体一侧增添碳化物形成元素(如Cr、Mo、V、Ti、W等)或在奥氏体焊缝中减少这些元素;提高奥氏体焊缝中的Ni含量,利用Ni的石墨化作用阻碍形成碳化物;减少焊缝及热影响区的高温停留时间等。也可在珠光体钢一侧预先堆焊含强碳化物形成元素或Ni基合金隔离层。

(4) 焊缝及熔合线附近产生较大焊接残余应力

此两类钢线胀系数相差较大,奥氏体钢线胀系数大,两者之比17∶14,且奥氏体钢导热能力差,仅为珠光体钢的50%,焊后在焊缝和熔合线附近存在较高的残余应力,并且难以通过焊后热处理方法消除。使用过程中,焊接接头若在交变温度条件下长期使用,易出现熔合区珠光体钢侧热疲劳裂纹。为此,应尽量避免珠光体与奥氏体钢焊接接头在操作温度剧烈变化的工况下工作。此外,为防止热疲劳裂纹产生,应优先选用与珠光体钢线胀系数相近且塑性好的Ni基合金焊接材料(如Inconel、Inconel182等),使焊接应力主要集中于焊缝与塑性变形能力强的奥氏体钢一侧,同时应严格控制冷却温度,焊后缓慢冷却。

2. 焊接工艺

(1) 焊接方法

珠光体钢与奥氏体钢焊接方法的选择应注重考虑熔合比的影响,即尽量减少熔合比,以

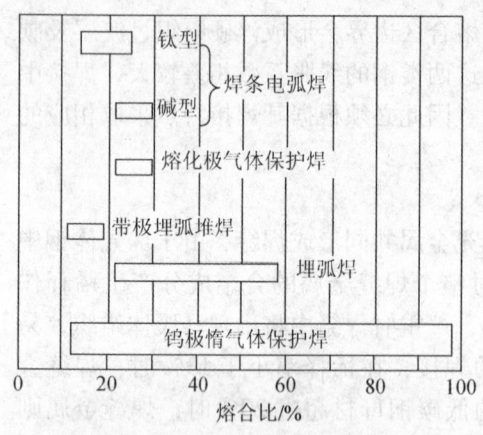

图3-9 各种焊接方法对融合比的影响

降低焊缝的稀释作用。对于此两类钢之间的焊接，各种焊接方法对熔合比的影响如图3-9所示。由图知：采用带极电弧堆焊和钨极惰性气体保护焊时，熔合比最小，特别是后一种焊接方法的熔合比可以在相当宽范围内变化，故很适合此类异种钢焊接。焊条电弧焊的熔合比也较小，且方便灵活，不受焊接形状的限制。由于埋弧焊时熔合比的变化范围较大，采用这种焊接方法时需严格控制熔合比。

(2) 焊接材料

珠光体钢与奥氏体钢焊接时焊接材料的选择应考虑下列因素：

①克服珠光体钢对焊缝金属的稀释作用；②抑制熔合区中碳的扩散及出现过渡层淬硬组织；③改善焊接接头的应力分布，尽量使焊接应力集中在奥氏体钢一侧；④提高焊缝金属的抗热裂性能。此两类钢相焊时焊接材料的选用参见表3-58。

表3-58 奥氏体钢与珠光体钢焊接的焊条选用、预热及焊后热处理

母材组合	焊条 型号	牌号	焊前预热/℃	焊后回火/℃	备注
Ⅰ+Ⅹ	E310-16(E2-26-21-16) E310-15(E2-26-21-15)	A402 A407	不预热	不回火	不耐晶间腐蚀，工作温度不超过350℃
	E16-25MoN-16(E1-16-25Mo6N-16) E16-25MoN-15(E1-16-25Mo6N-15)	A502 A507			不耐晶间腐蚀，工作温度不超过450℃
	E316-16(E0-18-12Mo2Nb-16)	A202			用来覆盖E1-16-25Mo6N-15焊缝，可耐晶间腐蚀
Ⅰ+Ⅺ	E16-25MoN-16(E1-16-25Mo6N-16) E16-25MoN-15(E1-16-25Mo6N-15)	A502 507			不耐晶间腐蚀，工作温度不超过350℃
	E318-16(E0-18-12Mo2Nb-16)	A212			用来覆盖A502焊缝，可耐晶间腐蚀

(3) 焊接工艺要点

此两类异种钢焊接的主要工艺要求是减少碳元素的扩散层和降低熔合比。对于含碳化物形成元素（如Cr、Mo、V、Ti、W等）的稳定珠光体钢，与奥氏体钢焊接时的熔合区扩散层较小，应优先选用。当次稳定珠光体钢和奥氏体焊接时，可在其上先堆焊一层稳定珠光体钢作为过渡层，其堆焊厚度对于非淬火钢为5~6mm，易淬火钢为9mm。采用焊条电弧焊时，焊接接头坡口形式对熔合比影响很大，一般情况下，焊接层数越多，熔合比越小；坡口角度大时熔合比小，U形坡口的熔合比较V形坡口小。采用Ni基焊条焊接时，坡口角应适当增大，以保证通过焊条的摆动使熔合良好。为了减小熔合比，珠光体钢与奥氏体钢焊接时坡口角度要大一些。

珠光体钢与奥氏体钢相焊时焊接参数的选择，应采用小直径焊条或焊丝，以及小电流、高电压和快速焊接。预热温度一般稍低于同种珠光体焊接的预热温度，焊后热处理加热温度应选取两异种钢中允许的相对低的温度。

(四) 珠光体钢与马氏体钢的焊接

1. 焊接特点

此两类钢中,马氏钢常温下为脆而硬的马氏体组织,焊接性能较差,两者之间的焊接性主要取决于马氏体钢,表现为焊接接头存在裂纹倾向和脆化现象。

(1) 焊接接头的裂纹倾向

多数珠光体钢与马氏体钢焊后冷却过程中易出现淬硬组织,产生冷裂纹。同时由于焊缝中的氢来不及逸出而聚集,以及由于两类钢的线胀系数相差较大而引起较大的残余应力,皆会促使冷裂纹形成和延展。焊接接头拘束度越大、结构较厚,则产生冷裂纹的倾向越大。

(2) 焊接接头的脆化现象

由于马氏体钢有明显的晶粒粗化倾向,在珠光体钢与马氏体钢相焊后,焊接接头在与马氏体钢的近缝区部位易出现粗大的铁素体和碳化物组织,使焊缝金属塑性降低、脆性增加,特别是当马氏体钢铬含量较高、焊件在550℃左右进行焊后热处理时,容易出现回火脆性。当马氏体中 $w(Cr)$ 超过15%时,若在 350~500℃ 进行较长时间加热并缓慢冷却后,也会出现脆化现象。

2. 焊接工艺

(1) 焊接方法

珠光体钢与马氏体钢焊接方法的选择应着重考虑防止出现焊接冷裂纹和脆化现象,可采用焊条电弧焊、埋弧焊、CO_2 气体保护电弧焊和混合气体保护电弧焊等方法,一般情况下较多采用焊条电弧焊。

(2) 焊接材料

焊接材料的化学成分应尽可能靠近于两种母材的金属成分,以保证珠光体钢与马氏体钢焊接接头的使用性能要求。其焊接材料的选用及焊前预热、焊后热处理规范列于表3-59。

表3-59 珠光体钢与铁素体-马氏体钢焊接材料及预热和回火温度

母材组合	焊条牌号	焊条型号(GB)	预热温度/℃	回火温度/℃	备 注
Ⅰ+Ⅶ	G207	E410-15	200~300	650~680	焊后立即回火
	A302 A307	E309-16 E309-15	不预热	不回火	—
Ⅰ+Ⅷ	G307	E430-15	200~300	650~680	焊后立即回火
	A302 A307	E309-16 E309-15	不预热	不回火	
Ⅱ+Ⅶ	G207	E410-15	200~300	650~680	焊后立即回火
	A302 A307	E309-16 E309-15	不预热	不回火	
Ⅱ+Ⅷ	A302 A307	E309-16 E309-15	不预热	不回火	
Ⅲ+Ⅶ	A507	E16-25MoN-15	不预热	不回火	
Ⅲ+Ⅷ	A507 A207	E16-25MoN-15 E316-15	不预热	不回火	工件在浸蚀性介质中工作时,在A507焊缝表面堆焊A202
Ⅳ+Ⅶ	R202 R207	E5503-B1 E5515-B1	200~300	620~660	焊后立即回火

续表

母材组合	焊条牌号	焊条型号(GB)	预热温度/℃	回火温度/℃	备注
Ⅳ+Ⅷ	A302 A307	E309-16 E309-15	不预热	不回火	—
Ⅴ+Ⅶ	R307	E5515-B2	200~300	680~700	焊后立即回火
Ⅴ+Ⅷ	A302 A307	E309-16 E309-15	不预热	不回火	—
Ⅴ+Ⅸ	R817 R827	E11MoVNiW-15 —	350~400	720~750	焊后保温缓冷并回火
Ⅵ+Ⅶ	R307 R317	E5515-B2 E5515-B2-V	350~400	720~750	焊后立即回火
Ⅵ+Ⅷ	A302 A307	E309-16 E309-15	不预热	不回火	—
Ⅵ+Ⅸ	R817 R827	E11MoVNiW-15 —	350~400	720~750	焊后立即回火

(3) 焊前预热及焊后回火处理

珠光体钢与马氏体钢焊接时，焊前预热温度按马氏体钢选择，对于淬硬倾向大或焊件较厚的珠光体钢，预热温度应适当提高，但亦不可过高，以防止马氏体钢侧金属晶粒粗化，通常预热温度为 150~400℃。由于马氏体钢大多在调质状态下与珠光体钢焊接，焊后需进行高温回火热处理(加热温度 600~700℃)，以防止产生焊接冷裂纹。

(4) 焊接参数

珠光体钢与奥氏体钢焊接时，为防止焊接头产生淬硬组织，导致冷裂纹以及出现回火脆化，通常应采用短弧、低焊接热输入焊接工艺。对于熔化极混合气体保护焊，宜采用短路过渡形式，使熔滴过渡只发生在焊丝与熔池接触时，在电弧空间内部发生熔滴过渡。为获得较小的飞溅、较大的熔深和良好的焊缝性能，混合保护气体宜采用 Ar+1%~5%O_2(体积分数)或 Ar+5~15%CO_2(体积分数)。附录C"表C-55"列出了珠光体钢与奥氏体钢采用熔化极混合气体保护焊的焊接参数。

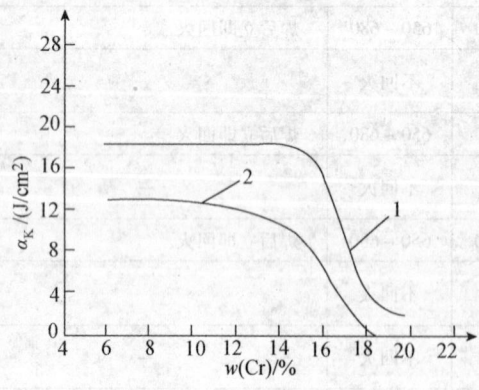

图 3-10 铁素体钢室温下含铬量与冲击韧度的关系
1—$w(C)$=0.08%的铁素体不锈钢；
2—$w(C)$=0.2%的铁素体不锈钢

(五) 珠光体钢与铁素体钢的焊接

1. 焊接特点

珠光体钢与奥氏体钢之间焊接的主要问题是铁素体钢一侧热影响区的晶粒急剧长大所引起的脆化倾向，铁素体钢中铬含量越高和高温停留时间越长，脆化越严重，并使室温下韧性显著降低，如图 3-10 所示。

2. 焊接工艺

(1) 焊接方法

珠光体钢与铁素体钢之间的焊接，主要应防止晶粒粗化、脆化和裂纹。焊接时可选用焊条电弧焊、埋弧焊、氩弧焊机 CO_2 气体保护电弧焊等工艺方法。

(2) 焊接材料

这两类钢之间的焊接，既可采用珠光体型焊接材料（如各种耐热钢焊条或焊丝），也可采用铁素体型焊接材料（如 G207、G307 焊条或相应焊丝）。其焊接材料的选择、焊前预热和焊后热处理见表 3-59。

(3) 焊前预热及焊后热处理

珠光体钢与铁素体钢之间的焊接，一般情况下需焊前预热，以防止晶粒粗化、裂纹等缺陷，预热温度 150~250℃，当铁素体钢中含 Cr 量较高时，可提高至 200~300℃。在不允许或无法进行预热的情况下，可根据使用条件选用高铬镍奥氏体钢焊接材料（如 A307、A507 或相应焊丝）。为使异种钢结构焊缝组织均匀化，提高焊缝的塑性，焊后需进行热处理。例如碳钢 Q235 与高铬铁素体钢 1Cr25Ti 焊接接头，焊后需进行 760~780℃ 高温回火处理，以获得优良的综合性能。

(4) 焊接参数

为防止珠光体钢与铁素体钢焊接出现晶粒粗大、产生脆化和裂纹等倾向，应采用小电流和快速看。焊条电弧焊时，应尽量用较窄焊道焊接，焊条不作横向摆动。采用多层焊时，应严格控制层间温度，防止因焊缝在高温下停留时间过长而引起的严重脆化，并在每道（或每层）焊缝焊完后轻轻锤击焊缝周围，以减小焊接应力。

（六）奥氏体钢与铁素体钢的焊接

1. 焊接特点

奥氏体钢与铁素体钢之间焊接的主要问题是焊接接头中的碳迁移和合金元素的扩散，造成在铁素体钢母材一侧产生脱碳带，焊缝中心部位碳含量增加，而在奥氏体钢母材一侧的合金元素降低。其中，脱碳带不仅是低温冲击韧度的低值区，而且往往会由其导致裂纹形成和延展，易引起焊缝熔合线低温冲击韧度降低并产生裂纹。

2. 焊接工艺

(1) 焊接方法

奥氏体钢与铁素体钢之间的焊接，可采用焊条电弧焊、熔化极气体保护电弧焊、钨极氩弧焊、埋弧焊等工艺方法。

(2) 焊接材料

这两类钢之间的焊接一般选用当选用奥氏体型焊接材料，须考虑防止奥氏体焊缝中出现焊接热裂纹。当对焊接接头要求较高，选用 A022（E316L-16）超低碳奥氏体不锈钢焊条焊接时，接头经退火处理后，由于焊条中 $w(C)$ 低于 0.04%，阻碍了脱碳带和增碳带的形成，熔合线附近低温冲击韧性下降较小，焊接接头性能较好。奥氏体与铁素体钢焊接用焊条及预热温度、焊后热处理回火温度列于表 3-60。

(3) 焊接参数

为防止奥氏体焊缝出现焊接热裂纹和减小焊接接头中碳迁移，焊接时应尽量采用小电流、快速焊，窄焊道，施焊过程中焊条不作横向摆动。多层焊时，要严格控制层间温度，必须待前一焊道冷却后再焊下一道焊缝。

(4) 焊后热处理

奥氏体钢与铁素体钢之间的焊接，是否需要焊前预热或焊后回火热处理应视不同类型母材组合而定（见表 3-60），多数情况下，为了消除焊接残余应力，焊后需进行高温回火热处理（加热至 720~800℃，保温 1.5~2.5h，空冷）。

表 3-60 奥氏体钢与铁素体钢焊接用焊条、预热温度和回火温度

母材组合	焊条 型号①	牌号	热处理工艺 预热温度/℃	热处理工艺 回火温度/℃	备注
Ⅶ+Ⅹ	E309-16(E1-23-13-16) E309-15(E1-23-13-15)	A302 A307	不预热或 150~250	720~760	在无液态侵蚀介质中工作,焊缝不耐晶间腐蚀,在无硫气氛中工作温度可达650℃
Ⅶ+Ⅺ	E316-16(E0-18-12-Mo2-16) E318-15(E0-18-12-Mo2Nb-15)	A202 A217	150~250	不回火	侵蚀性介质中的工作温度≤350℃
Ⅶ+Ⅺ	E318V-15(E0-18-12-Mo2V-15)	A237		720~760	在无液态侵蚀介质中工作,焊缝不耐晶间腐蚀,在无硫气氛中工作温度可达650℃
Ⅶ+ⅩⅢ	E16-25MoN-15 (E1-16-25Mo6N-15)	A507	不预热或 150~250	720~760	w(Ni)为35%而不含Nb的钢,不能在液态侵蚀性介质中工作,工作温度可达540℃
Ⅶ+ⅩⅢ	E347-15(E0-19-10Nb-15)	A137			w(Ni)≤16%的钢,可在液态侵蚀介质中工作,焊后焊缝不耐晶间腐蚀,温度可达570℃
Ⅷ+Ⅹ	—	A122		720~750	回火后快速冷却焊缝耐晶间腐蚀,但不耐冲击载荷
Ⅷ+Ⅺ	E316-16 (E0-18-12-Mo2-16)	A202			回火后快速冷却焊缝耐晶间腐蚀,但不耐冲击载荷
Ⅷ+Ⅻ	E309-16(E1-23-13-16) E309-15(E1-23-13-15)	A302 A307	不预热	不回火	在无液态侵蚀介质中工作,焊缝不耐晶间腐蚀,在无硫气氛中工作温度可达1000℃
Ⅷ+ⅩⅢ	E16-25MoN-15 (E1-16-25Mo6N-15)	A507		不回火	w(Ni)为35%而不含Nb的钢,不能在液态侵蚀性介质中工作,不耐冲击载荷
Ⅷ+ⅩⅢ	E347-15 (E0-19-10Nb-15)	A137		不回火或 720~780	w(Ni)<16%的钢,可在侵蚀性介质中工作,焊后焊缝耐晶间腐蚀,但不耐冲击载荷
Ⅸ+Ⅹ	E309-16(E1-23-13-16) E309-15(E1-23-13-15)	A302 A307		750~780	不能在液态侵蚀性介质中工作,焊缝不耐晶间腐蚀,工作温度可达580℃
Ⅸ+Ⅺ	E316-16 (E0-18-12-Mo2-16)	A202	150~250	不回火	在液态侵蚀性介质中的工作温度可达360℃,焊态的焊缝耐晶间腐蚀
Ⅸ+Ⅺ	E318-15 (E0-18-12-Mo2Nb-15)	A217			
Ⅸ+Ⅺ	E318V-15 (E0-18-12-Mo2V-15)	A237		720~760	
Ⅸ+Ⅻ	E309-16(E1-23-13-16) E309-15(E1-23-13-15)	A302 A307		720~760	不能在液态侵蚀性介质中工作,不耐晶间腐蚀,在无硫气氛中工作温度可达650℃
Ⅸ+ⅩⅢ	E16-25MoN-15 (E1-16-25Mo6N-15)	A507	150~250	720~760	w(Ni)>35%而不含Nb的钢,不能在液态侵蚀性介质中工作,工作温度可达580℃
Ⅸ+ⅩⅢ	E347-15 (E0-19-10Nb-15)	A137		750~800	w(Ni)<16%的钢,可在侵蚀性介质中工作,焊态的焊缝耐晶间腐蚀

① 括号内为 GB/T 983—1995 的型号。

(七) 奥氏体钢与马氏体钢的焊接

1. 焊接特点

这两类钢之间的焊接特点和珠光体钢与马氏体钢的焊接特点相似,主要问题是马氏体钢中存在脆而硬的马氏体组织,焊后冷却时,在马氏体钢一侧焊接接头有明显淬硬倾向。当焊缝金属为奥氏体组织或是以奥氏体为主的组织时,因其化学成分、金相组织、热物理性能及其他力学性能等同两侧的母材有很大差异,会产生较大的焊接残余应力,引起接头的应力腐蚀破坏或高温蠕变破坏。

2. 焊接工艺

奥氏体钢与马氏体钢相焊之前,应首先对马氏体钢接头进行焊前预热,施焊时宜采用较大的焊接电流和稍慢的焊接速度,故不同于奥氏体钢与铁素体钢焊接工艺。在焊接过程中可适当加宽焊道,焊条可作横向摆动。焊接材料可选用奥氏体不锈钢或马氏体不锈钢,焊后需进行缓冷,待焊件冷却到150~200℃温度时,需作适当的高温回火热处理。

(八) 复合金属板的焊接

1. 不锈钢复合钢板的焊接

(1) 不锈钢复合钢板简介

炼油化工等行业广泛使用的复合钢板是以不锈钢、镍基合金、铜基合金或钛板钢为覆层,以低碳钢、低合金钢或低合金耐热钢等为基层,用轧制复合法(在轧制过程中实现复合的复合方法)、爆炸法(以爆炸方法实现复层、基层冶金焊合的复合方法)或爆炸轧制法(以爆炸方法进行覆层、基层坯料的初始焊合,再进行轧制焊合的复合方法)制成的双金属板。复合钢板的基层主要承受设备结构强度和刚度,覆层主要是满足耐蚀、耐磨等特殊性能的要求。GB/T 8165—2008《不锈钢复合钢板和钢带》标准规定,复合中厚板总公称厚度不小于6.0mm,单面复合中厚板的覆层公称厚度1.0~18mm,通常为2~4mm,单面复合中厚板的基层最小厚度为5mm。JB 4733—1996《压力容器用爆炸不锈钢复合钢板》标准规定,复合板覆层厚度为2~15mm,基层最小厚度为8mm,且基层厚度与覆层厚度之比不小于3.0。通常覆层只占复合钢板总厚度的10%~20%,这样既可节约大量不锈钢、镍基合金、钛板等昂贵材料,又能使复合钢板具有耐蚀、耐磨等特殊性能,延长设备寿命和生产装置运行周期。目前,我国制造的不锈钢复合钢板的规格及力学性能列于表3-61。

表3-61 焊接生产中常用复合钢板的规格及力学性能

复合钢板牌号	σ_b/ MPa	σ_s/ MPa	δ_s/ %	τ_b/ MPa	总厚度/mm	宽度/mm	长度/mm
Q235 + 1Cr18Ni9Ti	≥370	≥240	≥22	≥150	6、7、8、9、10、11、12、13、14、15、16、17、18	1000	2000 以上
Q235 + 1Cr18Ni12Mo2Ti	≥370	≥240	≥22				
Q235 + 1Cr13	≥370	≥240	≥22				
20g + 1Cr18Ni9Ti							
20g + 1Cr18Ni12Mo2Ti	≥410	≥250	≥25				
20g + 1Cr13	≥410	≥250	≥20				
Q235 + 1Cr18Ni9Ti	均不低于基层钢板的力学性能				6、7、8、9、10、11、12、13、14、15、16、17、18、19、20、21、22、23、24、25、26、27、28、29、30	1400~1800	4000~8000
Q235 + 1Cr18Ni12Mo2Ti							
20g + 1Cr18Ni9Ti							
Q345 + 1Cr18Ni9Ti							
Q345 + 1Cr18Ni12Mo2Ti							

GB/T 8165—2008《不锈钢复合钢板和钢带》标准中列出的复合板(带)覆层和基层材料典型钢号，见表3-62。

表3-62 不锈钢复合钢板(带)覆层、基层材料

复层材料		基层材料	
标准号	GB/T 3280、GB/T 4237	标准号	GB/T 3274、GB 713、GB 3531、GB/T 710
典型钢号	06Cr13 06Cr13Al 022Cr17Ti 06Cr19Ni10 06Cr18Ni11Ti 06Cr17Ni12Mo2 022Cr17Ni12Mo2 022Cr25Ni7Mo4N 022Cr22Ni5Mo3N 022Cr19Ni5Mo3Si2N 06Cr25Ni20 06Cr23Ni13	典型钢号	Q235 A、B、C Q345 A、B、C Q245R、Q345R、15CrMoR 09MnNiDR 08Al

注：根据需方要求也可选用本表以外的牌号，其质量应符合相应标准并有质量证明书。

(2) 复合钢板的焊接特点

复合钢板是由化学成分及物理性能、力学性能相异的两种钢板组成，其焊接接头属于异种钢焊接范畴。工业应用中以复层材料为奥氏体不锈钢系列和铁素体不锈钢系列复合板应用较普遍。

① 奥氏体不锈钢系列复合钢板焊接特点。这一类复合钢板是指覆层为奥氏体不锈钢、基层为珠光体钢的双金属钢板，其焊接性能主要取决于奥氏体不锈钢的种类(钢号的物理性能、化学成分等)、接头形式及所用焊接填充材料的种类。由于基层与覆层的母材及焊接材料在成分、性能上差异较大，焊接时存在较强烈的稀释作用，使焊缝金属中奥氏体形成元素减少、碳含量增加、脆性增加；由于基层与覆层的铬含量相差很大，会促使基层中的碳向复层迁移，在其交界的焊缝金属区域形成增碳层和脱碳层，使熔合区脆化加剧，并使另一侧热影响区软化。

② 铁素体不锈钢系列复合钢板的焊接特点。这一类复合钢板是指覆层为铁素体不锈钢、基层为珠光体钢的双金属钢板，其焊接性能主要取决于铁素体不锈钢板、焊接接头形式和填充材料。由于基层与覆层的母材及焊接材料存在较大差异，焊接时存在与奥氏体系复合钢板相类似的稀释问题，同样也会引起焊缝及熔合区的脆化。如果焊接材料选用不当，则容易产生延迟裂纹。其主要原因是由于焊接接头出现脆硬组织，焊缝金属中的扩散氢集聚以及焊接接头较大的刚度和焊接应力所造成。由于延迟裂纹存在潜伏期，对于此类复合钢板的焊缝检验不应在焊后立即进行。

(3) 复合钢板的焊接工艺

① 焊接方法。复合钢板的焊接，可采用焊条电弧焊、埋弧焊、氩弧焊、等离子弧焊等熔焊焊接方法，其中以焊条电弧焊应用较普遍。

② 焊接材料。对于复合钢板的焊接，为了有效地防止焊接中稀释和碳迁移问题，可在基层与覆层之间加焊隔离层(过渡层)，故除选用基层与覆层填充材料外，选择隔离层焊接

材料也很关键。复合钢板焊接材料的选择主要须考虑以下原则：即对于覆层用焊接材料，其主要合金元素含量应不低于覆层母材标准规定值的下限，如果焊接接头存在晶间腐蚀条件，还应保证其熔敷金属中含有一定的稳定化元素 Ti、Nb 等，或使 $w(C) \leq 0.04\%$。对于基层用焊接材料，可按基层母材的合金含量选择，应保证焊接接头抗拉强度不低于母材标准规定的抗拉强度下限制。对于隔离层（过渡层）焊接材料的选择，应使其能够弥补焊接时基层对覆层造成的稀释（一般选用 25Cr - 13Mo 型或 25Cr - 20Ni 型焊接材料）。

复合钢板焊接时，应采用短弧、小电流、反极性、直线运条和多层多道焊焊接工艺。表 3 - 63 和表 3 - 64 所列为采用焊条电弧焊及埋弧焊焊接复合钢板时焊条及填充材料的选用。

表 3 - 63 复合钢板焊条电弧焊时焊条的选用

复合钢板牌号	基层		过渡层		覆层	
	焊条牌号	焊条型号(GB)	焊条牌号	焊条型号(GB)	焊条牌号	焊条型号(GB)
Q235 + Cr13	J422 J427	E4303 E4315	A302 A307	E309 - 16 E309 - 15	A102 A107	E308 - 16 E308 - 15
Q345 + 1Cr13 15MnV + 1Cr13	J502 J507 J557	E5003 E5015 E5515 - G	A302 — A307	E309 - 16 — E309 - 15	A102 — A107	E308 - 16 — E308 - 15
12CrMo + 1Cr13	R207	E5515 - B1	A302 A307	E309 - 16 E309 - 15	A102 A107	E308 - 16 E308 - 15
Q235 + 1Cr18Ni9Ti	J422 J427	E4303 E4315	A302 A307	E309 - 16 E309 - 15	A132 A137	E347 - 16 E347 - 15
Q345 + 1Cr18Ni9Ti 15MnV + 1Cr18Ni9Ti	J502 J507 J557	E5003 E5015 E5515 - G	A302 A307	E309 - 16 E309 - 15	A132 A137	E347 - 16 E347 - 15

表 3 - 64 复合钢板埋弧焊时焊丝和焊剂的选用

复合钢板牌号	基层		过渡层		覆层	
	焊丝牌号	焊剂	焊丝牌号	焊剂	焊丝牌号	焊剂
Q235 + 1Cr18Ni9Ti	H08、H08A	HJ431	H00Cr29Ni12TiAl	HJ260	H0Cr18Ni12Mo2Ti	HJ260
Q345 + 1Cr18Ni9Ti	H08Mn2SiA	HJ431	H00Cr29Ni12TiAl	HJ260	H0Cr18Ni12Mo3Ti	HJ260
Q345 + 1Cr13	H08Mn2SiA	HJ431	H00Cr29Ni12TiAl	HJ260	H0Cr19Ni9Ti	HJ260
Q235 + 1Cr13	H08A、H08MnA	HJ431	H00Cr29Ni12TiAl	HJ260	H00Cr29Ni12TiAl	HJ260
Q235 + Cr18Ni12Mo3Ti	H08A	HJ431	H00Cr29Ni12TiAl	HJ260	H0Cr18Ni12Mo3Ti	HJ260
Q235 + Cr18Ni12Mo2Ti	H08A	HJ431	H00Cr29Ni12TiAl	HJ260	H0Cr18Ni12Mo2Ti	HJ260
Q345 + Cr18Ni12Mo2Ti	H08Mn2SiA	HJ431	H00Cr29Ni12TiAl	HJ260	H0Cr18Ni12Mo2Ti	HJ260
Q345 + Cr18Ni12Mo3Ti	H08Mn2SiA	HJ431	H00Cr29Ni12TiAl	HJ260	H0Cr18Ni12Mo3Ti	HJ260
09Mn2 + Cr18Ni12Mo2Ti	H08MnA	HJ431	H00Cr29Ni12TiAl	HJ260	H0Cr18Ni12Mo2Ti	HJ260
09Mn2 + Cr18Ni12Mo3Ti	H08MnA	HJ431	H00Cr29Ni12TiAl	HJ260	H0Cr18Ni12Mo3Ti	HJ260
15MnTi + 1Cr18Ni9Ti	H10Mn2	HJ431	H00Cr29Ni12TiAl	HJ260	H0Cr19Ni9Ti	HJ260
15MnTi + 1Cr13	H10Mn2	HJ431	H00Cr29Ni12TiAl	HJ260	H00Cr29Ni12TiAl	HJ260
15MnTi + 1Cr18Ni9Ti	H08Mn2SiA	HJ431	H00Cr29Ni12TiAl	HJ260	H0Cr19Ni9Ti	HJ260
15MnTi + Cr18Ni12Mo2Ti	H10Mn2	HJ431	H00Cr29Ni12TiAl	HJ260	H0Cr18Ni12Mo2Ti	HJ260
15MnTi + Cr18Ni12Mo3Ti	H10Mn2	HJ431	H00Cr29Ni12TiAl	HJ260	H0Cr18Ni12Mo3Ti	HJ260

③ 焊接坡口及接头形式。复合钢板焊接时的对接坡口形式应有利于减少过渡焊缝金属的稀释率,常用坡口形式和尺寸可参见图 3-11。对于采用 I 形坡口[如图(a)、(b)所示];较厚的复合钢板,则可采用 U 形、V 形、X 形或复合形坡口[如图(c)~(h)]。为防止第一道基层焊缝中混入奥氏体钢,可预先将接头附近的基层金属加工掉一部分[如图(b)、(d)、(g)、(h)所示]。

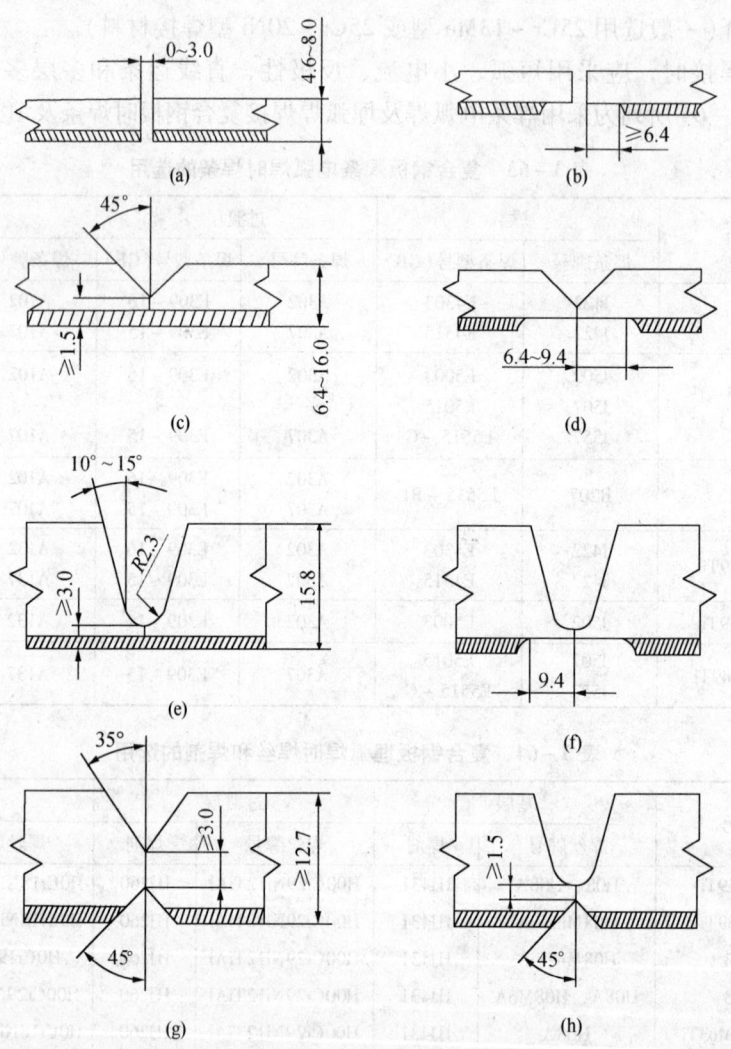

图 3-11 不锈钢复合钢板对接接头的坡口形式

不锈钢复合钢板坡口加工宜采用冷加工方法,且加工时复层朝上。当采用热加工方法加工坡口时,应尽量采用等离子切割法,且对影响焊接质量的切割表面层须采用冷加工方法去除。当采用等离子切割和加工坡口时,覆层应朝上,从覆层开始切割;而采用气割时覆层应朝下,从基层开始切割。JB/T 4709—2007《钢制压力容器焊接规程》附录 B.1 "不锈复合钢焊接规程"中规定了不锈钢复合钢制压力容器焊接坡口的形式和尺寸,见表 3-65。

④ 焊接顺序。不锈复合钢板焊接时应先焊基层钢板焊缝,其次焊隔离层(过渡层)焊缝,最后焊覆层钢板焊缝。焊接顺序如图 3-12 所示。实际焊接中为了防止奥氏体钢混入第一道基层焊缝金属中,常将坡口两侧的覆层钢板去除约 5~25mm(由对接坡口形式确定)。

表3-65 不锈钢复合钢板接头常用坡口形式与尺寸　　mm

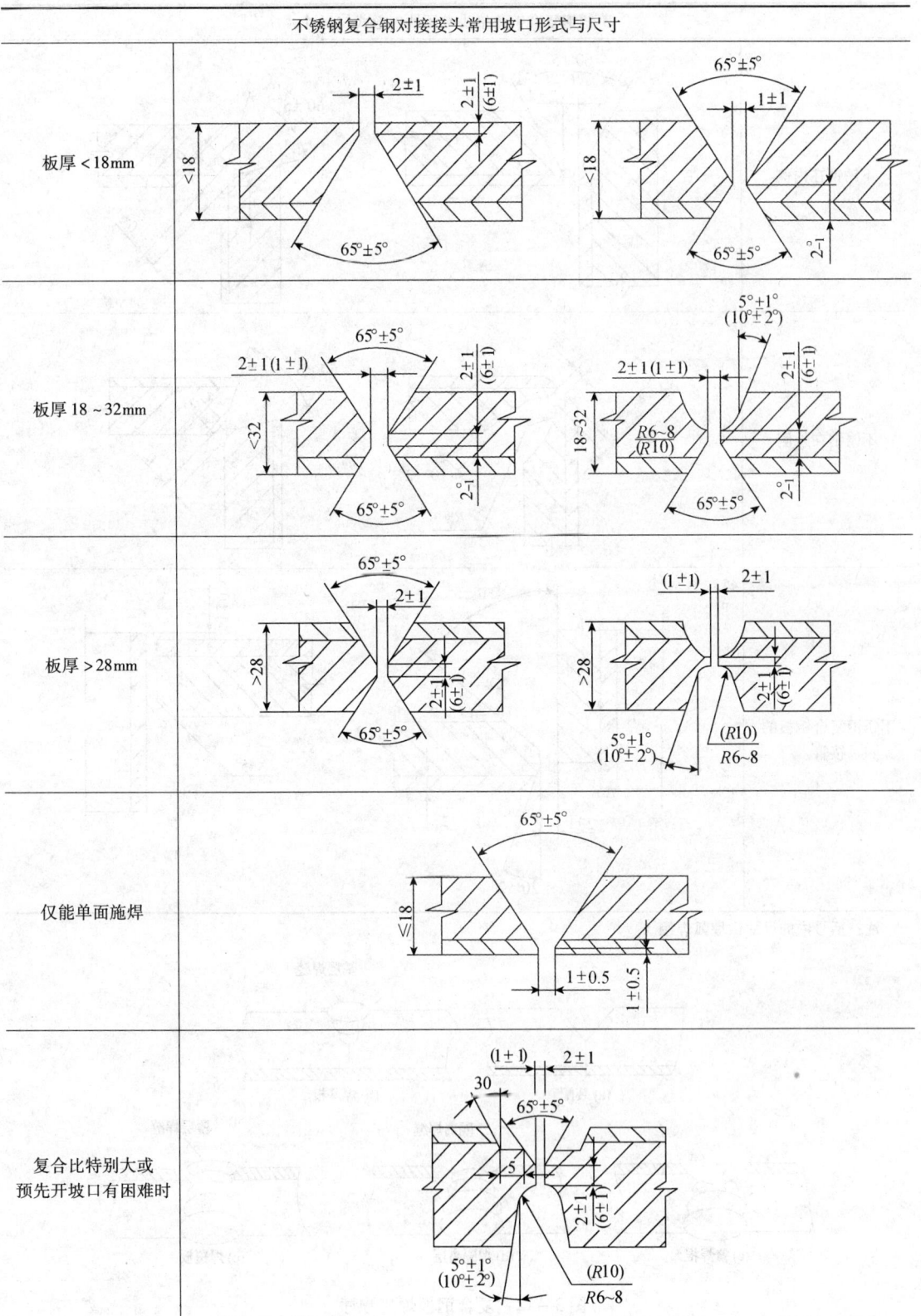

续表

	不锈钢复合钢角接头常用坡口形式与尺寸	
不锈钢在内侧		
不锈钢在外侧		
不锈钢复合钢板的接管		

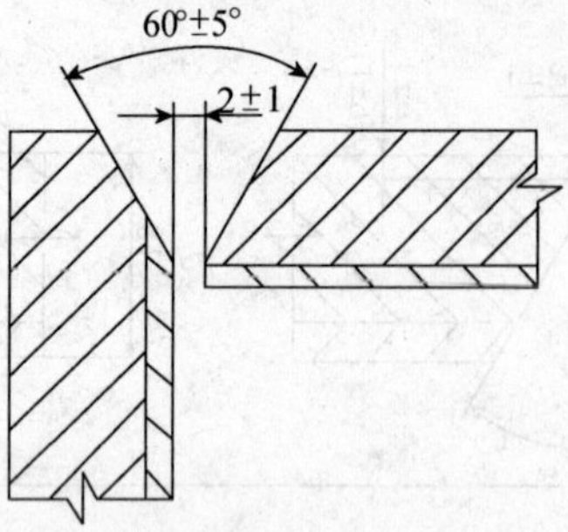

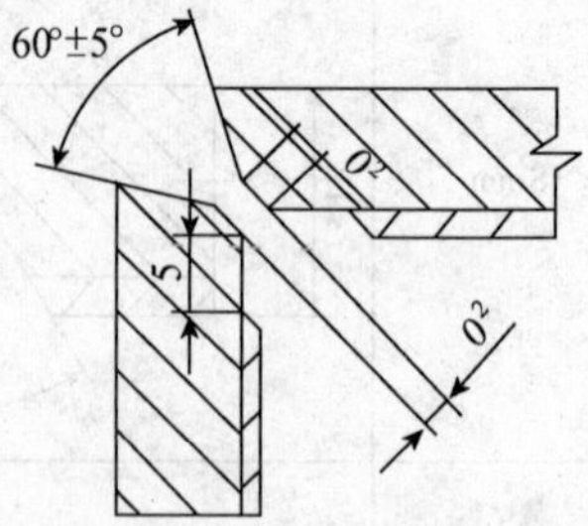

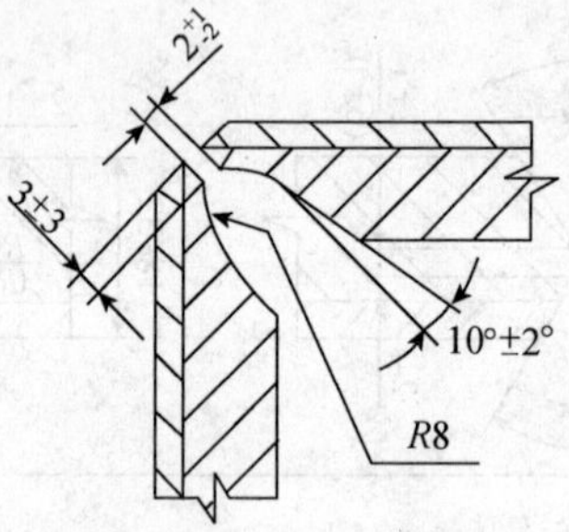

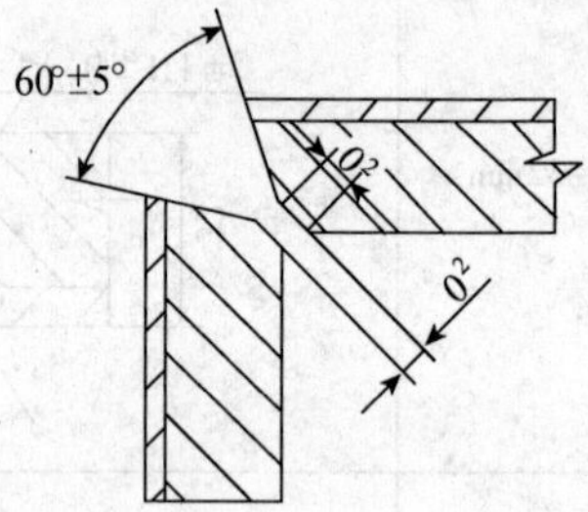

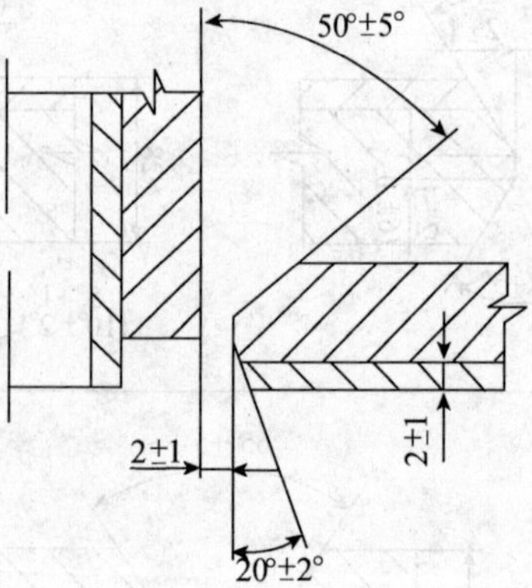

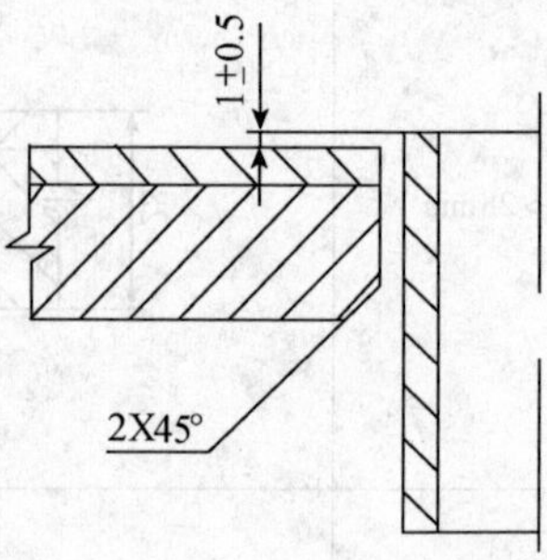

注：括号内的尺寸供埋弧焊用。

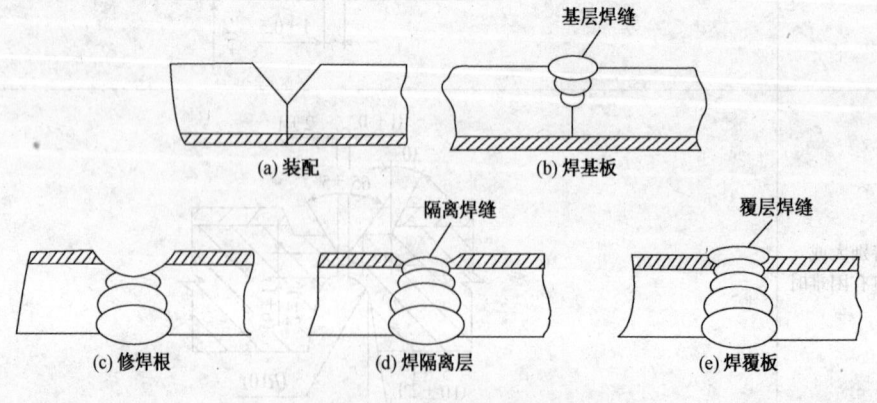

图 3-12　复合钢板焊接顺序

⑤ 焊前预热和焊后热处理：

a. 焊前预热。不锈复合钢板焊接时，焊前是否预热及预热温度通常由基层钢种和基层厚度确定。表 3-66 所列为常用复合钢板焊前预热温度。

表 3-66 常用复合钢板预热温度

复合钢板组合	基层厚度/mm	预热温度/℃
Q235 + 0Cr1320R	30	>50
Q235 + 0Cr19Ni9 0Cr17Ni12Mo2 20R00Cr17Ni14Mo2	30~50 50~100	50~80 100~150
16MnR + 0Cr13	30	>100
16MnR + 0Cr19Ni9 0Cr17Ni12Mo2 00Cr17Ni14Mo2	30~50 >50	100~150 >150
15CrMoR + 0Cr13	>10	150~200
15CrMoR + 0Cr19Ni9 0Cr17Ni12Mo2 00Cr17Ni14Mo2	>10	150~200

注：覆层材质为 0Cr13 时，预热温度应按基层预热温度，焊条应采用铬镍奥氏体焊条。

b. 焊后热处理。JB/T 4709—2007《钢制压力容器焊接规程》附录 B.1"不锈复合钢焊接规程"对焊后热处理规定如下：

对于奥氏体不锈钢复合钢，应尽量避免消除应力热处理；当需要进行时，应尽量避免覆层母材和焊接接头中铬碳化合物析出和形成 σ 相，并应以复合钢板总厚度确定消除应力热处理规范。

对于覆层为 0Cr13 不锈复合钢制压力容器，当使用奥氏体不锈钢焊接材料，且基层材料不要求作消除应力处理时，可免做焊后热处理。否则应按覆层材料的热处理规范要求进行消除应力热处理。除此以外，不锈钢制作压力容器的消除应力处理应按基层材料要求进行。对于覆层为堆焊金属的不锈复合钢制压力容器，如果基层要求消除应力热处理，则应在堆焊覆层后进行。对于耐晶间腐蚀要求高的设备，如果基层要求作消除应力热处理，则宜在热处理后再焊接覆层的盖面层焊缝。

有关资料给出了不锈钢复合钢板焊后热处理的温度选择范围，见表 3-67。

表 3-67 不锈钢复合钢板焊后热处理温度选择范围

覆层材料		基层材料	温度/℃
不锈钢	铬系	低碳钢 低合金钢	600~650
	奥氏体系（稳定化，低碳）		600~650
	奥氏体系		<550
	奥氏体系	Cr-Mo 钢	620~680

注：1. 覆层材料如果是奥氏体系不锈钢，在这个温度带易析出 σ 相和 Cr 碳化物，故尽量避免作焊后热处理。
2. 对于用 405 型或 410S 型复合钢板焊制的容器，当采用奥氏体焊条焊接时，除设计要求外，可免作焊后热处理。

2. 钛-钢复合板的焊接

(1) 钛-钢复合板简介

钛-钢复合板在航空航天、石油化工领域应用较多，一般是以碳钢、低合金钢或低合金 Cr-Mo 钢为基层，以钛板（TA1、TA2 等）作覆层，采用爆炸或爆炸-轧制方法制成的双金属板材。复合板的基层是为了满足结构强度、刚度、韧性等要求,覆层是为了满足结构对耐蚀性或其他特殊性能的要求,基层和覆层所采用的材料类型见表3-68,其中覆层和基层可以自由组合。

表3-68 钛-钢复合板覆层和基层材料

覆层材料	基层材料
钛及钛合金板(GB/T 3621—2007)中:TA1、TA2、T-0.3Mo-0.8Ni、T-0.2Pb	GB/T 709—2006《热轧钢板和钢带》 GB/T 711—1988《优质碳素结构钢热轧厚钢板和宽钢带》 GB 712—2008《锅炉和压力容器用钢板》 GB/T 3274—2007《碳素结构钢和低合金结构钢热轧厚板和钢带》 GB/T 3531—1996《低温压力容器用低合金钢板》

(2) 钛-钢复合板焊接工艺评定及焊接特点

① 焊接工艺评定。按照GB/T 13149—2009《钛及钛合金复合板焊接技术要求》规定,钛-钢复合板焊接工艺评定所采用的方法包括钨极气体保护焊和熔化极气体保护焊,基层钢的焊接工艺评定按JB 4708—2000规定(现为NB/T 47014—2011代替),复层按GB/T 13149—2009规定要求。为了减少钛复层焊接工艺规定的数量,一般将采用的钛材分成两类(见表3-69),并按下列规定进行评定:

a. 钛材类别改变时,应重新评定,但改用同级别钛材可不重新评定;

b. 同类别号中,高级别号钛材的评定适用于低级别号钛材;

c. 当两种类别号或级别号的钛材相焊时,高级别号钛材的评定适用于该级别号钛材与低级别号钛材所组成的焊接接头,高类别钛材的评定适用于该类别号钛材与低低类别号钛材组成的焊接接头。

表3-69 钛及钛合金分类

评定用试件的母材厚度T	最小值	最大值	适用于焊件焊缝金属厚度范围的最大值
1.5	T		
1.5~10	1.5	$2T$	$2t$

注:1. T为适用于焊件母材厚度范围;
    2. t为试件的每种焊接方法(或焊接工艺)所熔敷的焊缝金属厚度。

② 焊接特点。钛与钢在冶金上互不相容,铁在钛中的溶解度达到0.1%就要形成金属间化合物TiFe。且钛的活泼性很强,易与氧发生反应,使塑性降低。钛及钛合金在高温下易大量吸收氧、氢、氮等气体而脆化,必须在惰性气体保护或真空状况下才能进行焊接。因此钢基层与钛覆层应各自进行单独焊接,不能使二者互相熔合。

钛与钢的复合板焊接接头一般加有Nb中间层以防止在加热时产生脆化层而影响钛和钢的结合强度,钛-钢复合板焊接的关键是要避免钛与钢的熔合,必须采取可靠的隔离措施。

钛-钢复合板与不锈钢复合板的重要区别是不锈钢复合板的复层和基层可以贴合为一体,其焊接接头可由基层和复层共同承载;而钛-钢复合板的复层不能和基层完全贴合为一体,钛与钢之间在冶金上的互不相熔使焊接接头结构只能通过钛盖板、钛垫条实现复层-基层的连接,因而钛复层仅靠本身薄层的焊接接头承载。另外,由于钛和钢的膨胀系数不同,钛-钢复合板设备在操作工况下升温时,钛复层受拉,而不锈钢复合板则是复层受压。相比之下,钛复合板焊接接头在热应力与工作应力叠加作用下可能会超过焊缝许用应力,发生焊缝泄漏的几率较大。因此对焊前准备工作、焊接工艺、被焊金属和焊接材料有害杂质的控制、以及所采用的焊接方法与焊接材料的匹配等要求皆更加严格。

第三章 压力容器用材料的焊接

为避免焊接过程中复层钛焊缝吸入氢、氧、氮、碳等杂质元素,与钛形成各种化合物,使焊缝塑性降低,复层焊接过程必须在高纯度惰性气体保护下进行,一般采用纯度不低于99.99%氩气作为保护气体,并要求在熔池及其邻近的母材部位、已凝固的高温焊缝金属和热影响区、以及焊接接头的背面三个部位皆得到保护,为达到保护目的,要求焊接过程中应有保护拖罩。由于钛在350℃以上会强烈吸氢产生脆化,易导致气孔或裂纹,焊接过程中必须将焊接接头及邻近区域保护到200℃以下为限,可以从表3-70所示焊缝表面的颜色判断氩气保护效果,如果发现焊后颜色不是银白色或金黄色,应及时磨去重新焊接,若发现出现气孔或裂纹,也应磨去重焊。钛及钛合金复合钢板焊接材料的选用见表3-71。

表3-70 氩气保护效果对钛材焊缝质量的影响

氩气保护情况	焊缝表面颜色	焊缝质量
良好	银白色	焊缝质量良好
尚好	金黄色(麦色)	对焊缝质量没有影响
一般	蓝色	焊缝表面氧化,塑性稍有下降
较差	青紫色(花色)	焊缝氧化较严重,显著降低焊缝的塑性
极差	暗灰色(灰白色)	焊缝完全氧化,易产生裂纹、气孔等缺陷

表3-71 钛及钛合金复合钢板焊接方法与推荐焊接材料

母材牌号	焊条电弧焊 焊条	埋弧自动焊 焊丝	埋弧自动焊 焊剂	气体保护焊 焊丝	气体保护焊 保护气体
Q235-B、CCS-A、CCS-B、20、Q245R	E4303(J422)、E4315(J427)、E4316(J426)	H08A、H08MnA	SJ101、HJ431	H08Mn2Si、H08Mn2SiA、H10Mn2	
Q345、Q345R	E5003(J502)、E5015(J507)、E5016(J506)	H08MnA、H08Mn2、H10MnSi、H10Mn2、H08Mn2SiA、H08Mn2MoA	SJ101、HJ431、HJ430、HJ350	H08Mn2SiA、H08Mn2MoA、H10MnSi	CO_2 或 CO_2 + Ar
Q390、Q420	E5003(J502)、E5015(J507)、E5016(J506)、E5501-G(J553)、E5515-G(J557)、E5516-G(J556)				
06Cr18Ni11Ti	E347-15、E347-16	H0Cr21Ni10Ti	HJ260、SJ601、HJ107	H0Cr20Ni10Ti、H0Cr20Ni10Nb	Ar
06Cr17Ni12Mo2Ti	E318-16	H0Cr19Ni12Mo2		H0Cr19Ni12Mo2	
TA0、TA1、TA2	—	—	—	TA0、TA1、TA2	Ar 或 Ar + He
TA3				TA3	
TA9				TA9	
TA10				TA10	

(3) 钛-钢复合板的焊接方法

焊接技术是钛制设备和钛-钢复合板(或钛衬里)制设备的关键问题。钛材的焊接目前普通使用的是手工氩弧焊(TIG),采用自动或半自动氩弧焊技术对换热器管板的焊接也较普通,等离子弧焊接、熔化极氩弧焊等焊接方法也可用于钛制和钛-钢复合板(或钛衬里)设备的焊接,但目前国内使用较少,几乎大多数皆采用手工氩弧焊焊接。这是因为手工氩弧焊操作简便,对焊接设备的要求不是很多,适用于薄板及中小型部件焊接。但就其焊接工艺而言,焊接坡口较大,焊接热输入及焊丝填入量较大,焊缝区域及热影响区的晶粒较粗大,对焊接接头力学性能及耐蚀性有一定影响。如果采用高能率的等离子弧焊接,则可得到有效改善，且焊接效率高，可降低生产成本。

按照 TSG R0004—2009《固定式压力容器安全技术监察规程》规定，钛-钢复合板焊制压力容器设计温度不高于 350℃（钛和钛合金的设计温度不高于 315℃），用于制造压力容器壳体的钛和钛合金须在退火状态下使用。

JB/T 4745—2002《钛制焊接容器》规定：钛复合板的许用温度上限为 350℃，钛衬里结构许用温度上限为 350℃，变形钛及钛合金许用温度上限为 300℃、铸钛为 250℃。

钛-钢复合板构件或设备等焊接时，首先要完成基层钢焊缝焊接。由于基层母材（碳钢、低合金钢或低合金 Cr-Mo 钢）与钛不能直接进行熔化焊，可按图 3-13(b)、(c)、(d) 所示切去钛，然后再进行基层钢的焊接，也可按图(f)所示在基层钢处切去钛。当采用图(b)、(c)、(d) 方法焊接压力容器时，应对基层焊缝进行射线探伤检测，合格后可使用。钛覆层的焊接采用手工钨极氩弧焊，焊接参数见表 3-72。由于密封的要求，在钛覆层焊接时，可采用镶块和塔板对焊法或填充易熔化材料和塔板对焊法等，若对接接头处不能使用搭板，则须对钛焊缝进行 100% 射线检测，合格后方可使用。

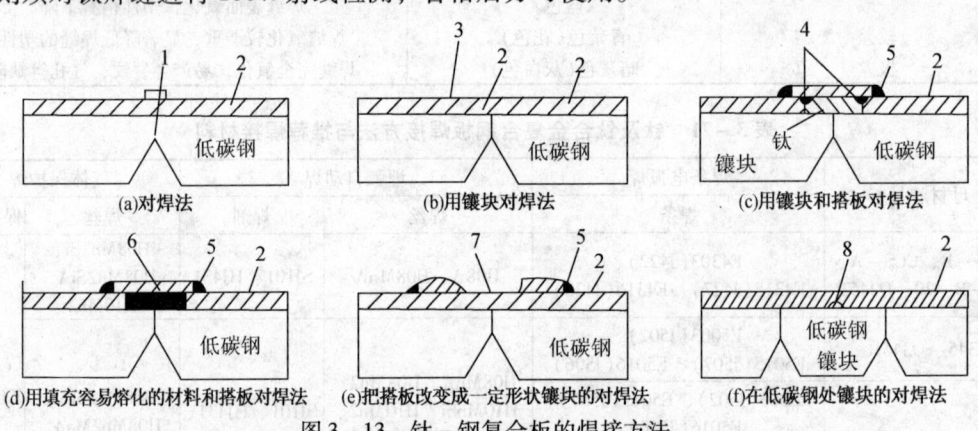

图 3-13 钛-钢复合板的焊接方法
1—坡口二层焊；2—钛；3—熔深浅的对焊；4—不用镶块焊接；
5—角焊；6—填入容易熔化的材料；7—镶块成形的钛；8—坡口

表 3-72 钛覆层手工钨极氩弧焊焊接参数

覆层厚度/mm	钨极直径/mm	焊丝直径/mm	焊接电流/A	电弧电压/V	焊接速度/(cm/min)	喷嘴直径/mm	氩气流量/(L/min)	
							喷嘴	拖罩
2	2	2	80~100	12~16	20~25	10~12	10~14	30~50
3	3	3	120~140					
4	3					12~16	12~16	
5	3.5		130~160					
6	3.5							

(4) 钛-钢复合板的焊接坡口及接头形式

JB/T 4709—2007《钢制压力容器焊接规程》"钛-钢复合板焊接规程"规定了钛-钢复合板对接接头和角接接头坡口形式与尺寸，见表 3-73a、表 3-73b。

《钛钢复合板焊接规程》对复合板的焊接坡口加工及焊接工艺主要有以下规定：

① 钛-钢复合板应尽量采用冷加工法下料、切割、开坡口。采用剪床剪切钛-钢复合板时，复层应朝上。

表3-73a 钛-钢复合板对接接头坡口形式和尺寸

类别	坡口形式	焊缝形式	焊接方法	尺寸/mm（除角度外）								
I	（图）	（图）		B	b	b_1	p	p_1	α	α_1		
			焊条电弧焊	20~30	2^{+1}	0^{+1}	1 ± 1	1 ± 0.5	60°±5°	45°±5°		
			埋弧焊	30^{+1}	2^{+1}_{-2}	0^{+1}	2^{+1}_{-2}	1 ± 0.5	60°±5°	45°±5°		
II	（图）	（图）		B	b	b_1	p	p_1	α	α_1	f	
			焊条电弧焊	20~30	2^{+1}	0^{+1}	1 ± 1	1 ± 0.5	60°±5°	45°±5°	$1^{+0.5}$	
			埋弧焊	30^{+1}	2^{+1}_{-2}	0^{+1}	2^{+1}_{-2}	1 ± 0.5	60°±5°	45°±5°	$1^{+0.5}$	
III	（图）	（图）		B_1	b	b_1	p	a	—	—		K
			焊条电弧焊	50~60	20~30	2^{+1}_{-2}	1 ± 1	60°±5°	—	—		$\delta+1$
			埋弧焊	60^{+1}	30^{+1}	2^{+1}_{-2}	2^{+1}_{-2}	60°±5°	—	—		$\delta+1$
IV	（图）	（图）		B_1	b	b_1	p	p_1	a	α_1		K
			焊条电弧焊	50~60	20~30	2^{+1}_{-2}	1 ± 1	1 ± 0.5	60°±5°	45°±5°		$\delta+1$
			埋弧焊	60 ± 1	30^{+1}	2^{+1}_{-2}	2^{+1}_{-2}	1 ± 0.5	60°±5°	45°±5°		$\delta+1$

续表

类别	坡口形式	焊缝形式	尺寸/mm(除角度外)				
			B	B_1	b	p	A
V			20~30		2_0^{+1}	1±1	60°±5°
VI			30^{+1}		2_{-2}^{+1}	2_{-2}^{+1}	60°±5°

类别	坡口形式	焊缝形式	尺寸/mm(除角度外)				
			B	B_1	b	p	a	K
V								
VI			30~50	15	2_0^{+1}	1±1	60°±5°	$\delta+1$
VI			30~50	15	2_{-2}^{+1}	2_{-2}^{+1}	60°±5°	$\delta+1$

表3-73b 钛-钢复合板角接接头坡口号形式和尺寸

类别	坡口形式	焊缝形式	尺寸/mm(除角度外)					
			p_1	p	a	b	a_1	K
I				3_0^{+1}	2_0^{+1}		50°±5° 60°±5°	$\delta+1$
II			1±0.5	2_0^{+1}	α 50°±5°	α_1 60°±5°	α_2 50°±5°	b 1_0^{+1}	b_1 0_0^{+1}

续表

类别	坡口形式	焊缝形式	尺寸/mm（除角度外）						
Ⅲ			p	p_1	α	α_1	b	b_1	
			3_0^{+1}	1 ± 0.5	$50°\pm 5°$	$60°\pm 5°$	1 ± 1	0_0^{+1}	
Ⅳ			B	b	p	a			
			$\geq \delta$	0_0^{+1}	1 ± 0.5	$50°\pm 5°$			
Ⅴ			B	δ	由设计图样定				
					无应力槽	$0.5\sim 1$	$1\sim 1.5$	$2\sim 2.5$	
						$0.5\sim 1$	$1\sim 1.5$	$2\sim 2.5$	
					有应力槽	$0\sim 0.5$	$0.5\sim 1$	$1\sim 1.5$	

注：① 焊条电弧焊、埋弧焊均指钢层的焊接方法。
② 根据钢层厚度，也可采用双面坡口。

② 钛-钢复合板采用热加工法切割和加工坡口时，宜尽量用等离子切割法，切割时覆层应朝下，且应从基层一侧切割，切口及两侧的氧化层、残渣等应在焊前彻底清除。

③ 钛-钢复合板焊接时，须先焊基层，待基层焊缝检验合格后，再焊接覆层。当没有钛填板时，基层打底焊须防止焊透到钛覆，且应避免覆层钛材表面氧化以及钛覆层与基层钢界面剥离。当采用钛填板时（见图3-13），放入凹槽内的钛填板应避免留有间隙，并用定位焊连接钛覆层和固定钛填板。

④ 钛填板与钛覆层之间的焊接，既要保证最大的熔深、又不得焊透到基层钢材上。焊接钛填板时须防止背面氧化。

⑤ 钛盖（搭）板（或钛半圆管）与钛覆层焊接时（见表3-72）应采用较小焊接规范，防止复合板界面剥离，但须保证角焊缝根部焊透。

(5) 钛-钢复合板质量要求及焊接结构

① 质量要求。钛-钢复合板可以采用轧制、补焊或轧制-补焊方法使钛或钛合金复层材料与钢（碳钢或不锈钢）基材达到冶金结合的要求，按 GB/T 8547—2006《钛-钢复合板》规定，复合板按 B2 级制造和验收，对于较重要的钛-钢制复合板制设备，一般选用爆炸复合 B1 类，爆炸复合板以消除应力（m）状态供应，其热处理制度为 (540 ± 25) ℃、保温 1~5h。其产品分类和代号见表3-74。

表3-74 钛-钢复合板分类和代号

生产种类		代 号	用途分类
轧制复合板	轧制复合板	1类	R1	0类：用于过渡接头、法兰等高结合强度，且不允许不结合区存在的复合板
		2类	R2	
	爆炸-轧制复合板	1类	BR1	1类：将钛材作为强度设计材料或特殊用途的复合板，如管板等
		2类	BR2	
爆炸复合板		0类	B0	2类：将钛作为耐蚀设计，而不考虑其强度的复合板，或代替衬里使用
		1类	B1	
		2类	B2	

钛-钢复合板的剪切强度和工艺性能，以及复层/基层结合面积须符合 GB/T 8547—2006《钛-钢复合板》规定要求，见表3-75、表3-76。

表3-75 钛-钢复合板拉伸、剪切强度及抗弯性能

拉伸试验		剪切试验		弯曲试验	
抗拉强度 (R_m)/MPa	伸长度 (A)/%	剪切强度 (τ)/MPa		弯曲角 (α)/(°)	弯曲直径 (D)/mm
		0类复合板	其他类复合板		
$> R_{mj}$	≥基材或复材标准中较低一方的规定值	≥196	≥140	曲弯180°，外弯由复材标准决定	内弯时按基材标准规定，不够2倍时取2倍；外弯时为复合板厚度的3倍

注：1. 复合板的抗拉强度理论下限标准值 R_{mj} 按 GB/T 8547—2006《钛-钢复合板》"4.4.1.2"中的公式计算：

$$R_{mj} = \frac{t_1 R_{m1} + t_2 R_{m2}}{t_1 + t_2}$$

式中 R_{m1}——基材抗拉强度下限标准值，MPa；
R_{m2}——复材抗拉强度下限标准值，MPa；
t_1——基材厚度，mm；
t_2——复材厚度，mm。

2. 爆炸-轧制复合板的伸长度可以由供需双方协商确定。
3. 剪切强度适用于复层厚度 1.5mm 及其以上的复合材。
4. 基材为锻制品时不做弯曲试验。

表 3-76 钛-钢复合板复层/基层贴合面积

0 类	1 类	2 类
面积结合率为 100%	面积结合率大于 98%；单个不结合区的长度不大于 75mm，其面积不大于 45cm²	面积结合率大于 95%；单个不结合区面积不大于 60cm²

② 焊接结构。由于铁在钛中的溶解度极小（615℃时不高于 0.5%，室温下降低到 0.05%~0.1%），超过溶解度的 Fe 在 Ti 中呈 FeTi 脆性相存在，同时钛和钢在高温下生成各种金属间化合物，不能互相焊熔，致使钛-钢复合板设备的焊接接头设计具有其特殊性，不能用普通的焊接工艺直接进行焊接，其对接焊接接头结构一般如图 3-14 所示，有些情况下，钛垫条（板）与钛复层采用对接焊，其焊接过程（顺序）见图 3-15。

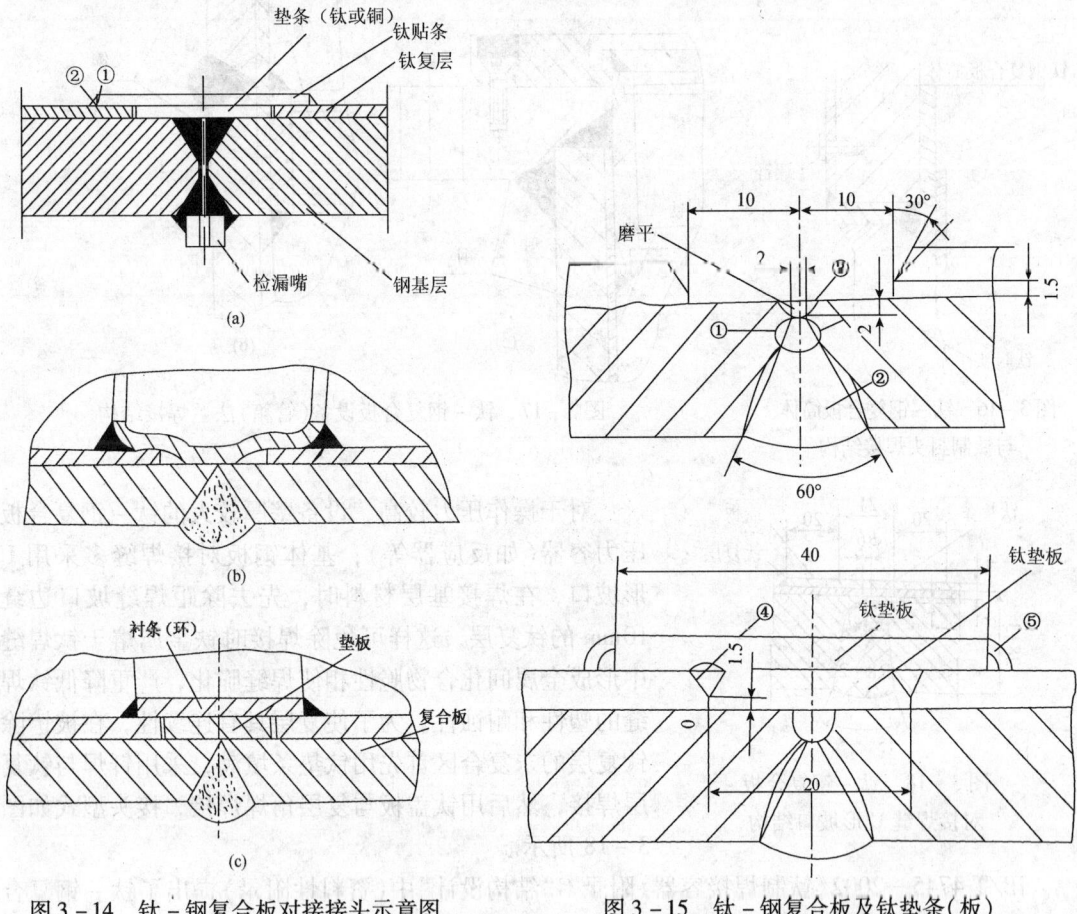

图 3-14 钛-钢复合板对接接头示意图

图 3-15 钛-钢复合板及钛垫条（板）与钛复层焊接结构示意图

图 3-15 中，①、②为基层外坡口焊接，采用焊条电弧焊（SMAW）。③为基层内坡口封底焊（SMAW）。④为钛垫板与复层焊接，采用钨极惰性气体保护焊（TIG），要求不焊透，否则一旦焊透，基层的钢将熔入钛焊缝中使焊缝脆化。⑤为钛盖板与复层焊接，必须至少焊两道。

钛-钢复合板筒体与钛制封头焊接结构（举例）如图 3-16 所示，钛-钢复合板设备（管箱）法兰焊接结构（举例）见图 3-17。

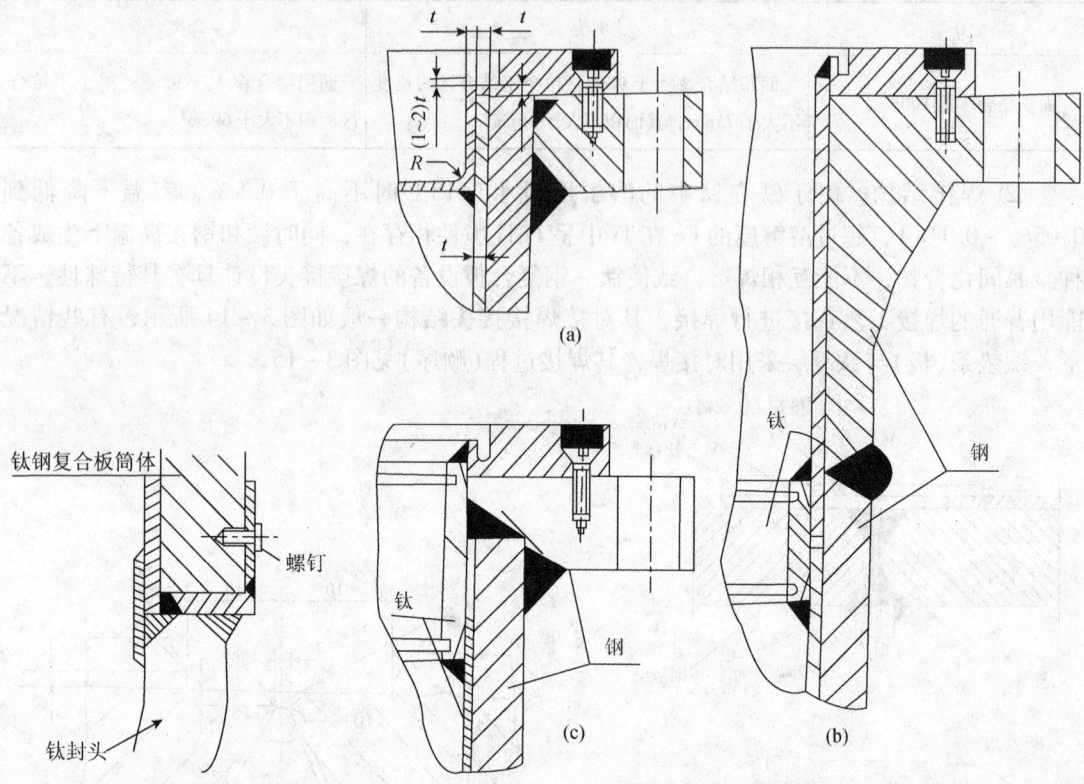

图3-17 钛-钢复合板设备(管箱)法兰焊接结构

图3-16 钛-钢复合板筒体与钛制封头焊接结构

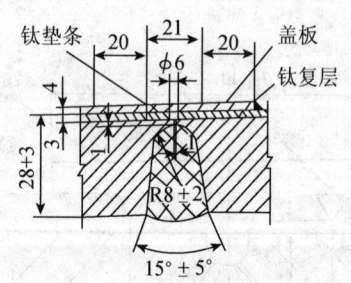

图3-18 钛-钢复合板对接焊缝U形坡口结构

对于操作压力较高、设备壁厚较大的钛-钢复合板压力容器(如反应器等),基体钢板对接焊缝多采用U形坡口,在焊接基层材料时,先去除距焊缝坡口边缝10mm的钛复层,这样可免除焊接时铁金属熔于钛焊缝中形成金属间化合物脆性相使焊缝脆化,严重降低钛焊缝的塑性和耐蚀性。为了使复层具有连续性,在被铲除钛复层的未复合区首先用钛垫条填满,采用钎焊与钛复层焊接,然后用钛盖板与复层角焊焊接,接头型式如图3-18所示。

JB/T 4745—2002《钛制焊接容器》附录G"结构设计"中(资料性附录)提出了钛-钢复合板(或衬钛板)制设备各种接管和凸缘的衬里结构,参见图3-19;密封面和接管衬里的连接结构,参见图3-20;接管衬里和壳体衬里的连接结构图,参见图3-21;高压衬钛设备的厚壁接管与壳体钛衬里(复层)的连接结构,参见图3-22;碳钢-不锈钢-钛的三层复合板对接接头形式和尺寸参见图3-23。

GB/T 13149—2009《钛及钛合金复合板焊接技术要求》规定了钛-钢复合板对接和角接焊缝坡口形式与尺寸,见表3-77、表3-78。

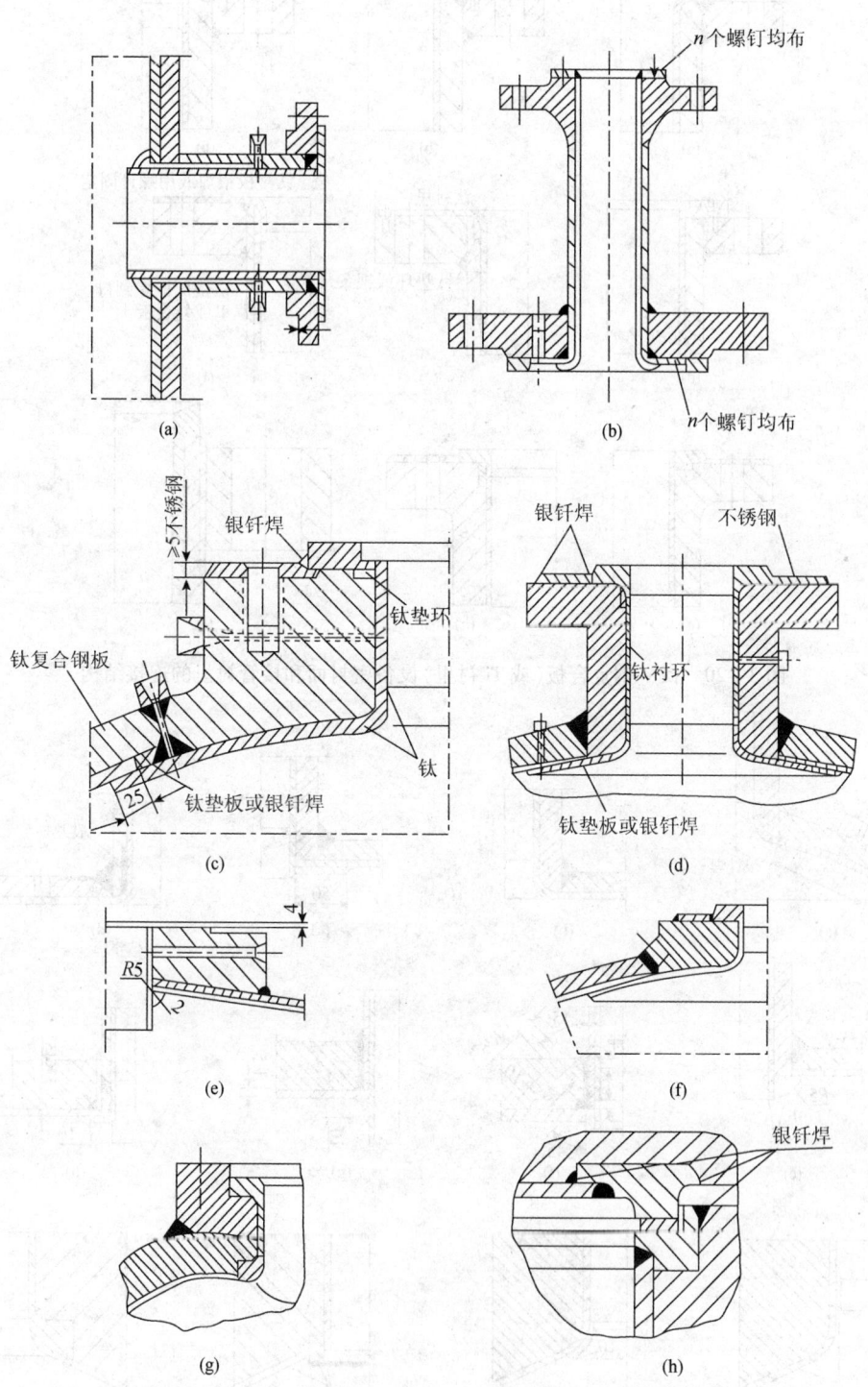

图 3-19 钛-钢复合板(或 Ti 衬板)设备接管和凸缘的衬里结构

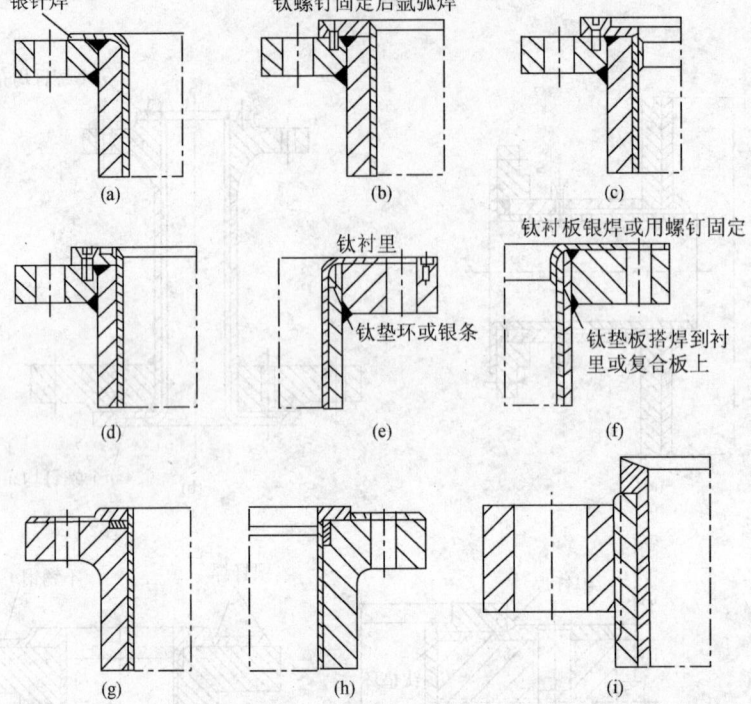

图 3-20　钛-钢复合板(或 Ti 衬里)设备密封面和接管衬里的连接结构

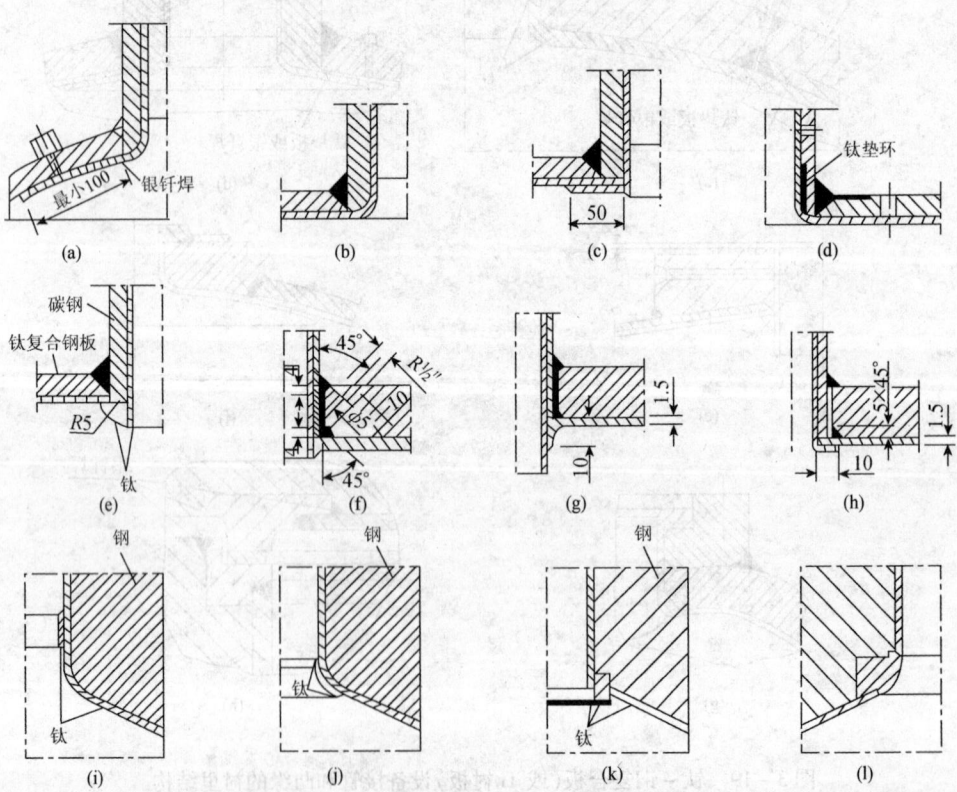

图 3-21　钛-钢复合板(或 Ti 衬里)设备接管衬里和壳体复层(衬里)的连接结构

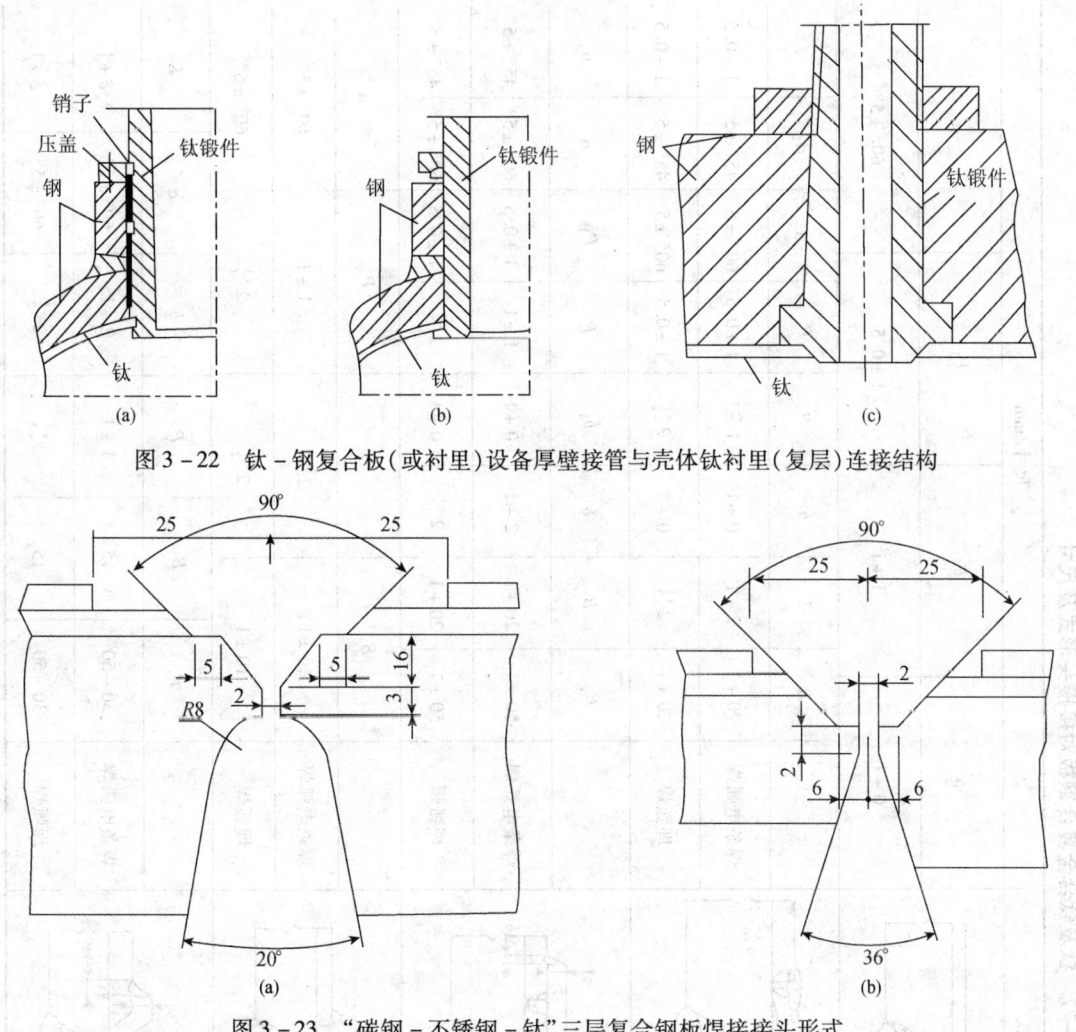

图3-22 钛-钢复合板(或衬里)设备厚壁接管与壳体钛衬里(复层)连接结构

图3-23 "碳钢-不锈钢-钛"三层复合钢板焊接接头形式

(6) 钛-钢复合板焊接的检测控制及焊后热处理

与纯钛设备比较,钛-钢复合板焊接的检测控制所需的检测方法更为复杂和严格,因为复层焊缝出现泄漏是钛-钢复合板设备经常发生的故障之一,为保证大型钛-钢复合板设备制造质量,除需制定正确的加工工艺和每道工序操作规程外,还必须对每一道完工工序进行严密检测。主要应考虑以下环节:

① 钛-钢复合板材料检测。应对具有材料质量证明书的每块钛-钢复合板进行100%UT探伤检查,检测其贴合率;每批复合板应取样进行剪切、拉伸、弯曲、冲击等力学性能检验,各项指标必须复合标准和设计规定。钛-钢复合板壳体加工制造过程不得出现复层脱离现象,否则须更换。

② 钢基层焊缝检测。钢基层焊缝一般进行RT探伤检查,检测比例及合格级别须符合设计或技术标准规定。对于焊缝数量多的大型设备,因拍片量大,可采用效率高的周向射线机等检测设备和方法,并选择合适的检测参数,保证底片质量。对缺陷超标的焊缝应按GB/T 13149—2009《钛及钛合金复合钢板焊接技术要求》规定进行返修,且焊缝同一部位返修次数不宜超过两次(第三次返修时需经技术总负责人批准并备案存档)。

表 3-77 钛及钛合金复合钢板对接接头形式及尺寸

类别	坡口形式	焊缝形式		尺寸/mm						
I			b	P		P_1		α		
			$0+1$	$1+1$		1 ± 0.5		$60°\pm5°$		
II			B	b	b_1	P	α	α_1	f	
	焊条电弧焊		$20+1$	$2+1$	$0+1$	1 ± 1	$60°\pm5°$	$45°\pm5°$	$1+0.5$	
	埋弧焊		$20+1$	2^{+1}_{-2}	$0+1$	2^{+1}_{-2}	$60°\pm5°$	$45°\pm5°$	$1+0.5$	
III	焊条电弧焊		B_1	B	b	P	α	α_1		
			50 ± 1	20 ± 1	2 ± 1	1 ± 1	$60°\pm5°$	$45°\pm5°$		
	埋弧焊		50 ± 1	20 ± 1	2^{+1}_{-2}	2^{+1}_{-2}	$60°\pm5°$	$45°\pm5°$		
IV	焊条电弧焊		B	b	P	α				
			10 ± 1	$2+1$	1 ± 1	$60°\pm5°$				
	埋弧焊		10 ± 1	2^{+1}_{-2}	2^{+1}_{-2}	$60°\pm5°$				
V	焊条电弧焊		B_1	B	P	b	α	K		
			15	$30\sim50$	1 ± 1	$2+1$	$60°\pm5°$	$\delta+1$		
	埋弧焊		15	$30\sim50$	2^{+1}_{-2}	2^{+1}_{-2}	$60°\pm5°$	$\delta+1$		

表 3-78 钛及钛合金复合钢板角接接头形式及尺寸

类别	坡口形式	焊缝形式	尺寸/mm					
			P	b	α	α_1	K	
I	钛盖板		$3+1$	$2+1$	$50°±5°$	$60°±5°$	$\delta+1$	
			P	P_1	α	α_2	b	b_1
II	钛填圈		$2+1$	$1±0.5$	$50°±5°$	$50°±5°$	$1+1$	$0+1$
			P	P_1	α	α_1	b	b_1
III			$3+1$	$1±0.5$	$50°±5°$	$60°±5°$	$1±1$	$0+1$
			B	δ	b	P	a	
IV	钛管		$≥\delta$		$0+1$	$1±0.5$	$50°±5°$	
V			B 无应力槽	δ	$0.5~1$	$1~1.5$	$2~2.5$	
			B 有应力槽		$0.5~1$	$1~1.5$	$1~1.5$	
			b		$0~0.5$	$0.5~1$	$1~1.5$	
			由设计图样定					

注：GB/T 13149—2009 标准中规定的钛-钢复合板对接、角接坡口形式及尺寸，与本章第六节中表 3-70（引自 JB/T 4709—2007 标准规定的钛-钢复合板对接、角接坡口形式）均可适用。

③ 钛盖板(贴条)焊缝检测。钛盖板焊缝与复层焊缝为角焊缝，须分两层焊接，第一次焊缝焊完后需进行氨渗透和外观检测，检查是否存在穿透性缺陷，通过外观检测判别焊缝及热影响区的颜色，对于氧化严重、表面颜色不合格的区域应按 GB/T 13149—2009 规定进行处理(见表 3-79)。第二层焊缝焊完后进行表面 PT 和外观检测，检查表面开口缺陷和焊缝及热影响区颜色，对不合格的须清除补焊。

表 3-79 钛焊缝和热影响区表面颜色的规定

焊缝与热影响区表面颜色	保护状况	合格判断	处理方法
银白色、浅黄色	良好	合格	不用处理
金黄色	尚好		可不用处理
兰色	稍差	只可用于非重要部位	去除氧化色
紫色	较差	只可用于常压容器	去除紫色，去不掉应返修
灰色	差	不合格	返修
黄色粉状物	极差		

注：表中的保护状况一栏表明惰性气体的保护差异。

钛-钢复合板设备复层焊缝的泄漏有些是由于制造中焊缝裂纹缺陷或气孔造成，有的则是在设备使用过程中因腐蚀或钛、钢之间因膨胀系数不同产生的热应力导致。检查复层焊缝的方法可采用渗透检测、肥皂泡检漏、氨渗透检查、氨渗透检测、氦质谱检漏等方法，其中，氨渗透检测和肥皂泡检查应用较多，但氨渗透检测一般假象较多，易出现误判，而肥皂泡检查简单、直观、缺陷漏检率较低，且氨渗透检测往往由于试纸质量问题，漏检的几率较多。对于钛-钢复合板(或钛衬里)设备，由于钛复层(或衬板)与筒体、接管之间的装配间隙(即使是极微小间隙)、钛盖板与复层之间存在的缝隙等，均会在其使用工况下可能导致焊缝失效，因此对焊前及焊接过程中的检验十分重要。

④ 无损检测。钛-钢复合板设备制作后应按 JB/T 4745—2002《钛制焊接容器》要求进行无损检测，该标准规定：凡符合以下条件的 A、B 类钛焊接接头须进行 100% RT 或 UT 检测，即：

a. 压力≥1.6MPa；

b. 盛装易燃或毒性程度为极度、高度、中度危害的介质；

c. 采用气压试验的设备。

对于上述条件以外的压力容器及图标注明盛装毒性为极度或高度危害的常压容器，允许对其 A、B 类钛焊接接头进行局部 RT 或 UT 检测，其检测长度不得小于各条焊缝接头长度的 20%，且不小于 250mm，对于不盛装极度危害或高度危害介质的常压容器焊接接头一般不做无损检测。

同时，该标准还规定了规定了对接接头表面须进行渗透检测的条件，即：

a. 凡是符合上述 a、b 条容器上的 C、D 类焊接接头；

b. 未进行 RT 或 UT 检测的复层焊接接头(或衬钛层焊接接头)；

c. 换热器上换热管与管板的焊接接头；

d. 钛堆焊层、钛材料表面焊补焊缝；

e. 钛卡具及拉筋的临时固定连接焊缝拆除后的焊痕表面；

f. 凡图样规定进行渗透检测的其他焊接接头。

凡符合以上条件的钛复层焊缝按 JB/T 4730.5—2005《承压设备无损检测渗透检测》规定的方法进行。

按 JB/T 4730—2005 对设备焊接接头进行 RT、UT、PT 检测的合格标准,必须符合 JB/T 4745 规定的"无损检测标准",即:

a. 对 A、B 类焊缝进行 100% 或 20% RT 检测,合格标准不低于 Ⅱ 级或 Ⅲ 级;

b. 进行 100% 或 20% UT 检测,合格标准不低于 Ⅰ 级或 Ⅱ 级;

c. 渗透检测均为 Ⅰ 级合格。

否则应对焊接接头进行补焊处理,重复检验直至合格。

⑤ 强度试验及气密性试验。钛-钢复合板设备制作后须按图样要求及 JB/T 4745—2002 规定进行强度试验(液压或气压试验),强度试验之前,应先通过检漏孔通入 0.05MPa 的氨气对钛焊缝进行氨渗透检查,检验无渗透后,按图样要求进行水压试验,水压试验合格后,须通过检漏孔通入 0.05MPa 氨气对钛焊缝进行氨渗透检查。也可以通过氦气对整台设备进行氦检漏,即向设备筒体内通入适当压力比例浓度的氦气,从筒外壁检漏嘴处用仪器检漏。在设备制造过程中,通过分区检漏技术可以对焊缝进行分区设置检漏孔,及时有效地检测出发生泄漏的位置,分区时,基层与复层之间用银钎焊隔离,每个分区的检漏孔应为 2 个,分别位于焊缝两端。当设备焊缝较少时可以采用纵、环焊缝串通检漏(即不封死 T 形焊缝部位)。按 JB/T 4745—2002《钛制焊接容器》规定,在每一个接管和凸缘衬里背面也应设置 2 个直径 φ6mm 检漏孔,一个位于接管口颈部,另一个位于其附近壳体的最高或最低点上。检漏孔结构如图 3-24 所示。

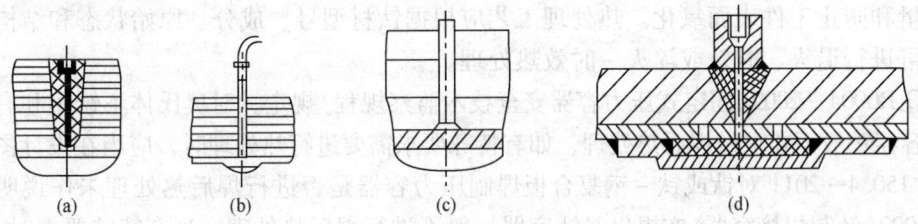

图 3-24 钛-钢复合板设备检漏口结构

⑥ 热气循环试验(热模拟试验)。对于钛-钢复合板(或钛衬里)设备,由于壳体基层材料与复层材料不同,线胀系数有较大的差异,钛的平均线胀系数约为 $8.5 \times 10^{-6}/℃$,仅为铁素体钢的 2/3、奥氏体不锈钢的 1/2,当设备升温时和在较高操作温度工况下,钛复层及钛焊缝要受到拉伸热应力作用,焊缝质量较差时易被拉裂。另外,钛的弹性模量低,仅为钢的 1/2,在受力相同情况下的弹性变形要比钢增大 1 倍。故对钛-钢复合板(或钛衬里)设备在常温下的压力试验并不能代表设备在其一定操作温度和压力工况下的条件。实际上,操作工况下在这类设备钛焊缝中产生的附加热应力和介质工作压力所产生的应力叠加值可能会超过焊缝的许用应力,有可能造成钛焊缝开裂或钛复层剥离。针对这种情况,对于具有一定工作温度和压力的重要钛-钢复合板或钛衬里压力容器,宜进行热气循环试验,其目的在于检验焊缝在工作温度和压力下的应力强度水平,考核操作工况下设备内部可能出现的缺陷和密封元件是否出现扩展开裂等,从而弥补常温下压力试验之不足。一般情况下,热气循环试验需重复进行两次,但不能代替设备压力试验。

热气循环试验应在模拟设备使用工况（温度、压力）条件下进行，将设备加热到最高使用温度下进行检验。该项试验国外工业先进国家应用较普遍，但由于热气循环试验难度较大和试验成本较高，目前国内较少采用，且有关标准和规范（如 JB/T 4745、JB/T 13149 等）尚未作此项要求。但是，对于生产中较重要的钛－钢复合板及钛衬里压力容器，在操作温度较高或温度变化较大工况下，建议在条件允许情况下，宜在制造厂或在现场设备投用前进行该项试验检查。

⑦ 铁离子检验。GB/T 13149《钛及钛合金复合板焊接技术要求》规定：钛复层焊接后应对焊缝区进行铁离子检验。因为钛及钛合金材料在设备制造焊接过程中，钛表面很易遭受铁污染；同时被焊金属及焊接材料中的有害杂质如 O、H、N、C、Fe 等皆是钛的间隙元素，能溶于钛形成间隙固溶体，当以上元素的含量超过其在钛中的溶解度时，会与钛形成金属间化合物，使钛变脆，强度和硬度升高、塑性下降，且为不可逆过程。钛及钛合金复合板设备使用过程中，当钛与铁共同接触腐蚀介质时会产生电化学腐蚀，此时钛为阴极，导致钛阴极析氢与钛氢脆。虽然通过化学酸洗、钝化处理或阳极化处理，可以有效消除铁污染，但设备制造后必须对钛焊缝进行铁离子检查。检查前须用丙酮擦净被检表面，检查液配方为：铁氰化钾 $K_3[Fe(CN)]3g$ ＋盐酸 20mL ＋蒸馏水 75mL。若检查液保持原来的橙色，表明钛表面无污染，如果检查液颜色变蓝，则有铁污染，再用丙酮重新反复擦拭，去除铁离子，直至恢复橙色为止。

⑧ 钛－钢复合板设备焊后热处理。焊后热处理的目的主要在于消除焊接残余应力，稳定组织和得到最佳的力学、物理性能，热处理加热炉可采用真空电炉、电炉或气体加热炉，炉内保护气氛必须保持弱氧化性，不得为还原性。条件允许时，最好选用真空热处理，可降低氢含量和防止工件表面氧化。热处理工艺应根据钛材型号、成分、原始状态和结构使用要求等，可进行退火、时效或淬火－时效热处理。

TSG R0004—2009《固定式压力容器安全技术监察规程》规定，对奥氏体不锈钢和有色金属制压力容器一般不要求做焊后热处理，如有特殊要求需要进行热处理时，应当在设计图纸上注明。GB 150.4—2011 对钛或钛－钢复合板焊制压力容器是否进行焊后热处理未作说明。JB/T 4745—2002《钛制焊接容器》亦提出对钛容器一般不进行焊后热处理，当有特殊要求时，（如钛在使用介质条件下具有明显的应力腐蚀开裂敏感性时，或容器由钛－钢复合板制成，而钢基层要求焊后热处理时），则按图样规定进行。设备的热处理应在焊接合格后和水压试验前进行。

实际应用中，对于钛－钢复合板制压力容器，当工作物料为极度或高度危害的介质，并对钛材料构成应力腐蚀开裂威胁时（如介质为甲醇、三氯乙烯、四氯乙烯、尿吡啶等），应当进行焊后热处理。另外，对于换热设备当其焊后分程隔板或管箱侧向开口超过 1/3 筒体内直径时，应视具体情况考虑进行焊后热处理，以减少焊接结构应力、避免结构变形，以保证管箱密封性要求。

钛及钛－钢复合板制设备热处理温度一般选在材料再结晶温度以下，保温时间根据钛材厚度决定。例如对钛材（Ta1、Ta2 等）热处理退火温度为 550～680℃，退火保温时间由工件厚度确定：厚度≤1.5mm，保温 15min；厚度＝1.6～2.0mm，保温 20min；厚度＝2.1～6.0mm，保温 25mm。

（7）钛－钢复合板在石化行业的应用

钛及钛合金材料用于制造压力容器有全钛、钛衬里、钛－钢复合板三种结构形式，全钛设备为钛材承受介质压力和腐蚀，钛-钢复合板或钛衬里制设备则是由外壳(碳钢或低合金钢等)承受介质压力，钛复层只承受介质的腐蚀。与全钛设备及钛衬里设备比较，钛-钢复合板设备承压能力和使用温度较高，可制造设计压力不大于35MPa的压力容器，一般情况下工作温度范围为205～350℃；而全钛设备为压力＜0.5MPa、温度＜150℃；钛衬里设备为压力1～1.5MPa、温度＜205℃。

钛-钢复合板制设备在石油化工行业诸多生产工艺中(如尿素、对苯二甲酸、己内酰胺、氯碱、纯碱、顺酐、丙酮、醋酸仲丁酯、乙醛、乙酸等装置)皆有广泛应用，多用来制造反应器、塔器、容器壳体以及换热设备管箱，如聚酯氧化反应器、醋酸脱水塔、尿素合成塔、PTA氧化反应器与加氢反应器、醋酸仲丁酯反应器以及管箱、管板等)。为了保证钛-钢复合板设备安全运行，标准规范和设计技术要求对钛复层中特殊元素(O、H、N、C、Fe等)含量有一定限制，一般规定钛材的铁含量应低于0.05%。有关资料介绍了钛材使用介质的范围(表3-80)，钛材中化学元素对机械性能与耐蚀性能的影响(见表3-81)，以及石化设备常用钛材的性能与使用范围(见表3-82)，可供选用参考。

表3-80 纯钛使用介质分类

项　目	使用介质
可以使用介质	硝酸、铬酸等氧化性介质，醋酸、对苯二甲酸等大部分有机酸，尿素、海水、盐类溶液，含 Cl^-、Br^- 介质，湿氢、稀碱、烯烃、油品
有腐蚀，但加缓蚀剂，或耐蚀钛合金可以使用的介质	盐酸、硫酸、高温65%硝酸、磷酸、高温高浓柠檬酸、葡糖酸、草酸、＞10%甲酸
不能使用介质	氢氟酸、氟化物、醋酐、醛化液、浓碱、液溴
严禁使用介质	发烟硝酸、N_2O_4、干氯、液氧、＞30%过氧化氢、含HCl的甲醇、＜2%水、＞315℃的 H_2

表3-81 钛材中化学元素的作用

元素	对机械性能的影响	对腐蚀性能的影响
Fe	提高强度、降低塑性	促进吸氢与氢脆、在焊缝区域会形成富Feβ相，造成选择性腐蚀
O	提高强度、降低塑性和韧性	一般对耐蚀性能影响不大，但如含量过低在高温高浓含卤介质中会产生点蚀
H	提高强度、硬度、降低韧性、增加脆性	会形成 TiH_2，应力敏感，产生氢脆和SCC
Pd	加入微量对力学性能影响甚小	降低氢超电压，沉积在钛表面作为微阴极，提高抗稀还原性介质耐蚀性，增加抗缝隙腐蚀能力
Mo	β稳定元素、提高强度	改善还原性介质中的耐蚀性，但增加氧化性介质的腐蚀倾向
Ni	β稳定元素、提高强度	形成 Ti_2Ni 作阴极相，提高抗缝隙腐蚀能力
Al	α稳定元素、提高比强度与高温强度	会降低钛合金保护膜作用，而且产生 Ti_3Al 析出使耐蚀性下降
V	β稳定元素，阻碍Ti-Al合金中脆性相形成，且改善热加工性能提高塑性，且可固溶时效进一步提高强度	能提高还原性介质中的耐蚀性，有利于钛钝化，并抑制Ti-Al合金中 Ti_3Al 析出

表 3-82　石化设备常用钛材的性能与使用范围

钛牌号	组织	性能特点	使用范围	最高使用温度
TA1	α	在氧化性、中性与缓蚀剂共存的还原性环境中具有良好的耐蚀性，强度较低，最小抗拉强度为343.2MPa	可用于要求具有较高的塑性或冷冲压性能，以及低温场合，如板式换热器和深冷设备	全钛设备150℃，衬钛205℃，复合钛350℃
TA2	α	耐蚀性同TA1，综合力学性能适中，最小抗拉强度为441.3MPa	广泛用于制造石化设备壁厚<14mm的壳体、封头等受压元件，如换热器、反应器、塔器等	全钛设备150℃，衬钛205℃，复合钛350℃
TA3	α	耐蚀性同TA1，最小抗拉强度为539.3MPa，强度较高，塑性较差	用于制造不需深度冷冲压的零部件，如换热器的全钛管件与紧固件	全钛设备150℃，衬钛205℃，复合钛350℃
Ti-0.2Pd	α	对氧化性、弱还原性和氧化还原交替介质中具有良好的耐蚀性，综合力学性能近于TA1	用于易产生缝隙腐蚀的设备部位与部件，如作法兰密封面	全钛设备150℃，衬钛205℃，复合钛350℃
Ti-0.8Ni-0.3Mo	α+少量β	对氧化性、弱还原性介质具有较好的耐腐蚀性，但次于Ti-0.2Pd，强度同TA3，具有较高的中温强度	可代替Ti-0.2Pd作易产生缝隙腐蚀部件，也可用作较高温度下工业纯钛不耐蚀低pH值氧化物、稀还原性酸液的受压设备部件	350℃
Ti-6Al-4V	α+β	耐蚀性良好，但稍次于工业纯钛，可热处理强化，有较好的耐热性，退火状态抗拉强度≥882.5MPa	可作承受较高应力或要求比强度高，又需要一定耐蚀性的零部件。如阀门、锻件、紧固件、各种容器、泵、低温部件	400℃
Ti-32Mo	β	耐还原性介质性能好，但对氧化性介质耐蚀性差，强度较高，抗拉强度可达882.5MPa，加工性能差	用于腐蚀条件苛刻，零件加工要求简单的锻铸件	

3. 铜-钢复合板的焊接

(1) 铜-钢复合板简介

铜-钢复合板在石油化工、制药等工业领域有较多应用，它是以碳钢、低合金钢为基层，铜或铜合金为覆层，经过爆炸复合或轧制复合制成的双金属板材，总厚度一般为8～30mm。复合板的基层是为了满足结构强度、刚度、韧性等要求，覆层可满足结构对耐蚀性或其他特殊性能的要求。铜-钢复合板基层和覆层所用的材料类型见表3-83。

表 3-83　铜-钢复合板的材料牌号及化学成分

覆层材料		基层材料	
牌号	化学成分规定	牌号	化学成分规定
Tu1	GB/T 5231—2001	Q235	GB/T 700—2006
T2		Q245R、Q345R	GB 713—2008
B30		Q345(16Mn)	GB/T 1591—2008
		20	GB/T 699—1999

(2) 铜-钢复合板焊接特点

铜-钢复合板覆层与基层材料的物理性能（如线膨胀系数，热导率）相差很大，铜的线膨胀系数比钢大40%左右，焊接时焊缝处易产生裂纹和未焊透；覆层易氧化形成低熔点共晶体（$Cu+Cu_2O$等）分布在晶界上，使焊接接头塑性降低，产生热裂纹；由于基层材料对过渡区焊缝合金成分的稀释作用，不仅使覆层的导电性降低，还会促使焊缝产生气孔、裂纹等焊接缺陷。此外，液态铜或铜合金对基层钢的晶界有强烈的渗透作用，在拉应力作用下易形成渗透裂纹。

(3) 铜-钢复合板焊接工艺

铜-钢复合板对接焊缝坡口形式如图3-25所示，图(a)为基板的焊接坡口，焊接后用风铲清根，图(b)为过渡层和覆层焊接坡口。

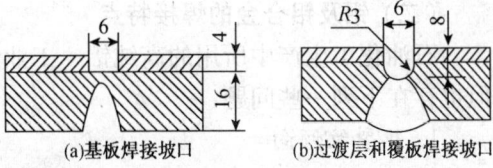

图3-25 铜-钢复合板对焊接缝坡口形式

铜-钢复合板焊接时，覆层焊丝的选择原则是保证焊缝金属具有较好的力学性能、耐蚀性和抗气孔性能，以及抗裂性、焊接工艺性、导电性等。过渡层焊丝的选用原则是要与铜和钢都有很好的冶金相容性，在这类焊接材料中，以镍和镍合金较好，因为镍和铜以及镍和铁在固态和液态都能无限固溶，形成连续固溶体。

(4) 焊接工艺要点

铜-钢复合板宜采用氩气保护焊，例如采用体积分数为$He+25\%Ar$的氦氩混合气体作为保护气，施焊过程中最好选用温度高、热量集中的焊接热源。焊接参数见表3-84。

表3-84 氦-氩混合气体保护焊焊接参数

焊缝层次	焊接电流/A	电弧电压/V	焊接速度/(mm/min)	送丝速度/(mm/min)	气体流量/(m³/h)
过渡层	360~380	17~18	100	900	0.25+0.25
覆(钢)层	380~400	18	100	1600	0.3+0.3

第七节 有色金属的焊接

一、铝及铝合金的焊接

(一) 铝及铝合金简介

铝及铝合金具有优异的物理特性和力学性能，其密度低、比强度高、导热率和电导率高，具有良好的耐腐蚀性能。与其他金属材料比较，其焊接工艺特点主要是：在空气中及焊接时极易氧化，生成的氧化物（Al_2O_3）熔点高、非常稳定，氧化膜能吸潮、不易去除、妨碍焊接和钎焊过程进行，焊接接头易生成气孔、夹杂、未熔合、未焊透等缺陷；由于其比容热、电导率、热导率比钢大，焊接时热输入将向母材迅速流失，熔焊时需采用高度集中的热源，采用电阻焊时则需要特大功率的电源；铝及其合金的线胀系数比钢大，焊接加热时变形趋势大，需采取预防变形的措施。

铝及铝合金按其成材方式可分为铸造铝合金和变形铝合金，变形铝合金有防锈铝合金、硬铝合金、锻铝合金和超硬铝合金等。其中在石油化工生产中应用最多的是防锈铝合金及少部分硬铝合金。

铝及铝合金按合金化系列分为工业纯铝系（1×××）、Al-Cu系（2×××）、Al-Mn系（3×××）、Al-Si系（4×××）、Al-Mg系列（5×××）、Al-Mg-Si系（6×××）、

Al-Zn-Mg-Cu系(7×××)及其他系(8×××)。按强化方式可分为热处理强化铝及铝合金与热处理不可强化铝及铝合金,前者既可热处理强化亦可变形强化,后者仅可变形强化。

GB/T 3190—2008、GB/T 3880.1~3880.3—2006 和 GB/T 1673—1995 分别规定了变形铝合金牌号、化学成分、力学性能及铸造铝合金牌号、化学成分。见附录 C 表 C-56~表 C-59。

(二) 铝及铝合金的焊接特点

石油化工生产中所用的高纯铝、工业纯铝和防锈铝等铝及铝合金皆具有良好的可焊性,但也存在下列一些问题:

1. 热裂纹倾向

由于铝合金是共晶型结晶,当所含合金的结晶区间较大时,在快速加热和冷却的条件下,焊缝内的合金元素易产生偏析而形成低共熔共晶体;同时,由于铝及其合金线胀系数大,焊接时引起较大的焊接应力。在此两因素作用下,导致近缝区母材出现沿晶开裂,产生焊接热裂纹。同样的理由,由于母材内的成分在焊接热循环作用下所形成的低熔点共晶体也会形成近缝区母材液化裂纹或多层焊时前层金属形成液化裂纹。结晶裂纹和液化裂纹都是焊接热裂纹,其危险性在于将会严重破坏焊接接头的连续性,造成应力集中,成为焊接接头及焊接结构低应力脆性断裂、疲劳断裂及焊接裂纹延迟扩展的裂源。通常,硬铝的热裂纹倾向较大,但纯铝和防锈铝焊接时也有热裂纹倾向。因此,应考虑合理的焊缝合金系统,适当选用焊接材料,并加入变质剂以细化晶粒。另外,为防止焊缝中结晶裂纹和近缝区液化裂纹,应采用热源集中的焊接方法和采用较小的焊接电流,选用抗热裂能力较强的焊丝,以及选用拘束度较小的结构形式,因拘束度过大,即使材料焊接性良好,也可能因焊接应力过大而发生焊缝撕裂。此外,为减小焊接时热裂倾向,对于铝合金焊接结构,必须合理选择材料,应着重选用综合性能(包括强度、延性、断裂韧度、成形性及焊接性、耐蚀性等),优先选用焊接性能良好的变形强化铝合金或热处理强化铝合金,如 Al-Mg、Al-Cu-Mn、Al-Zn-Mg 系 5A05、5A06、2219、7005 等牌号铝合金。

2. 气孔敏感性

气孔是铝及铝合金熔焊时常见的缺陷。各种铝及铝合金牌号不同,焊接时产生气孔的程度也不同。铝在焊接时的氢气来源很多,例如焊件及焊丝表层的含水氧化膜及油污、汗迹等碳氢化合物;工业大气和惰性气体内所含的杂质和水分;附在焊丝输送系统内的水分;母材及焊丝自身所含的氢等。焊接时氢进入熔池,且溶解度大,当熔池凝固时,溶解度突然减小,氢通过气泡成核、长大、上浮而逸出熔池表面或残留于凝固的焊缝金属内(视焊缝冷却速度和气泡上升速度而定)。如果焊接速度及焊缝冷却速度较低,熔池存在时间较长,氢气泡大部分上浮并逸出熔池表面,否则将滞留在焊缝内部,形成焊缝气孔。此外,熔合区气孔一般位于熔合线焊缝一侧,多呈孔(洞)形态,此处的氢来自母材,焊接时固态母材所含的氢向熔池扩散和溶解,当熔池快速结晶时,氢来不及逸出,即形成熔合区气孔。

焊缝及熔合区气孔是铝及铝合金焊接中常见的多发性缺陷,一般可采用以下预防措施:

① 控制母材及焊丝自身的含氢量,高质量铝材和焊丝自身的含氢量宜控制为每100g金属内含氢不超过0.4mL。

② 焊件表面应经机械清理或化学清洗,彻底去除油污及含水氧化膜。焊件表面清洗后,存放时间不能超过4~24h,否则需重新清洗。

③ 控制保护气体(惰性气体)中杂质气体含量：$H_2 < 0.001\%$、$O_2 < 0.02\%$、$N_2 < 0.1\%$、$H_2O < 0.02\%$，保护气体露点不高于 -55℃。合理选择惰性气体管路的材质及焊丝输送机构，以及合理控制焊接环境温度和湿度(温度不宜超过25℃，相对湿度不宜大于50%)。如果整体内的温度、湿度控制有困难，须创造能空调和去湿的局部小环境，以利于保证焊接质量。

④ 焊接结构设计，应避免采用横焊、仰焊及可达性差的接头，以免焊接时突然断弧，在断弧处滋生气孔。接头设计应便于实施自动焊，以代替引弧、熄弧、焊道接头频繁的手工焊，以减少气孔发生率。对于凡可实施反面坡口的部位可设计成反面 V 形坡口形式。

⑤ 采用焊前预热、及减缓散热措施，焊前预热可延长熔池存在时间，便于氢气泡逸出，消除或减少焊缝气孔。对于退火状态的 Al、Al—Mn 及 $w(Mg) < 5\%$ 的 Al—Mg 合金，预热温度为 100~150℃；对于固溶时效强化的 Al—Mg—Si、Al—Cu—Mg、Al—Cu—Mn、Al—Zn—Mg 合金，预热温度一般不超过100℃。减缓散热的方法为选用热导率低的材料(如钢)制造胎具、夹具及焊缝垫板(如采用不锈钢，钛及钛合金等)。

⑥ 选择焊接方法。铝及铝合金的焊接应优先选用钨极交流氩弧焊、钨极直流正极性短弧氦弧焊、极性及参数非对称调节的变极性钨极方波交流氩弧焊、等离子弧焊及等离子弧立焊等焊接方法。采用前两种方法时，电弧过程稳定，环境大气混入弧柱及熔池的几率小，气孔敏感性较低。采用变极性钨极方波交流氩弧焊、等离子弧焊时，阴极雾化充分，焊接过程中可排除气孔和夹杂物，气孔敏感性亦较低，甚至可获得无缺陷焊缝。

⑦ 优选焊接参数。铝及铝合金的焊接宜采用降低电弧电压、增大焊接电流和降低焊接速度等工艺方法，以有利于减小熔池内溶解氢含量，延长熔池停留时间，减缓熔池冷却速度，便于氢气逸出，减少焊缝气孔。

⑧ 选择焊接操作方法。铝及铝合金焊接及补焊过程中对焊缝气孔的预防，很大程度上取决于焊接操作技艺和方法。例如，采用自动焊时，为促使氢气从熔池逸出，减少气孔，可采用适当的机械或物理方法搅拌熔池[如超声搅拌、电磁搅拌、脉冲换气(氩、氦)、脉冲送丝等]。在起焊及定位焊时，宜采用引弧板及定位焊起弧后稍作滞留，然后填充焊丝，以免产生未焊透及气孔。由于单面焊时背面焊根处易产生根部气孔，最好采用反面坡口双面焊。对于多层焊，宜采用薄层焊道，以减少每层熔池中熔化金属，便于氢气泡逸出。

3. 极易氧化及焊接操作困难

由于 Al 的化学性质活泼，在空气中及焊接时极易氧化，且熔点高，所生成的氧化物 (Al_2O_3) 薄膜不仅阻碍基本金属熔化以及阻止与焊缝金属熔合，而且使焊缝生成夹渣和气孔，因此必须严格焊前清理和加强焊接区的保护，以防止在焊接过程中继续形成新生的氧化物。此外由于铝的高温强度低、塑性差，铝对光、热的反射能力较强，熔化前后由固态转变为液态时，无塑性过程和明显色泽变化，使操作难于掌握，即在进行熔焊或钎焊人工操作时较难判断。

(三) 铝及铝合金的焊接工艺及焊接规范

1. 焊接方法的选择

铝及铝合金的焊接可采用熔焊(钨极氩弧焊、等离子弧焊、焊条电弧焊、电渣焊、气焊等)、接触焊、钎焊、冷压焊等各种焊接方法，其中以氩弧焊(钨极氩弧焊、熔化极氩弧焊、熔化极脉冲氩弧焊)和等离子弧焊应用较广泛。大厚度工件可采用电渣焊,气焊在薄件焊接中仍常采用。对于薄板焊接结构,一般宜采用接触焊,不宜采用熔焊方法(形状复杂的构件除外)。

铝及铝合金各种焊接方法的适用性见表3-85。表中所列出的铝及铝合金牌号系旧牌号,其类别、名称、代号及化学成分列于表3-86。新旧牌号对照参见附录C"表C-56"。由表3-85可以看出;由于铝及铝合金的化学活泼型及导热性强,具有热量集中且保护良好的氩弧焊及等离子弧焊特别适用。

表3-85 铝及铝合金各种焊接方法的适用性

焊接方法	适用厚度/mm	适 用	较适用	尚适用	不适用
钨极氩弧焊(手工、自动)	1~10	Lo1、Lo2、L1~L3、LF2、LF3、LF5、LF6、LF21			Lv16
熔化极氩弧焊(半自动、自动)	≥3	Lo1、Lo2、L1~L3、LF2、LF3、LF5、LF6、LF21		Ly16	
熔化极脉冲氩弧焊(半自动、自动)	≥0.8	Lo1、Lo2、L1~L3、LF2、LF3、LF5、LF6、LF21		Ly16	
等离子弧焊	1~10	Lo1、Lo2、L1~L3、LF2、LF3、LF5、LF6、LF21		Lv16	
手工电弧焊	3~8		L1~L3、LF21	LF2、LF3、LF5、LF6、Ly16	
气焊	0.5~10	L1~L3、LF21	LF3、LF3		LF5、LF6、Ly16

表3-86 铝及铝合金常用牌号及化学成分(质量分数)   %

类别	名 称	代号	Al	Mg	Mn	其 他	杂质(不大于)				
							Fe	Si	Fe+Si	其他	总和
高纯铝	1号高纯铝	Lo1	>99.9				0.060	0.060	0.095	Cu:0.005	0.10
	2号高纯铝	Lo2	>99.8				0.100	0.080	0.192	Cu:0.008	0.15
工业纯铝	1号工业纯铝	L1	99.7				0.160	0.160	0.260	Cu:0.010	0.30
	2号工业纯铝	L2	99.6				0.250	0.200	0.360	Cu:0.010	0.40
	3号工业纯铝	L3	99.5				0.300	0.300	0.450	Cu:0.015	0.50
防锈铝	2号防锈铝	LF2	余量	2.0~2.8	0.9~1.4	或用Cr0.15~0.4代Mn	0.400	0.400	0.600	0.100	0.89
	3号防锈铝	LF3	余量	3.2~3.8	0.3~0.6		0.500			0.100	0.85
	5号防锈铝	LF5	余量	4.0~5.5	0.3~0.6		0.500	0.500		0.100	
	6号防锈铝	LF6	余量	5.8~6.8	0.5~0.8	Ti:0.02~0.10 Be:0.0001~0.005	0.400	0.400		0.100	
	11号防锈铝	LF11	余量	4.8~5.5	0.3~0.6	Ti:0.02~0.10 或V:0.02~0.20	0.500	0.500		0.100	1.35
	21号防锈铝	LF21	余量		1.0~1.6		0.700	0.600		0.1000	1.15
硬铝	16号硬铝	LY16	余量		0.4~0.8	Cu:6.0~7.0 Ti:0.1~0.2	0.300	0.300		0.100	1.05

(防锈铝 铝镁合金 / 21号防锈铝 铝锰合金 / 16号硬铝 铝铜锰合金)

2. 焊接材料的选用

(1) 焊丝

按 GB/T 3669—2001《铝及铝合金焊条》及 GB 10858—2008《铝及铝合金焊丝》分为电焊条芯及焊丝两个类别(美国 ANSI/AWS 标准分为电极丝 E、填充丝 R 及电极-填充兼用丝 ER 三类),铝及铝合金焊条芯及焊丝的化学成分见附录 C "表 C-60"及"表 C-61.1",铝及铝合金焊丝型号对照见附录 C "表 C-61.2"。焊丝的选择主要应根据材料种类、焊接接头的抗裂性与力学性能以及耐蚀性等因素考虑。熔焊时常用的焊丝与母材匹配关系见表 3-87,异种铝及铝合金焊接时的焊丝选用见表 3-88,铝和铝合金焊丝见表 3-89。

表 3-87 各种铝材焊接用焊丝

母材	L1	L2	L3~L5	L6	LF2	LF3	LF5	LF6	LF21	ZL10	ZL12	LY11
焊丝	L1	L1 或 SAl-2	L3 SAl-2 SAl-3	SAl-2 SAl-3	LF2 LF3	LF3 LF5 LF6 SAlMg5	LF5 LF6 SAlMg5	LF6 LF14①	LF21 SAlMn1 SAlSi5	ZL10	ZL12	LY11

注:① LF14 是在 LF6 中添加合金元素 Ti(0.13%~0.24%)的焊丝。

表 3-88 异种 Al 及 Al 合金焊接用焊丝

母材组合	焊 丝	母材组合	焊 丝
(L2~L6)与 LF21	LF21 或 SAlSi5 或与母材相同的纯 Al 丝	LF21 与 ZL7	ZL7 或 SAlMg5
LF21 与 LF2	LF3 或 SAlMn1、SAlSi5	LF21 与 ZL10	ZL10 或 SAlMg5
LF21 与 LF3	LF5 或 SAlMg5	LF21 与 ZL12	2L12 或 SAlMg5
LF6 与 LF11、LF5	LF6	(L1~L6)与 LF2、LF3	SAlMg5 或与母材相同的纯 Al 丝
LF3 与 LF5、LF11	LF5		

(2) 保护气体

铝及铝合金气体保护焊只能采用惰性气体,即氩气或氦气,其纯度(体积分数)一般应大于 99.8%,其中 N_2、O_2、H_2O 含量应分别小于 0.04%、0.03%、0.07%,否则易产生气孔缺陷。由于氦的密度、电离电位及其他物理参数均比氩高,故氦弧发热量比氩弧大,有利于熔焊时深熔。对于 TIG 焊,交流加高频焊时宜采用纯氩,直流正接焊时采用氦气。对于熔化极惰性气体保护焊(MIG),当焊件厚度小于 25mm 时宜用纯氩;厚度为 25~50mm 时,可在氩气中添加 10%~35%氦气;板厚 50~75mm 时,宜在氩气中添加 10%~35%或 50%氦气;板厚大于 75mm 时,需在氩气中添加 50%~75%氦气。随着焊件厚度增加,氩-氦混合气体中氦气的比例需适当增加,以保证熔深。

(3) 电极

铝及铝合金钨极氩弧焊时,可用的电极材料有纯钨、钍钨、铈钨、锆钨等,其中铈钨极因具有电子逸出功低,易于引弧,化学稳定性高,允许电流密度大,无放射性等优点,应用较普遍。锆钨极由于不易污染基体金属(母材),电极尖端易保持半球形适用于交流氩弧焊。纯钨极因易受铝污染、电子发射能力较差,及钍钨极因具有一定放射性,一般皆使用较少。各种钨极的成分及特点见表 3-90。

(4) 焊剂

铝及铝合金气焊、碳弧焊过程中,熔化金属表面易氧化生成一层氧化膜,会导致焊缝产生夹杂物,妨碍基体金属与填充材料熔合,使焊接过程难以正常进行。为保证焊接质量,需用焊剂去除氧化膜及其他杂质。

表 3-89　铝和铝合金焊丝 (GB/T 10858—2008)

焊丝型号	化学成分代号	化学成分(质量分数)/%											其他元素	
		Si	Fe	Cu	Mn	Mg	Cr	Zn	Ga, V	Ti	Zr	Al	Be	单个	合计
铝															
SAl 1070	Al 99.7	0.20	0.25	0.04	0.03	0.03		0.04	V 0.05	0.03		99.70		0.03	—
SAl 1080A	Al 99.8(A)	0.15	0.15	0.03	0.02	0.02		0.06	Ga 0.03	0.02		99.80		0.02	—
SAl 1188	Al 99.88	0.06	0.06	0.005	0.01	0.01		0.03	Ga 0.03 V 0.05	0.01		99.89	0.0003	0.01	—
SAl 1100	Al 99.0Cu	Si+Fe 0.95		0.05~0.20	0.05	—		0.10	—	—	—	99.00		0.05	0.15
SAl 1200	Al 99.0	Si+Fe 1.00		0.05	0.05	—		0.10	—	0.05	—	99.00		0.05	0.15
SAl 1450	Al 99.5Ti	0.25	0.40	0.05		0.05		0.07	—	0.10~0.20		99.50		0.03	—
铝铜															
SAl 2319	AlCu6MnZrTi	0.20	0.30	5.8~6.8	0.20~0.40	0.02	—	0.10	V 0.05~0.15	0.10~0.20	0.10~0.25	余量	0.0003	0.05	0.15
铝锰															
SAl 3103	AlMn1	0.50	0.7	0.10	0.9~1.5	0.30	0.10	0.20	—	—	Ti+Zr 0.10	余量	0.0003	0.05	0.15
铝硅															
SAl 4009	AlSi5Cu1Mg	4.5~5.5	0.20	1.0~1.5	0.10	0.45~0.6		0.10		0.20		余量	0.0003	0.05	0.15
SAl 4010	AlSi7Mg	6.5~7.5		0.20		0.30~0.45									
SAl 4011	AlSi7Mg0.5Ti					0.45~0.7				0.04~0.20			0.04~0.07	0.05	0.15
SAl 4018	AlSi7Mg		0.05		0.50~0.8				0.20						
SAl 4043	AlSi5	4.5~6.0	0.8		0.05	0.05		0.10				余量		0.05	0.15
SAl 4043A	AlSi5(A)		0.6		0.15	0.20									
SAl 4046	AlSi10Mg	9.0~11.0	0.50	0.30	0.40	0.20~0.50		0.20		0.15					
SAl 4047	AlSi12	11.0~13.0	0.8		0.15	0.10				—					
SAl 4047A	AlSi12(A)		0.6			0.15	0.15			0.15					
SAl 4145	AlSi10Cu4	9.3~10.7	0.8	3.3~4.7		0.15									
SAl 4643	AlSi4Mg	3.6~4.6	0.8	0.10	0.05	0.10~0.30		0.10		0.15					

第三章 压力容器用材料的焊接

续表

焊丝型号	化学成分代号	化学成分(质量分数)/%											其他元素	
		Si	Fe	Cu	Mn	Mg	Cr	Zn	Ga, V	Ti	Zr	Al	Be	单个	合计
		铝镁												
SAl 5249	AlMg2Mo0.8Zr	0.25	0.40	0.05	0.50~1.1	1.6~2.5	0.30	0.20		0.15	0.10~0.20	余量	0.0003	0.05	0.15
SAl 5554	AlMg2.7Mn			0.10	0.50~1.0	2.4~3.0	0.05~0.20	0.25		0.05~0.20					
SAl 5654	AlMg3.5Ti	Si+Fe 0.45		0.05	0.01	3.1~3.9	0.15~0.35	0.20	—	0.05~0.15			0.0005		
SAl 5654A	AlMg3.5Ti												0.0003		
SAl 5754[①]	AlMg3	0.40			0.50	2.6~3.6	0.30			0.15					
SAl 5356	AlMg5Cr(A)		0.40 || 0.10	0.05~0.20	4.5~5.5		0.10		0.06~0.20			0.0005		
SAl 5356A	AlMg5Cr(A)												0.0003		
SAl 5556	AlMg5Mn1Ti	0.25			0.50~1.0	4.7~5.5	0.05~0.20	0.25		0.05~0.20			0.0005		
SAl 5556C	AlMg5Mn1Ti												0.0003		
SAl 5556A	AlMg5Mn				0.6~1.0	5.0~5.5		0.20					0.0005		
SAl 5556B	AlMg5Mn												0.0003		
SAl 5183	AlMg4.5Mn0.7(A)	0.40			0.50~1.0	4.3~5.2	0.05~0.25	0.25		0.15			0.0005		
SAl 5183A	AlMg4.5Mn0.7(A)												0.0003		
SAl 5087	AlMg4.5MnZr	0.25		0.05	0.7~1.1	4.5~5.2					0.10~0.20		0.0005		
SAl 5187	AlMg4.5MnZr														

注: 1. Al的单值为最小值, 其他元素单值均为最大值。
2. 根据供需双方协议, 可生产使用其他型号焊丝, 用SAlZ表示, 化学成分代号由制造商确定。

① SAl 5754中(Mn+Cr): 0.10~0.60。

表 3-90　钨极惰性气体保护焊钨极的成分及特点

钨极牌号		化学成分(质量分数)/%							特　点
		W	ThO_2	CeO	SiO	$Fe_2O_3+Al_2O_3$	MO	CaO	
纯钨极	W_1	>99.92	—	—	0.03	0.03	0.01	0.01	熔点和沸点高，要求空载电压较高，承载电流能力较小
	W_2	>99.85	—	—	(总含量不大于0.15)				
钍钨极	WTh-10	余量	1.0~1.49	—	0.06	0.02	0.01	0.01	加入了氧化钍，可降低空载电压，改善引弧稳弧性能，增大许用电流范围，但有微量放射性，不推荐使用
	WTh-15	余量	1.5~2.0	—	0.06	0.02	0.01	0.01	
铈钨极	WCe-20	余量	—	2.0	0.06	0.02	0.01	0.01	比钍钨极更易引弧，钨极损耗更小，放射性剂量低，推荐使用

气焊、碳弧焊所用焊剂是各种 K、Na、Li、Ca、Ba 等元素氯化物和氟化物粉末混合物，其成分以 KCl、NaCl 为主，加上 NaF、LiCl、$BaCl_2$ 等组成。附录 C"表 C-62"列出了铝及铝合金气焊、碳弧焊常用的焊剂配方。在采用气焊或碳弧焊方法焊接角接、搭接等接头时，为有效除净焊件上的熔渣，宜选用表中 8#焊剂。AlMg 合金焊接用焊剂不宜采用含有 Na 的组成物焊剂，宜选用表中第 9#、10#焊剂。

3. 铝及铝合金焊接规范

(1) 焊前及焊后清理

焊前清洗有化学清洗和机械清洗两种方法。化学清洗方法效率高、质量稳定，但对于较大构件整体清洗不方便，适用于清洗焊丝及中小型尺寸并成批生产的构件，化学清洗法见表 3-91 所示。机械清洗适用于尺寸较大、生产周期较长、多层焊或化学清洗后又易被沾污的构件，机械清洗前应先用有机溶剂(丙酮或汽油)擦拭表面以除去油污，然后直接用 $\phi0.15mm$ 的不锈钢丝刷清理到露出金属光泽，不宜用砂轮或砂纸打磨，以免焊接时产生夹渣等缺陷。

表 3-91　铝及铝合金的化学清洗法

焊丝 \ 工序	除油	碱洗			冲洗	中和光化			冲洗	干燥
		溶液	温度/℃	时间/min		溶液	时间/min	温度/℃		
纯铝	汽油、丙酮、四氧化碳、磷酸三钠	6%~12% NaOH	40~60	≤20	流动清水	30% HNO_3	1~3	室温或 40~60℃	流动清水	风干或低温干燥
铝镁、铝锰合金		6%~10% NaOH	40~60	≤7	流动清水	30% HNO_3	1~3	室温或 40~60℃	流动清水	风干或低温干燥

铝及铝合金焊件经焊前清洗后一般应在 4~8h 内施焊，否则需重新清洗。

对于采用气体或焊条电弧焊的铝及铝合金焊接接头，需进行焊后清理，以去除残存的熔渣和溶剂，避免残渣中氯离子及氟离子对接头的强烈腐蚀，清理液通常采用 60~80℃浓度为 2%~3% 的铬酐水熔渣或重铬酸钾溶液。构件清理后必须烘干或用热空气吹干(也可自然干燥)，并用 5% $AgNO_3$ 溶液检验清理效果，以焊件表面不出现白色 AgCl 沉淀斑点为合格。

(2) 铝及铝合金气焊、碳弧焊焊接接头的设计，应尽量避免搭接、角接和丁字接头

这类接头很难清除板间隙内的残余焊剂及其反应产物。板厚在 1.5~2.0mm 以下时可采用不加填充丝的卷边接头，厚度小于 3~5mm 的薄板对接，一般不开坡口，为充分去除氧化膜，防止熔合不良及产生气孔，可采用图 3-26 所示的形式。

(3) 对于中、厚度铝及铝合金的焊接，一般宜采用熔化极惰性气体保护电弧焊(MIG)

厚度≤6mm 对接焊缝可不开坡口，但需留有 0.5mm 间隙以保证焊透；厚度 >8mm 对接

焊缝采用 V 形坡口，焊背面焊缝时应先铲焊根。对于 MIG 自动焊，必须采用垫板和安装卡具，且对清洗质量要求高。对于 Al 及 Al – Mg 合金，当采用 MIG 自动焊对接坡口较大时，需将坡口角加大到 100°左右，或采用窄间隙焊。

（4）对于钨极惰性气体保护焊(TIG)焊接接头应尽量采用对接或锁底对接形式

当母材及焊接接头断裂韧度较低，承受拉伸载荷（或动载荷）较大，结构刚性较强或零件厚度差较大时，则只应采用对接形式，不宜采用搭接、T 形接、角接或锁底对接形式（见图 3 – 27），因上述接头内有应力集中或较严重承载能力低，或难以 X 射线探伤检验，或难以完全清理残留焊剂。设计和实际应用中，对于图 3 – 27(a)所示的非对接接头形式，皆宜改为图(b)所示对接接头。如果确已无法避免非对接接头形式时，应尽量将其配置在非重要性或非危险性的接头部位（如用作承载不大、不要求射线探伤检测等不太重要的接头）。

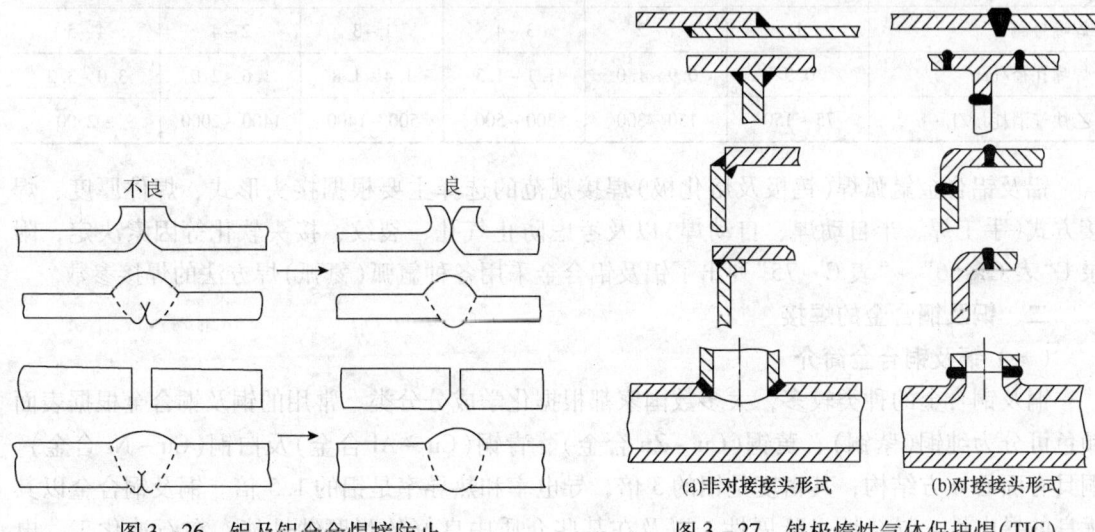

图 3 – 26　铝及铝合金焊接防止
氧化膜造成未融合的坡口形式

图 3 – 27　钨极惰性气体保护焊(TIG)
焊接接头形式

（5）焊前预热

铝及铝合金材料热导率高，熔焊时散热快，当装配件厚度及尺寸较大时，需进行焊前预热。例如采用气焊时，焊件厚度大于 5mm 以上需进行焊前预热处理，预热温度 100 ~ 300℃。采用钨极氩弧焊焊件厚度超过 10mm、熔化极氩弧焊焊件厚度超过 15mm、钨极或熔化极氦弧焊焊件厚度超过 25mm 时，焊前均需对装配件进行预热，预热温度视具体情况决定，对于未强化的铝及铝合金焊件，预热温度为 100 ~ 150℃；经强化处理的铝合金焊件及 $w(Mg)$ 达到 4% ~ 5% 的 AlMg 合金焊件，不应超过 100℃，否则会降低母材强化效果及其耐应力腐蚀开裂性能。

焊接接头焊前预热区域一般只局限在邻近焊缝的母材区。除焊件厚度是决定铝及铝合金焊接是否需要预热的主要因素外，有时为了减小应力及变形，以及预防焊缝产生气孔，也需对焊接母材和夹具预热。

（6）焊接接头及坡口形式

铝及铝合金焊接接头及坡口形式主要由焊接方法、焊接位置、焊件厚度、焊接结构使用要求、以及焊接工艺等因素决定。附录 C"表 C – 63" ~ "表 C – 65"列出了铝及铝合金常用焊接方法的焊接接头及坡口形式。

(7) 焊接规范的选择

铝及铝合金气焊时应选用中性焰或乙炔稍微过剩一点的轻微碳化焰。焊嘴大小应根据工件厚度、坡口形式等因素决定，薄铝板气焊可选择比相同厚度钢板稍小的焊嘴；对于较厚和较大铝焊件，因其散热快，应选用比同厚度钢板稍大的焊嘴。焊嘴和填充焊丝直径的选择列于表3-92。

表3-92 铝气焊时工作厚度与焊炬规格、乙炔消耗量的关系

铝板厚度/mm	1.2	1.5~2.0	3.0~4.0	5.0~7.0	7.0~10.0	10.0~20.0
焊丝直径/mm	1.5~2.0	2.0~2.5	2.0~3.0	4.0~5.0	5.0~6.0	5.0~6.0
射吸式焊炬型号	HO1~6	HO1~6	HO1~6	HO1~12	HO1~12	HO1~20
焊嘴号码	1	1~2	3~4	1~3	2~4	4~5
焊嘴孔径/mm	0.9	0.9~1.0	1.1~1.3	1.4~1.8	1.6~2.0	3.0~3.2
乙炔气消耗量/L·h^{-1}	75~150	150~300	300~500	500~1400	1400~2000	~2500

铝及铝合金氩弧焊（钨极及熔化极）焊接规范的选择主要根据接头形式、焊件厚度、焊接方式（手工焊、半自动焊、自动焊）以及考虑防止气孔、裂纹、接头软化等因素决定，附录C"表C-66"~"表C-75"列出了铝及铝合金采用各种氩弧（氦弧）焊方法的焊接参数。

二、铜及铜合金的焊接

(一) 铜及铜合金简介

铜及铜合金的种类较多，大多数国家都根据化学成分分类，常用的铜及铜合金根据表面颜色可分为纯铜（紫铜）、黄铜（Cu-Zn合金）、青铜（Cu-Al合金）及白铜（Cu-Ni合金）。铜具有面心立方结构，其密度是铝的3倍，导电率和热导率是铝的1.5倍。铜及铜合金以其优良的导电性、导热性、延展性、以及在某些介质中良好的耐腐蚀性能，在石油化工、电子、能源动力、制氧、食品等工业领域获得较广泛应用。

铜中通常可以添加大约十余种合金元素，以提高其耐蚀性、强度，并改善其加工性能。加入的元素多数以有利于形成固溶体为主，在加热及冷却过程中不发生同素异构体转变。合金元素Zn、Sn、Ni、Al、Si等可与铜固溶形成不同种类的铜合金，具有完全不同的使用性能；还可添加微量元素Mn、P、Pb、Fe、Cr、Be等，起到焊接过程中脱氧、细化晶粒及强化等作用。

常用纯铜、黄铜、青铜、白铜的牌号（或代号）、化学成分及力学性能见附录C"表C-76"~"表C-84"。

1. 纯铜

纯铜的铜含量不低于99.5%，因其呈紫红色，亦称紫铜。纯铜具有极好的导电、导热性能和良好的塑性及耐低温性能。对大气、海水以及某些石油化工中腐蚀物料、化学药品等具有良好的耐蚀性。

普通工业纯铜的牌号以"T"表示，其纯度按T1、T2……等依次降低。纯铜中无氧铜[$w(O_2) < 0.001\%$]的牌号以"TU"表示，磷脱氧铜以"TP"表示[$w(O_2) < 0.01\%$]。

纯铜在退火状态（软态）具有很好的塑性，但强度低，经冷加工变形后（硬态），强度可提高1倍，但塑性降低若干倍，经550~600℃退火后可使塑性完全恢复。对于焊接结构，

一般采用软态纯铜。纯铜的化学成分、用途及力学性能见表3-93、表3-94。

表3-93 紫铜的性能

性能指标	力学性能		物理性能							
	σ_b/MPa	δ/%	密度γ/g·cm^{-3}	熔点/℃	弹性模量E/MPa	导热系数/W·(m·K)$^{-1}$	比热容C/J·(g·C)$^{-1}$	电阻率ρ/×10^{-8}Ω·m	热胀系数α/10^{-6}K^{-1}	表面张力/×10^{-5}N·cm^{-1}
软态	196~235	50	8.94	1083	128700	391	0.384	1.68	16.8	1300
硬态	392~490	6								

表3-94 纯铜的力学性能

材料状态	拉伸强度σ_b/MPa	屈服强度σ_s/MPa	伸长度δ_5/%	断面收缩率ψ/%
软态(轧制并退火)	196~235	68.6	50	75
硬态(冷加工变形)	392~490	372.4	6	36

2. 黄铜

普通黄铜为Cu-Zn二元合金,具有比纯铜高得多的强度、硬度和耐蚀能力,并具有一定的塑性,承受热压和冷压加工性能良好,价格低于紫铜。为改善普通黄铜的力学性能、耐蚀性和工艺性能(包括铸造性、切削加工性能),可加入少量的Sn、Mn、Pb、Si、Al、Ni、Fe等合金元素(含量<4%),称为特殊黄铜(如锡黄铜、锰黄铜、铅黄铜等)。黄铜的金相组织与其中的Zn含量有关,室温下含$w(Zn)<39\%$时,为单相α固溶体,即Zn全部溶于铜中,材料具有较高的强度和塑性;当$w(Zn)=39\%\sim46.5\%$时,为$\alpha+\beta'$组织,其中β'相是以金属间化合物Cu-Zn为基的脆性固溶体,材料的强度上升、塑性下降,难以承受冷加工。如果再提高黄铜中Zn含量,则出现纯β'相,此时的室温单相β'合金因性能太脆而不能应用。

根据工艺性能,力学性能及用途,黄铜可分为压力加工用黄铜和铸造用黄铜两大类。压力加工黄铜的代号以"H"开头,其后数字是铜的平均含量;三元以上的黄铜用"H"加第二主添元素符号及除Zn以外的成分数字,如HMn58-2表示$w(Cu)=58\%$,$w(Mn)=2\%$;铸造黄铜的牌号以"ZH"开头,后面是主要添加合金元素符号及除Zn以外的名义百分含量,如ZHSi80-3表示为$w(Cu)=80\%$,$w(Si)=3\%$。常用黄铜的化学成分、应用范围及力学、物理性能分别见表3-95和表3-96。

3. 青铜

青铜包括的品种很广泛,实际上是除Cu-Zn、Cu-Ni合金以外的铜基合金,即凡是不以Zn、Ni为主要组成元素而是以Sn、Al、Si、Pb、Be等合金元素为主要组成成分的铜合金统称青铜。常用的青铜有锡青铜(Cu-Sn合金)、铝青铜(Cu-Al合金)、硅青铜(Cu-Si合金)、锰青铜(Cu-Mn合金)、铍青铜(Cu-Be合金)等。青铜大多为单相组织,无同素异构转变,某些青铜还可以通过热处理来改变其性能。为了获得某些特殊性能,青铜中还可加入少量其他元素(如Zn、P、Ti、Cr、Pb、Ni等)。

青铜所加入的合金元素含量与黄铜一样均控制在铜的溶解度范围内,所获得的合金基体是单向组织。青铜的强度和耐磨性能比锰铜及大部分黄铜高,且具有一定的塑性。除铍青铜外,其他青铜的导热性低于紫铜和黄铜几倍至几十倍,其结晶区间窄,故大大改善了焊接性,广泛用于耐蚀的机械结构、铸件及堆焊材料。

表 3-95 常用铜合金的化学成分和应用范围

材料名称		牌号	化学成分/%（质量分数）								应用范围
			Cu	Zn	Sn	Mn	Al	Si	Ni+Co	其他	杂质≤	
黄铜	压力加工黄铜	H68	67.0~70.0	余	—	—	—	—	—	—	0.3	弹壳、冷凝器等
		H62	60.5~63.5	余	—	—	—	—	—	—	0.5	散热器、垫圈、弹簧等
		H59	57.0~60.0	余	—	—	—	—	—	—	0.9	热压及热冲零件
		HPb59-1	57.0~60.0	余	—	—	—	—	—	Pb0.8~1.9	0.75	热冲压和切削零件
		HSn62-1	61.0~63.0	余	0.7~1.1	—	—	—	—	—	0.3	船舶零件
		HMn58-2	57.0~60.0	余	—	1.0~2.0	—	—	—	—	1.2	海轮和弱电流工业用零件
		HFe59-1-1	57.0~60.0	余	0.3~0.7	0.5~0.8	0.1~0.4	—	—	Fe0.6~1.2	0.25	摩擦与海洋工作零件
		HSi80-3	79.0~81.0	余	—	—	—	2.5~4.0	—	—	1.5	船舶零件、蒸汽管
	铸造黄铜	ZHAlFeMn66-6-3-2	64.0~68.0	余	—	1.5~2.5	6~7	—	—	Fe2~4	2.1	重载螺帽、大型蜗杆配件、海轮配件
		ZHMnFe55-3-1	53.0~58.0	余	—	3~4	—	—	—	Fe0.5~1.5	2.0	形状不复杂的重要零件、海轮配件
		ZHSi80-3	79.0~81.0	余	—	—	—	2.5~4.5	—	—	2.8	铸造配件、齿轮等
		ZHMn58-2-2	57.0~60.0	余	—	1.5~2.5	—	—	—	Pb1.5~2.5	2.5	轴套、衬套和其他耐磨零件
青铜	压力加工青铜	QSn6.5-0.4	余	—	6.0~7.0	—	—	—	—	P0.3~0.4	0.1	造纸业用铜网、弹簧和耐蚀零件
		QAl9-2	余	—	—	1.5~2.5	8~10	—	—	—	1.7	船舶和电气设备零件
		QBe2.5	余	—	—	—	—	—	0.2~0.5	Be2.3~2.6	0.5	主要弹簧及其零件和高速、高压、高温工作齿轮
		QSi3-1	余	—	—	1.0~1.5	—	2.75~3.5	—	—	1.1	弹簧和耐蚀零件
	铸造青铜	ZQSnP10-1	余	—	9~11	—	—	—	—	P0.8~1.2	0.72	重要轴承、齿轮和套圈
		ZQSnZnPb6-6-3	余	5~7	5~7	—	—	—	—	Pb2~4	1.3	耐磨零件
		ZQAlMn9-2	余	—	8~10	1.5~2.5	8~10	—	—	—	2.8	海船制造业中铸造简单的大型铸件等
		ZQAlFe9-4	余	—	8~10	—	8~10	—	—	Fe2~4	2.7	重型重要零件
白铜		B10	余	—	—	0.5~1.0	—	—	9~11	Fe0.5~1.0	0.5	海水和船舶电气工业用的冷凝管
		B30	余	—	—	—	—	—	29~33	—	—	—

第三章 压力容器用材料的焊接

表3-96 常用铜合金的性质

材料名称	牌号	材料状态或铸模	力学性能			物理性能				
			σ_b/MPa	δ_s/%	硬度 HB	密度/g·cm^{-3}	线膨胀系数/(20℃)/10^{-6}K^{-1}	导热系数/W·(mK)$^{-1}$	电阻率(20℃)/×10^{-8}Ωm	熔点/℃	线收缩率/%
黄铜	H68	软态	313.6	55	—	8.5	19.9	117.04	6.8	932	1.92
		硬态	646.8	3	150						
	H62	软态	323.4	49	56	8.43	20.6	108.68	7.1	905	1.77
		硬态	588	3	164						
	ZHSi80-3	砂模	245	10	100	8.3	17.0	41.8	—	900	1.7
		金属模	294	15	110						
	ZHAl66-6-3-2	砂模	588	7	—	8.5	19.8	49.74	—	899	—
		金属模	637	7	160						
青铜	锡青铜 QSn6.5-0.4	软态	343~441	60~70	70~90	8.8	19.1	50.16	17.6	995	1.45
		硬态	686~784	7.5~12	160~200						
	QAl9-2	软态	441	20~40	80~100	7.6	17.0	71.06	11	1060	1.7
		硬态	588~784	4~5	160~180						
	ZQAl9-2	砂模	392	20	80	7.6	17.0~20.1	71.06	11	1060	1.7
		金属模	392	20	90~120						
	QAl9-4	软态	490~588	40	110	7.5	16.2	58.52	12	1040	2.49
		硬态	784~980	5	160~200						
	ZAl9-4	砂模	392	10	110	7.6	18.1	58.52	12.4	1040	2.49
		金属模	294~490	10~20	120~140						
	硅青铜 QSi3-1	软态	343~392	30~60	80	8.4	15.8	45.98	15	1025	1.6
		硬态	637~735	1~5	180						
白铜	B10	软态	—	—	—	—	—	30.93	—	1149	—
		硬态	—	—	—						
	B30	软态	392	23~28	60~70	8.9	16	37.20	42	1230	—
		硬态	568.4	4~9	100						

压力加工青铜的代号以"Q"开头,其后加第一个添合金元素符号及除铜以外的成分数字组表示。如 QSn4-3 表示含有平均化学成分 $w(Sn)=4\%$ 和 $w(Zn)=3\%$ 的锡青铜;QAl9-2 表示含平均化学成分 $w(Al)=9\%$ 和 $w(Mn)=2\%$ 的铝青铜。铸造青铜的表示方法与铸造黄铜类似。常见青铜的化学成分、应用范围及力学、物理性能见表 3-95、表 3-96。

4. 白铜

$w(Ni)<50\%$ 的铜镍合金统称白铜。其中工业白铜一般为含 $w(Ni)5\%\sim30\%$,焊接结构用白铜多数为 $w(Ni)10\%$、20%、30%。向铜镍合金添加 Mn、Fe、Zn 等合金元素,分别称为锰白铜、铁白铜、锌白铜。按照白铜的性能与应用范围,又可分为结构铜镍合金与电工铜镍合金。铜镍合金的力学性能、耐蚀性能较好,耐海水、酸和各种盐类溶液腐蚀,具有优良的塑性和冷热加工性能,且导热性能接近于碳钢而使其具有较好的焊接性,广泛用于化工、精密机械、海洋工程中。由于镍与铜无限固溶,白铜具有单一的 α 相组织。

白铜的代号以"B"加镍含量表示,三元以上的白铜则用"B"加第二个主添元素符号及除 Cu 以外的成分数字表示。如 B30 为平均 $w(Ni+Co)=30\%$ 的普通白铜;BMn3-12 为平均 $w(Ni+Co)=3\%$、$w(Mn)=12\%$ 的锰白铜。常见青铜的化学成分、应用范围及力学、物理性能见表 3-95、表 3-96。

(二)铜及铜合金的焊接特点

铜及铜合金的导热性大,在焊接过程中液态下具有较强的吸气性和一定的氧化性,高温时合金元素易氧化烧失,当温度在 400~700℃时,强度和塑性急剧下降,脆性增加,故可焊性较差。而且随成分不同,其导电性和导热性差异较大,可焊性也各不相同。铜及铜合金焊接的主要问题是熔合困难及容易变形;焊缝及热影响区裂纹倾向大,易产生焊接热裂纹;气孔敏感性强;焊接残余应力及变形较大;易产生金属蒸发(锌蒸发);焊接接头性能下降(如塑性、导电性、耐蚀性)。以及由于由于焊接过程中一般不发生固态相变,焊缝得到的是一次结晶的粗大柱状晶,焊缝金属晶粒粗化,使接头力学性能降低。

1. 熔合困难,易产生未熔合或未焊透

铜的热导率比普通碳钢大 7~11 倍,焊件厚度越大,散热越严重,也愈难达到熔化温度。当采用能源密度低的焊接热源焊接时(如氧乙炔焰、焊条电弧焊),需进行高温预热;采用氩弧焊时,必须采用强焊接规范才可以熔化母材,否则亦需进行焊前高温预热。但即使采用大的焊接线能量,由于铜在达到熔化温度时,表面张力比铁小 1/3,流动性比铁大 1~1.5 倍,焊缝成形亦难以控制。同时由于铜的线胀系数及收缩率也较大(约比铁大 1 倍以上),焊接时的大功率热源会使焊缝热影响区加宽。当采用气体保护电弧焊时,对于纯铜及铝青铜的焊接,若不采用焊前预热,则必须在保护气体中添加能使电弧产生高能的气体(如氦或氮气),其中,氦-氩混合气体产生的热输入量比纯氩高出 1/3,采用氩-氮混合气体时,存在焊接气孔倾向。即对于白铜的焊接,由于合金元素的加入而使导热性和导电性接近于碳钢,焊接性较好,一般不会产生未熔合或未焊透缺陷。

2. 焊缝及热影响区易出现焊接裂纹

铜及铜合金中的杂质(如 O、S、P、Pb、Bi 等)易在晶界形成多种易熔共晶体(如 Cu+Bi、Cu+Pb、Cu+Cu_2O、Cu+Cu_2S 等),它们在结晶过程中分布在树晶间的晶界处,存在明显的热脆性。其中,氧的危害性最大,它不但在冶炼时以杂质形式存在于铜内,而且在轧制过程和焊接过程中,都会以 Cu_2O 形式溶入焊缝金属中。研究结果表明,当焊缝中

$w(CuO_2)>0.2\%$ [其中 $w(O)$ 约为 0.02%] 或 $w(Pb)>0.03\%$,$w(Bi)>0.005\%$ 时,就会出现热裂纹。

此外,铜及大多数铜合金在加热过程中无同素异构转变,焊缝中生成大量的柱状晶,且铜及铜合金的线胀系数及凝固时收缩率较大,因此焊接变形大,如焊件刚度大时,限制了变形,增加了焊接接头应力,从而更增大了接头的热裂倾向。

3. 气孔敏感性强

气孔缺陷是铜及铜合金熔焊焊接的一个主要问题,产生气孔的倾向比焊接低碳钢严重得多。由于氢在铜及铜合金焊接熔池中的溶解量极大,加之铜焊缝凝熔池固结晶过程很快,凝固时间很短,在此两因素作用下,气孔倾向大大加剧,会形成扩散气孔,即所形成的气孔几乎分布在焊缝的各个部位。另外氢和铜的氧化物(Cu_2O)在熔焊高温下反应生成水蒸汽,且由于铜焊缝凝固结晶过程很快,从而会形成反应性气孔。为了减少或消除铜焊缝中的气孔,可以采用减少氢和氧的来源,并采取熔池慢冷的措施;或采用预热延长熔池存在的时间,使气体易于逸出。此外,采用含Al、Ti等强脱氧剂的焊丝,对减少气孔也会起到良好的效果,例如采用含脱氧剂焊丝焊接脱氧铜、铝青铜、锡青铜时,气孔倾向较小。白铜由于合金元素中含Ni量较高(一般为4%~33%),由于Ni在焊接中提高了吸氢量,因此对气孔更加敏感。

4. 易产生锌蒸发,使焊接接头力学性能及耐蚀性降低

黄铜中含有大量的锌(质量分数一般为11%~40%,锌的沸点仅为904℃焊接时的高温易产生锌的蒸发和烧损,一般情况下,气焊时锌的蒸发量为25%(质量分数),焊条电弧焊为40%。如果采用真空电子束熔焊,锌的蒸发会污染真空室。由于锌蒸发造成合金中锌质量分数的减少,会引起焊接接头力学性能及耐蚀性能降低,锌蒸气的逸出也容易产生气孔。在黄铜焊接时加入合金元素Si,可以有效防止锌蒸发且Si可以氧化和降低ZnO白色烟雾,提高熔池金属的流动性,减少气孔形成。

5. 焊接接头力学性能下降

铜及铜合金熔焊过程中,由于出现晶粒严重长大,杂质和合金元素的掺入及有用合金元素的氧化、蒸发,使焊接接头的力学性能(特别是塑性)严重下降。这是由于轧制的铜及铜合金多数为单相组织,焊接时加热与冷却过程中不发生同素异构转变,(即无重结晶细化晶粒作用),使焊缝与近缝区皆呈一次结晶的粗大柱状晶结构,焊缝金属的晶粒长大以及熔焊中形成的各种脆性低熔点共晶物聚集于晶界,导致接头的塑韧性显著降低。例如纯铜在焊条电弧焊或埋弧焊时,焊接接头的伸长率仅为基材的20%~50%左右。焊接时采用向熔池中添加变质剂(如Ti、Mn、Si、Cr等),可使焊缝金属晶粒细化,改善接头的力学性能。

6. 焊接接头导电性和耐蚀性下降

铜中任何元素的掺入都会使其导电性能降低。在其焊接过程中杂质和合金元素溶入焊缝后都会不同程度地导致焊接接头导电性变差。此外,由于熔焊过程中,Zn、Sn、Mn、Ni、Al等合金元素的蒸发和氧化损失,都会不同程度地使焊接接头耐蚀性降低;同时由于焊接应力的存在,会对应力腐蚀敏感性强的高锌黄铜、铝青铜、镍锰青铜等焊接接头更易在腐蚀条件下产生应力腐蚀开裂破坏。

(三)铜及铜合金的焊接工艺

铜及铜合金的熔焊工艺方法除可采用气焊、碳弧焊、焊条电弧焊、氩弧焊和埋弧焊外,

还可采用等离子弧焊、电子束焊、激光焊等焊接方法。其固相连接工艺有压焊、钎焊、扩散焊、摩擦焊和搅拌摩擦焊等方法。其中，熔焊是最常用的焊接方法，其次是钎焊。

铜及铜合金焊接方法的选择应针对被焊件材料的成分、物理及力学性能等特点，以及焊接件的结构、尺寸和结构复杂程度，不同工况对焊接结构的要求，并结合各种焊接方法的工艺特点等进行综合考虑。其中，重点是焊接结构的工作条件和要求。

1. 铜及铜合金各种焊接方法特点

用氧乙炔火焰可焊接各种铜及铜合金。但氧炔火焰热量不够集中，由于铜散热快，达到熔点时间长，焊接速度较慢。当焊接厚板时，需要较高的预热温度（600℃以上），劳动条件差，生产效率低。另外，气焊保护效果不好，一般要求采用焊剂（HJ301）进行保护，以减少或防止熔池金属过多氧化。

焊条电弧焊操作灵活简便，但焊缝质量不如 TIG、MIG 焊接。当焊件厚度大于 3mm，需预热到 500℃以上，与气焊同样存在劳动条件差、生产效率低的问题、故一般多用于不重要部件的焊接或补焊。

埋弧焊生产效率高、焊接质量稳定，由于使用焊剂，焊缝保护效果好，但只适用于平焊位置和较规则焊缝以及较厚的焊件。

钨极氩弧焊（TIG）和熔化极氩弧焊（MIG）是铜及铜合金熔焊中最常用的焊接方法，具有较强的局部热输入和良好的气体保护效果。其中，TIG 焊便于控制，易于实现自动焊和进行全位置焊接。通常可以焊接的厚度≤3mm，对于更薄的板可采用控制热输入的脉冲 TIG 焊，厚度＞3mm 的焊件应采用 MIG 焊。

2. 焊接方法的选择

熔焊铜及铜合金需要大功率、高能束的焊接热源，焊接方法的热效率越高，能量越集中，对焊接越有利。不同厚度的材料对不同的焊接方法各有其适应性。例如，薄板焊接以钨极氩弧焊、焊条电弧焊、气焊为好；中厚板焊接以熔化极气体保护焊、电子束焊较好；厚板的焊接则宜采用埋弧焊、MIG 焊。一般情况下对于厚度＜4mm 的纯铜，可以在不预热的条件下进行焊接。微束等离子弧焊可焊接厚度 0.1~0.5mm 的铜箔和 ϕ0.04mm 的铜丝网。表 3-97 所列为铜及铜合金焊接方法的选择，表 3-98 列出了各种焊接方法对焊接铜及铜合金的适用程度。

表 3-97 铜和铜合金熔焊方法的选择

焊接方法 （热效率 η）	紫铜	黄铜	锡青铜	铝青铜	硅青铜	白铜	简 要 说 明
TIG 焊（0.65~0.75）	好	较好	较好	较好	较好	好	用于小于 12mm 的紫铜、黄铜、锡青铜、白铜薄板，采用直流正接，铝青铜用交流，硅青铜用交或直流
MIG 焊（0.70~0.80）	好	较好	较好	好	较好	好	板厚大于 3mm 时可用，板厚大于 15mm 优点更显著，采用直流反接
等离子弧焊（0.80~0.90）	较好	较好	较好	较好	较好	较好	板厚 3~6mm 可不开坡口，一次焊成，最适于 3~15mm 中厚板焊接
手工电弧焊（0.75~0.85）	差	差	尚可	较好	尚可	好	适用于板厚 2~10mm，直流反接，操作技术要求高

续表

焊接方法 （热效率 η）	紫铜	黄铜	锡青铜	铝青铜	硅青铜	白铜	简要说明
埋弧焊（0.80~0.90）	较好	尚可	较好	较好	较好	—	适于6~30mm中厚板，直流反接
气焊（0.30~0.50）	尚可	较好	尚可	差	差	—	易变形、成形不好，用于厚度小于3mm的不重要结构
碳弧焊（0.50~0.60）	尚可	尚可	较好	较好	较好	—	只用于厚度小于10mm的铜件，直流正接，由于电流大、电压高、劳动条件差，目前已逐渐被淘汰

表3-98　各种焊接方法对焊接铜及其合金的适用程度

焊接方法	适用厚度/mm	适用	较适用	尚适用	不适用
钨极氩弧焊	≤6	TUP BFe30-1-1	T1	H62、H68、H70	
熔化极氩弧焊	较厚	TUP BFe30-1-1	T1	H62、H68、H70	
手工电弧焊	较厚	BFe30-1-1			TUP、T1、T2、H62、H68、H70
自动埋弧焊	较厚	BFe30-1-1	T1、T2、TUP	H62、H68、H70	
等离子弧焊	≤8	BFe30-11	T1	TUP、H62、H68、H70	
气焊	≤6		H62、H68、H70		T1、T2、TUP

3. 焊前清理

铜及铜合金焊接前应彻底清除焊丝及焊件坡口两侧的油污、水分、氧化物，直到露出金属光泽，以避免焊接时产生气孔。可采用机械清洗或化学清洗方法。化学清洗步骤为先脱脂（用汽油或丙酮），污染较严重时，可用10% NaOH水溶液（30~40℃）清洗，再用清水冲净吹干，然后用浓度为 $75cm^3/L\ H_2SO_4 + 1cm^3/L\ HCl$ 混合液浸蚀去除氧化膜，再用碱水中和冲洗，最后在流动的热水或冷水中洗净、热风吹干。机械清洗可采用钢丝刷、刮刀或砂纸等。

4. 焊接接头形式

铜及铜合金因其导热快、液态流动性好，焊接接头形式的选择与钢不完全相同，一般选择对接接头、由于搭接、角接、T形接头散热速度更快、且焊接时渗透进入间隙中的焊粉、焊渣等易引起腐蚀，宜尽量不采用或改为散热条件相同的对接接头如图3-28所示。为防止焊接过程中铜液从焊缝背面流失，并使焊缝背面成形良好，应采用成型垫板（铜垫板、石墨或石棉垫板）。

铜及铜合金焊条电弧焊焊接接头坡口形式见"铜及铜合金焊条电弧焊参数"表（见附录C"表C-84"）。埋弧焊通常采用单道焊，厚度小于20~25mm焊件可采用不开坡口的单面焊或双面焊，厚度大于25mm的工件宜开U形坡口（钝边5~7mm）。埋弧焊焊接接头和坡口形式见"铜及铜合金埋弧焊焊接参数"表（见附录C"表C-85"）。钨极气体保护焊目前已成为铜及铜合金熔焊方法中应用最广泛的一

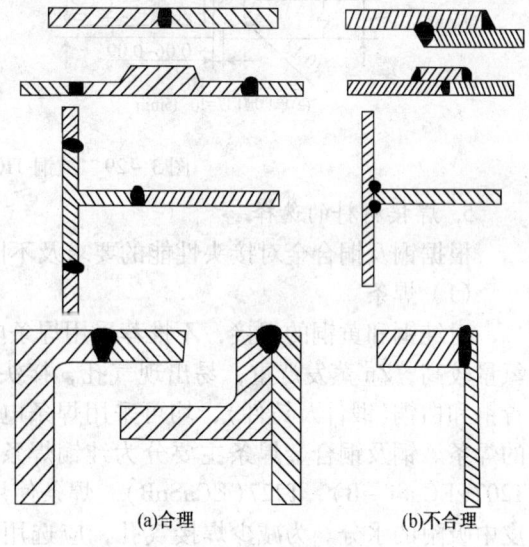

图3-28　铜及铜合金焊接接头形式

种方法(逐步取代气焊及焊条电弧焊),特别适用于薄板和小件的焊接和补焊。厚度小于3mm的对接接头一般不开坡口,不加填充焊丝;当厚度大于3mm时,需加填充丝,一般开V形或U形坡口;厚度大于12mm时,宜改用熔化极气体保护焊。纯铜TIG焊接坡口形式见图3-29。熔化极惰性气体保护焊由于穿透力强,不开坡口的极限尺寸比TIG焊时增大,坡口角度可偏小,一般不留间隙。只有在焊接流动性较差的硅青铜时才需将坡口角度加大到80°,接近TIG焊坡口角。故MIG方法焊接纯铜时,对于厚度小于3mm的焊件不开坡口(即采用I形坡口形式),无间隙时可用铜衬垫。当I形坡口间隙为1.5mm时,可用开凹形槽的铜衬垫。I形坡口也可用于厚度<6mm的铜板双面对接(每面焊一道)。当厚度为10~12mm时,宜开V形坡口,在焊接多道焊缝后,接头背面需清根再焊一道。焊接厚度>12mm的焊件,应开X形或双面U形坡口,宜交替焊接正、背面焊道,以减小变形。纯铜及铜合金采用MIG焊时,焊接接头坡口形式见"纯铜MIG焊参数表"及"铜合金MIG焊参数表"(见附录C"表C-86"、"表C-87")。采用等离子弧焊焊接时,因等离子弧具有比TIG、MIG电弧更高的能量密度,很适用于高热导率和对过热敏感性高的铜及铜合金焊接。对于厚度6~8mm焊件一般不开坡口,一次焊成;厚度>8mm的焊件,应开V形坡口和较大的钝边,先用不填丝的等离子弧焊打底,然后用MIG或TIG(加焊丝)焊满坡口。

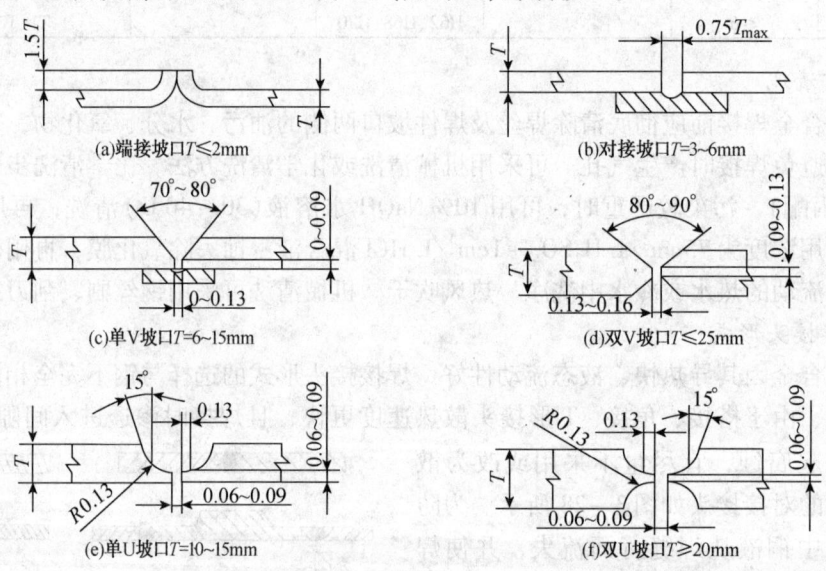

图3-29 纯铜TIG焊接坡口形式及尺寸

5. 焊接材料的选择

根据铜及铜合金对接头性能的要求及不同的熔焊方法,所选用的焊接材料有很大区别。

(1) 焊条

对纯铜和黄铜的焊接,不推荐采用焊条电弧焊,因为采用这种方法焊接时,焊缝含氧、氢量较高,Zn蒸发严重,易出现气孔,接头强度低,导电性和导热性下降严重。对于部分青铜和白铜(锻件及铸件),均可采用焊条电弧焊,可基本按焊件的成分选择相应成分焊芯的焊条。铜及铜合金焊条主要分为纯铜焊条和青铜焊条两类,应用较多的为青铜焊条,如T207(ECuSi-B)、T227(ECuSnB)。焊条使用前应严格经200~250℃烘干2h,彻底去除药皮中吸附的水分。为减少焊接气孔,应选用低氢型药皮;为了向焊接熔池中过渡Si、Mn、Ti、Al等强脱氧元素,需向焊条涂料中添加以上金属的铁合金粉末,以提高焊缝的力学性能。铜及铜合金常用焊条牌号、成分、力学性能及适用范围见表3-99。

表3-99 铜及铜合金焊条的牌号、成分、熔覆金属性能和适用范围

牌号	型号 中国	型号 AWS	熔敷金属主要化学成分(质量分数)/%	熔敷金属性能	主要用途
T107	ECu	ECu	Cu>99	$\sigma_b \geq 176MPa$	适用于脱氧铜或无氧铜的焊接
T207	ECuSi-B	ECuSi	Si：3,Mn<1.5,Sn<1.5,Cu余量	$\sigma_b \geq 340MPa$ $\delta_5 \geq 20\%$ 110~130HV	适用于纯铜、黄铜和硅青铜的焊接
T227	ECuSn-A ECuSn-B	ECuSn-A ECuSn-C	Sn：8,P≤0.3,Cu余量	$\sigma_b \geq 270MPa$ $\delta_5 \geq 20\%$ 80~115HV	适用于纯铜、黄铜和磷青铜的焊接
T237	ECuAl	ECuMnNiAl	Al：8,Mn≤2,Cu余量	$\sigma_b \geq 410MPa$ $\delta_5 \geq 15\%$ 120~160HV	适用于铝青铜及其他铜合金的焊接

表中，ECu为纯铜焊条，对大气及海水等介质有良好的耐蚀性，其余三种为铜合金焊条，ECuSi是硅青铜焊条，具有良好的力学性能和耐蚀性能，除适用于焊接纯铜、硅青铜、黄铜外，还可作为堆焊材料。ECuSnB是一种通用型焊条，可用于磷青铜、黄铜的焊接，具有良好的塑性、耐冲击性、耐磨性及耐蚀性能，也具有一定的强度。ECuAl是铝青铜焊条，具有较好的强度、塑性、耐磨及耐蚀性能，通用性较大，除表中所列牌号外，T307焊条可适用于白铜的焊接。

(2) 焊丝

埋弧焊、钨极惰性气体保护焊(TIG)和熔化极惰性气体保护焊(MIG)主要通过焊丝来调节焊缝的成分及力学、物理性能，为了避免铜及铜合金焊接中易产生焊接热裂纹和气孔缺陷，必须严格控制焊丝中杂质含量和提高其脱氧能力。铜及铜合金焊丝有专用焊丝和普通焊丝两类，我国生产的铜及铜合金标准焊丝，对TIG和MIG焊接方法是通用的。国产铜及铜合金标准焊丝列于表3-100及表3-101。

表3-100 国产铜及铜合金标准焊丝

牌号	名称	主要化学成分(质量分数)/%	熔点/℃	主要用途
HS201(SCu-2)	特别紫铜焊丝	Sn~1.1,Si~0.4,Mn~0.4,Cu余量	1050	紫铜氩弧焊或气焊(和焊剂CJ301配用)，埋弧焊(和HJ431或150配用)
HS202(SCu-1)	低磷铜焊丝	P~0.3,Cu余量	1060	紫铜气焊或碳弧焊
HS220(SCuZn-2)	锡黄铜焊丝	Cu~59,Sn~1,Zn余量	886	黄铜气焊或TIG焊、MIG焊，钎焊铜与铜合金
HS221(SCuZn-3)	锡黄铜焊丝	Cu60,Sn~1,Si~0.3,Zn余量	890	黄铜气焊、碳弧焊、钎焊铜、白铜、钢、灰口铸铁等
HS222(SCuZn-4)	铁黄铜焊丝	Cu~58,Sn~0.9,Si~0.1,Fe~0.8,Zn余量	860	黄铜气焊、碳弧焊、钎焊铜、白铜、灰口铸铁等
HS224(SCuZn-5)	硅黄铜焊丝	Cu~62,Si~0.5,Zn余量	905	黄铜气焊、碳弧焊、钎焊铜、白铜、灰口铸铁等
非国际(SCuAl)	铝青铜焊丝	Al7~9,Mn≤2.0,Cu余量	—	铝青铜的TIG和MIG焊，或用作手工焊条的焊芯
非国际(SCuSi)	硅青铜焊丝	Si2.75~3.5,Mn1.0~1.5,Cu余量	—	硅青铜及黄铜的TIG、MIG焊
非国际(SCuSn)	锡青铜焊丝	Sn7~9,P0.15~0.35,Cu余量	—	锡青铜的TIG焊或手工焊条的焊芯

表 3-101 铜及铜合金焊丝

牌号	型号 中国	型号 AWS	名称	主要化学成分（质量分数）/%	熔点/℃	接头抗拉强度/MPa	主要用途
HS201	HSCu	ERCu	纯铜焊丝	Sn 1.1, Si 0.4, Mn 0.4 余为 Cu	1050	≥196	纯铜气焊、氩弧焊、埋弧焊
HS202			低磷铜焊丝	P 0.3, 余为 Cu	1060	≥196	纯铜气焊
HS220	HSCuZn-1	ERCuSn-A	锡黄铜焊丝	Cu 5.9, Sn 1, 余为 Zn	886	—	黄铜的气焊、气体保护焊，铜及铜合金钎焊
HS221	HSCuZn-3	—	锡黄铜焊丝	Cu 60, Sn 1, Si 0.3, 余为 Zn	890	≥333	黄铜气焊、钎焊
HS222	HSCuZn-2	—	铁黄铜焊丝	Cu 58, Sn 0.9, Si 0.1, Fe 0.8, 余为 Zn	860	≥333	黄铜气焊，纯铜、白铜钎焊
HS224	HSCuZn-4	—	硅黄铜焊丝	Cu 62, Si 0.5, 余为 Zn	905	≥330	黄铜气焊，纯铜、白铜钎焊
—	HSCuAl	ERCuAl-A1	铝青铜焊丝	Al 7~9, Mn≤2, 余为 Cu	—	—	铝青铜的 TIG、MIG 焊
—	HSCuSi	ERCuSi-A	硅青铜焊丝	Si 2.75~3.5, Mn 1.0~1.5, 余为 Cu	—	—	硅青铜及黄铜的 TIG、MIG 焊
—	HSCuSn	ERCuSn-A	锡青铜焊丝	Sn 7~9, 0.15~0.35, 余为 Cu	—	—	锡青铜的 TIG 焊

对于不同类别铜合金焊接，选择焊丝时所突出的重点各有所不同。例如：对于纯铜和白铜，由于材料自身不含脱氧元素，为提高脱氧能力，一般应选择含有 Si、P、Ti 等脱氧剂的无氧铜焊丝和白铜焊丝（如 HSCul、ERCu、ERCuSi 等）。对于黄铜的焊接，为了抑制其中主要合金元素 Zn 的蒸发烧损，宜选择不含 Zn 的焊丝，白焊丝中加入脱氧剂 Si 可抑制 Zn 的烧损，有时加入脱氧剂 Al 还可细化晶粒，提高接头的塑性和耐蚀性。其中对于普通黄铜的焊接，可采用无氧铜加脱氧剂的锡青铜焊丝（如 HSCuSnA）；高强度黄铜的焊接，应采用青铜加脱氧剂的硅青铜焊丝或铝青铜焊丝（如 HSCuAl、HSCuSi、ERCuSi 等）。对于青铜的焊接，由于母材自身所含合金元素已具有较强的脱氧能力，焊丝成分只需补充氧化烧损部分，可选用合金元素含量略高于母材的焊丝。纯铜及铜合金 MIG 焊焊丝牌号和使用范围见表 3-102。

表 3-102 纯铜和铜合金 MIG 焊时用的填充金属

焊丝	名称	使用范围（母材）	焊丝	名称	使用范围（母材）
ERCu	铜	铜	ERCuNiAl	铝青铜	镍铝青铜
ERCuSi-A	硅青铜	硅青铜、黄铜	ERCuMnNiAl	铝青铜	锰锌铝青铜
ERCuSi-A	磷青铜	磷青铜、黄铜	RBCuZn-A	船用黄铜	黄铜、铜
ERCuNi	铜镍合金	铜镍合金	ERCuZn-B	低烟黄铜	黄铜、锰青铜
ERCuAl-A2	铝青铜	铝青铜、黄铜、硅青铜、锰青铜	ERCuZn-C	低烟黄铜	黄铜、锰青铜
ERCuAl-A3	铝青铜	铝青铜			

铜及铜合金气焊用焊丝除按表 3-100、表 3-101 选用标准型号及焊接外，也可采用相同成分母材上的切条。对没有清理氧化膜的母材、焊丝、气焊时必须使用焊剂，以防止熔池金属氧化和其他气体侵入熔池，并改善液体金属的流动性。焊剂可采用蒸馏水将其调成糊状，均匀涂于焊丝及坡口上，烘干后即可施焊。

(3) 保护气体

多数情况下，选用氩气作为焊接各种黄铜、青铜的保护气体。在一些特殊情况下，例如焊接纯铜或高导热率铜合金焊件，不允许预热或要求较大的熔深时，可采用 70% Ar + 30% He 或 N_2 的混合气体。另外，在焊接铝青铜时，为了加强熔池保护和脱氧，有时采用氩气与涂敷焊剂联合保护方法。

(4) 焊剂

焊剂在焊接过程中起着隔绝空气，防止熔池内金属氧化和其他气体侵入，参与熔池金属冶金反应，以及改善铜液的润湿性，促使获得致密的焊缝组织等作用。铜及铜合金气焊和碳弧焊常用焊剂列于表 3 - 103；埋弧焊和电渣焊用焊剂可采用标准的高硅高锰焊剂（HJ431），但在焊接过程中不可避免会发生合金元素 Si、Mn 等向焊缝过渡，使接头的导电性、耐腐蚀性下降，故对于焊接接头性能要求高的焊件，宜选用 HJ260、HJ150 或陶质焊剂、氟化物焊剂。以上焊剂配方见表 3 - 104。HJ260、HJ150 焊剂氧化性小，与普通紫铜焊丝配合使用时，焊接接头塑性高、导电性也较高。

表 3 - 103　铜和铜合金气碳弧焊用焊剂

牌号		化学成分(质量分数)/%					熔点/℃	应用范围
		$Na_2B_4O_7$	H_3BO_3	NaF	NaCl	KCl	其他		
标准	CJ301	17.5	77.5				$AlPO_4$ 5	650	铜和铜合金气焊、钎焊
	CJ401	—	—	7.5~9.0	27~30	49.2~52	LiCl 13.5~15	560	青铜气焊
非标准	1	20	70	10					铜和铜合金气焊和碳弧焊
	2	56			22		K_2CO_3 22		
	3	68	10		20		碳粉 2		
	4	LiCl 15	—	KF 7	30	45	Na_2CO_3 3		铝青铜气焊

表 3 - 104　几种铜及铜合金用的陶质及氟化物焊剂

焊剂牌号	化学成分(质量分数)/%							
	SiO_2	MnO	CaO	MgO	Al_2O_3	CaF_2	Fe_2O_3	其他
焊剂 431	41~44	34~38	~6.5		~45	4~5.5	22	
焊剂 260	19~24	~0.5	3~9		27~32	25~33	~1	K_2O 2~3
AH - M1				MgF_2 55		NaF 40		CaF_2 5
ЖМ - 1	长石 57.5	硼渣 3.5	大理石 28			萤石 8	铝粉 0.8	木炭
K - 13МВТУ	石英 8~10	无水硼砂 15~19	白垩 15	镁砂 15	20	萤石 20	铝粉 3~5	

（四）铜及铜合金焊接工艺措施及焊接规范

1. 气焊

氧乙炔气焊比较适合于薄铜片、铜件的修补或不重要结构的焊接。根据使用要求，薄壁容器、薄壁管也可采用气焊焊接。对于厚度较大、需采用较高的预热温度或多层焊的构件，采用气焊时表面质量较差。由于气焊焊接热源不集中，热影响区宽，变形大，生成率低，焊缝及近缝区易出现晶粒长大并析出脆性共晶体，一般情况下应用较少。

铜及铜合金气焊时一般采用焊丝（棒）填充，表 3 - 101 所列为铜及铜合金焊丝的化学成分及性能。我国铜及铜合金焊丝型号表示方法为"HSCu×× - ×"，字母"HS"表示铜及铜合金焊丝，其后的化学元素符号表示焊丝的主要组成元素，"-"后的数字表示同一化学成分焊丝的不同品种（如 HSCuZn-1、HSCuZn-2）。

在焊丝中加入 Si、Mn、P、Ti、Al 等合金元素是为了加强焊接过程中脱氧，以降低焊缝中气孔。其中合金元素 Ti、Al 除脱氧外，还能够细化焊缝晶粒、提高焊缝金属塑韧性，Si 在焊接黄铜时可以抑制锌的蒸发、氧化、降低烟雾，提高熔池金属流动性，Sn 可以提高熔池金属流动性及焊缝金属的耐蚀性。

铜及铜合金气焊时一般采用左焊法操作，以有利于抑制晶粒长大。当焊件厚度 >6mm 时，则应用右焊法，这样能以较高的温度加热母材，便于观察熔池，操作方便。焊接纯铜和青铜应严格采用中性焰，焊接黄铜时用轻微氧化焰。因铜导热快，需选用较大的火焰功率，与焊接相同厚度的碳钢比较，焊嘴应大 1~2 号。薄铜件气焊一般采用悬空焊，为减小工件变形和防止裂纹，焊前一般不点焊固定，且焊接长焊道时必须预留一定宽度的锥形间隙，以补偿焊缝冷却时收缩，焊接时应采用分段退焊法。为减小焊接应力，避免产生裂纹、气孔、未焊透等缺陷，纯铜焊前需预热，中、小焊件的预热温度为 400~500℃，厚大焊件为 600~700℃，对于黄铜、青铜气焊，预热温度可适当降低。一般情况下，对受力或较重要的铜及铜合金焊件必须采用焊后锤击和热处理方法消除焊接残余应力和改善焊接接头组织和性能，使其性能基本达到母材水平。薄件焊缝可在冷态下锤击；厚度 5mm 以上中厚件可加热至 500~600℃后锤击焊缝和热影响区，然后加热至 500~600℃在水中急冷，以提高接头的塑韧性。黄铜焊后应进行 500℃左右退火处理。

磷脱氧铜及纯铜焊接规范列于附录 C "表 C-88"、"表 C-89"，黄铜和青铜的导热系数比纯铜低，其规范中焊接参数可相应减弱。

铜及铜合金气焊过程中，由于保护效果不好，一般需要采用焊剂（HJ301）进行保护，以免除熔池金属产生过多的氧化和其他气体侵入熔池，并改善液态金属的流动性。焊剂的使用方法是用蒸馏水将其调成糊状，均匀涂在焊丝及母材焊缝坡口上，用火焰烤干后即可施焊。

2. 碳弧焊

碳弧焊采用的电极有碳极、石墨极两种，由于石墨极的许用电流密度比碳极高，一般多采用石墨极。碳弧焊过程中，为了减少电极烧损和提高电弧稳定性，干伸长控制在 100~150mm 范围内，电极端部 30mm 内磨成 20°~30°锥角，并应随着电极的烧损及时修整锥角。

碳弧焊比气焊火焰功率大，故热影响区较气焊时范围小，生产效率高。但焊接时碳弧光辐射强烈，且焊接质量不稳定，一般只用于焊接不重要的中薄焊件。

碳弧焊所用焊丝及焊剂与气焊相近，焊剂加入方式与气焊相同。焊接厚度 <5mm 的工件可不开坡口，焊前不需预热。但无坡口焊接接头需留有一定的间隙，应采用垫板焊接。当工件厚度 >5mm 时，需开坡口和焊前预热。碳弧焊方法适用于平焊，焊后需锤击焊缝和进行热处理，以改善接头的组织和性能。

铜及铜合金碳弧焊时应采用直流正接法，需保持电弧长度在 16~25mm 范围内，以免大量 CO 对熔池产生有害作用。但在焊接黄铜时，弧长应适当缩短，以减少其主要合金成分 Zn 的烧损。碳弧焊焊接铜及铜合金一般应选用较大的电流与焊接速度，以减少铜的氧化和防止焊接接头晶粒粗化。纯铜碳弧焊焊接规范列于附录 C "表 C-90"。

3. 焊条电弧焊

焊条电弧焊设备简单，操作方便，是一种最简单、最灵活的熔焊方法，但对纯铜和黄铜的焊接，一般不推荐采用此种方法。原因在于焊缝中含氧、氢量较高，Zn 蒸发严重，容易出现气孔，焊后接头强度低，导电性、导热性下降严重。例如T2纯铜采用焊条电弧焊时，接头抗拉强度约为180～200MPa、伸长率为32%～40%、弯曲角仅达90°、电导率只有母材的60%～70%。但对于部分青铜和白铜锻件或铸件，均可采用焊条电弧焊，并可选择近似低碳钢的焊接参数即能获得性能较好的焊接接头。

焊条电弧焊焊接铜及铜合金时，对于厚度<4mm工件可不开坡口、不进行焊前预热，当厚度为4～40mm时，焊前预热温度范围一般为300～600℃（视厚度度决定，最高预热温度可达750～800℃）。由于黄铜导热比纯铜差，即使为抑制Zn的蒸发也必须预热至200～400℃，并采用小电流焊接。由于部分青铜具有热脆性，故青铜的预热参数比较复杂，例如锡青铜在400℃时强度和塑性极低，硅青铜在300～400℃时有热脆性，此两类铜合金的导热性又较低，因此预热温度和层间温度不应超过200℃；磷青铜流动性较差，预热温度应不低于250℃；铝青铜导热快，厚板的预热温度甚至需高达600～650℃。白铜的导热率与碳钢接近，焊前预热主要是为了减少焊接应力、防止热裂纹，一般预热温度偏低。铜及铜合金焊前预热方法主要根据工件的结构决定。对于体积较小、形状复杂的焊件，可在炉内整体加热或采用气体火焰整体加热。对于结构简单、体积或厚度较大的焊件则可用火焰局部加热或采用远红外加热器预热。

铜及铜合金采用焊条电弧焊方法焊接时，为减少Zn的蒸发及合金元素的烧损，应尽量缩短焊接熔池及接头高温停留时间，各类铜合金皆应采用直流反接、较高预热温度、小电流、高焊速、短弧长的焊接参数。为使焊缝窄而薄，操作时焊条一般不摆动（对于有坡口的焊道，摆动宽度不应超过焊条直径的两倍）。焊接后需对焊缝和热影响区进行热态和冷态锤击，以减少焊接残余应力，提高接头强度（例如，冷态锤击纯铜焊缝，强度可从205MPa提高至240MPa），但塑性略有下降。对某些具有热脆性倾向的铜合金，多层焊时宜采取每层焊后锤击，以减少热应力，防止焊接裂纹。此外，对要求较高的重要焊接接头，锤击后应进行焊后高温热处理，以消除焊接应力和改善接头塑韧性。铜及铜合金焊条电弧焊参数见附录C"表C-84"。

4. 埋弧焊

埋弧焊的特点是电弧热效率高，焊接熔池保护效果好，可采用大电流，焊丝的熔化系数大，因此熔深大，生产率高，变形小。焊接铜及铜合金时，由于电流大且电弧热损失小，故一般不预热，厚度<25mm的工件在不预热和不开坡口情况下，可以获得优质焊接头，厚度大的工件最好开U形坡口（坡口钝边5～7mm），并采用并列双丝焊，丝距约20mm，以免单丝焊造成形状系数小，产生热裂纹。

埋弧焊的常用焊剂有HJ431、HJ260、HJ150、HJ250等，其中HJ260、HJ150的氧化性小，与普通纯铜焊丝配合使用时，焊接接头的塑性高（延伸率可达38%～45%），导电性能也较高。

埋弧焊焊接纯铜时，应选用较大的电流和电压，而焊接黄铜则应选用较小的电流（电流值约比焊接纯铜减小15%～20%）和较低的电压，以减小黄铜中Zn的蒸发和烧损。

埋弧焊时，纯铜焊丝的伸长度与熔化速度无关，故选择范围较大。但黄铜和青铜焊丝的熔化速度随焊丝的伸长度加大而增大，一般将伸长度控制在20～40mm范围内。采用埋弧焊时，厚度200mm以下的铜件可不进行焊前预热，厚度>200mm的铜件可局部预热至300～400℃。

由于埋弧使用的焊接热输入较大，熔化金属量大，为防止熔池中液体铜流失和获得良好的反面成形，无论是单面焊或双面焊，焊缝反面均应采用各种形式的垫板。常用的有石墨垫板、不锈钢垫板及型槽焊剂垫，垫板与铜焊件的接触面需进行专门机械加工，贴合良好。由于石墨垫板导热慢，保温性好，通常纯铜、黄铜及青铜的焊接皆采用石墨垫板。白铜的导热率较低，几乎和碳钢相同，焊接时需选用铜垫板，对于厚大工件或环焊缝焊接，一般选用焊剂垫较适合，特别是采用柔性焊剂垫，可随焊缝的宽窄、高低、形状而相应变化调整。此外在工件两端应焊上铜（或石墨）引弧板和收弧板，以保证焊缝的始末都具有良好的成形和性能。铜及铜合金埋弧焊焊接参数见附录C"表C-85"。

5. 钨极气体保护焊（TIG）

钨极气体保护焊具有电弧稳定、能量集中、保护效果好、热影响区窄等突出优点，特别适用于铜及铜合金中薄板和较小工件的焊接和补焊。但钨极使用的电流受到限制，电弧功率不能太大，故厚度在12mm以上的铜件通常采用熔化极气体保护焊（MIG）。

TIG焊接铜及铜合金应尽可能采用平焊位置，对一些薄件的焊接，亦可进行立焊或仰焊，但需采用小焊接规范（小直径电极和填充丝、小电流）。焊前对铜件的预热要求与焊条电弧焊时相近，工件厚度<4mm时可不预热。4~12mm厚的纯铜焊前预热温度为200~450℃；青铜和白铜为150~200℃；硅青铜和磷青铜可不预热并严格控制层间温度不超过100℃。黄铜和青铜大铸件补焊时需预热至200~300℃。当采用Ar-He混合气体保护焊焊接铜及铜合金时，一般不进行焊前预热。

铜及铜合金气体保护焊（TIG）焊接参数见附录C"表C-91"、"表C-92"。

6. 熔化极气体保护焊（MIG）

MIG可用于所有铜及铜合金的焊接。对于厚度>3mm的铝青铜、硅青铜和白铜（铜镍合金）最好选用此种焊接方法，对低于厚度3~12mm或大于12mm的铜及铜合金也大多选用MIG焊接。其主要特点是电弧功率大、熔化效率高、熔深大、焊速快、焊前预热温比TIG焊低，是焊接中厚铜及铜合金的较理想方法。

铜及铜合金采用MIG焊时，对于厚度>6mm或所用焊丝直径>φ1.6mm的V形坡口均需焊前预热，其中硅青铜和铍青铜的强度较高、脆性较大，焊后应进行消除应力退火及时效硬化处理（加热500℃、保温3h）。MIG焊焊接参数中最重要的是电流的选择，它决定熔滴的过渡形式，而熔滴过渡形式则是电弧稳定和焊缝成形的决定因素。在氩气保护中，当电流增加时，熔滴过渡会由短路过渡转变为稳定的喷射过渡，只有达到喷射过渡才能获得稳定的电弧和良好的焊缝。喷射过渡适用于平焊、横焊和角焊，而滴状过渡和短路过渡只适合于立焊位置焊接。MIG焊不适合于仰焊位置焊接，因焊缝成形差，此时最好改用TIG焊。

铜及铜合金MIG焊喷射过渡具有较强的穿透力，电弧功率大，熔敷速度大，能获得更大的熔深。为达到稳定的喷射过渡，应采用直流反接。焊接规范见附录C"表C-86"、"表C-87"。MIG焊与TIG焊比较，对于同厚度工件的焊接，焊接电流可增加30%以上，焊速可提高一倍，不仅电弧稳定，还可避免一些铜合金（如硅青铜、磷青铜）的热脆性和近缝区晶粒长大倾向。需要注意的是由于MIG焊时熔池大，保护气体的流量应比TIG相应增大。坡口形式与TIG相似，但坡口角度偏小，通常不留间隙。在焊接流动差的硅青铜时，可采用与TIG焊相近的坡口角。

（五）异种铜合金的焊接

异种铜合金的焊接多数采用熔化极气体保护焊方法（MIG）有时也采用钨极气体保护焊

(TIG)或其他焊接方法。异种铜合金的熔焊属于同基金属的焊接,不存在焊接性问题。关键在于焊丝的选择和焊前预热。与焊接其他异种金属一样,焊接电弧通常指向两者中导热率较高的一方。为了减少填充金属对母材中合金元素的稀释,焊接时应尽量减少熔合比。

当两相焊异种铜合金的熔点相差很大时,可采用在低熔点工件一侧形成熔焊过程、而在高熔点工件一侧形成钎焊过程的特殊工艺方法。

铜及铜合金异种接头的 MIG 焊及 TIG 焊推荐的焊丝及预热温度、道层间温度见附录 C "表 C-93"、表"C-94"。

三、钛及钛合金的焊接

(一)钛及钛合金简介

纯钛呈银白色,有 α 相和 β 相两种同素异晶体,882.5℃以下为密排六方晶格的 α 相,称 α 钛;882℃以上为体心立方晶格的 β 相,称 β 钛。钛的同素异构转变随加入合金元素的种类与数量的不同而变化。钛是一种仅次于铁、铝而被誉为正在崛起的"第三金属",具有许多重要的特性,如密度低、比强度高、耐腐蚀、线胀系数低、导热系数低、耐热性高及低温冲击韧性好、无磁性等。其中最为显著的优点是比强度高和耐腐蚀性好,既是优质的轻型耐腐蚀结构材料,又是新型的功能材料以及重要的生物医用材料。钛与其他几种重要有色金属的一些物理性能的比较见表 3-105。

表 3-105 钛、镁、铝、铁、铜的一些物理性能比较

名称 特性	Ti	Mg	Al	Fe	Cu
密度(20℃)/g·cm^{-3}	4.50	1.74	2.7	7.86	8.92
熔点/℃	1680	650	660	1539	1083
导热系数(20℃)/W·(m·℃)$^{-1}$	15.06	157.15	200.83	67.36	384.10
比热容/J·(kg·℃)$^{-1}$	544.28	1046.76	895.78	711.75	380.99

工业纯钛塑性好但强度较低。氧、氮与钛的亲和力强,极限溶解度大,具有一定的强化作用,但也使塑性显著降低。钛容易从酸洗液、腐蚀液及热加工的高温气氛中吸氢而导致氢脆。在空气中能形成致密的氧化物和氮化物保护膜,使之在 500℃ 以下具有与不锈钢相近的耐蚀性。由于工业纯钛具有比强度高、塑韧性好、耐腐蚀、焊接性好和易于成形等优点,在石油化工、航天军工等领域得到较广泛的应用。

工业纯钛与其合金比较,强度偏低,为了获得更高的比强度和改善其他性能,可在钛基体上加入不同的合金元素。根据合金元素稳定 α 相或 β 相的作用,即对 α 相和 β 相区和同素异构转变温度的作用,可将其分为 α 稳定元素、β 稳定元素和中性元素三类,见表 3-106。

表 3-106 钛合金中元素的分类

α 稳定元素	β 稳定元素	中性元素
Al	置换式 V、Cr、Co、Cu、Fe、Mn、Ni、W、Mo、Pa、Ta	Sn、Zr、Hf
O N C	间隙式 H	

第一类为 α 稳定元素，它提高 α 相的稳定性，扩大 α 相区的范围，提高同素异构转变温度。表 3-106 中所列 α 稳定元素有 Al、O、C、N，其中有实际价值的目前只有 Al，它是以置换形式固溶于钛中，起到强化 α 钛的作用。钛合金中 $w(Al)$ 一般不超过 6%，最大不超过 10%，否则会因产生金属间化合物 Ti_3Al 而变脆。O、N、C 是以间隙形式固溶于钛中，能使钛合金强度提高，但却使塑性严重降低。故一般不作合金元素使用，且往往要限制其含量。O、N、C 三元素相比，氮的影响最大，氧次之。国家标准规定，钛合金 $w(N)$、$w(O)$ 和 $w(C)$ 分别不超过 0.05%、0.20%、0.10%。

第二类为 β 稳定元素，它提高 β 相稳定性，扩大 β 相区的范围，降低同素异构件转变温度。大量 β 温度元素的加入，有可能使 β 相一直稳定到室温甚至室温以下，同时还影响钛合金的相变速度。在表 3-106 所列的置换式 β 稳定元素中，V、Mo 与 β 钛无限固溶，而与 α 钛有限固溶；Cr、Cu、Fe、Mn 与 β 钛发生共析反应生成化合物的过程及其缓慢，故与 V、Mo 的作用类似。Cu、Fe、Si 能与 β 钛进行共析反应生成脆性化合物，应限制它们的含量。表中间隙式 β 稳定元素氢可以在 α 钛和 β 钛中间隙固溶，氢在 β 钛中的溶解度随温度降低急剧下降，过剩的氢以氢化钛(TiH_2)析出，缓慢冷却时沉淀在 α 相内及晶界上，使缺口敏感性增加，从而导致 α 钛存在严重脆化倾向。而 β 钛比 α 钛溶解氢的能力大得多，故 β 钛合金及($\alpha+\beta$)钛合金的氢脆敏感性比 α 钛合金小的多，为减少 β 稳定元素 H 对钛合金的氢脆影响，国家标准规定钛中 $w(H)$ 不得超过 0.015%。

第三类为中性元素，如表 3-106 中所列的 Sn、Zr 和 Hf，它们对同素异构转变温度影响不大，在 α 钛和 β 钛中皆有很大的溶解度，并对钛起强化作用。

我国现行标准按钛合金退火状态的室温平衡组织，分为 α 钛合金、β 钛合金和($\alpha+\beta$)钛合金三种类型，分别用 TA、TB、TC 表示。钛及其合金的化学成分具附录 C"表 C-95"。三类钛合金的典型代表，α 型为：TA2、TA7，($\alpha+\beta$)型为：TC4、TC10，β 型为：TB2。此外，钛合金按生产工艺分为变形钛合金(加工钛及钛合金)、铸造钛合金和粉末钛合金，按性能和用途分为结构钛合金、耐蚀钛合金及低温钛合金。

加工钛及钛合金中，工业纯钛的强度较低，但塑韧性、低温韧性及耐腐蚀性良好，可用于制造石油化工领域中 350℃ 以下的设备和构件。工业纯钛可进行变形加工，再进行 700℃×1h 退火，可消除加工硬化而恢复其塑性。氧、氮、氢等间隙元素含量很低的 TA7 钛合金具有良好的超低温性能，可用于液氢、液氮储罐和其他超低温构件。α 型钛合金不能热处理强化，必要时可进行退火处理，以消除残余应力。($\alpha+\beta$)钛合金可以热处理强化，例如 TC4 经淬火-时效处理后比退火状态抗拉强度提高 180MPa，具有良好的综合性能和焊接性，但其缺点是淬透性较差(不超过 25mm)。TB2 钛合金属于亚稳定 β 合金，强度高、冷成型好，焊接性尚可。

由钛及钛合金的化学成分可以看出，所有钛合金都含有一定量 Al，它能显著提高钛的再结晶温度，从而提高合金的硬度、强度及高温性能。同时，Al 还能改善合金的热稳定性、降低材料密度、减少合金对氢脆的敏感性，以及提高合金的耐蚀性能。

常用钛及钛合金的室温力学性能列于表 3-107。

表 3-107 钛及其合金钢板横向室温力学性能(不小于)(GB/T 3621—2007)

牌号		状态	板材厚度/mm	抗拉强度 R_m/MPa	规定非比例延伸强度 $R_{p0.2}$/MPa	断后伸长率[①] A/%,不小于
TA1		M	0.3~25.0	≥240	140~310	30
TA2		M	0.3~25.0	≥400	275~450	25
TA3		M	0.3~25.0	≥500	380~550	20
TA4		M	0.3~25.0	≥580	485~655	20
TA5		M	0.5~1.0 >1.0~2.0 >2.0~5.0 >5.0~10.0	≥685	≥585	20 15 12 12
TA6		M	0.8~1.5 >1.5~2.0 >2.0~5.0 >5.0~10.0	≥685	—	20 15 12 12
TA7		M	0.8~1.5 >1.6~2.0 >2.0~5.0 >5.0~10.0	735~930	≥685	20 15 12 12
TA8		M	0.8~10	≥400	275~450	20
TA8-1		M	0.8~10	≥240	140~310	24
TA9		M	0.8~10	≥400	275~450	20
TA9-1		M	0.8~10	≥240	140~310	24
TA10[②]	A类	M	0.8~10.0	≥485	≥345	18
	B类	M	0.8~10.0	≥345	≥275	25
TA11		M	5.0~12.0	≥895	≥825	10
TA13		M	0.5~2.0	540~770	460~570	18
TA15		M	0.8~1.8 >1.8~4.0 >4.0~10.0	930~1130	≥855	12 10 8
TA17		M	0.5~1.0 >1.1~2.0 >2.1~4.0 >4.1~10.0	685~835	—	25 15 12 10
TA18		M	0.5~2.0 >2.0~4.0 >4.0~10.0	590~735	—	25 20 15
TB2		ST STA	1.0~3.5	≤980 1320	—	20 8
TB5		ST	0.8~1.75 >1.75~3.18	705~945	690~835	12 10
TB6		ST	1.0~5.0	≥1000	—	6

续表

板材室温力学性能					
牌 号	状 态	板材厚度/mm	抗拉强度 R_m/MPa	规定非比例延伸强度 $R_{p0.2}$/MPa	断后伸长率[①] A/%，不小于
TB8	ST	0.3~0.6 >0.6~2.5	825~1000	795~965	6 8
TC1	M	0.5~1.0 >1.0~2.0 >2.0~5.0 >5.0~10.0	590~735	—	25 25 20 20
TC2	M	0.5~1.0 >1.0~2.0 >2.0~5.0 >5.0~10.0	≥685	—	25 15 12 12
TC3	M	0.8~2.0 >2.0~5.0 >5.0~10.0	≥880		12 10 10
TC4	M	0.8~2.0 >2.0~5.0 >5.0~10.0 10.0~25.0	≥895	≥830	12 10 10 8
TC4EL1	M	0.8~25.0	≥860	≥795	10

板材高温力学性能				
合金牌号	板材厚度/mm	试验温度/℃	抗拉强度 σ_b/MPa，不小于	持久强度 σ_{100h}/MPa，不小于
TA6	0.8~10	350 500	420 340	390 195
TA7	0.8~10	350 500	490 440	440 195
TA11	5.0~12	425	620	—
TA15	0.8~10	500 550	635 570	440 440
TA17	0.5~10	350 400	420 390	390 360
TA18	0.5~10	350 400	340 310	320 280
TC1	0.5~10	350 400	340 310	320 295
TC2	0.5~10	350 400	420 390	390 360
TC3，TC4	0.8~10	400 500	590 440	540 195

注：① 厚度不大于 0.64mm 的板材，延伸率报实测值。
② 正常供货按 A 类，B 类适应于复合板复材，当需方要求并在合同中注明时，按 B 类供货。

(二) 钛及钛合金的焊接特点

钛及钛合金中，工业纯钛及 α 钛合金可焊性良好；$(\alpha+\beta)$ 钛合金中，Ti-3Al-1.5Mn 和 Ti-6Al-4V 的可焊性亦属良好；除上述外大多数 $(\alpha+\beta)$ 钛合金及 β 钛合金的可焊性均较差。钛及钛合金的焊接主要存在以下问题：

1. 焊接接头脆化倾向大

(1) 间隙元素 (氧、氮、氢、碳) 沾污引起的脆化

由于钛的化学活性大，540℃ 以上生成的氧化膜致密性很差，室温下钛与氧、氮、氢反应速度快，钛在 300℃ 以上快速吸氢，600℃ 以上快速吸氧，700℃ 以上快速吸氮，含碳量较多时，会出现网状 TiC 脆性相。以上情况使钛及钛合金焊接接头塑韧性急剧降低，从而引起脆化。

氧和氮间隙固溶于钛中，使钛晶格畸变，变形抗力增加，强度和硬度增加，但塑性和韧性显著降低 (见图 3-30)。由图可看出氮比氧的影响更甚。

氢对工业纯钛焊接力学性能的影响如图 3-31 所示，随焊缝中氢含量的增加，焊缝金属的冲击韧度急剧降低，说明氢化物 (TiH_2) 引起的脆化倾向严重。因此国家标准规定钛及钛合金中 $w(H)$ 不得超过 0.015%。加 Al 的 α 钛能提高氢的溶解度，在一定程度上可减少对焊缝冲击值的降低有所消弱。

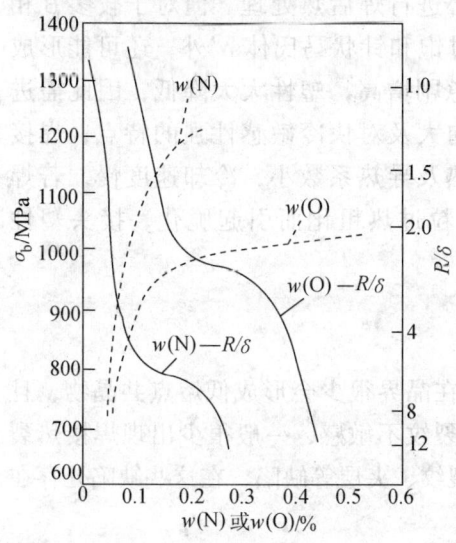

图 3-30 钛及钛合金焊缝氧、氮含量对接头强度和弯曲塑性的影响

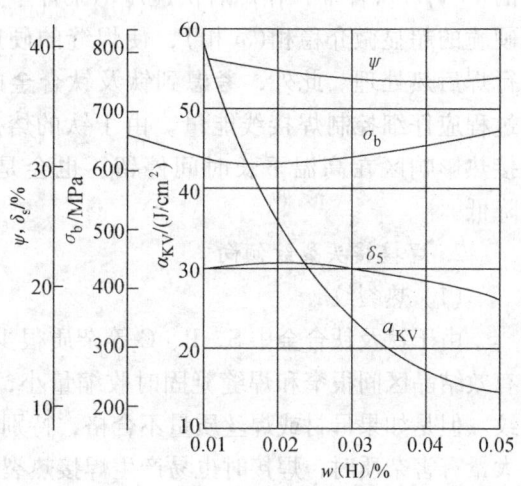

图 3-31 焊缝中氢含量对工业纯钛焊缝金属力学性能的影响

间隙元素碳在 α 钛中的常温溶解度为 0.13%，碳以间隙形成固溶于 α 钛中，使强度提高、塑性下降，但作用不如氮、氧显著。当碳量超过溶解度后，与 Ti 生成硬脆的 TiC，呈网状分布，易引起裂纹。因此国家标准规定，钛及其合金中 $w(C)$ 不得超过 0.1%。由于焊接材料及焊件上的油污能使焊缝增碳，故焊前应彻底清理。

根据以上情况，钛及钛合金焊接时，由于钛的活性强，采用气焊、焊条电弧焊或 CO_2 气体保护焊方法均难以达到焊缝质量要求，熔焊时必须用惰性气体或采用真空方法进行保护，以防止间隙元素沾污引起焊缝金属脆化。采用氩弧焊时，对氩气纯度要求很高，且需配置带拖罩的焊枪和进行焊缝背面保护。对于结构复杂或焊缝为不规则曲线难以进行惰性气体保护

的工件，则应在充氩箱内焊接或采用真空电子束焊接方法。钎焊钛及钛合金时，同样应在真空或氩气保护下进行。

（2）金属间化合物引起的脆化

钛与几乎所有的常用金属皆能生成金属间化合物，且大多数金属间化合物都具有脆性，从而引起焊缝脆化。例如铁在钛中溶解度非常低（一般只有0.1%），超过此限就会生成$TiFe$、$TiFe_2$金属间化合物，使焊缝严重脆化。钛与钴、镍、铜、铬、锰、银、镁等也会生成相应的金属间化合物而导致脆化。

钛与铝为有限固溶，铝在钛中的溶解度较大，是钛合金化使用最多的合金元素。但是铝过量时也会与钛生成$TiAl$、Ti_3Al等金属间化合物，其脆化倾向同样给钛及钛合金的焊接造成不利影响。

（3）焊接时相变过程产生介稳组织引起的脆化

α、$\alpha+\beta$或β组织的钛合金在焊接快冷条件下，当$\beta \rightarrow \alpha$转变时易产生介稳相，使焊缝金属脆化。即工业纯钛、α铁合金及含少量β相的$(\alpha+\beta)$钛合金在焊接加热到相转变温度以上温度、焊后快速冷却时，会产生$\beta \rightarrow \alpha'$无扩散性转变，$\alpha'$为钛过饱和的针状马氏体（又称钛马氏体）。$\alpha'$介稳相与钢中的马氏体不同，其饱和程度微弱，焊缝变脆程度并不显著，塑性稍低于母材经退火后的α相，一般不必进行焊后热处理。但对于较多β相的$(\alpha+\beta)$钛合金，在焊后快速冷却条件下，除产生过饱和针状马氏体α'外，还可能形成硬脆的超显微介稳相（ω相），使焊缝的硬度和脆性急剧增高，塑性大大降低，因此需进行焊后热处理。此外，考虑到钛及钛合金的过热倾向大及对快冷敏感性强的特点，焊接过程应仔细控制焊接线能量。由于钛的熔点高，比热及导热系数小，冷却速度慢，若焊接热影响区在高温下长时间停留，也会是高温β晶粒过热粗化而引起脆化，接头塑性降低。

2. 焊接接头裂纹倾向

（1）热裂纹

由于钛及钛合金中S、P、C等杂质很少，焊件时在晶界很少会形成低熔点共晶物，且有效结晶区间很窄和焊缝凝固时收缩量小，因此对热裂纹不敏感，一般很少出现焊接热裂纹。但是如果母材或焊丝质量不合格，特别是焊丝有裂纹、夹层等缺陷，在这些缺陷处存在大量有害杂质时，焊接时也易产生焊接热裂纹。

（2）热应力裂纹和冷裂纹

焊接过程中如果惰性气体保护不良，焊缝含氧、氮量较高，或$(\alpha+\beta)$钛合金中含β稳定元素较多时，也会出现热应力裂纹和冷裂纹。采取焊接保护、防止有害杂质沾污和焊前预热、焊后缓冷等措施，可以防止热应力裂纹和冷裂纹产生。

（3）延迟裂纹

钛及钛合金焊接时由于熔池和低温区母材中的氢向热影响区扩散，使焊接热影响区氢含量增加，在接头脆化和焊接应力作用下，加之钛吸收了大量氢，在热影响区聚集并析出TiH_2，会导致冲击韧度大幅降低和塑性下降，从而促使延迟裂纹产生。

一般情况下，对于正常氢含量的钛及钛合金，焊接时不会出现TiH_2；薄壁的$(\alpha+\beta)$钛合金焊接，采用工业纯钛作填充材料时，也不会出现TiH_2，故焊接延迟裂纹很少见。

而($\alpha+\beta$)钛合金厚板多层焊时,如果采用工业纯钛焊丝,则可能在焊缝金属中形成 TiH_2,出现延迟裂纹并引起氢脆。为此,必须控制氢的来源和焊接接头的含氢量,并减少焊接应力。

3. 焊缝气孔倾向大

钛及钛合金的焊接,气孔是经常碰到的一个主要问题,也是最常见的焊接缺陷,它使焊接接头的疲劳强度降低 1/2 甚至 3/4。气孔按其分布位置一般可分为两类,即焊缝中部气孔和熔合线处气孔。焊接热输入较大时,气孔多位于熔合线附近,热输入较小时则多位于焊缝中部。氢是造成钛及钛合金焊接气孔的主要气体,一般情况下,金属中的溶解氢并不是产生气孔的主要原因,焊丝和坡口表面的清洁度则是产生气孔的主要因素。但是,氢在钛中的溶解度随温度升高而降低(见图 3-32),在凝固温度时发生突变,由于熔池中部温度比边缘高,熔池中部的氢易向边缘扩散,使熔池边缘的氢溶解度更高,更容易为氢过饱和而使多余的氢形成气孔。

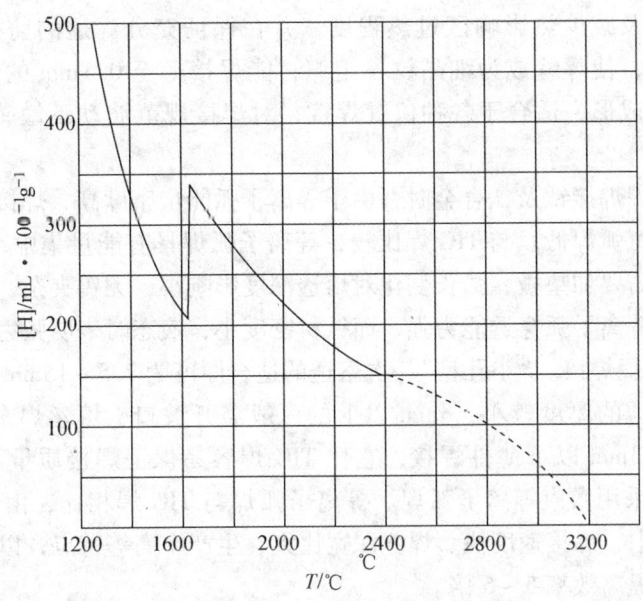

图 3-32 氢在高温钛中的溶解度曲线

此外保护气体(氩气)、母材及焊丝中的微量杂质 O_2、H_2、H_2O 及碳等含量的提高,均会使气孔倾向增加(N_2 对气孔的影响很小)。焊接方法不同,气孔敏感性也有差异。在钛及钛合金氩弧焊、等离子弧焊和电子束焊三种焊接方法中,等离子弧焊接气孔最少,电子束焊则气孔较多。

防止气孔的方法有:①控制保护气体及母材、焊丝中不纯气体(如 O_2、H_2、H_2O)及碳等杂质含量。②焊前彻底清理焊丝及接头表面,进行机械清理、酸洗、水洗和烘干等。③对接坡口应留出 0.2~0.5mm 间隙,以使工件对接端面的水气等杂质在母材熔化前就被加热蒸发逸出。④选用较小的焊接线能量,控制调整焊接速度和冷却速度,适当增加熔池停留时间以使气体逸出。

4. 过热倾向大

由于钛及钛合金的熔点高,热容量大,导热性差,焊接过程中极易引起过热,使晶粒长大。特别是 β 钛合金，过热倾向将使焊接接头塑性急剧降低。

5. 焊接变形大

由于钛及钛合金的弹性模数只有钢的一半，焊接变形大，且校正变形亦比较困难。

(三) 钛及钛合金的焊接工艺

1. 焊接方法的选择

由于钛及钛合金的活性大，最适用的焊接方法为氩弧焊、等离子弧焊和真空电子束焊，其中应用最多的是氩弧焊，有时也可采用埋弧焊，而焊条电弧焊及 CO_2 气体保护焊一般不适用于焊接钛及钛合金。钛与钢等其他金属的异种材料焊接，主要采用钎焊方法。

钨极氩弧焊(TIG)主要用于焊接厚度 $\leq 3mm$ 的钛及钛合金；熔化极惰性气体保护焊(MIG)用于厚度 $>3mm$ 钛材平焊位置的对接、搭接和 T 字接头，MIG 焊焊接钛及钛合金时，采用氦气体保护可提高电弧热功率，适用于中厚钛材的焊接。与 TIG 焊接方法比较，MIG 焊接钛及钛合金产生气孔较少，缺点是飞溅较大。采用 TIG 脉冲焊焊接钛及钛合金可以改善焊缝成形及减少热影响区过热程度，并在保证充分焊透的前提下调节焊接线能量及高温停留时间，使焊缝成为细晶粒 α 组织；能焊接薄至 0.1mm 的钛材；采用加垫板形式可单面焊双面成形，适合于各种位置焊接，对焊接规范波动不敏感，且焊缝成形好、力学性能高。

采用等离子弧焊焊接钛及钛合金时，由于等离子弧能量密度高，焊接相同厚度工件时所需的焊接线能量比氩弧焊低。与 TIG 焊比较，等离子弧焊具有能量集中，单面焊双面成形，背面成形容易，不需要加垫板，弧长变化对熔透深度影响小，无钨夹杂，气孔少和接头性能好等优点。且由于等离子弧穿透能力强，而钛材密度小，液态时表明张力大，很适合于采用"小孔型"和"熔透型"焊接。"小孔型"一次熔透的适合厚度为 2.5~15mm，"熔透型"适于各种厚度，但一次焊透的厚度较小，3mm 以上的一般需开坡口、填丝焊多层。通常情况下，"熔透型"焊多用于 3mm 以下薄件焊接，它比 TIG 焊容易保证焊接质量。对于厚度 0.07~0.5mm 的钛材，可采用微束等离子弧焊。等离子弧焊与 TIG 焊相比，由于熔焊法等离子弧焊具有电弧能量集中、焊接速度快、焊缝深宽比大、生产率高等特点，以厚度为 10mm 钛板为例，可比 TIG 焊提高效率 5~6 倍。

真空电子束焊非常适合于钛及钛合金的焊接，其优点是能量密度集中(高达 $10^6 W/mm^2$)，焊接冶金质量好；焊缝窄，深宽比大(最高可达 25:1)；焊缝角变形小；焊缝及热影响区晶粒细且不会被空气沾污，焊缝中的氧、氮、氢含量极低，接头性能好；焊接厚件时效率高等。缺点是焊缝向母材过渡不平滑，结构尺寸受真空限制，容易出现气孔。为防止气孔和改善焊缝向母材过渡，焊前需认真清理和采取有效的焊接工艺措施。

2. 焊接材料的选用

(1) 填充金属

一般来说，钛及钛合金焊接时，不易产生热裂纹，填充金属可采用与母材成分相同的焊丝。为改善焊接接头的韧塑性，有时采用强度低于母材的填充金属。例如采用氩弧焊焊接钛合金 TA7 和厚度不大的 TC4，可选用工业纯钛焊丝 TA1 或 TA2，焊接 TC4 也可选用母材合金化程度稍低的焊丝(如 TC3)，再通过焊后热处理来提高接头韧塑性。通常不推荐采用含 Mo 的焊丝，以避免产生气孔。为了改善焊缝的韧塑性，填充金属中的间隙元素(O、N、H)含量应较低,一般不得超过母材中 O、N、H 的一半左右,控制在 $w(O) \leqslant 0.12\%$、$w(N) \leqslant 0.03\%$、$w(H) \leqslant 0.006$、$w(C) \leqslant 0.04\%$。采用的填充焊丝直径一般为 $\phi 1 \sim 3mm$,应控制焊丝的表面积/体积比,以减少表面沾污。焊前需认真清理焊丝,去除其拉丝时附着的润滑剂。

(2) 保护气体

保护气体一般采用氩气,只有在深熔焊和仰焊位置焊接时,有时采用氦气,以增加熔深或改善保护条件。采用氩气保护时要求氩气纯度 $\phi(Ar) \geqslant 99.9\%$。其中 $w(O)$、$w(N)$、$w(H_2O)$ 应分别小于 0.002%、0.002%、0.001%,氩气露点低于 -60℃。要求采用环氧基或乙烯基塑料软管输送保护气体,不宜采用橡皮软管。

当采用局部保护时,应对熔池、$T \geqslant 400℃$ 的焊接热影响区以及焊缝背面金属进行保护。此时可采用保护效果好的圆柱形或椭圆形喷嘴,附加保护罩或双层喷嘴,焊缝两侧吹氩气,设置限制氩气流动的挡板、加设通风氩气垫板等方法;采用整体保护时,可在真空充氩箱中进行焊接。

(3) 焊剂

埋弧焊钛材焊剂为熔炼型,其特点是无氧,焊剂中不含氧化物,制造焊剂的材料要求化学纯,焊剂颗粒较小,以利于减少空气的有害作用。焊剂中水分不能大于 0.05%,使用前应严格烘干,新型焊剂配方为 $87\% CaF_2 + 10\% SrCl + 3\% LiCl$,具有电弧稳定性高、脱渣性好、焊缝成形光亮规则及焊缝内无球状杂物等优点。也可采用化学纯的 $CaF_2 - BaCl - NaF$ 焊剂,配方为 $79.5\% CaF_2 + 19\% BaCl + 1.5\% NaF$,并用干法粒化。

3. 焊接工艺措施及焊接规范

(1) 焊前清理及焊接区保护

① 焊前清理。采用机械方法或酸洗法清理待焊区和焊接材料表面,然后在焊前再用丙酮擦洗。如果待焊工件表面无氧化皮时,仅需除油脂,有氧化皮时,应先除氧化皮后除油脂。采用酸洗法清除油脂、油污、油漆等最常用的是 3% 氢氟酸 + 35% 硝酸水溶液,酸洗后用清水冲洗,对存在应力腐蚀危险的工件,水中不得含有氯离子。对于 600℃ 以上形成的氧化皮,很难用化学方法清除,需采用机械方法清理(如采用不锈钢丝刷、喷丸或蒸汽喷砂、碳化砂轮打磨、磨削等)。

② 焊接区保护。焊接钛及钛合金时,需对焊接区以及已凝固而仍处于较高温度的焊缝、热影响区及焊缝背面进行保护。根据工件的外形和尺寸,一般有以下几种保护措施。

a. 采用焊枪喷嘴、拖罩和垫板——由于钛及钛合金导热性差、散热慢、熔池较大,高温停留时间长,加之钛材活性强,故喷嘴直径比铝及不锈钢 TIG 焊炬的喷嘴要大些,一般取 $\phi 16 \sim 18mm$,且喷嘴至工件的距离应缩小,以增强保护效果。为提高保护效果和保证可见性与焊炬可达性,可采用双层气体保护的焊炬。

对于厚度大于 1.0mm 的钛及钛合金焊件,喷嘴难以保护焊缝和近缝区高温金属,一般需附加拖罩(喷嘴和拖罩可做成一体,以方便操作)。此外,钛及钛合金焊接时应注意保护焊缝背面,由于钛及钛合金密度小,熔池表面张力大,焊漏的可能性比钢小、背面保护良好,可以获得良好的焊缝成形。背面保护亦可采用类似拖罩的结构。焊接拖罩及背面保护垫板见图 3-33 ~ 图 3-35。

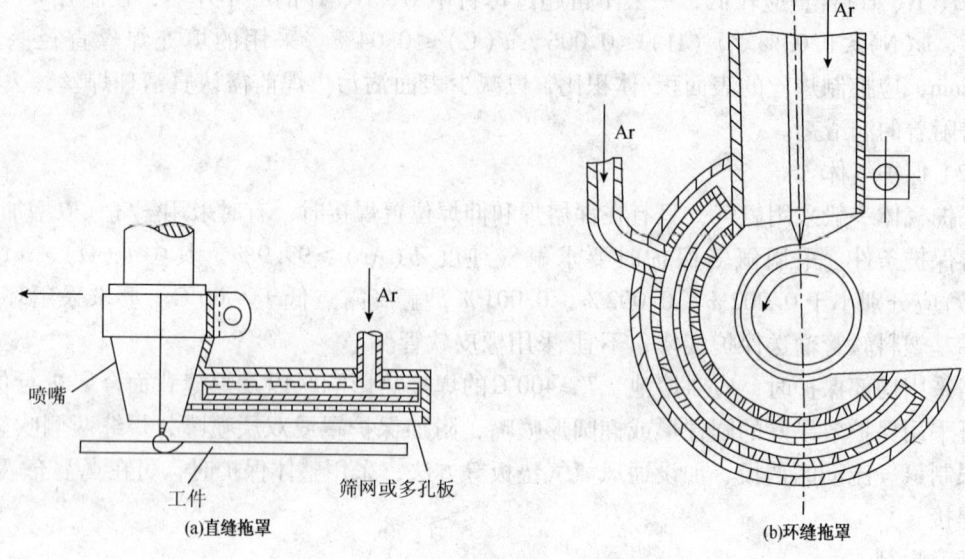

(a) 直缝拖罩   (b) 环缝拖罩

图 3-33 焊接拖罩结构示意图

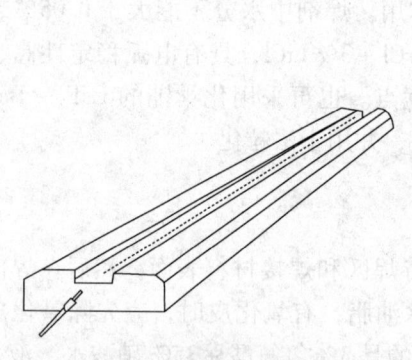

图 3-34 背面保护垫板示意图

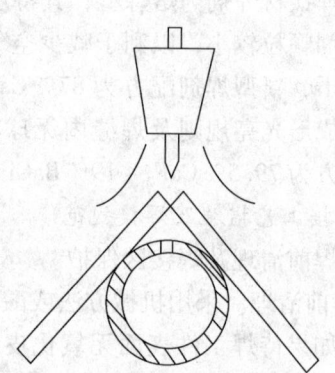

图 3-35 角接接头背面保护

b. 在真空充氩箱中进行焊接——对于难以实现拖罩及背面保护焊接的钛及钛合金工件（例如结构形状复杂、尺寸较大、焊缝可达性差等），可在真空箱内焊接。真空充氩焊接箱箱体一般分为刚性和柔性两种，前者箱体多用不锈钢制造，后者箱体可用薄橡胶、透明塑料等材料制造。采用刚性焊接箱须先抽真空到 1.3~13Pa，然后充以 Ar 或 Ar + He 混合气体即可进行焊接。焊炬机构简单，不需要保护罩或外通保护气体。柔性焊接箱可采用抽真空、通入 Ar 气方法或多次折叠充 Ar 以排出箱内空气的方法，由于箱内 Ar 纯度低，仍需用一般焊炬，并通入 Ar 气体进行保护。焊接箱保护措施特别适用于对焊接质量要求高的批量生产焊件，真空充氩箱内焊接时，电弧稳定，在较短弧长下（如 50~60mm）电弧仍能稳定燃烧，且焊接过程中无飞溅、不会产生气孔。形状复杂的小件可用小型真空箱在箱外操作，大型真空充氩操作室用于大件，可在内部操作，但设备复杂、昂贵。

c. 埋弧焊采用"焊剂 + 惰性气体"保护方法由氩气吹送焊剂进行双重保护或在坡口处预先涂膏无氧状焊剂保护方法。焊剂可使熔深增加、熔宽减小，获得较大深度比，且由于焊剂与液体金属的冶金反应有助于减少或防止焊缝中产生气孔。

(2) 焊接坡口形式

钛及钛合金钨极氩弧焊(TIG)典型焊接坡口形式见附录C"表C-96"。熔化极氩弧焊由于焊接时填丝较多,故焊接坡口角较大,厚15~25mm一般选用90°单面V形坡口,或不开坡口、留1~2mm间隙,两面各焊一道。采用"熔透型"等离子弧焊由于一次焊透厚度较小,3mm以上厚度一般需开坡口,填丝焊多层;15mm以上可开V形或U形坡口,钝边取6~8mm,先用"小孔型"等离子弧焊封底,然后可采用埋弧焊或TIG焊或"熔透型"等离子弧焊焊满坡口。焊接规范及焊后热处理如下:

① 焊接规范。钛及钛合金的焊接应尽量采用小线能量,宜用小电流、快速焊,焊缝冷却速度不宜过大。采用钨极氩弧焊时一般可分为敞开式焊接和真空箱内焊接,它们又各自分为手工焊和自动焊两种方法。敞开式焊接即普通氩弧焊,它是靠焊炬喷嘴、拖罩和背面保护装置通以Ar或Ar-He混合气,将焊接高温区与空气隔离,以防止空气沾污。He气具有熔深大的优先,也可单独作为保护气。钛及钛合金TIG焊(自动焊与手工焊)、等离子弧焊、真空电子束焊、以及埋弧焊推荐的焊接参数列于附录C"表C-97"~"表C-103"。为了减少焊接接头过热产生粗晶,提高接头塑性,以及减少焊接变形,可采用脉冲TIG焊(脉冲频率一般为2~5Hz)。其特点是焊接热输入少,电弧能量集中且挺度高,有利于薄板、超薄板焊接;焊接热影响区变形小;可以精确控制热输入和熔池尺寸,得到均匀的熔深,适合于单面焊双面成形和全位置焊接;且脉冲TIG焊高频电流振荡作用有利于获得细晶粒金相组织、消除气孔、提高接头力学性能。

② 焊后热处理。钛及钛合金焊后热处理的目的在于消除焊接应力、稳定组织和获得最佳的物理-力学性能。由于钛及钛合金活性强,在高于540℃加热条件下,表面会生成较厚的氧化层,使硬度增加、塑性降低,为此在热处理后一般需进行酸洗。为防止酸洗时增氢,应控制酸洗温度(一般不应超过40℃)。

根据钛及钛合金的成分与原始状态以及焊接结构件使用要求,可分别进行退火、时效或淬火-时效、消除应力等热处理。

a. 退火。退火热处理适用于各类钛及钛合金,也是 α 和 β 钛合金唯一的热处理方式。钛及钛合金进行完全退火处理时,由于加热温度较高,需在真空或氩气保护气氛中进行,否则会造成表面被空气严重沾污,形成裂纹、气孔等缺陷。推荐的完全退火温度列于表3-108。退火时间由焊件厚度决定,见表3-109。

表3-108 钛及其合金退火温度

材 料	TA1、TA2	TA6、TA7	TC1、TC2	TC3、TC4	TB2
退火温度/℃	550~680	720~820	620~700	720~800	790~810

表3-109 钛及钛合金焊后完全退火时间与焊接接头厚度的关系

焊接接头厚度/mm	≤1.5	1.6~2.0	2.1~6.0	6.1~20.0	20.1~50
退火时间/min	15	20	25	60	120

钛及钛合金焊后进行完全退火处理,可以基本消除焊接接头内焊接应力和保证较高的强度,而且空冷时不产生(或少产生)马氏体组织,获得较好的塑性。

钛及钛合金焊后不完全退火热处理温度较完全退火温度低(见表3-110),不需要氩气保护,可在大气中进行。由于热处理温度较低,空气沾污较轻微,可采用表面酸洗除去。不完全退火所需保温时间根据焊件厚度不同，可在1.0~4.0h范围内确定。

表3-110　钛及其合金不完全退火温度

材　料	TA1、TA2	TA6、TA7、TC4	TC1、TC2	TC3
退火温度/℃	450~490	550~600	570~610	550~650

b. 淬火-时效处理。钛及钛合金焊后进行淬火-时效处理的目的是为了提高焊接接头强度，是一种强化热处理，但塑性会有所降低，甚至某些钛合金可能生成脆性 ω 相。因此在选择热处理工艺参数时应尽量避免生成 ω 相，只形成平衡的 $(\alpha+\beta)$ 相，以防止出现脆性。

淬火-时效处理一般存在大型结构件淬火困难、在固溶温度下和大气中保温时氧化严重、以及淬火变形难以校正等问题，因此除结构简单的钛及钛合金制压力容器有时采用这种强化热处理工艺外，通常很少使用。

c. 时效处理。在大多数钛合金焊接中，焊接热循环已起到局部淬火作用，焊后可不再进行淬火处理。为保证基体金属的强度，采用焊前淬火+焊后时效处理。例如对 $(\alpha+\beta)$ 型TC4钛合金焊接接头可进行940℃(或900℃)淬火+550℃、4h(或600℃、2h)时效处理。940℃淬火比900℃淬火的强度高，但韧性低，550℃、4h时效处理与600℃、2h时效处理比较，焊接接头性能基本相同，而基本金属的强度前者比后者高出34MPa，塑性基本一样。在焊接区可加厚的条件下，从基体金属力学性能考虑(特别是强度)，选择550℃、2h时效较合适。

d. 消除应力处理。钛及钛合金的焊接残余应力比钢材低，钢材焊接残余应力峰值有时可接近甚至超过材料屈服限 σ_s 的一半左右。实际应用中，工业纯钛制造的大型化工容器一般不要求作消除应力处理，对于要求进行焊后热处理的钛及钛合金焊接构件，其主要目的在于改善组织特性。

采用电子束局部热处理方法可改善焊缝组织，降低焊接接头硬度，提高接头的拉伸力学性能，降低焊接残余应力。对于钛及钛合金薄板焊接结构，采用焊后锤击处理即可使焊缝区峰值应力降低90%，最大焊接挠曲变形可由15mm减少到5mm，但使近缝区应力有所增加。

四、高温合金的焊接

(一) 高温合金简介

高温合金通常是指以元素周期表第Ⅷ类主族元素 Fe、Ni、Co 为基体，能在600℃以上高温抗氧化和耐腐蚀，并能在一定应力作用下长期工作的金属材料。通常按其合金元素成分可分为铁基、镍基和钴基高温合金；按生产工艺可分为变形、铸造、粉末冶金和机械合金化高温合金；按强化方式可分为固溶强化、时效强化和弥散强化高温合金，按用途可分为叶片、涡轮盘、燃烧室及其他高温部件用合金。为适应高温工况要求，合金必须采用强化手段，对 Fe、Ni、Co 基高温合金进行基体的固溶强化或时效强化(第二沉淀强化)或晶界强化。

1. 高温合金的强化处理方式

(1) 固溶强化

在 Fe、Ni 基高温合金中，通常加入 Cr、Mo、W、Co、Al 等元素进行固溶强化。Cr 是高温合金中不可缺少的元素,合金的高温抗氧化性主要是 Cr 的作用,它在 Ni 和 Fe 中有较大的溶解度,主要与 Ni 形成固溶体,少量 Cr 与 C 形成 $Cr_{23}C_6$ 型碳化物(Cr 量低时会生成 Cr_7C_3 型碳化物),可提高合金的高温持久强度。但由于 Mo、W、Co、Al 等元素的加入,Cr 含量往往不得不有所降低,否则会出现 σ 相而影响强度和塑性。因此有时为了保证热强性,只好降低一点热稳定性。加入 W 和 Mo 固溶强化,主要是提高热强性,因为 W、Mo 可以提高原子结合力,产生晶格畸变,同时还能提高激活能,降低扩散系数,阻碍扩散型形变进行强化,以及使合金的再结晶温度升高,从而提高其高温性能。另外,W、Mo 也是碳化物形成元素,主要形成 M_6C,当碳化物沿晶界分布时,会对合金强化起更大作用。加入 Co 的主要作用是降低基体层错能,提高合金的持久强度,减少高温蠕变速率,同时还可以稳定合金的组织,减少有害相析出。固溶强化的效果只是在一定温度范围内较显著,且合金元素的加入不能过多,因为这些溶质元素会引起合金熔点和固相线大幅降低。在接近固相线的强度下,合金元素加入过多不但不能减缓合金的扩散,相反会起到加速作用,以致降低固溶体的高温强度。

(2) 时效强化

实际应用中,固溶强化型高温合金的使用温度受到一定限制,对于高温超过 950℃ 的工况或要求高温下仍具有高屈服强度的合金,则需进行时效强化。时效强化的实质是第二相沉淀强化,它是有效提高合金热强性的方法。沉淀强化相可以是碳化物或金属间化合物 γ' 和 γ'' 相。其作用原理是利用合金中形成细小的均匀分布的稳定质点(如 γ'、γ'' 相)来阻碍位错运动,以达到高温强化的目的。在 Fe、Ni 基合金中,时效强化常采用时效析出的 γ' 相和 γ'' 相提高合金的高温屈服强度和达到更高的使用温度。γ' 相为 Ni_3Al 型,与基体结构相同,为面心立方晶体,为其格析出,与基体(γ 固溶体)形成共格,十分稳定,有高的强度和良好的塑性。γ' 相还可被强化,故高温合金多数牌号采用 γ' 相沉淀强化。γ'' 相属于亚稳定的强化相,是以 Nb 代替 Al 的 Ni_3Nb 型,在中温条件下稳定,可使合金具有高的屈服强度和良好塑性。必须指出,对于时效强化的 Ni 基高温合金,其中 Fe 含量一般需控制得很低。因为 Fe 含量增加会使 γ' 相数量减少和使 γ' 相呈不规则状,同时也会使结构的平均电子空位数增大,易出现 σ 相,导致合金力学性能变坏。

(3) 晶界强化

由于高温合金使用温度高,必须重视其晶界强度问题。这是因为合金在高温使用工况下承受应力时,晶界参与变形,而且变形速度越慢时,晶界变形的比例越大。晶界强化通常需要从两方面考虑,一是添加一些微量合金元素(如 B、Zr、Hf、Mg、La、Ce 等)强化晶界,其次是净化晶界,严格限制高温合金中杂质元素和气体元素含量(如 S、P、Pb、Sn、Sb、Bi 和 O_2、N_2 等)。在添加的晶界强化元素中,硼对提高合金的热强性有明显效果。主要因为硼在晶界偏聚,能减少晶界缺陷,提高晶界强度,并能强烈地改变晶界形状,影响晶界碳化物和金属间化合物析出和长大,改善其密集不均匀分布的状态,形成球状均匀分布,提高了合金持久寿命。锆与硼有类似的作用,但不如硼强烈。净化晶界的目的是减少合金中杂质元素在熔池凝固时从固溶体中析出,聚集在晶界,降低合金的热强性,以及减少气体元素(O_2、N_2)造成基体中夹杂物数量增多的影响,防止合金疲劳性能降低。采用真空冶炼的方法有利于减少 O_2、N_2 等气体元素和晶界上的低熔点杂质。

我国至今已研制出 100 余种高温合金,品种较齐全。目前已有适用于 600~1000℃ 长期使用的各种牌号高温合金，有棒材、板材、盘材、丝材、精密铸件等品种。在工业燃气轮机、烟气轮机中，叶片广泛采用 K413、K218、GH864 等合金。在石油化工中，乙烯裂解高温部件采用了 GH180、GH3600 等合金。近十几年来研制的强度高、综合性能好的 GH4169 合金，具有低膨胀特性的 GH907 合金，工艺性能好、成本较低的 DZ4 定向凝固合金，DD6 单晶合金以及金属间化合物基的铸造高温合金（如 IC6、IC10）已推广应用到一些行业中。目前，较多牌号的高温合金只有棒材、饼材或锻件，其零部件不进行焊接。一些常用于焊接构件的变形高温合金的牌号及化学成分列于附录 C "表 C – 104"，铸造高温合金的成分和性能列于附录 C "表 C – 105"。

高温合金的物理性能与高合金奥氏体钢相近，但线膨胀和导热系数较小，电阻率却大得多。与碳钢比较，它们的熔点低，导热系数要低得多，电阻率也大得多。

2. 高温合金分类

高温合金按基体成分分为镍基、铁基、钴基高温合金。其中，镍基和钴基高温合金的高温性能优于铁基合金，钴基合金还具有优良的抗热强性和组织稳定性。典型镍基和铁基高温合金的化学成分、物理性能、热处理制度和力学性能见附录 C "表 C – 106" ~ "表 C – 112"。

镍基高温合金的 Ni 含量 $w(Ni)$ 大于 50%。其中，镍基固溶强化合金具有优良的抗氧化、抗腐蚀性能，塑性较高，易于焊接，但热强性相对较低，通常用于制作工作温度 600 ~ 800℃ 以下的构件。镍基时效强化合金是在固溶合金基础上。添加较多的 Al、Ti、Ta、Nb 等元素，形成金属间化合物强化相 γ'（Al、Ti 等与 Ni 形成共格稳定、成分复杂的 Ni_3Al 或 Ni_3Ti 中间相）及 γ'' 相（Nb、Al、Ti 等与 Ni 形成的 Ni_3Nb、Ni_3Al 或 Ni_3Ti 中间相）。同时，少量合金元素 W、Mo、B 等与碳形成各种碳化物（如 MC、M_6C、$M_{23}C_6$ 等）。以上形成的 γ'、γ'' 相和碳化物可以使合金的热强性大幅提高，加入微量元素 B、Zr 等，则可形成间隙相使晶界强化。

铁基高温合金 Fe、Ni 含量为 $w(Fe)$ 50% 左右、$w(Ni)$ 大于 20%，含 Cr 量 $w(Cr) > 12\%$，一般为 20% 左右。其中，铁基固溶强化合金具有中等热强性、良好的抗氧化性和抗腐蚀性以及较好的塑性和可焊性，一般用于制造工作温度为 500 ~ 800℃ 的构件。铁基时效强化合金在中温下具有较高的热强性、抗氧化性和抗腐蚀性，在固溶和退火状态下具有良好的塑性和可焊性，通常用于制造 500 ~ 700℃ 下承受较大应力的焊接结构。

钴基高温合金 Co、Cr 含量为 $w(Co)$ 50% 和 $w(Cr)$ 20% 左右，通常以 Cr、Ni、W、Mo 等合金元素对基体进行固溶强化；碳与碳化物形成元素形成复杂的金属间化合物对合金进行沉淀强化。钴基合金具有较高的热强性、抗氧化性和抗腐蚀性，可用于制造工作温度为 700 ~ 900℃ 的构件和高温耐磨件。由于 Co 资源少，成本高，应用范围较小。焊接构件用钴基合金板材的化学成分、热处理工艺及物理性能、力学性能见附录 C "表 C – 113" ~ "表 C – 115"。

（二）高温合金的焊接性

高温合金的焊接性主要指在某一焊接工艺条件下，对合金产生裂纹的敏感性、焊接接头组织的均匀性及力学性能的等强性，以及采取工艺措施的复杂性等，它是高温合金重要特性之一，也是焊接构件设计和焊接工艺制定的重要依据。镍基与铁基高温合金熔焊的主要问题是容易产生热裂纹，由于焊缝组织不均匀，晶内、晶界偏析严重，低熔点共晶易在晶间聚集，在应力 – 应变作用下产生凝固裂纹。时效强化型高温合金的裂纹敏感性比固溶型合金大，除焊缝金属产生凝固裂纹外，还可能产生液化裂纹及应变时效裂纹。采用一般的熔焊方法焊接铸造时效强化的高温合金，很难避免热裂纹的产生。

Ni 基和 Fe 基高温合金焊接时存在的问题与奥氏体热强钢有许多相似之处，但也有其特殊性。固溶强化型合金主要存在焊缝热裂纹及过热区晶粒长大等问题，时效强化型合金还有应变时效裂纹、液化裂纹与焊接接头等强性等问题。固溶强化及时效强化合金皆有在焊接接头组织的不均匀性问题等。

钴基变形高温合金在焊接上无特殊困难，推荐采用 TIG 焊接方法，其焊接工艺与镍基高温合金基本相同，但应注意低熔点元素的污染。钴基铸造高温合金的焊接性很差，一般不采用电弧焊方法焊接，这类合金如需焊接或与其他合金组合焊接时，应注意防止焊缝产生热裂纹以及热影响产生液化裂纹。

1. 焊接接头的裂纹敏感性

(1) 结晶裂纹(焊缝热裂纹)

高温合金具有不同程度的结晶裂纹敏感性。高温合金成分复杂，除 S、P 外，Si、Nb、B 等元素易与合金中含量多的 Fe 或 Ni 在晶界形成低熔点共晶(高 Ni 合金对 S、P 杂质更敏感)；高温合金易形成方向性强的单相 γ 柱状晶，促使杂质偏析；此外，高温合金的线胀系数仍较大(与碳钢比较)，焊接应力大，热裂纹敏感性也较大。

结晶裂纹敏感一般用变拘束十字形裂纹敏感性试验方法进行评定。表 3-111 列出常用高温合金氩弧焊工艺的裂纹敏感性。由表中所列"裂纹敏感系数 K_1"可看出，固溶强化的高温合金具有较小的结晶裂纹敏感性，裂纹敏感系数 $K_1 < 10\%$，适宜于制造较复杂形状的焊接结构。Al-Ti 含量较低 $[w(Al+Ti) < 4\%]$ 的时效强化高温合金或采取用抗裂性好的焊丝时，具有中等的结晶裂纹敏感性，其结晶裂纹敏感性系数 K_1 在 10%~15% 之间，属于可焊高温合金，适宜制造结构较简单的焊接构件。而 Al、Ti 含量的时效强化高温合金，结晶裂纹敏感性大 ($K_1 > 15\%$)，为难焊高温合金，不适宜采用熔焊法制造焊接构件，适宜于采用真空钎焊、扩散焊、摩擦焊等特殊焊接工艺。

表 3-111 常用高温合金氩弧焊的结晶裂纹敏感性

合金牌号	合金中 Al+Ti 总量(质量分数)/%	合金中 B 含量(质量分数)/%	焊丝牌号	裂纹敏感性系数 K_1/%
GH3030	0.50	—	HGH3030	5.5
GH3044	1.20	—	HGH3044	6.0
GH1140	1.55	—	HGH1140	7.5
			HGH3113	5.0
GH3128	1.60	0.005	HGH3128	8.0
GH2132	2.70	0.010	HGH2132	8.8
GH4099	3.35	0.005	GH4099	8.3
GH2150	3.1	0.006	GH2150	13.0
			HGH3533	7.8
GH2018	3.0	0.015	GH2018	15.0
GH17	6.8	0.020	GH17	26.7
K406	6.25	0.10	HGH3113	25.2
K214	6.83	0.13	HGH3113	34.2
K403	8.9	0.018	HGH3113	35.2
K417	10.0	0.018	HGH3113	47.3

由表 3 - 99 可看出，高温合金中 Al - Ti 总含量对结晶裂纹敏感性影响较大。一般 $w(\text{Al}+\text{Ti}) < 2.0\%$ 的固溶强化型高温合金易焊，而 $w(\text{Al}+\text{Ti}) > 6.0\%$ 的时效强化型铸造或变形高温合金则难焊。所谓难焊主要是指在焊缝和热影响区（HAZ）易形成结晶裂纹（焊接热裂纹）、液化裂纹或应变时效裂纹。此外，结晶裂纹敏感性还与 Al/Ti 含量比有关，在 $w(\text{Al}+\text{Ti})$ 总量相近条件下，Al/Ti 比值高的合金具有高的结晶裂纹敏感性，一般应控制在 Al/Ti < 2.0 为宜。

高温合金的状态也会影响合金裂纹敏感性，固溶状态的合金比时效硬化状态的合金具有较小的裂纹敏感性，合金淬火软化状态比平整和冷轧状态以及时效处理状态的裂纹敏感性小，因为合金平整或轧制或时效处理后，硬度和强度增加、塑性降低，使焊接件的拘束度增大，裂纹敏感性也增大。因此，各种高温合金应在固溶处理或淬火软化状态下进行焊接，而对于经过深度冷作或冲压成形的焊件，结晶裂纹敏感性增大。

为了减小或消除焊接结晶裂纹，主要应采用以下措施，其一应选用抗裂性优良的焊丝（如 HGH3113、SG - 1、HGH3536、HGH3533），严格限制母材及焊接材料中有害杂质 S、P 含量；避免焊缝含有 γ'、γ″相形成元素 Al、Ti、Nb 等；加 Mo 可抑制热裂纹的形成，在焊缝中加入变质剂等；对含 Ni 高的高温合金，Si 是十分有害的元素，易形成连续分布的低熔物，一般应使焊缝中含 Si 量小于 0.7% ~ 0.8%；加入 Nb 可抑制 Si 的有害作用，合金中含 Fe 越多，Nb/Si 比值应越高。其二应选用小的焊接电流，减小焊接热输入，改善熔池结晶形态，减小枝晶间偏析，焊接工艺上减小裂纹形成几率，其三是宜在高温合金固溶状态或淬火状态下焊接。其四是当采取上述措施仍不能消除结晶裂纹时，在结构与强度允许的条件下，建议采用摩擦焊、扩散焊或真空钎焊等焊接方法代替熔焊。

(2) 液化裂纹

液化裂纹属于焊接热裂纹范畴，大多数高温合金焊接时都存在形成液化裂纹倾向，并且随合金中合金元素含量的增加，液化裂纹倾向越显著。

液化裂纹大多产生在近缝区，其特征为沿晶开裂、从熔合线向母材扩展。液化裂纹的形成与高温合金晶界上存在多种生成物相和焊接时非常快的加热速度有关。焊接时，靠近焊接熔池的某些相（如 NbC 等）被迅速加热到"固 - 液"相区的温度时，晶界上的这些相来不及进行相平衡转变而在原来相的界面上形成液膜，造成晶界液化，冷却过程中会形成 γ - (Nb、Ti)C 等共晶体，从而导致液化裂纹形成。

高温合金的状态对形成液化裂纹有较大影响，若合金的晶粒粗大，晶界上有较多的碳化物、硼化物、γ + γ' 共晶，焊接时易形成液化裂纹。采用减小焊接热输入和缩短过热区高温停留时间，可以有效减小或避免液化裂纹形成。

(3) 应变时效裂纹

Al - Ti 含量高的时效强化高温合金和铸造高温合金焊接后，在固溶强化 + 时效处理中加热时，熔合线附近会产生沿晶扩展裂纹，称为应变时效裂纹。这类裂纹形成主要与以下两因素有关，一是由于焊接残余应力和拘束应力引起的应变，另一是由于时效过程中在 γ' 相析出温度区域中塑性急剧降低，两者共同作用引起应变时效裂纹。

不同的焊接工艺具有不同的应变时效裂纹敏感性，其中以手工氩弧焊的裂纹敏感性最大（最大值接近于合金的屈服应力），自动氩弧焊次之，电子束焊的应变时效裂纹敏感性最小。防止此类裂纹的措施主要有：严格限制合金中的有害杂质；选用时应选择含 Al、Ti 较低或用 Nb 代替部分 Al-Ti 的合金材料，也可对合金进行"过时效"处理（分级、慢冷的时效工艺），以延长开裂时间，从而防止应变时效裂纹产生；选用合理的接头形式和焊缝分布，以减小焊件的拘束度、减小焊接收缩应力，并尽量减小应力集中；在焊接时，宜提高加热速度（采用小线能量和多层焊）、细化晶粒，调节焊接热循环，避免热影响区中碳化物产生相变而引起的脆性；焊后采用机械方法消除拉应力并形成压应力（如对焊缝和热影响区进行锤击或喷丸处理）。

2. 焊接接头组织的不均匀性

固溶强化或时效强化高温合金及铸造高温合金焊接时均存在接头组织不均匀性。固溶强化型高温合金的基体为 Ni 基或 Fe-Ni 基面心立方 γ 固溶体，晶内和晶界有少量 MC、M_6C、$M_{23}C_6$ 碳化物及 TiN、Ti(CN) 中间相，焊接后焊缝金属由变形合金组织变为铸造合金组织，由于熔池冷却速度快，焊缝金属会因晶内偏析，形成层状组织，当偏析严重时，会在枝晶间形成共晶组织。热影响区会形成沿晶界的局部熔化和晶粒长大，在焊缝两侧形成两条粗晶带，组织不均匀性直接影响焊接接头的拉伸性能和疲劳性能。

时效强化型高温合金和铸造高温合金的组织比固溶型高温合金复杂，合金主要由 γ 基体、γ' 强化相和碳化物（MC、M_6C、$M_{23}C_6$）组成，有的合金还含有 γ" 强化相、晶界 M_3B_2、δ 相、γ-γ' 共晶等，某些合金长期时效后会生成 σ 脆性相、μ 相等有害相。除基体的合金组织复杂外，这类高温合金的焊接接头组织（焊缝及热影响区）也比较复杂，焊缝金属由于冷却速度较快，形成横向枝晶短而主轴很长的树枝状晶，在树枝状晶间和主轴之间均存在较大的成分偏析，焊缝中央会产生共晶成分组织。热影响区中靠近焊缝的高温区晶粒明显长大、中温区强度和塑性下降，焊缝和热影响区存在与母材有较大区别的不均匀组织。通常，热影响区中形成两条"弱化"和"强化"的条带，由于组织不均匀性造成接头力学性能降低。

3. 焊接接头的等强性

所谓焊接接头的等强性就是要求接头的强度、塑性等与母材等同。因为高温合金使用在高温、高应力、腐蚀介质等恶劣工况下，要求焊接接头与合金母材一样具有抗氧化、耐腐蚀性能，以及良好的高温强度、塑性和抗疲劳性能，但实际上焊接接头在焊态下的上述性能却不同程度地低于母材。这是因为高温合金焊接时，过热区晶粒长大、粗化，γ' 强化相和碳化物溶解形成的弱化区，以及大部分塑性变形发生在弱化区等因素导致接头的高温塑性和疲劳强度严重降低，若焊接过热区较宽则影响越大。

高温合金焊接接头的等强性通常用接头强度系数 K_σ 表示，定义为 K_σ = 焊接接头 σ_b/母材 $\sigma_b \times 100\%$，K_σ 值愈高，接头的强度愈接近母材。对于固溶强化型高温合金，手工氩弧焊和自动氩弧焊的 K_σ 可达 90%~95%，电子束焊可达 95%~98%，摩擦焊可达 95%~100%。对于时效强化型高温合金，当其在固溶态下焊接时，由于过热区来不及沉淀（仍为固溶态），但远离焊缝的热影响区却来得及沉淀强化，故该区域内的硬度分布不均匀。而当其在时效状态下焊接时，过热区因发生固溶而软化，会引起接头强度降低。故一般情况下，时效强化型高温合金的焊接接头强度系数普遍较低，如氩弧焊的 K_σ 一般为 82%~90%。

高温合金只有焊后再经固溶+时效处理后，焊接接头的强度才可接近母材的水平，而当采用异质合金焊丝时，接头强度更难以达到母材强度水平。除强度外，高温合金焊接接头的塑性和持久强度同样存在低于母材的特征，采用不同的焊接工艺，塑性和持久性能降低的程度有所不同，其中熔合区的组织和力学性能不均匀性更为严重，成为接头的最薄弱部位。

(三) 高温合金的常用焊接方法

用于奥氏体钢的焊接方法几乎都适用于高温合金的焊接，但一般不采用大线能量的埋弧自动焊，因为高温合金热裂倾向大，且会使合金中强化元素烧损，焊缝增C、增Si和使抗蚀性能下降。另外，除堆焊硬度合金外，一般不采用氧-乙炔焊方法。

高温合金各种焊接方法中以钨极惰性气保护电弧焊（TIG）和熔化极惰性气体保护电弧焊（MIG）应用最广泛，这是由于惰性气体保护焊能保证焊缝成分与焊丝成分基本相同。为加大熔深，也可采用等离子弧焊。焊条电弧焊由于方法简便，操作灵活，使用也较多，但不宜用于焊接含Al、Ti较高的高温合金。此外，电子束焊、激光焊、电阻电焊、缝焊、摩擦焊、钎焊及扩散焊也有一定应用。

1. 钨极惰性气体保护焊（TIG）

（1）焊接特点

固溶强化型高温合金采用TIG焊，具有良好的焊接性，焊接时只要采用较小的热输入和稳定的电弧，即可避免结晶裂纹，获得良好质量的焊接接头。时效强化型高温合金采用TIG焊时，焊接性较固溶型差。要求合金在固溶状态下焊接，采用合理的接头设计和焊接顺序，减小拘束度、采用抗裂性能良好的焊丝和小的焊接电流，以改善熔池的结晶状态，避免形成热裂纹。

高温合金TIG焊的特点是熔深较浅，约为奥氏体不锈钢熔深的2/3左右，不足碳钢的1/2，因此在接头设计时应加大焊接坡口、减小钝边高度和适当加大根部间隙。也常采用活性剂（A-TIG焊）以增加熔深，改善焊缝成形和提高生产效率。

（2）焊接材料

① 焊丝。TIG焊焊接同牌号固溶强化型合金和Al、Ti含量较低的时效强化型合金时，宜选用与母材化学成分相同或相近的焊丝，接头的性能与母材相近。焊接同牌号Al、Ti含量较高的时效强化型合金或拘束度较大的焊接结构，可选用抗裂性好的Ni-Cr-Mo系合金焊丝（如HGH3113、SG-1、HGH3536等），以防止热裂纹，但这类焊缝金属不能热处理强化，接头强度低于母材。如果选用含Al、Ti的Ni-Cr-Mo系焊丝（如HGH3533），可使接头具有一定的抗裂性和较高力学性能，并可通过时效处理进一步提高接头的性能。焊接同牌号钴基合金可采用与母材成分相同的焊丝或Ni-Cr-Mo系合金焊丝。高温合金进行手工氩弧焊时，除选用标准焊丝外，还可采用母材合金板材的切条作填充金属丝。

对于不同牌号高温合金的焊接，应在满足接头性能要求的前提下首先选用两种合金中焊接性能好、成本低的焊丝，当抗裂性不能满足要求时，则应选用Ni-Cr-Mo系焊丝。

焊接用高温合金焊丝常用牌号及化学成分列于附录C"表C-116"，相同及不同材料高温合金相焊时焊丝的选择见附录C"表C-117"。高温合金手工及自动TIG焊焊接参数见附录C"表C-118"、"表C-119"。

② 保护气体。高温合金TIG焊可采用Ar、He或Ar-He混合气体作为保护气体。其中，Ar气密度大、保护效果好，且成本较低，Ar气体纯度应符合GB/T 4842—2006标准规定的一级氩气要求。有些情况下，采用Ar+5%以下的氢气，可在焊接过程中起还原作用，但只能用于第一层焊道或单焊道焊接，否则可能产生气孔缺陷。

③ 钨极。高温合金TIG焊可采用钍钨极（WTH15）或铈钨极（WCE20），一般推荐选用铈钨极，因其电子发射能力强、引弧电压低、电弧稳定性好、许用焊接电流大和烧损率低。钨

极应加工成锥形电极,焊丝直径根据焊接电流选定(见附录C"表C-118"、"表C-119")。

(3) 焊接接头形式

由于高温合金TIG焊时,熔池流动性较差、熔深较浅,设计焊接接头应选用较大的坡口角度、较小的钝边宽度和较大的根部间隙,见图3-36。

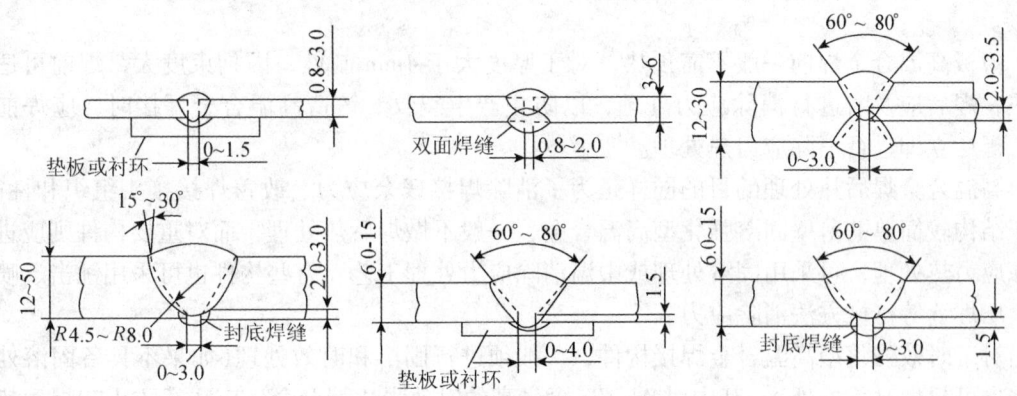

图3-36 高温合金TIG焊接接头形式

(4) 焊接工艺

高温合金的焊接工艺与奥氏体不锈钢相同,但要求更为严格。

① 焊前清理。为避免产生热裂纹、气孔及熔合不良等缺陷,焊件在装配、定位焊和焊接前应仔细清除焊接处和焊丝表面的氧化物、油污、灰尘等杂质,并保持清洁。因为母材表面的难熔氧化膜如NiO熔点2090℃,焊接中会形成夹杂,焊丝表面的油污和坡口内的油脂、油漆、润滑油或切削液中可能含有S、P、Pb等有害杂质。此外,还应彻底清除焊后存在的少量残渣(多层焊时也应彻底清除后再焊下一道)。

② 采用激冷块、和垫板以及引弧、收弧板。为使焊接区快速冷却,常采用激冷块和垫板,垫板上开有适当尺寸的成形槽(一般为弧形),槽内开有均匀分布的通入保护气体的小孔,以保证焊缝背面成形良好的保护。激冷块和垫板一般用纯铜制成,焊接钴基合金时,应采用表面镀铬的纯铜垫板,以防止铜污染导致焊缝产生热裂纹。

为避免焊接时引弧、收弧造成的焊接缺陷,焊缝两端应预装可拆卸的引弧和收弧舍,其材质应与母材相同。

③ 焊前装配要求。对于不开坡口的对接接头,应保证待焊部分全长紧密贴合,局部处间隙长度不得超过焊缝全长20%;对于开坡口的对接接头,装配间隙应保持不变和装配固定可靠,以避免夹紧力不足引起错位。定位焊宜在夹具上进行,以保证装配质量,焊接夹具也应保持清洁。

④ 焊接电源及主要焊接参数。高温合金TIG焊宜采用直流电源、正极性和高频引弧焊接,焊接电流可控制递增和衰减。在保证焊透的条件下,应采用较小的焊接热输入。多层焊时应控制层间温度。对于时效强化型及热裂敏感性大的高温合金,必须严格控制焊接热输入,保证电弧稳定燃烧,焊枪应保持在接近垂直位置,弧长尽量短(不加焊丝时,弧长小于1.5mm,加焊丝时与焊丝直径相近)。焊接薄件时,焊枪不作摆动。多层焊时可作适当摆动,以使熔敷金属与母材和前焊道充分熔合。铸造高温合金焊接时应采用很小的焊接热输入,熔敷金属尽量少,熔深尽量小。高温合金TIG焊典型焊接参数见附录C"表C-118"、"表C-119"。

⑤ 焊前及焊后热处理。高温合金的焊前状态对裂纹敏感性影响较大。一般情况下，焊前经固溶处理的裂纹敏感性小；经平整、冷轧或时效处理（时效强化型合金）的裂纹敏感性较大，因为冷变形或时效处理会使合金硬度、强度增高，塑性降低，导致焊接拘束度增大，裂纹敏感性增加，故各类高温合金一般皆要求在固溶或退火、淬火软化状态下焊接。

薄板高温合金焊前一般不需预热，对于厚度大于 4mm 制件，因拘束度大，焊前可适当预热，焊后应及时进行消除应力处理，以防止产生裂纹。铸造高温合金焊接时，应焊前预热，焊后立即进行消除应力热处理。

高温合金焊后热处理的目的同样是为了消除焊接残余应力、改善焊接接头组织和性能。对于结构较简单的薄壁固溶强化型高温合金，一般不做焊后热处理，而对重要构件则应进行消除应力热处理，可采用固溶处理或中温消除应力处理工艺，有些构件也可采用锤击、喷丸或滚压焊缝等机械方法消除应力。

对于时效强化型高温合金焊接构件，一般须进行固溶和时效处理（如果不具备固溶处理条件也可只做时效处理），其中对 Al、Ti 含量高的时效强化型合金，应注意防止在焊后热处理过程中产生应变时效裂纹。

(5) 焊接接头性能及焊接缺陷与防止

高温合金 TIG 焊接接头的力学性能较高，其接头强度系数一般可达到 90%，接头的抗氧化性和抗热疲劳性能与母材相近，异种高温合金组合焊的接头性能亦较高。附录 C"表 C-120"列出了镍基高温合金 TIG 焊接接头的力学性能。

高温合金 TIG 焊焊接接头的缺陷一般可分为两类，一类是裂纹、烧穿、未熔合、焊瘤等不允许存在的缺陷；另一类是气孔、未焊透、夹杂物、咬边、凹坑、塌陷等允许适量存在的缺陷，但其允许存在及允许修补的缺陷数量与大小应根据焊缝受力情况及重要程度决定。其中，最易产生和危害性最大的缺陷是焊接热裂纹，其防止方法主要应从合理设计焊接接头、合理安排焊接顺序，以减小结构的拘束度；选用抗裂性优良的焊丝；采用较小的焊接热输入和焊接电流；填满收弧弧坑、防止弧坑裂纹；以及制定合适的焊接工艺（焊前清理与装配、焊接参数选定、焊前预热及焊前、焊后热处理）等方面考虑。气孔和夹杂也是高温合金 TIG 焊常易出现的焊接缺陷，其防治方法主要有：焊前必须彻底清除焊丝表面及焊件坡口内的氧化物、油污等（最好采用化学清理方法），注意纯铜垫板（或镀铬纯铜垫板）的清洁；焊接时应保持稳定的电弧电压，使电弧稳定；应使钨极直径与焊接电流相适应，防止钨极与熔池接触造成钨夹杂；焊缝两端设置引弧、收弧板，防止气孔、缩孔产生。

2. 熔化极惰性气体保护焊（MIG）

(1) 焊接特点

固溶强化型高温合金可采用 MIG 焊，但对于 Al、Ti 含量高的时效强化型高温合金以及铸造高温合金，由于裂纹敏感性大，一般不推荐采用。这种焊接方法通常适用于较厚的焊接构件（厚度≥6mm），焊接时几种过渡的焊接方法皆可采用（粗滴过渡、短路过渡、喷射过渡、脉冲喷射过渡），但考虑到高温合金焊接过程中会因过热易产生晶粒长大和热裂纹敏感性，大多采用脉冲喷射过渡焊接工艺。

采用 MIG 焊接高温合金时，焊前应对焊件进行固溶处理或过时效处理，焊后应及时进行消除焊接应力热处理。

(2) 焊接材料

高温合金 MIG 焊应采用与母材成分相同或相近的焊丝,宜选用抗裂性良好的 Ni-Cr-Mo 系合金焊丝,以避免形成结晶裂纹。焊丝直径由所用的熔滴过度形式及母材厚度决定,当采用脉冲过渡或喷射过渡形式时,焊丝直径可稍大,一般为 1.0~1.6mm。与立焊位置比较,平焊位置可采用直径稍大的焊丝(ϕ1.6mm)。

高温合金 MIG 焊保护气体可采用钝 Ar 气、He 气或 Ar+He 混合气体,通常推荐采用 Ar+15%~20%He 混合气体,以减少飞溅和提高液态金属流动性。气体流量取决于焊接接头形式、熔滴过渡形式和焊接位置,一般在 15~25L/min 范围内。

(3) 焊接接头形式

高温合金 MIG 焊焊接接头形式不同于碳钢、不锈钢,基本与 TIG 焊接方法相同,即要求较大的坡口角度、较小的钝边宽度及较大的根部间隙。例如,带衬垫(环)的 V 形坡口,坡口角度 80°~90°、根部间隙 4~5mm,U 形对接坡口、坡口角度向外扩 15°、根部间隙 3~3.5mm,底部 $R=5~8$mm、钝边高度 2.2~2.5mm。

(4) 焊接工艺

高温合金 MIG 焊焊前清理同 TIG 焊,装配定位应在夹具上进行,对开坡口的对接接头,焊件装配间隙需保持不变并固定可靠,应避免夹紧力不够引起焊件错位,夹具需保持清洁。

高温合金 MIG 焊喷射过渡、脉冲喷射过渡及短路过渡主要焊接参数列于附录 C "表 C-121"。焊接接头的强度较 TIG 焊稍高,可达 90% 以上。

3. 等离子弧焊

固溶强化型高温合金和 Al、Ti 含量低的时效强化型高温合金可采用等离子弧焊焊接方法,适用于薄板和厚板焊接(可采用或不采用填充焊丝),焊缝质量良好。一般情况下,厚板宜采用小孔型等离子弧焊,薄板采用溶透型等离子弧焊,高温合金箔材采用微束等离子弧焊接。

等离子弧焊焊接电流采用陡降外特性的直流正极性,高频引弧。对等离子弧焊枪的加工和装配精度要求较高,须保证高同心度,焊接电流和等离子工艺的控制均要求能够递增和衰减。保护气体和等离子气体采用 Ar 气或 Ar 气+适量氢气(约 5% 左右),加入适量氢气可使电弧功率增加,提高焊接速度和效率。等离子弧焊时否采用填充焊丝可根据需要决定,其牌号选用原则与 TIG 焊相同。

高温合金等离子弧焊的焊接参数基本上与焊接奥氏体不锈钢相同,需控制好焊接热输入和焊接速度,焊速过快会产生气孔。此外,还应保证电极与压缩喷嘴的同心度,防止出现双弧破坏焊接过程。在高温合金等离子弧焊接中还易形成焊漏、咬边等缺陷,可以通过调整焊接电流、焊接速度和等离子气流加以防止。

典型镍基高温合金等离子弧焊的主要焊接参数列于附录 C "表 C-122",其焊接接头的强度系数较高,一般皆超过 90%。

五、镍基耐蚀合金的焊接

(一) 镍基耐蚀合金简介

含镍量超过质量分数 50% 的合金为镍基合金。镍基耐蚀合金具有独特的物理、力学和耐腐蚀性能,是石油化工、湿法冶炼、航天航空、海洋开发、核能等工业领域中耐高温、高压、高浓度或各种苛刻腐蚀环境的理想结构材料。镍基耐蚀合金在 200~1090℃ 范围内能耐各种腐蚀介质的腐蚀，同时还具有良好的高温和低温力学性能。除镍基耐蚀合金外，许多工业领域较广泛应用的 Fe-Ni 基耐蚀合金含 Ni 量较镍基耐蚀合金低，一般含有 $w(Ni)30\% \sim 50\%$。与镍基耐蚀合金相似，其固体态皆为奥氏体，且 Fe-Ni 基合金的焊接一般都使用镍基合金作为填充材料。

工业纯镍的含 Ni 量一般超过 $w(Ni)99\%$，具有面心立方结构，无同素异构转变，化学活泼性低，在大气中是最耐蚀的金属之一，能够抵抗苛性酸的腐蚀，对水溶液、熔盐或热沸的苛性钠的耐蚀性也很强。几乎所有的有机化合物都不与镍起化学反应。在空气中，镍表面生成 NiO 薄膜可以防止其继续氧化。镍在含硫气体中不耐蚀，在 Ni 与 Ni_3S_2 共晶温度 635℃以上时会严重腐蚀。镍在 500℃ 以上时与 Cl 无显著反应。

1. 合金元素在镍基耐蚀合金中的作用

镍基耐蚀合金中常用的合金元素有 Cr、Mo、Cu、W、Fe、Nb、Al、Ti、Co 等，为了改善合金的耐点蚀和耐缝隙腐蚀性能，有的合金还加入微量元素氮。

Cr 可以强烈改善 Ni 在强氧化性介质（如 HNO_3、H_2CrO_4、热浓 H_3PO_4 等）中的耐蚀性，且镍基合金的耐蚀性随 Cr 含量提高而增强。Cr 还可提高合金的高温抗氧化性能以及在高温含 S 气体中的耐蚀性。在 Ni-Mo 二元合金中，Cr 可抑制基体中有害相 Ni_4Mo 的析出。

Mo 可以改善 Ni 在还原性酸（如 HCl、HF、H_3PO_4 浓度小于 60% 的 H_2SO_4 等）中的耐蚀性和提高合金抗点蚀和缝隙腐蚀能力。同时由于 Mo 是固溶强化元素，可以提高合金的强度和高温使用性能。

W 在镍基耐蚀合金中的作用与 Mo 类似，可以提高合金耐点蚀、缝隙腐蚀等局部腐蚀性能。例如在含 $w(Mo)$ 为 13% ~16% 的 Ni-Cr-Mo 合金中加入 $w(W)3\% \sim 4\%$，可使合金具有优异的耐局部腐蚀性能。

Cu 能显著提高 Ni 在非氧化性酸中的耐蚀性能（特别是蒙乃尔合金），在不通气的 H_2SO_4、不通气的全浓度 HF 酸中，分别具有适用的、优异的耐蚀性。例如在 Fe-Ni-Cr-Mo 系 Fe-Ni 基耐蚀合金中加入 $w(Cu)2\% \sim 3\%$，可以耐 HCl、H_2SO_4、H_3PO_4 腐蚀；在 Ni-Cr-Mo 系镍基合金中加入 Cu，亦可改善在 HF 酸中的耐蚀性。

Fe 可改善镍基合金在浓度大于 50% H_2SO_4 中的耐蚀性；可以防止 Ni-Mo 二元合金中 Ni_4Mo 有害相析出，降低加工制作中的裂纹敏感性；同时，Fe 还可增加 C 在 Ni 中的溶解度，提高合金的抗渗 C 性能和改善对晶间腐蚀的敏感性。

Ti 是强烈的碳化物形成元素，可以减少或抑制镍基和 Fe-Ni 基合金中的有害碳化物（$M_{23}C_6$、M_6C）析出，防止贫铬，从而降低合金的晶间腐蚀敏感性。此外，Ti 还可作为时效强化元素，经时效处理后提高合金强度。

Al 可以使合金时效强化达到较高强度，以及在高温下形成致密的氧化膜，提高高温合金耐氧化、耐渗 C 和抗 Cl 的性能。一般情况下，Al 是作为脱氧剂残留于高温合金中，也可作为合金元素加入。

Nb 和 Ta 加入高温合金中可防止有害的碳化物析出，以减小镍基和 Fe-Ni 基耐蚀合金的晶间腐蚀敏感性。另一重要作用是减少高温合金焊接热裂纹倾向。

2. 镍基耐蚀合金杂质元素的影响

镍基耐蚀合金中有害杂质元素有 S、P、Pb、Bi、As、Sb、Cd 和 H、O 等。S 在合金中形成 $Ni+Ni_3S_2$ 共晶体（熔点为 635℃），产生热脆性，显著降低合金的加工性能。P 在合金

中以脆性化合物 Ni_3P 形式存在,并与 Ni 形成低熔点(880℃)共晶体,同样产生热脆性,同时显著地降低合金的物理性能、力学性能和工艺性能。Pb 和 Bi 使合金力学性能和工艺性能降低,当 $w(Pb+Bi)$ 超过 0.002% ~ 0.005% 时,热加工时易产生开裂,对物理性能无五明显影响。As、Sb 严重损害合金的压力加工性能。Cd 在合金中强烈降低物理性能、力学及工艺性能。H 在合金中可与 Ni 形成氢化物,大多分布于晶界,当其分解时会产生很高的压力,易导致晶界裂纹,使合金的塑性和强度降低。氧在合金中多以脆性化合物 NiO 存在,往往沿晶界析出,产生冷脆性。此外,含氧较多的镍基耐蚀合金在还原性气氛中(特别是在氢气中退火时),会造成氢致损伤或破坏。

3. 镍基耐蚀合金中碳的影响

碳在镍基耐蚀合金中由于溶解度很低,极易形成碳化物,其各类碳化物可分为一次及二次碳化物。一次碳化物是合金在凝固过程中形成于枝状晶间区域的碳化物,包括 MC 型(M 代表 Nb、Ti、Ta)和 M_6C 型(M 通常为 W 和 Mo)。这类碳化物在加工过程中不易溶解,常沿轧制方向以串状排列形式存在,如果合金中形成一次碳化物的量较大,将对其后的加工制造和合金的性能产生不良影响,应尽量减少或避免。二次碳化物是合金在加工过程中(如焊接、热处理等)或合金构件在易析出碳化物的温度工况下形成的。这类化合物一般存在于晶间,个别情况下在晶内沿滑移线和孪晶界出现,其类型和数量决定于碳浓度、合金的稳定性、冷加工条件、晶粒尺寸等。二次碳化物的析出对合金的力学性能特别是耐蚀性能产生不利影响,因为碳化物在晶界的富集会造成耐蚀的有效合金元素在局部区域内贫化。

镍基耐蚀合金形成的一次、二次碳化物有 Ni_3C、MC、Cr_7C_3、$M_{23}C_6$、M_6C 及 $Mo_{12}C$ 和 Mo_2C 等。其中 Ni_3C 是在含 C 的纯 Ni 中形成的一种亚稳定相碳化物,它使晶界弱化和呈现脆性,降低 C 含量和添加 Cu 可减轻石墨化倾向或程度。MC 碳化物为 NbC、TiC、TaC,它是在含 Ti、Nb 或 Ta 的合金中形成的十分稳定的碳化物,其形成有利于减少合金中 C 的含量,从而减少有害的富 Cr 碳化物析出,提高合金耐晶间腐蚀能力。Cr_7C_3 是一种富 Cr 碳化物,使晶界附近产生贫 Cr 区,易导致合金晶间腐蚀。$M_{23}C_6$ 是在镍基耐蚀合金中当 $w(Cr)/w(Mo+0.4W)$ 比值超过 3.5 时形成的碳化物,在 Ni-Cr-Fe 系合金中为 $Cr_{23}C_6$,在含有 Mo、W 的复杂合金中,碳化物中 Cr 可被 Mo、W 等取代一部分,形成 $(Cr,Fe,W)_{23}C_6$、$(Cr,Fe,Mo)_{23}C_6$ 和 $(Cr,Mo,W)_{23}C_6$。一般常见的是 $Cr_{21}(Mo,W)_2C_6$。富 Cr 的 $M_{23}C_6$ 型碳化物析出比 Cr_7C_3 所引起的贫 Cr 区更为严重,将存在严重晶间腐蚀倾向。M_6C 主要存在于高 Mo 含 W 镍基耐蚀合金中,是高温沉淀相(900 ~ 950℃),主要分布于晶内,并与一种或几种金属间化合物同时生成,当温度高于 1050℃ 时,将溶解于奥氏体基体中。由于 M_6C 中富集了 Mo 和 W,会造成其附近区域内 Mo、W 贫化,使合金的晶间裂纹敏感性增加。$Mo_{12}C$ 和 MoC 存在于 Ni-Mo 系镍基耐蚀合金中,其形成取决于合金中 C 和 Mo 含量,有害作用为形成富 Mo 碳化物区贫 Mo,使合金耐腐蚀性降低。

4. 镍基耐蚀合金中金属间相的影响

合金中两种或两种以上的金属构成的金属间化合物称为金属间相,亦称中间相。凡以元素周期表中 B 过渡族元素(Mn、Fe、Ni、Co)为基体,并含有 A 副族元素(Ti、V、Cu 等)的合金皆可形成金属间相。在镍基耐蚀合金中主要的金属间相为 σ 相、laves 相、μ 相、γ' 相及(有序相)Ni_4Mo 相等。其中,σ 相具有复杂的体心立方结晶结构,镍基耐蚀合金含有中等浓度 Mo 和 Fe 时可以形成 σ 相,Si、Mo、W 是强烈促进 σ 相形成元素,Ti、Nb 也可促进其形成。σ 相的形成温度区间为 650～1000℃，随合金中合金元素含量的提高，σ 相的形成温度也提高。在单纯的低 Ni-Cr 合金中不易出现 σ 相，在高 Ni 合金中 σ 趋于由 $M_{23}C_6$ 生核形成。

σ 相名义成分为 FeCr，实际上因合金中 Mo、Ni 等原子参与反应，成分应为 $(Fe, Ni)_x(Cr, Mo)_y$。合金由于脆硬的 σ 相析出，即使数量很少也会使塑韧性降低和变脆。其另一危害是使合金的耐蚀性大大降低，在强氧化性腐蚀的浓硝酸中尤为严重，σ 相沿晶界沉淀，导致合金的晶界腐蚀。

通过高温固溶处理一般可消除已产生的 σ 相或避免在其形成温度区间内（650～1000℃）析出 σ 相，否则只能通过调整合金成分，提高合金相的稳定性以减少或防止 σ 相形成。

镍基耐蚀合金中的 Laves 相（η 相）是由 Fe 与 Mo、W、Nb 或 Ta 构成的金属间化合物，具有复杂的六方晶体结构，形成 Laves 相的温度区间基本上与碳化物和 σ 相重合，因此常与 σ 相和碳化物伴随出现，主要在晶内沉淀。但由于该相形成速度较慢，数量也较少，一般为次要相和后生相。Laves 相的析出与 σ 相一样会导致合金耐蚀与塑韧性降低，只是因为该相为次要相和后生相，其影响往往被碳化物和 σ 相的作用所掩盖，但其有害影响不可忽视。

镍基耐蚀合金的 μ 相是由 Fe、Ni、Co、W、Mo、Cr 等合金元素构成的金属间化合物，具有菱形/六方晶体结构，化学成分为 $(Fe, Ni, Co)_3(W, Mo, Cr)_2$，一般是在适宜的受热条件下形成于 Ni-Cr-Mo-W 系合金基体中。μ 相会引起 Mo、W 贫化，使合金耐蚀性降低。可通过调整合金元素，提高合金热稳定性，防止 μ 相析出。对已出现 μ 相的合金，可采用高温固溶处理将其溶解于基体中，以减少或消除其有害影响。

γ' 相是在用 Al、Ti、Nb 合金化的沉淀硬化镍基合金中，通过恰当的时效温度进行热处理获得，该相具有面心立方结构，点阵常数与奥氏体基体接近，其成分为 Ni_3Al、Ni_3Ti、Ni_3Nb、$Ni_3(Al, Ti)$ 等，合金中的 Cr、Mo、W 趋向取代部分 Ni。γ' 相为强化相，非常细小，弥散分布于合金基体中，有利于提高合金的强度。时效强化型高温合金和铸造高温合金也主要由 γ' 相、碳化物相和 γ 基体组成。

Ni_4Mo 有序相通常形成于 Ni-Mo 二元合金中（如 $Ni_{28}Mo$），一般在 870℃通过包晶反应生成，是一种脆而硬的有害相，使合金塑性韧性严重降低、脆化，加入少量 Fe 和 Cr 可减少或抑制其生成。

5. 镍基耐蚀合金的分类及性能

Ni 能和一些耐蚀性优良的元素形成固溶体，且固溶度较大，其中 Al、Cr、Mo 和 W 是较强的固溶强化元素，向 Ni 中加入这些元素可得到一系列镍基耐蚀合金，它们既保持了工业纯 Ni 的优良性能，又兼有合金化元素的良好性能。例如，Cr 在氧化性介质中可形成稳定的钝化膜，具有优良的耐蚀性；Mo 在还原性介质中有较高的稳定性，与 Cr 同时加入 Ni 中形成的 Ni 基合金可分别具有 Cr、Mo 的这些特性。

镍基耐蚀合金除具有优良的耐蚀性外，还具有强度高，塑性好，冷、热加工性能好等特点，多数镍基耐蚀合金的特性与奥氏体不锈钢类似，其中除工业纯 Ni 和 Ni-Cu 合金外，其他镍基耐蚀合金都有良好的耐高温腐蚀性能。我国镍基耐蚀合金牌号及化学成分见附录 C "表 C-123.1"、"表 C-123.2"，美国镍合金牌号及化学成分、物理性能和力学性能及铁镍基合金牌号与化学成分见附录 C "表 C-124"～"表 C-126"，中国与美国耐蚀合金牌号及国内外耐蚀合金牌号对照见附录 C "表 C-127.1" 及 "表 C-127.2"。

镍基耐蚀合金可按成分、用途、性能特点等分类，按成分分类主要有工业纯 Ni、Ni-Cu、Ni-Cr、Ni-Cr-Fe、Ni-Mo、Ni-Cr-Mo 和 Ni-Cr-Mo-Cu 合金。分述如下：

(1) 工业纯 Ni

国产工艺纯镍可分为加工用纯镍和电镀阳极纯镍两大类，牌号和化学成分见《压力容器设计实用手册》❶第二章表 2.8-187、表 2.8-188。美国工业纯镍牌号有 200、201、205 三种，纯镍 200 和纯镍 201 都是工业纯 Ni 的锻造镍合金，具有优良的塑韧性、良好的力学性能和热加工性能，最适宜的热加工温度范围为 870~1230℃，具有良好的延展性，易于冷加工成形。退火温度为 705~925℃，温度过高时晶粒易长大。纯镍 200 合金具有优异的耐蚀性，耐流动的海水（甚至高速流动海水）腐蚀，耐高温无水 HF 酸腐蚀，以及耐大量通气的所有浓度的有机酸腐蚀，在非氧化性卤族化合物也具有优良的耐蚀性。纯镍 201 基本具有与纯镍 200 相同的耐蚀性，由于含 C 量极低，因此在高温下不会出现碳或石墨沉淀引起的脆性。这两种工业纯镍大多应用于工作介质为还原性卤族气体、碱溶液、非氧化性盐类、有机酸等腐蚀工况，使用温度不宜超过 315℃。

(2) Ni-Cu 合金

Ni-Cu 合金亦称 Monel 合金。GB/T 15007—2008《耐蚀合金牌号》中不包括此类耐蚀合金。GB/T 5235—2007《加工镍及镍合金化学成分和产品形状》标准中列出了六种 Ni-Cu 合金牌号，见附录 C "表 C-128"。实际应用中，国产 Ni-Cu 合金对应于 Monel 合金的牌号列于附录 C "表 C-129"。

Ni-Cu 合金几个牌号的耐蚀性基本相近，只有含 Al、Ti 元素的合金在时效状态下的耐蚀性有些不同，在某些环境下对应力腐蚀裂纹更为敏感。

Ni-Cu 合金在还原性中的耐蚀性优于工业纯 Ni，在氧化性介质中的耐蚀性优于普通工业纯铜。在 HF 酸和氟气中具有优异的耐蚀性，在所有的强碱中高度耐蚀，以及在非氧化性的无机酸和大多数有机酸中也具有相当的耐蚀能力，此外还耐工业大气、天然水和流动的海水、氯化物溶液等介质的腐蚀。

Ni-Cu 合金广泛用于石油化工、冶金、船舶、海洋工程等领域，具有良好的冷热加工性能，其中应用较多的 Monel400(Ni66Cu30)合金的热加工温度范围为 650~480℃，退火温度为 760~930℃。

(3) Ni-Cr 合金及 Ni-Cu-Fe 合金

此两类合金中含有较高的 Cr，$w(Cr)$ 一般在 15%~50%，具有较高的高温强度的抗高温氧化能力，加入 Al、Ti、Nb 可时效强化，形成强化相 γ' 和 γ''。除附录 C "表 C-123.1" 和 "表 C-124" 所列出的此两类合金外，其他几种常用的 Ni-Cr 合金牌号见附录 C "表 C-130"。

此两类合金可分为固溶强化型和时效强化型两类，应用较广泛的 600 合金(Inconel600, NS3102)为单相固溶体，另有少量的碳化物；另一类为 X-750 合金为时效强化型，主要强化相为 γ' 和 γ'' 相，还含有少量 TiC 等化合物，合金经淬火处理后，抗拉强度可达 1200MPa 以上。此两类合金中由于含 Cr 量较高，对氧化性酸（如硝酸、铬酸、含氧化性盐的酸性溶液）、强碱溶液及高分子脂肪酸均耐蚀，但对草酸、醋酸等低分子脂肪酸耐蚀性略差（尤其

---

❶ 王国璋编著，中国石化出版社，2013 年出版。

在高温下）。在氯化物溶液中易发生点蚀和缝隙腐蚀。

美国镍合金牌号中（见附录C"表C-124"）600合金（Inconel600）对应的国标牌号为NS3102（旧牌号为NS312），能够耐高温氧化性介质腐蚀；690合金（Inconel690）对应的国标牌号为NS3105（旧牌号为NS315）是在600合金基础上使C含量降低、Cr含量增加，以提高合金的耐应力腐蚀能力，可以抗氯化物及高温高压水的应力腐蚀，耐氧化性介质及HNO_3-HF混合酸腐蚀；国产NS3101合金（旧牌号NS311）抗强氧化性介质及含氟离子高温硝酸腐蚀，无磁性；NS3103合金（旧牌号NS313）高温强度高，抗氧化性介质腐蚀；NS3104合金（旧牌号NS314）耐强氧化性介质及高温HNO_3+HF混合酸腐蚀；NS401合金（旧牌号NS411）为含Al、Ti、Nb时效强化型合金，抗氧化性介质腐蚀，可沉淀强化，耐腐蚀冲击。

(4) Ni-Mo合金

Ni-Mo合金中含有较多的Mo（见附录"表C-123.1"中NS3201~NS3204合金，"表C-124"中B、B-2合金），由于Mo能显著提高镍基耐蚀合金耐盐酸腐蚀能力，且对各种浓度的盐酸、硫酸、氢氟酸等非氧化性溶液都具有良好的耐蚀性，因此镍基合金中添加的Mo与Ni形成的固溶体能够耐以上介质的腐蚀，并且随Mo含量增加，耐蚀性增强。通常，Ni-Mo合金中$w(Mo)>25\%$。

除附录C"表C-123.1"和表"C-124"所列的Ni-Mo合金外，常用的Ni-Mo合金品种还有00Ni62Mo229FeCr（相当于HastelloyB-3）、00Ni65Mo29FeCr（相当于HastelloyB-4）和Ni70MoV（相当于俄罗斯镍合金牌号эп814），其中B-3、B-4合金改善了B-2合金的时效态塑性，提高了耐应力腐蚀能力。而B-2合金解决了B合金的晶间腐蚀和热影响区腐蚀问题。以上三种Ni-Mo合金的牌号和化学成分见附录C"表C-131"。

Ni-Mo合金不适宜在含有氧、氧化剂或含有Fe^{3+}、Cu^{2+}等氧化性离子的酸溶液中以及Cl^-介质中使用，否则合金的耐蚀性会显著降低。此外，当Ni-Mo合金与钢、铜等异种材料焊接时，造成Fe^{3+}、Cu^{2+}离子进入酸溶液中，也会降低其耐蚀性。此类合金加工硬化率大于奥氏体不锈钢（其中间退火温度为1150~1200℃），但可进行冷、热加工，热加工温度范围1180~1230℃，热变形率可达25%~40%，冷热加工变形程度对合金的耐蚀性影响不大。

附录C"表C-123.1"中，NS3201合金也称β合金或Hastelloy B，可以耐强还原性介质腐蚀；NS3202合金也称B-2合金或Hastlloy B-2，合金中C、Si、Fe含量比B合金低[$w(C)\leq0.020\%$，$w(Si)\leq0.10\%$，$w(Fe)\leq2.0\%$]，抗晶间腐蚀和刃口腐蚀性能高于B合金。

(5) Ni-Cr-Mo合金

此类合金中Cr、Mo含量较高，既可耐还原性介质及氧化性介质腐蚀，还可耐氧化性+还原性复合介质腐蚀。并且在干、湿氯气，亚硝酸，次氯酸盐，醋酸，甲酸，强氧化性盐溶液中都有很好的耐蚀能力，以及耐650℃以上氟化氢气体腐蚀。

附录C"表C-123.1"中NS3302、3303、3304、3305合金皆为Ni-Cr-Mo系合金。这类合金的耐晶间腐蚀性能因C、Si、Fe含量不同而有所区别。因晶间腐蚀产生的原因主要由合金中的碳化物（M_6C_2、M_2C、$M_{23}C_6$）及σ相，μ相在晶界沉淀析出、造成贫Cr和贫Mo区所致，为提高抗晶间腐蚀能力，需降低合金中C、Si、Fe含量，或加入稳定化元素Ti、Nb等。与NS3303合金比较，NS3304、NS3305合金中C、Si含量和NS3305合金中Fe含量都比

NS3303 低，故抗晶间腐蚀能力高于 NS3303 合金。

Ni – Cr – Mo 合金具有良好的耐点蚀、耐缝隙腐蚀和耐应力腐蚀的性能。NS3302、NS3303、NS3304、NS3305 合金中 $w(Cr)$、$w(Mo)$ 平均含量都超过 15%，且 NS3303、NS3304 合金中含有 $w(W)$ 3.0% ~ 4.5%，因此都能够耐点蚀和缝隙腐蚀。并且在沸腾的 42% $MgCl_2$ 溶液中，1000h 内不产生应力腐蚀开裂。

这类合金通常须经固溶处理，具有良好的室温和高温力学性能。但由于合金元素含量高，变形抗力较大、热塑性较差，以致热加工较困难。采用电渣重熔工艺或在合金熔炼过程中充分脱氧，以及选取正确的热加工温度（一般控制在 1200℃左右），这类合金亦可进行各种热加工变形，同时也可进行冷加工（冷加工时每道变形量不宜过大，并合理增加冷加工过程中的退火次数）。

Ni – Cr – Mo 合金中 NS3303 合金对应美国牌号为 C 合金或 Hastelloy C，可耐卤素及氧化物腐蚀；NS3304 合金对应美国合金牌号为 C – 276 合金或 Hastelloy C276，可耐氧化性氯化物水溶液及湿氯、次氯盐腐蚀；NS3305 合金对应美国合金牌号为 C – 4 合金或 Hastelloy C – 4，可耐氯离子氧化 – 还原复合腐蚀，且组织热稳定性好；NS3306 合金对应美国合金牌号为 625 合金或 Inconel625，合金中 $w(Cr)$ 高，为 20% ~ 23%，且含有适量 Al、Ti、Nb [$w(Al)$ 和 $w(Ti) \leqslant 0.4\%$、$w(Nb) \leqslant 3.15\% ~ 4.15\%$]，能够耐氯离子氧化 – 还原复合腐蚀及海水腐蚀，热强度高；NS3307 合金的 Cr 含量也较高 [$w(Cr) \leqslant 19\% ~ 21\%$]，且含 C 量 $w(C) \leqslant 0.03\%$，低于 NS3306 (Inconel625) 合金，可用于耐更苛刻环境的腐蚀，常用作多种高 Cr – Mo 镍基合金及不锈钢的焊接材料，焊接覆盖面大。

(6) Ni – Cr – Mo – Cu 合金

此类合金是在 Ni – Cr – Mo 镍基合金基础上添加适量的 Cu，以提高合金的抗硫酸、磷酸等非氧化性酸的腐蚀能力。附录 C "表 C – 123.1" 中 NS3401 ~ NS3405 合金皆属于这类合金，它们的含 Cu 量一般 $w(Cu)$ 在 1.0% ~ 2.5% 范围内，含 Cr 量都较高，$w(Cr)$ 在 19% ~ 24% 范围内，其中 NS3405 合金中还含有适量的 Al [$w(Al) \leqslant 0.50\%$]。NS3401 合金可耐含有 F^-、Cl^- 离子的酸性介质的冲刷冷凝腐蚀，在某些还原性酸、少许 HF + H_2SO_4 混合酸、以及氧化 – 还原复合介质中，皆有良好的耐蚀性。

(7) Fe – Ni 基耐蚀合金

这类合金介于 Ni 基耐蚀合金与高 Ni 奥氏体不锈钢两者之间的品种，合金中 $w(Ni) > 30\%$、$w(Ni + Cr) > 50\%$，相对于镍基合金可节省昂贵的 Ni，使成本降低，而与以 Fe 为基的高 Ni 奥氏体不锈钢相比，由于 Ni 含量提高，在具有奥氏体组织的合金中可以溶入较多的耐蚀性元素（如 Cr、Mo 等），基体中有害的金属间化合物析出减少，因此在多数腐蚀介质中，Fe – Ni 基合金的耐蚀性要比 Cr、Mo 加入量受到限制的奥氏体不锈钢高得多，且 Fe – Ni 基耐蚀合金的生产工艺性能与高 Ni 奥氏体不锈钢类似，在材料生产和设备制造中不存在特殊困难。

由于 Fe – Ni 基耐蚀合金都含有较高的 Ni 和 Cr [各种合金 $w(Ni)$ 为 30% ~ 46%，$w(Cr)$ 为 19% ~ 27%]，因此都具有较高的抗氧化性能，在高温蒸汽及高温蒸汽 – 空气 – CO_2 混合气体中都具有优良的耐蚀性，在 400℃ 以下具有优良的耐 H_2 – H_2S 气体腐蚀性能，在含 Cl^- 离子的水中和含 NaOH 的水溶液中，低碳型铁镍基合金比低碳 Ni – Cr 奥氏体不锈钢具有更好的抗应力腐蚀性能。此外，Fe – Ni 基耐蚀合金还具有较好的冷、热加工性能，其热处理制度由合金中 C 含量决定。对于高碳型合金，通常经 1150～1205℃ 固溶处理后水冷，低碳型合金则在 980℃±10℃ 固溶处理后空冷或水冷。

附录C"表C-123.1"中的铁镍基合金 NS1101（旧牌号 NS111 相当于 Incolloy800 合金）此种焊接属于 23%，并含有适量的 Al、Ti、Cu[w(Al)和 w(Ti)为 0.15%～0.60%、w(Cu)≤0.75%]，Fe 为余量。NS1102 属高碳型合金（相当于 Incolloy800H 合金，w(C)为 0.05%～0.10%。它们都具有较高的高温蠕变强度，主要用于 600℃ 以上工况下的石油化工和电力工业用过热器、再沸器、转化炉、裂解炉炉管等。表中 NS1301、NS1402、NS1403 合金（旧牌号 NS131、NS142、NS143，NS142、NS143 合金相当于 Incolloy825、20Cb3 合金）皆属于中碳型合金，w(C)为 0.03%～0.05%，一般用于制作 350～600℃ 工况下的过热器、再沸器。NS1401（旧牌号 NS141）属于低碳型合金，w(C)≤0.03%，具有优良的耐应力腐蚀性能，多用于制作工况为 300～650℃、存在应力腐蚀条件的蒸发器、换热器等。

（二）镍基耐蚀合金的焊接性

1. 镍基耐蚀合金的焊接特点

镍基耐蚀合金特点与奥氏体不锈钢基本相似，主要存在较高的热裂纹敏感性（包括结晶裂纹、液化裂纹和高温失效延迟裂纹）以及焊接气孔和焊接接头晶间腐蚀倾向等问题。

（1）焊接热裂纹

镍基耐蚀合金的焊接热裂纹敏感性比高镍铬奥氏体不锈钢高，且在弧坑易产生火口裂纹（结晶裂纹）。当焊接材料与母材成分相同时，可能会产生多边化裂纹。根据热裂纹的形成，通常可分为结晶裂纹、液化裂纹和高温失延裂纹。

① 结晶裂纹。镍基耐蚀合金焊接凝固的最后阶段，在焊缝金属柱状晶间易形成低熔点液态薄膜，因其强度低、变形能力差，延性显著下降，容易产生结晶裂纹。其结晶裂纹敏感性与焊缝金属结晶温度区间大小、合金中合金元素和杂质含量、焊缝凝固过程中的应变大小、焊缝冷却速度以及拘束度等因素有关。例如固溶型合金 625、沉淀性合金 718、706 以及铁镍基合金 20cb3 等由于 Nb 含量较多（或含有 Nb），基本为单一 γ 相，在凝固过程中 γ/Nbc 和 γ/η 相形成低熔点共晶，使结晶裂纹敏感性增加，此外合金中的 C 和 Si 易促进结晶裂纹形成。通常，结晶裂纹常发生于焊道弧坑，形成弧坑裂纹。

② 液化裂纹。镍基耐蚀合金中碳化物 MC、$M_{23}C_6$、M_6C 或金属间化合物 γ 相、Laves 相（η 相）与基体的共晶熔化、杂质元素在晶界的偏析、以及溶质元素从焊缝金属的热影响区晶界扩散等因素都会导致出现晶界液化裂纹，一般多发生紧靠熔合线的热影响区，有的出现了多层焊的前一层焊缝中，其开裂机理与结晶裂纹相似。对于 70Ni-Cr-Fe 三元合金，液化裂纹及结晶裂纹敏感性随合金中 P、Si、S 含量的增加而加大。

③ 高温失延裂纹。高温失延裂纹属于固态开裂裂纹，是在合金固相线以下的高温区间内形成的裂纹。对于厚截面多道焊接，且焊缝金属晶粒粗大和拘束度高时易产生高温延迟裂纹。镍基耐蚀合金中，由于某些合金元素、杂质和间隙元素的偏析、晶粒长大，晶界滑移或沉淀，以及多道焊等因素使焊缝金属在高温下延性下降，皆而引发高温失效裂纹。通常，镍基耐蚀合金出现延性下降温度区的范围为 650～1200℃。

2. 镍基耐蚀合金的焊前清理

焊前清理是镍基耐蚀合金焊前准备工作的重要环节。焊件表面的污染物质主要是表面氧化皮和引起焊接脆化的元素。镍基耐蚀合金表面氧化皮的熔点比母材高得多，常会形成特别细小的、用射线和渗透检测难以发现的夹渣和不连续氧化物，必须在焊前彻底清除。

镍基耐蚀合金焊接中，凡是和 Ni 形成低熔点共晶的元素（如 S、P、Pb、Sn、Zn、Bi、Sb、As 等）皆为有害元素，能使合金的热裂纹倾向增加。这些元素在合金焊接加热或焊接前必须进行表面清理（包括母材及焊接材料、夹具等表面），可采用化学方法和机械方法清理。例如对污物、油脂可采用蒸汽脱脂或丙酮等有机溶剂清除；对不溶于脱脂剂的油漆及其他杂物，可用氯甲烷、碱液等清洗剂或特殊专用合成剂清洗；对被压如焊件表面的杂质可采用磨削、喷丸等机械方法或盐酸溶液（体积分数为 10%）清洗并用清水洗净。如果焊件焊后不再加热，焊缝每侧清理区域应向外延伸 50mm，包括钝边和坡口。

3. 镍基耐蚀合金焊接工艺特性

镍基耐蚀合金不宜采用高焊接热输入，否则会在焊缝热影响区产生一定程度的退火和晶粒长大。同时，由于焊接热输入高，还可能会产生过度的偏析以及碳化物沉淀或其他有害的冶金缺陷，引起热裂纹或降低合金的耐蚀性。

镍基耐蚀合金焊接方法和焊接工艺的选择应用时考虑母材的晶粒尺寸，由于在这类合金界上存在较多的碳化物和金属件化合物（金属间相），增大了热裂纹倾向。不同晶粒尺寸的合金应采用不同的焊接方法和焊接工艺，例如在焊接同一牌号合金中的粗晶粒合金时必须使用较低的焊接热输入。（按照 ASTM 标准规定，合金中，晶粒尺寸≥ASTM5 级为粗晶粒，≤ASTM5 级为细晶粒）。

镍基耐蚀合金焊接材料通常选用与母材化学成分相同或接近的焊条或焊丝，焊缝金属的耐蚀性基本上与母材相当，焊后对耐蚀性能没有多大影响。但有些镍基耐蚀合金焊接加热后，靠近热影响区的耐蚀性有所降低（如 Ni-Mo 合金），可通过焊后热处理恢复热影响区的耐蚀性。

由于镍基耐蚀合金的焊接工艺特性主要表现为熔池金属流动性较差、焊缝金属熔深较浅，因此在选择焊接参数和焊接操作方法时必须加以考虑。

（1）液态焊缝金属流动性差

镍基合金焊缝金属的润湿性较差，即使增大焊接电流也难以改进焊缝液态金属流动性差这一固有的特性，如果焊接电流值超过焊接参数推荐的范围反而会使合金熔池过热，热裂纹敏感性增大，甚至由于焊缝中脱氧剂的蒸发而产生气孔。当采用焊条电弧焊时，电流过大也会使焊条过热和药皮脱落，使焊缝质量变坏。针对这类合金焊缝金属流动性差不易流到焊缝两边的特性，施焊时焊条（或焊丝）需作适量摆动，摆动距离一般不超过焊条或焊丝直径的 3 倍。为此，焊接接头的坡口角应加大，以便焊条或焊丝摆动。同时为了保证接头的溶透并具有一定的熔深，亦需适当的加大坡口角度和减少钝边尺寸。一般情况下，厚度小于 2.4mm 的镍基合金材料对接时不开坡口，厚度大于 2.4mm 的对接接头需采用 V 形、U 形或 J 形坡口，厚度大于 9.6mm 时，需要采用双 V 形或双 U 形坡口。另外在焊条电弧焊时，焊接电弧应尽量缩短。

（2）焊缝金属熔深浅

镍基耐蚀合金焊缝金属熔深较浅是其另一固有的特性，同样不能通过增大焊接电流来增加熔深，否则会产生裂纹和气孔。焊接电弧对镍基合金会产生的熔深比碳钢及不锈钢浅，与 304 不锈钢和低碳钢比较，600 合金的焊缝熔深最小，例如在 TIG 焊相同焊接参数下，600 合金的焊缝熔深只有低碳钢焊缝熔深的一半。为此，镍基耐蚀合金焊接的对接接头坡口钝边厚度需适当减薄。

(3) 焊接接头设计

根据镍基耐蚀合金液态焊缝金属流动性差和焊缝金属熔深浅的固有特性，对接接头的设计主要应考虑以下两点：

① 焊接接头应保证液态焊缝金属的可达性，对接接头根部的开角必须足以允许焊条、焊丝和焊枪能够伸到接头底部，并需要在接头内合理的排布焊道，使用较宽的开角。

② 焊缝金属熔深浅，应采用较薄的钝边。因为加大焊接电流并不能有效的增加熔深，反而会造成因过热引起的弊端。

对于镍基合金的焊接，应特别注意防止出现不稳定的熔透，以避免产生未熔合、裂纹和气孔等缺陷。必须保证完全熔透的焊缝，以适应其在各种温度下的腐蚀介质工况要求。推荐采用的对接接头形式如图3-37所示。

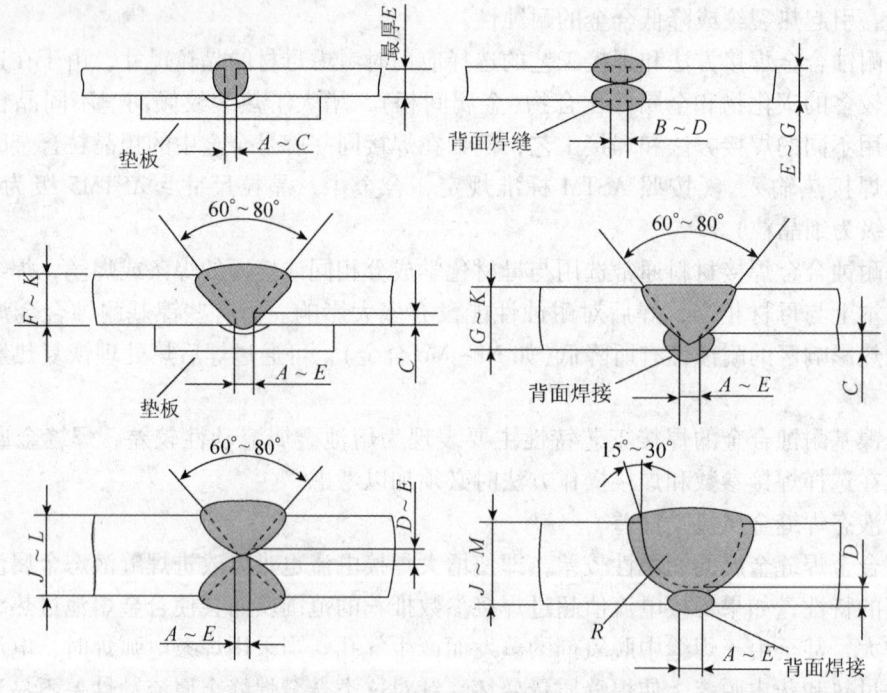

图3-37 镍基合金对接接头推荐设计形式

$A = 0mm$；$B = 0.8mm$；$C = 1.6mm$；$D = 2.4mm$；$E = 3.2mm$；$F = 4.8mm$；$G = 6.4mm$
$H = 7.9mm$；$J = 12.7mm$；$K = 15.9mm$；$L = 31.8mm$；$M = 50.8mm$；$R = 4.8 \sim 7.9mm$

当采用埋弧焊焊接某些固溶镍基合金，对于厚度<25mm对接接头，可采用V形坡口或V形坡口加垫板的单面焊，U形和双U形坡口适用于厚度≥20mm中、厚板对接焊。在接头设计上应尽可能选用双U形坡口。埋弧焊对接接头形式如图3-38所示。

对于角接和搭接的镍基合金焊接接头，通常不能用于高应力工况中，特别不宜用于高温下或温度交变循环工况下。当采用角接接头时，焊根必须焊透；采用搭接接头时，搭接的两面皆需焊接。

镍基合金的坡口加工应采用机械加工或等离子弧切割，用等离子弧切割后必须用机械加工方法清除由于切割高温产生的氧化层。

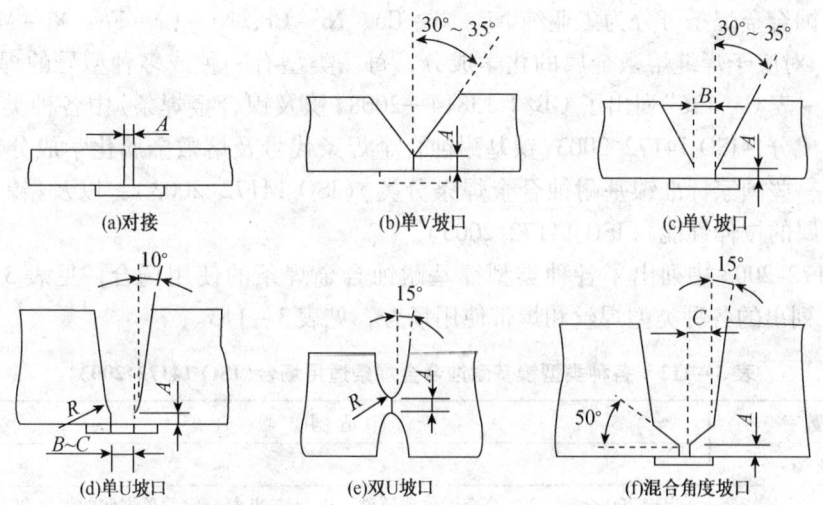

图3-38 镍基耐蚀合金埋弧焊接头形式

$A = 3.2\text{mm}$；$B = 6.4\text{mm}$；$C = 9.5\text{mm}$；$R = 7.9\text{mm}$

4. 预热及焊后热处理

镍基耐蚀合金通常情况下不需要焊前预热和焊后热处理，只有当母材温度低于15℃时，应对焊接接头两侧250～300mm区域内预热到15～20℃，以防止湿气冷凝。大多数情况下，预热温度和多层焊时的焊缝层（道）间温度都应较低，以避免母材过热。铸造镍基耐蚀合金的焊接需预热100～250℃，以减小焊接裂纹倾向。

大多数镍基耐蚀合金焊接接头的耐蚀性能与母材相当，焊后对耐蚀性并无多大影响，一般不需要通过焊后热处理来恢复其耐蚀性能，但对使用于特殊腐蚀工况下的镍基耐蚀合金除外，例如对操作介质为熔融状态的600合金及氢氟酸介质中使用的400合金，皆需要在焊后对焊接接头进行消除应力热处理，以防止产生应力腐蚀裂纹。此外，由于Ni-Mo合金焊接加热后对靠近焊缝的热影响产生有害影响，通常需进行焊后退火处理，以恢复其耐蚀性。铸造镍基耐蚀合金焊后需锤击或退火处理，以消除焊接残余应力，有些情况下，若焊前能对铸件进行固溶处理，则有利于消除铸造应力并使组织均匀，更有利于提高焊缝质量。

（三）镍基耐蚀合金的焊接方法

奥氏体不锈钢的各种焊接方法皆可用于固溶强化型镍基耐蚀合金焊接，附录C"表C-132"列出了适用于某些镍基耐蚀合金的电弧焊方法。但对于沉淀强化型镍基耐蚀合金不适用焊条电弧焊、熔化极气体保护电弧焊（MIG）和埋弧焊。

1. 镍基耐蚀合金的焊条电弧焊

焊条电弧焊可用于焊接工业纯Ni和固溶强化型镍基耐蚀合金，对沉淀强化型镍基耐蚀合金不宜采用。

（1）焊条

焊条的焊缝金属成分在大多数情况下应与母材化学成分类似，可以通过调整焊条化学成分以满足焊接性能要求，并通过添加适量合金元素以控制焊缝气孔缺陷、增强抗热裂性或改善力学性能。焊条药皮的作用是利用其配料成分的化学和物理性能改善焊接电弧，大多选用容易电离的碱金属和添加电弧稳定的难熔氧化物，另外药皮中通常添加Ti、Mo、Nb作为脱氧剂。

镍基耐蚀合金焊条可分为工业纯Ni、Ni-Cu、Ni-Cr、Ni-Cr-Fe、Ni-Mo、Ni-Cr、Mo等类型,对应于焊缝熔敷金属的化学成分,每一类型有一种或多种型号的焊条。附录C"表C-133～表C-136"列出了GB/T 13814—2008《镍及镍合金焊条》中各种类型焊条的熔敷金属化学成分,ISO 14172:2003《镍基耐蚀合金焊条代号及熔敷金属化学成分》、《与国际标准对应的一些国家标准镍基耐蚀合金焊条分类》(ISO 14172:2003),以及《镍基耐蚀合金焊缝熔敷金属的拉伸性能》(ISO 14172:2003)。

ISO 14172:2003中列出了各种类型镍基耐蚀合金焊条的使用场合,见表3-112;ISO 18274:2004列出的各种类型焊丝和焊带使用场合,见表3-113。

表3-112 各种类型镍基耐蚀合金焊条适用场合(ISO 14172:2003)

焊条类型:数字符号	适 用 场 合
工业纯Ni	
Ni2061	焊接200合金、201合金锻件或铸件,工业纯Ni复合钢的覆层侧的焊接和在钢上堆焊、异种金属接头焊接
Ni-Cu合金	
Ni4060、Ni4061	焊接Ni-Cu合金(Monel400)、Ni-Cu合金复合钢的覆层侧以及在钢上堆焊
Ni-Cr合金	
Ni6082	焊接Ni-Cu合金(如80A合金、UNSNo6075合金),焊接Ni-Cr-Fe合金(如Inconel600、Inconel601),堆焊和焊接异种金属接头,焊接低温使用的镍钢
Ni6231	焊接Ni-Cr-W-Mo合金(230合金)
Ni-Cr-Fe合金	
Ni6025、Ni6704	焊接与熔敷金属成分类似的镍基合金(如UNSNo6025、UNSNo6603合金)。使用温度1200℃
Ni6062	焊接Ni-Cr-Fe合金(如Inconel600、Inconel601)、Ni-Cr-Fe合金复合钢的覆层侧以及在钢上堆焊,异种金属接头焊接。使用温度980℃(在820℃以上不具有最佳的抗氧化性和强度)
Ni6093、Ni6094、Ni6095	焊接9%Ni低温用钢
Ni6133	焊接Ni-Fe-Cr合金(如Incolloy800)和Ni-Cr-Fe合金(如Inconel600),特别适合焊接异种金属接头。使用温度及高温性能同Ni6062
Ni6152	焊接含Cr量高的镍基合金(如Inconel690),在低合金钢和不锈钢上堆焊耐蚀层,焊接异种金属接头。Ni6152焊条熔敷金属含Cr量高于其他Ni-Cr-Fe类型焊条
Ni6182	焊接Ni-Cr-Fe合金(如Inconel600)、Ni-Cr-Fe合金的复合钢覆层侧以及在钢上堆焊,焊接钢与其他镍基合金接头。使用温度480℃
Ni6333	焊接与其熔敷金属成分类似的镍基合金(特别是RA333合金。使用温度1000℃
Ni6701、Ni6702	焊接与其熔敷金属成分类似的镍基合金。使用温度1200℃
Ni8025、Ni8165	焊接Ni-Fe-Cr合金(如Incolloy825),用于钢堆焊
Ni-Mo合金	
Ni1001	焊接与其熔敷金属的成分类似Ni-Mo合金(特别是Hastelloy B)、Ni-Mo合金复合钢覆层侧,以及Ni-Mo合金与钢或其他镍基合金的焊接
Ni1004、Ni1069	用于镍基、钴基和铁基合金异种金属组合的焊接
Ni1008、Ni1009	焊接9%Ni低温用钢
Ni1062	焊接Ni-Mo合金(主要是UNS N10629),其他使用同Ni1001焊条
NI1066	焊接Ni-Mo合金(主要是Hastelloy B-2),其他使用同Ni1001焊条
Ni1067	焊接Ni-Mo合金(特别是Hastelloy B-2)以及Ni-Mo合金与钢或其他镍基合金的焊接

续表

焊条类型：数字符号	适用场合
Ni-Cr-Mo 合金	
Ni6002	焊接 Ni-Cr-Mo 合金（主要是 UNS No6002）、Ni-Cr-Mo 合金复合钢覆层侧，以及 Ni-Cr-Mo 合金与钢或其他镍基合金的焊接
Ni6012	焊接 6-Mo 型奥氏体不锈钢
Ni6022	焊接低碳 Ni-Cr-Mo 合金（主要 Hastelloy C-22）、低碳 Ni-Cr-Mo 合金复合钢覆层侧，以及低碳 Ni-Cr-Mo 合金与钢或其他镍基合金的焊接
Ni6024	焊接奥氏体-铁素体双相不锈钢（如 Cr25 超低双相不锈钢 UNS S32750）
Ni6030	焊接低碳 Ni-Cr-Mo 合金（主要是 G-30 合金），其他使用同 Ni6022 焊条
Ni6059	焊接低碳 Ni-Cr-Mo 合金（主要是 UNS N6059）、Cr-Ni-Mo 奥氏体不锈钢，其他使用同 Ni6022 焊条
Ni6022、Ni6025	焊接 Ni-Cr-Mo-Cu 合金（UNS N06200）
Ni6075	焊接 Ni-Cr-Mo 合金（主要是 UNS N10002）及其与钢的焊接，用于钢上堆焊
Ni6276	焊接 Ni-Cr-Mo 合金（主要是 Hastelloy C-276），其他使用同 Ni6022 焊条
Ni6452、Ni6455	焊接低碳 Ni-Cr-Mo 合金（主要是 Hastelloy C-4），其他使用同 Ni6022 焊条
Ni6620	焊接 9%Ni 低温用钢
Ni6625	焊接低碳 Ni-Cr-Mo 合金（主要是 Inconel625）及其与钢的焊接，用于钢上堆焊耐蚀层，焊接 9%Ni 低温用钢。使用温度 540℃
Ni6627	焊接 Cr-Ni-Mo 奥氏体不锈钢及其与双相不锈钢、Ni-Cr-Mo 合金或其他钢的焊接。奥氏体不锈钢，用于堆焊和异种金属接头焊接（如低碳 Ni-Cr-Mo 合金与碳钢或镍基合金的焊接），焊接 9%Ni 低温用钢
Ni6650	焊接应用于海洋和化工领域的低碳 Ni-Cr-Mo 合金及 Cr-Ni-Mo 奥氏体不锈钢，用于堆焊和异种金属接头焊接（如低碳 Ni-Cr-Mo 合金与碳钢或镍基合金的焊接）；焊接 9%Ni 低温用钢
Ni6686	焊接低碳 Ni-Cr-Mo 合金（主要是 686 合金），其他使用同 Ni6022 焊条
Ni6985	焊接低碳 Ni-Cr-Mo 合金（主要是 G-3 合金），其他使用同 Ni6022 焊条
Ni-Cr-Co-Mo 合金	
Ni6117	焊接 Ni-Co-Mo 合金（主要是 617 合金）及其与钢的焊接和在钢上堆焊，焊接异种高温合金（如 Incnoel800、Incolloy800HT、铸造高镍合金）。使用温度 1150℃

表 3-113　各种类型镍基合金常用焊丝（焊带）使用场合（ISO 18274—2004）

焊丝类型：数字符号	适用场合
Ni-Cu 合金	
Ni5504	焊接时效硬化 Ni-Cu 合金（K-500 合金），可采用 TIG 焊、MIG 焊、埋弧焊、等离子焊等方法，焊缝金属需经热处理时效硬化
Ni-Cr 合金	
Ni6072	焊接 50/50Ni-Cr 合金及在钢上或 Ni-Fe-Cr 合金管上堆焊，以及铸件修复焊接。可采用 TIG 含、MIG 焊接方法
Ni6076	焊接 Ni-Cr-Fe 合金（如 Incnoel600）、Ni-Cr-Fe 合金复合钢覆层侧及在钢上堆焊，焊接钢与其他镍基合金。焊接方法同 Ni5504 类型
Ni6082	焊接 Ni-Cr 合金（如 80A 合金、UNSN06075 合金）、Ni-Cr-Fe 合金（如 Inconel600、Inconel601）及 Ni-Fe-Cr 合金（如 Incolloy800、Incolloy801），堆焊及异种金属接头焊接，焊接在低温使用的 Ni 钢

续表

焊丝类型：数字符号	适 用 场 合
Ni–Cr–Fe 合金	
Ni6030	焊接 Ni–Cr–Mo 合金（如 G–30 合金）及其与钢或其他镍基合金的焊接，以及在钢上堆焊。可采用 TIG 焊、MIG 焊及等离子弧焊等方法
Ni6052	焊接含 Cr 量高的镍基合金（如 Inconel690），在低合金钢和不锈钢上堆焊，焊接异种金属接头
Ni6062	焊接 Ni–Fe–Cr 合金（如 Incolloy800）和 Ni–Cr–Fe 合金（如 Inconel 600），特别适用于异种金属焊接。使用温度 980℃（但在 820℃ 以上不具有最佳的抗氧化性能和强度）
Ni6176	焊接 Ni–Cr–Fe 合金（如 Inconel600、Inconel601）、Ni–Cr–Fe 合金复合钢覆层侧及在钢上堆焊，焊接异种金属接头。可采用 TIG 焊方法，使用温度同 Ni6062 类型
Ni6601	焊接 Ni–Cr–Fe–Al 合金（如 Inconel601），可采用 TIG 焊接方法，使用温度 1150℃
Ni6701	焊接成分与其附近配的 Ni–Cr–Fe 合金及其与高温镍基合金的焊接，使用温度 1200℃
Ni6975	焊接 Ni–Cr–Mo 合金（UNSNo6925）及其与钢或其他镍基合金的焊接，以及在钢上堆焊，焊接方法同 Ni5504 类型
Ni6985、Ni7069	用于在钢上堆焊 Ni–Cr–Fe 合金及钢与镍基合金的焊接，焊接方法同 Ni5504 类型。焊缝金属需经热处理时效强化
Ni7092	焊接 Ni–Cr–Fe 合金（如 Inconel600），由于熔敷金属中含 Nb 量较高，在焊接厚截面工件等焊接应力较高的接头时，热裂纹敏感性较小。焊接方法同 Ni5504 类型
Ni7718	焊接 Ni–Cr–Nb–Mo 合金（如 718 合金），可采用 TIG 焊方法，焊缝金属需经热处理时效强化
Ni8025	焊接 Ni–Fe–Cr–Mo 合金（如 Hastelloy825）及在钢上堆焊。熔敷金属的含 Cr 量高于 Ni8065 和 Ni8125 类型
Ni8065、Ni8125	使用同 Ni8025 和 Ni8165 类型
Ni–Mo 合金	
Ni1003	焊接 Ni–Mo 合金（如 N 合金）及其与钢或其他镍基合金的焊接，以及在钢上堆焊。可采用 TIG 焊和 MIG 焊方法
Ni1067	焊接 Ni–Mo 合金（如 UNSN10675）、Ni–Mo 合金复合钢覆层侧，以及 Ni–Mo 合金与钢或其他镍基合金的焊接。可采用 TIG 焊、MIG 焊、等离子焊等焊接方法
Ni–Cr–Mo 合金	
Ni6022	焊接低碳 Ni–Cr–Mo 合金（主要是 HAStelloy C–22）和 Cr–Ni–Mo 奥氏体不锈钢、低碳 Ni–Cr–Mo 合金复合钢覆层侧，以及低碳 Ni–Cr–Mo 合金与钢或其他镍基合金的焊接和在钢上堆焊
Ni6057	用于耐蚀层堆焊（特别耐缝隙腐蚀），焊接方法同 Ni1067 类型
Ni6058、Ni6059	焊接低碳 Ni–Cr–Mo 合金（主要是 UNS NO6059）和 Cr–Ni–Mo 奥氏体不锈钢，焊接低碳 Ni–Cr–Mo 合金复合钢覆层侧，以及低碳 Ni–Cr–Mo 合金与钢或其他镍基合金的焊接
Ni6200	焊接 Ni–Cr–Mo 合金（UNSNo6200）及其与钢或其他镍基合金的焊接，以及在钢上堆焊
Ni6625	焊接 Ni–Cr–Mo 合金（主要是 Inconel625）及其与钢的焊接，以及在钢上堆焊
Ni6660	焊接超级双相钢、超级不锈钢及 9%Ni 低温用钢，以及在低合金钢上堆焊。可采用 TIG 焊、MIG 焊方法。熔敷金属与 Ni6625 类型相比，具有更好的耐蚀性和低温韧性，热裂纹倾向很小
Ni6686	焊接低碳 Ni–Cr–Mo 合金（主要是 686 合金），其他同 Ni6022 类型
Ni7725	焊接高耐蚀镍基合金（主要是 725 合金、UNSNO9925 合金）及其与钢的焊接，以及在钢上堆焊。焊缝金属需进行热处理时效强化
Ni–Cr–Co 合金	
Ni6160	焊接 Ni–Co–Cr–Si 合金（UNSN12160），可采用 TIG 焊、MIG 焊、等离子弧焊等焊接方法。使用温度 1200℃
Ni7090	焊接 Ni–Cr–Co 合金（如 90 合金），采用 TIG 焊，焊缝金属须经热处理时效强化
Ni7263	焊接 Ni–Cr–Co–Mo 合金（如 UNSNo7263），采用 TIG 焊，焊缝金属需经热处理时效强化

第三章 压力容器用材料的焊接

(2) 焊接工艺

镍基耐蚀合金焊条电弧焊焊接工艺与焊接高铬镍不锈钢基本相似,由于此类合金焊接时熔池液态焊缝金属流动性差和熔深浅,在焊接过程中必须严格控制焊接参数。镍基合金焊条一般采用直流,焊条接正极。每一种类型和规格的焊条都具有其最佳的电流范围,表3-114列出了Ni-Cu合金、镍基合金、Ni-Cr-Fe和Ni-Fe-Cr合金平焊时的推荐电流值。

表3-114 Ni-Cu合金、镍基合金、Ni-Cr-Fe和Ni-Fe-Cr合金平焊时的推荐电流值

焊条直径/mm	Ni-Cu合金		镍基合金		Ni-Cr-Fe和Ni-Fe-Cr合金	
	母材厚度/mm	焊接电流/A	母材厚度/mm	焊接电流/A	母材厚度/mm	焊接电流/A
2.4	1.57	50	1.57	75	≥1.57	60
	1.98	55	1.98	80	—	—
	2.36	60	≥2.36	85	—	—
	≥2.77	60	—	—	—	—
3.2	2.77	65	2.77	105	2.77	75
	3.18	75	≥3.18	105	3.18	75
	3.56	85	—	—	—	—
	≥3.96	95	—	—	≥3.96	80

镍基耐蚀合金采用焊条电弧焊时,对于具体接头焊接电流的确定该考虑母材厚度、焊接位置、接头形式以及卡具刚性等因素。焊接电流过大会引起电流不稳定、飞溅过大、焊条过热或药皮脱落,使焊缝质量变坏,并且增大热裂纹倾向。焊接时应尽量采用平焊位置和始终保持短电弧。如果必须立焊或仰焊,须采用小焊接电流和直径较细的焊条,且电弧应更短,以便能够很好控制熔化的焊接金属。为了防止焊接时由于液态镍基合金流动性差易产生未熔全、气孔等缺陷,一般在施焊时应适当摆动焊条,焊条摆动的幅度取决于接头形式、焊接位置及焊条类型,通常不宜超过3倍焊芯直径,且焊条每次摆动到极限位置时需稍作停留,以便流动性差的焊缝金属有充分时间填充咬边。为防止产生加渣,宜采用窄焊道和较小的焊接熔池,应避免平的或凹陷的焊道表面,和破坏电弧周围的气体保护气氛,否则会造成焊缝金属污染,使焊缝质量降低。

焊条电弧焊焊接镍基耐蚀合金过程中,断弧时应使电弧高度适当降低和增大焊速,以减小熔池尺寸,防止产生弧坑裂纹,重新引弧时应采用反向引弧方法,以利于调整接口处焊缝平滑度和防止产生气孔。

2. 镍基耐蚀合金的钨极气体保护电弧焊(TIG)

TIG焊广泛应用于镍基合金的焊接,与焊条电弧焊不同,它不仅可用于焊接固溶强化型镍基合金,而且也可用于沉淀硬化型镍基合金的焊接。TIG焊特别适用于焊接镍基合金薄板、小截面焊件以及焊接接头不能进行背面焊的封底焊和焊后不允许残留熔渣的焊接结构。

(1) 焊丝

TIG焊镍基合金焊丝大多采用与母材相当的成分,但通常添加一些合金元素,以补偿焊接中某些元素的烧损,以及为了控制焊接气孔和热裂纹。镍基合金焊丝的分类与焊条相同,附录C"表C-137~表C-139"列出了GB/T 15620—2008《镍及镍合金焊丝化学成分》、ISO 18274:2004《镍和镍合金电弧焊用焊丝和焊带代号及化学成分》、与国际标准对应的一些国家标准镍及镍合金焊丝分类。

镍基合金焊丝不仅用于 TIG 焊,还用于 MIG 焊、等离子弧焊和埋弧焊。为了控制气孔和热裂纹,焊丝中常添加 Ti、Mn、Nb 等合金元素。且一般情况下,焊丝的主要合金成分应比母材高,这样可以减小在低耐腐蚀材料上堆焊或异种金属焊接时稀释率的影响。

(2) 保护气体

镍基耐蚀合金 TIG 焊推荐采用 Ar、He 或 Ar + He 作为保护气体。在 Ar 气中加入少量 H_2(约5%),适用于单道焊接,在纯 Ni 焊接时有助于避免气孔,且可增加电弧的热量,有利于获得表面光滑的焊缝。对于较薄的镍基耐蚀合金的不填丝焊接,最好采用 He 作为保护气体。与 Ar 气比较,He 弧热导率大,向熔池的热输入较大;He 气体保护有助于消除或减少焊缝中的气孔;He 弧适用于长弧焊接,电弧电压高,提高热能,适用于高速焊接,焊接速度比用 Ar 弧焊提高40%左右。但是焊接电流低于60A 情况下,He 弧不稳定。当采用小电流焊接镍基耐蚀合金薄板时,应使用 Ar 气保护或另外附高频电源焊接。

(3) 钨极

镍基耐蚀合金 TIG 焊焊接参数一定时,电极的形状影响焊缝的熔深和宽度。钨极应为尖头,圆锥角30°~60°,尖端磨平直径为 $\phi 0.4mm$,从而可保持焊接时电弧稳定与足够的熔深。

(4) 焊接工艺

镍基耐蚀合金 TIG 手工焊或自动焊皆采用直流、电极负接、焊机通常装高频引弧装置及电流衰减装置,以保证引弧及断弧时平稳减小弧坑尺寸。由于焊丝成分中添加有提高抗裂性和控制气孔的元素,只有焊缝金属至少应含有50%填充金属时,这些元素才能起到有效作用。另外,焊接过程中熔池应保持平静,避免受到电弧搅动;焊丝加热端必须处于保护气体中,以避免氧化和由此造成的焊缝金属污染,且焊丝应从熔池前端进入熔池,以防止接触钨极。

镍基耐蚀合金薄板 TIG 焊时,保护气体流量宜为4L/min 左右,对于厚板 TIG 焊可增至14L/min。过大的保护气体流量可能会造成紊流和影响焊缝冷却。对于单面焊全焊透结构,需在焊件背面采用带凹槽的铜衬垫,凹槽内通以保护气体进行背面保护;也可在焊接喷嘴后侧装设输送保护气体的拖罩。

3. 镍基耐蚀合金的熔化极气体保护电弧焊(MIG)

MIG 焊接方法可用来焊接固溶强化型镍基耐蚀合金,很少用来焊接沉淀硬化型镍基合金。MIG 焊中,焊缝金属的主要过渡形式采用喷射过渡,短路过渡和脉冲喷射过渡形式也较多采用。喷射过渡工艺可以使用较高的焊接电流和较粗的焊丝,生产效率较高。而脉冲喷射过渡使用的焊接电流低,适用于全位置焊接。有时也可采用粗滴过程,但焊接过程中熔深不稳定、焊缝成形差,甚至易出现焊接缺陷,一般很少采用。

(1) 焊丝

镍基耐蚀合金 MIG 焊焊丝大多数与 TIG 焊使用的焊丝相同,焊丝直径通常采用 $\phi 0.9$、$\phi 1.1$、$\phi 1.6mm$,可根据母材厚度和采用的熔滴过渡形式确定。

(2) 保护气体

镍基耐蚀合金 MIG 焊通常使用 Ar 或 Ar + He 混合气体作为保护气体,根据焊接工艺所采用的熔滴过渡形式选用。当采用喷射过渡时,使用纯 Ar 气体保护可以获得很好的焊接效果。因为加入 He 后和随 He 气含量增加,会导致焊缝变宽、变平和熔深变浅,而单独使用

He气体保护会导致焊接电弧不稳定和产生过量飞溅。保护气体中添加O_2或CO_2将引起严重氧化或不规则的焊缝表面，在工业纯Ni和Ni-Cu合金焊缝中会产生气孔。喷射过渡保护气体流量大小取决于焊接接头形式、焊接位置、气体喷嘴大小，以及是否使用尾气保护等，气体流量范围为12～47L/min。

采用短路过渡工艺时，纯Ar气体保护易造成焊缝外形过分凸起和产生未完全熔化缺陷，宜采用Ar-He混合气体，以改善熔池的润湿性、减少未熔合缺陷。短路过渡使用的保护气体流量一般为12～21L/min，混合气体中He含量增加时，气体流量应取上限值。此外，气体喷嘴直径对焊接质量也有重要影响，当使用$v(Ar)50\% + v(He)50\%$保护气体，气体流量为19L/min时，喷嘴直径宜为$\phi 9.2mm$、焊缝不产生氧化的最大电流宜为120A，当喷嘴直径增大到$\phi 16mm$时，焊缝不出现氧化的最大电流为170A。

采用脉冲喷射过渡时，使用Ar+He混合气体同样可获得较好的焊接效果，He气掺入量$v(He)15\%～20\%$时效果最佳，气体流量一般为12～21L/min，流量过大会出现紊流，干扰电弧的稳定性。

(3) 焊接工艺

镍基耐蚀合金MIG焊推荐采用直流恒压电源，焊丝接正极。MIG焊喷射过渡、脉冲喷射过渡、短路过渡的典型焊接参数列于附录C"表C-140"。

4. 镍基耐蚀合金等离子弧焊

镍基耐蚀合金等离子弧焊接的适宜板厚通常为2.5～8mm，如果焊接更厚的板材，宜选用其他合适的焊接方法。采用等离子弧焊焊接镍基耐蚀合金最适应的是不填焊丝，板厚小于8mm的焊接接头，采用小孔法的单道焊更为有效。保护气体多采用Ar或$Ar+H_2$混合气体，其中$v(H)$约5%～8%，H_2的作用是增加电弧能量。等离弧焊使用的电源为直流电源，电极接负极。附录C"表C-141"列出了四种镍基耐蚀合金采用小孔法的自动等离子弧焊典型焊接参数。

5. 镍基耐蚀合金的埋弧焊

埋弧焊是焊接大厚度母材金属的有效方法，与其他焊接方法比较，具有熔敷率高、焊缝表面平滑等特点，可用于某些固溶型镍基耐蚀合金的焊接，如工业纯Ni200、Ni-Cu合金400、Ni-Cr合金600等。Ni-Mo合金不推荐使用埋弧焊方法，因为埋弧焊的焊接热输入和低的冷却速度会使用焊缝延性降低，并且由于焊剂化学反应会引起Ni-Mo合金焊缝成分变化，降低焊缝耐蚀能力。

(1) 接头形式

镍基耐蚀合金埋弧焊的典型接头形式见图3-38。其中，V形坡口（或V形坡口加垫板）的单位焊焊接接头适用于厚度25mm以下板材焊接；U形、双U形坡口适用于厚度≥20mm或更厚板材的焊接。一般情况下，应尽量选用双U形坡口，采用这种坡口形式可以减少焊接材料消耗，减少焊接变形与焊接残余应力，同时也可以减少焊接时间、提高焊接效率。

(2) 焊剂

镍基耐蚀合金埋弧焊使用的焊剂与碳钢及不锈钢埋弧焊使用的焊剂不同，其作用除为了保护焊缝金属不受大气污染与稳定焊接电弧外，同时还须将一些重要的合金元素添加到焊缝金属中，焊剂和焊丝的共同作用应与母材相匹配，即必须选用与该合金母材和焊丝相匹配的焊剂。国际标准ISO 14174：2004《焊接材料-埋弧焊剂分类》中推荐镍基合金埋弧焊采用氯化物-碱性类型焊剂。

（3）焊丝

镍基耐蚀合金埋弧焊丝与TIG焊、MIG焊用的焊丝相同，由于可以通过焊剂添加部分合金成分，熔敷金属的化学成分与焊丝成分稍有不同。埋弧焊可允许使用较粗的焊丝和更大的焊接电流。

（4）焊接工艺

镍基耐蚀合金埋弧焊可以使用直流、焊接正极或接负极的焊接方式。对于开坡口的焊接接头宜优先选用焊丝接正极，以获得较平坦的焊缝和较深的熔深；对于表面堆焊，为获得较高的熔敷率和较浅熔深，以降低母材的稀释率，宜采用直流焊丝接负极的方式，但此时需覆盖更厚的焊剂，使焊剂消耗量增加以及易应防止形成夹渣。埋弧焊焊道的形状主要电弧电压和焊接速度控制，选择较高的电弧电压和较高焊速，可以得到良好的平焊且稍凸的焊道。镍基耐蚀合金埋弧焊工艺中，母材、焊丝、焊剂与参数的匹配十分重要，对焊接工艺性、焊缝金属成分、焊接接头性能皆有很大影响。附录C"表C-142"所列为镍基耐蚀合金埋弧焊的典型焊接参数。

6. 镍基耐蚀合金耐蚀层堆焊

镍基耐蚀合金耐蚀层堆焊在石油化工、化纤、化肥、医药等领域设备及另部件中应用很广泛，镍基合金很容易在碳钢、低合金钢和其他合金上进行堆焊，以适应各种操作腐蚀工况要求。所采用的堆焊方法有埋弧堆焊、熔化极气体保护堆焊、焊条电弧堆焊、热丝等离子弧堆焊等。堆焊前必须对母材进行清理，要求被堆焊表面彻底清除掉所有的氧化物和外界污染物质。

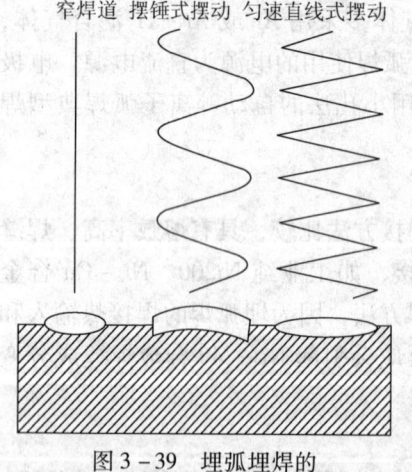

图3-39 埋弧埋焊的摆动方法和焊缝截面形状

（1）镍基耐蚀合金的埋弧堆焊

镍基耐蚀合金埋弧焊使用直流电源，焊丝接负极，以减少稀释率。有时也可采用焊丝接正极方式，可改善焊接电弧的稳定性。

堆焊镍基耐蚀合金时宜使焊丝横向摆动（见图3-39），与不摆动的窄焊道比较，图中摆锤式摆动或匀速直线式摆动的堆焊焊道更平滑、稀释率更低。其中，匀速直线式摆动的稀释率最低，由于电弧的运动速度在整个摆动周期保持不变，焊丝在两侧没有停顿，与摆锤式摆动相比，可以消除因停顿引起的熔深增加。而焊丝作摆锤式摆动堆焊时，在焊接两侧须稍作停顿。堆焊时，焊丝的摆动宽度、焊接电源、焊接电流及焊接速度等对稀释率皆有影响。

镍基耐蚀合金在钢上埋弧堆焊典型焊接参数及堆焊层化学成分列于附录C"表C-143"、"表C-144"。

（2）镍基耐蚀合金的熔化极气体保护电弧堆焊

熔化极气体保护电弧堆焊镍基耐蚀合金一般采用熔滴喷射过渡工艺和自动堆焊，堆焊时焊丝需作摆动。通常采用纯Ar作保护气体，当堆焊材料为工业纯Ni或Ni-Cr-Fe合金时，保护气体中宜添加$v(He)15\% \sim 20\%$，以有利于产生宽而平的焊缝和减小熔深，减小稀释率。保护气体流量变化范围为15~45L/min。当使用焊丝摆动时，必须有尾气保护。附录C

"表 C-145"列出了在钢上采用熔化极气体保护电弧焊堆焊镍基耐蚀合金的主要焊接参数和堆焊层化学成分,其他的堆焊焊接条件应为:焊枪气体和尾气 Ar,流量各 24L/min;焊丝伸出长度 19mm;电源:直流,焊丝接正极;摆动频率 70 周/min;堆焊焊缝搭接量 6~10mm,焊接速度 110mm/min。

(3) 镍基耐蚀合金的焊条电弧堆焊

镍基耐蚀合金的焊条电弧堆焊应严格控制稀释率,过大的稀释率会增加堆焊层的热裂纹敏感性或因焊缝金属中合金元素被过渡稀释而使耐蚀性降低。其主要堆焊工艺参数和堆焊层力学性能列于附录 C"表 C-146"。

(4) 镍基耐蚀合金的热丝等离子弧堆焊

镍基耐蚀合金采用热丝等离子弧堆焊方法具有较高的熔敷率,且稀释率可降低至 2%,一般情况下,较合适的稀释率范围为 5%~10%。在钢上热丝等离子弧堆焊镍基合金焊接条件及堆焊层化学成分列于附录 C"表 C-147"和"表 C-148"。

第八节 铸铁的焊接

一、概述

铸铁是 $w(C) > 2.14\%$ 并含有 Si、Mn 元素及少量 S、P 杂质的多元铁碳合金,即含有以 Fe、C、Si 为主的多元铁合金,与钢不同的是,铸铁的结晶过程需经历共晶转变。工业中应用最早和最广泛的铸铁是灰铸铁,合金中的碳是以片状石墨形态存在于金属基体中,具有成本低、铸造性、切削加工性、耐磨性及减振性均优良等特点。但由于石墨以片状存在于金属基体中,力学性能不高。其后首先开发了石墨以团絮状存在的可锻铸铁,力学性能有显著提高。但由于可锻铸铁的生产(铸造)是由白口铸铁经过长期退火使莱氏体分解后获得,成本较高,需消耗大量能源,其后开发了以球化剂处理高温铁液,使石墨球化制成球墨铸铁的铸造工艺方法,石墨以球状存在于金属基体中,力学性能得到明显改善。20 世纪 60~70 年代以后,在球墨铸铁基础上对相继研制开发了蠕墨铸铁(石墨以蠕虫状存在于金属基体中)、以铁素体或珠光体为基体的球墨铸铁以及以奥氏体+贝氏体的球墨铸铁(奥-贝铸铁),使力学性能(抗拉强度、伸长率等)得到进一步提高,例如奥-贝铸铁抗拉强度高达 860~1035MPa 时,其伸长率可高达 7%~10%。此外,为满足某些特殊性能的要求,还发展了耐磨白口铸铁等。

(一) 铸铁的种类和性能

按碳元素在铸铁中存在的状态及形式不同,铸铁可分为灰铸铁、可锻铸铁、球墨铸铁、蠕墨铸铁及白口铸铁五类。

1. 灰铸铁

灰铸铁中的 C 以片状石墨状态存在于珠光体或铁素体或按不同比例混合的珠光体+铁素体基体组织中,断口呈灰色,故灰铸铁亦称灰口铁或灰铁,由于石墨的力学性能很低,使金属基体承受负荷的有效面积减少。片状石墨以不同的数量、长短及粗细分布于基体中,且片状石墨尖端受拉时产生严重的应力集中,故灰铸铁的力学性能不高。一般认为灰铸铁中的片状石墨相当于金属基体中的裂纹,削弱了基体性能,使灰铸铁几乎没有塑性和韧性。由于普通灰铸铁的金属基体通常是由珠光体与铁素体按不同比例组成,基体中珠光体所占的比例越高,灰铸铁的抗拉强度则越高。常用灰铸铁化学成分中除 Fe 以外的主要元素含量范围见

表3-115，灰铸铁牌号、力学性能、组织及应用见表3-116。

表3-115 常用灰铸铁的化学成分范围　　　　　　　　　%（质量分数）

C	Si	Mn	P	S
2.6~3.8	1.2~3.0	0.4~1.2	≤0.4	≤0.15

注：同一牌号的灰铸铁，薄壁件（厚度<10mm）的C、Si含量高于厚壁件。

表3-116 灰铸铁的牌号、力学性能、组织及应用

新牌号	原牌号	力学性能			显微组织		应用
		抗拉强度/MPa	抗弯强度/MPa	硬度/HB	基体	石墨	
HT100	HT10-26	100	255	143~229	F+P(少)	粗片状	低负荷及不重要零件，如盖、外罩、支架等
HT150	HT15-33	150	321	163~229	F+P	较粗片状	承受中等应力的零件，如支座、底座、齿轮箱、工作台、刀架、端盖、阀体、管子及管路附件等
HT200	HT20-40	200	392	170~241	P	中等片状	承受较大应力的较重要零件，如汽缸体、齿轮、床身、缸套、齿轮箱、轴承座、油缸等
HT250	HT25-47	250	460	170~241	细P	较细片状	
HT300	HT30-54	300	529	170~241	C或T	细小片状	承受高弯曲应力及抗拉应力的重要零件，如齿轮、凸轮、车床卡盘、剪床和压力机的床身与机身、高压液压筒、液压泵和滑阀的壳体等
HT350	HT35-60	350	598	197~269			
HT400	HT40-68	400	666.4	207~269			

注：表中牌号"HT"表示灰铸铁，其后数字表示材料的抗拉强度（MPa）。

灰铸铁的伸长率通常小于0.5%，塑韧性极低。从表3-116看出：以铁素体(ρ)为基体和以铁素体+少量珠光体（F+P）的灰铸铁强度和硬度均最低，以纯珠光体为基体的灰铸铁强度和硬度均较高，而以渗碳体（C）或屈氏体（T）为基体的灰铸铁和硬度最高。改变金属基体中铁素体和珠光体相对含量，可以得到不同强度和硬度的品种。另外从表中亦可看出，灰铸铁中的石墨呈粗片状，强度最低；呈细小片状，强度最高。

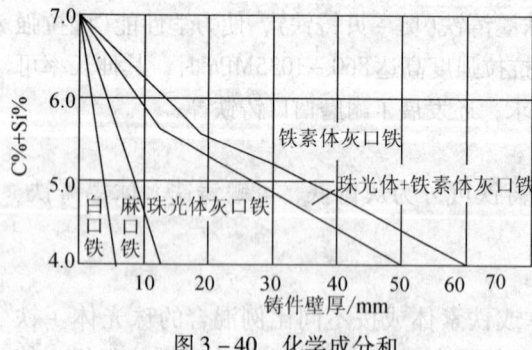

图3-40 化学成分和冷却速度对铸铁组织的影响

铸铁的化学成分和铸造时的冷却速度对其组织影响较大。灰铸铁中C+Si含量一定时，不同的冷却速度产生的金属基体组织也不相同（见图3-40）。由于厚件冷却速度慢，石墨化过程得以充分进行，则容易获得铁素体基体灰铸铁；反之，冷却速度快则易得到白口铁；中间冷却速度可以得到麻口铁（即金属基体中同时存在渗碳体和石墨）、珠光体或珠光体+铁素体基体灰铸铁。由于C和Si都是强石墨化元素，冷却速度一定时，增加C+Si含量可以消除白口组织，获得不同基体的灰铸铁，而元素S是强白口化元素，故需限制其含量。

2. 可锻铸铁

可锻铸铁是由一定成分的白口铸铁经石墨化高温退火处理，使其中共晶渗碳体分解生成团絮状石墨，随后通过不同的热处理使基体组织为珠光体或铁素体。由于石墨形态呈团絮

状,能显著降低石墨对金属基体的割裂作用,因此比灰铸铁强度高,且具有一定的塑韧性,并由此得名,但实际上并不可锻造加工。

可锻铸铁按基体组织有铁素体或珠光体可锻铸铁,按断面颜色可分为墨心可锻铸铁和白心可锻铸铁两类。国内生产的可锻铸铁中,90%以上都是以铁素体为基体的墨心可锻铸铁,以 KHT 表示。它是因基体中有较多石墨析出,因断面呈暗灰色而得名,具有较高的塑性和强度,珠光体可锻铸铁以 KHZ 表示。这两类铸铁的牌号和力学性能见表 3-117。

表 3-117 墨心可锻铸铁及珠光体可锻铸铁的力学性能(GB/T 9440—2010)

牌 号	试样直径 $d^{①②}$/mm	抗拉强度 R_m/MPa min	0.2%屈服强度 $R_{p0.2}$/MPa min	伸长率 A/% min($L_0=3d$)	布氏硬度/HBW
KTH 275-05[③]	12 或 15	275	—	5	≤150
KTH 300-06[③]	12 或 15	300	—	6	
KTH 330-08	12 或 15	330	—	8	
KTH 350-10	12 或 15	350	200	10	
KTH 370-12	12 或 15	370	—	12	
KTZ 450-06	12 或 15	450	270	6	150~200
KTZ 500-05	12 或 15	500	300	5	165~215
KTZ 550-04	12 或 15	550	340	4	180~230
KTZ 600-03	12 或 15	600	390	3	195~245
KTZ 650-02[④⑤]	12 或 15	650	430	2	210~260
KTZ 700-02	12 或 15	700	530	2	240~290
KTZ 800-01[④]	12 或 15	800	600	1	270~320

注:① 如果需方没有明确要求,供方可以任意选取两种试棒直径中的一种。
② 试样直径代表同样壁厚的铸件,如果铸件为薄壁件时,供需双方可以协商选取直径6mm 或者9mm 试样。
③ KTH 275-05 和 KTH 300-06 为专门用于保证压力密封性能,而不要求高强度或者高延展性的工作条件的。
④ 油淬加回火。
⑤ 空冷加回火。

墨心可锻铸铁是在中性气氛条件下将白口铸铁中的共晶渗碳体经高温退火分解成团絮状石墨,在 700~740℃保温一定时间后进行第二阶段石墨化而获得。白心可锻铸铁则是将白口铸铁在氧化性气氛条件下进行高温退火,铸铁断面从外层到内部发生强烈氧化和脱 C 获得,由于断面呈现发壳的光泽而得名。白心可锻铸铁的组织从外层到内部不均匀,韧性较差,且热处理温度较高、时间较长及能耗大,一般很少生产。由于可锻铸铁的生产首先必须使铸件毛坯的整个断面在铸态时得到全白口,否则会降低可锻铸铁力学性能,为此需降低C、Si 含量。常用墨心可锻铸铁的化学成分见表 3-118。

表 3-118 常用墨心可锻铸铁的化学成分(质量分数)   %

C	Si	Mn	P	S
2.2~3.0	0.7~1.4	0.3~0.65	≤0.2	≤0.2

随着铸造技术的进步,由于铁素体球墨铸铁已可直接在铸态下获得;所消耗的能量和成本比可锻铸铁的铸造大大降低,且力学性能优于铁素体可锻铸铁,目前多数可锻铸铁已逐渐被铸态铁素体球墨铸铁取代。

3. 球墨铸铁

球墨铸铁是在铸造条件下获得的金属基体通常为铁素体+珠光体组织,其正常组织是细小圆整的球状石墨加金属基体。为使基体中石墨球化,需向高温铁液中加入适量的球化剂处理,工业上常用的球化剂为 Mg-Ce-Y 三元合金,我国使用最多的是稀土-镁合金。球墨铸铁的化学成分范围见表 3-119。

表 3-119　球墨铸铁的化学成分范围(质量分数)　　　　%

C	Si	Mn	P	S	Re
3.8~4.0	2.0~2.8	0.6~0.8	≤0.07	≤0.04	0.03~0.05

球墨铸铁需经孕育处理,以消除经球化剂处理后存在于球墨铸铁中较大的白口倾向。通过孕育处理可以使铁液形成异质晶核,促进石墨化,减少或消除白口组织。由于球墨铸铁基体中的球状石墨对基体的割裂作用比可锻铸铁的团絮状石墨更小,故强度较高(与铸钢相近),并具有良好的塑韧性,是所有铸铁类别中力学性能最高的品种,且通过合金化处理还可进一步提高其力学性能。实际使用中,球墨铸铁可以部分代替铸钢、锻钢及某些合金钢等材料。

在铸造条件下获得的普通球墨铸铁,其基体组织通常为铁素体+珠光体,除普通球墨铸铁外,另外还有铁素体球墨铸铁、珠光体球墨铸铁和奥-贝球墨铸铁。要获得性能好的铁素体球墨铸铁还须经低温石墨化退火处理,使珠光体分解成铁素体+石墨。如果在普通球墨铸铁铸态组织中还含有共晶渗碳体,则需经高温石墨化退火+低温石墨化退火处理才能得到铁素体球墨铸铁。在以上两类处理方法中,由于退火处理能源消耗大,铸铁成本高,通常多采用严格控制铁液中 Mn、P 含量[$w(Mn) \leq 0.4\%$、$w(P) \leq 0.07\%$]、适当限制球化剂用量和加强孕育处理的方法,也可获得铸态铁素体球墨铸铁。此外,由于 Mn、Cu 等合金元素均为珠光体稳定元素,对普通球墨铸铁可以不经过正火而采用提高 Mn、Cu 含量的方法也可直接获得铸态珠光体球墨铸铁。奥-贝球墨铸铁目前仍通过奥贝化热处理方法在基体中形成奥氏体+贝氏体+球状石墨组织,奥-贝球墨铸铁兼有高强度与高塑性特点,是一种新型球墨铸铁。球墨铸铁的牌号、力学性能及应用见表 3-120、表 3-121。

表 3-120　球墨铸铁单铸试样的力学性能(GB/T 1348—2009)

材料牌号	抗拉强度 R_m(min)/MPa	屈服强度 $R_{p0.2}$(min)/MPa	伸长度 A(min)/%	布氏硬度 HBW	主要基体组织
QT350-22L	350	220	22	≤160	铁素体
QT350-22R	350	220	22	≤160	铁素体
QT350-22	350	220	22	≤160	铁素体
QT400-18L	400	240	18	120~175	铁素体
QT400-18R	400	250	18	120~175	铁素体
QT400-18	400	250	18	120~175	铁素体
QT400-15	400	250	15	120~180	铁素体
QT450-10	450	310	10	160~210	铁素体
QT500-7	500	320	7	170~230	铁素体+珠光体
QT550-5	550	350	5	180~250	铁素体+珠光体
QT600-3	600	370	3	190~270	珠光体+铁素体
QT700-2	700	420	2	225~305	珠光体
QT800-2	800	480	2	245~335	珠光体或索氏体
QT900-2	900	600	2	280~360	回火马氏体或屈氏体+索氏体

注:1. 如需求球铁 QT500-10 时,其性能要求见 GB/T 1348—2009 附录 A。

2. 字母"L"表示该牌号有低温(-20℃或-40℃)下的冲击性能要求;字母"R"表示该牌号有室温(23℃)下的冲击性能要求。

3. 伸长率是从原始标距 $L_0 = 5d$ 上测得的,d 是试样上原始标距处的直径。其他规格的标距见 GB/T 1348—2009 中 9.1 及附录 B。

表3-121 球墨铸铁V形缺口单铸试样的冲击功(GB/T 1348—2009)

牌号	最小冲击功/J					
	室温(23±5)℃		低温(-20±2)℃		低温(-40±2)℃	
	三个试样平均值	个别值	三个试样平均值	个别值	三个试样平均值	个别值
QT350-22L	—	—	—	—	12	9
QT350-22R	17	14	—	—	—	—
QT400-18L	—	—	12	9	—	—
QT400-18R	14	11	—	—	—	—

注：1. 冲击功是从砂型铸造的铸件或者导热性与砂型相当的铸型中铸造的铸块上测得的。用其他方法生产的铸件的冲击功应满足经双方协商的修正值。

2. 这些材料牌号也可用于压力容器，其断裂韧性见GB/T 1348—2009附录D。

4. 蠕墨铸铁

蠕墨铸铁是通过铸造前在铁水中加入少量蠕化剂凝固而成，金属基体中的石墨以蠕虫状存在，与片状石墨相比，短粗而厚，长度与厚度之比一般为2~10，比片状石墨的长/厚比小的多(片状石墨长/厚比一般大于50)。蠕虫状石墨头部较圆，应力集中敏感性较小。

蠕墨铸铁的力学性能介于基体组织相同的灰铸铁与球墨铸铁之间，含C量及残余稀土+镁的总量都比球墨铸铁低。其力学性能见表3-122。

表3-122 蠕墨铸铁的力学性能(JB/T 4403—1999)

牌号	抗拉强度/MPa ≥	屈服强度/MPa ≥	伸长率/% ≥	硬度/HBW	蠕化率VG/%	主要基体组织
RuT420	420	335	0.75	200~280	50	珠光体
RuT380	380	300	0.75	193~274	50	珠光体
RuT340	340	270	1.0	170~249	50	珠光体+铁素体
RuT300	300	240	1.5	140~217	50	铁素体+珠光体
RuT260	260	195	3	121~197	50	铁素体

球墨铸铁石墨的形状及蠕化程度通常采用石墨形状系数K表示：

$$K = 4\pi A/L^2$$

式中 A——单个石墨的实际面积，

L——单个石墨的周长。

当$K<0.15$时为球状石墨，$0.15 \leq K \leq 0.8$时为蠕虫状石墨，当$K>0.8$时为球状石墨。

5. 白口铸铁

白口铸铁中不含石墨，基体中的碳几乎全部都以渗碳体形式存在，仅由共晶渗碳体、二次渗碳体和珠光体组成，因断口呈现亮白色而得名。渗碳体硬而脆，故白口铸铁主要用来制造各种耐磨件。常用白口铸铁的含C量为$w(C)2.1~3.8\%$，含Si量$w(Si) \not> 1.2\%$，有时添加Mo、Cu、W、B等合金元素以提高其力学性能(如硬度、耐磨性等)。

普通白口铸铁具有高碳低硅的特点，增加C含量可以提高其硬度，含Si量增加会降低共晶点的含碳量，促进石墨形成，故一般控制在$w(Si)=1.0\%$左右。

(二) 铸铁焊接的应用

一般情况下，铸铁的焊接大多应用于以下三方面：

1. 焊接修复铸造产品的缺陷

据统计，铸铁有各种铸造缺陷的铸件产品总质量通常约占其年产量的10%~15%，也可以说，铸铁件的废品率为10%~15%，采用焊接方法修复有铸造缺陷的铸铁件，以保证产品使用性能是生产的要求，同时也具有显著的经济效果。

2. 焊接修复在用的、已损坏的铸铁件

在用的铸铁成品件（如铸铁设备、铸铁机座、各种铸铁零部件等），在使用过程中由于各种原因可能会受到损坏（如为出现裂纹、脆断、磨损等），因绝大部分铸铁成品件皆经过各种机械加工，制造成本较高，特别对于一些重型铸铁成品件（如锻造设备的铸铁机座、重要转动设备机架等），一旦出裂纹及严重损坏，会造成停产。如果重新订货、制造、安装和调试往往需要很长时间，若能采用焊接方法及时修复缺陷和投用则具有很大的经济效益。

3. 焊接制造铸铁零部件

采用焊接方法将铸铁（主要是球墨铸铁）件与铸铁件、或各种钢件或有色金属件焊成整体制成零部件（如球墨铸铁离心铸造管与球墨铸铁法兰的焊接）。目前，焊接制造铸铁-铸铁、铸铁-钢或铸铁-有色金属零部件的焊接技术和产品所占的比例还很少，但应成为今后发展铸铁焊接技术的方向，它具有广泛的实用性和较大的经济价值。

（三）铸铁焊接方法简介

铸铁的常用焊接方法有焊条电弧焊、实心焊丝及药芯焊丝电弧焊、气焊、气体火焰钎焊、手工电渣焊及气体保护火焰粉末喷焊等，其中以焊条电弧焊为主。为防止焊接裂纹和改善铸件焊补区域机械加工性能，在采用焊条电弧焊或气焊焊补铸铁缺陷时，有时在一些特殊需要的情况下，要求将工件整体预热到600~700℃温度下焊接（简称热焊），然后缓慢冷却至常温。但热焊工艺耗能高、劳工条件差、生产效率低，一般不宜采用。

为满足对各种铸铁焊接接头的不同要求（如接头是否需进行焊后机械加工，接头是否要求承受很大的工作应力，接头的焊缝金属成分与力学性能是否要求与母材一致，补焊成分高低等），铸铁电弧焊所用的焊接材料按其焊缝金属类型可分为铁基、镍基及铜基三大类，铁基焊接材料中又可按焊缝金属中C含量不同分为铸铁焊接材料和钢焊接材料两类。铸铁焊接材料的分类图如图3-41所示。铸铁焊接材料见附录C"表C-149"。

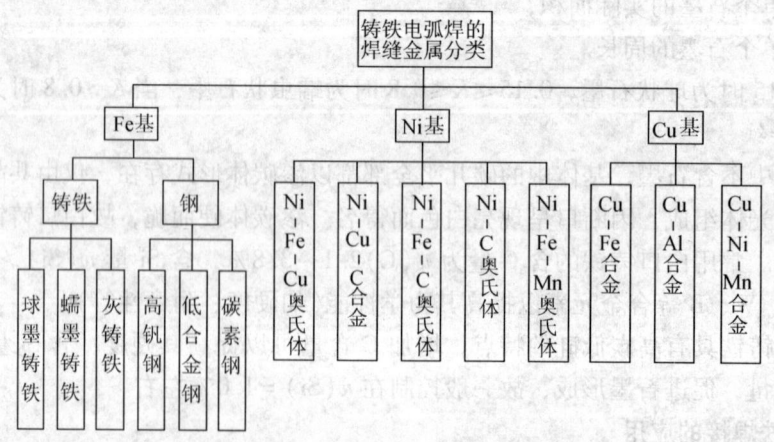

图3-41 铸铁电弧焊的焊缝金属分类

铸铁焊接技术在制造铸铁与其异种金属接头零部件的应用和发展，进一步推动了铸铁焊接工艺方法的进展。例如采用 Ni-Fe 型药芯焊丝及镍基实心焊丝进行铸铁件的自动电弧焊焊接，以及近年来采用摩擦焊、扩散焊、电阻对焊、电子束焊、激光焊等方法焊接铸铁-铸铁、铸铁-钢、铸铁-有色金属等焊接技术，都有初步的发展和应用。

二、铸铁的焊接性分析

在各种类型的铸铁中，由于灰铸铁应用最广泛，对其焊接性的分析研究较多。灰铸铁与钢相比其化学成分上的特点是与碳与硫、磷杂质含量较高，从而增加了焊接接头对冷却速度的变化以及对冷、热裂纹形成的敏感性。其力学性能上的特点是强度低、基本无塑性，从而也增大了焊接接头发生裂纹的敏感性。由于化学成分和力学性能这两方面的特点，决定了灰铸铁的可焊性差，主要表现为易形成白口铁组织、高碳马氏体（片状马氏体）组织以及容易产生焊接裂纹。

（一）灰铸铁焊接接头形成白口与高碳马氏体组织的敏感性

焊缝金属中的白口铸铁组织是指产生了渗碳体或莱氏体组织。图 3-42 所示为 $w(C) = 3.0\%$、$w(Si) = 2.5\%$ 的灰铸铁电弧冷焊后焊接接头的组织变化，整个焊接接头可分为焊缝区、半熔化区、奥氏体区、重结晶区、碳化物石墨化、球化区及原始组织区等六个区域。

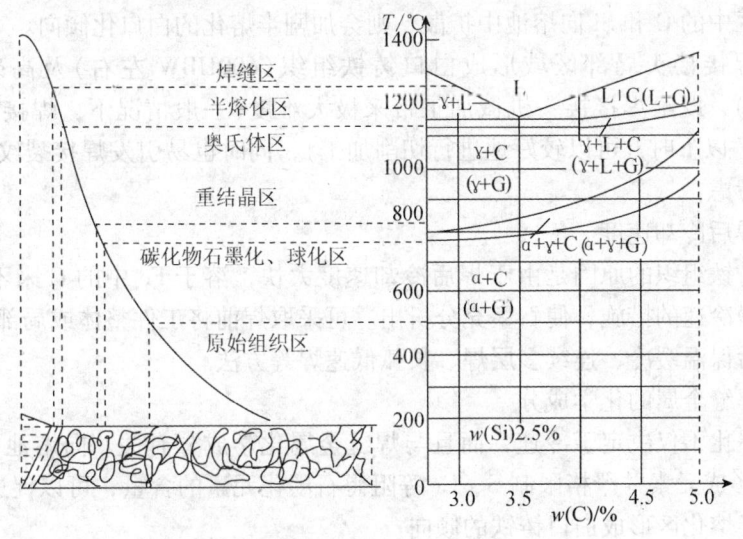

图 3-42 灰铸铁焊接接头各区域组织变化图

在焊缝区，当焊缝成分与灰铸铁母材成分相同时，在一般电弧冷焊情况下，由于焊缝金属冷却速度远大于铸件在砂型的冷速，焊缝主要为由共晶渗碳体、二次渗碳体及珠光体组成的白口铸铁组织，即使增大焊接线能量也不能完全消除，其硬度可高达 600HBW 左右。当采用低碳钢焊条焊接时，即使采用较小的焊接电流，母材在第一层焊缝中所占的比例也只为 1/4~1/3，当铸铁 $w(C)$ 为 3.0% 时，第一层焊缝的平均 $w(C)$ 将为 0.75%~0.9%，属于高碳钢 $[w(C)>0.6\%]$，其焊缝在电弧冷焊后的快冷条件下将会出现很多硬脆的马氏体组织，硬度可达 500HBW，不仅影响焊接接头的加工性，且由于性脆容易引发焊接裂纹。为防止灰铸铁焊接时焊缝出现白口及淬硬组织，应采用适当的工艺措施，如减缓焊缝冷却速度、调质焊缝金属化学成分；增强焊缝的石墨化能力；以及采用异质材料进行铸铁焊接，使焊缝组织不是铸铁，从而防止焊接白口的产生等。

当采用低碳钢焊条焊接铸铁时，由于母材（铸铁）熔化而过渡到焊缝中的 C 较高，会产生另一种高硬度组织，即高碳马氏体。故在用异质金属焊接时，必须防止或减弱母材过渡到焊缝中的 C 所产生的高硬度马氏体组织的有害作用，可以通过改变 C 的存在状态，使焊缝金属分别成为奥氏体、铁素体组织或有色金属（或合金）成分，从而不出现淬硬组织并具有一定的塑性。

在半熔化区，温度范围约为 1150~1250℃，焊接时焊缝金属处于半熔化状态（液-固状态），自由态的 C 将全部溶于 Fe 中，其中一部分铸铁已转变成液体，另一部分通过石墨片中碳的扩散作用，也已转变为被碳饱含的奥氏体，在焊接条件下该区域加热非常快，使有些石墨片中的碳来不及向四周扩散而成为残留的细小片状，且由于该区冷却速度也最快，使液态铸铁在共晶转变温度区间转变为莱氏体（即共晶渗碳体+奥氏体）。继续冷却时，过饱和碳的奥氏体析出二次渗碳体，在共析转变温度区间，奥氏体转变为珠光体。以上即是半熔化区形成由共晶渗碳体+二次渗碳体+珠光体组成白口铸铁的过程。由于该区域冷却速很快，紧靠半熔化区铁液的原固态奥氏体转变为高碳马氏体，并产生残留奥氏体及托氏体。

由于焊缝区与半熔化区之间有一定的扩散作用，使熔池中的石墨化元素增多，从而有利于减少甚至消除半熔化区的白口铸铁组织。但如果使用低碳钢焊条，由于熔池中石墨化元素减少，半熔化区中的 C 和 Si 向熔池中扩散，则会加剧半熔化的白口化倾向。

在灰铸铁焊接接头局部区域形成白口铸铁组织（600HBW 左右）及高碳马氏体组织（500HBW 左右），既给焊接接头机械加工带来极大难度（一般情况下，焊接接头的最高硬度，在 300HBW 以下时，可以较好地进行切削加工），同时也易引发焊接裂纹。防止措施主要应从两方面考虑：

（1）减缓焊后冷却速度

产生白口铸铁组织的原因是由于焊后冷却速度太快，溶于 Fe 中的 C 来不及析出所致。应采取尽量减慢冷速的措施，使石墨充分析出。可采取焊前将工件整体或局部预热、焊接过程中伴热、焊后保温缓冷、连续多层焊、长弧低速焊等方法。

（2）调质焊缝金属的化学成分

铸铁的石墨化不仅决定于冷速，而且与焊缝金属化学成分有关。向熔池中增加 C、Si、Al 等强石墨化形成元素并严格限制 S、Cr 等阻碍石墨化元素的含量，可以促进石墨化过程，降低焊缝区及半熔化区形成白口铸铁的倾向。

（二）焊接接头形成冷、热裂纹的敏感性

铸铁焊接裂纹可分为冷裂纹与热裂纹两类。冷裂纹一般发生在 500℃ 以下，常出现于焊缝与热影响区，对于同质（铸铁型）焊缝常会产生横向冷裂纹，焊缝较长或焊补刚度较大的铸造缺陷时，易发生此种裂纹。当采用异质焊接材料焊接，使焊缝成为奥氏体、铁素体组织或铜基焊缝时，由于焊缝金属具有较好的塑性，一般不会出现冷裂纹。

铸铁焊接出现的冷裂纹不同于高强钢焊接时的冷裂纹。由于片状石墨不仅削弱焊缝有效截面，且石墨两尖端呈严重应力集中状态，在焊接应力作用下，当拉应力超过铸铁的抗拉强度时就会产生裂纹。而且由于铸铁焊缝无塑性，会使裂纹迅速扩展至整个焊缝横截面。当焊缝中白口铸铁组织增加时，因其收缩率和脆性比灰铸铁大，故更易产生焊接冷裂纹。热影响区的冷裂纹多数发生在含有较多马氏体的情况下，在某些情况下也有可能发生距离熔合线稍远的热影响区。在焊接薄壁（<10mm）铸件情况下，当焊补处拘束度较大、连续堆焊金属面

积较大时,冷裂纹一般发生在离熔合线稍远处。这是因为金属导热随其厚度减小而变差,热影响区超过600℃以上的区域显著加宽,该区域在加热过程中受压缩塑性变形,冷却过程中承受较大的拉应力,薄壁铸件中的微量小缺陷(如夹渣、气孔等)就会对应力集中有明显影响,因此冷裂纹可能在离熔合线稍远的热影响区发生。

为防止铸铁焊接冷裂纹,应采取合理的焊接工艺措施,减弱焊接接头的应力及防止焊接热影响区产生马氏体组织,如果取预热焊,对焊补工件进行整体预热(600~700℃),使温差降低、减小焊接应力;采用向铸铁型焊缝(同质焊缝)中加入一定量合金元素(如Mn、Mo、Cu等),使焊缝金属相继发生一定量的贝氏体相变和马氏体相变,焊缝产生应力松弛效应,减小和防止冷裂纹,减缓冷却速度,防止产生白口组织及奥氏体转变为高碳马氏体组织;尽量减小补焊处的拘束度,以减小焊接应力。

热裂纹一般发生于采用异质焊接材料焊接铸铁的场合。例如当采用镍基合金材料(如焊芯为纯Ni的EZ-Ni焊条,焊芯为Ni55%、Fe45%的EZ-NiFe焊条及焊芯为Ni70%、Cu30%的EZNiCu焊条等)及一般常用的低碳钢焊条焊接铸铁时,焊接接头皆易出现热裂纹。其原因是:采用镍基合金焊接材料焊接铸铁时,因铸铁中含S、P杂质高,Ni与S形成Ni_3S_2,P与S形成Ni_3P,而$Ni-Ni_2S_3$及$Ni-Ni_3P$共晶温度都很低,分别为644℃及880℃。且镍基焊缝为单相奥氏体组织,焊缝晶粒粗大,晶界上容易富集较多的上述低熔点共晶物,从而导致焊缝热裂纹产生。而采用低碳钢焊条焊接铸件时,由于铸铁中C、S、P含量高,它们会从母材溶入到第一、二层焊缝金属中(特别是第一层焊缝中的中下部C、S含量增多),从而使热裂纹敏感性增加,另外在热影响区还经常会产生剥离性裂纹。剥离裂纹较易发生于多层焊情况下,按其发生温度应属于冷裂纹性质。这种裂纹产生的原因是由于采用碳钢焊条时,碳钢的收缩率大,且焊道层数越多、收缩力越大,而焊缝的屈服强度高,热影响区又存在脆性的白口层和马氏体,故发生剥离裂纹倾向大。此外由于母材上的白口区较宽,其收缩率远大于相邻的奥氏体区,两区之间存在很大的剪切应力,更促使剥离裂纹产生。

为提高采用镍基焊接材料焊接铸铁的抗热裂性能,一般采取调整焊缝金属化学成分、使其脆性温度区间缩小;加入稀土元素,增强焊缝熔池脱S、P冶金反应,以及加入适量的细化晶粒元素,使焊缝晶粒细化等方法。另外,应采用正确的焊接工艺,调整焊接次序和焊接规范(如采用小直径焊条,小电流,断续焊和分段焊等),尽量减小热量集中程度,不产生局部过热。工艺上没法减小母材的熔合比,在保证焊透的前提下,熔深越浅越好,以使焊缝金属中的C和S、P较少,抗热裂性能提高。

(三)变质铸铁焊接的难熔合性

铸铁件长期在高温下工作会产生一定程度的变质(变质铸铁),进行焊接或焊补时会出现熔合不良、焊不上等情况,即焊条(或焊丝)的高温熔滴与变质铸铁不熔,甚至出现熔滴在被焊件表面滚动、掉落。其原因是:① 由于铸铁件在长期高温工况下,基体组织发生转变,由原先的珠光体-铁素体转变为纯铁素体,石墨析出量增多并聚集长大,由石墨熔点高(约3800℃)且为非金属,故出现不熔。② 聚积长大后的粗大石墨片与金属基体组织的交界面成为空气进入铸件内部的通道,造成金属氧化,形成熔点较高的Fe、Si、Mn氧化物,从而增大熔合难度。为此,在变质铸铁焊接前应彻底除去表面氧化层,采用镍基铸铁焊条(加工面焊补)或纯铁芯氧化性药皮铸铁焊条(非加工面补焊),可以有效改善变质铸铁焊接熔合性差的缺陷。因为镍基铸铁焊条中的Ni能与Fe无限互溶形成固溶体,并且Ni在高温时可以溶解较多的 C，减少石墨的析出与聚积长大。而采用纯铁芯氧化性药皮铸铁焊条焊接则是由于焊条的强化性使变质铸铁中的粗大石墨片氧化，以减少其因熔点高造成难熔合的影响。

（四）球墨铸铁的焊接性

球墨铸铁与灰铸铁的不同之处是在熔炼过程中加入一定量的球化剂（镁、铈、钇或稀土–镁合金），使片状石墨改变成球状分布于基体中，使力学性能得到明显提高。球墨铸铁的焊接性与灰铸铁基本相同，但又有自身的一些特点。主要表现为：

① 由于球化剂（当其加入量已可稳定获得球化石墨时）有阻碍石墨化及提高淬硬临界冷却速度的作用，白口化倾向及淬硬倾向比灰铸铁大，焊接时在同质焊缝区及半熔化区更易形成白口，奥氏体区更易出现高碳马氏体组织。

② 由于球墨铸铁的强度、塑韧性比灰铸铁高，故对焊缝及焊接接头的力学性能要求也相应提高，常要求焊接接头与各强度等级球墨铸铁母材相匹配，从而对焊接提出更高的要求。

（五）白口铸铁的焊接性

白口铸铁可分为普通白口铸铁和合金白口铸铁两种，由于耐磨性好、价格低廉，在冶金、矿山、橡胶、塑料等机械设备中获得较广泛应用。此外，工业上较多采用的冷硬铸铁件（如轧辊等），在化学成分上碳、硅当量较低，制造上采取激冷工艺，使铸件表层形成硬而耐磨的白口铸铁组织，而内部多为具有一定强度及韧性的球墨铸铁，但其焊补性基本与白口铸铁类似。白口铸铁焊接补的主要特点如下。

1. 极易产生裂纹和剥离

白口铸铁主要是以连续渗碳体为基体，伸长率几乎为零，冲击韧度仅为 $2\sim3J/cm^2$（$10mm\times10mm$ 无缺口冲击试样），线收缩率为 1.6% ~ 2.3%，约接近灰铸铁的 2 倍。由于电弧焊接热源温度高而集中，焊接过程中填充金属迅速熔化与结晶冷却，焊接接头因受热不均造成极大的温度梯度，从而产生很大的焊接应力（特别对于厚大的铸件）；焊缝区、熔合区的冷却速度很快，易形成大量的网状渗碳体，使塑性变形能力降低，加以拘束度很大，极易形成裂纹，并在焊后使用不久常会发生整个焊缝剥离。对于异质焊缝，裂纹易产生于熔合区上。由于异质焊缝硬度往往偏低，耐磨性低于母材，如果仅为改善其焊接性采用塑性较高的异质焊接材料并不合适。

2. 要求工作层焊缝硬度及其耐磨性不低于母材白口铸铁件

白口铸铁焊补区域的工作层应具有与被焊母材相近的硬度及耐磨性，若焊补处硬度较差，使用中会造成急剧磨损损坏，但焊缝区硬度远远高于母材也不适宜。

三、灰铸铁的焊接

灰铸铁的焊接主要包括电弧或氧炔焰热焊、电弧或氧炔焰冷焊。热焊方法较适合于同质焊缝（铸铁型）焊缝的熔化焊，冷焊方法则较适合于异质焊缝的熔化焊。

（一）同质（铸铁型）焊缝的熔化焊工艺

1. 影响灰铸铁焊缝组织的主要因素

焊缝的冷却速度、化学成分及焊缝的孕育处理是影响灰铸铁焊缝组织的三大因素。

（1）焊缝冷却速度的影响

焊缝快速冷却情况下，铸铁最后形成的组织为白口铸铁组织，即共晶渗碳体＋二次渗碳体＋珠光体，这种白口铸铁不仅硬度高，难以进行机械加工，而且性脆，收缩量大，在焊接应力作用下易形成冷裂纹,故应防止快冷使焊缝形成白口。

焊缝冷却速度很慢时,铸铁的最后组织为石墨+铁素体,塑性提高,但抗拉强度显著降低。当焊缝冷却速度介于以上两种冷却速度之间时,其组织可分别为麻口铸铁、珠光体铸铁或珠光体+铁素体铸铁。麻口铸铁是从白口铸铁向灰铸铁过渡的组织,既有共晶渗碳体又有石墨。当焊缝冷速减慢到足以使共晶石墨化过程得以充分进行时,可消除共晶渗碳体,得到珠光体+铁素体的灰铸铁焊缝。如果共析石墨化过程被抑制,则得到珠光体灰铸铁焊缝,其抗拉强度和硬度大幅提高,塑性降低。

(2) 焊缝化学成分的影响

铸铁焊缝化学成分中,有些元素如 Si、Ni、Cu、Co、Al 等是液态铸铁共晶转化时促进石墨化元素,特别是 Al 是一种很强的石墨化元素,另有一些元素如 Cr、V、Ti、Mn、Mo 等,则是液态铸铁共晶转化时促进白口化元素,其中 Cr、V、Ti 促进白口化作用很强。前者使铸铁稳定系共晶温度(T_{EG})与介稳定系共晶温度(T_{EC})之间温差加大,其结果使液态铸铁能在较高的稳定系共晶温度下,以及 T_{EG} 与 T_{EC} 间较宽的温度范围内进行稳定系共晶转变,析出石墨+奥氏体共晶而不析出共晶渗碳体,不会形成白口铸铁组织。而后者则相反,它们使 T_{EG} 与 T_{EC} 温差范围缩小,从而使铸铁凝固结晶容易按介稳定系共晶转变,以致形成白口铸铁组织。合金元素对铸铁稳定系与介稳定系共晶温度的影响见图 3-43。

所谓孕育处理就是在焊条药皮或药芯焊丝的焊芯中加入少量具有强烈脱氧或脱硫作用的元素(如 Ca、Ba、Al 等),通过焊接冶金反应,在焊接熔池内的液态铸铁中形成较多细小的高熔点氧化物或硫化物,作为铁液的异质石墨晶核,以促进焊缝的石墨化。其作用与上述的向焊缝化学成分中加入石墨化促进元素、并基本上进入到固溶体的情况不同,但同样起到促进焊缝石墨过程和防止形成白口铸铁组织的效果。

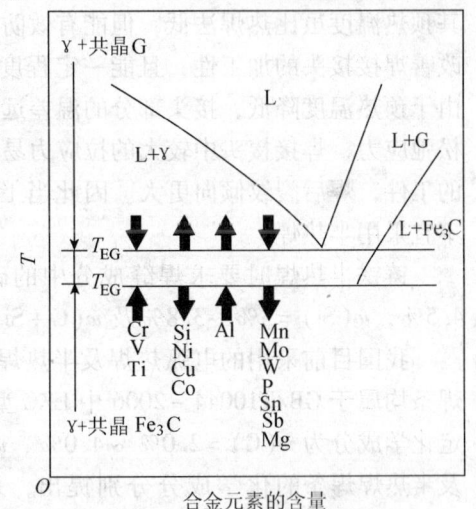

图 3-43 合金元素对铸铁稳定系与
介稳定系共晶温度的影响对
焊缝形成孕育处理的影响

2. 同质(铸铁型)焊缝的电弧热焊与半热焊

同质(铸铁型)焊缝的熔化焊方法一般包括预热和不预热的焊条电弧焊,以及预热和不预热的气焊及电渣焊等。电弧热焊方法是指焊前用加热炉或氧炔焰将工件整体预热或缺陷部位局部预热到 600~700℃(暗红色),然后进行焊补或焊接。焊接过程中工件温度须保持在 400℃以上,焊后在炉中缓冷。对于结构复杂而补焊处拘束度又很大的工件,宜采用整体预热,因为若采用局部预热焊,可能会增大应力,有时会在未焊部分处出现裂纹,甚至会在焊补处附近又出现新的裂纹。对于结构简单而焊补处拘束度较小的工件,可采用局部预热方法。

灰铸铁工件预热到 600~700℃时,不仅可有效地减少了焊接接头上的温差,而且会铸铁由常温时完全无塑性改变为预热后具有一定塑性(伸长率可达 2%~3%),再加以焊后缓慢冷却,可使焊接应力状态大大改善;同时 600~700℃预热及焊后缓冷,还可使石墨化过程进行得比较充分，避免焊接接头出现白口组织，从而有效地防止裂纹产生，并改善其加工性。

铸铁采用热焊法，在合适成分的焊条配合下，焊接接头的硬度、强度母材基本相同，焊接接头的残余应力很小，焊缝颜色与母材一致，焊缝质量良好。其缺点是能耗大，焊接条件差和生产效率低。对于大型铸件的预热除需消耗大量能源外，还需具备较大的加热炉，焊补成本高。故主要用于中小型壁厚大于10mm厚壁铸件、结构复杂且刚度较大易产生裂纹的零部件，以及对焊补区硬度、颜色、密封性及承受动载荷等使用性能要求较高的零部件。

铸铁热焊工艺虽然采取了预热及缓冷措施，但焊缝的冷却速度仍比铸铁在砂型中的冷速快，为保证焊缝组织石墨化，一般要求焊缝金属中 C + Si 总量应稍大于母材，以 $w(C)$ 与 $w(Si) = 3\% \sim 3.8\%$ 和 $w(C+Si) = 6.0\% \sim 7.6\%$ 为宜。此外为保持预热温度以利于石墨化，须根据焊条直径选择大电流和采用连续焊。

半热焊是指焊前将工件整体预热或缺陷部位局部预热到 300~400℃ 后进行焊补或焊接。其预热温度虽比热焊法低，但能有效防止热影响区产生马氏体，提高焊缝组织石墨化能力，改善焊接接头的加工性，且能一定程度的改善劳动(焊接)条件、降低成本和提高效率。但由于预热温度降低，接头部分的温差远比热焊时大，且铸铁在 400℃ 以下几乎无塑性，不能松弛应力，焊接接头中较大的拉应力易使焊缝产生裂纹。对于结构复杂，且焊补处拘束度大的工件，焊后裂纹倾向更大。因此当工件缺陷部位的刚度很大时(如大型铸件芯部)，一般不宜采用半热焊。

铸铁半热焊时要求焊缝成分中的碳、硅总量比热焊法更高，一般为 $w(C) = 3.5\% \sim 4.5\%$，$w(Si) = 3\% \sim 3.8\%$ 及 $w(C+Si) = 6.5\% \sim 8.3\%$。

我国目前采用的电弧热焊及半热焊焊条有 Z248(铸248)和 Z208(铸208)两种，这两种焊条均属于 GB/T10044-2006 中 EZC 型灰铸铁焊条(见附录C"表C-149")。其焊缝金属规定化学成分为 $w(C) = 2.0\% \sim 4.0\%$、$w(Si) = 2.5\% \sim 6.5\%$，成分范围较宽，且未将热焊及半热焊焊条的化学成分分别提出，采用时需根据厂家焊条说明书判别。通常情况下，Z248 焊条直径在 $\phi 6mm$ 以上，Z208 焊条直径小于 $\phi 6mm$。热焊时应采用 Z248 大直径铸铁芯焊条($>\phi 6mm$)并配合较大的焊接电流，以加快焊补速度、缩短施焊时间。这种焊条制造工艺较复杂，价格比低碳钢芯加石墨型药皮焊条稍贵。为进一步提高大型铸铁体缺陷热焊的焊补效率，国外发展了多根药芯焊丝(焊缝为铸铁型)的半自动焊工艺，适用于厚度大于10mm以上工件缺陷的电弧热焊。如果焊补厚度10mm以下的薄件(如汽车缸体、缸盖等)，应注意防止发生烧穿。Z208 是低碳钢芯加石墨型药皮焊条(焊条直径一般小于 $\phi 6mm$)，由于焊芯是低碳钢，故药皮中含有更多的强石墨化元素，以便通过药皮向焊缝过渡 C、Si 等以促进石墨化。对于中等厚度铸件缺陷的补焊可采用 Z208 焊条进行半热焊，而对于刚度较大的中等厚度铸件或要求接头硬度(或缺陷补焊后焊缝硬度)、颜色与母材一致时，则宜采用热焊方法。

铸铁件在进行热焊或半热焊前，应清除铸铁缺陷内砂子及夹渣，并用风铲开坡口，坡口上口稍大要有一定的角度，底面应平滑过渡。对于铸件边角处或边缘较大缺陷的焊补，一般宜在缺陷周围造型，以保证焊缝成形和防止焊补时熔池内铁液流失。

3. 同质(铸铁型)焊缝的气焊热焊与半热焊

对于铸铁件厚度为8mm以下的薄件，采用电弧热焊或半热焊易发生烧穿现象，宜采用氧-乙炔焰热焊伙伴热焊或半热焊。由于氧乙炔焰温度（<3400℃）比电弧温度（6000～8000℃低得多，而且热量不集中，很适合薄壁铸件的焊补，故通常采用气焊热焊或半热焊方法。对于刚度大的薄壁件焊补宜用整体预热的气焊热焊，有时为了提高焊接效率和改善劳动条件，可采用加热减应区法气焊。所谓加热减应区气焊就是通过对选定的减应区用气焊火焰加热，以增大焊补处焊口的张开位移，使焊口及其附近在焊接过程中因受热膨胀产生的压缩变形减弱，从而降低焊接处拉伸应力、防止产生冷裂纹。加热减应区的温度不应低于400℃。

一般气焊（亦称冷气焊）需要用较长时间才能将铸件补焊处加热到补焊温度，且加热面积较大，实际上相当于补焊前先局部预热再进行焊接的过程。但由于一般气焊时加热时间长、工件局部受热面积大，焊接应力较大，对于焊补处拘束度较大的缺陷，冷气焊比热焊容易发生冷裂纹，因此冷气焊只适用于拘束度小的薄壁铸件补焊。而对于大拘束度薄壁铸件缺陷，为了减小焊接应力，通常皆采用热焊法，即先将铸件在炉内整体预热再进行气焊焊补。

由于铸铁冷气焊时焊缝冷速较快，为提高焊缝石墨化效果，以保证其具有合适的组织及硬度，气焊焊丝中的 C、Si 含量应较气焊热焊时稍高，这是因气焊过程中，焊丝中 C、Si 皆有氧化烧损，焊缝金属中的实际 C、Si 含量较焊丝有所减少。通常情况下，气焊热焊时焊缝中 $w(C+Si)$ 约为6%，（相当于电弧热焊），冷气焊 $w(C+Si)$ 约为7%（相当于电弧半热焊）。

灰铸铁气焊焊丝的成分列于附录C"表C-150"。表中，灰铸铁一般气焊（冷气焊）焊丝RZC-2中 C、Si 含量比热气焊焊丝 RZC-1 稍高，高强度或合金铸铁气焊焊丝 RZCH 中含有少量 Ni、Mo 元素，适用于高强度灰铸铁及合金铸铁气焊。

铸铁气焊时，Si 易氧化成酸性氧化物 SiO_2，其熔点（1713℃）较铸铁熔点（1200℃）高，黏度大，流动性差，妨碍焊接过程正常进行，且易使焊缝内产生夹渣，可采用适量加入以碱性氧化物（如 Na_2CO_3、$NaHCO_3$ 或 K_2CO_3 等）为主的熔剂，使其结成中性低熔点盐类形成浮渣去除。

铸铁气焊一般宜采用中性焰或弱碳化焰。为减缓焊补处或焊接接头冷却速度，宜采用稍强的火焰能率。

4. 同质（铸铁型）焊缝的电弧冷焊

电弧冷焊是指焊前对被焊铸铁件不预热的电弧焊，其特点是可节省能源消耗、降低焊补成本低，改善劳动条件，缩短焊补周期、效率高，适用于大型铸件或不具备预热条件铸件的已加工面，是铸铁焊补的一个发展方向。其缺点是当焊缝为铸铁型时，冷焊焊接接头或焊补部位易产生白口铸铁组织及淬硬组织，还易出现冷裂纹。

由于同质（铸铁型）焊缝电弧冷焊时冷却速度快，焊接热应力要比电弧热焊大得多，特别是半熔化区因冷速最快，形成白口的敏感性比焊缝区更强，因此在冷焊条件下首先要解决的是防止焊接接头出现白口铸铁组织。其途径主要是：

(1) 提高铸铁焊缝中石墨化元素含量并加强孕育处理

铸铁电弧冷焊时通过向焊芯或药皮成分中加入石墨化元素（C、Si、Al、Ni、Cu 等），并在提高焊接热输入的配合下，使焊缝避免白口铸铁出现。C、Si 是强石墨化元素，在冷焊条件下，应使焊缝中含 $w(C)4.0\%\sim5.5\%$、$w(Si)3.5\%\sim4.5\%$ 及 $w(C+Si)7.5\%\sim10\%$ 较合适,因此铸铁冷焊时要求焊缝的 $w(C+Si)$ 比热焊及半热焊皆应明显提高。通过大量实践表明,在 $w(C+Si)$ 总含量中适当提高焊缝中 $w(C)$ 和适当保持 $w(Si)$ 要比提高 $w(Si)$ 含量更为理想,其原因是:①提高焊缝含 C 量对减弱与消除半熔化区白口铸铁组织的作用比 Si 更有效。因为液态时 C 的扩散能力比 Si 强 10 倍左右,提高焊缝含 C 量及延长半熔化区存在时间,以及通过扩散大大提高半熔化区的含 C 量,对减弱或消除半熔化区白口铸铁的形成有显著效果。②铸铁中 $w(C+Si)$ 总量一定时,提高焊缝含 C 量比提高含 Si 量更能有效减少焊缝收缩量,从而对降低焊缝裂纹敏感性有利。③当焊缝的 $w(Si)$ 大于 5% 左右后,由于 Si 对铁素体固溶强化的结果会使焊缝硬度升高,出现脆化。

对铸铁电弧冷焊焊缝进行孕育处理可以加强其石墨化过程,使焊缝熔池中生成适量的 Ca、Ba、Al、Ti 等的高熔点硫化物或氧化物,形成异质的石墨晶核,以促进更多石墨的生成,有助于减弱甚至消除焊缝的白口倾向。为此,在铸铁冷焊用的 Z208 和 Z248 焊条药皮中,除加入大量强石墨化形成元素和硅铁外,还加入少量具有强烈脱氧、脱硫作用的元素(如 Ca、Ba、Al、稀土等),以进行脱氧、去硫和孕育作用,进一步提高焊缝的石墨化能力并改变石墨形态,使其呈细片状 + 蠕虫状 + 球团状形态析出。

(2) 采取合适的焊接工艺及焊接参数

从焊接工艺及焊接参数考虑,为减缓铸铁电弧冷焊时焊缝的冷却速度,防止产生白口铸铁组织,必须采用大电流、连续焊工艺,采用大直径焊条、焊后保温等措施,以有利于增大焊接热输入和减缓焊缝及热影响区冷却速度。为防止产生冷裂纹,对于大型铸件的较大缺陷(缺陷体 60~100cm³)应分区分段填满焊补区,待焊补高度比母材高出 3~5mm 后再向前施焊另一区域(见图 3-44)。对于大型铸件的中等缺陷(缺陷体积 20~50cm³),可采用连续焊工艺一次焊补完;缺陷体积小于 20cm³ 的大型铸件,除应一次连续焊满外,应采用将焊缝堆高高出(即母材)3~5mm,趁焊缝堆高部分处于红热态尚未凝固时刮去高出部分,再按第一次堆高施焊,反复进行三次以上(缺陷越小或铸铁越大时,反复次数应增加),以降低焊缝与热影响区的硬度差,和明显改善焊接接头表层或焊补层表面的可加工性。

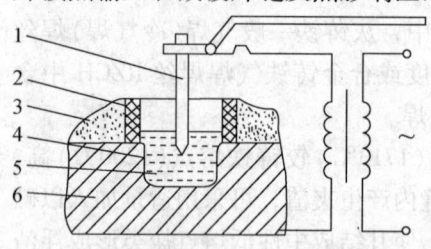

图 3-44 铸铁件手工电渣焊示意图
1—电极;2—石墨板;3—型砂;
4—渣池;5—金属熔池;6—工件

此外,在铸件焊补后,可采用氧乙炔焰后热并整形。

缩孔是铸铁件制造中常见缺陷,对缩孔缺陷的冷补焊,即使采用大电流、连续焊工艺,当缩孔的体积很小时,由于总的焊接热输入不足,焊缝及热影响区冷却速度快,易在焊缝及半熔化区产生白口铸铁组织,热影响区易出现马氏体组织。若缩孔体积大,总的焊接热输入量增多,使焊缝及热影响区冷速减慢,则可完全清除白口铸铁及马氏体组织。对于较小体积的焊补,应尽量选用较大的焊接热输入以减少白口组织。

5. 同质(铸铁型)焊缝的手工电渣焊

电渣焊具有加热与冷却缓慢的特点,很适合铸铁焊补的要求,特别是对于大型铸铁较大缺陷的焊接修复更为适用。由于铸铁焊接时要求缓冷,用于焊补缺陷的大小与形状经常变化,因此不能像钢件电渣焊那样采用水冷式纯铜强迫成形装置,而应根据缺陷形状大小采用造型方法使焊缝成形,由于石墨熔点高(≈3800℃),不被高温渣池熔化,能保持良好成形,故通常采用石墨制品造型,外堆型砂,既可防漏又可使焊缝缓慢冷却(见图3-45)。

手工电渣焊焊补铸铁时,要求所焊补的焊缝质量各处都无缺陷,故开始阶段要采用石墨电极进行造渣,利用电极电弧将预先放入工件底部的少量溶剂熔化,接着不断加入焊剂并继续将其熔化,当熔化焊剂形成的渣池达到一定深度后插入石墨电极,使其形成稳定的电渣过程,并根据焊接需要,继续用电渣过程提高待焊补铸件的预热温度。

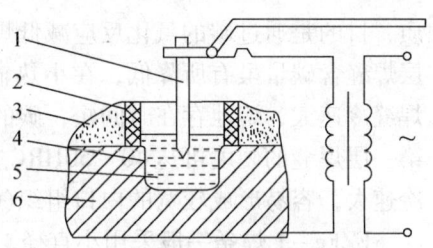

图3-45 铸铁件手工电渣焊示意图
1—电极;2—石墨板;3—型砂;
4—渣池;5—金属熔池;6—工件

铸铁电渣焊填充金属材料可采用与母材成分相近的铸铁棒或无油脂污染的铸铁屑。当采用铸铁棒时,待渣造好后移出石墨电极,并立即向渣池放入金属电极——铸铁棒,金属电极在渣池高温作用下熔化并逐步填满缺陷。焊接过程中,金属电极须沿缺陷四周摆动,以使各部分受热和焊补均匀。若采用铸铁屑作填充材料,则焊补过程中应始终采用石墨电极,并需在施焊过程中连续加入铁屑。

手工电渣焊焊补铸铁焊接规范根据工件缺陷尺寸决定,石墨电极直径一般为$\phi 30 \sim 40mm$,当缺陷很大时,可用两个以上的石墨电极同时造渣。焊接电流700~1500A,焊接电压25~30V,渣池深度25~30mm。

铸铁采用手工电渣焊焊接接头或焊补处硬度一般在240HBW以下,无白口铸铁组织和马氏体组织,具有良好的机械加工性能,且焊缝颜色与灰铸铁母材一致,焊缝力学性能可达到灰铸铁要求。

(二)异质(非铸铁型)焊缝的电弧焊焊接材料与工艺

异质(非铸铁型)焊缝按焊缝金属性质可分为钢基、铜基和镍基三类。由于灰铸铁中碳含量及有害杂质S、P含量都较高,采用异种焊接材料焊接时,铸铁母材中的C、S、P必然会有一部分过渡到第一、二层异质焊缝金属中,易使焊缝产生热裂纹、冷裂纹及淬硬组织。此外,异质焊缝金属的收缩率、膨胀系数、抗拉强度以及塑性的高低,皆对裂纹的发生有较大影响。

1. 异质(非铸铁型)焊缝的电弧焊焊接材料

(1)钢基焊缝的电弧焊焊接材料

用普通低碳钢焊条焊接铸铁时,焊接质量往往难以达到要求,焊缝易出现热裂纹、冷裂纹及淬硬组织,母材半熔化的白口组织宽度较大。另外,采用低碳钢焊条焊补铸铁时,所有钢基焊缝的固相线温度($T_s = 1340℃$)都比母材的固相线温度($T_c = 1150℃$)高,并且所有钢基焊缝的屈服强度都高出灰铸铁的抗拉强度,故在焊补缺陷面积较大时,易在焊接接头熔合区发生剥离性裂纹。因此这种焊接方法一般只用于焊补质量要求不高的铸铁件。如果需采用低碳钢焊条焊补厚大铸铁件缺陷,应先在坡口两侧用Ni基铸铁焊条(焊接接头或焊补处需加工)或高钒铸铁焊条(焊接接头或焊补处不需加工)预先堆焊过渡层(2层),然后用低碳钢焊条分层焊接。采用这种方法时应注意防止出现剥离性裂纹。

我国目前有三种专用的钢基铸铁已纳入GB/T 10044—2006《铸铁焊条及焊丝》标准,除焊条电弧焊外,也可用CO_2保护焊焊补铸铁缺陷。

① EZFe-1 纯铁焊条(市售牌号Z100)。该焊条为低碳钢焊芯[纯Fe芯,$w(C) \leq 0.04\%$]、强氧化性药皮的铸铁焊条,药皮中含有较多赤铁矿、锰矿、大理石等强氧化性物

质，目的是通过碳的氧化反应减低焊缝中含碳量，使焊缝成为塑性高的低碳钢组织。但第一层焊缝含碳量虽有所降低，在小热输入焊接时，$w(C)$约0.7%左右，仍属于高碳钢，由于焊缝冷速大，熔池存在时间短，碳的氧化反应不能充分进行，焊缝裂纹倾向的降低不明显，第一层焊缝的硬度可达40~50HRC。半熔化区由于其中的碳、硅易向焊缝扩散，且该区域冷速大，容易形成较宽的白口组织(0.2mm左右)，使焊接接头无法加工。

EZFe-1焊条一般采用小直径、小电流、短弧间歇多层焊，适用于不要求加工以及对致密性及受力较低的缺陷部位焊补。但多层焊时脱渣困难。

② EZFe-2碳钢焊条(市售牌号Z122Fe)。该焊条为低碳钢焊芯、铁粉钛钙型铸铁焊条，药皮为低氢型，并加入一定量的低碳铁粉，以有利于降低焊缝平均含碳量和使第一层焊缝中焊条溶入量相对增加，而且使电弧热更多用于熔化焊条。另外，焊条药皮加入一定量铁粉后，使焊条具有导电能力，与工件间产生电弧，从而使电弧热比较分散。以上两点均对减少母材熔深有利。采用小焊接热输入，可使单层焊缝中$w(C)=0.46\%~0.56\%$降低到中碳钢范围。但焊缝硬度仍较高，母材半熔化区白口层仍较宽，裂纹倾向大，机械加工困难。因此，一般只用于非加工面铸铁缺陷的焊补。

③ EZV型高钒焊条(市售牌号Z116、E117)。该焊条为低碳钢芯、低氢型药皮、高钒铸铁焊条，熔敷金属中$w(V)$约为11%左右。加入钒的目的是为了消除焊缝中碳的有害作用，因为钒是强碳化物形成元素，能与碳结合生成V_4C_3。当V/C比合适时，焊缝中的碳几乎完全与钒结合生成弥散分布的V_4C_3，使焊缝基体为铁素体组织具有优良的抗冷、热裂纹性能。EZV焊条单层焊缝的硬度低(<230HBS)、强度高、塑性好，伸长率可达28%~36%、抗拉强度达558MPa左右，屈服强度可达343MPa，比灰铸铁焊接强度高很多。但当焊补面积较大时，焊缝与母材交界处易出现剥离性裂纹。另外，由于钒是强碳化物形成元素，会从焊缝一侧向熔合线扩散，与从母材侧向熔合线扩散来的碳结合生成一条由V_4C_3颗粒组成的高硬度窄带，加之母材半熔化区白口带仍较宽，故焊接接头加工性差(多层焊时有一定改善)。故EZV型高钒焊条仍主要用于铸铁非加工面焊补。采用Z117焊条需用直流焊接电源，Z116可用交、直流电源，采用交流电流时应选择较高的空载电压。

④ H08Mn2Si焊丝(细焊丝$\phi0.8~1.0mm$)。铸铁焊补采用细丝CO_2或CO_2+O_2气体保护焊时，一般用小电流、低电压、熔滴短路过渡，以有利于减少母材熔深，降低焊缝含碳量，且CO_2气体的氧化性容易使焊缝中的碳烧损，也能使碳含量降低。另外，于CO_2气流的冷却作用以及短路过渡可以控制很小的线能量，均有利于降低温差，减小焊接应力及裂纹敏感性，以及减小热影响区宽度和白口层宽度。试验表明，采用$\phi0.8$细丝CO_2保护焊方法焊补铸铁，在焊接电压为18~20V、焊速为10~12m/h情况下，当焊接电流为76~85A时，焊缝金属主要为托氏体+少量马氏体组织，$w(C)=0.32\%~0.50\%$，不易出现焊缝裂纹。而当焊接电流为110A时，焊缝$w(C)0.8\%$，焊缝内大量针状马氏体，易出现裂纹；电流为90~100A时，焊缝$w(C)=0.72\%~0.80\%$，焊缝组织为细小分散的马氏体，仍不能避免裂纹产生。因此，采用H08Mn2Si细丝($\phi0.8mm$)CO_2保护焊焊补铸铁的焊接电流应在85A以下。焊接电压一般以18~20V为宜，电压过小时电弧不稳定；过大时焊缝变宽及焊缝含碳量上升，易出现裂纹。采用细丝CO_2+O_2气体保护焊焊速以10~12m/h为宜，当焊速过大(18~20m/h)，焊缝冷速加快会使焊缝中马氏体量增加，易产生裂纹；焊速过小(3~4m/h)，会使热影响区白口层增加。

CO_2 保护焊焊补铸铁，单层焊时的焊缝硬度仍偏高，白口区宽度也比用 Ni 基铸铁焊条焊补时宽，机械加工困难，多层焊时稍有改善，故这种焊接方法主要用于焊补非加工面铸铁件缺陷。

采用 $CO_2 + O_2$ 混合气体保护焊焊补铸铁时，随着混合气体中含氧量增加，焊缝中含碳量微量减少，焊缝抗裂性有所改善，当含氧量增至 30%～40% 时效果最佳。因为混合气体中含氧量若超过 40% 后，氧化反应产生的热量增加并起主导作用，使母材在焊缝中所占的百分比增加，导致焊缝中碳量增加，焊缝硬度和裂纹倾向增大。故采用这种方法焊补铸铁的单层焊缝硬度仍较高，且母材半熔化区白口宽度仍较宽，不易进行机械加工，主要用于铸铁非加工面缺陷的焊补。

(2) 铜基焊缝的电弧焊焊条

铜与碳不形成碳化物且不溶于碳，彼此间不形成高硬度组织，铜的固相线温度(T_S)和屈服限都较低，但塑性特别好，采用铜基焊缝焊补铸铁可以防止焊缝产生冷裂纹和剥离性裂纹。但是，用纯铜电焊条焊补灰铸铁，效果并不理想，主要问题为：焊接接头抗拉强度低（$\sigma_b \approx 78 \sim 98\text{MPa}$，只相当于灰铸铁的 1/2），以及由于铜焊缝为粗大柱状晶单相 α 组织，热裂纹敏感性大。为此需向铜基焊缝中加入一定量的 Fe，如采用铜芯铁粉焊条、铜包钢芯焊条，或采用锡磷青铜焊条等。我国目前生产的铜铁铸铁焊条的 Cu/Fe 比一般为 80:20，铜基焊缝加入一定量的 Fe 能提高焊缝抗热裂纹性能，因为 Fe 的熔点（1530℃）高于铜的熔点（1083℃），熔池结晶时先析出 Fe 的 γ 相，当温度下降到 Cu 开始结晶时，焊缝形成双相组织，有利于提高抗热裂性能。同时，由于铜基焊缝中机械混合着一定量的高硬度富 Fe 相，增大了焊缝变形抗力，提高了抗拉强度。

我国目前生产和应用的铜铁铸铁焊条的铜铁比一般均为 80:20，焊条牌号有下列三种（尚未列入 GB/T 10044—2006 标准）：

① Z607 焊条。Z607 焊条为纯铜芯低氢型铁粉焊条（简称铜芯铁粉焊条），熔敷金属中 Cu/Fe 比为 80:20，具有良好的抗热裂纹和冷裂纹性能。由于铜基焊缝的固相线温度(T_S)以及焊缝屈服强度较低、塑性变形能力好，故焊补较大面积缺陷时不易在焊接接头熔合区出现剥离性裂纹，也有利于减少焊接应力。但由于铜不溶解碳，不与碳形成碳化物，故碳全部与母材及焊条熔化后的 Fe 结合，在焊接快速冷却下形成马氏体、托氏体等高硬度组织，机械混合于铜基焊缝中，使焊缝机械加工性能差。同时，由于铜是弱石墨化元素，半熔化区白口仍较宽，致使整个焊接接头加工性不良。故 Z607 焊条主要用于铸铁非加工面缺陷焊补，因其抗裂性优良，也适用于拘束度较大的缺陷部位焊补。

② Z612 焊条。Z612 为铜包钢芯钛钙型药皮焊条，熔敷金属中 $w(\text{Cu})$ 大于 70%，其余为 Fe。该焊条特性基本与 Z607 相近，主要用于非加工面铸铁缺陷焊补。这种焊条也可用简单方法自制，即将一定厚度与宽度的纯铜带螺旋式紧紧缠绕在 E5017 或 E5016 低碳钢焊条上，并使 $w(\text{Cu})$ 在 70% 以上。

③ T227 焊条。T227 是以锡磷青铜为焊芯低氢型药皮的铜合金焊条，熔敷金属化学成分为 $w(\text{Sn}) 7.0\% \sim 9.0\%$、$w(\text{P}) \leq 0.30\%$、余量为 Cu。该焊条用于焊接铸铁件时，由于其熔点低（1027℃），母材熔深较浅，焊缝是以锡青铜为基，其中机械混合少量硬度较高的富 Fe 相，白口区较窄，焊接接头可进行机械加工，但不如 Ni 基铸铁焊条。焊条熔敷金属抗拉强度 ≥270MPa，伸长率 ≥20%，具有较高的抗裂性。铜基铸铁焊缝的颜色与灰铸铁相差很大，

如果要求铸铁焊补区与母材颜色一致，则不宜采用。

(3) 镍基焊缝的电弧焊焊条

镍是奥氏体形成元素，它扩大γ相区，高温下镍基焊缝为单相奥氏体组织，碳全部溶解于基体中而不以渗碳体形式析出，不发生相变，从高温快冷至室温一直保持单相奥氏体组织，故焊缝塑性好，无白口及淬硬倾向。同时，随着焊缝冷却时温度的降低，基体中一部分过饱和的碳以石墨析出，并在碳析出过程中伴随着体积膨胀，有利于降低焊接应力。此外，镍是较强的石墨化形成元素，而且高温时扩散系数大(扩散能力比 Si 高出 20 倍)，焊缝中的 Ni 向半熔化区扩散，使该区域白口层减薄和断续化，且焊缝含 Ni 量越高，白口宽度越窄和断续程度增加，有利于焊补后进行切削加工，镍基铸铁焊条适用于重要加工面的铸铁缺陷焊补。

GB/T 10044—2006《铸铁焊条及焊丝》(见附录 C "表 C – 149")增加了铸铁焊接用 Ni 基焊条的品种，可分为 EZNi、EZNiFe、EZNiFeCu 及 ZENiFeMn 五种类型。所有 Ni 基铸铁均采用石墨型药皮，因为石墨是强脱氧剂，药皮中含有较多的石墨，可防止焊缝产生气孔；在镍基焊缝 Ni – Fe – C 三元合金中，适量的碳可以缩小液 – 固线结晶区间，即缩小高温脆性温度区间，有利于提高焊缝抗热裂性；另外，碳的析出有利于降低焊缝的收缩应力，减少热影响区熔合线附近冷裂纹倾向，有利于降低半熔化区中的碳向焊缝扩散程度，进一步降低该区白口宽度。

Ni 基铸铁焊条的最大特点是焊缝硬度降低，半熔化区白口层薄、并且是断续分布，适用于加工面焊补。同时由于，Ni 基铸铁焊缝颜色与灰铸铁母材接近，适用范围较宽。这类焊条对热裂纹较敏感，但当焊缝中含有适量的碳、稀土及细化晶粒的元素时，可明显提高焊接接头抗热裂纹性能，焊缝中的稀土元素还可作为熔敷金属中片状石墨的球化剂，促进石墨球化，有利于提高焊缝力学性能。Ni 基铸铁焊条价格较贵，应主要用于加工面补焊，当铸件较厚或缺陷面积较大时，可先选用 Ni 基铸铁焊条在坡口上堆焊二层作为过渡层，中间熔敷金属可采用较便宜的焊条(如钢基焊条)焊补。

① EZNi 型焊条(市售牌号 Z308)。EZNi 型是纯 Ni 焊芯[$w(Ni) \geq 85\%$]石墨型药皮铸铁焊条，其最大特点是电弧冷焊焊接接头的可加工性优异，铸铁母材上半熔化区的白口宽度比采用其他铸铁焊条焊接时都窄(一般为 0.05mm)，并且呈断续分布，热影响区硬度≤250HBW，焊缝硬度 130 ~ 170HBW，焊缝金属抗拉强度 $\sigma_b \geq 240MPa$，且具有一定的塑性。其灰铸铁焊接接头的抗拉强度可达 147 ~ 196MPa，与灰铸铁 HT150、HT200 相当。焊缝颜色与母材基本一致。缺点是对热裂纹敏感，但是当配合适当的焊接工艺或向焊缝加入稀土变质剂时，可显著提高抗热裂纹性能。

适当调整 EZNi 型焊条的焊缝化学成分，可以使熔敷金属抗拉强度和伸长率提高到 σ_b = 426MPa 和 δ 达 12.4%，可适合于铸态铁素体球墨铸铁焊接要求。与 ENi 型焊条一样，该类焊条是铸铁焊条中最贵的焊条，通常在其他铸铁焊条不能满足要求时选用，主要用于对焊补后加工性要求高的铸铁件。

② EZNiFe 型焊条(市售牌号 Z408)。EZNiFe 型是 Ni – Fe 合金焊芯[$w(Ni)$ = 45% ~ 60%]石墨药皮铸铁焊条，由于 Fe 的固溶强化作用，接头具有较高的强度和塑性(σ_b = 390 ~ 540MPa，伸长率一般大于 10%)，焊接灰铸铁时，焊接接头一般均断裂于母材，焊接球墨铸铁时，接头抗拉强度可达 σ_b = 400MPa，故该类型焊条主要用于高强度灰铸铁及铁素体或铁素体 + 珠光体球墨铸铁焊接。通过对焊缝加入微量 Nb、Ti 等合金元素，形成 NbC、TiC 对焊缝金属的弥散强化和细晶强化作用，可使焊缝抗拉强度进一步提高(σ_b = 632MPa，

σ_s = 415MPa，伸长率7.35%），满足以珠光体+铁素体为基体的QT600-3球墨铸铁力学性能要求。

EZNiFc性焊条由于膨胀系数小，与铸铁相近，有利于降低焊接应力，故焊缝金属的抗裂性能优于纯Ni(Z308)及Ni-Cu(Z508)铁焊条。由于焊缝金属含Ni量不及纯Ni焊条高，在合适焊接工艺条件下，其半熔化区白口宽度一般为0.1mm左右，热影响区最高硬度≤300HBW，焊缝金属硬度160~210HBW，故焊接接头可加工性比EZNi型焊条稍差。此外，该类型焊条用于焊补刚度较大且缺陷面积较大的灰铸铁件时，有时会在焊接接头熔合区出现剥离性裂纹。由于Ni-Fe合金电阻大（比纯Ni高4倍），施焊时焊条很快发红（"红尾"），促使熔化速度加快，影响熔深和焊缝成形，为克服焊条"红尾"的缺点，在该类型焊条中加入适量的Cu，制成EZNiFeCu型铸铁焊条，得到较多应用。

③ EZNiFeCu型焊条（市售牌号Z408A）。EZNiFeCu型是Ni-Fe-Cu合金焊芯、石墨型药皮铸铁焊条，焊芯$w(Cu)$约4%~10%，或为镀Cu-Ni合金铁芯，$w(Ni)$仍为55%左右，其余成分为Fe和Cu[$w(Cu)$仍为4%~10%]。该类型铸铁焊条是在EZNiFe型焊条的基础上加入Cu，目的在于提高焊芯的导电性，解决焊条"红尾"问题，焊条的其他性能及应用均与EZNiFe型焊条类似。但是由于Cu的加入，使焊缝金属的抗热裂性有所下降。

④ EZNiCu型焊条（市售牌号Z508）。EZNiCu型是Ni-Cu合金焊芯[$w(Ni)$50%~70%、余量为Cu]、石墨型药皮铸铁焊条，亦称Monel焊条，因其含Ni量在EZNi型焊条与EZNiFe（或EZNFeCu）型焊条之间，故半熔化区白口层也介于这两类焊条之间，一般为0.07mm左右。热影响区的硬度低于300HBW、焊缝硬度为150~190HBW，焊接接头的加工性能接近于纯Ni铸铁焊条而稍优于ENiFe型焊条。

由于Ni-Cu合金收缩率较大（约2%左右），易引起较大的焊接应力，故焊条的抗热裂性能比NiFe焊条及纯Ni焊条差，焊补刚度较大部位的铸铁缺陷时较易出现裂纹。另外，焊缝金属因灰铸铁母材中S、P杂质的熔入，热裂纹敏感性较大，向焊缝加入适量稀土元素，可有效消除热裂纹。该类焊条熔敷金属的抗拉强度为σ_b=190~390MPa，一般高于母材的抗拉强度，主要用于强度要求不高的灰铸铁加工面焊补。

⑤ EZNiFeMn型焊条。该类型铸铁焊条为Ni-Fe-Mn合金焊芯、石墨型药皮铸铁焊条，熔敷金属化学成分熔敷金属力学性能为：σ_b=650MPa、σ_s=460MPa、伸长率可达13%，可用于高强球墨铸铁（QT600-3、QT700-2）的焊接，焊缝硬度约为200HBS，稍高于Monel焊条，可用于铸铁加工面焊补。

(4) 镍基气体保护焊焊丝与镍基药芯焊丝

异质（非铸铁型）焊缝的镍基气体保护焊焊丝与镍基药芯焊丝在GB/T 10044—2006《铸铁焊条与焊丝》中，列入了两种型号的镍基气体保护焊焊丝（ERZNi及ERZNiFeMn）和一种镍基药芯焊丝（ET32NiFe），见附录C"表C-151"、"表C-152"。其中"ER"表示气体保护焊焊丝，"ET"表示药芯焊丝，这两种焊丝均可用于自动焊及半自动焊。

为推广铸铁（主要是球墨铸铁）件与铸铁件、钢件或有色金属件的焊接，用以制造各类零部件，国外于1970年左右已开始开发气体保护焊焊丝及药芯焊丝，例如据美国1993年统计，在铸铁各类部件制造中，铸铁焊件已由铸铁焊接总量的5%上升到20%，且铸铁件焊接用于零部件焊接生产已占整个铸铁焊接量的20%。我国铸铁焊接用于零部件制造还处于起步阶段，铸铁与铸铁、铸铁与钢以及有色金属焊接制造工艺技术与国外差距很大，GB/T

10044—2006 标准中列于 Ni 基气体保护焊丝及药芯焊丝，正在为缩小与国外铸铁焊接的差距创造条件。采用这两类焊丝焊接（或焊补）铸铁的特点以及适用的铸铁牌号，与相应的焊条类似。

2. 异质（非铸铁型）焊缝手工电弧冷焊工艺

异质（非铸铁型）焊缝手工电弧冷焊工艺要点如下：

① 彻底清除铸件及缺陷表面的油污、铁锈及其他杂质，并将缺陷加工成适当的坡口。在保证顺利运条及熔渣上浮的前提下，坡口宜较窄，以减少焊缝金属，及焊缝金属中的 C、S 含量，减少焊接应力。有利于减少裂纹倾向。开坡口可采用机械加工方法或用焊条电弧切割方法。焊条在焊前必须烘干。

② 焊补铸铁件裂纹缺陷时，应仔细检查裂纹长度，必要时可用煤油作渗透试验确定裂纹全长及深度。为防止焊补过程中裂纹扩张，应在离两端裂纹终点 3~5mm 处钻 $\phi 5 \sim 8$mm 止裂孔。

③ 选择合适的最小焊接电流和减小焊接线能量。采用合适的最小焊接电流可以减少焊缝中 Fe、Si、C 及 S、P 等有害杂质，因为灰铸铁中的 Fe、Si、C 及有害杂质 S、P 含量高，焊接电流大时，与母材接触的第一、二层异质焊缝中熔入的母材量增加，带入焊缝中的 Fe、Si、C、S、P 等随之升高。对于 Ni 基焊缝，使焊缝热裂纹敏感性增大，同时由于焊缝中 Fe 含量的提高，含 Ni 量相对下降，会增大半熔化区白口组织的宽度。对于钢基焊缝，由于其中 C、S、P 含量增高，也会使热裂纹敏感性增大；且钢基焊缝会由于含 C 增高，使淬硬倾向及淬硬区增大，焊缝硬度高，易出现冷裂纹。减小焊接线能量，可以减少热影响区宽度和焊接应力，有利于提高抗裂性和减少半熔化区白口组织。此外，随着焊接电流的增大，焊接热输入增大，会使焊接接头拉伸应力增高，发生裂纹的敏感性增大；同时由于电流及热输入增大，母材上半熔化区加宽，在电弧冷焊快速冷却下，白口区加宽、热影响区马氏体量增多，也会增大裂纹倾向。

异质焊缝电弧冷焊时，特别是对于母材接触的第一、二层焊缝焊接，宜选用小直径焊条。因为随着焊条直径（d）增大，其合适的最小电流增加[一般按 $I = (29 \sim 34)d$ 选择焊接电流，I 单位为 A，d 单位为 mm]。

④ 采用较快焊速及短弧焊接。随着焊速加快，铸铁母材的熔深、熔宽减小，焊缝中熔入的母材量降低，焊接热输入随之减小，有利于焊缝及半熔化区减少裂纹倾向。同时，由于焊接电压增高（电弧长），使母材熔宽增加、熔化面积加大，易出现裂纹，故应采用短弧焊接，以减小母材的熔合比和线能量。

⑤ 采用短段焊、断续焊、分散焊及焊后锤击焊缝。异质焊缝电弧冷焊应防止焊补处局部过热，即保证焊补处最小的温差，以降低焊接应力，减小裂纹倾向。因焊缝越长，纵向拉应力越大，焊缝发生裂纹的倾向增大，故应采用短段焊。一般情况下，每次焊缝长度为 10~40mm，因薄壁件散热慢，须减小为 10~20mm 一段，厚壁件散热快，可取为 30~40mm。为避免焊补处局部高温，不能连续焊接，须采用断续焊，即在多处分散起焊，如图 3-46 所示。每道焊缝之间应冷却至近缝区温度为 50~60℃后再焊下一道焊缝，必要时可采用分散焊，即不连续在一固定位置焊补，以避免焊补处局部温度过高产生焊接裂纹。每一道焊缝焊完后立即用带圆角小锤快速锤击焊缝，使焊缝金属发生塑性变形，以降低焊接应力（可减少约 50% 内应力）。为了消除电弧冷焊灰铸铁时热影响区出现马氏体组织，改善其加

工性能，焊补部位宜局部预热至300℃左右。

⑥ 选择合理的焊接方法和顺序，以有利于减小焊接应力与裂纹倾向。例如，当需焊补的裂纹缺陷的一端已达到铸件边缘时，应从裂纹另一端以逆向分段法向缺陷处焊补（见图3-47中缺陷1）；当裂纹位于铸件中部拘束度很大的部位时，由于裂纹两端的拘束度较大，中心部位拘束度相对较小，宜采用先在裂纹两端钻孔，然从裂纹两端向裂纹中心交替分段补焊，以利于降低焊接应力（见图3-47中缺陷2），而不应采用从裂纹一端向另一端或从裂纹中心向两端交替分段焊补方法。

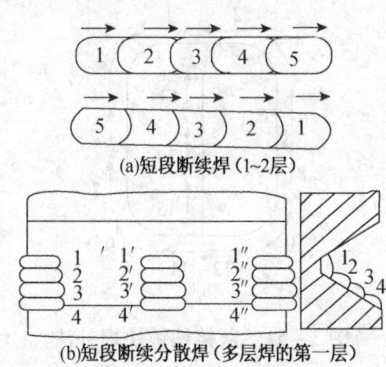
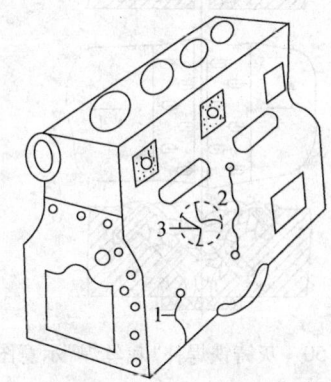

图3-46　异质焊缝手工电弧冷焊操作方法　　　图3-47　灰铸铁件（汽缸体）侧壁裂纹的焊补

对于灰铸铁厚大铸件的补焊时，由于焊接应力大，焊缝裂纹以及与母材交界处发生剥离性裂纹倾向大，宜采用图3-48（c）所示的焊接顺序。图中（a）为水平分层顺序，焊接应力较大，易使焊缝及热影响区出现裂纹。图（b）凹字形顺序次之，也可能出现剥离裂纹。图（c）所示的斜坡形顺序焊接应力较小，有利于防止产生上述裂纹。

⑦ 异质（非铸铁型）焊缝手工电弧冷焊特殊补焊技术应用：

a. 深坡口多层焊。灰铸铁厚件深坡口多层焊时，焊接应力大，特别是采用碳钢焊缝时，由于收缩率达，焊缝金属的屈服极限高于母材抗拉强度且相差较大，焊缝不易发生塑性变形使应力松弛，在母材热影响区的半熔化区很容易发生裂纹。因此对于厚件深坡口宜采用短道多层焊以及控制焊接顺序，即在坡口两侧预先覆盖一层焊补金属，再按图3-49所示的顺序进行焊接。并宜配合采用屈服强度较低的焊接材料。

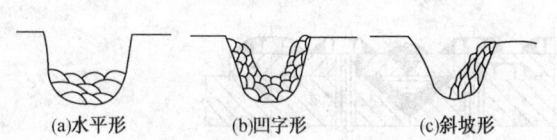

图3-48　灰铸铁多层焊顺序　　　图3-49　灰铸铁焊补深坡口多层焊顺序

此外，灰铸铁厚件深坡口多层焊还可采用"栽丝焊"方法防止产生剥离裂纹（见图3-50）。所谓栽丝焊就是通过碳钢螺钉将焊缝与未受焊接热影响的母材固定在一起，使碳钢螺钉承受大部分焊接应力，从而防止焊缝剥离，并提高焊补区承受冲击载荷的能力。这种焊补方法主要用于承受冲击载荷、厚度20mm以上的铸铁件的焊补。

栽丝焊一般需在坡口两侧各钻双排螺孔，常用螺钉直径为 $\phi 8\sim 16$mm（厚件采用较大直径螺钉），螺钉凸出坡口面高度4～6mm，拧入螺钉的总截面积为坡口表面积的25%～35%。

b. 锒块焊补法。对于铸铁体存在多道交叉裂纹的焊补,宜采用锒块焊补方法,如图3-47中缺陷3所示。即先将缺陷部位挖除,锒以比工件薄的低碳钢板(板厚相当于焊补处灰铸铁工件厚的1/3左右)。锒块宜制成凹形(见图3-51),以降低局部拘束度、减少焊接应力;若采用平板,应在平板中部开一条长缝,以降低拘束度。锒块按图示顺序与工件缺陷部位焊接,对于平板锒块,最后焊接中间焊缝。

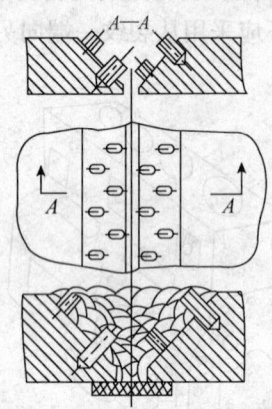

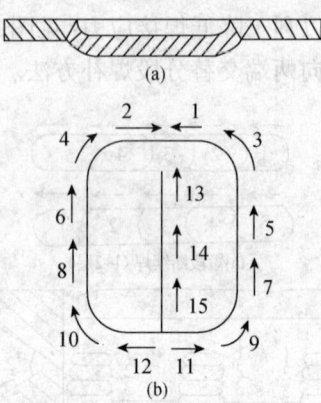

图3-50 灰铸铁焊补"栽丝焊"示意图

图3-51 灰铸铁锒块焊补法

c. 加垫板焊。对于灰铸铁厚件裂纹的焊补除采用深坡口多层焊(包括栽丝焊)外,还可采用在坡口内放入低碳垫板的焊补方法,如图3-52所示。垫板两侧采用抗裂性好和强度性能高的铸铁焊条(如EZNiFe、EZV等)与母材焊接。这种焊补方法的优点是可以大大减少焊缝金属用量、降低焊接应力,有利于防止焊接裂纹发生。

加垫板焊补裂纹较深的灰铸厚件时,垫板宜采用多层较薄的低碳钢板($\delta = 4mm$左右),与厚垫板比较,薄垫板更有利于减少焊缝金属量和防止焊接焊缝。为防止层间剥离性裂纹,上下垫板之间可焊以一定数量的塞焊焊缝。另外,为防止使用中因承受冲击载荷时可能造成的半熔化区破坏,焊补处可采用焊接螺钉及加强板加固。

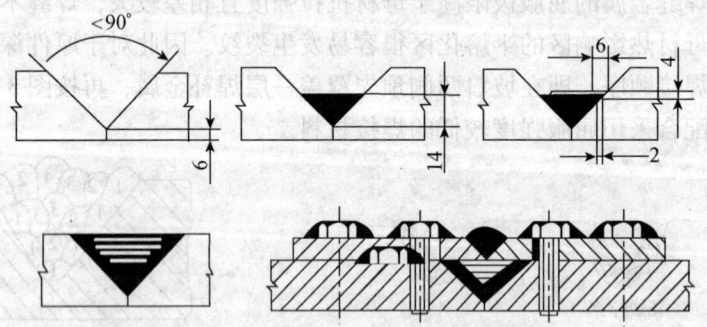

图3-52 灰铸铁厚件V形坡口加垫板焊补法

加垫板焊补法也可应用于有一定深度的,大面积铸造缺陷的焊补(见图3-53),根据使用工况要求,也可采用与母材相同的灰铸铁垫板。

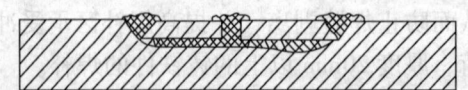

图3-53 灰铸铁件大面积缺陷加垫板焊补法

四、球墨铸铁的焊接

球墨铸铁的焊接特点主要表现为白口化倾向与淬硬倾向比灰铸铁大,以及由于球墨铸铁的强度、塑韧性比灰铸铁高,从而对焊缝及焊接接头的力学性能要求亦相应提高,通常要求与母材等强度或相近。

(一) 铁素体球墨铸铁的焊接

该类球墨铸铁以铁素体为基体,表 3 – 110 中 QT400 – 18,QT400 – 15,QT450 – 10 以及 QT350 – 22L、22R,QT350 – 22,QT400 – 18L、18R 等均属于铁素体球墨铸铁,其抗拉强度 σ_b = 400 ~ 450MPa、伸长率 δ_5 为 10% ~ 18%。过去该类铸铁需将球铁铸件经过成本较贵的退火处理获得,现在已可在铸态下直接得到,成本大大降低。

1. 铁素体球墨铸铁的气焊

该类铸铁的气焊主要用于薄壁件焊补,在 GB/T 10044—2006 标准中,其焊丝型号用 RZCQ 表示,Q 表示熔敷金属有球化剂。焊丝型号及化学成分见表 3 – 123。表中,RZCQ – 1 焊丝的 Mn、S、P 含量约为 RZCQ – 2 焊丝的一半,有利于提高焊缝的塑、韧性,适用于要经退火处理的铁素体球墨铸铁焊接。

表 3 – 123 球墨铸铁气焊铸铁焊丝型号及化学成分(质量分数)(GB/T 10044—2006) %

型号	w(C)	w(Si)	w(Mn)	w(S)	w(P)	w(Fe)	w(Ni)	w(Ce)	球化剂
RZCQ – 1	3.20 ~ 4.00	3.20 ~ 3.80	0.10 ~ 0.40	≤0.015	≤0.05	余量	≤0.50	≤0.20	0.04 ~ 0.10
RZCQ – 2	3.50 ~ 4.20	3.50 ~ 4.20	0.50 ~ 0.80	≤0.03	≤0.10	余量	—	—	

球墨铸铁气焊用火焰性质及熔剂与灰铸铁气焊相同,宜采用中性火焰或弱碳化焰,以及以适量加入碱性氧化物(如 Na_2CO_3、$NaHCO_3$、K_2CO_3 等)为主的焊剂。必须指出的是:铸态铁素体球墨铸铁气焊后的焊缝金属一般只含有 50% 铁素体,其余为珠光体组织,故焊缝及焊接接头塑性比母材降低较多(强度稍有升高),若采用 RZCQ – 1 焊丝焊接,并要求焊缝中铁素体达到 90% 以上以提高塑性,还需再经低温石墨化退火处理,成本较高。试验表明,当焊缝金属化学成分为 $w(C) = w(Si) 3.4\%$,$w(Al) = 2.7\%$,$w(Mn) = 0.4\%$,$w(Ce) = 0.073\%$,$w(Bi) = 0.012\%$,$w(S) = 0.015\%$,及 $w(P) = 0.026\%$ 时,气焊后焊态焊缝的基体组织中,铁素体占 95%,珠光体只占 5%,焊缝中石墨球化良好,焊接接头未发现白口铸铁及马氏体组织,力学性能显著得到改善。由于气焊后,焊丝中一些元素会有少量氧化和烧损。因此,为使铸态球墨铸铁气焊时直接在焊态下(不经石墨化退火)获得铁素体焊缝,尚需对 RZCQ – 1 型气焊焊丝成分进行调整。适当增添易被氧化和烧损的元素。

球墨铸铁气焊后,宜继续用火焰短时间加热焊缝区及半熔化区,使之缓慢冷却。不预热气焊一般用于重要的中小型球墨铸铁件缺陷焊补,对于厚大铸件,焊前必须预热 500 ~ 700℃,焊后保温缓冷,以有效防止接头产生白口、淬硬组织和焊接裂纹。气焊焊补球墨铸铁的缺点是效率低,且由于局部受热时间比电弧焊长,焊件易发生变形,故对已加工成形的铸件不宜采用,否则需采取合适工艺措施以防止变形。

2. 铁素体球墨铸铁同质焊缝电弧焊

该焊接方法的焊接材料较便宜,采用大电流、连续焊工艺,焊接效率高,焊缝颜色与母材一致。但由于球化剂的加入,使熔池内铁液有较大的结晶过冷度及形成白口铸铁倾向,与灰铸铁比较,其焊接熔池及母材半熔化区更易形成白口铸铁组织。

球墨铸铁同质焊条可分为两类，一类是球墨铸铁铁芯外涂以球化剂和石墨化剂药皮，通过焊芯和药皮共同向焊缝过渡球化剂（Mg、Ce、Ca 或钇基重稀土元素）使焊缝球化；另一类是低碳钢钢芯外涂以球化剂和石墨化剂药皮，仅通过药皮使焊缝球化。我国铸铁焊条及焊丝标准（GB/T 10044—2006）对同质（球墨铸铁型）焊缝电弧焊焊条只规定了一个 EZCQ 型号，其熔敷金属化学成分见附录 C "表 C-149"。球墨铸铁同质焊缝电弧焊在铸件缺陷体积较大、且在大电流连续焊条件下不预热时，焊态金属可以直接获得主要为铁素体球墨铸铁并同时符合 QZCQ 型号的市售焊条牌号有 Z238F 和 Z268 两种，此两种焊条皆有一定的应用。

球墨铸铁同质焊缝电弧焊工艺基本与灰铸铁同质焊缝电弧焊工艺相同，要求采用大电流、连续焊，对于大刚度（拘束度）缺陷部位的焊缝可采取前述的加热减应区工艺或焊前将工件预热到 500℃ 左右施焊，焊后需保温缓冷。铁素体球墨铸铁同质焊缝电弧焊焊补处一般可进行机械加工。

3. 铁素体球墨铸铁异质焊缝电弧焊

铁素体球墨铸铁异质焊缝电弧焊焊条有 EZNiFe、EZNiFeCu 及 EZV 三种型号（见附录 C "表 C-149"），前两种用于球墨铸铁加工面焊接（即焊补表面需进行机械加工），后者应用于非加工面焊接（即焊补表面不需机械加工）。球墨铸铁的异质焊缝电弧焊工艺与灰口铸铁相同。

铁素体球墨铸铁焊缝性能要求较高，特别是对塑性要求高但在 GB/T 10044—2006 标准中未对焊条熔敷金属的力学性能作出规定，因此在选购对应的市售焊条时，应核准其熔敷金属力学性能保证值。对于铸态铁素体球墨铸铁的焊接，焊前预热到 400℃ 可以完全消除热影响区马氏体组织，并可显著改善接头（或焊补处）的塑韧性与切削加工性能。如果预热温度较低（如 300℃ 左右），热影响区仍会存在少量马氏体（主要是贝氏体及珠光体），对塑韧性无明显改善；如果预热温度过高（如 500℃），热影响区会出现晶间网状碳化物，反而会使塑韧性降低。

（二）珠光体球墨铸铁的焊接

该类球墨铸铁以珠光体为基体，表 3-110 中 QT700-2、QT800-2 及主要以珠光体为基体（含有少量铁素体）的 QT600-3 均属于珠光体球墨铸铁，其抗拉强度 σ_b = 600~800MPa，伸长率 δ_5 为 2.0%~3.0%，强度较高，但塑性较低。过去该类铸铁需球铁铸件经成本较高的正火处理获得，现在可以铸态下直接得到，故成本大大降低。

1. 珠光体球墨铸铁的气焊

对于球铁铸件经正火处理获得的珠光体球墨铸铁，气焊采用 RZCQ-Z 型焊丝（见表 3-123），缺陷焊补后须经正火处理，以获得珠光体组织。对于不经正火处理而在铸态下直接获得的球墨铸铁，采用 RZCQ-2 型焊丝只能使焊态焊缝中珠光体达到 65%，焊缝中存在有相当量的铁素体组织，故焊态焊缝力学性能达不到珠光体球墨铸铁要求，因此需在气焊焊丝中添加一定量稳定珠光体的合金元素（如 Cu、Ni 等），以促进焊缝中珠光体形成，使焊态焊缝与焊接接头的力学性能与母材匹配，故尚需对 RZCQ-2 型焊丝化学成分进行调整。

2. 珠光体球墨铸铁同质焊缝电弧焊

珠光体球铁同质焊缝电弧焊与铁素体球铁同质焊缝电弧焊的主要区别是前者要求焊缝的基体组织为珠光体，因此对于铸态珠光体球铁，必须使焊态球铁焊缝中含有一定量的稳定珠光体合金元素。试验结果表明，在球铁焊缝中含有 $w(Cu)$ = 0.4%~1.0% 与 $w(Sn)$ =

0.17%时,电弧焊冷焊焊态焊缝含有90%珠光体,其余为铁素体,焊接接头抗拉强度 σ_b = 635~710MPa、伸长率为1.4%~3.2%,可满足球铁QT600-3、QT700-2力学性能要求。但在国家标准GB/T 10044—2006中,只对焊缝为球墨铸铁的电弧焊(即同质焊缝电弧焊)规定了一种焊条型号(QZCQ),且焊条成分中未加入珠光体稳定元素(见附录C"表C-149"),因此焊缝须经正火处理才能使基体主要为珠光体。目前国内已生产含有Cu及Sn的球墨铸铁焊条(如Z238SnSu),以适应不需做正火处理的铸态珠光体球墨铸铁同质焊缝基体为珠光体的要求。

3. 珠光体墨铸铁异质焊缝电弧焊

珠光体球墨铸铁异质焊缝电弧焊焊条有EZNiFe、EZNiFeCu、EZNiFeMn及EZV四种型号(见附录C"表C-149"),前三种主要应用于加工面焊接(即焊缝表面需进行机械加工)。由于GB/T10044-2006标准中未对熔敷金属力学性能作出规定,对EZNiFe型和EZNiFeCu型焊条应先根据焊条说明书确认其抗拉强度及塑性保证值。一般情况下,焊条熔敷金属的力学性能可满足铁素体或铁素体+珠光体球墨铸铁的要求。EZV型高钒铸铁焊条可用于珠光体非加工面缺陷焊接修复,其熔敷金属的力学性能见前述。EZNiFeMn型焊条熔敷金属力学性能可基本满足珠光体球墨铸铁QT600-3及QT700-2要求,是新列入的焊条品种。

珠光体球墨铸铁异质焊缝电弧冷焊工艺基本与灰铸铁异质焊缝电弧冷焊工艺类似,但珠光体球铁焊接热影响区易形成马氏体,焊前宜局部预热至400℃,以改善其加工性能。

(三) 奥氏体-贝氏体球墨铸铁的焊接

该类球墨铸铁以奥氏体-贝氏体为基体(简称奥-贝球铁),是兼有高强度与高塑性的新型球墨铸铁,目前仍主要通过奥-贝化热处理获得,即将球铁铸铁加热到900℃左右,保温一定时间(60min),使基体完全转变为奥氏体,然后快冷到350℃左右,保温一定时间(60min),使部分奥氏体转变为贝氏体,再空冷至室温,则获得组织为奥氏体+贝氏体+球状石墨的奥-贝球铁。其性能优于在铸态下直接获得的奥-贝球铁在GB/T 1348—2009标准中尚未列入此种类型。奥-贝铸铁当其 σ_b = 860~1035MPa时,伸长率可高达7.0%~10.0%,具有优异的综合力学性能。这类铸铁可分为非合金化与低合金化奥-贝铸铁两类,前者是指基体成分除C、Si、Mn、S、P及RE外,不含特殊加入的合金元素,这类球铁仅在壁厚≤10mm时应用。当球铁铸件壁厚>10mm时,力学性能呈下降趋势,为使在壁厚加大的情况下,基体仍保持奥氏体-贝氏体组织,不发生珠光体转变,保持高强度、高塑性,需要向非合金化奥-贝铸铁中添加一些合金元素,此即为低合金化奥-贝铸铁。我国常用奥-贝球墨铸铁力学性能为 σ_b = 1040~1060MPa,δ = 7.6%~8.5%,α_K = 84~100J/cm^2,符合美国奥-贝铸铁标准牌号Grade2要求。

1. 奥-贝球铁的气焊

奥-贝球铁可采用气焊方法进行焊补或焊接。研究表明,气焊球墨铸铁时,Si、Al及Bi对焊态球铁焊缝与经奥-贝化热处理后奥-贝球墨铸铁焊缝的组织和力学性能有显著影响。在焊缝化学成分 $w(C)$ = 3.34%、$w(Mn)$ = 0.40%、$w(RE)$ = 0.073%、$w(S)$ = 0.015%及 $w(P)$ = 0.026%情况下,经奥-贝化热处理后,焊缝 $w(Si)$ = 3-4时,其基体由64.9%贝氏体+35.1%奥氏体组成,焊缝 σ_b = 1060MPa、δ = 8.2%、α_K = 103J/cm^3,焊缝及焊接接头均达到我国常用奥-贝球铁母材力学性能要求。如果进一步要求其焊缝金属的伸长率 δ ≥ 10%(符合Grade1要求),应在焊缝金属中再含 $w(Al)$ = 0.32%或 $w(Bi)$ = 0.012%。由于我国制定的铸铁焊条及焊丝国家标准(GB/T 10044—2006)中未列入奥-贝球铁焊接用焊条及焊丝标准，使用中可参考上述化学成分自行浇铸气焊焊丝，使其气焊后焊缝成分达到上述成分要求。奥-贝球铁的气焊主要用于薄壁铸件小缺陷焊补，并应在焊补后进行奥-贝化热处理。

2. 奥-贝球铁同质焊缝电弧焊

对于壁厚≤10mm的非合金化奥-贝球铁同质焊缝电弧冷焊，其焊接熔池的冷却速度远快于气焊，为避免焊缝出现白口，引起冷裂纹，必须调整焊缝中C、Si、Mn含量并进行孕育处理。我国目前尚未制定奥-贝球铁同质焊缝电弧焊焊条型号，新研制的非合金化奥-贝球铁焊条所焊焊缝及焊接接头试验结果表明，在焊缝中$w(C)=3.7\%$、$w(RE)=0.012\%$及微量Ca、Ba、Bi情况下，Si、Mn、Al元素的合适含量应为$w(Si)=3.5\%$、$w(Mn)\leq 0.4\%$、$w(Al)=0.46\%$，焊接接头经奥-贝化热处理后，焊缝金属$\sigma_b=1050$MPa、$\delta=8.3\%$、$\alpha_K=114$J/cm^2；焊接接头$\sigma_b=1040$MPa、$\delta=8.1\%$，均可满足奥-贝铸铁的要求。

对于壁厚>10mm的低合金奥-贝球铁的同质焊缝电弧冷焊，与非合金化奥-贝球铁同质焊缝电弧焊一样，我国目前亦未制定其焊条及焊丝型号，新研制的Ni-Mo低合金奥-贝球铁焊条焊缝含$w(Mo)=0.25\%$、$w(Ni)=0.63\%$，可适用于焊接壁厚<35mm的低合金奥-贝球铁，经奥-贝化热处理后，焊缝金属$\sigma_b=1148$MPa、$\delta=9.0\%$，焊接接头$\sigma_b=1140$MPa、$\delta=9.2\%$，可以满足低合金奥-贝球铁力学性能要求。

由于奥-贝球铁异质焊缝电弧焊焊缝与焊接接头未经奥-贝化热处理的抗拉强度比母材低得很多(奥-贝球铁的抗拉强度高达1000MPa以上)，选用任何异质焊缝的电焊条如果不经奥-贝化热处理均达不到与母材强度匹配的要求，故实际应用中不宜采用异质焊缝电弧焊进行奥-贝球铁的焊接。

五、其他类型铸铁的焊接

(一) 蠕墨铸铁的焊接

蠕墨铸铁中除含有C、Si、Mn、S、P外，还含有少量稀土蠕化剂，由于稀土元素含量比球墨铸铁少，焊接接头形成白口铸铁的倾向也较小，但比灰铸铁白口倾向大。

蠕墨铸铁的力学性能见表3-122，抗拉强度($\sigma_b=260\sim 420$MPa)、屈服强度($195\sim 335$MPa)及伸长率($\delta=0.75\%\sim 3.0\%$)均高于灰铸铁，低于球墨铸铁。为了与母材力学性能相匹配，其焊缝及焊接接头的力学性能应与蠕墨铸铁相等或相近。我国GB/T 10044—2006标准中尚未制定蠕墨铸铁焊条及焊丝标准。

1. 蠕墨铸铁的气焊

有关资料研究结果表明，蠕墨铸铁气焊焊缝的最佳化学成分为$w(C)=3.5\%\sim 3.7\%$、$w(Si)=2.7\%\sim 3.0\%$、$w(Mn)=0.4\%\sim 0.8\%$、$w(RE)=0.04\%\sim 0.059\%$、$w(Ti)=0.062\%$、$w(S)<0.01\%$、$w(P)<0.043\%$。气焊过程中，焊缝在1050~1150℃的冷速不小于8.33℃/s。利用其研制的焊丝，配合CJ201气焊溶剂，采用氧乙炔中性焰气焊，可获得良好的焊缝，蠕墨化率可达70%以上，基体组织为铁素体+珠光体，焊接接头最高硬度低于230HBS，接头抗拉强度$\sigma_b\approx 370$MPa，伸长率$\delta\approx 1.7\%$。其力学性能可与蠕铁母材相匹配，机械加工性能良好。

2. 蠕墨铸铁同质及异质焊缝电弧焊

有关资料研究结果表明，蠕墨铸铁同质焊缝电弧焊采用H08低碳钢焊芯、外涂强石墨化药皮并加入适量的蠕墨化剂及特殊元素的焊条、配合大电流连续焊工艺，可以焊补缺陷直径大于 $\phi 40$、深度大于 8mm 的蠕墨铸铁，焊态焊缝的石墨蠕化率达 50% 以上，焊缝基体组织为铁素体 + 珠光体，无自由渗碳体，焊接接头的最高硬度不高于 270HBS，具有较好的加工性。焊缝及焊接接头的抗拉强度 $\sigma_b \approx 390$MPa 及 320MPa，伸长率 δ 为 2.5% 及 1.5% 左右，可与球墨铸铁力学性能相匹配。

蠕墨铸铁异质焊缝电弧焊常采用纯 Ni 焊芯 EZNi 型焊条，焊接接头硬度较低，具有良好的加工性。但焊缝金属抗拉强度不高，往往不能与蠕墨铸铁相匹配，故焊补加工面缺陷宜采用 Ni-Fe 合金焊芯 EZNiFe 型焊条，焊补非加工面采用 EZV 型高钒焊条，以提高焊缝及焊接接头力学性能。

GB 10044—2006《铸铁焊条及焊丝》中，尚未制定蠕墨铸铁焊条及焊丝标准。

(二) 白口铸铁的焊接

白口铸铁分为普通白口铸铁和合金白口铸铁两种，耐磨性好，价格便宜，通常只有对重型铸件焊补修复才有实际经济价值。实用中，对厚大白口铸铁件缺陷的焊补常采用电弧热焊或气焊方法，劳动条件差，且由于高温加工会使母材性能改变、工件变形，如果加热速度控制不当则易产生裂纹，因此宜采用电弧冷焊方法。

由于白口铸铁在铸造中或使用过程中常常由于局部缺陷造成整体报废，致使多数白口铸铁件实际使用寿命较低(一般为正常报废寿命的 40% ~60%)，故对其焊补修复，减少报废率，延长使用寿命已引起国内外的重视。

1. 白口铸铁的焊接性和焊补要求

白口铸铁主要是以连续渗碳体为基体，性硬脆，焊接性极差。其伸长率几乎为零，冲击韧性极低(仅为 $2 \sim 3 \text{J/cm}^2$)，收缩率为 1.6% ~2.3%，接近灰铸铁的 2 倍，焊接时极易产生裂纹和剥离。采用电弧焊焊补白口铸铁时，由于热源温度高而集中，焊接过程中填充金属迅速熔化和结晶冷却，整个焊接接头受热不均造成极大的温差，从而产生很大的焊接内应力(特别对于厚大的白口铸铁件)。同时，由于焊缝、熔合区的冷却速度很快，易形成大量的网状渗碳体，使塑性变形能力大大降低，拘束度很大时极易产生裂纹，对于异质焊缝，裂纹极易产生于熔合区内。白口铸铁焊补的主要特点除极易产生裂纹外，情况严重时，还可能在焊补过程中或焊补后使用不久，整个焊缝出现剥离。

在冶金、矿山、橡胶、塑料等机械中较多采用的冷硬铸铁，化学成分中碳硅含量较低，制造工艺上采取激冷措施，使铸铁表层形成硬而耐磨的白口铸铁，而内部多为具有一定强度及韧性的球墨铸铁(如轧辊等)。对用于耐磨损白口铸铁件缺陷的焊补，要求焊补区域工作层焊缝硬度及其耐磨性不低于母材白口铸铁件，否则焊补处会因磨损而过早下凹或损坏，但焊缝硬度过高，也易因脆硬和与母材不匹配而出现裂纹。

2. 白口铸铁焊补工艺及焊接材料

白口铸铁由于价格低廉，一般只有对厚大件焊补修复才有经济价值(例如对轧辊等厚大件的焊补)通常采用电弧热焊或气焊方法，但劳动条件差，由于高温加热会使母材性能改变、工件变形，如果加热速度控制不当，很容易产生裂纹，因此最好采用电弧冷焊工艺。

白口铸铁焊补时，熔合区是焊接接头最薄弱环节，特别是形成大量网状渗碳体时抗裂性更低。可通过向焊条中加入适量变质剂，使熔合区的网状渗碳体球化，防止出现裂纹。

白口铸铁焊补工艺及主要焊接参数：

① 焊前清理缺陷。对原有裂纹要彻底清除干净，缺陷四周边与底边成100°，先用BT-1焊条打底，然后用BT-2焊条焊补工作层，使整个焊接接头达到"硬-软-硬"要求。

② 焊缝金属分块孤立堆焊。以轧辊焊补为例（见图3-54），焊前将清理后的缺陷划分为40mm×40mm若干个孤立块，整个焊补过程分别先用BT-1、后用BT-2焊条分块跳跃堆焊，各孤立块之间以及孤立块与白口铸铁母材之间须保留7~9mm间隙，当每块焊到要求的尺寸后，再将孤立块之间的间隙焊满，最后使整个焊缝与周边母材保持一定间隙而成为"孤立体"。

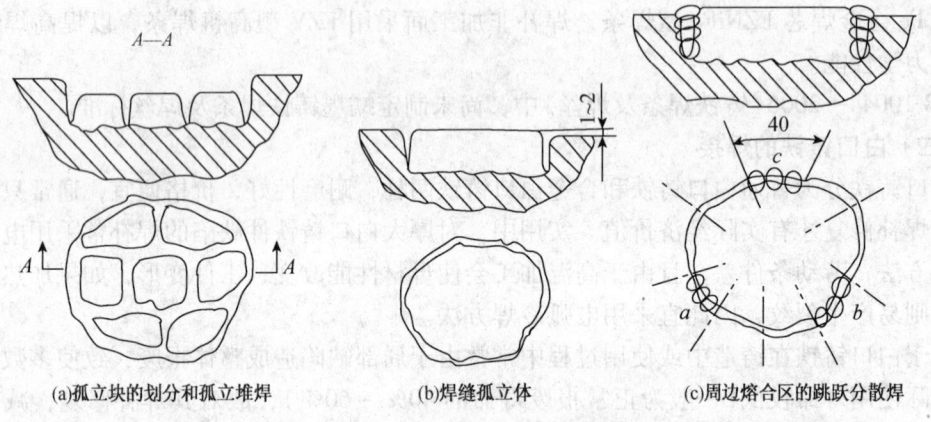

(a) 孤立块的划分和孤立堆焊　　(b) 焊缝孤立体　　(c) 周边熔合区的跳跃分散焊

图3-54　白口铸铁轧辊焊补块示意图

③ 焊补中、底部时需采用大电流（正常电流的1.5倍），形成大熔深，使焊缝与母材熔合良好，并使焊缝底部与母材形成曲折熔合面。对于厚大件焊补，大电流熔化的金属多，收缩量大，焊后必须立即对焊补处进行锤击（锤击力约为铸铁冷焊工艺锤击力的10~15倍），待焊缝金属凝固后接近250℃左右时，再按左右前后重锤击6~10次，随着堆焊高度的增加，锤击力与次数须相应减少。

④ 焊缝与周边母材最后焊合。采用大电流分段并分散焊焊满边缘间隙，周边焊补过程中，电弧应始终指向焊缝一侧，利用熔池过热金属熔化白口铸铁母材，尽量减少边缘熔化量和热影响区过热。其次是周边间隙焊补后，锤击必须准确打在焊缝一侧，切忌锤击在熔合区外的白口铸铁一侧，以防止母材开裂。

⑤ 白口铸铁整个焊补面应高出周围母材表面1~2mm，然后用手动砂轮磨平，再进行机械加工（对于加工面白口铸铁件）。

白口铸铁焊补用焊条应与母材有良好的熔合性，以保证结合牢固；收缩系数小，线胀系数及耐磨性应与白口铸铁相匹配。采用其他的铸铁焊条或不锈钢焊条及堆焊焊条均不能满足白口铸铁焊补的要求。适用于焊补白口铸铁的焊条有BT-1和BT-2两种，BT-1的焊缝组织为"奥氏体+球状石墨"，该焊条与白口铸铁熔合性良好，焊缝线胀系数低，与白口铸铁相近，焊缝中球状石墨的析出伴随着体积膨胀，可以减小收缩力。焊缝塑性高，焊接时可以充分锤击而消除内应力，且锤击对熔合区的震动破坏很轻微，适用于熔敷焊缝底层。BT-2的焊缝组织为"淬火马氏体(M)+下贝氏体(B)+残余奥氏体(A)+碳化物质点"，该焊条与白口铸铁熔合性良好，冲击韧度和撕裂功较高，硬度45~52HRC，适用于焊补白口铸铁工作层。

(三) 可锻铸铁的焊接

由于铸态球墨铸铁比可锻铸铁成本低，且力学性能优于可锻铸铁，在实际应用中已形成铸态球墨铸铁逐步代替可锻铸铁的趋势。我国应用的可锻铸铁大多是以铁素体为基体，其焊接性与铁素体球墨铸铁近似，可以采用焊条电弧焊、气焊及钎焊为主要焊接工艺方法进行可锻铸铁焊补。一般情况下，对于非加工面缺陷焊补宜采用电弧冷焊，对加工面缺陷焊补多采用黄铜异质钎焊方法。

可锻铸铁焊条电弧焊一般选用异质焊缝 EZNiFe 焊条（用于加工面缺陷焊补）及 EZV 焊条（用于非加工面缺陷焊补）。黄铜异质钎焊常采用的钎料为 HSCuZn-3、钎剂为 100%脱水硼砂，其焊补工艺为：先用氧乙炔焰加热焊补表面至 900~930℃，钎料端部也加热到发红，然后裹上少许脱水硼砂进行焊补。为防止钎料中 Zn 的蒸发，应采用弱氧化焰，焊嘴与熔池表面距离控制在 8~15mm，焊后需用氧乙炔焰适当加热焊缝周围，以防止奥氏体区淬火，发生组织变化。对于焊补区刚度较大部位，焊后应轻轻锤击焊缝，减小裂纹倾向。气焊方法多用于可锻铸铁较小缺陷的焊补，例如铸铁件上损坏的螺孔可用气焊修复，焊补后进行钻孔、攻丝。为保证修复质量和便于加工，应先将损坏的螺孔部位适当扩大，用铸铁气焊丝焊满，且螺孔的加工性能优于黄铜钎焊。

六、铸铁与钢的焊接

在各类铸铁中，铸态铁素体球墨铸铁可作为与钢焊接的首选品种，这类球墨铸铁不采用球铁经低温石墨化退火工艺获得，而是采取严格控制铁液中 C、Mn、P 等元素含量及限制球化剂含量，并加强孕育处理，直接从铸态中得到。故其铸铁制造成本低，很快得到较广泛应用，并在多数场合下已逐渐取代低温石墨化退火球墨铸铁。

铸态铁素体球墨铸铁基体的 $w(C)=0.02\%$，远较珠光体球墨铸铁基体的 $w(C)=0.6\%$低，不仅具有较高的抗拉强度，特别是塑性韧性比其他球铁高、硬度比其他球铁低（见表 3-120），且焊接性比珠光体球墨铸铁好。在同样条件下电弧焊时，铸态铁素体球墨铸铁热影响区中的奥氏体区远较珠光体球铁窄，故在冷弧焊条件下，铁素体球墨铸铁热影响区中，由奥氏体转变为马氏体区的宽度也远较珠光体球铁窄。同样，由于铸态铁素体球墨铸铁 $w(C)$ 含量低，铁素体球墨铸铁的固相曲线温度（T_s）高于珠光体球铁，在同样电弧焊条件下，前者焊接半熔化区宽度也远比珠光体球铁窄，从而使白口铸铁层宽度也较窄，焊接裂纹倾向大大降低。

铸态铁素体球墨铸铁与钢电弧焊时，采用的焊接材料均为优质 EZNiFe 型焊条或药芯焊丝[$w(Ni)≈55\%$]，其熔敷金属力学性能为 $\sigma_b = 410~430$MPa、$\delta = 18\%~23\%$，可以完全满足铸态铁素体球墨铸铁力学性能要求。与其焊接的钢材主要为普通低碳钢和相当于 Q345（16Mn）的普通低合金钢。在焊接接头的碳钢或低合金钢一侧，由于 EZNiFe 焊条含 Ni 高，凝固过渡层及热影响区仍为奥氏体组织，不会形成马氏体。但在采用 ϕ3.2mm 焊条及低焊接热输入焊接时，在铸铁焊接热影响一侧仍会出现白口铸铁层（宽约 0.08mm）和马氏体层（宽约 0.1mm），以及在离半熔化区稍远的重结晶区内，含碳较低的奥氏体会转变为珠光体，从而使焊接接头塑性（伸长率）降低。半熔化区很窄的白口铸铁层对焊接接头抗拉强度影响不大，因为该薄层中除莱氏体外，还有一定量的珠光体，另外，焊缝中的 Ni 通过扩散会部分进入半熔化区，使白口铸铁合金化，有利于提高抗拉强度。故钢与铸态铁素体球墨铸铁焊接接头的抗拉强度一般可达到 400MPa 或稍高，但其伸长率却下降为 $\delta = 1\%~9\%$（其差值范围较大与拉伸试件标定区的宽度及其处于 V 形接头上下位置有关)。此外，由于白口铸铁薄层的存在，对焊接接头冲击韧度影响较大。例如母材 V 形缺口的 $\alpha_K = 18.7\text{J/cm}^2$，而焊缝半熔化区白口铸铁薄层的 $\alpha_K = 3.5\text{J/cm}^2$，冲击韧性大幅降低。如果改变铸造工艺，使石墨球化直径增大(例如石墨球数由 300 球/mm² 减少为 102 球/mm²)，则薄层半熔化区的冲击韧度可提高到 $\alpha_K = 10\text{J/cm}^2$。这是由于球墨直径增大后，球间的距离增大，有利于在白口铸铁组织之间存在一定量的铁素体，从而提高其韧度。

铸态铁素体球墨铸铁与低碳钢或低合金钢电弧焊接时，焊前预热到 400℃ 可完全清除马氏体层，而不能消除白口铸铁层。因在预热到 400℃ 后，奥氏体区的马氏体虽已消除，但转变为珠光体＋铁素体组织。要完全消除焊接接头的白口铸铁层，还须对铁素体球墨铸铁进行石墨化退火热处理。一般情况下，由于半熔化区很窄的白口铸铁层对焊接接头的抗拉强度影响不大，石墨化退火热处理只在有特殊要求时进行。

铸态铁素体球墨铸铁与低碳钢或普低钢的焊接除电弧焊外，还可采用摩擦焊、扩散焊、电子束焊等工艺。由于异种金属摩擦焊时，摩擦形成的热源温度一般不超过两相焊件中固相线温度较低的金属固相线温度。故在合适的焊接工艺下，固相线温度较低的铁素体球墨铸铁一侧不会出现液相，一般不会使焊接接头形成白口铸铁层。铸铁一侧的摩擦热源加热温度会提高到其共析转变上限温度以上，形成奥氏体，在合适的摩擦焊参数下，焊缝冷却时可避免马氏体产生。

第四章 几种石油化工设备的焊接及在役设备的焊接修复

第一节 压力容器典型结构焊接实例

压力容器焊缝坡口的基本形式及尺寸均需符合 GB 985.1~4—2008、GB 150.3—2011 附录 D 的规定。

一、压力容器 A、B 类焊接接头的焊缝结构

压力容器筒体与封头的焊接形式如图 4-1 所示。

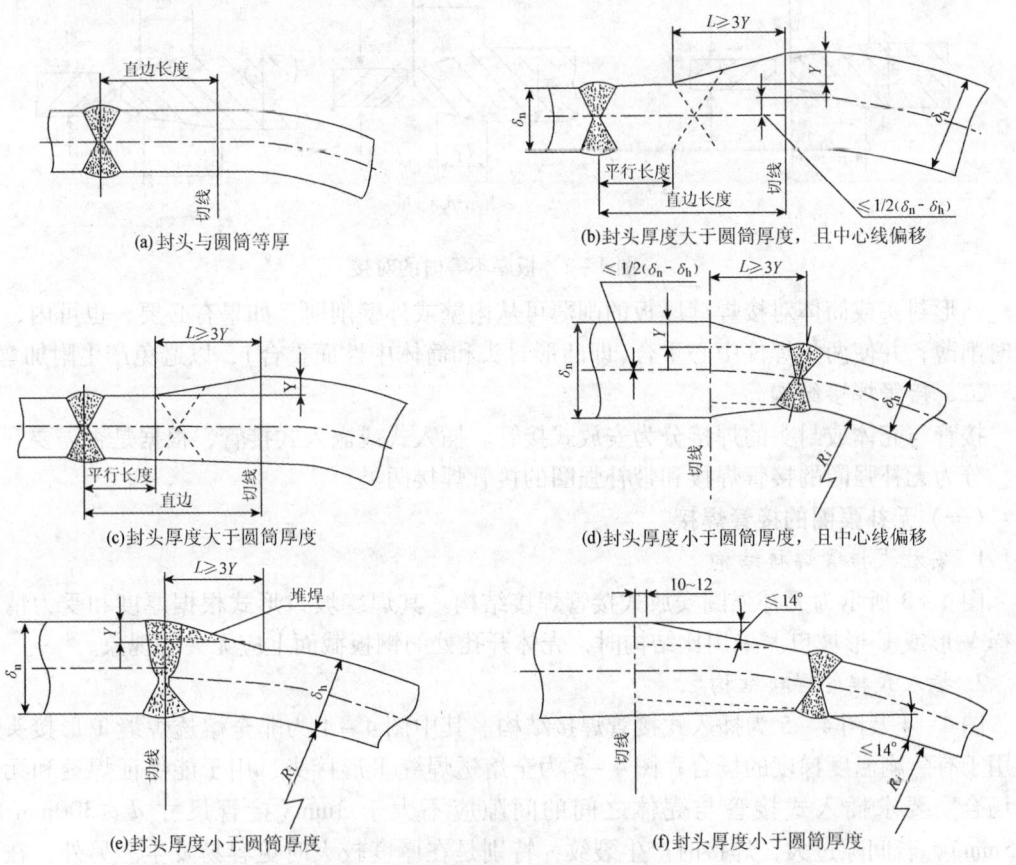

图 4-1 压力容器筒体与封头的焊接形式

注：1. 图(b)、(c)、(d)削薄可在内或在外，内侧或外侧的斜度可不对称，但两中心线偏差应小于或等于 $\frac{1}{2}(\delta_h - \delta_n)$。
2. 图(b)、(c)对接接头可位于锥形截面内或锥形过渡区，所需锥形长度 L 不应超过封头切线。
3. 图(e)可采用堆焊形成锥形过渡，后加工坡口。对堆焊金属熔敷的整个表面需按要求进行磁粉或渗透检测。
4. 接头的坡口形式由设计确定，图中表示的坡口仅为说明用。
5. 图(d)中的锥形过渡区起始点距切线的距离也可参照图(f)留 10~12mm 的直边段。

筒体与凸形封头的连接，一般情况下是等厚的。根据壁厚计算公式及考虑凸形封头制造中壁厚减薄量等，凸形封头壁厚也常有稍高于筒体壁厚的情况（一般高出2mm）。如果板厚不等，厚度差值在3mm以内时仍可采用板厚相等的坡口形式及尺寸；压力容器B类焊缝接头以及筒体与球型封头相连的A类焊接接头，当两侧板厚不等时，按GB 150.4—2011《压力容器》规定，若薄板厚度$\delta_{s1} \leqslant 10mm$，，两板厚度超过3mm，若薄板厚度$\delta_{s1} > 10mm$，两板厚度差大于$30\%\delta_{s1}$，或超过5mm时，均应按图4-2要求单面或双面削薄厚板边缘，或按图样要求采用堆焊方法将薄板边缘焊成斜面，使之成为等厚度焊接，以免焊缝与焊件表面应力集中。

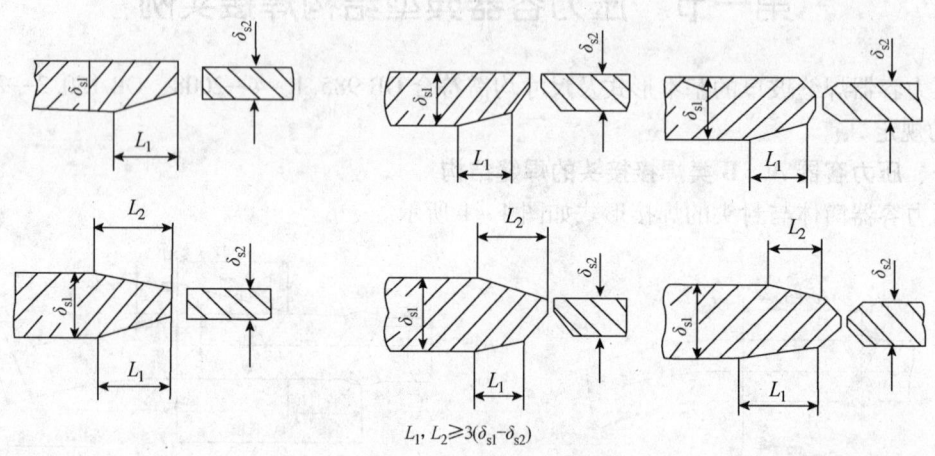

$L_1, L_2 \geqslant 3(\delta_{s1} - \delta_{s2})$

图4-2　板厚不等时的对接

凸形封头或筒体对接焊缝厚板的削薄可从内壁或外壁削薄，如果有必要，也可内、外壁同时削薄，并使两相焊件中心重合（即凸形封头和筒体中性面重合），以避免产生附加弯矩。

二、接管焊接结构

接管与壳体或封头的焊接分为安放式接管、插入式或嵌入式接管，根据是否需要开口补强，分为无补强圈的接管焊接和带补强圈的接管焊接两类。

（一）无补强圈的接管焊接

1. **安放式接管焊接结构**

图4-3所示为无补强圈安放式接管焊接结构。其焊缝坡口形式根据厚度和受力情况可选择V形或U形坡口。采用比结构时，壳体开孔处的钢板截面上应无夹层现象。

2. **插入式接管焊接结构**

图4-4及图4-5为插入式接管焊接结构。其中图4-4为非全熔透焊缝T形接头，不宜用于有急剧温度梯度的场合；图4-5为全熔透焊缝T形接头，用于能保证焊透和无缺陷的场合。要求插入式接管与壳体之间的间隙应不大于3mm（接管尺寸$d \leqslant 300mm$时为1.5mm），若间隙过大，焊接时产生裂纹，特别是在厚度较大时更容易发生。另外，在下列使用条件下（即①、②、③中任一种条件），接管内径边角处应倒圆，以减小开孔边缘的应力集中。圆角半径一般取$S_1/4$或19mm两者中的较小值（S_1为接管壁厚）。

① 承受疲劳载荷的压力容器；
② 钢材的标准抗拉强度下限值$\sigma_b > 540MPa$的容器；
③ 低温压力容器。

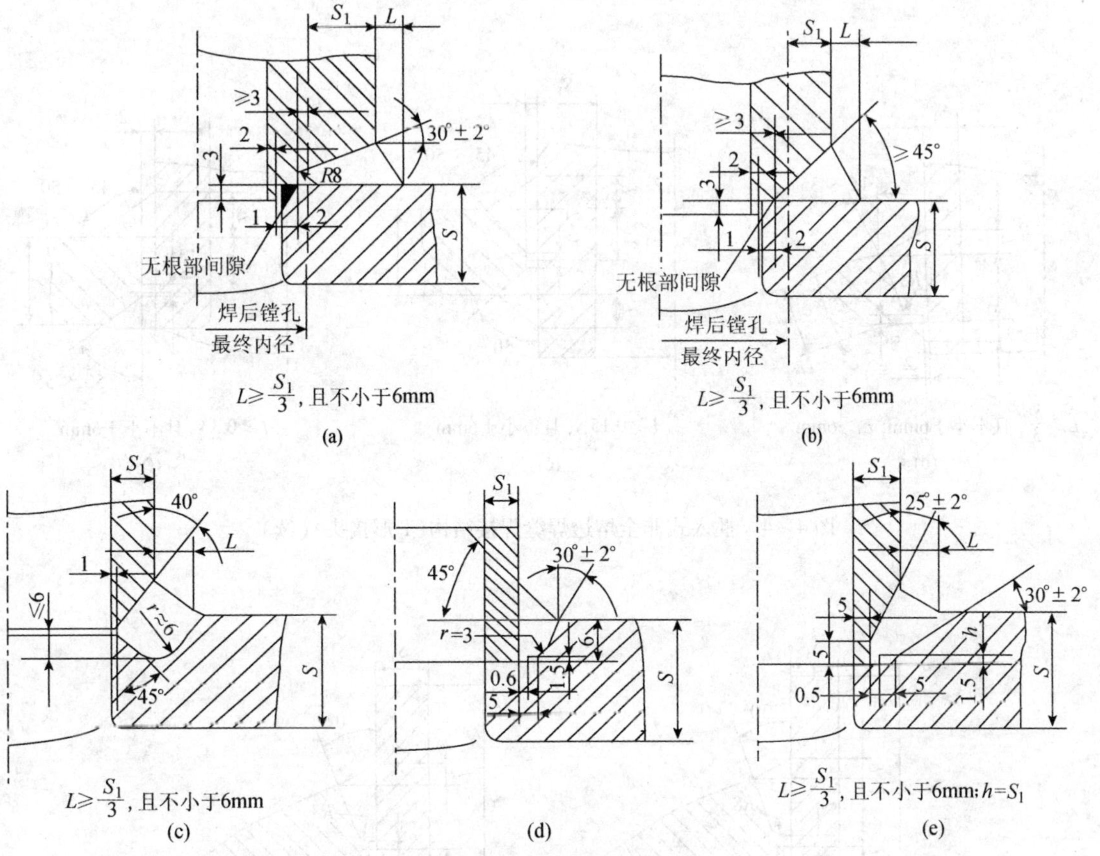

第四章 几种石油化工设备的焊接及在役设备的焊接修复

图 4-3 安放式接管

注: 1. 当接管直径与壳体直径之比较小时,一般采用图(a)、(b)的形式。
2. 图(c)一般适用于接管内径小于或等于100mm。
3. 图(d)、(e)适用于壳体厚度$S \leqslant 16mm$的碳钢和碳锰钢,或$S \leqslant 25mm$的奥氏体钢容器。对图(d),接管内径应小于或等于50mm,壁厚$S_1 \leqslant 6mm$;对图(e),接管内径应大于50mm,且小于或等于150mm,壁厚$S_1 > 6mm$。

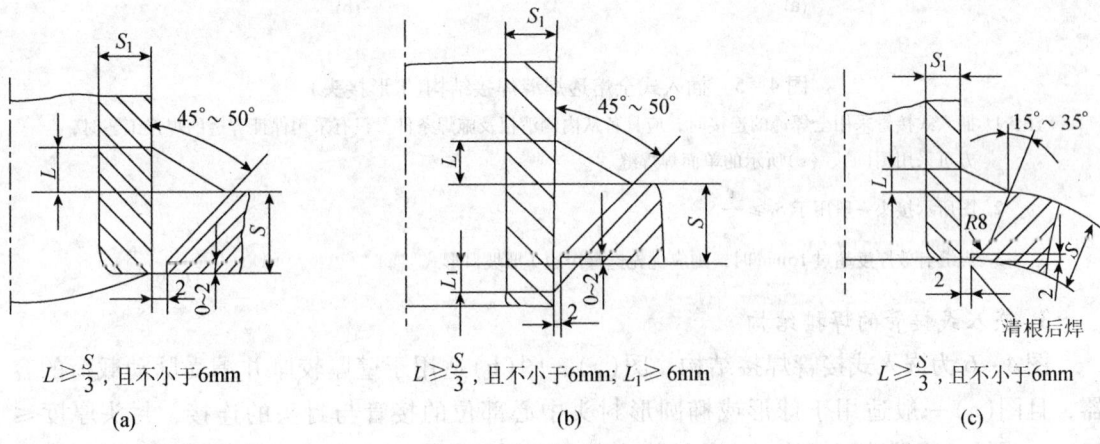

图 4-4 插入式非全熔透焊缝焊接结构(T形接头)

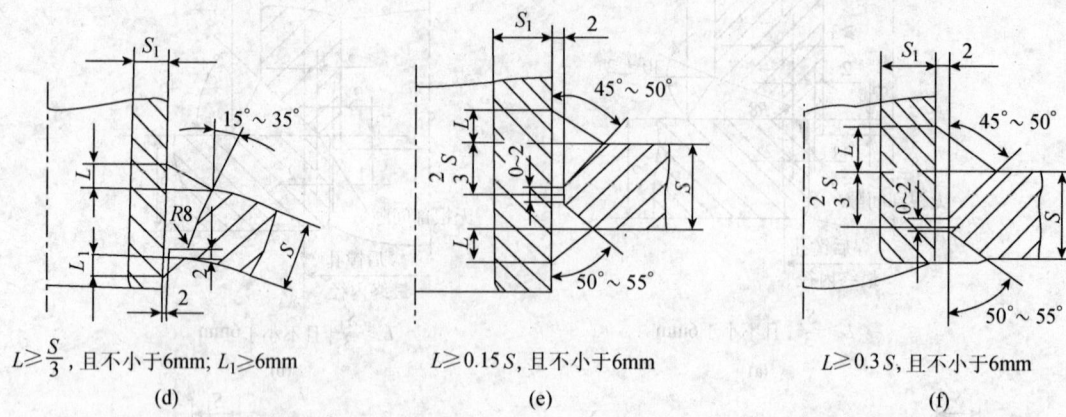

$L \geqslant \dfrac{S}{3}$,且不小于6mm;$L_1 \geqslant 6$mm

(d)

$L \geqslant 0.15S$,且不小于6mm

(e)

$L \geqslant 0.3S$,且不小于6mm

(f)

图4-4 插入式非全熔透焊缝焊接结构(T形接头)(续)

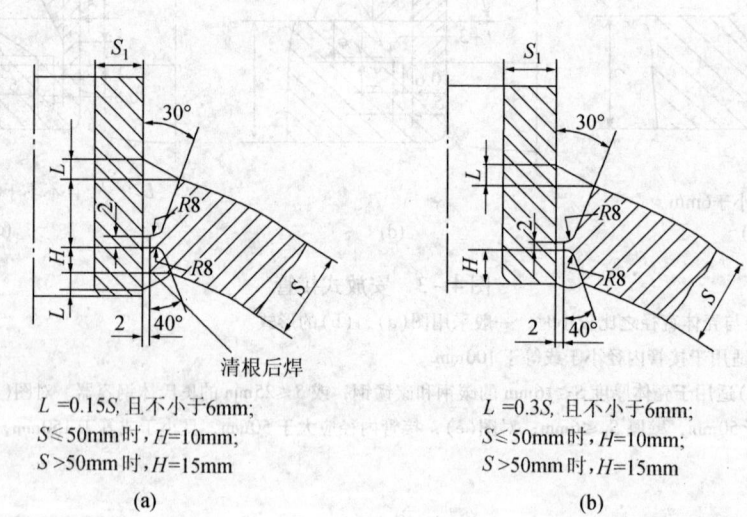

清根后焊

$L = 0.15S$,且不小于6mm;
$S \leqslant 50$mm时,$H = 10$mm;
$S > 50$mm时,$H = 15$mm

(a)

$L = 0.3S$,且不小于6mm;
$S \leqslant 50$mm时,$H = 10$mm;
$S > 50$mm时,$H = 15$mm

(b)

图4-5 插入式全熔透焊缝焊接结构(T形接头)

注:1. 插入式接管采用全焊透的连接时,应具备从内侧清根及施焊条件。只有采用保证焊透的焊接工艺时,方可采用图(a)、(c)所示的单面焊焊缝。

2. 图所示接头一般用于 $S_1 \geqslant \dfrac{1}{2} S$。

3. 焊缝有效厚度超过16mm时,则应优先选择单边J形坡口形式。

3. 嵌入式接管的焊接结构

图4-6为嵌入式接管焊接结构。图(a)、图(b)适用于壁厚较厚并承受脉动载荷的容器,且图(a)一般适用于球形或椭圆形封头中心部位的接管与封头的连接,封头厚度≤50mm。图(c)为锻造型接管,这种结构全部用于对接焊,应力集中系数最小,且便于焊缝检验。但价格制造较复杂,在接管较大的重要工况下方可采用。

第四章 几种石油化工设备的焊接及在役设备的焊接修复

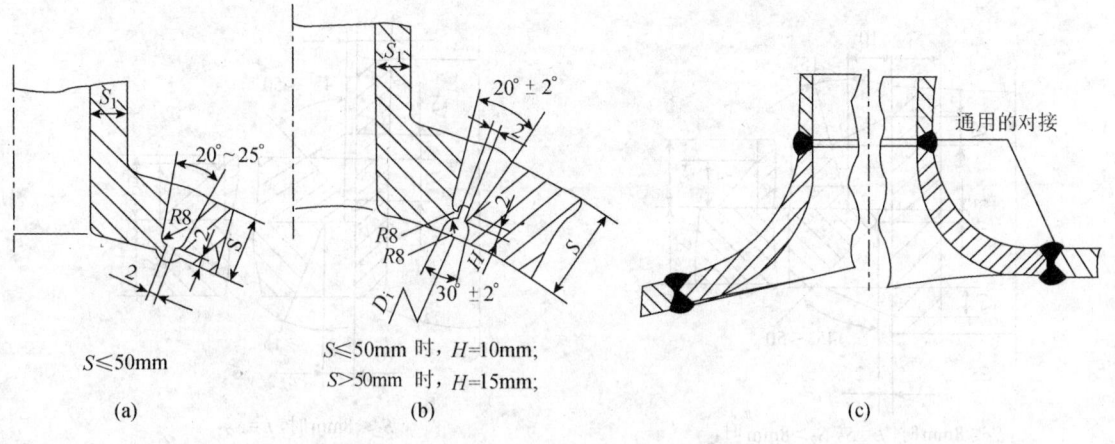

图 4-6 嵌入式接管

（二）有补强圈的接管焊接结构

这种结构不适用于有急剧温度梯度的场合。要求补强圈应与壳体贴紧，采用与壳体相同的材料并应开有 M10 检查用螺孔（讯号孔）。图 4-7 为带补强圈的安放式接管焊接结构，适用于容器壁厚不大于 16mm、材料抗拉强度 $\sigma_b \leqslant$ 440MPa 的碳钢、碳锰钢，或壁厚不大于 25mm 的奥氏体不锈钢。

图 4-8 所示为带补强圈的插入式接管焊接结构。要求插入式接管与壳体、接管与补强圈之间的间隙应不大于 3mm（接管尺寸 $d \leqslant 300$ 时为 1.5mm），若间隙增大，焊接时容易产生裂纹，特别是在厚度较大时更容易发生。

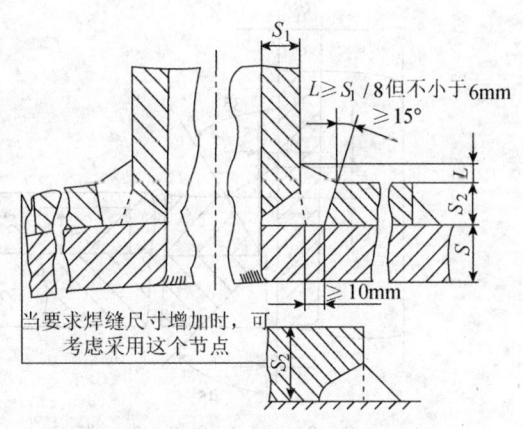

图 4-7 带补强圈的安放式接管

多数情形下，带补强圈插入式接管皆采用外部补强形式（图 4-8），有些情况下也可采用内部补强及内、外部同时补强的焊接结构。内部补强圈大多用于封头或球型容器的插入式接管焊接结构上。

GB 150.3—2011 附录 D.3"接管、凸缘与壳体的连接"中所推荐的无补强圈接管、带补强圈接管、嵌入式接管、安放式接管等结构形式，建议在设计中选用参考。

三、凸缘焊接结构

凸缘焊接结构有对接焊凸缘、填角焊凸缘、套焊和螺纹凸缘（小直径缘和接管）等焊接结构形式。

1. 对接焊凸缘结构

对接焊凸缘焊接结构如图 4-9 所示，适用于承受脉动载荷的容器。图(c)仅适用于容器壁厚 $\delta_n \leqslant 16$mm、抗拉强度 $\sigma_b \leqslant 440$MPa 的碳钢、碳锰钢，或 $\delta_n \leqslant 25$mm 的奥氏体不锈钢焊接结构（δ_n 为容器名义厚度）。图(d)为等厚度焊接，焊接应力小，受力均匀，对于耐蚀设备及不锈钢设备应采用这种焊接结构。

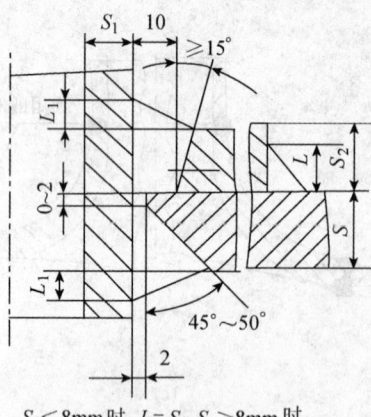

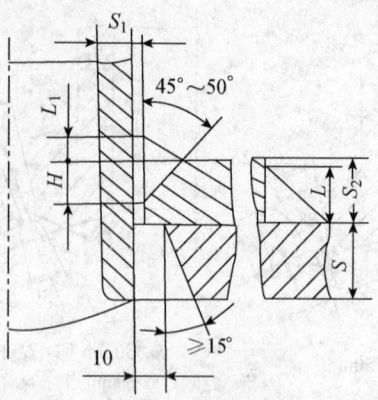

$S_2 \leqslant 8mm$ 时,$L=S_2$;$S_2>8mm$ 时,
$L=0.7S_2$,且不小于 8mm;$L_1 \geqslant 6mm$
(a)

$S_2 \leqslant 8mm$ 时,$L=S_2$;
$S_2>8mm$ 时,$L=0.7S_2$,
且不小于 8mm;$L_1 \geqslant 6mm$;$H=\frac{2}{3}S_1$
(b)

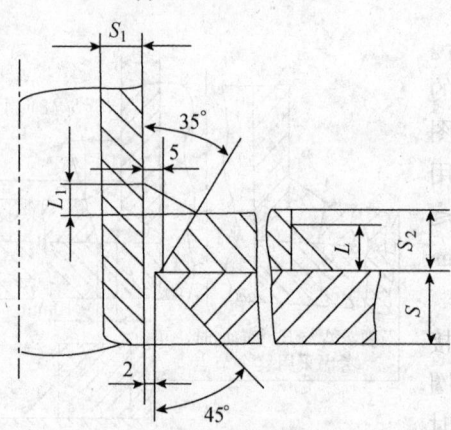

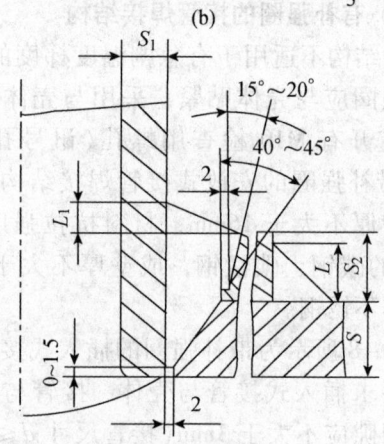

$S_2 \leqslant 8mm$ 时,$L=S_2$;$S_2>8mm$ 时,
$L=0.7S_2$,且不小于 8mm;$L_1 \geqslant 6mm$
(c)

$S_2 \leqslant 8mm$ 时,$L=S_2$;
$S_2>8mm$ 时,$L=0.7S_2$,
且不小于 8mm;$L_1 \geqslant \frac{1}{3}S_1$ 且不小于 6mm;
采用焊透的焊接工艺
(d)

图 4-8　带补强圈的插入式接管焊接结构

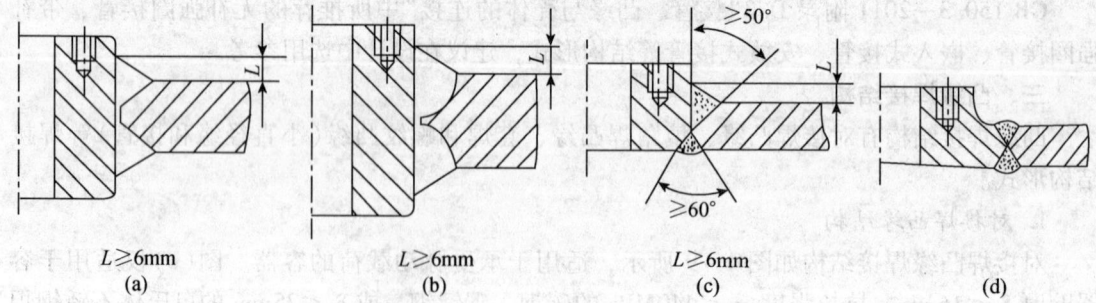

图 4-9　对接焊凸缘焊接结构

2. 填角焊凸缘结构

填角焊(角焊缝连接)凸缘焊接结构如图 4-10。这种结构不适用于承受脉动载荷的容

器，焊角尺寸取决于传递载荷的大小，并考虑制造和使用要求，在任何情况下均不得小于6mm。

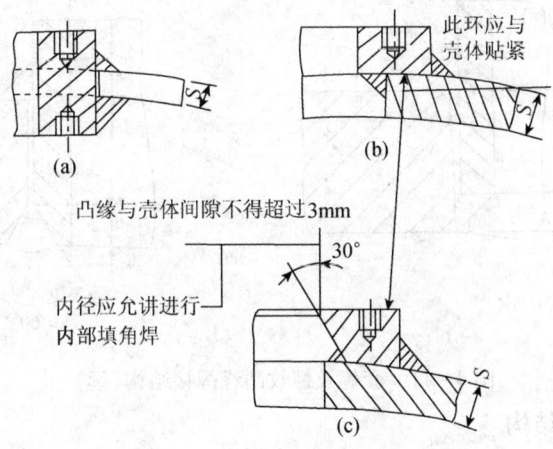

图4-10 填角焊凸缘焊接结构

3. 套焊和螺纹凸缘（小直径凸缘和接管）结构

套焊和螺纹凸缘结构如图4-11所示。与壳体连接的凸缘和接管的公称直径应≤50mm。图(b)、图(c)、图(d)一般适用于壳体厚度δ_n≤16mm的碳钢及碳锰钢，或δ_n≤25mm的奥氏体不锈钢焊接结构。多用于小型凸缘与壳体的连接。图(a)中壳体与堆焊层的总厚度应满足螺纹深度的要求。

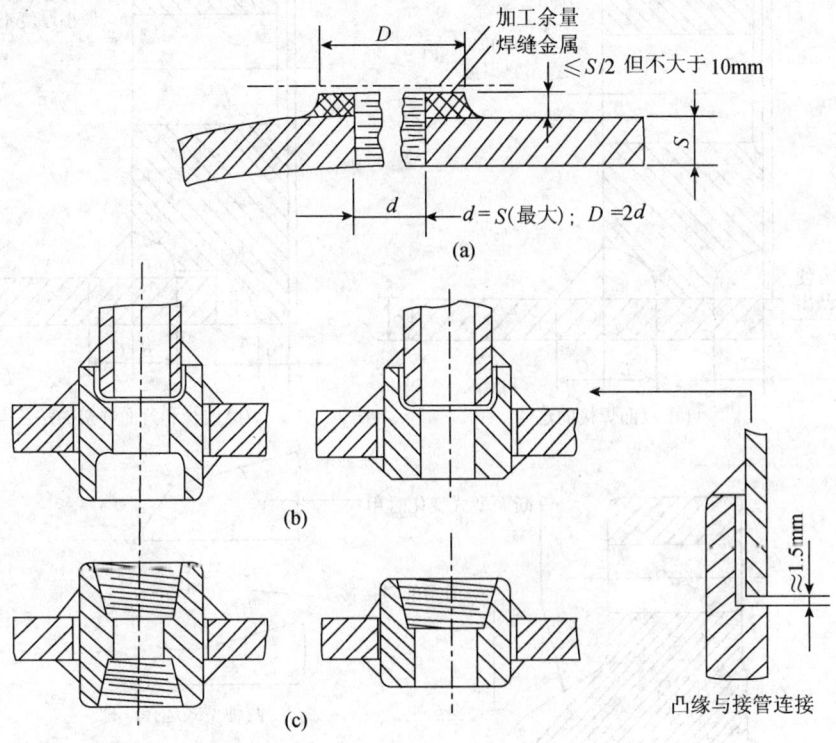

图4-11 套焊及螺纹凸缘焊接结构

S
S
S
S
S
S
≥60°

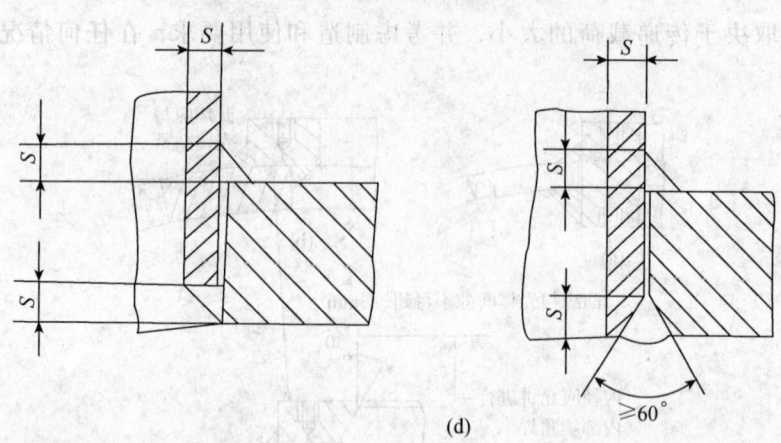

(d)

图 4－11　套焊及螺纹凸缘焊接结构(续)

四、设备法兰焊接结构

各种设备法兰与壳体焊接结构如图 4－12 所示。图(f)、图(g)适用于容器壁厚 $\delta_n \leqslant$ 16mm、抗拉强度 $\sigma_b \leqslant$ 440MPa 的碳钢、碳锰钢，或 $\delta_n \leqslant$ 25mm 的奥氏体不锈钢焊接结构。图中法兰内径与壳体外径之间的间隙应不超过 3mm，径向相对间隙之和应不超过 5mm。

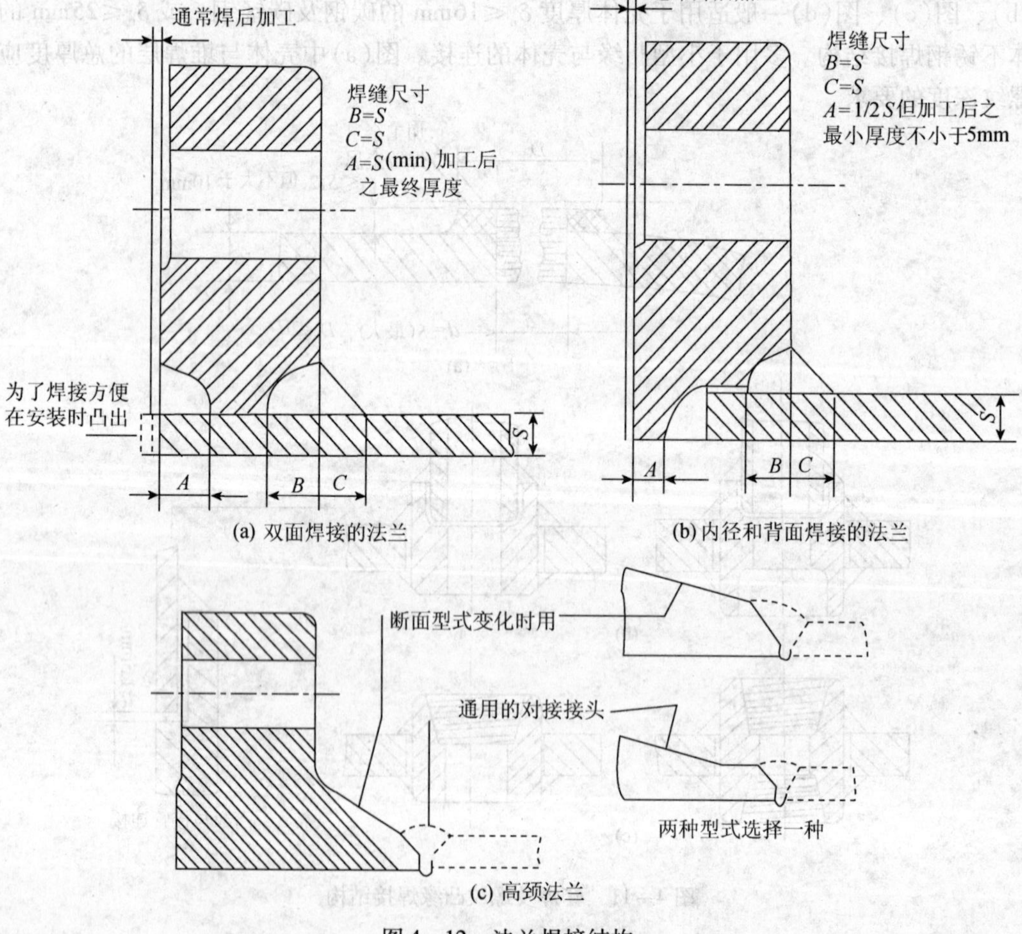

通常焊后加工
焊缝尺寸
B=S
C=S
A=S(min) 加工后
之最终厚度
为了焊接方便
在安装时凸出
S
A
B
C
(a) 双面焊接的法兰
通常焊后加工
焊缝尺寸
B=S
C=S
A=1/2S但加工后之
最小厚度不小于5mm
S
A
B
C
(b) 内径和背面焊接的法兰
断面型式变化时用
通用的对接接头
两种型式选择一种
(c) 高颈法兰

图 4－12　法兰焊接结构

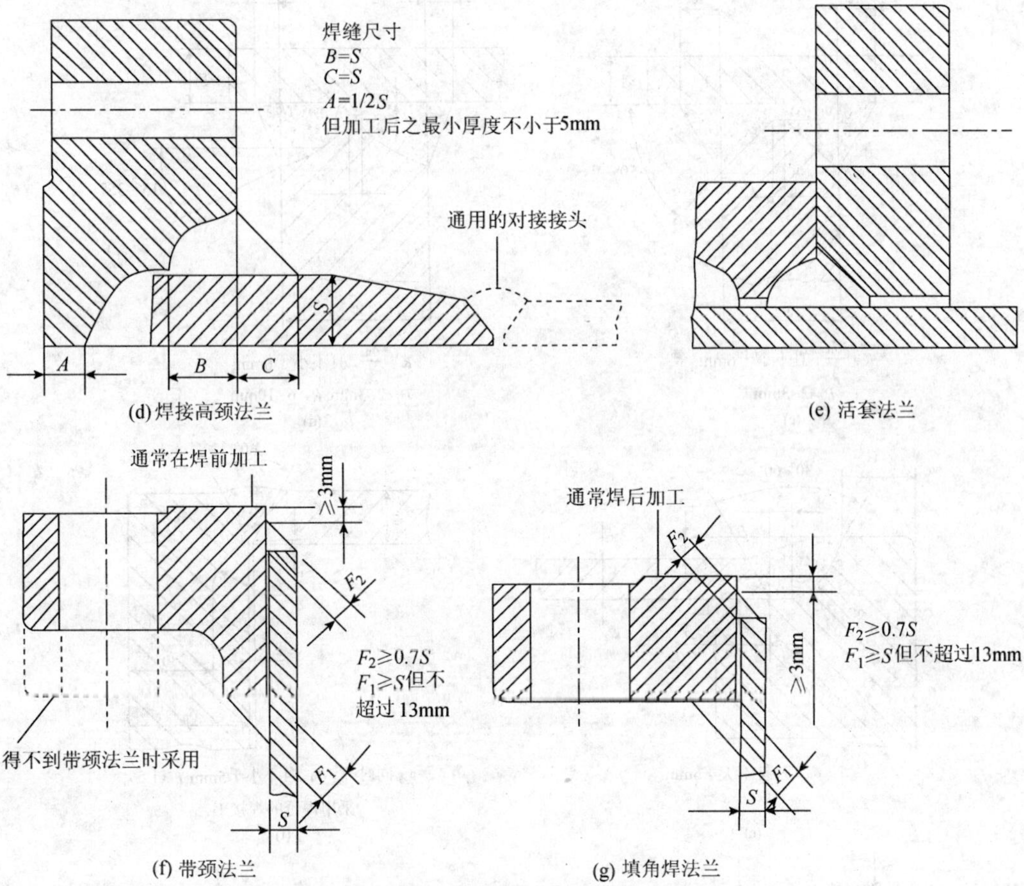

(d) 焊接高颈法兰 (e) 活套法兰

(f) 带颈法兰 (g) 填角焊法兰

图 4-12 法兰焊接结构(续)

五、平封头与受压元件的焊接结构

平封头与受压元件的焊接结构如图 4-13 所示,除图(c)、图(g)、图(h)外,封头与原图间隙不得超过 3mm。

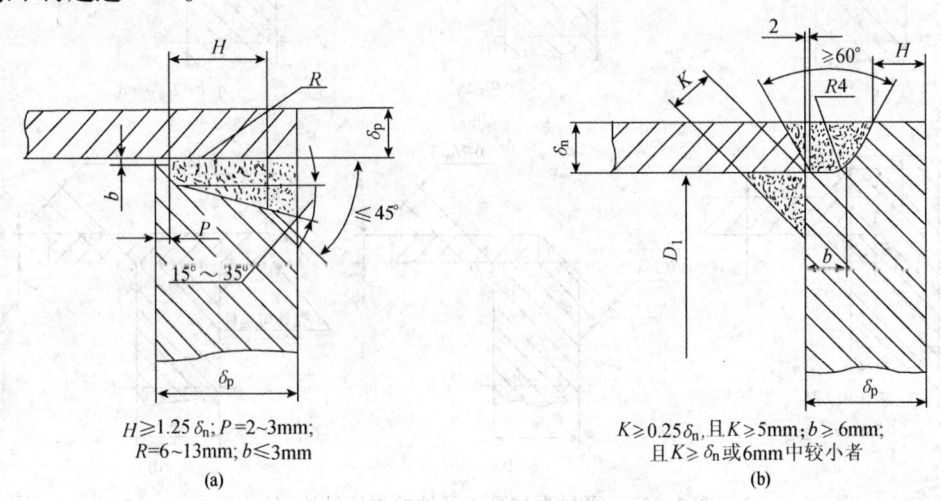

(a) $H \geq 1.25\delta_n$; $P = 2 \sim 3mm$; $R = 6 \sim 13mm$; $b \leq 3mm$

(b) $K \geq 0.25\delta_n$,且 $K \geq 5mm$; $b \geq 6mm$ 且 $K \geq \delta_n$ 或 6mm 中较小者

图 4-13 平封头与受压元件的焊接结构

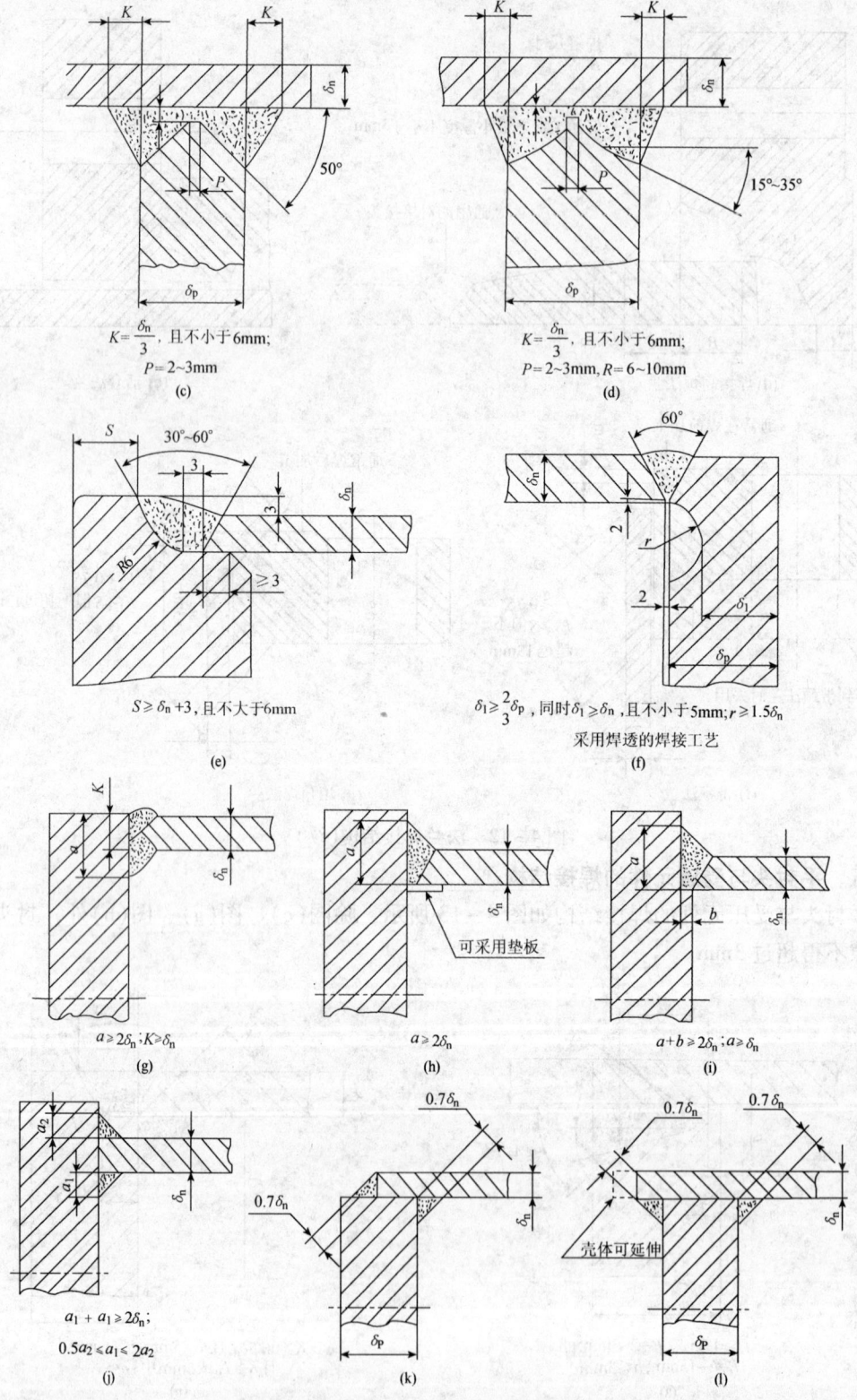

图4-13 平封头与受压元件的焊接结构(续)

注:图(e)适用于$\delta_n \leq 16$的抗拉强度不超过432MPa的碳钢和碳锰钢,不推荐使用在有腐蚀和疲劳工况的容器上。

六、凸型封头与筒体的搭接结构

凸型封头与圆筒的搭接结构如图4-14所示凸面或凹面受压的椭圆形、碟形封头与筒体搭接时，其直边长度应不小于图中所示的要求，套装在圆筒内、外侧的凸型封头直边段表面应与圆筒紧密配合，不得留有间隙。

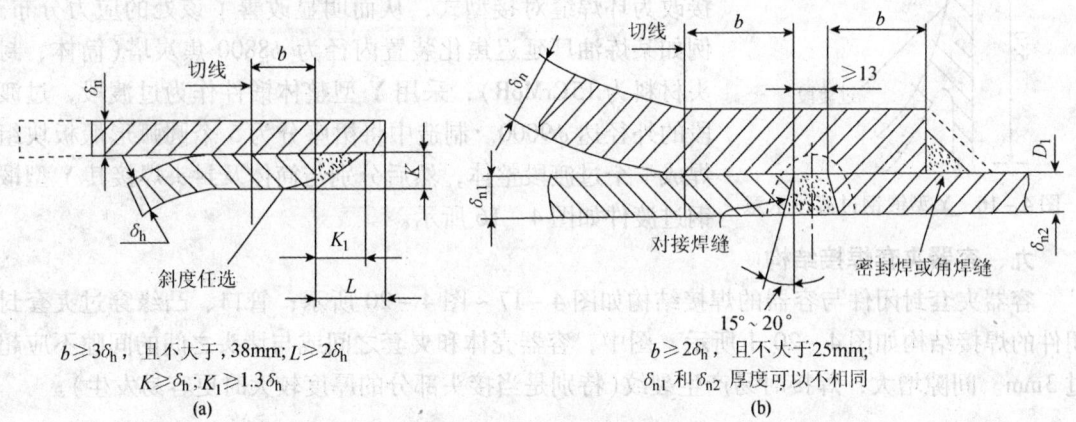

图4-14 凸形封头与圆筒的搭接结构

注：对图(b)结构，设计时取剪应力为两侧可能出现的最大压力差的1.5倍。对接焊缝的许用应力为圆筒材料许用应力的70%，角焊缝的许用应力为圆筒材料许用应力的55%。

七、矩形容器侧板间的焊接结构

矩形容器侧板间的焊接结构如图4-15所示。侧板之间的焊接可采用带垫板或不带垫板焊接，垫板材料应与侧板相同。

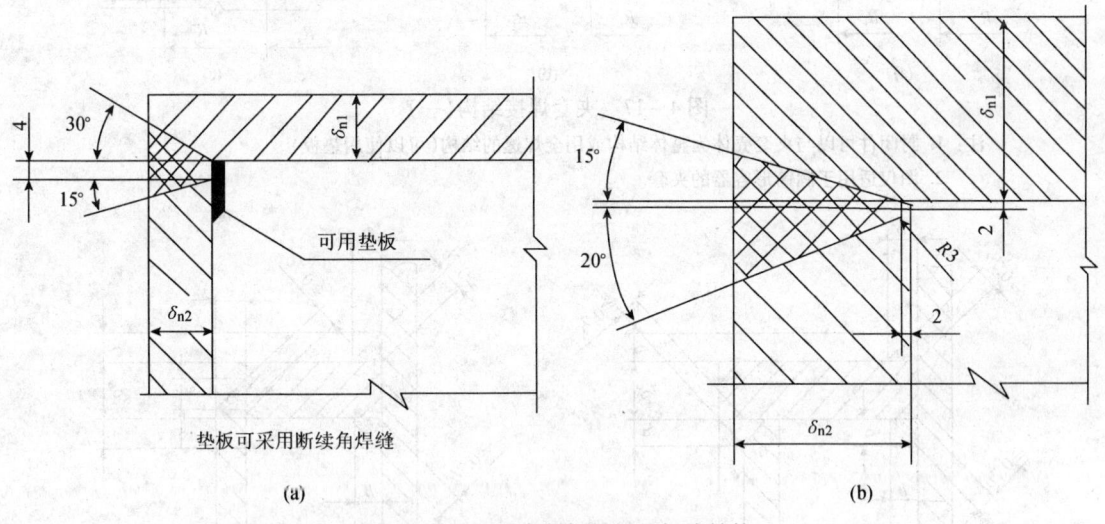

图4-15 矩形容器侧板间的焊接结构

八、裙座与壳体的焊接结构

裙座与凸型封头的焊接结构通常有对接与搭接两种形式，见《压力容器设计实用手册》[1]

---

[1] 王国璋编著，中国石化出版社2013年出版。

第六章图 6.2-9、图 6.2-10。石油化工设备中，对一些高温高压反应设备（如锻焊结构热壁和加氢反应器等）以及高温下承受交变热应力（疲劳载荷）的大型压力容器（如焦炭塔），裙座与筒体之间的连接，已逐渐采用 Y 形整体锻件作为过渡件，将原先与筒体的角焊缝连接改为环焊缝对接型式，从而明显改善了该处的应力分布。例如某炼油厂延迟焦化装置内径为 $\phi 8800$ 焦炭塔（筒体、封头材料为 15CrMoR），采用 Y 型整体锻件作为过渡段，过渡段的外径达 $\phi 9000$。制造中将裙座分为 5 个圆弧形煅板块组焊成一个过渡段整体，然后分别与筒体及封头焊接其 Y 型锻钢过渡件如图 4-16 所示。

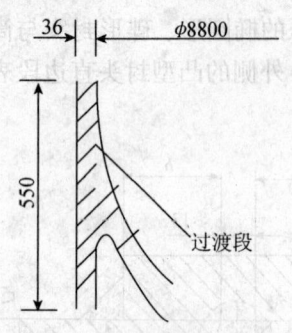

图 4-16　Y 型锻钢过渡段示意

九、容器夹套焊接结构

容器夹套封闭件与容器的焊接结构如图 4-17～图 4-20 所示；管口、凸缘穿过夹套封闭件的焊接结构如图 4-20.1 所示。图中，容器壳体和夹套之间或与堵头之间的间隙不应超过 3mm。间隙增大，焊接时易产生裂纹（特别是当接头部分的厚度较大时更容易发生）。

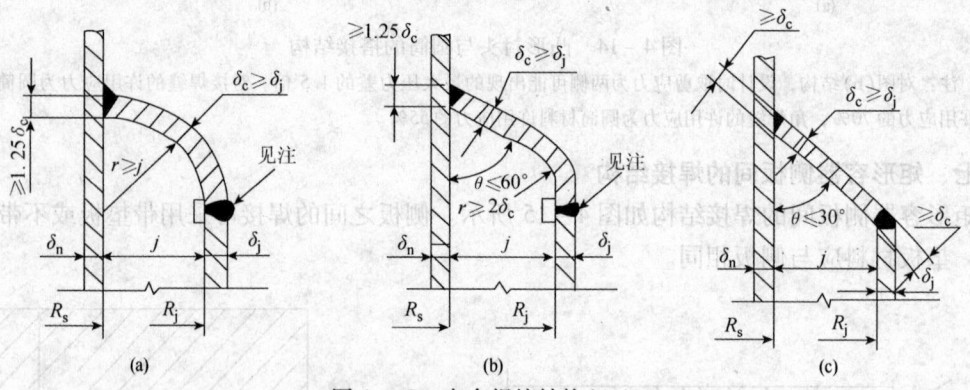

图 4-17　夹套焊接结构（一）

注：1. 封闭件可以与夹套壳体为整体结构或用全焊透的结构（可以使用垫板）。
　　2. 图仅适用于圆筒形容器的夹套。

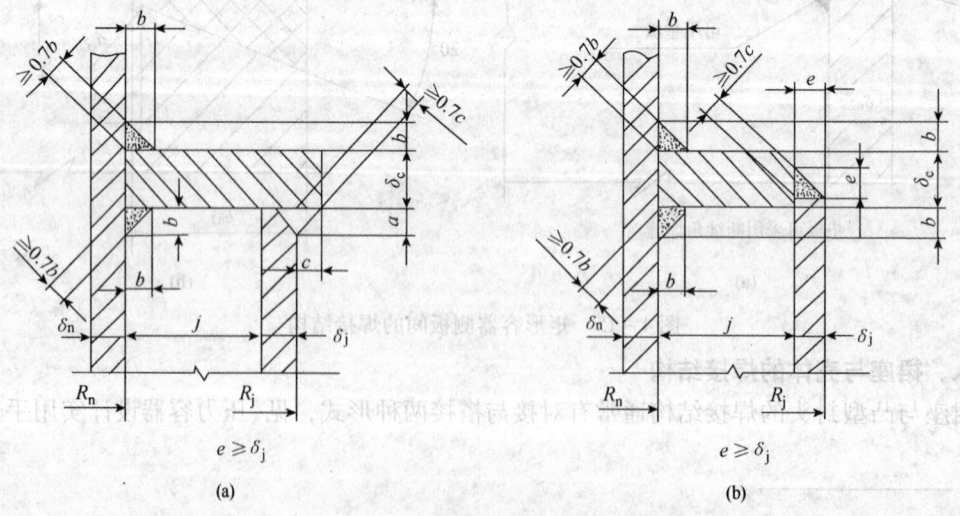

图 4-18　夹套焊接结构（二）

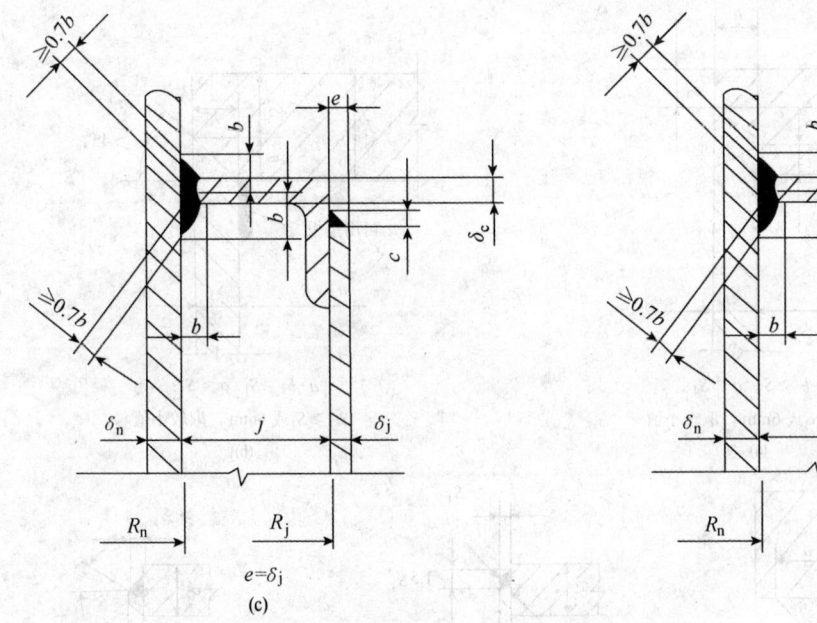

图4-18 夹套焊接结构(二)(续)

注：1. $b \geqslant 0.75\delta_t$ 或 $0.75\delta_n$，取较小值。

2. 图(a)、(b)、(c)、(d)仅适用于焊在圆筒部分的夹套。

3. 图中：$\delta_j - C \leqslant 16\text{mm}$；$\delta_c$ 等于 $2\delta_j$ 或 $0.707j\sqrt{\dfrac{p_c}{[\sigma]^t}} + C$ 两者中的较大值。

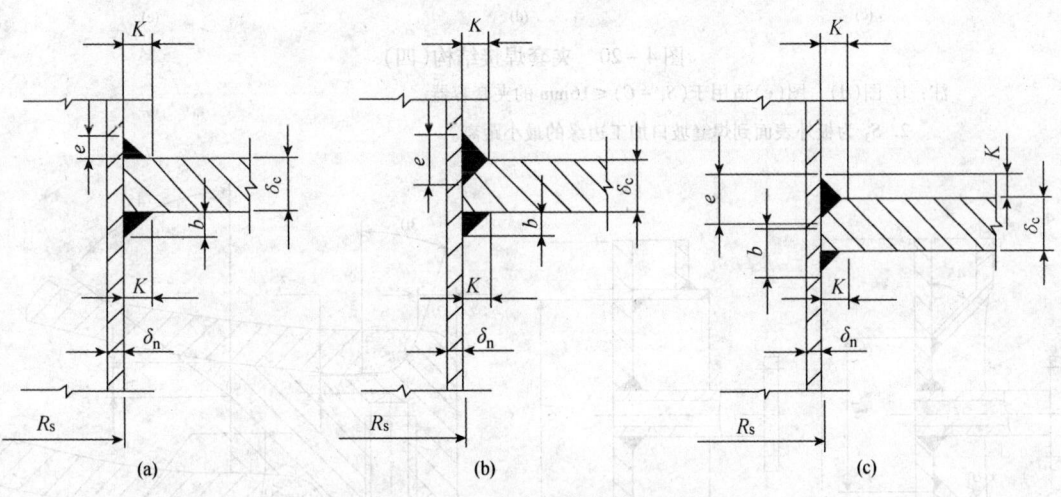

图4-19 夹套焊接结构(三)

注：1. $b+e \geqslant 1.5\delta_n$ 或 $1.5\delta_c$，取较小值。

2. 对于仅用于圆筒部分的夹套，封闭环厚度 δ_c 按图4-18中注3计算。

3. 对于封头部分也带夹套的夹套容器，封闭环厚度和最大许用的夹套间隙宽度应由下列公式确定：

$$\delta_e \geqslant 1.414\sqrt{\dfrac{p_c R_s j}{[\sigma]^t}} + C$$

$$j = \dfrac{2[\sigma]^t \delta_n^2}{p_c R_i} - 0.5(\delta_n + \delta_j)$$

4. 为使 $(b+e)$ 保证所需的最小值而用坡口焊或角焊连接时所需的最小焊角尺寸。

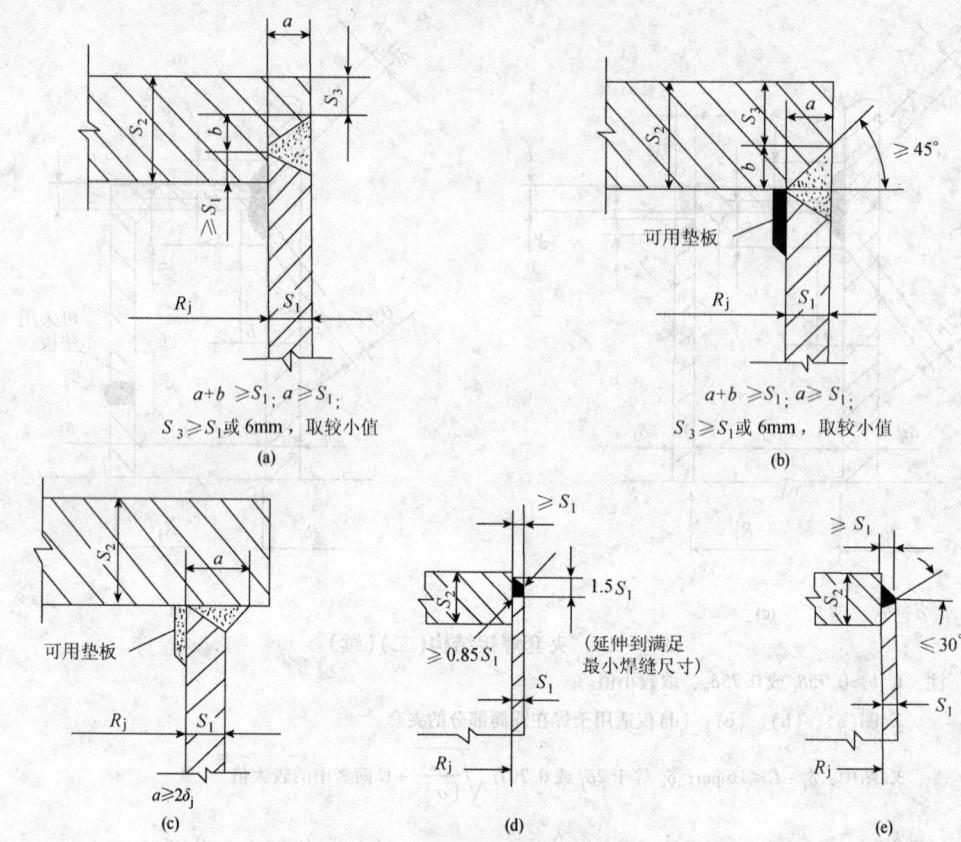

图4-20 夹套焊接结构(四)

注：1. 图(d)、图(e)适用于$(S_1-C)\leq16mm$的夹套容器。
2. S_3为板外表面到焊缝坡口加工边缘的最小距离。

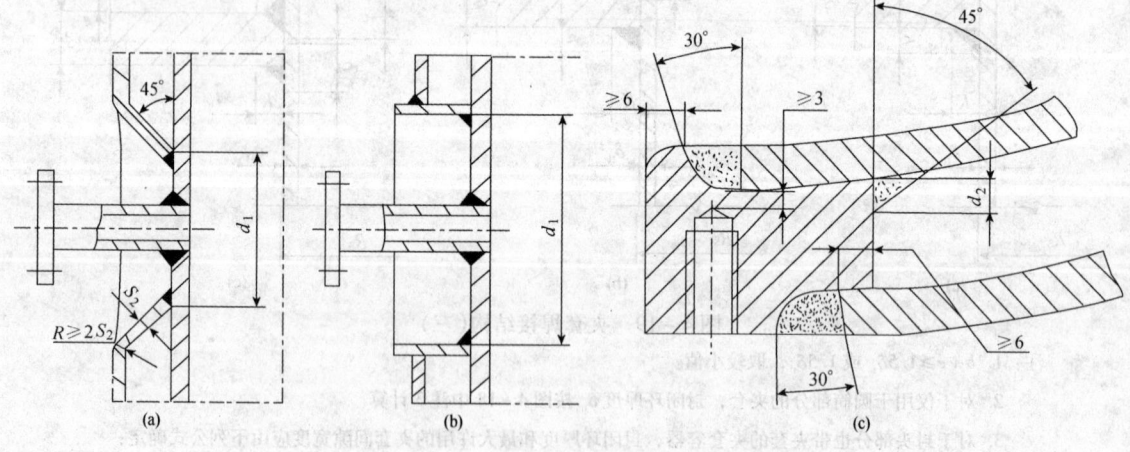

图4-20.1 管口、凸缘穿过夹套封闭件的焊接结构

十、多层容器典型结构焊接形式

(一) 等厚度圆筒间的 B 类焊接接头

多层与单层等厚度圆筒及等厚度多层圆筒间的焊接结构如图4-21所示。图中(a)、图

(b)为多层圆筒与单层圆筒的连接；图(c)、图(d)、图(e)为多层圆筒之间的连接；图(f)、图(g)为具有不锈钢内筒多层圆筒之间的连接。

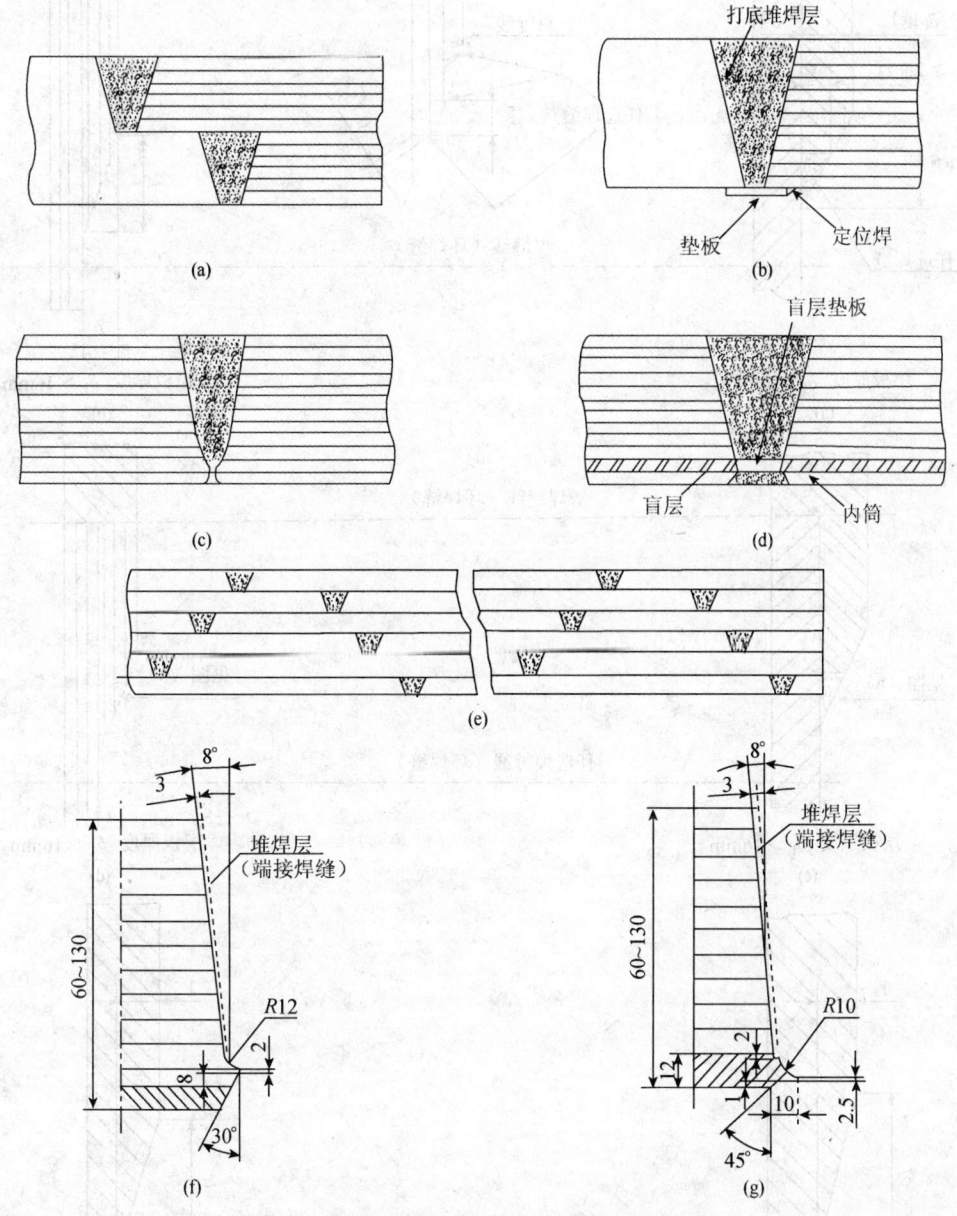

图 4-21　等厚度圆筒间的 B 类接头焊接结构

注：对图(b)结构，当单层圆筒要求进行焊后热处理时，为避免对此环缝作焊后消除应力热处理，一般应在加工后的坡口面上堆焊一层厚度等于或大于 3mm 的不需焊后热处理的焊接材料，先将堆焊后的单层圆筒进行热处理，其后再与多层圆筒相焊。但上述要求不包括多层圆筒需作焊后热处理的情况。

(二) 不等厚圆筒间的 B 类焊接接头

不等厚圆筒间的 B 类焊接接头采用图 4-22 所示的过渡形式。其中，图(a)、图(b)为厚度不等的多层圆筒间的连接；图(c)~图(f)为多层圆筒与厚度不等的单层圆筒间的连接。过渡段的斜边长度 $L \geq 3Y$，过渡部分可在筒壁的一侧或两侧。

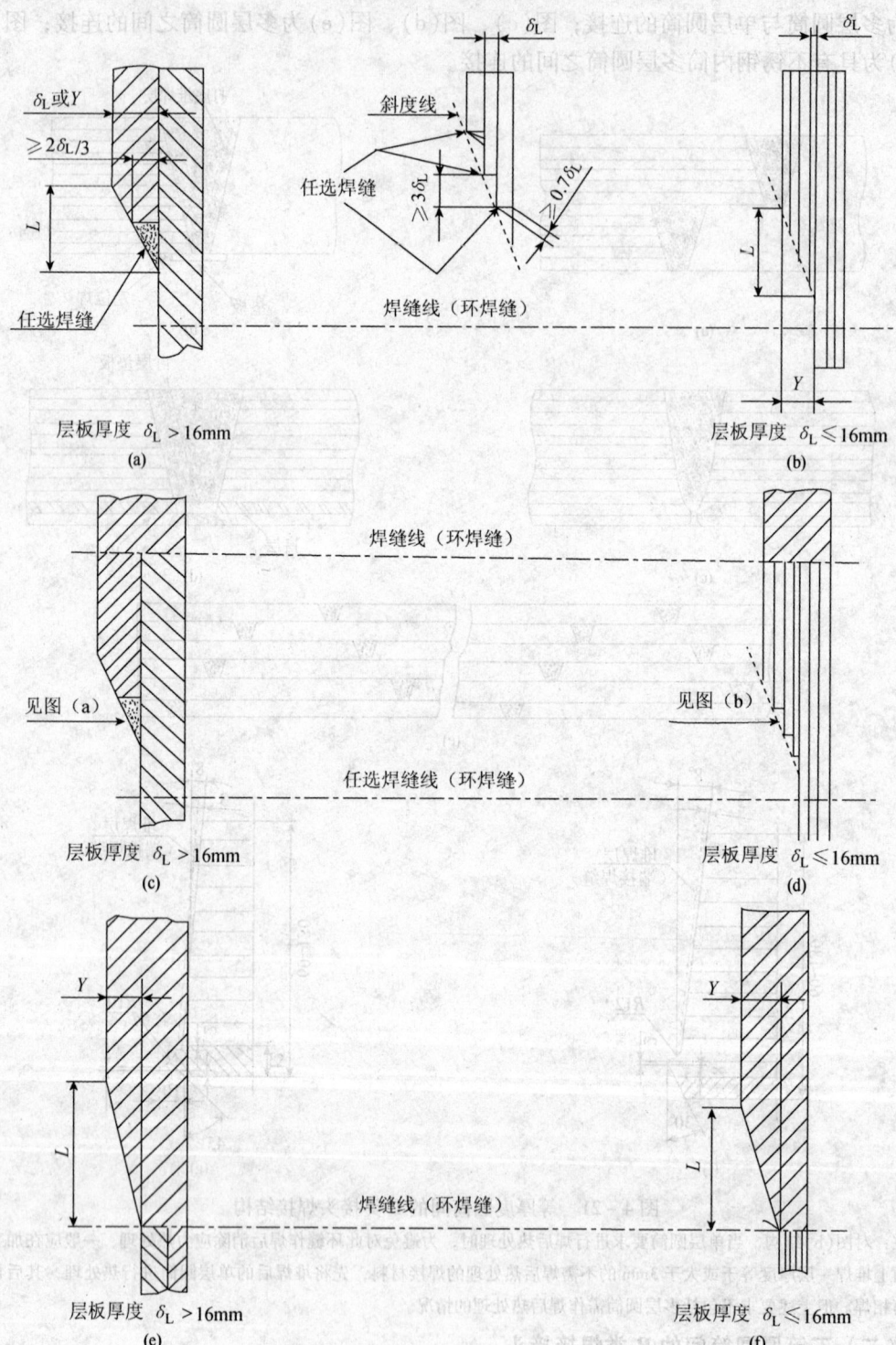

图 4-22 不等厚圆筒间的 B 类接头焊接结构

(三) 多层圆筒与封头的连接

多层圆筒与封头的对接焊接结构如图 4-23 所示。

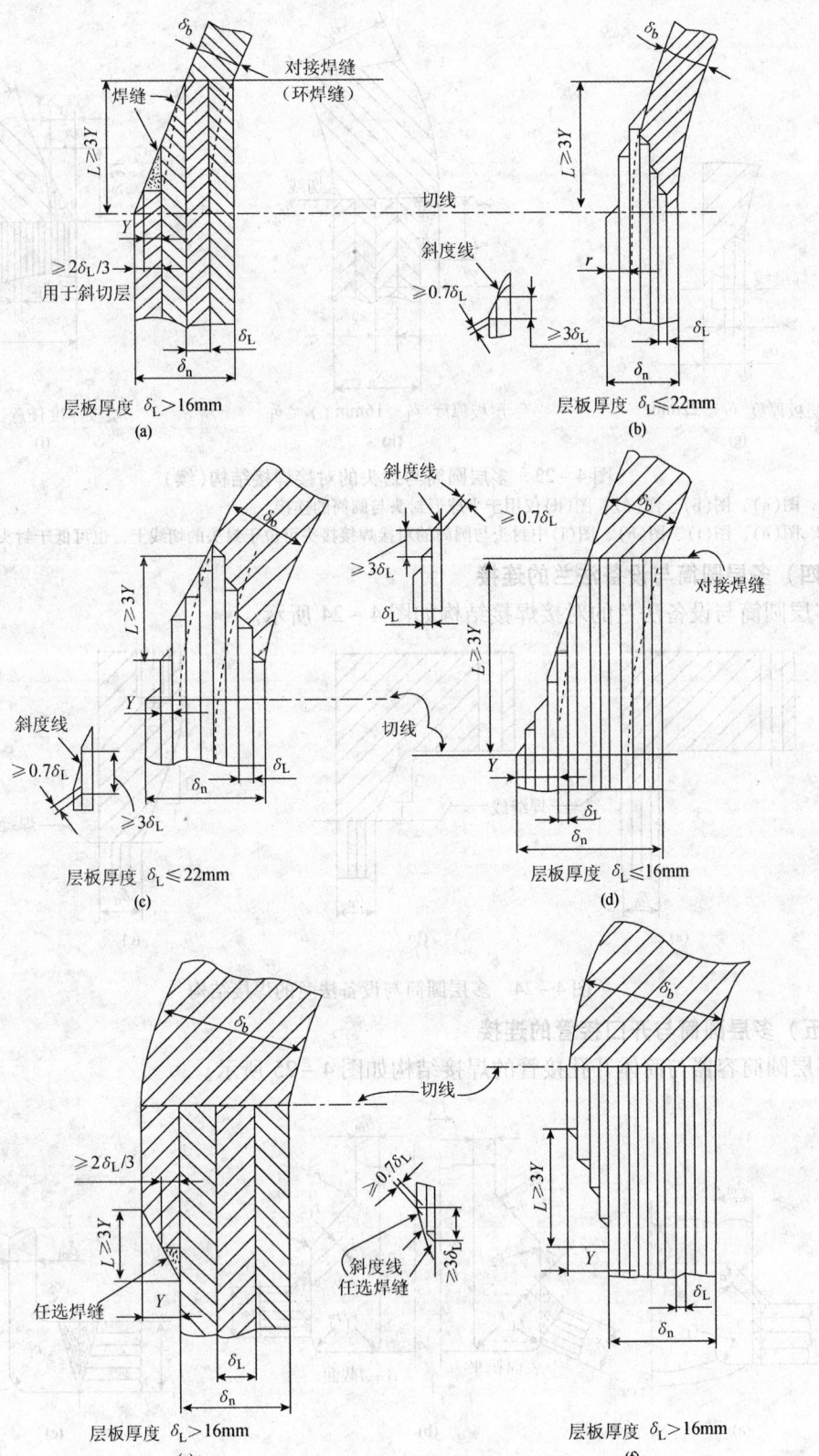

图4-23 多层圆筒与封头的对接焊接结构

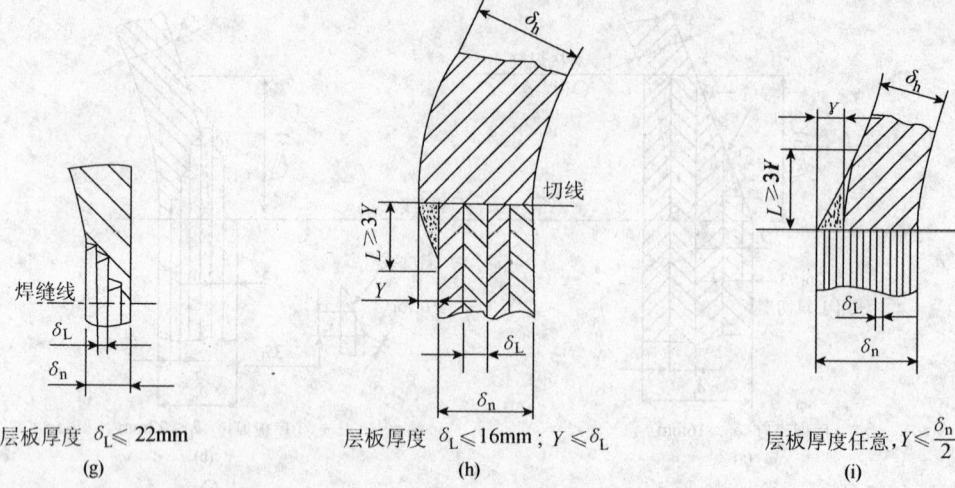

层板厚度 $\delta_L \leqslant 22mm$　　　层板厚度 $\delta_L \leqslant 16mm$；$Y \leqslant \delta_L$　　　层板厚度任意，$Y \leqslant \dfrac{\delta_n}{2}$

(g)　　　　　　　　　　(h)　　　　　　　　　　(i)

图 4-23　多层圆筒与封头的对接焊接结构（续）

注：1. 图(a)、图(b)、图(c)、图(d)仅用于半球形封头与圆筒的连接。
　　2. 图(e)、图(f)、图(h)、图(i)中封头与圆筒的对接焊接接头可位于封头的切线上，也可低于封头切线。

（四）多层圆筒与设备法兰的连接

多层圆筒与设备法兰的对接焊接结构如图 4-24 所示。

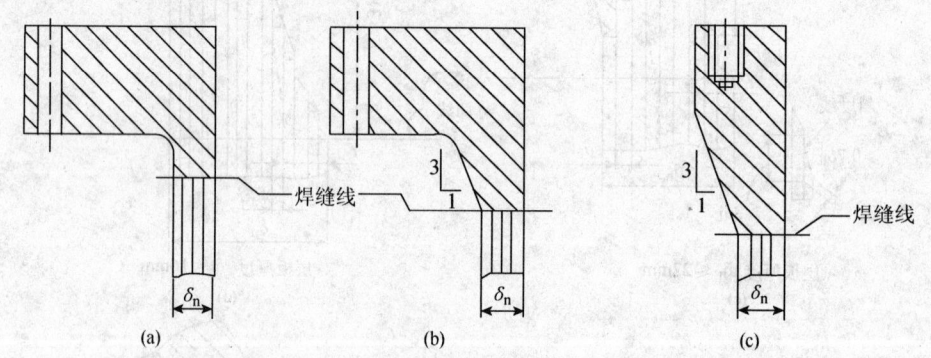

图 4-24　多层圆筒与设备法兰的焊接结构

（五）多层圆筒与开口接管的连接

多层圆筒容器与筒体开孔接管的焊接结构如图 4-25 所示。

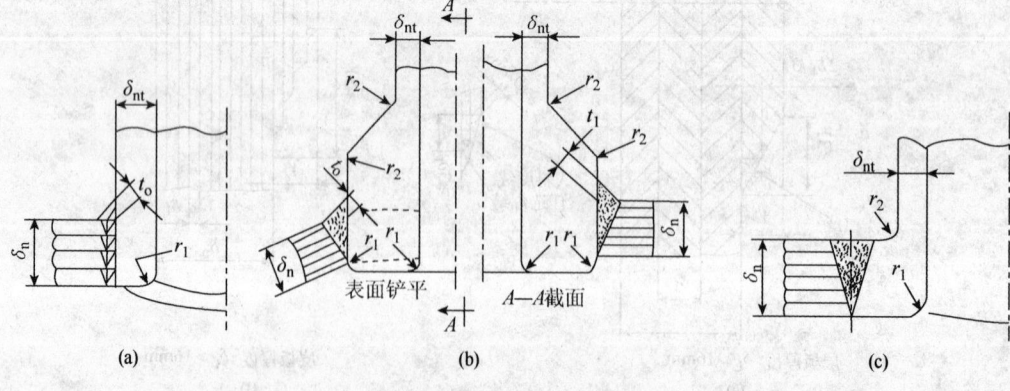

图 4-25　多层圆筒与开口接管的焊接结构

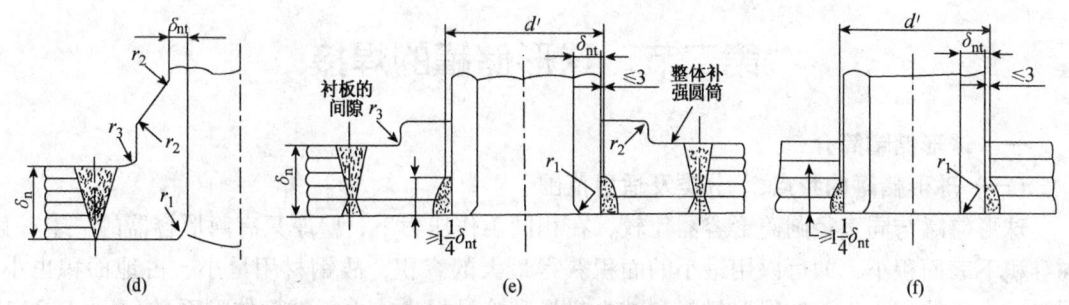

图 4-25 多层圆筒与开口接管的焊接结构(续)

注：1. 圆角半径 r_{1min} 取 $\delta_m/4$ 或 19mm 两者中的较小值；$r_2 \geq 6mm$；$r_{3min} = r_{1min}$；$t_c \geq 6mm$；或不小于 δ_{nt} 和 19mm 两者中较小值的 0.7 倍。
2. 对图(e)、图(f)应设法防止外界杂物进入层板与接管外径间的间隙，但不准用密封焊。
3. 对图(e)结构，一般适用于公称管径大于 $DN50mm$ 的开孔。

(六) 多层圆筒(或封头)与支座的连接

多层圆筒壳体(或封头)与支座的焊接结构如图 4-26 所示。其中图(d)为多层凸行封头与单层裙座的焊接结构。

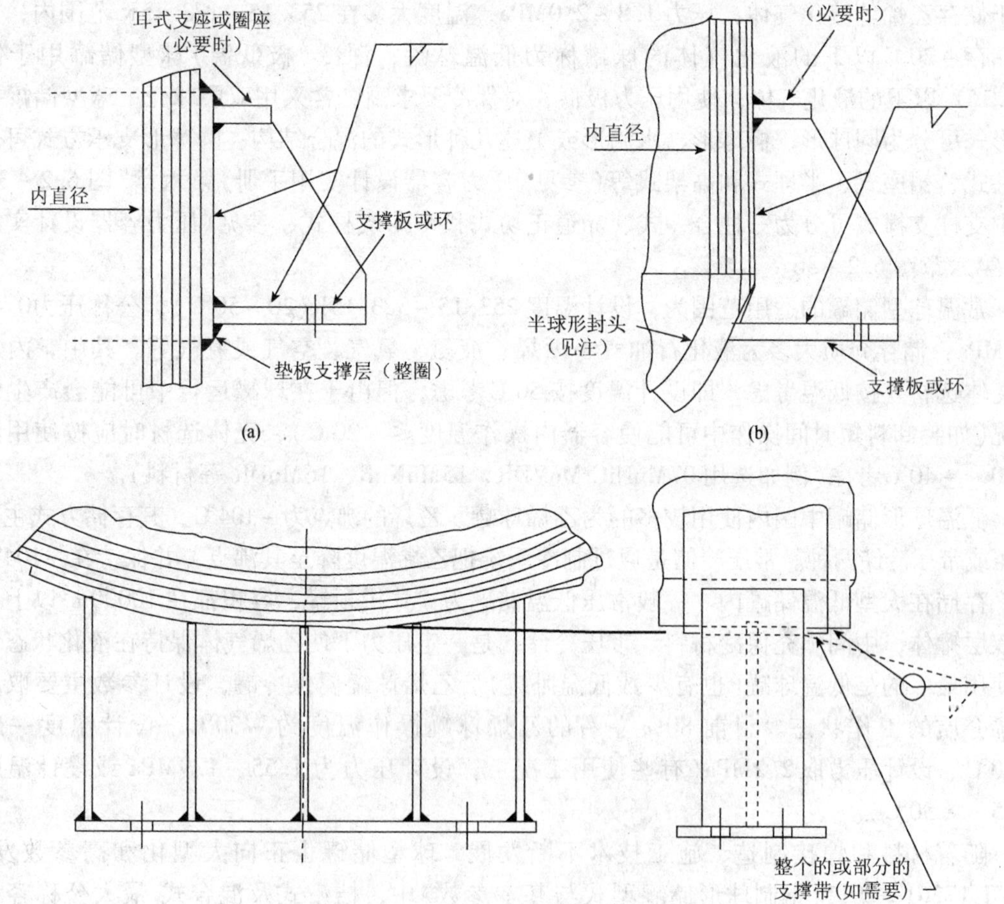

图 4-26 多层圆筒(或封头)与支座的焊接结构

注：对非半球形封头，应特别考虑不连续应力的作用。

第二节　球形储罐的焊接

一、球形储罐简介
(一) 球形储罐的特点、分类及适用范围

球形储罐与同直径圆筒形容器比较，在相同工作压力下，壁厚只有筒形容器的一半，且同容积下表面积小，即可以用最小的面积获得最大的容积，故钢材用量小、占地面积也小。同时，由于体积小而节约保温材料和减少热量和冷量损失；由于球面体型系数（$K_1=0.3$）比圆筒（$K_1=0.7$）小，在相同风压下比圆筒容器安全性高。在石油化工中，球形储罐广泛用来储存液化石油气、丙烯、乙烯以及氮气、液氨等介质。

球形储罐由多组球壳板（球片）组焊而成，根据球壳板组对的形状可分为橘瓣式、足球瓣式和混合式三种型式。球面分为赤道带，南、北温带，南、北寒带和南极（底板），北极（顶板）。根据球罐直径大小和钢板尺寸，可分为三带、四带、五带或七带等。

球形储罐按使用工况，可分为常温球形储罐、低温球形储罐和深冷（极低温）球形储罐三类。常温球型储罐用于储存液化石油气、氨、氮、氧等，压力为 1~4MPa；低温球形储罐用于储存乙烯等液化气体，压力 1.8~2.0MPa，温度大多在 253.15~173.15K 范围内，通常将储存 -20℃ 以下的液化气体的球罐称为低温球罐；深冷（极低温）球型储罐用于储存 173.15K 以下的液化气体，使用压力极低，对保冷要求高，常采用双层球壳。球型储罐按结构形式可分为圆球形、椭球形、水滴形或上述几种形式的混合结构；圆球形支承方式可分为支柱式、裙座式、半埋式和高架式等（参见《压力容器设计实用手册》第六章"图 6.2-3"），其中支柱支撑式可分为三柱合一式、赤道正切式和 V 形支柱式，参见《压力容器设计实用手册》第六章图 6.2-36。

常温球型储罐的适用范围为，设计温度 253.15~323.15K（20~50℃），公称压力 0.45~2.9MPa，储存介质大多为液化石油气、丙烯、液氨、氧气、空气或氮气等。其中，丙烯球罐壳体选材宜按低温考虑，即设计温度按 50℃ 考虑，但由于在球罐运行中可能会产生低温情况（如装卸料短时间操作中可能使容器内操作温度 ≤ -20℃），壳体选材时应按使用温度 -20~-40℃ 考虑（例如选用 07MnNiCrMoVDR、15MnNbR、16MnDR 等材料）。

低温球形储罐中国内使用较多的为乙烯球罐。乙烯的沸点为 -104℃，其存储方式主要有常压或带压冷储两种。常压冷储是通过制冷系统把乙烯温度降至其沸点，并保持在 -104℃ 左右，存储在大型低温储罐内。一般常压低温储罐为立式拱顶罐，容积都在 10000m³ 以上，制成双层罐体，中间填充保冷材料。带压冷储，是一定压力下使乙烯气体保持在液化状态，通常使用最多的是低温球罐（也有少数低温卧罐）。乙烯球罐属保冷罐，设计参数主要取决于乙烯介质的工作状态。目前 80% 左右的乙烯球罐操作温度约 -30℃。设计温度一般取 -40℃、设计压力取 2.2MPa（有些使用工况下，设计压力为 1.55~1.9MPa 或设计温度取 -45~-50℃）。

随着材料和焊接制造、施工技术不断发展，球型储罐也正向大型化和高参数发展。GB/T 17261—2011《钢制球形储罐型式与基本参数》中，桔瓣式及混合式最大公称容积为 10000m³，球中壳内径 26.8m（国外最大球壳内径为 50m）。设计压力从 99.9% 真空度至 7MPa，工作温度从 21.15K 至 823.15K。可储存城市煤气、压缩氧、液氯等。

（二）球形储罐常用材料

1. 对球罐材料的基本要求

球罐一般是储存气体或液化气体介质的压力容器，储存的物料大部分为易燃、易爆和有毒介质，故其使用安全性尤为重要。球罐本体及其他受压元件必须采用压力容器专用钢，绝不允许采用普通结构钢，并应完全是镇静钢，决不能用沸腾钢。

球罐的应用范围广，工作条件各不相同，如压力、介质腐蚀、低周疲劳、低温等，因此从球罐安全出发，分析球罐用钢的基本要求、合理选择钢材十分重要。生产应用中，随着球罐储存介质品种增多以及球罐大型化、高参数化，对球罐用钢的要求也日趋提高并多样化。对球罐用钢的基本要求主要应包括：

① 除必须保证必要的强度指标外，尤为重要的是要保证塑性、韧度，以及良好的可成形性和焊接性。一般要求 $w(C)<0.24\%$、$w(S)\leqslant0.035\%$、$w(P)\leqslant0.03\%$，以尽量减少钢的热脆和冷脆倾向。

② 球罐用钢板应具有较高的屈服点和合适的屈强比，以适应球罐大型化和高参数化要求，减少壁厚和重量。提高屈强比充分发挥钢材潜力，但为确保使用安全，以 $\sigma_s/\sigma_b = 0.65\sim0.75$ 为宜。

③ 为提高球罐用钢板的强度，保证均匀良好的塑性，凡符合 GB 12337—1998《钢制球形储罐》第 4.2.2 条规定的球壳板及其他受压元件，均要求以正火状态下使用。因为对于铁素体+珠光体钢来说，正火钢比热轧钢晶粒更均匀细小，塑性和韧度有明显提高，有时还可除去原组织中存在的针状铁素体和魏氏体组织。为保证良好的综合力学性能，对某些球罐用低合金钢钢板，要求以正火+回火（600～650℃）状态供货（如 18MnMoNbR、13MnNiMoNbR 等），以及对少数球罐用低合金高强度钢要求以调质状态供货[如 07MnCrMoVRe（CF-60、CF-62）、07MnNiCrMoVR 等]。

④ 要求球罐用钢板抗裂性高，焊接前尽量不需预热或预热温度较低，以适应低成本和自动化焊接的要求。钢板尺寸应精确，厚度均匀，耐蚀性好。

⑤ 用于制造球罐的材料（球壳板、受压元件、开口接管、锻件、螺栓和螺母、以及焊接材料等），必须符合 GB 12337—1998 标准中"4 材料"规定。

2. 球罐壳体常用材料

石油化工冶金等工业领域中使用的球罐大部分是常温球罐，也有少量处于低温工件条件（如乙烯球罐及一般按常温设计、低温选材的丙烯球罐）。由于球罐长期承受静载荷或低周疲劳载荷，置于露天场地直接受环境温度影响，以及外壁受大气侵蚀、内壁受储存介质的腐蚀。为使球罐能在长期静载和低周疲劳载荷下保持结构稳定，具有较高的刚度和强度，不允许产生塑性变形和断裂破坏，要求球罐用钢应具有较高的屈服点和抗拉强度，以及良好的塑性和韧度，同时具有足够的耐蚀性（特别是耐应力腐蚀开裂性能）。对于低温球罐用钢，还要求具有足够低的脆性转变温度。此外，球罐用钢的化学成分还必须首先满足冷变形加工和焊接性的要求。

我国常温球罐用钢板采用 GB 713—2008《锅炉和压力容器用钢板》Q245R（优质非合金钢）、Q345R（低合金高强度钢）、13MnNiMoR（正火回火钢），以及采用国标 GB 19189—2003《压力容器用调质高强度钢板》中 07MnCrMoVR；按 GB 713—2008 规定：Q235R 代替原 20R 和 20g；Q345R 代替原 16MnR、16Mng、19Mng；13MnNiMoR 代替原 13MnNiMoNbR 和

13MnNiCrMoNbg。其中，Q245R采用较少，只用于制造工作压力低（$p \leqslant 0.784$MPa）、容量小（$V = 50 \sim 120\text{m}^3$）、壁厚薄（$\delta = 10 \sim 14$mm）要求低的球罐。以上几种钢板的化学成分力学性能、工艺性能见表4-1~表4-4。

表4-1　Q235R、Q345R及13MnNiMoR等钢板化学成分

牌号	化学成分（质量分数）/%										
	C[②]	Si	Mn	Cr	Ni	Mo	Nb	V	P	S	Alt
Q245R[①]	≤0.20	≤0.35	0.50~1.00[③]						≤0.025	≤0.015	≥0.020
Q345R[①]	≤0.20	≤0.55	1.20~1.60						≤0.025	≤0.015	≥0.020
Q370R	≤0.18	≤0.55	1.20~1.60				0.015~0.050		≤0.025	≤0.015	
18MnMoNbR	≤0.22	0.15~0.50	1.20~1.60			0.45~0.65	0.025~0.050		≤0.020	≤0.010	
13MnNiMoR	≤0.15	0.15~0.50	1.20~1.60	0.20~0.40	0.60~1.00	0.20~0.40	0.005~0.020		≤0.020	≤0.010	
15CrMoR	0.12~0.18	0.15~0.40	0.40~0.70	0.80~1.20		0.45~0.60			≤0.025	≤0.010	
14Cr1MoR	0.05~0.17	0.50~0.80	0.40~0.65	1.15~1.50		0.45~0.65			≤0.020	≤0.010	
12Cr2Mo1R	0.08~0.15	≤0.50	0.30~0.60	2.00~2.50		0.90~1.10			≤0.020	≤0.010	
12Cr1MoVR	0.08~0.15	0.15~0.40	0.40~0.70	0.90~1.20		0.25~0.35		0.15~0.30	≤0.025	≤0.010	

注：① 如果钢中加入Nb、Ti、V等微量元素，Alt含量的下限不适用。
　　② 经供需双方协议，并在合同中注明，C含量下限可不作要求。
　　③ 厚度大于60mm的钢板，Mn含量上限可至1.20%。

表4-2　Q245R、Q345R及13MnNiMoR等钢板力学性能和工艺性能

牌号	交货状态	钢板厚度/mm	拉伸试验			冲击试验		弯曲试验
			抗拉强度 R_m/(N/mm²)	屈服强度[①] R_{eL}/(N/mm²)	伸长度 A/%	温度/℃	V型冲击功 A_{KV}/J	180° $b=2a$
				不小于			不小于	
Q245R	热轧控轧或正火	3~16	400~520	245	25	0	31	$d=1.5a$
		>16~36	400~520	235				
		>36~60		225				
		>60~100	390~510	205	24			$d=2a$
		>100~150	380~500	185				
Q345R		3~16	510~640	345	21	0	34	$d=2a$
		>16~36	500~630	325				
		>36~60	490~620	315				
		>60~100	490~620	305	20			$d=3a$
		>100~150	480~610	285				
		>150~200	470~600	265				

续表

牌号	交货状态	钢板厚度/mm	拉伸试验 抗拉强度 R_m/(N/mm²)	拉伸试验 屈服强度[①] R_{eL}/(N/mm²)	伸长度 A/%	冲击试验 温度/℃	冲击试验 V型冲击功 A_{KV}/J	弯曲试验 180° $b=2a$
					不小于		不小于	
Q370R	正火	10~16	530~630	370	20	-20	34	$d=2a$
Q370R	正火	>16~36	530~630	360	20	-20	34	
Q370R	正火	>36~60	520~620	340	20	-20	34	$d=3a$
18MnMoNbR	正火加回火	30~60	570~720	400	17	0	41	$d=3a$
18MnMoNbR	正火加回火	>60~100	570~720	390	17	0	41	$d=3a$
13MnNiMoR	正火加回火	30~100	570~720	390	18	0	41	$d=3a$
13MnNiMoR	正火加回火	>100~150	570~720	380	18	0	41	$d=3a$
15CrMoR	正火加回火	6~60	450~590	295	19	20	31	$d=3a$
15CrMoR	正火加回火	>60~100	450~590	275	19	20	31	$d=3a$
15CrMoR	正火加回火	>100~150	440~580	255	19	20	31	$d=3a$
14Cr1MoR	正火加回火	6~100	520~680	310	19	20	34	$d=3a$
14Cr1MoR	正火加回火	>100~150	510~670	300	19	20	34	$d=3a$
12Cr2Mo1R	正火加回火	6~150	520~680	310	19	20	34	$d=3a$
12Cr1MoVR	正火加回火	6~60	440~590	245	19	20	34	$d=3a$
12Cr1MoVR	正火加回火	>60~100	430~580	235	19	20	34	$d=3a$

① 如屈服现象不明显，屈服强度取 $R_{p0.2}$。

表4-3　07MnCrMoVR钢板化学成分

牌号	化学成分(质量分数)/%									
	C	Si	Mn	P	S	Ni	Cr	Mo	V	P_{cm}[②]
07MnCrMoVR	≤0.09	0.15~0.40	1.20~1.60	≤0.025	≤0.010	≤0.40[①]	0.10~0.30	0.10~0.30	0.02~0.06	≤0.20
07MnNiMoVDR	≤0.09	0.15~0.40	1.20~1.60	≤0.020	0.010	0.20~0.50	≤0.30[①]	0.10~0.30	0.02~0.06	≤0.21
12MnNiVR	≤0.15	0.15~0.40	1.20~1.60	≤0.025	≤0.010	0.15~0.40	≤0.30[①]	≤0.30[①]	0.02~0.06	≤0.26

① 必要时加入。
② P_{cm}为焊接裂纹敏感性组成，按如下公式计算：

$$P_{cm} = C + Si/30 + (Mn + Cu + Cr)/20 + Ni/60 + Mo/15 + V/10 + 5B(\%)$$

表4-4　07MnCrMoVR钢板力学性能和工艺性能

牌号	拉伸试验 σ_s/MPa	拉伸试验 σ_b/MPa	拉伸试验 σ_5/%	冲击试验(横向) 温度/℃	冲击试验(横向) A_{KV}/J	冷弯试验 $b=2a$, 180°
07MnCrMoVR	≥490	610~730	≥17	-20	≥47	$d=3a$
07MnNiMoVDR	≥490	610~730	≥17	-40	≥47	$d=3a$
12MnNiVR	≥490	610~730	≥17	-10 -20	≥54 ≥47	$d=3a$

注：12MnNiVR钢板的冲击试验温度由需方选择，并在合同中注明。

我国低温球罐用钢采用GB 3531—2008《低温压力容器用低合金钢板》16MnDR、

15MnNiDR 和 09MnNiDR。该标准于 2009 年 12 月 1 日实施后,原 GB 3531—1996 中的 09MnVDR 被取消(实际上早在 GB 3531—1996 第一号修改单实施之日起,即 2001 年 1 月就已取消),此前仍有些低温球罐球壳板材料采用 09Mn2VD 的情况。以上三种钢板的化学成分及力学性能、工艺性能见表 4-5、表 4-6。

表 4-5 低温压力容器低合金钢板化学成分

牌号	化学成分(质量分数)/%								
	C	Si	Mn	Ni	V	Nb	Al_t	P	S
								不大于	
16MnDR	≤0.20	0.15~0.50	1.20~1.60	—	—	—	≥0.020	0.025	0.012
15MnNiDR	≤0.18	0.15~0.50	1.20~1.60	0.20~0.60	≤0.06	—	≥0.020	0.025	0.012
09MnNiDR	≤0.12	0.15~0.50	1.20~1.60	0.30~0.80	—	≤0.04	≥0.020	0.020	0.012

表 4-6 低温压力容器用低合金钢钢板力学性能和工艺性能

牌号	钢板公称厚度/mm	拉伸试验[1]			冲击试验		180°弯曲试验[2] 弯心直径 ($b \geq 35mm$)
		抗拉强度 $R_m/(N/mm^2)$	屈服强度 $R_{eL}/(N/mm^2)$	伸长度 A/%	温度/℃	冲击吸收能量 KV_2/J	
		不小于				不小于	
16MnDR	6~16	490~620	315	21	-40	34	$d=2a$
	>16~36	470~600	295				
	>36~60	460~590	285				$d=3a$
	>60~100	450~580	275		-30	34	
	>100~120	440~570	265				
15MnNiDR	6~16	490~620	325	20	-45	34	$d=3a$
	>16~36	480~610	315				
	>36~60	470~600	305				
09MnNiDR	6~16	440~570	300	23	-70	34	$d=2a$
	>16~36	430~560	280				
	>36~60	430~560	270				
	>60~120	420~550	260				

注:a 为钢材厚度。
[1] 当屈服现象不明显时,采用 $R_{p0.2}$。
[2] 弯曲试验仲裁试样宽度 b=35mm。

GB 19189—2003《压力容器用调质高强度钢板》中 07MnNiCrMoVDR 较多用于容积较大的丙烯球罐及乙烯球罐制造(如容积≥2000m³),与 15MnNbR 比较,可显著减小厚度和重量,降低成本。07MnNiCrMoVDR 属于低合金高强钢,碳当量 $C_{eq}=0.48\%$、焊接冷裂纹敏感系数 $P_{cm}=0.20\%$,其特点是含 C 量低(≤0.09%),焊接冷裂纹敏感性低($P_{cm} \leq 0.20\%$),且强度高,韧性好,焊接性优良,产生冷裂纹的倾向小。但由于其合金成分中的组成,存在一定再热裂纹倾向,须在制定焊接工艺时应注意防止。07MnNiCrMoVDR 钢板化学成分力学性能见表 4-7、表 4-8。

表4-7 低温压力容器用钢板07MnNiCrMoVDR化学成分

牌号	化学成分(质量分数)/%									
	C	Si	Mn	P	S	Ni	Cr	Mo	V	P_{cm} [2]
07MnNiMoVDR	≤0.09	0.15~0.40	1.20~1.60	≤0.020	≤0.010	0.20~0.50	≤0.30 [1]	0.10~0.30	0.02~0.06	≤0.21

[1] 必要时加入。

[2] P_{cm}为焊接裂纹敏感性组成,按如下公式计算:

$$P_{cm} = C + Si/30 + (Mn + Cu + Cr)/20 + Ni/60 + Mo/15 + V/10 + 5B(\%)$$

表4-8 低温压力容器用钢板07MnNiCrMoVR力学性能

牌号	拉伸试验			冲击试验(横向)		冷弯试验	
	σ_s/MPa	σ_b/MPa	σ_5/%	温度/℃	A_{KV}/J	$b = 2a$, 180°	
07MnNiMoVDR	≥490	610~730	≥17	-40	≥47	$d = 3a$	

(三) 球壳板制造及球罐现场组装

1. 球壳板制造

(1) 对球壳板的精度要求

球壳板精度的三大要素是曲率间隙(球壳板的实际弧长与理论弧长之差)、球壳板两对角线长度、以及对角线之间的垂直距离,对球壳板压制的精度要求,主要应控制三要素的制造精度。

球壳板曲率间隙在其形成后的检验中,用曲率允许偏差(E)表示,GB 12337—1998规定,当球壳弦长≥2m时,用不小于2m弦长的样板检验球壳板,应为$E ≤ 3$mm(见图4-27)。

曲率间隙过大时,球罐组装后将形成梅花形或尖角形,造成对接处棱角过大,形成严重应力集中。

球壳板两对角线长度是衡量球壳板在同一平面上偏离正确形状的程度。对角线长度除应满足本身的偏差外,还必须使两对角线长度不超过规定值。对角线间的垂直距离是衡量球壳板空间翘曲程度的指标,如果两对角线不相接触(即垂直距离≠0),则其四个角的顶点不在同一平台上,垂直距离越大,翘曲程度越严重,从而影响球壳组对质量。此外球壳板几何尺寸精度要求除对角线长度和对角线间垂直距离之外,对球壳板长度及宽度方向弦长也规定了制造精度要求。按GB 12337—1998规定,球壳板几何尺寸偏差见图4-28及表4-9。

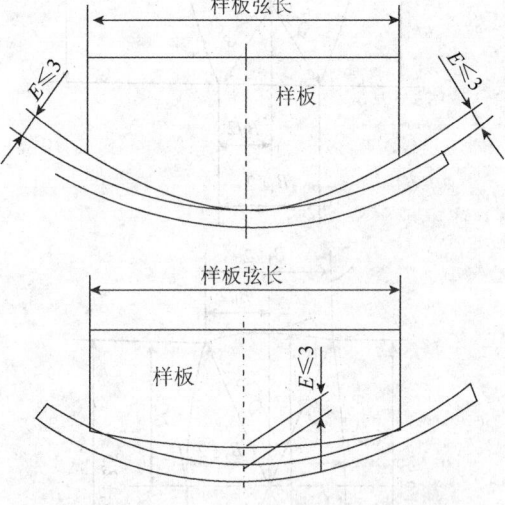

图4-27 球壳板曲率允许偏差

表4-9 球壳板几何尺寸允许偏差

序号	几何尺寸	允许偏差/mm	序号	几何尺寸	允许偏差/mm
1	对角线弦长	±3.0	3	长度方向弦长	±2.5
2	两对角线垂直距离	≥5.0	4	任意宽度方向弦长	±2.0

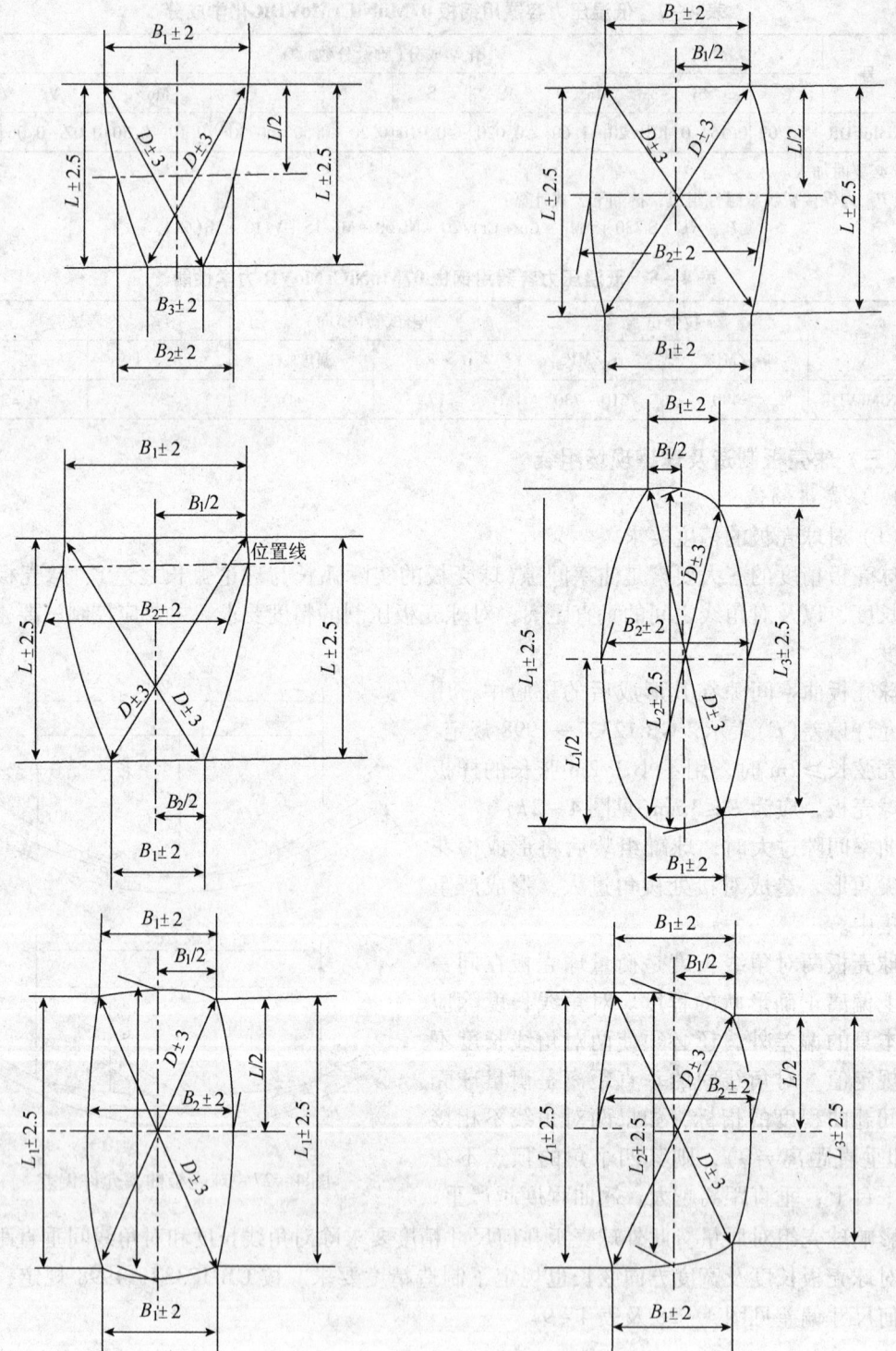

图 4-28 球壳板几何尺寸允许偏差

球壳板坡口表面应平滑,要求表面粗糙度 $R_a \leqslant 25mm$,坡口平面度 $B \leqslant 0.04\delta_s$,且不大于 $1mm$(δ_s 为球壳板名义厚度)。

(2) 球壳板成形方法

目前国内主要采用冲压成形方法，它一般分为冷压成形、温压成形和热压成形。其他一些成形方法有液压成形、爆炸成形等，尚处于发展阶段。具体选择哪种那个成形方法，取决于球壳板材料的种类、厚度、曲率半径、热处理、强度、延性、以及制造设备的能力等。

① 冷压成形。冷压成形就是钢板在常温状态下，经冲压成形的工艺过程。随着球罐的大型化，若采用热压成形，需要大功率和大跨度的水压机，一般制造厂难以具备这种条件，因此采用逐点冷压冲压成形方法(即点压方法)。其特点是小模具、多压点，钢板不需加热，成形美观，精度高，无氧化皮，由于不经加热，材料成分和强度不受损失，以及劳动条件较好等。其缺点是多点冲压，存在一定不均匀性，生产效率低，钢板经冷作变形，使时效 α_K 值有所降低。

为了减少冷压成形球壳板的残余应力，对冷压球壳板的材料可在冲压前进行一次热处理，以增加塑性及冷变形能力，消除钢板的轧制应力。热处理规范对于碳钢一般为$(600 \sim 650)$℃ $\times 2h$，碳锰钢为$(590 \sim 680)$℃ $\times 2h$，07MnCrMoVR 为(565 ± 20)℃ $\times 2h$。

冷压成形的冲压设备大多采用 $800 \sim 2500t$ 压力机。冷压成形方法特别适用于热处理状态使用的，及以此使用状态供货的钢板，对 07MnCrMoVR 和 07MnNiCrMoVDR 等调质球壳板亦应采用冷冲压成形方法压制。

冷冲压成形过程中冷压压点的排列顺序有多种类型，可根据球壳板尺寸、材料等决定。对于长宽尺寸大的球壳板，一般先压两端后压中间，以便操作。球壳板的压形顺序一般如图 4-29 所示，由球壳板的一端开始冲压，按先横后纵顺序排列压点，相邻两压点之间应重迭 $1/2 \sim 1/3$，以保证成形过渡圆滑。此外冲击过程中可采用加垫板冲压方式(见图 4-30)，以控制球壳板的曲率变形及校正其曲率。

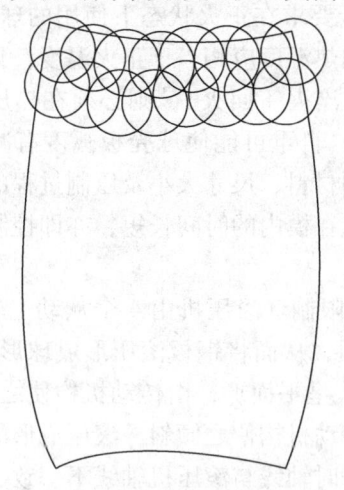

图 4-29 球壳板压点顺序

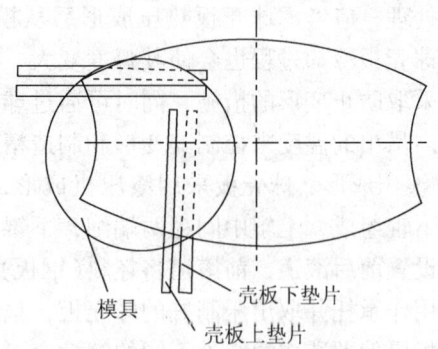

图 4-30 球壳板加垫冷压成形

球壳板冷压成形时主要应注意以下问题：冷压钢板的边缘如经火焰切割，应注意消除热影响区硬化部分缺口，球壳板较厚或环境温度低于 5℃ 时，需在冷冲压前将钢板预热至 $100 \sim 150$℃；当冷压时钢板外层的应变量较大时(碳钢大于 4%、低合金钢大于 3%)，冷压过程中应作中间消除应力热处理。热处理温度范围为：碳钢及碳钼钢 $600 \sim 650$℃，碳锰钢 $590 \sim 680$℃，铬钼钢 $630 \sim 700$℃，$w(Ni)3.5\%$ 镍钢 $590 \sim 630$℃，$w(Ni)9\%$ 镍钢 $550 \sim 580$℃

（冷却速度≤160℃/h）；冷冲压过程中须考虑回弹率造成的变形（一般回弹率约为成形率的20%左右），一般情况下，钢板屈服强度高则回弹率较大，冲压力大的回弹率减小，钢板厚度小、曲率半径大、板材幅面大，则回弹力相应增大；凡是成形后在其上焊接支柱、人孔（及附件的球壳板，冷冲压时曲率要相对适当增大，以保证焊接收缩变形后达到设计要求的曲率；对于薄板及大幅面球壳板的冷冲压加工，因球壳板容易发生变形，应采用防变形措施。

② 温压成形。温压成形是指将钢板加热到材料临界点以下某个温度时压制成形的工艺过程。球壳板温差成形可解决压力机能力不够、以及防止某些材料产生低应力脆性破坏。其压制温度介于冷冲压、与热冲压之间，与热冲压比较，具有加热时间短、氧化皮较少等优点，与冷压相比，无脆性破坏危险。温差成形的加热温度应不使材料的力学性能降至最低要求之下，同时为确保成形效果，一般将加热温度限制在焊后热处理温度之内，且要把成形的保温时间与预计的焊后热处理时间相加，若无特殊要求，温压成形可控制在低于热处理温度下进行。但由于在该温度下材料的韧性会显著降低，成形时需防止脆化倾向。

③ 热压成形。热压成形一般是将钢板加热到塑性变形温度，随后在模具上一次冲压成形，其工艺过程是：毛坯下料→毛坯热压成形→第二次下料（精确下料，包括气割坡口）→冷修校。热后成形需要的模具尺寸大，加热炉必须能一次加热若干块钢板以保证连续冲压。与冷压成形比较热压成形要求的压力可以低一些，冲压成形容易，模具强度可以稍低，但其应具有较高的耐热性。要求每块钢板最好一次加热、一次成形，避免重复加热和成形，以免影响钢板性能和避免因多次加热产生氧化皮，使减薄量加大。

热压成形除应注意前述与冷压成形有关的几点以外，还需注意以下几点，即钢板加热温度不能过高，以防止过热，造成脱碳、晶粒长大和晶粒氧化，保加热和温时间应尽可能短；要求加热时，钢板内外温度一致，以保证压型均匀；对于要求在正火状态下使用的球壳板，可以利用热压加热代替钢厂的正火热处理，此时钢板的加热温度应相当于正火温度，且应有足够的保温时间，如果球壳板要求其他热处理（如退火或淬火＋回火），则必须在热压后重新作热处理；应考虑球壳板热压成形后从模子里吊出时，自重可能使球壳板弧度有减小倾向，而球壳板冷却过程也会使其弧度变大，故应针对不同材料、尺寸大小及压制过程的变化情况，采取防止变形的措施，同时可通过球壳板热压后放在模内的时间长短，亦即控制球壳板从模内吊出的温度来控制其变形和制造精度。

④ 滚压成形。球壳板采用滚压机成形，其长度不受限制。滚压机由 4 个从动上辊和 5 个主动下辊组成，上辊中间粗两端细，下辊中间细两端粗，从而将钢板滚压形成球形曲面。滚压机设置前后滚道，前滚道将坯料（钢板）送进辊压机，呈平面形，由传动机构使之倾斜；后滚道用作承托并取出压制好的球壳板，呈弧形，亦由传动机构使之倾斜。滚压成形的缺点是由于板厚偏差造成边缘处不同的塑性变形、或毛坯送进时轴线与滚压机轴线不一致、以及辊轴调整精度不够等原因，常在球壳边缘处出现 2~3 处局部变形波纹，必须进行修整。

2. 球罐现场组装

球罐的常用组装方法有散装法（分片组装法）、分带（球带）组装法和半球组装法三种，另外，也有采用散装法和分带组装法相结合的混合组装法（见图 4-31）。根据实际情况，散装法一般用于 $V = 400 \sim 10000 m^3$（或更大）的球罐，分带组装主要用于 $V = 400 \sim 1500 m^3$ 球罐，半球组装法通常仅用于 $V = 50 \sim 400 m^3$ 小球罐组装。

第四章 几种石油化工设备的焊接及在役设备的焊接修复

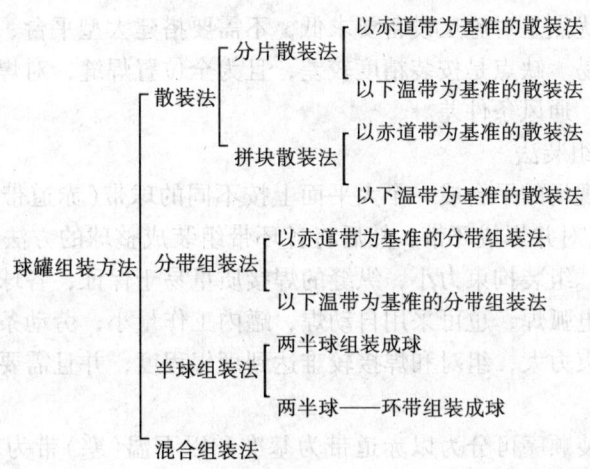

图 4-31 球罐组装方法分类

(1) 散装法

散装法是以单块(或几块)球壳板为最小组装单元的组装方法(见图 4-32)。按其组装单元片数可分为分片散装法(单片)和拼块散装法(2 片及以上);按组装顺序可分为以赤道带为基准散装法和以下温带的基准散装法;按照所用设施不同可分为中心柱散装法和无中心柱散装法,后者对于分带较多的球罐组装一般很少采用。

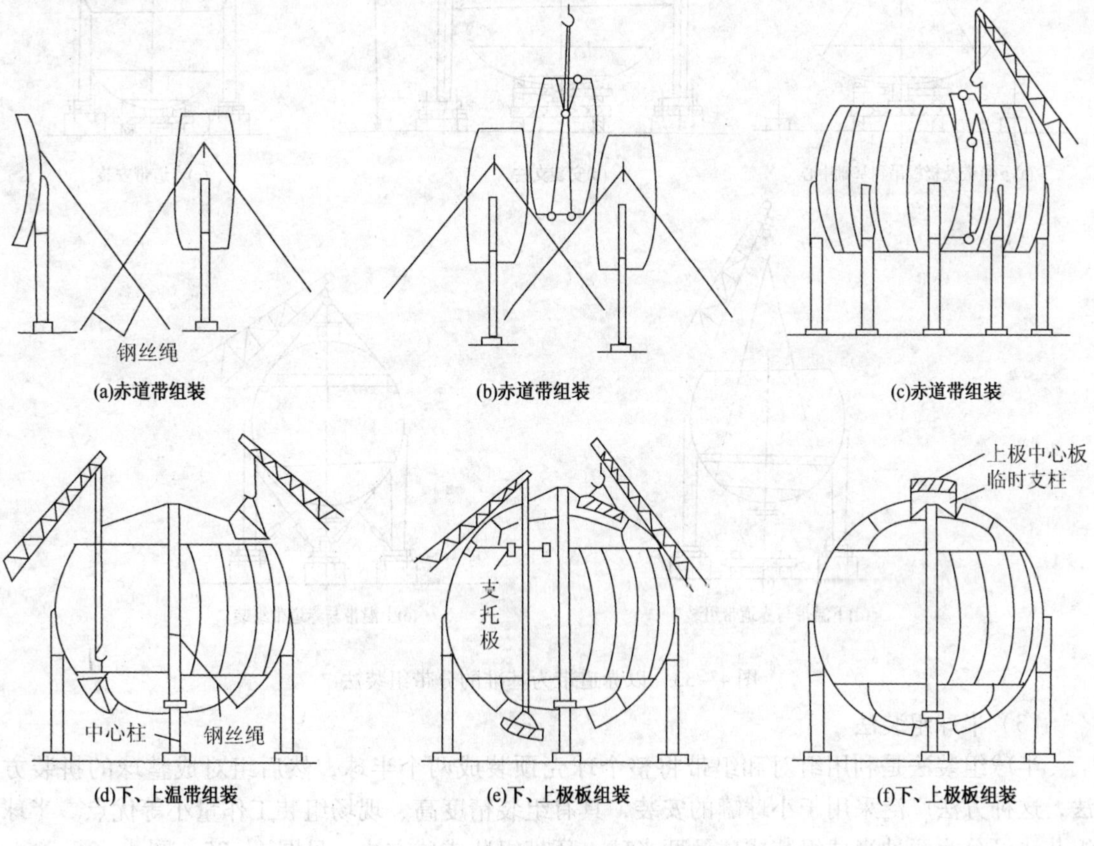

(a) 赤道带组装 (b) 赤道带组装 (c) 赤道带组装

(d) 下、上温带组装 (e) 下、上极板组装 (f) 下、上极板组装

图 4-32 球罐散装法组装示意图

中心柱散装法的优点是对施工设备要求低，不需要搭建大型平台、大型滚轮转胎及起吊设施，组装校正较容易。缺点是按装精度较差，且为全位置焊缝，对焊接技术要求高，罐内工作量大，操作不便，通风条件差。

(2) 分带（球带）组装法

分带组装法是在现场的平台或一个大平面上按不同的球带（赤道带、上下温带、上下寒带、上下极板）分别组对并焊成环带，然后将各环带组装成整球的方法。其优点是球壳各环带纵缝的组装精度高，组装拘束力小，纵缝的焊接质量易于保证，各球带都在地面焊接，操作方便，可采用焊条电弧焊、也可采用自动焊，罐内工作量小，劳动条件较好。缺点是环缝组对较困难、组装拘束力大，组对和焊接较难达到理想程度，并且需要一定面积的组装平台和较大的起重能力。

分带组装法按组装顺序可分为以赤道带为基准和以下温（寒）带为基准的组装方法。其组装示意图见图 4-33、图 4-34。

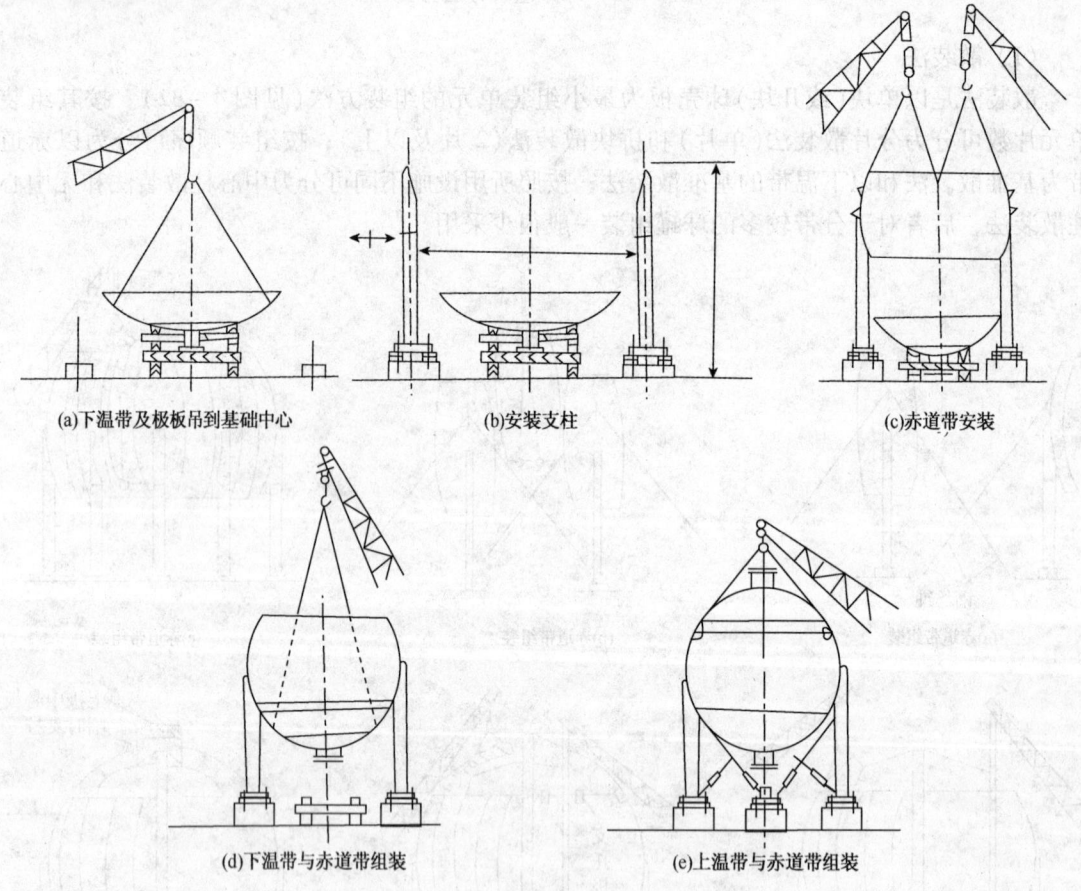

图 4-33 以赤道带为基准的分带组装法

(3) 半球组装法

半球组装法是利用组对和组带将整个球壳预装成两个半球，然后组对成整球的拼装方法，这种方法广泛采用于小球罐的安装，具有组装精度高、现场组装工作量小等优点。半球组装法可分为两种半球组装成球及两半球一环带组装成球方法，见图 4-35、图 4-36。

第四章 几种石油化工设备的焊接及在役设备的焊接修复

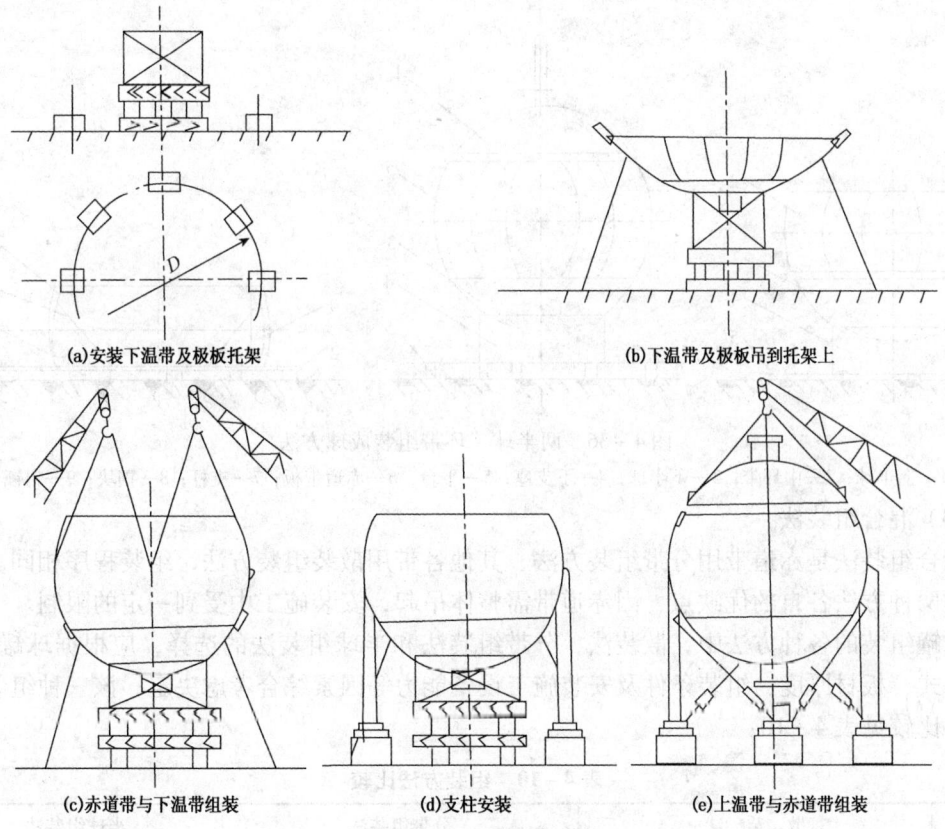

(a) 安装下温带及极板托架
(b) 下温带及极板吊到托架上
(c) 赤道带与下温带组装
(d) 支柱安装
(e) 上温带与赤道带组装

图 4-34 以下温带为基准的分带组装法

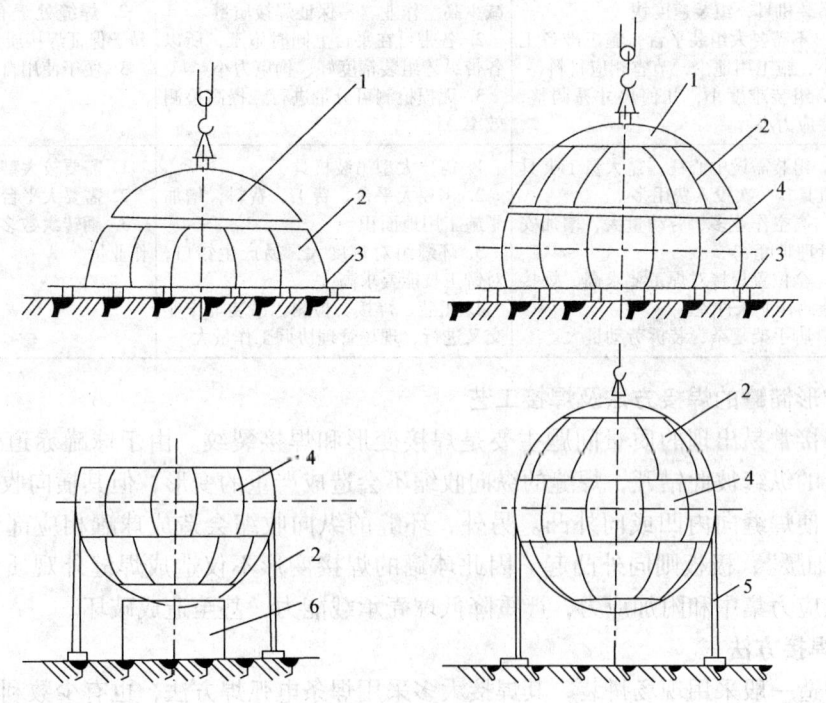

图 4-35 两半球组装成球的方法
1—上极板；2—上温带；3—平台；4—赤道带；5—支柱；6—支座

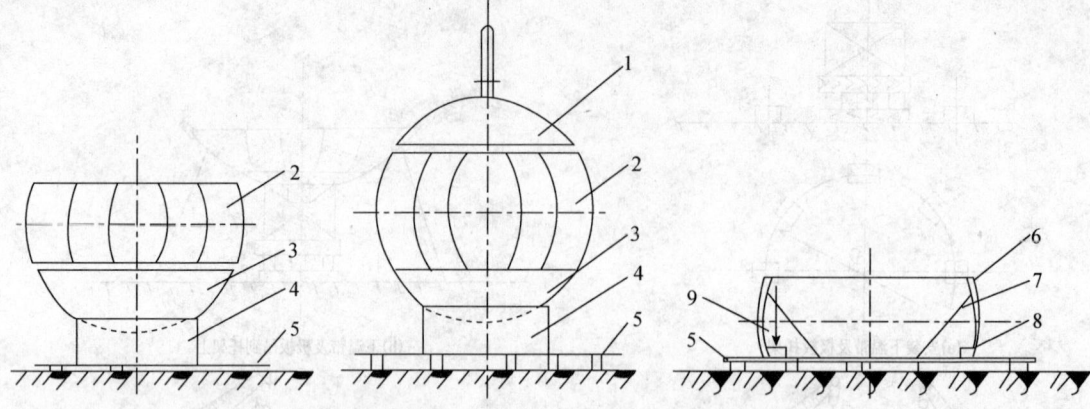

图 4-36 两半球-环带组装成球方法

1—上半球；2—中环带；3—下半球；4—下支座；5—平台；6—赤道带板；7—支杆；8—挡块；9—铅锤

(4) 混合组装法

混合组装法是赤道带用分带组装方法、其他各带用散装组装方法，组装程序相同。它具有上述两种方法各自的优缺点，因赤道带需整体吊起，安装施工中受到一定的限制。

球罐组装的各种方法中，散装法、分带组装法和半球组装法的选择，应根据球罐大小、结构形式、板材厚度、组装条件及安装施工设备能力等因素综合考虑决定，该三种组装方法优缺点比较见表 4-10：

表 4-10 组装方法比较

方　法	散　装　法	分带组装法	半球组装法
优　点	1. 对吊装能力要求不高，不需要大型吊装机具，组装速度快 2. 不需要大组装平台，施工准备工作小，施工用地少，节省相应材料 3. 组装难度小，几何尺寸易调整，组装应力小	1. 在平台上可完成大部分安装量，减少高空作业，易保证焊接质量 2. 各带可在平台上同时施工，所以各带纵缝组装精度好、拘束力小 3. 无损检测可分带进行，提高检测效率	1. 减少高空作业 2. 焊缝处于有利焊接位置，易于保证焊接质量 3. 便于使用自动焊
缺　点	1. 组装需设中心柱，需大量工夹具等机具，一次投入费用多 2. 高空作业多，劳动量大，增加安全管理难度 3. 全位置焊接对焊工要求高，焊接和检测作业条件差 4. 脚手架复杂，装拆劳动量大	1. 需要大型吊装机具 2. 需要大平台，费工、费料，增加了施工用地面积 3. 环缝组对难度大，易产生错口，对铆工技能要求高 4. 组装、焊接、检测、吊装等作业交叉进行，现场管理协调工作量大	1. 需要较大型吊装机具 2. 需要大平台，费工、费料 3. 翻转次数多，增加了起重作业量

二、球形储罐的焊接方法及焊接工艺

球罐焊接常易出现的质量问题主要是焊接变形和焊接裂纹。由于球罐赤道带及南北温带、寒带上的纵缝彼此错开，焊缝的纵向收缩不会造成严重的变形，但其横向收缩往往会造成角度形，使焊缝向内凹或向外凸。另外，环缝的纵向收缩会造成球罐相应部位的直径减小，形成"细腰"，极板则向外凸起。因此球罐的焊接变形不仅造成焊缝外观质量差，更重要的是导致应力集中和附加应力，严重降低球壳承载能力，甚至造成破坏。

(一) 焊接方法

球罐制造一般采用现场拼装，其焊接大多采用焊条电弧焊方法，也有少数利用自制焊接转胎，采用埋弧自动焊工艺（适用于小球罐），或主焊缝采用气体保护全位置自动焊及药芯焊丝全位置自动焊工艺。采用全位置焊条电弧焊方法，焊接设备与焊接工艺比较简单，方便灵活，成本低，但生产效率低、劳动条件差。一台球罐焊接时，可以同时用多名焊工施焊（例如 $V=2000m^3$ 球罐可以同时用 12～16 名焊工进行焊接），正常情况下可按赤道带纵缝数量的 1/2 倍数来选用焊工。采用埋弧自动焊时，可将球壳置于专用多向转动的球壳转胎上进行双面焊，但由于只能在水平位置一机施焊，生产效率受限。一般情况下，主要用来焊接球罐上、下极板的拼缝，或用于小容积球罐的焊接，也有在地面上拼装球壳时，采用埋弧自动焊在专门胎具上拼焊，然后组装成球体后，再用焊条电弧焊焊接其他焊缝。药芯焊丝气体保护自动焊和自保护药芯焊缝半自动焊是目前较为先进的球罐焊接方法，可以适应空间位置焊接及现场安装的焊接机械化和自动化。与焊条电弧焊比较，其优点是提高工效、改善劳动条件，熔深大、变形小，焊接质量好及成本较低。

（二）球罐焊接的预热及后热

球罐焊接的预热、后热及保持层间温度是消除焊接应力、降低冷却速度、防止焊缝扩散氢集聚、避免产生焊接裂纹的有效工艺措施。工程上，球罐预热及后热的加热方法一般采用火焰加热法或电加热法，无论采用哪一种方法，都必须正确选择和控制加热温度。

1. 预热

球罐预热温度不能太高或太低，预热温度过高，加上焊接线能量较大，会使焊缝韧性降低，并使焊接条件恶化；预热温度过低，在焊接线能量偏小时，会导致焊缝金属及热影响区冷却速度过大，容易出现冷裂纹。选择合适的预热温度与球壳用钢板材质、厚度、焊接材料、焊接条件、焊接结构拘束度、以及环境气候条件等因素有关，通常根据裂纹试验确定，也可按 GB 12337—1998《钢制球形储罐》及 GB 50094—2010《球形储罐施工规范》中所推荐的预热温度选用（见表 4-11）。

表 4-11 球罐常用钢板的预热温度

预热温度/℃ 板厚/mm	钢种 20R	16MnR 16MnDR	15MnVR	15MnVNR	07MnCrMoVR 07MnNiCrMoVDR	09Mn2VDR
20	—	—	—	75～125	50～95	—
25	—	—	75～125	100～150	50～95	—
32	—	75～125	100～150	125～175	50～95	—
38	75～125	100～150	125～175	150～200	50～95	—
50	100～150	125～175	150～200	150～200	50～95	75～100

注：1. 拘束度高的部位（如接管、人孔）或环境气温低于 5℃时，应采用较高的预热温度，扩大预热范围。
2. 不同强度的钢相互焊接时，应采用强度较高的钢所适用的预热温度。
3. 对不需预热的焊件，当焊件温度低于 0℃时，应在始焊处 100mm 范围内预至 15℃左右，方可进行焊接。
4. 表中"—"表示不需预热。

预热焊道的层间温度不应低于预热温度的下限。在选择焊道预热温度时，应注意拘束度高的部位（如球罐开孔接管、人孔接管）或环境温度低于 5℃条件下，须适当提高预热温度和扩大预热范围。对于不需预热的焊缝，在焊件温度低于 0℃情况下，应在离始焊处 100mm 范围内预热至 15℃左右方可施焊。

预热必须均匀，预热宽度应为焊缝中心线两侧各取 3 倍板厚，且不小于 100mm。预热宜在焊缝焊接侧背面进行。可使用测温笔测量预热温度及层间温度，测量点应选在距离焊缝中心线 50mm 处，对称测量，且每条焊缝测量点应不少于 3 对。

另外，利用材料裂纹敏感性指数 P_C，可以估算出避免裂纹所要求的最低预热温度 t_o，其经验公式为：

$$P_C = P_{CM} + \frac{[H]}{60} + \frac{\delta}{600} \quad (4-1)$$

$$P_{CM} = w(C) + \frac{w(Si)}{30} + \frac{w(Mn)}{20} + \frac{w(Cu)}{20} + \frac{w(Ni)}{60} + \frac{w(Cr)}{20} + \frac{w(Mo)}{15} + \frac{w(V)}{10} + 5w(B) \quad (4-2)$$

$$t_o = 1440 P_C - 392 \quad (4-3)$$

式中　P_C——钢材焊接裂纹敏感性指数；

　　　P_{CM}——合金成分裂纹敏感系数，%；

　　　[H]——熔敷金属中扩散氢含量，mL/100g；

　　　δ——钢板厚度，mm；

　　　t_o——斜Y坡口拘束裂纹试验中，防止裂纹的最低温度，℃。

一般情况下，应用钢材焊接敏感性指数 P_C 判断焊接裂纹敏感性是比较全面的，但式(4-1)终究是经验性公式，它只考虑了材料合金元素的影响，忽略了合金系统的影响；式(4-1)中后两项也只考虑了含氢量和拘束度(钢板厚度)的影响，未计及结构形式和工艺因素(如焊接线能量、装配应力等)的影响。因此，由式(4-3)计算出的防止裂纹最低温度(t_o)还必须与其他项目试验相结合，方可准确地确定球壳板焊接等实际操作的预热温度。

2. 后热

球罐焊接过程中，为防止冷裂纹产生，还需消除焊接后扩散氢集聚效应。在多层焊情况下，随着焊道层数的增加，扩散氢会逐渐积累，如果焊缝急速冷却到100℃以下，积聚的扩散氢不可能很快从较厚的焊缝中逸出，并在此后冷却过程中，氢在应力下集聚，若再有淬硬组织产生，则会导致冷裂纹。故常需在焊后趁焊缝温度未降低时立即进行后热，使扩散氢有充分的时间逸出，达到消氢目的，同时还可以降低焊接结构残余应力，以及降低焊缝金属硬度。

GB 12337—1998 及 GB 50094—2010 规定，符合下列条件之一的焊缝，焊后须立即进行后热消氢处理，即：

① 厚度大于32mm、材料标准抗拉强度大于540MPa的球壳；

② 板厚度大于38mm的低合金钢球壳；

③ 嵌入式接管与球壳的对接焊缝；

④ 焊接试验确定需进行消氢处理的球壳。

后热温度应为200～250℃，后热时间0.5～1.0h。对于国外引进钢种，可根据实际要求提高后热温度或延长保温时间。后热温度的提高，有益于扩散氢逸出，对于低合金高强钢球壳的焊接，后热消氢处理能使预热温度适当降低。

（三）球罐的焊条电弧焊

球罐焊接大多数仍采用焊条电弧焊方法。近年来，随着气体保护自动焊设备、焊接材料及焊接工艺的发展，全位置气体保护自动焊也得到越来越广泛的应用。焊条电弧焊可用于常温球罐及低温球罐的焊接，根据球罐采用钢板材料及所用的焊接材料以及板厚等不同，其焊接工艺及焊接参数也各不相同。

1. 球罐焊条电弧焊焊接工艺需考虑的问题

为保证球罐焊接质量(防止产生裂纹和减小变形)和提高生产效率，制定焊接工艺时应注意以下几点：

① 球壳板必须经力学性能、化学成分和超声波探伤检查合格后方可使用。球壳板的外形尺寸、精度应符合要求，否则会造成装配困难，强行组装则会造成焊接裂纹。

② 应选用提高焊缝韧性和抗裂性的高韧度、低氢型焊条。由于焊条中所含水分是焊缝中氢的主要来源，而氢是导致接头韧性下降和造成延迟裂纹的主要因素，焊前必须严格烘干焊条（350℃×1h，随烘随用）。烘好的焊条在空气中超过半小时后须重新烘干使用，但反复烘焙不得超过 3 次，以免药皮失效。

③ 焊缝坡口应采用自动或半自动切割机加工。对于较厚球壳板一般宜采用不对称 X 形坡口（按 GB/T 985.1—2008）。

④ 球罐定位焊焊缝须采用严格烘干的焊条焊接。其参考尺寸见表 4-12。重要部位处可适当增加定位焊缝尺寸和数量。

表 4-12 定位焊缝的参考尺寸　　mm

工作厚度	定位焊缝高度	焊缝长度	间距
≤4	<4	5~10	50~100
4~12	3~6	10~20	100~200
>12	~6	15~30	100~300

⑤ 由于封底焊缝容易产生焊透、气孔、裂纹等缺陷，在进行反面焊接前必须清焊根（一般采用碳弧气刨清根），清根后再用砂轮机修磨，磨去硬化层，并用磁粉或者探伤检查有无表面裂纹。如果封底焊缝是反面成形，则不必用碳弧气刨清根，只用砂轮机磨去硬化层。

⑥ 焊缝的焊接顺序通常为先焊纵缝、后焊环缝。采用球带组装法时为便于组装环缝时进行调整，纵缝端部需留出一段，待组装完毕后焊接。每圈球带焊接时，各条纵缝宜同时施焊；环缝也应分成若干段，由多名焊工同时施焊，其交换处的引弧、熄弧（收弧）起落点均应错开，以避免交界处产生焊接缺陷。纵缝及环缝的第一层均应采用逆向分段焊接，以减小应力和变形，第二道及其后的焊缝可采用通道连续焊方法。

2. 07MnCrMoVR 钢制球罐焊条电弧焊焊接工艺

五带式 2000m³ 球罐 [材质为 07MnCrMoVR（CF-62）、壁厚 δ=40mm] 结构如图 4-37 所示，该球罐由赤道带、上、下温带和上、下极板组成，赤道带及上、下温带各有 24 块球壳板，上、下极带各有 7 块球壳板，支柱共有 12 根。其焊缝布置与编号见图 4-38（c）、（d），各带球壳板展开代号见图 4-39，焊缝条数与长度见表 4-13，对接焊缝坡口形式见图 4-40，所有焊缝的大坡口均在球壳板外侧。

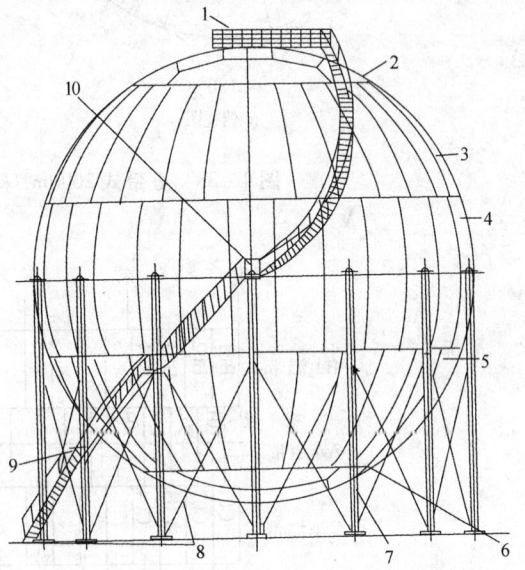

图 4-37 五带式 2000m³ 球罐示意图
1—顶部操作平台；2—上部带板；3—上温带板；
4—赤道带；5—下部温带板；6—下部极带板；
7—支柱；8—拉杆；9—盘梯；10—中间休息台

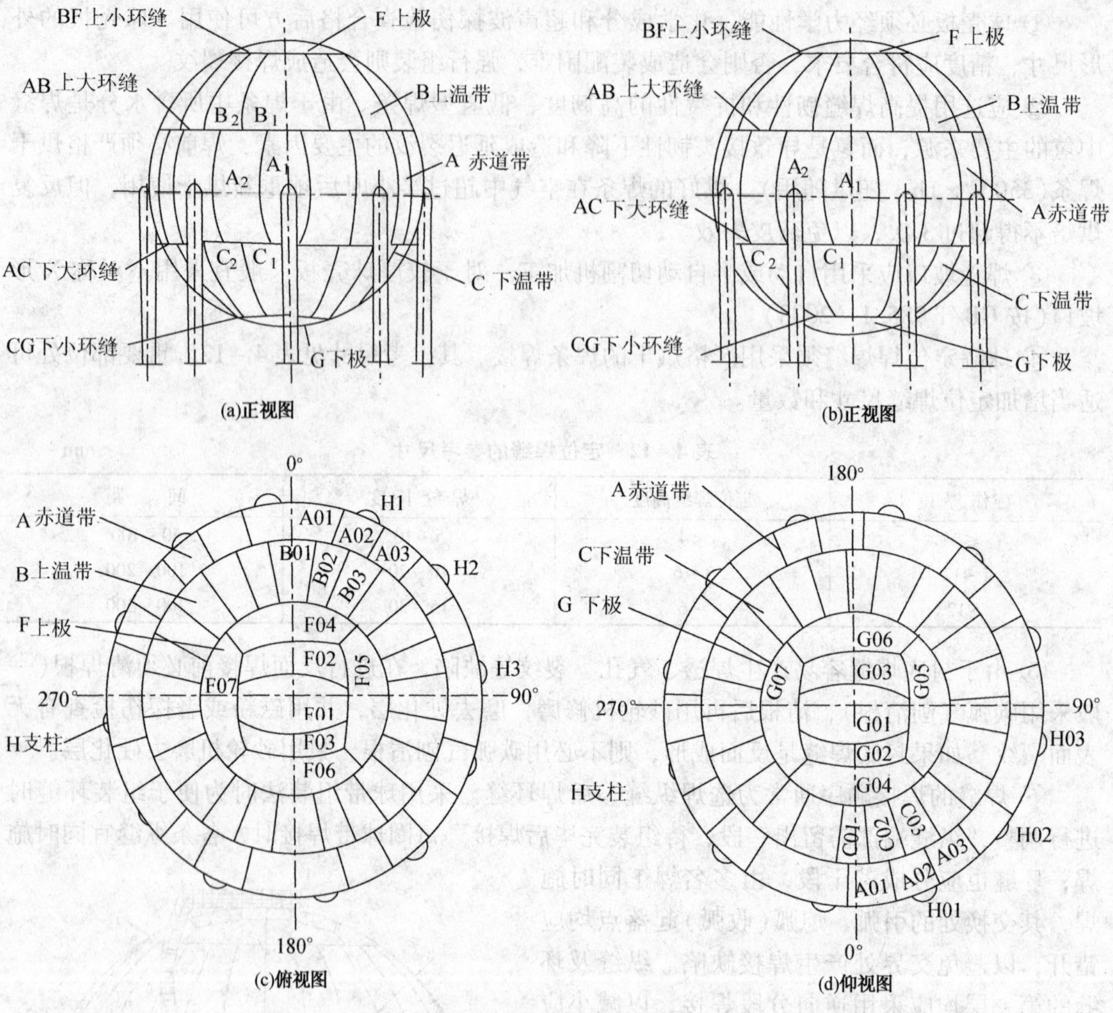

图 4-38 五带式 2000m³ 球罐各带名称代号及焊缝代号示意图

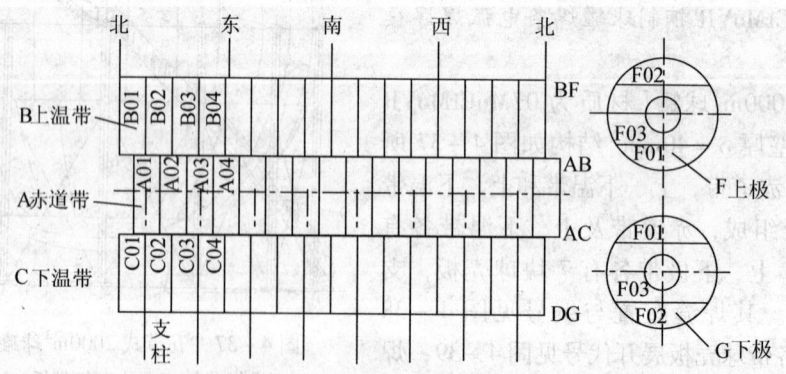

图 4-39 五带 2000m³ 球罐各带球壳板展开代号示意图

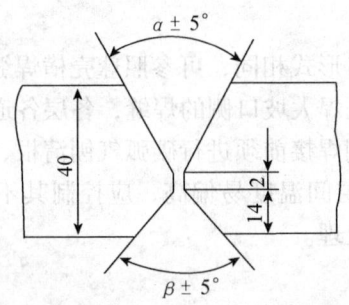

图 4-40 对接焊缝坡口形式与尺寸

坡口角度	α	β
型 I	55°	75°
型 II	50°	70°

表 4-13 五带式 2000m³ 球罐主体焊缝数量统计

序号	焊缝编号	焊缝名称	长度/m	数量/条	累计长度/m	坡口形式
1	F…	上极板拼接焊缝	6.12	2	12.24	型 I
			5.74	4	22.96	型 I、II
			0.98	4	3.92	型 II
2	B…	上温带纵焊缝	4.11	24	98.64	型 I
3	A…	赤道带纵焊缝	6.17	24	148.06	型 I
4	C…	下温带纵焊缝	4.11	24	98.64	型 I
5	G…	下极板拼接焊缝	6.12	2	12.24	型 I
			5.74	4	22.96	型 I、II
			0.98	4	3.92	型 II
6	BF	上极与上温带环焊缝	30.04	1	30.04	型 II
7	AB	上温带与赤道带环焊缝	45.58	1	45.58	型 II
8	AC	下温带与赤道带环焊缝	45.58	1	45.58	型 II
9	CG	下极与下温带环焊缝	30.04	1	30.04	型 II

(1) 支柱与赤道板焊接工艺

球罐支柱与赤道板的组焊方法可分为散装法及分带法与半球法。一般情况下，采用散装法组装，支柱与赤道板的组焊定在地面平台上进行，焊接位置为平焊。而分带法与半球法的支柱与赤道带的组焊，是将赤道带的纵缝在地面平台上全部焊完，无损探伤全部合格，并将赤道带和支柱吊装组对后，开始焊接，焊接位置为立焊，采用向上施焊工艺。

散装法组装时，支柱与球壳板组装的坡口形式为单边 V 形，接头形式为 T 形接头，如图 4-41 所示。定位焊的焊道为间距 300mm 焊 100mm，焊肉厚度不小于 4mm，焊前的预热要求应与球罐对接焊缝焊接要求相同。

支柱与赤道板的焊接材料一般采用与强度较低侧钢材相匹配的焊条，焊接时要求全熔透，防止出现未熔合、夹渣、密集气孔等缺陷。

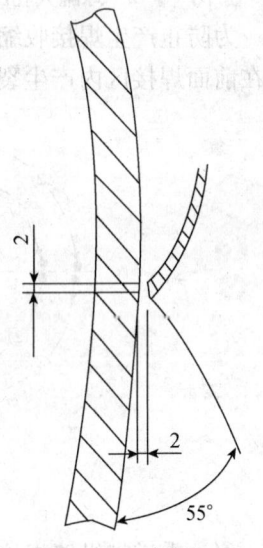

图 4-41 支柱与赤道板组对坡口形式

(2) 上、下人孔凸缘对接焊缝焊接工艺

球罐人孔凸缘的坡口形式与球罐对接焊缝坡口形式相同，可参照球壳横焊缝焊接规范进行焊接，其焊接层次如图4-42所示。焊接时，先焊大坡口侧的焊缝，各层各道焊缝排列应均匀、适当，避免产生夹渣，咬肉等缺陷。小坡侧焊接前须进行碳弧气刨清根、打磨、磁粉或渗透探伤，合格后方可施焊。由于焊缝较短，层间温度易偏高，应控制其不超过预热温度。人孔凸缘焊缝焊完后，应立即进行后热消氢处理。

(3) 插管角焊缝焊接工艺

插管角焊缝的焊接工艺可按其焊接工艺评定合格后的焊接规范进行。球壳板上的开孔一般采用氧乙炔焰切割，坡口角度大多采用50°，接管焊接前须打磨坡口，露出金属光泽，角焊缝应为全熔透结构，其焊接层次见图4-43。焊接时，先焊大坡口侧的焊缝，每层每道焊缝应排列适当，每层焊渣必须清除干净，各层各道焊缝的起弧点应错开80mm。大坡口面焊完后，进行碳弧气刨清根、打磨、磁粉或渗透探伤检查，合格后方可进行小坡口侧角焊缝焊接。如果确因插管管径过细，清根后可直接焊接。焊后应立即进行后热消氢处理。

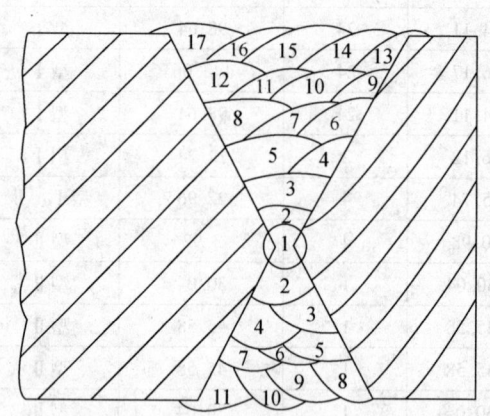

图4-42 球罐人孔凸缘的焊接层次

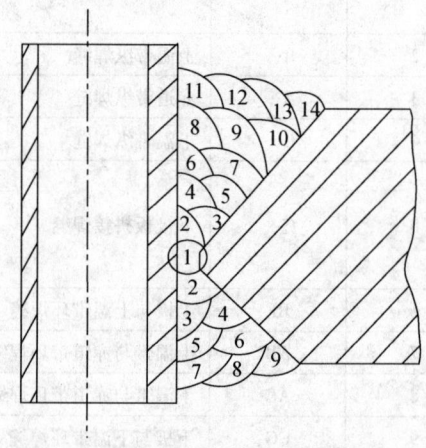

图4-43 球罐插管角焊缝的焊接层次

为防止产生焊接收缩裂纹，插管角焊缝焊接前需充分预热，其焊接顺序应考虑施焊中不致在前面焊接区内产生裂纹，合理的焊接方法如图4-44所示。

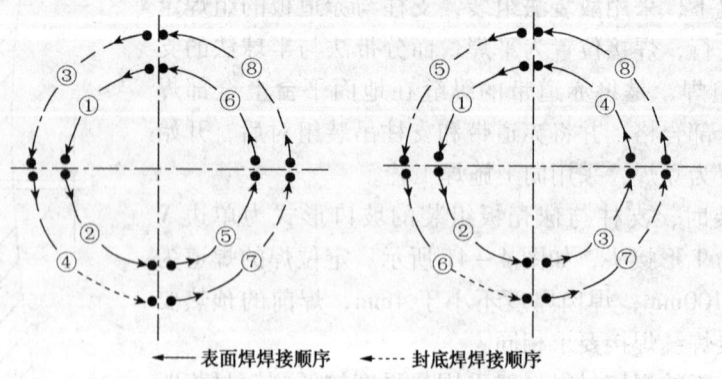

图4-44 球罐插管角焊缝的焊接顺序

(4) 赤道带纵缝焊接工艺

赤道带纵缝按气焊焊接规范进行，采用立向上焊，先焊大坡口侧焊缝，合格后再焊小坡口侧焊缝。其焊接层次和整个赤道带纵缝的焊接顺序见图4-45。

每条纵焊缝的焊接，可根据球罐材质、容积等情况，采用按焊缝全长分为多段、两段或三段施焊方法。

多段焊接的分段长度一般为600mm左右，每段连续焊完两层后再进行下一段焊接，其余各层均采用顺向连续焊。两段施焊方法是先焊上段大坡口侧，焊接第一、二层时，按每小段600mm，进行分段退向焊，每小段连续焊完两层后再进行下一小段焊接。从第三层开始，每段按分成两段的长度连续施焊，直至封面焊。下段的焊接方法与上段相同。焊接小坡口侧时仍分为两大段，先焊接上段、后焊接下段，每段每层连续施焊。

三段施焊方法与两段施焊方法相同。无论采用哪种施焊方法，在大坡口侧焊完后，必须进行碳弧气刨清根、砂轮机打磨及表面无损探伤检查（磁粉或渗透探伤），合格后方可进行小坡口侧焊缝焊接。

赤道带纵缝焊前预热温度为125~150℃，层间温度不得低于预热温度，但也不能超过太多。焊后需进行后热消氢处理（200~250℃，保温0.5~1.0h）。

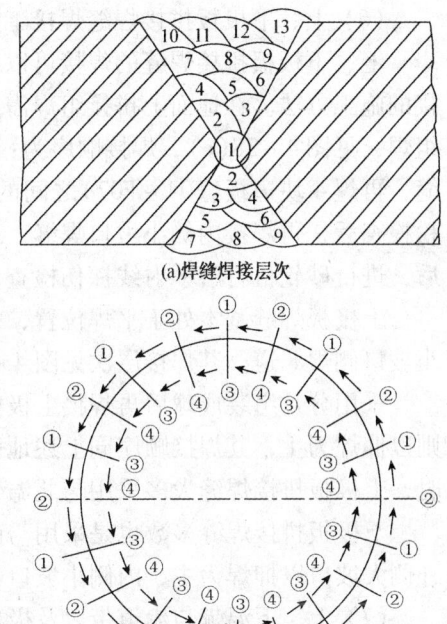

图4-45 球罐赤道带纵缝焊接层次与顺序

(5) 上、下温带纵缝焊接工艺

上、下温带板通常采用分带组装法以及采用每两块球壳板在地面组焊的方法（见图4-46），以减少球壳板焊接高空作业、缩短工期和保证焊缝质量，其组焊程序为：两块球壳板地面组装→定位焊→外侧焊接→内侧清根→坡口检查→内侧焊接→砂轮机修磨→外观检查与磁粉或渗透探伤→缺陷返修→磁粉或渗透探伤检查。每两块球壳板经地面组焊后，上、下温带安装纵缝各为12条，应由12名焊工同时施焊，其焊接层次、方法与赤道带纵缝的焊接工艺相同。稍有区别的是由于上、下温带纵缝角度不一样，上温带上部较平，呈平立焊位置，焊接电流应稍大些，以适应焊接电流增大或减小的要求，但总的焊接线能量变化不大，其焊接线能量（整个焊缝的平均线能量）控制主要取决于焊接层次的多少。

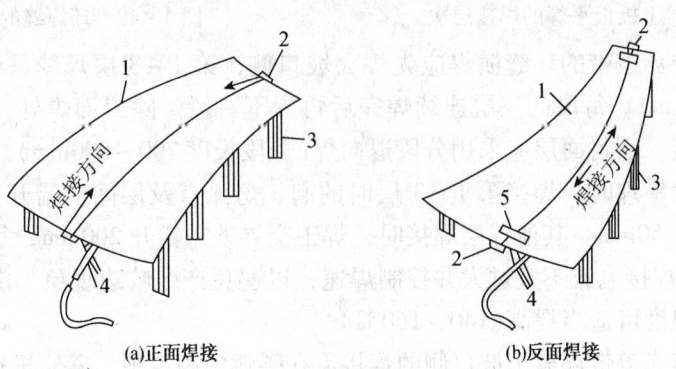

图4-46 温带板地面焊接
1—球壳板；2—引弧板；3—焊接胎架；4—预热嘴（或电加热）；5—龙门板

(6) 上、下极板拼接焊缝焊接工艺

上、下极板拼接焊缝的焊接可以采用在地面上进行组焊或采用分片组装成球后再进行焊接的施工方法。在地面上拼接组焊需要在胎架上进行，其组焊方法和基本要求同温带板地面组焊，见图4-38(c)，焊接顺序为：先焊中板(F01)与侧板(F02、F03)之间的大坡口侧焊缝，再焊4块边板(F04～F07)之间的大坡口侧焊缝，然后将上极板翻身、清根、打磨及磁粉检查后，再焊接内侧小坡口焊缝，最后焊接边板与中板及侧板之间的焊缝。全部焊缝焊完后，进行砂轮机打磨、射线探伤检查。

上极板焊缝基本处于平焊位置，焊接规范可参照平焊位置规范。一般大坡口侧焊13道、小坡口侧焊8道。其焊接层次见图4-47。

采用分片组装成球后再焊接上极板拼接焊缝时，外侧大坡口以平焊为主，而内侧小坡口则以仰焊为主，其焊接顺序同上述地面组焊时的顺序。一般情况下，当球罐采用散装片组装时，上极板拼接焊缝大多采用与北温带成球后再进行焊接的工艺方法。

下极板拼接焊缝多数也是采用与南温带成球后再进行焊接的方法，与上极板不同的是：外侧大坡口以仰焊为主，内侧小坡口则以平焊为主，仰焊焊接量和难度较大。

(7) 上、下温带与赤道带以及极板与温带环缝的横焊工艺

上、下温带与赤道环缝是球罐最长的环焊缝(见图4-38)，处于横焊位置，对于容积为2000m³球罐，宜由12名焊工同时均布对称焊接。其施焊方向一律从左向右进行，(内侧焊与外侧焊缝的焊接方向相反)。环焊缝的横焊层次如图4-48所示。

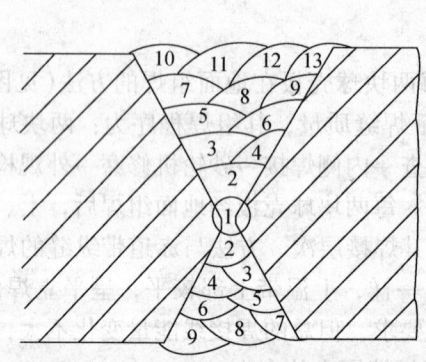

图4-47 上极板平焊的焊接层次

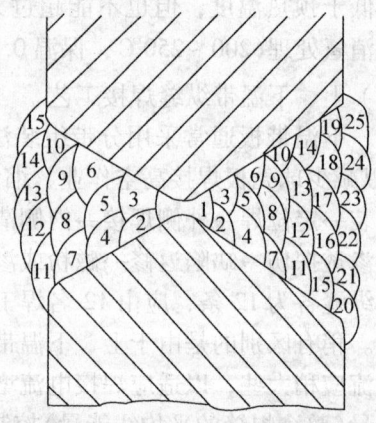

图4-48 环焊缝的横焊层次

上、下温带与赤道带的环缝横焊应先焊大坡口侧，第1～3层焊缝采用分段退向焊(每段长度600～700mm)，每段的三层连续焊完后再焊下一段。除封面焊外，其余各层各道焊缝均采用连续焊接。而封面层应采用分段退向焊(分段长度700～800mm)。

进行球罐环缝横焊时，焊接第1～3层时的起、熄弧点及层间应错开50mm，以及各焊工交界处也要错开50mm。其他各层焊接时，焊工交界处需错开200mm，每层的各道焊缝错开80mm。环焊缝焊接电流不宜过大并控制焊速，以避免产生咬边现象。由于横焊时焊接线能量较小，预热温度可适当提高(140～160℃)。

上、下温带与赤道带环缝小坡口侧的焊接需在碳弧气刨清根、砂轮机打磨及探伤合格后进行，除封面层采用分段退向焊外，其余各层均采用顺向连续焊。

上、下极板与温带环焊缝的横焊工艺、焊接规范与上、下温带与赤道带环焊缝横焊工艺相同,只是焊缝所处的平面位置略有不同,施焊时调整焊条的倾角即可。

2. 焊接规范参数

焊接规范是决定焊缝质量的关键,球罐焊接时的焊接规范来自于各类球罐焊接试验结果和焊接工艺评定,它规定了焊线线能量、焊接速度以及焊接层次和焊接工艺参数。焊接层次的制定原则是根据板厚和每层熔敷金属厚度决定,在多层多道焊中,使用$\phi 3.2mm$焊条时,每层熔敷金属厚度宜控制在$3\sim3.5mm$,$\phi 4.0$焊条为$4\sim4.5mm$。

焊接规范中焊接电流、焊接速度的制定原则是按预先给定的焊接线能量范围确定。附录C"表C-153"列出了球罐定位焊及支柱与赤道板组合焊缝的焊接规范,"表C-154"列出了容积为$1000m^3$、16MnR球罐焊接规范,"表C-155"列出了容积为$2000m^3$ CF-62钢(07MnCrMoVR)球罐焊接规范。

3. 07MnNiCrMoVR钢制球罐焊条电弧焊焊接工艺

某石化厂新建2台$1500m^3$球罐采用07MnNiCrMoVDR材料制造,球罐设计温度:-30℃、设计压力:2.254MPa,操作介质:乙烯、丙烯、实际容积:$V=1531m^3$。球壳板厚度:44mm,焊接材料采用J607RH高强度、高韧性、超低氢焊条。球罐焊接全部采用焊条电弧焊。

(1) 焊接性分析

国标规定的07MnNiCrMoVDR钢板的化学成分及力学性能见表4-7、表4-8。该钢属于低合金高强度低温用钢,由碳当量(C_{eq})公式和公式计算得:

$$C_{eq} = w(C) + w(Si)/24 + w(Mn)/6 + w(Ni)/40 + w(Cr)/5 + w(Mo)/4 + w(V)/14 = 0.48\%$$

$$P_{cm} = w(C) + w(Si)/30 + w(Mn)/20 + w(Ni)/20 + w(Mo)/15 + w(V)/10 + 5w(B) = 0.20\%$$

从表中数据及C_{eq}、P_{cm}数值可以看出07MnNiCrMoVDR钢含C量低、焊接冷裂纹敏感性低、且强度高、韧性好、产生冷裂纹倾向小,焊接性能优良。但由于其合金成分的组成[例如$w(Ni)0.2\%\sim0.5\%$],存在一定的再热裂纹倾向,以及这类钢及焊接材料中C、S及P的含量控制较低,需采用合理的焊接参数,增大焊缝成形系数,以避免产生再热裂纹。故制定焊接工艺的重点是在防止产生再热裂纹以及在预热、后热措施下不产生冷裂纹情况下,尽量采用较低的焊接线能量、严格控制层间温度,以保证热影响区的塑性和韧性。

(2) 焊接工艺评定

① 球罐焊接前,进行焊接工艺评定(按照JB 4708—2000《钢制压力容器焊接工艺评定》规定进行),立焊焊接工艺评定参数见表4-14,其余从略。评定试件坡口形式及焊接顺序见图4-49。

② 试板焊前应清除坡口周围至少50mm范围内的铁锈、油污、氧化物等杂质,并将定位焊部位打磨成缓坡状。

③ 试板焊前(包括定位焊)需预热100~150℃(采用电加热法),预热范围为焊缝中心线两侧各取3倍板厚,加热温度应距焊缝中心线50mm处对称测量。加热到预热温度后

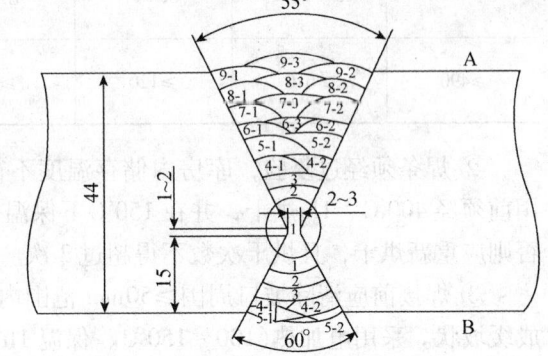

图4-49 立位坡口形及焊层示意

应保温5~10min，温度均匀后方可施焊。

④ 后热：试验焊完后及时后热（200~210℃、保温1h）。

⑤ 试件外观检查及无损检测合格（采用射线探伤检测，符合JB/T 4730 Ⅱ级）。

⑥ 焊后热处理：焊接试件射线探伤合格后，进行（570±15）℃焊后热处理，升温速度50~80℃/h、保温4h，降温速度30~50℃/h，300℃以下自然冷却。

⑦ 焊接接头力学性能检验：对焊接接头进行拉伸、弯曲、冲击韧性试验，达到表4-8规定指标要求，均为合格。

表4-14 立焊工艺规范参数

焊接层道	焊接方法	填充金属牌号和直径ϕ/mm	极性	焊接电流/A	焊接电压/V	焊接速度/(cm/min)	线能量/(kJ/cm)
A_1	SMAW	J607RH 3.2	直流反接	110~115	21~23	6.2	22~25
$A_2 \sim A_3$	SMAW	J607RH 4.0	直流反接	140~145	25~27	9.6~12	17~24
$A_{4-1} \sim A_{9-3}$	SMAW	J607RH 4.0	直流反接	140~145	25~27	9~13	16~26
$B_1 \sim B_2$	SMAW	J607RH 3.2	直流反接	110~115	21~23	6.8~7.3	19~23
$B_3 \sim B_{5-2}$	SMAW	J607RH 4.0	直流反接	140~145	25~27	9.8~10.4	20~24

（3）球罐现场焊接施工（以07MnNiCrMoVDR钢制球罐为例）

① 07MnNiCrMoVDR钢制球罐焊接材料选用J607RH焊条，该焊条属于Mn-Ni-Mo合金系统，并增加了微量元素（如Cr、V等），属超低氢、高韧性、抗吸潮焊条，具有良好的力学性能、抗裂性和工艺性能。该焊条熔敷金属化学成分及力学性能见表4-15、表4-16，熔敷金属中扩散氢含量[H]≤1.5mL/100g。

表4-15 J607RH焊条的熔敷金属化学成分（质量分数） %

C	Si	Mn	P	S
≤0.10	≤0.50	1.00~1.60	≤0.020	≤0.015
Ni	Mo	其他合金元素总量		
0.60~1.20	0.15~0.35	≤1.50		

表4-16 熔敷金属力学性能

拉力				冲击试验		
σ_s/MPa	σ_b/MPa	δ_5/%	ψ/%	最低试验温度/℃	冲击功A_{KV}/J	
					平均值	单个值
≥490	≥610	≥120	≥60	-50	≥47	≥33
				-20	≥100	≥80

② 焊条须经过复验，库房内储存温度不得低于5℃，相对湿度不得超过60%。焊条使用前须经400℃、1h烘干，并在150℃下保温使用。焊条在保温桶内存放时间不宜超过4h，否则应重新烘干，且烘干次数不得超过2次。

③ 焊接前应清除坡口周围≥50mm范围内的铁锈、油污、氧化物等杂质，定位焊部位磨成缓坡状。采用电加热（100~150℃、保温1h）。

④ 按JB 4708—2000《钢制压力容器焊接工艺评定》标准进行焊接工艺评定，确定各焊接

位置(平焊、立焊、仰焊、横焊)焊接工艺参数。

⑤ 采用合理的焊接顺序,焊接过程中尽量使整台球罐同时对称地收缩或膨胀,以控制焊接变形及减少焊接残余应力。焊接时按先焊纵缝后焊环缝,先焊大坡口侧后焊小坡口侧,先焊赤道带、其次焊温带最后焊极板的顺序进行,焊工对称布置均匀施焊。封底焊道采用分段退焊法(分段长度800~1000mm)。

⑥ 打底焊:焊前进行预热,达到预热温度后立即施焊。采用月牙形或锯齿形运条方式进行底层焊道焊接。短弧操作,在坡口内引弧到熔孔处应稍作停留,以保证根部熔透,减少背面清根时间。

⑦ 填充焊:焊前彻底清除底层焊道的熔渣和飞溅物,用砂轮机打磨无缺陷后方可施焊。采用$\phi 4.0$焊条填充,电弧在坡口两侧的停留时间应为横向摆动时间的3倍,以使两侧良好熔合和焊道平整。每层熔敷金属厚度控制在3mm左右,单道焊缝宽度应≤4倍焊条直径。从第4层开始采用两道焊(见图4-49)。填充焊整个焊接过程线能量应不超过30kJ/cm,层间温度控制在不低于预热温度(150~180℃)。

⑧ 盖面焊:盖面焊采用一层三道(见图4-49),第一、二道压前一层焊缝1/2,中间为回火焊道,各压两侧焊缝的一半。应使整条盖面焊缝两侧熔合良好、圆滑过渡和防止咬边。

⑨ 背面焊缝(小坡口侧焊缝):背面焊缝焊前,用砂轮机或碳弧气刨清根,彻底清除打底焊道两侧的死角及氧化铁,并进行磁粉或渗透探伤检查,确认合格后方可施焊。焊后立即进行后热消氢处理(180~230℃、0.5~1.0h)。

(四) 球罐的气体保护自动焊

1. 球罐自动化焊接技术简介

国外较早采用大型球罐自动焊,例如20世纪60年代,德国建造10000m^3球罐(直径27m,焊缝总长度1140m),每两块球壳板在地面用胎具拼装时采用埋弧自动焊,自动焊比率为30%。前苏联制造600~2000mm球罐(直径10.5~16m,壁厚16~34mm),将球罐组装点固成球后,置于专用旋转式滚架上,焊条电弧焊打底后,采用埋弧自动焊盖面。美国在70年代末,建造2台5000m^3球罐时,纵缝采用自动焊、自动焊比率达60%。日本在70年代末建造2500m^3球罐(直径16.85m),纵缝采用脉冲气体保护焊,环缝采用埋弧自动焊盖面,自动焊比率达90%;80年代中期,日本建造15台容积为25000m^3球罐,采用以MIG焊接工艺为主的自动焊和半自动焊,自动焊比率达90%以上。我国大型球罐现场自动化焊接试验性研究始于80年代,其后在1000~4000m^3球罐建造中,大部分采用自保护及气体保护全位置自动焊工艺,即除球罐开口接管、人孔等附件焊缝外,球体全部纵、环焊缝均采用自动焊,一次焊接合格率达95%~99%。

大型球罐自动焊具有熔敷速度快、效率高、坡口角度小(可以缩小到40°~45°)、穿透力强、背面清根量小、焊接过程连续不间断、焊接飞溅小、焊缝表面光滑平整(焊后无需打磨处理)等特点,故焊接效率高,约为焊条电弧焊的3~3.5倍。虽然球罐自动焊设备和焊接材料比焊条电弧焊成本高,但对提高与稳定焊接质量、加快球罐建造进度、减轻劳动强度以及提高劳动效率,都具有突出的优点,应是大型球罐制造的发展方向。

用于球罐全位置自动焊的设备主要是由焊接电源、爬行机构、焊接机构、送丝机构、柔性或半柔性轨道等组成,其中焊接机构和柔性(或半柔性)轨道是实现球罐全位置焊接的核心部分。而爬行机构是实现自动焊的关键组成部分之一,它是由行走小车和横向摆动机构组成，能够沿球壳板面呈弧线爬行，并不受自身重力的影响而改变爬行速度，通过互相垂直的两个方向和速度变化可以得到不同的运行轨迹。爬行机构既可用于球罐纵缝的焊接，也可用于环缝及球罐极带仰焊缝或半仰焊缝的焊接，可操作性和适应性强，运行稳定。爬行机构通过下部的行走与轨道上的齿轨相啮合而挂卡在轨道板上，通过启动控制装置使爬行机构带着焊接机头匀速沿轨道爬行而完成焊接工作。

球罐焊接施工选择配备自动焊设备的数量，主要应考虑同一带板上焊结构均匀分布和同时施焊，使各部位焊接达到基本同步协调，从而使焊接应力分布均匀。同时还应考虑到球罐建造进度要求。一般情况下，球罐自动焊所需配备的焊机数量应与球罐各带板瓣片成倍数关系。

2. 球罐自动焊焊接工艺

球罐自动焊目前常用自保护焊和气体保护焊两种工艺，后者采用的保护气体有 CO_2 或 $Ar + CO_2$ 混合气体。自保护焊不需要外加保护气体，减少了供气系统设施及加热器等附属设备，且抗风能力强，比较适合现场组焊。无论选用哪种自动焊方法，其焊接工艺必须保证焊接质量，并据此正确选择和合理控制焊接电流、电弧电压、焊丝伸出长度、焊接递进速度、保护气体流量和焊丝倾角等参数。

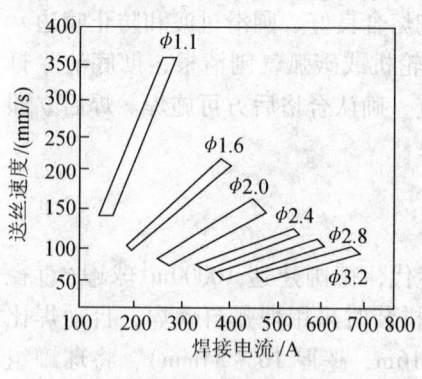

图 4-50 送丝速度与焊接电源及焊丝直径的关系

（1）焊接电流

对一定的焊丝直径，焊接电流与送丝速度成正比，送丝速度决定焊接电流的大小（见图 4-50）。当电弧电压、送丝速度不变时，焊接电流过大会造成焊道成形不良，过小又会产生大量飞溅，故应根据不同的焊接位置，选择不同的焊接电流并应相应改变电弧电压及焊接速度。在球罐全位置自动焊操作中，通常采用的电流可比标准值提高 1.25 倍。焊接球罐的横缝时，线能量尤其容易偏下限，应选用较大直径的焊条和采用较大电流进行焊接。

（2）电弧电压

电弧电压过高会产生气孔，甚至有时电弧倒烧至导电嘴，电弧电压过低会造成凸型焊道，影响焊缝成形。因此当焊接电流一定时，应采用不致出现气孔的最高电压值。表 4-17 给出了球罐自动焊几组不同焊接位置的电弧电压与焊接电流的匹配值。

表 4-17 各种焊接位置电弧电压 U 与焊接电流 I 的匹配关系

焊丝直径/mm	平焊		立向上焊		仰焊		横焊	
	U/V	I/A	U/V	I/A	U/V	I/A	U/V	I/A
0.8	20~25	130~280	16~23	90~180	18~25	130~240	20~25	150~250
1.2	20~30	150~300	18~26	150~220	20~26	150~280	20~26	180~300
1.6	20~34	180~400	18~27	180~250	22~27	180~310	20~28	200~350

（3）焊丝伸出长度

焊丝伸出长度是指药芯焊丝伸出高于高温烧嘴的未熔化焊丝段的长度，它对稳定焊接过程起重要的作用。如果其他焊接参数不变，焊丝伸出太长，电弧不稳定，且飞溅过大，易造成飞溅堆积堵塞喷嘴，影响气体运行，使气体保护不良，从而形成气孔。药芯焊丝伸出长度一般需控制在立焊时10~25mm，平焊或横焊时15~30mm。

(4) 保护气体的流量

药芯焊丝保护气体焊应用较广的是CO_2气体保护焊，其焊缝熔深大，且CO_2气体保护起到一定的脱碳作用。保护气体流量直接影响电弧的稳定性和焊接质量，气体流量不足会使填充金属过渡和焊缝金属保护不良，易产生气孔和氧化；气体流量过大，易造成紊流，焊缝金属与空气混合也会形成气孔。保护气体流量主要与焊枪喷嘴形式、焊丝直径及喷嘴到球壳板面的距离有关，还与焊接环境的空气流动状况有关，通常以15~25mL/min为宜。

(5) 焊丝送进速度

自动焊药芯焊丝的送进速度对焊缝熔深和形状影响较大。当焊接电流大时，焊丝送进速度不应太慢，否则会引起焊缝金属过热、晶粒长大，使韧性降低。但焊丝送进速度过快也会造成焊缝成形不规则，极易出现绳状焊道。一般情况下，立焊和仰焊时的送丝速度为1.5~2.5m/min，平焊和横焊时可提高到3.6m/min，焊丝的送进速度可通过送丝机构显示的线能量进行调整，球罐自动焊时线能量宜控制在15~45kJ/min范围内。线能量过大，将使焊缝金属的热影响区晶粒变粗，韧性和强度降低；线能量太低，冷却速度加快，则易产生裂纹。

(6) 焊丝倾角的控制

焊接过程中，药芯焊丝熔融后所造成的焊接熔池具有一定的重力作用，为了消除重力引起熔池流向焊缝前面的倾向，药芯焊丝应与垂直方向形成一定的沿焊接方向的前倾角（见图4-51），前倾角的大小与焊接位置、球壳板宽度、焊接方法、焊接速度等有关，一般以3°~15°为宜（不应大于20℃）。

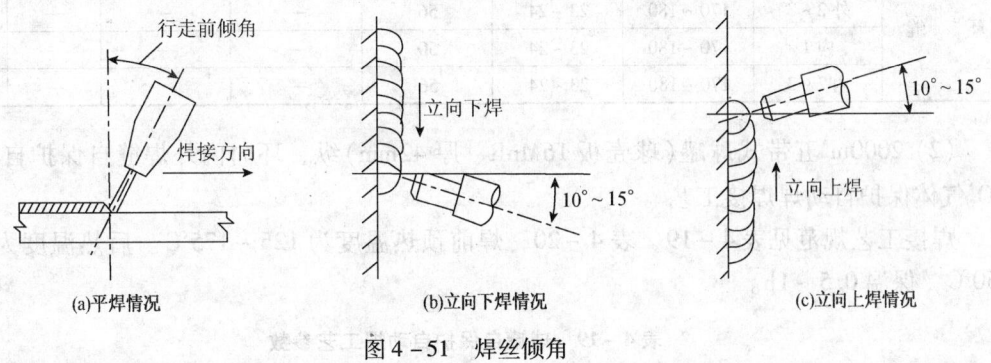

(a)平焊情况　　(b)立向下焊情况　　(c)立向上焊情况

图4-51　焊丝倾角

(7) 焊接层数与摆动方式

药芯焊丝全位置自动焊时，焊接层数与摆动方式主要根据焊接位置和每层焊道厚度选择。横焊采用无摆动的直线运弧方式多层多道排焊，其他位置均可采用齿形摆动运弧。球罐自动焊每层焊道厚度一般不超过6mm，特别是平焊和横焊。如果每层焊道过厚，容易产生气孔和夹渣。打底焊和清根后的第一层焊道，由于根部较窄，焊道厚度应控制在3~4mm。

(8) 坡口设计

坡口角大小直接影响焊接成本和焊接变形量。球罐全位置自动焊所使用的药芯焊丝较细，一般为$\phi1.2$mm或$\phi1.6$mm，电弧容易伸到坡口根部，熔深大、熔透性好，不易产生气孔、夹渣等缺陷，故坡口角可相应减小到40°。当球壳板较薄时，可采用带垫板V形坡口形式。

(9) 焊接软垫

气体保护焊的熔深较大，很容易烧穿，当坡口无钝边或组对间隙较大时，可采用陶瓷型非熔化焊接软垫进行单面焊双面成形,这时打底焊缝可选用中间层规范,以利于反面成形。焊接软垫有平圆弧形和梯形两种形式,前者用于V形坡口,后者用于X形坡口。

3. 球罐自动焊焊接规范参数(举例)

(1) 1000m³ 五带式球罐全位置气体保护自动焊焊接工艺(球壳板 16MnDR,厚 20mm)

焊接设备选择直流电源 DC-400,LN-9 型自动送丝结构(美国林肯公司制造)及美国 BUG-O 公司制造的爬行机构。焊丝选择 ϕ1.2mm 药芯焊丝(Alloy-Rood Ⅱ-71);保护气体混合比(ψ_{Ar})70% + (ψ_{CO_2})30%,气体流量 20L/min;焊丝伸出长度 10~15mm;线能量控制在 20~30kJ/cm;层间温度 100~125℃;层道间接头相互错开距离 50~80mm。球壳板纵、环焊缝其他焊接工艺参数见表 4-18。

表 4-18 1000m³ 球罐气保护自动焊接规范

焊缝名称	焊接层次	焊接电流/A	焊接电压/V	焊接速度/(mm/min)	摆幅/mm	摆动速度/(mm/min)	停留时间/s 左	停留时间/s 右
纵缝	外1	170~180	23~24	98	18	96	1	1
	外2	160~180	23~24	60	36	106	1	1
	外3	160~180	23~24	50	54	203	1	1
	内1	170~180	23~24	98	18	96	1	1
	内2	160~180	23~24	60	36	106	1	1
	内3	160~180	23~24	50	54	203	1	1
环缝	外1	170~180	23~24	—	15	100	—	—
	外2~3	170~180	23~24	56	—	—	—	—
	内1	170~180	23~24	50	—	—	—	—
	内2~3	170~180	23~24	56	—	—	—	—

(2) 2000m³ 五带式球罐(球壳板 16MnR、厚 42mm)纵、环向内外焊缝自保护自动焊及 CO_2 气体保护自动焊焊接工艺

焊接工艺规范见表 4-19、表 4-20,焊前预热温度为 125~175℃。后热温度为 200~250℃,保温 0.5~1h。

表 4-19 球罐自保护自动焊工艺参数

焊缝	焊接材料	焊道层数	焊接电流/A	电弧电压/V	送丝速度/(m/min)	焊接速度/(cm/min)
纵向	NR-203Ni ϕ2.0mm	外5~6层 内3~4层	150~220	19~22	1.8~2.7	4.5~6.5
环向	NR-203Ni ϕ2.0mm	外5~6层 内4~5层	190~260 150~190	19~22 24~26	1.6~3.0	6~20 8~20

表 4-20 球罐 CO_2 气体保护自动焊工艺参数

焊缝	焊接材料	焊道层数	焊接电流/A	电弧电压/V	送丝速度/(m/min)	焊接速度/(cm/min)
纵向	SQJ501 ϕ1.4mm	外4~5层 内3~4层	180~280	22~28	1.6~2.4	5~8
环向	SQJ501 ϕ1.4mm	外5~6层 内4~5层	180~280	22~28	1.8~2.8	8~20

第三节 热壁加氢反应器的焊接

一、结构和选材

某厂 $80×10^4$ t/a 加氢裂化装置热壁反应器结构如图 4-52 所示。热壁加氢反应器是炼油厂加氢装置(加氢裂化、加氢精制等)及煤直接液化加氢装置的关键设备,器壁直接与高温、高压且含有 H_2 或 H_2+H_2S 的反应物接触,因此要求设备选择具有良好抗高温氢和硫化氢腐蚀以及抗高温蠕变能力。根据 API 941《炼油厂和石油化工厂高温高压临氢作业用钢》(第七版)中 Neslson 曲线,制造热壁反应器的材料一般为 Cr-Mo 抗氢钢系,因这类钢材既具有良好的抗高温氢腐蚀性能,又有良好的短时和长时高温力学性能。根据不同的操作温度和压力,一般选用 1Cr-0.5Mo、1.25Cr-0.5Mo、2.25Cr-1Mo、2.25Cr-Mo-0.25V、3Cr-1Mo-0.25V 等材料,以上五种钢的化学成分、回火脆性敏感系数及力学性能和回火脆化倾向评定要求见表 4-21、表 4-22。

由于 2.25Cr-1Mo 类 Cr-Mo 抗氢钢系化学成分中,P、Sn、Sb、As 等元素对脆化影响很大,Si、Mn 同样也是促进脆化作用的元素,特别是 Si 对钢的回火脆性有很大影响,因此 2.25Cr-1Mo 钢的回火脆化敏感性系数(J 和 X 系数)通常采用 API 934—2000 推荐的下列技术指标。

控制钢材的回火脆化敏感系数:

$$J = (Si + Mn)(P + Sn) × 10^4 ≤ 100\% \quad (4-4)$$

(仅用于母材,式中元素以百分数含量代入,如 0.15% 以 0.15 代入)

控制焊缝金属的回火脆化敏感系数:

$$X = (10P + 5Sb + 4Sn + As) × 10^{-2} ≤ 15 × 10^{-6} \quad (4-5)$$

[仅用于焊缝金属,式中元素以 10^{-6}(ppm)含量代入,如 0.01% 以 $100×10^{-6}$(ppm)代入]

推荐按下述要求控制脆化处理后的韧性指标为:

$$VTr54 + α\Delta VTr54 ≤ 10℃(或 0℃) \quad (4-6)$$

式中 $VTr54$——经最小模拟焊后热处理(min·PWHT)的夏比冲击功为 54J 时所对应的转变温度,℃;

$\Delta VTr54$——经最小模拟焊后热处理(min·PWHT)+阶梯冷却(分步冷却)处理后夏比冲击功为 54J 时所对应的转变温度的增量,℃;

$α = 2.5$ 或 3。

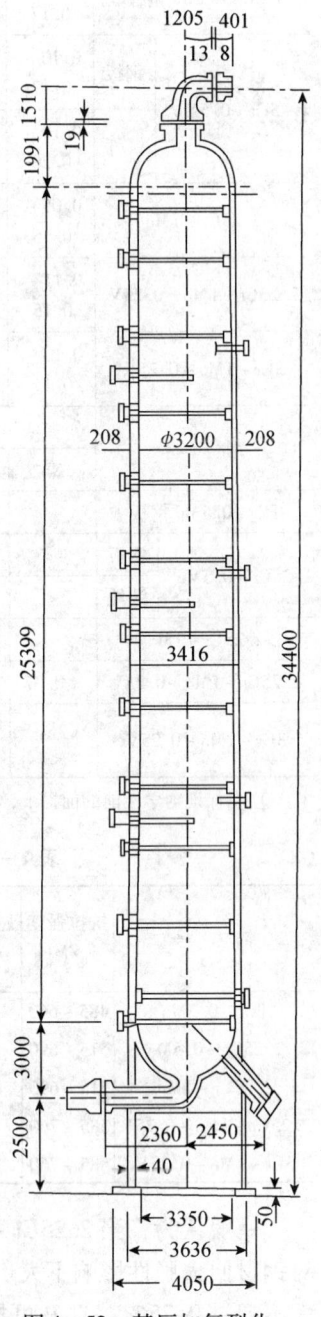

图 4-52 某厂加氢裂化反应器示意图

表 4-21 反应器常用钢材化学成分及回火脆化系数要求

钢 材		化学成分(质量分数)/%									
		C	Si	Mn	P	S	Cr	Mo	V	Cu	Ni
1Cr-1/2Mo 钢板		0.05~0.17	0.15~0.40	0.40~0.65	≤0.025	≤0.025	0.80~1.15	0.45~0.60			
1.25Cr-0.5Mo①	钢板	0.10~0.17	0.15~0.40	0.40~0.65	≤0.015	≤0.015	1.00~1.50	0.45~0.65			
	锻件	0.10~0.20	0.50~0.80	0.40~0.65	≤0.015	≤0.015	1.00~1.50	0.45~0.65			
2.25Cr-1Mo		0.05~0.15	≤0.10	0.30~0.60	≤0.010	≤0.010	2.00~2.50	0.90~1.10			
2.25Cr-1Mo-0.25V		0.11~0.15	≤0.10	0.30~0.60	≤0.010	≤0.010	2.00~2.50	0.90~1.10	0.25~0.35	≤0.20	≤0.25
3Cr-1Mo-0.25V		0.10~0.15	≤0.10	0.30~0.60	≤0.010	≤0.010	2.75~3.25	0.90~1.10	0.20~0.30	≤0.25	≤0.25

钢 材		化学成分(质量分数)/%							$[H]/10^{-6}$	J系数/%	X系数/10^{-6}
		Nb	Ti	B	Ca	As	Sn	Sb			
1Cr-0.5Mo 钢板											
1.25Cr-0.5Mo①	钢板										
	锻件										
2.25Cr-1Mo									2	≤100	≤15
2.25Cr-1Mo-0.25V		≤0.07	≤0.030	≤0.0020	≤0.015	≤0.012	≤0.010	≤0.004	2	≤100	≤15
3Cr-1Mo-0.25V			0.015~0.035	0.001~0.003		≤0.012	≤0.010	≤0.004	2	≤100	≤15

① 在保证力学性能的前提下,要求(Si+Mn)的量尽可能低,且控制(P+Sn)的量小于或等于0.030%。

表 4-22 反应器常用钢材力学性能及回火脆化评定要求

钢 号	抗拉强度 σ_b/MPa	屈服强度 σ_S/MPa	高温屈服强度 $\sigma_S^{450℃}$/MPa	延伸率 δ/%	断面收缩率 ϕ/%	冲击吸收功 A_{KV}/J		$vTr54+(2.5~3)$ $\Delta vTr54$/℃
						三个平均	单个最小	
1Cr-0.5Mo	485~660	≥275		≥20		≥47(10℃)	≥41(10℃)	
1.25Cr-0.5Mo	515~690	≥310		≥18		≥54(10℃)	≥47(10℃)	
2.25Cr-1Mo	515~690	≥310	≥231	≥19	≥40	≥54(-30℃)	≥47(-30℃)	≤0 或 10
2.25Cr-1Mo-0.25V	585~760	≥415	≥345	≥18	≥45	≥54(-18℃)	≥47(-18℃)	≤0
3Cr-1Mo-0.25V	585~760	≥415	≥345	≥18	≥45	≥54(-18℃)	≥47(-18℃)	≤0

一般认为,当 2.25Cr-1Mo 钢中的 As 和 Sb 含量分别控制在 0.02% 和 0.004% 以下时,对钢材回火脆性影响不大。采用真空碳脱氧工艺(VCD)可将 Si 含量降至 $w(Si)<0.1\%$,最大不超过 0.25%,且 P 可控制到更低。

对于反应器可能选用的各类 Cr-Mo 抗氢钢中,以 2.25Cr-1Mo 和 3Cr-1Mo 钢的回火脆性敏感性最显著,1.25Cr-0.5Mo 钢有较轻的回火脆性倾向,1Cr-0.5Mo 钢的回火脆性倾向更轻微,加 V 改进型的 Cr-Mo 钢,回火脆性敏感性更小。各种 Cr-Mo 钢回火脆性敏感性的比较见图 4-53。

工程应用中通常采用加速脆化处理的方法（阶梯冷却法，或称步冷法）来评价 Cr-Mo 钢的回火脆性敏感性。

为避免抗氢钢材料直接与高温 H_2 或 H_2S 腐蚀介质接触，在反应器内表面需带极堆焊两层不锈钢材料 TP309L（00Cr23Ni13）+ TP47L（00Cr20Ni10Nb）），堆焊总厚度 7~8mm。在有些情况下也可采用单层堆焊 TP347 或 TP347L，堆焊层厚度 3~4mm。

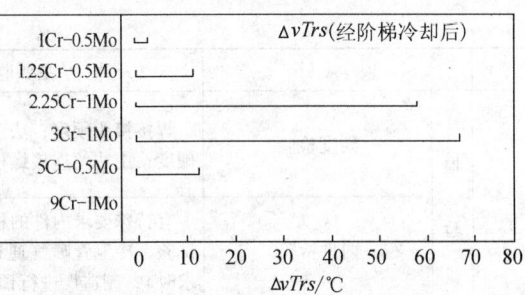

图 4-53 各种 Cr-Mo 钢回火脆性敏感性比较

二、制造与焊接

（一）反应器制造控制要点

根据热壁加氢反应器操作工况、直径和器壁厚度等不同，一般有板焊和锻焊两种结构型式，后者用于温度、压力高器壁厚度大的场合。热壁加氢反应器按照 JB 4732—1995《钢制压力容器——分析设计标准》进行设计，其制造必须严格按照国家有关法规、标准、设计规定的要求，对每一道工序都应按照经认证合格的质量管理体系运作，并加强制造过程的质量控制和检验。针对加氢反应器的特点，对于制造过程除了常规的检验项目外，还必须按表 4-23 所列的相关控制要点进行严格监控。

表 4-23 加氢反应器制造过程的监控要点

序号	项 目		主要监控内容	备 注
1	主体材料		Cr、Mo、V（含 V 钢）、Si、Mn、P、S 和其他微量杂质元素的含量；力学性能；回火脆性敏感性系数（J 系数和 X 系数）以及回火脆化倾向评定结果；晶粒度大小和非金属夹杂物等级	注意设计有要求的冶炼方法、夏比冲击 V 形缺口试样的加工精度
2	焊接与堆焊	焊评	制造厂所提供的焊接工艺评定是否能覆盖制造过程的全部焊接部位与方法	注意焊评项目中应含有反应器特殊要求的附加检验项目
		A、B 类焊缝及接管焊缝	Cr、Mo、V（含 V 钢）的含量和回火脆性敏感性系数（X 系数）	注意焊接规程的执行情况，返修部位的处理情况
		堆焊层（含 Cr-Mo 钢堆焊金属）	TP347 堆焊层最小有效厚度的化学成分，铁素体含量；Cr-Mo（或 Cr-Mo-V）钢堆焊金属的化学成分	注意不同堆焊工艺的连接处和补焊部位的质量；铁素体含量的测定以焊态为准
		产品焊接试板	设计要求检验项目的检验结果	注意应含有反应器特殊要求的附加检验项目
3	最终焊后热处理		热处理工艺的执行	注意热电偶的布置及其记录的可靠性
4	检验	外观检验	易发生各种脆性开裂或裂纹部位不应有设计不允许的棱角、尖角、凹坑等缺陷；圆滑过渡及圆角 R；对接焊缝的错边量及表面的咬边、裂纹等缺陷；对接焊缝与母材表面平齐情况（设计有要求时）；堆焊层表面的不平度	注意尽量避免有应力集中的形状（结构）存在；弧坑和焊疤必须打磨平滑
		无损检测	可疑处、返修处和有可记录缺陷处的无损检测情况及其记录的完整性	最好能参与关键部位无损检测的现场见证

续表

序号	项目		主要监控内容	备 注
4	检验	硬度检验	焊接接头硬度；法兰密封面与金属环垫片硬度；主法兰连接螺柱与螺母硬度	焊接接头硬度测试应含焊缝金属、热影响区和母材；法兰密封结构与连接紧固件应注意控制匹配的硬度差
		内件检验	有特殊要求内件的检验项目，如充水试漏试验、冷氢管喷气通道均匀性试验（当有要求时）；制造厂进行预组装情况	注意预组装合格的内件应编上号码
5	水压试验		试验用水的氯离子含量、试压过程的器壁温度（尤其在冬季）、试样过程与结果	壁厚较厚的设备，保压时间最好不小于1h

（二）反应器壳体对接主焊缝的焊接

无论是锻焊或板焊结构反应器，其制造过程中皆分为上、下封头和若干个筒节，每个部分均需制定"制造工艺流程"分段制造，全部组焊完毕后进行无损探伤检测（MT、UT、PT、RT等），最后进行水压试验和组焊裙座。

对接主焊缝焊接前，须将筒节在炉内预热到250℃，出炉后采用工艺板装配法将筒节联在一起。工艺板临时点固焊缝应采用与产品焊缝同样的工艺，装配点固后的环缝间隙应为（2±0.5）mm，筒节之间的同心度偏差应小于1.0mm。

焊条电弧焊封底采用ϕ4.0mm的R407-B焊条（专供2.25Cr-1Mo钢焊接用的碱性低氢型焊条，具有抗高温氢腐蚀能力，其焊缝金属抗回火脆性优于R407焊条），焊芯为H06Cr2MoA焊丝，其成分及焊条熔敷金属成分见表4-24。焊条使用前需经400℃×2h烘干，放入150℃烘箱或保温筒内随用随取。且焊条暴露在空气中时间一般不得超过4h，否则需重新烘烤。焊接时采用直流反接，焊前必须清除工件表面油污、铁锈等污物。对接主焊缝封底焊分三层四道施焊，焊接规范见表4-25。封底焊后进行机械加工车削清根，要求在U形坡口一侧均匀车去3mm左右，以去除封底焊时可能出现的根部未熔合及焊瘤等缺陷。

表4-24 R407-B熔敷金属及焊丝化学成分（质量分数）　　　　%

项目 焊接材料	C	Si	Mn	Cr	Mo	S	P	Pb	B	Sn	Sb	As	Cu	Ti[①]
H06Cr2MoA	0.04~0.06	≤0.1	0.4~0.7	2.40~2.60	0.95~1.05	≤0.015	≤0.008	<0.005	<0.003	<0.003	<0.003	<0.003	<0.05	≤0.12
R407-B焊条的熔敷金属	≤0.10	≤0.15	0.3~0.8	2.0~2.5	0.9~1.10	≤0.015	≤0.015	—		<0.015	<0.005	<0.016	≤0.15	—

注：① Ti按0.12%加入，不计烧损。

表4-25 筒体组合件封底手工焊规范

预热温度/℃	层间温度/℃	焊接电流/A	电弧电压/V	焊接速度/cm·min^{-1}	线能量/kJ·cm^{-1}	去氢处理
250	180~250	150	25	13~15	14.8	400℃×2h

U形坡口一侧的主焊缝采用埋弧自动焊方法，焊接材料为ϕ3mm、H06Cr2MoA焊丝和602烧结型焊剂，该焊剂为焊接2.25Cr-1Mo钢专用高碱度焊剂，具有良好的深坡口脱渣性能，并使焊缝金属具有不增Si、P及扩散氢的特点。焊丝使用前须用汽油清洗，焊剂进行350℃×2h烘干，焊接时用红外线测温仪监测层间温度，要求连续焊接及焊后立即进行后热

去氢处理。焊接规范见表4-26：

表4-26 筒体组合件主焊道埋弧自动焊规范

层间温度/℃	焊接电流/A	电弧电压/V	焊接速度/m·h^{-1}	线能量/kJ·cm^{-1}	去氢处理
180~250	350~380	36~40	19.2~21.6	22~28	400℃×2h

加氢反应器壳体对接主焊缝须进行焊后620℃中间热处理和焊后最终热处理。焊接过程中间热处理是为了消除部分焊接应力和扩散氢积聚，焊后最终热处理目的在于消除应力和改善焊接接头组织和力学性能见表4-27。最终热处理温度为690℃（最低保温温度680℃），最短保温时间由反应器壁厚确定。当$\delta_{pwht} > 50~125mm$时，$t = \delta_{pwht}/25$；当$\delta_{pwht} > 125mm$时，$t = 5 + (\delta_{pwht} - 125)/100$。式中，$\delta_{pwht}$为消除应力热处理厚度，对于等厚度全焊透对接接头为其焊缝总厚度，亦即承压元件（反应器壁基材）钢板厚度。

表4-27 焊后中间热处理和最终处理

期待目的	620℃焊后中间热处理	690℃焊后最终热处理
去残余应力	△	○
去残留氢	○	○
焊接接头组织改善	△	○
焊接接头力学性能改善	×	○

注：○效果大，△有效果，×无效果。

（三）反应器内壁堆焊

1. 堆焊前的准备

① 加氢反应器壳体焊缝部位易产生焊接缺陷，母材的对接焊缝在堆焊前必须经过焊后热处理，并经100%射线或超声波探伤检测，合格后方可进行堆焊。

② 堆焊前，器壁表面需经打磨、喷砂或机械加工处理，彻底清除油污、氧化皮、凸出物毛刺、飞溅物等，超出堆焊工艺规定的凹坑应进行打磨。

③ 被堆焊表面需经磁粉探伤合格，不得有表面缺陷。

④ 堆焊前器壁预热温度及层间温度控制在100~250℃。

⑤ 堆焊前应先做焊接工艺评定，评定项目应包括：

a. 探伤项目：包括母材被焊表面磁粉探伤，过渡层及工作层着色探伤，堆焊完毕后的结合面超声波探伤及层下裂纹超声波探伤。结合面超探合格标准为不得存在大于$\phi 4mm$平底孔当量的缺陷，相邻两单个缺陷的间距应不大于3倍缺陷尺寸；堆焊层下裂纹超探的合格标准为不得出现任何层下裂纹。

b. 力学性能试验：包括冷弯试验（面弯和侧弯），合格标准为堆焊层上不得出现大于1.6mm的敞开缺陷及在堆焊结合面上不得出现大于3.2mm的敞开缺陷，但由内在气孔等产生的缺陷不计入，以及试板角上出现的裂纹不予考虑。

剪切强度及拉伸强度试验：应达到堆焊金属相应力学性能要求。

硬度测点：堆焊层正面与侧面的测定硬度值应不大于HB220。

c. 金相检验：堆焊层表面由奥氏体和少量铁素体双相组织组成，铁素体对有害杂质的固溶度比奥氏体大，堆焊层如果含有过多的铁素体，热处理时由于铁素体会转变为σ相，使堆焊层脆化，故每一层堆焊层在热处理前必须测定铁素体含量。一般应控制在3%~8%

范围内,并作为金相检验合格标准。

d. 横向显微断面硬度测定:工艺评定横向显微断面硬度(HV)测定的取点位置如图4-54所示。其硬度不得超过堆焊金属规定值。

e. 试样的解剖检查:

对试样金相解剖检查(剖面长度为200mm),不得有任何裂纹。

f. 试样堆焊层化学成分分析:

自试样表面以下0.5~2.5mm范围内取样分析化学成分,应符合下列要求:$w(C) \leqslant 0.05\%$、$w(Cr)18\% \sim 20\%$、$w(Ni)8\% \sim 13\%$,$w(Nb) \geqslant 10\%$(偏差允许范围按ASTM A480规定)。另外还须对Si、S、P、Mn等进行含量分析,应符合堆焊用钢带成分规定的标准。

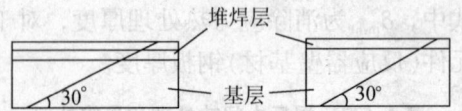

图4-54 横向显微断面硬度(HV)测定的取点位置示意

2. 堆焊方法

反应器堆焊方法见表4-28。

表4-28 各种堆焊方法应用

堆焊位置	堆焊方法				
	带极埋弧堆焊	带极电渣堆焊	钨极氩弧堆焊	手工电弧堆焊	药芯焊丝堆焊
筒体、封头内表面	○	○			
接管内表面			○		○
法兰面				○	○
局部表面			○		○

3. 堆焊材料的选择

(1) 钢带

堆焊的主要材料是钢带。在满足使用性能和焊接性的条件下,推荐选用含Cr量较高的材料。为了提高耐蚀性能并减少堆焊层与基体合金交界处出现马氏体,避免发生裂纹,应尽量选用含C量低的不锈钢材料。对于加氢反应器内壁双层堆焊,作为与母材接触的过渡层,需考虑堆焊过程中合金元素由于向Cr-Mo钢一侧扩散而造成的稀释,应采用合金成分较高、韧性较好的材料,一般选用00Cr25Ni13(相当于E-309型,TP309L);工作层(表层)采用00Cr20Ni10Nb(相当于E-347型,TP309L)。用埋弧自动焊方法进行带极堆焊。由于过渡层的韧性高于工作层,故同时具有阻止裂纹扩散的作用。

带极埋弧堆焊具有熔敷速度高、熔深浅而均匀、稀释率低等优点,一般带板厚0.4~0.8mm,带宽已从30mm的窄带发展到60mm、75mm甚至120mm的宽带极。但随着带宽的增加,必须设置磁控装置,以防止磁偏吹引起的咬肉等缺陷(如果采用外加磁场控制电弧,带宽可达180mm)。带极材料可以是实心或药芯带极,亦可采用单带极或双带极埋弧焊。目前,国内加氢反应器通常采用钢带宽度为75mm、厚度0.4mm、单带极(实心带极)堆焊方法。由于国内生产的带材化学成分不够稳定,一般选用进口材料。国内外加氢反应器堆焊用钢带的化学成分见表4-29。

第四章 几种石油化工设备的焊接及在役设备的焊接修复

表4-29 国内外堆焊用钢带的化学成分（质量分数） %

材 料	C	Mn	Si	S	P	Cr	Ni	Nb
国外常用347	0.08	2.50	0.90	0.03	0.04	18.00~21.00	9.00~11.00	1.00
日本JIS标准B347	<0.08	<2.50	<1.00	<0.03	<0.04	17.00~21.00	9.00~13.00	8C~1.00
国内制造厂钢带标准 00Cr20Ni10Nb	≤0.03	1.00~2.50	≤0.30~0.65	≤0.03	≤0.03	19.00~21.50	9.00~11.00	10C~1.00
国内首台反应器用钢带 00Cr20Ni10Nb	≤0.025	≤1.000	≤0.600	≤0.020	≤0.020	19.500~21.000	9.000~11.000	0.400~0.600

（2）焊剂

按制造方法，焊剂可分为熔炼焊剂和非熔炼焊剂两大类，其中非熔炼焊剂溶剂又可分为烧结焊剂和粘结焊剂。与熔炼焊剂相比，烧结焊剂具有熔深浅、成形好、易脱渣、生产稳定等特点；碱度调节范围大，高碱度焊剂有利于获得高韧性焊缝；焊剂堆积密度较小，适于制造高速焊接或大热量输入焊接用焊剂；环境污染少，电能消耗少，成分容易控制，可大批量连续生产、成本较低等优点。另外，还可以解决超低碳钢带堆焊时的增碳问题，焊剂中适量的 Cr_2O_3 可以减少钢带中 Cr 的烧损量。

由于带极堆焊时熔池较大，对热壁加氢反应器堆焊表面要求较高，故对焊接的要求比常规埋弧焊严格。为了防止焊缝夹渣，熔渣的凝固点应当稍高于焊缝金属的凝固点，焊剂中还应含有能产生稳弧气体的合金元素。

热壁加氢反应器内壁堆焊焊剂，过渡层选用HJ107，工作层选用HJ107Nb（HJ为烧结焊接原牌号），具有熔深浅、成形好、容易脱渣、焊接稳定等特点。

4. 热壁加氢反应器壳体堆焊工艺

（1）带极堆焊焊接规范

首先堆焊过渡层，经着色检查合格后再堆焊工作层。过渡层及工作层的堆焊层数按堆焊层厚数及钢带厚度决定。

堆焊焊接规范：以60mm×0.5mm钢带为例，焊接电流为650~750A，焊接电压29~34V，焊接速度9.5~11.5cm/min，带极伸长长度40mm，焊道搭接量5~10mm，每层堆焊层高度大于2.5mm。

表层（工作层）堆焊前应彻底清理过渡层表面的药皮、粉尘或者着色剂等污物，过渡层与表层每道应错开10mm。

（2）产品的测试检测项目

① 化学成分测定。在反应器封头、筒体及任一接管的堆焊面上各取一处用光谱分析仪作化学成分检测；取样部位用奥002Nb焊条补焊并打磨平滑，进行着色探伤检测。

② 堆焊层探伤检测。堆焊前母材表面进行磁粉探伤检测，过渡层和工作层进行着色探伤检测；按纵、横100mm行距对堆焊层结合面进行超声波探伤检测，其他受力焊接件（如器内支承环、吊架等）周围100mm范围内进行100%超声波检测。设备最终热处理后，按纵、横300~400mm行距对堆焊层结合面进行超声波探伤检测。以上检测超标部位皆应进行返修补焊。

（3）产品堆焊层铁素体含量测定

堆焊层铁素体含量是降低其抗裂性的主要因素，需对工作层与过渡层铁素体含量分别进行测定,要求皆控制在3%~8%范围内(其中,过渡层的测定值仅作参考)。具体测定方法和要求是,每隔一条钢带的堆焊层进行铁素体含量测定,需在该条钢带堆焊层的中间及距始、末端100mm处各取一点(共3点)测定。

(4) 堆焊层表面质量要求

堆焊层表面应平滑,用弧长200mm样板测量,要求相邻两焊道之间凹陷量及焊道接头不平度均不得超过1.5mm。

第四节 延迟焦化装置焦炭塔的焊接制造

一、结构和选择

某厂 $140×10^4$ t/a 延迟焦化装置焦炭塔[$\phi8800×(22+3/24+3/30/32/36/40)×35837$,2台]是该装置关键设备之一,主体材料原为20g,本次改造采用15CrMoR,由于加工物料含硫量高,塔内泡沫层以上壳体改为复合钢板15CrMoR+410S,以提高耐蚀性。15CrMoR钢板的高温力学性能、蠕变性能及高温持久极限见表4-30~表4-32。此外,为了克服下同类设备常易发生的锥体与裙座连接焊缝因应力集中造成的开裂问题,将该连接部位改为整体锻制的过渡结构(见图4-55)。

表4-30 15CrMoR钢的高温力学性能

热处理	试验温度/℃	$\sigma_{0.2}$/MPa	σ_b/MPa	δ_5/%	ψ/%	A_{KV}/(J/cm²)
900~920℃正火	400	245	495	24	70	162
630~650℃回火	450	245	481	22	74	167
	500	265	441	20	76	—
	550	245	412	21	78	—

表4-31 15CrMoR钢的蠕变极限

热处理	$\sigma_n^t/(10^5 \text{MPa})$			
	425℃	475℃	500℃	550℃
900~920℃正火 630~650℃回火	147	98	78	44

表4-32 15CrMoR钢的高温持久极限

温度/℃		480	500	530	550
L-M法	$\sigma_D^t 10^4$/MPa	303.5	245.5	154.0	90.9
	$\sigma_D^t 10^5$/MPa	236.6	173.5	91.7	64.7
	$\sigma_D^t 2×10^5$/MPa	215.7	151.7	79.8	58.4
等温线法	$\sigma_D^t 10^4$/MPa	330.6	222.9	142.8	110.0

二、壳体成形与焊接

由于焦炭塔体积大,塔壁较厚,材料结构较特殊,制造中对封头成形、过渡段锻制加工、耐热复合钢板焊接及设备焊后整体热处理等制造环节提出了更高要求。

(一)塔底锥形封头成形

塔底锥形封头[$\phi8600$(大端)/$\phi1800$(小端)$×40$mm]材质采用15CrMoR正火钢板,屈服

第四章 几种石油化工设备的焊接及在役设备的焊接修复

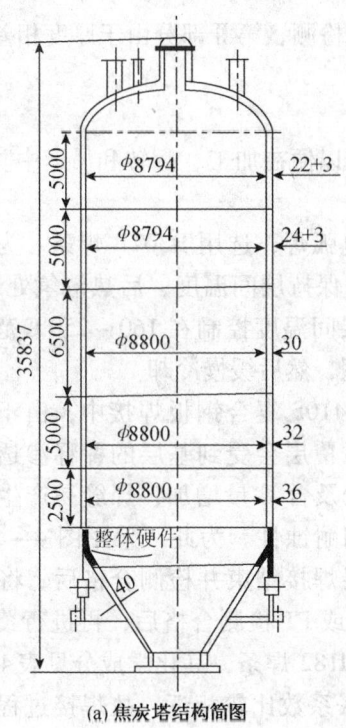 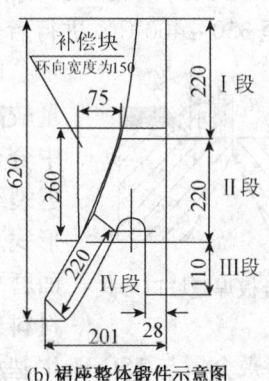

(a) 焦炭塔结构简图　　　　　　(b) 裙座整体锻件示意图

图 4-55　焦炭塔结构图

强度高，成形难度较大，在大型卷板机上滚制这种尺寸大、厚度大、强度高的锥体时，会产生很大的轴向力以及小锥产生很大的径向压力，极易损伤卷板机支架、轧辊及工作表面，为此在卷板上安装了两个辅助的对称挡辊，滚压时先把卷制扇形钢板的小圆弧断面打磨光滑，并加注润滑剂。工艺上采用较小的压力，反复多次滚压，达到成形要求。

（二）过渡锻件加工

锥形封头过渡段直径 $\phi 8800$ mm，截面 620mm × 210mm（见图 4-55），毛坯重量近 50t。制造时，首先锻制三个大圆弧段，然后将其组对，焊接成一个矩形截面大圆环整体，再经机械加工成形。

过渡锻件要求经过精炼、铸坯、锻造、压弯、切割、组对、焊接、消氢、粗加工、探伤、热处理、精加工等多道工序，须严格控制以下几个关键工艺：

1. 精炼

控制浇注温度在 1560~1660℃ 范围内，氢含量 ≤2ppm，以及 S、P、C、Si、Cu、Ni 等含量在要求标准以内。

2. 锻造

严格控制始锻温度 1200℃、终锻温度 850℃，锻造比 ≥2.0，拔长比 ≥4.0，控制成形尺寸、扭曲度（≯20）及晶粒度等。

3. 压弯

控制加热温度、终压温度，利用模具压弯，控制扭曲变形。

4. 组对焊接

组对并加固，采用窄间隙焊条电弧焊，焊接时用红外加热器预热和焊后消氢加热处理。

5. 无损探伤检测

过渡段锻件线加工成楔形块，进行 UT 检测，返修复验后进行半精加工，进行 RT 检测。

图 4-55 中第Ⅰ、Ⅲ、Ⅵ部分用铱 192 射线进行检测,第Ⅱ部分由于厚度相差较大,在内侧设一补偿块,用钴 60 射线检测。

6. 整体精加工

精加工时效设计支撑、吊运专用装胎工具,以便在加工、翻转和吊运中防止变形。

(三) 15CrMoR+410S 复合钢板焊接

先焊基层、然后堆焊复层。基层采用焊条电弧焊,选用 R307B 焊条。为避免产生裂纹和焊缝硬度超标等缺陷,应严格执行焊前预热、保持层间温度、后热消氢处理等焊接工艺。即采用电加热器在焊缝背面预热,预热温度和层间温度控制在 160~250℃ 范围内,焊接结束后立即升温至 350~400℃,进行后热消氢处理,然后缓慢冷却。

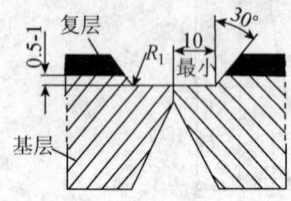

图 4-56 复合板焊缝坡口形式

15CrMoR+410S 复合钢板焊接中,由于基层钢板含 C 量较高,焊接时覆层会受到基层的稀释渗透作用,使覆层中合金元素减少及含 C 量增加,焊缝易产生结晶裂纹和延迟裂纹,且影响耐蚀性。为此,采用图 4-56 所示的坡口形式。即在基层焊接结束并检测合格后,将覆层侧焊缝表面磨平,经 MT 或 PT 检测合格后,再进行覆层堆焊。堆焊材料选用 Inconel182 焊条,其化学成分见表 4-33。由于 Inconel182 焊条熔敷金属与 15CrMoR 基材的线膨胀系数比较相近,故焊接过程以及使用工况下的残余应力会大为减少。且 Inconel182 焊条具有优良的抗裂性能、堆焊性能和焊接异种钢的焊接性能。堆焊时应严格执行预热、消氢等工艺要求,采用短弧、小电流焊接,以利于减小熔深,使基层和覆层交界处获得较好的焊缝组织和焊接质量。

表 4-33 INCONEL182 焊条化学成分

化学元素	Ni	C	Mn	Fe	S	Si	Cu	Cr	Ti	Nb
%(质量分数)	67.0	0.05	8.8	7.5	0.008	0.5	0.1	14.0	0.4	1.8

(四) 焊后消除应力热处理

为消除焦炭塔在焊接制造过程中的残余应力,根据主体材质、壁厚和结构要求,需进行 (690±14)℃ 焊后消除热处理应力整体热处理。四台焦炭塔的现场焊后热处理采用类似于球罐整体热处理的内部燃烧方法,但对于燃油系统的配置、加热的均匀性及温度测量控制、裙座温差的控制,以及热处理过程中的型态监测等,要求比球罐现场热处理复杂和更加严格。

该焦炭塔现场整体热处理燃油系统采用德国进口的燃烧器,将其安装于塔底法兰部位,以轻柴油为原料,通过喷嘴雾化燃烧。燃烧器最大燃烧能力为 10^7 kcal/h,可以满足供热要求。燃烧器出口设计成使火焰燃烧气流与燃烧器成一定的角度喷出,在塔体中旋转上升流动,喷出的火焰张角在 30°~90° 范围内可调。并在塔内设置导流伞,以强迫燃气流反射加热下部塔体,另一部分气流从导流伞与塔壁之间上升。塔内燃烧气流的内压保持在 1~3kPa,可以使高温燃气充满整个塔体内腔空间。塔体上共设 48 个测温点,并配置两套温度监控系统,以保证完全达到不超过各点温控误差,实现 (690±14)℃ 温控要求。

整体热处理过程中对于裙座温差的控制是在裙座与底封头环缝上下 1650mm 范围内设置 5 圈温度检测带(每圈 4 个测温点),对该区域的温差进行监测和调整。焦炭塔热处理过程中的型态监测,是在塔顶部第一条环焊缝处以及在筒体与下部锥形过渡段环缝处沿周长各均匀

第四章 几种石油化工设备的焊接及在役设备的焊接修复

设置3处径向和轴向热膨胀位移测量点,当发现有异常变形时,采取相应措施进行调整。

该厂四台焦炭塔主体材质改为15CrMoR及锥形封头与裙座连接改为整体锻件结构后,经运行2年多未发现任何问题,能够达到装置安全生产对设备的要求。

第五节 不锈钢复合钢制塔器的焊接

一、不锈钢复合钢制塔类设备简介

石油化工生产中,复合钢板制塔类耐蚀设备有一定的应用,尤其在炼制高硫、高酸值或高硫高酸值(或高硫低酸值)原油时,一些塔类分馏、吸收/解析、及汽提设备,以及一些容器、换热设备壳体等,较多使用奥氏体或铁素体不锈钢复合板制造,在某些严重腐蚀条件下,也有使用Monel或双相钢复合板的情况。SH/T 3096—2001《加工高硫原油重点装置主要设计选材导则》以及报批稿SH/T 3096—2011《加工高硫原油重点装置主要设备和管道设计选材导则》和SH/T 3129—2011《加工高酸原油重点装置主要设备和管道设计选材导则》规定了加工高硫、高酸值以及加工高硫低酸值原油[$w(S) \geq 1.0\%$、酸值$(KOH) \leq 0.5mg/g$]和高硫高酸值原油[$w(S) \geq 1.0\%$、酸值$(KOH) > 0.5mg/g$]的新建或改、扩建工程重点装置主要设备的设计选材,见表4-34、表4-35。表4-34所列为SH/T 3096—2001对炼油厂常减压蒸馏等四套重点生产装置塔类设备壳体,推荐采用不锈钢复合钢板情况;表4-35a、表4-35b分别为SH/T 3096—2011(报批稿)、SH/T 3129—2011(报批稿)推荐用材。

表4-34 炼油厂常减压蒸馏等重点装置塔类设备壳体推荐采用的不锈钢复合板材料

装置名称	设备名称	设备部位	复合板材料[①]	备注
常减压蒸馏 (炼制高硫 低酸值原油)	初馏塔、闪蒸塔	筒体、底封头	Q245R + 0Cr13Al(0Cr13)	介质温度≥240℃
		顶封头	Q245R + 0Cr13Al 或 Q245R + 双相钢	
	常压塔	顶封头	Q245R + 0Cr13Al(0Cr13) 或 Q245R + Monel	含顶部4层塔盘以上的壳体
		壳体	Q245R + 0Cr13Al(0Cr13)	
	常压汽提塔	壳体	Q245R + 0Cr13Al(0Cr13)	介质温度≥240℃
	减压塔	壳体	Q245R + 0Cr13Al(0Cr13)	
	减压汽提塔	壳体	Q245R + 0Cr13Al(0Cr13)	介质温度≥240℃
常减压蒸馏 装置(炼制 高硫高酸值 原油)	初馏塔、闪蒸塔	筒体、底封头	Q245R + 0Cr13Al(0Cr13)	介质温度≥240℃
	常压塔	顶封头	Q245R + Monel 或 Q245R + 0Cr13Al(0Cr13)	含顶部4层以上的壳体
		壳体	Q245R + 00Cr17Ni14Mo2 或 Q245R + 00Cr19Ni10	
	常压汽提塔	壳体	Q245R + 00Cr17Ni14Mo2 或 Q245R + 00Cr19Ni10	
	减压塔	壳体	Q245R + 00Cr17Ni14Mo2 或 Q245R + 00Cr19Ni10	介质温度≥240℃
			Q245R + 0Cr13Al(0Cr13)	介质温度<240℃
	减压汽提塔	壳体	Q245R + 00Cr17Ni14Mo2 或 Q245R + 00Cr19Ni10	

续表

装置名称	设备名称	设备部位	复合板材料[①]	备 注
重油催化裂化	分馏塔	壳体	Q245R + 0Cr13Al(0Cr13)	
	重循环油汽提塔、吸收塔、解析塔	壳体	Q245R + 0Cr13Al(0Cr13)	
	稳定塔	顶封头	Q245R + 0Cr13Al(0Cr13)	含一段上部筒体
加氢裂化	脱硫化氢汽提塔、脱乙烷塔	壳体	Q245R + 0Cr13Al(0Cr13)	介质腐蚀不严重时,脱乙烷塔可用碳钢壳体
	溶剂再生塔	壳体	Q245R + 00Cr17Ni14Mo2 或 Q245R + 00Cr19Ni10	

[①] "复合板材料"栏内有两种材料时,介据介质腐蚀苛刻程度和经济性等因素综合比较后,选择其中的一种材料。

表4-35a 炼油厂加工高硫低酸原油重点装置主要设备推荐用材

装置	设备名称	设备部位	设备主材推荐材料	备 注
原油蒸馏	闪蒸塔	壳体	碳钢	介质温度 <240℃
			碳钢 + 06Cr13	介质温度 ≥240℃
	初馏塔	顶封头	碳钢 + 06Cr13(06Cr13Al)[a]	介质温度 <240℃
		筒体、底封头	碳钢	介质温度 <240℃
			碳钢 + 06Cr13	介质温度 ≥240℃
		塔盘	06Cr13	
	常压塔	顶封头、顶部筒体	碳钢 + NCu30[a,b]	含顶部4~5层塔盘以上塔体
		其他筒体、底封头	碳钢 + 06Cr13[c]	介质温度 ≤350℃
			碳钢 + 022Cr19Ni10 或 碳钢 + 06Cr18Ni11Ti	介质温度 >350℃
		塔盘	NCu30[a,b]	顶部4~5层塔盘
			06Cr13	介质温度 ≤350℃
			06Cr19Ni10 或 06Cr18Ni11Ti	介质温度 >350℃
		填料	06Cr19Ni10	
	常压汽提塔 减压汽提塔	壳体	碳钢	介质温度 <240℃
			碳钢 + 06Cr13	介质温度 240~350℃
			碳钢 + 022Cr19Ni10 或 碳钢 + 06Cr18Ni11Ti	介质温度 >350℃
		塔盘	06Cr13	介质温度 ≤350℃
			06Cr19Ni10 或 06Cr18Ni11Ti	介质温度 >350℃
	减压塔	壳体	碳钢 + 06Cr13[c]	介质温度 ≤350℃
			碳钢 + 022Cr19Ni10 或 碳钢 + 06Cr18Ni11Ti	介质温度 >350℃
		塔盘	06Cr13	介质温度 ≤350℃
			06Cr19Ni10 或 06Cr18Ni11Ti	介质温度 >350℃
		填料	06Cr19Ni10 或 06Cr18Ni11Ti[d]	

第四章　几种石油化工设备的焊接及在役设备的焊接修复

续表

装置	设备名称	设备部位	设备主材推荐材料	备注
催化裂化	提升管反应器反应沉降器待生斜管等	壳体	碳钢	内衬隔热耐磨衬里
		旋风分离器	15CrMoR	
		料腿、拉杆	碳钢	
		翼阀	15CrMoR	
		汽提段	15CrMoR	无内衬里
			碳钢	内衬隔热耐磨衬里
		一般内构件	碳钢	
	再生器、三旋、再生斜管等	壳体	碳钢[a]	内衬隔热耐磨衬里
		内构件	07Cr19Ni10[bc]	
	外取热器（催化剂冷却器）	壳体	碳钢[a]	内衬隔热耐磨衬里
		蒸发管	15CrMo[d]	指基管，含内取热器
		过热管	1Cr5Mo[d]	
		其他内构件	07Cr19Ni10[b]	
	催化分馏塔	顶封头、顶部筒体	碳钢+06Cr13(06Cr13Al)	含顶部4~5层塔盘以上塔体
		其他筒体、底封头[e]	碳钢+06Cr13[f]	介质温度≤350℃
			碳钢+022Cr19Ni10 或 碳钢+06Cr18Ni11Ti	介质温度>350℃
		塔盘	06Cr13	介质温度≤350℃
			06Cr19Ni10 或 06Cr18Ni11Ti	介质温度>350℃
	汽提塔	壳体	碳钢	介质温度<240℃
		壳体	碳钢+06Cr13	介质温度≥240℃
		塔盘	06Cr13	
	吸收塔解吸塔	壳体	碳钢+06Cr13(06Cr13Al)	
		塔盘	06Cr13	
	再吸收塔	壳体	碳钢[g]	
		塔盘	06Cr13	
	稳定塔	顶封头、顶部筒体	碳钢+06Cr13(06Cr13Al)	含顶部4~5层塔盘以上塔体
		其他筒体、底封头	碳钢[g]	
		塔盘	06Cr13	
延迟焦化	焦炭塔	上部壳体	铬钼钢+06Cr13	由顶部到泡沫层底面以下1500~2000mm处
		下部壳体	铬钼钢	
	焦化分馏塔	顶封头、顶部筒体	碳钢+06Cr13(06Cr13Al)	含顶部4~5层塔盘以上塔体
		其他筒体、底封头	碳钢+06Cr13[a]	介质温度≤350℃
			碳钢+022Cr19Ni10 或 碳钢+06Cr18Ni11Ti	介质温度>350℃
		塔盘	06Cr13	介质温度≤350℃
			06Cr19Ni10 或 06Cr18Ni11Ti	介质温度>350℃

续表

装置	设备名称	设备部位	设备主材推荐材料	备注
延迟焦化	蜡油汽提塔 接触冷却塔 （放空塔）	壳体	碳钢	介质温度 <240℃
			碳钢 + 06Cr13	介质温度 240~350℃
			碳钢 + 022Cr19Ni10 或 碳钢 + 06Cr18Ni11Ti	介质温度 >350℃
		塔盘	06Cr13	介质温度 ≤350℃
			06Cr19Ni10 或 06Cr18Ni11Ti	介质温度 >350℃
	吸收塔 解吸塔	壳体	碳钢 + 06Cr13(06Cr13Al)	
		塔盘	06Cr13	
	再吸收塔	壳体	碳钢[b]	
		塔盘	06Cr13	
	稳定塔	顶封头、顶部筒体	碳钢 + 06Cr13(06Cr13Al)	含顶部 4~5 层塔盘以上塔体
		其他筒体、底封头	碳钢[b]	
		塔盘	06Cr13	
加氢裂化	加氢反应器	壳体	2.25Cr-1Mo	根据操作条件按照附录 A 图 A.2 选材
			2.25Cr-1Mo-0.25V	
			3Cr-1Mo-0.25V	
			1.25Cr-0.5Mo[a]	
		复层	双层堆焊 TP309L + TP347	
			单层堆焊 TP347	
		内构件	06Cr18Ni11Ti 或 06Cr18Ni11Nb	
	脱硫化氢汽提塔	壳体	碳钢 + 06Cr13(06Cr13Al)	进料口以上壳体及以下 1m 范围壳体
			碳钢	其他壳体
		塔盘	06Cr13	
	分馏塔	壳体	碳钢[b]	
		塔盘	碳钢	
			06Cr13	介质温度 ≥288℃
	脱乙烷塔	壳体	碳钢 + 06Cr13(06Cr13Al)	顶部 5 层塔盘以上塔体
			碳钢	其他塔体
		塔盘	06Cr13	顶部 5 层塔盘
			碳钢	其他塔盘
	脱丁烷塔	壳体	碳钢 + 06Cr13(06Cr13Al)	进料段以上塔体
			碳钢	其他塔体
		塔盘	06Cr13	进料段以上塔盘
			碳钢	其他塔盘
	溶剂再生塔	壳体	碳钢 + 022Cr19Ni10	
		塔盘	06Cr19Ni10	
	循环氢脱硫塔	壳体	抗 HIC 钢[c]	
		塔盘	06Cr13	
	其他塔	壳体	碳钢	
		塔盘	碳钢	

续表

装置	设备名称	设备部位	设备主材推荐材料	备 注
加氢精制	加氢反应器	壳体	2.25Cr-1Mo	根据操作条件按照附录A图A.2选材
			2.25Cr-1Mo-0.25V	
			3Cr-1Mo-0.25V	
			1.25Cr-0.5Mo [a]	
		复层	双层堆焊 TP309L+TP347	
			单层堆焊 TP347	
		内构件	06Cr18Ni11Ti 或 06Cr18Ni11Nb	
	脱硫化氢汽提塔	壳体	碳钢+06Cr13(06Cr13Al)	进料口以上壳体及以下1m范围壳体
			碳钢	其他壳体
		塔盘	06Cr13	
	分馏塔	壳体	碳钢[b]	
		塔盘	碳钢	
			06Cr13	介质温度≥288℃
	脱乙烷塔	壳体	碳钢+06Cr13(06Cr13Al)	顶部5层塔盘以上塔体
			碳钢	其他塔体
		塔盘	06Cr13	顶部5层塔盘
			碳钢	其他塔盘
	脱丁烷塔	壳体	碳钢+06Cr13(06Cr13Al)	进料段以上塔体
			碳钢	其他塔体
		塔盘	06Cr13	进料段以上塔盘
			碳钢	其他塔盘
	溶剂再生塔	壳体	碳钢+022Cr19Ni10	
		塔盘	022Cr19Ni10	
	循环氢脱硫塔	壳体	抗 HIC 钢[c]	
		塔盘	06Cr13	
	其他塔	壳体	碳钢	
		塔盘	碳钢	
气体脱硫	干气脱硫塔、液化石油气脱硫抽提塔	壳体	碳钢[a]	
		塔盘	06Cr13	
		填料(金属)	06Cr19Ni10	
	液化石油气脱硫醇抽提塔、液化石油气砂滤塔、氧化塔	壳体	碳钢[b]	
		塔盘	06Cr13	
		填料(金属)	06Cr19Ni10	

续表

装置	设备名称	设备部位	设备主材推荐材料	备注
硫磺回收	反应器	壳体	碳钢	内衬隔热耐酸衬里
		内构件	06Cr13 [a]	
	急冷塔	壳体	碳钢+022Cr17Ni12Mo2	
		塔盘	06Cr17Ni12Mo2	
	尾气吸收塔	壳体	碳钢[b]	
		塔盘	06Cr13	
		填料(金属)	06Cr19Ni10	
溶剂再生	再生塔	壳体	碳钢+022Cr19Ni10	
		塔盘	06Cr19Ni10	

注：1. 推荐用材栏中有多种材料时，应根据介质腐蚀苛刻程度和经济性等因素综合分析后选用其中一种。
2. 设备壳体采用"碳钢"时，应选用压力容器用钢。

说明：
a. 当能确保初馏塔或常压塔的塔顶为热回流，塔顶温度在介质的露点以上时，初馏塔的顶封头可采用碳钢，常压塔的顶部壳体可采用碳钢+06Cr13(06Cr13Al)复合板，塔盘可采用06Cr13。
b. 当氨作缓蚀剂且塔顶为冷回流时不宜采用NCu30合金作复合板的复层。可采用N08367(Al-6XN)做复合板的复层。采用双相钢(022Cr23Ni5Mo3N或022Cr25Ni7Mo4N)、钛材或06Cr13(06Cr13Al)替代。
c. 对于常压塔(顶封头和顶部筒体除外)和减压塔的塔体，当介质温度小于240℃且腐蚀不严重时可采用碳钢。(条文说明)
d. 虽然加工的是高硫低酸原油，但如果常压渣油馏分中的酸值大于0.3mgKOH/g时，减压塔下部1~2段规整填料可升至06Cr17Ni12Mo2。
e. 湿硫化氢腐蚀环境，腐蚀严重时可采用抗HIC钢。(条文说明)
f. 当介质温度小于288℃且馏分中的硫含量小于2%时，容器或换热器的壳体可采用碳钢，但应根据腐蚀速率和设计寿命确定腐蚀裕量。
g. 塔顶空冷器或冷却器采用022Cr23Ni5Mo3N或022Cr25Ni7Mo4N时，也可用钛材替代。
h. 对于水冷却器，水侧内可涂防腐涂料。
介质温度为240~350℃的换热器管子也可根据需要采用碳钢渗铝管或1Cr5Mo，管板及其他构件的耐腐蚀性能应与之匹配。

表4-35b 炼油厂加工高酸高硫原油重点装置主要设备推荐用材

装置	设备名称	设备部位	设备主材推荐材料	备注
原油蒸馏	闪蒸塔	壳体	碳钢	介质温度<240℃
			碳钢+022Cr19Ni10 或 碳钢+06Cr18Ni11Ti	介质温度≥240℃
	初馏塔	顶封头	碳钢+06Cr13(06Cr13Al) [a]	
		筒体、底封头	碳钢	介质温度<240℃
			碳钢+022Cr19Ni10 或 碳钢+06Cr18Ni11Ti	介质温度≥240℃
		塔盘	06Cr13	介质温度<240℃
			06Cr19Ni10 或 06Cr18Ni11Ti	介质温度≥240℃
	常压塔	顶封头、顶部筒体	碳钢+NCu30 [a][b]	含顶部4~5层塔盘以上塔体
		其他筒体、底封头	碳钢+06Cr13 [c]	介质温度<240℃
			碳钢+022Cr19Ni10 或 碳钢+06Cr18Ni11Ti	介质温度240~288℃
			碳钢+022Cr17Ni12Mo2	介质温度≥288℃

续表

装置	设备名称	设备部位	设备主材推荐材料	备 注
原油蒸馏	常压塔	塔盘	NCu30[a][b]	顶部4~5层塔盘
			06Cr13	介质温度<240℃
			06Cr19Ni10 或 06Cr18Ni11Ti	介质温度240~288℃
			06Cr17Ni12Mo2	介质温度≥288℃
		填料	06Cr19Ni10 或 06Cr18Ni11Ti[d]	介质温度<288℃
			06Cr17Ni12Mo2[d]	介质温度≥288℃
	常压汽提塔 减压汽提塔	壳体	碳钢	介质温度<240℃
			碳钢+022Cr19Ni10 或 碳钢+06Cr18Ni11Ti	介质温度240~288℃
			碳钢+022Cr17Ni12Mo2	介质温度≥288℃
		塔盘	06Cr13	介质温度<240℃
			06Cr19Ni10 或 06Cr18Ni11Ti	介质温度240~288℃
			06Cr17Ni12Mo2	介质温度≥288℃
原油蒸馏	减压塔	壳体	碳钢+06Cr13[c]	介质温度<240℃
			碳钢+022Cr19Ni10 或 碳钢+06Cr18Ni11Ti	介质温度240~288℃
			碳钢+022Cr17Ni12Mo2	介质温度≥288℃
		塔盘	06Cr13	介质温度<240℃
			06Cr19Ni10 或 06Cr18Ni11Ti	介质温度≥240℃
			06Cr19Ni13Mo3	介质温度≥288℃
		集油箱、分配器、填料支撑等其他内构件	06Cr13	介质温度<240℃
			06Cr19Ni10 或 06Cr18Ni11Ti[d]	介质温度240~288℃
			06Cr17Ni12Mo2[d]	介质温度≥288℃
		填料	06Cr19Ni10 或 06Cr18Ni11Ti	介质温度<240℃
			06Cr17Ni12Mo2[d]	介质温度240~288℃
			06Cr19Ni13Mo3	介质温度≥288℃
延迟焦化	高酸低硫	焦炭塔	壳体	铬钼钢	
		焦化分馏塔	顶封头、顶部筒体	碳钢+06Cr13(06Cr13A1)	含顶部4~5层塔盘以上塔体
			其他筒体、底封头	碳钢	
			塔盘	06Cr13	
		蜡油汽提塔 接触冷却塔 (放空塔)	壳体	碳钢	
			塔盘	06Cr13	
		吸收塔、解吸塔 再吸收塔、稳定塔	壳体	碳钢[a]	
			塔盘	06Cr13	
	高酸高硫	焦炭塔	上部	铬钼钢+06Cr13	由顶部到泡沫层底面以下1500~2000mm处
			下部	铬钼钢	
		焦化分馏塔	顶封头、顶部筒体	碳钢+06Cr13(06Cr13A1)	含顶部4~5层塔盘以上塔体
			其他筒体、底封头	碳钢+06Cr13[a]	介质温度≤350℃
				碳钢+022Cr19Ni10 或 碳钢+06Cr18Ni11Ti	介质温度>350℃
			塔盘	06Cr13	介质温度≤350℃
				06Cr19Ni10 或 06Cr18Ni11Ti	介质温度>350℃

续表

装置	设备名称	设备部位	设备主材推荐材料	备注
延迟焦化	蜡油汽提塔 接触冷却塔	壳体	碳钢	介质温度<240℃
			碳钢+06Cr13	介质温度240~350℃
			碳钢+022Cr19Ni10 或 碳钢+06Cr18Ni11Ti	介质温度>350℃
		塔盘	06Cr13	介质温度≤350℃
			06Cr19Ni10 或 06Cr18Ni11Ti	介质温度>350℃
	吸收塔 解吸塔	壳体	碳钢+06Cr13(06Cr13A1)	
		塔盘	06Cr13	
	再吸收塔	壳体	碳钢[b]	
		塔盘	06Cr13	
	稳定塔	顶封头、顶部筒体	碳钢+06Cr13(06Cr13A1)	含顶部4~5层塔盘以上塔体
		其他筒体、底封头	碳钢[b]	
		塔盘	06Cr13	
加氢裂化	加氢反应器	壳体	2.25Cr-1Mo	根据操作条件按照附录A图A.2选材
			2.25Cr-1Mo-0.25V	
			3Cr-1Mo-0.25V	
			1.25Cr-0.5Mo[a]	
		复层	双层堆焊 TP309L+TP347 或 TP309L+316L	
			单层堆焊 TP347	
		内件	022Cr17Ni12Mo2 或 06Cr18Ni11Ti 或 06Cr18Ni11Nb	
加氢精制	加氢反应器	壳体	2.25Cr-1Mo	根据操作条件按照附录A图A.2曲线选材
			2.25Cr-1Mo-0.25V	
			3Cr-1Mo-0.25V	
			1.25Cr-0.5Mo[a]	
		复层	双层堆焊 TP309L+TP347 或 TP309L+316L	
		内件	06Cr18Ni11Ti 或 022Cr17Ni12Mo2	

注：1. 推荐用材栏中有多种材料时，应根据介质腐蚀苛刻程度和经济性等因素综合分析后选用其中一种。
2. 设备壳体采用"碳钢"时，应选用压力容器用钢。

说明：a~d 同表4-35a。

不锈钢复合钢板应符合 GB/T 8165—2008《不锈钢复合钢板》或 JB 4733《压力容器用爆炸不锈钢复合钢板》的要求，并应有出厂质量证明书。质量证明书应包括钢号、炉批号、规格、化学成分、力学性能、供货状态、标准号及合同中规定的附加技术条件。以上不锈复合钢板塔类设备复层厚度通常为 2~3mm，基材厚度与复层厚度之比不小于3，不锈钢复层主要满足耐蚀性能要求，其厚度不计入受压元件计算厚度。复合钢板压力容器的制造应符合 GB 150—2011《压力容器》、TSG R0004—2009《固定式压力容器安全技术监察规程》要求，设备的焊接应符合 SH/T 3527—2009《石油化工不锈钢复合钢焊接规程》及 GB/T 13148—2008《不锈复合钢板焊接技术条件》规定。

二、塔体预制要求

(一) 复合钢板的检验及处理

复合钢板须逐批复验化学成分和力学性能,逐张进行超声波探伤检测,检查钢板内部是否存在缺陷以及与复层的贴合情况。基层材料(Q245R、Q345R 等)化学成分及力学性能应符合 GB 713—2008《锅炉和压力容器用钢板》要求,不锈钢复层应符合 SH/T 3527—2009《石油化工不锈钢复合钢焊接规程》"附录 A"中相应复层钢号化学成分和力学性能标准。对表面(复层和基层)不合格缺陷应进行补焊处理。

国产复合钢板往往存在较大的挠曲或凸凹,一般须采用滚压机进行正-反面滚压校平,校平后复层减薄量不得超过 0.5mm。

(二) 板材的加工与组装

1. 划线、下料与坡口加工

号料划线均应在复层上进行,为防止损伤复层,严禁使用划针划线和打洋冲眼,可采用记号笔在复层上作出标记。由于复合板复层与基层抗拉强度及延伸率相差较大,滚圆成形应较单一钢板次数多,难度也较大。且复合板滚圆后伸长率也比普通钢板大得多,一般情况下可按以下经验公式计算:

板厚 > (16+2)mm 时,周长 = $\pi(\phi_{中} - 2 \times 复层厚度)$

板厚 < (14+2)mm 时,周长 = $\pi(\phi_{中} - 3 \times 复层厚度)$

复合钢板下料可采用机械加工、等离子弧切割、氧熔剂切割、气割(从基材表面开始切割)等方法,禁止采用碳弧切割。剪切时覆层必须朝上,否则易将覆层压下而与基层分离。剪切时需留出 3~5mm 余量,以便使剪切时造成的板边局部缺陷在刨边时去除。复合钢板剪切后须逐边检查,若有分层现象应妥善处理,轻微的分层可经刨坡口清除,对严重分层必须进行修补。

基层为 Q245R、Q345R(或相应的国外钢种)的复合钢板可采用氧乙炔焰切割,切割应先在基层上进行,并留出 3mm 裕量。切割氧气压力应大于 0.05~0.1MPa,以利于带压氧气流和基层熔融金属的高温将厚度仅为覆层熔化去除。对于冲压复合钢板封头及过渡段等也可采用氧乙炔焰切割方法。

当采用空气等离子切割时,应从复层面开始。坡口加工时复层朝上,加工后目测检查,如发现刨口有分层现象,必须进行修复。此外还应检查坡口加工面是否存在因刀具损坏而引起的缺陷,若发现缺陷应重新加工。

一般情况下,焊接坡口大多采用机械加工方法,若采用等离子弧切割、气割等方法开制坡口,则必须去除复层坡口表面的氧化层和过热层,坡口表面应平整、光洁。

2. 滚圆

为防止损伤复层,滚圆前必须先将滚板机辊轴表面和复层面的杂物、油污等清理干净。对于拼接复合钢板的滚圆,须将拼接焊缝余高及飞溅物等磨平。为防止滚圆时复合板往返滚动 20~25 次。滚圆后需逐边检查有关周边开裂或分层现象。

对整体出厂的复合钢板单筒节需进行校圆,不圆度应小于 1%DN,焊缝外形尺寸应符合 GB 150.4—2011 要求。

3. 组装与定位焊

制造厂对分段出厂的复合钢板筒节、封头、过渡段应进行预组装,并作出标记,以保证现场安装质量和顺利组装。复合钢板塔器整体(段)出厂的成品组装时,所有卡具均应装在基层一面,且只能在基层上定位焊。定位焊应使用与基层焊接时相同的焊条和焊接工艺,复层部位的焊缝应后焊。

对于厚度相同(基材与复材厚度均相同)的不锈钢复合钢板焊接接头的组对,应以复层表面为基准,其错边量不得大于复材厚度的1/2,且不大于2mm;对于厚度不同(或复层厚度不同,或基层厚度不同,或复层、基层厚度均不同)的不锈钢复合钢板焊接接头的装配基准,应按较小的复层厚度δ_1取错边量。复层等厚与不等厚错边量见图4-57。

对于承重(负荷)较小的内件可直接焊在复层上,应采用较细焊条(小于$\phi3.2mm$)和小焊接规范,以防止基层与复层因焊后收缩过大而造成分层现象。

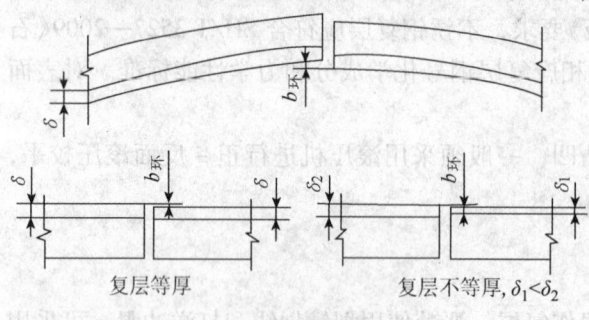

图4-57 对口错边量

焊后应进行100%超声波探伤检测,发现分层缺陷须进行修补。对于负荷较大的内件应焊在基层上,其顺序是首先用碳弧气刨去除复层,打磨后在基层上用过渡层焊条焊接内件,然后采用复层焊条堆焊修复复层。另外也可在除去复层的基层上先堆焊过渡层,堆焊高度稍高于复层,经砂轮磨平、探伤合格后,将内件焊在堆焊层上。

对复合钢板的开孔边缘外侧25mm区域范围内也应进行超声波探伤检测,若发现分层等缺陷应进行修补,检查合格后再焊接接管。

三、复合钢板塔器的焊接

(一)焊接工艺评定

复合钢板塔器的焊接需先作焊接工艺评定,应符合SH/T 3527—2009《石油化工不锈钢复合钢焊接规程》及NB/T 47014—2011(JB/T 4708)《承压设备焊接工艺评定》的有关规定。焊接工艺评定应按复层厚度是否包含在计算厚度内的两种情况进行。

① 复层厚度包括在设计计算内时,试件按复合钢板的总厚度制备,经外观检查和无损探检测后进行试样加工(有热处理要求的试件,在热处理后进行加工)。拉伸试样、弯曲试样均以复合钢板总厚度为准制备,冲击试样应在基层上取样。

② 复层厚度不包括在设计计算内时,工艺评定可按包括在设计计算内的要求进行,也可对基层、复层及过渡层焊缝单独进行评定。

焊接工艺评定拉伸试样、弯曲试样及冲击试样形式、取样位置、试验方法及合格标准等均须符合SH/T 3527—2009规定。表4-36所列为焊接工艺评定试验项目及试验数量。

表4-36 焊接工艺评定试验项目及试样数量

总厚度/mm	规定试验项目				附加试验项目			
	接头拉伸	接头面弯	接头背弯	接头侧弯	基层接头冲击	复层焊缝成分分析	复层不锈钢焊接接头晶间腐蚀倾向试样	铁素体含量测定
<20	2	2	2	—	缺口位于焊缝及热影响区各3个	1	2	奥氏体不锈钢金相试样1个
≥20		—	—	4				

注:附加项目由供需双方协商确定。

（二）焊接方法

复合钢板基材的焊接推荐采用焊条电弧焊、埋弧焊及 CO_2 气体保护焊，复层及过渡层的焊接宜采用钨极氩弧焊或焊条电弧焊，也可采用能确保焊接质量的其他焊接方法。

（三）焊接材料的选用

基层和复层分别采用各自适合的焊接材料，所选用焊条、焊丝、焊剂应符合相应国家标准和设计图样的规定，常用焊接材料的选用可参照表4-37，也允许采用能确保接头性能的其他焊接材料。对于表中未列出牌号的其他不锈钢复合钢板，其过渡层焊接材料的选用，应符合异种钢焊接的选材原则，保证复材与基材及其焊缝之间形成良好的冶金结合及符合要求的金相组织。

表4-37　不锈复合钢板焊接材料选用（GB/T 13148—2008）

母材		焊条电弧焊	埋弧焊		气体保护焊	
类别	牌号		焊丝	焊剂	焊丝	气体
基材A	A_1	Q235B、Q235C、20、Q245R、CCS-A、CCS-B	E4303、E4315、E4316	H08A、H08MnA	HJ431、SJ101	H10Mn2、H08Mn2SiA	CO_2 或 Ar
	A_2	Q345、Q345R	E5003、E5015、E5016	H08MnA、H10Mn2、H10MnSi、H08Mn2SiA、H08Mn2MoA	HJ431、HJ430、HJ350、SJ101、SJ301、SJ501	H08Mn2SiA、H08Mn2MoA、H10MnSi	
	A_3	Q390、Q420	E5003、E5015、E5016、E5501-G、E5515-G、E5516-G				
	A_4	13MnNiMoR	E6016-D1、E6015-D1	H08Mn2MoA	HJ350、SJ101	H08Mn2MoA	
	A_5	14Cr1Mo、14Cr1MoR	E5515-B2	—	—	—	
		15CrMo、15CrMoR	E5515-B2	H13CrMoA、H08CrMoA	HJ350、SJ101	H13CrMoA、H08CrMoA	
复材B	B_1	06Cr13	E308-15、E308-16			—	Ar
	B_2	06Cr13Al	E308-15、E308-16			—	
	B_3	06Cr19Ni10、12Cr18Ni9				H0Cr21Ni10	
	B_4	06Cr18Ni11Ti	E347-15、E347-16			H0Cr20Ni10Ti、H0Cr20Ni10Nb	
	B_5	022Cr19Ni10	E308L-16			H00Cr21Ni10	
	B_6	06Cr17Ni12Mo2	E316-16			H0Cr19Ni12Mo2	
		06Cr19Ni13Mo3	E317-16			H0Cr20Ni14Mo3	
	B_7	06Cr17Ni12Mo2Ti	E318-16			H0Cr19Ni12Mo2	
	B_8	022Cr17Ni12Mo2	E316L-16			H00Cr19Ni12Mo2	
		022Cr19Ni13Mo3	E317L-16				
过渡层异种钢	$(A_1 \sim A_3)+(B_1 \sim B_5)$		E309-15、E309-16、E310-15、E310-16			H1Cr24Ni13、H0Cr26Ni21、H1Cr26Ni21、H1Cr24Ni13Mo2	
过渡层异种钢	$(A_1 \sim A_5)+(B_6 \sim B_8)$		E309Mo-16、E310Mo-16			H1Cr24Ni13Mo2	
	$(A_4 \sim A_5)+(B_1 \sim B_5)$						

过渡层的焊接材料通常要由工艺试验决定。此外，SH/T 3527—2009 推荐采用的基层、过渡层级复层焊接材料见表 4-38～表 4-40。

表 4-38 常用不锈钢复合钢基层焊接材料

基层材质	手弧焊 焊条 型号	手弧焊 焊条 牌号	埋弧焊 焊丝钢号	埋弧焊 焊剂 型号	埋弧焊 焊剂 牌号	氩弧焊 焊丝钢号	CO_2 保护焊 焊丝钢号
Q235A、Q235B、20g、20R	E4303 E4315	J422 J427	H08A H08MnA	HJ401-H08A HJ401-H08MnA	HJ431	H08Mn2SiA	H08Mn2SiA
16Mn	E5015	J507	H08MnA	HJ401-H08MnA			
16MnR	E5015 E5015-G	J507 J507R	H10Mn2 H10MnSi	HJ401-H10Mn2 HJ401-H10MnSi	HJ431	H08Mn2SiA	H08Mn2SiA
12CrMo	E5515-B1	R207	H13CrMoA	—	HJ350	H13CrMoA	
15CrMo 15CrMoR	E5515-B2	R307					

表 4-39 同种复层材料过渡层及复层焊接材料

复层材质	过渡层焊接 焊条牌号	过渡层焊接 焊条型号	复层焊接 焊条牌号	复层焊接 焊条型号	复层焊接 焊丝钢号	复层焊接 焊剂牌号	备注
0Cr18Ni9	A302 A307 A062 A402 A407	E309-16 E309-15 E309L-16 E310-16 E310-15	A102 A107	E308-16 E308-15	H0Cr21Ni10	HJ260	
00Cr19Ni10	A062	E309L-16	A002	E308L-16	H00Cr21Ni10	HJ260	
0Cr18Ni10Ti	A302 A307 A062 A402 A407	E309-16 E309-15 E309L-16 E310-16 E310-15	A132 A137	E347-16 E347-15	H0Cr20Ni10Ti H0Cr20Ni10Nb	HJ260	
0Cr17Ni12Mo2	A312 A042	E309Mo-16 E309MoL-16	A202	E316-16	H0Cr19Ni12Mo2	HJ260	
00Cr17Ni14Mo2	A042	E309MoL-16	A022	E316L-16	H00Cr19Ni12Mo2	HJ260	
0Cr13Al	A302 A307 A402 A407	E309-16 E309-15 E310-16 E310-15	A302 A102	E309-16 E308-16	—	—	奥氏体焊条
	G302 G307	E430-16 E430-15	G302 G307	E430-16 E430-15			同组织焊条
0Cr13	A302 A307 A402 A407	E309-16 E309-15 E310-16 E310-15	A302 A102	E309-16 E308-16			奥氏体焊条
	G302 G307	E430-16 E430-15	G202 G207	E410-16 E410-15			同组织焊条

表4-40 异种复层材质过渡层及复层焊接材料

复层材质		过渡层焊接		复层焊接			
		焊条型号	焊条牌号示例	焊条型号	焊条牌号示例	焊丝钢号	焊剂牌号示例
06Cr19Ni10	022Cr19Ni10 06Cr18Ni11Ti 06Cr17Ni12Mo2 022Cr17Ni12Mo2	E309-16 E309-15 E309L-16	A302 A307 A062	E308-16 E308-15	A102 A107	H08Cr21Ni10	HJ260 SJ601
022Cr19Ni10	06Cr18Ni11Ti	E309L-16	A062	E308L-16 E347-16 E347-15	A002 A132 A137	H03Cr21Ni10 H08Cr19Ni10Ti H08Cr20Ni10Nb	HJ260 SJ601
	06Cr17Ni12Mo2	E309L-16 E309MoL-16 E309Mo-16	A062 A042 A312	E316-16 E308L-16	A202 A002	H08Cr19Ni10Ti H08Cr20Ni10Nb H08Cr19Ni12Mo2	HJ260 SJ601
	022Cr17Ni12Mo2	E309L-16 E309MoL-16	A062 A042	E308L-16 E316L-16	A002 A022	H03Cr21Ni10 H03Cr19Ni12Mo2	HJ260 SJ601
06Cr18Ni11Ti	06Cr17Ni12Mo2	E309L-16 E309Mo-16	A062 A312	E347-16 E347-15 E316-16	A132 A137 A202	H08Cr19Ni10Ti H08r19Ni12Mo2 H08Cr20Ni10Nb	HJ260 SJ601
	022Cr17Ni12Mo2	E309L-16 E309MoL-16	A062 A042	E347-16 E308L-16	A132 A002	H08Cr19Ni10Ti H08Cr19Ni12Mo2	HJ260 SJ601
06Cr17Ni12Mo2	022Cr17Ni12Mo2	E309MoL-16 E309Mo-16	A042 A312	E316-16 E316L-16	A202 A022	H08Cr19Ni12Mo2 H03Cr19Ni12Mo2	HJ260 SJ601
06Cr13 06Cr13Al	022Cr19Ni10 06Cr17Ni12Mo2 022Cr17Ni12Mo2 06Cr19Ni10 06Cr18Ni11Ti	E309-16 E309-15 E309L-16	A302 A307 A062	E309-16 E309-15 E308-16 E308-15	A302 A307 A102 A107	H08Cr21Ni10	HJ260 SJ601

1. 复层焊接材料选用原则

① 复层与奥氏体不锈钢的焊接材料,应保证熔敷金属的主要合金元素的含量不低于复层材料标准规定的下限值。

② 对于有防止晶间腐蚀要求的焊接接头,应采用熔敷金属中含有稳定化元素 Nb、Ti 或保证熔敷金属中 $w(C) \leq 0.04\%$ 的焊接材料。

③ 复层为奥氏体不锈钢的焊条电弧焊宜采用电弧稳定、飞溅少的钛钙型酸性焊条。

④ 复层为异种奥氏体不锈钢的焊接材料,应保证熔敷金属中 Cr、Nb 含量不低于合金含量较低一侧复层材料标准规定的下限值。

⑤ 复层为马氏体或铁素体不锈钢时,可选用与复层材料组织相同的焊接材料,也可选用奥氏体不锈钢焊接材料。

⑥ 复层为奥氏体与铁素体或奥氏体与马氏体异种不锈钢的焊接材料,其熔敷金属中 Cr、Ni 含量不宜低于奥氏体侧材料标准规定的下限值。

2. 过渡层焊接材料选用原则

过渡层焊条宜选择 25Cr-20Ni 型，以补偿基层对复层的稀释。对复层含 Mo 的不锈钢复合钢，应采用 25Cr-13Ni-Mo 型焊条。

（四）焊前准备

1. 坡口加工及检查

GB/T 13148—2008《不锈钢复合钢板焊接技术要求》推荐采用的不锈钢复合钢常用对接接头和角接头的坡口形式与尺寸，以及 SH/T 3527—2009《石油化工不锈钢复合钢焊接规定》推荐采用的对接接头坡口形式与尺寸分别如图 4-58～图 4-60 所示。坡口的切割和加工宜采用机械方法，切割面应光滑。采用剪切床切割时，复层应朝上。对于厚度大于 12mm 的不锈钢复合钢可采用等离子弧切割或氧乙炔焰切割，切割后需用机械方法去除端面及热影响区缺陷。采用氧乙炔焰切割时复层应朝下，等离子弧切割时复层应朝上。严禁切割熔渣掉落在复层上。

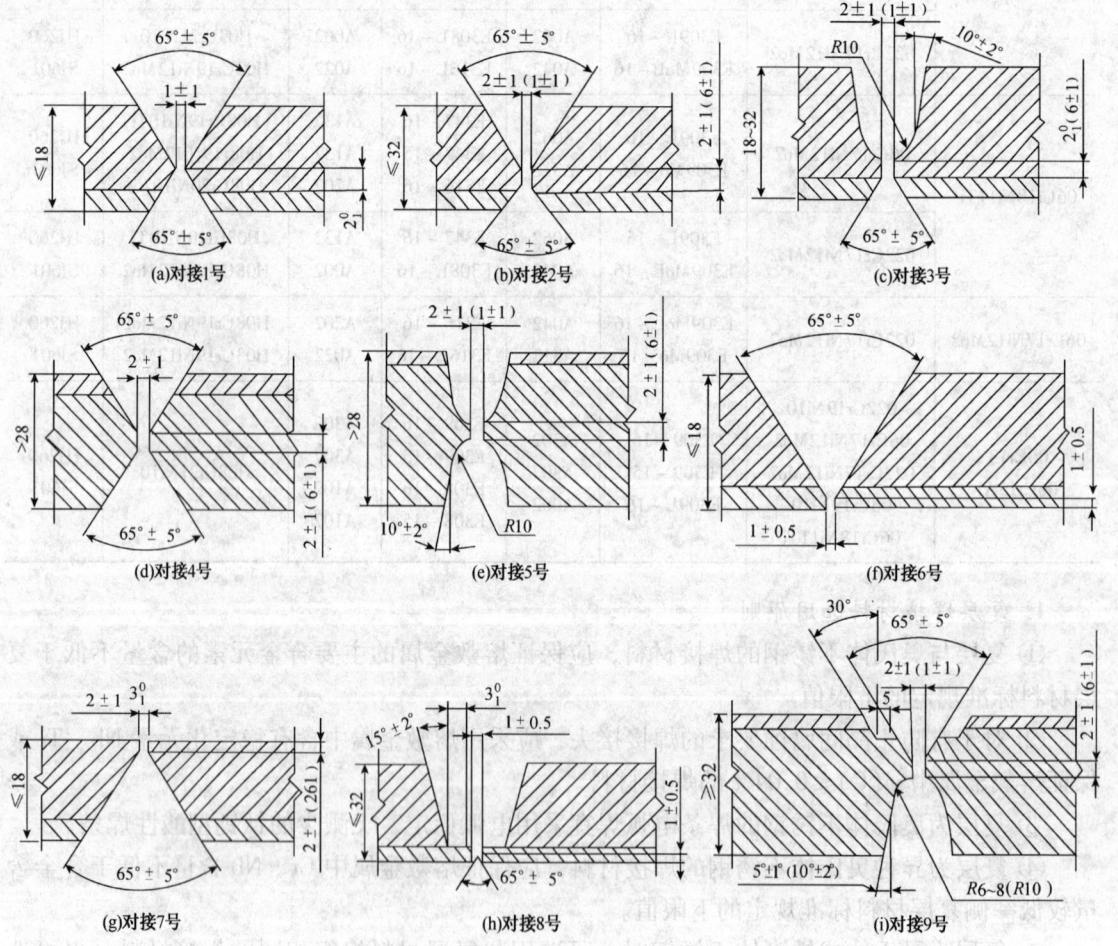

图 4-58 不锈钢复合钢板常用对接接头坡口形式与尺寸（GB/T 13148—2008）

注：括号中的尺寸供埋弧焊用。

第四章 几种石油化工设备的焊接及在役设备的焊接修复

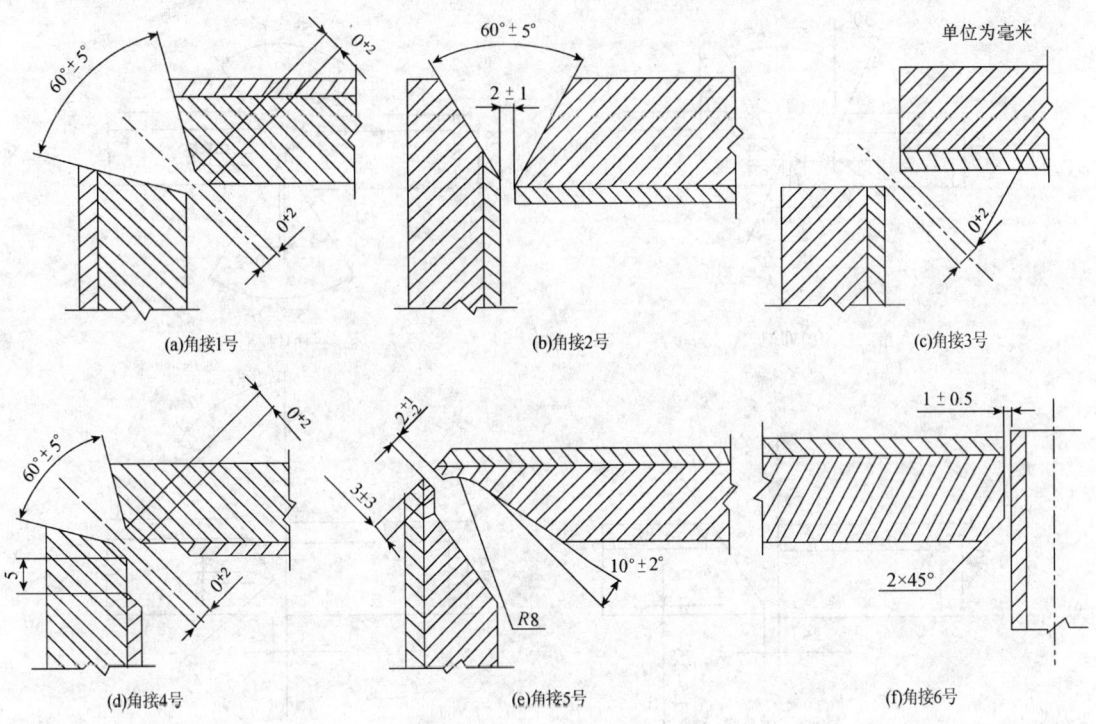

图4-59 不锈钢复合钢板常用角接接头坡口形式与尺寸(GB/T 13148—2008)

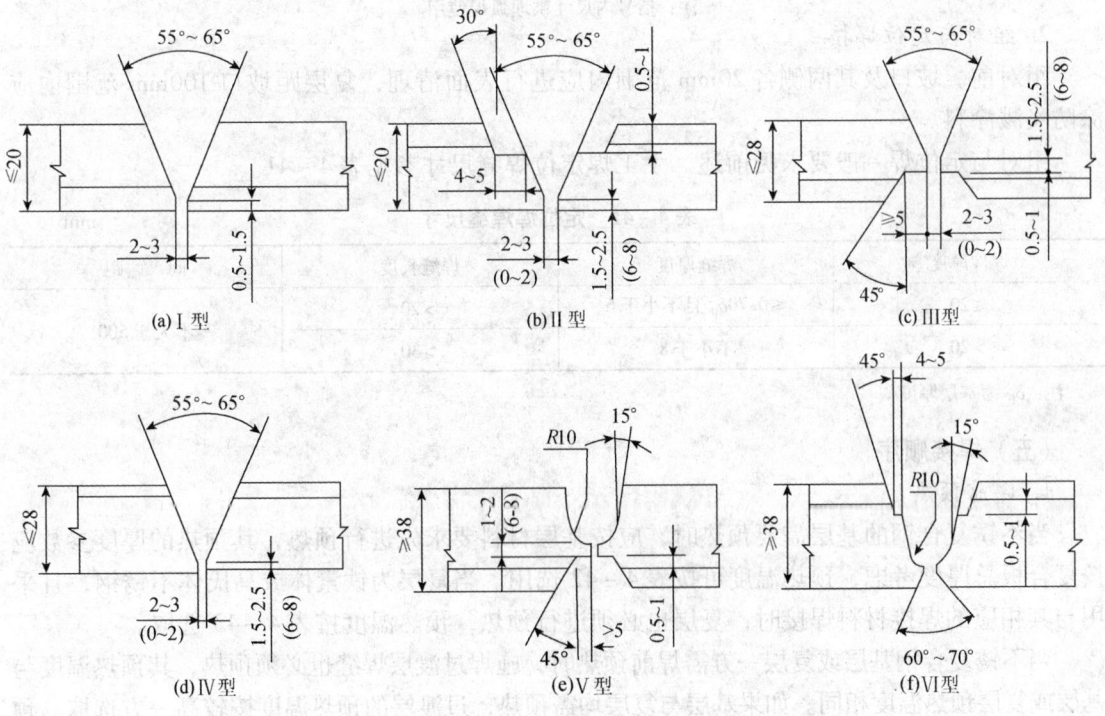

图4-60 不锈钢复合钢常用坡口形式与尺寸(SH/T 3527—2009)

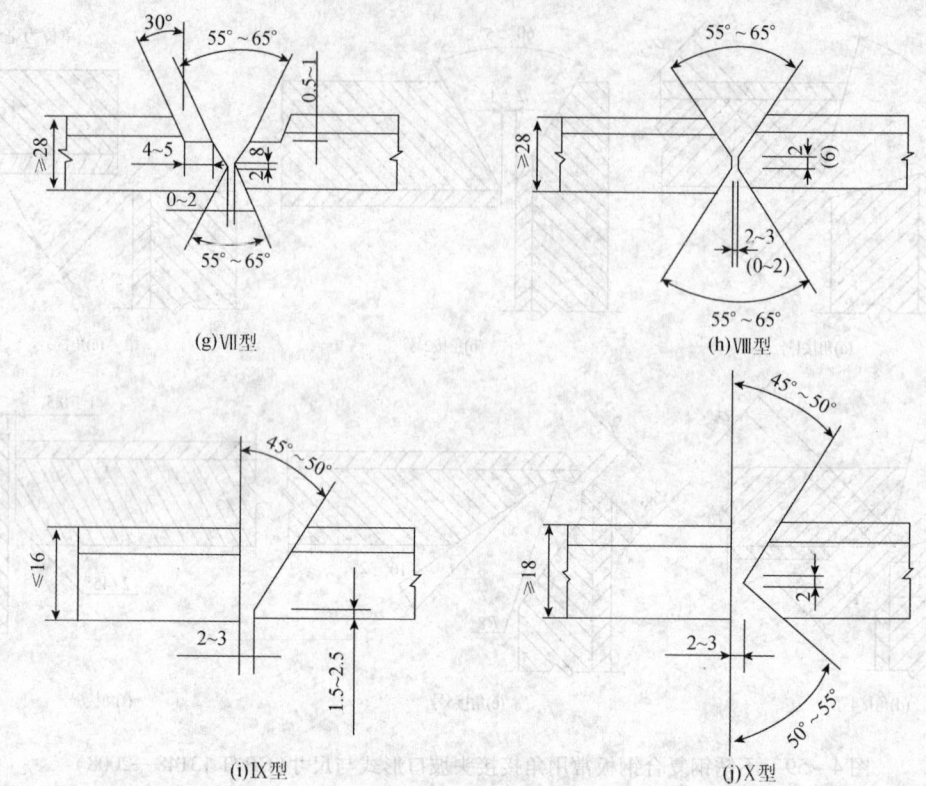

图4-60 不锈钢复合钢常用坡口形式与尺寸(SH/T 3527—2009)(续)

注:括号内尺寸供埋弧焊使用。

2. 组对与定位焊接

组对前,坡口及其两侧各20mm范围内应进行表面清理,复层距坡口100mm范围内应涂防飞溅涂料。

组对与定位焊一般要求见前述。手工焊定位焊缝尺寸参见表4-41。

表4-41 定位焊焊缝尺寸　　　　　　　　　　　　　　mm

焊件厚度	焊缝厚度	焊缝长度	间 距
≤20	≤0.70δ_0 且不小于6	>20	不大于500
>20	不小于8	>30	

注:δ_0 为基层厚度。

(五)焊接顺序

1. 焊前预热

当不锈复合钢的基层需要预热时,应按基层材料要求先进行预热,其预热的厚度参数应按复合板总厚度考虑,预热温度可按表4-42选用。当复层为铁素体或马氏体不锈钢,且采用与其相应的焊接材料焊接时,复层也必须进行预热,预热温度按表4-43选取。

当不锈复合钢基层或复层一方需焊前预热时,施焊过渡层焊缝也必须预热,其预热温度与基层或复层预热温度相同。如果基层与复层均需预热,过渡层的预热温度按较高一方选取。预热宜采用电加热法,预热范围应以焊接接头对口中心线为基准,两侧各取不小于3倍总厚度,且不得小于50mm(对有淬硬倾向或易产生延迟裂纹的材料,每侧不得小于100mm)。

第四章 几种石油化工设备的焊接及在役设备的焊接修复

表 4-42 常用不锈钢复合钢基层焊接预热温度

基 层 材 质	复合钢总厚度/mm	预热温度/℃
Q235A Q235B Q245R	30~50 ≥50	50~80 100~150
Q345R Q345	30~50 >50	100~150 150~250
12CrMo 15CrMo 15CrMoR	>10	150~250

表 4-43 铁素体和马氏体不锈钢复层焊接预热温度

复 层 材 质	预热温度/℃	备 注
0Cr13Al	≥100	同金相组织焊接材料
0Cr13	≥150	同金相组织焊接材料

2. 焊接工艺

组装后应在基层一面进行定位焊,先焊基层,经清根及规定的质量检验项目检验合格后再焊过渡层,后焊复层。焊接基层第一层时不能烧穿,不得将基层金属沉积在复层上。当条件受到限制时,也可先焊复层,再焊过渡层,最后焊基层。但在这种情况下,基层的焊接须用与过渡层焊接相同的焊接材料,也可以在奥氏体过渡层上再经纯铁素体过渡后(该过渡层厚度应≥5mm),用与基层母材对应的碳钢或低合金钢焊条(或焊丝)进行焊接。

(1) 基层的焊接

焊接基层时,其焊道不得触及和熔化复层。对于先焊基层的顺序,其焊道根部或表面应距复层界面 1~2mm,焊缝的余高应符合有关标准规定。是否需预热应视基层厚度、钢种及结构等因素决定。

(2) 过渡层的焊接

应在保证熔合良好的前提下,尽量减少基层金属的熔入量,即降低熔合比。故应采用较小直径焊条(或焊丝)及较小的焊接线能量多道焊。通常,过渡层厚度不应小于2mm。过渡的焊缝金属在基层处的厚度 b 宜为 1.5~2.5mm,在复层处的厚度 a 宜为 $0.5 \sim \delta/2$mm,且不宜大于2mm(见图 4-61)。

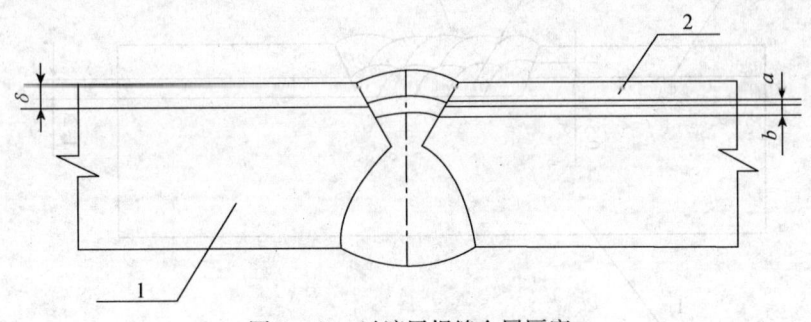

图 4-61 过渡层焊缝金属厚度
1—基层;2—复层

(3) 复层的焊接

焊接复层前必须将过渡焊缝表面和坡口边缘清理干净。复层焊缝表面应尽可能与复层表面保持平齐，对接焊缝余高应不大于1mm，角焊缝的凹凸度及焊脚高度应符合设计图样的技术要求。对奥氏体不锈钢，其层间温度应不高于100℃，并尽可能采用较小的焊接线能量。此外，为避免损害复层的耐蚀性，禁止在复层上随意打弧。

不锈钢复合钢设备纵缝焊接时，应将过渡层及复层两端各留30~50mm不焊，待环缝基层焊接后，再将纵缝两端焊接成形。

(4) 不锈钢复合钢角焊缝的焊接

① 复合钢接管（包括人孔筒节）或碳钢接管与设备复合钢板壳体组焊时，应使接管端部与壳体复层界面对齐，焊接过渡层和复层，并将管端部用复层焊接材料堆焊成形，见图4-62(a)、(b)；不锈钢接管的焊接宜采用内齐平结构，见图4-62(c)。

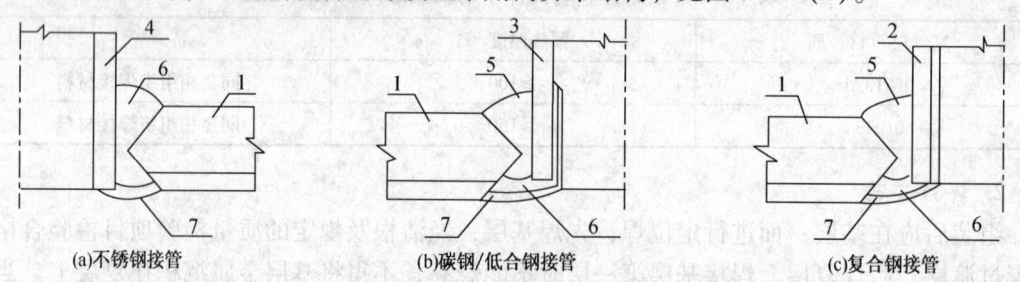

图4-62　人孔、接管焊接示意
1—壳体；2—复合钢管；3—碳钢低合金钢管；4—不锈钢管；
5—用基层焊材；6—用过渡层焊材；7—用复层焊材

② 角焊缝基层及复层各自焊接部分的焊接材料应与母材相同，基层与复层相焊部位应采用过渡层焊接材料。

③ 接管角焊缝无法进行双面焊时，应先将复合管或碳钢接管端部堆焊成形，组对后用复层焊接材料焊接复层，然后用过度层焊接材料焊接其余焊道。

(5) 焊前缺陷修复

不锈钢复合钢焊接前，如果发现因复合钢板经冷成型或热成形产生的分层缺陷，应先进行修复，要求先去掉复层，并将基层表面去掉1~2mm深度，然后分别用过渡层及复层焊条堆焊，焊后表面磨平，并进行渗透探伤检测（见图4-63）。

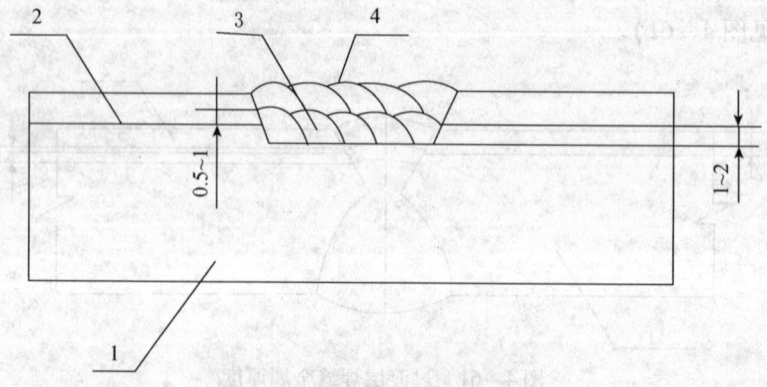

图4-63　不锈钢复合钢修复示意
1—基层；2—复层；3—过渡层焊道；4—复层焊道（焊后磨平）

3. 焊后无损探伤检测

不锈钢复合钢基层、过渡层及复层焊缝全部焊接完毕后应进行射线探伤检测。当焊接接头处基层厚度不小于设计计算值以及复层为非空气淬硬的不锈钢材料时，射线检测可在过渡层及复层焊缝焊接之前进行，但焊完过渡层和复层焊缝后，仍需用射线检测，焊缝不得存在裂纹。

4. 焊后热处理

不锈钢复合钢焊接后是否需要进行焊后热处理消除焊接残余应力，一般按设计要求执行。目前，有关标准对奥氏体不锈钢焊件是否进行焊后热处理尚无强制性规定。一般情况下，对于奥氏体不锈钢应尽量避免焊后热处理，当需要进行焊后热处理时，应采取有效措施防止复层脱落和碳化物析出，控制 σ 相形成。采用奥氏体不锈钢焊接材料焊接的过渡层和复层，且基层不要求焊后热处理时，可免作焊后热处理。通常推荐采用机械方法消除焊接残余应力。当基层需要进行焊后热处理时，应按基层材料选择热处理加热温度，其他参数按不锈复合钢板总厚度进行计算。常用不锈钢复合钢焊后热处理参数见表4-44。对于需要采用热处理方法消除焊接残余应力时，宜在过渡层焊接之前进行，另外，当对复材不锈钢有晶间腐蚀倾向检验要求时，热处理加热温度应不超过其敏化温度。

表4-44 常用不锈钢复合钢基层焊后热处理参数

复层材料	基层材料	保温温度/℃
铁素体系、马氏体系 奥氏体系（稳定化、超低碳）	Q235A、Q235B 20、Q245R	580~620
	Q345、Q345R	580~620
	12CrMo、15CrMo、15CrMoR	600~680

对于复层为铁素体或马氏体不锈钢复合钢制设备，应按复层材料要求考虑是否进行焊后热处理。

不锈钢复合钢制设备的局部热处理宜采用电加热法，加热范围应以焊缝中心线为基准，两侧不应小于焊缝宽度的3倍，且不小于100mm。

5. 焊缝返修

不锈钢复合钢设备焊缝返修前，应对返修周围预热，以防止基层珠光体钢产生冷裂纹。预热温度应比焊接同种珠光体钢时略低，一般为100~150℃。预热时基层加热、复层测温，预热后用碳弧气刨清除缺陷，刨深（复层侧）≤7mm 时，对于奥氏体不锈钢复层，选用 ϕ3.2mm、A307 焊条；刨深 >7mm 时，对于 Q345R 或 Q245R 基层，采用 ϕ3.2mm、J507（或J427）焊条。修补时可采用多道焊，不宜用摆动焊，并应边焊边锤击，以消除应力。修补裂纹缺陷时，应在基层焊后立即加热至250~300℃，并保持1~2h，然后进行过渡层和复层焊接。修补后进行保温缓冷，以防止过渡层和复层出现新的裂纹。

不锈钢复合钢制造过程中的各道工序（包括超声波探伤），都应注意防止损伤复层，如果发现复层有损伤或脱层部位，应作出标记，在组焊时修补。

（1）复层表面缺陷的修补

当复层表面划伤深度小于0.2mm 时，一般不需修磨；划伤深度为0.2~0.5mm 时，应进行修磨，使其周边圆滑过渡；深度 >0.5mm 时应补焊，采用 A137 焊条（对于奥氏体不锈钢复层），焊补处比复层高出 0.5~1.0mm，然后用砂轮磨平，再进行着色检查。

(2) 复层脱层的修补

先用碳弧气刨去除复层，并把基层铲除 1.5~2mm，修磨后对于奥氏体不锈钢 0Cr18Ni9 复层，用 A307 焊条堆焊过渡层（对于 316L 复层用 A042 焊条），再用 A317 焊条堆焊复层（对于 316L 复层用 A022 焊条）。修补处应比复层高出 0.5~1.0mm，然后用砂轮磨平修光，修补后进行超声波探伤和渗透探伤检查。若剪板边沿有小面积脱层时，可在焊接清根时修补（不必在剪切后修补）。

第五章 在役压力容器的焊接修复

在役压力容器的焊接修复是确保容器安全运行的关键问题之一，在进行妥善的处理修复后，还可改善压力容器的安全状况等级。TSG R0004—2009《固定式压力容器安全技术监察规程》规定了对各类安全状况等级压力容器定期检验的年限周期，其中指明安全状况等级为5级的压力容器，应当对缺陷进行处理，否则不得继续使用。

在役压力容器的焊接修复多数在现场进行，对于修复难度大的重要容器，往往送返制造厂进行修复。由于使用现场施工条件比制造厂差（如焊接位置、操作条件、焊接工艺的实施、热处理条件等），而补焊的质量要求却必须与容器制造时相同，故补焊工艺存在较多困难（特别是对于要求补焊后进行消除应力热处理的容器），要保证修复质量需要付出更大的代价，甚至修复后可能出现新的应力集中和焊接接头组织及性能变化，产生新的焊接缺陷，因此并非所有带缺陷的容器都具有补焊的价值，是否需焊接修复应进行综合的技术和经济比较。

在役压力容器的焊接修复，包括对制造过程中的焊接缺陷返修，对运行过程中由于操作工况恶化或焊接接头中缺陷的扩展而引起的局部损坏，以及对设备原材料在长期使用中出现的组织性能恶化或严重减薄和腐蚀、氧化等造成的损坏等，对生产和安全皆会造成诸多的威胁。由于容器的损坏情况及本身存在的安全隐患是多种多样的，因此需根据具体情况分析修复条件及依据标准，制定合理的焊接修复方案及焊接工艺。

第一节 在役压力容器常见缺陷和处理原则

一、缺陷的类型及特征

（一）表面缺陷

1. 腐蚀坑、凹坑、划痕及机械损伤

腐蚀坑通常出现在容器内壁（特别是气液相交界处的一定范围内），深度一般为 0.5 ~ 1.5mm。有时在不锈钢复合钢制容器内壁也会出现较密集的腐蚀坑，蚀坑周围一般不出现微裂纹和应力集中，大多数由全面腐蚀形成。凹坑常见于焊缝两侧及容器板上，一般深度较小（约 2 ~ 3mm），大多由于钢板本身缺陷或在制造加工中造成。根据容器壁厚考虑，对于深度小的凹坑一般采取打磨处理、圆滑过渡即可，过深者则应打磨后补焊（如球罐内出现的 5 ~ 7mm 深凹坑）。表面划痕及机械损伤和凹坑一样皆为先天性缺陷，一般多发生在容器外表面，系由制造、运输、安装过程中产生，轻微缺陷不需作处理。

2. 表面裂纹

表面裂纹是在役压力容器定期检验中重点项目之一，根据容器板厚，对于较浅的裂纹（如 1 ~ 2mm 以下），打磨后不必补焊处理。球罐内壁的表面裂纹多数发生于焊缝熔合线附近并与焊缝平行，对于较深的纵向或横向裂纹，应查明原因，采取修复措施。

一般情况下，容器的表面裂纹大部分出现在几何形状不连续、应力不连续或金相组织不连续等部位。例如容器开口接管角焊缝周围、壁厚突变处环焊缝、错边与角变形严重超标处形成的几何形状不连续部位;容器焊接结构较大的残余应力区域、强制组装焊缝等形成的应力不连续部位及由于容器中有异种钢焊接接头或材料本身的变化形成的金相组织突变区域等。其中,应力不连续部位最易出现表面裂纹。

按照断裂力学观点分析,表面裂纹具有一定的允许尺寸,一般情况下,深度小于 2mm 的表面裂纹,多数情况下可允许存在,其疲劳扩展量即使在容器设计寿命期限内不会增至临界尺寸。但是。由于内、外表面裂纹分别与工作介质和大气接触,考虑到腐蚀条件,通常很少按"允许尺寸"的方法处理,对表面裂纹一律采取打磨消除的做法,对较深的裂纹必须补焊处理。

3. 咬边、表面针孔

咬边缺陷在焊接中较多出现,某些材料的容器上不得有咬边存在,如高强钢的缺口敏感性强,缺陷易扩散;奥氏体不锈钢焊缝咬边对抗磨蚀不利;焊缝系数取 1.0 时,咬边会削弱母材强度等。容器出现咬边缺陷一般深度较浅,多数情况下咬边深度在 1mm 左右,可按表面裂纹进行打磨处理,与母材圆滑过渡。对于较深(如 5~6mm)咬边应采取打磨后补焊措施。针孔缺陷往往较深,如采用打磨消除,甚至可能将容器壁打穿。可根据壁厚情况,打磨到一定深度后进行补焊。对于针孔打磨后,焊缝中出现大气孔、未焊透缺陷时,则应采用挖补方法处理。

4. 表面龟裂

表面龟裂缺陷一般较少出现,对于内衬不锈钢容器及不锈钢复合钢制容器,如果由于贴合率达不到要求或热处理工艺不当,有时会造成表面龟裂。对于一定深度(如 4~5mm)和连成一片的表面龟裂缺陷,宜采取打磨成直径较大的圆坑补焊处理。

5. 超标角变形及错边量

角变形及错边量超标皆为制造缺陷,这类缺陷的存在会引起局部应力集中并诱发裂纹类缺陷。CVDA-84《压力容器缺陷评定规范》对于由错边量和角变形引起的应力集中系数 K_t,推荐按下式计算:

$$K_t = 1 + 3(w + h)/t \tag{5-1}$$

式中 K_t——对接焊缝部位由于错边和角变形引起的应力集中系数;

w——角变形量,mm;

h——错边量,mm;

t——容器壁厚,mm。

应力集中系数 K_t 值大,会降低该部位的强度和允许缺陷尺寸,必须进行评定和修复。

(二)埋藏缺陷

1. 气孔、夹渣

气孔、夹渣皆为容器制造焊接过程中形成的内部埋藏缺陷,在焊缝返修中,排除超标的气孔、夹渣一般占很大的比例。气孔的形状有圆形、椭圆形或长条形等。按现行容器制造标准规定,在 50mm×10mm 范围内,气孔的投影面积不允许超过 1%。分散性气孔难以形成裂纹,对压力容器安全运行危害很小。如果气孔投影面积超过国际焊接学会(IIW)规定要求(5%),需根据容器使用工况,考虑对焊接接头强度的影响,程度及气孔位置,必要时应采取修复措施。夹渣的断面尺寸一般较小(约 2~4mm),多数出现在焊条电弧焊与自动焊的交接面部位,且许多夹渣的端部夹角往往呈细长的,易引起较高的应力集中,在安全评价中均按裂纹计算。对于大尺寸的夹渣(特别是端部尖锐的夹渣),应考虑采用挖补等补焊措施消除。

2. 未焊透、未熔合

未焊透、未熔合缺陷一般常与气孔、夹渣同时存在,离表面较深,在压力容器缺陷评定中按裂纹计算。按现行国内外缺陷标准的规定,残余应力对埋藏缺陷的作用不大。埋藏缺陷基本上是先天的,不大可能在容器使用中产生。如果在评定计算"允许尺寸"之内,可以不进行修复。

3. 埋藏裂纹

埋藏裂纹在压力容器缺陷中一般较少出现,大多在容器焊接制造中产生,多为先天性裂纹。裂纹方向通常与焊缝平行,距表面较深,裂纹沿板厚方向尺寸较小(约2~5mm)。当裂纹走向与焊缝成10°~20°夹角时,用超声波探伤很容器漏检,应配合射线探伤检测。对超标埋藏裂纹需根据检验情况及裂纹位置制定修复方案。

(三) 穿透裂纹与角焊缝裂纹

在役压力容器开口接管角焊缝较易出现穿透裂纹,在腐蚀、接管拐角处集合形状突变及疲劳载荷作用下,由于应力集中迅速扩展,造成介质泄漏。对于此类裂纹采用补焊方法往往难以达到预期效果,宜采用扩大容器开口更换接管的方法修复。例如对于一些温度重复变化或工作温度高的容器(如焦炭塔、氨合成塔等)的开口接管角焊缝,在长期使用中常易产生穿透性裂纹。

另一类角焊缝裂纹(如焦炭塔裙座与筒体连接的角焊缝、催化裂化装置"两器"上的直管和斜管与壳体相连的角焊缝等),多数是由于受热不均匀而形成大结构内应力导致开裂,主要不是容器承压所引起。对这类裂纹的修复,应制定合理的焊接工艺,选择适合的焊接材料进行补焊修复。从焊接接头应力性质和分布考虑,主要应改善焊接结构形式。

二、缺陷处理原则

在役压力容器的缺陷处理,主要是要求通过消除或处理容器有潜在危险的缺陷或问题,以提高其使用安全状况,能够安全运行至下一检验周期或更长时间,而不是要求将容器质量恢复到原来设计制作标准或质量水平。因此对超标缺陷的处理一般应遵循以下原则:

① 超标的表面裂纹缺陷必须一律消除

② 对未熔透、未熔合、裂纹等平面缺陷,在进行容器缺陷评定时均按裂纹计算;凡与未焊透、未熔合等同时存在的气孔、夹渣均计入平面缺陷尺寸,在安全评定中,严格按允许裂纹尺寸验收。

③ 根据容器使用工况及缺陷特征,判断该缺陷在使用中是否会发生扩展恶化,对于扩展性缺陷必须从严修复处理,否则应加强检测,暂不作补焊修复。

④ 对于操作介质为易燃、易爆、有毒或腐蚀性强的压力容器,应重点计算裂纹在板厚方向允许尺寸;对低温及应力水平高的压力容器需考虑材料脆断破坏;对运行使用期限接近设计寿命的压力容器,应注意材质变化及韧性储备降低等因素;对承受疲劳载荷的压力容器,需考虑裂纹的扩展量。

⑤ 进行缺陷分析和补焊修复,必须考虑制造容器的材料(如中、高强钢或低强钢)对缺陷敏感性的差别,注意材料的强度级别,并正确制定补焊工艺。

第二节 焊接修复条件及基本原则

一、焊接修复条件

容器进行焊接修复的条件主要应包括以下几个方面：

① 经外观检查、无损探伤检测及安全评定后，确定需使用补焊方法消除具有危险性的缺陷，例如沿容器壁厚方向超长的裂纹类埋藏缺陷以及贯穿性裂纹等。

② 对存在容器表面或近表面裂纹类缺陷应一律排除。其中，对于裂纹类缺陷深度不大于容器壁厚7%，且不超过3mm时，可采用砂轮打磨消除，并圆滑过渡到母材，可不进行补焊修复；对于缺陷深度超过容器壁厚7%，且超过3mm，应按以下要求分别处置。

a. 对于Q245、Q345R锅炉和压力容器用钢板（GB 713—2008），因焊接性良好，塑、韧性较好，可实施焊接修复。但对壁厚较大、应力水平较高的容器，应制定严格的焊接工艺。

b. 对 σ_s >380MPa 锅炉压力容器用钢板，如18MnMoNbR、13MnNiMoR、或Cr-Mo钢及焊接性差的材料，应尽量不使用焊接修复。一般情况下，对表面裂纹类缺陷打磨消除后，宜进行安全评定，按评定结果采取降低使用条件或限制使用时间，以及采取监督缺陷发展等措施，以保证设备安全使用。如果必须进行焊接修复，则应先进行补焊工艺评定或工艺试验，制定严格的焊接工艺和热处理制度，确保修复质量。

c. 对于实测壁厚不能满足全面腐蚀条件下剩余壁厚要求的容器，当材料的焊接性优良时，可采用局部堆焊或局部控制补焊修复。

d. 对于容器表面划伤、凹坑、咬边、未焊满等缺陷，尽量采用砂轮打磨平整、圆滑过渡，经核算后在满足强度条件下不需进行焊接修复，如果缺陷较严重，必须焊补时，可按本条中"b."处理。

e. 对于容器氢鼓泡及湿 H_2S 应力腐蚀开裂缺陷，首先应进行消氢处理（300~350℃），也可打磨后降低使用条件，必要时进行打磨后堆焊。消氢处理温度根据 H_2S 浓度和环境温度决定。

二、焊接修复的基本原则

压力容器属于特种设备，一旦出行严重缺陷造成破坏，导致带压物料外泄，在其降为常压过程中会释放大量能量，产生很大的破坏力。特别是某些具有易燃易爆或有毒介质外泄，将会产生更大危害。因此，压力容器如果出现严重缺陷，必须进行焊接修复。TSG R0004—2009《固定式压力容器安全技术监察规程》对在役压力容器焊接修复作出了相关要求。其基本原则一般应包括以下几方面：

① 修复后保证压力容器不降低使用性能、密封性能、安全性能、承载性能，具有一定的使用周期（至少达到能安全可靠地使用至下一个检验周期）。安全状况等级要达到3级以上。

② 对于较大或重要的焊补工作，应编制焊接修补工艺，并合理选择焊接规范。

③ 修复前应仔细查实缺陷性质、特征、大小和产生缺陷的原因，以采用正确的方法排除缺陷，编制合理的修理方案。

④ 同一部位的焊接返修次数不宜超过2次，如超过2次，返修前均应经企业技术总负责人批准。

⑤ 用焊接方法更换主要受压元件和主要受压元件补焊深度大于1/2厚度的压力容器，应进行耐压试验。对于有焊后热处理要求的容器，应根据补焊深度确定是否需要进行消除应力热处理。

⑥ 对于不锈钢复合钢制容器，从复层侧返修主焊缝缺陷时，必须用机械方法清除后焊接，基层与复层焊接修补处需作100%射线探伤检测，同时返修部位一般不超过2次，否则须经企业技术总负责人批准。复层表面缺陷深度超过0.5mm时，须进行补焊。

⑦ 采用挖补时，焊补所用补板材料的化学成分一定要与被补板相同或相当，选用的焊接材料应与被补板匹配，如果不得不采用异种焊接材料进行修补时，应进行焊接工艺评定，首先拟定焊接工艺和选定焊接规范。

⑧ 严禁在0℃以下进行焊补，容器焊补后应进行无损探伤检测。

第三节　焊接修复程序

在役压力容器的焊接修复程序，一般情况下如图5-1所示。对在役压力容器的缺陷修复，主要是为了使其安全可靠的使用到下一个检验周期（甚至较长周期），而不是为了使其恢复到原来的设计、制造标准。即消除危及安全的超标缺陷，提高容器的安全状况，以达到安全可靠的使用至下一个检验周期的目的。

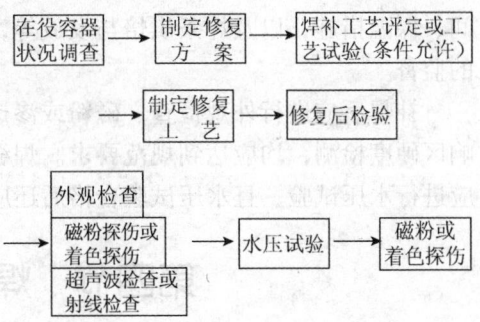

图5-1　在役容器焊接修复的一般程序

一、在役压力容器调查

在对容器焊接修复前，首先要调查容器质量状况与使用情况，分析缺陷产生的原因（制造中遗留或使用中产生）；对受压元件材质不清或与腐蚀环境不匹配的材料，必要时进行化学成分分析、硬度测定和金相分析，为缺陷修复时的选材和制定合理的修复工艺提供依据。

二、修复方案制定

根据在役容器状况调查情况（包括设计及操作工艺参数、操作介质、容器主体材质、壁厚、焊接方法及焊接材料、焊接工艺、热处理状态、质量状况及使用情况、缺陷特征等），以及现场提供的条件，制定在役压力容器的修复方案。

① 如现场能提供与修复容器相同的原材质、原规格材料，应制定成试样进行焊接工艺评定。若提供代用材料，同样应进行修复工艺评定。

② 根据材料成分与强度级别，应进行气割或碳弧气刨后的硬度测定。

③ 进行模拟焊接位置试验。

④ 确定焊补预热温度。可根据材质与板厚，按规范推荐的经验公式计算预热温度，也可通过Y形坡口（小铁研式）拘束裂纹试验，测得预热温度。前者计算出的预热温度偏高，采用拘束裂纹试验法计算的预热温度与试验结果相近，应用较普遍。但确定在役容器焊接修复的预热温度还应考虑焊补部位的结构特点。

⑤ 焊补开槽方位的确定。根据对容器评定后所需返修的缺陷性质、类别、尺寸、部位及埋藏深度、焊工操作条件与焊接位置等，确定开槽方位。开槽大小应能保证全部清除原缺

陷，并适合于补焊。一般应遵循以下原则：

a. 为减少修复焊接工作量，一般以容器壁厚中心线为界，缺陷距内表面近时从内表面开槽，反之则从外表面开槽。

b. 开槽一侧，如果焊工操作受限制（或影响焊工视野），则应在另一侧开槽，以保证焊补质量。

c. 开槽应尽量在平焊位置，避免在仰焊位置开槽。当容器直径较小时，宜在外壁开槽。

⑥ 焊接材料的选用。根据补焊工艺评定或工艺试验，确定补焊用焊接材料，一般需考虑以下几点：

a. 尽量选用与容器材质成分和性能相同或相近的焊条或焊丝。

b. 尽量选用低氢或超低氢型且高韧性焊条或焊丝。

c. 尽量选用直径较小的焊条或焊丝。

三、补焊修复的质量控制和检验

补焊过程中，对焊前预热温度、预热范围、层间温度、焊接规范、后热处理温度及时间、保温措施，以及焊条烘焙与发放等，应有专人负责，详细记录，并接受劳动与安全部门的监督。

补焊后应进行外观检查、磁粉或渗透探伤、超声波探伤或射线探伤检测以及焊缝及热影响区硬度检测，均应达到规范要求。焊缝探伤合格后，对于主要受压元件焊接修复的容器，应进行水压试验，且水压试验合格后还应进行表面探伤检测。

第四节　焊接修补方法及工艺

一、焊补方法

容器修复方法根据不同缺陷具体情况决定，遵循"合于使用"的原则。对于可修可不修的缺陷（即轻微危害缺陷）尽量不要修；对于经打磨处理后即可满足使用要求的缺陷，尽量不采用焊补方法。但对于裂纹的修复则应根据裂纹缺陷程度慎重对待。一般情况下，焊缝内如果存在未熔合、未焊透、裂纹等影响安全使用的缺陷，皆可用去除缺陷补焊的办法修理；对于由于介质腐蚀严重造成壁厚局部减薄，以及流体冲刷形成的沟槽等影响安全使用的缺陷，可采用补焊或堆焊方法修理；对容器有严格鼓泡、变形或局部腐蚀而不能采用堆焊、补焊方法修理的缺陷，由于局部结构不合理而产生新的缺陷，以及由于承压部件材质与操作介质不相容影响安全使用的隐患处理，一般采用挖补或更换筒节（封头、部件）的方法修理，不应采用贴补方法修理主要受压元件及承压部件。在役容器的修复方法一般有打磨消除法、补焊修复法、贴补修复法、挖补修复法、堆焊法、筒节或封头更换法等。

（一）打磨消除法

这种方法适用于在用压力容器表面缺陷修复，如表面裂纹、凹坑、电弧擦伤、弧坑、机械损伤、未焊透、未熔合、焊缝气孔、咬边、工卡具焊迹等。上述表面缺陷应打磨完全消除，并与母材或焊缝成圆滑过渡，侧面倾度不应大于1:4。

（二）补焊修复法

补焊修复可消除危害安全的超标缺陷，改善容器安全状况，是一种常用的修复方法。但如果补焊不当,也可能产生新的不稳定因素,如出现新的裂纹缺陷、焊接接头的组织性能恶化以及产生新的焊接应力等,因此必须制定合适的补焊工艺,选择合适的焊接参数和焊接材料。为规范起见,TSG R0004—2009《固定式压力容器安全技术监察规定》将补焊、焊补、挖补等词统一规定为补焊。

(三) 挖补修复法

挖补是压力容器修复较常用的方法,一般用于密集性缺陷和较大、较严重缺陷的焊接处理。对于筒体上的挖补板,其形状应尽可能采用圆形或椭圆形,若必须使用长方形或正方形补板时,补板四角须加工成圆弧形,且圆弧半径应为 $R \geqslant 100mm$,以减小应力集中对于封头上的挖补板,其形状必须采用圆形或椭圆形,且补板直径(或椭圆长轴尺寸)不应大于封头内径的一半。

为了分散容器挖补焊接产生的焊接应力和收缩应力,所采用的圆形补板直径应不小于100mm,方形或长方形补板的边长均不应小于250mm。

对于重要压力容器的挖补法修复,在补板正式焊接前需进行试焊补板。即先将原挖补下的主板切取一块,并从新补板的剩余部分切取一块,进行坡口加工(坡口尺寸与正式焊接相同),采用与正式焊接相同的条件进行试焊,并对试焊试样作机械性能试验(拉伸、弯曲、冲击韧性等),合格后方可进行正式焊接。

挖补法补板与壳体的焊接一般采用双面对接或单面焊双面成形接头形式。

(四) 堆焊修复法

采用这种方法时,为保证焊接质量,应选择平面位置堆焊。对于较大的或密集型缺陷,当堆焊面积大于 $150 \times 150 mm^2$ 时,应采用如图5-2所示的分区堆焊法,可分为诸多正方形或三角形堆焊区,各分区的焊接次序应尽量隔开和交错,且焊波应互成 $60° \sim 90°$,以避免由于热应力过分集中而产生焊接变形或出现新的裂纹。

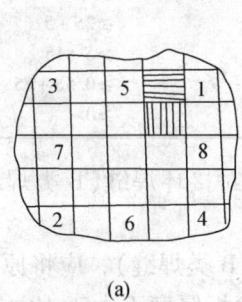 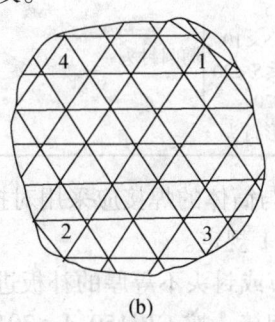

(a)　　　　　　　　(b)

图5-2　分区堆焊法

(五) 贴补修复法

TSG R0004—2009对在役压力容器焊接修复中是否可采用贴补修复法未作明确规定,只是把补焊、焊补和挖补统一定义为补焊。按旧《容规》规定,压力容器进行修理或改造时,不应采用贴补或补焊方法,一般应采用挖补或更换。但是对于实际生产运行中无法停产进行修复的压力容器(或简单压力容器、常压容器等),也常采用贴补修复作为一种维持生产的应急措施。这种方法一般用于面积较大、较分散、且逐处补焊有难度的局部缺陷修补(如容器大面积点蚀、局部均匀减薄、表面出现多处微裂纹等),且该在用容器的工作应力水平较低,并能按时作定期检验,同时可有效进行监控操作等。

贴补修复法应采用与容器壳体相同材质的贴板覆盖缺陷，然后周边进行角接补焊。矩形或长方形贴板四角应加工成圆弧形，以减小应力集中，必要时可在贴板上开设 M8（或 M10）讯号孔，安装阀门以便在线监测贴板内缺陷发展情况。

（六）更换修复法

1. 筒节的更换

更换筒节应采用对接焊，筒节长度应不小于 300mm；两相邻筒节（或更换筒节与封头）的 A 类缝应错开，错开间距应大于筒体壁厚的 3 倍，且不大于 100mm；待更换筒节的 A 类缝对口错边量应小于筒节厚度的 1/10，且不大于 3mm；筒节环缝（B 类焊缝）对口错边量应符合以下要求：

① 两筒节等厚壁≤6mm 时，错边量≤筒节厚度的 1/4；壁厚 6～10mm 时，错边量≤筒节厚度的 1/5；壁厚 >10mm 时，错边量≤筒节厚度的 1/10＋1mm，但不大于 6mm。

② 两筒节厚度不等：错边量≤较薄筒节厚度的 1/5＋两壁厚差值的 1/2，且应不大于 6mm。

2. 封头的更换

① 待更换封头若由两块钢板拼焊制成，其对接焊缝至封头中心线距离应小于 1/4 封头内径，且对接焊缝上不得开孔。

② 更换的封头与筒体组装时，其拼接焊缝（A 类焊缝）与相邻筒节 A 类焊缝的间距不应小于较厚板件厚度的 3 倍，且不小于 100mm。

③ 待更换封头的直边长度应满足表 5－1 要求。

表 5－1　待更换封头的直边段长度

封头板厚/mm	封头直边长度/mm
$S<5$（椭圆封头）	≥15
$5≤S<10$（椭圆封头）	≥2S＋5
$10≤S<20$（椭圆封头）	≥S＋15
$S≥20$（椭圆封头）	≥0.5S＋25
球形封头	≥0

④ 更换封头与筒体的焊接应采用对接焊，与筒体对接环焊缝（B 类焊缝）的焊接要求须符合 GB 150—2011 规定。

当采用与筒节或封头不等厚的补板进行对接焊时（B 类焊缝），应将原件边缘均匀削薄，使之与薄件平滑相接，按 GB 150.4—2011 规定，若薄板厚度不大于 10mm、两板厚度差超过 3mm，以及薄板厚度大于 10mm、两板厚度差大于薄板的 30% 或超过 5mm 时，均应按图 5－3 所示将厚板边缘进行单面或双面削薄也可按同样要求将薄板边缘堆焊成斜面），以保证平滑过渡。

二、补焊工艺

（一）焊补方法的选择

焊条电弧焊可适用于各种复杂程度的补焊坡口机各种焊接位置以及各种焊接材料，应用较广泛。埋弧自动焊方法常用于容器长纵缝和环缝的补焊，可以有效改善补焊处焊缝金属塑性。钨极氩弧焊方法多用于被焊材料冷裂倾向大，焊接位置与操作；焊补后不进行热处理的场合。对于穿透性缺陷补焊时，可用作打底焊。

第五章 在役压力容器的焊接修复

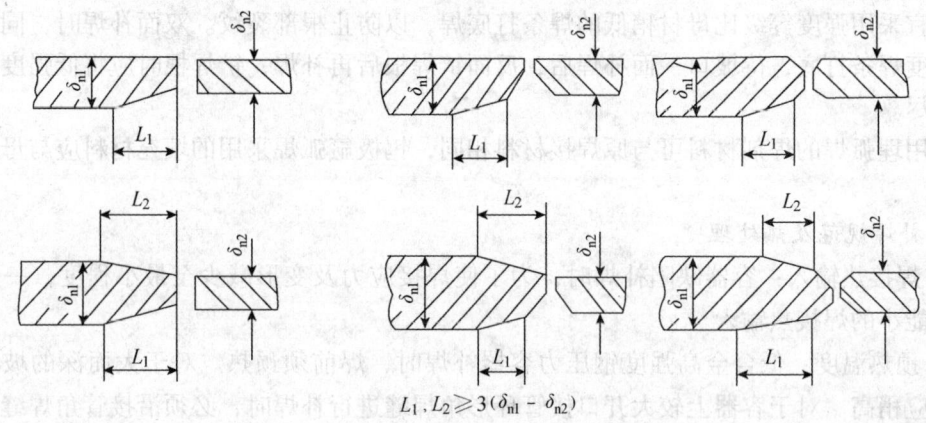

$$L_1, L_2 \geqslant 3(\delta_{n1} - \delta_{n2})$$

图 5-3 不等厚钢板对接接头厚板削薄示意图

(二) 补焊坡口的准备

1. 补焊坡口数量的确定

① 对缺陷尺寸不大或数量不多、各缺陷之间相离较远,应各开单个坡口,逐一分别补焊。

② 对于缺陷数量一定,且间距小于 20~30mm,可以合并开一个补焊坡口。

③ 缺陷数量一定,但大小不一、分布不均,且缺陷深度、宽度不等时,宜先将深、宽部位焊补,使其形成一条深、宽一致的补焊坡口,然后完成补焊(见图 5-4)。

④ 容器环缝或大开口接管环形角焊缝中缺陷较多和较长时,焊补前除需挖去缺陷部分外,还应将完好焊缝去除一部分,使其形成一条连续均匀的补焊坡口,以减少焊补变形和应力(见图 5-5)。

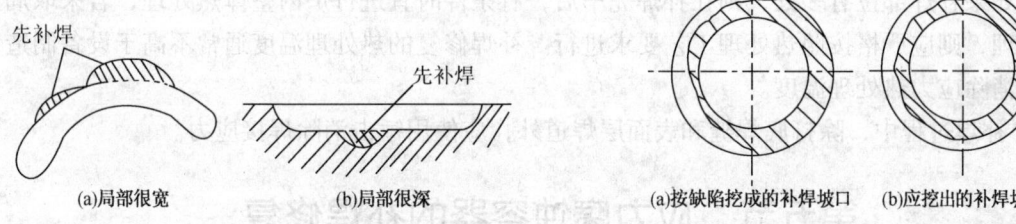

图 5-4 挖出的坡口形状复杂时的焊补规则   图 5-5 环缝中缺陷较长、较深时的焊补规则

2. 对补焊坡口的要求

① 坡口加工可采用碳弧气刨、风铲或机械加工(机床或动力头)方法。碳弧气刨适用于缺陷较大且待补焊材料可焊性较好的场合。气刨前所用的预热温度应不低于该钢种焊接时的预热温度,气刨后需用砂轮去除增碳层和淬硬层。风铲或机械加工适用于厚大的低合金高强度钢压力容器补焊坡口加工。

② 所挖制的坡口形状应根据缺陷性质不同而各异。

③ 对于未焊透、气孔、夹渣等缺陷,对补焊坡口无特殊要求。

④ 对于穿透性裂纹等类缺陷,通常应加工双面补焊坡口。即在一面挖出大半深度,补焊完后再挖反面坡口;也可将补焊坡口挖穿,但坡口根部间隙不宜过大,以保证焊补质量。

3. 补焊材料的选用

焊条电弧焊补焊用焊接材料可采用原焊接所用的焊条。对于复杂结构、刚性大或坡口较深时，宜采用强度等级比母材稍低的焊条打底焊，以防止根部裂纹。双面补焊时，同样宜采用低强度焊条打底，待坡口一面补焊后，反面铲焊根后再补焊，铲焊根时应将低强度打底层全部铲尽。

采用埋弧焊的焊剂材料可与原焊接材料相同，钨极氩弧焊采用的填充材料应与母材成分接近。

4. 补焊规范及热处理

① 焊接热输入：容器缺陷补焊时，为了使焊接应力及变形减少至最小程度，一般应采用尽可能小的焊接热输入。

② 预热温度：低合金高强度钢压力容器补焊时，焊前须预热。对于大而深的坡口，预热温度应稍高。对于容器上较大开口接管环形角焊缝进行补焊时，必须沿接管角焊缝全周长预热，以减少焊接热应力，局部预热温度根据母材确定，一般为200℃，预热宽度范围应大于5倍板厚，且不小于100mm。补焊时要保证有20J/cm 的线能量。

③ 层间温度：控制层间温度对于低合金高强钢容器在补焊较短坡口情况下至关重要，层间温度不应低于预热温度（一般不得小于190℃）。

④ 后热：低合金高强度钢及 Cr - Mo 钢压力容器补焊后或补焊过程中因故停顿时，必须立即进行后热处理，以去除扩散氢。后热处理温度一般为300~350℃（对于 Cr - Mo 钢可稍高，通常取350~400℃、保温1h），后热处理后需缓冷。

⑤ 中间热处理：补焊容器上刚性（拘束度）很大部位的缺陷，为降低焊接应力，防止出现新生裂纹，宜进行中间热处理。热处理工艺由母材材质、厚度及结构等决定。

⑥ 消除应力热处理：对于制造时按设计要求进行整体热处理的压力容器的焊接修复，以及对于低合金高强度钢压力容器重要部位及主要焊缝补焊，皆必须进行焊后热处理以消除应力。如果补焊部位有多处，则在补焊完毕后，有条件时宜进行炉内整体热处理，若采取局部热处理，则应严格按照热处理工艺要求进行。补焊修复的热处理温度通常不高于设备制造时焊后消除应力热处理温度。

⑦ 补焊过程中，除打底焊缝和表面层焊道外，应使用锤击消除焊接应力。

第五节 应力腐蚀容器的补焊修复

应力腐蚀开裂在一些石油化工压力容器及受压部件中时有发生，对于碳钢及低合金钢设备，常见的产生应力腐蚀典型介质有苛性碱溶液、液氨、含 H_2S 水溶液、含 HCN 水溶液、湿 $CO - CO_2$ 空气等。以下分别介绍与苛性碱溶液、液氨及含 H_2S 水溶液接触的压力容器产生应力腐蚀开裂缺陷的补焊修复。

一、苛性碱 NaOH 溶液应力腐蚀缺陷补焊

碳钢及低合金钢焊制压力容器，若焊后或冷加工后不进行消除应力热处理，则要求在 NaOH 溶液中的使用温度不得大于表 5-2 所列的温度限制。当 NaOH 在其与烃类的混合物中体积≥5%时，也应根据 NaOH 溶液的浓度符合表 5-2 要求。否则，在使用中材料易发生应力腐蚀开裂（"碱脆"）。若 NaOH 溶液浓度≤1% 或 NaOH 溶液在其与烃类的混合物中体积<5%时，可不考虑应力腐蚀问题。

表5-2 碳钢及低合金钢制容器在介质 NaOH 溶液中的使用温度上限

NaOH 溶液(质量分数)/%	2	3	5	10	15	20	30	40	50	60	70
温度上限/℃		90	88	85	76	70	65	54	48	43	40	38

碳钢及低合金钢制设备在苛性碱溶液中易产生应力腐蚀开裂的原因主要是由于 NaOH 与 Fe 在一定浓度和温度下反应生成 $NaFeO_2$，破坏了应力平衡所致。在对缺陷焊接修补前需进行局部加热，以降低缺陷部位的残余应力，防止在消除缺陷时造成裂纹扩展，预热温度不宜超过 350℃，保温 2~3h。

缺陷消除后，打磨坡口并进行表面探伤检测，合格后方可进行补焊。焊完后对 A、B 类焊缝作 100% 射线或超声波探伤检测；对表面及 C、D 类焊缝作磁粉渗透探伤检测，应达到 JB/T 4730—2005 规定的合格标准。探伤合格后，必须按 JB/T 4709—2007 或 NB/T 47015—2011 要求进行消除应力热处理，最短保温时间一般为 2h。热处理前、后均应作硬度检测，要求热处理后硬度值 HB≤200。

二、液氨应力腐蚀缺陷焊补

液氨应力腐蚀条件之一是指碳钢或低合金钢制压力容器内工作介质为液态氨，含水量 ≤0.2%，且有可能受空气(O_2 或 CO_2)污染的腐蚀环境，以及工作温度高于 -5℃。对于该类型应力腐蚀开裂缺陷的补焊应按以下要求进行：

① 补焊前应进行焊接工艺评定。

② 为了防止在消除缺陷时产生新的裂纹，须对缺陷部分进行预热，加热温度一般不大于 80℃，保温 2~3h。

③ 预热后用砂轮或碳弧气刨去除缺陷，打磨出坡口并对其表面进行磁粉或渗透探伤检测，合格后方可补焊。

④ 补焊前需预热到 200℃，预热宽度范围为板厚的 5 倍且不小于 100mm。

⑤ 补焊完毕后，加热到 300℃、恒温 0.5h、保温缓冷。为了防止焊后硬度升高，需进行 (620±10)℃ 消除应力热处理，硬度值应为 HB≤200，当无法进行焊后热处理时，应采用保证硬度不大于 HB200 的焊工艺补焊。

⑥ 在满足强度要求的前提下，尽可能采用较低强度的焊接材料。

三、湿 H_2S 应力腐蚀缺陷焊补

含 H_2S 水溶液对压力容器的腐蚀一般也称为湿 H_2S 应力腐蚀环境。按 HG/T 20581—2011《钢制化工容器材料选用规定》，当化工容器接触的介质同时符合下列各项条件时，即为湿 H_2S 应力腐蚀环境：即工作温度 ≤(60+2p)℃（p 为容器工作压力，MPa）；H_2S 分压 ≥0.00035MPa，即相当于常温水中的 H_2S 溶解度 $\geq 10^{-5}$（或 10ppm）；介质中含有液相水或处于水的露点温度以下；pH<9 或有氰化物(HCN 存在)。

对于影响容器使用安全的湿 H_2S 应力腐蚀开裂缺陷的修理，应按以下要求进行：

① 补焊前应进行焊接工艺评定。

② 补焊前对缺陷部位进行消氢处理。消氢处理温度一般应控制在 300~350℃，温度低不利于氢的扩散消除，温度过高虽有利于消氢，但对母材产生不利影响，如对铬钼钢易产生脆化倾向，对碳钢及碳锰钢会使强度降低，在内部氢的作用下会产生裂纹，造成新的缺陷，对奥氏体不锈钢容器会产生敏化，造成贫铬，引起晶间腐蚀。消氢处理时间视工作介质 H_2S

浓度和环境温度决定,一般应为 8～16h。

③ 对缺陷部位消氢处理后,需用砂轮打磨或碳弧气刨去除全部缺陷,对于裂纹较长的部位,在消除之前,应在裂纹两端钻止裂孔(一般为 $\phi 6mm$),缺陷消除后,打磨坡口并对坡口表面进行磁粉或渗透探伤检测。

④ 采用低氢碱性焊条或用氩弧焊补焊缺陷部位时,在满足强度要求的前提下,尽可能采用低强度焊接材料。焊条电弧焊应控制焊接电流不超过 100A。

⑤ 补焊后对 A、B 焊缝进行 100% 射线或超声波探伤检测,表面及 C、D 类焊缝作磁粉或渗透探伤检测,应达到 JB/T 4730—2005 规定的合格标准。

⑥ 探伤合格后必须进行消除应力热处理,热处理推荐温度和最短保温时间按 JB/T 4709—2007《钢制压力容器焊接规程》执行,最短保温时间不足 2h 的按 2h 考虑。

⑦ 补焊部位热处理前后要作硬度检测,热处理后的硬度值应为 HB≤200。

第六节 焊接修复实例

一、1000m³ 液态烃球罐焊接修复

(一) 球罐设计及操作条件(见表 5-3)

表 5-3 1000m³ 液态烃球罐设计操作条件

规格尺寸/mm	容积/m³	设计压力/MPa	设计温度/℃	试验压力/MPa	介 质	壳体材质	使用时间	容器类别
$\phi 12300 \times 46$	975	1.63	-19～50	2.12	液态烃[含 H_2S $(800～1200) \times 10^{-6}$]	15MnVR	14 年	Ⅲ

(二) 修复工艺试验

1. 现场提供 15MnVR 试板(厚度 $S=26mm$,其化学成分及力学性能见表 5-4、表 5-5)

表 5-4 15MnVR 试板化学成分(质量分数) %

C	Si	Mn	P	S	V	Cu
0.15	0.477	1.58	0.019	0.020	0.013	0.36

表 5-5 15MnVR 试板力学性能

σ_s/MPa	σ_b/MPa	δ_5/%	ψ/%	$\alpha_{KV}(-20℃)$	冷弯($d=3a$)
396.9	612.5	27.0	64.0	5.0	
401.8	612.5	26.0	65.0	4.7	180°合格
401.8	607.5	25.0	64.0	4.5	

2. 选用焊条为 T507CF 及 T507(其化学成分及机械性能见表 5-6、表 5-7)

表 5-6 T507CF、T507 焊条化学成分(质量分数) %

	C	Si	Mn	P	S	Mo	Ni
T507CF	0.057	0.12	0.82	0.012	0.008	0.117	0.415
T507	0.08	0.52	1.28	0.019	0.010	—	

表5-7 T507CF、T507力学性能及扩散氢含量

	σ_s/MPa	σ_b/MPa	δ_5/%	ψ/%	冷弯 $d=2a$	α_{KV}(常温)	扩散氢含量/(mL/100g)
T507CF	409.6	516.7	30.6	77.5	—	728.13	1.53
T507	—	516.5	25.7	180°		>31.3	4.40

3. 气割边缘硬度检测(如图5-6)

4. 补焊接头性能

(1) 横向补焊工艺及接头性能

横向补焊试板尺寸及坡口形式见图5-7。

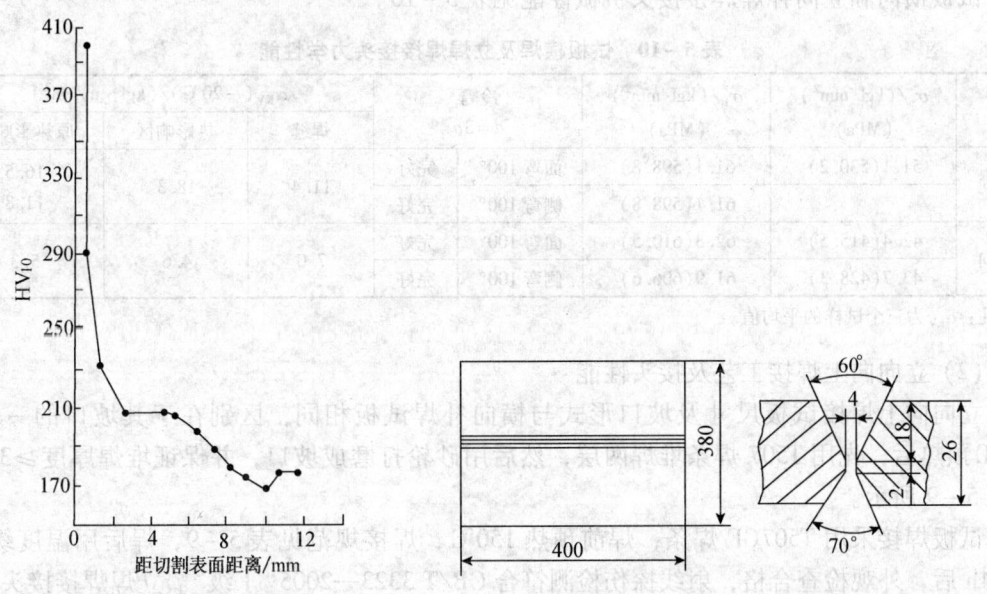

图5-6 距切割表面距离　　　　图5-7 横向试板尺寸与坡口

采用T507焊条焊接,焊前预热150℃,焊后经24h保温缓冷,外观检查合格,超声探伤检测符合当时的JB 1152—81(现为JB/T 4730—2005)"Ⅰ级"。

保留试板中一段拉伸取样部位(长100mm),对其余焊缝段进行挖槽返修(见图5-8),采用T507CF焊条补焊,试板横焊及立焊焊接规范见表5-8、表5-9,焊后须进行200℃×1h后热消氢处理。

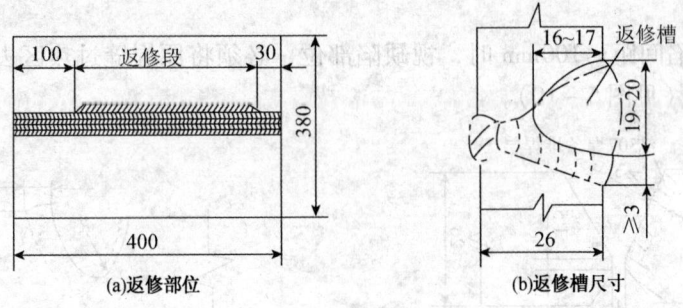

图5-8 横焊焊接规范

表 5-8 横焊焊接规范

焊条直径/mm	电流/A	电压/V	平均线能量/(kJ/cm)	备 注
φ3.2	120~130	21~23		第一、二层用
φ4	160~180	22~25	17.7	

表 5-9 试板立焊焊接规范

焊条直径/mm	电流/A	电压/V	平均线能量/(kJ/cm)	备 注
φ3.2	100	21~23		第一、二层用
φ4	130~140	22~25	37.4	

试板横向和立向补焊焊接接头机械性能见表 5-10。

表 5-10 试板横焊及立焊焊接接头力学性能

	σ_s/(kgf/mm²) (MPa)	σ_b/(kgf/mm²) (MPa)	冷弯 $d=3a$		$\alpha_{KV}(-20℃)/(kgf·m/cm²)$		
					焊缝	热影响区	原热影响区
横向	51.1(530.2)	61.1(598.8)	面弯 100°	完好	11.4	18.3	16.5
		61.1(598.8)	侧弯 100°	完好			11.8
立向	42.4(415.5)	62.3(610.5)	面弯 100°	完好	7.0	4.6	5.3
	43.7(428.3)	61.9(606.6)	侧弯 100°	完好			

注：α_{KV} 为三个试样的平均值。

(2) 立向向上焊接工艺及接头性能

立向向上焊接试板尺寸及坡口形式与横向补焊试板相同，区别在于其坡口的一侧经 150℃ 预热后，先用 T507 焊条堆焊两层，然后用砂轮打磨成坡口，并保证堆焊厚度 ≥3mm，如图 5-9 所示。

试板焊接采用 T507CF 焊条，焊前预热 150℃，焊接规范见表 5-9，焊后用温度缓冷。经 24h 后，外观检查合格，射线探伤检测符合 GB/T 3323—2005"Ⅰ级"。立焊焊接接头力学性能见表 5-10。

通过模拟球罐修复工艺试验表明，所选用焊条及补焊工艺能够达到补焊后接头机械性能要求。

(三) 球罐修复工艺要求及修复结果

1. 修复工艺要求

① 消除焊缝缺陷开槽时，缺陷两端刨削长度各不小于 40mm，且刨槽最小长度不得小于 100mm。

② 当相邻缺陷间距 ≤100mm 时，视缺陷部位，必须将原焊缝过热区去除或保留 ≥3mm 以上的原焊缝金属（见图 5-10）。

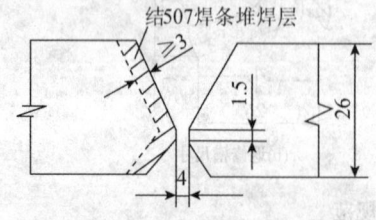

图 5-9 立焊试板坡口示意图

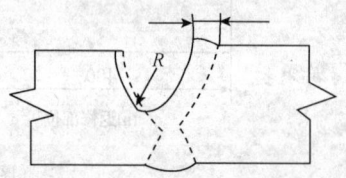

图 5-10 消除缺陷开槽示意图

③ 当采用碳弧气刨开槽时,视缺陷部位,必须将原焊缝过热区去除或保留≥3mm以上的原焊缝金属(见图5-10)。

④ 坡口及其两侧各20mm范围内,应去除油漆及污物。

⑤ 预热温度不得低于150℃,预热范围应为坡口两端及两侧各100~150mm,均匀加热,测温点应在离坡口约50mm处。补焊焊接规范见表5-11。

表5-11 球罐补焊焊接规范

项目位置	焊接线能量/(kJ/cm)	焊接规范		
		焊条直径φ/mm	电流/A	电压/V
平焊	16~25	3.2	100~130	21~23
		4	150~180	22~25
横焊	12~25	3.2	100~130	21~23
		4	150~180	22~25
立焊	16~35	3.2	100~130	21~23
		4	150~180	22~25
仰焊①	16~35	3.2	100~130	21~23
		4	150~180	22~25

① 尽量少用。

⑥ 每一开槽处应尽量一次连续焊完。横焊补焊时,盖面焊须采取回火焊道法(见图5-11)。

2. 修复结果

该1000m³球罐焊缝总长度523m,修复前经外观检查、无损探伤检测及缺陷评定,确定返修补焊情况见表5-12。补焊后经外观检查、无损探伤检测及水压试验均合格,并安全投用。

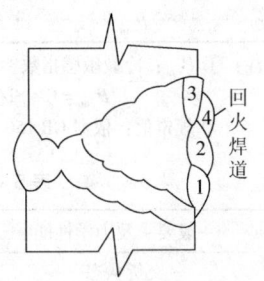

图5-11 回火焊道示意图

表5-12 1000m³液态烃球罐返修补焊情况

返修缺陷/个				开槽数量/个			补焊总长度/mm
外观缺陷	裂纹缺陷	埋藏缺陷	合计	内壁	外壁	合计	
13	79	2	94	47	10	57	17645(占焊缝总长3.37%)

二、07MnCrMoVR钢制2000m³丙烯球罐焊接修复

(一)球罐原始数据

1. 球罐设计及操作条件(见表5-13)

表5-13 2000m³丙烯球罐主要设计参数

设计压力/MPa	设计温度/℃	介质	壳体材质	焊接接头系数ψ	腐蚀裕量C_2/mm	容器类别	使用时间
2.16	-20~50	丙烯(含H_2S小于$20×10^{-6}$)	07MnCrMoVR	1.0	2	Ⅲ	投用1年后开罐检查

该焊接修复球罐共两台（1#、3#），于2001年建成投用，共接收并存储丙烯9次，介质中H_2S含量均小于1×10^{-6}、水分2%～4%，实际操作压力为0.8～1.4MPa，操作温度10～20℃（置换处理时最低温度为-8℃），罐内丙烯液位一般为1.8～10m。

2. 球罐壳体材料（07MnCrMOVR）的化学成分及力学性能与规定值比较（见表5-14、表5-15）

表5-14 2000m³丙烯球罐用钢板（07MnCrMoVR）化学成分（质量分数）与规定值比较 %

化学元素	2000m³丙烯球罐用钢板	规定值[②]
C	0.064～0.077	≤0.09
Mn	1.43～1.45	1.2～1.6
Si	0.25～0.27	0.15～0.4
P	0.014～0.0145	≤0.03
S	0.006～0.011	≤0.02
Ni	0.125～0.14	≤0.3
Cr	0.18～0.2	0.1～0.3
Mo	0.15～0.18	0.1～0.3
V	0.036～0.045	0.02～0.06
B	0.001～0.0006	≤0.003
Cu	0.15～0.18	
P_{cm}[①]	～0.19	≤0.2

注：① P_{cm}：冷裂敏感指数
$$P_{cm} = C + Si/30 + Mn/20 + Cu/20 + Cr/20 + Ni/60 + Mo/15 + V/10 + 5B \quad (\%)$$
② 规定值：依据 GB 150—1998《钢制压力容器》，及王永达、谢仕柜主编《低合金钢焊接基本数据手册》。

表5-15 2000m³丙烯球罐用钢板力学性能与规定值比较

一般要求及力学性能	2000m³丙烯球罐用钢板	规定值
交货状态	调质	调质
取样方向及部位	横向¼板厚	横向¼板厚
板厚/mm	46	16～50
σ_b/MPa	616～665	610～740
σ_s/MPa	537～601	≥490
δ_5/%	20～23	≥17
$A_{KV}(-20℃)$/J	86.6～127.6	≥47
弯曲试验180°	$d=3a$ 无裂	$d=3a$ 无裂

（二）缺陷产生情况及分析

1. 缺陷产生情况

该两台球罐在投用一年后首次开罐检查并进行缺陷修复，两罐赤道带大环缝经返修后检验合格，并对大环缝进行整体热处理［恒温温度为(570±15)℃、恒温时间2h］。在其后对大环缝及相邻丁字形环缝的纵焊缝（600mm 之内）内、外壁进行100% MT 及100% UT 检测，发现裂纹缺陷如下：

1#罐焊缝外壁发现6处分布比较集中的表面裂纹，累积总长度为6m，经UT检测，缺陷最深部位为18mm；内壁发现8处表面裂纹，深度小于2mm的6处，经打磨消除，余下一条裂纹长度为80mm、深度5mm、另一条裂纹长度为70mm、深度7mm。裂纹均分布于焊缝熔合线外侧2~3mm处的母材上。

3#罐赤道带大环焊缝外壁发现5处缺陷，累积总长度350mm，裂纹最深部位为8mm，裂纹均分布在焊缝熔合线外侧2~3mm处的母材上；内壁未发现裂纹。

对两台球罐开裂部分进行金相组织检验结果表明，裂纹产生在焊接热影响区的粗晶区，且为沿晶开裂。从裂纹产生的时间、部位及形貌分析，应属于再热裂纹。

2. 缺陷产生原因分析

两台球罐经焊接返修和热处理之后，产生再热裂纹是各种因素综合作用的结果，其中主要是球壳钢材本身的材料特性、焊接残余应力作用和钢材中杂质及热处理过程中可能析出碳化物的影响。

（1）材料特性

球罐壳体为07MnCrMoVR钢，属于调质型低合金高强度钢，虽然具有高强度、高韧性、以及良好的焊接性能，但也存在一定程度的再热裂纹敏感性（SRC），敏感温度为650℃左右。如果焊后热处理规范接近此温度，则再热裂纹敏感性增大。故热处理加热温度应控制在580℃以下。

（2）焊接残余应力的作用

球罐制造和投用虽经焊后整体热处理和水压试验，具有消除应力和应力重新分布的作用，但并不能全部消除球壳板经成形、组对、焊接中产生的残余应力，经过本次开罐检查焊接返修，使残余应力叠加。例如现场测量1#罐赤道带大环缝的上、下丁字缝及环缝热处理后的残余应力为336~435MPa（$0.69\sigma_s$~$0.89\sigma_s$），上限几乎接近材料的屈服强度，因此残余应力的作用是产生再热裂纹的主要因素之一。

（3）钢材中杂质及合金碳化物的影响

尽管07MnCrMoVR钢的杂质含量较低，但仍会存在微量杂质，在焊接接头再次加热过程中，它们在金属晶界析集，会使晶界弱化、脆化而导致再热裂纹产生。另外，这种钢含有较多种合金元素（如Mn、Si、Ni、Cr、Mo、V、B、Cu等），在焊接接头再次加热过程中，会析出一系列合金碳化物，在晶界出现碳化物贫化区，导致抗蠕变能力下降，如果应力超过晶界的结合力，则会在晶界处引发再热裂纹。特别是对于含Cr、Mo、V等能形成碳化物相的低合金强化钢（如07MnCrMoVR），上述倾向更为显著。

（三）修复工艺及技术要点

1. 裂纹的清除

裂纹的清除采用砂轮修磨，以修磨焊缝为主，在焊缝熔合线外修磨2~3mm即可。砂轮修磨前应除去裂纹部位的表面浮锈，并进行PT检测，以确定裂纹形貌及边界。裂纹部位应修磨成易于焊接的U形坡口，为避免修磨过程中产生高温使用母材过热，应采取间断作业。

对已修磨成的U形沟槽表面进行100%PT检测，以及对沟槽以外周围表面50mm范围内进行100%MT检测，确认无缺陷方可进行补焊。

2. 焊前预热

补焊部位焊前预热温度为180~200℃，恒温保温0.5h以上（采用电加热器加热和控制）。预热范围：坡口两侧各150mm以上，两端比坡口长500mm以上，测温点离坡口边缘超过50mm。

3. 焊接返修

焊接材料采用 PPJ607RH 超低氢型焊条，使用前对焊条进行扩散氢复验合格，严格执行焊条烘干制度，对再次烘干的焊条数量严格控制并确保烘干次数不超过 2 次。同时，对焊接环境每隔 2~4h 进行一次测量并记录，保证施焊环境相对湿度不大于 90%、风速不大于 8m/s。补焊"焊接工艺卡"见表 5-16。

表 5-16 焊接工艺卡

产品名称		2000m³ 丙烯球罐		产品位号		G2071、G2073		日期		20××年×月×日	
公称容积		2000m³		名义厚度		46mm		材质		07MnCrMoVR	
焊接位置	焊接方法	焊条直径/mm	预热温度/℃	层间温度/℃	焊接电流/A	焊接电压/V	焊接速度/(cm/min)	线能量/(kJ/cm)	后热		
									温度/℃	时间/h	
横焊	手工焊	φ3.2	180~200	180~200	100~130	20~28	9~12	12~25	250~280	1	
焊条烘干参数											
焊条牌号		烘干温度/℃			烘干时间/h			保温温度/℃			
PPJ607RH		400			2			120~150			
焊缝局部热处理温度：560℃±15℃，恒温 1h											

焊接返修采用半焊道焊接工艺，即焊完第一层后，用砂轮打磨去除上面的一半，再焊第二层。除第一层和最后一层焊缝不能锤击外，其余各层焊缝应进行逐层锤击（在焊缝温度较高时进行）。

补焊较长的裂纹缺陷时，采取分段退焊法，即把要补焊的焊缝分成若干焊段（长约 200~300mm），进行退步焊，按顺序将焊缝连接起来，焊下一层的施焊方法与上一层方向相反，并注意"层"与"段"的接头须错开布置。焊接完毕后，在补焊焊缝与原焊缝之间再焊一层回火焊道（参见图 5-11），并用砂轮打磨至与原焊缝平滑过渡。所有返修补焊焊缝表面均需打磨平滑，焊缝余高 0.5~1.0mm。

4. 后热消氢处理

缺陷部位补焊后，立即进行后热消氢处理，加热温度 250~280℃，恒温保温时间 1h，加热范围及测温点设置与焊前预热相同。

5. 无损探伤检测

无损探伤检测须在补焊完毕后超过 36h 之后进行，对补焊部位及其两端延伸长度 500mm 范围内 100% MT（内、外表面，内壁采用荧光磁粉）、100% UT 及 100% RT 检测。MT、UT 检测为Ⅰ级合格，RT 检测为Ⅱ级合格。

6. 焊后热处理

对补焊部位须进行焊后局部热处理。热处理规范为：常温~400℃缓慢升温，400~560℃升温速度 80℃/h，(560±15)℃恒温 2h，然后以降温速度 50℃/h，由(560±15)℃降至 400℃，400℃以下保温缓冷。现场热处理过程需避免外界环境影响（如风、雨、雾等），以确保焊后热处理效果。

焊后局部热处理加热范围，应以补焊焊缝中心线为基准，两侧不小于 150mm，以及焊缝两端以外 650mm 以上范围内。热处理保温范围为补焊焊缝中心线两侧及焊缝两端以外不少于 1000mm，需采取内外壁双面保温措施，保温材料采用硅酸铝毯，厚度 50~100mm。热处理后对修复部位进行硬度检测，焊缝修复部位为 199～245HB，焊缝热影响区为 193～243HB，邻近焊缝区为 214～246HB，硬度基本正常。

7. 焊后热处理后无损探伤检测

焊后热处理后对两台罐赤道带大环缝进行 MT 检测，检测结果为：1#罐共发现 40 条裂纹（均分布于焊缝熔合线外侧 2～3mm 的母材上）经打磨后进行 UT 检测，有 13 条深度 > 2mm 裂纹（最深一条为深 10mm）。裂纹积累长度 2195mm。3#罐共发现 5 条裂纹，经打磨后进行 UT 检测，裂纹深度均较深（10～12mm），裂纹积累长度 350mm。对上述缺陷再次返修并进行焊后热处理，经 MT、UT 检测，达到合格标准。

8. 水压试验后无损探伤检测

压力容器水压试验对其工作载荷而言是一种强度与过载试验，虽具有一定的消除应力和应力重新分布作用，但在应力松弛过程中可能会促使缺陷扩大或产生裂纹，故对此两台采用 σ_b >540MPa 及有再热裂纹倾向的 07MnCrMoVR 钢制造的球罐进行耐压试验后还须进行 MT、UT、RT 无损探伤检测。其检测结果为：两罐赤道带大环缝熔合线外侧 2～3mm 母材上出现多处裂纹，其中 1#罐外壁 5 处裂纹，经打磨后检测对两处较深的缺陷（深 4.3、2.5mm）进行返修补焊和局部热处理，并经 MT、UT、RT 检测合格。3#罐内、外壁裂纹共 36 处（内壁 17 处、外壁 19 处、裂纹长度均为 10mm 以内），经打磨、检测后，对两处较深的裂纹（深 2.2mm、4.7mm）进行了返修和局部热处理，并经 MT、UT、RT 检测合格。

三、催化裂化沉降器－再生器的焊接修复

（一）设备概况及缺陷检测

1. 设备概况

某厂 140×10^4 t/a 重油催化裂化装置同轴式沉降器－再生器，建成投用后不到 1 年，在装置停工大修中检测发现内、外壁共出现大量裂纹缺陷，为保障生产和设备安全使用，必须进行焊接修复。

沉降器－再生器主要设计参数见表 5-17，壳体环焊缝编号示意图见图 5-12。

2. 外壁探伤检测

对设备壳体对接焊缝外壁进行 100% MT 检测，在 φ12000 段和 φ9000 段环缝上（H9、H12、H13、H16、H17、H20）共发现 79 条全部沿下熔合线的纵向裂纹，其中最长裂纹近 2000mm，最短裂纹 5mm，裂纹深度最深达 80% 壁厚，最浅为 4mm。环焊缝外壁裂纹分布情况见表 5-18。

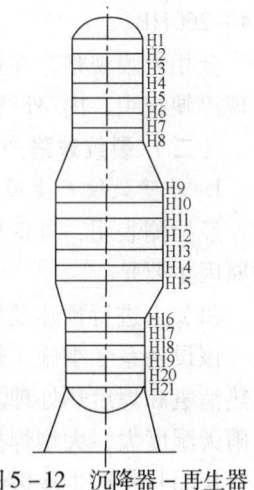

图 5-12 沉降器－再生器环焊缝编号示意图

表 5-17 沉降器－再生器主要设计参数

规格尺寸/ mm	设计压力/ MPa	操作压力/ MPa	设计温度/ ℃	操作温度/ ℃	介 质	壳体材质
φ7000×24/φ12000×30/49000×30×49530	0.3	0.29	520～780（介质）<300（壳体）	720（介质）110（壳体）	油气、烟气、催化剂	16MnR

表 5-18 焊缝外壁裂纹分布情况

焊缝编号	裂纹条数	裂纹最大长度/mm	裂纹深度/mm
H9	1	20	4
H12	30	1910	8~10，最深 24
H13	9	1170	4~20，最深 24
H16	2	150	4~10
H17	12	100	4~6，最深 12
H20	25	680	6~10

3. 内壁焊缝检测

内壁隔热耐磨衬里未去除前，先从外壁对壳体内壁焊缝进行 UT 检测，发现大量裂纹后，去除衬里对内壁焊缝表面作 MT 检测。检测结果为：

① $\phi 12000$ 段的 7 条环缝（H9~H15）上均有大量横裂纹，其中以 H11、H13、H15 最严重。密集的横裂纹大部分穿进两侧母材裂纹长度最长达 60mm，深度约 3~6mm，且 H13、H15 环缝上的横裂纹局部打磨至 12mm 深度，裂纹仍尚未清除。

② 内壁保温钉焊疤下裂纹较多，特别是位于环缝 H9 上的裂纹最多，并沿保温钉焊趾呈环形分布，深度 4~6mm。

③ 6 条纵缝上有 9 处存在横裂；在 H10 环缝上除横裂纹外，还有沿熔合线的纵向裂纹。

4. 硬度及金相检测

对母材及内、外壁纵、环缝分别进行硬度检测和金相复膜。检测结果为：母材硬度正常，焊缝硬度偏高，熔合区和开裂处有淬硬倾向。环焊 H13 内壁保温钉硬度为 252~264HB，与环缝上横向裂纹尖端的硬度（251~267HB）相当，内壁裂纹尖端硬度一般为 254~260HB。

金相复膜观察，在焊缝熔合区和粗晶区出现马氏体组织。原因是施焊时冷却速度过快，出现淬硬组织，内/外壁形成沿晶合穿晶/裂纹。

（二）裂纹缺陷产生原因

1. 外壁裂纹产生原因

经检测表明，外壁裂纹为全部沿焊缝下熔合线开裂的冷裂纹，属于延迟裂纹范畴。产生的原因主要是：

（1）未进行预热及焊后热处理

该设备系冬季施工焊接，对于壳体厚度为 30 和 34mm 厚的 16MnR 材料未作焊前预热、后热消氢和焊后热处理。虽然符合 GB 150、JB/T 4709 规定，但由于施工环境冬季气温低、阴雨天湿度大，大型焊接结构刚性大、拘束应力大且施焊时散热快，焊接接头容易淬硬等原因，从而具备产生冷裂纹的条件。

（2）壳体焊缝长（特别是环缝），收缩应力大

施焊时采用 K71T 药芯焊丝 CO_2 气体保护自动焊（焊丝直径 $\phi 1.6$mm），每条环缝仅配 4 名焊工分段焊，由于每段焊缝较长，沿焊缝方向必然产生较大的收缩应力。

（3）坡口设计不合理

原设计坡口形式为 K 形坡口（下圈坡口为直边，上圈坡口为半 X 形），对横焊而言，虽然有利于熔池金属和熔渣向下流淌，但 K 形坡口（特别是直边）应力集中最大，促使纵向裂纹全部沿环缝下熔合线开裂。

2. 内壁裂纹产生原因

内壁裂纹主要是应力腐蚀开裂。由于沉降器-再生器壳体实测壁温度为110℃，低于烟气露点温度(实测为140℃)，烟气中的水蒸气渗透穿过衬里在器壁凝结成水，并吸收烟气中的 NO、NO_2、SO_2、SO_3 等产生酸性溶液，形成低合金钢的硝脆条件，加之施工工艺造成的焊缝高硬度、淬硬组织(马氏体)及较大的残余应力，从而加速了应力腐蚀开裂。

(三) 焊接修复

1. 坡口准备

首先清除内、外壁裂纹，对 φ12000 段的 7 条环缝分期、分圈、分段全部铲除，坡口改为深度和角度不对称的 X 形坡口；φ9000 段和纵缝均改为 V 形坡口。

2. 隔圈、隔段对称施焊

将 φ12000 段环缝分成 12 区段，φ9000 段和纵缝也分成若干区段，采取分段退焊法施焊。每区段两端 150~200mm 范围内形成分段退步焊的过渡形式。

3. 预热、后热

采取焊前预热(100℃左右)，层间温度不低于预热温度；内外壁焊后立即进行后热消氢处理。

4. 焊后热处理

焊后热处理规范：$(600±20)℃×2h$。热处理前，对修复焊接接头内、外壁进行 100% MT 检测和硬度测试(每条焊缝的每个区段各抽一处，每处需测焊缝、热影响区及其相邻母材)。

5. 焊后检验

① 热处理后对设备内、外壁修复焊缝进行 100% MT 检测，并进行一定比例 UT 检测。

② 测试各区段的硬度，并与热处理前的硬度值进行比较(见表 5-19)。

表 5-19　沉降器-再生器壳体环缝(H9~H16)修复焊后热处理前后硬度值(HB)

环缝编号		母　材	热影响区	焊缝金属
H9	外壁	166(180)/161(171)	195(216)/188(217)	171(184)/176(193)
	内壁	160(171)/153(162)	203(215)/163(171)	170(180)/158(170)
H10	外壁	162(173)/153(163)	201(217)/183(202)	179(188)/167(175)
	内壁	161(175)/154(164)	208(232)/162(173)	186(195)/161(171)
H11	外壁	159(172)/156(163)	197(213)/185(206)	184(192)/176(189)
	内壁	161(170)/154(159)	206(238)/160(171)	184(202)/163(171)
H12	外壁	152(172)/153(164)	209(226)/191(217)	189(200)/170(180)
	内壁	153(178)/152(162)	198(210)/166(173)	177(189)/158(171)
H13	外壁	158(161)/152(158)	201(228)/191(208)	177(190)/176(194)
	内壁	157(163)/153(159)	202(220)/161(179)	181(198)/164(171)
H14	外壁	160(167)/153(164)	195(201)/197(216)	164(179)/175(195)
	内壁	158(167)/154(158)	211(261)/156(167)	179(212)/156(167)
H15	外壁	158(164)/154(157)	205(300)/188(210)	174(190)/175(189)
	内壁	156(161)/153(159)	222(255)/150(158)	180(212)/150(161)
H16	外壁	153(162)/153(158)	240(250)/210(220)	182(195)/180(190)

注：① H9~H15 的环缝被分为 12 个区段，表中数据是 12 个区段硬度的平均值(括号内为最高值)；H16 为 8 个区段硬度的平均值(括号为最高值)。

② 表中分子和分母分别为 SR 处理前和处理后的硬度值。

从表5-19中8条环缝（H9～H16）内外壁176个区段528处硬度测试点，以及环缝H17～H21外壁和6条纵缝内壁共96个区段288处硬度测试点实测的硬度值，可得出：

a. 壳体母材焊后热处理前后的硬度值相差不大，大多数平均值在150～160HB（最高值为170HB左右）。

b. 焊缝金属焊后热处理前，硬度值大多为170～180HB（最高值184～200HB），热处理后为164～176HB（最高值170～193HB）。

c. 热影响区热处理前硬度值195～208HB（最高值210～230HB），热处理后为163～191HB（最高值170～216HB）。

由补焊修复焊后热处理前后的硬度值比较可知，焊缝金属及热影响区热处理的硬度值比热处理前皆有明显降低，能够达到防止应力腐蚀对材料硬度的要求。该设备补焊修复投用1.5年后，从外壁UT检测未发现异常。

四、延迟焦化焦炭塔焊接修复

（一）焦炭塔上部壳体的焊接修复

1. 设备概况

某厂延迟焦化装置焦炭塔在1999年4月检修检测中发现：焦炭塔上部封头与筒体连接环焊缝内、外壁及上封头平台立柱附近壳体壁厚减薄严重。上封头与上段筒体原壁厚为26mm（见图5-13），检测后，上封头最薄处已达6.7mm、筒体最薄处减至9.5mm，因检修时间短，不具备更换上封头及上段筒体条件，为此采取焊接修复措施。焦炭塔主要设计参数见表5-20。

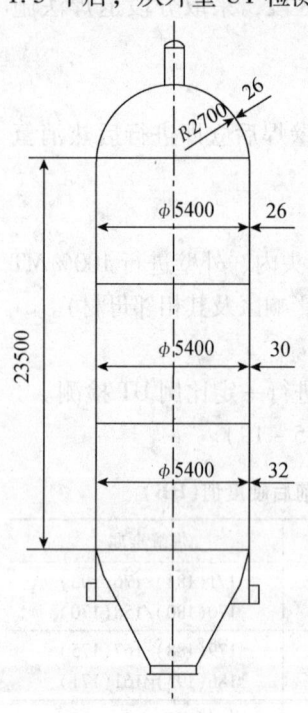

图5-13 焦炭塔图

表5-20 焦炭塔主要设计参数

规格尺寸/mm	设计压力/MPa	设计温度/℃	壳体材质	操作介质
$\phi 5400 \times (26/30/32) \times 123500$	0.275	475	20g	渣油、油气、水蒸汽、焦炭

2. 壳体减薄原因分析

焦炭塔内壁通常附着一层牢固致密的焦炭，形成保护层，可有效隔开高温油气、水蒸气等介质，与内壁直接接触，故一般情况下塔壁腐蚀较轻。但在其上部，由于气相段和泡沫段中含有大量的油气，该段不易形成附着焦炭保护层，塔壁金属直接受到H_2S、HCl造成的腐蚀。另外，焦炭塔在焊有立柱加强板部位，由于受立柱导热和雨水沿立柱浸入，使该处热量散失快，温度较低，油气易在内壁冷凝，且在造成腐蚀的同时，由于注水蒸汽形成的冷凝水和H_2S、HCl等酸性物混合，更使腐蚀加剧。

3. 焊接修复方案

根据对焦炭塔强度计算结果，上封头（球形封头）和筒体计算壁厚应为6mm和12mm，上封头腐蚀减薄处（6.7mm）尚可满足强度要求（不考虑腐蚀余量）。但上段筒体最薄处为9.5mm，小于计算厚度。从生产和两年后计划检修的实际情况考虑，并计入腐蚀余量（C_2 = 4mm），决定对上封头和上段筒体局部减薄处采取堆焊和内部补板修复的临时应急措施，与外部补板比较，内部补板可以有效地把原壳体与介质隔开，避免其进一步腐蚀减薄。而且在减薄处补板可以与未减薄处壁厚平滑过渡,避免外部补板所形成的角焊缝,改善受力状况,减少应力集中。

4. 焊接修复方法及工艺要求

① 将所有减薄处先堆焊到12mm,补板范围为全部壳体测厚小于16mm的区域。补板材质为20g,厚6mm、宽300mm,长度方向根据实际情况尽量取长。所有补板区域应去除金属表面油污,打磨至露出金属光泽。

② 对堆焊部位用砂轮打磨至露出金属光泽,进行MT或PT探伤检测,检测合格后进行堆焊。为防止产生焊接裂纹,堆焊前应预热(加热至350℃、恒温保温时间不少于1h)。需进行多层堆焊的部位,每层堆焊完毕均应进行MT或PT检测,合格后进行下一层堆焊。

③ 塔壁堆焊厚度至12mm后,表面打磨光滑,经探伤检查合格后,进行消除应力热处理,然后进行补板。补板之间纵焊缝错开距离不小于100mm,应避免出现十字焊缝。每块补板应与筒体需贴合良好,贴合间隙应≤2mm,补板之间距离为8~10mm,其间需焊满,焊缝磨平。各补焊中心线上需每隔100mm开设 ϕ12mm 塞焊孔,并焊满,表面磨平。所有焊接均应严格控制焊接电流和线能量,采用小电流、多道焊,以避免形成较大的焊接应力。

该焦炭塔上封头和上部筒体经采取上述"堆焊+补板"焊接修复措施处理后,在安全运行两年后的装置停工检修中,修复部位经检查未发现异常情况。

(二)焦炭塔群座与下封头角焊缝开裂失效的焊接修复

1. 设备概况

某厂延迟焦化装置焦炭塔共4台,用近6年后,在2002年首次定期检验中,通过MT检测发现4台焦炭塔群座与下封头角焊缝均存在不同程度的裂纹,后经碳弧气刨、打磨、补焊,MT检测合格后投入使用。2003年11月在对4台塔裙座角焊缝进行MT检测中,又发现大量新裂纹,有些部位打磨至2mm深处,裂纹仍未消除,其后对深度超过2mm的裂纹部位进行补焊,检测合格后投用。2004年6月,再次对运行不到8个月的1#塔裙座角焊缝进行抽查检验,又发现了新的细微裂纹。为解决裂纹反复出现对设备安全运行造成的威胁,对裙座角焊缝产生的原因进行了分析,并采取相应的补焊修复措施。焦炭塔主要参数见表5-21。

表5-21 焦炭塔主要设计参数

规格尺寸	设计压力/MPa	设计温度/℃	操作压力/MPa	操作温度/℃	操作介质	主体材质
ϕ6100×(28/34)×31500	0.3	440~475	0.17	~495	渣油、油气、水蒸汽、焦炭	20g

2. 裙座角焊缝裂纹成因分析

(1)载荷特性

焦炭塔操作温度高,最高达495℃。操作温度变化频繁,每一操作周期48h内经历一次温度循环,一台塔一年循环约150次,塔内介质由常温升至495℃。生焦在约495℃高温下恒温反应,除焦过程中要经过先降温再升温的变化过程,始终在高温、降温及生焦与除焦的冷热疲劳作用下运行,受到温差交变应力循环作用,导致塔底锥形封头与裙座角焊缝形成裂纹。

(2)结构和材质因素

裙座位于连接壳体与锥体封头焊缝区域,用来支撑整个塔体载荷(主要为内压操作重及风载荷），周期性循环操作和较大的温度梯度使裙座角焊缝部位产生较高的交变应力。其次，主体材质20g的最高使用温度为450~470℃，在焦炭塔操作工况下长期工作可能存在石墨化倾向，使材料强度及塑、韧性降低。以上因素皆会导致裙座角焊缝开裂。

（3）应力因素

由于焦炭塔工作温度循环变化，且温差很大，随着温度的升高与降低，裙座与壳体的热胀冷缩不一致，使裙座的变形受到刚度很大的塔壁约束，不能自由膨胀或收缩，从而产生很大的内应力。其次，由于塔体不同高度段和内壁存在较大温差，所产生的环向或轴向温度热应力随着温度交变循环而产生反复交变，使材料受到蠕变疲劳的相互作用，此两种非弹性应变的结合，使裙座角焊缝受力情况复杂，导致裂纹产生。

3. 裙座角焊缝裂纹焊接修复措施

（1）消除已有缺陷

将裙座角焊缝打磨光滑，进修MT检测，对检查发现的裂纹用碳弧气刨消除，之后用砂轮机打磨。消除裂纹的打磨深度在2mm以内时，不需补焊，打磨成圆滑过渡即可。若打磨深度超过2mm仍有裂纹存在，需继打磨至见不到裂纹为止，经MT检测合格后方可进行补焊。缺陷处理后再经MT检测，以确定裂纹是否消除。

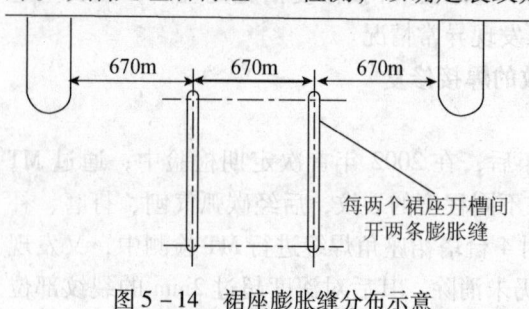

图5-14 裙座膨胀缝分布示意

（2）采取减少裂纹形成的措施

① 增设膨胀缝（柔性槽）：沿焦炭塔裙座圆周开设膨胀缝，以有利于降低裙座角焊缝应力水平。膨胀缝共开18条，离角焊缝150~200mm。膨胀缝分布见图5-14。

② 增设蒸汽盘管：沿裙座角焊缝处增设3圈蒸汽盘管，盘管紧贴裙座外壁，以减少温差、降低角焊缝处热应力。

（三）焦炭塔裙座局部更新焊接修复

1. 设备概况

某厂延迟焦化塔共4台，投用9年后，在2001年4月装置大修期间设备定期检验中，首次发现4#塔裙座柔性槽上部出现大量贯穿性微裂纹。因开工紧迫，只对3个柔性槽进行堵孔、扩径等试验性修补。同年9月发现经修补的裂纹继续扩展，次年5月对4台塔进行检测发现：1~4#塔裙座环焊缝下部熔合线部位均出现多处沿焊缝方向长短不等的裂纹。其中1#塔有3处裂纹长短不等的裂纹。其中1#塔有3处，裂纹长5~10mm；2#塔7处，裂纹长10~30mm；3#塔4处，裂纹长15~30mm；4#塔14处，裂纹长15~30mm。另外，2#、3#、4#塔柔性槽上部或下部叶出现裂纹，有的裂纹已进入裙座与下封头环焊缝。金相检测表明：以上裂纹均为沿晶开裂，呈热疲劳裂纹特征。

1#~4#焦炭塔裙座与下封头连接结构如图5-15所示，焦炭塔主要设计参数见表5-22。

表5-22 焦炭塔主要设计参数

规格尺寸/mm	设计压力/MPa	设计温度/℃	操作介质	主体材质
φ6000×(26~36)×31040	0.353	440（上） 475（下）	渣油、油气、水蒸汽、焦炭	壳体20g 裙座Q235A

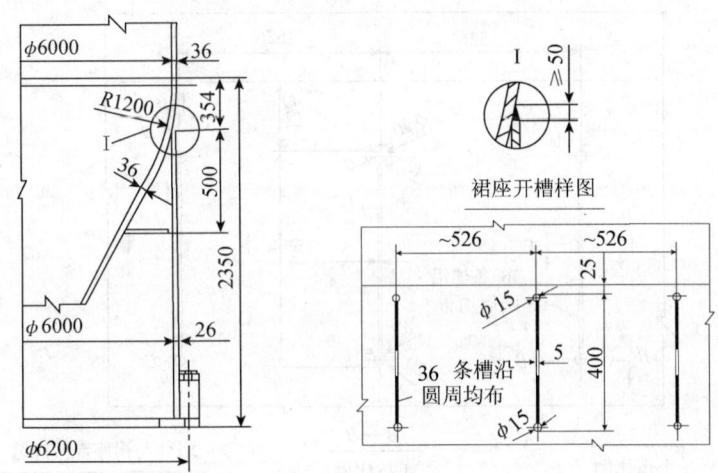

图 5-15 1#~4#塔原裙座结构示意

2. 裙座裂纹成因分析

焦炭塔操作工况与前述基本相同,其特点一是冷热交替(温度变化为 45~495℃),二是周期性生产循环(48h/周期),一台塔一年循环约 150 次,设备除承受热应力外,还承受内压、塔操作重及风载荷等作用,使得该区域成为开裂最敏感部位。另外,由于生产要求,焦炭塔生焦高度由原来 15m 增至 20m,使壳体与裙座焊接区的负荷比原设计大大增加,从而更加导致该区域产生大量的热疲劳裂纹。

除载荷特性外,导致裙座与塔体裂纹的应力因素、结构与材质因素基本与上例所述类似。

3. 更换裙座的焊接修复措施

(1) 修复方案

本次修复内容为现场更换 4 台塔塔体与裙座连接环焊缝以下 800~1300mm 的裙座筒体(塔体与裙座螺栓座不变),裙座材料采用 20R(原为 Q235A)。裙座与下封头焊缝外表面采用圆滑过渡形式,以减小应力集中。另外,对柔性槽结构,应用 ANSYS 有限元应力计算软件,通过对裙座模型的瞬时热应力分析等,进行了优化,确定出最佳开槽位置和尺寸。图 5-16 所示为优化后裙座结构示意。

(2) 焊接修复措施及工艺

① 裙座更新要求在塔体不吊离情况下进行,故旧裙座切削前,需先在割去的部位设置铅垂支撑柱。

② 裙座按周长均分为 9 瓣预制,开好柔性槽,并检验合格。柔性槽采用机械加工方法钻孔和自动切割机切割,并用内磨机将槽两侧磨出圆滑倒角,以减小缺口敏感性。

③ 为防止设备失稳,裙座整圈分 9 瓣逐次更新,其中第一瓣更换板与原来更换部位的裙座板间纵缝须焊接两遍,以维持裙座整体性,在最后一瓣更换中再将此纵缝割开,修磨坡口并与第一瓣板焊接。

④ 按换板尺寸在原裙座上号线、切割,并进行坡口修理,打磨光滑。其中塔裙焊缝用气刨从外侧逐层去除,直至高出母材 2mm 左右,以防止损伤锥形封头。余高打磨去除,锥形封头表面作抛光处理,不得有任何沟槽等缺陷,并按 JB/T 4730 做 MT 检测,Ⅰ级合格。

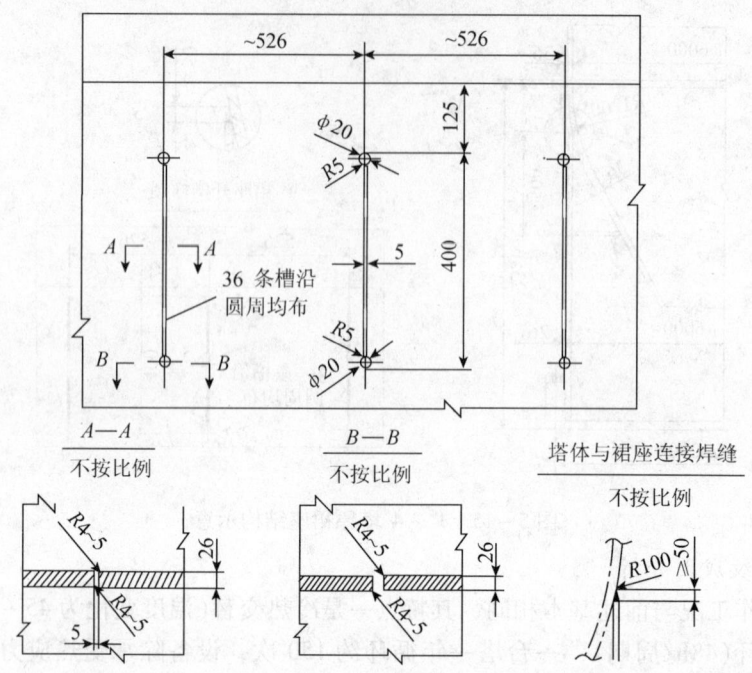

图 5-16 优化后塔裙结构示意

⑤ 焊接采用氩弧焊和焊条电弧焊,焊接材料采用 J427 焊条及 H08MnSi2A 焊丝。焊接时先焊环焊缝后焊纵焊缝,塔体与裙座连接环焊缝和裙板间对接环缝需同时焊接,并采用分段退步跳焊,以减小焊接应力和焊接变形。

⑥ 全部焊缝均采用全焊透结构,为保证焊缝质量,减小缺口敏感性,塔体与裙座连接环焊缝及裙座板纵焊缝要求用氩弧焊打底,以保证背面成形良好,焊条电弧焊采用小电流、多道焊,使表面成形良好。

⑦ 塔体与裙座连接环焊缝裙座侧坡口表面应做 MT 检测,焊接完后,焊缝表面应打磨圆滑。

⑧ 为降低塔体与裙座环焊缝的应力水平,软化接头,提高其稳定性,焊接完毕并检验合格后,需对焊接接头进行焊后消除应力热处理,热处理后对焊接接头进行 100% MT 检测, Ⅰ级合格。

五、热壁加氢反应器的焊接修复

(一) 加氢裂化装置加氢精制反应器内壁不锈钢堆焊层裂纹修复

1. 设备概况

某厂加氢裂化装置加氢精制反应器是国产热壁加氢反应器最早系列产品之一,设备为锻焊结构(无纵缝),2000 年投入运行。主要设计参数见表 5-23。该设备因制造安装后放置 10 余年,投用前依据《容规》有关规定进行了首次内外部全面检验。检验发现:反应器内壁堆焊层表面有 10 余处严重超标的表面缺陷,均为制造时质量控制不严所致,多数缺陷为堆焊层弧坑和堆焊焊道搭接不良所形成的沟槽,其中堆焊层弧坑 7 处,最大弧坑尺寸长轴为 15mm、短轴 10mm、深 2.5mm。堆焊层层间沟槽 2 处,最大层间沟槽宽 4mm、深 2.5mm、连续长度 5275mm(约占 60% 筒体内周长度)。因此对上述严重缺陷,按标准规定必须进行修复。

第五章 在役压力容器的焊接修复

表 5-23 反应器主要设计参数

序 号	主 要 设 计 参 数	
1	设计压力/MPa	反应：8.61 再生：3.85
2	设计温度/℃	反应：415 再生：480
3	介质	催化柴油、H_2、H_2S
4	材质	基材：12Cr2Mo1（锻）带极堆焊层：过渡层：309L；耐蚀层：347L
5	壁厚/mm	基材：封头6；筒节：110；带极堆焊层：4
6	腐蚀余量/mm	4（堆焊层）
7	规格/mm	2800×19940×(110+4)
8	容积/m³	85.9
9	容器类别	三类

2. 修复方案及补焊修复工艺

在对缺陷部位、尺寸深度、缺陷产生原因及现场施工条件分析论证后，制定了以下修复方案：

① 缺陷深度≤2mm 的弧坑及沟槽不进行补焊，要求打磨至平滑过渡，修磨范围斜度 1:3；经表面探伤合格后进行钝化处理。

② 缺陷深度>2mm 的弧坑及沟槽，全部进行补焊处理。先将缺陷处清理磨削至有利于焊接的形状后，采用不进行焊后处理的补焊工艺进行补焊。清理缺陷时，如果磨削深度<4mm（即缺陷仅存在于堆焊层表面），采用 WEL347 焊条补焊。如果磨削深度大于4mm，磨漏出基材（即缺陷在过渡层或基层附近），则先用 Inconel625 焊条打底焊，然后用 WEL347 焊条补焊。

③ 焊前预热：考虑到设备壁厚达(110+4)mm，为减少补焊处堆焊层与基材金属温度差，确保焊后均匀冷却，以减小焊接残余应力，补焊前应对补焊处均匀预热。预热温度 100～150℃，预热范围为缺陷两侧宽度≥150mm 范围内。

④ 焊接工艺：采用较小的焊接线能量，使焊接部位温度趋于均匀，焊后能缓慢冷却，免做焊后消除应力热处理。

⑤ 缺陷返修后进行 PT 检测，合格后酸洗钝化处理。

该加氢精制反应器修复投用运行 5 年后，在 2005 年定期检验中，对堆焊层表面进行 100% PT 检测、筒体外壁进行 100% UT 直探头扫查检测、以及采用 2.5P13×13KI 横波斜探头沿平行和垂直堆焊带极方向在外壁进行 100% UT 扫查检测，均未发现堆焊层剥离分层和堆焊层下裂纹，5 年前的 10 余处返修部分亦均未发现有异常情况，说明以达到补焊修复目的。

（二）加氢裂化装置加氢裂化反应器不锈钢堆焊层修复与检验

1. 设备概况

某厂 $80×10^4$t/a 加氢裂化装置引进的加氢裂化反应器筒体材质为 2.25Cr-1Mo（壁厚192mm，内壁堆焊 3mmE347），在局部 E347 堆焊层因含 Cr 量偏低造成铁素体超标缺陷的情况下，采取重新堆焊厚度为 3mm 的 E347 进行修补。经对修复部位取样分析，补焊层性能达到设备抗氢腐蚀的要求。

该加氢反应器由日本制钢所(JSW)制造，筒体材质为2.25Cr-1Mo，壁厚192mm，内壁的不锈钢堆焊层采用PZ法堆焊3mmE347，局部表面则用手工法堆焊3mm厚E347堆焊层，以E309打底、E347盖面。设备安装过程中，采用铁素体测定仪对堆焊层进行复验时，发现局部堆焊层δ铁含量偏高（最高达30%以上），超过设计允许值（<10%）2倍多。为此，JSW根据现场取样，进行了一系列模拟试验，对缺陷产生原因、可能引起的危害以及修补方案等进行分析，使堆焊层修复后达到设计和使用要求。

2. 堆焊层局部δ铁偏高原因

经过对高铁素体部分取样分析，堆焊层区的Cr、Ni、Nb含量均比E307规范值偏低（见表5-24）。其偏低原因在于：缺陷部位处于焊条电弧焊区域，制造工艺要求采用E309焊条打底，因其合金成分较E347高（23Cr-12Ni-Nb），对保证熔焊后堆焊层的合金含量有利，可以防止堆焊层稀释。如果焊后打磨过度，使打底层E309熔敷金属被打磨去除，会引起面层E347焊接过程中合金元素过分稀释，以致于低于规范值。

表5-24 高铁素体部位取样分析结果

试板号	成分（质量分数）/%		
	Cr	Ni	Nb
试板a	14.52	7.70	0.46
试板b	17.34	9.46	0.50
规范值	18.0~21.0	9.0~11.0	8×C~1.0

试验证明，E347一类的不锈钢材料中铁素体（δ）含量与含Cr量有关，含Cr量20%左右时，δ铁含量最低（5%~10%），含Cr量过高或过低都将使δ铁含量上升。由表5-24看出，该部位含Cr量14.52%~17.34%，较E347范围值低，故造成区域内铁素体偏高。

3. 堆焊层δ铁偏高的危害性分析

JSW进行模拟热处理试验表明，对于含Cr量偏低条件下δ铁偏高的堆焊层，在反应器制造过程最终热处理(690±15)℃时，热处理前、后试样的δ铁含量无明显变化，局部区域的δ铁含量虽高于E347规范值，但并不存在从δ相转变为σ相的迹象。试样弯曲试验表明：690℃以下、加热100h之内的所有试样，弯曲180°均完好无裂。故从堆焊层力学性能考虑，堆焊层δ铁偏高并不危害安全使用，但作为耐氢蚀层和考虑高温操作工况，为保证加氢反应器操作中具有足够的抗氢腐蚀能力，对于堆焊层δ铁偏高部位仅有3mm厚的E347堆焊层显然不够安全。

4. 修补方案及修补程序

（1）修补方案

在局部堆焊层δ铁含量偏高部位（缺陷部位）的表面重新堆焊E347，堆焊层厚度为3mm（见图5-17）。

（2）修补程序

① 采用铁素体测定仪，对缺陷部位进行搜索性测定，确定δ铁超标部位，划出返修范围。

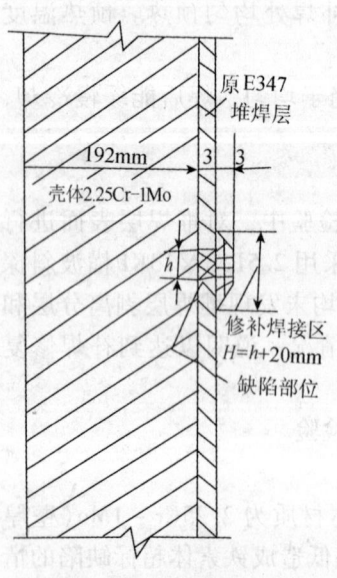

图5-17 返修方法示意

② 用高速砂轮轻微打磨需返修的堆焊层表面，以消除表面缺陷及过高的焊波。

③ 进行 PT 探伤检测，以确认修补区表面无裂纹、气孔及夹杂物等缺陷。

④ 用超声波检测仪测定原堆焊层厚度。

⑤ 采用远红外电加热器预热返修区域，加热温度应不低于 50℃，以消除返修区表面湿度。

⑥ 采用 $\phi 3.2mm$、E347 焊条堆焊第一层，并打磨清理堆焊层表面，然后进行 PT 检测，以确定无裂纹、气孔及夹杂物。

⑦ 采用 $\phi 4.0mm$、E347 焊条堆焊第二层，对堆焊层修补处的熔敷金属取样，以供分析。并对取样部位重新补焊。

⑧ 打磨清理第二层堆焊表面，使其与未补焊部位的堆焊层圆滑过渡。然后进行 PT 检测。

⑨ 用样板检查修补部位厚度，应 ≥3mm。

⑩ 对修补后的堆焊层进行铁素体测定。

（3）补焊工艺参数

补焊工艺参数除堆焊第二层需采用比堆焊第一层较大的电流外，其余主要参数基本相同（见表 5-25）。

表 5-25 补焊工艺参数

层次	焊接方式	焊条牌号	焊条直径/mm	极性	电流/A	电压/V	焊速/(mm/min)	预热及层间温度/℃	焊后热处理
1	水平	E347	$\phi 3.2$	D.C/RP	70~120	20~28	150~300	>50	无
2	水平	E347	$\phi 4.0$	D.C/RP	110~160	20~28	100~300	>50	无

该加氢反应器堆焊层修复后取样检验结果见表 5-26。分析结果表明：修复后的堆焊层完全达到 E347 焊条规范值要求，铁素体含量达到了允许值。采用 E347 焊条堆焊，由于焊条性能优良且底层有约 3mm 厚度的原堆焊层保护，其焊接热量不会影响母材性能，因此焊后不必进行热处理。

表 5-26 加氢反应器堆焊层修复后堆焊层取样检验结果　　　%（质量分数）

试板号	Cr	Ni	Nb+Ta	δ 铁
试板 a	18.95	10.05	0.75	5.9
试板 b	18.55	10.02	0.72	4.8
规范值	18.0~21.0	9.0~11.0	8×C~1.0	<10

注：δ 铁含量根据 Schaeffler 图计算。

六、苯乙烯脱氢反应器裂纹焊接修复

（一）设备概况

某厂 $8 \times 10^4 t/a$ 苯乙烯装置脱氢反应单元共有 2 台反应器（第一、第二脱氧反应器），其中第二反应器投用以来，上封头出现过两次严重的裂纹事故，对生产造成极大影响。反应器主要设计参数见表 5-27。

表 5-27 苯乙烯脱氢反应器主要设计参数

设备位号	设计温度/℃	设计压力(表)/MPa	规格/mm(内径×长度×壁厚)	主体材质
MR-210A	649	0.17/FV(真空)	2800×8499.4×12.5	SA240-304H
MR-210B	649	0.17/FV(真空)	2800×8600×12.5	SA240-304H

反应器第一次裂纹事故(2003年12月)出现在上封头加强圈焊缝热影响区,为由外向内扩展的环状贯穿性裂纹长达1150mm。第二次裂纹事故(2005年9月)出现于上封头过渡段,亦为环状裂纹(长1300mm中间错开),裂纹较深,由外向内扩散,经打磨发现局部为贯穿裂纹。

(二) 裂纹成因分析

第一、二次裂纹皆源于反应器外壁,由外向内延伸扩展。反应器操作介质中虽然含有微量 K_2CO_3、S、Cl 等有害杂质(其中钾是由催化剂带来),对高温设计会产生一定影响,但由于这些有害杂质含量微小,不会形成大量积聚,因此对反应器内壁不致造成腐蚀,两次裂纹的出现主要是由于外部介质腐蚀及封头材料代用原因造成。

1. 第一次裂纹分析

由于第二反应器比第一反应器出口管线长约10m,在保温质量差的条件下,更易受雨水浸湿。经过分析保温棉成分,其中S、SO_4^{2-}、Cl^-含量较高,特别是 Cl^- 含大量随雨水浸湿的设备表面转移和集聚,极易对奥氏体不锈钢产生应力腐蚀。

第一次裂纹出现在设备结构应力集中的部位,并且处于焊缝位置。封头材质为304H奥氏体不锈钢,裂纹从外向内扩展。金相检查表明,裂纹部位受 Cl^- 腐蚀严重,主要表现为沿晶状态,具有晶间腐蚀和应力腐蚀特征。保温棉受雨水侵湿主要是在装置停工期间(500余天),设备难于保养,雨水渗进保温层。由于氯化物很易溶于水中,雨水积存在加强圈焊缝周围,反复浓缩,使含 Cl^- 量不断提高,且由于含 Cl^- 介质的腐蚀有自催化特点,形成了 Cl^- 腐蚀环境。同时,由于反应器长期运行在600℃左右,处于奥氏体不锈钢敏化温度区,会出现晶界贫铬现象,在 Cl^- 腐蚀条件下产生晶间腐蚀,使材料出现劣化。与此同时,由于结构应力与焊接应力的存在,以及设备运行时出现的温差应力,从而进一步形成应力腐蚀开裂。

2. 第二次裂纹分析

由于第二反应器上封头出现第一次严重裂纹,对其进行整体更换,采用易于采购的SA-240 310S材料代替原材质SA240-304H,新封头投用15个月后出现第二次严重裂纹。分析认为应与选材和制造有关,不锈耐热钢 σ 相析出造成的脆化开裂的原因之一。因为铬镍不锈钢在一定的高温下长期工作可能形成 σ 相,σ 相是一种 FeCr 型拓扑密排相,其中可能会含有 Mo、Mn 等元素,能促进 σ 相形成。σ 相的形成会导致材料在室温下脆化,以及降低材料在高温下的持久寿命。上封阀用材料310S钢,形成 σ 相的倾向较大。造成第二次裂纹的另一原因是制造时封头未进行固溶处理,冷作加工必然造成脆化。通过对裂纹部位的硬度检测,表面封头过渡段硬度均高于板材出厂硬度值,说明脆化明显,从而在内、外应力作用下导致过渡段产生严重裂纹。

(三) 裂纹修复

第一次裂纹修复:先临时采用包焊(贴板)方法,即裂纹修磨处理,再在裂纹部位进行贴板包焊(贴板为304材料)。由于设备操作温度高,对贴补钢板须钻孔排气,待设备升温后再焊堵开孔。

新封头采用代用材料 SA-240 310S，到货后进行整体更换新封头。焊接时，由于母材有微观裂纹，并出现晶间腐蚀，需先进行打磨，直至缺陷消除。封头与筒体焊接时尽量选用较小的焊接线能量，焊接材料采用 E308H 焊条及 ER308 焊丝。由于焊接时很容易产生次生裂纹和裂纹扩展，如果裂纹较少，可用磨光机打磨（因磨光机打磨时产生的热量较少，易于发散），消除裂纹后施焊。

第二次裂纹修复：更换封头，材料采用原设计材料 SA240-304H，并进行了固溶处理，制定了焊接施工方案，选择焊接工艺参数时充分考虑设备焊接过程中热变形的影响和防止形成 σ 相倾向。

七、尿素合成塔塔底腐蚀穿孔的焊补

（一）设备概况

某厂化肥装置系由法国赫尔蒂公司引进的成套设备。尿素合成塔筒体为多层热套结构，直径 $\phi2800mm$，内衬 8mm 厚 316L 不锈钢板，塔内设 8 层塔板。两端球型封头厚 80mm，材质为 A52C2（与 16MnR 相近），内壁带极堆焊 8mm 厚 316L 堆焊层。上封头开设 $\phi800mm$ 人孔及 $\phi131.8mm$ 气体出口接管，下封头开设内径均为 $\phi221mm$ 的气体入口接管、液体入口接管、尿液出口接管各一个以及内径 $\phi132mm$ 甲铵出口接管一个。所有开口接管均有开口补强，补强块材料为 20Mn5（相当于 16Mn 锻）。尿素合成塔主要设计参数见表 5-28。

表 5-28 尿素合成塔主要设计参数

设计压力/MPa	设计温度/℃	操作压力/MPa	操作温度/℃	操作介质	容积/m³	空塔质量/t
15.9	193	14.0	183	尿液、氨基甲酸氢、H_2O、NH_3、CO_2	195	340

该设备于 1978 年 11 月投用，运行 5 年后，于 1983 年 10 月在正常生产中突然出现塔底严重泄漏，大量甲铵液外喷，装置被迫停车。检查发现下封头甲铵液出口管附近已经穿孔，接管周围手工堆焊层局部穿透，基层碳钢部分已被腐蚀出一个较大孔洞。

（二）事故原因分析及修复方案

原设计尿素合成塔管口开孔补强结构如图 5-18 所示。设备制造中，加强块的实际结构与原设计不符（见图 5-19），比强度计算书中给出的数值小，加强块强度不够。更主要的是手工堆焊厚度不够，并且四周堆焊不均匀，在腐蚀穿孔部位，只有一层，现场测量厚度只有 3mm 左右（未腐蚀穿孔部位也只有 5mm 左右），达不到原设计三层的要求。因此，由于焊接层数不够，碳含量得不到充分稀释，造成手工堆焊区抗甲铵腐蚀能力下降（特别是在焊道峰谷处），使局部腐蚀加剧。

根据塔底甲铵液穿孔处腐蚀损坏情况，决定采用镶块焊补方法进行修复，镶块材料采用 16Mn（锻）。

（三）修复工艺

① 割下甲铵液出口管，将孔洞修磨成圆形，并开坡口。孔洞周边 50mm 范围内进行 UT 检测，确认没有残留缺陷。否则需继续打磨。

② 按孔洞尺寸镶入 16Mn（锻）镶块，代替原设计加强块结构。镶块锻件应按 JB 755—73《压力容器锻件技术条件》（现为 JB/T 4730—2005《承压设备无损检测》）进行 UT 检测合格及

材料化学成分合格,并预先钻孔、加工坡口及半球形曲面(见图5-20、图5-21)。

③ 甲铵液出口管原设计为 $\phi 152.4mm$(内直径 $\phi 132mm$),改为 $\phi 50.8mm$(工艺上考虑可行),从而不需进行开孔补强,且接管在开孔部位可弯曲成与球面垂直,改善了受力状况。

④ 镶块组对卡码固定和螺栓调节定位见图5-22。

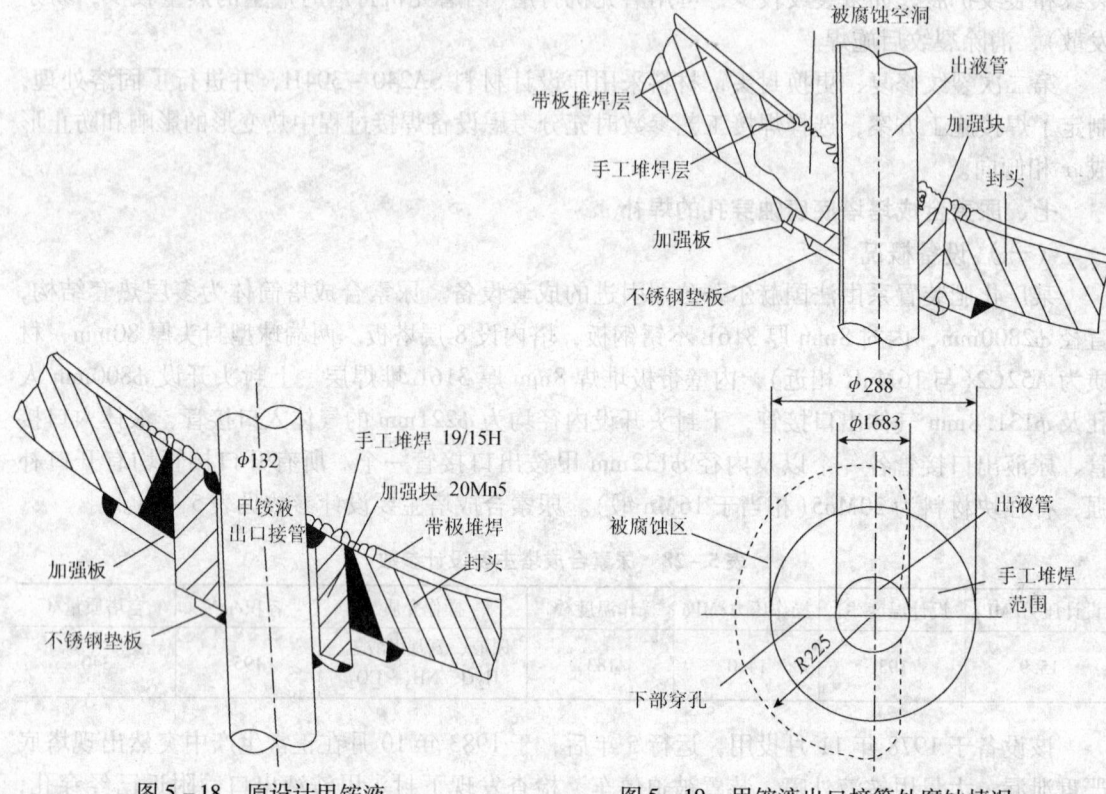

图5-18 原设计甲铵液出口管口开孔不强结构

图5-19 甲铵液出口接管处腐蚀情况

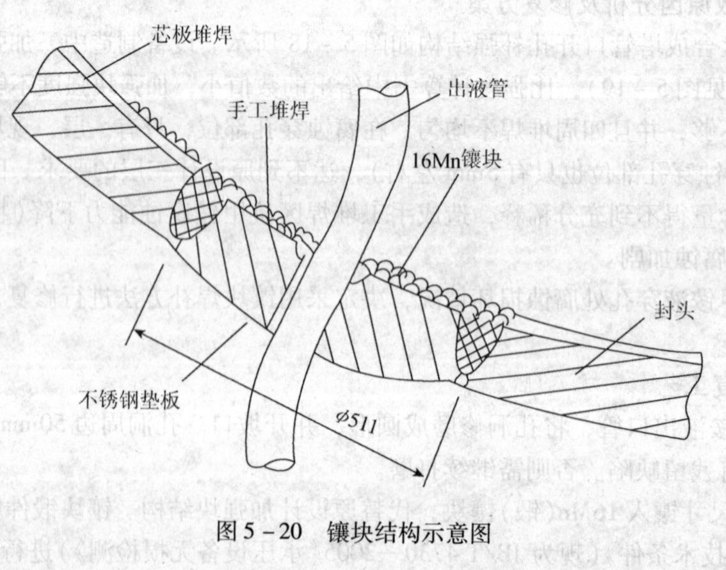

图5-20 镶块结构示意图

第五章 在役压力容器的焊接修复

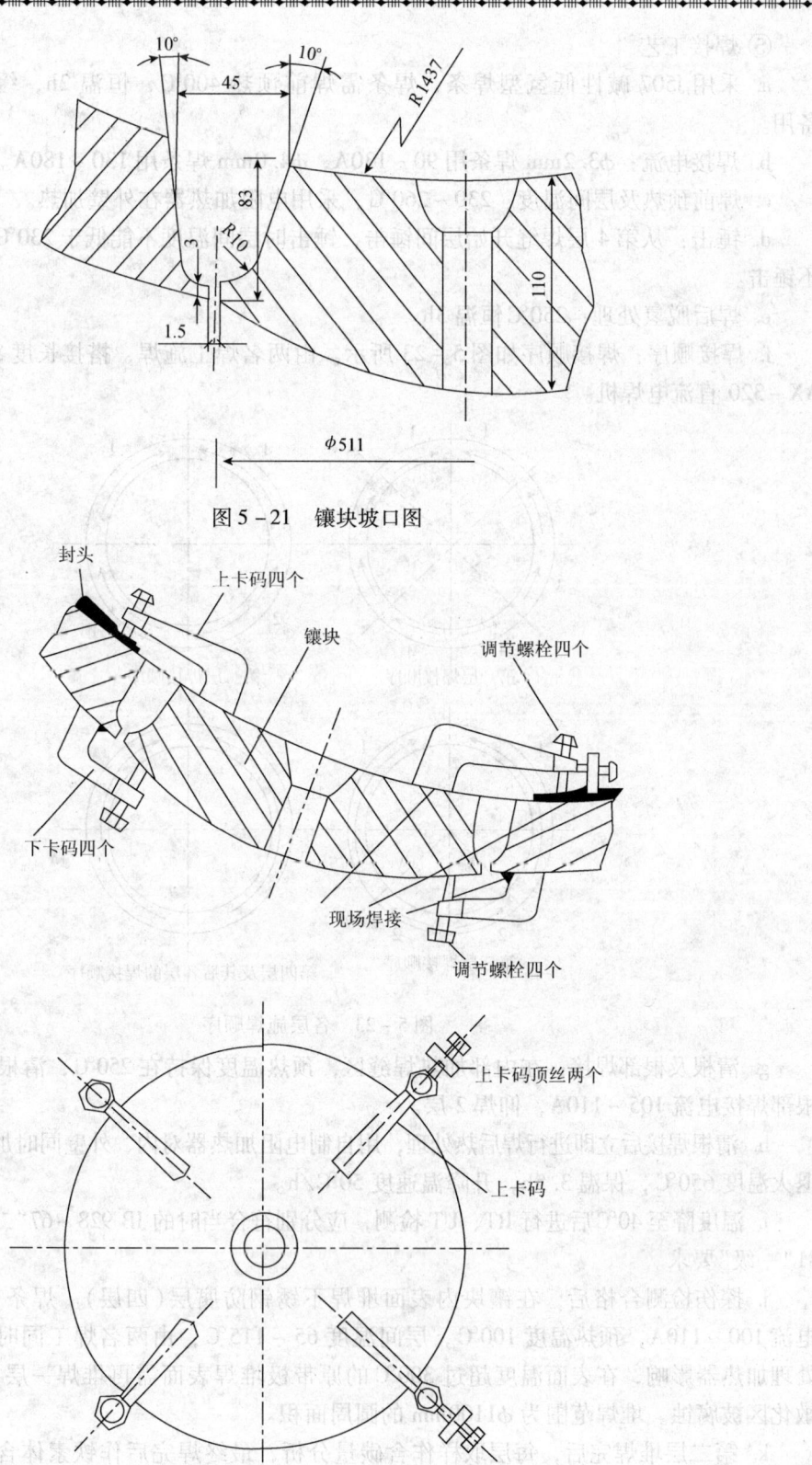

图 5-21 镶块坡口图

图 5-22 镶块与底封头组对示意图

⑤ 焊接工艺

a. 采用 J507 碱性低氢型焊条,焊条需焊前预热 400℃,恒温 2h,缓冷至 150℃ 保温备用。

b. 焊接电流:ϕ3.2mm 焊条用 90~130A,ϕ4.0mm 焊条用 130~180A。

c. 焊前预热及层间温度:230~260℃,采用电阻加热器在外壁加热。

d. 锤击:从第 4 层焊缝开始层间锤击,锤击时层间温度不能低于 230℃,最后一道焊缝不锤击。

e. 焊后脱氢处理:250℃ 恒温 3h。

f. 焊接顺序:焊接顺序如图 5-23 所示。由两名焊工施焊,搭接长度 30~50mm,采用 AX-320 直流电焊机。

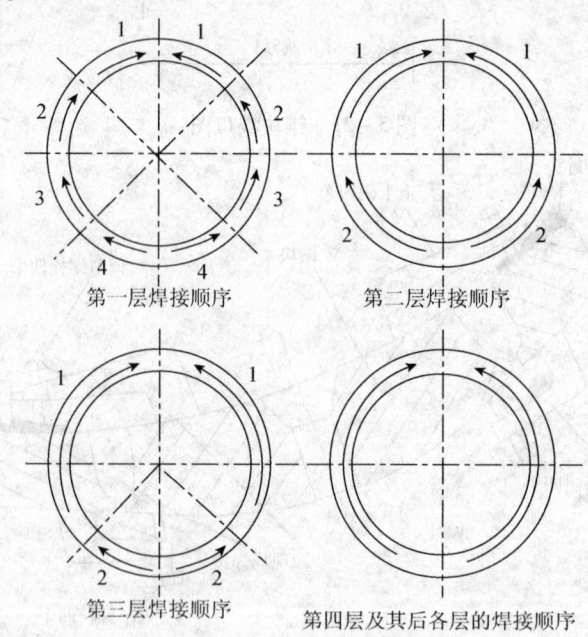

图 5-23 各层施焊顺序

g. 清根及根部焊接:在内部加热焊缝区,预热温度保持在 250℃,清根范围见图 5-24。根部焊接电流 105~110A,仰焊 2 层。

h. 清根焊接后立即进行焊后热处理,用自制电阻加热器对内、外壁同时加热(见图 5-24),退火温度 650℃,保温 3.5h,升降温速度 50℃/h。

i. 温度降至 40℃ 后进行 RT、UT 检测,应分别符合当时的 JB 928-67 "二级" 和 JB 1152-81 "一级" 要求。

j. 探伤检测合格后,在镶块内表面堆焊不锈钢防腐层(四层)。焊条 19/15H,ϕ4mm,电流 100~110A,预热温度 100℃,层间温度 65~115℃,由两名焊工同时施焊。由于受热处理加热器影响,在表面温度超过 300℃ 的原带极堆焊表面需再堆焊一层 19/15H,以防止敏化区被腐蚀。堆焊范围为 ϕ1100mm 的圆周面积。

k. 第二层堆焊完后,每层取样作含碳量分析,最终焊完后作铁素体含量测定,大部分为 σ 铁 10%(个别点为 30%~60%)。

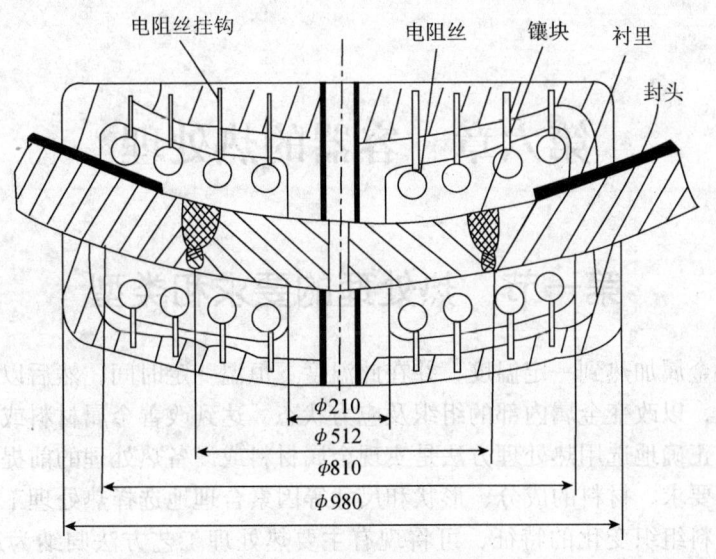

图 5-24 自制电阻加热器示意图

该尿素合成塔塔底腐蚀穿孔修复投用后一个月,在全厂停工大修期间对焊缝作 UT 检测,以及对堆焊层表面作铁素体测量,均未发现异常,穿孔修复的整个堆焊层表面的铁素体基本为零。

第六章 容器的热处理

第一节 热处理的要求和类型

热处理是将金属加热到一定温度，并在此温度下恒温一定时间，然后以各种不同的冷却速度冷却到常温，以改变金属内部的组织及应力状态，达到改善金属材料或设备使用性能的一种处理方法，正确地选用热处理方法是实现金属材料或设备热处理的前提。应根据设备的使用性能、技术要求、材料的成分、形状和尺寸等因素合理地选择热处理工艺方法。

按照金属材料组织变化的特征，可将现有主要热处理工艺方法归纳为退火及正火、淬火、回火及时效、表面淬火、化学热处理以及形变热处理等六类。按热处理的要求，可分为改善机械性能的热处理、焊后消除应力热处理和提高金属材料或容器抗腐蚀性能的热处理。

一、改善机械性能的热处理

改善机械性能的热处理主要是指容器钢材在交货时和制造后的正火、调质、软化处理和消除应力热处理。目的在于改变钢材的塑性、低温冲击韧性、冷压成型和切削加工性能等。

（一）正火处理

正火的目的是改善钢材的组织，细化晶粒、增加弥散度及消除网状碳化物，调正钢的硬度，从而获得较高的机械性能和良好的塑、韧性。例如热轧状态下的普通低合金钢（如Q345R、Q370R），在较厚截面时，正火能够保证在较高的力学性能下，使塑、韧性均大大提高。对于某些钢种在制造设备之前，母材本身也必须进行正火处理，例如18MnMoNbR、13MnNiMoR、13MnNiMoNbR等贝氏体或铁素体＋贝氏体钢，在热轧状态下机械性能较差，必须经过正火（或正火＋回火）后才能使用。钢的正火常常为淬火或回火做好组织装备，也可作为最终热处理。

正火处理工艺过程是把钢件加热到临界温度 A_{c3} 或 A_{cm} 以上 $40 \sim 60\text{℃}$，保温一定时间，然后以稍大于退火的冷却速度冷却（如空冷、风冷、喷雾等），得到片层间距较小的珠光体组织（亦称正火索氏体）。

（二）调质处理（淬火＋回火）

调质处理是将钢件加热至 A_{c3} 以上的温度，保温后急速冷却（于油中或水中淬火），然后再将钢件重新加热到 A_{c1} 以下某一温度，保温一段时间，以一定的冷却方式冷却。钢件经淬火后提高了强度和硬度，但由于快速冷却使脆性和内应力显著增加，其组织为亚稳定状态的马氏体和残余奥氏体，再经回火处理使其趋于稳定状态。

调质处理目的在于降低金属材料脆性，调整硬度，提高塑、韧性，消除内应力，减少工件的变形和开裂，稳定工作尺寸，并获得较高的强度。有的低合金高强度钢，例如压力容器用调质高强度钢板07MnCrMoVR、07MnCrNiMoVDR及12MnNiVR采用调质工艺，从而进一步提高了材料的强度级别（$\sigma_s \geq 490\text{MPa}$、$\sigma_b = 610 \sim 730\text{MPa}$），而韧性与塑性仍保持相当高的水平（$\delta_5 \geq 17$、$-20\text{℃}$ 时 $A_{KV} \geq 47\text{J}$，07MnNiMoVDR 为 -40℃ $A_{KV} \geq 47\text{J}$）。对于锻件（尤其是大型锻件)的调质,如20MnMo、20MnMoNb、15CrMo、35CrMo、12Cr1MoV等低合金钢的调质处理都获得了良好的效果。

(三) 软化退火处理

退火处理的目的主要是降低硬度,提高塑性,改善切削加工或压力加工性能;细化晶粒,调整组织,改善机械性能,为下一步工序作准备;以及消除铸、锻、焊、轧、冷加工所产生的内应力。软化退火主要是为了便于高强度钢的冷加工,制造前先将母材进行软化处理。

钢材的软化退火工艺是把钢材加热到A_{c3}以上,保温足够长的时间,随炉缓冷。但由于加热温度较高,给制造带来一定困难,因此也可采用软化程度较低的工艺过程,即把钢材加热到A_{c1}与A_{c3}之间(约700~750℃),保温足够长时间,然后随炉缓冷。钢材经软化退火处理后强度大大降低,因此在加工后须重新热处理,以达到所要求的机械强度。

(四) 消除应力热处理

容器在制造过程中,由于进行冷弯、锻造、冷卷、冷矫形、切削或剪切等工艺而使钢件产生局部塑性变形,导致局部加工硬化。改变了金属的机械性能,如强度极限和弹性极限显著增加,并且相互接近,硬度增高,冲击韧性和延伸率明显降低,很易引起脆性破坏(特别对于低温容器及承受载荷的钢件),为此须进行消除应力退火处理。

消除应力热处理的工艺过程是把金属加热到比临界温度高30~50℃,保温一段时间后在炉中或埋入灰中缓慢冷却。对于亚共析钢须加热到A_{c3}以上,使钢的组织完全转变为奥氏体,而后缓冷,以获得铁素体+珠光体组织;对于过共析钢只需加热到A_{c1}以上,其组织仅部分发生转变。退火的作用是使金属的化学成分在高温下充分扩散,以获得正常的平衡组织;消除或减少铸造后形成的偏析,以及由于铸造、压力加工、焊接、热轧、冷拉、冷冲压、切削等过程中所产生的内应力。从而降低硬度,提高塑、韧性,改善加工性能。此外,还可以细化晶粒,以提高机械性能。

消除应力热处理主要用于以下两种情况:

① 对于材质为碳钢、16MnR 钢板焊结构的容器,当其壁厚(S)超过筒体内径(D)的3%时(即$S>3\%D$,对于其他低合金钢为$S>2.5\%D$)。如果在冷状态下卷板弯曲制成容器后,须进行消除应力热处理,以消除冷作加工的硬化现象。因为钢板弯曲时,其变形程度决定于圆筒直径和钢板厚度,变形程度以变形百分比表示,即圆筒外圆周长度与内圆周长度的差值相对于内圆周长度之比。板焊结构钢制容器制造中,通常规定钢板卷制弯曲的永久变形不得超过5%,如果在5%~10%范围内的临界硬化变形程度时进行弯卷,会引起钢材再结晶晶粒过分长大,使机械性能恶化。若对于碳钢、16MnR 材料按6%考虑,可得出关系式:

钢板弯卷的变形百分比:
$$\frac{\pi(D+2S)}{\pi D} \times 100\% \leqslant 6\% \tag{6-1}$$

$$S \leqslant 3\%D \tag{6-2}$$

因此,对于碳钢、16MnR 材料,若钢板厚度$S>3\%D$时,应在热状态下进行弯卷,以避免冷作硬化现象,这时可不必进行消除应力热处理。

② 冷压封头或热压终了温度低于700℃的封头,需进行低温退火处理(不包括不锈钢封头)。这是因为封头的表面积较大,厚度较小,热量很容易散失,以致易使冲压结束时的温度低于A_{c1}点以下,使冲压件产生硬化现象,故需进行消除应力热处理。特别对于钢材含碳量较高或含合金元素较多时,这种热处理更为必要。

二、焊后消除应力热处理

容器焊接过程中，由于以下原因，如焊接接头区具有陡峭的温度梯度；随着温度的变化，引起焊缝金属和母材的几何尺寸及屈服强度的改变；焊缝金属的逐步凝固；冷却时接头伴随着相变而发生体积改变等等，都会导致焊缝及近缝区存在着程度不同的残余应力及硬化组织，其应力大小及硬化程度随母材的合金含量、板厚、施工工艺和结构刚度而定。如果焊接接头区的残余应力偏高而不加消除，可能会产生以下危害：

① 使焊件形状和几何尺寸稳定性丧失。即当焊件需进行某种机加工时，由于局部高峰应力及反作用应力的作用，可能产生变形。

② 促成应力腐蚀裂纹。应力腐蚀裂纹是一种脆性断裂，拉伸应力的存在是产生应力腐蚀裂纹的必要条件，由于焊接接头的纵向残余应力通常是最大的拉应力，故应力腐蚀裂纹常垂直于焊缝轴线。尤其在氯化物、氨、硝酸盐、湿H_2S等介质中，应力腐蚀裂纹更易发生。

③ 促成低温下脆性断裂或失稳断裂。断裂力学分析表明，如果没有残余应力存在，则钢材中出现的极小裂纹往往是稳定的，不会延伸扩展。但如果裂纹等缺陷发生在残余应力区内(特别是高残余应力区)，应力强度因子K就会迅速增长，可能超过应力强度因子的临界值K_C，从而使裂纹失稳扩展，直至扩展到残余应力区以外。此时，如果总的应力水平较高或者裂纹尺寸已经增大到较大值，使K值继续超过K_C值，裂纹就会继续失稳扩展，最终将导致结构断裂。因此，消除残余应力对于各种低应力脆性断裂十分必要。

焊后热处理是保证压力容器质量的重要技术手段之一。容器焊后热处理的目的在于消除焊接过程中引起的内应力和改善焊缝金属的金相组织；消除焊缝金属和热影响区的硬化组织，以改善焊缝的机械性能及提高其耐晶间腐蚀、应力腐蚀能力。对于合金钢及低温用钢，焊后热处理可以减少低温容器脆性断裂倾向，提高塑、韧性、降低无塑性转变温度(NDT)。

压力容器焊接制造完毕后，通常符合下列情况之一者，要求进行焊后热处理：

① 根据钢种及厚度确定，对于抗拉强度较低的低碳钢焊接构件：对接焊厚度 > 32mm(如焊前预热100℃以上，厚度 > 38mm)。对于低合金高强度钢焊接构件：抗拉强度≥450~500MPa、对接焊厚度 > 30mm(如焊前预热100℃以上，厚度 > 34mm)；抗拉强度 > 500~550MPa、对接焊厚度 > 28mm(如焊前预热温度100℃以上，厚度 > 32mm)；以及抗拉强度 > 550MPa的任意厚度，均需作焊后消除应力热处理。

② 冷态成形筒体厚度(S)符合以下情况需焊后热处理：Q245R、Q345R，$S ≥ 0.03D_i$；其他低合金钢$S ≥ 0.025D_i$(D_i为容器内径)。冷成形封头或热成形终了温度低于700℃的封头。

③ 盛装毒性为极度或高度危害介质的容器。

④ 有应力腐蚀的容器。应力腐蚀开裂是石油化工设备较常见的一种脆性破坏，它是设备材料在拉应力和特定的腐蚀条件下共同作用产生的一种破坏形式。造成设备产生应力腐蚀开裂的应力，除外加负载、振动、操作等因素所引起的应力或热应力外，主要是设备加工焊接等引起的残余应力，故焊后热处理对于有应力腐蚀的设备十分重要。易于产生应力腐蚀破裂的金属材料和环境的组合见《压力容器设计实用手册》[1]第二章"表2.1 – 5"。

⑤ 需作晶间腐蚀倾向试验的奥氏体不锈钢及其他复合钢板制作的热加工件，应进行固

---

[1] 王国璋编著，中国石化出版社，2013年出版。

溶处理，且热处理后，表面需作酸洗、钝化处理。对奥氏体不锈钢进行焊后固溶处理不仅可以去除焊接应力，消除冷作硬化，而且还可以增加抗腐蚀性。但应避免热处理过程中高温时间过长，造成局部过热，否则会出现很厚的氧化皮、表面粗糙以及晶粒粗大，使机械性能和耐蚀性降低。

⑥ 凡采用标准抗拉强度下限值 $\sigma_b > 540\text{MPa}$ 及 Cr-Mo 钢等焊制容器及受压部件焊缝，焊前应预热，焊后应随即进行消氢处理（如果焊后立即进行消除应力热处理，则可免除消氢处理）。这是因为最常见的热影响区缺陷是由焊缝中的氢气造成，氢是由于含氢化合物（主要是水分）被电弧热量分解，生成原子状态的氢而进入焊缝内部，溶解在熔化的焊缝金属中，并扩散到热影响区内。若热影响区的冷却速度快到足以产生硬的金相组织，在残余应力作用下将会自然开裂。故在焊接过程中侵入氢的最大危害是造成氢致裂纹（冷裂纹或延迟裂纹），对于粗晶粒的热影响区（马氏体或贝氏体组织），在残余应力和氢的共同作用下，氢致裂纹会形成和扩展。此外，氢的另一危害是在焊缝中会在杂质或组织的某些不连续点处产生聚集，形成"鱼眼"局部脆性断裂，使焊缝金属塑性降低。因此对于这类钢的焊接接头焊前预热和进行后热消氢处理，以促使氢的扩散和逸出，并使马氏体的硬度降低到形成裂纹所需的临界硬度以下，可防止氢致裂纹和"鱼眼"产生。

⑦ 电渣焊构件在焊后一般需经正火热处理。因为电渣焊时，金属熔化的容积大，液态金属在结晶过程中冷却缓慢，焊缝金属柱状晶粒层厚度增加。如果液态金属容积越大，则冷却越慢，柱状晶层越厚，使一次柱状晶层厚可达数毫米，从而使焊缝金属强度和塑性降低。进行焊后正火处理可以细化晶粒，消除或减少柱状晶形成，提高焊缝金属机械性能。

⑧ 钢板厚度 >16mm 的碳钢和低合金钢制低温压力容器或受压元件焊缝，以及包括受压元件与非受压元件的连接焊缝，应进行焊后热处理。热处理可以降低低温设备用钢的无塑性转变温度。所谓无塑性转变温度是指当金属温度降低到某一临界值时，铁素体型碳钢和低合金钢的延性降低到呈现脆性时的温度。在低于此温度值时，钢材不经过塑性变形（或塑性变形很小）而直接发生脆性断裂。反之，当金属温度高于此转变温度时，钢材只有出现相当大的塑性变形后才会断裂。无脆性转变温度一般具有一定的幅度，如图 6-1 所示，从图中可看出这个转变区域的温度，称为无塑性转变温度或冷脆性转变温度。热处理对提高钢的冲击韧性和降低无塑性转变温度影响显著，通过对板厚 20mm 的低合金钢 V 形缺口冲击试验表明：850～900℃ 正火处理可以获得最低的无塑性转变温度；在 1000℃ 或 750℃ 附近进行热加工时，有使无塑性转变温度升高的倾向。为了改善 16Mn 低合金钢的低温性能，焊后可采用正火处理。由图 6-1

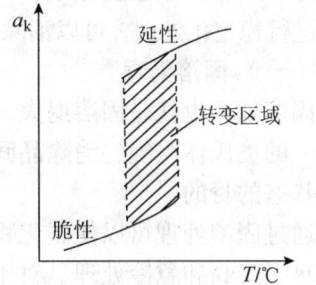

图 6-1 无塑性转变温度区域示意图

可看出：正火状态的 16Mn 板材的无塑性转变温度比热轧状态低 20℃ 左右，特别是对较厚钢板的低温性能，正火后低温性能有更明显改善。

GB 150.4—2011《压力容器》对压力容器焊后热处理制订了较为具体的规定，容器及其受压元件符合下列条件之一者，应进行焊后热处理：

① 焊接接头厚度符合表 6-1 规定者。

表6-1 需进行焊后热处理的焊接接头厚度

材　　料	焊接接头厚度
碳素钢、Q345R、Q370R、P265GH、P355GH、16Mn	>32mm >38mm（焊前预热100℃以上）
07MnMoVR、07MnNiVDR、07MnNiMoDR、12MnNiVR、08MnNiMoVD、10Ni3MoVD	>32mm >38mm（焊前预热100℃以上）
16MnDR、16MnD	>25mm
20MnMoD	>20mm（设计温度不低于-30℃的低温容器） 任意厚度（设计温度低于-30℃的低温容器）
15MnNiDR、15MnNiNbDR、09MnNiDR、09MnNiD	>20mm（设计温度不低于-45℃的低温容器） 任意厚度（设计温度低于-45℃的低温容器）
18MnMoNbR、13MnNiMoR、20MnMo、20MnMoNb、20MnNiMo	任意厚度
15CrMoR、14Cr1MoR、12Cr2Mo1R、12Cr1MoVR、12Cr2Mo1VR、15CrMo、14Cr1Mo、12Cr2Mo1、12Cr1MoV、12Cr2Mo1V、12Cr3Mo1V、1Cr5Mo	任意厚度
S11306、S11348	>10mm
08Ni3DR、08Ni3D	任意厚度

② 图样注明有应力腐蚀的容器。

③ 用于盛装毒性为极度或高度危害介质的碳素钢、低合金钢制容器。

④ 当相关标准或图样另有规定时。

另外，GB 150.4—2011规定，对于异种钢材之间的焊接接头，按热处理要求高者确定是否进行焊后热处理。当需对奥氏体型不锈钢、奥氏体-铁素体型不锈钢进行焊后热处理时，按设计文件规定；除涉及文件另有规定外，奥氏体型及奥氏体-铁素体型不锈钢的焊接接头可不进行处理。

三、提高材料或容器的抗腐蚀性能热处理

对于不含稳定元素Ti、Nb、Ta的奥氏体不锈钢，在制造焊接过程中加热至敏化温度（425~870℃）或从在敏化温度区缓慢冷却时，以及设备长期在敏化温度区操作时，沿焊缝金属奥氏体晶间会析出碳化铬（$Cr_{23}C_6$等），出现晶间贫铬现象，使其在易于导致发生晶间腐蚀的一些介质中（参见《压力容器设计实用手册》❶第二章"表2.1-2"）产生晶间腐蚀。对于不含稳定元素的稳定性奥氏体不锈钢(18-8型)进行固溶处理，以及对含稳定元素的稳定性不锈钢进行稳定化处理，可以消除或减少晶界贫铬，防止晶间腐蚀，提高钢的耐腐蚀性能。

（一）固溶处理

固溶处理也就是固溶退火，其目的在于溶解在晶界析出的碳化物或其他化合物，获得均匀单一的奥氏体组织，消除晶间腐蚀倾向。另外也可以达到消除内应力和使硬化状态恢复到软化状态的目的。

通过固溶处理可以使碳化物不析出或少析出，所以也是一种防止晶间腐蚀的手段，但由于加热温度高和急冷处理，对于大型及形状复杂的焊接构件，采用这种方法比较困难，也易产生变形。

为减小内应力，固溶退火要求首先缓慢加热到425℃，再快速升温到870℃，避免在敏化温度区长时间停留，以消除碳化物更多的析出。然后根据18-8型不同钢种一般加热到1050~1150℃。工件在退火温度时应保温足够的时间，以使完全均热，但也不能过长时间保温，以免晶粒粗大，随后尽快淬冷到540℃以下，空气中冷却至室温。例如，对于含碳量约

---

❶王国璋编著，中国石化出版社，2013年出版。

0.08% 的 18-8 钢，退火时采用加热温度下限；反之，碳含量高时则采用上限。图 6-2 所示为固溶处理温度对 18-8 钢中 δ 铁素体量的影响。当钢中碳含量低时，加热至高温会出现 δ 相，如果固溶处理温度过高，组织中出现的大量铁素体会使钢中的热加工工艺性能变坏，同时也使抗均匀腐蚀性能降低。从耐晶间腐蚀考虑，固溶处理温度不宜过高。但是从固溶处理使钢的成分均匀化考虑，加热温度也不宜过低，比较常用的为 1050~1100℃。钢中

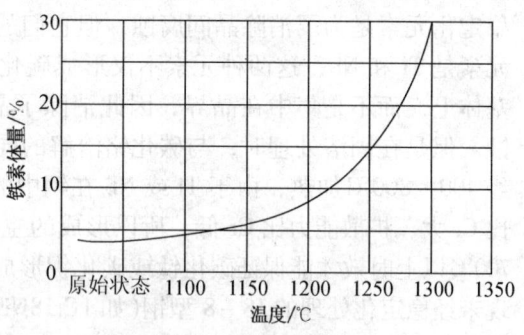

图 6-2 固溶处理温度对 18-8 钢中 δ 铁素体量的影响

碳含量越高，固溶处理温度也越高。加热时间通常按直径或厚度每 mm 保温 1~2min 计算。Cr18Ni12Mo2Ti、Cr18Ni12Mo3Ti 等钢的加热时间比 Cr18-Ni8 钢要多 0.5~1.0 倍（即每 mm 厚度保温 1.5~2.5min）。这类钢在热处理加热时应防止表面增碳，否则会使晶间腐蚀敏感性增大，故通常应在中性或稍具氧化性的气氛中加热。

此外，奥氏体不锈钢固溶处理时，必须由退火温度快速地进行冷却，因为这类钢在碳化物固溶后，再析出的温度范围是 425~870℃，特别是在 600~700℃ 时析出较多，为避免析出，须在此温度范围内迅速通过才能使碳化物已固溶化的状态能够保持到室温，即应保证能够完全固定高温时得到的奥氏体组织状态。因此，淬火加热后应迅速冷却，除对于薄壁零件为防止变形可采用空气冷却或冷雾淬火外，一般情况下大多采用水冷。

奥氏体不锈钢固溶处理后的组织是均匀的奥氏体，它的强度因钢中碳含量的不同有不同的变化，总的说来这类钢的强度都不很高，固溶处理较之其他处理具有最低的强度和硬度，因此固溶处理是奥氏体不锈钢的最大程度的软化处理，可以被切削加工。同时，固溶处理的钢还具有最高的耐腐蚀性能，对于不含稳定化元素 Ti 或 Nb 的 18-8 型钢奥氏体不锈钢，固溶处理是防止晶间腐蚀破坏的重要手段。

从图 6-3 可知，18-8 型钢中碳在奥氏体中的溶解度随温度降低而显著减小，因此钢经加热后若缓慢冷却，就要引起碳化铬自奥氏体中析出。固溶处理以后 400~800℃ 再加热，碳化铬析出更为强烈，使钢对晶间腐蚀特别敏感，通常把钢所经受的这种加热过程称之为敏化处理。如果设备或零部件固溶处理以后在上述温度区间内使用，实质上同样是经受敏化处理，焊接件在热影响下也部分地受到敏化处理，皆存在晶间腐蚀倾向。而通过固溶处理，使析出的碳化铬重新溶解于奥氏体中，可以消除敏化处理带来的不利影响。

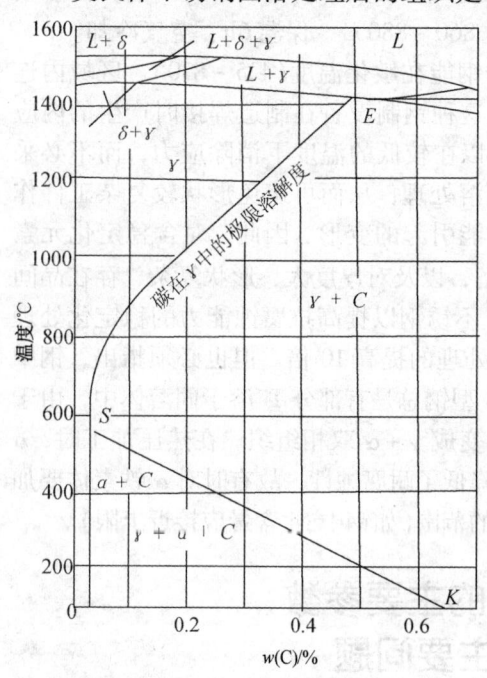

图 6-3 18-8 铬镍钢平衡图之一角

（二）稳定化处理

稳定化处理只是对以 Ti、Nb 或 Ta 稳定化的 18-8 型奥氏体不锈钢而言。钢中加入上述

稳定化元素是为了消除晶间腐蚀,但它们的效果必须经过稳定化处理以后才能保证。常用的元素是 Ti 和 Nb,这两种元素不仅形成碳化物的能力比 Cr 强,而且其碳化物都均匀分布在基体上,而不是集中在晶界,因此消除了晶间贫铬现象,在有腐蚀的介质中易发生晶间腐蚀。但是在固溶处理时,与碳化铬溶解的同时,大部分碳化钛或碳化铌也都溶解,随后如再经 400~800℃加热,由于 Ti 或 Nb 在钢中的含量相对于 Cr 要少得多,加上 Ti 或 Nb 的分子比 Cr 大,扩散能力比 Cr 低,所以形成的主要还是碳化铬而不是碳化钛或碳化铌,只有通过 700℃以上时效才能保证碳化钛或碳化铌形成,达到防止晶间腐蚀的效果。生产实际中多次发现未经稳定化处理的 18-8 型钢(如 1Cr18Ni9Ti),虽然化学成分合格,但仍发现有晶间腐蚀,由此可见需进行稳定化处理的必要性。

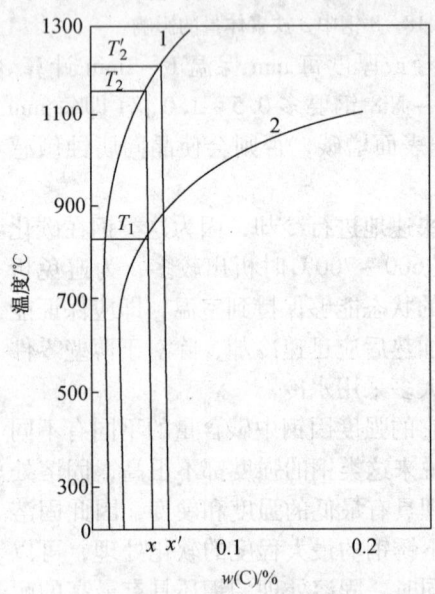

图 6-4 稳定化处理温度选择示意图
1—TiC 溶解度;2—$Cr_{23}C_6$ 溶解度

对于稳定化处理的温度和时间应合理的选择,才能获得最佳的稳定化效果,确定稳定化处理的一般原则是,加热温度需高于碳化铬的溶解温度而低于碳化钛或碳化铌的溶解温度。从图 6-4 可知,如果容器或零部件在 T_1 温度使用,则稳定化处理温度应不高于 T_2;假若是在 T_2' 温度作稳定化处理,然后在 T_1 温度下使用,则固溶体中会剩余$(X'-X)$%的碳,在随后的工作温度下仍会以 $Cr_{23}C_6$ 形式在晶界析出,造成贫铬。当工作介质为导致奥氏体不锈钢发生晶间腐蚀的介质时,就会引起一定的晶间腐蚀。具体的稳定化处理工艺,通常采用 850~950℃、保温 2~4h。对于 1Cr18Ni9Ti 钢,目前较多采用的工艺是 860~880℃、保温 6h、空气冷却。

稳定型不锈钢能在敏化温度(425~870℃)区域内连续使用,尤其是这种钢制设备在制造焊接时产生的内应力的情况下,可以在较低的温度下消除应力,而不必采用高温淬火的固溶处理,从而可避免形状较复杂工件作固溶退火处理可能引起的变形。因此,对含稳定化元素 Ti 或 Nb 的 18-8 型奥氏体不锈钢在高温下使用的设备,以及对厚度大、形状复杂、存在晶间腐蚀倾向的设备,应采用稳定化处理。对 18-8 型 Ti 不锈钢以提高抗腐蚀能力的稳定化处理实验证明,稳定化处理后钢的抗晶间腐蚀能力比未经处理的提高 10 倍。但也必须指出,钢中加入 Ti 是为了能消除晶间腐蚀倾向,加入 Ti 的 18-8 型钢总是有部分 Ti 溶于固溶体中,由于 Ti 是强铁素体形成元素,在钢会引起铁素体的形成,变成 $\gamma+\alpha$ 双相组织。在热压加工时,α 铁素体相呈带状分布,铁素体的形成使热加工困难,降低了耐腐蚀性,故有时对 α 铁素体要加以限制,为了限制铁素体相的形成,应注意控制成分的范围(如钢中 Ni 含量应接近上限)。

第二节 焊后热处理的主要参数、方法和需注意的主要问题

一、焊后热处理主要参数

(一) 决定焊后热处理条件参数的主要因素

焊后热处理是整个容器制造工艺的一部分,应根据技术的必要性、工艺的可行性和经济

的合理性等确定是否进行焊后热处理。工程上如果能够用其他的取代技术(如旨在松弛应力的承受应力机械处理和承受应变的机械处理、振动减少残余应力处理、锤击处理及爆炸处理等)能够保证焊接接头质量,而容器的使用条件又不太苛刻的话,则不论钢材的敏感性如何,都应考虑尽量免除焊后热处理方法。

确定容器是否需进行焊后热处理,首先应结合选材考虑(特别对调质高强钢及低温用 Ni 钢),其次要看是否具备热处理实施条件,例如对于大型容器,现场焊制容器,加热时形状不稳定、形状复杂及异种材料焊接的容器及构件等皆难以在炉内热处理,应代之以局部热处理或内燃式加热热处理。

实用中,对于钢板经受弯曲塑性变形所产生的残余应力,是否需要进行热处理,可用下式确定:

一侧弯曲 $\quad\quad\quad\quad\quad\quad\quad \varepsilon = 50t(1 - R_f/R_o)/R_f \quad\quad\quad\quad\quad\quad (6-3)$

两侧弯曲 $\quad\quad\quad\quad\quad\quad\quad \varepsilon = 75t(1 - R_f/R_o)/R_f \quad\quad\quad\quad\quad\quad (6-4)$

式中 ε——相对变形量,%;

$\quad\quad t$——成形前钢板厚度,mm;

$\quad\quad R_f$——成形后最小曲率半径,mm;

$\quad\quad R_o$——形成前曲率半径,mm。

如果计算出的相对变形量 $\varepsilon \geq 3\% \sim 5\%$,则容器或焊接构件焊后应进行热处理。

决定容器(或焊接构件)焊后热处理条件参数的主要因素可参考表6-2。

表6-2 决定焊后热处理条件参数的主要因素

处理条件参数	必须考虑的主要因素
温度上限	①相变点以下;②低于调质钢的回火温度;③避开母材和焊接接头性能会恶化的温度范围
温度下限	①应力消除效果;②淬硬组织的软化;③氢和其他有害气体的除去
保温时间上限	①母材和焊接接头必须具有的使用性能不致恶化的范围;②制造时间的缩短
保温时间下限	①应力消除效果;②淬硬组织的软化;③氢的去除;④组织的稳定
加热速度上限	①厚、大焊件温度不均匀的防止;②防止因温度不均造成工件形状和尺寸的改变;③防止变形和裂纹
加热速度下限	①加热炉温度控制;②制造时间的缩短
冷却速度上限	①防止厚、大工件加热不均;②防止因温度不均造成工件形状及尺寸改变;③防止再发生残余应力及变形
冷却速度下限	①炉温控制;②母材及焊接接头的性能;③防止再热裂纹
入炉温度上限	①防止因温度不均造成工件形状和尺寸改变;②防止变形及裂纹
出炉温度上限	①防止因温度不均造成工件形状和尺寸改变;②防止再发生残余应力及变形;防止裂纹

(二)焊后热处理的主要参数及温度控制

焊后热处理的主要参数为升温速度,热处理温度,保温时间及冷却速度。其中每一参数都会影响到热处理的最终效果。

1. 升温速度

升温速度快一些较为经济,且在中间温度滞留过长会影响到某些钢种的性能变化。但加热速度过快会造成陡峭的温度梯度,还可能诱发焊接出现裂纹或变形。

2. 热处理温度

对于大、厚焊件的加热速度主要取决于热量传递到构件内部所需的时间，需慎重选择。例如500℃左右时将引起某些合金钢脆化。对热处理过的钢种，为了维持其强度，焊后热处理的温度上限不能超过该钢种的回火温度。为了不产生相变，根据钢种不同，焊后热处理的上限一般为600~700℃。温度偏高，热处理的作用会完全不同，非但达不到预期效果，反而会产生一系列其他问题。热处理温度的下限一般定在400℃，低于此温度则达不到热处理效果。压力容器焊后热处理温度的确定见表6-3，国外一些国家标准关于焊后热处理温度的规定，见表6-4，JB/T 4709—2007《钢制压力容器焊接规程》对热处理温度还作了如下要求：

① 应尽可能采用整体消除应力热处理，当分段热处理时，加热重迭部分长度应至少为1500mm，加热带内任意一点的温度应不低于消除应力热处理规定的温度，加热带以外部分应采取保温措施，防止产生有害的温度梯度。

② 焊接返修焊缝或筒体环缝采取局部热处理时，焊缝每侧加热宽度不得小于容器壁厚的2倍；接管与容器相焊的整圈焊缝热处理时，加热带宽度不得小于壳体厚度的6倍，加热带以外部分应采取保温措施，防止产生有害的温度梯度。

③ 炉内整体热处理时，炉内任意两点测温点温差应在±20℃范围内。

3. 保温时间

容器（或焊接构件）焊后热处理皆需要有一定的保温时间，但保温时间过长，特别是在高于或低于正常焊后热处理温度范围内长时间加热，会使焊件的塑性和韧性降低。压力容器焊后热处理最短保温时间，以及当低碳钢和某些低合金钢消除应力热处理温度低于最低保温温度时的保温时间，见表6-3~表6-5；表6-3中所列钢材类别见表6-6。

表6-3 消除应力热处理推荐规范（JB/T 4709—2007）

钢材类别		Fe-1①	Fe-2	Fe-3①	Fe-4	Fe-5②③	Fe-6④	Fe-7④	Fe-8	Fe-9	Fe-10
最低保温温度/℃		600	—	600	600	680	680	730	⑤	600	730
在相应消除应力热处理厚度下，最短保温时间/h	≤50mm	$\frac{\delta_{PWHT}}{25}$，最少为15min								≤25mm $\frac{\delta_{PWHT}}{25}$，最少15min；>25mm后 $1+\frac{\delta_{PWHT}-25}{100}$	$\frac{\delta_{PWHT}}{25}$，最少15min
	>50~125mm	$2+\frac{\delta_{PWHT}-50}{100}$				$\frac{\delta_{PWHT}}{25}$			$2+\frac{\delta_{PWHT}-50}{100}$		
	>125mm					$5+\frac{\delta_{PWHT}-125}{100}$					

注：① Fe-1、Fe-3类别的钢材，当不能按本表规定的最低保温温度进行消除应力热处理时，可按表6-5的规定降低保温温度，延长保温时间。
Fe-9类别的钢材，当不能按本表规定的最低保温温度进行消除应力热处理时，可按表6-5的规定降低最低保温温度（允许降低55℃），延长保温时间。
② Fe-5类Ⅰ组的钢材，当不能按本表规定的最低保温温度进行消除应力热处理时，最低保温温度可降低30℃，降低最低保温温度消除应力热处理最短保温时间：
  ⅰ 当δ_{PWHT}≤50mm时，为4h与$\left(4\times\frac{\delta_{PWHT}}{25}\right)$h中的较大值。
  ⅱ 当δ_{PWHT}>50mm时，为本表中最短保温时间的4倍。
③ Fe-5类中10Cr9Mo1VNb钢最低保温温度为700℃。
④ Fe-6、Fe-7中的0Cr13、0Cr13Al型不锈钢，当同时具备下列条件时，无需进行消除应力热处理：
  ⅰ 钢材中碳含量不大于0.08%；
  ⅱ 用铬镍奥氏体不锈钢焊条或非空气淬硬的镍-铬-铁焊条施焊；
  ⅲ 焊接接头母材厚度不大于10mm，或母材厚度为10~38mm但保持≥230℃预热温度；
  ⅳ 焊接接头100%射线透照检测。
⑤ Fe-8类钢材焊接接头既不要求，又不禁止采用消除应力热处理。
⑥ 钢材类别按JB 4708规定。

第六章 容器的热处理

表6-4 各国标准关于焊后热处理温度的规定　　　　　℃

	HPIS	JIS Z 3700	ISO/DIS 2694	ASME Sec. Ⅷ	ASME Sec. Ⅷ	BS 5500	BS 2633 管	ASME B31.3 管
碳钢	≥550	≥600	500~600	≥595	595~675	600±20	580~620 530~670①	595~650
C-Mo钢	≥590	≥600	580~620	≥595	595~675	650~680	650~680	595~720
1¼Cr-½Mo钢	≥590② ≥620	≥600	620~660	≥595	595~675	630~670 650~700	630~670	705~745
2¼Cr-1Mo钢	≥650② ≥675	≥680	625~750	≥675	675~760	630~670 680~720 710~750	680~720 700~750	705~760
5Cr-½Mo钢	≥675②		670~740			710~760	710~760	
9Cr-1Mo钢	≥700							
3½Ni钢	≥550		550~580	595~635	595~635	580~620	590~620	595~635

① 0.25%<w(C)≤0.4%时；
② 要求高温强度、蠕变性能时。

表6-5 消除应力热处理温度低于规定最低保温温度时的保温时间（JB/T 4709—2007）

比表2规定最低保温温度再降低温度数值/℃	降低温度后最短保温时间/h	备注
30	2	①
55	4	①
80	10	①，②
110	20	①，②

注：① 最短保温时间适用于消除应力热处理厚度 δ_{PWHT} 不大于25mm的焊件，当 δ_{PWHT} 大于25mm时，厚度每增加25mm，最短保温时间则应增加15min。
② 适用于Fe-1类1组和2组。

表6-6 不同钢号相焊时分类分组表（JB/T 4709—2007）

类别	组别	钢号
Fe-1	1	20R，20，10，15，B级，A级，15
		Q235-B，Q235-C，20g，20G，20MnG
	2	16MnR，16MnDR，15MnNiDR，09MnNiDR
		16Mn，16MnD，09MnNiD，09MnD
	3	15MnVR，15MnNbR
	4	08MnNiCrMoVD，12MnNiVR
		07MnCrMoVR，07MnNiMoVDR
Fe-3	1	12CrMo，12CrMoG
	2	20MnMo，20MnMoD，10MoWVNb
		12SiMoVNb
	3	13MnNiMoNbR，18MnMoNbR，20MnMoNb

续表

类　别	组　别	钢　号
Fe-4	1	15CrMoR，15CrMo，14Cr1Mo，14Cr1MoR
		15CrMoG
	2	12Cr1MoV，12Cr1MoVG
Fe-5	1	12Cr2Mo1，12Cr2Mo，12Cr2Mo1R
		12Cr2MoG
	2	1Cr5Mo
Fe-6		0Cr13
Fe-7		0Cr13，0Cr13Al
Fe-8	1	0Cr18Ni9，00Cr19Ni10，0Cr17Ni12Mo2
		00Cr17Ni14Mo2，1Cr18Ni9Ti，0Cr18Ni10Ti
		0Cr18Ni12Mo2Ti，0Cr19Ni13Mo3
		00Cr19Ni13Mo3，0Cr17Ni12Mo2
	2	
Fe-9		10Ni3MoVD
Fe-10	1	
	2	

4. 冷却速度

冷却速度主要应控制为不致在焊件内产生过大的温度梯度，否则会重新使焊接接头产生残余应力或残余应形。JB/T 4709—2007《钢制压力容器焊接规程》要求：①焊件温度高于400℃时，加热区降温速度不得超过 $7000/\delta_{PWHT}$ ℃/h（δ_{PWHT} 为消除应力热处理厚度），且不得超过280℃/h，最小不得低于38℃/h。②对表6-4中Fe-7和Fe-10类钢材，加热区温度高于650℃时，冷却速度不应大于56℃/h，加热区温度低于650℃后，冷却时应防止脆化。③焊件出炉时，炉温不得高于400℃，出炉后应在静止空气中冷却。

在实施焊后热处理过程中，温度的控制是全过程的关键。对于用燃料加热的热处理，所有的燃烧器喷嘴应配置得当，其热容量、燃料与空气的比例以及喷嘴头的形式及喷射方向等都必须合理选定。为了使加热温度均匀，应配置热风喷射装置。热电偶应置于不锈钢套管内并以玻璃纤维棉隔热，用专用的热电偶焊机焊在测温点位置。测温点以靠近焊缝为宜，测温点配置数量应使其两点间距离小于4570mm为宜（一般取4500mm），部分热电偶应直接焊在焊缝上。JB/T 4709—2007对于焊后消除应力热处理温度测定作出如下规定：

① 消除应力热处理温度以在焊件上直接测量为准，在热处理规程中应防止热电偶与焊件接触松动。宜采用热电偶焊在焊件上的连接方法。

② 测温点应布置在经受热处理压力容器的受热典型部位，在产品焊接试件及一些特殊

部位(如靠近炉门、进风口、火焰喷口、烟道口、以及壁厚突变处等)都应设置测温点。对于炉内热处理,当炉内有多于一件的焊件进行消除应力热处理时,应在炉内顶部、中部和底部的焊件上设置测温点。

③ 为防止热源直接加热热电偶,热电偶与热源应分别置于焊件壁内外两侧。

④ 筒体壁厚≥25mm容器进行消除应力热处理时,容器的内外壁都要有测温点。

⑤ 消除应力热处理温度在整个热处理过程中,应当连续自动记录,记录图表上应可以区分每个测温点的温度数值。

二、焊后热处理方法

焊后热处理方法可分为整体热处理和局部热处理两大类。整体热处理又可分为炉内整体热处理,整体内热处理,炉内分段处理。当容器(或焊接构件)无法进行整体热处理时,可对关键部位的焊缝进行局部热处理。除此以外还有分件热处理,即先在炉内对几个部位进行热处理,然后再组焊成容器,最后对组装焊缝进行局部热处理。

(一) 整体热处理

焊后整体热处理可以采用燃料加热炉,也可以采用气体加热器、电热元件或放热的化学反应加热焊件整体(或分段加热)。

1. 炉内整体热处理及分段热处理

轻小的设备可在固定式退火炉内进行热处理,即将焊接结构整体(或分段)放在加热炉内,并缓慢加热至一定温度,对低碳钢大约在600~650℃左右,其他钢种的最低加热(保温)温度可参考表6-2,并保温一定时间(一般情况下可按每毫米板厚保温4~5min计算,但不小于1h,或按表6-2计算最短保温时间),然后在空气中冷却或随炉冷却。加热炉应有良好的控制和自动检测并记录各处温度的技术保障措施,工件不能直接受火焰加热,以避免过度氧化。工件在炉内的支承应牢靠,并使其表面受热均匀。入炉温度一般不超过300℃,以避免产生过大热应力。

容器应尽可能在密闭的加热炉内进行整体(或分段)热处理,其中以进行整体高温回火消除焊接残余应力效果最好,一般可以消除80%~90%以上的焊接残余应力。对于超过炉子长度的容器或工件,可以采用分段热处理方法,每两段处的重叠部分至少等于1500mm或$5\sqrt{Rt}$mm(R和t分别为容器内半径和壁厚,mm;取两者中较大值。容器(或工件)的炉外部分必须绝热,以防止温度梯度过大。其缺点是重叠加热部分过热,对某些钢种会产生不利影响。

对于采用砖砌加热炉的炉内整体热处理,在同一加热炉内可同时处理几台不同壁厚的容器(或焊接构件),但加热炉内容积与被处理件总容积的比不得超过2:1,并需按最厚容器的热处理要求进行。

2. 整体内热处理

该法也称为内燃式或烟气法焊后热处理。它是将热源引入容器内部,在容器内部加热,外部采用绝热材料保温。一般是向容器内高速喷射出燃气进行燃烧,有时采用超音速旋转喷嘴使喷射的火焰速度达到360m/s。为使加热均匀,还同时喷射热风进行气流搅拌。ASME规定,燃气压力不得超过容器材料最高热处理温度下允许工作压力的50%,以防止容器产生变形或破坏。

国内球罐及大型塔器(如焦炭塔)等进行现场整体热处理所采用的内部燃烧法(燃料大多为柴油),也属于焊后整体内热处理范畴。

（二）局部热处理

在容器或焊接构件无法进行整体热处理情况下，可对其关键部位的焊接接头进行局部热处理。一般采用电阻丝加热器、低频感应圈、火焰加热器或化学反应发热器等加热方法。局部热处理的加热宽度一般应为工件壁厚的6倍，焊缝每侧的绝热保温宽度应为板厚的10倍。加热应尽量对称进行，需严格控制加热温度，否则很易造成新的应力或出现应力转移到工件其他部位的危险性。

局部热处理主要是指对焊接接头进行局部高温回火（亦称低温退火）。也就是对焊接接头应力大的区域加热到比较高的温度，然后缓慢冷却。这种热处理方法不可能完全消除焊接应力，但可以降低残余应力的峰值，使应力分布趋于平缓，起到部分消除应力的作用。

局部消除应力处理主要用于壳体中环焊缝以及壳体与开口接管或壳体与其他的焊接附件的环圈角焊缝。

1. 壳体环焊缝局部热处理

可以通过环向周围屏蔽带加热进行环焊缝局部热处理，加热带的宽度自焊缝中心线计算起两侧均应不小于$2.5\sqrt{Rt}$，最小绝热保温带宽度为$10\sqrt{Rt}$，以很好地保护加热范围之外的容器部分，不至于产生有害的温度梯度。

2. 壳体与开口接管或与其他焊接附件周围角焊缝局部热处理

通过屏蔽带加热围绕在壳体与开口接管或与其他焊接件角焊缝周围的环形带，进行局部加热处理，加热带宽度自焊缝中心算起，两侧均应不小于$2.5\sqrt{Rt}$。

局部热处理可采用工频加热带或红外线板式加热器进行局部加热。工频热处理属于感应穿透加热处理方法，当交变电流通过感应器（施感导体）时，在其周围产生交变磁场，使被置于交变磁场内的工件，在其内部产生交变电动势，从而在金属内部产生交变涡流，根据电热效应原理，使金属发热，达到所需的热处理温度。工频加热装置可以加热较厚钢板制容器，对普通低合金钢，加热温度600~650℃时，透入金属深度可达60mm左右。红外线板式系利用红外线辐射热能加热工件进行热处理，可以使工件内部产生"自发热"，避免了其他加热方式对工件的损害。其优点是加热成本低，工效高，可重复使用，便于现场施工。可按工件形状和热处理加热范围由电加热板组装成任意尺寸的炉身，装卸方便，只对焊缝加热，能量能有效利用。由于炉身是由许多块加热板组成，可以对不同位置的加热板进行功率控制，保证工件各部位加热温度均匀一致（最大温差约±25℃）。同时，可由程控装置自动完成升温、恒温、降温全部热处理过程。由于红外线辐射能密度一般比电阻丝高3倍（约$10W/cm^2$），因此升温速度快，另外由于加热板自身容量小，可灵活选择最合适的冷却速度。

（三）分件热处理

分件热处理时整体热处理与局部热处理相结合的热处理方式，其过程是先将大型容器（或焊接构件）的几个组成部分先进行炉内热处理，最后对这些部分组装的焊缝进行局部热处理，以解决不能实现整体热处理的难题。对组装焊缝进行局部热处理时，加热区宽度至少为工件壁厚的3倍，且焊缝每一侧绝热保温区的宽度至少应为工件最大壁厚的6倍。

三、焊后热处理需注意的主要问题

（一）必须保证材料具有足够的塑、韧性

焊后消除应力热处理必须同时考虑残余应力的降低和金属材料低温韧性的变化。如果材料具有一定的塑性和韧性，则焊接残余应力与工作应力叠加后所产生的峰值应力，可由于重

新分配而大大降低,不致影响结构的强度。反之,如果处于脆性状态,即使不存在残余应力,容器也很容易出现破坏。因此,焊后消除应力热处理对于保证材料具有足够的塑、韧性应是主要目的。如果热处理后会导致材料塑、韧性恶化,则不应进行焊后热处理。对于壁厚较大的容器,一般要求进行焊后处理。此外,焊后消除应力热处理通常会导致材料强度降低,考虑到这种影响,设计时往往会使设备的厚度和重量增加,因此在决定是否需要作热处理及选择热处理方法时要进行综合分析比较。

(二) 保证设备在热处理高温下具有足够的刚度

由于焊后热处理的加热温度远远超过容器或焊接构件的工作温度,为了防止自身重量或较复杂形状引起的变形和失稳,在进行热处理时必须考虑加固支承措施,以保证工件在高温下具有足够的刚度。特别是对于一些大型塔器、反应器等直立式设备,在现场分段组装后对环焊缝进行局部热处理时,更需进行稳定计算,综合考虑到各种载荷(特别是风载荷)的作用,采取完善的加固措施。

(三) 保持热处理温度均匀分布

热处理操作中,要严格控制加热温度的波动范围。在炉内进行整体热处理时,应特别注意炉温的均匀分布,加强对炉膛各点温度的测量,使焊缝全部均匀受热和冷却。

(四) 整体内热处理要严格控制炉膛内气氛

采用整体内热处理(内燃式或烟气法整体热处理)时,要严格控制炉膛的炉气为中性或微氧化性。因为辐射炉内的高温气体中经常含有 CO、CO_2、H_2、N_2、H_2O、O_2 以及 CH_4 等气体,它们在加热时将与钢材表面发生反应,使其产生氧化或脱碳。氧化过程不仅消耗金属使工件减薄,而且会使工件表面粗糙和硬度不均匀,同时还增加清除氧化皮的清理工序。脱碳使工件表面的碳含量减少,淬火后硬度和耐磨性下降,更重要的是降低疲劳强度和抗裂纹性能,缩短工件的使用寿命。尤其是对于 18-8 型奥氏体不锈钢,采用火焰加热炉进行焊后热处理时,一定要避免工件直接与焦炭火焰及还原性气体接触,以防止表面渗碳,使抗腐蚀性能降低,必须采用中性或稍带氧化性火焰加热。

(五) 合理选择不锈复合钢板或异种钢焊接接头焊后热处理温度

在进行不锈复合钢板或异种钢焊接接头焊后热处理时,对于不锈钢复合钢板,由于覆层和基层是由两种化学成分、力学性能、物理性能等差别都很大的金属材料复合而成,应属于异种钢的焊接和对焊后热处理问题。基层为含碳量≤0.3%的碳钢、覆层为普通奥氏体不锈钢的情况,当规定覆层不作退火处理而基层需要作消除应力热处理时,焊接接头可在550℃以下退火,而对超低碳型奥氏体不锈钢覆层,其退火温度为600~650℃。不锈钢复合钢板焊后热处理温度选择见表6-7。

表6-7 复合钢板焊后热处理温度选择

覆层材料		基层材料	温度/℃
不锈钢	铬系	低碳钢 低合金钢	600~650
	奥氏体系(稳定化,低碳)		600~650
	奥氏体系		<550
	奥氏体系	Cr-Mo钢	620~680

注:1. 覆层材料如果是奥氏体系不锈钢,在这个温度带易析出 σ 相和 Cr 碳化物,故尽量避免作焊后热处理。
2. 对于用405型或410S型复合钢板焊制的容器,当采用奥氏体焊条焊接时,除设计要求外,可免作焊后热处理。

对于异种钢焊接接头进行焊后热处理的问题比较复杂,特别当两种异种钢的焊后热处理制度本身有较大差异时,更要缜密对待。对于珠光体、贝氏体、马氏体类异种钢焊接接头,且其焊缝金属的金相组织也与之基本相同时,可以按照合金含量较高的钢种确定热处理工艺参数这一基本原则考虑。但对于铁素体或奥氏体钢,且其焊缝金属也为铁素体或奥氏体的异种钢焊接接头,若仍按以上原则考虑,则可能有害无益,不但达不到焊后热处理的预期目的,反而可能导致焊接接头缺陷的产生,甚至波及到母材。一般情况下,加热温度应按合金成分含量较低一侧的母材考虑,热处理温度上限不应超过钢材的下临界点 A_{C1}。

(六) 钛制和钛-钢复合板制设备热处理要求

按 JB/T 4709—2007《钢制压力容器焊接规程》和 NB/T 47015—2011《压力容器焊接规程》,钛制和钛-钢复合板制设备一般不进行焊后热处理,当图样规定进行焊后热处理,应同时注明热处理方法、热处理温度和保温时间,通常为不完全退火,推荐规范见表 6-8。

表 6-8 钛材焊后热处理推荐规范

钛材牌号	焊后热处理保温温度范围/℃	焊后热处理最短保温时间	
		焊件厚度/mm	最短保温时间/min
TA0、TA1-A	450~500	≤1.5	15
TA1、TA2、TA3	520~560	1.6~2.0	25
		2.1~6.0	30
TA9、TA10	520~560	6.1~2.0	60

按照 GB 150.4—2011 规定,图样注明有应力腐蚀的容器须进行焊后热处理。当钛制或钛-钢复合板制设备所盛装的介质对其构成应力腐蚀开裂危险时,如醋酸、甲醇、三氯乙烯、四氯化碳、尿吡啶、PTA 物料等,应进行焊后热处理。

第三节 不锈钢及其复合钢板的焊后热处理

一、不锈钢的焊后热处理

不锈钢的焊后热处理问题比较复杂和特殊,国内外有关不锈钢热处理标准中都有相应的规定。其中比较一致和明确的有:对高强不锈钢,为了在焊接前去氢,需进行预热处理,温度范围一般为 150~400℃;马氏体不锈钢焊后热处理温度范围为 600~800℃;铁素体不锈钢焊后热处理温度范围为 730~800℃,随即快速冷却,以防止脆化;奥氏体不锈钢尚无一个标准规定必须进行热处理,仅当板材很厚时,可选择 900~1100℃的温度范围进行热处理,并随即进行水冷或空冷(根据板厚)。对于奥氏体-铁素体双相钢和镍基合金也未提出有关热处理规定或建议。

我国国家标准 GB 150.1~150.4—2011《压力容器》规定,对于奥氏体不锈钢、奥氏体-铁素体双相钢焊接接头,除设计文件另有规定外,可不进行热处理。国内有关资料提出,为防止奥氏体不锈钢应力腐蚀的发生,除采取合理设计焊接接头,避免腐蚀介质在焊接接头部位聚集,降低或消除焊接接头的应力集中,尽量减少焊接残余应力,在工艺方法上合理布置焊道顺序(如采用分段退步焊)以及合理选择母材与焊接材料等措施外,也提出一些消除应力措施。如焊后完全退火;在难以实施热处理时,采用焊后锤击或喷丸等;同时列出了常用

Cr–Ni 奥氏体不锈钢加工或焊后消除应力热处理的工艺规范(见表3–46)。

不锈钢的焊后热处理按热处理目的和加热温度范围,一般可分为焊后低温、中温和高温热处理三种类型。

(一) 焊后低温热处理

对不锈钢进行焊后低温热处理,目的在于使结构和尺寸稳定,以利于加工和改善应力腐蚀抗力。对于 Cr–Ni 奥氏体不锈钢,在 200~400℃ 下进行焊后低温热处理可以减小焊接接头峰值应力(约可减少到 40%),但总应力只能减少 5% 左右。有时对奥氏体不锈钢焊件也进行 400~500℃ 焊后热处理。

焊后低温热处理不能用于高强 Cr 不锈钢,否则会显著降低材料的塑性,引起"475℃脆性",即一种称为 α–淬火组织的富 Cr 铁素体会在 Fe–Cr 系组织间隙中析出,使硬度增加,塑、韧性降低。这种 α–淬火组织还会降低高强 Cr 不锈钢的耐腐蚀性能。

(二) 焊后中温热处理

对不锈钢进行焊后中温(550~820℃)热处理的目的是为了消除焊接应力。这种处理也可用于复合钢材料,无论对低合金钢基层或是对不锈钢覆层,皆可达到消除应力的作用,但对后者主要是为了防止应力腐蚀裂纹。焊后中温热处理不仅能够消除部分应力,但其不利的影响是也会在热处理过程中导致相变,即发生碳化物的析出铁素体转变为 σ 相,这两种情况都会使钢的耐蚀性及塑、韧性严重降低。

对于铁素体和马氏体不锈钢,一般是在 600~730℃ 范围内进行焊后中温热处理,以改善其缺口韧性。其中,对于 13%Cr 高强钢,在 750~800℃ 进行焊后中温热处理可以降低硬度;对于含 4%Ni、0.5%Mo 的 13%Cr 钢,进行 550~575℃ 焊后中温热处理可以使钢中的马氏体回火,改善其塑、韧性,降低硬度;如果加热温度范围适当提高到 575~625℃ 范围内,则会使其组织中形成部分奥氏体而进一步使硬度降低,但是当热处理温度超过 625℃ 后,由于会形成不稳定的奥氏体,结果反而会使硬度提高,塑、韧性降低;对于含 Ni 和 Mo 的 17%Cr 的钢,在 630~650℃ 进行焊后中温热处理,可以提高韧性;但对 17%Cr 高强钢在 550~800℃ 进行处理会析出 σ 相,从而降低其塑、韧性。防止铁素体及马氏体 Cr 不锈钢焊后中温热处理出现"475℃脆性"的最有效方法是快速冷却。

对于奥氏体–铁素体双相不锈钢,不宜采用焊后中温热处理,因为在热处理过程中会引起 σ 相和碳化铬形成。奥氏体不锈钢用于复合钢板时,必要情况下可以在 540~700℃ 范围内热处理以消除应力,但热处理工艺应采取防止敏化的措施。对于奥氏体不锈钢容器或焊接构件,一般不宜在 550~850℃ 下作焊后热处理,因为在此敏化温度范围内存在晶间腐蚀倾向,降低材料耐腐蚀性能。特别是当钢中含碳量超过 0.03%,更易造成晶界贫 Cr,促成晶间腐蚀。如果当制造容器(或焊接构件)的钢板很厚而必须在此温度范围内进行处理时,则应选用超低碳(C<0.03%)或含稳定化元素(Ti、Nb、Ta)的奥氏体不锈钢母材和焊接材料,并且焊材中应含有足够的稳定化元素(Nb≥8C 或 Ti≥5C)。

(三) 焊后高温热处理

对不锈钢进行焊后高温热处理的目的是为了在高于 900℃ 的热处理温度下,溶解掉不锈钢焊接时形成于焊缝和热影响区的有害析出物,使焊接接头的机械性能和耐腐蚀性能得到恢复。某些情况下,在进行焊后高温热处理之后,还须随之进行中温热处理。不锈钢进行焊后高温热处理过程中,应采取工艺措施防止工件变形和表面形成氧化皮。

马氏体不锈钢及铁素体不锈钢通常在回火后进行高于900℃的处理，可以获得较好的机械性能。但在对奥氏体不锈钢进行高于900℃处理时，由于会溶解掉焊缝中大部分碳化物和 σ 相，从而使其性能接近于母材。为了防止晶间腐蚀，可在1040～1140℃温度范围进行热处理（工件加温后应立即水冷）。对含有Al、Ti的镍基合金进行焊后高温处理，可改善其抗蠕变强度，通常先进行900～1000℃处理，随后还需在700～800℃进行中温处理，以得到最佳含量的 σ 相。

二、不锈钢复合钢板的焊后热处理

压力容器用不锈钢复合钢板通常采用轧制法、爆炸成型法、爆炸成形-轧制法以及堆焊法制成，覆层多为奥氏体不锈钢，有的压力容器根据其操作工况，也采用铁素体不锈钢、马氏体不锈钢、或镍基耐蚀合金、铜基合金或钛板等。基层材料一般为碳钢或低合金钢（如C-Mn钢、Cr-Mn钢等）。由于覆层与基层材料的性质完全不同，因此对复合钢板制压力容器的焊后热处理也变得复杂和特殊，有时甚至会产生不利影响（如对爆炸成形的316复合钢板进行650℃热处理后，由于热处理消除了爆炸硬化部分，使剪切强度降低了10MPa）。

对于奥氏体不锈钢复合钢板，不能以一般碳钢及低合金钢的热处理温度来进行焊后热处理。因为600～650℃正好在奥氏体不锈钢的敏化温度区内（奥氏体不锈钢敏化温度区通常为425～870℃），易引起Cr的碳化物析出（使晶界贫Cr）、σ 相析出、覆层脆化、晶间腐蚀、界面脱C与渗C、残余应力增加等一系列问题。如果必须在该温度下进行焊后热处理，则至少应选用超低碳或含稳定化元素（Ti、Nb、Ta等）的焊接材料。

焊后热处理对奥氏体不锈钢复合钢板的主要影响有以下几方面：

(1) 对复合钢板组织的影响

焊后热处理温度越高、时间越长，复合钢板的渗碳层（对覆层）及脱碳层（对基层）则愈宽。对于爆炸成形复合钢板，由于爆炸硬化，覆层硬度较高，经热处理后虽渗了碳，硬度却显著降低。基层也由于脱碳而使其硬度降低。且渗碳层硬度随热处理温度的升高而增加，700℃时达最大值。焊后热处理在（600～650℃）范围内，使覆层所含铁素体减少，并转化为 σ 相，会导致焊接接头冲击韧性急剧下降，抗裂性能丧失。

(2) 对残余应力的影响

奥氏体不锈钢复合钢板经焊后热处理后，会使覆层和基层的残余应力增加，且热处理温度越高，增加愈显著（由于覆层和基层热胀系数的较大差异，覆层朝拉应力方向增加，基层朝压应力方向增加），严重时在覆层层下会出现裂纹。但对于铁素体不锈钢覆层，经热处理后，残余应力全面降低。

(3) 对覆层耐腐蚀性能的影响

对于堆焊法制成的奥氏体不锈钢钢板，因覆层含碳量较高，含锰量较低，不耐硫酸腐蚀，经焊后热处理会使腐蚀更加严重；对于热轧或爆炸成形奥氏体不锈钢复合钢板，热处理后硫酸中的腐蚀性无明显变化。但所有类型的奥氏体不锈钢复合钢板，经中温热处理后（625℃），在硝酸+氢氟酸中的耐腐蚀性急剧降低。

附 录 A

表 A-1 焊接方法分类——一元坐标法

热源		焊接方法分类 保护方法					
		真空	惰气	气体	焊剂	无保护	机械排除
不加热或无传导热		冷压焊	热压结合			热压焊 冷压焊	
机械能		爆炸焊				爆炸焊	摩擦焊 超声波焊
化学热	火焰			原子氢焊		锻焊	压力对接焊
	放热反应				热剂焊		
电阻热	感应电阻热					感应高频焊	感应对接焊
	直接电阻热				电渣焊	闪光焊 高频电阻焊 凸焊	点焊 缝焊 / 对焊
电弧热	熔化极		熔化极惰性气体焊	熔化极 CO_2 电弧焊 熔化极气电焊	涂料焊条电弧焊 埋弧焊	光焊丝电弧焊 螺柱电弧焊 火花放电焊 冲击电弧焊	
	非熔化极		钨极惰性气体焊			碳弧焊	
	等离子体		等离子弧焊				
放射能	电磁					激光焊	
	粒子		电子束焊				

表 A-2 焊接方法分类——二元坐标法

两材料结合时状态	焊接过程中的手段	焊接方法类型	电弧热		电阻热					高能束		混合热源	化学反应热		机械能	间接热能		
			药皮(焊剂)保护	气体保护	熔渣电阻	固体电阻										传热介质		
						工频		高频										
						接触式	感应式	接触式	感应式	电子束	激光束	激光电弧	激光等离子	火焰	热剂	炸药	气体	液体	固体
液相	熔化不加压力	基本型	焊条电弧焊 埋弧焊	钨极氩弧焊 等离子弧焊 熔化极气体保护焊	电渣焊					电子束焊	激光焊	激光电弧复合焊	激光等离子复合焊	气焊及气割	热剂焊				

续表

两材料结合时状态	焊接过程中的手段	焊接方法类型	电弧热 药皮(焊剂)保护	电弧热 气体保护	电阻热 溶渣电阻	固体电阻 工频 接触式	固体电阻 工频 感应式	固体电阻 高频 接触式	固体电阻 高频 感应式	高能束 电子束	高能束 激光束	混合热源 激光电弧	混合热源 激光等离子	化学反应热 火焰	化学反应热 热剂	化学反应热 炸药	机械能	间接热能 气体	间接热能 液体	间接热能 固体
液相	熔化不加压力	变型应用	焊条电弧堆焊、埋弧堆焊、水下电弧焊、电弧点焊、碳弧气刨、钨极氩弧堆焊、等离子弧堆焊、药芯焊丝电弧堆焊											火焰堆焊						
液相	熔化加压力	基本型			定位焊	缝焊	凸焊		(工频)感应电阻焊											
液相	熔化加压力	变型应用	电容储能焊(放电)	电弧焊柱焊																
固相	加压力不熔化					电阻对焊	电阻扩散焊	电阻对焊 接触高频对焊	电阻对焊 感应高频对焊					气压焊		爆炸焊	摩擦焊 超声波焊 变形焊	扩散焊		
固相	加压力熔化					闪兴对焊		闪光对焊	闪光对焊											
固相兼液相		基本型钎焊				电阻钎焊			感应高频钎焊	电子束钎焊				火焰钎焊				炉中钎焊	(盐溶金属浴)浸渍钎焊	
固相兼液相		热喷涂												火焰喷涂钎接焊			等离子喷涂		扩散钎	

附录 A

表 A-3 焊条手工电弧焊焊接接头的基本形式与尺寸（GB/T 985.1—2008）

单面对接焊坡口

序号	母材厚度 t	坡口/接头种类	基本符号	横截面示意图	尺寸 坡口角 α 或 坡口面角 β	尺寸 间隙 b	尺寸 钝边 c	尺寸 坡口深度 h	适用的焊接方法	焊缝示意图	备注
1	≤2	卷边坡口	⌒		—	≈t	—	—	3 111 141 512		通常不填加焊接材料
2	≤4	I形坡口	‖		—	—	—	—	3 111 141		—
	3<t≤8				—	3≤b≤8	—	—	13		必要时加衬垫
	≤15				—	≈t	—	—	141[①]		
3	≤100	I形坡口（带衬垫）	—		—	≤1[②]	—	—	52		—
		I形坡口（带锁底）	—		—	0	—	—	51		

续表

单面对接焊坡口

序号	母材厚度 t	坡口/接头种类	基本符号	横截面示意图	尺寸 坡口角α 或 坡口面角β	尺寸 间隙 b	尺寸 钝边 c	尺寸 坡口深度 h	适用的焊接方法	焊缝示意图	备注
4	$3<t\leq10$	V形坡口	V		$40°\leq\alpha\leq50°$	≤4	≤2	—	3 111 13 141		必要时加衬垫
	$8<t\leq12$				$6°\leq\alpha\leq8°$	—	—	—	52[②]		
5	>16	陡边坡口	⊻		$5°\leq\beta\leq20°$	$5\leq b\leq15$	—	—	6 111 13		带衬垫
6	$5\leq t\leq40$	V形坡口（带钝边）	Y		$\alpha\approx60°$	$1\leq b\leq4$	$2\leq c\leq4$	—	111 13 141		—

附录 A

续表

单面对接焊坡口

序号	母材厚度 t	坡口/接头种类	基本符号	横截面示意图	尺寸 坡口角 α 或坡口面角 β	尺寸 间隙 b	尺寸 钝边 c	尺寸 坡口深度 h	适用的焊接方法	焊缝示意图	备注
7	>12	U-V形组合坡口	ᘁ		$60°\leq\alpha\leq90°$ $8°\leq\beta\leq12°$	$1\leq b\leq3$	—	≈4	111 13 141		$6\leq R\leq9$
8	>12	V-V形组合坡口	⋁		$60°\leq\alpha\leq90°$ $10°\leq\beta\leq15°$	$2\leq b\leq4$	>2	—	111 13 141		—
9	>12	U形坡口	ᑌ		$8°\leq\beta\leq12°$	≤4	≤3	—	111 13 141		—

续表

单面对接焊坡口

序号	母材厚度 t	坡口接头种类	基本符号	横截面示意图	坡口角 α 或坡口面角 β	间隙 b	钝边 c	坡口深度 h	适用的焊接方法	焊缝示意图	备注
10	$3 < t \leq 10$	单边V形坡口	V		$35° \leq \beta \leq 60°$	$2 \leq b \leq 4$	$1 \leq c \leq 2$	—	111 13 141		—
11	>16	单边陡边坡口	⌐		$15° \leq \beta \leq 60°$	$6 \leq b \leq 12$	—	—	111 13 141		带衬垫

附录 A

续表

单面对接焊坡口

序号	母材厚度 t	坡口/接头种类	基本符号	横截面示意图	尺寸 坡口角 α 或 坡口面角 β	尺寸 间隙 b	尺寸 钝边 c	坡口深度 h	适用的焊接方法	焊缝示意图	备注
12	>16	J形坡口	⊢		$10°≤β≤20°$	$2≤b≤4$	$1≤c≤2$	—	111 13 141		—
13	≤15	T形接头			—	—	—	—	52		—
13	≤100	T形接头			—	—	—	—	51		—
14	≤15	T形接头			—	—	—	—	52		—
14	≤100	T形接头			—	—	—	—	51		—

注：① 该种焊接方法不一定适用于整个工件厚度范围的焊接。
② 需要添加焊接标料。

续表

双面对接焊坡口

序号	母材厚度 t	坡口/接头种类	基本符号	横截面示意图	坡口角 α 或坡口面角 β	尺寸 间隙 b	钝边 c	坡口深度 h	适用的焊接方法	焊缝示意图	备注
1	≤ 8	I形坡口	||		—	$\approx t/2$	—	—	111 141 13		—
	≤ 15				—	0	—	—	52		
2	$3 \leq t \leq 40$	V形坡口	V		$\alpha \approx 60°$ $40° \leq \alpha \leq 60°$	≤ 3	≤ 2	—	111 141 13		封底
3	>10	带钝边V形坡口	Y		$\alpha \approx 60°$ $40° \leq \alpha \leq 60°$	$1 \leq b \leq 3$	$2 \leq c \leq 4$	—	111 141 13		特殊情况下可适用更小的厚度和气保焊方法。注明封底

续表

附录 A

序号	母材厚度 t	坡口/接头种类	基本符号	横截面示意图	双面对接焊坡口 尺寸				适用的焊接方法	焊缝示意图	备注
					坡口角 α 或坡口面角 β	间隙 b	钝边 c	坡口深度 h			
4	>10	双V形坡口（带钝边）			$\alpha \approx 60°$ $40° \leq \alpha \leq 60°$	$1 \leq b \leq 4$	$2 \leq c \leq 6$	$h_1 = h_2 = \dfrac{t-c}{2}$	111 141 13		—
5	>10	双V形坡口			$\alpha \approx 60°$ $40° \leq \alpha \leq 60°$	$1 \leq b \leq 3$	≤ 2	$\approx t/2$	111 141 13		—
		非对称双V形坡口			$\alpha_1 \approx 60°$ $\alpha_2 \approx 60°$ $40° \leq \alpha_1 \leq 60°$ $40° \leq \alpha_2 \leq 60°$			$\approx t/3$	111 141 13		—

续表

双面对接焊坡口

序号	母材厚度 t	坡口/接头种类	基本符号	横截面示意图	尺寸 坡口角 α 或 坡口面角 β	尺寸 间隙 b	尺寸 钝边 c	尺寸 坡口深度 h	适用的焊接方法	焊缝示意图	备注
6	>12	U形坡口			$8°\leq\beta\leq12°$	$1\leq b\leq3$	≈5	—	111 13 141^a		封底
7	≥30	双U形坡口			$8°\leq\beta\leq12°$	≤3	≈3	$\approx\dfrac{t-c}{2}$	111 13 141①		可制成与V形坡口相似的非对称坡口形式
8	$3\leq t\leq30$	单边V形坡口			$35°\leq\beta\leq60°$	$1\leq b\leq4$	≤2	—	111 13 141①		封底

续表

双面对接焊坡口

序号	母材厚度 t	坡口/接头种类	基本符号	横截面示意图	尺寸 坡口角 α 或坡口面角 β	尺寸 间隙 b	尺寸 钝边 c	坡口深度 h	适用的焊接方法	焊缝示意图	备注
9	>10	K形坡口	K		$35°≤\beta≤60°$	$1≤b≤4$	$≤2$	$≈t/2$ 或 $≈t/3$	111 13 141[①]		可制成与V形坡口相似的非对称坡口形式
10	>16	J形坡口	⊔		$10°≤\beta≤20°$	$1≤b≤3$	$≥2$	—	111 13 141[①]		封底

续表

双面对接焊坡口

序号	母材厚度 t	坡口接头种类	基本符号	横截面示意图	尺寸 坡口角 α 或坡口面角 β	尺寸 间隙 b	尺寸 钝边 c	尺寸 坡口深度 h	适用的焊接方法[①]	焊缝示意图	备注
11	>30	双J形坡口			$10°\leq\beta\leq20°$	≤3	≥2	$\approx\dfrac{t-c}{2}$	111 13 141[①]		可制成与V形坡口相似的非对称坡口形式
12	≤25	T形接头			—	—	<2	$\approx t/2$	52		—
	≤170				—	—	—	—	51		—

注：① 该种焊接方法不一定适用于整个工件厚度范围的焊接。

续表

角焊缝的接头形式（单面焊）

序号	母材厚度 t	接头形式	基本符号	横截面示意图	尺寸 角度 α	尺寸 间隙 b	适用的焊接方法①	焊缝示意图
1	$t_1 > 2$ $t_2 > 2$	T形接头	△	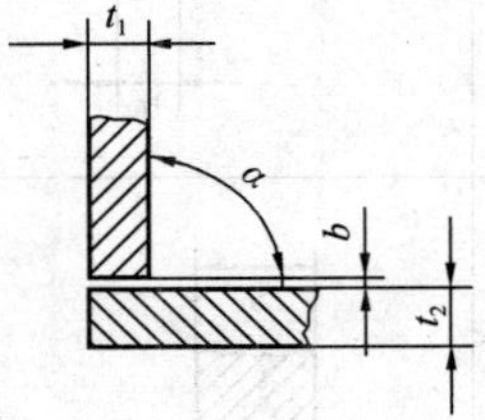	$70° \leq \alpha \leq 100°$	≤ 2	3 111 13 141	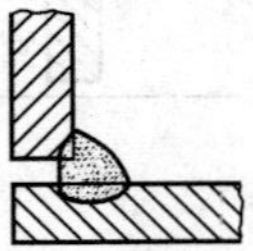
2	$t_1 > 2$ $t_2 > 2$	搭接		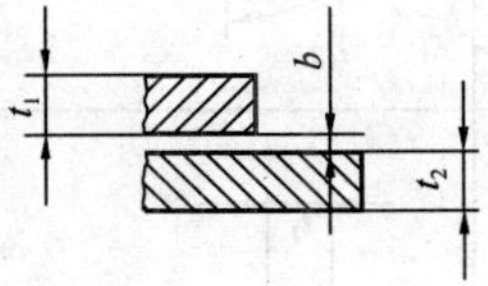	—	≤ 2	3 111 13 141	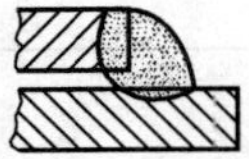
3	$t_1 > 2$ $t_2 > 2$	角接		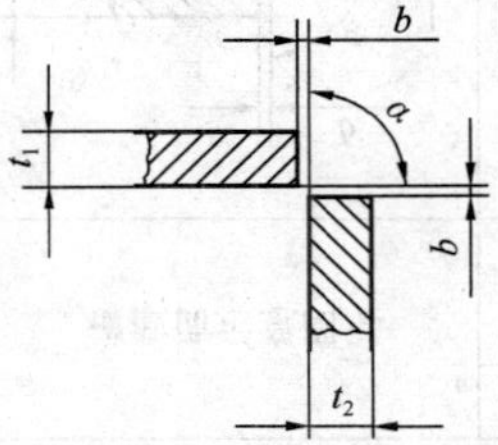	$60° \leq \alpha \leq 120°$	≤ 2	3 111 13 141	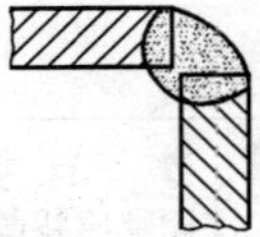

注：① 这些焊接方法不一定适用于整个工件厚度范围的焊接。

续表

序号	母材厚度 t	接头形式	基本符号	角焊缝的接头形式（双面焊） 横截面示意图	尺寸 角度 α	尺寸 间隙 b	适用的焊接方法[①]	焊缝示意图
1	$t_1 > 3$ $t_2 > 3$	角接	△		$70° \leq \alpha \leq 100°$	≤ 2	3 111 13 141	
2	$t_1 > 2$ $t_2 > 5$	角接			$60° \leq \alpha \leq 120°$	—	3 111 13 141	
3	$2 \leq t_1 \leq 4$ $2 \leq t_2 \leq 4$	T形接头			—	≤ 2	3 111 13 141	
	$t_1 > 4$ $t_2 > 4$				—	—	3 111 13 141	

注：① 这些焊接方法不一定适用于整个工件厚度范围的焊接。

附 录 A

表 A-4 埋弧焊各类焊丝类型、化学成分、焊缝金属力学性能及用途

一、实 芯 焊 丝

牌 号 (相当 AWS)	类 型	焊丝化学成分/%								焊缝金属力学性能				用 途
		C	Mn	Si	Cr	Ni	Co	S	P	σ_b/MPa	$\sigma_{0.2}$/MPa	δ_5/%	A_{KV}/J	
H08A[①]	埋弧焊用结构钢焊丝	≤0.10	0.30~0.55	≤0.03	≤0.20	≤0.30		≤0.030	≤0.030	410~550	≥330	≥22	0℃ ≥27	配合焊剂 HJ430、HJ431、HJ433 等焊接低碳钢及 16Mn 等低合金钢结构
H08E[①]	埋弧焊用结构钢焊丝	≤0.10	0.30~0.55	≤0.03	≤0.20	≤0.03		≤0.025	≤0.025	410~550	≥330	≥22	0℃ ≥27	配合焊剂 HJ430、HJ431、HJ433 等焊接低碳钢及 16Mn 等低合金钢结构
H08Mn2Si[②]	CO_2 焊用焊丝	≤0.11	1.40~2.00	0.50~0.95	≤0.20	≤0.30		≤0.040	≤0.040	≥420	≥330	≥22	0℃ ≥27	焊接低碳钢及某些低合金钢结构
H08Mn2SiA[②] (AWS ER70S-7)	CO_2 焊用焊丝	≤0.15	1.50~2.10	0.50~0.95	≤0.20	≤0.30	≤0.50	≤0.035	≤0.025	≥500	≥420	≥22	-30℃ ≥27	焊接低碳钢及某些低合金钢结构

注：① 焊缝金属力学性能按 GB 5293 配合 HJ431 得出。
② 焊前须将焊丝表面油污及铁锈清理干净，选择适宜的焊接规范。

二、药芯焊丝（结构钢用）

牌号（相当AWS）	药芯类型	焊缝金属化学成分/%							焊缝金属力学性能			特 点	用 途
		C	Mn	Si	Al	S	P	σ_b/MPa	$\sigma_{0.2}$/MPa	δ_5/%	A_{KV}/J		
YJ502-1（药结502-1）	钛钙	≈0.10	≈1.20	≈0.50		≤0.040	≤0.050	≥490		≥18	0℃ ≥27 冷弯角为120°	系采用H08A钢带内加钛钙型粉剂而成，可半自动焊焊接，交直流两用，熔敷率较高	用于CO_2气体保护自动和半自动焊重要和相应强度等级的低碳钢、低合金钢等结构
YJ506-2（药结506-2）	低氢钾	≈0.13	≈0.92	≈0.32	≈1.10	≈0.013	≈0.020	≥490	≥410	≥22	0℃ ≥27	焊接电弧稳定，焊缝成形美观，脱渣性好，抗裂性较好，但烟雾较大，适于室外作业，交直流两用，为自保护焊丝	焊接低碳钢普通中板结构，如钢管桩、高层建筑结构等
YJ502-3（药结502-3）（AWS E70T-1）	钛钙	≈0.10	≈1.20	≈0.50		≤0.040	≤0.040	≥490		≥20	-20℃ ≥17 -30℃	工艺性能优良，交直流两用，焊接效率高，质量稳定可靠，为CO_2自动和半自动焊丝	焊接重要的低强度钢及相应合金钢结构，如船舶、石油、压力容器、起重机械、化工设备等
YJ506-4①（药结506-4）（AWS E70T-5）	低氢钾	≈0.10	≈1.20	≈0.50		≤0.040	≤0.040	≥490		≥20	-20℃ ≥47 -30℃ ≥27	工艺性能良好，用直流焊接，焊接效率高，质量稳定，为CO_2自动和半自动焊丝	焊接重要的低强度钢及相应合金钢结构，如船舶、石油、压力容器、起重机械、化工设备等

注：① 焊前应清除工件表面的油锈。

三、硬质合金堆焊焊丝[①]

牌号	名称	焊丝化学成分/%									常温(HRC)	堆焊金属硬度 高温一例(HV)					用途
		C	Mn	Si	Cr	Ni	W	Co	Fe	其他		300℃	400℃	500℃	600℃	800℃	
HS101 (丝101)	高铬铸铁堆焊焊丝	2.5~3.3	0.5~1.5	2.8~4.2	25~31	3.0~5.0			余量		48~54	483	473	460	289		用于堆焊耐磨损、抗氧化(工作温度<500℃)或耐气蚀性的场合,如铲斗齿、汽门、排汽叶片、泵油套、柴油机的泵壳、排汽叶片等
HS103 (丝103)	高铬铸铁堆焊焊丝	3.0~4.0	≤3.0	≤3.0	25~32			4.0~6.0	余量	B0.5~1.0	58~64	857	848	798	520		用于要求强烈耐磨损的场合,如牙轮钻头小轴、煤孔挖掘机、料斗、破碎机辊、提升泵框、混合叶片等的堆焊
HS111 (丝111)	钴基堆焊焊丝	0.9~1.4	≤1.0	0.4~2.0	26~32		3.5~6.0	余量	≤2.0		40~45	365	310	274	250		用于高温(650℃左右)工作时能保持良好耐磨性及耐高温耐蚀性处,如堆焊高压阀门、热剪切刀口、轴套筒和肉衬套筒、热锻模、机辊孔型等堆焊
HS112 (丝112)	钴基堆焊焊丝	1.2~1.7	≤1.0	0.4~2.0	26~32		7.0~9.5	余量	≤2.0		45~50	410	390	360	295		用于高温(650℃)高温内燃机阀,高压密封纤剪刃刀口、轴套筒和肉衬套筒、热剪切刃刀口、热锻模、旋转轴头叶片、螺旋输送机的堆焊
HS113 (丝113)	钴基堆焊焊丝	2.3~3.3	≤1.0	0.4~2.0	27~33		15~19	余量	≤2.0		55~60	623	550	185	320		用于650℃高温下能保持耐蚀耐磨的场合,如牙轮钻头叶片、锅炉旋转轴承、粉碎机刃口、螺旋送料机的堆焊
HS114 (丝114)	钴基堆焊焊丝	0.7~1.0	≤1.0	0.4~2.0	26~30	4.0~6.0	18~21	余量	≤3.0	V 0.75~1.25	≥45	468	450	363	340		用于高温工作的燃气轮机、飞机发动机涡轮叶片等的堆焊

注:① 硬质合金堆焊焊丝可采用氧乙炔焰或手工钨极氩弧焊等方法堆焊。其中氧乙炔焰堆焊最应用最广泛,堆焊应注意以下几点:
(1) 采用三倍焊丝过剩焰(即碳化焰),焰心与内焰的长度比为1:3),以使合金元素烧损最少。
(2) 被堆焊表面应置于水平位置,否则堆焊合金因流动性不好而向下坡流,使堆焊层厚度不均匀。
(3) 应仔细清除工件表面的锈、油等,且工件表面不得有裂纹、剥落、孔穴、凹坑等缺陷。
(4) 为防止裂纹和减少变形,焊前母材表面应不必熔化成熔池,只加热到预材冷却规范同硬质合金焊焊条,棱角处应有圆角。
(5) 焊丝接近母材焊心金属溶池,焊丝溶滴均匀扩充在堆焊面上,若熔滴不铺展,说明焊面加热不足,可连续堆焊2~3层。堆焊过程中工件温度应均匀,焊后缓冷。堆焊完成后,直至表面"出汗"(略现湿润)时可稍稍离高焊嘴,保证焊道焊质量。
(6) 每层堆焊厚度为2~3mm,要求一次堆焊较厚,当需要更厚的堆焊层时,可重新加热至"出汗"状态,可用火焰重新熔化堆焊层,以减少缺陷,保证焊道焊质量。

四、铜和铜合金焊丝

牌号（符合 JB）相当 AWS 或 JIS	名称	熔点/℃	焊丝主要化学成分/%	焊接接头力学性能 σ_b/MPa	焊接接头力学性能 σ_5/%	焊接接头力学性能 冷弯角	工件预热	主要用途
HS201①②③ (SCu-2) AWS ERCu	特制紫铜焊丝	1050	Sn 0.8~1.2 Si 0.2~0.5 Mn 0.2~0.5 P 0.02~0.15 Cu 余量	用无氧铜或脱氧铜对接试板 ≥196 (196~225)		≥120° (180°)	150~300℃（板厚<3mm） 350~500℃（板厚>3mm）	用于紫铜氩弧焊或气焊（和熔剂CJ301配用）及埋弧焊（和HJ431或HJ150配用） 板厚<3mm不开坡口；板厚3~10mmV形坡口；板厚>10mmX形坡口，一般不留钝边
HS202①②③ (SCu-1)	低磷铜焊丝	1050	P 0.20~0.40 Cu 余量	用无氧铜或脱氧铜对接试板 (147~176)		(60°~120°)	400~500℃（板厚较小） 600~700℃（厚件）	用于紫铜气焊或惰性气体保护焊，气焊时用火焰能率较大的中性焰，可采用垫板
HS220①② (SCuZn-2) JISZYCuZnSn	锡黄铜焊丝	886	Cu 57~61 Sn 0.5~1.5 Zn 余量 杂质总量≤0.5（含Pb≤0.05）				400~500℃	用于黄铜气焊或惰性气体保护焊，也可钎焊铜、铜镍合金、铜镍氧化金等，气焊时采用中性焰或轻微氧化焰，提高焊速以减少焊时间，避免锌在高温下的蒸发
HS221①②④ (SCuZn-3) JISZyCuSn	锡黄铜焊丝	890	Cu 59~61 Sn 0.8~1.2 Si 0.15~0.35 Zn 余量	用H62黄铜作对接试板 ≥333 (392~441)	(20~25)	气焊	400~500℃	用于黄铜气焊及碳弧焊，也可钎焊铜、钢、铜镍合金等，气焊时灰口转铁以及镶嵌硬质合金，气焊时采用中性焰或轻微氧化焰并提高焊速以减少锌的蒸发
HS222①②④ (SCuZn-4)	铁黄铜焊丝	860	Cu 57~59 Mn 0.03~0.09 Sn 0.7~1.0 Zn 余量 Fe 0.35~1.2 Si 0.05~0.15	用H62黄铜作对接试板 ≥333 (392~441)	(20~25)	气焊	400~500℃	用于黄铜气焊及碳弧焊，也可钎焊铜、钢、铜镍合金等，气焊时灰口转铁以及镶嵌硬质合金，气焊时采用中性焰或轻微氧化焰并提高焊速以减少锌的蒸发

续表

牌号(符合JB) 相当AWS或JIS	名称	熔点/℃	焊丝主要化学成分/%	焊接接头力学性能 σ_b/MPa	焊接接头力学性能 σ_5/%	冷弯角	工件预热	主要用途
HS223①④ (SCuZn-5)	硅黄铜焊丝	905	Cu 61~63 Si 0.3~0.7 Zn 余量	用H62黄铜作对接试板，气焊 ≥333 (392~441)	(20~25)	—	400~500℃	用于黄铜气焊及碳弧焊，也可钎焊铜、铜镍合金、灰口铸铁以及镶嵌硬质合金等，气焊时采用中性焰或轻微氧化焰并提高焊速以减少锌的蒸发
非标准牌号①③ (SCuAl)	铝青铜焊丝	—	Al 7~9 Mn≤2.0 Cu 余量	—	—	—	—	用于铝青铜的TIG和MIG焊，或用作手工电弧焊焊条的焊芯
非标准牌号①③ (SCuSi)	硅青铜焊丝	—	Si 2.75~3.5 Mn 1.0~1.5 Cu 余量	—	—	—	—	用于硅青铜及黄铜的TIG和MIG焊
非标准牌号①③ (SCuSn)	锡青铜焊丝	—	Sn 7~9 P 0.15~0.35 Cu 余量	—	—	—	—	用于锡青铜的TIG焊或手工电弧焊的焊条芯

注：① 焊前应仔细清除焊丝表面及工件坡口的污物，否则会引起气孔、夹渣等缺陷。清理方法可用钢丝刷或砂纸打磨。
② 气焊时必须配合相应的铜气焊熔剂作助熔剂。
③ 紫铜和青铜手工氩弧焊时通常采用直流正接和较小直径的电极，为消除气孔应预热工件，减少氢气流量和提高焊速。
④ 碳弧焊也是焊接铜和铜合金的常用方法之一，所用焊丝、熔剂与焊接工艺均与气焊相似。

五、铝和铝合金焊丝

类别	名称	牌号 AWS	相当于旧牌号	熔点/℃	焊丝主要化学成分/%	焊接接头力学性能 σ_b/MPa	冷弯角	主 要 用 途
纯铝	2号纯铝焊丝	SAl-2 AWS ER1100	HS301	660	Fe0.25 SiO.20 Al99.6	纯Al试板,气焊 ≥63 (68~74)	180°	氩弧焊和气焊焊接纯铝及对接头性能要求不高的铝合金,广泛用于化学工业铝制设备
纯铝	3号纯铝焊丝	SAl-3	HS302		Fe0.30 SiO.30 Al99.5			
纯铝	4号纯铝焊丝	SAl-4			Fe0.30 SiO.35 Al99.3			
铝镁	铝镁2焊丝	SAlMg2		638~660	Mg2.2~2.8 Cr0.15~0.40 Fe0.4 SiO.5 Al余量	LF5铝镁合金试板气焊 ≥196 (265~294)	(120°~180°)	氩弧焊和气焊焊接铝镁合金工件和铸件,也可焊接铝锌镁合金
铝镁	铝镁3焊丝	SAlMg3			Mg3.2~3.8 Mn0.3~0.6 Fe0.5 SiO.5 Al余量			
铝镁	铝镁4焊丝	SAlMg4Mn			Mg4.3~5.2 Cr0.05~0.28 Mn0.5~1.0 Fe0.4 SiO.4 TiO.15 Al余量			
铝镁	铝镁5焊丝	SAlMg5	HS331		Mg4.7~5.7 Mn0.2~0.6 Fe0.4 SiO.4 Al余量			
铝镁	铝镁5钛焊丝	SAlMg5Ti			Mg4.8~5.5 Mn0.3~0.5 TiO.02~0.20 Al余量			
铝铜	铝铜6焊丝	SAlCu6		—	Cu6.0~7.0 Al余量	—	—	—
铝锰	铝锰1焊丝	SAlMn1	HS321	643~654	Mn1.0~1.6 Al余量 Fe≤0.7 Si≤0.6	LF21铝锰合金试板、气焊 ≥117 (122~132)	(180°)	氩弧焊和气焊焊接铝锰合金及其他铝合金
铝硅	铝硅5焊丝	SAlSi5 AWS ER4043	HS311	580~610	Si4.5~6.0 Al余量	LF21铝锰合金试板、气焊 ≥117 (122~137)	(180°)	除铝镁合金外的铝合金工件和铸件的氩弧焊及气焊,尤对易产生热裂纹的热处理强化铝合金可获得较好效果

注:①薄板结构用手工TIG焊,一般采用交流电源;厚板结构用MIG焊,采用直流反接。气焊适于薄板和小零件焊接,采用中性焰或微碳化焰。
②铝及铝合金气焊时必须采用气剂。
③焊前应严格清除工件焊接边缘和焊丝表面的氧化膜和油污,以免引起熔合不良、气孔、夹渣等等缺陷,焊后须用热水清洗焊缝区域残渣和留有的气剂,以免产生腐蚀。
④施焊时采用垫板托住熔化金属,以保证焊透而不塌陷。

六、铸铁焊丝

(一) 铸铁气焊丝

牌 号	名 称	焊丝化学成分/%								工件预热	焊后热处理	用 途
		C	Si	Mn	S	P	Mg	钇基重稀土	稀土(轻)			
HS401-A	灰口铸铁气焊丝	3~3.6	3.0~3.5	0.5~0.8	≤0.08	≤0.5	—	—	—	600~700℃	缓冷	补焊灰口铸铁件缺陷,如某些机件的修复和农机具的补焊及堆焊
HS401-B		3~4.0	2.75~3.5	0.5~0.8	≤0.5	≤0.5	—	—	—	(复杂件或大件)		
HS402	钇基重稀土球墨铸铁气焊丝	3.8~4.2	3.0~3.6	0.5~0.8	≤0.05	≤0.5	—	0.08~0.15	—	中小件不预热,复杂件或大件预热600~700℃	正火 900~920℃ 1~2h 出炉空冷 退火 900~920℃ 1~2h 炉冷至500℃× 1h,空冷	球墨铸铁件的补焊及堆焊
自制	轻稀土-镁球墨铸铁气焊丝	3~4	3.5~4.5	0.5~0.8	≤0.02	<0.10	0.035~0.06	—	0.03~3.04			

注:铸件焊接或焊补表面应清洁,中号焊矩;采用还原焰且是火焰功率较大的大,配用气焊粉。

(二) 铸铁焊丝(冷焊用,符合 GB 10044—2008)

化学成分/% 型号	C	Si	Mn	S	P	Fe	Ni	Mo	Ce	球化剂	用 途
RZC-1	3.20~3.50	2.70~3.00	0.60~0.75	≤0.10	0.50~0.75		—	—	—	—	灰口铸铁中小件,且壁厚较均匀的边角处缺陷的焊补
RZC-2	3.50~4.50	3.00~3.80	0.30~0.80	≤0.10	≤0.50		—	—	—	—	
RZCH	3.20~3.50	2.00~2.50	0.50~0.70	≤0.015	0.20~0.40	余量	1.20~1.60	0.25~0.45	—	—	合金铸铁件的焊补
RZCQ-1	3.20~4.00	3.20~3.80	0.10~0.40	≤0.03	≤0.50		≤0.50	—	0.20	0.01~0.10	球墨铸铁件的焊补
RZCQ-2	3.50~4.20	3.50~4.20	0.50~0.80	≤0.03	≤0.10		—	—	—	0.01~0.10	

表 A-5 埋弧焊各类焊剂类型、化学成分、焊缝金属力学性能及用途

一、埋弧及电渣焊用焊剂(符合 GB 5293—1999)

牌号 国标GB 相当AWS	焊剂类型	焊接电流种类	焊剂成分/%（质量分数）	焊缝金属力学性能 σ_b/MPa	$\sigma_{0.2}$/MPa	δ_5/%	A_{KV}/J	焊剂烘干	主要用途
HJ130（焊剂130）HJ300—H10Mn2	无锰高硅低氟	交、直反	SiO_2 35~40 Al_2O_3 12~16 P≤0.05 CaF_2 4~7 TiO_2 7~11 CaO 10~18 FeO≈2.0 MgO 14~19 S≤0.05	按GB 5293—85[①] HJ300-H10Mn2 410~550		≥22		250℃ ×2h	配合H10Mn2或其它低合金钢焊丝焊接低碳钢结构或16Mn等低合金钢结构
HJ131（焊剂131）	无锰高硅低氧	交、直	SiO_2 34~38 Al_2O_3 12~16 S≤0.05 CaF_2 2~5 FeO≤1.0 P≤0.08 CaO 48~55 R_2O[②]≤3					250℃ ×2h	配合镍基焊丝焊接镍基合金薄板结构
HJ150（焊剂150）	无锰中硅中氟	直反	SiO_2 21~23, MgO 9~13, R_2O_3 ≤0.08 CaF_2 25~33, Al_2O_3 28~32, S≤0.08 CaO 3~7, FeO≤1.0, P≤0.08					250℃ ×2h	配合焊丝 H2Cr13 H3Cr2W8 堆焊轧辊
HJ151[③]（焊剂151）	无锰中硅中氟	直反	SiO_2 24~30, S≤0.07 CaF_2 18~24, P≤0.08 CaO≤6 MgO 13~20 Al_2O_3 22~30 FeO≤1.0	堆焊层力学性能（配合H00Cr26Ni12过渡层，H00Cr21Ni10表面层焊带，在50mm厚的18MnMoNb钢上堆焊）≥510		≥35		250~300℃ ×2h	配合不锈钢焊丝或焊带如：H0Cr21Ni10、H0Cr20Ni10Ti、H0Cr24Ni12Nb、H00Cr26Ni12、H00Cr21Ni10 等进行带极堆焊或焊接，用于核容器和石化设备耐蚀层堆焊和构件焊接，配合H0Cr16Mn16焊丝进行高锰钢补焊，配方中若加适量氧化铌，可解决含铌不锈钢焊后脱渣难问题

续表

牌号	国标 GR 相当 AWS	焊剂类型	焊接电流种类	焊剂成分/%（质量分数）	焊缝金属力学性能 σ_b/MPa	焊缝金属力学性能 $\sigma_{0.2}$/MPa	焊缝金属力学性能 δ_5/%	焊缝金属力学性能 A_{KV}/J	焊剂烘干	主要用途
HJ172（焊剂172）		无锰低硅高氟	直反	SiO_2 3~6 NaF_2 3 S≤0.05 MnO 1~2 FeO≤0.8 P≤0.05 CaF_2 45~55 R_2O ≤3 CaO 2~5 ZrO_2 2~4 Al_2O_3 28~35					300~400℃ ×2h	配合适当焊丝焊接高铬马氏体热强钢，如15Cr12MoWV及含Nb的铬镍不锈钢
HJ230（焊剂230）	HJ301—H08MnA	低锰高硅低氟	交、直反	SiO_2 40~46 MgO 10~14 S≤0.05 MnO 5~10 Al_2O_3 10~17 P≤0.05 CaF_2 7~11 FeO≤1.5	410~550	按 GB 5293—85 HJ 301—H08MnA ≥300	≥22		250℃ ×2h	配合 H08MnA 及某些低合金钢焊丝，焊接低碳钢及16Mn等低合金钢
HJ250（焊剂250）		低锰中硅中氟	直反	SiO_2 18~22 Al_2O_3 18~23 MnO 5~8 FeO≤1.5 CaF_2 23~30 R_2O ≤3 CaO≤8 S≤0.05 MgO 12~16 P≤0.05					300~350℃ ×2h	配合 H08MnMoA、H08Mn2MoA 和 H08Mn2MoVA 焊丝焊接 15MnV、14Mn-MoV、18Mn2MoNb 等低合金钢。配合 H08Mn2MoVA 焊丝焊接-70℃级低温钢（如09Mn2V），具有较好的低温冲击韧性
HJ251（焊剂251）		低锰中硅中氟	直反	SiO_2 18~22 CaO 3~6 FeO≤1.0 MnO 7~10 MgO 14~17 S≤0.08 CaF_2 23~30 Al_2O_3 18~23 P≤0.05					300~350℃ ×2h	配合铬钼钢焊丝焊接珠光体耐热钢（如焊接汽轮机转子）
HJ252（焊剂252）		低锰中硅中氟	直反	SiO_2 18~22 Al_2O_3 22~28 MnO 2~5 FeO≤1.0 CaF_2 18~24 S≤0.07 CaO 2~7 P≤0.07 MgO 17~23	≥590		≥18	-20℃ ≥41	350℃ ×2h（冷至100℃以下出炉）	配合 H06Mn2NiMoA、H10Mn2NiMoA、H10Mn2MoVA、14MnMoV、15MnV、18MnMoNb 等低合金钢结构，如核容器、石油化工等压力容器。焊缝具有良好的抗裂性和较好的低温韧性（配合 H06Mn2NiMo 焊接50mm厚的18MnMoNb钢板，试样作热处理）

续表

牌号	国标GR 相当AWS	焊剂类型	焊接电流种类	焊剂成分/%（质量分数）	焊缝金属力学性能 σ_b/MPa	$\sigma_{0.2}$/MPa	δ_5/%	A_{KV}/J	焊剂烘干	主要用途
HJ260（焊剂260）		低锰高硅中氟	直反	SiO_2 29~34 CaO 4~7 FeO≤1.0 MnO 2~4 MgO 15~18 S≤0.07 CaF_2 20~25 Al_2O_3 19~24 P≤0.07					300~400℃ ×2h	配合 H0Cr21Ni10、H0Cr20Ni10Ti 等奥氏体不锈钢焊丝，焊接相应的耐酸不锈钢结构，也可用于堆焊轧辊
HJ330（焊剂330）		中锰高硅低氟	交、直反	SiO_2 44~48 MgO 16~20 S≤0.06 MnO 22~26 Al_2O_3≤4 P≤0.08 CaF_2 3~6 FeO≤1.5 CaO≤3 R_2O≤1	按GB5293—85 HJ301—H10MnZ		≥22	0℃ ≥27	250℃ ×2h	配合 H08MnA、H08Mn2SiA 及 H10MnSi 等焊丝可焊接低碳钢和16Mn、15MnTi、15MnV 等低合金结构，如锅炉、压力容器等
HJ350（焊剂350）	HJ402—H10Mn2 AWS-F6A0 EH14	中锰中硅中氟	交、直反	SiO_2 30~35 FeO≤1.0 MnO 14~19 S≤0.06 CaF_2 14~20 P≤0.07 CaO 10~18 Al_2O_3 13~18	按GB 5293—85 HJ402—H10Mn2	≥300	≥22	-20℃ ≥27	300~400℃ ×2h	配合适当焊丝焊接16Mn、15MnV、15MnVN 等重要低合金结构，如船舶、锅炉、高压容器等细粒度焊剂用于细丝埋弧焊，焊接薄板结构
HJ351（焊剂351）	HJ402—H10Mn2 AWS F6A0—EH14	中锰中硅中氟	交、直反	SiO_2 30~35 TiO_2 2~4 MnO 14~19 S≤0.06 CaF_2 14~20 P≤0.04 CaO 10~18 P≤0.05 Al_2O_3 13~18	按GB 5293—85 HJ402—H10Mn2	≥330	≥22	≥27	300~400℃ ×2h	配合适当焊丝焊接Mn-Mo、Mn-Si 及含Ni 的低合金钢重要结构，也可用于埋弧半自动焊
HJ360（焊剂360）		中锰高硅中氟	交、直反	SiO_2 33~37 Al_2O_3 11~15 MnO 20~26 FeO≤1.0 CaF_2 10~19 S≤0.10 CaO 4~7 P≤0.10 MgO 5~9		≥330			250℃ ×2h	主要用于电渣焊，配合H10MnSi、H10Mn2、H08Mn2MoVA 等焊接低碳钢及某些合金钢（如16Mn、15MnV、14MnMoV、18MnMoNb）大型结构，如轧钢机架、大型立柱或轴等

附录 A

续表

牌号	国标 GR 相当 AWS	焊剂类型	焊接电流种类	焊剂成分/%（质量分数）	焊缝金属力学性能 σ_b/MPa	焊缝金属力学性能 $\sigma_{0.2}$/MPa	焊缝金属力学性能 δ_5/%	焊缝金属力学性能 A_{KV}/J	焊剂烘干	主要用途
HJ430（焊剂430）	HJ401—H08A AWS—F6AZ—EL12	高锰高硅低氟	交、直反	SiO_2 38~45 FeO≤1.8 MnO 38~47 S≤0.06 CaF_2 5~9 P≤0.08 CaO≤6 Al_2O_3≤5	410~550	按GB 5293—85 HJ401—H08A ≥330	≥22	0℃ ≥27	250℃ ×2h	配合 H08A、H10MnSi 等焊丝焊接低碳钢及16Mn、15MnV等低合金钢结构，如锅炉、船舶、压力容器、管道等，细粒度焊剂用于细丝埋弧焊接薄板结构
HJ431（焊剂431）	HJ401—H08A AWS—F6AZ—EL12	高锰高硅低氟	交、直反	SiO_2 40~44 Al_2O_3≤4 MnO 34~38 FeO≤0.06 CaF_2 3~7 S≤0.06 CaO≤6 P≤0.08 MgO 5~8	410~550	按GB 5293—85 HJ401—H08A ≥330	≥22	0℃ ≥27	250℃ ×2h	配合 H08A、H10MnSi 等焊丝焊接低碳钢及16Mn、15MnV等低合金钢结构，如锅炉、压力容器、船舶等，也可用于电渣焊和铜的焊接
HJ433（焊剂433）	HJ401—H08A AWS—F6AZ—EL12	高锰高硅低氟	交、直反	SiO_2 42~45 Al_2O_3≤1.8 MnO 44~47 R_2O≤0.5 CaF_2 2~4 S≤0.06 CaO≤4 P≤0.08 Al_2O_3≤3	410~550	按GB 5293—85 HJ401—H08A ≥330	≥22	0℃ ≥27	250℃ ×2h	配合 H08A 焊丝焊接低碳钢结构，适于连续焊接，器件的快速焊接及输气管道、输油管道等
HJ434（焊剂434）	HJ401—H08A AWS—F6AZ—EL12	高锰高硅低氟	交、直反	SiO_2 40~45 Al_2O_3≤6 MnO 35~40 TiO_2 1~8 CaF_2 4~8 FeO≤1.5 CaO_3~9 S≤0.05 MgO≤5 P≤0.05	410~550	按GB 5293—85 HJ401—H08A ≥330	≥22	0℃ ≥27	300℃ ×2h	配合 H08A、H10MnSi 等焊丝焊接低碳钢及某些低合金钢结构，如管道、锅炉、压力容器、桥梁等

续表

牌号	国标 GR 相当 AWS	焊剂类型	焊接电流种类	焊剂成分/%（质量分数）	焊缝金属力学性能 σ_b/MPa	焊缝金属力学性能 $\sigma_{0.2}$/MPa	焊缝金属力学性能 δ_5/%	焊缝金属力学性能 A_{KV}/J	焊剂烘干	主要用途
SJ101（熔结焊剂101）	HJ402—H08MnA AWS-A5.17 F6A4-EM12 AWS-A5.23-F7A0-EA2-A	氟碱型（碱性）	交、直反	SiO_2+TiO_2 25 $CaO+MgO$ 30 Al_2O_3+MnO 25 CaF_2 20					300~350℃×2h	配合 H08MnA、H08MnMoA、H10MnMoA、H10Mn2 可焊接多种重要低合金钢结构，如锅炉、压力容器、管道等，也可用于多丝埋弧焊，特别适于大直径容器的双面单道焊
SJ301（熔结焊剂301）	HJ402—H08MnA AWS-A 5.17-F6A0-EL12 AWS-AS 5.17-F7A0-EM12M	硅钙型（中性）	交、直反	SiO_2+TiO_2 40 $CaO+MgO$ 25 Al_2O_3+MnO 25 CaF_2 10	按 GB 5293—85 HJ 402—H08MnA 410~550	≥330	≥22	-20℃ ≥27	300~350℃×2h	配合 H08MnMoA、H10Mn2 等焊接普通的钢炉和管线用钢等，可用于多丝单面快速焊，特别适于双面单道焊，焊大直径管时焊道平滑过渡；由于是"短渣"，故也可焊小直径管线
SJ401（熔结焊剂401）	HJ401—H08A	硅锰型（酸性）	交、直反	SiO_2+TiO_2 45 $CaO+MgO$ 10 Al_2O_3+MnO 40	按 GB 5293—85 HJ401—H08A 410~550	≥330	≥22	0℃ ≥27	250℃×2h	配合 H08A 焊接低碳钢和某些低合金钢，用于机车车辆、矿山机械等金属结构
SJ501（熔结焊剂501）	HJ401—H08A AWS-A5.17-F7AZ EL12 AWS-A5.17-F7A0-EM12	铝钛型（酸性）	交、直反	SiO_2+TiO_2 30 Al_2O_3+MnO 55 CaF_2 5	按 GB 5293—85 HJ401—H08A 410~550	≥330	≥22	0℃ ≥27	300~350℃×2h	配合 H08A、H08MnA 等焊接低碳及 16Mn、15MnV 等低合金结构，如锅炉、船舶、压力容器等，可用于多丝快速焊，特适于双面单道焊

续表

牌号	国标 GR 相当 AWS	焊剂类型	焊接电流种类	焊剂成分/%(质量分数)	焊缝金属力学性能 σ_b/MPa	$\sigma_{0.2}$/MPa	δ_5/%	A_{KV}/J	焊剂烘干	主要用途
SJ502 (烧结焊剂502)	HJ501— H08A	铝钛型 (酸性)	交、 直反	$MnO+Al_2O_3$ 30 TiO_2+SiO_2 45 $CaO+MgO$ 10 CaF_2 5	按 GB 5293—85 HJ501—H08A 480~650	≥400	≥22	0℃ ≥27	300℃ ×1h	配合H08A焊丝，焊接重要的低碳钢及某些低合金钢结构，如锅炉、压力容器等。焊接钢膜炉式水冷壁时焊接速度可达 70m/h 以上，但工件须预热至 100℃ 左右

注：① 按 GB 5293—85 规定，表明该焊剂与 H08A 焊丝配合使用的焊缝金属力学性能分级，在焊剂型号后面第一位数字是 3、4 或 5，它们代表的焊缝金属拉伸性能如表 1，第二位数字为 0 或 1。0 表示拉伸及冲击试验试样为焊态；1 表示试样经 620℃×1h 的焊后热处理；第三位数字为 0、1、2、3、4、5 或 6，表示冲击功不小于 27J 时的试验温度值（见表 2）。

② R_2O 表 K_2O+Na_2O；

③ 晶间腐蚀试样经敏化处理后通过 GB 4334.5—84 检验《不锈钢硫酸-硫酸铜腐蚀试验方法》；

④ 所有焊剂使用前均须在焊接处清除铁锈、油污、水分等杂质。

表 1

第一位数字	σ_b/MPa	$\sigma_{0.2}$/MPa	δ_5/%
3	410~550	≥300	≥22
4	410~550	≥330	≥22
5	480~650	≥400	≥22

表 2

第三位数字	0	1	2	3	4	5	6
试验温度/℃	无要求	0	-20	-30	-40	-50	-60
冲击功/J	—	≥27	≥27	≥27	≥27	≥27	≥27

二、气焊熔剂

牌号	名称	焊剂化学成分/%	熔点/℃	用途	注意事项
CJ101 (气剂101)	不锈钢及耐热钢气焊熔剂	瓷土粉30 钛铁6 大理石28 钛白粉20 低碳锰铁10 硅铁6	—	气焊不锈钢和耐热钢时的助熔剂	1. 焊前应对焊接部分擦刷干净 2. 将熔剂用相对密度1.3水玻璃均匀搅拌成糊状,用毛刷将调好的熔剂均匀涂在焊接处反面,厚度不小于0.4mm,焊丝上也涂少许熔剂,涂后隔30min再焊 3. 熔剂应用多少调多少,未用完的熔剂若生气泡不宜再用
CJ201 (气剂201)	铸铁气焊熔剂	H_3BO_3 18 Na_2CO_3 40 $NaHCO_3$ 20 MnO_2 7 $NaNO_3$ 15	650	气焊铸铁件时的助熔剂	1. 焊前将焊丝一端煨热沾上熔剂时撤上熔剂 2. 焊时不断用焊丝搅动,以使熔剂充分作用,且焊渣也易浮起,如渣浮起过多,可用焊丝熔渣随时拨开
CJ301 (气剂301)	铜气焊熔剂	H_3BO_3 76~79 $Na_2B_4O_7$ 16.5~18.5 $AlPO_4$ 4~5.5	650	气焊或钎焊紫铜和黄铜时的助熔剂	1. 焊前将焊接部分及焊丝擦刷干净 2. 将焊丝一端煨热沾上熔剂即施焊
CJ401 (气剂401)	铝气焊熔剂	KCl 49.5~52 NaCl 27~30 LiCl 13.5~15 NaF 7.5~9	560	气焊铝和铝合金时的助熔剂,也可用于气焊铝青铜,并起精炼作用	1. 焊前将焊接部分及焊丝一端煨热沾上适量干熔剂或调成糊状的熔剂或焊丝一端煨热沾上 2. 焊丝涂上用水调成糊状的熔剂即施焊 3. 焊后必须用热水洗刷工件表面的熔剂残渣,以免引起腐蚀

三、钎焊熔剂

类别	牌号	名称	熔剂成分/%	熔点	主要用途	注意事项
银钎焊熔剂	QJ101（钎剂101）	银钎焊熔剂	$KBF_4 68 \sim 71$ $H_3BO_3 30 \sim 31$	500℃	在550～850℃范围钎焊各种铜及铜合金、钢和不锈钢等	1. 焊前将钎焊部分及钎料表面油脂、氧化物等杂质清除干净 2. 焊时用钎料一端蘸热沾取适量钎焊熔剂后立即施焊 3. 焊后用15%柠檬酸液刷洗钎料焊接头处，防止残剂液的腐蚀 4. 钎剂应储存在干燥处以免受潮
	QJ102（钎剂102）	银钎焊熔剂	$B_2O_3 33 \sim 37$ $KBF_4 21 \sim 25$ $KF 40 \sim 44$	550℃	在600～850℃范围钎焊各种铜及铜合金、钢和不锈钢等，活性较强	1, 2, 3. 同上 4. 使用气体火焰钎焊时要加强通风，以驱除钎剂蒸发时产生的有害气体 5. 同上
	QJ103（钎剂103）	特制银钎焊熔剂	$KBF_4 > 95$	530℃	在550～750℃范围钎焊各种铜及铜合金、钢及不锈钢等	
	QJ104（钎剂104）	银钎焊熔剂	$Na_2B_4O_7 49 \sim 51$ $H_3BO_3 34 \sim 36$ $KF 14 \sim 16$	650℃	在650～850℃范围钎焊各种铜及铜合金、钢和不锈钢等	1. 焊前将钎焊部分洗刷干净 2. 工作必须预热至500℃左右，将钎料一端蘸热沾于焊料一端，薄薄一层即可施焊，但不宜沾得太多，否则会影响质量 3. 钎缝宜一次焊完 4. 焊后须用热水反复冲洗或煮沸，以免发生腐蚀，并在50～80℃的2%铬酐(Cr_2O_3)溶液中保持15min后再用冷水冲洗
铝钎焊熔剂	QJ201（钎剂201）	铝钎焊熔剂	$KCl 47 \sim 51$ $LiCl 31 \sim 35$ $ZnCl_2 6 \sim 10$ $NaF 9 \sim 11$	420℃	在450～620℃范围钎焊铝及铝合金，也可用于炉中钎焊、钢等。常用于较广泛的钎剂	1. 焊前先将钎剂敷于施焊处，然后在背面加热，出白色浓烟（温度≥270℃）即将钎料加入共同熔化 2. 焊后禁止用火焰熔化钎剂直接熔化钎料 3. 焊后用热水洗刷钎接头，然后用防潮或防漆敷以免焊接部位吸潮而引起腐蚀
	QJ203（钎剂203）	铝电缆钎焊熔剂	$ZnCl_2 53 \sim 58$ $SnCl_2 27 \sim 30$ $NH_4Br 13 \sim 16$ $NaF 1.7 \sim 2.3$	160℃	在270～380℃范围钎焊铝合金、铜及铝合金电缆接头中的软钎焊	
	QJ207（钎剂207）	高温铝钎焊熔剂	$KCl 43.5 \sim 47.5$ $NaCl 18 \sim 22$ $LiCl 25.5 \sim 29.5$ $ZnCl_2 1.5 \sim 2.5$ $CaF_2 1.5 \sim 2.5$ $LiF_2 2.5 \sim 4.0$	550℃	在560～620℃范围钎焊（火焰或炉中）铝及铝合金	1. 焊前对施焊部位及焊料作表面清洗，除去油污及氧化物等杂质 2. 工作须预热至550℃左右，将钎料一端蘸热沾上钎剂即可施焊，也可用蒸馏水把钎剂调成糊状使用 3. 钎缝宜一次焊完 4. 同QJ201

表 A-6 埋弧焊焊接接头的基本形式与尺寸（GB/T 985.2—2008）

单位：mm

序号	焊缝名称	基本符号	焊缝示意图	横截面示意图	坡口形式和尺寸					焊接位置	备注
					坡口角α或坡口面角β	间隙b、圆弧半径R	钝边c	坡口深度h	工件厚度t		
1	平对接焊缝	‖			—	$b\leq0.5t$ 最大5	—	—	$3\leq t\leq12$	PA	带衬垫，衬垫厚度至少5mm或0.5t
2	V形焊缝	V			$30°\leq\alpha\leq50°$	$4\leq b\leq8$	$c\leq2$	—	$10\leq t\leq20$	PA	带衬垫，衬垫厚度至少5mm或0.5t
3	陡边V形焊缝	Ⅴ			$4°\leq\beta\leq10°$	$16\leq b\leq25$	—	—	$t>20$	PA	带衬垫，衬垫厚度至少5mm或0.5t

续表

序号	焊缝 名称	基本符号	焊缝示意图	横截面示意图	坡口形式和尺寸 坡口角α或坡口面角β	间隙b、圆弧半径R	钝边c	坡口深度h	焊接位置	备注
4	双V形组合焊缝 $t>12$	╳			$60°\leq\alpha\leq70°$ $4°\leq\beta\leq10°$	$1\leq b\leq4$	$0\leq c\leq3$	$4\leq h\leq10$	PA	根部焊道可采用合适的方法焊接
5	U–V形组合焊缝 $t\geq12$	╰╯			$60°\leq\alpha\leq70°$ $4°\leq\beta\leq10°$	$1\leq b\leq4$ $5\leq R\leq10$	$0\leq c\leq3$	$4\leq h\leq10$	PA	根部焊道可采用合适的方法焊接
6	U形焊缝 $t\geq30$	╰╯			$4°\leq\beta\leq10°$	$1\leq b\leq4$ $5\leq R\leq10$	$2\leq c\leq3$	—	PA	带衬垫，衬垫厚度至少：5mm或0.5t

续表

序号	工件厚度 t	焊缝 名称	基本符号	焊缝示意图	横截面示意图	坡口形式和尺寸 坡口角 α 或坡口面角 β	间隙 b、圆弧半径 R	钝边 c	坡口深度 h	焊接位置	备注
7	$3 \leqslant t \leqslant 16$	单边V形焊缝	V			$30° \leqslant \beta \leqslant 50°$	$1 \leqslant b \leqslant 4$	$c \leqslant 2$	—	PA PB	带衬垫，衬垫厚度至少5mm或$0.5t$
8	$t \geqslant 16$	单边陡边V形焊缝				$8° \leqslant \beta \leqslant 10°$	$5 \leqslant b \leqslant 15$	—	—	PA PB	带衬垫，衬垫厚度至少5mm或$0.5t$
9	$t \geqslant 16$	J形焊缝				$4° \leqslant \beta \leqslant 10°$	$2 \leqslant b \leqslant 4$ $5 \leqslant R \leqslant 10$	$2 \leqslant c \leqslant 3$	—	PA PB	带衬垫，衬垫厚度至少5mm或$0.5t$

续表

序号	工件厚度 t	焊缝 名称	焊缝 基本符号	焊缝 示意图	坡口形式和尺寸 横截面示意图	坡口形式和尺寸 坡口角 α 或坡口面角 β	坡口形式和尺寸 间隙 b、圆弧半径 R	坡口形式和尺寸 钝边 c	坡口形式和尺寸 坡口深度 h	焊接位置	备注
1	$3 \leqslant t \leqslant 20$	平对接焊缝				—	$b \leqslant 2$	—	—	PA	间隙应符合公差要求
2	$10 \leqslant t \leqslant 35$	带钝边V形焊缝/封底				$30° \leqslant \alpha \leqslant 60°$	$b \leqslant 4$	$4 \leqslant c \leqslant 10$	—	PA	根部焊道可用其他方法焊接
3	$10 \leqslant t \leqslant 20$	V形焊缝/平对接焊缝				$60° \leqslant \alpha \leqslant 80°$	$b \leqslant 4$	$5 \leqslant c \leqslant 15$	—	PA	根部焊道可用其他方法焊接
4	$t \geqslant 16$	带钝边的双V形焊缝				$30° \leqslant \alpha \leqslant 70°$	$b \leqslant 4$	$4 \leqslant c \leqslant 10$	$h_1 = h_2$	PA	—

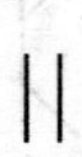

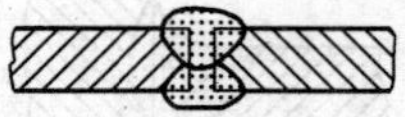

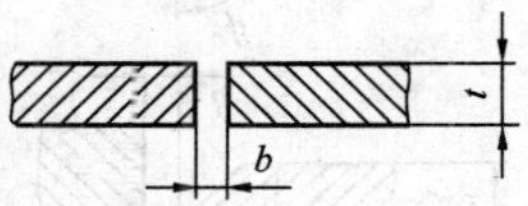

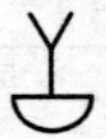

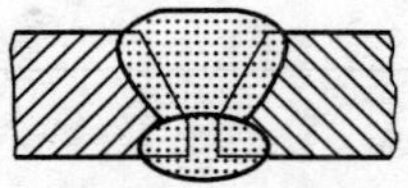

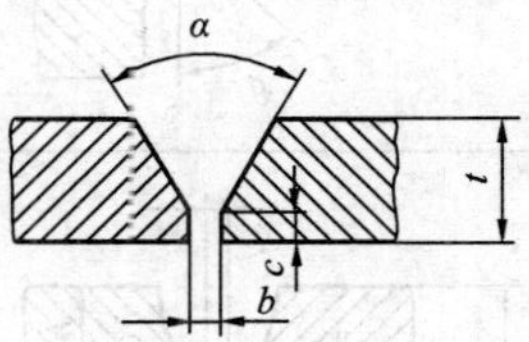

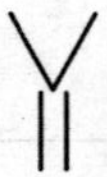

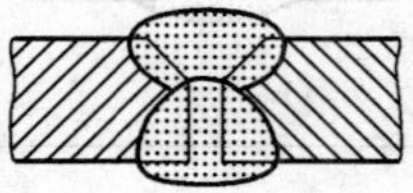

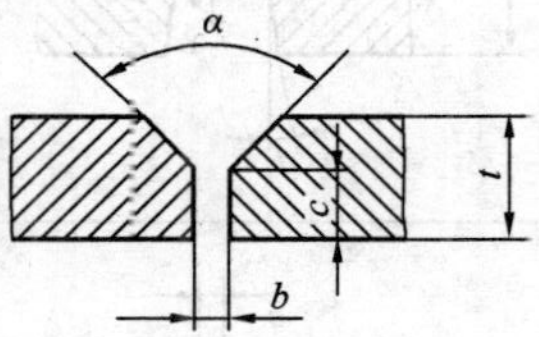

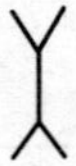

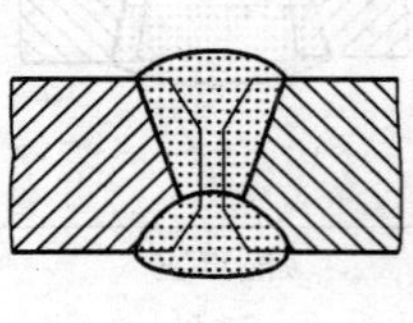

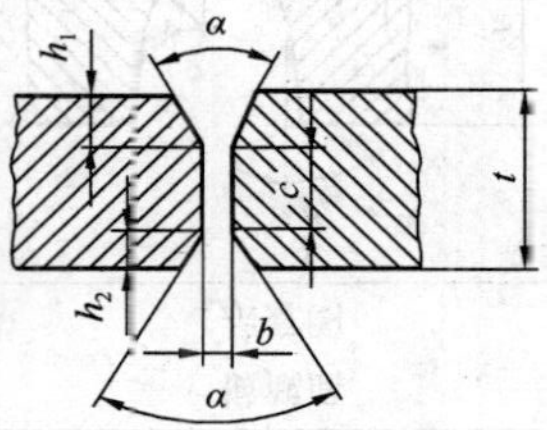

续表

序号	工件厚度 t	焊缝名称	基本符号	坡口形式和尺寸						焊接位置	备注
				焊缝示意图	横截面示意图	坡口角 α 或坡口面角 β	间隙 b、圆弧半径 R	钝边 c	坡口深度 h		
5	$t \geq 30$	U形焊缝/封底焊缝				$5° \leq \beta \leq 10°$	$b \leq 4$ $5 \leq R \leq 10$	$4 \leq c \leq 10$	—	PA	—
6	$t \geq 50$	双U形焊缝				$5° \leq \beta \leq 10°$	$b \leq 4$ $5 \leq R \leq 10$	$4 \leq c \leq 10$	$h = 0.5(t-c)$	PA	与双V形对称坡口相似,这种坡口可制成对称的形式
7	$t \geq 12$	带钝边的K形焊缝				$30° \leq \beta \leq 50°$	$b \leq 4$	$4 \leq c \leq 10$	—	PA PB	与双V形对称坡口相似,这种坡口可制成对称的形式。必要时可进行打底焊

附录 A

续表

序号	工件厚度 t	焊缝名称	基本符号	焊缝示意图	坡口形式和尺寸					焊接位置	备注
					横截面示意图	坡口角 α 或坡口面角 β	间隙 b、圆弧半径 R	钝边 c	坡口深度 h		
8	$t \geq 20$	J形焊缝/封底焊缝		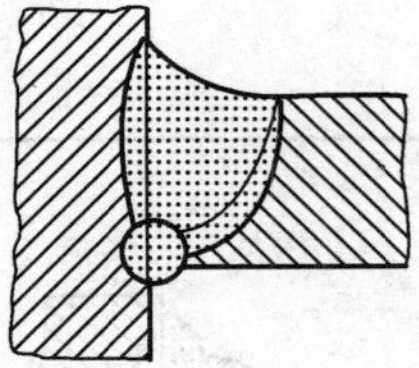	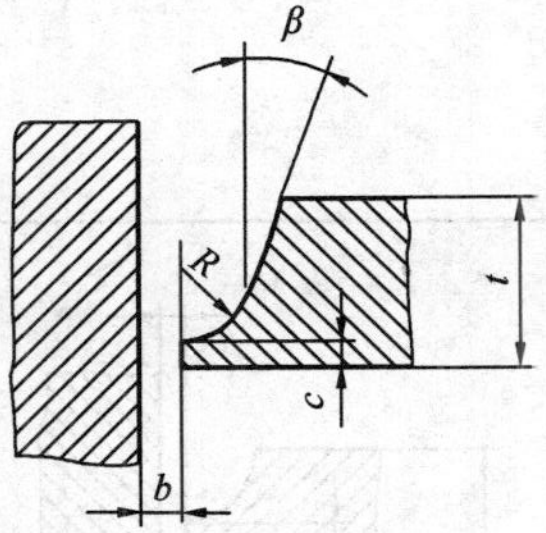	$5° \leq \beta \leq 10°$	$b \leq 4$ $5 \leq R \leq 10$	$4 \leq c \leq 10$	—	PA PB	必要时可进行打底焊接
9	$t < 12$	单边V形焊缝		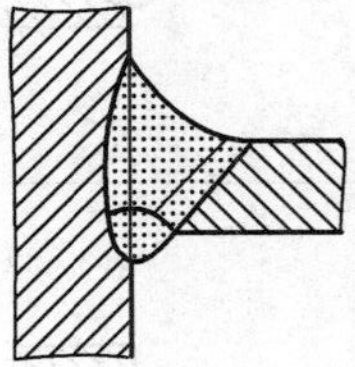	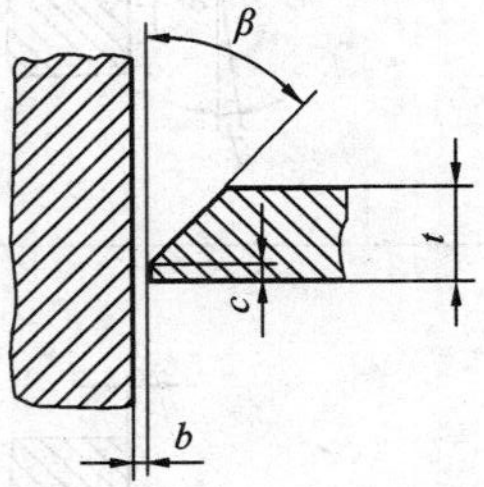	$30° \leq \beta \leq 50°$	$b \leq 4$	$c \leq 2$	—	PA PB	必要时可进行打底焊接
10	$t \geq 30$	双面J形焊缝		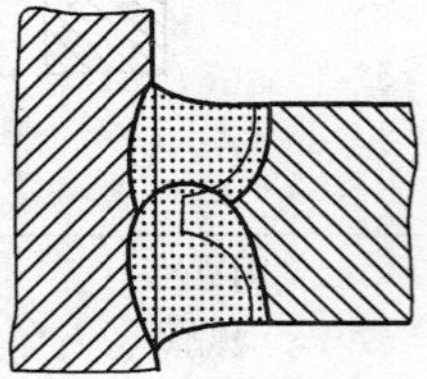	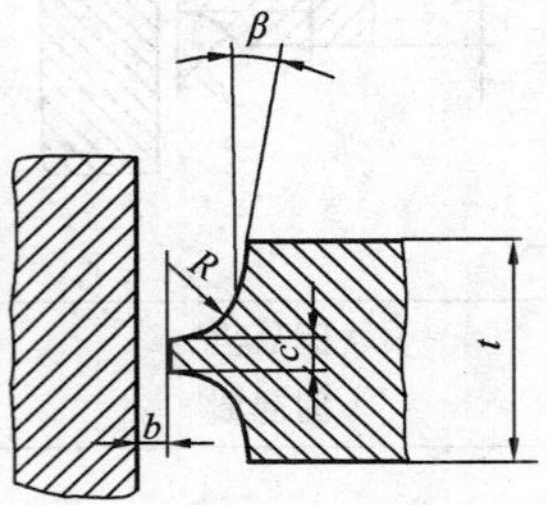	$5° \leq \beta \leq 10°$	$b \leq 4$ $5 \leq R \leq 10$	$2 \leq c \leq 7$	—	PA PB	与双V形相对称,这种坡口可制成对称的形式。必要时可进行打底焊接

续表

序号	工件厚度 t	焊缝名称	基本符号	焊缝示意图	坡口形式和尺寸 横截面示意图	坡口角 α 或坡口面角 β	间隙 b，圆弧半径 R	钝边 c	坡口深度 h	焊接位置	备注
11	$t \leqslant 12$	双面J形焊缝	⊢⊣			—	$b \leqslant 2$ $5 \leqslant R \leqslant 10$	$2 \leqslant c \leqslant 3$	—	PA PB	单道焊坡口
12	$t > 12$	双面J形焊缝	⊢⊣			$5° \leqslant \beta \leqslant 10°$	$b \leqslant 4$ $5 \leqslant R \leqslant 10$	$2 \leqslant c \leqslant 7$	—	PA PB	多道焊坡口。必要时可进行打底焊接

表 A-7 铝及铝合金气体保护焊的推荐坡口（GB/T 985.3—2008）

单面对接焊坡口

mm

序号	工件厚度 t	焊缝名称	基本符号[a]	焊缝示意图	横截面示意图	坡口形式及尺寸 坡口角 α 或坡口面角 β	间隙 b	钝边 c	其他尺寸	适用的焊接方法[b]	备注
1	$t \leq 2$	卷边焊缝	八			—	—	—	—	141	
2	$t \leq 4$	I形焊缝	‖			—	$b \leq 2$	—	—	141	
	$2 \leq t \leq 4$	带衬垫的I形焊缝				—	$b \leq 1.5$	—	—	131	建议根部倒角
3	$3 \leq t \leq 5$	V形焊缝	V			$\alpha \geq 50°$	$b \leq 3$	$c \leq 2$	—	141	
		带衬垫的V形焊缝				$60° \leq \alpha \leq 90°$	$b \leq 2$	$c \leq 2$	—	131	
						$60° \leq \alpha \leq 90°$	$b \leq 4$		—	131	

续表

序号	工件厚度 t	焊缝		坡口形式及尺寸					适用的焊接方法[b]	备注
		名称	基本符号[a]	焊缝示意图	横截面示意图	坡口角 α 或坡口面角 β	间隙 b	钝边 c	其他尺寸	
4	$8 \leqslant t \leqslant 20$	带衬垫的陡边焊缝	V			$15° \leqslant \beta \leqslant 20°$	$3 \leqslant b \leqslant 10$	—	—	131	
5	$3 \leqslant t \leqslant 15$	带钝边V形焊缝	Y			$\alpha \geqslant 50°$	$b \leqslant 2$	$c \leqslant 2$	—	131 141	
	$6 \leqslant t \leqslant 25$	带钝边V形焊缝(带衬垫)	Y			$\alpha \geqslant 50°$	$4 \leqslant b \leqslant 10$	$c = 3$	—	131	
6	板 $t \geqslant 12$ 管 $t \geqslant 5$	带钝边U形焊缝	Y			$15° \leqslant \beta \leqslant 20°$	$b \leqslant 2$	$2 \leqslant c \leqslant 4$	$4 \leqslant r \leqslant 6$ $3 \leqslant f \leqslant 4$ $0 \leqslant e \leqslant 4$	141	
	$5 \leqslant t \leqslant 30$					$15° \leqslant \beta \leqslant 20°$	$1 \leqslant b \leqslant 3$	$2 \leqslant c \leqslant 4$		131	根部焊道建议采用TIG焊(141)

续表

序号	工件厚度 t	焊缝 名称	基本符号[a]	焊缝示意图	坡口形式及尺寸 横截面示意图	坡口角 α 或坡口面角 β	间隙 b	钝边 c	其他尺寸	适用的焊接方法[b]	备注
7	$4 \leqslant t \leqslant 10$	单边V形焊缝	V			$\beta \geqslant 50°$	$b \leqslant 3$	$c \leqslant 2$	—	131 141	
	$3 \leqslant t \leqslant 20$	带衬垫单边V形焊缝				$50° \leqslant \beta \leqslant 70°$	$b \leqslant 6$	$c \leqslant 2$	—	131 141	
8	$2 \leqslant t \leqslant 20$	锁底焊缝				$20° \leqslant \beta \leqslant 40°$	$b \leqslant 3$	$1 \leqslant c \leqslant 3$	—	131 141	
9	$6 \leqslant t \leqslant 40$	锁底焊缝				$10° \leqslant \beta \leqslant 20°$	$0 \leqslant b \leqslant 3$	$2 \leqslant c \leqslant 3$	$c_1 \geqslant 1$	131 141	

[a] 基本符号参见 GB/T 324。
[b] 焊接方法代号参见 GB/T 5185。

双面对接焊坡口

序号	焊缝			坡口形式及尺寸				适用的焊接方法[b]	备注
	工件厚度 t	名称	基本符号[a]	焊缝示意图	横截面示意图	坡口角 α 或坡口面角 β	间隙 b	钝边 c	其他尺寸		
1	$6 \leqslant t \leqslant 20$	I形焊缝	‖			—	$b \leqslant 6$	—	—	131 141	
2	$6 \leqslant t \leqslant 15$	带钝边V形焊缝封底	Y			$\alpha \geqslant 50°$	$b \leqslant 3$	$2 \leqslant c \leqslant 4$	—	141 131	
3	$6 \leqslant t \leqslant 15$	双面V形焊缝	X			$\alpha \geqslant 60°$	$\leqslant 3$	$c \leqslant 2$		141	
	$t > 15$					$\alpha \geqslant 70°$	$b \leqslant 3$	$c \leqslant 2$		131	
4	$6 \leqslant t \leqslant 15$	带钝边双面V形焊缝	X			$\alpha \geqslant 50°$		$2 \leqslant c \leqslant 4$		141	
	$t > 15$					$60° \leqslant \alpha \leqslant 70°$		$2 \leqslant c \leqslant 6$	$h_1 = h_2$	131	

续表

序号	工件厚度 t	焊缝 基本符号[a]	焊缝示意图	坡口形式及尺寸 横截面示意图	坡口角 α 或坡口面角 β	间隙 b	钝边 c	其他尺寸	适用的焊接方法[b]	备注
5	$3 \leq t \leq 15$	单边V形焊缝封底			$\beta \geq 50°$	$b \leq 3$	$c \leq 2$	—	141 131	
6	$t \geq 15$	带钝边双面U形焊缝			$15° \leq \beta \leq 20°$	$b \leq 3$	$2 \leq c \leq 4$	$h = 0.5(t-c)$	131	

a 基本符号参见 GB/T 324。
b 焊接方法代号参见 GB/T 5185。

T形接头

序号	工件厚度 t	焊缝 基本符号[a]	焊缝示意图	坡口形式及尺寸 横截面示意图	坡口角 α 或坡口面角 β	间隙 b	钝边 c	其他尺寸	适用的焊接方法[b]	备注
1	—	单面角焊缝			$\alpha = 90°$	$b \leq 2$	—	—	141 131	

续表

序号	焊缝 名称	基本符号[a]	工件厚度 t	焊缝示意图	坡口形式及尺寸 横截面示意图	坡口角α或坡口面角β	间隙 b	钝边 c	其他尺寸	适用的焊接方法[b]	备注
2	双面角焊缝	△	—			$\alpha = 90°$	$b \leq 2$	—	—	141 131	
3	单V形焊缝	V	$t_1 \geq 5$			$\beta \geq 50°$	$b \leq 2$	$c \leq 2$	$t_2 \geq 5$	141 131	
4	双V形焊缝	K	$t_1 \geq 8$			$\beta \geq 50°$	$b \leq 2$	$c \leq 2$	$t_2 \geq 8$	141 131	采用双面同时焊接工艺时，坡口尺寸可适当调整

a 基本符号参见 GB/T 324。
b 焊接方法代号参见 GB/T 5185。

附录 A

表 A-8 纯铝、铝镁合金手工钨极氩弧焊焊接条件（对接接头，交流）

板厚/mm	坡口形式	焊接层数（正面/反正）	钨极直径/mm	焊丝直径/mm	预热温度/℃	焊接电流/A	氩气流量/(L/min)	喷嘴孔径/mm
1	卷边	正1	2	1.6	—	45~60	7~9	8
1.5	卷边或I形	正1	2	1.6~2.0	—	50~80	7~9	8
2	I形	正1	2~3	2~2.5	—	90~120	8~12	8~12
3		正1	3	2~3	—	150~180	8~12	8~12
4		1~2/1	4	3	—	180~200	10~15	8~12
5		1~2/1	4	3~4	—	180~240	10~15	10~12
6		1~2/1	5	4	—	240~280	16~20	14~16
8		2/1	5	4~5	100	260~320	16~20	14~16
10	Y形坡口	3~4/1~2	5	4~5	100~150	280~340	16~20	14~16
12		3~4/1~2	5~6	4~5	150~200	300~360	18~22	16~20
14		3~4/1~2	5~6	5~6	180~200	340~380	20~24	16~20
16		4~5/1~2	6	5~6	200~220	340~380	20~24	16~20
18		4~5/1~2	6	5~6	200~240	360~400	25~30	16~20
20		4~5/1~2	6	5~6	200~260	360~400	25~30	20~22
16~20	双Y形坡口	2~3/2~3	6	5~6	200~240	300~380	25~30	16~20
22~25		3~4/3~4	6~7	5~6	200~260	360~400	30~35	20~22

表 A-9 铝及铝合金自动钨极氩弧焊焊接条件（交流）

板厚/mm	焊接层数	钨极直径/mm	焊丝直径/mm	焊接电流/A	氩气流量/(L/min)	喷嘴孔径/mm	送丝速度/(cm/min)
1	1	1.5~2	1.6	120~160	5~6	8~10	—
2	1	3	1.6~2	180~220	12~14	8~10	108~117
3	1~2	4	2	220~240	14~18	10~14	108~117
4	1~2	5	2~3	240~280	14~18	10~14	117~125
5	2	5	2~3	280~320	16~20	12~16	117~125
6~8	2~3	5~6	3	280~320	18~24	14~18	125~133
8~12	2~3	6	3~4	300~340	18~24	14~18	133~142

表 A-10 不锈钢钨极氩弧焊焊接条件（单道焊）

板厚/mm	接头形式	钨极直径/mm	焊丝直径/mm	氩气流量/(L/min)	焊接电流/A（直流正接）	焊接速度/(cm/min)
0.8	对接	1.0	1.6	5	20~50	66
1.0	对接	1.6	1.6	5	50~80	56
1.5	对接	1.6	1.6	7	65~105	30
1.5	角接	1.6	1.6	7	75~125	25
2.4	对接	1.6	2.4	7	85~125	30
2.4	角接	1.6	2.4	7	95~135	25
3.2	对接	1.6	2.4	7	100~135	30
3.2	角接	1.6	2.4	7	115~145	25
4.8	对接	2.4	3.2	8	150~225	25
4.8	角接	3.2	3.2	9	175~250	20

表 A-11 钛及钛合金手工钨极氩弧焊焊接条件(对接，直流正接)

板厚/mm	坡口形式	焊接层数	钨极直径/mm	焊丝直径/mm	焊接电流/A	氩气流量/(L/min) 主喷嘴	氩气流量/(L/min) 拖罩	氩气流量/(L/min) 背面	喷嘴孔径/mm	备注
0.5	I形坡口	1	1.5	1.0	30~50	8~10	14~16	6~8	10	对接接头的间头 0.5mm，也可不加钛丝 间隙 1.0mm
1.0	I形坡口	1	2.0	1.0~2.0	40~60	8~10	14~16	6~8	10	
1.5	I形坡口	1	2.0	1.0~2.0	60~80	10~12	14~16	8~10	10~12	
2.0	I形坡口	1	2.0~3.0	1.0~2.0	80~110	12~14	16~20	10~12	12~14	
2.5	I形坡口	1	2.0~3.0	2.0	110~120	12~14	16~20	10~12	12~14	
3.0	Y形坡口	1~2	3.0	2.0~3.0	120~140	12~14	16~20	12~14	14~18	坡口间隙 2~3mm，钝边 0.5mm 焊缝反面衬有钢垫板 坡口角度 60°~150°
3.5	Y形坡口	1~2	3.0~4.0	2.0~3.0	120~140	12~14	16~20	12~14	14~18	
4.0	Y形坡口	2	3.0~4.0	2.0~3.0	130~150	14~16	20~25	12~14	18~20	
4.0	Y形坡口	2	3.0~4.0	2.0~3.0	200	14~16	20~25	12~14	18~20	
5.0	Y形坡口	2~3	4.0	3.0	130~150	14~16	20~25	12~14	18~20	
6.0	Y形坡口	2~3	4.0	3.0~4.0	140~180	14~16	25~28	12~14	18~20	
7.0	Y形坡口	2~3	4.0	3.0~4.0	140~180	14~16	25~28	12~14	20~22	
8.0	Y形坡口	3~4	4.0	3.0~4.0	140~180	14~16	25~28	12~14	20~22	
10.0	双Y形坡口	4~6	4.0	3.0~4.0	160~200	14~16	25~28	12~14	20~22	坡口角度 60°，钝边 1mm 坡口角度 55°，钝边 1.5~2.0mm 坡口角度 55°，钝边 1.5~2.0mm，间隙 1.5mm
13.0	双Y形坡口	6~8	4.0	3.0~4.0	220~240	14~16	25~28	12~14	20~22	
20.0	双Y形坡口	12	4.0	4.0	200~240	12~14	20	10~12	18	
22	双Y形坡口	6	4.0	4.0~5.0	230~250	15~18	18~20	18~20	20	
25	双Y形坡口	15~16	4.0	3.0~4.0	200~220	16~18	26~30	20~26	22	
30	双Y形坡口	17~18	4.0	3.0~4.0	200~220	16~18	26~30	20~26	22	

表 A-12 钛及钛合金自动钨极氩弧焊焊接条件(对接接头，直流正接)

板厚/mm	坡口形式	焊接层数	成形槽的垫板尺寸 宽度/mm	成形槽的垫板尺寸 深度/mm	钨极直径/mm	焊丝直径/mm	焊接电流/A	电弧电压/V	焊接速度/(cm/min)	氩气流量/(L/min) 主喷嘴	氩气流量/(L/min) 拖罩	氩气流量/(L/min) 背面
1.0	I形	1	5	0.5	1.6	1.2	70~100	12~15	30~37	8~10	12~14	6~8
1.2	I形	1	5	0.7	2.0	1.2	100~120	12~15	30~37	8~10	12~14	6~8
1.5	I形	1	5	0.7	2.0	1.2~1.6	120~140	14~16	37~40	10~12	14~16	8~10
2.0	I形	1	6	1.0	2.5	1.6~2.0	140~160	14~16	33~37	12~14	14~16	10~12
3.0	I形	1	7	1.1	3.0	2.0~3.0	200~240	14~16	32~35	12~14	16~18	10~12
4.0	I形，留2mm间隙	2	8	1.3	3.0	3.0	200~260	14~16	32~33	14~16	18~20	12~14
6.0	Y形60°	3	—	—	4.0	3.0	240~280	14~18	30~37	14~16	20~24	14~16
10.0	Y形60°	3	—	—	4.0	3.0	200~260	14~18	15~20	14~16	18~20	12~14
13.0	双Y形60°	4	—	—	4.0	3.0	220~260	14~18	33~42	14~16	18~20	12~14

表 A-13 混合气体保护焊气体成分、性能、特点及应用

气体成分	气体性质	被焊材料	材料厚度/mm	焊接方法及熔滴过渡	焊丝直径/mm	特点	焊缝空间位置	备注
CO_2	氧化性	低碳钢、低合金钢及某些高合金钢	0.6~5.0	短路过渡、脉冲电弧	0.6~1.4	效率高、成本低、有一定飞溅	全	用于不重要结构
CO_2 + (15~20)% O_2	氧化性	低碳钢、低合金钢及某些高合金钢	0.6~5.0	短路过渡 脉冲电弧	0.6~1.4	比单一 CO_2，增加熔深；减少飞溅；提高效率；焊缝含氢量更低；对气孔的敏感性小；焊缝成形好	全	用于不重要结构
Ar	惰性	不锈钢、高强钢、铝及其合金，铜及其合金、钛、锆钽及其合金镍基合金	3~10	短路及颗粒过渡	1.0~4.0	不锈钢与高强钢的熔滴过渡不理想，焊缝成形不如混合气体，只能焊薄板	平	不锈钢和高强钢用钨极；铝铜、钛、锆、钽及其合金、镍基合金用钨极和熔化极
Ar	惰性		3~5	射流过渡	0.8~1.6		全、立、横、仰	
Ar	惰性		6~30	射流过渡	0.8~1.6			
Ar	惰性		5~40	射流过渡	1.6~5.0		平	
Ar	惰性		1.5~5	脉冲电弧	0.8~2.0	铝及其合金可采用射流过渡及脉冲电弧，焊缝质量好，表面光洁 铜及其合金可采用射流过渡，稳定性好 钛、锆、钽及其合金可采用射流过渡镍基合金可采用射流过渡和短路过渡	全、立、横、仰	
Ar	惰性		5~40	脉冲电弧	0.8~2.0			
Ar + (1~3)% CO_2	氧化性	钢	1~4	射流过渡	0.7~1.2	简化清理，可得无气孔、强度及塑性较好的焊缝，其表面光洁	全	用钨极和熔化极
Ar + 10% CO_2	氧化性	钢	1~4	射流过渡	0.7~1.2	焊渣极少，飞溅小，可用于焊镀锌钢板	全	
Ar + 15% CO_2	氧化性	钢	1~4	射流过渡	0.7~1.2	熔深较小，飞溅小，对油污不敏感	全	用熔化极

续表

气体成分	气体性质	被焊材料	材料厚度/mm	焊接方法及熔滴过渡	焊丝直径/mm	特点	焊缝空间位置	备注
Ar + 18% CO_2	氧化性	钢	1～4	射流过渡	0.7～1.2	熔深稍小，对油污不敏感，无孔，可焊镀锌钢板	全	用熔化极
Ar + (20～50)% CO_2	氧化性	碳钢及低合金钢及某些高合金钢	0.6～5	短路过渡脉冲电弧	0.6～1.4	熔深大，飞溅较小，焊缝成形和机械性能好，对油污不敏感	全	用熔化极
Ar + (1～2)% O_2	氧化性	不锈钢，高强钢	1～4	射流过渡	0.7～1.2	熔深大，飞溅小，气孔少	全	用熔化极
Ar + 2% O_2	氧化性	铝及其合金				气孔极少		用熔化极和钨极
Ar + (1～5)% O_2 或 20% O_2	氧化性	碳钢、低合金钢	1～4	射流过渡	0.7～1.2	焊缝含氢量极低，接头韧性高	全	用熔化极
Ar + 5% CO_2 + 6% O_2	氧化性	碳钢、低合金钢，某些高合金钢		射流过渡短路过渡		适于各种板厚，尤其是薄板，焊接速度很高，间隙搭桥性好，飞溅较少		用熔化极
Ar + 5% CO_2 + 2% O_2	氧化性	不锈钢，高强钢				熔滴过渡得到改善，焊缝可能有少量增碳		用熔化极
Ar + 15% CO_2 + 5% O_2	氧化性	钢	1～4	射流过渡	0.7～1.2	熔深较大，焊缝成形较好焊接速度大，间隙搭桥性好，飞溅较少	全	用熔化极
		钢	5～50	射流过渡	0.7～1.2		立、仰	
		钢	1～5	脉冲电弧	0.7～1.6		全	
		钢	6～50	脉冲电弧	1.2～1.6		立、仰	
		钢	3～50	脉冲电弧	2.0～5.0		平	
		铝合金	5～50	射流过渡	1.6～5.0		平	用熔化极
Ar + O_2 + CO_2 (≥25%)	氧化性	钢及某些高合金钢	6～50	短路过渡脉冲电弧	0.6～1.4		立、仰	
			6～50	短路过渡颗粒过渡	1.6～5.0		平	
Ar + He	惰性	不锈钢 (1Cr18Ni9Ti)	4～30	短路过渡颗粒过渡	1.2～3.0	热输入量较大，熔深较大，气孔较少	平	钨极和熔化极均可用
			3～5				全	
Ar + He	惰性	不锈钢 (1Cr18Ni9Ti)	6～30	短路过渡脉冲电弧	0.8～1.2	热输入量较大，熔深较大，气孔较少	立、横、仰	钨极和熔化极均可用

续表

气体成分	气体性质	被焊材料	材料厚度/mm	焊接方法及熔滴过渡	焊丝直径/mm	特点	焊缝空间位置	备注
Ar+10%He	惰性	铝及其合金	8~40	射流过渡	1.6~4.0	热输入量大,熔深大,气孔少,He>10%,产生飞溅	平	用熔化极时,He<10%;用钨极时,多种混合比,并适于焊厚板
Ar+25%He	惰性	钛及其合金	8~40	射流过渡短路过渡	1.6~4.0	热输入量大,焊缝润湿性好,射流过渡时,应用平焊位置,短路过渡时,应用全位置焊	全或平	用熔化极和钨极
Ar+(15~20)%He	惰性	镍基合金				热输入量大,改善熔化特性,可消除熔化不足的缺陷		用熔化极和钨极
Ar+He	惰性	铜及其合金	4~30	短路过渡颗粒过渡	1.2~3.0		平	
Ar+0.2%N_2	惰性	铝及其合金(宜焊镁含量不大的铝合金)				热功率较大,电弧稳定		
Ar+N_2(<30%)	惰性	铜及其合金,不锈钢(1Cr18Ni9Ti)	3~30	短路过渡颗粒过渡	0.8~3.0	热功率大,热输入量大,飞溅较大	平	用熔化极
Ar+6%H_2	还原性	镍基合金				热功率大,CO气孔少,熔池流动性好,钨极寿命长,焊波美观		用钨极

注:全—全位置焊;平—平焊;立—立焊;横—横焊;仰—仰焊。

表 A-14 大电流等离子电弧焊接用气体选择[1][2]

金 属	厚度/mm	焊接技术	
		小孔法	熔透法
碳钢（铝镇静）	<3.2	Ar	Ar
	>3.2	Ar	He75% + Ar25%
低合金钢	<3.2	Ar	Ar
	>3.2	Ar	He75% + Ar25%
不锈钢	<3.2	Ar，Ar92.5% + $H_2$7.5%	Ar
	>3.2	Ar，Ar95% + $H_2$5%	He75% + Ar25%
铜	<2.4	Ar	He 75% + Ar 25%，He
	>2.4	不推荐	He
镍合金	<3.2	Ar，Ar92.5% + $H_2$7.5%	Ar
	>3.2	Ar，Ar95% + $H_2$5%	He75% + Ar25%
活性金属	<6.4	Ar	Ar
	>6.4	Ar + He(He 50% ~75%)	He75% + Ar25%

注：① 气体选择是指等离子气体和保护气体两者。
② 表中各种气体的含量皆为体积分数。

表 A-15 小电流等离子弧焊接用保护气体选择[1][2]

金 属	厚度/mm	焊接技术	
		小孔法	熔透法
铝	<1.6	不推荐	Ar，He
	>1.6	He	He
碳钢 （铝镇静）	<1.6	不推荐	Ar，He75% + Ar25%
	>1.6	Ar，He75% + Ar25%	Ar，He75% + Ar25%
低合金钢	<1.6	不推荐	Ar，He Ar + H_2($H_2$1% ~5%)
	>1.6	He75% + Ar25%	Ar，He Ar + H_2($H_2$1% ~5%)
		Ar + H_2($H_2$1% ~5%)	
不锈钢	所有厚度	Ar，He75% + Ar25%	Ar，He， Ar + H_2($H_2$1% ~5%)
		Ar + H_2($H_2$1% ~5%)	
铜	<1.6	不推荐	He75% + Ar25% $H_2$75% + Ar25%，He
	>1.6	He75% + Ar25%，He	He
镍合金	所有厚度	Ar，He75% + Ar25% Ar + H_2($H_2$1% ~5%)	Ar，He， Ar + H_2($H_2$1% ~5%)
活性金属	<1.6	Ar，He75% + Ar25%，He	Ar
	>1.6	Ar，He75% + Ar25%，He	Ar，He75% + Ar25%

注：① 气体选择仅指保护气体，在所有情况下等离子气均为氩气。
② 表中各种气体的百分含量皆为体积分数。

表 A-16 熔透型等离子弧焊焊接参数参考值

材料	板厚/mm	焊接电流/A	电弧电压/V	焊接速度/(cm/min)	离子气 Ar 流量/(L/min)	保护气流量/(L/min)	喷嘴孔径/mm	注
不锈钢	0.025	0.3	—	12.7	0.2	8(Ar+$H_2$1%)	0.75	卷边焊
	0.075	1.6	—	15.2	0.2	8(Ar+$H_2$1%)	0.75	
	0.125	1.6	—	37.5	0.28	7(Ar+$H_2$0.5%)	0.75	
	0.175	3.2	—	77.5	0.28	9.5(Ar+$H_2$4%)	0.75	
	0.25	5	30	32.0	0.5	7Ar	0.6	
	0.2	4.3	25	—	0.4	5Ar	0.8	对接焊（背后有铜垫）
	0.2	4	26	—	0.4	6Ar	0.8	
	0.1	3.3	24	37.0	0.15	4Ar	0.6	
	0.25	6.5	24	27.0	0.6	6Ar	0.8	
	1.0	2.7	25	27.5	0.6	11Ar	1.2	
	0.25	6	—	20.0	0.28	9.5($H_2$1%+Ar)	0.75	
	0.75	10	—	12.5	0.28	9.5($H_2$1%+Ar)	0.75	
	1.2	13	—	15.0	0.42	7(Ar+$H_2$8%)	0.8	
	1.6	46	—	25.4	0.47	12(Ar+$H_2$5%)	1.3	手工对接
	2.4	90	—	20.0	0.7	12(Ar+$H_2$5%)	2.2	
	3.2	100	—	25.4	0.7	12(Ar+$H_2$5%)	2.2	
镍合金	0.15	5	22	30.0	0.4	5Ar	0.6	对接焊
	0.56	4~6	—	15.0~20.0	0.28	7(Ar+$H_2$8%)	0.8	
	0.71	5~7	—	15.0~20.0	0.28	7(Ar+$H_2$8%)	0.8	
	0.91	6~8	—	12.5~17.5	0.33	7(Ar+$H_2$8%)	0.8	
	1.2	10~12	—	12.5~15.0	0.38	7(Ar+$H_2$8%)	0.8	
钛	0.75	3	—	15.0	0.2	8Ar	0.75	手工对接
	0.2	5	—	15.0	0.2	8Ar	0.75	
	0.37	8	—	12.5	0.2	8Ar	0.75	
	0.55	12	—	25.0	0.2	8(He+Ar25%)	0.75	
哈斯特洛依合金	0.125	4.8	—	25.0	0.28	8Ar	0.75	对接焊
	0.25	5.8	—	20.0	0.28	8Ar	0.75	
	0.5	10	—	25.0	0.28	8Ar	0.75	
	0.4	13	—	50.0	0.66	4.2Ar	0.9	
不锈钢丝	φ0.75	1.7	—	—	0.28	7(Ar+$H_2$15%)	0.75	搭接时间1s 端接时间0.6s
	φ0.75	0.9	—	—	0.28	7(Ar+$H_2$15%)	0.75	
镍丝	φ0.12	0.1	—	—	0.28	7Ar	0.75	搭接热电偶
	φ0.37	1.1	—	—	0.28	7Ar	0.75	
	φ0.37	1.1	—	—	0.28	7(Ar+$H_2$2%)	0.75	

续表

材料	板厚/mm	焊接电流/A	电弧电压/V	焊接速度/(cm/min)	离子气 Ar 流量/(L/min)	保护气流量/(L/min)	喷嘴孔径/mm	注
钽丝与镍丝($\phi 0.5$)		2.5	—	焊一点为 0.2s	0.2	9.5Ar	0.75	点焊
纯铜	0.025	0.3	—	12.5	0.28	$9.5(Ar+H_2O 0.5\%)$	0.75	卷边对接
	0.075	10	—	15.0	0.28	$9.5(Ar+He 75\%)$	0.75	

表 A-17 小孔型等离子弧焊焊接参数参考值

材料	厚度/mm	接头形式及坡口形式	电流(直流正接)/A	电弧电压/V	焊接速度/(cm/min)	气体成分	气体流量/(L/min)		备注[①]
							离子气	保护气体	
碳钢和低合金钢	3.2(1010)	I形对接	185	28	30	Ar	6.1	28	小孔技术
	4.2(4130)	I形对接	200	29	25	Ar	5.7	28	小孔技术
	6.4(D6ac)	I形对接	275	33	36	Ar	7.1	28	小孔技术[②]
不锈钢[③]	2.4	I形对接	115	30	61	$Ar 95\%+H_2 5\%$	2.8	17	小孔技术
	3.2	I形对接	145	32	76	$Ar 95\%+H_2 5\%$	4.7	17	小孔技术
	4.8	I形对接	165	36	41	$Ar 95\%+H_2 5\%$	6.1	21	小孔技术
	6.4	I形对接	240	38	36	$Ar 95\%+H_2 5\%$	8.5	24	小孔技术
	9.5 根部焊道	V形坡口[④]	230	36	23	$Ar 95\%+H_2 5\%$	5.7	21	小孔技术
	填充焊道		220	40	18		11.8	83	填充丝[⑤]
钛合金[⑥]	3.2	I形对接	185	21	51	Ar	3.8	28	小孔技术
	4.8	I形对接	175	25	33	Ar	8.5	28	小孔技术
	9.9	I形对接	225	38	25	$He 75\%+Ar 25\%$	15.1	28	小孔技术
	12.7	I形对接	270	36	25	$He 50\%+Ar 50\%$	12.7	28	小孔技术
	15.1	V形坡口[⑦]	250	39	18	$He 50\%+Ar 50\%$	14.2	28	小孔技术
铜和黄铜	2.4	I形对接	180	28	25	Ar	4.7	28	小孔技术
	3.2	I形对接	300	33	25	He	3.8	5	一般熔化技术[⑧]
	6.4	I形对接	670	46	51	He	2.4	28	一般熔化技术
	2.0(Cu70-Zn30)	I形对接	140	25	51	Ar	3.8	28	小孔技术[③]
	3.2(Cu70-Zn30)	I形对接	200	27	41	Ar	4.7	28	小孔技术[③]

注：① 碳钢和低合金钢焊接时喷嘴高度为 1.2mm；焊接其他金属时为 4.8mm；采用多孔喷嘴。
② 预热到 316℃；焊后加热至 399℃；保温 1h。
③ 焊缝背面须用保护气体保护。
④ 60°V 形坡口，钝边高度 4.8mm。
⑤ 直径 1.1mm 的填充金属丝，送丝速度 152cm/min。
⑥ 要求采用保护焊缝背面的气体保护装置和带后拖的气体保护装置。
⑦ 30°V 形坡口，钝边高度 9.5mm。
⑧ 采用一般常用的熔化技术和石墨支撑衬垫。

表 A–18 微束型等离子弧焊焊接不锈钢的焊接参数参考值

板厚/mm	焊接形式	焊速/(mm/s)	电流/A	喷嘴孔径/mm	离子气流量/(L/min)	喷嘴至工件距离/mm	电极直径/mm	备注
0.76	I形坡口，对接	2	11	0.76	0.3	6.4	1.0	自动焊
1.5	I形坡口，对接	2	28	1.2	0.4	6.4	1.5	自动焊
0.76	角接，T形接头	—	8	0.76	0.3	6.4	1.0	手工焊，填充丝②
1.5	角接，T形接头	—	22	1.2	0.4	6.4	1.5	手工焊，填充丝②
0.76	角接，搭接接头	—	9	0.76	0.6	9.5	1.0	手工焊，填充丝②
1.5	角接，搭接接头	—	22	1.2	0.4	9.5	1.5	手工焊，填充丝②

注：1. 保护气：95% Ar – 5% H_2、流量 10L/min。
　　2. 背面保护气：Ar，流量 5L/min。
① 离子气：Ar。
② 填充丝：310 不锈钢，ϕ1.1mm。
③ 填充丝：310 不锈钢，ϕ1.4mm。

表 A–19 管极涂料配方举例

成分(质量分数)/%	锰矿粉	滑石粉	钛白粉	白云石	石英粉	萤石粉
	36	21	8	2	21	12

表 A–20 管极涂料中铁合金材料的配比

铁合金名称	每1000g配方中铁合金的加入量/g								铁合金的主要用途
	H08A			H08MnA			H10Mn2		
	Q345	Q390	Q235	Q345	Q390	Q235	Q345	Q390	
低碳锰铁	300	400		100	200				提高强度，脱氧，脱硫，提高低温冲击韧度
中碳锰铁	100	100	100	100	100		100		
硅铁	155	155	155	155	155	155	155	155	脱氧，提高强度
钼铁	140	140	140	140	140	14	140	140	细化晶粒，提高冲击韧度
钛铁	100	100	100	100	100	100	100	100	细化晶粒，提高冲击韧度、脱氧、脱氮、减少硫的偏析
钒铁		100			100		100		细化晶粒，提高强度
合计	795	995	495	595	195	395	395	395	

表 A–21.1 电渣焊各种材料及厚度的焊接速度推荐范围

类型	材料	焊接厚度/mm	焊接速度 v_w/(m/h)		
			丝极电渣焊	熔嘴(管极)电渣焊	
			对接接头	对接接头	T字接头
非刚性固定	Q235、Q345、20	40~60	1.5~3	1~2	0.8~1.5
		60~120	0.8~2	0.8~1.5	0.8~1.2
	25、20MnMo、20MnSi、20MnV	≤200	0.6~1.0	0.5~0.8	0.4~0.6
	35	≤200	0.4~0.8	0.3~0.6	0.3~0.5
	45	≤200	0.4~0.6		
	35CrMoA	≤200	0.2~0.3	—	—

续表

类型	材料	焊接厚度/mm	焊接速度 v_w/(m/h) 丝极电渣焊 对接接头	熔嘴(管极)电渣焊 对接接头	熔嘴(管极)电渣焊 丁字接头
刚性固定	Q235、Q345、20	≤200	0.4~0.6	0.4~0.6	0.3~0.4
刚性固定	35、45	≤200	0.3~0.4	0.3~0.4	—
大断面	25、35、45 20MnMo、20MnSi	200~450	0.3~0.5	0.3~0.5	
大断面	25、35 20MnMo、20MnSi	>450		0.3~0.4	

表 A−21.2 各种接头单熔嘴电渣焊尺寸和位置

接头形式	熔嘴形式	熔嘴尺寸和位置/mm	可焊厚度及其特点
对接接头	双丝熔嘴	$B = \delta - 40$ $b_3 = 10$ $B_0 = \delta - 30$	最常用形式,最大可焊200mm,常用于80~160mm
对接接头	三丝熔嘴	$B = \dfrac{\delta - 50}{2}$ $b = 10$ $B_0 = \dfrac{\delta - 30}{2}$	用于较厚的工件,最大可焊300mm,常用于160~240mm
丁字接头	双丝熔嘴	$B = \delta - 25$ $B_0 = \delta - 15$ $b_3 = 2.5$	最大可焊170mm,常用于80~130mm
角接接头	双丝熔嘴	$B = \delta - 32$ $b_3 = 10$ $b_2 = 2$ $B_0 = \delta - 22$	最大可焊180mm,常用于80~140mm

表 A−21.3 对接接头多熔嘴电渣焊尺寸和位置

熔嘴形式	特点	熔嘴尺寸和位置/mm
单丝熔嘴	1) 焊丝间距(指两底层焊丝中心线之间的距离)相等,焊丝数目最少,送丝机构简单 2) 熔嘴间距较小,绝缘及固定较困难 3) 一般 $B_0 < 180$mm	$B_0 = \dfrac{\delta - 20}{n - 1}$ $b_1 = 10 \sim 15$ $b_3 = 5$
双丝熔嘴	1) 熔嘴间距较大,固定方便,焊接过程中熔嘴之间不易短路 2) 焊丝数目多,在一定生产率的条件下,可选用较小的送丝速度,有利于提高电渣过程的稳定性 3) 据经验,焊丝间距取40mm、70mm较合适 4) 丝距比 $k = \dfrac{B_0}{b_0}$ 对熔宽均匀性影响较大,一般 $k = 1.4 \sim 1.7$,常取 $k = 1.6$ 5) 熔嘴应取3的倍数,以保证三相电流平衡	$b_0 = \dfrac{\delta - 20}{2.6n - 1}$ $B_0 = 1.6 b_0$ $B = B_0 - 10$ $b_3 = 5$
混合熔嘴	1) 焊丝间距相等,计算方便,焊丝数量较少 2) 中间为双焊丝熔嘴,通过电流较大,中部熔宽较大,各相电流难于平衡 3) 熔嘴间距较小,绝缘及固定较复杂	$B_0 = \dfrac{\delta - 20}{n}$ $b_1 = 15 \sim 20$ $b_3 = 5$

附录 A

表 A-22　电渣焊焊接参数对焊缝质量、过程稳定性和生产率的影响

参数 \ 影响	对焊接接头质量的影响	对焊接过程稳定性的影响	对焊接生产率的影响
焊丝送进速度 v_f 或焊接电流 I	(1) v_f 增大,金属熔池变深对结晶方向不利,抗热裂性能降低 (2) v_f 增大,熔宽增大,但 v_f 超过一定数值后,熔宽反而减小	(1) v_f 过大,焊丝和金属熔池短路造成熔渣飞溅 (2) v_f 过小,焊丝易与渣池表面发生电弧	v_f 增大,生产率明显提高
焊接电压 U	(1) U 增大,熔宽增大,母材在焊缝中的百分比增大,焊缝收缩应力增大 (2) U 过小,易产生未焊透	(1) U 过小,渣池温度降低,焊丝易与金属熔池短路,发生溶渣飞溅 (2) U 过高,渣池过热焊丝与渣池表面发生电弧	无影响
渣池深度 h	(1) h 减小,熔宽增大 (2) h 过深,易产生未焊透、未熔合等缺陷	(1) h 过浅,爆裂丝在渣池表面产生电弧 (2) h 过深,渣池温度低,焊丝易与金属熔池短路,发生熔渣飞溅	无影响
装配间隙 c	(1) c 增大,熔宽增大,应力与变形增加。热影响区增大,晶粒易粗大 (2) c 过小,易极易与工件短路,操作困难,易产生缺陷	(1) c 增大,便于操作,渣池易于稳定 (2) c 过小,渣池难于控制,电渣过程稳定性差	c 增大,生产率降低
焊丝直径 d 或熔嘴板厚 t	d 增大,熔宽增加,但焊丝刚性大,操作困难,易产生缺陷	d 过小,电渣过程稳定性变差	d 增大,生产率降低
焊丝数目或熔嘴数目 n	n 增多,熔宽均匀性好	影响很小	n 增多,生产率高,但操作复杂,准备工作时间长
焊丝间距或熔嘴间距 B	对熔宽均匀性影响大,选取不当,易产生裂纹或未焊透等缺陷	影响很小	无影响
焊丝伸出长度 l	(1) l 增大,电流略有减少,有时可通过改变 l 来少量调节焊接电流 (2) l 过长,会降低焊丝在间隙中位置的准确性从而影响熔宽均匀性,严重时,会产生未焊透	l 过小,导电嘴距渣池过近,易变形及磨损,渣池飞溅时易堵塞导电嘴	无影响

续表

影响\参数	对焊接接头质量的影响	对焊接过程稳定性的影响	对焊接生产率的影响
焊丝摆动速度	摆动速度增加，熔宽略减小，熔宽均匀性好	影响很小	无影响
焊丝距水冷成形滑块距离	对焊缝表面成形影响大 (1) 过大易产生未焊透 (2) 过小易与水冷成形滑块产生电弧，严重时会击穿、漏水、中断焊接	距水冷成形滑块过近时易产生电弧，影响渣池稳定性	无影响
焊丝在水冷成形滑块处停留时间	停留时间长、焊缝表面成形好，易焊透	影响很小	无影响

表 A-23 电渣焊焊接电压与接头形式、焊接速度、所焊厚度的关系

参数			丝极电渣焊每底层焊丝所焊厚度/mm					熔嘴电渣焊熔嘴焊丝中心/mm					管极电渣焊每根管极所焊厚度/mm		
			50	70	100	120	150	50	70	100	120	150	40	50	60
焊接电压/V	对接接头	焊速 0.3~0.6m/h	38~42	42~46	46~52	50~54	52~56	38~42	40~44	42~46	44~50	46~52	40~44	42~46	44~48
		焊速 1~1.5m/h	43~47	47~51	50~54	52~56	54~58	40~44	42~46	44~48	46~52	48~54	44~46	44~48	46~50
	丁字接头	焊速 0.3~0.6m/h	40~44	44~46	46~50	—	—	42~46	44~50	46~52	48~54	50~56	42~48	46~50	—
		焊速 0.8~1.2m/h	—	—	—	—	—	44~48	46~52	48~54	50~56	52~58	46~50	48~52	—

表 A-24 焊接电流(焊接送丝速度)与焊接电压的配合关系

焊件金属的含碳量/%	单根焊丝可焊的厚度/mm					
	50		75		100	
	焊丝送进速度临界值/(m/h)	最小焊接电压/V	焊丝送进速度临界值/(m/h)	最小焊接电压/V	焊丝送进速度临界值/(m/h)	最小焊接电压/V
≤0.13	280	45~47	220	50~52	500	54~58
0.16~0.17	250	44~48	336	49~51	480	54~58
0.18~0.22	230	43~46	335	49~50	440	52~54
0.23~0.26	200	42~44	200	48~68	380	50~52
0.27~0.30	170	42~44	260	45~47	320	48~50
0.31~0.35	155	43~46	228	43~46	290	48~50
0.36~0.40	110	44~46	200	43~46	280	48~48

表 A-25.1　电渣焊渣池深度与送丝速度的关系

焊丝送进速度/(m/h)	60~100	100~150	150~200	200~250	250~300	300~450
渣池深度/mm	30~40	40~45	45~55	55~60	60~70	65~75

注：本表适用于按表 A-25.2 选定装配间隙，按表 A-23 选定焊接电流的电渣焊接。一般工艺参数的确定如下：
① 焊丝直径 d，一般均采用直径 3mm 的焊丝。
② 焊丝数目，可按本"附录A"表 A-25.3 确定。
③ 焊丝间距（B_0），按下列经验公式选取：

$$B_0 = \frac{\delta + 10}{n}$$

式中　B_0——焊丝间距，mm；
　　　δ——被焊工件厚度，mm；
　　　n——焊丝根数。
④ 焊丝伸出长度（l），一般选用 50~60mm；
⑤ 焊丝摆动速度，一般选用 1.1cm/s。
⑥ 焊丝距水冷成形滑块距离（b），一般选用 8~10mm；
⑦ 焊丝在水冷成形滑块旁停留时间，一般选用 3~6s，常用 4s。

表 A-25.2　各种厚度工件的装配间隙　　mm

工件厚度	50~80	80~120	120~200	200~400	400~1000	>1000
对接接头装配间隙 c_0	28~30	30~32	31~33	32~34	24~36	36~38
丁字接头装配间隙 c_0	30~32	32~34	33~35	34~36	36~38	38~40

表 A-25.3　焊丝数目与工件厚度的关系

焊丝数目 n	可焊的最大工件厚度/mm		推荐的工件厚度[①]（摆动时）/mm
	不摆动	摆动	
1	50	150	50~120
2	100	300	120~240
3	150	450	240~450

注：① 焊丝不摆动的焊接，由于熔宽不均匀抗裂性能较差，目前已很少采用。

表 A-26　电渣焊渣池深度的选取

焊丝送进速度/(m/h)	渣池深度/mm	
	焊件厚度 100mm	焊件厚度 50mm
100~150	35	40
175~225	40	45
275~325	45	50
375~425	55	60
475~525	65	70

表 A-27　美国焊接学会推荐硬钎焊使用的气氛

气氛类号	气源	最高露点/气氛压力	成分近似值（体积分数）/%				应用		备注
			H_2	N_2	CO	CO_2	钎料	母材	
1	燃气（低氢）	室温	1~5	87	1~5	11~12	BAg[①]、BCuP、RBCuZn[①]	铜、黄铜[①]	—

续表

气氛类号	气源	最高露点/气氛压力	成分近似值(体积分数)/%				应用		备注
			H_2	N_2	CO	CO_2	钎料	母材	
2	燃气(脱碳)	室温	14~15	70~71	9~10	5~6	BCu、BAg[2]、RBCuZn、BCuP	铜[2]、黄铜[1]、低碳钢、蒙乃尔合金、中碳钢[3]	脱碳
3	燃气干燥的(增碳)	-40℃	15~16	73~75	10~11	—	BCu、BAg[1]、RBCuZn、BCuP	铜[2]、黄铜[1]、低碳钢、中碳钢[3]、高碳钢、蒙乃尔合金和镍合金	—
4	分解氨	-40℃	38~40	41~45	17~19	—	BCu、BAg[1]、RBCuZn[1]、BCuP	铜[2]、黄铜[1]、低碳钢、中碳钢[3]、高碳钢、蒙乃尔合金	增碳
5	气瓶氢气	-54℃	75	25	—	—	BAg、BCuPRBCuZn、BCu、BNi	铜[2]、黄铜[1]、低碳钢、中碳钢[3]、高碳钢、蒙乃尔合金、镍合金和含铬合金[4]	—
6	脱氧而干燥的氢气	室温	97~100	—	—	—	BCu、BAg、RBCuZn、BCuP	铜[2]、黄铜[1]、低碳钢、中碳钢[3]、蒙乃尔合金	脱碳
7	加热挥发性材料	-59℃	100	—	—	—	BAg、BCuPRBCuZn、BCu、BNi	与气氛类号5的相同,加上钴、铬、钨合金和硬质合金[4]	—
8	纯惰性气体	无机蒸气					BAg	黄铜	专用于与1~7气体共同使用
9	真空	惰性气体(加氮氩等)	—	—	—	—	BAg、BCuPRBCuZn、BCu、BNi	与气氛类号5的相同,加上钛锆和铅	专用工件清洁/气体提纯
10	真空	真空>266Pa					BCuP、BAg	钢	—
10A	真空	66.5~266Pa					BCu、BAg	低碳钢、铜	—
10B	真空	0.133~66.5Pa					BCu、BAg	碳钢、低合金钢和铜	—
10C	真空	0.133Pa以下					BNi、BAu、BAiSi	耐热和耐腐蚀钢,铝、钛、锆和难熔合金、钛合金	—

注:美国焊接学会分类号6、7和9包括压力降到266Pa。
① 当采用含有挥发性元素的合金时,气氛中应加入钎剂。
② 铜必须完全脱氧或无氧。
③ 加热时间要保持最短,以防止有害的脱碳。
④ 如果铝、钛、硅或铍含量显著,气氛中应加入钎剂。

表 A-28 各种钎焊方法的优缺点及适用范围

钎焊方法	主 要 特 点		用 途
烙铁钎焊	设备简单、灵活性好，适用于微细钎焊	需使用钎剂	只能用于软钎焊，钎焊小件
火焰钎焊	设备简单，灵活性好	控制温度困难，操作技术要求较高	钎焊小件
金属浴钎焊	加热快，能精确控制温度	钎料消耗大，焊后处理复杂	用于软钎焊及其批量生产
盐浴钎焊	加热快，能精确控制温度	设备费用高，焊后需仔细清洗	用于批量生产，不能钎焊密闭工件
气相钎焊	能精确控制温度，加热均匀，钎焊质量高	成本高	只用于软钎焊及其批量生产
波峰钎焊	生产率高	钎料损耗大	用于软钎焊及其批量生产
电阻钎焊	加热快，生产率高，成本较低	控制温度困难，工件形状、尺寸受限	钎焊小件
感应钎焊	加热快，钎焊质量好	温度不能精确控制，工件形状受限制	批量钎焊小件
保护气体炉中钎焊	能精确控制温度，加热均匀，变形小，一般不用钎剂，钎焊质量好	设备费用较高，加热慢，钎料和工件不宜含大量易挥发元素	大、小件的批量生产，多钎缝工件的钎焊
真空炉中钎焊	能精确控制温度，加热均匀，变形小，一般不用钎剂，钎焊质量好	设备费用高，针料和工件不宜含较多挥发性元素	重要工件
超声波钎焊	不用钎剂，温度低	设备投资大	用于软钎焊

表 A-29 常见铝及铝合金的钎焊性

类别			牌号	主要成分(质量分数)/%	熔化温度/℃	钎焊性	
						软钎焊	硬钎焊
工业纯铝			1035~1100	Al≥99.0	≈600	优良	优良
变形铝合金	防锈铝	铝镁	5A01	Al-1Mg	634~654	良好	优良
			5A02	Al-2.5Mg-0.3Mn	627~652	较差	良好
			5A03	Al-3.5Mg-0.45Mn-0.65Si	627~652	较差	较差
			5A05	Al-4.5Mg-0.45Mn	568~638	较差	较差
			5A06	Al-6.3Mg-0.65Mn	550~620	很差	很差
		铝锰	3A21	Al-1.2Mn	643~654	优良	优良
	热处理强化铝合金	硬铝	2A11	Al-4.3Cu-0.6Mg-0.6Mn	613~641	很差	较差
			2A12	Al-4.3Cu-1.5Mg-0.5Mn	502~638	很差	较差
			2A16	Al-6.5Cu-0.6Mn	549	较差	良好
		锻铝	6A02	Al-0.4Cu-0.7Mg-0.25Mn-0.8Si	593~652	良好	良好
			2B50	Al-2.4Cu-0.6Mg-0.9Si-0.15Ti	555	较差	较差
			2A90	Al-4Cu-0.5Mn-0.75Fe-0.75Si-2Ni	509~633	很差	较差
			2A14	Al-4.4Cu-0.6Mg-0.7Mn-0.9Si	510~638	很差	较差
		超硬铝	7A04	Al-1.7Cu-2.4Mg-0.4Mn-6Zn-0.2Cr	477~638	很差	较差
			7A19	Al-1.6Mg-0.45Mn-5Zn-0.15Cr	600~650	良好	良好

续表

类别	牌号	主要成分(质量分数)/%	熔化温度/℃	钎焊性 软钎焊	钎焊性 硬钎焊
铸造铝合金	ZL102	Al – 12Si	577～582	很差	较差
	ZL202	Al – 5Cu – 0.8Mn – 0.25Ti	549～584	较差	较差
	ZL301	Al – 10.5Mg	525～615	很差	很差

表 A–30 铝及铝合金用硬钎料的适用范围

钎料牌号	钎焊温度/℃	钎焊方法	可钎焊的铝及铝合金
B – Al92Si	599～621	浸沾,炉中	1035～1100,3A21
B – Al90Si	588～604	浸沾,炉中	1035～1100,3A21
B – Al88Si	582～604	浸沾,炉中,火焰	1035～1100,3A21,5A01,5A02,6A02
B – Al86SiCu	585～604	浸沾,炉中,火焰	1035～1100,3A21,5A01,5A02,6A02
B – Al76SiZnCu	562～582	火焰,炉中	1035～1100,3A21,5A01,5A02,6A02
B – Al67CuSi	555～576	火焰	1035～1100,3A21,5A01,5A02,6A02,2A50,ZL102,ZL202
B – Al90SiMg	599～621	真空	1035～1100,3A21
B – Al88SiMg	588～604	真空	1035～1100,3A21,6A02
B – Al86SiMg	582～604	真空	1035～1100,3A21,6A02

表 A–31 铜及黄铜软钎料接头的强度

钎料牌号	抗剪强度/MPa 铜	抗剪强度/MPa 黄铜	抗拉强度/MPa 铜	抗拉强度/MPa 黄铜
S – Pb80Sn18Sb2	20.6	36.3	88.2	95.1
S – Pb68Sn30Sb2	26.5	27.4	89.2	86.2
S – Pb58Sn40Sb2	36.3	45.1	76.4	78.4
S – Pb97Ag3	33.3	34.3	50.0	58.8
S – Sn90Pb10	45.1	44.1	63.7	68.6
S – Sn95Sb5	37.2	—	—	—
S – Sn92Ag5Cu2Sb1	35.3	—	—	—
S – Sn85Ag8Sb7	—	82.3	—	—
S – Cd96Ag3Zb1	57.8	—	73.8	—
S – Cd95Ag5	44.1	46.0	87.2	88.2
S – Cd92Ag5Zn3	48.0	54.9	90.1	96.0

表 A–32 铜及黄铜硬钎焊接头的力学性能

钎料牌号	抗剪强度/MPa 铜	抗剪强度/MPa 黄铜	抗拉强度/MPa 铜	抗拉强度/MPa 黄铜	弯曲角/(°) 铜	冲击吸收功/J 铜
B – Cu62Zn	165	—	176	—	120	353
B – Cu60ZnSn – R	167	—	181	—	120	360
B – Cu54Zn	162	—	172	—	90	240
B – Zn52Cu	154	—	167	—	60	211
B – Zn64Cu	132	—	147	—	30	172
B – Cu93P	132	—	162	176	25	58
B – Cu92PSb	138	—	160	196	—	—
B – Cu92PAg	159	219	225	292	120	—

续表

钎料牌号	抗剪强度/MPa		抗拉强度/MPa		弯曲角/(°)	冲击吸收功/J
	铜	黄铜	铜	黄铜	铜	铜
B-Cu80PAg	162	220	225	343	120	205
B-Cu90P6Sn4	152	205	202	255	90	182
B-Ag70CuZn	167	199	185	321	—	—
B-Ag65CuZn	172	211	177	334	—	—
B-Ag55CuZn	172	208	174	328	—	—
B-Ag45CuZn	177	216	181	325	—	—
B-Ag25CuZn	167	184	172	316	—	—
B-Ag10CuZn	158	161	167	314	—	—
B-Ag72Cu	165	—	177	—	—	—
B-Ag50CuZnCd	177	226	210	375	—	—
B-Ag40CuZnCd	168	194	179	339	—	—

表 A-33 耐磨堆焊合金焊材类型、典型合金系统、性能特点及用途

类型			合金系统（质量分数C‰，余%）	型号	牌号	硬度/HRC	性能及用途
珠光体		焊条	2Mn2(C0.2Mn≤3.5) 2Mn4(C0.2Mn≤4.5) 1Cr3(C0.1Cr=3.2)	EDP Mn2-03 EDP Mn4-16	D107 D146 D156	≥22 ≥30 ~31	韧性、抗裂性优，耐金属间磨损，不耐磨料磨损，用于恢复尺寸及堆焊过渡层，如滑轮、链轮的堆焊
		焊丝	Cr1~3Mn1~2Mo（实心、药芯、气保、自保护、埋弧）				
普通合金钢	马氏体	焊条	1.5Mn4Mo5SiV 2Cr5Mn1.5V		广堆 广堆012	47 51	韧、抗裂性优，耐金属间磨损及冲击磨损、磨料磨损
		焊丝	2.5Cr3MoMnV(实心) 2Cr2MnMo(MAG药芯)		A450	42 44	(560℃回火)可保持到600℃，热轧开坯辊堆焊
		焊条	4Mn6Si 5Cr5Mo4 5Cr9Mo3V1	EDPMn6-15 EDPCrMo-A4-03 EDPCrMoV-A1-15	D167 D212 D237	≥50	抗裂性中、抗冲击强，耐金属间磨损，磨料磨损耐磨性优于Mn13
		焊丝	5Cr5Mo4(MAG) 3.8Cr9Mo3Mn3		YD212-1 A600		
		焊条	6Cr5Mn 6Cr5Mo3V5 9Cr8Si2B	EDPCrMoV-A2-15 EDPCrSi-B	D202B D227 D246	54~58 ≥55 ≥60	抗裂性差，可抗冲击，磨料磨损耐磨约为Mn13的2倍
		焊丝	6Cr8Si2(MAG药芯)		YD247-1	≥55	

续表

类型		合金系统 （质量分数C‰，余%）	型 号	牌号	硬度/ HRC	性能及用途
合金工具钢	焊条	W18Cr4V	EDD-0-15	D307	≥55	刀具、热剪刀刃
		W9Cr4V2			60~62	耐磨粒磨损性良、耐冲击、耐热
		4Cr3W8	EDRCrW-15	D337	≥48	热锻模、热轧辊
		4W9Cr4Mo2V	EDRCrMoV-A1-03	D322	≥55	冷冲模、切削刀具，耐热
		6W7Cr4Mo3V2		D317A	58~62	耐磨、耐热
		Cr8Mo1		D600	55	冷裁修边模
		2V7Mo2Mn2B	EDTV-15	D007	≥180HB	铸铁模具堆焊及焊补
	药芯焊丝	4Cr3W8（MAG）		YD371-1	≥48	型材轧辊
		2.5Cr5VMoSi			42~46	
		3(Cr+W)8-15Ni3Mn2Si		YD397-1	≥48	热轧辊、热锻模、耐热疲劳优
		5Cr6Mo2Mn2（MAG）			55~60	冷轧辊、冷锻模
高铬马氏体钢	焊条	1Cr13	EDCr-A1-03	D502	≥40	
		2Cr13	EDCr-B-15	D517	≥45	
		2Cr13Mn7	EDCrMn-A-16	D516M	38~48	≤45℃高、中压阀门
		2Cr13Ni		CR-55	55	耐金属间磨损优，耐磨料磨损良
	实心	00Cr13Ni4Mo			~38	耐蚀、耐磨、耐气蚀，蒸气透 平轴、≤450℃阀门，耐金属间 磨损
		1Cr13	H1Cr13		~40	
	药芯焊丝	0Cr14NiMo			~30	连铸机辊、≤450℃阀门
		0Cr17			~24	热轧辊、冲头
		4Cr17Mo1			~48	金属间磨损、轻磨料磨损
		2Cr13（自保护）		YD517-2	≥45	

（以下质量分数全为%）

类型		合金系统	型 号	牌号	硬度/HRC	性能及用途
高锰、高铬锰奥氏体钢	焊条	Mn13(C≤1.1Mn11~16)	EDMn-A-16	D256	≥170HB	冷作硬化显著，韧性好，抗冲 击、耐高应力磨料磨损，不耐低 应力磨料磨损
		Mn15	EDMn-B-16	D266	≥170HB	
		C0.8Mn15Cr3			≥210HB	
	焊条	C0.7Mn13Cr15	EDCrMn-B-16	D276	≥20	水轮机叶片导水叶
		C0.6Mn25Cr11	EDCrMn-D-15	D567	≥210HB	≤350℃中压阀门
		C1Mn15Cr15Ni5Mo4	EDCrMn-C-15	D577	≥28	≤510℃阀门配D507Mo
	自保护药芯焊丝	C1Mn15Cr3Ni3				同D256、D266
		C0.5Mn15Cr15Mo				同D256、D266、D276
		C0.6Mn16Cr3Ni2				加工硬化后44HRC
马氏体合金铸铁	焊条	C3.5Cr4Mo4		D608	≥55	耐磨料磨损尚好
		C2W9B		D678	≥50	
		C3W12Cr5		D698	≥60	

续表

类型		合金系统 （质量分数 C‰，余%）	型号	牌号	硬度/HRC	性能及用途
高铬合金铸铁	焊条	C3Cr28Ni4Si	EDZCr-C-15	D667	≥48	Ni 奥氏体提高抗裂降低耐磨
		Fe-Cr-C 弥散硬化奥氏体 (~500HV)+短柱团块 Cr$_7$C$_3$		JHY-1C^{R①}	55~60	抗冲击高耐磨、耐磨性为 Mn13 的 16 倍，国家发明奖，美国 AWS + CASTOLIN 奖
		C5Cr28Nb6Mo7W5V		D658	≥60	严重磨料磨损、耐高温
		C3.5Cr27MnB		D680	58~65	硼化物大幅提高耐磨性
		C3.5Cr30Mo2		D656	≥60	钼增加马氏体提高硬度
		C5Cr28Nb7		D638Nb	≥60	高硬度块状 NbC 提高耐磨性
		Fe-Cr-C-B 硬质合金			65~68	耐磨性较 D680 等高一倍
		CASTOLIN 产品：Fe-Cr-C		XHD6006	60~62	耐磨料磨损
		Fe-Cr-C-Nb		XHD6712	62~68	耐严重磨料磨损
		Fe-Cr-C-W-Nb-V-Mo		XHD715	63~68	强耐磨，耐热到 <650℃
	焊丝	C3.5Cr28Co5Mn2Si2B		HS103	58~64	耐严重磨料磨损
		C3Cr25Mo3Si（自保护药芯焊丝）		YD646Mo2	54~60	
		C6Cr36（自保护药芯焊丝）		YD656-4	57	耐磨料磨损如辊子堆焊
钴基合金	焊丝	C1.2CoCr29W5		HS111	40~45	高温高压阀门、热剪刀、热锻模
		C1.5CoCr29W8		HS112	45~50	同上，内燃机阀、热轧辊孔型
		C3CoCr30W17	RCoCr-A(AWS)	HS113	55~60	高温磨料磨损如锅炉旋转叶片
		C3.4CoCr26W14	RCoCr-B	HS113G	≥54	高温热轧辊
		C1.8CoCr25W12Ni22		HS113Ni	37~40	耐蚀、耐气蚀，进气门、排气阀
		C0.2CoCr27Mo6Ni2.5		HS115	≥27	热模具、水轮机叶片
	焊条	C1CoCr29W5	EDCoCr-A-03	D802	≥40	同 HS111
		C1.4CoCr29W8	EDCoCr-B-03	D812	≥44	同上。高压泵轴套筒
		C2.4CoCr29W15	EDCoCr-C-03	D822	≥53	牙轮钻头、轴承等，同 HS113
		C0.3CoCr28W9	EDCoCr-D-03	D842	28~35	热锻模、阀门密封面
碳化钨硬质合金	焊条	C2.5W50Si4Mn2	EDW-A-15	D707	≥60	磨料磨损
		C3W60Mo6Ni2Cr2Mn2Si3	EDW-B-15	D717	≥60	磨料磨损
		WC55Ni40		D707Ni	≥45	高炉料钏、烧结机
	焊丝	WC65Fe		YZ		铣齿牙轮、钻头齿面
		WC-Cu 合金结硬质合金		YD-XX		
		WC60Fe（药芯）		HSY710		
镍基合金	焊条	Ni83Cr7Al7			≥32	冷作硬化≥54，耐磨料磨损及气蚀、水轮机叶片堆焊
		Ni 基 Cr16Mo16W4Fe4		GRID UR34	220HBW	冷作硬化 400HBW 热剪刀、热冲头、热锻模堆焊
		C2.7Ni 基 Cr27Fe23Co12Mo8W3MnSi		HAYNES No.711	42	挤压机螺杆、凿岩机钻头、泥浆泵、低冲击冲模堆焊

注：① JHY 为发明者姓名缩写及商标。

表A-34.1 珠光体钢堆焊焊条的成分、硬度与用途

序号	牌号	国标型号（GB）	堆焊金属化学成分（质量分数）/%						堆焊金属硬度/HRC	用途
			C	Si	Mn	Cr	Mo	其他		
1	D102	EDPMn2-03	≤0.20	—	≤3.50	—	—	—	≥22	
2	D106 D107	EDPMn2-16 EDPMn2-15	≤0.20	—	≤3.50	—	—	—	≥22	用于堆焊或修复低碳钢、中碳钢及低合金钢磨损件的表面，车轮、齿轮、轴类等。拖拉机辊子、链轮牙、链轨板、履带板、搅拌机叶片、碳钢道岔等
3	D112	EDPCrMo-A1-03	≤0.25	—	≤2.00	≤1.50	≤2.00	—	≥22	
4	D126 D127	EDPMn3-16 EDPMn3-15	≤0.20	—	≤4.20	—	—	—	≥28	
5	D132	EDPCrMo-A2-03	≤0.50	—	≤3.00	≤1.50	—	—	≥30	
6	D146	EDPMn4-16	≤0.20	—	≤4.50	—	—	≤2.00	≥30	
7	D156		≈0.10	≈0.05	≈0.70	≈3.20	—	—	≈31	适用于轧钢机零件的堆焊，如槽滚轧机、铸钢的大齿轮、拖拉机驱动轮、支重轮和链轨节
8	D202A		≤0.15	0.2~0.4	0.5~0.9	1.8~2.3	—	—	26~30	

注：堆焊金属化学成分余量为Fe。

表A-34.2 珠光体钢堆焊药芯焊丝的成分、硬度与用途

序号	焊丝种类	牌号	堆焊金属化学成分（质量分数）/%						堆焊金属硬度/HV	用途
			C	Si	Mn	Cr	Mo	V		
1	MAG药芯焊丝	FLUXOFIL50	0.17	0.45	1.4	0.70	—	—	225~275HBW	
2		FLUXOFIL51	0.20	0.16	1.5	1.25	—	—	275~325HBW	
3		A-250	0.17	0.42	1.21	1.63	0.50	—	290	
4		A-350	0.23	0.42	1.48	2.70	0.20	—	378	
5		AS-H250	0.06	0.48	1.54	1.17	0.40	—	279	
6		AS-H350	0.10	0.65	1.56	1.66	0.49	—	384	
7	自保护弧焊药芯焊丝	YD176Mn-2	0.12~0.18	0.9~1.2	1.7~2.1	0.55~0.85	0.3~0.5	—	32~36HRC	用于零件恢复尺寸层堆焊、过渡层堆焊和受金属间磨损的中等硬度零件表面层堆焊。如轴、惰轮、滑轮、链轮、连接杆等
8		GN-250	0.18	0.15	1.4	0.57	0.14	—	276	
9		GN-300	0.23	0.26	1.42	1.10	0.21	—	331	
10		GN-350	0.26	0.16	1.42	1.25	0.24	—	360	
11	埋弧堆焊药芯焊丝、焊带	FLUXOCORD50（焊剂OP-122）	0.14	0.70	1.6	0.6	—	—	220~270	
12		FLUXOCORD51（焊剂OP-122）	0.18	0.70	1.7	1.1	—	—	250~350	
13		S-250/50	0.05	0.67	1.72	0.72	0.48	—	248	
14		S-300/50	0.08	0.84	1.55	0.93	0.47	0.12	300	
15		S-350/50	0.10	0.66	2.04	1.96	0.54	0.17	364	
16		HYB117Mn	≥0.1	—	1.20~1.60	1.5~2.5	—	其他-2	HRC≈30	

注：堆焊金属化学成分余量为Fe。

附录 A

表 A-34.3 珠光体钢带极埋弧焊堆焊层成分、硬度及用途

序号	规格/mm	焊剂/带极牌号	堆焊金属化学成分(质量分数)/%					堆焊层数	堆焊金属硬度/HV	用途
			C	Si	Mn	Cr	Mn			
1	50×0.4	BH-200/SH-10	0.08	0.57	1.61	0.50	0.20	3	190~220	配合烧结焊剂,堆焊各种辊子及硬堆焊层打底焊
2	50×0.4	BH-260/SH-10	0.08	0.65	1.61	0.80	0.30	3	240~260	配合烧结焊剂,堆焊各种辊子及离心铸造模等的堆焊
3	50×0.4	BH-360/SH-10	0.12	0.35	0.65	2.22	1.2(V0.12)	3	310~360	配合烧结焊剂,堆焊连铸机夹送辊,送料台辊子

注:带极 SH-10 的成分(%)为:C 0.05、Si 0.03、Mn 0.35、P 0.018、S 0.005,其余为 Fe。

表 A-35 高铬奥氏体钢和铬锰奥氏体钢堆焊材料的成分、硬度及用途

序号	名称	牌号	国标型号(GB)	堆焊金属化学成分(质量分数)/%							堆焊金属硬度/HBW		用途
				C	Si	Mn	Ni	Mo	Cr	其他	堆焊后	加工硬化后	
1	高锰钢堆焊焊条	D256	EDMn-A-16	≤1.10	≤1.30	11.00~16.00	—	—	—	≤5.00	≥170	—	破碎机,高锰钢轨、犁斗、推土机等的抗冲击耐磨件堆焊
2	高锰钢堆焊焊条	D266	EDMn-B-16	≤1.10	≤0.30~1.30	11.00~18.00	—	≤2.50	—	≤1.00	≥170	—	
3	高锰钢堆焊焊条	GRIDUR42A		0.7	—	15	—	—	3.0		210	450	斗齿、粉碎机的锥体和滑瓦、道岔、筑路及矿山机械耐磨件堆焊
4	铬锰奥氏体钢堆焊焊条	D276 D277	EDCrMn-B-16 EDCrMn-B-15	≤0.80	≤0.80	11.00~16.00	—	—	13.00~17.00	≤4.00	≥20 HRC	—	水轮机叶片导水叶、道岔、螺旋输送机件、推土机刀片、抓斗、破碎刃堆焊
5	铬锰奥氏体钢堆焊焊条	D567	EDCrMn-D-15	0.50~0.80	≤1.30	24.00~27.00	—	—	9.50~12.50		≥210	—	≤350℃的中温中压球墨铸铁阀门密封面堆焊
6	铬锰奥氏体钢堆焊焊条	D577	EDCrMn-C-15	≤1.10	≤2.00	12.00~18.00	≤6.00	≤4.00	12.00~18.00	≤3.00	≥28 HRC	—	≤510℃阀门密封面堆焊。建议与D507Mo配成摩擦副使用
7	自保护药芯焊丝	YD256Ni-2		0.5~0.8	0.35~0.65	15.0~17.0	1.5~1.9	—	2.7~3.3	—	5~15 HRC	44HRC	破碎机辊、挖土机零件、破碎机锤或颚板的堆焊

注:堆焊金属化学成分余量为 Fe。

表A-36.1 铬镍奥氏体钢堆焊焊条的成分、硬度与用途

序号	焊条名称	牌号	国标型号(GB)	C	Si	Mn	Cr	Ni	Mo	Cu	Nb	硬度/HBW 焊后	冷作硬化	用途
1	超低碳19-10型	A002	E308L-16	≤0.04	≤0.90	0.5~2.5	18.0~21.0	9.0~11.0	≤0.75	≤0.75	—	—	—	耐腐蚀层堆焊
		A002A	E308L-17											
2	超低碳23-13Mo2型	A042	E309MoL-16	≤0.04	≤0.90	0.5~2.5	22.0~25.0	12.0~14.0	2.0~3.0	≤0.75	—	—	—	耐腐蚀层或过渡层堆焊，如尿素合成塔衬里等
		A042Si	—	≤0.04	0.70~1.1	~1.3	~22.5	~13.5	~2.7	—	—	—	—	
3	超低碳23-13型	A062	E309L-16	≤0.04	≤0.90	0.5~2.5	22.0~25.0	12.0~14.0	≤0.75	≤0.75	—	—	—	耐腐蚀层堆焊
4	低碳19-10型	A102	E308-16	≤0.08	≤0.90	0.5~2.5	18.0~21.0	9.0~11.0	≤0.75	≤0.75	—	—	—	耐腐蚀层堆焊
		A102A	E308-17											
		A102T	E308-16											
		A107	E308-15											
5	低碳19-10Mn4Mo型	A172	E307-16	0.04~0.14	≤0.90	3.30~4.75	18.0~21.5	9.0~10.7	0.5~1.5	≤0.75	—	—	—	耐冲击层或过渡层堆焊
6	低碳18-12Mo2型	A202	E316-16	≤0.08	≤0.90	0.5~2.5	17.0~20.0	11.0~14.0	2.0~3.0	≤0.75	—	—	—	耐腐蚀层堆焊
		A207	E316-15											
7	低碳23-13型	A301	E309-16	≤0.15	≤0.90	0.5~2.5	22.0~25.0	12.0~14.0	≤0.75	≤0.75	—	—	—	耐腐蚀层的过渡层堆焊
		A302	E309-16											
		A307	E309-15											

续表

序号	焊条名称	牌号	国标型号(GB)	堆焊金属化学成分（质量分数）/%									硬度/HBW			用途
				C	Si	Mn	Cr	Ni	Mo	Cu	Nb	焊后	冷作硬化	
8	低碳23-13Mo型	A312	E309Mo-16	≤0.12	≤0.90	0.5~2.5	22.0~25.0	12.0~14.0	2.0~3.0	≤0.75	—	—	—	耐腐蚀层堆焊
9	低碳26-21型	A402 A407	E310-16 E310-15	0.08~0.20	≤0.75	1.0~2.5	25.0~28.0	20.0~22.5	≤0.75	≤0.75	—	—	—	
10	低碳26-21Mo2型	A412	E310Mo-16	≤0.12	≤0.75	1.0~2.5	25.0~28.0	20.0~22.0	2.0~3.0	≤0.75	—	—	—	
11	29-9Mo1型	—	—	≤0.12	—	—	28	9.0	1.0	—	—	250	450	耐蚀堆焊，热冲压，挤压模具堆焊
12	18-8Mn6型	GHlNOX25	—	0.10	0.5	6.5	18	8.0	—	—	—	200	—	过渡层堆焊，水轮机叶片焊接
13	20-10Mn6型	A146	—	≤0.12	—	4.0~7.0	19.0~22.0	8.0~11.0	—	—	—	—	—	
14		D547	EDCrNi-A-15	≤0.18	4.80~6.40	0.60~5.00	15.00~18.00	7.00~9.00	3.50~7.00	其他	0.50~1.20	270~320	—	570℃以下蒸汽阀门堆焊
15	铬镍奥氏体阀门堆焊焊条	D547Mo	EDCrNi-B-15	≤0.18	3.80~6.50	0.60~5.00	14.00~21.00	6.50~12.00		≤2.50		≥37 HRC	—	600℃以下蒸汽阀门堆焊
16		D557	EDCrNi-C-15	≤0.20	5.00~7.00	2.00~3.00	18.00~20.00	7.00~10.00		—	—	≥37 HRC	—	
17		D582	—	≤0.10	≤1.00	≤2.50	≥18.00	≥8.00	—	—	—	≈170	—	阀门密封角堆焊

注：堆焊金属化学成分余量为Fe。

表 A-36.2 铬镍奥氏体堆焊焊丝、带极的成分、硬度及用途

序号	焊丝、带极名称	牌号	丝极、带极化学成分(质量分数)/%						硬度/HV			用途
			C	Cr	Ni	Mo	Mn	Si	焊后	冷作后	
1	超低碳 20-10 型焊丝、带极	00Cr20Ni10*	≤0.025	20	10	—	—	—	—	—	耐腐蚀层堆焊
		D00Cr20Ni10	≤0.025	19.5~20.5	9.5~10.5	—	1.0~2.5	≤0.6	—	—	堆焊核电压力容器内衬耐蚀层(第2层)
2	超低碳 20-10Nb 型焊丝、带极	D00Cr20Ni10Nb	≤0.02	18.5~20.0	9~11	Nb8×C~1.0	1.0~2.5	≤0.6	—	—	
3	超低碳 19-10 型自保护药芯焊丝	YA002-2（相当 AWSE308LT-3）	≤0.04	18.0~21.0	9.0~11.0	—	1.0~2.5	—	—	—	耐腐蚀层堆焊
4	超低碳 19-12Mo 型焊丝、带极	00Cr19Ni12Mo*	≤0.025	19	12	2.5	—	—	—	—	化肥设备用压力容器耐腐蚀层(第2层)堆焊
		D00Cr18Ni12Mo2	≤0.02	17~19.5	11~14	2~3	1.0~2.5	≤0.5	—	—	
5	超低碳 21-10 型焊丝、带极	00Cr21Ni10*	≤0.02	21	10	—	—	—	—	—	耐腐蚀层堆焊
6	超低碳 23-11 型焊丝、带极	00Cr25Ni11*	≤0.02	25	11	—	—	—	—	—	耐腐蚀层的过渡层堆焊
7	超低碳 25-12 型焊丝、带极	00Cr25Ni12*	≤0.02	25	12	—	—	—	—	—	
8	超低碳 24-13 型焊丝、带极	D00Cr24Ni13	≤0.02	23~25	12~14	—	1.0~2.5	≤0.6	—	—	核电压力容器、加氢反应器、尿素塔等容器的内衬过渡层(第1层)堆焊
9	超低碳 24-13Nb 型焊丝、带极	D00Cr24Ni13Nb	≤0.02	23~25	12~14	Nb8×C~1.0	1.0~2.5	≤0.6	—	—	堆焊核电压力容器的过渡层及热、壁加氢反应器内壁单层堆焊
10	超低碳 26-12 型焊丝、带极	00Cr26Ni12*	≤0.02	26	12	—	—	—	—	—	耐腐蚀层的过渡层堆焊
11	超低碳 25-13 型焊丝、带极	00Cr25Ni13*	≤0.02	25	13	—	—	—	—	—	
12	超低碳 25-13Mo 型焊丝、带极	00Cr25Ni13Mo*	≤0.02	25	13	2	—	—	—	—	耐腐蚀层的过渡层堆焊

续表

序号	焊丝、带极名称	牌号	丝极、带极化学成分(质量分数)/%						硬度/HV		用途
			C	Cr	Ni	Mo	Mn	Si	焊后	冷作后	
13	超低碳25-22Mo型焊丝、带极	00Cr25Ni22Mo*	≤0.02	25	22	2	—	—	—	—	耐腐蚀堆焊,尿素装置堆焊
14	超低碳25-22Mn4Mo2N型焊丝、带极	D00Cr25Ni22Mn4Mo2N	≤0.02	24~26	21~23	2~2.5	4~6	≤0.2 N0.1~0.15	—	—	尿素塔内衬里耐腐蚀层堆焊
15	29-9型焊丝	0Cr29Ni9*	≤0.15	29	9	—	—	—	250	450	耐腐蚀堆焊,热冲压模具堆焊
16	19-9Mn6型焊丝	Cr19Ni9Mn6*	≤0.1	19	9	—	6	—	200		缓冲层堆焊,水轮机叶片堆焊,异种钢焊接

注:1. 丝极、带极化学成分余量为Fe。
2. 带*号数据取自Thyssen《Handbook for High Alloyed Welding Consumables》,1987。

表A-36.3 等离子堆焊用铬镍奥氏体型铁基粉末的成分、硬度及用途

序号	名称	牌号	合金粉末化学成分(质量分数)/%										堆焊金属硬度/HRC	用途
			C	Si	Mn	Cr	Ni	B	Mo	W	V	Nb		
1	铬镍奥氏体型铁基合金粉末	F322	≤0.15	4.0~5.0	—	21.0~25.0	12.0~15.0	1.5~2.0	2.0~3.0	2.0~3.0	—	—	36~45	中温中压阀门的阀座或其他耐磨耐蚀件的堆焊
2		F327A	0.1~0.18	3.5~4.0	1.0~2.0	18~21	10~13	1.4~2.5	4.0~4.5	1.0~2.0	0.5~1.0	0.2~0.7	36~42	≤600℃高压阀门密封面堆焊
3		F327B	0.1~0.2	4.0~4.5	1.0~2.0	18~21	10~13	1.7~2.5	4.0~4.5	1.0~2.0	0.5~1.0	0.2~0.7	40~45	
4		F328	≤0.1	2~3	—	19~21	12~14	1~2	—	—	—	—	25~35	中温中压阀门的阀座或其他耐磨耐蚀件的堆焊
5		F329	≤0.1	1.5~2.5	—	17~19	8~10	1.5~2.5	0.5~1.5	—	—	—	30~40	

注:合金粉末化学成分余量为Fe。

表A-37.1 低碳马氏体钢堆焊焊条的成分、硬度及用途

序号	牌号	堆焊金属化学成分(质量分数)/%						堆焊金属硬度/HRC	用途
		C	Si	Mn	Cr	Mo	V		
1	耐磨4#	≈0.1	Si+Mn 1.2~2.4		5.5~6.5	—	其他≤2	40~45	齿轮轴类等堆焊
2	ZD-16#	0.10~0.20	0.50~2.0	1.0~3.0	Cr+W 5.0~10.0	Ni 1.0~3.0	其他≤5	40~45	热轧辊类堆焊

注:1. 非标产品,哈尔滨焊接研究所研制。
2. 堆焊金属化学成分余量为Fe。

表 A-37.2 中碳马氏体钢堆焊焊条的成分、硬度及用途

序号	牌号	国标型号(GB)	堆焊金属化学成分(质量分数)/%							堆焊金属硬度/HRC	用途
			C	Si	Mn	Cr	Mo	V	其他元素总量		
1	D167	EDPMn6-15	≤0.45	≤1.00	≤6.50	—	—	—	—	≥50	大型推土机、动力铲滚轮、汽车环链、农业、建筑磨损件堆焊
2	D172	EDPCrMo-A3-03	≤0.50	—	—	≤2.50	≤2.50	—	—	≥40	齿轮、挖泥斗、拖拉机刮板、铧犁、矿山机械磨损件堆焊
3	D212	EDPCrMo-A4-03	0.30~0.60	—	—	≤5.00	≤4.00	—	—	≥50	齿轮、挖斗、矿山机械磨损件的堆焊
4	D217A	EDPCrMo-A3-15	≤0.50	—	—	≤2.50	≤2.50	—	—	≥40	冶金轧辊、矿石破碎机部件,挖掘机斗齿的堆焊
5	D237	EDPCrMoV-Al-15	0.30~0.60	—	8.00~10.00	≤3.00	0.5~1.00	≤4.00	—	≥50	水力机械、矿山机械磨损件的堆焊

注:堆焊金属化学成分余量为 Fe。

表 A-37.3 高碳马氏体钢堆焊焊条的成分、硬度及用途

序号	牌号	国标型号(GB)	堆焊金属化学成分(质量分数)/%						堆焊金属硬度/HRC	用途
			C	Si	Mn	Cr	Mo	V		
1	D202B		0.50~0.70	0.30~0.50	0.60~1.00	4.40~5.00	—		54~58	齿轮、挖斗、矿山机械磨损表示堆焊
2	D207	EDPCrMnSi-15	0.50~1.00	≤1.00	≤2.50	≤3.50	其他≤1.00		≥50	堆土机零件、螺旋桨堆焊
3	D227	EDPCrMoV-A2-15	0.45~0.65	—	—	4.00~5.00	2.00~3.00	4.00~5.00	≥55	掘进机滚刀、叶片堆焊
4	D246	EDPCrSi-B	≤1.00	1.50~3.00	≤0.80	6.50~8.50	B0.50~0.90		≥60	矿山、工程、农业、制砖、水泥、水力等机械的易磨损件堆焊

注:堆焊金属化学成分余量为 Fe。

表 A-37.4 普通马氏体钢堆焊药芯焊丝、焊带的成分、硬度及用途

序号	名称	牌号 焊丝/焊剂	堆焊金属化学成分(质量分数)/%						堆焊金属硬度/HVC	用途
			C	Si	Mn	Cr	Mo	V		
1	CO_2气体保护堆焊药芯焊丝	A-450	0.19	0.66	1.52	1.83	0.60	—	445	履带辊、链轮、惰轮、轴、销、链带、搅叶堆焊
2		A-600	0.38	0.32	2.76	6.16	3.25		628	挖泥船泵壳、输送螺旋推土刀堆焊

续表

序号	名称	牌号 焊丝/焊剂	堆焊金属化学成分(质量分数)/%						堆焊金属硬度/HVC	用途
			C	Si	Mn	Cr	Mo	V		
3	CO_2 气体保护堆焊药芯焊丝	YD212-1	0.30~0.60	—	—	≤5.00	≤4.00	—	≥50HRC	齿轮、挖斗、矿山机械堆焊
4		YD247-1	≤0.70	2.00~3.00	—	7.00~9.00	—	—	55~60HRC	各种受磨损机件表面堆焊
5		FLUXOFH66	1.2	—	1.0	6.0	1.2	—	57.62	碾辊、螺旋运输机、刮板刀堆焊
6	自保护堆焊药芯焊丝	GN450	0.45	0.14	1.80	2.65	0.49	—	480	驱动链轮、轴、销、搅叶、链带、滚轮、齿轮堆焊
7		GN700	0.65	0.89	1.27	5.92	1.61	—	675	推土机刀、搅叶、割刀、泵壳、搅拌筒堆焊
8		YD386-2	0.06~0.14	0.15~0.45	1.20~1.60	2.00~2.60	≤0.50	—	42~46HRC	拖拉机、挖土机辊子、惰轮、起重机轮、链轮、传送器、吊车轮、离合器凸轮等的堆焊
9	埋弧堆焊药芯焊丝、焊带	焊丝	S400/50	0.12	0.80	2.04	1.99	0.54	0.19	400	
10			S450/50	0.20	0.60	1.50	2.80	0.80	0.30	450	
11			YD107-4	0.30~0.55	0.10~0.50	1.30~1.95	—	0.35~0.85	—	≥24HRC	推土机铲土机的引导轮、支重轮、惰轮、链轨节堆焊
12			YD137-4	0.25~0.55	≤0.40	0.95~1.45	2.10~2.70	0.25~0.55	—	36HRC	
13			S600/80	0.25	0.90	1.55	7.0	4.2	W0.45	580	辊碾机辊子,高炉料钟堆焊
14			HYD047/HJ107	≤1.7	—	Ni≤3.0	4.0~7.0	1.5~3.0	其他≤10.0	≥55HRC	辊压机挤压辊表面堆焊
15			HYD616Nb/HJ151	1.00~2.00	Si+Nb 5.5~7.0	0.30~0.50	10~15	—	其他~2%	≥55HRC	水泥碾辊、磨煤机碾辊、铸造式磨辊等表面堆焊
16		焊带	FLUXOM AX66/OP70FB	1.2	—	1.0	6.0	1.2	—	57~62HRC	碾辊、螺旋运输机、挖掘铲等堆焊

注:堆焊金属化学成分余量为Fe。

表 A–37.5　普通马氏体钢实心带极埋弧堆焊成分、硬度及用途

序号	牌号	国标型号(GB)	层数	堆焊金属化学成分(质量分数)/%						堆焊金属硬度/HRV	用途
				C	Si	Mn	Cr	Mo	V		
1	堆焊带极 (50×0.4mm²)	BH–400/SH–10	1	0.13	0.31	0.56	3.26	0.77	0.11	345	各种辊子堆焊
			2	0.13	0.34	0.55	4.02	0.96	0.12	377	
			3	0.16	0.35	0.56	4.15	0.99	0.12	392	
2	堆焊带极 (50×0.4mm²)	BH–450/SH–10	3	0.16	0.43	0.56	5.45	0.95	0.13	430~480	各种辊子堆焊

注：堆焊金属化学成分余量为 Fe。

表 A–38.1　高速钢堆焊材料的成分、硬度及用途

序号	名称或牌号	国标型号(GB)	堆焊金属化学成分(质量分数)/%						堆焊金属硬度/HRC	用途
			C	Cr	W	Mo	V	其他元素总量		
1	D307	EDD–D–15	0.70~1.00	3.8~4.50	17.00~19.50	—	1.00~1.50	≤1.50	≥55	金属切削刀具、热剪刀刃、冲头、冲裁阴模等的堆焊
2	Mo9型 GRIDUR36 电焊条	—	1.0	4.5	1.7	9.0	1.1~1.2	—	≥62	
3	6–5–4–2型电焊条	—	0.90	4.0	6.0	5.0	2.0	—	61	
4	D417	EDD–B–15	0.50~0.90	3.0~5.0	1.0~2.5	5.0~9.5	0.8~1.3	Si≤0.80 Mn≤0.60 其他≤1.00	≥55	齿轮破碎机、叶片、高炉料钟，各种冲压模具的堆焊
5	D427	—	~0.8	~11	Mn–13	Ni–2	–2	—	≥40	轧钢、炼钢装入机吊牙、双金属热剪刃堆焊
6	D437	—	~0.8	~15	—	Ni–4	~3	—	40~42	轧钢、炼钢装入机吊牙、双金属热剪刃堆焊

注：1. 表中硬度值为焊后状态，焊后经 540~560℃ 回火，硬度值可提高 2~4HRC。
　　2. 堆焊金属化学成分余量为 Fe。

附 录 A

表 A-38.2 热作模具钢堆焊材料的成分、硬度及用途

序号	名称或牌号	国标型号(GB)	堆焊金属化学成分(质量分数)/%							堆焊金属硬度/HRC	用途
			C	Cr	Mo	W	V	Mn	Si	其他		
1	D337	EDRCrW-15	0.25~0.55	2.00~3.50	—	7.00~10.00	—	—	—	≤1.0	≥48	
2	D392, D397	EDRCrMnMo-03 EDRCrMnMo-15	≤0.60	≤2.00	≤1.00	—	—	≤2.50	≤1.00	—	≥40	热锻模及热轧辊堆焊制造与修复
3	D406	EDRCrMoWCo-A	≤0.50	≤6	≤5	≤10	≤2	≤2.0	≤2.0	Co≤12 其他≤2.0	≈50	耐高温的刃具，模具堆焊
4	CO_2气体保护堆焊药芯焊丝 YD337-1	—	0.25~0.55	2.0~3.5	—	7.00~10.0	—	—	—	—	≥48	锻模堆焊制造及修复

注：堆焊金属化学成分余量为 Fe。

表 A-38.3 冷工具钢堆焊材料的成分、硬度及用途

序号	名称或牌号	国标型号(GB)	堆焊金属化学成分(质量分数)/%							堆焊金属硬度/HRC	用途
			C	Si	Mn	Cr	W	Mo	V	其他元素总量		
1	D322 D327	EDRCrMoMV-Al-03 EDRCrMoWV-Al-15	≤0.50	—	≤5.00	7.00~10.00	—	≤2.50	≤1.00	—	≥55	各种冲模及切削刃具堆焊
2	D327A	EDRCrMoWV-A2-15	0.30~0.50	—	—	5.00~6.50	2.00~3.50	2.00~3.00	1.00~3.00	—	≥50	
3	D027		~0.45	—	~2.80	—	~5.50	—	~0.50	~0.50	≥55	冲裁及修边模堆焊制造及修复
4	D036		0.50~0.70	0.60~0.80	0.60~0.90	5.00~6.00	—	1.50~2.00	~0.50	—	≥55	冲模堆焊制造及修复
5	D317	EDRCrMoMV-A3-15	0.70~1.00	—	—	3.00~4.00	4.50~6.00	3.00~3.00	1.50~3.00	≤1.50	≥50	冲模及一般切削刀具堆焊
6	D317A		0.30~0.80	0.30~0.60	0.50~1.00	3.00~4.00	6.00~8.00	2.00~3.50	1.50~2.50	—	58~62	齿辊、破碎机、风机叶片、高炉料钟堆焊
7	D386		≤0.60	—	≤3.00	≤5.00	—	≤3.00	—	—	≥50	冲模、模具轧辊堆焊
8	D600		≤0.70	≤1.5	≤1.0	≤9.00	—	≤1.5	—	—	≈55	冲裁修边模堆焊
9	YD397-1 CO_2气保护堆焊药芯焊丝		≤0.60	—	1.50~2.50	5.00~7.00	—	1.50~2.50	—	—	55~60	冷轧辊、冷锻模的堆焊

注：堆焊金属化学成分余量为 Fe。

表 A-39.1 高铬马氏体不锈钢堆焊焊条成分、硬度及用途

序号	名称	牌号	国标型号(GB)	堆焊金属化学成分(质量分数)/%								硬度/HRC	用途
				C	Si	Mn	Cr	Ni	Mo	W	其他		
1	Cr13型	C202 C207	E410-16 E410-15	≤0.12	≤0.90	≤1.0	11.0~13.5	≤0.7	≤0.75	Cu≤0.75	—	—	耐蚀、耐磨表面堆焊
2	Cr13型	C217	E410-15	≤0.12	≤0.90	≤1.0	11.0~13.5	≤0.7	≤0.75	Cu≤0.75	—	—	耐蚀、耐磨表面堆焊
3	1Cr13Ni型	D287		≤0.15	—	—	12.0~16.0	4.0~6.0	—	—	≤2.00	400HV	水泵、水轮机过流部件堆焊
4	1Cr13型	D502 D507	EDCr-A1-03 EDCr-A1-15	≤0.15	—	—	10.00~16.00	—	—	—	≤2.50	≥40	工作温度≤450℃阀门、轴等堆焊
5	1Cr13型	D507Mo	EDCr-A2-15	≤0.20	—	—	10.00~16.00	≤6.00	≤2.50	≤2.00	≤2.50	≥37	≤510℃的阀门密封面堆焊,建议与D577配成摩擦副使用
6	1Cr13型	D507MoNb	EDCr-A1-15	≤0.15	—	—	10.00~16.00	—	≤2.50	Nb≤0.50	≤2.5	≤37	≤450℃的中低压阀门密封面堆焊
7	2Cr13型	D512 D517	EDCr-B-03 EDCr-B-15	≤0.25	—	—	10.00~16.00	—	—	—	≤5.0	≥45	螺旋输送叶片、搅拌机桨、过热蒸汽用阀件
8	2Cr13Mn型	D516M D516MA	EDCrMn-A-16	≤0.25	≤1.00	6.00~8.00	12.00~14.00	—	—	—	—	38~48	≤450℃的25号铸钢及高中压阀门密封面堆焊
9	2Cr13Mn型	D516F	EDCrMn-A-16	≤0.25	≤1.00	8.00~10.00	12.00~14.00	—	—	—	—	35~45	≤450℃的25号铸钢及高中压阀门密封面堆焊

注:堆焊金属化学成分余量为Fe。

表 A-39.2 高铬马氏体不锈钢堆焊焊丝、带极成分、硬度及用途

序号	堆焊材料名称	牌号	熔敷金属化学成分(质量分数)/%				堆焊金属硬度/HRC	用途
			C	Cr	Ni	Mo		
1	00Cr13Ni4Mo 焊丝	THERMANIT13/04	0.03	13	4.5	0.50	~38	耐蚀耐磨堆焊、蒸汽透平耐气蚀堆焊
2	0Cr14NiMo 药芯带极	—	0.08	14	1.5	1.0	~30	连铸机辊子堆焊，≤450℃阀门堆焊
3	15Cr14Ni3Mo 药芯带极	—	0.13	14.4	3.3	0.6	36~42	连铸造机辊子堆焊，≤450℃阀门堆焊
4	0Cr17 焊丝、带极	THERMANIT17	0.07	17.5			24	工作在≤450℃的蒸汽、燃气中的部件的堆焊
5	1Cr13Ni4Mo 药芯带极	Fluxomax 21CrNi	0.08	13.5	3.6	Mo1.2 Mn1.2	38~43	活塞杆、液压缸，连铸辊堆焊
6	4Cr17Mo 焊丝及带极	THERMANITI740	0.38	16.5	—	1.1	48	热轧辊、压床冲头、心棒堆焊
7	1Cr13 焊丝	H1Cr13	0.12	11.50~13.50	Si0.50	Mn0.60	≈40	≤450℃的碳钢、合金钢或合金钢的轴及阀门堆焊
8	1Cr13 自保护药芯焊丝	YG207-2	≤0.12	11.0~13.5	≤0.60	Mn≤1.0 Si≤0.90	—	耐蚀、耐磨件的表面堆焊
9	1Cr13 自保护药芯焊线	414N	0.031	13.54	4.34	Mo0.89 Mn1.48 Si0.23 N0.06	31	连铸辊堆焊
10	15Cr13 自保护药芯焊丝	YD502-2 YD507-2	≤0.15	10.0~16.0			≥40	≤450℃的碳钢、合金钢或合金钢的轴及阀门堆焊
11	25Cr13 自保护药芯焊丝	YD517-2	≤0.25	10.0~16.0	—	—	≥45	碳钢或低合金钢的轴、过热蒸汽用阀件，搅拌机浆、螺旋输送S机叶片的堆焊
12	0Cr16Ni6Mo CO_2 气保护药芯焊丝	YG317-1	≤0.08	15.5~17.5	5.0~6.5	0.3~1.5 Mn≤1.5 Si≤0.90		耐蚀，耐磨件表面堆焊

注：焊丝或带极化学成分余量为 Fe。

表 A－40.1　马氏体合金铸铁堆焊焊条的成分、硬度及用途

序号	牌号	国际型号（GB）	堆焊金属化学成分（质量分数）/%						堆焊金属硬度/HRC	用途
			C	Cr	Mo	W	B	其他		
1	D608	EDZ－A1－08	2.50~4.50	3.00~5.00	3.00~5.00	—	—	—	≥55	矿山设备、农业机械等承受沙粒磨损与轻微冲击的零件堆焊
2	D678	EDZ－B1－08	1.50~2.20	—	—	8.00~10.00	0.015	≤1.00	≥50	矿山和破碎机零件等受磨粒磨损的部件堆焊
3	D698	EDZ－B2－08	≤3.00	4.00~6.00	—	8.50~14.00	—	—	≥60	矿山机械、泥浆泵的堆焊

注：堆焊金属化学成分余量为 Fe。

表 A－40.2　奥氏体合金铸铁堆焊焊条的成分、硬度及用途

序号	名称	牌号	堆焊金属化学成分（质量分数）/%							堆焊金属硬度/HRC	用途
			C	Cr	Si	Mn	Ni	Mo	V		
1	奥氏体合金铸铁堆焊药芯焊丝	GRIDU RF－43	3.0	16.0	—	—	—	1.5	0.3	45~55	粉碎机辊、挖掘机齿、挖泥机耐磨件、螺旋输送器等堆焊
2	奥氏体合金铸铁堆焊焊条或药芯焊丝		3.2	16.0	—	—	6.0	8.0	—	—	粉碎机辊、挖掘机齿、挖泥机耐磨件、螺旋输送器等堆焊
3			—	3.0	12.0	1.5	2.5	—	1.6	—	
4			4.0	16.0	—	—	2.0	8.0	—	—	

注：堆焊金属化学成分余量为 Fe。

表 A－40.3　高铬合金铸铁堆焊焊条的成分、硬度及用途

序号	牌号	国标型号（GB）	堆焊金属化学成分（质量分数）/%							堆焊金属硬度/HRC	用途
			C	Cr	Mn	Si	Mo	V	W	其他		
1	D618		3.00	15.00~20.00	—	—	1.00~2.00	≤1.00	10.00~20.00	—	≥58	承受轻微冲击载荷的磨料磨损的零件，如磨煤机锤头等的堆焊
2	D628		3.00~5.00	20.00~35.00	—	—	4.00~6.00	≤1.00	—	—	≥60	轻度冲击载荷的磨料磨损零件，如磨煤机、扇式碎煤机冲击板等零件的堆焊
3	D632A		2.50~5.00	25.00~40.00	—	—	—	—	—	—	≥56	抗磨粒磨损或常温、高温耐磨耐蚀的工作表面，如喷粉机、掘沟机、辗路机堆焊
4	D638		3.00~6.50	25.00~40.00	—	—	—	—	—	—	≥60	抗磨粒磨损表面，如料斗、铲刀、泥浆泵、粉碎机、锤头的堆焊

续表

序号	牌号	国标型号(GB)	堆焊金属化学成分(质量分数)/%							堆焊金属硬度/HRC	用途
			C	Cr	Mn	Si	Mo	V	W	其他		
5	D638 Nb		3.00~6.50	20.00~35.00	—	—	—	—	—	Nb 4.00~8.50	≥60	受磨粒磨损严重部件及高温磨损部件的堆焊
6	D642 D646	EDZCr-B-03 EDZCr-B-16	1.50~3.50	22.00~32.00	≤1.00	—	—	—	—	≤7.00	≥45	水轮机叶片、高压泵等耐磨零件、高炉料钟等的堆焊
7	D656	EDZ-A2-16	3.00~4.00	26.00~34.00	≤1.50	≤2.50	2.00~3.00	—	—	≤3.00	≥60	受中等冲击及磨粒磨损的耐磨耐蚀件，如混凝土搅拌机、高速混砂机、螺旋送料机及≤500℃的高炉料钟、矿石破碎机、煤孔挖掘器的堆焊
8	D658		3.00~6.50	20.00~35.00	—	—	4.00~9.50	0.50~2.50	2.50~7.50	Nb4.00~8.50	≥60	磨损严重部件及高温磨损部件的堆焊
9	D667	EDZCr-C-15	2.50~5.00	25.00~32.00	≤8.00	1.00~4.80	Ni 3.00~5.00	—	—	≤2.00	≥48	强烈磨损、耐蚀、耐气蚀的零件，如石油工业离心裂化泵轴套、矿山破碎机、气门盖等零件的堆焊
10	D687 D680	EDZCr-D-15	3.00~4.00	22.00~32.00	1.50~3.50	≤3.00	—	—	B 0.50~2.50	≤6.00	≥58	强磨料磨损条件下的零件，如牙轮钻小轴、煤孔挖掘器、碎矿机辊、泵框筒、提升戽斗、混合器叶片等零件堆焊
11	D700		≤4.0	≤35	≤1.5	≤2.0	—	—	—	—	≈60	耐磨、耐蚀抗气蚀性堆焊，如高炉料钟、制砖机螺旋绞刀、泥叶、水轮机叶片、破碎机辊、泥浆泵等堆焊
12	D800		≤4.0	≤35	≤1.5	≤2.0	—	—	—	—	≈64	耐磨、耐蚀抗气蚀性堆焊，如高炉料钟、制砖机螺旋绞刀、泥叶、水轮机叶片、破碎机辊、泥浆泵等堆焊

注：堆焊金属化学成分余量为 Fe。

表 A-40.4 高铬合金铸铁实心及药芯焊丝的成分、硬度及用途

序号	名称和牌号	焊丝或堆焊金属化学成分(质量分数)/%							堆焊金属硬度/HRC	用途
		C	Cr	Mn	Si	B	Ni	Co	Fe		
1	HS101 焊丝	2.5~3.3	25.0~31.0	0.50~1.5	2.8~4.2	—	3.0~5.0	—	余	48~54	耐磨损、抗氧化、耐气蚀的零件，如铲斗齿、泵套、汽门、排气叶片等堆焊
2	HS103 焊丝	3.0~4.0	25.0~32.0	≤3.0	≤3.0	0.5~1.0	—	4.0~6.0	余	58~64	强烈磨损，如牙轮钻轴、煤孔挖掘器、提升斗齿、破碎机辊、混合叶片、泵框筒等零件的堆焊
3	YD616-2自保护药芯焊丝	3.0~3.50	13.50~15.50	0.90~1.20	0.70~1.0	Mo0.30~0.60	—	—	余	46~53	受中等磨料磨损，中等至严重冲击载荷的部件，如耙路机的齿、破碎机锤头、挖土机齿的堆焊
4	YD646Mo-2自保护药芯焊丝	2.90~3.40	23.0~26.0	0.60~1.0	0.50~1.90	Mo2.50~3.10	—	—	余	54~60	受轻微到中等冲击，严重磨料磨损部件，如筑路机和采石设备零件，搅拌机叶片等堆焊
5	自保护金属芯堆焊焊丝	3.82	27.26	1.28	0.84	0.68	Ti 0.54	—	余	>60	耐低应力磨料磨损的部件
6	YD656-4埋弧堆焊药芯焊丝	6.0~7.0	34.0~39.0	0.10~0.70	0.10~0.70	—	—	—	余	≈57	受严重磨料磨损及轻微冲击载荷的部件，如磨煤机辊子的堆焊
7	YD667Mn-4埋弧堆焊药芯焊丝	4.80~5.50	25.0~30.0	2.0~3.0	1.0~1.90	其他≤2.0	—	—	余	≥54	磨煤机辊子，催化剂输送管道，受砂土磨损的推进器提升机的堆焊
8	YD687-1埋弧堆焊药芯焊丝	3.50~4.50	20.0~30.0	1.0~3.0	1.0~2.0	其他≤3.0	—	—	余	≥55	受严重磨料磨损和轻微冲击载荷的部件，如中速磨煤机磨辊等的堆焊

表 A-41.1 堆焊用或兼做堆焊用镍基合金电焊条的成分、硬度及用途

序号	名称	牌号	国标型号 (GB)	堆焊金属化学成分（质量分数）/%											堆焊金属硬度/HBW	用途
				C	Si	Mn	Cr	Nb	W	Mo	Fe	Cu	Ti	Al	Ni		
1	纯镍焊条	Ni112	ENi-0	≈0.04	—	≈1.5	—	≈1.0	—	—	≈3.0	—	≈0.5	—	≥92	—	堆焊过渡层
2	镍铜合金（蒙乃尔合金）焊条	N202 N207	ENiCu-7	≤0.15	≤1.5	≤4.0	—	≤2.5	—	—	≤2.5	余	≤1.0	≤0.75	62~69	—	
3	Ni70Cr15型耐热耐蚀合金焊条	N307	ENiCrMo-0	≈0.05	—	—	≈15	3.0~5.0	—	2.0~6.0	≤7.0	—	—	—	≈70	—	耐热耐蚀堆焊
4		Ni307A	ENiCrFe-3	≤0.10	≤1.0	5.0~9.5	13.0~17.0	Nb+Ta 1.0~2.5	—	—	≤10.0	≤0.5	≤1.0	其他 ≤0.50	≥59.0	—	耐蚀堆焊
5	镍铬耐热合金焊条	Ni307B	ENiCrFe-3	≤0.10	≤1.0	5.0~9.5	13.0~17.0	1.0~2.5	—	—	≤10.0	≤0.5	≤1.0	—	≥59.0	—	耐热、耐蚀堆焊
6	镍铬钼耐热耐蚀合金焊条	N327	ENiCrMo-0	≤0.05	≤0.75	1.0~5.0	13.0~17.0	Nb+Ta 1.5~5.5	—	3.0~7.5	4.0~8.0	—	—	—	余	248.4	核反应堆压力容器密封面堆焊
7		N337		0.035	0.28	2.35	15.76	3.72	—	4.80	6.28	Co0.03	—	—	—		过渡层堆焊及耐热、耐蚀堆焊
8	Ni70Cr15型镍基合金焊条	N357	ENiCrFe-2	≤0.10	≤0.75	1.0~3.5	13.0~17.0	Nb+Ta 0.5~3.0	—	0.5~2.5	≤12.0	≤0.5	—	—	≥62		
9	镍铬铝型镍基合金焊条[8]	GRIDUR34		≤0.05			6.0~8.0							≥22		≥32HRC（焊态）≥54HRC（冷作硬化后）	受泥沙、汽蚀磨损的水轮机叶片等工件的堆焊
10	镍铬钼铌合金堆焊焊条	HAYNES No.711					16.0~17.0		4.0~5.0	16.0~17.0	4.0~5.0	—	—	6~8	80~86	220（冷作硬化后400）	热剪机刃、热锻模
11	镍基合金堆焊电焊条			2.7	1.0	1.0	27	Co12	3	8	23	—	—	—	余	42HRC	挤压机螺杆、凿岩钻头、泥浆泵、低冲击的冲模堆焊

表 A-41.2 等离子堆焊用镍基合金粉末的成分、硬度及用途

序号	名称	牌号	粉末或焊丝化学成分(质量分数)/%										硬度/HRC	用途
			C	Cr	Si	Mn	B	Fe	Mo	W	Co	Ni		
1	镍铬硼硅堆焊合金粉末	F121	0.30~0.70	8.0~12.0	2.5~4.5	—	1.8~2.6	≤4	—	—	—	余	40~50	高温耐蚀阀门、内燃机排气阀、螺杆、凸轮堆焊
2		F122	0.60~1.0	14.0~18.0	3.5~5.5	—	3.0~4.5	≤5	—	—	—	余	≥55	模具、轴类、高温耐蚀阀门、内燃机排气阀堆焊
3		NDG-2	0.30~1.5	15.0~35.0	1.0~6.0	—	—	—	—	2.0~8.0	—	余	≥38	高温高压通用阀门密封面、汽轮机叶片、螺旋推进器、热剪刃、热模具堆焊
4	镍铬钨硅堆焊合金粉末及铸造焊丝	HAYNES No.711	2.7	27.0	1.0	1.0	—	23	8.0	3.0	12	余	42	挤压机螺杆、凿岩钻头、泥浆泵、低冲击用的冲模堆焊
5		HAYNES No.N-6	1.1	29.0	1.5	1.0	0.60	3.0	5.5	2.0	3	余	28	液体阀座、螺旋推进器、各种切割用刀刃堆焊
6	镍铬硼硅铸造焊丝	HS121	0.5~1.0	12.0~18.0	3.5~5.5	≤1.0	2.5~4.5	3.5~5.5	≤0.10	—	—	余	58~62	耐蚀泵阀、轴套、高温喷嘴、链轮、内燃机器臂、螺杆、送料器、柱塞堆焊

表 A-42.1 气焊及 TIG 堆焊用钴基堆焊焊丝的牌号、成分、硬度及用途

序号	名称	牌号	相当于 AWS/ASTM	焊丝化学成分(质量分数)/%								堆焊层硬度/HRC	用途
				C	Mn	Si	Cr	W	Fe	Ni	Mo	Co		
1	钴基堆焊焊丝	HS111	RCoCr-A	0.9~1.4	≤1.0	0.4~2.0	26.0~32.0	3.5~6.0	≤2.0	—	—	余	40~45	高温高压阀门、热剪切刀刃、热锻模等堆焊
2		HS112	RCoCr-B	1.2~1.7	≤1.0	0.4~2.0	26.0~32.0	7.0~9.5	≤2.0	—	—	余	45~50	高温高压阀门、内燃机阀、化纤剪切刀刃、高压泵轴承和内衬套筒、热轧辊孔型等堆焊
3		HS113	—	2.5~3.3	≤1.0	0.4~2.0	27.0~33.0	15.0~19.0	≤2.0	—	—	余	55~60	牙轮钻头轴承、锅炉的旋转叶片、螺旋送料器、粉碎机刀口的堆焊
4		HS113G	—	3.20~3.55	≤1.0	0.5~1.1	24.0~28.0	12.0~16.0	≤2.5	—	—	余	≥54	泵的套筒和旋转密封环、轴承套筒、螺旋送料机、热轧辊、油田钻头堆焊
5		HS113Ni	—	1.5~2.0	—	0.9~1.3	24.0~27.0	11.5~13.0	0.85~1.35	21.0~24.0	—	余	37~40	耐气蚀、耐腐蚀要求较高的内燃机气门、排气阀门的堆焊
6		HS114	RCoCr-C	2.4~3.0	≤1.0	≤2.0	27.0~33.0	11.0~14.0	≤2.0	—	—	余	≥52	牙轮钻头轴承、锅炉的旋转叶片、粉碎机刀口、螺旋送料机等堆焊
7		HS115	—	0.15~0.33	—	—	25.5~29.0	—	0.85~1.35	1.75~3.25	5.0~6.0	余	≥27	液体阀门阀座、水轮机叶片、铸模及挤压模具及各种热模具堆焊
8		HS116	—	0.70~1.20	≤0.5	≤1.0	30.0~34.0	12.5~15.5	≤1.0	—	—	余	46~50	铜基合金和铝合金的热压模、挤压模及塑料、造纸、化学工业中耐蚀、耐磨部件的堆焊
9		HS117	—	2.30~2.65	≤0.5	≤1.0	31.0~34.0	16.0~18.0	—	≤3.0	—	余	≥53	泵的套筒和旋转密封环、磨损面板、轴承套筒及无心磨床的工件架等堆焊

表 A-42.2 钴基合金堆焊焊条的牌号、成分、硬度与用途

序号	名称	牌号	国标型号(GB)	相当于 AWS/JIS	堆焊金属化学成分(质量分数)/%							堆焊层硬度/HRC	用途
					C	Cr	W	Mn	Si	Fe	Co	其他元素总量		
1	钴基合金堆焊焊条	D802	EDCoCr-A-03	ECoCr-A / DF-CoCrA	0.70~1.40	25.00~32.00	3.00~6.00	≤2.00	≤2.00	≤5.00	余	≤4.00	≥40	高温高压阀门、热剪切刀刃堆焊
2		D812	EDCoCr-B-03	ECoCr-B / DF-CoCrB	1.00~1.70	25.00~32.00	7.00~10.00	≤2.00	≤2.00	≤5.00	余	≤4.00	≥44	高温高压阀门、高压泵轴套筒、内衬刀片、化纤设备的折刃刀口堆焊
3		D822	EDCoCr-C-03	ECoCr-C / DF-CoCrC	1.75~3.00	25.00~33.00	11.00~19.00	≤2.00	≤2.00	≤5.00	余	≤4.00	≥53	牙轮钻头轴承、锅炉旋转叶轮、粉碎机刀口、螺旋送料机等磨损部件堆焊
4		D842	EDCoCr-D-03	DF-CoCrD	0.20~0.50	23.00~32.00	≤9.50	≤2.00	≤2.00	≤5.00	余	≤7.00	28~35	热锥模、阀门密封面堆焊

表 A-42.3 等离子喷焊用钴基合金粉末的牌号、成分、硬度与用途

序号	名称	牌号	相当于 JB	堆焊层化学成分(质量分数)/%								粉末熔化温度/℃	喷焊层硬度/HRC	用途
				C	Cr	Si	W	B	Fe	Co				
1	钴基合金粉末	F221	F22-45	0.5~1.0	24.0~28.0	1.0~3.0	4.0~6.0	0.5~1.0	≤5.0	余		≈1200	40~45	高温高压阀门的密封面、热剪切刀口等离子喷焊
2		F221A	—	0.6~1.0	26.0~32.0	1.5~3.0	4.0~6.0	1.0	≤5.0	余		≈1200	40~45	高温高压阀门密封面等离子喷焊
3		F222	—	0.5~1.0	19.0~23.0	1.0~3.0	7.0~9.0	1.5~2.0	≤5.0	余		≈1100	48~54	热剪刀片、内燃机阀头、排气阀密封面等离子喷焊
4		F222A	F21-52	0.3~0.5	19.0~23.0	1.0~3.0	4.0~6.0	1.8~2.5	≤5.0	余		≈1150	48~55	内燃机阀头或出口或凸轮、重压封口圈、轧钢机导轮等离子喷焊
5		F223	—	0.7~1.3	18.0~20.0	1.0~3.0	7.0~9.5	1.2~1.7	≤4.0	余 Ni11~15		≈1100	35~45	高温高压阀门密封面、冲蚀的高温高压等离子喷焊
6		F224	—	1.3~1.8	19.0~23.0	1.0~3.0	13.0~17.0	2.5~3.5	≤5.0	余		≈1100	≥55	受强烈磨损、冲蚀的等离子喷焊封环等

附录 A

表 A-43.1 铜及铜合金电焊条的成分、硬度及用途

序号	名称	牌号	国标型号(GB)	堆焊金属化学成分(质量分数)/%									堆焊金属硬度/HBW	用途
				Sn	Si	Mn	Al	Fe	Ni	Cu	P	其他		
1	纯铜电焊条	T107	ECu	—	≤0.5	≤3.0	Fe+Al+Zn+Ni≤0.50			>95.0	≤0.30	Pb ≤0.02	—	耐海水腐蚀的碳钢零件堆焊
2		GRICu1		0.8	—	2.5				余	—	—	50	
3	硅青铜电焊条	T207	ECuSi-B	—	2.5~4.0	≤3.0	Al+Ni+Zn≤0.50			>92.0	≤0.30	Pb ≤0.02	110~130HV	化工机械管道等内衬堆焊
4	磷青铜电焊条	T227	ECuSn-B	7.0~9.0	Si+Mn+Fe+Al+Ni+Zn≤0.50						余	≤0.30	Pb ≤0.02	—	磷青铜轴衬、船舶推进器叶片堆焊
5		GRICu3		6.0	—	—	—	—	3.5	余	—	—	100	钢和灰口铸铁堆焊
6	锡青铜电焊条	GRICu12		12.0	—	—	—	—	—	余	—	—	120	
7	铝青铜电焊条	T237	ECuAl-C	—	≤1.0	≤2.0	6.5~10.0	≤1.5	余	P+Zn ≤0.5	Pb ≤0.02	—		水泵、气缸及船舶螺旋桨的堆焊
8		GRICu6		—	—	4.5	7.5	3.5	4.5	余	—	—	150	
9		GRICu7		—	—	12.0	7.5	2.3	5.0	余	—	—	150	螺旋桨堆焊
10		GRICu8		—	—	—	6.5	2.0	2.0	余	—	—	200	
11	白铜电焊条	GRICu9		—	—	1.5	—	1.0	30	余	—	Ti0.2	350	在钢上堆焊
12	铜镍电焊条	T307	ECuNi-B	—	≤0.5	≤2.5	—	≤2.5	29.0~33.0	余	≤0.02	Ti≤0.5	—	12Ni3CrMoV(相当于HY80)钢衬里堆焊

表 A-43.2 铜及铜合金堆焊用焊条及粉末的成分用途

序号	名称	牌号	国标型号（GB）	堆焊金属化学成分（质量分数）/%									堆焊金属硬度/HBW	用途
				Sn	Si	Mn	Ni	Fe	Al	P	Zn	Cu		
1	纯铜焊丝	HS201	HSCu	≤1.0	≤0.5	≤0.5	Pb≤0.02	—	≤0.01	≤0.15	—	≥98.0		
2	黄铜焊丝	HS221	HSCuZn-3	0.8~1.2	0.15~0.35	—	—	—	—	—	余	59.0~61.0	90	低压阀门密封面堆焊
3		HS222	HSCuZn-2	0.8~1.1	0.04~0.15	0.01~0.50	—	0.25~1.20	—	—	余	56.0~60.0	95	轴承和抗腐蚀表面堆焊
4	黄铜焊丝	CuZnB		0.75~1.10	0.04~0.15	—	0.2~0.8	0.25~1.25	—	—	余	56.0~60.0	100	
5		CuZnD		—	0.04~0.15	—	9.0~11.0	—	—	—	余	46.0~50.0		机车车辆、重型机器摩擦面的堆焊
6	硅青铜焊丝	HS211	相当AWS ERCuSi-A	—	2.8~4.0	0.5~1.5	—	—	—	—	—	余	70	轴承及耐腐蚀表面堆焊
7		CuSnA		4.0~6.0	—	—	—	—	—	0.10~0.35	—	余	90	
8	锡青铜焊丝	CuSnC		7.0~9.0	—	—	—	—	—	0.05~0.35	—	余	90	轴承表面堆焊
9		CuSnD		9.0~11.0	—	—	Pb14.0~18.0	—	—	0.10~0.30	—	余	50	
10		CuSnE		5.0~7.0	—	—	—	—	—	0.3~0.5	—	余		

续表

序号	名称	牌号	国标型号(GB)	堆焊金属化学成分(质量分数)/%									堆焊金属硬度/HBW	用途
				Sn	Si	Mn	Ni	Fe	Al	P	Zn	Cu		
11	铝青铜焊丝	CuAlA-1		—	—	—	—	—	6.0~9.0	—	—	余	125	耐腐蚀表面堆焊
12		CuAlA-2		—	—	—	—	<1.5	9.0~11.0	—	—	余	150	轴承及耐腐蚀表面堆焊
13		CuAlB		—	—	—	—	3.0~4.25	10.25~11.75	—	—	余	160	轴承及耐气蚀堆焊
14		CuAlC		—	—	—	—	3.0~5.0	12.0~13.0	—	—	余	200	轴承及耐气蚀堆焊
15		CuAlD		—	—	—	—	3.0~5.0	13.0~14.0	—	—	余	250	轴承表面堆焊
16		CuAlE		—	—	—	—	3.0~5.0	14.0~15.0	—	—	余	300	轴承表面堆焊
17	铝镍青铜焊丝			—	—	0.6~3.5	4.0~5.5	3.0~5.0	8.5~9.5	—	Ti 0.3	余	187	
18	铝锰镍青铜焊丝			—	—	11.0~14.0	1.5~3.0	2.0~4.0	7.0~8.0	—	—	余	185	耐磨蚀及耐腐蚀表面堆焊
19	白铜焊丝			—	—	0.8	30.0	0.6	—	—	—	余	—	用于在钢上堆焊

表 A-43.3 铜及铜合金堆焊用带极及粉末的成分及用途

| 序号 | 名称 | 牌号 | 带板及粉末的化学成分(质量分数)/% ||||||||| 用途 |
			C	Sn	Mn	Si	P	Fe	Ni	Cu	
1	纯铜带板	ST-2	—	1.0	0.40	0.30	0.08	—	—	98.0	推力轴承瓦的过渡层堆焊
2	白铜带板	B-30	<0.05	—	0.52	<0.15	<0.006	0.49	31.8	余	耐海水腐蚀的船舶冷凝器管板堆焊
3	锡磷青铜粉末	F422	—	9.0~11.0	—	—	0.10~0.50	—	—	余	轴及轴承的等离子堆焊

附 录 B

表 B-1 焊条电弧焊焊条常用药皮组成物的主要作用

药皮组成物	主要成分	稳弧	造气	造渣	增氧	脱氧	渗合金	黏结	增氢	稀渣	脱渣	增塑	增弹	增滑
钛铁矿	TiO_2、FeO、Fe_2O_3	√		√	√						√			
金红石	TiO_2	√		√							√			
钛白粉	TiO_2	√		√							√	√		
亦铁矿	Fe_2O_3			√	√						√			
铁砂	Fe_3O_4			√	√						√			
锰矿	MnO_2			√	√						√			
石英	SiO_2			√	√									
长石	SiO_2、Al_2O_3、Na_2O+K_2O	√		√	√									
白泥	SiO_2、Al_2O_3			√	√				√			√		
黏土	SiO_2、Al_2O_3			√	√							√		
膨润土	SiO_2、Al_2O_3			√	√				√			√		
高岭土	SiO_2、Al_2O_3			√	√							√		
云母	SiO_2、Al_2O_3、K_2O	√		√	√								√	
大理石	$CaCO_3$	√	√	√	√									
菱苦土	$MgCO_3$	√	√	√	√									
白云石	$CaCO_3$、$MgCO_3$		√	√	√							√		
白土	$CaCO_3$、$MgCO_3$、SiO_2、K_2O	√	√	√	√									
石棉	SiO_2、MgO、CaO				√								√	
滑石	SiO_2、Al_2O_3、MgO			√	√				√					√
萤石	CaF_2			√										
铝矾土	Al_2O_3			√										
纯碱	Na_2CO_3	√												√
木粉	CO、H_2	√	√						√			√		
竹粉	CO、H_2	√	√									√		
纤维素	CO、H_2	√	√						√			√		
锰铁	Mn、Fe					√	√							
硅铁	Si、Fe					√	√							
钛铁	Ti、Fe					√								
铝铁	Al、Fe					√								
铬铁	Cr、Fe						√							
钼铁	Mo、Fe						√							
水玻璃	$K_2O \cdot mSiO_2 \cdot nH_2O$ $Na_2O \cdot mSiO_2 \cdot nH_2O$	√		√				√						

表 B-2　焊条药皮各类掺合剂的组分及主要作用

名称	组分	作用
稳弧剂	碳酸钾、碳酸钡、金红石、长石、钛铁矿、白垩、大理石等	使焊条容易引弧及在焊接过程中能保持电弧稳定燃烧
造渣剂	大理石、萤石、白云石、菱苦土、长石、白泥、云母、石英砂、金红石、二氧化钛、钛铁矿、还原钛铁矿、铁砂及冰晶石等	焊接时能形成具有一定物理化学性能的熔渣，保护焊缝金属不受空气的影响，改善焊缝成形，保证熔融金属的化学成分
造气剂	大理石、白云石、菱苦土、碳酸钡、木粉、纤维素、淀粉及树脂等	在电弧高温作用下，能进行分解，放出气体，以保护电弧及熔池，防止周围空气中的氧和氮的侵入
脱氧剂	锰铁、硅铁、钛铁、铝铁、镁粉、铝镁合金、硅钙合金及石墨等	通过焊接过程中进行的冶金化学反应，降低焊缝金属中的含氧量，提高焊缝性能。与熔融金属中的氧作用，生成熔渣，浮出熔池
合金剂	锰铁、硅铁、铬铁、钼铁、钒铁、铌铁、硼铁、金属锰、金属铬、镍粉、钨粉、稀土硅铁等	补偿焊接过程中合金元素的烧损及向焊缝过渡合金元素，保证焊缝金属获得必要的化学成分及性能等
增塑润滑剂	云母、合成云母、滑石粉、白土、二氧化钛、白泥、木粉、膨润土、碳酸钠、海泡石、绢云母等	增加药皮粉料在焊条压涂过程的塑性、滑性及流动性，提高焊条的压涂质量，减少偏心度
粘接剂	水玻璃、酚醛树脂等	使药皮粉料在压涂过程中具有一定的黏性，能与焊芯牢固地粘接，并使焊条药皮在烘干后具有一定的强度

表 B-3　药皮的类型及其特点

药皮类型	药皮别称或其细类	药皮主要原料	熔渣特点	焊接位置						电弧稳定性		飞溅			熔深			抗裂性			焊接电源			原牌号	现行标准
				平焊	立焊	仰焊	横焊	平角焊	立向下	好	一般	小	中	大	浅	一般	深	好	一般	差	交流	直流正接	直流反接		
不属于已规定类型	特殊型 锰型 硫化铁型 氧化钛-氧化铁型			√	√	√	√														√	√	√	0	00
钛型	高钛钠型	氧化钛≥35%	酸性短渣	√	√	√		√													√			1	12
	高钛钾型			√																					13
钛钙型	氧化钛钙型	氧化钛≥30% 碳酸钛≥20%	酸性短渣					√								√								2	03
钛铁矿型		钛铁矿≥30%	酸性长、短时间	√	√	√				√						√					√			3	01
氧化铁型	高氧化铁型	氧化铁≥30%	酸性长渣				√						√								√	√	√	4	20
	锰铁型	锰铁≥30%	长渣	√																	√	√	√		22

续表

药皮类型	药皮别称或其细类	药皮主要原料	熔渣特点	焊接位置						电弧稳定性			飞溅			熔深			抗裂性			焊接电源			编号	
				平焊	立焊	仰焊	横焊	平角焊	立向下	好	一般	小	中	大	浅	一般	深	好	一般	差	交流	直流正接	直流反接	原牌号	现行标准
纤维素型	高纤维钠型	氧化钛≥30% 有机物≥15%	酸性短渣	√	√	√	√			√			√				√		√				√	5	10
	高纤维钾型			√	√	√	√			√			√				√		√		√		√		11
低氢型	低氢钾型	碳酸盐≥45% 萤石≥15%	碱性短渣	√	√	√	√				√			√			√	√					√	6	16
	低氢钠型			√	√	√	√				√			√			√	√					√	7	15
石墨型		石墨	熔渣极少	√																		√	√	8	
盐基型		氯化物 氟化物	熔渣有腐蚀性																					9	
铁粉型	铁粉钛钙型			√			√														√	√	√	Fe	23
	铁粉钛型			√			√														√	√	√	Fe	24
	铁粉氧化铁型			√			√															√	√	Fe	27
	铁粉低氢型			√	√	√	√														√		√		18
				√																	√		√	Fe	23
				√	√	√		√													√		√		48

表 B-4 碳钢焊条的型号、药皮类型、焊接位置和焊接电流种类及接地极性要求

焊条类型	药皮类型	焊接位置	电流种类
E43 系列——熔敷金属抗拉强度≥420MPa			
E4300	特殊型	平、立、仰、横	交流或直流正、反接
E4301	钛铁矿型		交流或直流正、反接
E4303	钛钙型		交流或直流正、反接
E4310	高纤维素钠型		直流反接
E4311	高纤维素钾型		交流或直流反接
E4312	高钛钠型		交流或直流正接
E4313	高钛钾型		交流或直流正、反接
E4315	低氢钠型		直流反接
E4316	低氢钾型		交流或直流反接

续表

焊条类型	药皮类型	焊接位置	电流种类
E43 系列——熔敷金属抗拉强度≥420MPa			
E4320	氧化铁型	平	交流或直流正、反接
		平角焊	交流或直流正接
E4322		平	交流或直流正接
E4323	铁粉钛钙型	平、平角焊	交流或直流正、反接
E4324	铁粉钛型		交流或直流正、反接
E4327	铁粉氧化铁型	平	交流或直流正、反接
		平角焊	交流或直接流正接
E4328	铁粉低氢型	平、平角焊	交流或直流反接
E50 系列——熔敷金属抗拉强度≥490MPa			
E5001	钛铁矿型	平、立、仰、横	交流或直流正、反接
E5003	钛钙型		
E5010	高纤维素钠型		直流反接
E5011	高纤维素钾型		交流或直流反接
E5014	铁粉钛型		交流或直流正、反接
E5015	低氢钠型		直流反接
E5016	低氢钾型		交流或直流反接
E5018	铁粉低氢钾型		
E5018M	铁粉低氢型	平、平角焊	直流反接
E5023	铁粉钛钙型		交流或直流正、反接
E5024	铁粉钛型		交流或直流正、反接
E5027	铁粉氧化铁型		交流或直接正接
E5028	铁粉低氢型		交流或直流反接
E5048		平、仰、横、立向下	交流或直流反接

注：1. 焊接位置一栏中的文字涵义：平—平焊，立—立焊，仰—仰焊，横—横焊，平角焊—水平角焊，立向下—向下立焊。

2. 直径不大于4.0mm 的 E5014、EXX15、EXX16、E5018 和 E5018M 型焊条及直径不大于5.0mm 的其他型号的焊条，可适用于立焊和仰焊。

3. E4322 型焊条适宜于单道焊。

表 B-5.1 碳钢焊条熔敷金属化学成分（GB/T 5117—1995）

焊条型号	化学成分（质量分数）/%									
	C	Mn	Si	S	P	Ni	Cr	Mo	V	Mn、Ni、Cr、Mo、V 总量
E4300、E4301、E4303、E4310、E4311、E4312、E4313、E4320、E4322、E4323、E4324、E4327、E5001、E5003、E5010、E5011	—			0.035	0.040					—

续表

焊条型号	化学成分(质量分数)/%									
	C	Mn	Si	S	P	Ni	Cr	Mo	V	Mn、Ni、Cr、Mo、V总量
E5015、E5016、E5018、E5027	—	1.60	0.75	0.035	0.040	0.30	0.20	0.30	0.08	1.75
E4315、E4316、E4328、E5014、E5023、E5024		1.25	0.90	0.035	0.040	0.30	0.20	0.30	0.08	1.50
E5028、E5048	—	1.60								1.75
E5018	0.12	0.40~1.60	0.80	0.020	0.030	0.25	0.15	0.35	0.05	—

表 B – 5.2　碳钢焊条熔敷金属拉伸性能(GB/T 5117—1995)

系列	焊条型号	抗拉强度 σ_b/MPa	屈服强度 $\sigma_{0.2}$/MPa	伸长系/%
E43 系列	E4300、E4301、E4303、E4310、E4311、E4315、E4316、E4320、E4323、E4327、E4328	420	330	22
	E4312、E4313、E4324			17
	E4322			不要求
E50 系列	E5001、E5003、E5010、E5011	490	400	20
	E5015、E5016、E5018、E5027、E5028、E5048			22
	E5014、E5023、E5024			17
	E5018M		365~500	24

注：表中单值均为最小值。

表 B – 5.3　碳钢焊条熔敷金属冲击性能(GB/T 5117—1995)

焊条型号	夏比V形缺口冲击吸收功/J	试验温度/℃
5个试样3个值的平均值。5个值中的最大和最小值应舍去，余下的要有2个不小于27J，1个不小于20J		
EXX10、EXX11、EXX15、EXX16、EXX18、EXX27、E5048	27	-30
EXX01、EXX28、E5024 – 1		-20
E4300、EXX03、EXX23		0
E5015 – 1 E5016 – 1 E5018 – 1	27	-46

续表

焊条型号	夏比V形缺口冲击吸收功/J	试验温度/℃
用5个试样的值计算平均值。这5个值中要有4个值不小于67J，另一个值不小于54J		
E5018M	67	-30
E4312、E4313、E4320、E4322、E5014、EXX24	—	

表 B-6 承压设备用钢焊条的技术要求 (JG/T 4747.1—2007)

项目	技 术 要 求
焊条偏心度	1. 直径不大于2.5mm的焊条，偏心度应不大于5%。允许受检焊条数量的5%，其偏心度大于5%，但不大于7% 2. 直径为3.2mm和4.0mm的焊条，偏心度应不大于4%。允许受检焊条数量的5%，其偏心度大于4%，但不大于5% 3. 直径不小于5.0mm的焊条，偏心度应不大于3%。允许受检焊条数量的5%，其偏心度大于3%，但不大于4%
T形接头角焊缝	角焊缝表面边深度不得大于0.5mm；角焊缝根部不允许未熔合
熔敷金属的化学成分	承压设备常用碳钢焊条熔敷金属的磷、硫含量应符合下面的规定。未列出的碳钢焊条熔敷金属的磷、硫含量应不高于相应母材标准的规定值下限

焊条型号	牌号	$w(S) \leqslant$	$w(P) \leqslant$
E4303	J422	0.020	0.030
E4316	J426	0.015	0.025
E4315	J427	0.015	0.025
E5016	J506	0.015	0.025
E5015	J507	0.015	0.025
E5016-G	J506RH	0.010	0.020
E5015-G	W607	0.010	0.020
E5015-G	J507RH	0.010	0.020

项目	技 术 要 求
熔敷金属的力学性能要求	1. 熔敷金属的最高抗拉强度值与GB/T 5117规定下限值之差不应超过120MPa。 2. 熔敷金属拉伸试验伸长率应不低于GB/T 5117规定下限值，且不低于20%。 3. 冲击试样取3个，其冲击试验结果平均值应不低于下述规定值。允许其中1个试样的冲击试验结果低于下述规定值，但不得低于下述规定值的75%

焊条型号	牌号	试验温度/℃	冲击吸收功≥/J
E4303	J422	0	54
E4316	J426	-30	54
E4315	J427	-30	54
E5016	J506	-30	54
E5015	J507	-30	54
E5015-G	W607	-60	54
E5016-G	J506RH	-40	54
E50150-G	J507RH	-40	54

续表

项目	技术要求		
熔敷金属弯曲试验	熔敷金属纵向弯曲试样弯曲到规定的角度后,其拉伸面上的熔敷金属内沿任何方向不得有单条长度大于3mm的开口缺陷,试样的棱角开口缺陷一般不计,但由夹渣或其他焊接缺陷引起的棱角开口缺陷长度应计入		
焊条药皮含水量或熔敷金属扩散氢含量	低氢型药皮含水量或熔敷金属扩散氢含量应符合下表规定。焊条生产厂在质保书中应提供焊条药皮含水量。如订货单位要求也应提供熔敷金属扩散氢含量		
	焊条型号	熔敷金属扩散氢含量(甘油法)/(mL/100g)	药皮含水量(正常状态)/%
	E43×× E50××	≤4.0	≤0.25
	E50××-×	≤4.0	≤0.25

表 B-7 低合金钢焊条型号划分(GB/T 5118—1995)

焊条型号	药皮类型	焊接位置	电流种类
E50 系列—熔敷金属抗拉强度≥490MPa			
E5003 - ×	钛钙型	平、立、仰、横	交流或直流正、反接
E5010 - ×	高纤维素钠型		直流反接
E5011 - ×	高纤维素钾型		交流或直流反接
E5015 - ×	低氢钠型		直流反接
E5016 - ×	低氢钾型		交流或直流反接
E5018 - ×	铁粉低氢型		
E5020 - ×	高氧化铁型	平角焊	交流或直流正接
		平	交流或直流正、反接
E5027 - ×	铁粉氧化铁型	平角焊	交流或直流正接
		平	交流或直流正、反接
E55 系列—熔敷金属抗拉强度≥540MPa			
E5500 - ×	特殊型	平、立、仰、横	交流或直流正、反接
E5503 - ×	钛钙型		
E5510 - ×	高纤维素钠型		直流反接
E5511 - ×	高纤维素钾型		交流或直流反接
E5513 - ×	高钛钾型		交流或直流正、反接
E5515 - ×	低氢钠型		直流反接
E5516 - ×	低氢钾型		交流或直流反接
E5518 - ×	铁粉低氢型		
E60 系列—熔敷金属抗拉强度≥590MPa			
E6000 - ×	特殊型	平、立、仰、横	交流或直流正、反接
E6010 - ×	高纤维素钠型		直流反接
E6011 - ×	高纤维素钾型		交流或直流反接

续表

焊条型号	药皮类型	焊接位置	电流种类
E60 系列—熔敷金属抗拉强度≥590MPa			
E6013 - ×	高钛钾型	平、立、仰、横	交流或直流正、反接
E6015 - ×	低氢钠型		直流反接
E6016 - ×	低氢钾型		交流或直流反接
E6018 - ×	铁粉低氢型		
E70 系列熔敷金属抗拉强度≥690MPa			
E7010 - ×	高纤维素钠型	平、立、仰、横	直流反接
E7011 - ×	高纤维素钾型		交流或直流反接
E7013 - ×	高钛钾型		交流或直流正、反接
E7015 - ×	低氢钠型		直流反接
E7016 - ×	低氢钾型		交流或直流反接
E7018 - ×	铁粉低氢型		
E75 系列—熔敷金属抗拉强度≥740MPa			
E7515 - ×	低氢钠型	平、立、仰、横	直流反接
E7516 - ×	低氢钾型		交流或直流反接
E7518 - ×	铁粉低氢型		
E80 系列—熔敷金属抗拉强度≥780MPa			
E8015 - ×	低氢钠型	平、立、仰、横	直流反接
E8016 - ×	低氢钾型		交流或直接反接
E8018 - ×	铁粉低氢型		
E85 系列—熔敷金属抗拉强度≥830MPa			
E8515 - ×	低氢钠型	平、立、仰、横	直流反接
E8516 - ×	低氢钾型		交流或直流反接
E8518 - ×	铁粉低氢型		
E90 系列—熔敷金属抗拉强度≥880MPa			
E9015 - ×	低氢钠型	平、立、仰、横	直流反接
E9016 - ×	低氢钾型		交流或直流反接
E9018 - ×	铁粉低氢型		
E100 系列—熔敷金属抗拉强度≥980MPa			
E10015 - ×	低氢钠型	平、立、仰、横	直流反接
E10016 - ×	低氢钾型		交流或直流反接
E10018 - ×	铁粉低氢型		

注：1. 后缀字母×代表熔敷金属化学成分分类代号，如 A1、B1、B2 等。
  2. 焊接位置栏中文字涵义：平—平焊；立—立焊；仰—仰焊；横—横焊；平角焊—水平角焊。
  3. 表中"立"和"仰"是指适用于立焊和仰焊的直径不大于 4.0mm 的 E××15 - ×、E××16 - ×、E××18 - × 型及直径不大于 5.0mm 的其他型号焊条。

附录 B

表 B-8.1　低合金钢焊条熔敷金属化学成分（GB/T 5118—1995）

焊条型号	化学成分（质量分数）/%											
	C	Mn	P	S	Si	Ni	Cr	Mo	V	Nb	W	B	Cu
碳钼钢焊条													
E5003-A1	0.12	0.60	0.035	0.035	0.40	—	—	0.40~0.65	—	—	—	—	—
E5010-A1													
E5011-A1													
E5015-A1		0.90			0.60								
E5016-A1													
E5018-A1					0.80								
E5020-A1		0.60			0.40								
E5027-A1		1.00											
镍钢焊条													
E5515-C1	0.12	1.25	0.035	0.035	0.60	2.00~2.75	—	—	—	—	—	—	—
E5516-C1													
E5518-C1					0.80								
E5015-C1L	0.05				0.50								
E5016-C1L													
E5018-C1L													
E5516-C2	0.12				0.60	3.00~3.75	—	—	—	—	—	—	—
E5518-C2					0.80								
E5015-C2L	0.05				0.50								
E5016-C2L													
E5018-C2L													
E5515-C3	0.12				0.80	0.80~1.10	0.15	0.35	0.05	—	—	—	—
E5516-C3													
E5518-C3													
镍钼钢焊条													
E5518-NM	0.10	0.80~1.25	0.020	0.030	0.60	0.80~1.10	0.05	0.40~0.65	0.02	—	—	—	0.10
锰钼钢焊条													
E6015-D1	0.12	1.25~1.75	0.035	0.035	0.60	—	—	0.25~0.45	—	—	—	—	—
E6016-D1													
E6018-D1					0.80								
E5515-D3		1.00~1.75			0.60								
E5516-D3													
E5518-D3					0.80								
E7015-D2	0.15	1.65~2.00			0.60								
E7016-D2													
D7018-D2					0.80								

续表

焊条型号	化学成分(质量分数)/%												
	C	Mn	P	S	Si	Ni	Cr	Mo	V	Nb	W	B	Cu
其他低合金钢焊条													
E××03-G	—	≥1.00	—	—	≥0.80	≥0.50	≥0.30	≥0.20	≥0.10				
E××10-G													
E××11-G													
E××13-G													
E××15-G													
E××16-G													
E××18-G													
E5020-G													
E6018-M	0.10	0.60~1.25	0.03	0.03	0.80	1.40~1.80	0.15	0.35	0.05	—	—	—	
E7018-M		0.75~1.70			0.60	1.40~2.10	0.35	0.25~0.50					
E7518-M		1.30~1.80				1.25~2.50	0.40						
E8518-M		1.30~2.25				1.75~2.50	0.30~1.50	0.30~0.55					
E8518-M1		0.80~1.60	0.015	0.012	0.065	3.00~3.80	0.65	0.20~0.30					
E5018-W	0.12	0.40~0.70	0.025	0.025	0.40~0.70	0.20~0.40	0.15~0.30		0.08				0.30~0.60
E5518-W		0.50~1.30	0.035	0.035	0.35~0.80	0.40~0.80	0.45~0.70		—				0.30~0.75

注: 1. 焊条型号中的"××"代表焊条的不同抗拉强度等级。
2. 表中单值除特殊规定以外,均为最大值。
3. E5518-NM型焊条中 $w(Al) \leq 0.05\%$。
4. E××××-G型焊条只要一个元素符合表中规定即可,当有-40℃冲击性能要求≥54J时,该焊条型号标志为E××××-E。

表B-8.2 低合金钢焊条熔敷金属拉伸性能(GB/T 5118—1995)

焊条型号	σ_b/MPa	σ_s 或 $\sigma_{0.2}$/MPa	δ_5/%(质量分数)
E5003-X	490	390	20
E5010-X, E5011-X, E5016-X, E5018-X, E5020X, E5027-X			22
E5500-X, E5503-X	540	440	16
E5510-X, E5511-X			17
E5513-X			16
E5515-X			17
E5516-X, E5518-X	540	440	17
E5516-C3, E5518-C3		440~540	22

续表

焊条型号	σ_b/MPa	σ_s 或 $\sigma_{0.2}$/MPa	δ_5/%（质量分数）
E6000-X			14
E6010-X, E6011-X			15
E6013-X	590	490	14
E6015-X, E6016-X, E6018-X			15
E6018-M			22
E7010-X, E7011-X			15
E7013-X			13
E7015-X, E7016-X, E7018-X	690	590	15
E7018-M			18
E7515-X, E7516-X, E7518-X	740	640	13
E7518-M			18
E8015-X, E8016-X, E8018-X	780	690	13
E8515-X, E8516-X, E8518-X	830	740	12
E8518-M, E8518-M1			15
E9015-X, E9016-X, E9018X	880	780	
E10015-X, E10016-X, E10018-X	980	880	12

注：表中的单值均为最小值。

表B-8.3 低合金钢焊条熔敷金属冲击性能（GB/T 5118—1995）

焊条型号	A_{KV}/J	试验温度/℃
E5015-A1, E5016-A1, E5018-A1		常温
E5518-NM, E5515-C3, E5516-C3, E5518-C3		-40
E5516-D3, D5518-D3, E6015-D1, E6016-D1, E6018-D1	≥27	-30
E7015-D2, E7016-D2, E7018-D2		-30
E6018-M, E7018-M, E7518-M, E8518-M		-50
E8518-M1	≥68	-20
E5018-W, E5518-W		-20
E5515-C1, E5516-C1, E5518-C1		-60
E5015-C1L, F5016-C1L, E5018-C1L, E5516-C2, F5518-C2	≥27	-70
E5015-C2L, E5016-C2L, E5018-C2L		-100
E××××-E	≥54	-40
所有其他型号	协议要求	

注：E××××-C1、E××××-C1L、E××××-C2 及 E××××-C2L 为消除应力热处理后的冲击性能。

表B-8.4 低合金高强度钢焊接用焊条

钢材牌号（GB/T 1591—2008）	钢材牌号（GB/T 16270—2009）	强度级别/MPa	焊条牌号
Q295	09Mn2 09Mn2Si 09MnV	≥295	J423 J422, J422Y J427, J427X, J427Ni J426, J426X, J426H, J426DF, J426Fe13

续表

钢材牌号 (GB/T 1591—2008)	钢材牌号 (GB/T 16270—2009)	强度级别/ MPa	焊 条 牌 号
Q345	16Mn 16MnCu 14MnNb	≥345	J503, J502, J502Fe J504Fe, J504Fe14 J505, J505MoD J507, J507H, J507X, J507DF, J507D J507RH, J507NiMA, J507TiBMA, J507R J507GR, J507NiTiB、J507FeNi J506, J506X, J506DF, J506GM J506R, J506RH, J506RK, J506NiMA, J506Fe, J507Fe, J506LMA J506FeNE, J507FeNi
Q390	15MnV 15MnVCu 16MnNb	≥390	J503, J502, J502Fe J504Fe, J504Fe14 J505, J505MoD J507, J507H, J507X, J507DF, J507D J507RH, J507NiMA, J507TiBMA, J507R J507GR, J507NiTiB、J507FeNi J506, J506X, J506DF, J506GM J506R, J506RH, J506RK, J506NiMA J506Fe, J507Fe, J506LMA J506FeNE, J507FeNi J555G, J555, J557Mo, J557, J557MoV J556, J556RH, J556XG
Q420	15MnVN 15MnVNCu 15MnVNRE	≥420	J555G, J555 J557, J557Mo, J557MoV J556, J556RH, J556XG J607, J607Ni, J607RH J606, J606RH
Q460	18MnMoNb 14MnMoV 14MnMoVCu	≥460	J557, J557Mo, J557MoV J556, J556RH, J556XG J607, J607Ni, J607RH J606, J606RH
Q500	HG60、HQ60, HQ500DB, BHW60A, JG590	≥500	J607, J607Ni, J607RH J606, J606RH J707, J707Ni, J707RH
Q550	HQ590DB, DB590	≥550	J607Ni, J607RH J707, J707Ni, J707RH
Q620	DB685, HQ685DB	≥620	J707, J707Ni, J707RH J757, J757Ni
Q690	DB785, HQ785DB	≥690	J757, J757Ni J807, J807RH

表 B-9 我国目前生产的一些低合金钢焊条及其所对应的标准型号

牌 号	国家标准 (GB)	美国焊接学会标准 (AWS)
J501Fe	E5014	E7014
J501Fe15, J501Z	E5024	E7024
J502, J502Fe	E5003	—
J502Fe16, J502Fe18	E5023	—
J503	E5001	E7019
J504Fe, J504Fe14	E5027	E7027
J505, J505MoD	E5011	—
J506, J506X, J506H, J506D, J506DF, J506GM	E5016	E7016
J506LMA, J506Fe	E5018	E7018
J506Fe16, J506Fe18	E5028	E7028
J507, J507X, J507H, J507D, J507DF, J507XG	E5015	E7015
J507Fe, J507Fe16	E5028	E7028
J502CuP	—	—
J502NiCu, J502WCu, J502CuCrNi	E5003-G	—
J506WCu	E5016-G	—
J506R, J506RH, J506NiCu, J506CuCrNi	E5016-G	E7016-G
J506FeNE,	E5018-G	E7018-G
J507TiB-LMA, J507NiCu, J507NiCuP, J507WCu, J507R, J507NiTiB, J507RH, J507Mo, J507MoNb, J507MoW, J507CrNi, J507CuP, J507FeNi, J507MoWNbB	E5015-G	E7015-G
J553	E5501-G	—
J555	E5511	E8011
J556, J556RH、J556CuCrMo, J556XG	E5516-G	E8016-G
J557, J557MoV, J557SLA, J557SLB	E5515-G	E8015-G
J557Mo	E5515-D3	E8015-D3
J606	E6016-D1	D9016-D1
J607	E6015-D1	E9015-D1
J607Ni, J607RH	E6015-G	E9015-G
J707	E7015-D2	E10015-D2
J707Ni, J707RH	E7015-G	E10015-G
J707NiW	E7015-G	—
J757, J757Ni	E7515-G	E11015-G
J807, J807RH	E8015-G	E11015-G
J857, J857Cr, J857CrNi	E8515-G	E12015-G
J907, J907Cr	E9015-G	—
J107, J107Cr	E10015-G	—
W607	E5015-G	—
W707	—	—
W707Ni	E5515-C1	W8015-C1
W907Ni	E5515-C2	E8015-C2
W107	E5015-C2L	—
W107Ni	—	—

表 B-10.1　不锈钢焊条各种型号熔敷金属化学成分

焊条型号	化学成分(质量分数)/%							
	C	Cr	Ni	Mo	Mn	Si	Cu	其他
E209-××	0.06	20.5~24.0	9.5~12.0	1.5~3.0	4.0~7.0	0.90	0.75	N=0.10~0.30 V=0.10~0.30
E219-××	0.06	19.0~21.5	5.5~7.0	0.75	8.0~10.0	1.00	0.75	N=0.10~0.30
E240-××	0.06	17.0~19.0	4.0~6.0	0.75	10.5~13.5	1.00	0.75	—
E307-××	0.04~0.14	18.0~21.5	9.0~10.7	0.5~1.5	3.30~4.75	0.90	0.75	—
E308-××	0.08	18.0~21.0	9.0~11.0	0.75	0.5~2.5	0.90	0.75	—
E308H-××	0.04~0.08	18.0~21.0	9.0~11.0	0.75	0.5~2.5	0.90	0.75	—
E308L-××	0.04	18.0~21.0	9.0~11.0	0.75	0.5~2.5	0.90	0.75	—
E308Mo-××	0.08	18.0~21.0	9.0~12.0	2.0~3.0	0.5~2.5	0.90	0.75	—
E308MoL-××	0.04	18.0~21.0	9.0~12.0	2.0~3.0	0.5~2.5	0.90	0.75	—
E309-××	0.15	22.0~25.0	12.0~14.0	0.75	0.5~2.5	0.90	0.75	—
E309L-××	0.04	22.0~25.0	12.0~14.0	0.75	0.5~2.5	0.90	0.75	—
E309Nb-××	0.12	22.0~25.0	12.0~14.0	0.75	0.5~2.5	0.90	0.75	Nb=0.7~1.0
E309Mo-××	0.12	22.0~25.0	12.0~14.0	2.0~3.0	0.5~2.5	0.90	0.75	—
E309MoL-××	0.04	22.0~25.0	12.0~14.0	2.0~3.0	0.5~2.5	0.90	0.75	—
E310-××	0.08~0.20	25.0~28.0	20.0~22.5	0.75	1.0~2.5	0.75	0.75	—
E310H-××	0.35~0.45	25.0~28.0	20.0~22.5	0.75	1.0~2.5	0.75	0.75	Nb=0.7~1.0
E310Nb-××	0.12	25.0~28.0	20.0~22.0	0.75	1.0~2.5	0.75	0.75	—
E310Mo-××	0.12	25.0~28.0	20.0~22.0	2.0~3.0	1.0~2.5	0.75	0.75	—
E312-××	0.15	28.0~32.0	8.0~10.5	0.75	0.5~2.5	0.90	0.75	—
E316-××	0.08	17.0~20.0	11.0~14.0	2.0~3.0	0.5~2.5	0.90	0.75	—
E316H-××	0.04~0.08	17.0~20.0	11.0~14.0	2.0~3.0	0.5~2.5	0.90	0.75	—
E316L-××	0.04	17.0~20.0	11.0~14.0	2.0~3.0	0.5~2.5	0.90	0.75	—
E317-××	0.08	18.0~21.0	12.0~14.0	3.0~4.0	0.5~2.5	0.90	0.75	—
E317L-××	0.04	18.0~21.0	12.0~14.0	3.0~4.0	0.5~2.5	0.90	0.75	—
E317MoCu-××	0.08	18.0~21.0	12.0~14.0	2.0~2.5	0.5~2.5	0.90	2.0	—
E317MoCuL-××	0.04	18.0~21.0	12.0~14.0	3.0~4.0	0.5~2.5	0.90	2.0	—
E318-××	0.08	17.0~20.0	11.0~14.0	2.0~3.0	0.5~2.5	0.90	0.75	—
E318V-××	0.08	17.0~20.0	11.0~14.0	2.0~2.5	0.5~2.5	0.90	0.5	V=0.30~0.70
E320-××	0.07	19.0~21.0	32.0~36.0	2.0~3.0	0.5~2.5	0.60	3.0~4.0	Nb=8C~1.0
E320LR-××	0.03	19.0~21.0	32.0~36.0	1.5~2.0	0.5~2.5	0.60	3.0~4.0	Nb=8C~1.0
E330-××	0.18~0.25	14.0~17.0	33.0~37.0	0.75	1.0~2.5	0.90	0.75	—
E330H-××	0.35~0.45	14.0~17.0	33.0~37.0	0.75	1.0~2.5	0.90	0.75	—
E330MoMnWNb-××	0.20	15.0~17.0	33.0~37.0	2.0~3.0	3.5	0.70	0.5	Nb=1.0~2.0 W=2.0~3.0

续表

焊条型号	化学成分(质量分数)/%							
	C	Cr	Ni	Mo	Mn	Si	Cu	其他
E347-××	0.08	18.0~21.0	9.0~11.0	0.75	0.5~2.5	0.90	0.75	Nb=8C-1.0
E349-××	0.13	18.0~21.0	8.0~10.0	0.35~0.65	0.5~2.5	0.90	0.75	Nb=0.75~1.20 V=0.10~0.30 Ti=0.15 W=1.25~1.75
E383-××	0.03	26.5~29.0	30.0~33.0	3.2~4.2	0.5~2.5	0.90	0.6~1.5	—
E385-××	0.03	19.5~21.5	24.0~26.0	4.2~5.2	1.0~2.5	0.75	1.2~2.0	—
E410-××	0.12	11.0~13.5	0.7	0.75	1.0	0.90	0.75	
E410NiMo-××	0.06	11.0~12.5	4.0~5.0	0.4~0.70	1.0	0.90	0.75	
E430-××	0.10	15.0~18.0	0.6	0.75	1.0	0.90	0.75	
E630-××	0.05	16.0~16.75	4.5~5.0	0.75	0.25~0.75	0.75	3.25~4.00	Nb:0.15~0.30
E16-8-2××	0.10	14.5~16.5	7.5~9.5	1.0~2.0	0.5~2.5	0.60	0.75	—
E16-25MoN-××	0.12	14.0~18.0	22.0~27.0	5.0~7.0	0.5~2.5	0.90	0.50	N:≥0.1
E11MoVN1-××	0.19	9.5~11.5	0.60~0.90	0.75	0.5~1.0	0.50	0.5	V:0.20~0.40
E11MoVNW-××	0.19	25.0~28.0	20.0~22.0	2.0~3.0	0.5~1.0	0.50	0.5	V:0.20~0.40 W:0.40~0.70
E2209-××	0.04	21.5~23.5	8.5~10.5	2.5~3.5	0.5~2.0	0.90	0.75	N:0.08~0.20
E2553-××	0.06	24.0~27.0	6.5~8.5	2.9~3.9	0.5~1.5	1.0	1.5~2.5	N:0.10~0.25

注:1. 表中单值均为最大值。
2. 当对表中给出的元素进行化学成分分析还存在其他元素时,这些元素的总量不得超过0.5%(铁除外)。
3. 焊条型号中的字母 L 表示碳含量较低,H 表示碳含量较高,R 表示碳、磷、硅含量较低。
4. 考虑到在以后标准修订中,将把 E502、E505、E7Cr、E5MoV、E9Mo(5)型焊条归入低合金焊条中,在本表中未摘录。

表 B-10.2　不锈钢焊条各种型号熔敷金属力学性能

焊条型号	抗拉强度 σ_b/MPa	伸长率 σ_s/%	热处理
E209-××	690	15	
E219-××	620		
E240-××	690		
E307-××	590	30	
E308-××	550	35	
E308H-××			
E308L-××	520		
E308Mo-××	550		
E308MoL-××	520		
E309-××	550	25	

续表

焊条型号	抗拉强度 σ_b/MPa	伸长率 σ_s/%	热处理
E309L-××	520		
E309Nb-××	550	25	
E309Mo-××			
E309MoL-××	540		
E310-××	550		
E310H-××	620	10	
E310Nb-××	550	25	
E310Mo-××			
E312-××	650	22	
E316-××	520	30	
E316H-××			
E315L-××	490		
E317-××	550		
E317L-××	520		
E317MoCu-××	540	25	
E317MoCuL-××			
E318-××	550		
E318V-××	540		
E320-××	550	30	
E320LR-××	520		
E330-××		25	—
E330H-××	620	10	
E330MoMnWNb-××	590	25	
E347-××	520	25	
E349-××	690	25	
E383-××	520	30	
E385-××			
E410-××	450	20	a
E410NiMo-××	760	15	b
E430-××	450		c
E502-××	420	20	d
E505-××			
E630-××	930	7	e
E16-8-2-××	550	35	
E16-25MoN-××	610	30	
E7Cr-××	420	20	d

续表

焊条型号	抗拉强度 σ_b/MPa	伸长率 σ_s/%	热处理
E5MoV-××	540	14	f
E9Mo-××	590	16	
E11MoVNi-××	730	15	g
E11MoVNiW-××			
E2209-××	690	20	
E2553-××	760	15	

注：① 表中的数值均为最小值。
② 热处理栏中的字母表示的内容为：
a. 试件在730~760℃保温1h，以不超过60℃/h的速度随炉冷至315℃，然后空冷。
b. 试件在595~620℃保温1h，然后空冷。
c. 试件在760~790℃保温2h，以不超过55℃/h的速度随炉冷至595℃，然后空冷。
d. 试件在840~870℃保温2h，以不超过55℃/h的速度随炉冷至595℃，然后空冷。
e. 试件在1025~1050℃保温1h后空冷至室温，随后再加热至610~630℃保温4h，进行沉淀硬化处理，然后空冷至室温。
f. 试件在740~760℃保温4h，然后空冷。
g. 试件在730~750℃保温4h，然后空冷。

表 B-10.3　国产不锈钢焊条商品牌号与 GB、AWS 标准型号对照表

焊条类型	牌号	GB 型号	AWS 型号	焊条类型	牌号	GB 型号	AWS 型号
铬不锈钢焊条	G202	E410-16	E410-16	铬镍不锈钢焊条	A052	—	—
	G207	E410-15	E410-15		A062	E309L-16	E309L-16
	G217	E410-15	E410-15		A072	—	—
	G302	E430-16	E430-16		A082	—	—
	G307	E430-15	E430-15		A101	E308L-16	E308L-16
铬镍不锈钢焊条	A001G15	E308L-15	E308L-15		A137	E347-15	E347-15
	A002	E308L-16	E308L-16		A146		
	A002-A	E308L-17	E308L-17		A172	E307-16	E307-16
	A012Si	—	—		A201	E316-16	E316-16
	A002Nb				A202	E316-16	E316-16
	A002Mo	E308MoL-16			A202NE	E316-16	E316-16
	A022	E316L-16	E316L-16		A207	E316-15	E316-15
	A022Si	E316L-16			A212	E318-16	E318-16
	A022L	E316L-16	E316L-16		A222	E317MoCu-16	—
	A032	E317MoCuL-16			A232	E318V-16	
	A042	E309MoL-16	E309MoL-16		A237	E318V-15	
	A042Si	—			A242	E317-16	E317-16
	A042Mn	—			A301	E309-16	E309-16

续表

焊条类型	牌号	GB 型号	AWS 型号	焊条类型	牌号	GB 型号	AWS 型号
铬镍不锈钢焊条	A302	E309-16	E309-16	铬镍不锈钢焊条	A102A	E308L-17	E308L-17
	A307	E309-15	E309-15		A102T	E308L-16	E308L-16
	A312	E309Mo-16	E309Mo-16		A107	E308L-15	E308L-15
	A312SL	E309Mo-16	E309Mo-16		A112	—	
	A317	E309Mo-15	E309Mo-15		A117		
	A402	E310-16	E310-16		A122		
	A407	E310-15	E310-15		A132	E347-16	E347-16
	A412	E310Mo-16	E310Mo-16		A132A	E347-17	E347-17
	A422	—	—		A512	E16-8-2-16	
	A427				A607	E330MoMnWNb-15	
	A432	E310H-16	E310H-16				
	A462				A707		
	A502	E16-25MoN-16			A717		
	A507	E16-25MoN-16			A802	—	
	A102	E308L-16	E308L-16		A902	E320-16	E320-16

表 B-11　不锈钢焊条焊接电流及焊接位置代号

焊条型号	焊接电流	焊接位置
E×××(×)-15	直流反接	全位置
E×××(×)-25		平焊、横焊
E×××(×)-16	交流或直流反接	全位置
E×××(×)-17		
E×××(×)-26		平焊、横焊

注：直径等于和大于 5.0mm 焊条不推荐全位置焊接。

表 B-12　不锈钢焊条新、旧型号对照表

GB/T 983—1995	GB 983—85	GB/T 983—1995	GB 983—85
E209	—	E309Mo	E1-23-13Mo2
E219	—	E309MoL	E00-23-13Mo2
E240	—	E310	E2-26-21
E307	E1-19-9MoMn4	E310H	E3-26-21
E308	E0-19-10	E310Nb	E1-26-21Nb
E308H	—	E310Mo	E1-26-21Mo2
E308L	E00-19-10	E312	E-20-9
E308Mo	E0-19-10Mo2	E316	E0-18-12Mo2
E308MoL	E00-19-10Mo2	E316H	—
E309	E1-23-13	E316L	E00-18-12Mo2
E309L	E00-23-13	E317	E0-19-13Mo3
E309Nh	E1-23-13Nb	E317L	E00-19-13Mo3

续表

GB/T 983—1995	GB 983—85	GB/T 983—1995	GB 983—85
E317MoCu	E0-19-13Mo2Cu2	E430	E0-17
E317MoCuL	E00-19-13Mo2Cu2	E502	E0-5Mo
E318	E0-18-12Mo2Nb	E505	E0-9Mo
E318V	E0-18-12Mo2V	E630	E0-16-5MoCu4Nb
E320	E0-20-34Mo3Cu4Nb	E16-8-3	E1-16-8Mo2
E320LR	—	E16-25MoN	E1-15-25Mo5N
R330	E2-16-35	E7Cr	E0-7Mo
E330H	E3-16-35	E5MoV	E1-5MoV
E330MoMnWNb	E2-16-35MoMn4W3Nb	E9Mo	E1-9Mo
E347	E0-19-10Nb	E11MoVNi	E1-11MoVNi
E349	E1-19-9MoW2Nb	E11MoVNiW	E2-11MoVNiW
E385		E2209	—
E410	E1-13	E2553	—
E410NiMo	E0-13-5Mo		

表 B-13 堆焊焊条熔敷金属化学成分分类（GB/T 984—2001）

型号分类	熔敷金属化学成分分类	型号分类	熔敷金属化学成分分类
EDP××-××	普通低中合金钢	EDZ××-××	合金铸铁
EDR××-××	热强合金钢	EDZCr××-××	高铬铸铁
EDCr××-××	高铬钢	EDCoCr××-××	钴基合金
EDMn××-××	高锰钢	EDW××-××	碳化钨
EDCrMn××-××	高铬锰钢	EDT××-××	特殊型
EDCrNi××-××	高铬镍钢	EDNi××-××	镍基合金
EDD××-××	高速钢		

表 B-14 堆焊焊条药皮类型和焊接电流种类（GB/T 984—2001）

型号	药皮类型	焊接电流种类
ED××-00	特殊型	交流或直流
ED××-03	钛钙型	交流或直流
ED××-15	低氢钠型	直流
ED××-16	低氢钾型	交流或直流
ED××-08	石墨型	交流或直流

表 B-15 堆焊碳化钨管状焊条碳化钨粉化学成分（GB/T 984—2001）

%（质量分数）

型号	C	Si	Ni	Mo	Co	W	Fe	Th
EDGWC1-××	3.6~4.2	≤0.3	≤0.3	≤0.6	≤0.3	≥94.0	≤1.0	≤0.01
EDGWC2-××	6.0~6.2					≥91.5	≤0.5	
EDGWC3-××	由供需双方商定							

表 B-16　堆焊碳化钨管状焊条碳化钨粉的粒度（GB/T 984—2001）

型　号	粒度分布
EDGWC×-12/30	1.70mm~600μm（-12目+30目）
EDGWC×-20/30	850~600μm（-12目+30目）
EDGWC×-30/40	600~425μm（-30目+40目）
EDGWC×-40	<425μm（-40目）
EDGWC×-40/120	425~125μm（-40目+120目）

注：1. 焊条型号中的"×"代表"1"或"2"或"3"。
　　2. 允许通过（"-"）筛网的筛上物≤5%，不通过（"+"）筛网的筛下物≤20%。

表 B-17　中合金耐热钢常用焊条标准型号、牌号及化学成分

适用钢种	焊材国标型号	焊材牌号	化学成分（质量分数）/%								
			C	Mn	Si	Cr	Mo	V	S	P	其他
1Cr5Mo A213-T5 A335-P5	E5MoV-15 E801Y-B6 (AWS)	R507	≤0.12	0.50~0.90	≤0.50	4.5~6.0	0.40~0.70	0.10~0.35	≤0.030	≤0.035	—
10Cr5MoWVTiB	—	R517A	≤0.12	0.50~0.80	≤0.70	5.0~6.0	0.60~0.80	0.25~0.40	≤0.015	≤0.020	W=0.25~0.45 Nb=0.04~0.14
A213-T7, T9	E9Mo-15	R707	≤0.15	0.50~1.00	≤0.50	8.5~10.0	0.70~1.00	—	≤0.030	≤0.035	—
A335-P7, P9	E801Y-B8 (AWS) E505-15 (AWS)	R717A	≤0.08	0.50~0.10	≤0.50	8.5~10.0	0.80~1.10	—	≤0.015	≤0.020	Ni=0.50~0.80
A213-T91 10Cr9Mo1VNb	E901Y-B9 (AWS)	R717	≤0.12	0.06~1.20	≤0.50	8.0~9.5	0.80~1.10	0.15~0.40	≤0.030	≤0.035	Ni：0.50~1.00 Nb：0.02~0.08
	EC90S-B9	—	0.10	≤0.6	≤0.3	9.0	1.0	0.2	≤0.030	≤0.03	Ni：0.7 Nb：0.055

表 B-18.1 镍及镍合金焊条熔敷金属化学成分（GB/T 13814—1992）

焊条型号	化学成分代号	化学成分（质量分数）/%													
		C	Mn	Fe	Si	Cu	Ni[①]	Co	Al	Ti	Cr	Nb[②]	Mo	V	W	S	P	其他[②]
ENi2061	NiTi3	0.10	0.7	0.7	1.2	0.2	≥92.0	镍	1.0	1.0~4.0	—	—	—	—	—	0.015	0.020	
ENi2061A	NiMbTi	0.06	2.5	4.5	1.5	—			0.5	1.5	—	2.5	—	—	—	0.015	0.015	
ENi4050	NiCu30Mn3Ti	0.15	4.0	2.5	1.5	27.0~34.0	≥62.0	镍铜	1.0	1.0	—	—	—	—	—	0.015	0.020	
ENi4051	NiCu27Mn3NbTi				1.3	24.0~31.0				1.5	—	3.0	—	—	—			
ENi6082	NiCr20Mn3Nb	0.10	2.0~6.0	4.0	0.8	—	≥63.0	镍铬	—	0.5	18.0~22.0	1.5~3.0	1.0~2.0	—	—	0.015	0.020	
ENi6231	NiCr22W14Mo	0.05~0.10	0.3~1.0	3.0	0.3~0.7	0.5	≥45.0	5.0	0.5	0.1	20.0~24.0	3.0	1.0~3.0	—	13.0~15.0			
ENi6025	NiCr25Fe10AlY	0.10~0.25	8.0~11.0	11.0	0.8	—	≥55.0	镍铬铁	1.5~2.2	0.3	24.0~26.0	—	—	—	—			Y:0.15
ENi6032	NiCr15Fe8Nb	0.08	3.5	11.0	—	—	≥62.0		—	—	13.0~17.0	0.5~4.0	—	—	—			
ENi6093	NiCr15Fe8NbMo	0.20	1.0~5.0	1.0	—	—	≥60.0		—	—	13.0~17.0	1.0~3.5	1.0~3.5	—	—			
ENi6094	NiCr14Fe4NbMo	0.15	1.0~4.5	12.0	—	0.5	≥55.0		—	—	12.0~17.0	0.5~3.0	2.5~5.5	—	—	0.015	0.020	
ENi6095	NiCr15Fe8NbMoW	0.20	1.0~3.5		0.8	—	≥62.0		—	—	13.0~17.0	0.5~3.5	1.0~3.5	—	1.5~3.5			
ENi6133	NiCr16Fe12NbMo	0.10	1.0~3.5		—	—			—	—	13.0~17.0	0.5~3.0	0.5~2.5	—	—			
ENi6152	NiCr30Fe9Nb	0.05	5.0	7.0~12.0	—	0.5	≥50.0		0.5	0.5	28.0~31.5	1.0~2.5	0.5	—	—			

续表

焊条型号	化学成分代号	化学成分(质量分数)/%															
		C	Mn	Fe	Si	Cu	Ni①	Co	Al	Ti	Cr	Nb②	Mo	V	W	S	P	其他③
镍铬铁																		
ENi6182	NiCr15Fe6Mn	0.10	5.0~10.0	10.0	1.0	0.5	≥60.0	—	—	1.0	13.0~17.0	1.0~3.5	—	—	—	0.015	0.020	Ta: 0.3
ENi6333	NiCr25Fe16CoNbW	0.10	1.2~2.0	≥16.0	0.8~1.2	0.5	44.0~47.0	2.5~3.5	—	—	24.0~26.0	—	2.5~3.5	—	2.5~3.5	0.015	0.020	—
ENi6701	NiCr36Fe7Nb	0.35~0.50	0.5~2.0	7.0	0.5~2.0	—	42.0~48.0	—	—	—	33.0~39.0	0.8~1.8	—	—	—	0.015	0.020	—
ENi6702	NiCr28Fe6W	0.15~0.50	0.5~1.5	6.0	2.0	—	47.0~50.0	—	—	—	27.0~30.0	—	—	—	4.0~5.5	0.015	0.020	—
ENi6704	NiCr	0.15~0.30	0.5	8.0~11.0	0.8	—	≥55.0	—	1.8~2.8	0.3	24.0~26.0	—	—	—	—	0.015	0.020	—
ENi8025	25Fe10Al3YC	0.06	1.0~3.0	30.0	0.7	1.5~3.0	35.0~40.0	—	0.1	1.0	27.0~31.0	—	2.5~4.5	—	—	0.015	0.020	Y: 0.15
ENi8165	NiCr25Fe30Mo	0.03	3.0	30.0	0.7	3.0	37.0~42.0	—	—	—	23.0~27.0	—	3.5~7.5	—	—	0.015	0.020	—
镍钼																		
ENi1001	NiMo28Fe5	0.07	1.0	4.0~7.0	1.0	0.5	≥55.0	2.5	—	—	1.0	—	26.0~30.0	0.6	1.0	0.015	0.020	—
ENi1004	NiMo25Cr5Fe5	0.12	1.0	4.0~7.0	1.0	0.5	≥60.0	—	—	—	2.5~5.5	—	23.0~27.0	—	2.0~4.0	0.015	0.020	—
ENi1008	NiMo19WCr	0.10	1.5	10.0	1.0	—	≥62.0	—	—	—	17.0~20.0	—	0.5~3.5	—	4.0	0.015	0.020	—
ENi1009	NiMo20WCu	0.10	1.0	7.0	0.8	0.3~1.3	≥60.0	—	—	—	18.0~22.0	—	3.5	—	2.0~4.0	0.015	0.020	—
ENi1062	NiMo24Cr8Fe6	0.02	1.0	4.0~7.0	0.7	—	≥64.5	—	—	—	22.0~26.0	—	6.0~9.0	—	—	0.015	0.020	—
ENi1065	NiMo28	0.02	2.0	2.2	0.2	0.5	≥62.0	—	—	—	26.0~30.0	—	1.0	—	1.0	0.015	0.020	—
ENi10167	NiMo30Cr	0.02	1.0~3.0	1.0~3.0	0.2	—	≥62.0	3.0	—	—	27.0~32.0	—	3.0	—	3.0	0.015	0.020	—

续表

焊条型号	化学成分代号	化学成分(质量分数)/%																
		C	Mn	Fe	Si	Cu	Ni①	Co	Al	Ti	Cr	Nb②	Mo	V	W	S	P	其他③
ENi1069	NiMo28Fe4Cr	0.02	1.0	2.0~5.0	0.7	—	≥65.0	1.0	0.5	—	0.5~1.5	—	26.0~30.0	—	—	0.015	0.020	
镍钼																		
ENi6002	NiCr22Fe18Mo	0.05~0.15	1.0	17.0~20.0	1.0	—	≥45.0	0.5~2.5	—	—	20.0~23.0	—	8.0~10.0	—	0.2~1.0			
ENi6012	NiCr22Mo9	0.03	1.0	3.5	0.7	0.5	≥58.0	—	0.4	0.4	20.0~23.0	1.5	8.5~10.5	—	—			
ENi6022	NiCr21Mo13W3	0.02	1.0	2.0~6.0	0.2	—	≥49.0	2.5	—	—	20.0~22.5	—	12.5~14.5	0.4	2.5~3.5			
ENi6024	NiCr26Mo14	0.02	0.5	1.5	—	—	≥55.0	—	—	—	25.0~27.0	—	13.5~15.0	—	—			
ENi6030	NiCr29Mo5Fe15W2	0.03	1.5	13.0~17.0	1.0	1.0~2.4	≥36.0	5.0	—	—	28.0~31.5	0.3~1.5	4.0~6.0	—	1.5~4.0			
ENi6059	NiCr23Mo16	0.02	1.0	1.5	—	—	≥56.0	—	0.4	—	22.0~24.0	—	15.0~16.5	—	—			
ENi6200	NiCr23Mo16Cu2	0.02	0.5	3.0	0.2	1.3~1.9	≥45.0	2.0	—	—	22.0~24.0	—	15.0~17.0	—	—			
ENi6205	NiCr25Mo16	0.02	0.5	5.0	—	2.0		—	—	—	22.0~27.0	—	13.5~16.5	—	—			
ENi6275	NiCr15Mo16Fe5W3	0.10	1.0	4.0~7.0	1.0	—	≥50.0	2.5	—	—	14.5~16.5	—	15.0~18.0	—	3.0~4.5			
ENi6276	NiCr15Mo15Fe6W4	0.02	1.0	7.0	0.2	0.5		—	—	—	15.0~17.0	—	15.0~17.0	0.4	4.5			
ENi6452	NiCr19Mo15	0.025	2.0	1.5	0.4	0.5	≥56.0	—	—	0.7	18.0~20.0	0.4	14.0~16.0	—	—			
ENi6455	NiCr16Mo15Ti	0.02	1.5	3.0	0.2	—		2.0	—	—	14.0~18.0	0.5~2.0	14.0~17.0	—	0.5			
ENi6620	NiCr14Mo7Fe	0.10	2.0~4.0	10.0	1.0	—	≥55.0	—	—	—	12.0~17.0	2.0	5.0~9.0	—	1.0~2.0			
镍铬相																		

续表

焊条型号	化学成分代号	化学成分(质量分数)/%														
		C	Mn	Fe	Si	Cu	Ni[①]	Co	Al	Ti	Cr	Nb[②]	Mo	V	W	S	P	其他[③]
镍铬钼
ENi6625	NiCr22Mo9Nb	0.10	2.0	7.0	0.8	—	≥55.0	—	—	—	20.0~23.0	3.0~4.2	8.0~10.0	—	—	0.015	—	—
ENi6627	NiCr21MoFeNb	0.03	2.2	5.0	0.7	0.5	≥57.0	—	—	—	20.5~22.5	1.0~2.8	8.8~10.0	—	0.5	0.015	—	—
ENi6650	NiCr20Fe14Mo11WN	0.03	0.7	12.0~15.0	0.6	—	≥44.0	1.0	0.5	—	19.0~22.0	0.3	10.0~13.0	—	1.0~2.0	0.02	0.020	N: 0.15
ENi6686	NiCr21Mo16W4	0.02	1.0	5.0	0.3	—	≥49.0	—	—	0.3	19.0~23.0	—	15.0~17.0	—	3.0~4.4	—	—	—
ENi6985	NiCr22Mo7Fe19		1.0	18.0~21.0	1.0	1.5~2.5	≥45.0	5.0	—	—	21.0~23.5	1.0	6.0~8.0	—	1.5	0.015	—	—
镍铬钴钼
ENi6117	NiCr22Co12Mo	0.05~0.15	3.0	5.0	1.0	0.5	≥45.0	9.0~15.0	1.5	0.6	20.0~26.0	1.0	8.0~10.0	—	—	0.015	0.020	—

注：除 Ni 外所有单值元素均为最大值。
① 除非另有规定，Co 含量应低于该含量的 1%，也可供需双方协商，要求较低的 Co 含量。
② Ta 含量应低于该含量的 20%。
③ 未规定数值的元素总量不应超过 0.5%。

表 B-18.2 我国镍及镍合金焊条熔敷金属力学性能

焊条型号	化学成分代号	屈服强度[①] R_{eL}/MPa	抗拉强度 R_m/MPa	伸长率 A/%
		不小于		
镍				
ENi2061	NiTi3	200	410	18
ENi2061A	NiNbTi			
镍铜				
ENi4060	NiCu30Mn3Ti	200	480	27
ENi4061	NiCu27Mn3NbTi			
镍铬				
ENi6082	NiCr20Mn3Nb	360	600	22
ENi6231	NiCr22W14Mo	350	620	18
镍铬铁				
ENi6025	NiCr25Fe10AlY	400	690	12
ENi6062	NiCr15Fe8Nb	360	550	27
ENi6093	NiCr15Fe8NbMo	360	650	18
ENi6094	NiCr14Fe4NbMo			
ENi6095	NiCr15Fe8NbMoW			
ENi6133	NiCr16Fe12NbMo	360	550	27
ENi6152	NiCr30Fe9Nb			
ENi6182	NiCr15Fe6Mn			
ENi6333	NiCr25Fe16CoNbW	360	550	18
ENi6701	NiCr36Fe7Nb	450	650	8
ENi6702	NiCr28Fe6W			
ENi6704	NiCr25Fe10Al3YC	400	690	12
ENi8025	NiCr29Fe30Mo	240	550	22
ENi8165	NiCr25Fe30Mo			
镍钼				
ENi1001	NiMo28Fe5	400	690	22
ENi1004	NiMo25Cr5Fe5			
ENi1008	NiMo19WCu	360	650	22
ENi1009	NiMo20WCu			
ENi1062	NiMo24Cr8Fe6	360	550	18
ENi1066	NiMo28	400	690	22
ENi1067	NiMo30Cr	350	690	22
ENi1069	NiMo28Fe4Cr	360	550	20

续表

焊条型号	化学成分代号	屈服强度① R_{eL}/MPa	抗拉强度 R_m/MPa	伸长率 A/%
			不小于	
镍铬钼				
ENi6002	NiCr22Fe18Mo	380	650	18
ENi6012	NiCr22Mo9	410	650	22
ENi6022 ENi6024	NiCr21Mo13W3 NiCr26Mo14	350	690	22
ENi6030	NiCr29Mo5Fe15W2	350	585	22
ENi6059	NiCr23Mo16	350	690	22
ENi6200 ENi6275 ENi6276	NiCr23Mo16Cu2 NiCr15Mo16Fe5W3 NiCr15Mo15Fe6W4	400	690	22
ENi6205 ENi6452	NiCr25Mo16 NiCr19Mo15	350	690	22
ENi6455	NiCr16Mo15Ti	300	690	22
ENi6620	NiCr14Mo7Fe	350	620	32
ENi6625	NiCr22Mo9Nb	420	760	27
ENi6627	NiCr21MoFeNb	400	650	32
ENi6650	NiCr20Fe14Mo11WN	420	660	30
ENi6686	NiCr21Mo16W4	350	690	27
ENi6985	NiCr22Mo7Fe19	350	620	22
镍铬钴钼				
ENi6117	NiCr22Co12Mo	400	620	22

注：① 屈服发生不明显时，应采用 0.2% 的屈服强度 ($R_{p0.2}$)。

表 B-18.3　国标标准镍及镍合金焊条熔敷金属化学成分 (ISO 14172：2003)

数字符号	化学成分 (质量分数)/%											
	C	Mn	Fe	Si	Cu	Ni①	Al	Ti	Cr	Nb②	Mo	其他③,④
纯 Ni												
Ni 2061	≤0.10	≤0.7	≤0.7	≤1.2	≤0.2	≥92.0	≤1.0	1.0~4.0	—	—	—	—

续表

数字符号	化学成分(质量分数)/%											
	C	Mn	Fe	Si	Cu	Ni①	Al	Ti	Cr	Nb②	Mo	其他③,④
Ni–Cu												
Ni 4060	≤0.15	≤4.0	≤2.5	≤1.5	27.0~34.0	≥62.0	≤1.0	≤1.0	—	—	—	—
Ni 4061	≤0.15	≤4.0	≤2.5	≤1.3	24.0~31.0	≥62.0	≤1.0	≤1.5	—	≤3.0	—	—
Ni–Cr												
Ni 6082	≤0.10	2.0~6.0	≤4.0	≤0.8	≤0.5	≥63.0	—	≤0.5	18.0~22.0	1.5~3.0	≤2.0	—
Ni 6231	0.05~0.10	0.3~1.0	≤3.0	0.3~0.7	≤0.5	≥45.0	≤0.5	≤0.1	20.0~24.0	—	1.0~3.0	Co≤5.0 W=13.0~15.0
Ni–Cr–Fe												
Ni 6025	0.10~0.25	≤0.5	8.0~11.0	≤0.8	—	≥55.0	1.5~2.2	≤0.3	24.0~26.0	—	—	Y≤0.15
Ni 6062	≤0.08	≤3.5	≤11.0	≤0.8	≤0.5	≥62.0	—	—	13.0~17.0	0.5~4.0	—	—
Ni 6093	≤0.20	1.0~5.0	≤12.0	≤1.0	≤0.5	≥60.0	—	—	13.0~17.0	1.0~3.5	1.0~3.5	—
Ni 6094	≤0.15	1.0~4.5	≤12.0	≤0.8	≤0.5	≥55.0	—	—	12.0~17.0	0.5~3.0	2.5~5.5	W≤1.5
Ni 6095	≤0.20	1.0~3.5	≤12.0	≤0.8	≤0.5	≥55.0	—	—	13.0~17.0	1.0~3.5	1.0~3.5	W=1.5~3.5
Ni 6133	≤0.10	1.0~3.5	≤12.0	≤0.8	≤0.5	≥62.0	—	—	13.0~17.0	0.5~3.0	0.5~2.5	—
Ni 6152	≤0.05	≤5.0	7.0~12.0	≤0.8	≤0.5	≥50.0	≤0.5	≤0.5	28.0~31.5	1.0~2.5	≤0.5	—
Ni 6182	≤0.10	5.0~10.0	≤10.0	≤1.0	≤0.5	≥60.0	—	≤1.0	13.0~17.0	1.0~3.5*	—	*有规定时 Ta≤0.3
Ni 6333	≤0.10	1.2~2.0	≥16.0	0.8~1.2	≤0.5	44.0~47.0	—	—	24.0~26.0	—	2.5~3.5	W=2.5~3.5 Co=2.5~3.5
Ni 6701	0.35~0.50	0.5~2.0	≤7.0	0.5~2.0	—	42.0~48.0	—	—	33.0~39.0	0.8~1.8	—	—
Ni 6702	0.35~0.50	0.5~1.5	≤6.0	0.5~2.0	—	47.0~50.0	—	—	27.0~30.0	—	—	W=4.0~5.5
Ni 6704	0.15~0.30	≤0.5	8.0~11.0	≤0.8	—	≥55.0	1.8~2.8	≤0.3	24.0~26.0	—	—	Y≤0.15

续表

数字符号	化学成分(质量分数)/%										
	C	Mn	Fe	Si	Cu	Ni[①]	Al	Ti	Cr	Nb[②]	Mo	其他[③,④]
Ni 8025	≤0.06	1.0~3.0	≤30.0	≤0.7	1.5~3.0	35.0~40.0	≤0.1	≤1.0*	27.0~31.0	≤1.0	2.5~4.5	*或Nb
Ni 8165	≤0.03	1.0~3.0	≤30.0	≤0.7	1.5~3.0	37.0~42.0	≤0.1	≤1.0	23.0~27.0	—	3.5~7.5	—
Ni–Mo												
Ni 1001	≤0.07	≤1.0	4.0~7.0	≤1.0	≤0.5	≥55.0	—	—	≤1.0		26.0~30.0	Co≤2.5 V≤0.6 W≤1.0
Ni 1004	≤0.12	≤1.0	4.0~7.0	≤1.0	≤0.5	≥60.0			2.5~5.5		23.0~27.0	V≤0.6 W≤1.0
Ni 1008	≤0.10	≤1.5	≤10.0	≤0.8	≤0.5	≥60.0	—	—	0.5~3.5		17.0~20.0	W=2.0~4.0
Ni 1009	≤0.10	≤1.5	≤7.0	≤0.8	0.3~1.3	≥62.0	—	—			18.0~22.0	W=2.0~4.0
Ni 1062	≤0.02	≤1.0	4.0~7.0	≤0.7	—	≥60.0			6.0~9.0		22.0~26.0	
Ni 1066	≤0.02	≤2.0	≤2.2	≤0.2	≤0.5	≥64.5			≤1.0		26.0~30.0	W≤1.0
Ni 1067	≤0.02	≤2.0	1.0~3.0	≤0.2	≤0.5	≥62.0			1.0~3.0		27.0~32.0	Co≤3.0 W≤3.0
Ni 1069	≤0.02	≤1.0	2.0~5.0	≤0.7	—	≥65.0	≤0.5	—	0.0~1.5		26.0~30.0	Co≤1.0
Ni–Cr–Mo												
Ni 6002	0.05~0.15	≤1.0	17.0~20.0	≤1.0	≤0.5	≥45.0			20.0~23.0		8.0~10.0	Co=0.5~2.5 W=0.2~1.0
Ni 6012	≤0.03	≤1.0	≤3.5	≤0.7	≤0.5	≥58.0	≤0.4	≤0.4	20.0~23.0	≤1.5	8.5~10.5	—
Ni 6022	≤0.02	≤1.0	2.0~6.0	≤0.2	≤0.5	≥49.0	—	—	20.0~22.5		12.5~14.5	Co≤2.5 V≤0.4 W=2.5~3.5
Ni 6024	≤0.02	≤0.5	≤1.5	≤0.2	≤0.5	≥55.0			25.0~27.0		13.5~15.0	—
Ni 6030	≤0.03	≤1.5	13.0~17.0	≤1.0	1.0~2.4	≥36.0	—	—	28.0~31.5	0.3~1.5	4.0~6.0	Co≤5.0 W=1.5~4.0

续表

数字符号	化学成分(质量分数)/%										
	C	Mn	Fe	Si	Cu	Ni[①]	Al	Ti	Cr	Nb[②]	Mo	其他[③,④]
Ni 6059	≤0.02	≤1.0	≤1.5	≤0.2	—	≥56.0	—	—	22.0~24.0	—	15.0~16.5	—
Ni 6200	≤0.02	≤1.0	≤3.0	≤0.2	1.3~1.9	≥45.0	—	—	20.0~24.0	—	15.0~17.0	Co≤2.0
Ni 6205	≤0.02	≤0.5	≤5.0	≤0.2	≤2.0	≥50.0	≤0.4	—	22.0~27.0	—	13.5~16.5	—
Ni 6275	≤0.10	≤1.0	4.0~7.0	≤1.0	≤0.5	≥50.0	—	—	14.5~16.5	—	15.0~18.0	Co≤2.5 V≤0.4 W=3.0~4.5
Ni 6276	≤0.02	≤1.0	4.0~7.0	≤0.2	≤0.5	≥50.0	—	—	14.5~16.5	—	15.0~17.0	Co≤2.5 V≤0.4 W=3.0~4.5
Ni 6452	≤0.025	≤2.0	≤1.5	≤0.4	≤0.5	≥56.0	—	—	18.0~20.0	≤0.4	14.0~16.0	V≤0.4
Ni 6455	≤0.02	≤1.5	≤3.0	≤0.2	≤0.5	≥56.0	—	≤0.7	14.0~18.0	—	14.0~17.0	Co≤2.0 V≤0.5
Ni 6620	≤0.10	2.0~4.0	≤10.0	≤1.0	≤0.5	≥55.0	—	—	12.0~17.0	0.5~2.0	5.0~9.0	W=1.0~2.0
Ni 6625	≤0.10	≤2.0	≤7.0	≤0.8	≤0.5	≥55.0	—	—	20.0~23.0	3.0~4.2	8.0~10.0	—
Ni 6627	≤0.03	≤2.2	≤5.0	≤0.7	≤0.5	≥57.0	—	—	20.5~22.5	1.0~2.8	8.0~10.0	W≤0.5
Ni 6650	≤0.03	≤0.7	12.0~15.0	≤0.6	≤0.5	≥44.0	≤0.5	—	19.0~22.0	≤0.3	10.0~13.0	Co≤1.0 W=1.0~2.0 N≤0.15 S≤0.02
Ni 6686	≤0.02	≤1.0	≤5.0	≤0.3	≤0.5	≥49.0	—	≤0.3	19.0~23.0	—	15.0~17.0	W=3.0~4.4
Ni 6985	≤0.02	≤1.0	18.0~21.0	≤1.0	1.5~2.5	≥45.0	—	—	21.0~23.5	≤1.0	6.0~8.0	Co≤5.0 W≤1.5
Ni-Cr-Co-Mo												
Ni 6117	0.05~0.15	≤3.0	≤5.0	≤1.0	≤0.5	≥45.0	≤1.5	0.6	20.0~26.0	≤1.0	8.0~10.0	Co=9.0~15.0

注:① 除非另有规定,可以含有小于1% Ni 含量的 Co。
② 可以含有小于20% Nb 含量的 Ta。
③ 没有规定的其他元素的质量分数之和不超过0.5%。
④ $w(P)$不超过0.020%,$w(S)$不超过0.015%。

表 B-18.4 国标标准镍及镍合金焊条熔敷金属的拉伸性能(ISO 14172：2003)

数字符号	最小规定非比例延伸强度/MPa	最小抗拉强度/MPa	最小伸长率/%
纯 Ni			
Ni 2061	200	410	18
Ni - Cu			
Ni 4060，Ni 4061	200	480	27
Ni - Cr			
Ni 6082	360	600	22
Ni 6231	350	620	18
Ni - Cr - Fe			
Ni 6025	400	690	12
Ni 6062	360	550	27
Ni 6093，Ni 6094，Ni 6095	360	650	18
Ni 6133，Ni 6152，Ni 6182	360	550	27
Ni 6333	360	550	18
Ni 6701，Ni 6702	450	650	8
Ni 6704	400	690	12
Ni 8025，Ni 8165	240	550	22
Ni - Mo			
Ni 1001，Ni 1004	400	690	22
Ni 1008，Ni 1009	360	650	22
Ni 1062	360	550	18
Ni 1066	400	690	22
Ni 1067	350	690	22
Ni 1069	360	550	20
Ni - Cr - Mo			
Ni 6002	380	650	18
Ni 6012	410	650	22
Ni 6022，Ni 6024	350	690	22
Ni 6030	350	585	22
Ni 6059	350	690	22
Ni 6200，Ni 6275，Ni 6276	400	690	22
Ni 6205，Ni 6452	350	690	22
Ni 6455	300	690	22
Ni 6620	350	620	32
Ni 6625	420	760	27
Ni 6627	400	650	32
Ni 6650	420	660	30
Ni 6686	350	690	27
Ni 6985	350	620	22
Ni - Cr - Co - Mo			
Ni 6117	400	620	22

表 B – 18.5 与国标标准对应的一些国家标准镍及镍合金焊条分类（ISO 18274：2004）

数字符号	化学符号	AWS A5.11/A5.11M：1997	JIS Z3224：1999	DIN 1736：1985
纯 Ni				
Ni 2061	NiTi3	ENi—1	DNi—1	2.4156
Ni – Cu				
Ni 4060	NiCu30Mn3Ti	ENiCu—7	DNiCu—7	2.4366
Ni 4061	NiCu27Mn3NbTi	—	DNiCu—1	—
Ni – Cr				
Ni 6082	NiCr20Mn3Nb			2.4648
Ni 6231	NiCr22W14Mo	ENiCrWMo—1		
Ni – Cr – Fe				
Ni 6025	NiCr25Fe10AlY	—		—
Ni 6062	NiCr15Fe8Nb	ENiCrFe—1	DNiCrFe—1	—
Ni 6093	NiCr15Fe8NbMo	ENiCrFe—4		2.4625
Ni 6094	NiCr14Fe4NbMo	ENiCrFe—9		—
Ni 6095	NiCr15Fe8NbMoW	ENiCrFe—10		
Ni 6133	NiCr16Fe12NbMo	ENiCrFe—2	DNiCrFe—2	2.4805
Ni 6152	NiCr30Fe9Nb	ENiCrFe—7	—	
Ni 6182	NiCr15Fe6Mn	ENiCrFe—3	DNiCrFe—3	2.4807
Ni 6333	NiCr25Fe16CoNbW			
Ni 6701	NiCr36Fe7Nb	—		
Ni 6702	NiCr28Fe6W	—		
Ni 6704	NiCr25Fe10Al3YC			
Ni 8025	NiFe30Cr29Mo	—		2.4653
Ni 8165	NiFe30Cr25Mo	—		2.4652
Ni – Mo				
Ni 1001	NiMo28Fe5	ENiMo—1	DNiMo—1	
Ni 1004	NiMo25Cr3Fe5	ENiMo—3		
Ni 1008	NiMo19WCr	ENiMo—8		
Ni 1009	NiMo20WCu	ENiMo—9		
Ni 1062	NiMo24Cr8Fe6	—		
Ni 1066	NiMo28	ENiMo—7		2.4616
Ni 1067	NiMo30Cr	ENiMo—10		
Ni 1069	NiMo28Fe4Cr	—		
Ni – Cr – Mo				
Ni 6002	NiCr22Fe18Mo	ENiCrMo—2	DNiCrMo—2	—
Ni 6012	NiCr22Mo9	—		—
Ni 6022	NiCr21Mo13W3	ENiCrMo—10		2.4638
Ni 6024	NiCr26Mo14			
Ni 6030	NiCr29Mo5Fe15W2	ENiCrMo—11		
Ni 6059	NiCr23Mo16	ENiCrMo—13		2.4609
Ni 6200	NiCr23Mo16Cu2	ENiCrMo—17	—	—

续表

数字符号	化学符号	AWS A5.11/A5.11M：1997	JIS Z3224：1999	DIN 1736：1985
Ni 6205	NiCr25Mo16	—	—	—
Ni 6275	NiCr15Mo16Fe5W3	ENiCrMo—5	DNiCrMo—5	—
Ni 6276	NiCr15Mo15Fe6W4	ENiCrMo—4	DNiCrMo—4	2.4887
Ni 6452	NiCr19Mo15	—	—	2.4657
Ni 6455	NiCr16Mo15Ti	ENiCrMo—7	—	2.4612
Ni 6620	NiCr14Mo7Fe	ENiCrMo—6	—	—
Ni 6625	NiCr22Mo9Nb	ENiCrMo—3	DNiCrMo—3	2.4621
Ni 6627	NiCr21MoFeNb	ENiCrMo—12	—	—
Ni 6650	NiCr20Fe14Mo11WN	—	—	—
Ni 6686	NiCr21Mo16W4	ENiCrMo—14	—	—
Ni 6985	NiCr22Mo7Fe19	ENiCrMo—9	—	2.4623
Ni – Cr – Co – Mo				
Ni 6117	NiCr22Co12Mo	ENiCrCoMo—1	—	2.4628

表 B – 19.1 铜及铜合金焊条的牌号、熔敷金属化学成分 (GB/T 3670—1995)

%（质量分数）

型号	Cu	Si	Mn	Fe	Al	Sn	Ni	P	Pb	Zn	成分合计
ECu	>95.0	0.5		f							
ECuSi – A	>93.0	1.0 ~ 2.0	3.0		—						
ECuSi – B	>92.0	2.5 ~ 4.0		f				0.30			
ECuSn – A		f		f		5.0 ~ 7.0	f		0.02		
ECuSn – B			f			7.0 ~ 9.0					
ECuAl – A2		1.5		0.5 ~ 5.0	6.5 ~ 9.0	f				f	0.50
ECuAl – B				2.5 ~ 5.0	7.5 ~ 10.0			—			
ECuAl – C	余量	1.0	2.0	1.5	6.5 ~ 10.0		0.5				
ECuNi – A		0.5	2.5	2.5	Ti0.5	—	9.0 ~ 11.0	0.020	0.02 f		
ECuNi – B							29.0 ~ 33.0				
ECuAlNi		1.0		2.0	7.0 ~ 10.0	2.0 ~	2.0		0.02		
ECuMnAlNi			11.0 ~ 13.0	6.0	5.0 ~ 7.5	f	1.0 ~ 2.5				

注：1. 表中所示单个值均为最大值。
2. ECuNi – A 和 ECuNi – B 类 S 应控制在 0.015% 以下。
3. 字母 f 表示微量元素。
4. Cu 元素中允许含 Ag。

表 B-19.2 铜及铜合金焊条熔敷金属力学性能（GB/T 3670—1995）

型号	抗拉强度 σ_b/MPa	伸长率 σ_s/%
ECu	170	20
ECuSi-A	250	22
ECuSi-B	270	20
ECuSn-A	250	15
ECuSn-B	270	12
ECuAl-A2	410	20
ECuAl-B	450	10
ECuAl-C	390	15
ECuNi-A	270	20
ECuNi-B	350	20
ECuAlNi	490	13
ECuMnAlNi	520	15

注：表中单个值均为最小值。

表 B-19.3 铜及铜合金焊条型号对照表（GB/T 3670—1995）

GB 3670—83	GB/T 3670—1995	AWS A5.6—84	JIS Z3231—89
TCu	ECu	ECu	DCu
—	ECuSi-A	—	DCuSiA
TCuSi	ECuSi-B	ECuSi	DCuSiB
TCuSnA	ECuSn-A	ECuSn-A	DCuSnA
TCuSnB	ECuSn-B	ECuSn-C	DCuSnB
—	ECuAl-A2	ECuAl-A2	—
—	ECuAl-B	ECuAl-B	—
TCuAl	ECuAl-C	—	DCuAl
—	ECuNi-A	—	DCuNi-1
—	ECuNi-B	ECuNi	DCuNi-3
—	ECuAlNi	ECuNiAl	DCuAlNi
TCuMnAl	ECuMnAlNi	ECuMnNiAl	—

表 B-20.1 铝及铝合金焊条芯的化学成分（GB/T 3669—2001）

型号	化学成分（质量分数）/%									
	Si	Fe	Cu	Mn	Mg	Zn	Be	其他元素总量		Al
								单个	合计	
E1100	Si+Fe=0.95		0.05~0.20	0.05		0.10	0.0008	0.05	0.15	≥99.00
E3003	0.6	0.7	0.20	1.0~1.5						余量
E4043	0.45~6.0	0.8	0.30	0.05	0.05					余量

注：表中单值除规定外，其他均为最大值。

GB 3669—83 已由 GB/T 3669—2001 代替，焊条"新"/"旧"型号对照为：E1100/TAl、E3003/TAlMn、E4043/TalSi。

表 B-20.2 铝及铝合金焊条熔敷金属力学性能

焊条型号	抗拉强度 σ_b/MPa
E1100	≥80
E3003	≥95
E4043	

表 B-21.1 国内外碳钢焊条对照表

大西洋牌号	牌　号	GB(中国)	AWS(美国)	JIS(日本)	DIN(德国)
CHE40	J421	E4313	E6013	D4313	E4332 R3
CHE420T	J420G	E4300			
CHE421	J421	E4313	E6013	D4313	E4332 R3
CHE421Fe16	J421Fe16	E4324	E6024		
CHE421Fe18	J421Fe18	E4324	E6024		
CHE421D	J421X	E4313	E6010	D4313	E4333R（C）3
CHE42	J422	E4303	E6019	D4303	
CHE422	J422	E4303		D4303	
CHE423	J423	E4301		D4301	
CHE424	J424	E4320	E6020	D4320	E4354AR11160
CHE424Fe16	J424Fe16	E4327	E6027	D4327	E4354AR11160
CHE425	J425	E4311	E6011	D4311	
CHE425G	J425G	E4310	E6010		
CHE425GX	J425G	E4310	E6010		E4343C4
CHE426	J426	E4316	E6016	D4316	E4343B10
CHE47	J427	E4315			
CHE427	J427	E4315			
CHE427T	J427X	E4315			
CHE501Fe	J501Fe	E5014	E7014		E4321AR11120
CHE501Fe16	J501Fe16	E5024	E7024		E5142RR11160
CHE502	J502	E5003		D5003	
CHE503	J503	E5001			
CHE505	J505	E5011	E7011-A1		
CHE505G		E5010	E7010-A1		
CHE505GX		E5010	E7010-A1		
CHE56	J506	E5016	E7016	D5016	E5154B（R）10
CHE506	J506	E5016	E7016	D5016	E51431310
CHE50	J507	E5015	E7015		
CHE507	J507	E5015	E7015		E51551310
CHE507T	J507X	E5015	E7015		E51551310
CHE507Fe16	J507Fe16	E5028	E7028	D5026	E5155B（R）/2160
CHE58-1		E5018-1	E7018-1	D5016	E5154B（R）10
CHE508-1		E5018-1	E7018-1		E5154B10
CHE508		E5018	E7018	D5016	E5153B10
CHE508T		E5048	E7048		

表 B-21.2 国内外低合金钢焊条对照表

大西洋牌号	牌　号	GB(中国)	AWS(美国)	JIS(日本)	DIN(德国)
CHE502WCu	J502Wcu	TBE5003-G			
CHE505Mo		E5010-A1	E7010-A1		
CHE506NiLH		E5016-G	E7016-G		
CHE506WCu	J506Wcu	TBE5016-G			
CHE507NiLH		E5015-G	E7015-G		
CHE507RH		E5015-G			
CHE507CuP	J507CuP	E5015-G	E7015-G		

续表

大西洋牌号	牌 号	GB(中国)	AWS(美国)	JIS(日本)	DIN(德国)
CHE507MnMo		E5015 – G	E7015 – G		
CHE507CrNi	J507CrNi	E5015 – G	E7015 – G		
CHE507GX					
CHE508Ni		E5018 – G	E7018 – G		
CHE555GX		E5510 – G	E8010 – P1		
CHE557	J557	E5515 – G	E8015 – G	D5316	EY5066NiMoBH5
CHE557MoV	J557MoV	E5515 – G	E8015 – G	D5316	EY5066NiMoBH5
CHE557GX					
CHE558GX					
CHE62CFLH		E6015 – G	E9015 – G	D5816	E55548XXH5
CHE606	J606	E6016 – D1	E9016 – G	D5816	E55548XXH5
CHE607	J607	E6015 – D1	E9015 – G	D5816	DY5554BXXH5
CHE607Ni	J607Ni	E6015 – G	E9015 – G	D5816	EY5554BXXH5
CHE607GX					
CHE707	J707	E7015 – D2	E10015 – G	D7016	EY624BXXH5
CHE707MnMo		E7015 – G	E10015 – G	D7016	EY624BXXH5
CHE707Ni	J707Ni	E7515 – G	E10015 – G	D7016	EY624BXXH5
CHE757	J757	E7517 – G	E11015 – G	D7016	EY6924BXXH15
CHE758		E7518 – G	E11018 – G		
CHE80C		E8015 – G	E12015 – G		
CHE857	J857	E8515 – G	E12015 – G		EY7953BXXH15
CHE857Cr	J857Cr	E8515 – G	E12015 – G		EY7953BXXH15
CHE857CrNi	J857CrNi	E8515 – G	E12015 – G		EY7953BXXH15
CHE858		E8518 – G	E12018 – G		
CHH107	R107	E5015 – A1	E7015 – A1	DT1216	EMoB10 +
CHH108		E5018 – A1	E7018 – A1		
CHH202	R202	E5503 – B1			
CHH207	R207	E5518 – B1	E8015 – B1		
CHH307	R307	E5515 – B2	E8015 – B2	DT2315	ECrMolB10 +
CHH308		E5515 – B2	E8018 – B2		
CHH317	R317	E5515 – B2 – V	E8016 – B2	DT2315	
CHH327	R327	E5515 – B2 – VW			
CHH337	R337	E5515 – B2 – VNb			
CHH347	R347	E5515 – B3 – VWB			
CHH347A					
CHH407	R407	E6015 – B3	E9015 – B3	DT2415	EcCrMo2B10 +
CHH417	R417	E5515 – B3 – VNb			
HL107	W107	E5015 – C2L	E7015 – C2L		
HL707	W707	E5515 – Cl	E8015 – Cl		
HL907		E7015 – G			

表 B-21.3 国内外不锈钢焊条对照表

大西洋牌号	牌 号	GB(中国)	AWS(美国)	JIS(日本)	DIN(德国)
CHH507	R507	E5MoV-15	E502-15	DT2516	EkbCrMo520+
CHH707	R707	E9Mo-15	E505-15		EkbCrMo920+
CHH807	R807	E11MoVNi-15			
CHK202	G202	E410-16	E410-16	D410	E13B20+
CHK207	G207	E410-15	E410-15		E13B20+
CHK232		E410NiMo-16	E410NiMo-16		
CHK307	G307	E430-15	E430-15	D430	E17B20+
CHS002	A002	E308L-16	E308L-16	D308L	E199ncR23
CHS002A		E308L-15	E308L-15		
CHS012Si	A012Si				
CHS022	A022	E316L-16	E316L-16	D316L	E19123ncR26
CHS022N		E316L-16	E316L-16	D316L	E19123ncR26
CHS022Si	A022Si				
CHS032	A032	E317MoCuL-16	E317L-16		
CHS042	A042	E309MoL-16	E309MoL-16		
CHS052	A052				
CHS052Cu					
CHS062	A062	E309L-16	E309L-16		
CHS062A		E309L-15	E309L-15		
CHS102	A102	E308-16	E308-16	D308-16	E199R26
CHS107	A107	E308-15	E308-15		E199B26
CHS122	A122				
CHS132	A132	E347-16	E347-16	D347-16	E199NbR26
CHS137	A137	E347-15	E347-15	D347-15	E199NbB26
CHS157Mn					
CHS202	A202	E316-16	E316-16	D316	E19123R26
CHS207	A207	E316-15	E316-15		E19123B20+
CHS212	A212	E318-16	E318-16		E19123NbR26
CHS222	A222	E317MoCu-16	E316Cu-16		
CHS232	A232	E318V-16			
CHS237	A237	E318V-15			
CHS302	A302	E309-16	E309-16	D309-16	E2312R26
CHS307	A307	E309-15	E309-15	D309-15	E2212B20+
CHS312	A312	E309Mo-16	E309Mo-16	D309Mo-16	E2312R26
CHS402	A402	E310-16	E310-16	D310-16	E2520R26
CHS407	A407	E310-15	E310-15	D310-15	E2520B26
CHS412	A412	E310Mo-16	E310Mo-16	D310Mo-16	
CHS437			E310H-15		B.S:25.20H
CHS502	A502	E16-25MoN-16	E16-8-2-16	D16-8-2	
CHS507	A507	E16-25MoN-15	E16-8-2-15	D16-8-2	
CHS29.9		E312-16	E312-16	D312	
CHS29.9Co					
CHS2209		E2209-16	E2209-16		

表 B-21.4 国内外堆焊焊条对照表

大西洋牌号	牌号	GB(中国)	AWS(美国)	JIS(日本)
CHR107	D107	EDPMn2-15		
CHR112	D112	EDPCrMo-A1-03		
CHR127	D127	DEPMn3-15		
CHR132	D132	EDPCrMo-A2-03		
CHR172	D172	EDPCrMo-A3-03		
CHR207	D207	EDPCrMnSi-15		
CHR212	D212	EDPCrMo-A4-03		
CHR227				
CHR237	D237	EDPCrMoV-A1-15		
CHR256	D256	EDMn-A-16	EFeMn-A	DF-MnA
CHR266	D266	EDMn-B-16	EFeMn-B	DF-MnA
CHR276	D276	EDCrMn-B-16	DE-ME	DF-ME
CHR307	D307	EDD-D-15		
CHR322	D322	EDRCrMoWV-A1-03		
CHR326Ni				
CHR327	D327	EDRCrMoWV-A1-15		
CHR337	D337	EDRCrW-15		
CHR397	D397	EDRCrMnMo-15		
CHR502	D502	EDCr-A1-03		DF-4A
CHR507	D507	EDCr-A1-15		DF-4A
CHR507Mo	D507Mo	EDCr-A2-15		
CHR507MoNb	D507MoNb			
CHR512	D512	EDCr-B-03		DF-4A
CHR517	D517	EDCr-B-15		DF-4A
CHR547Mo	D547Mo	EDCrNi-B-15		
CHR547MoA				
CHR557	D557	EDCrNi-C-15		
CHR577	D577	EDCrMn-C-15		DF-ME
CHR608	D608	EDZ-A1-08		
CHR618	D618			
CHR648		EDZCr-B-08		
CHR646	D646	EDZCr-B-16		
CHR678	D678	EDZ-B1-08		
CHR698	D698	EDZ-B2-08		
CHR707	D707	EDW-A-15		

表 B-21.5 国内外铸铁焊条对照表

大西洋牌号	牌号	GB(中国)	AWS(美国)	JIS(日本)
CHC100	Z100			
CHC	Z			
CHC208	Z208	EZC		
CHC308	Z308	EZNi-1	ENi-CI	DECNi
CHC408	Z408	EZNiFe-1	ENiFe-CI	DFCNiFe
CHC508	Z508	EZNiCu-1	ENiCu-B	DFCNiCu

表 B-21.6　国内外镍及镍合金焊条对照表

大西洋牌号	牌　号	GB(中国)	AWS(美国)	JIS(日本)
CHN102	Ni102	ENi-1	ENi-1	DNi-1
CHN112	Ni112	ENi-0	—	—
CHN307	Ni307	ENiCrFe-0	—	—
CHN317	Ni317	ENiCrFe-1	ENiCrFe-1	DNiCrFe-1
CHN327	Ni327	ENiCrFe-2	ENiCrFe-2	DNiCrFe-2
CHN337	Ni337	ENiCrFe-3	ENiCrFe-3	DNiCrFe-3
CHN347	Ni347	ENiCrFe-4	ENiCrFe-4	—

表 B-21.7　国内外铜及铜合金焊条对照表

大西洋牌号	牌　号	GB(中国)	AWS(美国)	JIS(日本)
CHCu107	T107	ECu	ECu	
CHCu307	T307	ECuNi-B	ECuNi	

表 B-21.8　国内外气体保护焊、埋弧焊、气焊焊丝对照表

牌　号	焊接形式	GB(中国)	AWS(美国)	DIN(德国)	JIS(日本)
CHW-40CNH	气体保护焊	TB/T H08MnSiCuCrNi Ⅱ			
CHW-50C	气体保护焊	ER49-1			
CHW-50C3	气体保护焊	ER50-3	ER70S-3	YGW16	
CHW-50C6	气体保护焊	ER50-6	ER70S-6	SG2	YGW12
CHW-50C8	气体保护焊		ER70S-G		
CHW-60C	气体保护焊		ER80S-G		
CHW-62B3	气体保护焊	ER62-B3	ER80S-B3		
CHW-S_1	埋弧焊	H08A(E)	EL12	S1	
CHW-S_2	埋弧焊	H08MnA	EM12	S2	
CHW-S_3	埋弧焊	H10Mn2	EH14	S4	W41
CHW-S_4	埋弧焊	H10MnSi	EM13K		
CHW-S_5	埋弧焊	H08Mn2SiA			
CHW-S_6	埋弧焊	ER50-6			
CHW-S_7	埋弧焊	H008Mn2MoA			
CHW-S_8	埋弧焊	H13Cr2.25Mo1A	EB3		
CHW-S_9	埋弧焊	H08MnMoA	EA2		
CHW-SG	埋弧焊				
CHW-SQ1	埋弧焊				
CHW-SQ2	埋弧焊				
CHW-G1	气焊	H08A	EL12	8557-S1	

表 B-21.9　国内外碳钢及低合金钢用焊剂对照表

大西洋牌号	牌　号	GB(中国)	AWS(美国)	JIS(日本)	DIN(德国)
CHF101　CHF101GX	SJ101	F5A2-H10Mn2	E7A0-EH14		
CHF102		F5A4-H10Mn2	E7A4-EH14		
CHF103	SJ103	F4A4-H108MnA	E6A4-EM12		
CHF105　CHF105GX	SJ105	F5P5-H10Mn2	E7P0-EH14		
CHF105HR		F5131-H10Mn2	E7P2-EH14		
CHF106Fe		F5A2-H10Mn2	E7A0-EH14		
CHF113		F7141-H08Mn2MoA	F62P4-EA4-A4		

续表

大西洋牌号	牌　号	GB(中国)	AWS(美国)	JIS(日本)	DIN(德国)
CHF115		F8121 – H08Mn2MoA	F69P2 – EA4 – A4		
CHF201	SJ201	F5A4 – H10Mn2	E6A0 – EM12		
CHF250	HJ250				
CHF301	SJ301	F4A2 – H08A	E6A0 – EL12		
CHF302	SJ302	F5A2 – H08A	E7A0 – EL12		
CHF303	SJ303	F5A2 – H10MnSi	F7A0 – EM13K		
CHF330	HJ330	F4A0 – H10Mn2	F6AZ – EH14		
CHF350	HJ350	F4A2 – H10Mn2	F6A0 – EH14		
CHF360	HJ360				
CHF431	HJ431	F4A2 – H08A	F6A0 – EL12		
CHF501	SJ501	F4A0 – H08A	F6AZ – EL12		
CHF523		F4A0 – H08A	F6AZ – EL12		
CHFGP60		F4A0 – H08A	F6AZ – EL12		
CHF603					
CHF603HR					

表 B – 21.10　国内外不锈钢、有色金属及堆焊用焊剂对照表

大西洋牌号	牌　号	GB(中国)	AWS(美国)	JIS(日本)	DIN(德国)
CHF131	HJ131				
CHF150	HJ150				
CHF202	SJ202				
CHF203	SJ203				
CHF260	HJ260	F308 – H0Cr21Ni10			
CHF304D					
CHF521					
CHF522	SJ522				
CHF570	SJ570				
CHF601	SJ601	F308 – H0Cr21Ni10			

注：前面带 CH 为大西洋焊材公司的牌号。

表 B – 22　压力容器常用钢焊条熔敷金属的硫、磷含量规定(JB 4747—2007)

%(质量分数)

焊条型号	牌号示例	S ≤	P ≤
E4303	J422	0.035	0.035
E4316	J426	0.020	0.030
E4315	J427	0.020	0.030
E5016	J506	0.020	0.030
E5015	J507	0.020	0.030
—	W707	0.015	0.020
E5016 – G	J506RH	0.015	0.025
E5015 – G	W607	0.015	0.025
E5015 – G	J507RH	0.015	0.025
E5516 – G	J556RH	0.015	0.025
E5515 – G	J557	0.015	0.025
E6015 – G	J607RH	0.015	0.020[①]
E6016 – D1	J606	0.015	0.025

续表

焊条型号	牌号示例	S ≤	P ≤
E6015－D1	J607	0.015	0.025
E5515－B1	R207	0.030	0.030
E5515－B2	R307	0.020	0.025
E5515－B2－V	R317	0.020	0.030
E6015－B3	R407	0.015	0.025
E5MoV－15	R507	0.020	0.030
E308－16	A102	0.030	0.035
E308－15	A107	0.030	0.035
E347－16	A132	0.030	0.035
E347－15	A137	0.030	0.035
E316－16	A202	0.030	0.035
E316－15	A207	0.030	0.035
E316L－16	A022	0.030	0.035
E318－16	A212	0.030	0.035
E317－16	A242	0.030	0.035
E308L－16	A002	0.030	0.035
E317L－16	—	0.030	0.035
E410－16	G202	0.030	0.035
E410－15	G207	0.030	0.035

注：订货方与焊条生产厂协商，可按 P≤0.015% 供货。

表 B－23.1　碳钢焊条的选用

钢　号	选用的焊条	备　注
A3F	E4303(J422)、E4301(J423)	
A3R 08 10	一般：E4303(J422)、E4301(J423) 重要：E4316(J426)、E4315(J427) E4316(J426)、E4316(J427)	
15 19gc		环缝焊接时，预热温度≥150℃，焊后不处理
20 20g	一般：E4303(J422)、E4301(J423) 重要：E4316(J426)、E4315(J427)	可用 E5015(J507)

表 B－23.2　低合金钢焊条的选用

屈服强度等级/[kgf/mm²(MPa)]	热处理状态	钢　号	钢材碳含量[①] C_E/%	选用的焊条	备　注
30 (294)	热轧	09Mn2	0.36	E4303(J422) E4301(J423) E4316(J426) E4315(J427)	一般不预热
		09Mn2Cu	0.36		
		09Mn2Si	0.35		
		09MnV	0.28		
		12Mn	0.35		
		09MnNb	0.26		

续表

屈服强度等级/[kgf/mm²(MPa)]	热处理状态	钢号	钢材碳含量[①] C_E/%	选用的焊条	备注
35 (343)	热轧	12MnV	0.33	E5003(J502) E5001(J503) E5016(J506) E5015(J507)	板厚≤14mm时，一般可用E5003和E5001 板厚>40mm时需预热 板厚>32mm时，焊后需回火
		12MnPRe	0.26		
		14MnNb	0.31		
		16Mn	0.39		
		16MnRe	0.39		
		16MnCu	0.39		
40 (392)	热轧、正火	15MnV	0.40	E5016(J506) E5015(J507) E5501(J553) E5516(J556) F5515(J557)	E5501适用于薄板或一般结构板厚>32mm，需预热，厚板焊后需回火
		15MnVRe	0.40		
		15MnVCu	0.40		
		16MnNb	0.36		
		16MnTi	0.38		
		15MnTiCu	0.38		
		14MnMoNb	0.44		
45 (441)	正火	15MnVN	0.43	E5516(J556) E5515(J557) E6016-N1(J606) E6015-D1(J607)	板厚>32mm时，需预热
		15MnVNCu	0.43		
		14MnVTiRe	0.41		
50 (490)	正火+回火	18MnMoNb	0.55	E6015-D1(J607) E7015-D2(J707)	需预热和回火
		14MnMoV	0.50		
		14MnMoVCu	0.50		
55 (540)	正火	14MnMoVB	0.47	E6015-D1(J607) E7015-D2(J707)	需预热
60 (590)	调质	12Ni3CrMoV	0.65	65C-1	板厚≤35mm，也需预热
		12MnCrNiMoVCu	0.58	J807	
70 (690)	调质	14MnMoNb8	0.55	H14	需预热和回火
		30CrMo		J907、J907Cr	
80 (785)	调质	12Ni5CrMoV	0.67	840	板厚≤50mm时，也需预热和回火
		30CrMnSi		J107、J107Cr	
		35CrMo			

注：① 碳当量的计算公式：$C_{eq} = C + \dfrac{Mn}{6} + \dfrac{Cr + Mo + V}{5} + \dfrac{Ni + Cu}{15}$。

表 B–23.3 耐腐蚀低合金钢用焊条的选用

类 别	钢 号	选用的焊条
抗大气腐蚀	09Mn2Cu	J423CuP
	16MnCu、10MnSiCu、09MnCuPTi、10PCuRe、09Cu、08MnPRe	J502CuP、E5015–G(J507CuP)
	10NiCuP	E5015–G(J507NiCuP)
	15MnVCu	J507Cu
	10MnPNbRe	E5015–G(J507CuP)
抗海水腐蚀	10CrAl、10CrMoAl	E5015–G(J507CrNi)
抗硫化氢腐蚀	12AlMoV	E5015–G(J507Mo)
	12Cr2AlMoV	抗腐23
	15AlMoV、12SiMoVNb	E5015–G(J507MoNb)
抗氢及氮氨	10MoWVNb	E5015–G(J507MoW)
	12SiMoVNb	E5015–G(J507MoNb)
	Cr18Mn8Ni5N	A717
肥化、碳酸氢铵及其他	20Al2VRe	不锈钢焊条或低合金钢焊条
	08WVSn	J507WV
	09CuWSn	J507CuW
	15MoVAl	E5015–G(J507Mo)
	渗铝钢	J507SL
抗氧化耐腐蚀	15Al3MoWTi	A917(4Mn23Al3Si2Mo)
	10MoWVNb	E5015–G(J507MoW)
	14MoWVTiBRe	08MoWVTiBRe 专用焊条

表 B–24 钼及钼耐热钢焊条的选用

钢 号	选用的焊条	使用温度/℃
15Mo	E5015–A1(R107)	≤510
12CrMo	E5500–B1(R200)、E5503–B1(R202)、E5515–B1(R207)	≤510
15CrMo、20CrMo	E5515–B2	≤520
12Cr1MoV、20CrMoV	E5500–B2–V(R310)、E5515–B2–V(R317)	≤540
12MoVWBSiRe(无铬8号)	E5515–B2–VW(R327)	≤570
15CrMoV	E5515–B2–VW(R327) E5515–B2–VNb(R337)	≤570
12Cr2MoWVB(钢102)	E5515–B3–VWB(R347)	≤620
Cr2.25Mo	E6000–B3(R400)、E6015–B2(R407)	≤550
12Cr3MoVSiTiB	E6015–B3–VNb(R417)	≤620
Cr5Mo	E1–5MoV–15(R507)	
Cr9Mo	E1–9Mo–15(R707)	
Cr11MoV	E1–11MoVN1–16(R802)、E1–11MoVNiW–15(R807)	≤565
2Cr12MoWV	E2–11MoVNiW–15(R817)	≤580

表 B-25　低合金低温用钢焊条的选用

工作温度	钢　号	选用的焊条
-40℃	16Mn 16MnR 16Mng	J502Mo、J507G
-70℃	09Mn2V	W707
	09MnTiCuRe、2.5N	J557Mn
	06AlNbCuN、06AlCr	W117
-100℃	3.5Ni	E5515-C2(W907Ni)
	06AlNbCuN、06AlCu、06MnNb、06MnVTi	W117Ni
-196℃	20Mn23Al4、15Mn26Al4	FeMnAl-1
	9Ni	W196-7Ni
-253℃	15Mn26Al4	FeMnAl-2、E2-26-21-15(A407)

表 B-26.1　铬不锈钢焊条的选用

钢　号	选用的焊条
0Cr13 1Cr13 2Cr13	E1-13-16(C202)、E1-13-15(G207) F0-19-10-16(A102)、E0-19-10-15(A107) E0-18-12Mo2-16(A202) E0-18-12Mo2-15(A207)
Cr17 Cr17Ti	E0-17-16(G302)、E0-17-15(G307) E0-19-10-16(A102)、E0-19-10-15(A107) E0-18-12Mo2-16(A202) E0-18-12Mo2-15(A207)
Cr17Ni2	E0-17-16(G302)、E0-17-15(G307) E0-19-10-16(A102)、E0-19-10-15(A107) E1-23-13-16(A302)、E1-23-13-15(A307) E2-26-21-16(A402)、E2-26-21-15(A407)
Cr25Ti	F1-23-13Mo2-16(A312) A317 E2-26-21-26(A402) E2-26-21-15(A407)
Cr28	E2-26-21-16(A402)、E2-26-21-15(A407) F1-26-21Mo2-16(A412) A417

注：1Cr13、2Cr13 等钢种新旧牌号对照参见表 C-32.1，但该表中有些旧钢种牌号，因产品变化未列入表 C-32.1 中，可以参考相近的钢号选用焊条。

表 B-26.2　铬镍不锈钢焊条的选用

钢　号	选用的焊条	说　明
00Cr18Ni9、0Cr18Ni9Ti	E00-19-10-16(A002)	抗晶间腐蚀性能良好
00Cr18Ni12Mo2	E00-18-12Mo2-16(A022)	耐热、耐蚀、抗裂性良好

续表

钢号	选用的焊条	说明
00Cr18Ni12Mo2Cu	E00-19-13Mo2Cu2-16(A032)	抗硫酸腐蚀性高
00Cr22Ni13Mo2	E00-23-13Mo2-16(A032)	耐蚀,抗裂性好
1Cr18Ni9	E0-19-10-16(A102)、E0-19,10-15(A107)	用于工作温度<300℃的耐蚀容器
	A112、A117	用于抗蚀性要求不高的一般结构
	A122	工作温度<300℃,抗裂性,耐蚀性好
1Cr18Ni9Ti、1Cr18Ni11Nb	E0-19-10Nb-16(A132)、E0-19-10Nb-15(A137)	抗晶间腐蚀性好
Cr17Ni13W、Cr18Ni12Mo2	E0-18-12Mo2-16(A202)、E0-18-12Mo2-15(A207)	耐酸
Cr18Ni12Mo2Nb	E0-18-12Mo-2Nb-16(A212)	抗晶间腐蚀性优良
Cr18Ni12Mo2Cu	E0-19-13Mo2Cn2-16(A222)	抗硫酸腐蚀性好
Cr18Ni12Mo2Ti、Cr19Ni9WMoNbTi、Cr14Ni14Mo2WNb	E0-18-12Mo2V-16(A232) E0-18-12Mo2V-15(A237)	耐热耐蚀性一般
Cr18Ni12Mo3Ti	E0-19-13Mo3-16(A242)	抗非氧化性酸及有机酸腐蚀性好
Cr25Ni13	E1-23-13-15(A302)、E1-23-13-15(A307)	抗裂性、抗氧化性好
Cr25Ni13Mo2	E1-25-13Mo2-16(A312)	耐蚀、抗裂性及抗氧化性好
Cr25Ni20、3Cr18Mn11Si2N、2Cr20Mn9Ni2Si2N	E2-26-21-16(A402) E2-26-21-15(A407)	抗氧化性好
Cr25Ni20Mo2	E1-26-21Mo2-16(A412)	耐蚀、耐热、抗裂性好
1Cr25Ni20Si2	A422	抗热裂性好
Cr16Ni25Mo6、Cr15Ni25W4Ti2B	E1-16-25Mo6N-16(A502) E1-16-25Mo6N-15(A507)	抗裂性好、用作异种钢焊接
Cr25Ni32、Cr18Ni37	E2-16-35Mo3Mn4W3-Nb-15(A607)	高湿性能好
Cr17Mn13Mo2N(A4)	A707	用于醋酸、尿素等设备A4钢的焊接
Cr18Ni18Mo2Cu2Ti	A802	抗50%硫酸的腐蚀
4Cr25Ni20(HK-40)	A407C	用于HK-40钢焊接

表 B-27 阀门密封面堆焊焊条的选用

阀门类型	磨损类型	堆焊金属类型		硬度/HRC	选用的焊条
中温阀门密封面	金属间磨损十介质腐蚀、冲蚀	铬不锈钢	1Cr13	≥40	EDCr-A1-03(D502)、EDCr-A1-15(D507)
			2Cr13	≥45	EDCr-B-03(D512)、EDCr-B-15(D517)
			65Cr10Mn25	HB≥210	EDCrMn-D-15(D567)
			1Cr13Mo2NiWV	≥38	EDCr-A2-15(D507Mo)
			1Cr14Mn14W2Si2Mo1V	≥28	EDCrMn-C-15(D577)

续表

阀门类型	磨损类型	堆焊金属类型		硬度/HRC	选用的焊条
高温阀门密封面	金属间磨损十介质腐蚀、冲蚀	铬镍不锈钢	20Cr18Ni8Si5Mn	≥37	EDCrNi-C-15(C557)
			12Cr18Ni8Si5Mn	HB270~320	EDCrNi-A-15(D547)
			Cr18Ni12Si4Mo4WVNb	≥37	EDCrNi-B-15(D547Mo)
高温阀门密封面	金属间磨损十介质腐蚀、冲蚀	钴基	Cr30W5Co	≥40	EDCoCr-A-03(D802)
			Cr30W8Co	≥41	EDCoCr-B-03(D812)

表 B-28 镍及镍合金焊条的选用

镍 及 镍 合 金	应选用的焊条
纯镍、镍基合金、双金属	Ni102、Ni112
Ni70Cu30、耐热耐蚀镍合金异种钢焊接、堆焊合金	Ni207
Ni70Cr15Nb 因科型耐热合金、异种钢焊接、堆焊合金	Ni307
Ni75Cr15Mo10 耐热合金，堆焊合金	Ni317

表 B-29 铜及铜合金焊条的选用

铜及铜合金	应选用的焊条
紫铜	TCu(T107)、TCuSnB(T227)、TCuAl(T237)
黄铜(Cu-Zn)	TCuSnB(T227)、TCuAl(T237)
锡青铜(Cu-Sn)	TCuSnB(T227)
铝青铜(Cu-Al)	TCuAl(T237)
白铜(Cu-Ni)	T307

表 B-30 铝及铝合金焊条的选用

铝 及 铝 合 金	应选用的焊条
纯铝	TAl(L109)、TAlSi(L209)、TAlMn(L309)
铝硅合金、硬铝	TAlSi(L209)
铝锰合金	TAlSi(L209)、TAlMn(L309)
铝镁合金	L409

表 B-31 异种钢焊接用焊条的选用

类 别	接头钢号	焊条型号	对应牌号
碳素钢、低合金钢和低合金钢相焊	Q235A+Q345(16Mn)	E4303	J422
	20、20R+16MnR、16MnRC	E4315	J427
	Q235A+18MnMoNbR	E5015	J507
	16MnR+15MnMoV	E5015	J507
	16MnR+18MnMoNbR		
	15MnVR+20MnMo	E5015	J507
	20MnMo+18MnMoNbR	E5515—G	J557
碳素钢、碳锰低合金钢和铬钼低合金钢相焊	Q235A+15CrMo	E4315	J427
	Q235A+1Cr5Mo		

续表

类别	接头钢号	焊条型号	对应牌号
碳素钢、碳锰低合金钢和铬钼低合金钢相焊	16MnR + 15CrMo	E5015	J507
	20、20R、16MnR + 12Cr1MoV		
	15MnMoV + 12CrMo、15CrMo	E7015 – D2	J707
	15MnMoV + 12Cr1MoV		
其他钢号与奥氏体高合金钢相焊	Q235A、20R、16MnR、20MnMo + 0Cr18Ni9Ti	E309 – 16	A302
		E309Mo – 16	A312
	18MnMoNbR、15CrMo + 0Cr18Ni9Ti	E310 – 16	A402
		E310 – 15	A407

表 B-32　复合钢板焊接用焊条的选用

复合钢板	基层用焊条	过渡层用焊条	复层用焊条
0Cr13 – A3	E4303(J422)、E4315(J427)	E1 – 23 – 13 – 16 (A302)、E1 – 23 – 13 – 15 (A307)	E0 – 19 – 10 – 16 (A102) E0 – 19 – 10 – 15 (A107)
0Cr13 – 16Mn	E5003(J502)、E5015(J507)		
0Cr13 – 15MnV	E5015(J507)、E5515 – G(J557)		
0Cr13 – 12CrMn	E5515 – B1(R207)		
1Cr18Ni9Ti – A3	E4303(J422)、E4315(J427)	E1 – 23 – 13 – 16 (A302) E1 – 23 – 13 – 15 (A307)	E0 – 19 – 10Nb – 16 (A132) E0 – 19 – 10Nb – 15 (A137)
1Cr18Ni9Ti – 16Mn	E5003(J502)、E5015(J507)		
1Cr18Ni9Ti – 15MnV	E5015(J507)、E5515 – G(J557)		
Cr18Ni12Mo2Ti – A3	E4303(J422)、E4315(J427)	E1 – 23 – 13Mo2 – 16 (A312)	E0 – 18 – 12Mo2Nb – 16 (A212)
Cr18Ni12Mo2Ti – 16Mn	E5003(J502)、E5015(J507)		
Cr18Ni12Mo2Ti – 15MnV	E5015(J507)、E5515 – G(J557)		

表 B-33　常用钢号推荐选用的焊条

钢号	焊条型号	对应牌号	钢号	焊条型号	对应牌号
Q235 A·F Q235 A、10、20	E4303	J422	Q390(15MnVR 15MnVRE)	E5016	J506
				E5015	J507
20R、20HP、20g	E4316	J426		E5515 – G	J557
	E4315	J427	20MnMo	E5015	J507
25	E4303	J422		E5515 – G	J557
	E5003	J502	15MnVNR	E6016 – D1	J606
Q295(09Mn2V、09Mn2VD、09Mn2VDR)	E5515 – C1	W707Ni		E6015 – D1	J607
			15MnMoV 18MnMoNbR 20MnMoNb	E7015 – D2	J707
Q345(16Mn、16MnR、16MnRE)	E5003	J502			
	E5016	J506	12CrMo	E5515 – B1	R207
	E5015	J507	15CrMo 15CrMoR	E5515 – B2	R307
Q390(16MnD、16MnDR)	E5016 – G	J506RH			
	E5015 – G	J507RH	12Cr1MoV	E5515 – B2 – V	R317

续表

钢　号	焊条型号	对应牌号	钢　号	焊条型号	对应牌号
12Cr2Mo 12Cr2Mo1 12Cr1Mo1R	E6015－B3	R407	0Cr18Ni9Ti	E347－16	A132
			0Cr18Ni11Ti	E347－15	A137
1Cr5Mo	E1－5MoV－15	R507	00Cr18Ni10 00Cr19Ni11	E308L－16	A002
1Cr18Ni9Ti	E308－16	A102	0Cr17Ni12Mo2	E316－16	A202
	E308－15	A107		E316－15	A207
	E347－16	A132	0Cr18Ni12Mo2Ti	E316L－16	A022
	E347－15	A137	0Cr18Ni12Mo3Ti	E318－16	A212
0Cr19Ni9	E308－16	A102	0Cr13	E410－16	G202
	E308－15	A107		E410－15	G207

表 B－34　典型的碳素结构钢、合金结构钢焊丝的化学成分（GB/T 14957—1994）

钢种	牌号	化学成分（质量分数）/%										用途
		C	Mn	Si	Cr	Ni	Mo	V	其他	S	P	
										≤		
碳素结构钢	H08	≤0.10	0.30~0.55	≤0.03	≤0.20	≤0.30	—	—	—	0.040	0.040	用于碳素钢的电弧焊、气焊、埋弧焊、电渣焊和气体保护焊等
	H08A	≤0.10	0.30~0.55	≤0.03	≤0.20	≤0.30	—	—	—	0.030	0.030	
	H08E	≤0.10	0.30~0.55	≤0.03	≤0.20	≤0.30	—	—	—	0.025	0.025	
	H08Mn	≤0.10	0.80~1.10	≤0.07	≤0.20	≤0.30	—	—	—	0.040	0.040	
	H08MnA	≤0.10	0.80~1.10	≤0.07	≤0.20	≤0.30	—	—	—	0.030	0.030	
	H15A	0.11~0.18	0.35~0.65	≤0.03	≤0.20	≤0.30	—	—	—	0.030	0.030	
	H15Mn	0.11~0.18	0.80~1.10	≤0.07	≤0.20	≤0.30	—	—	—	0.040	0.040	
合金结构钢	H10Mn2	≤0.12	1.50~1.90	≤0.07	≤0.20	≤0.30	—	—	—	0.040	0.040	用于合金结构钢的电弧焊、气焊、埋弧焊、电渣焊和气体保护焊等
	H08Mn2Si	≤0.11	1.70~2.10	0.65~0.95	≤0.20	≤0.30	—	—	—	0.040	0.040	
	H08Mn2SiA	≤0.11	1.80~2.10	0.65~0.95	≤0.20	≤0.30	—	—	—	0.030	0.030	
	H10MnSi	≤0.14	0.80~1.10	0.60~0.90	≤0.20	≤0.30	—	—	—	0.030	0.040	

续表

钢种	牌号	化学成分(质量分数)/%								S	P	用途
		C	Mn	Si	Cr	Ni	Mo	V	其他	≤		
合金结构钢	H10MnSiMo	≤0.14	0.90~1.20	0.70~1.10	≤0.20	≤0.30	0.15~0.25	—	—	0.030	0.040	用于合金结构钢的电弧焊、气焊、埋弧焊、电渣焊和气体保护焊等
	H10MnSiMoTiA	0.08~0.12	1.00~1.30	0.40~0.70	≤0.20	≤0.30	0.20~0.40	—	Ti0.05~0.15	0.025	0.030	
	H08MnMoA	≤0.10	1.20~1.60	≤0.25	≤0.20	≤0.30	0.30~0.50	—	Ti0.15(*)	0.030	0.030	
	H08Mn2MoA	0.06~0.11	1.60~1.90	≤0.25	≤0.20	≤0.30	0.50~0.70	—	Ti0.15(*)	0.030	0.030	
	H10Mn2MoA	0.08~0.13	1.70~2.00	≤0.40	≤0.20	≤0.30	0.60~0.80	—	Ti0.15(*)	0.030	0.030	
	H08Mn2MoVA	0.06~0.11	1.60~1.90	≤0.25	≤0.20	≤0.30	0.50~0.70	0.06~0.12	Ti0.15(*)	0.030	0.030	
	H10Mn2MoVA	0.08~0.13	1.70~2.00	≤0.40	≤0.20	≤0.30	0.60~0.80	0.06~0.12	Ti0.15(*)	0.030	0.030	
	H08CrMoA	≤0.10	0.40~0.70	0.15~0.35	0.80~1.10	≤0.30	0.40~0.60	—	—	0.030	0.030	
	H13CrMoA	0.11~0.16	0.40~0.70	0.15~0.35	0.80~1.10	≤0.30	0.40~0.60	—	—	0.030	0.030	
	H18CrMoA	0.15~0.22	0.40~0.70	0.15~0.35	0.80~1.10	≤0.30	0.15~0.25	—	—	0.025	0.030	
	H08CrMoVA	≤0.10	0.40~0.70	0.15~0.35	1.00~1.30	≤0.30	0.50~0.70	0.15~0.35	—	0.030	0.030	
	H08CrNi2MoA	0.05~0.10	0.50~0.85	0.10~0.30	0.70~1.00	1.40~1.80	0.20~0.40	—	—	0.025	0.025	
	H30CrMoSiA	0.25~0.35	0.80~1.10	0.90~1.20	0.80~1.10	≤0.30	—	—	—	0.025	0.030	
	H10MoCrA	≤0.10	0.40~0.70	0.15~0.35	0.45~0.65	≤0.30	0.40~0.60	—	—	0.030	0.030	

注：表中*号为加入量。

表 B-35 典型的不锈钢焊丝化学成分 (GB/T 4241—2006)

类型	序号	牌号	化学成分(质量分数)/%[a]									
			C	Si	Mn	P	S	Cr	Ni	Mo	Cu	N	其他
奥氏体	1	H05Cr22Ni11M₀6Mo3VN	≤0.05	≤0.90	4.00~7.00	≤0.030	≤0.030	20.50~24.00	9.50~12.00	1.50~3.00	≤0.75	0.10~0.30	V: 0.10~0.30
	2	H10Cr17Ni8Mn8Si4N	≤0.10	3.40~4.50	7.00~9.00	≤0.030	≤0.030	16.00~18.00	8.00~9.00	≤0.75	≤0.75	0.08~0.18	
	3	H05Cr20Ni6Mn9N	≤0.05	≤1.00	8.00~10.00	≤0.030	≤0.030	19.00~21.50	5.50~7.00	≤0.75	≤0.75	0.10~0.30	
	4	H05Cr18Ni5Mn12N	≤0.05	≤1.00	10.50~13.50	≤0.030	≤0.030	17.00~19.00	4.00~6.00	≤0.75	≤0.75	0.10~0.30	
	5	H10Cr21Ni10Mn6	≤0.10	0.20~0.60	5.00~7.00	≤0.030	≤0.020	20.00~22.00	9.00~11.00	≤0.75	≤0.75		
	6	H09Cr21Ni9Mn4Mo	0.04~0.14	0.30~0.65	3.30~4.75	≤0.030	≤0.030	19.50~22.00	8.00~10.70	0.50~1.50	≤0.75		
	7	H08Cr21Ni10Si	≤0.08	0.30~0.65	1.00~2.50	≤0.030	≤0.030	19.50~22.00	9.00~11.70	≤0.75	≤0.75		
	8	H08Cr21Ni10	≤0.08	≤0.35	1.00~2.50	≤0.030	≤0.030	19.50~22.00	9.00~11.00	≤0.75	≤0.75		
	9	H06Cr21Ni10	0.04~0.08	0.30~0.65	1.00~2.50	≤0.030	≤0.030	19.50~22.00	9.00~11.00	≤0.50	≤0.75		
	10	H03Cr21Ni10Si	≤0.030	0.30~0.65	1.00~2.50	≤0.030	≤0.030	19.50~22.00	9.00~11.00	≤0.75	≤0.75		
	11	H03Cr21Ni10	≤0.030	≤0.35	1.00~2.50	≤0.030	≤0.030	19.50~22.00	9.00~11.00	≤0.75	≤0.75		
	12	H08Cr20Ni11Mo2	≤0.08	0.30~0.65	1.00~2.50	≤0.030	≤0.030	18.00~21.00	9.00~12.00	2.00~3.00	≤0.75		
	13	H04Cr20Ni11Mo2	≤0.04	0.30~0.65	1.00~2.50	≤0.030	≤0.030	18.00~21.00	9.00~12.00	2.00~3.00	≤0.75		

续表

类型	序号	牌号	化学成分(质量分数)/%[a]									
			C	Si	Mn	P	S	Cr	Ni	Mo	Cu	N	其他
奥氏体	14	H08Cr21Ni10Si1	≤0.08	0.65~1.00	1.00~2.50	≤0.030	≤0.030	19.50~22.00	9.00~11.00	≤0.75	≤0.75		
	15	H03Cr21Ni10Si1	≤0.030	0.65~1.00	1.00~2.50	≤0.030	≤0.030	19.50~22.00	9.00~11.00	≤0.75	≤0.75		
	16	H12Cr24Ni13Si	≤0.12	0.30~0.65	1.00~2.50	≤0.030	≤0.030	23.00~25.00	12.00~14.00	≤0.75	≤0.75		
	17	H12Cr24Ni13	≤0.12	≤0.35	1.00~2.50	≤0.030	≤0.030	23.00~25.00	12.00~14.00	≤0.75	≤0.75		
	18	H03Cr24Ni13Si	≤0.030	0.30~0.65	1.00~2.50	≤0.030	≤0.030	23.00~25.00	12.00~14.00	≤0.75	≤0.75		
	19	H03Cr24Ni13	≤0.030	≤0.35	1.00~2.50	≤0.030	≤0.030	23.00~25.00	12.00~14.00	≤0.75	≤0.75		
	20	H12Cr24Ni13Mo2	≤0.12	0.30~0.65	1.00~2.50	≤0.030	≤0.030	23.00~25.00	12.00~14.00	2.00~3.00	≤0.75		
	21	H03Cr24Ni13Mo2	≤0.030	0.30~0.65	1.00~2.50	≤0.030	≤0.030	23.00~25.00	12.00~14.00	2.00~3.00	≤0.75		
	22	H12Cr24Ni13Si1	≤0.12	0.65~1.00	1.00~2.50	≤0.030	≤0.030	23.00~25.00	12.00~14.00	≤0.75	≤0.75		
	23	H03Cr24Ni13Si1	≤0.030	0.65~1.00	1.00~2.50	≤0.030	≤0.030	23.00~25.00	12.00~14.00	≤0.75	≤0.75		
	24	H12Cr26Ni21Si	0.08~0.15	0.30~0.65	1.00~2.50	≤0.030	≤0.030	25.00~28.00	20.00~22.50	≤0.75	≤0.75		
	25	H12Cr26Ni21	0.08~0.15	≤0.35	1.00~2.50	≤0.030	≤0.030	25.00~28.00	20.00~22.50	≤0.75	≤0.75		
	26	H08Cr26Ni21	≤0.08	≤0.65	1.00~2.50	≤0.030	≤0.030	25.00~28.00	20.00~22.50	≤0.75	≤0.75		

续表

类型	序号	牌号	化学成分（质量分数）/%[a]									
			C	Si	Mn	P	S	Cr	Ni	Mo	Cu	N	其他
奥氏体	27	H08Cr19Ni12Mo2Si	≤0.08	0.30~0.65	1.00~2.50	≤0.030	≤0.030	18.00~20.00	11.00~14.00	2.00~3.00	≤0.75		
	28	H08Cr19Ni12Mo2	≤0.08	≤0.35	1.00~2.50	≤0.030	≤0.030	18.00~20.00	11.00~14.00	2.00~3.00	≤0.75		
	29	H06Cr19Ni12Mo2	0.04~0.08	0.30~0.65	1.00~2.50	≤0.030	≤0.030	18.00~20.00	11.00~14.00	2.00~3.00	≤0.75		
	30	H03Cr19Ni12Mo2Si	≤0.030	0.30~0.65	1.00~2.50	≤0.030	≤0.030	18.00~20.00	11.00~14.00	2.00~3.00	≤0.75		
	31	H03Cr19Ni12Mo2	≤0.030	≤0.35	1.00~2.50	≤0.030	≤0.030	18.00~20.00	11.00~14.00	2.00~3.00	≤0.75		
	32	H08Cr19Ni12Mo2Si1	≤0.08	0.65~1.00	1.00~2.50	≤0.030	≤0.030	18.00~20.00	11.00~14.00	2.00~3.00	≤0.75		
	33	H03Cr19Ni12Mo2Si1	≤0.030	0.65~1.00	1.00~2.50	≤0.030	≤0.030	18.00~20.00	11.00~14.00	2.00~3.00	≤0.75		
	34	H03Cr19Ni12Mo2Cu2	≤0.030	≤0.65	1.00~2.50	≤0.030	≤0.030	18.00~20.00	11.00~14.00	2.00~3.00	1.00~2.50		
	35	H08Cr19Ni14Mo3	≤0.08	0.30~0.65	1.00~2.50	≤0.030	≤0.030	18.50~20.50	13.00~15.00	3.00~4.00	≤0.75		
	36	H03Cr19Ni14Mo3	≤0.030	0.30~0.65	1.00~2.50	≤0.030	≤0.030	18.50~20.50	13.00~15.00	3.00~4.00	≤0.75		
	37	H08Cr19Ni12Mo2Nb	≤0.08	0.30~0.65	1.00~2.50	≤0.030	≤0.030	18.00~20.00	11.00~14.00	2.00~3.00	≤0.75		Nb[b]：8×C~1.00
	38	H07Cr20Ni34M02Cu3Nb	≤0.07	≤0.60	≤2.50	≤0.030	≤0.030	19.00~21.00	32.00~36.00	2.00~3.00	3.00~4.00		Nb[b]：8×C~1.00
	39	H02Cr20Ni34M02Cu3Nb	≤0.025	≤0.15	1.50~2.00	≤0.015	≤0.020	19.00~21.00	32.00~36.00	2.00~3.00	3.00~4.00		Nb[b]：8×C~0.40

续表

类型	序号	牌号	化学成分(质量分数)/% [a]										
			C	Si	Mn	P	S	Cr	Ni	Mo	Cu	N	其他
奥氏体	40	H08Cr19Ni10Ti	≤0.08	0.30~0.65	1.00~2.50	≤0.030	≤0.030	18.50~20.50	9.00~10.50	≤0.75	≤0.75		Ti: 9×C~1.00
	41	H21Cr16Ni35	0.18~0.25	0.30~0.65	1.00~2.50	≤0.030	≤0.030	15.00~17.00	34.00~37.00	≤0.75	≤0.75		
	42	H08Cr20Ni10Nb	≤0.08	0.30~0.65	1.00~2.50	≤0.030	≤0.030	19.00~21.50	9.00~11.00	≤0.75	≤0.75		Nb[b]: 10×C~1.00
	43	H08Cr20Ni10SiNb	≤0.08	0.65~1.00	1.00~2.50	≤0.030	≤0.030	19.00~21.50	9.00~11.00	≤0.75	≤0.75		Nb[b]: 10×C~1.00
	44	H02Cr27Ni32Mo3Cu	≤0.025	≤0.50	1.00~2.50	≤0.020	≤0.030	26.50~28.50	30.00~33.00	3.20~4.20	0.70~1.50		
	45	H02Cr20Ni25Mo4Cu	≤0.025	≤0.50	1.00~2.50	≤0.020	≤0.030	19.50~21.50	24.00~26.00	4.20~5.20	1.20~2.00		
	46	H06Cr19Ni10TiNb	0.04~0.08	0.30~0.65	1.00~2.00	≤0.030	≤0.030	18.50~20.00	9.00~11.00	≤0.25	≤0.75		Ti: ≤0.05 Nb[b]: ≤0.05
	47	H10Cr16Ni8Mo2	≤0.10	0.30~0.65	1.00~2.00	≤0.030	≤0.030	14.50~16.50	7.50~9.50	1.00~2.00	≤0.75		
奥氏体加铁素体	48	H03Cr22Ni8Mo3N	≤0.030	≤0.90	0.50~2.00	≤0.030	≤0.030	21.50~23.50	7.50~9.50	2.50~3.50	≤0.75	0.08~0.20	
	49	H04Cr25Ni5Mo3Cu2N	≤0.04	≤1.00	≤1.50	≤0.040	≤0.030	24.00~27.00	4.50~6.50	2.90~3.90	1.50~2.50	0.10~0.25	
	50	H15Cr30Ni9	≤0.15	0.30~0.65	1.00~2.50	≤0.030	≤0.030	28.00~32.00	8.00~10.50	≤0.75	≤0.75		
马氏体	51	H12Cr13	≤0.12	≤0.50	≤0.60	≤0.030	≤0.030	11.50~13.50	≤0.60	≤0.75	≤0.75		
	52	H06Cr12Ni4Mo	≤0.06	≤0.50	≤0.60	≤0.030	≤0.030	11.00~12.50	4.00~5.00	0.40~0.70	≤0.75		

续表

类型	序号	牌号	化学成分(质量分数)/%[a]									
			C	Si	Mn	P	S	Cr	Ni	Mo	Cu	N	其他
马氏体	53	H31Cr13	0.25~0.40	≤0.50	≤0.60	≤0.030	≤0.030	12.00~14.00	≤0.60	≤0.75	≤0.75		
	54	H06Cr14	≤0.06	0.30~0.70	0.30~0.70	≤0.030	≤0.030	13.00~15.00	≤0.60	≤0.75	≤0.75		
	55	H10Cr17	≤0.10	≤0.50	≤0.60	≤0.030	≤0.030	15.50~17.00	≤0.60	≤0.75	≤0.75		
铁素体	56	H01Cr26Mo	≤0.015	≤0.40	≤0.40	≤0.020	≤0.020	25.00~27.50	Ni+Cu ≤0.50	0.75~1.50	Ni+Cu ≤0.50	≤0.015	
	57	H08Cr11Ti	≤0.08	≤0.80	≤0.80	≤0.030	≤0.030	10.50~13.50	≤0.60	≤0.50	≤0.75		Ti: $10 \times C \sim 1.50$
	58	H08Cr11Nb	≤0.08	≤1.00	≤0.80	≤0.040	≤0.030	10.50~13.50	≤0.60	≤0.50	≤0.75		Tb[b]: $10 \times C \sim 0.75$
沉淀硬化	59	H05Cr17Ni4Cu4Nb	≤0.05	≤0.75	0.25~0.75	≤0.030	≤0.030	16.00~16.75	4.50~5.00	≤0.75	3.25~4.00		Nb[b]: 0.15~0.30

a. 在对表中给出元素进行分析时,如果发现有其他元素存在,其总量(除铁外)不应超过0.50%。
b. Nb 可报告为 Nb+Ta。

表 B-36 承压设备用气体保护电弧焊钢焊丝技术条件（JB/T 4747.3—2007）

项 目	技 术 要 求
焊丝的不圆度	焊丝的不圆度应不大于直径公差的40%，允许受检焊丝数量的5%，其不圆度大于直径公差的40%，但不大于直径直差的50%
化学成分	钢焊丝的 $w(S) \leq 0.010\%$、$w(P) \leq 0.020\%$
熔敷金属冲击性能	见下表
熔敷金属的纵向弯曲性能	纵向弯曲试样弯曲到规定的角度后，其拉伸面上的熔敷金属内沿任何方向不得有单条长度不大于3mm的开口缺陷，试样的棱角开口缺陷一般不计，但由夹渣或其他焊接缺陷引起的棱角开口缺陷长度应计入
熔敷金属扩散氢含量	ER 50-× 焊丝的熔敷金属用甘油法测定的扩散氢含量应 ≤ 4.0 mL/100g
熔敷金属射线检测	熔敷金属射线检测按 JB/T 4730.2 进行，射线检测的质量应不低于 AB 级，熔敷金属的质量等级应不低于 1 级

熔敷金属冲击性能：

焊丝型号	试验温度/℃	V形缺口冲击吸收功/J
ER49-1	室温	≥47
ER50-2	-30	≥47
ER50-3		
ER50-4	-2	≥47
ER50-5		
ER50-6	-30	≥47
ER50-7		

表 B-37 承压设备用埋弧焊钢焊丝和焊剂技术条件（JB/T 4747.3—2007）

项 目	技 术 要 求
焊丝的不圆度	焊丝直径允许偏差规定为：直径不大于3.0mm的焊丝允许偏差为 0~0.06mm，直径大于3.0mm的焊丝允许偏差为 0~0.08mm。焊丝的圆度应不大于直径公差的40%，允许受检焊丝数量的5%，其圆度大于直径公差的40%，但不大于直径公差的50%
硫磷含量	承压设备埋弧焊常用钢焊丝 H08A、H08MnA、H10MnSi、H10Mn2 的 $w(S) \leq 0.010\%$、$w(P) \leq 0.020\%$。焊剂的 $w(S)$ 不大于0.035%、$w(P)$ 不大于0.040%。GB/T 5293 中碳钢焊剂与焊丝组合（F4××-H×××、F5××-H×××）的熔敷金属的 $w(S) \leq 0.015\%$、$w(P) \leq 0.025\%$，未列出的承压设备用埋弧焊碳钢焊剂与焊丝组合的熔敷金属的硫、磷含量原则上应不高于母材标准的规定值
熔敷金属力学性能	按 GB/T 5293 规定的焊剂型号标准要求（见下表）

焊剂型号	拉力试验		冲击试验[①]	
	抗拉强度/MPa	伸长率/%	试验温度/℃	冲击吸收功 A_{KV}/J
F4××-H×××	415~535	≥22	-40	≥34
F5××-H×××	480~600	≥22	-50	≥34

① 熔敷金属冲击试样取3个，其冲击试验结果平均值应不低于表中的规定值，允许一个试样的冲击试验结果低于表中规定值，但不得低于规定值的75%。该表中未列出的埋弧焊碳钢焊丝和焊剂组合的熔敷金属的夏比V形缺口冲击试验规定值应不低于相应母材标准规定下限值

项 目	技 术 要 求
熔敷金属的纵向弯曲性能	纵向弯曲试样弯曲到规定的角度后,其拉伸面上的熔敷金属内沿任何方向不得有单条长度大于3mm的开口缺陷,试样的棱角开口缺陷一般不计,但由夹渣或其他焊接缺陷引起的棱角开口缺陷长度应计入
熔敷金属扩散氢含量	碳钢焊丝与焊剂组合(F4××-H×××、F5××-H×××)的熔敷金属、用甘油法测定的扩散氢含量≤4.0mL/100g
熔敷金属射线检测	熔敷金属射线检测按JB/T 4730.2进行,射线检测的质量应不低于AB级,熔敷金属的质量等级应不低于Ⅰ级

表B-38 碳钢药芯焊丝熔敷金属化学成分要求(GB/T 10045—2001)

型 号	化学成分(质量分数)/%										
	C	Mn	Si	S	P	Cr	Ni	Mo	V	Al	Cu
E50×T-1, E50×T-1M, E50×T-5, E50×T-5M, E50×T-9, E50×T-9M	0.18	1.75	0.90	0.03	0.03	0.20	0.50	0.30	0.08	—	0.35
E50×T-4, E50×T-6, E50×T-7, E50×T-8, E50×T-11	—	1.75	0.60	0.03	0.03	0.20	0.50	0.30	0.08	1.8	0.35
E×××T-G	—	1.75	0.90	0.03	0.03	0.20	0.50	0.30	0.08	1.8	0.35
E50×T-12, E50×T-12M	0.15	1.60	0.90	0.03	0.03	0.20	0.50	0.30	0.08	—	0.35
E50×T-2, E50×T-2M, E50×T-3, E50×T-10, E43×T-13, E50×T-13, E50×T-14, E×××T-TG	无要求										

注:1. 表中的单值为最大值,应分析表中列出值的特定元素。
2. 如果Cr、Ni、Mo、V、Al、Cu这些元素是有意添加的,应进行分析并报出数值。
3. Al只适用于自保护药芯焊丝。
4. E×××-TG该类药芯焊丝添加的所有元素总和不应超过5%。
5. 对于E50×T-4、E50×T-6、E50×T-7、E50×T-8、E50×T-11和E×××T-G这些型号的药芯焊丝,C不做规定,但应分析其数值并出示报告。

表B-39 碳钢药芯焊丝熔敷金属力学性能要求(GB/T 10045—2001)

型 号	抗拉强度/MPa	屈服强度/MPa	伸长率/%	V形缺口冲击试验	
				试验温度/℃	冲击吸收功/J
E50×T-1, E50×T-1M	480	400	22	-20	27
E50×T-2, E50×T-2M	480	—	—	—	—
E50×T-3	480	—	—	—	—
E50×T-4	480	400	22	—	—
E50×T-5, E50×T-5M	480	400	22	-30	27
E50×T-6	480	400	22	-30	27
E50×T-7	480	400	22	—	—
E50×T-8	480	400	22	-30	-27

续表

型　号	抗拉强度/MPa	屈服强度/MPa	伸长率/%	V形缺口冲击试验	
				试验温度/℃	冲击吸收功/J
E50×T-9，E50×T-9M	480	400	22	-30	-27
E50×T-10	480	—	—	—	—
E50×T-11	480	400	20	—	—
E50×T-12，E50×T-12M	480~620	400	22	-30	27
E43×T-13	415	—	—	—	—
E50×T-13	480	—	—	—	—
E50×XT-14	480	—	—	—	—
E43×T-G	415	330	22	—	—
E50×T-G	480	400	22	—	—
E43×T-GS	415	—	—	—	—
E50×T-GS	480	—	—	—	—

注：1. 表中所列单值均为最小值。
2. E50×T-1L、E50×T-1ML、E50×T-5L、E50×T-5ML、E50×T-6L、E50×T-8L、E50×T-9L、E50×T-9ML、E50×T-12L 和 E50×T-12M 这些型号带有字母 L 的药芯焊丝，其熔敷金属冲击性能应满足 -40℃，≥27J。
3. E50×T-3、E50×T-10、E43×T-13、E50×T-13、E50×T-14、E43×-T-GS、E50×T-GS 这些型号的药芯焊丝主要用于单道焊接而不用于多道焊接，因为只规定了抗拉强度，所以只要求做横向拉伸和纵向辊筒弯曲（缠绕式导向弯曲）试验。

表 B-40　碳钢药芯焊丝焊接位置、保护类型、极性和适用要求（GB/T 10045—2001）

型　号	焊接位置	外加保护气体	极性	适用性
E500T-1	H, F	CO_2	DCEP	M
E500T-1M	H, F	75%~80% Ar+CO_2	DCEP	M
E501T-1	H, F, VU, OH	CO_2	DCEP	M
E501T-1M	H, F, VU, OH	75%~80% Ar+CO_2	DCEP	M
E500T-2	H, F	CO_2	DCEP	S
E500T-2M	H, F	75%~80% Ar+CO_2	DCEP	S
E501T-2	H, F, VU, OH	CO_2	DCEP	S
E501T-2M	H, F, VU, OH	75%~80% Ar+CO_2	DCEP	S
E500T-3	H, F	无	DCEP	S
E500T-4	H, F	无	DCEP	M
E500T-5	H, F	CO_2	DCEP	M
E500T-5M	H, F	75%~80% Ar+CO_2	DCEP	M
E501T-5	H, F, VU, OH	CO_2	DCEP 或 DCEN	M
E501T-5M	H, F, VU, OH	75%~80% Ar+CO_2	DCEP 或 DCEN	M
E500T-6	H, F	无	DCEP	M
E500T-7	H, F	无	DCEN	M
E501T-7	H, F, VU, OH	无	DCEN	M
E500T-8	H, F	无	DCEN	M
E501T-8	H, F, VU, OH	无	DCEN	M
E500T-9	H, F	CO_2	DCEP	M
E500T-9M	H, F	75%~80% Ar+CO_2	DCEP	M
E501T-9	H, F, VU, OH	CO_2	DCEP	M

型号	焊接位置	外加保护气体	极性	适用性
E501T-9M	H, F, VU, OH	75%~80%Ar+CO_2	DCEP	M

续表

型号	焊接位置	外加保护气体	极性	适用性
E500T-10	H, F	无	DCEN	S
E500T-11	H, F	无	DCEN	M
E501T-11	H, F, VU, OH	无	DCEN	M
E500T-12	H, F	CO_2	DCEP	M
E500T-12M	H, F	75%~80%Ar+CO_2	DCEP	M
E501T-12	H, F, VU, OH	CO_2	DCEP	M
E501T-12M	H, F, VU, OH	75%~80%Ar+CO_2	DCEP	M
E431T-13	H, F, VD, OH	无	DCEN	S
E501T-13	H, F, VD, OH	无	DCEN	S
E501T-14	H, F, VD, OH	无	DCEN	S
E××0T-G	H, F	—	—	M
E××1T-G	H, F, VD 或 VU, OH	—	—	M
E××0T-GS	H, F	—	—	S
E××1T-G	H, F, VD 或 VU, OH	—	—	S

注：1. 焊接位置一栏中，H 为横焊，F 为平焊，OH 为仰焊，VD 为立向下焊，VU 为立向上焊。
2. 对于适用外加气体保护药芯焊丝（E×××T-1，E×××T-1M，E×××T-2，E×××T-2M，E×××T-5，E×××T-5M，E×××T-9，E×××T-9M 和 E×××T-12，E×××T-12M），其金属的性能随保护气体类型不同而变化。用户在未向药芯焊丝制造商咨询前，不应适用其他保护气体。
3. 极性一栏中，DCEP 为直流电源，焊丝接正极；DCEN 为直流电源，焊丝接负极。
4. 适用性一栏中，M 为单道和多道焊，S 为单道焊。
5. E501T-5 为 E501T-5M 型焊丝可在 DCEN 极性下使用以改善不适当位置的焊接性，推荐的极性请咨询制造商。

表 B-41 低合金钢药芯类型、焊接位置、保护气体及电流种类（GB/T 17493—2008）

焊丝	药芯类型	药芯特点	型号	焊接位置	保护气体[①]	电流种类
非金属粉型	1	金红石型，熔滴呈喷射过渡	E××0T1-×C	平、横	CO_2	直流反接
			E××0T1-×M	平、横	Ar+(20%~25%)CO_2	
			E××1T1-×C	平、横、仰、立向上	CO_2	
			E××1T1-×M	平、横、仰、立向上	Ar+(20%~25%)CO_2	
	4	强脱硫、自保护型，熔滴呈粗滴过渡	E××0T4-×	平、横	—	
	5	氧化钙-氟化物型，熔滴呈粗滴过渡	E××0T5-×C	平、横	CO_2	直流反接或正接[②]
			E××0T5-×M	平、横	Ar+(20%~25%)CO_2	
			E××1T5-×C	平、横、仰、立向上	CO_2	
			E××1T5-×M	平、横、仰、立向上	Ar+(20%~25%)CO_2	

续表

焊丝	药芯类型	药芯特点	型号	焊接位置	保护气体[①]	电流种类
非金属粉型	6	自保护型,熔滴呈喷射过渡	E×･×0T6 - ×	平、横	—	直流反接
	7	强脱硫、自保护型,熔滴呈喷射过渡	E×･×0T7 - ×	平、横		
			E×･×1T7 - ×	平、横、仰、立向上		
	8	自保护型,熔滴呈喷射过渡	E×･×0T8 - ×	平、横		直流正接
			E×･×1T8 - ×	平、横、仰、立向上		
	11	自保护型,熔滴呈喷射过渡	E×･×0T11 - ×	平、横		
			E×･×1T11 - ×	平、横、仰、立向下		
	×[③]	[③]	E×･×0T× - G	平、横		[③]
			E×･×1T× - G	平、横、仰、立向上或向下		
			E×･×0T× - GC	平、横	CO_2	
			E×･×1T× - GC	平、横、仰、立向上或向下		
			E×･×0T× - GM	平、横	Ar + (20% ~25%)CO_2	
			E×･×1T× - GM	平、横、仰、立向上或向下		
	G	不规定	E×･×0TG - ×	平、横	不规定	不规定
			E×･×1TG - ×	平、横、仰、立向上或向下		
			E×･×0TG - G	平、横		
			E×･×1TG - G	平、横、仰、立向上或向下		
金属粉型		主要为纯金属和合金,溶渣极少,熔滴呈喷射过渡	E×･×C - B2, - B2L	不规定	Ar + (1% ~5%)O_2	不规定
			E×･×C - B3, - B3L			
			E×･×C - B6, - B8			
			E×･×C - Ni1, - Ni2, - Ni3			
			E×･×C - D2			
			E×･×C - B9		Ar + (5% ~25%)CO_2	
			E×･×C - K3, - K4			
			E×･×C - W2			
		不规定	E×･×C - G		不规定	

注:① 为保证焊缝金属性能,应采用表中规定的保护气体。如供需双方协商也可采用其他保护气体。
② 某些E×･×1T5 - ×C, - ×M焊丝,为改善立焊和仰焊的焊接性能,焊丝制造厂也可能推荐采用直流正接。
③ 可以是上述任一种药芯类型,其药芯特点及电流种类应符合该类药芯焊丝相对应的规定。

表 B-42 低合金钢药芯焊丝熔敷金属力学性能(GB/T 17493—2008)

型号[①]	试样状态	抗拉强度 R_m/MPa	规定非比例延伸强度 $R_{p0.2}$/MPa	伸长率 A/%	冲击性能[②] 吸收功 A_{KV}/J	试验温度/℃
非金属粉型						
E49×T5-A1C，-A1M	焊后热处理	490~620	≥400	≥20	≥27	-30
E55×T1-A1C，-A1M		550~690	≥470	≥19		
E55×T1-B1C，-B1M，-B1LC，-B1LM						
E55×T1-B2C，-B2M，-B2LC，-B2LM，-B2HC，-B2HM						—
E55×T5-B2C，-B2M，-B2LC，-B2LM						
E62×T1-B3C，-B3M，-B3LC，-B3LM，-B3HC，-B3HM		620~760	≥540	≥17		
E62×T5-B3C，-B3M						
E69×T1-B3C，-B3M		690~830	≥610	≥16		
E55×T1-B6C，-B6M，-B6LC，-B6LM		550~690	≥470	≥19		
E55×T5-B6C，-B6M，-B6LC，-B6LM						
E55×T1-B8C，-B8M，-B8LC，-B8LM						
E55×T5-B8C，-B8M，-B3LC，-B8LM						
E62×T1-B9C，-B9M		620~830	≥540	≥16		
E43×T1-Ni1C，-Ni1M		430~550	≥340	≥22		
E49×T1-Ni1C，Ni1M	焊态	490~620	≥400	≥20		-30
E49×T6-Ni1						
E49×T8-Ni1						
E55×T1-Ni1C，-Ni1M		550~690	≥470	≥19		
E55×T5-Ni1C，-Ni1M	焊后热处理					-50
E49×T8-Ni2	焊态	490~620	≥400	≥20		-30
E55×T8-Ni2						
E55×T1-Ni2C，-Ni2M		550~690	≥470	≥19	≥27	-40
E55×T5-Ni2C，-Ni2M	焊后热处理					-60
E62×T1-Ni2C，-Ni2M	焊态	620~760	≥540	≥17		-40
E55×T5-Ni3C，-Ni3M	焊后热处理	550~690	≥470	≥19		-70
E62×T5-Ni3C，-Ni3M		620~760	≥540	≥17		
E55×T11-Ni3	焊态	550~690	≥470	≥19		-20
E62×T1-D1C，-D1M	焊态	620~760	≥540	≥17		-40
E62×T5-D2C，-D2M	焊后热处理					-50
E69×T5-D2C，-D2M		690~830	≥610	≥16		-40
E62×T1-D3C，-D3M	焊态	620~760	≥540	≥17		-30
E55×T5-K1C，-K1M		550~760	≥470	≥19		-40

续表

型号[①]	试样状态	抗拉强度 R_m/MPa	规定非比例延伸强度 $R_{p0.2}$/MPa	伸长率 A/%	冲击性能[②]	
					吸收功 A_{KV}/J	试验温度/℃
E49×T4-K2	焊态	490~620	≥400	≥20	≥27	-20
E49×T7-K2						-30
E49×T8-K2						-30
E49×T11-K2						0
E55×T8-K2		550~690	≥470	≥19		-30
E55×T1-K2C, -K2M						
E55×T5-K2C, -K2M						
E62×T1-K2C, -K2M		620~760	≥540	≥17		-20
E62×T5-K2C, -K2M						-50
E69×T1-K3C, -K3M		690~830	≥610	≥16		-20
E69×T5-K3C, -K3M						-50
E76×T1-K3C, -K3M		760~900	≥680	≥15		-20
E76×T5-K3C, -K3M						-50
E76×T1-K4C, -K4M						-20
E76×T5-K4C, -K4M						-50
E83×T5-K4C, -K4M		830~970	≥745	≥14		—
E83×T1-K5C, -K5M						—
E49×T5-K6C, -K6M		490~620	≥400	≥20		-60
E43×T8-K6		430~550	≥340	≥22		-30
E49×T8-K6		490~620	≥400	≥20	≥27	-30
E69×T1-K7C, -K7M		690~830	≥610	≥16		-50
E62×T8-K8		620~760	≥540	≥17		-30
E62×T1-K9C, -K9M		690~830[③]	560~670	≥18	≥47	-50
E55×T1-W2C, -W2M		550~690	≥470	≥19	≥27	-30
金属粉型						
E49C-B2L	焊后热处理	≥515	≥400	≥19		
E55C-B2		≥550	≥470			
E55C-B3L						
E62C-B3		≥620	≥540	≥17	—	
E55C-B6		≥550	≥470			
E55C-B8						
E62C-B9		≥620	≥410	≥16		
E49C-Ni2		≥490	≥400	≥24		-60
E55C-Ni1	焊态	≥550	≥470			-45

续表

型号[1]	试样状态	抗拉强度 R_m/MPa	规定非比例延伸强度 $R_{p0.2}$/MPa	伸长率 A/%	冲击性能[2] 吸收功 A_{KV}/J	冲击性能[2] 试验温度/℃
E55C-Ni2	焊后热处理	≥550	≥470	≥24		-60
E55C-Ni3	焊后热处理	≥550	≥470	≥24		-75
E62C-D2	焊态	≥620	≥540	≥17	≥27	-30
E62C-K3	焊态	≥620	≥540	≥18	≥27	-50
E69C-K3	焊态	≥690	≥610	≥16	≥27	-50
E76C-K3	焊态	≥760	≥680	≥15	≥27	-50
E76C-K4	焊态	≥760	≥680	≥15	≥27	-50
E83C-K4	焊态	≥830	≥750	≥15	≥27	-50
E55C-W2	焊态	≥550	≥470	≥22	≥27	-30

注：1. 对于E×××T×-G，-GC，-GM、E××TG-×和E×××TG-G型焊丝，熔敷金属冲击性能由供需双方商定。
2. 对于E××O-G型焊丝，除熔敷金属抗拉强度外，其他力学性能由供需双方商定。
① 在实际型号中"×"用相应的符号替代。
② 非金属粉型焊丝型号中带有附加代号"J"时，对于规定的冲击吸收功，试验温度应降低10℃。
③ 对于E69×T1-K9C，-K9M所示的抗拉强度范围不是要求值，而是近似值。

表 B-43 低合金钢药芯焊丝对化学成分分析、射线探伤-力学性能-角焊缝-扩散氢试验的要求(GB/T 17493—2008)

类型	型号	化学分析	射线探伤试验	拉伸试验	冲击试验	角焊缝试验	扩散氢试验
非金属粉型	E×××T1-×C，-×M	要求	要求	要求	①	要求②	③
非金属粉型	E×0T4-×	要求	要求	要求	①	要求②	③
非金属粉型	E×××T5-×C，-×M	要求	要求	要求	①	要求②	③
非金属粉型	E××0T6-×	要求	要求	要求	①	要求②	③
非金属粉型	E×××T7-×	要求	要求	要求	①	要求②	③
非金属粉型	E×××T8-×	要求	要求	要求	①	要求②	③
非金属粉型	E×××T11-×	要求	要求	要求	①	要求②	③
非金属粉型	E69×T×-K9×	要求	要求	要求	①	要求②	③
非金属粉型	E×××T-G，GC，-GM	③	要求	要求	③	要求②	③
非金属粉型	E××TG-×	要求	要求	要求	③	要求②	③
非金属粉型	E×××TG-G	③	要求	要求	③	要求②	③
金属粉型	E55C-B2		要求	要求	不要求		
金属粉型	E49C-B2L		要求	要求	不要求		
金属粉型	E52C-B3		要求	要求	不要求		
金属粉型	E55C-B3L		要求	要求	不要求		
金属粉型	E55C-B6		要求	要求	不要求		
金属粉型	E55C-B8		要求	要求	不要求		
金属粉型	E62C-B9		要求	要求	不要求		

续表

类型	型号	化学分析	射线探伤试验	拉伸试验	冲击试验	角焊缝试验	扩散氢试验
金属粉型	E55C – Ni1	要求	要求	要求	要求	不要求	③
	E49C – Ni2						
	E55C – Ni2						
	E55C – Ni3						
	E62C – D2						
	E62C – K3						
	E69C – K3						
	E76C – K3						
	E76C – K3						
	E83C – K4						
	E55C – W2						
	E××C – G				不要求		

注：① 根据表4对该型号冲击性能的要求确定是否进行冲击试验。
② 对于角焊缝试验，E××0T×－××焊丝应在平角焊位置试验，E××1T×－××焊丝应在立焊和仰焊位置试验。
③ 由供需双方商定。

表 B–44 低合金钢药芯焊丝熔敷金属化学成分（GB/T 1743—2008）%（质量分数）

型号	C	Mn	Si	S	P	Ni	Cr	Mo	V	Al	Cu	其他元素总量
非金属粉型　钼钢焊丝												
E49×T5 – A1C, –A1M E55×T1 – A1C, –A1M	0.12	1.25	0.80	0.030	0.030			0.40~0.65			—	—
非金属粉型　铬钼钢焊丝												
E55×T1 – B1C, –B1M	0.05~0.12						0.40~0.65					
E55×T1 – B1LC, –B1LM	0.05											
E55×T1 – B2C, –B2M E55×T5 – B2C, –B2M	0.05~0.12							0.40~0.65				
E55XT1 – B2LC, –B2LM E55XT5 – B2LC – B2LM	0.05		0.80		0.030		1.00~1.50				—	
E55×T1 – B2HC, –B2HM	0.10~0.15											
E62×T1 – B3C, –B3M E62×T6 – B3C, –B3M E69×T1 – B3C, –B3M	0.05~0.12	1.25		0.030			2.00~2.50	0.90~1.20				
E62×Ti – B3LC, –B3LM	0.05											
E62×Ti – B3HC, –B3HM	0.10~0.15											
E55×T1 – B6C, –B6M E55×T5 – B6C, –B6M	0.05~0.12											
E55×T1 – B6LC, –B6LM E55×T5 – B6LC, –B6LM	0.05		1.00		0.040		4.0~6.0	0.45~0.65			0.50	
E55×T1 – B8C, –B8M E55×T5 – B8C, –B8M	0.05~0.12											
E55×T1 – B8LC, –B8LM E55×T5 – B8LC, –B8LM	0.05				0.030		8.0~10.5	0.85~1.20				
E62×T1 – B9C①, –B9M①	0.08~0.13	1.20	0.50	0.015	0.020	0.80			0.15~0.30	0.04	0.25	

附 录 B

续表

型 号	C	Mn	Si	S	P	Ni	Cr	Mo	V	Al	Cu	其他元素总量
非金属粉型 镍钢焊丝											
E43×T1-Ni1C, -Ni1M E49×T1-Ni1C, -Ni1M E49×T6-Ni1 E49×T8-Ni1 E55×T1-Ni1C, -Ni1M E55×T5-Ni1C, -Ni1M	0.12	1.50	0.80	0.030	0.030	0.80~1.10	0.15	0.35	0.05	1.8[②]	—	—
E49×T8-Ni2 E55×T8-Ni2 E55×T1-Ni2C, -Ni2M E55×T5-Ni2C, -Ni2M E62×T1-Ni2C, -Ni2M						1.75~2.75						
E55×T5-Ni3C, -Ni3M[③] E62×T5-Ni3C, -Ni3M E55×T11-Ni3						2.75~3.75						
非金属粉型 锰钼钢焊丝											
E62×T1-D1C, -D1M	0.12	1.25~2.00	0.80	0.030	0.030	—	—	0.25~0.55	—	—	—	
E62×T5-D2C, -D2M E69×T5-D2C, -D2M	0.15	1.65~2.25										
E62×T1-D3C, -D3M	0.12	1.00~1.75						0.40~0.65				
非金属粉型 其他低合金钢焊丝											
E55XT5-K1C, -K1M	0.15	0.8~1.40	0.80	0.030	0.030	0.80~1.10	0.15	0.20~0.65	0.05	—	—	—
E49×T4-K2 E49×T7-K2 E49×T8-K2 E49×T11-K2 E55×T8-K2 E55×T1-K2C, -K2M E55×T5-K2C, -K2M E62×T1-K2C, -K2M E62×T5-K2C, -K2M	0.15	0.50~1.75	0.80	0.030	0.030	1.00~2.00	0.15	0.35	0.05	1.8[②]		
E69×T1-K3C, -K3M E69×T5-K3C, -K3M E76×T1-K3C, -K3M E76×T5-K3C, -K3M		0.75~2.25				1.25~2.60		0.25~0.65				
E76×T1-K4C, -K4M E76×T5-K4C, -K4M E83×T5-K4C, -K4M		1.20~2.25				1.75~2.60	0.20~0.60	0.20~0.65	0.03			
E83×T1-K5C, -K5M	0.10~0.25	0.60~1.60				0.75~2.60	0.20~0.70	0.15~0.55				
E49×T5-K6C, K6M E43×T8-K6 E49×T8-K6	0.15	0.50~1.50				0.40~1.00	0.20	0.15	0.05	1.8[②]		
E69×T1-K7C, -K7M		1.00~1.75				2.00~2.70						
E62×T8-K8		1.00~2.00	0.40			0.50~1.50		0.20	0.20	1.8[②]		
E69×T1-K9C, K9M	0.07	0.50~1.50	0.60	0.015	0.015	1.30~3.75		0.50			0.06	

续表

型号	C	Mn	Si	S	P	Ni	Cr	Mo	V	Al	Cu	其他元素总量
非金属粉型　其他低合金钢焊丝												
E55×T1-W2C，-W2M	0.12	0.50~1.30	0.35~0.80			0.40~0.80	0.45~0.70				0.30~0.75	
E×××T×-G③，-GC③，-GM③　E×××TG-G③	—	≥0.50	1.00	0.030	0.030	≥0.50	≥0.30	≥0.20	≥0.10	1.8②	—	
金属粉型　铬钼钢焊丝												
E55C-B2	0.05~0.12	0.40~1.00	0.25~0.60	0.030	0.025	0.20	1.00~1.50	0.40~0.65	0.03		0.35	0.50
E49C-B2L	0.05											
E62C-B3	0.05~0.12						2.00~2.50	0.90~1.20				
E55C-B3L	0.05											
E55C-B6	0.10			0.025		0.60	4.50~6.00	0.45~0.65				
E55C-B8	0.10			0.025		0.20	8.00~10.50	0.80~1.20				
E62C-B9④	0.08~0.13	1.20	0.50	0.015	0.020	0.80	10.50	0.85~1.20	0.15~0.30	0.04	0.20	
金属粉型　镍钢焊丝												
E55C-Ni1	0.12	1.50	0.90	0.030	0.025	0.80~1.10	0.30		0.03		0.35	0.50
E49C-Ni2	0.08	1.25				1.75~2.75	—					
E55C-Ni2	0.12	1.50										
E55C-Ni3						2.75~3.75						
金属粉型　锰钼钢焊丝												
E62C-D2	0.12	1.00~1.90	0.90	0.030	0.025	—		0.40~0.60	0.03		0.35	0.50
金属粉型　其他低合金钢焊丝												
E62C-K3	0.15	0.75~2.25	0.80	0.025	0.025	0.50~2.50	0.15	0.25~0.65	0.03		0.35	0.50
E69C-K3												
E76C-K3												
E76C-K4							0.15~0.65					
E83C-K4												
E55C-W2	0.12	0.50~1.30	0.35~0.80	0.030		0.40~0.80	0.45~0.70				0.30~0.75	
E××C-G⑤	—					≥0.50	≥0.30	≥0.20	—		—	

注：除另有注明外，所列单值均为最大值。
① Nb：0.02%~0.10%；N：0.02%~0.07%；(Mn+Ni)≤1.50%。
② 仅适用于自保护焊丝。
③ 对于E×××T×-G和E×××TG-G型号，元素Mn、Ni、Cr、Mo或V至少有一种应符合要求。
④ Nb：0.02%~0.10%；N：0.03%~0.07%；(Mn+Ni)≤1.50%。
⑤ 对于E××C-G型号，元素Ni、Cr或Mo至少有一种应符合要求。

表 B-45 我国目前生产的一些低合金钢药芯焊丝牌号及对应的标准型号

牌 号	相当标准的药芯焊丝型号		
	中国国家标准(GB)	美国焊接学会标准(AWS)	日本工业标准(JIS)
YJ501-1	E501T1	E71T-1	YFW-24
YJ501Ni-1	E501T1	E71T-5	YFW-24
YJ502-1	E501T5	E70T-1	
YJ502R-1	E501T1		
YJ502R-2	E501T4		
YJ507-1	E500T5	E70T-5	
YJ507Ni-1	E500T5		
YJ507TiB-1	E500T5	E70T-5	
YJ507-2	E500T4	E70T-4	YFW-13
YJ507G-2	E500T8	E70T-8	
YJ507R-2	E501T5	E71T-8	TFW-14
YJ507D-2	E500T4	E70T-GS	
YJ707-1	E700T5	E80T5-Ni1	
GFM-60①	E600TX-G	A5.28 E80C-G	
GFM-60Ni①	F650TX-G	A5.28 E90C-G	
GFM-70①	E700TX-G	A5.28 E100C-G	
GFM-50W①	E500TX-W	A5.28 E70C-W	
GFM-50W①	E550TX-W	A5.28 E80C-W	

注：① 哈尔滨焊接研究所研制开发的金属芯型药芯焊丝。

表 B-46 不锈钢药芯焊丝熔敷金属化学成分(GB/T 17583—1999)

焊丝型号	化学成分(质量分数)/%						
	C	Cr	Ni	Mo	Mn	Si	其他
气体保护焊药芯焊丝							
E307T×-×	0.13	18.0~20.5	9.0~10.5	0.5~1.5	3.30~4.75	1.00	—
E308T×-×	0.08	18.0~21.0	9.0~11.0	0.5	0.5~2.5	1.00	—
E308LT×-×	0.04	18.0~21.0	9.0~11.0	0.5	0.5~2.5	1.00	—
E308HT×-×	0.04~0.08	18.0~21.0	9.0~11.0	0.5	0.5~2.5	1.00	—
E308MoT×-×	0.08	18.0~21.0	9.0~12.0	2.0~3.0	0.5~2.5	1.00	—
E308LMoT×-×	0.04	18.0~21.0	9.0~12.0	2.0~3.0	0.5~2.5	1.00	—
E309T×-×	0.10	22.0~25.0	12.0~14.0	0.5	0.5~2.5	1.00	—
E309LCbT×-×	0.04	22.0~25.0	12.0~14.0	0.5	0.5~2.5	1.00	Nb=0.7~1.0
E309LT×-×	0.04	22.0~25.0	12.0~14.0	0.5	0.5~2.5	1.00	—
E309MoT×-×	0.12	21.0~25.0	12.0~16.0	2.0~3.0	0.5~2.5	1.00	—
E309LMoT×-×	0.04	22.0~25.0	12.0~16.0	2.0~3.0	0.5~2.5	1.00	—
E309LNiMoT×-×	0.04	20.5~23.5	15.0~17.0	2.5~3.5	0.5~2.5	1.00	—

续表

焊丝型号	化学成分(质量分数)/%						
	C	Cr	Ni	Mo	Mn	Si	其他
气体保护焊药芯焊丝							
E310T×-×	0.20	25.0~28.0	20.0~22.5	0.5	1.0~2.5	1.00	—
E312T×-×	0.15	28.0~32.0	8.0~10.5	0.5	0.5~2.5	1.00	—
E316T×-×	0.08	17.0~20.0	11.0~14.0	2.0~3.0	0.5~2.5	1.00	—
E316LT×-×	0.04	17.0~20.0	11.0~14.0	2.0~3.0	0.5~2.5	1.00	—
E317LT×-×	0.04	18.0~21.0	12.0~14.0	3.0~4.0	0.5~2.5	1.00	—
E347T×-×	0.08	18.0~21.0	9.0~11.0	0.5	0.5~2.5	1.00	(Nb+Ta)=8C~1.00
E409T×-×	0.10	10.5~13.5	0.60		0.80	1.00	—
E410T×-×	0.12	11.0~13.5	0.60		1.2	1.00	—
E410NiMoT×-×	0.06	11.0~12.5	4.0~5.0	0.4~0.7	1.0	1.00	—
E410NiTiT×-×	0.04	11.0~12.0	3.6~4.5	0.5	0.7	0.50	Ti=10C~1.5
E430T×-×	0.10	15.0~18.0	0.60	0.5	1.2	1.00	—
自保护药芯焊丝							
E307T0-3	0.13	19.5~22.0	9.0~10.5	0.5~1.5	3.30~4.75	1.00	—
E308T0-3	0.08	19.5~22.0	9.0~11.0	0.5	0.5~2.5	1.00	—
E308LT0-3	0.03	19.5~22.0	9.0~11.0	0.5	0.5~2.5	1.00	—
E308HT0-3	0.04~0.08	19.5~22.0	9.0~11.0	0.5	0.5~2.5	1.00	—
E308MoT0-3	0.08	18.0~21.0	9.0~11.0	2.0~3.0	0.5~2.5	1.00	—
E308LMoT0-3	0.03	18.0~21.0	9.0~12.0	2.0~3.0	0.5~2.5	1.00	—
E308HMoT0-3	0.07~0.12	19.0~21.5	9.0~10.7	1.8~2.4	1.25~2.25	0.25~0.80	—
E309T0-3	0.10	23.0~25.5	12.0~14.0	0.5	0.5~2.5	1.00	—
E309LCbT0-3	0.04	23.0~25.5	12.0~14.0	0.5	0.5~2.5	1.00	Nb=0.7~1.0
E309LT0-3	0.03	23.0~25.5	12.0~14.0	0.5	0.5~2.5	1.00	—
E309MoT0-3	0.12	21.0~25.0	12.0~16.0	2.0~3.0	0.5~2.5	1.00	—
E309LMoT0-3	0.04	21.0~25.0	12.0~16.0	2.0~3.0	0.5~2.5	1.00	—
E309LNiMoT×-×	0.04	20.0~23.5	15.0~17.0	2.5~3.5	0.5~2.5	1.00	—
E310T0-3	0.20	25.0~28.0	20.0~22.5	0.5	1.0~2.5	1.00	—
E312T0-3	0.15	28.0~32.0	8.0~10.5	0.5	0.5~2.5	1.00	—
E316T0-3	0.08	18.0~20.5	11.0~14.0	2.0~3.0	0.5~2.5	1.00	—
E316LT0-3	0.03	18.0~20.5	11.0~14.0	2.0~3.0	0.5~2.5	1.00	—
E316LKT0-3	0.04	17.0~20.0	11.0~14.0	2.0~3.0	0.5~2.5	1.00	—
E317LT0-3	0.03	18.5~21.0	13.0~15.0	3.0~4.0	0.5~2.5	1.00	—
E347T0-3	0.08	19.0~21.5	9.0~11.0	0.5	0.5~2.5	1.00	(Nb+Ta)=8C~1.00
E409T0-3	0.10	10.5~13.5	0.6	0.5	0.80	1.00	—
T410T0-3	0.12	11.0~13.5	0.60	0.5	1.0	1.00	—
E410NiMoT0-3	0.06	11.0~12.5	4.0~5.0	0.4~0.7	1.0	1.00	—
E410NiTiT0-3	0.04	11.0~12.0	3.6~4.5	0.5	0.7	0.50	Ti=10C~1.5
E430T0-3	0.10	15.0~18.0	0.60	0.5	1.2	1.00	N=0.08~0.20
E2209T0-3	0.04	21.0~24.0	7.5~10.0	2.5~4.0	0.5~2.0	1.0	N=0.10~0.20
E2553T0-3	0.04	24.0~27.0	8.5~10.5	2.9~3.9	0.5~1.5	0.75	Cu=1.5~2.5
钨极氩弧焊用药芯焊丝							
R308LT1-5	0.03	18.0~21.0	9.0~11.0	0.5	0.5~2.5	1.2	—
R309LT1-5	0.03	22.0~25.0	12.0~14.0	0.5	0.5~2.5	1.2	—
R316LT1-5	0.03	17.0~20.0	11.0~14.0	2.0~3.0	0.5~2.5	1.2	—
R347T1-1	0.08	18.0~21.0	9.0~11.0	0.5	0.5~2.5	1.2	(Nb+Ta)=8C~1.00

注: 1. 表中单值均为最大值。
2. 当对表中给出的元素进行化学成分分析还存在其他元素时,这些元素的总量不得超过0.5%(铁除外)。
3. "T"后面的"X"表示焊接位置,1代表全位置焊接;0代表平焊或横焊;"-"后面的"×"表示保护介质,-1代表CO_2; -3代表自保护; -4代表75%~80%Ar+25%~20%CO_2; -5代表纯氩。
4. 除特别注明外,所有焊丝中的$w(Cu)$不大于0.5%, $w(P)$不大于0.04%, $w(S)$不大于0.03%。

表 B-47 国产熔炼型埋弧焊焊剂牌号、成分及其应用范围

牌号[①]	成分类型	组成成分（质量分数）/%										用途	配用焊丝	适用电源种类
		SiO_2	CaF_2	CaO	MgO	Al_2O_3	MnO	FeO	K_2O+Na_2O	S	P	其他			
HJ130	无锰高硅低氟	35~40	4~7	10~18	14~19	12~16	—	0~2	—	≤0.05	≤0.05	TiO_2 7~11	低碳钢、低合金钢	H10Mn2	交直流
HJ131	无锰高硅低氟	34~38	2.5~4.5	48~55	—	6~9	—	≤1.0	1.5~3.0	≤0.05	≤0.08	—	镍基合金（薄板）	Ni基焊丝	交直流
HJ150	无锰中硅中氟	21~23	25~33	3~7	9~13	28~32	—	≤1.0	≤3	≤0.08	≤0.08	—	轧辊堆焊	2Cr13	直流
HJ172	无锰低硅高氟	3~6	45~55	2~5	—	28~35	1~2	≤0.8	≤3	≤0.05	≤0.05	ZrO_2 2~4 NaF 2~3	高铬铁素体钢	相应钢种焊丝	直流
HJ173	无锰低硅高氟	≤4	45~58	13~20	—	22~33	—	≤1.0	—	≤0.05	≤0.04	ZrO_2 2~4	锰、铝高合金钢	相应钢种焊丝	直流
HJ230	低锰高硅低氟	40~46	7~11	8~14	10~14	10~17	5~10	≤1.5	—	≤0.05	≤0.05	—	低碳钢、低合金钢	H08MnA、H10Mn2	交直流
HJ250	低锰中硅中氟	13~22	23~30	4~8	12~16	18~23	5~8	≤1.5	≤3	≤0.05	≤0.05	—	低合金高强度钢	相应钢种焊丝	直流
HJ251	低锰中硅中氟	13~22	23~30	3~6	14~17	18~23	7~10	≤1.0	—	≤0.08	≤0.05	—	珠光体耐热钢	Cr-Mo钢焊丝	直流

续表

| 牌号[①] | 成分类型 | 组成成分(质量分数)/% ||||||||| 用途 | 配用焊丝 | 适用电源种类 |
		SiO_2	CaF_2	CaO	MgO	Al_2O_3	MnO	FeO	K_2O+Na_2O	S	P	其他			
HJ253	低锰中硅中氟	20~24	24~30	—	13~17	12~16	6~10	≤1.0	—	≤0.08	≤0.05	TiO_2 2~4	低合金高强度钢(薄板)	相应钢种焊丝	直流
HJ260	低锰高硅中氟	29~34	20~25	4~7	15~18	19~24	2~4	≤1.0	—	≤0.07	≤0.07	—	不锈钢、轧辊堆焊	不锈钢焊丝	直流
HJ330	中锰中硅低氟	44~48	3~6	≤3	16~20	≤4	22~26	≤1.5	≤1	≤0.08	≤0.08	—	重要低碳钢及低合金钢	H08MnA, H10Mn2	交直流
HJ350	中锰中硅中氟	30~35	14~20	10~18	—	13~18	14~19	≤1.0	—	≤0.06	≤0.07	—	重要低合金高强度钢	Mn-MoMn-Si及含Ni高强度钢焊丝	交直流
HJ430	高锰高硅低氟	38~45	5~9	≤6	5~7.5	≤5	38~47	≤1.8	—	≤0.10	≤0.10	—	重要低碳钢及低合金钢	H08A, H08MnA	交直流
HJ431	高锰高硅低氟	40~44	3~6.5	≤5.5	—	≤4	34.5~38	≤1.8	—	≤0.10	≤0.10	—	重要低碳钢及低合金钢	H08A, H08MnA	交直流
HJ433	高锰高硅低氟	42~45	2~4	≤4	—	≤3	14~47	≤1.8	0.3~0.5	≤0.15	≤0.10	—	低碳钢	H08A	交直流

注：① 国家标准GB/T 5293—1999、GB/T 12470—2003规定熔炼焊剂型号标注方法为：HJ$x_1 x_2 x_3$H$\times\times\times$，其中x_1表示焊缝金属的拉伸力学性能；x_2表示拉伸和冲击试样的状态；x_3表示焊缝冲击吸收功不小于27J的最低试验温度；H$\times\times\times$表示可配用焊丝牌号。但生产厂商的牌号，即HJabc中，a表示含锰量；b表示含硅量；c表示含氟量，实际中应注意辨识。

表 B-48 国产烧结焊剂牌号、成分及其使用范围

牌号	渣系类别	碱度	主要成分(质量分数)/%				S	P	配用焊丝	用途	适用电源种类
			$SiO_2 + TiO_2$	$CaO + MgO$	$Al_2O_3 + MnO$	CaF_2					
SJ101	氟碱	1.8	2.5	30	25	2.0	≤0.06	≤0.08	H08MnA, H08Mn2MoA, H10Mn2	多层焊、多丝焊	AC、DCRP
SJ102		3.5	10~15	35~45	15~25	20~30			H08Mn2, H08MnMoTi	多层焊、多丝焊	DCRP
SJ104		2.7	30~35	20~25	20~25	20~25			H08MnMoA, H08MnMoTi	窄间隙双丝单焊	
SJ105		2.0	16~22	30~34	18~20	18~25			H08MnA		AC、DCRP
SJ301	硅钙	1.0	25~35	20~30	25~40	5~15			H08A, H08MnA	多层焊、多丝焊	
SJ302		1.1	20~25	20~25	30~40	8~20			H08MnMoA	焊双单焊	
SJ401	硅锰	<1	45	10	40	—	≤0.04	≤0.04	H08A	常规单丝焊	
SJ402		0.7	34~45	40~50	5~15	—			H08A	薄板较高速焊	
SJ403		—	≥45	≥20	≥20	—			H08A	耐磨堆焊	
SJ501	铝钛	0.5~0.8	25~40	45~60	≤10	5	≤0.05	≤0.08	H08, H08MnA, H08MnMoA	多丝较高速焊	DCRP
SJ502		<1	45	30	10	—			H08A	薄板较高速焊	
SJ503		0.7~0.9	25~35	45~60	—	≤17			H08A	常规单丝焊	
SJ601		1.8	5~10	30~40	6~10	40~50	≤0.05	≤0.06	H08A, H08MnA		
SJ604		1.8	5~8	30~35	4~8	40~50			H00Cr21Ni10, H0Cr21NiTi	多道焊不锈钢	
SJ641		2.0	20~25	20~22	15~20	20~25					
CHF602	其他	3.0~3.2	(SiO_2) 8~12	(MgO) 24~30	(Al_2O_3) 8~12	($BaCO_3$) 38~21			H08MnNiMoA, H10Cr2Mo1A	厚壁压力容器	DCRP
CHF603		2.3~2.7	(SiO_2) 6~10	(MgO) 22~28	18~23	($CeCO_3$) 20~24			H13Cr2Mo1A, H11CrMoA, H04Ni13A, H08Mn2Ni2A	CrMo钢 Ni钢	AC、DCRP

表 B-49　我国埋弧焊和电渣焊常用焊剂的选用

焊剂		配用焊丝	被焊材料	
牌号	国标型号		牌号	类型
HJ430 HJ431	HJ401-H08A	H08A	A3、A3R、A3g	普通碳素结构钢
HJ430 HJ431	HJ401-H08A	H08A、H08MnA、H08MnSi	15、20、15g、20g	优质碳素结构钢
HJ330	HJ301-H10Mn2	H10Mn2	25、25g	
HJ430 HJ431	HJ401-H08A	H08A、H08MnA	09MnV、 09Mn2、09Mn2Cu、 09Mn2Si、12Mn、18Nb6	30kg级普通低合金钢
HJ430 HJ431	HJ401-H08A	不开坡口对接 H08A 中板有坡口对接 H08MnA、 H10Mn2、H10MnSi	16Mn、16MnCu、16MnR、 12MnV、16MnRe、 10MnSiCu、14MnNb 14MnNbb	35kg级普通低合金钢
HJ130 HJ230	HJ300-H10Mn2 HJ300-H08MnA	厚板深坡口 H10Mn2， H08MnMoA		
HJ430 HJ431	HJ401-H08A	不开坡口对接 H08MnA 中板有坡口对接 H08Mn2Si H10MnSi H10Mn2	15MnV、15MnVCu、 15MnTi、15MnVRe、 15MnTiCu、14MnMoNb	40kg级普通低合金钢（低合金高强度钢）
HJ250 HJ350	HJ402-H10Mn2	厚板深坡口 H08MnMoA		
HJ350	HJ402-H10Mn2	H10Mn2、H08Mn2Si、 H08MnMoA	15MnVN、14MnVTiRe、 15MnVNCu	45kg级普通低合金钢（低合金高强度钢）
HJ250 HJ350	HJ402-H10Mn2	H08Mn2MoA、H08Mn2MoVA、 H08Mn2NiMo	18MnMoNb、14MnMoV 14MnMoVCu、 14MnMoVN	50kg级普通低合金钢（低合金高强度钢）
HJ250 HJ350	HJ402-H10Mn2	H08Mn2MoVA，H08Mn2NiMo2	14MnMoVB	55kg级普通低合金钢（低合金高强度钢）
HJ250		H08Mn2MoA	09Mn2V、09MnTiCuRe	-70℃低温用钢
HJ250 HJ350		H10CrMo、H12CrMo	12CrMo	铬钼耐热钢
		H12CrMo	15CrMo	
		H08CrMoVA	12Cr1MoV	
		HCr5Mo	Cr5Mo	
HJ260		H0Cr14	0Cr13、1Cr13	不锈钢
		H1Cr13	2Cr13	
		H0Cr19Ni9	0Cr18Ni9、1Cr18Ni9	
HJ260		H0Cr18Ni9Ti、H0Cr18NiSi2	0Cr18Ni9	
		H00Cr19Ni12Mo2	1Cr18Ni9Ti	
		H00Cr22Ni10	00Cr18Ni10	
		H00Cr17Ni13Mo2	0Cr17Ni13Mo2Ti	

附 录 C

表 C-1 优质碳素结构钢的质量等级、磷硫含量和酸浸低倍组织要求

质量等级	杂质(质量分数)/%		疏松和偏析		
	$w(P)$	$w(S)$	一般疏松	中心疏松	锭型偏析
	不大于		级别,不大于		
优质钢	0.035	0.035	3.0	3.0	3.0
高级优质钢	0.030	0.030	2.5	2.5	2.5
特级优质钢	0.025	0.020	2.0	2.0	2.0

表 C-2 优质碳素结构钢牌号、统一数字代号及化学成分(GB/T 699—1999)

统一数字代号	牌号	化学成分(质量分数)/%					
		C	Si	Mn	Cr	Ni	Cu
					不大于		
U20080	08F	0.05~0.11	≤0.03	0.25~0.50	0.10	0.30	0.25
U20100	10F	0.07~0.13	≤0.07	0.25~0.50	0.15	0.30	0.25
U20150	15F	0.12~0.18	≤0.07	0.25~0.50	0.25	0.30	0.25
U20082	08	0.05~0.11	0.17~0.37	0.35~0.65	0.10	0.30	0.25
U20102	10	0.07~0.13	0.17~0.37	0.35~0.65	0.15	0.30	0.25
U20152	15	0.12~0.18	0.17~0.37	0.35~0.65	0.25	0.30	0.25
U20202	20	0.17~0.23	0.17~0.37	0.35~0.65	0.25	0.30	0.25
U20252	25	0.22~0.29	0.17~0.37	0.50~0.80	0.25	0.30	0.25
U20302	30	0.27~0.34	0.17~0.37	0.50~0.80	0.25	0.30	0.25
U20352	35	0.32~0.39	0.17~0.37	0.50~0.80	0.25	0.30	0.25
U20402	40	0.37~0.44	0.17~0.37	0.50~0.80	0.25	0.30	0.25
U20452	45	0.42~0.50	0.17~0.37	0.50~0.80	0.25	0.30	0.25
U20502	50	0.47~0.55	0.17~0.37	0.50~0.80	0.25	0.30	0.25
U20552	55	0.52~0.60	0.17~0.37	0.50~0.80	0.25	0.30	0.25
U20602	60	0.57~0.65	0.17~0.37	0.50~0.80	0.25	0.30	0.25
U20652	65	0.62~0.70	0.17~0.37	0.50~0.80	0.25	0.30	0.25
U20702	70	0.67~0.75	0.17~0.37	0.50~0.80	0.25	0.30	0.25
U20752	75	0.72~0.80	0.17~0.37	0.50~0.80	0.25	0.30	0.25
U20802	80	0.77~0.85	0.17~0.37	0.50~0.80	0.25	0.30	0.25
U20852	85	0.82~0.90	0.17~0.37	0.50~0.80	0.25	0.30	0.25
U21152	15Mn	0.12~0.18	0.17~0.37	0.70~1.00	0.25	0.30	0.25
U21202	20Mn	0.17~0.23	0.17~0.37	0.70~1.00	0.25	0.30	0.25
U21252	25Mn	0.22~0.29	0.17~0.37	0.70~1.00	0.25	0.30	0.25
U21302	30Mn	0.27~0.34	0.17~0.37	0.70~1.00	0.25	0.30	0.25
U21352	35Mn	0.32~0.39	0.17~0.37	0.70~1.00	0.25	0.30	0.25
U21402	40Mn	0.37~0.44	0.17~0.37	0.70~1.00	0.25	0.30	0.25
U21452	45Mn	0.42~0.50	0.17~0.37	0.70~1.00	0.25	0.30	0.25
U21502	50Mn	0.48~0.56	0.17~0.37	0.70~1.00	0.25	0.30	0.25

续表

统一数字代号	牌号	化学成分(质量分数)/%					
		C	Si	Mn	Cr	Ni	Cu
					不大于		
U21602	60Mn	0.57~0.65	0.17~0.37	0.70~1.00	0.25	0.30	0.25
U21652	65Mn	0.62~0.70	0.17~0.37	0.90~1.20	0.25	0.30	0.25
U21702	70Mn	0.67~0.75	0.17~0.37	0.90~1.20	0.25	0.30	0.25

注：1. 该表中的牌号为优质钢。如果是高级优质钢，在牌号后面加"A"（统一数字代号最后一位数字改为"3"）；如果是特级优质钢，在牌号后面加"E"（统一数字代号最后一位数字改为"6"）；对于沸腾钢，牌号后面为"F"（统一数字代号最后一位数字为"0"）；对于半镇静钢，牌号后面为"b"（统一数字代号最后一位数字为"1"）。

2. 钢的硫、磷含量应符合表C-1的规定。

3. 使用废钢冶炼的钢允许 $w(Cu)$ 不大于0.30%。热压力加工用钢的 $w(Cu)$ 应不大于0.20%。

4. 08钢用铅脱氧冶炼镇静钢，$w(Mn)$ 下限为0.25%，$w(Si)$ 不大于0.30%，$w(Al)$ 为0.02%~0.07%。此时钢的牌号为08Al。

5. 氧气转炉冶炼的钢其 $w(N)$ 应不大于0.008%。供方能保证合格时，可不做分析。

6. 除非合同中另有规定，冶炼方法由生产厂自行选择。

表C-3 优质碳素结构钢的力学性能（GB/T 699—1999）

牌号	试样毛坯尺寸/mm	推荐热处理/℃			力学性能					钢材交货状态硬度 HBS10/3000 不大于	
		正火	淬火	回火	σ_b/MPa	σ_s/MPa	δ_5/%	ψ/%	A_{KV2}/J	未热处理钢	退火钢
					不小于						
08F	25	930	—	—	295	175	35	60	—	131	—
10F	25	930	—	—	315	185	33	55	—	137	—
15F	25	920	—	—	355	205	29	55	—	143	—
08	25	930	—	—	325	195	33	60	—	131	—
10	25	930	—	—	335	205	31	55	—	137	—
15	25	920	—	—	375	225	27	55	—	143	—
20	25	910	—	—	410	245	25	55	—	156	—
25	25	900	870	600	450	275	23	50	71	170	—
30	25	880	860	600	490	295	21	50	63	179	—
35	25	870	850	600	530	315	20	45	55	197	—
40	25	860	840	600	570	335	19	45	47	217	187
45	25	850	840	600	600	355	16	40	39	229	197
50	25	830	830	600	630	375	14	40	31	241	207
55	25	820	820	600	645	380	13	35	—	255	217
60	25	810	—	—	675	400	12	35	—	255	229
65	25	810	—	—	695	410	10	30	—	255	229
70	25	790	—	—	715	420	9	30	—	269	229
75	试样	—	820	480	1080	880	7	30	—	285	241
80	试样	—	820	480	1080	930	6	30	—	285	241
85	试样	—	820	480	1130	980	6	30	—	302	255
15Mn	25	920	—	—	410	245	26	55	—	163	—
20Mn	25	910	—	—	450	275	24	50	—	197	—
25Mn	25	900	870	600	490	295	22	50	71	207	—

续表

牌号	试样毛坯尺寸/mm	推荐热处理/℃			力学性能					钢材交货状态硬度 HBS10/3000 不大于	
		正火	淬火	回火	σ_b/MPa	σ_s/MPa	δ_5/%	ψ/%	A_{KV2}/J	未热处理钢	退火钢
					不小于						
30Mn	25	880	860	600	540	315	20	45	63	217	187
35Mn	25	870	850	600	560	335	18	45	55	229	197
40Mn	25	860	840	600	590	355	17	45	47	229	207
45Mn	25	850	840	600	620	375	15	40	39	241	217
50Mn	25	830	830	600	645	390	13	40	31	255	217
60Mn	25	810	—	—	695	410	11	35	—	269	229
65Mn	25	830	—	—	735	430	9	30	—	285	229
70Mn	25	790	—	—	785	450	8	30	—	285	229

注：1. 用热处理(正火)毛坯制成的试样测定钢材的纵向力学性能(不包括冲击吸收功)应符合本表的规定。以热轧或热锻状态交货的钢材，如供方能保证力学性能合格时，可不进行试验。

2. 根据需方要求，用热处理(淬火+回火)毛坯制成试样测定 25~50、25Mn~50Mn 钢的冲击吸收功应符合本表的规定。直径小于 16mm 的圆钢和厚度不大于 12mm 的方钢、扁钢、不做冲击试验。

3. 表中所列的力学性能仅适用于截面尺寸不大于 80mm 的钢材。对于大于 80mm 的钢材，允许其断后伸长率、断面收缩率比表中的规定分别降低 2%(绝对值)及 5%(绝对值)。用尺寸大于 80~120mm 的钢材改锻(轧)成 70~80mm 的试料取样检验时，其试验结果应符合本表的规定。用尺寸大于 120~250mm 的钢材改锻(轧)成 90~100mm 的试料取样检验时，其试验结果应符合本表的规定。

4. 通常以热轧或热锻状态交货。如需方有需求，并在合同中注明，也可以以热处理(退火、正火或高温回火)状态或特殊表面状态交货。表中所列正火推荐保温时间不少于 30min，空冷；淬火推荐保温时间不少于 30min，70 钢、80 钢和 85 钢油冷，其余钢水冷；回火推荐保温时间不少于 1h。

5. 切削加工用钢材或冷拔坯料用钢材的交货状态硬度应符合本表的规定。

表 C-4 容器用 16Mn 钢的化学成分及力学性能

容器用 16Mn 钢的化学成分(质量分数)/%						
钢号	C	Mn	Si	S	P	Cu
16Mn	0.12~0.20	1.20~1.60	0.20~0.60	≤0.050	≤0.050	≤0.35
16MnR	≤0.20	1.20~1.60	0.20~0.60	≤0.045	≤0.040	≤0.35
16Mng	0.12~0.20	1.20~1.60	0.20~0.60	≤0.045	≤0.040	≤0.35
16MngC	0.12~0.20	1.20~1.60	0.20~0.60	≤0.040	≤0.040	≤0.20

容器用 16Mn 的力学性能				
钢号	钢材厚度/mm	σ_b/MPa	σ_s/MPa	δ_5/%	α_K/(J/cm²)
16Mn	≤16	≥510	≥343	≥21	≥58.8(室温) ≥29.4(-40℃)
	17~25	≥490	≥324	≥19	≥58.8(室温) 29.4(-40℃)
16MnR	6~16	≥510	≥343	≥21	≥58.8(室温)
	17~26	≥490	≥324	≥20	≥58.8(室温)

续表

钢 号	钢材厚度/mm	σ_b/MPa	σ_s/MPa	δ_5/%	α_K/(J/cm^2)
16Mng	6~16	≥510	≥343	≥21	≥58.8(室温)
	17~26	≥490	≥324	≥19	≥29.4(时效)
16MngC	6	≥510	≥353	≥21	≥68.6(室温)

表 C-5　15MnTi 和 15MnV 钢的化学成分及力学性能

15MnTi 和 15MnV 钢的化学成分(质量分数)/%

钢 号	C	Mn	Si	S	P	其 他
15MnTi	0.12~0.18	1.20~1.60	0.20~0.60	≤0.050	≤0.050	Ti：0.12~0.20　Cu≤0.35
15MnV	0.12~0.18	1.20~1.60	0.20~0.60	≤0.050	≤0.050	V：0.04~0.12　Cu≤0.35
15MnVR	≤0.18	1.20~1.60	0.20~0.60	≤0.045	≤0.040	V：0.04~0.12　Cu≤0.35
15MnVg	0.10~0.18	1.20~1.60	0.20~0.60	≤0.040	≤0.045	V：0.04~0.12　Cu≤0.35
15MnVgC	0.12~0.18	1.20~1.60	0.20~0.50	≤0.040	≤0.040	V：0.05~0.15　Cu≤0.35

15MnTi 和 15MnV 钢的力学性能

钢 号	供货状态	钢材厚度/mm	σ_b/MPa	σ_s/MPa	δ_5/%	α_K/(J/cm^2)
15MnTi		≤25	≥530	≥392	≥19	≥58.8(室温)
		26~40	≥510	≥373		≥29.4(-40℃)
15MnV		5~16	≥530	≥392	≥18	≥58.8(室温)
		17~25	≥510	≥373	≥17	≥29.4(-40℃)
		26~36	≥490	≥353	≥17	
		38~50	≥490	≥334	≥17	
15MnVR	热轧	6~16	≥530	≥392	≥18	≥58.8(室温)
		17~26	≥510	≥373	≥17	
		27~36	≥510	≥353	≥17	
		37~60	≥490	≥334	≥17	
15MnVg	热轧或热处理	6~16	≥530	≥392	≥18	≥58.8(室温)
		17~26	≥510	≥373	≥17	≥29.4(时效)
		27~36	≥510	≥353	≥17	
		37~60	≥490	≥334	≥17	
15MnVgC			≥550	≥412	≥19	≥58.8(室温)

表 C-6　常用440MPa级低合金高强度钢的化学成分及力学性能

常用440MPa级低合金高强钢的化学成分(质量分数)/%

钢号	C	Mn	Si	V	S	P	其他
15MnVN	0.12~0.20	1.30~1.70	0.20~0.60	0.10~0.20	≤0.050	≤0.050	N：0.010~0.020 Cu≤0.35 Cr≤0.30 Ni≤0.30
14MnVTiRe	≤0.18	1.30~1.60	0.20~0.60	0.04~0.10	≤0.050	≤0.050	Ti：0.09~0.16 Re≤0.2 Cu≤0.35

常用440MPa级低合金高强钢的力学性能

钢号	钢材板厚/mm	σ_b/MPa	σ_s/MPa	δ_5/%	α_K/(J/cm²)
15MnVN	≤10	≥590	≥442	≥17	
15MnVN	11~25	≥570	≥442	≥18	
15MnVN	26~50	≥530	≥392	≥17	
14MnVTiRe	≤12	≥550	≥442	≥18	≥58.8(室温) ≥29.4(-40℃)
14MnVTiRe	13~30	≥530	≥412	≥18	

表 C-7　常用490MPa级低合金高强度钢的化学成分及力学性能

常用490MPa级低合金高强钢的化学成分(质量分数)/%

钢号	C	Mn	Si	V	Mo	其他	S	P
14MnMoV	0.10~0.18	1.20~1.60	0.20~0.50	0.05~0.15	0.45~0.65	Cu≤0.35	≤0.045	≤0.040
14MnMoVg	0.10~0.18	1.20~1.60	0.20~0.50	0.05~0.15	0.40~0.65	Cu≤0.35	≤0.045	≤0.040
14MnMoVgC	0.10~0.16	1.10~1.70	0.17~0.37	0.04~0.10			≤0.040	≤0.040
18MnMoNb	0.17~0.23	1.35~1.65	0.17~0.37		0.45~0.65	Nb：0.025~0.050 Cu≤0.35	≤0.045	≤0.040
18MnMoNbR	0.17~0.23	1.35~1.65	0.17~0.37		0.45~0.65	Nb：0.025~0.050	≤0.040	≤0.040
18MnMoNbg	0.17~0.23	1.35~1.65	0.17~0.37		0.45~0.65	Nb：0.025~0.050 Cu≤0.35	≤0.045	≤0.040

常用490MPa级低合金高强钢的力学性能

钢号	供货状态	钢材板厚/mm	σ_b/MPa	σ_s/MPa	δ_5/%	α_K/(J/cm²)
14MnMoV	正火+回火	30~115	≥638	≥490	≥16	≥68.6(室温)
14MnMoVg	正火+回火	30~60	≥638	≥490	≥16	≥68.6(室温)
14MnMoVg	正火+回火	60~115	≥588	≥442	≥16	≥29.4(时效)

续表

钢 号	供货状态	钢材板厚/mm	σ_b/MPa	σ_s/MPa	δ_5/%	α_K/(J/cm²)
14MnMoVgC			≥638	≥490	≥16	≥58.8(室温)
18MnMoNb	正火+回火	16~38	≥638	≥520	≥17	≥68.6(室温)
		40~95	≥638	≥490	≥16	
		100~115	≥588	≥442	≥15	
	调质	40~115	≥687	≥540	≥15	
18MnMoNbR	正火+回火	16~38	≥638	≥510	≥16	≥68.6(室温)
		40~95	≥638	≥490	≥16	
		100~115	≥588	≥442	≥16	
18MnMoNbg	正火+回火	16~38	≥638	≥510	≥17	≥68.6(室温) ≥29.4(时效)
		40~95	≥638	≥490	≥16	
		100~115	≥588	≥442	≥16	

表C-8 14MnMoVB钢的化学成分及力学性能

14MnMoVB钢的化学成分(质量分数)/%							
钢 号	C	Mn	Si	Mo	V	S	P	其他
14MnMoVB	0.09~0.15	1.00~1.30	0.17~0.37	0.30~0.60	0.04~0.10	≤0.035	≤0.035	B:0.002~0.006
14MnMoVBRe	0.09~0.15	1.00~1.30	0.17~0.37	0.30~0.40	0.40~0.10	≤0.035	≤0.035	B:0.002~0.006 Re:0.15~0.20

14MnMoVB钢的力学性能						
钢 号	供货状态	钢材板厚/mm	σ_b/MPa	σ_s/MPa	δ_5/%	α_K/(J/cm²)
14MnMoVB	热轧	6~10	≥638	≥540	≥16	≥58.8(室温)
14MnMoVBRe	热轧	6~10	≥638	≥490	≥16	≥58.8(室温)

表C-9 一些国产低碳低合金钢的化学成分

钢 号	化学成分(质量分数)/%									
	C	Si	Mn	P	S	Cr	Ni	Mo	V	其他
07MnCrMoVR	≤0.09	0.15~0.40	1.20~1.60	≤0.030	≤0.020	0.10~0.30	≤0.30	0.10~0.30	0.02~0.06	B≤0.003
07MnCrMoVDR	≤0.09	0.15~0.40	1.20~1.60	≤0.030	≤0.020	0.10~0.30	0.20~0.50	0.10~0.30	0.02~0.06	B≤0.003
07MnCrMoV-D	≤0.11	0.15~0.40	1.20~1.60	≤0.030	≤0.020	≤0.30	≤0.30	≤0.30	0.02~0.06	B≤0.003
07MnCrMoV-E	≤0.11	0.15~0.40	1.20~1.60	≤0.030	≤0.020	≤0.30	0.50	≤0.30	0.02~0.06	B≤0.003

续表

钢号	化学成分(质量分数)/%									
	C	Si	Mn	P	S	Cr	Ni	Mo	V	其他
WCF-62	≤0.09	0.15~0.40	1.20~1.60	≤0.030	≤0.020	≤0.30	≤0.50	≤0.30	0.02~0.06	B≤0.003
WCF-80	0.06~0.11	0.15~0.35	0.80~1.00	≤0.030	≤0.020	0.30~0.60	0.60~1.20	0.30~0.55	0.02~0.06	B≤0.003
HQ60	0.09~0.16	0.20~0.60	0.90~1.50	≤0.030	≤0.025	≤0.30	0.30~0.60	0.08~0.20	0.03~0.08	—
HQ70	0.09~0.16	0.15~0.40	0.60~1.20	≤0.030	≤0.030	0.30~0.60	0.30~1.00	0.20~0.40	V+Nb ≤0.10	Cu0.15~0.50 B0.0005~0.003
HQ80C	0.10~0.16	0.15~0.35	0.60~1.20	≤0.025	≤0.015	0.60~1.20	Cu0.15~0.50	0.30~0.60	0.03~0.08	B0.0005~0.005
HQ100	0.10~0.18	0.15~0.35	0.80~1.40	≤0.030	≤0.030	0.40~0.80	0.70~1.50	0.30~0.60	0.03~0.08	Cu0.15~0.50
14MnMo	≤0.16	0.20~0.50	1.20~1.60	≤0.040	≤0.040	—	—	0.40~0.60		加RE
14MnMoNbB	0.12~0.18	0.15~0.35	1.30~1.80	≤0.030	≤0.030	Nb0.02~0.07	Cu≤0.40	0.45~0.70		B0.0005~0.005
15MnMoVNRE	≤0.18	≤0.60	≤1.70	≤0.035	≤0.030	—	—	0.35~0.60	0.03~0.08	N0.02~0.03 RE0.10~0.20
12Ni3CrMoV	0.07~0.14	0.17~0.37	0.30~0.60	≤0.020	≤0.015	0.90~1.20	2.60~3.00	0.20~0.27	0.04~0.10	—

表 C-10 一些国产低碳低合金调质钢的力学性能

钢号或名称	板厚/mm	σ_b/MPa	σ_s/MPa	δ_5/%	180°冷弯完好 d=弯心直径 a=试样厚度	A_{KV}/J	热处理状态
07MnCrMoVR 07MnCrMoVDR	16~50	610~740	≥490	≥17	$d=3a$	-40℃ ≥47	调质
07MnCrMoV-D 07MnCrMoV-E	12~60	570~710	≥450	≥17	$d=3a$	-40℃ ≥47	调质
WCF-62	—	610~740	≥495	≥17	—	-20℃ ≥47	调质
WCF-80	—	785~930	≥685	≥15	—	-40℃ ≥29	调质
HQ60	≤50	≥590	≥450	≥16	$d=3a$	-10℃ ≥47 -40℃ ≥29	调质
HQ70	≤50	≥680	≥590	≥17	$d=3a$	-20℃ ≥39 -40℃ ≥29	调质
HQ80C	20~50	≥785	≥685	≥16	$d=3a$	-20℃ ≥47 -40℃ ≥29	调质

续表

钢号或名称	板厚/mm	σ_b/MPa	σ_s/MPa	δ_5/%	180°冷弯完好 d = 弯心直径 a = 试样厚度	A_{KV}/J	热处理状态
HQ100	8~50	≥950	≥880	≥10	$d=3a$	−25℃ ≥27	调质
14MnMo	12~50	590~735	≥490	—	—	−40℃ ≥27	调质
14MnMoNbB	20~50	755~960	≥685	≥14	(120°) $d=3a$	A_{KU}/(J/cm²) ≥39	调质
15MnMoVNRE	8~42	≥785	≥685	—	—	−40℃ ≥21	调质
12Ni3CrMoV	≥16	—	588~745	≥16	—	−20℃ ≥64	调质

表 C−11　一些常用低碳调质钢热处理制度及组织

钢号或名称	热处理制度	组织
07MnCrMoVR 07MnCrMoVDR 07MnCrMoV−D 07MnCrMoV−E	调质处理	回火贝氏体 + 回火马氏体 + 贝氏体
HQ60	980℃水淬 + 680℃回火	回火索氏体
HQ70	920℃水淬 + 680℃回火	亚共析铁素体 + 球状渗碳体
HQ80	920℃水淬 + 660℃回火	回火索氏体 + 弥散碳化物
HQ100	920℃水淬 + 620℃回火 (12mm以下板轧后空冷 + 620℃回火)	回火索氏体
14MnMoNbB	920℃水淬 + 625℃回火	—
A533−B	843℃水淬 + 593℃回火	贝氏体 + 马氏体(薄板) 铁素体 + 贝氏体(厚板)
12NiCrMoV	880℃水淬 + 680℃回火	回火贝氏体 + 回火马氏体
HY−130	820℃水淬 + 590℃回火	回火贝氏体 + 回火马氏体

表 C−12　容器用590MPa级低合金高强度钢的化学成分及力学性能

容器用590MPa级低合金高强钢的化学成分(质量分数)/%										
钢　号	C	Mn	Si	Cr	Ni	Mo	V	S	P	其他
12Ni3CrMoV	0.09~ 0.14	0.30~ 0.60	0.17~ 0.37	0.90~ 1.20	2.60~ 3.00	0.20~ 0.27	0.04~ 0.10	≤0.030	≤0.030	
12MnCrNiMoVCu	0.09~ 0.14	0.60~ 1.00	0.15~ 0.35	0.40~ 0.80	0.70~ 1.00	0.40~ 0.60	0.03~ 0.08	≤0.030	≤0.030	Cu: 0.15~0.50 Ti、B 微量

容器用590MPa级低合金高强钢的力学性能				
钢　号	钢材板厚/mm	σ_b/MPa	σ_s/MPa	δ_5/%	α_K/(J/cm²)
12Ni3CrMoV	10~35	≥657	≥588	≥16	≥78.4(室温)
12MnCrNiMoVCu	10~35	≥657	≥588	≥16	≥78.4(室温)

表 C-13 一些常用中碳调质钢的化学成分

钢 号	化学成分(质量分数)/%									标准
	C	Si	Mn	Cr	Ni	Mo	V	S	P	
27SiMn	0.24~0.32	1.10~1.40	1.10~1.40	—	—	—	—	≤0.035	≤0.035	GB/T 3077—1999
40Cr	0.37~0.44	0.17~0.37	0.50~0.80	0.80~1.10				≤0.035	≤0.035	GB/T 3077—1999 ASTM 5140
30CrMo	0.26~0.34	0.17~0.37	0.40~0.70	0.80~1.10		0.15~0.25		≤0.035	≤0.035	GB/T 3077—1999 ASTM 4130
35CrMo	0.32~0.40	0.17~0.37	0.40~0.70	0.80~1.10		0.15~0.25		≤0.035	≤0.035	GB/T 3077—1999 ASTM-A649-70P
30CrMnSi	0.27~0.34	0.90~1.20	0.80~1.10	0.80~1.10				≤0.035	≤0.035	GB/T 3077—1999 GOST-30ChGs
30CrMnSiA	0.28~0.35	0.90~1.20	0.80~1.10	0.80~1.10	≤0.04			≤0.02	≤0.02	HB 5269
30CrMnSiNi2A	0.27~0.37	0.90~1.20	1.00~1.30	0.90~1.20	1.40~1.80			≤0.02	≤0.02	HB 5269
34CrNi3MoA	0.30~0.40	0.27~0.37	0.50~0.80	0.70~1.10	2.75~3.25	0.25~0.40		≤0.03	≤0.03	—
40CrMnMo	0.37~0.45	0.17~0.37	0.90~1.20	0.90~1.20		0.20~0.30		≤0.035	≤0.035	GB/T 3077—1999 BS970-708A42
40CrNiMoA	0.37~0.44	0.17~0.37	0.50~0.80	0.60~0.90	1.25~1.65	0.15~0.25		≤0.025	≤0.025	GB/T 3077—1999 JISG4103SNCM240
40CrMnSiMoVA	0.36~0.40	1.20~1.60	0.80~1.20	1.20~1.50		0.45~0.60	0.07~0.12	≤0.02	≤0.02	HB 5024
40CrNi2Mo	0.38~0.43	0.15~0.35	0.65~0.85	0.70~0.90	1.65~2.00	0.20~0.30		≤0.025	≤0.025	AISI 4340
H11	0.30~0.40	0.80~1.20	0.20~0.40	4.75~5.50		1.25~1.75	0.30~0.50	≤0.01	≤0.01	AMS 4637D
D6AC	0.42~0.48	0.15~0.35	0.60~0.90	0.90~1.20	0.40~0.70	1.00~1.10	0.05~0.10	≤0.015	≤0.015	ASM 6439B

表 C-14 一些常用中碳调质钢的力学性能

钢 号	热处理工艺参数	σ_b/MPa ≥	σ_s/MPa ≥	δ_5/% ≥	φ/% ≥	A_{KV}/J ≥	HB$_{max}$（退火或高温回火）
27SiMn	920℃淬火(水) 450℃回火(水或油)	980	835	12	40	39	217
40Cr	850℃淬火(水) 520℃回火(水或油)	980	785	9	45	47	207

续表

钢号	热处理工艺参数	σ_b/MPa ≥	σ_s/MPa ≥	δ_5/% ≥	φ/% ≥	A_{KV}/J ≥	HB_{max}（退火或高温回火）
30CrMo(A)	880℃淬火（水） 540℃回火（水或油）	930	785	12	50	63	229
35CrMo(A)	850℃淬火（水） 550℃回火（水或油）	980	835	12	45	63	229
30CrMnSi	880℃淬火（水） 520℃回火（水或油）	1080	885	10	45	39	229
30CrMnSiA	锻件880℃淬火（油） 540℃回火（油）	1080	835	10	45	[α_{KV}/(kJ/m²)] 490	383
30CrMnSiNi2A	890℃淬火（油） 200~300℃回火（空）	1570		9	45	[α_{KV}/(kJ/m²)] 590	444
34CrNi3MoA	860℃淬火（油） 580~670℃回火	931	833	12	35	31	341
40CrMnMo	850℃淬火（油） 600℃回火（水或油）	980	785	10	45	63	217
40CrNiMoA	850℃淬火（油） 600℃回火（水或油）	980	835	12	55	78	269
40CrMnSiMoVA（棒材）	870℃淬火（油） 300℃回火两次，AC	1860	1515	8	—	[α_{KV}/(kJ/m²)] 780	—
40CrNi2Mo	800~850℃淬火（油） 635℃回火	965~1102					
H11	980~1040℃空淬 540℃回火 480℃回火	1725~2070		—			
D6AC	880℃淬火（油） 550℃回火	1570	1470	14	50	25	

表 C-15 常用低合金超高强度钢的化学成分及力学性能

常用低合金超高强度钢的化学成分（质量分数）/%

钢号	C	Mn	Si	Cr	Ni	S	P	C_E[2]
30CrMnSiA[1]	0.28~0.35	0.8~1.1	0.9~1.2	0.8~1.1	≤0.30	≤0.030	≤0.035	0.67
30CrMnSiNi2A	0.27~0.34	1.0~1.3	0.9~1.2	0.9~1.2	1.4~1.8	≤0.025	≤0.025	0.80

注：①因其焊接特点相似于低合金超高强度钢，故列入此类。
②按 JIWC$_E$ 公式计算。

常用低合金超高强度钢的力学性能

钢号	热处理规范	σ_b/MPa	σ_s/MPa	δ_5/%	ψ/%	α_K/(J/cm²)
30CrMnSiA	870~890℃油淬 510~550℃回火	≥1078	≥833	≥10	≥40	≥49
30CrMnSiA	870~890℃油淬 200~260℃回火	≥1568		≥5		≥24.5
30CrMnSiNi2A	890~910℃油淬 200~300℃回火	≥1568	≥1372	≥9	≥45	≥58.8

表 C-16 中碳调质钢用焊条、焊丝熔敷金属力学性能及用途

焊材牌号	热处理状态	σ_b/MPa	σ_s/MPa	δ_5/%	A_{KV}/J	适用钢种
HTJ-3	焊后淬火、回火	980			40	30CrMnSiA
J857Cr	600~650℃回火	≥830	≥740	≥12	≥27(常温)	35CrMo 30CrMo
J857CrNi	焊态	≥830	≥740	≥12	≥27 (-50℃)	
J907Cr	600~650℃回火	≥880	≥780	≥12	—	35CrMo(A), 30CrMo(A) 40Cr, 40CrMnMo, 40CrNiMo
J107Cr	880℃油淬 520℃回火空冷	≥980	≥880	≥12	≥27(常温)	35CrMo(A), 30CrMnSi(A) 40Cr, 40CrMnMo, 40CrNiMo
HS-70①	焊态	749	664	20.8	65(-40℃)	35CrMo(A), 30CrMo(A), 40Cr
HS-80②	焊态	798	764	21.2	113(-40℃)	35CrMo(A), 30CrMo(A), 40Cr
HS-80②	580℃消除应力 热处理	850	794	18	102(-40℃)	35CrMo(A), 30CrMo(A), 40Cr
H08MnCrNiMoA	—	—	—	—	—	D6AC
H10Cr2MoVA	—	—	—	—	—	D6AC 板厚5mm
H18CrMoA	—	—	—	—	—	35CrMo(A)
H08Mn2SiA	焊态	500	420	22	≥47(常温)	35CrMo(A), 30CrMo(A), 40Cr

注：① CO_2 气保护焊。
② Ar+CO_2 或 Ar+O_2 气体保护焊。

表 C-17 我国低合金耐候钢的化学成分(GB/T 4171.4172—2000)

标准号	牌号	相当GB/T 4172—1984牌号	化学成分(质量分数)/%							
			C	Si	Mn	P	S	Cu	Cr	Ni
GB/T 4172—2000	Q235NH	16CuCr①	≤0.15	0.15~ 0.40	0.20~ 0.60	≤0.035	≤0.035	0.20~ 0.50	0.40~ 0.80	—
	Q295NH	12MnCuCr①	≤0.15	0.15~ 0.50	0.60~ 1.00	≤0.035	≤0.035	0.20~ 0.50	0.40~ 0.80	—
	Q355NH	15MnCuCr①	≤0.16	≤0.50	0.90~ 1.50	≤0.035	≤0.035	0.20~ 0.50	0.40~ 0.80	—
	Q460NH	15MnCuCr —QT②	0.10~ 0.18	≤0.50	0.90~ 1.50	≤0.035	≤0.035	0.20~ 0.50	0.40~ 0.80	—
GB/T 4171—2000	Q295GNH	09CuP(RE) 09CuPTiRE	≤0.12	0.20~ 0.40	0.20~ 0.60	0.07~ 0.15	≤0.035	0.25~ 0.55	Ti≤0.1	RE: 0.15 加入量

续表

标准号	牌号	相当 GB/T 4172—1984 牌号	化学成分(质量分数)/%							
			C	Si	Mn	P	S	Cu	Cr	Ni
GB/T 4171—2000	Q295GNHL	09CuPCrNi-B③	≤0.12	0.10~0.40	0.20~0.50	0.07~0.12	≤0.035	0.25~0.45	0.30~0.65	0.25~0.50
	Q345GNH	—	≤0.12	0.20~0.60	0.50~0.90	0.07~0.12	≤0.035	0.25~0.50	Ti≤0.03	RE:0.15 加入量
	Q345GNHL	09CuPCrNi-A③	≤0.12	0.25~0.75	0.20~0.50	0.07~0.15	≤0.035	0.25~0.55	0.30~1.25	≤0.65
	Q390GNH	—	≤0.12	0.15~0.60	≤1.40	0.07~0.12	≤0.035	0.25~0.55	Ti≤0.10	RE≤0.12 加入量

注：① 为了改善钢的性能，可添加下列一种或数种微合金元素：$w(Al) \geq 0.015\%$、$w(Nb) = 0.015\% \sim 0.050\%$、$w(V) = 0.02\% \sim 0.15\%$、$w(Ti) = 0.02\% \sim 0.10\%$、$w(Ni) \leq 0.65\%$、$w(Mo) \leq 0.30\%$、$w(Zr) \leq 0.15\%$。
② "—QT"表示该钢为淬火+回火交货。
③ 为了改善钢的性能，可添加一种或数种微合金元素，如 V、Ti、Nb、RE 等。

表 C-18　我国低合金耐候钢的力学性能(GB/T 4171、4172—2000)

标准号	牌号	钢材厚度/mm	σ_s/MPa	σ_b/MPa	δ_5/%	180°冷弯 d=弯心直径 a=试样厚度	冲击性能		
							质量等级	温度/℃	A_{KV}/J
GB/T 4172—2000	Q235NH	≤16	235	360~490	25	$d=a$	C	0	34
		>16~40	225		25		D	-20	
		>40~60	225		24	$d=2a$	E	-40	27
		>60	215		23				
	Q295NH	≤16	295	420~560	24	$d=2a$	C	0	34
		>16~40	285		24		D	-20	
		>40~60	275		23	$d=3a$	E	-40	27
		>60~100	255		22				
	Q355NH	≤16	355	490~630	22	$d=2a$	C	0	34
		>16~40	345		22		D	-20	
		>40~60	335		21	$d=3a$	E	-40	27
		>60~100	325		20				
	Q460NH	≤16	460	550~710	22	$d=2a$	D	-20	34
		>16~40	450		22				
		>40~60	440		21	$d=3a$	E	-40	27
		>60~100	430		20				
GB/T 4171—2000	Q295GNH	≤6	295	390	24	$d=a$	—	0	27
		>6				$d=2a$		-20	
	Q295GNHL	≤6	295	430	24	$d=a$	—	0	27
		>6				$d=2a$		-20	

附录 C

续表

标准号	牌号	钢材厚度/mm	σ_s/MPa	σ_b/MPa	δ_5/%	180°冷弯 d=弯心直径 a=试样厚度	冲击性能 质量等级	温度/℃	A_{KV}/J
GB/T 4171—2000	Q345GNH	≤6	345	440	22	$d=a$	—	0	27
		>6				$d=2a$		-20	
	Q345GNHL	≤6	345	480	22	$d=a$	—	0	27
		>6				$d=2a$		-20	
	Q390GNH	≤6	390	490	22	$d=a$	—	0	27
		>6				$d=2a$		-20	

注：1. 表中单值均为最小值。
2. 冲击试件纵向取样。

表 C-19 几种典型耐海水腐蚀钢的化学成分

牌号	化学成分(质量分数)/%							
	C	Si	Mn	P	Cu	Cr	Ni	RE
10MnPNbRE	≤0.16	—	0.8~1.2	0.06~0.12	—	—	Nb:0.015~0.05	0.1~0.2
Marinor(美)	≤0.12	0.25~0.75	0.20~0.50	V0.02~0.10	0.25~0.40	0.40~0.70	≤0.65	—
MariloyG50(日)	0.10~0.19	0.15~0.30	0.90~1.35	V0.04~0.10	0.25~0.40	0.40~0.70	≤0.65	

表 C-20 压力容器用低合金耐腐蚀钢的化学成分(质量分数) %

类别	钢号	C	Mn	Si	其他	Al	Mo	V	P	S
含铝钢	09AlVTiCu	≤0.12	0.40~0.60	0.30~0.50	Ti≤0.03 Cu0.20~0.40	0.30~0.50		0.10~0.20		
	12AlMoV	≤0.15	0.3~0.60	0.50~0.80		0.70~1.10	0.30~0.40	0.03~0.10	≤0.045	≤0.045
	15Al3MoWTi	0.13~0.18	1.50~2.00	≤0.50	Ti0.20~0.40 W0.40~0.60	2.20~2.80	0.40~0.60		≤0.035	≤0.035
含磷钢	09MnCuPTi	≤0.12	1.00~1.50	0.20~0.50	Ti≤0.03 Cu0.20~0.40				0.050~0.12	≤0.055
	10MnPNbRe	≤0.14	0.80~1.20	0.20~0.60	Nb0.015~0.05 Re≤0.20				0.06~0.12	≤0.050
不含铝或磷的钢	09CuWSn	≤0.12	0.40~0.65	0.20~0.40	Sn0.20~0.40 Cu0.20~0.40 W0.10~0.25				≤0.035	≤0.035
	12Cr2Mo	≤0.15	0.30~0.60	0.15~0.30	Cr2.00~2.60		0.90~1.10		≤0.035	≤0.035
	16MnCu	0.12~0.20	1.20~1.60	0.20~0.60	Cu0.20~0.40				≤0.050	≤0.050

表 C-21.1 高压锅炉用无缝钢管的化学成分（GB 5310—2008）

钢类	序号	牌号	化学成分（质量分数）[1]/%													
			C	Si	Mn	Cr	Mo	V	Ti	B	Ni	Alt	Cu	Nb	N	W	P	S
																	不大于	
优质碳素结构钢	1	20G	0.17~0.23	0.17~0.37	0.35~0.65	—	—	—	—	—	—	[2]	—	—	—	—	0.025	0.015
	2	20MnG	0.17~0.23	0.17~0.37	0.70~1.00	—	—	—	—	—	—	—	—	—	—	—	0.025	0.015
	3	25MnG	0.22~0.27	0.17~0.37	0.70~1.00	—	—	—	—	—	—	—	—	—	—	—	0.025	0.015
合金结构钢	4	15MoG	0.12~0.20	0.17~0.37	0.40~0.80	—	0.25~0.35	—	—	—	—	—	—	—	—	—	0.025	0.015
	5	20MoG	0.15~0.25	0.17~0.37	0.40~0.80	—	0.44~0.65	—	—	—	—	—	—	—	—	—	0.025	0.015
	6	12CrMoG	0.08~0.15	0.17~0.37	0.40~0.70	0.40~0.70	0.40~0.55	—	—	—	—	—	—	—	—	—	0.025	0.015
	7	15CrMoG	0.12~0.18	0.17~0.37	0.40~0.70	0.80~1.10	0.40~0.55	—	—	—	—	—	—	—	—	—	0.025	0.015
	8	12Cr2MoG	0.08~0.15	≤0.50	0.40~0.60	2.00~2.50	0.90~1.13	—	—	—	—	—	—	—	—	—	0.025	0.010
	9	12Cr1MoVG	0.08~0.15	0.17~0.37	0.40~0.70	0.90~1.20	0.25~0.35	0.15~0.30	—	—	—	—	—	—	—	—	0.025	0.015
	10	12Cr2MoWVTiB	0.08~0.15	0.45~0.75	0.45~0.65	1.60~2.10	0.50~0.65	0.28~0.42	0.08~0.18	0.0020~0.0080	—	—	—	—	—	0.30~0.55	0.025	0.010
	11	07Cr2MoW2VNbB	0.04~0.10	≤0.50	0.10~0.60	1.90~2.60	0.05~0.30	0.20~0.30	—	0.0005~0.0060	—	≤0.030	—	0.02~0.08	≤0.030	1.45~1.75	0.025	0.015
	12	12Cr3MoVSiTiB	0.09~0.15	0.60~0.90	0.50~0.80	2.50~3.00	1.00~1.20	0.25~0.35	0.22~0.38	0.0050~0.0110	—	—	—	—	—	—	0.025	0.015
	13	15Ni1MnMoNbCu	0.10~0.17	0.25~0.50	0.80~1.20	—	0.25~0.50	—	—	—	1.00~1.30	≤0.050	0.50~0.80	0.015~0.045	≤0.020	—	0.025	0.015

续表

钢类	序号	牌号	化学成分(质量分数)[①]/%													
			C	Si	Mn	Cr	Mo	V	Ti	B	Ni	Alt	Cu	Nb	N	W	P	S
																	不大于	
合金结构钢	14	10Cr9Mo1VNbN	0.08~0.12	0.20~0.50	0.30~0.60	8.00~9.50	0.85~1.05	0.18~0.25	—	—	≤0.40	≤0.020	—	0.06~0.10	0.030~0.070	—	0.020	0.010
	15	10Cr9MoW2VNbBN	0.07~0.13	≤0.50	0.30~0.60	8.50~9.50	0.30~0.60	0.15~0.25	—	0.0010~0.0060	≤0.40	≤0.020	—	0.04~0.09	0.030~0.070	1.50~2.00	0.020	0.010
	16	10Cr11MoW2VNbCu1BN	0.07~0.14	≤0.50	≤0.70	10.00~11.50	0.25~0.60	0.15~0.30	—	0.0005~0.0050	≤0.50	≤0.020	0.20~1.70	0.04~0.10	0.040~0.100	1.50~2.50	0.020	0.010
	17	11Cr9Mo1W1VNbBN	0.09~0.13	0.10~0.50	0.30~0.60	8.50~9.50	0.90~1.10	0.18~0.25	—	0.0003~0.0060	≤0.40	≤0.020	—	0.06~0.10	0.040~0.090	0.90~1.10	0.020	0.010
不锈(耐热)钢	18	07Cr19Ni10	0.04~0.10	≤0.75	≤2.00	18.00~20.00	—	—	—	—	8.00~11.00	—	—	—	—	—	0.030	0.015
	19	10Cr18Ni9NbCu3BN	0.07~0.13	≤0.30	≤1.00	17.00~19.00	—	—	—	0.0010~0.0100	7.50~10.50	0.003~0.030	2.50~3.50	0.30~0.60	0.050~0.120	—	0.030	0.010
	20	07Cr25Ni21NbN	0.04~0.10	≤0.75	≤2.00	24.00~26.00	—	—	—	—	19.00~22.00	—	—	0.20~0.60	0.150~0.350	—	0.030	0.015
	21	07Cr19Ni11Ti	0.04~0.10	≤0.75	≤2.00	17.00~20.00	—	—	4C~0.60	—	9.00~13.00	—	—	—	—	—	0.030	0.015
	22	07Cr18Ni11Nb	0.04~0.10	≤0.75	≤2.00	17.00~19.00	—	—	—	—	9.00~13.00	—	—	8C~1.10	—	—	0.030	0.015
	23	08Cr18Ni11NbFG	0.06~0.10	≤0.75	≤2.00	17.00~19.00	—	—	—	—	9.00~12.00	—	—	8C~1.10	—	—	0.030	0.015

注：
1. Alt 指全铝含量。
2. 牌号 08Cr18Ni11NbFG 中的"FG"表示细晶粒。

① 除非冶炼需要，未经需方同意，不允许在钢中有意添加本表中未提及的元素。制造厂应采取所有恰当的措施，以防止废钢和生产过程中所使用的其他材料把会削弱钢材力学性能及适用性的元素带入钢中。
② 20G 钢中 Alt ≤ 0.015%，不作交货要求，但应填入质量证明书中。

表 C-21.2 压力容器用低合金耐热钢的化学成分(GB 713—2008)

牌号	化学成分(质量分数)/%										
	C①	Si	Mn	Cr	Ni	Mo	Nb	V	P	S	Alt
15CrMoR	0.12~0.18	0.15~0.40	0.40~0.70	0.80~1.20		0.45~0.60			≤0.025	≤0.010	
14Cr1MoR	0.05~0.17	0.50~0.80	0.40~0.65	1.15~1.50		0.45~0.65			≤0.020	≤0.010	
12Cr2Mo1R	0.08~0.15	≤0.50	0.30~0.60	2.00~2.50		0.90~1.10			≤0.020	≤0.010	
12Cr1MoVR	0.08~0.15	0.15~0.40	0.40~0.70	0.90~1.20		0.25~0.35		0.15~0.30	≤0.025	≤0.010	

注：① 经供需双方协议，并在合同中注明，C 含量下限可不作要求。

表 C-22.1 高压锅炉用无缝钢管的力学性能(GB 5310—2008)

序号	牌号	拉伸性能				冲击吸收能量 (KV_2)/J		硬度		
		抗拉强度 R_m/MPa	下屈服强度或规定非比例延伸强度 R_{eL} 或 $R_{r0.2}$/MPa	断后伸长率 A/%		纵向	横向	HBW	HV	HRC 或 HRB
				纵向	横向					
		不小于						不大于		
1	20G	410~550	245	24	22	40	27	—	—	—
2	20MnG	415~550	240	22	20	40	27	—	—	—
3	25MnG	485~640	275	20	18	40	27	—	—	—
4	15MoG	450~600	270	22	20	40	27	—	—	—
5	20MoG	415~665	220	22	20	40	27	—	—	—
6	12CrMoG	410~560	205	21	19	40	27	—	—	—
7	15CrMoG	440~640	295	21	19	40	27	—	—	—
8	12Cr2MoG	450~600	280	22	20	40	27	—	—	—
9	12Cr1MoVG	470~640	255	21	19	40	27	—	—	—
10	12Cr2MoWVTiB	540~735	345	18	—	40	—	—	—	—
11	07Cr2MoW2VNbB	≥510	400	22	18	40	27	220	230	97HRB

续表

序号	牌号	拉伸性能				冲击吸收能量 (KV_2)/J		硬度		
		抗拉强度 R_m/MPa	下屈服强度或规定非比例延伸强度 R_{eL} 或 $R_{t0.2}$/MPa	断后伸长率 A/%		纵向	横向	HBW	HV	HRC 或 HRB
				纵向	横向					
		不小于						不大于		
12	12Cr3MoVSiTiB	610~805	440	16	—	40	—	—	—	—
13	15Ni1MnMoNbCu	620~780	440	19	17	40	27	—	—	—
14	10Cr9Mo1VNbN	≥585	415	20	16	40	27	250	265	25HRC
15	10Cr9MoW2VNbBN	≥620	440	20	16	40	27	250	265	25HRC
16	10Cr11MoW2VNbCu1BN	≥620	400	20	16	40	27	250	265	25HRC
17	11Cr9Mo1W1VNbBN	≥620	440	20	16	40	27	238	250	23HRC
18	07Cr19Ni10	≥515	205	35	—	—	—	192	200	90HRB
19	10Cr18Ni9NbCu3BN	≥590	235	35	—	—	—	219	230	95HRB
20	07Cr25Ni21NbN	≥655	295	30	—	—	—	256	—	100HRB
21	07Cr19Ni11Ti	≥515	205	35	—	—	—	192	200	90HRB
22	07Cr18Ni11Nb	≥520	205	35	—	—	—	192	200	90HRB
23	08Cr18Ni11NbFG	≥520	205	35	—	—	—	192	200	90HRB

表 C-22.2 压力容器用低合金耐热钢的力学性能(GB 713—2008)

牌号	交货状态	钢板厚度/mm	拉伸试验			冲击试验		弯曲试验
			抗拉强度 R_m/(N/mm²)	屈服强度[①] R_{eL}/(N/mm²)	伸长率 A/%	温度/℃	V型冲击功 A_{KV}/J	180[①] $b=2a$
				不小于			不小于	
15CrMoR	正火加回火	6~60	450~590	295	19	20	31	$d=3a$
		>60~100		275				
		>100~150	440~580	255				
14Cr1MoR		6~100	520~680	310	19	20	34	$d=3a$
		>100~150	510~670	300				
12Cr2Mo1R		6~150	520~680	310	19	20	34	$d=3a$
12Cr1MoVR		6~60	440~590	245	19	20	34	$d=3a$
		>60~100	430~580	235				

注：① 如屈服现象不明显，屈服强度取 $R_{p0.2}$。

表 C-23.1 低温压力容器用低合金钢板的牌号及化学成分(GB 3531—2008)

牌号	化学成分(质量分数)/%								
	C	Si	Mn	Ni	V	Nb	Alt	P	S
								不大于	
16MnDR	≤0.20	0.15~0.50	1.20~1.60	—	—	—	≥0.020	0.025	0.012
15MnNiDR	≤0.18	0.15~0.50	1.20~1.60	0.20~0.60	≤0.06	—	≥0.020	0.025	0.012
09MnNiDR	≤0.12	0.15~0.50	1.20~1.60	0.30~0.80	—	≤0.04	≥0.020	0.020	0.012

表 C-23.2 低温压力容器用低合金钢板的力学性能(GB 3531—2008)

牌号	钢板公称厚度/mm	拉伸试验[1]		伸长率 A/%	冲击试验		180°弯曲试验[2] 弯心直径 (b≥35mm)
		抗拉强度 R_m/(N/mm²)	屈服强度 R_{eL}/(N/mm²)		温度/℃	冲击吸收能量 (KV_2)/J	
		不小于				不小于	
16MnDR	6~16	490~620	315	21	-40	34	$d=2a$
	>16~36	470~600	295				
	>36~60	460~590	285				$d=3a$
	>60~100	450~580	275		-30	34	
	>100~120	440~570	265				
15MnNiDR	6~16	490~620	325	20	-45	34	$d=3a$
	>16~36	480~610	315				
	>36~60	470~600	305				
09MnNiDR	6~16	440~570	300	23	-70	34	$d=2a$
	>16~36	430~560	280				
	>36~60	430~560	270				
	>60~120	420~550	260				

注:a 为钢材厚度。
[1] 当屈服现象不明显时,采用 $R_{p0.2}$。
[2] 弯曲试验仲裁试样宽度 $b=35mm$。

表 C-23.3 低温压力容器用低合金钢板的牌号及许用应力应用（GB 150.2—2011）

钢号	钢板标准	使用状态	厚度/mm	室温强度指标 R_m/MPa	室温强度指标 R_{eL}/MPa	在下列温度（℃）下的许用应力/MPa ≤20	100	150	200	250	300	350	400	425	450	475	500	525	550	575	600	注
16MnDR	GB 3531	正火，正火加回火	6~16	490	315	181	181	180	167	153	140	130										
			>16~36	470	295	174	174	167	157	143	130	120										
			>36~60	460	285	170	170	160	150	137	123	117										
			>60~100	450	275	167	167	157	147	133	120	113										
			>100~120	440	265	163	163	153	143	130	117	110										
15MnNiDR	GB 3531	正火，正火加回火	6~16	490	325	181	181	181	173													
			>16~36	480	315	178	178	178	167													
			>36~60	470	305	174	174	173	160													
15MnNiNbDR	—	正火，正火加回火	10~16	530	370	196	196	196	195													
			>16~36	530	360	196	196	196	193													
			>36~60	520	350	193	193	193	187													
09MnNiDR	GB 3531	正火，正火加回火	6~16	440	300	163	163	163	157	153	147	137										
			>16~35	430	280	159	159	157	150	143	137	127										
			>36~60	430	270	159	159	150	142	137	130	120										
			>60~120	420	260	156	156	147	140	133	127	117										
08Ni3DR	—	正火，正火加回火，调质	6~60	490	320	181	181															①
			>60~100	480	300	178	178															
06Ni9DR	—	调质	6~30	680	560	252	252															
			>30~40	680	550	252	252															
07MnNiVDR	GB 19189	调质	10~60	610	490	226	226	226	225													①
07MnNiMoDR	GB 19189	调质	10~50	610	490	226	226	226	225													①

注：① 该钢板的技术要求见 GB 150.2—2011 附录 A。

表 C-24 国产及美国低温用钢的化学成分及力学性能

温度等级/℃	铜号	类别	低温钢的化学成分(质量分数)/%								
			C	Mn	Si	Ni	Cu	Al	S	P	其他
-40	16MnR	无镍(国产)	≤0.20	1.20~1.60	0.20~0.60				≤0.045	≤0.040	
-60	2.5Ni	含镍(美国)	≤0.17	≤0.70	0.15~0.30	2.1~2.5			≤0.040	≤0.035	
-70	09Mn2VR	无镍(国产)	≤0.12	1.40~1.80	0.20~0.50				≤0.040	≤0.040	V:0.04~0.10
-70	09MnTiCuRe	无镍(国产)	≤0.12	1.40~1.70	≤0.40		0.20~0.40		≤0.040	≤0.040	Ti:0.03~0.08 Re:≤0.15(加入量)
-90	06MnNb	无镍(国产)	≤0.07	1.20~1.60	0.17~0.37						Nb:0.02~0.04
-100	3.5Ni	含镍(美国)	≤0.17	≤0.70	0.15~0.30	3.25~3.75			≤0.040	≤0.035	
-120	06AlNbCuN	无镍(国产)	≤0.08	0.90~1.30	≤0.35		0.30~0.50	0.04~0.15	≤0.035	≤0.020	Nb:0.04~0.09 N:0.010~0.018
-170	5Ni	含镍(美国)	≤0.13	0.30~0.60	0.20~0.35	4.75~5.25			≤0.040	≤0.035	
-196	20Mn23Al	无镍(国产)	0.15~0.25	21.0~26.0	≤0.5		0.10~0.20	0.70~1.20	≤0.030	≤0.030	V:0.06~0.12 N:0.03~0.08 Re:0.30(加入量)
-196	Mn17Al2CuV	无镍(国产)									
-196	9Ni	含镍(美国)	≤0.13	≤0.90	0.15~0.30	8.50~9.50			≤0.040	≤0.035	
-253	15Mn26Al4	无镍(国产)	0.13~0.19	24.5~27.0	≤0.60			3.80~4.70	≤0.035	≤0.035	
-253	Cr-Ni奥氏体不锈钢	含镍(国产)									

续表

低温钢的机械性能

温度等级/℃	钢号	板厚/mm	热处理	组织	σ_b/MPa	σ_s/MPa	δ_5/%	α_k/(J/cm^2)
-40	16MnR	6~16 17~26	热轧	铁素体+珠光体	≥520	≥343	≥21	≥34.3 (-40℃)
-60	2.5Ni		正火	铁素体+珠光体	450~530	≥255	≥23	≥20.5J (-50℃)
-70℃	09Mn2VR	6~20	正火	铁素体+珠光体	≥490	≥343	≥21	≥34.3 (-70℃)
	09MnTiCuRe	≤30 31~50	正火	铁素体+珠光体	≥440 ≥420	≥314 ≥294	≥21	≥58.8 (-70℃)
-90	06MnNb		正火	铁素体+珠光体	≥432	≥294	≥21	≥47J (-90℃)
-100	3.5Ni		正火或正火+回火	铁素体+珠光体	450~588	≥255	δ_4≥23	≥21.6 (-100℃) 夏比V形缺口试样
-120	06AlNbCuN		正火	铁素体+珠光体	≥392	≥294	≥21	≥58.8 (-120℃)
-170	5Ni		淬火+回火		655~790	≥448	≥20	≥34.5J (-170℃) 夏比V形缺口试样
-196	20Mn23Al	16	热轧	奥氏体	686~745	372~440	50~52	92~122 (-196℃)
	Mn17Al2CuV			奥氏体				
	9Ni		淬火+回火	铁素体+奥氏体	686~790	≥588	δ_4≥20	≥34.3 (-196℃) 夏比V形缺口试样
-253	15Mn26Al4		热轧 固溶处理	奥氏体	≥490 ≥470	≥245 ≥196	≥30 ≥30	≥118(-196℃) ≥118(-253℃)
	Cr-Ni奥氏体不锈钢			奥氏体				

表 C-25 国外一些含 Ni 低温用钢的化学成分及力学性能

国别	标准号	牌号	板厚 h/mm	化学成分(质量分数)/%							力学性能				
				C	Si	Mn	Ni	P	S	热处理	板厚 h/mm	σ_s/MPa	σ_b/MPa	试验温度/℃	A_{KV}/J
美国	ASTM A203/ A233M—1997 (2003)	A级	h≤50 50<h≤100 h>100	≤0.17 ≤0.21 ≤0.23	0.13~ 0.45	0.70~ 0.88	2.03~ 2.57	≤0.035	≤0.035	正火	h≤50 50<h≤100	255	450~ 580	协议	27
		B级	h≤50 50<h≤100 h>100	≤0.21 ≤0.24 ≤0.25	0.13~ 0.45	0.70~ 0.88	2.03~ 2.57	≤0.035	≤0.035	正火	h≤50 50<h≤100	275	485~ 620	协议	27
欧洲	EN 10028-4: 2003	15NiMn6	—	≤0.18	≤0.35	0.80~ 1.50	1.30~ 1.70	≤0.025	≤0.015	正火 或调质	h≤30 30<h≤50 50<h≤80	355 345 335	490~ 640	-80	40(纵) 27(横)
日本	JIS G3205—1988	SFL 3	—	≤0.20	≤0.35	≤0.90	3.25~ 3.75	≤0.030	≤0.030	正火	—	255	490~ 637	-101	27
美国	ASTM A203/ A233M—1997 (2003)	D级	h≤50 50<h≤100	≤0.17 ≤0.20	0.13~ 0.45	0.70~ 0.88	3.18~ 3.82	≤0.035	≤0.035	正火	h≤50 50<h≤100	255	450~ 580	协议	27
		E级	h≤50 50<h≤100	≤0.20 ≤0.23	0.13~ 0.45	0.70~ 0.88	3.18~ 3.82	≤0.035	≤0.035	正火	h≤50 50<h≤100	275	485~ 620	协议	27
		F级	h≤50 50<h≤100	≤0.20 ≤0.23	0.13~ 0.45	0.70~ 0.88	3.18~ 3.82	≤0.035	≤0.035	调质	h≤50 50<h≤100	380 345	550~690 515~695	协议	协议
欧洲	EN 10028-4: 2003	12Ni14	—	≤0.15	≤0.35	0.30~ 0.80	3.25~ 3.75	≤0.020	≤0.010	正火 或调质	h≤30 30<h≤50 50<h≤80	355 345 335	490~640	-100	40(纵) 27(横)

表 C-26 高合金耐热钢的标准化学成分(包括弥散硬化型高合金耐热钢标准化学成分)(GB/T 4238—2007)

奥氏体型耐热钢的化学成分

GB/T 20878 中序号	新牌号	旧牌号	化学成分(质量分数)/%									
			C	Si	Mn	P	S	Ni	Cr	Mo	N	V	其他
13	12Cr18Ni9	1Cr18Ni9	0.15	0.75	2.00	0.045	0.030	8.00~11.00	17.00~19.00	—	0.10	—	—
14	12Cr18Ni9Si3	1Cr18Ni9Si3	0.15	2.00~3.00	2.00	0.045	0.030	8.00~10.00	17.00~19.00	—	0.10	—	—
17	06Cr19Ni9	0Cr18Ni9	0.08	0.75	2.00	0.045	0.030	8.00~10.50	18.00~20.00	—	0.10	—	—
19	07Cr19Ni10	—	0.04~0.10	0.75	2.00	0.045	0.030	8.00~10.50	18.00~20.00	—		—	—
29	06Cr20Ni11	—	0.08	0.75	2.00	0.045	0.030	10.00~12.00	19.00~21.00	—		—	—
31	16Cr23Ni13	2Cr23Ni13	0.20	0.75	2.00	0.045	0.030	12.00~15.00	22.00~24.00	—		—	—
32	06Cr23Ni13	0Cr23Ni13	0.08	0.75	2.00	0.045	0.030	12.00~15.00	22.00~24.00	—		—	—
34	20Cr25Ni20	2Cr25Ni20	0.25	1.50	2.00	0.045	0.030	19.00~22.00	24.00~26.00	—		—	—
35	06Cr25Ni20	0Cr25Ni20	0.08	1.50	2.00	0.045	0.030	19.00~22.00	24.00~26.00	—		—	—
38	06Cr17Ni12Mo2	0Cr17Ni12Mo2	0.08	0.75	2.00	0.045	0.030	10.00~14.00	16.00~18.00	2.00~3.00	0.10	—	—
49	06Cr19Ni13Mo3	0Cr19Ni13Mo3	0.08	0.75	2.00	0.045	0.030	11.00~15.00	18.00~20.00	3.00~4.00	0.10	—	—
55	06Cr18Ni11Ti	0Cr18Ni10Ti	0.08	0.75	2.00	0.045	0.030	9.00~12.00	17.0~19.00	—		—	Ti:≥5C
60	12Cr16Ni35	1Cr16Ni35	0.15	1.50	2.00	0.045	0.030	33.00~37.00	14.00~17.00	—		—	—
62	06Cr18Ni11Nb①	0Cr18Ni11Nb	0.08	0.75	2.00	0.045	0.030	9.00~13.00	17.00~19.00	—		—	Nb:10×C~0.10
66	16Cr25Ni20Si2	1Cr25Ni20Si2	0.20	1.50~2.50	1.50	0.045	0.030	18.00~21.00	24.00~27.00	—		—	—

铁素体型耐热钢的化学成分

GB/T 20878 中序号	新牌号	旧牌号	化学成分(质量分数)/%								
			C	Si	Mn	P	S	Cr	Ni	N	其他
78	06Cr13Al	0Cr13Al	0.08	1.00	1.00	0.040	0.30	11.50~14.50	0.60	—	Al:0.10~0.30
80	022Cr11Ti	—	0.030	1.00	1.00	0.040	0.030	10.50~11.70	0.60	0.030	Ti:6C~0.75
81	022Cr11NbTi①	—	0.030	1.00	1.00	0.040	0.020	10.50~11.70	0.60	0.030	Ti+Nb:8(C+N)+0.08~0.75
85	10Cr17	1Cr17	0.12	1.00	1.00	0.040	0.030	16.00~18.00	0.75	—	—
93	16Cr25N	2Cr25N	0.20	1.00	1.50	0.040	0.030	23.00~27.00	0.75	0.25	—

续表

马氏体型耐热钢的化学成分

GB/T 20878 中序号	新牌号	旧牌号	化学成分(质量分数)/%									
			C	Si	Mn	P	S	Cr	Ni	Mo	N	其他
96	12Cr12	1Cr12	0.15	0.50	1.00	0.040	0.030	11.50~13.00	0.60	—	—	—
98	12Cr13①	1Cr13	0.15	1.00	1.00	0.040	0.030	11.50~13.50	0.75	0.50	—	—
124	22Cr12NiMoWV	2Cr12NiMoWV	0.20~0.25	0.50	0.50~1.00	0.025	0.025	11.00~12.50	0.50~1.00	0.90~1.25		V: 0.20~0.30 W: 0.90~1.25

沉淀硬化型耐热钢的化学成分

GB/T 20878 中序号	新牌号	旧牌号	化学成分(质量分数)/%									
			C	Si	Mn	P	S	Cr	Ni	Cu	Al	Mo	其他
135	022Cr12Ni9Cu2NbTi①	—	0.05	0.50	0.50	0.040	0.030	11.00~12.50	7.50~9.50	1.50~2.50	—	0.50	Ti: 0.80~1.40 (Nb+Ta): 0.10~0.50
137	05Cr17Ni4Cu4Nb	0Cr17Ni4Cu4Nb	0.07	1.00	1.00	0.040	0.030	15.00~17.50	3.00~5.00	3.00~5.00			Nb: 0.15~0.45
138	07Cr17Ni7Al	0Cr17Ni7Al	0.09	1.00	1.00	0.040	0.030	16.00~18.00	6.50~7.75		0.75~1.50		
139	07Cr15Ni7Mo2Al	—	0.09	1.00	1.00	0.040	0.030	14.00~16.00	6.50~7.75		0.75~1.50	2.00~3.00	
142	06Cr17Ni7AlTi	—	0.08	1.00	1.00	0.040	0.030	16.00~17.50	6.00~7.50		0.40		Ti: 0.40~1.20
143	06Cr15Ni25Ti2MoAlVB	0Cr15Ni25Ti2MoAlVB	0.08	1.00	2.00	0.040	0.030	13.50~16.00	24.00~27.00		0.35	1.00~1.50	Ti: 1.90~2.35 V: 0.10~0.50 B: 0.001~0.010

注: 表中所列成分除标明范围或最小值外,其余均为最大值。
① 为相对于 GB/T 20878 调整化学成分的牌号。

表 C-27 高合金耐热钢的标准力学性能(GB/T 4238—2007)

经固溶处理的奥氏体型耐热钢的力学性能

GB/T 20878 中序号	新牌号	旧牌号	拉伸试验			硬度试验		
			规定非比例延伸强度 $R_{p0.2}$/MPa	抗拉强度 R_m/MPa	断后伸长率 A/%	HBW	HRB	HV
			不小于			不大于		
13	12Cr18Ni9	1Cr18Ni9	205	515	40	201	92	210
14	12Cr18Ni9Si3	1Cr18Ni9Si3	205	515	40	217	95	220
17	06Cr19Ni9	0Cr18Ni9	205	515	40	201	92	210
19	07Cr19Ni10	—	205	515	40	201	92	210
29	06Cr20Ni11	—	205	515	40	183	88	—
31	16Cr23Ni13	2Cr23Ni13	205	515	40	217	95	220
32	06Cr23Ni13	0Cr23Ni13	205	515	40	217	95	220

续表

经固溶处理的奥氏体型耐热钢的力学性能

GB/T 20878 中序号	新牌号	旧牌号	拉伸试验			硬度试验		
			规定非比例延伸强度 $R_{p0.2}$/MPa	抗拉强度 R_m/MPa	断后伸长率 A/%	HBW	HRB	HV
			不小于			不大于		
34	20Cr25Ni20	2Cr25Ni20	205	515	40	217	95	220
35	06Cr25Ni20	0Cr25Ni20	205	515	40	217	95	220
38	06Cr17Ni12Mo2	0Cr17Ni12Mo2	205	515	40	217	95	220
49	06Cr19Ni13Mo3	0Cr19Ni13Mo3	205	515	35	217	95	220
55	06Cr18Ni11Ti	0Cr18Ni10Ti	205	515	40	217	95	220
60	12Cr16Ni35	1Cr16Ni35	205	560	—	201	95	210
62	06Cr18NiNb	0Cr18Ni11Nb	205	515	40	201	92	210
66	16Cr25Ni20Si2①	1Cr25Ni20Si2	—	540	35	—	—	—

注：① 16Cr25Ni20Si2 钢板厚度大于 25mm 时，力学性能仅供参考。

经退火处理的铁素体型耐热钢的力学性能

GB/T 20878 中序号	新牌号	旧牌号	拉伸试验			硬度试验			弯曲试验	
			规定非比例延伸强度 $R_{p0.2}$/MPa	抗拉强度 R_m/MPa	断后伸长率 A/%	HBW	HRB	HV	弯曲角度	d—弯芯直径 a—钢板厚度
			不小于			不大于				
78	06Cr13Al	0Cr13Al	170	415	20	179	88	200	180°	$d=2a$
80	022Cr11Ti	—	275	415	20	197	92	200	180°	$d=2a$
81	022Cr11NbTi	—	275	415	20	197	92	200	180°	$d=2a$
85	10Cr17	1Cr17	205	450	22	183	89	200	180°	$d=2a$
93	16Cr25N	2Cr25N	275	510	20	201	95	210	135°	—

经退火处理的马氏体型耐热钢的力学性能

GB/T 20878 中序号	新牌号	旧牌号	拉伸试验			硬度试验			弯曲试验	
			规定非比例延伸强度 $R_{p0.2}$/MPa	抗拉强度 R_m/MPa	断后伸长率 A/%	HBW	HRB	HV	弯曲角度	d—弯芯直径 a—钢板厚度
			不小于			不大于				
96	12Cr12	1Cr12	205	485	25	217	88	210	180°	$d=2a$
98	12Cr13	1Cr13	—	690	15	217	96	210	—	—
124	22Cr12NiMoWV	2Cr12NiMoWV	275	510	20	200	95	210	—	$a \geqslant 3mm$, $d=a$

经固溶处理的沉淀硬化型耐热钢试样的力学性能

GB/T 20878 中序号	新牌号	旧牌号	钢材厚度/mm	规定非比例延伸强度 $R_{p0.2}$/MPa	抗拉强度 R_m/MPa	断后伸长率 A/%	硬度值 HRC	硬度值 HBW
135	022Cr12Ni9Cu2-NbTi	—	≥0.30~≤100	≤1105	≤1205	≥3	≤36	≤331
137	05Cr17Ni4Cu4Nb	0Cr17Ni4Cu4Nb	≥0.4~<100	≤1105	≤1255	≥3	≤38	≤363
138	07Cr17Ni7Al	0Cr17Ni7Al	≥0.1~<0.3	≤450	≤1035	—	—	—
			≥0.3~≤100	≤380	≤1035	≥20	≤92[②]	
139	07Cr15Ni7Mo2Al		≥0.10~≤100	≤450	≤1035	≥25	≤100[②]	
142	06Cr17Ni7AlTi	—	≥0.10~<0.80	≤515	≤825	≥3	≤32	
			≥0.80~<1.50	≤515	≤825	≥4	≤32	
			≥1.50~≤100	≤515	≤825	≥5	≤32	
143	06Cr15Ni25Ti2Mo-AlVB[①]	0Cr15Ni25Ti2Mo-AlVB	≥2	—	≥725	≥25	≤91[②]	≤192
			≥2	≥590	≥900	≥15	≤101[②]	≤248

注：① 为时效处理后的力学性能。
② 为 HRB 硬度值。

经沉淀硬化处理的耐热钢试样的力学性能

GB/T 20878 中序号	牌号	钢材厚度/mm	处理温度/℃	规定非比例延伸强度 $R_{p0.2}$/MPa	抗拉强度 R_m/MPa	断后[①]伸长率 A/%	硬度值 HRC	硬度值 HBW
				不小于				
135	022Cr12Ni9Cu-2NbTi	≥0.10~<0.75	510±10 或 480±6	1410	1525	—	≥44	—
		≥0.75~<1.50		1410	1525	3	≥44	—
		≥1.50~≤16		1410	1525	4	≥44	—
137	05Cr17Ni4Cu4Nb	≥0.1~<5.0	482±10	1170	1310	5	40~48	—
		≥5.0~<16		1170	1310	8	40~48	388~477
		≥16~≤100		1170	1310	10	40~48	388~477
		≥0.1~<5.0	496±10	1070	1170	5	38~46	—
		≥5.0~<16		1070	1170	8	38~47	375~477
		≥16~≤100		1070	1170	10	38~47	375~477
		≥0.1~<5.0	552±10	1000	1070	5	35~43	—
		≥5.0~<16		1000	1070	8	33~42	321~415
		≥16~≤100		1000	1070	12	33~42	321~415
		≥0.1~<5.0	579±10	860	1000	5	31~40	—
		≥5.0~<16		860	1000	9	29~38	293~375
		≥16~≤100		860	1000	13	29~38	293~375

续表

经沉淀硬化处理的耐热钢试样的力学性能

GB/T 20878 中序号	牌号	钢材厚度/mm	处理温度/℃	规定非比例延伸强度 $R_{p0.2}$/MPa	抗拉强度 R_m/MPa	断后[①]伸长率 A/%	硬度值 HRC	硬度值 HBW
				不小于				
137	05Cr17Ni4Cu4Nb	≥0.1~<5.0	593±10	790	965	5	31~40	—
		≥5.0~<16		790	965	10	29~38	293~375
		≥16~≤100		790	965	14	29~38	293~375
		≥0.1~<5.0	621±10	725	930	8	28~38	—
		≥5.0~<16		725	930	10	26~36	269~352
		≥16~≤100		725	930	16	26~36	269~352
		≥0.1~<5.0	760±10	515	790	9	26~36	255~331
		≥5.0~<16	621±10	515	790	11	24~34	248~321
		≥16~≤100		515	790	18	24~34	248~321
138	07Cr17Ni7Al	≥0.05~<0.30	760±15	1035	1240	3	≥38	—
		≥0.30~<5.0	15±3	1035	1240	5	≥38	—
		≥5.0~≤16	566±6	965	1170	7	≥38	≥352
		≥0.05~<0.30	954±8	1310	1450	1	≥44	—
		≥0.30~<5.0	−73±6	1310	1450	3	≥44	—
		≥5.0~≤16	510±6	1240	1380	6	≥44	≥401
139	07Cr15Ni7Mo2Al	≥0.05~<0.30	760±15	1170	1310	3	≥40	—
		≥0.30~<5.0	15±3	1170	1310	5	≥40	—
		≥5.0~≤16	566±10	1170	1310	4	≥40	≥375
		≥0.05~<0.30	954±8	1380	1550	2	≥46	—
		≥0.30~<5.0	−73±6	1380	1550	4	≥46	—
		≥5.0~≤16	510±6	1380	1550	4	≥46	≥429
142	06Cr17Ni7AlTi	≥0.10~<0.80	510±8	1170	1310	3	≥39	—
		≥0.80~<1.50		1170	1310	4	≥39	—
		≥1.50~≤16		1170	1310	5	≥39	—
		≥0.10~<0.75	538±8	1105	1240	3	≥37	—
		≥0.75~<1.50		1105	1240	4	≥37	—
		≥1.50~≤16		1105	1240	5	≥37	—
		≥0.10~<0.75	566±8	1035	1170	3	≥35	—
		≥0.75~<1.50		1035	1170	4	≥35	—
		≥1.50~≤16		1035	1170	5	≥35	—
143	06Cr15Ni25Ti2MoAlVB	≥2.0~<8.0	700~760	590	900	15	≥101	≥248

注：表中所列为推荐性热处理温度，供方应向需方提供推荐性热处理制度。
① 适用于沿宽度方向的试验。垂直于轧制方向且平行于钢板表面。

续表

经固溶处理的沉淀硬化型耐热钢的弯曲试验

GB/T 20878 中序号	新牌号	旧牌号	厚度/mm	冷弯180° d—弯芯直径 a—钢板厚度
135	022Cr12Ni9Cu2NbTi		≥2.0 ~ ≤5.0	d = 6a
138	07Cr17Ni7Al	0Cr17Ni7Al	≥2.0 ~ ≤5.0	d = a
			≥5.0 ~ ≤7.0	d = 3a
139	07Cr15Ni7Mo2Al		≥2.0 ~ ≤5.0	d = a
			≥5.0 ~ ≤7.0	d = 3a

表 C-28 X20CrMoV12-1 和 X20CrMoWV12-1 马氏体高合金耐热钢焊条、电弧焊、TIG 焊、埋弧焊、焊缝金属典型化学成分及力学性能

X20CrMoV12-1 和 X20CrMoWV12-1 高合金耐热钢焊条和焊丝的典型化学成分

焊条或焊丝标准型号	化学成分（质量分数）/%							
	C	Si	Mn	Cr	Ni	Mo	V	W
ECrMoMV12B42H5 熔敷金属典型成分	0.18	0.3	0.6	11.0	0.6	1.0	0.3	0.5
WCrMoWV12Si TIG 焊焊丝成分	0.21	0.4	0.6	11.3	—	1.0	0.3	0.45
SCrMoWV12 埋弧焊焊丝	0.27	0.2	0.7	11.3	0.5	0.90	0.24	0.50
熔敷金属典型成分（配 SAFB265DCH5）	0.16	0.3	0.8	10.3	0.4	0.85	0.22	0.45

X20CrMoV12-1 和 X20CrMoWV12-1 高合金耐热钢焊条、TIG 焊、埋弧焊焊缝金属典型力学性能

焊条或焊丝标准型号	力学性能			
	屈服强度/MPa	抗拉强度/MPa	伸长率 δ_s/%	20℃ V 形缺口冲击吸收功/J
ECrMoWV12B42H5 760℃/4h 退火	610	800	18	45
1050℃淬火 + 760℃回火	590	790	18	45
WCrMoWV12Si 760℃/2h 退火	610	780	18	60
SCrMoWV12/SAFB265DCH5 760℃/4h 退火	≥550	≥660	≥15	≥47

表 C-29 美国 Aws A5.9/A5.9M：2006 焊丝标准规定的高铬合金钢焊丝标准化学成分

焊丝牌号	化学成分（质量分数）/%									
	C	Cr	Ni	Mo	Nb 或 Ta	Mn	Si	P	S	N	Cu
ER430	≤0.10	15.5 ~ 17.0	≤0.60	≤0.75	—	≤0.60	≤0.50	≤0.03	≤0.03	—	≤0.75
ER630	≤0.05	16.0 ~ 16.75	4.5 ~ 5.0	0.75	0.15 ~ 0.30	0.25 ~ 0.75	≤0.75	≤0.04	≤0.03	—	3.25 ~ 4.00
ER26-1	≤0.01	25.0 ~ 27.5	≤0.50	0.75 ~ 1.50	—	≤0.40	≤0.40	≤0.02	≤0.02	≤0.015	≤0.20

表 C-30 奥氏体耐热钢的熔化极惰性气体保护焊典型工艺参数

板厚/mm	熔滴过渡形式	接头和坡口形式	焊丝直径/mm	焊接电流/A	电弧电压/V	焊接速度/(mm/min)	焊道数
3.2	喷射	I 形坡口	1.6	200~250	25~28	500	1
6.4	喷射	60°V 形坡口对接	1.6	250~300	27~29	380	2
9.5	喷射	60°V 形坡口, 1.6mm 钝边	1.6	275~325	28~32	500	2
12.7	喷射	60°V 形坡口, 1.6mm 钝边	2.4	300~350	31~32	150	3~4
19	喷射	90°V 形坡口, 1.6mm 钝边	2.4	350~375	31~33	140	5~6
25	喷射	90°V 形坡口, 1.6mm 钝边	2.4	350~375	31~33	120	7~8
1.6	短路	角接或搭接	0.8	85	21	450	1
1.6	短路	I 形坡口对接	0.8	85	22	500	1
2.0	短路	角接或搭接	0.8	90	22	350	1
2.0	短路	I 形坡口对接	0.8	90	22	300	1
2.5	短路	角接或搭接	0.8	105	23	380	1
3.2	短路	角接或搭接	0.8	125	23	400	1

表 C-31 奥氏体耐热钢薄板手工钨极氩弧焊推荐工艺参数

板厚/mm	接头及坡口形式	钨极直径/mm	焊接电流/A(直流正接) 平焊	立焊	仰焊	焊接速度/(mm/min)	焊丝直径/mm	氩气流量/(m³/h)
1.6	I 形直边对接	1.6	80~100	70~90	70~90	300	1.6	0.3
	搭接		100~120	80~100	80~100	250		
	角接		80~100	70~90	70~90	300		
	T 形角接		90~100	80~100	80~100	250		
2.4	I 形直边对接	1.6	100~120	90~110	90~110	300	1.6 或 2.4	0.3
	搭接		110~130	100~120	100~120	250		
	角接		100~120	90~110	90~110	300		
	T 形角接		110~130	100~120	100~120	250		
3.2	I 形直边对接	2.4	120~140	110~130	105~125	300	2.4	0.3
	搭接		130~150	120~140	120~140	250		
	角接		120~140	110~130	115~135	300		
	T 形角接		130~150	115~135	120~140	250		
5.0	I 形直边对接(留间隙)	2.4	200~250	150~200	150~200	250	2.4	0.5
	搭接	3.0	225~275	175~225	175~225	200		
	角接	3.0	200~250	150~200	150~200	250		
	T 形角接	3.0	225~275	175~225	175~225	200		
6.5	60°V 形坡口对接	3.0	275~300	200~250	200~250	125	3.0	0.5
	搭接		300~375	225~275	225~275	125		
	角接		275~350	200~250	200~250	125		
	T 形角接		300~375	225~275	225~275	125		

表 C-32.1 不锈钢热轧钢板的化学成分（GB/T 20878—2007）

奥氏体型不锈钢和耐热钢牌号及其化学成分

序号	统一数字代号	新牌号	旧牌号	化学成分（质量分数）/%										
				C	Si	Mn	P	S	Ni	Cr	Mo	Cu	N	其他元素
1	S35350	12Cr17Mn6Ni5N	1Cr17Mn6Ni5N	0.15	1.00	5.50~7.50	0.050	0.030	3.50~5.50	16.00~18.00	—	—	0.05~0.25	—
2	S35950	10Cr17Mn9Ni4N	—	0.12	1.80	8.00~10.50	0.035	0.025	3.50~4.50	16.00~18.00	—	—	0.15~0.25	—
3	S35450	12Cr18Mn9Ni4	1Cr18Mn8Ni5	0.15	1.00	7.50~10.00	0.050	0.030	4.00~6.00	17.00~19.00	—	—	0.05~0.25	—
4	S35020	20Cr13Mn9Ni4	2Cr13Mn9Ni4	0.15~0.25	0.80	8.00~10.00	0.035	0.025	3.70~5.00	12.00~14.00	—	—	—	—
5	S35550	20Cr15Mn15Ni2N	2Cr15Mn15Ni2N	0.15~0.25	1.00	14.00~16.00	0.050	0.030	1.50~3.00	14.00~16.00	—	—	0.15~0.30	—
6	S35650	53Cr21Mn9Si4N[①]	5Cr21Mn9Ni4N	0.48~0.58	0.35	8.00~10.00	0.040	0.030	3.25~4.50	20.00~22.00	—	—	0.35~0.50	—
7	S35750	26Cr18Mn12Si2N[①]	3Cr18Mn12Si2N[a]	0.22~0.30	1.40~2.20	10.50~12.50	0.050	0.030	—	17.00~19.00	—	—	0.22~0.33	—
8	S35850	22Cr20μ10Ni2Si2N[①]	2Cr20Mn9Ni2Si2N[a]	0.17~1.26	1.80~2.70	8.50~11.00	0.050	0.030	2.00~3.00	18.00~21.00	—	—	0.20~0.33	—
9	S30110	12Cr17Ni7	1Cr17Ni7	0.15	1.00	2.00	0.045	0.030	6.00~8.00	16.00~18.00	—	—	0.10	—
10	S30103	022Cr17Ni7	—	0.030	1.00	2.00	0.045	0.030	5.00~8.00	16.00~18.00	—	—	0.20	—
11	S30153	022Cr17Ni7N	—	0.030	1.00	2.00	0.045	0.030	5.00~8.00	16.00~18.00	—	—	0.07~0.20	—
12	S30220	17Cr18Ni9	2Cr18Ni9	0.13~0.21	1.00	2.00	0.035	0.025	8.00~10.50	17.00~19.00	—	—	—	—

续表

奥氏体型不锈钢和耐热钢牌号及其化学成分

序号	统一数字代号	新牌号	旧牌号	化学成分(质量分数)/%									
				C	Si	Mn	P	S	Ni	Cr	Mo	Cu	N	其他元素
13	S30210	12Cr18Ni9[a]	1Cr18Ni9	0.15	1.00	2.00	0.045	0.030	8.00~10.00	17.00~19.00	—	—	0.10	—
14	S30240	12Cr18Ni9Si3[a]	1Cr18Ni9Si3	0.15	2.00~3.00	2.00	0.045	0.030	8.00~10.00	17.00~19.00	—	—	0.10	—
15	S30317	Y12Cr18Ni9	Y1Cr18Ni9	0.15	1.00	2.00	0.20	≥0.15	8.00~10.00	17.00~19.00	(0.60)	—	—	—
16	S30327	Y12Cr18Ni9Se	Y1Cr18Ni9Se	0.15	1.00	2.00	0.20	0.060	8.00~10.00	17.00~19.00	—	—	—	Se≥0.15
17	S30408	06Cr19Ni10[①]	0Cr18Ni9[a]	0.08	1.00	2.00	0.045	0.030	8.00~11.00	18.00~20.00	—	—	—	—
18	S30403	022Cr19Ni10	00Cr19Ni10	0.030	1.00	2.00	0.045	0.030	8.00~12.00	18.00~20.00	—	—	—	—
19	S30409	07Cr19Ni10		0.04~0.10	1.00	2.00	0.045	0.030	8.00~11.00	18.00~20.00	—	—	—	—
20	S30450	05Cr19Ni10Si2CeN		0.04~0.06	1.00~2.00	0.80	0.045	0.030	9.00~10.00	18.00~19.00	—	—	0.12~0.18	Ce0.03~0.08
21	S30480	06Cr18Ni9Cu2	0Cr18Ni9Cu2	0.08	1.00	2.00	0.045	0.030	8.00~10.50	17.00~19.00	—	1.00~3.00	—	—
22	S30488	06Cr19Ni9Cu3	0Cr19Ni9Cu3	0.08	1.00	2.00	0.045	0.030	8.50~10.50	17.00~19.00	—	3.00~4.00	—	—
23	S30458	06Cr19Ni10N	0Cr19Ni10N	0.08	1.00	2.00	0.045	0.030	8.00~11.00	18.00~20.00	—	—	0.10~0.16	—
24	S30478	06Cr19Ni9NbN	0Cr19Ni10NbN	0.08	1.00	2.50	0.045	0.030	7.50~10.50	18.00~20.00	—	—	0.15~0.30	Nb0.15
25	S30453	022Cr19Ni10N	00Cr18Ni10N	0.030	1.00	2.00	0.045	0.030	8.00~11.00	18.00~20.00	—	—	0.10~0.16	—

续表

奥氏体型不锈钢和耐热钢牌号及其化学成分

序号	统一数字代号	新牌号	旧牌号	化学成分(质量分数)/%									
				C	Si	Mn	P	S	Ni	Cr	Mo	Cu	N	其他元素
26	S30510	10Cr18Ni12	1Cr18Ni12	0.12	1.00	2.00	0.045	0.030	10.50~13.00	17.00~19.00	—	—	—	—
27	S30508	06Cr18Ni12	0Cr18Ni12	0.08	1.00	2.00	0.045	0.030	11.00~13.50	16.50~19.00	—	—	—	—
28	S30608	06Cr16Ni18	0Cr16Ni18	0.08	1.00	2.00	0.045	0.030	17.00~19.00	15.00~17.00	—	—	—	—
29	S30808	06Cr20Ni11		0.08	1.00	2.00	0.045	0.030	10.00~12.00	19.00~21.00	—	—	—	—
30	S30850	22Cr21Ni12N[①]	2Cr21Ni12N[①]	0.15~0.28	0.75~1.25	1.00~1.60	0.040	0.030	10.50~12.50	20.00~22.00	—	—	0.15~0.30	—
31	S30920	16Cr23Ni13[①]	2Cr23Ni13[①]	0.20	1.00	2.00	0.040	0.030	12.00~15.00	22.00~24.00	—	—	—	—
32	S30908	06Cr23Ni13[①]	0Cr23Ni13[①]	0.08	1.00	2.00	0.045	0.030	12.00~15.00	22.00~24.00	—	—	—	—
33	S31010	14Cr23Ni18	1Cr23Ni18	0.18	1.00	2.00	0.035	0.025	17.00~20.00	22.00~25.00	—	—	—	—
34	S31020	20Cr25Ni20[①]	2Cr25Ni20[①]	0.25	1.50	2.00	0.040	0.030	19.00~22.00	24.00~26.00	—	—	—	—
35	S31008	06Cr25Ni20[①]	0Cr25Ni20[①]	0.08	1.50	2.00	0.045	0.030	19.00~22.00	24.00~26.00	—	—	—	—
36	S31053	022Cr25Ni22Mo2N		0.030	0.40	2.00	0.030	0.015	21.00~23.00	24.00~26.00	2.00~3.00	—	0.10~0.16	—
37	S31252	015Cr20Ni18Mo6CuN		0.020	0.80	2.00	0.030	0.010	17.50~18.50	19.50~20.50	6.00~6.50	0.50~1.00	0.18~0.22	—
38	S31608	06Cr17Ni12Mo2	0Cr17Ni12Mo2[①]	0.08	1.00	2.00	0.045	0.030	10.00~14.00	16.00~18.00	2.00~3.00	—	—	—

续表

奥氏体型不锈钢和耐热钢牌号及其化学成分

序号	统一数字代号	新牌号	旧牌号	化学成分(质量分数)/%									
				C	Si	Mn	P	S	Ni	Cr	Mo	Cu	N	其他元素
39	S30603	022Cr17Ni12Mo2	00Cr17Ni14Mo2	0.030	1.00	2.00	0.045	0.030	10.00~14.00	16.00~18.00	2.00~3.00	—	—	—
40	S31609	07Cr17Ni12Mo2[①]	1Cr17Ni12Mo2[①]	0.04~0.10	1.00	2.00	0.045	0.030	10.00~14.00	16.00~18.00	2.00~3.00	—	—	—
41	S31668	06Cr17Ni12Mo2Ti[①]	2Cr18Ni12Mo2Ti[①]	0.08	1.00	2.00	0.045	0.030	10.00~14.00	16.00~18.00	2.00~3.00	—	—	Ti≥5C
42	S31678	06Cr17Ni12Mo2Nb		0.08	1.00	2.00	0.045	0.030	10.00~14.00	16.00~18.00	2.00~3.00	—	—	Nb10C~1.10
43	S31658	06Cr17Ni12Mo2N	0Cr17Ni12Mo2N	0.08	1.00	2.00	0.045	0.030	10.00~13.00	16.00~18.00	2.00~3.00	—	0.10~0.16	—
44	S31653	022Cr17Ni12Mo2N	00Cr17Ni12Mo2N	0.030	1.00	2.00	0.045	0.030	10.00~13.00	16.00~18.00	2.00~3.00	—	0.10~0.16	—
45	S31688	06Cr18Ni12Mo2Cu2	00Cr18Ni12Mo2Cu2	0.08	1.00	2.00	0.045	0.030	10.00~14.00	17.00~19.00	1.20~2.75	1.00~2.50	—	—
46	S31683	022Cr18Ni14Mo2Cu2	00Cr18Ni14Mo2Cu2	0.030	1.00	2.00	0.045	0.030	12.00~16.00	17.00~19.00	1.20~2.75	1.00~2.50	—	—
47	S31693	022Cr18Ni15Mo3N	00Cr18Ni15Mo3N	0.030	1.00	2.00	0.025	0.010	14.00~16.00	17.00~19.00	2.35~4.20	0.50	0.10~0.20	—
48	S31782	015Cr21Ni26Mo5Cu2		0.020	1.00	2.00	0.045	0.035	23.00~28.00	19.00~23.00	4.00~5.00	1.00~2.00	0.10	—
49	S31708	06Cr19Ni13Mo3	0Cr19Ni13Mo3	0.08	1.00	2.00	0.045	0.030	11.00~15.00	18.00~20.00	3.00~4.00	—	—	—
50	S31703	022Cr19Ni13Mo3[①]	00Cr19Ni13Mo3[①]	0.030	1.00	2.00	0.045	0.030	11.00~15.00	18.00~20.00	3.00~4.00	—	—	—
51	S31793	022Cr18Ni14Mo3[①]	00Cr19Ni13Mo3[①]	0.030	1.00	2.00	0.025	0.010	13.00~15.00	17.00~19.00	2.25~3.50	0.50	0.10	—
52	S31794	03Cr18Ni16Mo5	0Cr18Ni16Mo5	0.04	1.00	2.50	0.045	0.030	15.00~17.00	16.00~19.00	4.00~6.00	—	—	—
53	S31723	022Cr18Ni16Mo5N		0.030	1.00	2.00	0.045	0.030	13.50~17.50	17.00~20.00	4.00~5.00	—	0.10~0.20	—

续表

奥氏体型不锈钢和耐热钢牌号及其化学成分

序号	统一数字代号	新牌号	旧牌号	化学成分(质量分数)/%									
				C	Si	Mn	P	S	Ni	Cr	Mo	Cu	N	其他元素
54	S31753	022Cr19Ni13Mo4N		0.030	1.00	2.00	0.045	0.030	11.00~15.00	18.00~20.00	3.00~4.00	—	0.10~0.20	—
55	S32168	06Cr19Ni11T[①]	0Cr18Ni10Ti	0.08	1.00	2.00	0.045	0.030	9.00~12.00	17.00~19.00	—	—	—	Ti5C~0.70
56	S32169	07Cr19Ni11Ti	1Cr18Ni11Ti	0.04~0.10	0.75	2.00	0.030	0.030	9.00~13.00	17.00~20.00	—	—	—	Ti4C~0.60
57	S32590	45Cr14Ni14W2Mo[①]	4Cr14Ni14W2Mo	0.40~0.50	0.80	0.70	0.040	0.030	13.00~15.00	13.00~15.00	0.25~0.40	—	—	W2.00~2.75
58	S32652	015Cr24Ni22Mo8-Mn3CuN		0.020	0.50	2.00~4.00	0.030	0.005	21.00~23.00	24.00~25.00	7.00~8.00	0.30~0.60	0.45~0.55	—
59	S32720	24Cr18Ni8W2[①]	2Cr18Ni8W2[①]	0.21~0.28	0.30~0.80	0.70	0.030	0.025	7.50~8.50	17.00~19.00	—	—	—	W2.00~2.50
60	S33010	12Cr16Ni35[①]	1Cr16Ni35[①]	0.15	1.50	2.00	0.040	0.030	33.00~37.00	14.00~17.00	—	—	—	—
61	S34553	022Cr24Ni17Mo5-Mn6NbN		0.030	1.00	5.00~7.00	0.030	0.010	16.00~18.00	23.00~25.00	4.00~5.00	—	0.40~0.60	Nb 0.10~1.10
62	S34778	06Cr18Ni11Nb[①]	0Cr18Ni11Nb	0.08	1.00	2.00	0.045	0.030	9.00~12.00	17.00~19.00	—	—	—	Nb 10C~1.10
63	S3479	07Cr18Ni11Nb[①]	1Cr19Ni11Nb	0.04~0.10	1.00	2.00	0.045	0.030	9.00~12.00	17.00~19.00	—	—	—	Nb 8C~1.10
64	S38148	06Cr18Ni13Si4[①②]	0Cr18Ni13Si4	0.08	3.00~5.00	2.00	0.045	0.030	11.50~15.00	15.00~20.00	—	—	—	—
65	S38240	16Cr20Ni14Si2[①]	1Cr20Ni14Si2	0.20	1.50~2.50	1.50	0.040	0.030	12.00~15.00	19.00~22.00	—	—	—	—
66	S38340	16Cr25Ni20Si2[①]	1Cr25Ni20Si2	0.20	1.50~2.50	1.50	0.040	0.030	18.00~21.00	24.00~27.00	—	—	—	—

注:表中所列成分除标明范围或最小值外,其余均为最大值。括号内值为允许添加的最大值。

① 耐热钢或可作耐热钢使用。

② 必要时,可添加上表以外的合金元素。

奥氏体-铁素体型不锈钢牌号及其化学成分

续表

序号	统一数字代号	新牌号	旧牌号	化学成分(质量分数)/%											
				C	Si	Mn	P	S	Ni	Cr	Mo	Cu	N	其他元素
67	S21860	14Cr18Ni11Si4AlTi	1Cr18Ni11Si4AlTi	0.10~0.18	3.40~4.00	0.80	0.035	0.030	10.00~12.00	17.50~19.50	—	—	—	Ti 0.40~0.70 Al 0.10~0.30
68	S21953	022Cr19Ni9Mo3Si2N	00Cr18Ni5Mo3Si2	0.030	1.30~2.00	1.00~2.00	0.035	0.030	4.50~5.50	18.00~19.50	2.50~3.00	—	0.05~0.12	—
69	S22160	12Cr21Ni5Ti	1Cr21Ni5Ti	0.09~0.14	0.80	0.80	0.035	0.030	4.80~5.80	20.00~22.00	—	—	—	Ti 5(C−0.02)~0.80
70	S22253	022Cr22Ni5Mo3N		0.030	1.00	2.00	0.030	0.020	4.50~6.50	21.00~23.00	2.50~3.50	—	0.08~0.20	—
71	S22053	022Cr23Ni5Mo3N		0.030	1.00	2.00	0.030	0.020	4.50~6.50	22.00~23.00	3.00~3.50	—	0.14~0.20	—
72	S23043	022Cr23Ni4MoCuN		0.030	1.00	2.50	0.035	0.030	3.00~5.50	21.50~24.50	0.05~0.60	0.05~0.60	0.05~0.20	—
73	S22553	022Cr25Ni6Mo2N		0.030	1.00	2.00	0.030	0.030	5.50~6.50	24.00~26.00	1.20~2.50	—	0.10~0.20	—
74	S22583	022Cr25Ni7Mo3WCuN		0.04	1.00	0.75	0.030	0.030	5.50~7.50	24.00~26.00	2.50~3.50	0.20~0.80	0.10~0.30	W 0.10~0.50
75	S25554	03Cr25Ni6Mo3Cu2N		0.030	0.80	1.50	0.035	0.035	4.50~6.50	24.00~27.00	2.90~3.90	1.50~2.50	0.10~0.25	—
76	S25073	022Cr25Ni7Mo4N		0.030	1.00	1.20	0.035	0.020	6.00~8.00	24.00~26.00	3.00~5.00	0.50	0.24~0.32	—
77	S27603	022Cr25Ni7Mo4WCuN		0.030	1.00	1.00	0.030	0.010	6.00~8.00	24.00~26.00	3.00~4.00	0.50~1.00	0.20~0.30	W 0.50~1.00 Cr−3.3Mo+16N ≥40

注：表中所列成分除标明范围或最小值外，其余均为最大值。

续表

铁素体型不锈钢和耐热钢牌号及其化学成分

序号	统一数字代号	新牌号	旧牌号	化学成分(质量分数)/%									
				C	Si	Mn	P	S	Ni	Cr	Mo	Cu	N	其他元素
78	S11348	06Cr13Al[①]	0Cr13Al[①]	0.08	1.00	1.00	0.040	0.030	(0.60)	11.50~14.50	—	—	—	Al 0.10~0.30
79	S11168	06Cr11Ti	0Cr11Ti	0.08	1.00	1.00	0.045	0.030	(0.60)	10.50~11.70	—	—	—	Ti 6C~0.75
80	S11163	022Cr11Ti[①]		0.030	1.00	1.00	0.040	0.020	(0.60)	10.50~11.70	—	—	0.030	Ti≥8(C+N) Ti 0.15~0.50 Nb 0.10
81	S11173	022Cr11NbTi[①]		0.030	1.00	1.00	0.040	0.020	(0.60)	10.50~11.70	—	—	0.030*	Ti+Nb 8(C+N)+ 0.08~0.75 Ti≥0.05
82	S11213	022Cr12Ni[①]		0.030	1.00	1.50	0.040	0.015	0.30~1.00	10.50~12.50	—	—	0.030	—
83	S11203	022Cr12[①]	00Cr12[①]	0.030	1.00	1.00	0.040	0.030	(0.60)	11.00~13.50	—	—	—	—
84	S11510	10Cr15	1Cr15	0.12	1.00	1.00	0.040	0.030	(0.60)	14.00~16.00	—	—	—	—
85	S11710	10Cr17[①]	1Cr17[①]	0.12	1.00	1.00	0.040	0.030	(0.60)	16.00~18.00	—	—	—	—
86	S11717	Y10Cr17	Y1Cr17	0.12	1.00	1.25	0.060	≥0.15	(0.60)	16.00~18.00	(0.60)	—	—	—
87	S11863	022Cr18Ti	00Cr17	0.030	0.75	1.00	0.040	0.030	(0.60)	16.00~19.00	—	—	—	Ti或Nb 0.10~1.00

附录 C

续表

铁素体型不锈钢和耐热钢牌号及其化学成分

序号	统一数字代号	新牌号	旧牌号	化学成分（质量分数）/%									
				C	Si	Mn	P	S	Ni	Cr	Mo	Cu	N	其他元素
88	S11790	10Cr17Mo	1Cr17Mo	0.12	1.00	1.00	0.040	0.030	(0.60)	16.00~18.00	0.75~1.25	—	—	—
89	S11770	10Cr17MoNb		0.12	1.00	1.00	0.040	0.030	—	16.00~18.00	0.75~1.25	—	—	Nb 5C~0.80
90	S11862	019Cr18MoTi		0.025	1.00	1.00	0.040	0.030	(0.60)	16.00~19.00	0.75~1.50	—	0.025	Ti, Nb, Zr 或其组合 8(C+N)~0.80
91	S11873	022Cr18NbTi		0.030	1.00	1.00	0.040	0.015	(0.60)	17.50~18.50	—	—	—	Ti 0.10~0.60 Nb≥0.30+3C
92	S11972	019Cr19Mo2NbTi	00Cr18Mo2	0.025	1.00	1.00	0.040	0.030	1.00	17.50~19.50	1.75~2.50	—	0.035	(Ti+Nb) [0.20+4(C+N)]~0.80
93	S12550	16Cr25N[①]	2Cr25N[①]	0.20	1.00	1.50	0.040	0.030	(0.60)	23.00~27.00	—	(0.30)	0.25	—
94	S12791	008Cr27Mo[②]	00Cr27Mo[②]	0.010	0.40	0.40	0.030	0.020		25.00~27.50	0.75~1.50	—	0.015	—
95	S13091	008Cr3CMo2[②]	00Cr30Mo2[②]	0.010	0.40	0.40	0.030	0.020		28.50~32.00	1.50~2.50	—	0.015	—

注：表中所列成分除标明范围或最小值外，其余均为最大值。括号内值为允许添加的最大值。
① 允许含有小于或等于 0.50% Ni，小于或等于 0.20% Cu，但 Ni+Cu 的含量应小于或等于 0.50%；根据需要，可添加上表以外的合金元素。
② 耐热钢或可作耐热钢使用。

续表

马氏体型不锈钢和耐热钢牌号及其化学成分

序号	统一数字代号	新牌号	旧牌号	化学成分(质量分数)/%									
				C	Si	Mn	P	S	Ni	Cr	Mo	Cu	N	其他元素
96	S40310	12Cr12①	1Cr12①	0.15	0.50	1.00	0.040	0.030	(0.60)	11.50~13.00	—	—	—	—
97	S41008	06Cr13	0Cr13	0.08	1.00	1.00	0.040	0.030	(0.60)	11.50~13.50	—	—	—	—
98	S41010	12Cr13①	1Cr13①	0.15	1.00	1.00	0.040	0.030	(0.60)	11.50~13.50	—	—	—	—
99	S41595	04Cr13Ni5Mo		0.05	0.60	0.50~1.00	0.030	0.030	3.50~5.50	11.50~14.00	0.50~1.00	—	—	—
100	S41617	Y12Cr13	Y1Cr13	0.15	1.00	1.25	0.060	≥0.15	(0.60)	12.00~14.00	(0.60)	—	—	—
101	S42020	20Cr13①	2Cr13①	0.16~0.25	1.00	1.00	0.040	0.030	(0.60)	12.00~14.00	—	—	—	—
102	S42030	30Cr13	3Cr13	0.26~0.35	1.00	1.00	0.040	0.030	(0.60)	12.00~14.00	—	—	—	—
103	S42037	Y30Cr13	Y3Cr13	0.26~0.35	1.00	1.25	0.060	≥0.15	(0.60)	12.00~14.00	(0.60)	—	—	—
104	S42040	4Cr13	0.36~0.45	0.60	0.80	0.040	0.030	0.030	12.00~14.00	—	—	—	—	—
105	S41427	Y25Cr13Ni2	Y2Cr13Ni2	0.20~0.30	0.50	0.80~1.20	0.08~0.12	0.15~0.25	1.50~2.00	12.00~14.00	(0.60)	—	—	—
106	S43110	14Cr17Ni2①	1Cr17Ni2①	0.11~0.17	0.80	0.80	0.040	0.030	1.50~2.50	16.00~18.00	—	—	—	—

续表

马氏体型不锈钢和耐热钢牌号及其化学成分

序号	统一数字代号	新牌号	旧牌号	化学成分(质量分数)/%									
				C	Si	Mn	P	S	Ni	Cr	Mo	Cu	N	其他元素
107	S43120	17Cr16Ni2[①]	—	0.12~0.22	1.00	1.50	0.040	0.030	1.50~2.50	15.00~17.00	—	—	—	—
108	S44070	68Cr17	7Cr17	0.60~0.75	1.00	1.00	0.040	0.030	(0.60)	16.00~18.00	(0.75)	—	—	—
109	S44080	85Cr17	8Cr17	0.75~0.95	1.00	1.00	0.040	0.030	(0.60)	16.00~18.00	(0.75)	—	—	—
110	S44096	108Cr17	11Cr17	0.95~1.20	1.00	1.00	0.040	0.030	(0.60)	16.00~18.00	(0.75)	—	—	—
111	S44097	Y108Cr17	Y11Cr17	0.95~1.20	1.00	1.25	0.060	≥0.15	(0.60)	16.00~18.00	(0.75)	—	—	—
112	S44090	95Cr18	9Cr18	0.90~1.00	0.80	0.80	0.040	0.030	(0.60)	17.00~19.00	—	—	—	—
113	S45110	12Cr5Mo[①]	1Cr5Mo	0.15	0.50	0.60	0.040	0.030	(0.60)	4.00~6.00	0.40~0.60	—	—	—
114	S45610	12Cr12Mo[①]	1Cr12Mo	0.10~0.15	0.50	0.30~0.50	0.040	0.030	0.30~0.60	11.50~13.00	0.30~0.60	(0.30)	—	—
115	S45710	13Cr13Mo[①]	1Cr13Mo	0.08~0.18	0.60	1.00	0.040	0.030	(0.60)	11.50~14.00	0.30~0.60	(0.30)	—	—
116	S45830	32Cr13Mo	3Cr13Mo	0.28~0.35	0.80	1.00	0.040	0.030	(0.60)	12.00~14.00	0.50~1.00	—	—	—

续表

马氏体型不锈钢和耐热钢牌号及其化学成分

序号	统一数字代号	新牌号	旧牌号	化学成分（质量分数）/%										
				C	Si	Mn	P	S	Ni	Cr	Mo	Cu	N	其他元素
117	S45990	102Cr17Mo	9Cr18Mo	0.95~1.10	0.80	0.80	0.040	0.030	(0.60)	16.00~18.00	0.40~0.70	—	—	—
118	S46990	90Cr18MoV	9Cr18MoV	0.85~0.95	0.80	0.80	0.040	0.030	(0.60)	17.00~19.00	1.00~1.30	—	—	V 0.07~0.12
119	S46010	14Cr11MoV①	1Cr11MoV	0.11~0.18	0.50	0.60	0.035	0.030	0.60	10.00~11.50	0.50~0.70	—	—	V 0.25~0.40
120	S46110	158Cr12MoV①	1Cr12MoV	1.45~1.70	0.40	0.35	0.030	0.025	—	11.00~12.50	0.40~0.60	—	—	V 0.15~0.30
121	S46020	21Cr12MoV①	2Cr12MoV	0.18~0.24	0.10~0.50	0.30~0.80	0.030	0.025	0.30~0.60	11.00~12.50	0.80~1.20	0.30	—	V 0.25~0.35
122	S46250	18Cr12MoVNbN①	2Cr12MoVNbN	0.15~0.20	0.50	0.50~1.00	0.035	0.030	(0.60)	10.00~13.00	0.30~0.90	—	0.05~0.10	V 0.10~0.40 Nb 0.20~0.60
123	S47010	15Cr12WMoV①	1Cr12WMoV	0.12~0.18	0.50	0.50~0.90	0.035	0.030	0.40~0.80	11.00~13.00	0.50~0.70	—	—	W 0.70~1.10 V 0.15~0.30
124	S47220	22Cr12NiWMoV①	2Cr12NiWMoV	0.20~0.25	0.50	0.50~1.00	0.040	0.030	0.50~1.00	11.00~13.00	0.75~1.25	—	—	W 0.75~1.25 V 0.20~0.40
125	S47310	13Cr11Ni2W2MoV①	1Cr11Ni2W2MoV	0.10~0.16	0.60	0.60	0.035	0.030	1.40~1.80	10.50~12.00	0.35~0.50	—	—	W 1.50~2.00 V 0.18~0.30
126	S47410	14Cr12Ni2WMoVNb①	1Cr12Ni2WMoVNb	0.11~0.17	0.60	0.60	0.030	0.025	1.80~2.20	11.00~12.00	0.80~1.20	—	—	W 0.70~1.00 V 0.20~0.30 Nb 0.15~0.30

表 C-32.2 承压设备用不锈钢板牌号及化学成分（GB 24511—2009）

奥氏体型不锈钢的化学成分（熔炼分析）

GB/T 20878 中序号	统一数字代号	牌号	化学成分（质量分数）/%									
			C	Si	Mn	P	S	Ni	Cr	Mo	N	Cu	其他
17	S30408	06Cr19Ni10	0.08	0.75	2.00	0.035	0.020	8.00~10.50	18.00~20.00	—	0.10	—	—
18	S30403	022Cr19Ni10	0.030	0.75	2.00	0.035	0.020	8.00~12.00	18.00~20.00	—	—	—	—
19	S30409	07Cr19Ni10	0.04~0.10	0.75	2.00	0.035	0.020	8.00~10.50	18.00~20.00	—	—	—	—
35	S31008	06Cr25Ni20	0.04~0.08	1.50	2.00	0.035	0.020	19.00~22.00	24.00~26.00	—	—	—	—
38	S31608	06Cr17Ni12Mo2	0.08	0.75	2.00	0.035	0.020	10.00~14.00	16.00~18.00	2.00~3.00	0.10	—	—
39	S31603	022Cr17Ni12Mo2	0.030	0.75	2.00	0.035	0.020	10.00~14.00	16.00~18.00	2.00~3.00	0.10	—	—
41	S31668	06Cr17Ni12Mo2Ti	0.08	0.75	2.00	0.035	0.020	10.00~14.00	16.00~18.00	2.00~3.00	—	—	Ti≥5C
48	S39042	015Cr21Ni26Mo5Cu2	0.020	0.75	2.00	0.030	0.010	24.00~26.00	19.00~21.00	4.00~5.00	0.10	1.20~2.00	—
49	S31708	06Cr19Ni13Mo3	0.08	0.75	2.00	0.035	0.020	11.00~15.00	18.00~20.00	3.00~4.00	0.10	—	—
50	S31703	022Cr19Ni13Mo3	0.030	0.75	2.00	0.035	0.020	11.00~15.00	18.00~20.00	3.00~4.00	—	—	—
55	S32168	06Cr18Ni11Ti	0.08	0.75	2.00	0.035	0.020	9.00~12.00	17.0~19.00	—	—	—	Ti≥5C

注：表中有些牌号的化学成分与 GB/T 20878 相比有变化。

续表

奥氏体-铁素体型不锈钢牌号及其化学成分（熔炼分析）

GB/T 20878 中序号	统一数字代号	牌号	化学成分（质量分数）/%									
			C	Si	Mn	P	S	Cr	Ni	Mo	Cu	N	其他
68	S21953	022Cr19Ni5Mo3Si2N	0.030	1.30~2.00	1.00~2.00	0.030	0.020	18.00~19.50	4.50~5.50	2.50~3.00	—	0.05~0.12	—
70	S22253	022Cr22Ni5Mo3N	0.030	1.00	2.00	0.030	0.020	21.00~23.00	4.50~6.50	2.50~3.50	—	0.08~0.20	—
71	S22053	022Cr23Ni5Mo3N	0.030	1.00	2.00	0.030	0.020	22.00~23.00	4.50~6.50	3.00~3.50	—	0.14~0.20	—

注：表中有些牌号的化学成分与 GB/T 20878 相比有变化。

铁素体型不锈钢的化学成分（熔炼分析）

GB/T 20878 中序号	统一数字代号	牌号	化学成分（质量分数）/%								
			C	Si	Mn	P	S	Cr	Ni	Mo	N	其他
78	S11348	06Cr13Al	0.08	1.00	1.00	0.035	0.020	11.50~14.50	0.60	—	—	Al: 0.10~0.30
92	S11972	019Cr19Mo2NbTi	0.025	1.00	1.00	0.035	0.020	17.50~19.50	1.00	1.75~2.50	0.035	(Ti+Nb) [0.20+4(C+N)]~0.80
97	S11306	06Cr13	0.05	1.00	1.00	0.035	0.020	11.50~13.50	0.60	—	—	—

注：表中有些牌号的化学成分与 GB/T 20878 相比有变化。

表 C-33.1 各国不锈钢及耐热钢牌号对照

序号	中国 GB/T 20878—2007		美国 ASTM A959—2004	日本 JIS G4303—1998 JIS G4311—1991	国际 ISO/T S15510—2003 ISO 4955—2005	欧洲 EN 10088:1—1995 EN 10095—1995
	新牌号	旧牌号				
1	15Cr17Mn6Ni5N	1Cr17Mn6Ni5N	S20100, 201	SUS201	X12CrMnNiN17-7-5	X12CrMnNiN17-7-5, 1.4372
2	15Cr18Mn8Ni5N	1Cr18Mn8Ni5N	S20200, 202	SUS202	—	X12CrMnNiN18-9-5, 1.4373
3	20Cr13Mn9Ni4	2Cr13Mn9Ni4	—	—	—	—
4	20Cr15Mn15Ni2N	2Cr15Mn15Ni2N	—	—	—	—
5	53Cr21Mn9Ni4N	5Cr21Mn9Ni4N	—	SUH35	X53CrMnNiN21-9	X53CrMnNiN21-9, 1.4871
6	26Cr18Mn12Si2N	3Cr18Mn12Si2N	—	—	—	—
7	22Cr20Mn9Ni2Si2N	2Cr20Mn9Ni2Si2N	—	—	—	—
8	15Cr17Ni7	1Cr17Ni7	S30100, 301	SUS301	X10CrNi18-8	X10CrNi18-8, 1.4310
9	03Cr17Ni7		S30103, 301L	SUS301L	—	—
10	03Cr17Ni7N		S30153, 301LN	—	X2CrNiN18-7	X2CrNiN18-7, 1.4318
11	17Cr18Ni9	2Cr18Ni9	—	—	—	—
12	15Cr18Ni9	1Cr18Ni9	S30200, 302	SUS302	X10CrNi18-8	X10CrNi18-8, 1.4310
13	15Cr18Ni9Si3	1Cr18Ni9Si3	S30215, 302B	SUS302B	X12CrNiSi18-9-3	—
14	Y15Cr18Ni9	Y1Cr18Ni9	S30300, 303	SUS303	X10CrNiS18-9	X8CrNiS18-9, 1.4305
15	Y15Cr18Ni9Se	Y1Cr18Ni9Se	S30323, 303Se	SUS303Se	—	—
16	08Cr19Ni9	0Cr18Ni9	S30400, 304	SUS304	X5CrNi18-10	X5CrNi18-10
17	03Cr19Ni10	00Cr19Ni10	S30403, 304L	SUS304L	X2CrNi19-11	X2CrNi19-11
18	07Cr19Ni9	0Cr19Ni9	S30409, 304H	SUH304H	X7CrNi18-9	X6CrNi18-10, 1.4948
19	05Cr19Ni10Si2CeN		S30415	—	X6CrNiSiNCe19-10	X6CrNiSiNCe19-10, 1.4818
20	08Cr18Ni9Cu2	0Cr18Ni9Cu2	—	SUS304J3	—	—
21	08Cr18Ni9Cu4	0Cr18Ni9Cu3	S30430	SUSXM7	X3CrNiCu18-9-4	X3CrNiCu18-9-4, 1.4567
22	08Cr19Ni10N	0Cr19Ni9N	S30451, 304N	SUS304N1	X5CrNiN19-9	X5CrNiN19-9, 1.4315
23	08Cr19Ni9NbN	0Cr19Ni10NbN	S30452, XM-21	SUS304N2	—	—

续表

序号	中国 GB/T 20878—2007 新牌号	中国 GB/T 20878—2007 旧牌号	美国 ASTM A959—2004	日本 JIS G4303—1998 JIS G4311—1991	国际 ISO/T S15510—2003 ISO 4955—2005	欧洲 EN 10088:1—1995 EN 10095—1995
24	03Cr19Ni10N	00Cr19Ni10N	S30453, 304LN	SUS304LN	X2CrNiN18-9	X2CrNiN18-10, 1.4311
25	12Cr18Ni12	1Cr18Ni12	S30500, 305	SUS305	X6CrNi18-12	X4CrNi18-12, 1.4303
26	08Cr18Ni12	0Cr18Ni12	—	SUS305J1	—	—
27	08Cr16Ni18	0Cr16Ni18	S38400, 384	SUS384	X3CrNi18-16	—
28	08Cr20Ni11	0Cr20Ni11	S30800, 308	SUS308	—	—
29	22Cr21Ni12N	2Cr21Ni12N	—	SUH37	—	—
30	20Cr23Ni13	2Cr23Ni13	S30900, 309	SUH309	X12CrNi23-13	X12CrNi23-13, 1.4833
31	08Cr23Ni13	0Cr23Ni13	S30908, 309S	SUS309S	—	—
32	18Cr23Ni18	1Cr23Ni18	—	—	—	—
33	25Cr25Ni20	2Cr25Ni20	S31000, 310	SUH310	X15CrNi25-21	X15CrNi25-21, 1.4821
34	08Cr25Ni20	0Cr25Ni20	S31008, 310S	SUS310S	X8CrNi25-21	X8CrNi25-21, 1.4845
35	03Cr25Ni22Mo3N		S31050, 310MoLN	—	X1CrNiMoN25-22-2	X1CrNiMoN25-22-2, 1.4466
36	02Cr20Ni18Mo6CuN		S31254	—	X1CrNiMoN20-18-7	X1CrNiMoN20-18-7, 1.4547
37	15Cr16Ni35	1Cr16Ni35	330	SUH330	—	X12CrNiSi35-16, 1.4864
38	08Cr17Ni12Mo2	0Cr17Ni12Mo2	S31600, 316	SUS316	X5CrNiMo17-12-2	X5CrNiMo17-12-2, 1.4401
39	03Cr17Ni14Mo2	00Cr17Ni14Mo2	S31603, 316L	SUS316L	X2CrNiMo17-12-2	X2CrNiMo17-12-2, 1.4404
40	07Cr17Ni12Mo2	1Cr17Ni12Mo2	S31609, 316H	—	—	X3CrNiMo17-13-3, 1.4436
41	08Cr17Ni12Mo2Ti	0Cr17Ni12Mo2Ti	S31635, 316Ti	SUS316Ti	X6CrNiMoTi17-12-2	X6CrNiMoTi17-12-2, 1.4571
42	08Cr17Ni12Mo2Nb		S31640, 316Nb	—	X6CrNiMoNb17-12-2	X6CrNiMoNb17-12-2, 1.4580
43	08Cr17Ni12Mo2N	0Cr17Ni12Mo2N	S31651, 316N	SUS316N	—	—
44	03Cr17Ni13Mo2N	00Cr17Ni13Mo2N	S31653, 316LN	SUS316LN	X2CrNiMoN17-12-3	X2CrNiMoN17-13-3, 1.4429
45	08Cr18Ni12Mo2Cu2	0Cr18Ni12Mo2Cu2	—	SUS316J1	—	—
46	03Cr18Ni14Mo2Cu2	00Cr18Ni14Mo2Cu2	—	SUS316J1L	—	—

续表

序号	中国 GB/T 20878—2007 新牌号	中国 GB/T 20878—2007 旧牌号	美国 ASTM A959—2004	日本 JIS G4303—1998 JIS G4311—1991	国际 ISO/T S15510—2003 ISO 4955—2005	欧洲 EN 10088:1—1995 EN 10095—1995
47	08Cr19Ni13Mo4	0Cr19Ni13Mo3	S31700, 317	SUS317	—	—
48	03Cr19Ni13Mo4	00Cr19Ni13Mo3	S31703, 317L	SUS317L	X2CrNiMo19-14-4	X2CrNiMo18-15-4, 1.4438
49	04Cr18Ni16Mo5	0Cr18Ni16Mo5	S31725, 317LM	SUS317J1	—	—
50	03Cr19Ni16Mo5N		S31726, 317LMN	—	X2CrNiMoN18-15-5	X2CrNiMoN17-13-5, 1.4439
51	03Cr19Ni13Mo4N		S31753, 317LN	SUS317LN	X2CrNiMoN18-12-4	X2CrNiMoN18-12-4, 1.4434
52	03Cr18Ni14Mo2	00Cr18Ni14Mo2	—	—	—	—
53	03Cr18Ni15Mo4N	00Cr18Ni15Mo4N	—	—	—	—
54	08Cr18Ni10Ti	0Cr18Ni10Ti	S32100, 321	SUS321	X6CrNiTi18-10	X6CrNiTi18-10, 1.4541
55	07Cr18Ni11Ti	1Cr18Ni11Ti	S32109, 321H	SUS321H	X7CrNiTi18-10	X6CrNiTi18-10, 1.4541
56	02Cr25Ni22Mo8Mn3CuN		S32654	—	X1CrNiMoCuN24-22-8	X1CrNiMoCuN24-22-8, 1.4652
57	03Cr24Ni17Mo5Mn6CuN		S34565	—	X2CrNiMnMoN25-18-6-5	X2CrNiMnMoN25-18-6-5, 1.4565
58	08Cr18Ni11Nb	0Cr18Ni11Nb	S34700, 347	SUS347	X6CrNiNb18-10	X6CrNiNb18-10, 1.4550
59	07Cr18Ni11Nb	1Cr19Ni11Nb	S34709, 347H	SUS347	X7CrNiNb18-10	X7CrNiNb18-10, 1.4912
60	45Cr14Ni14W2Mo	4Cr14Ni14W2Mo	—	—	—	—
61	25Cr18Ni8W2	2Cr18Ni8W2	—	—	—	—
62	08Cr18Ni13Si4	0Cr18Ni13Si4	S38100, XM-15	SUSXM15J1	—	—
63	02Cr18Ni15Si4Nb		—	—	—	—
64	02Cr21Ni26Mo5Cu2		—	—	—	—
65	20Cr20Ni14Si2	1Cr20Ni14Si2	—	—	X15CrNiSi20-12	X15CrNiSi20-12, 1.4828
66	20Cr25Ni20Si2	1Cr25Ni20Si2	S31400, 314	—	X15CrNiSi25-21	X15CrNiSi25-21, 1.4841
67	14Cr19Ni11Si4AlTi	1Cr18Ni11Si4AlTi	—	—	—	—
68	03Cr19Ni5Mo3Si2N	00Cr18Ni5Mo3Si2	—	—	—	—
69	12Cr21Ni5Ti	1Cr21Ni5Ti	—	—	—	—

续表

序号	中国 GB/T 20878—2007		美国 ASTM A959—2004	日本 JIS G4303—1998 JIS G4311—1991	国际 ISO/T S15510—2003 ISO 4955—2005	欧洲 EN 10088:1—1995 EN 10095—1995
	新牌号	旧牌号				
70	03Cr22Ni5Mo3N		S31803	SUS329J3L	X2CrNiMoN22-5-3	X2CrNiMoN22-5-3, 1.4462
71	03Cr23Ni4N		S32304, 3204	—	X2CrNiN23-4	X2CrNiN23-4, 1.4362
72	03Cr25Ni6Mo2N		S31200	—	X3CrNiMoN27-5-2	X3CrNiMoN27-5-2, 1.4460
73	03Cr25Ni7Mo3WCuN		S31260	SUS329J2L	—	—
74	04Cr26Ni6Mo3Cu2N		S32550, 255	—	X2CrNiMoCuN25-6-3	X2CrNiMoCuN25-6-3, 1.4507
75	03Cr25Ni7Mo4N		S32750, 2507	—	X2CrNiMoN25-7-4	X2CrNiMoN25-7-4, 1.4410
76	03Cr25Ni7Mo4WCuN		S32760	—	X2CrNiMoWN25-7-4	X2CrNiMoWN25-7-4, 1.4501
77	08Cr13Al	0Cr13Al	S40500, 405	SUS405	X6CrAl13	X6CrAl13, 1.4002
78	08Cr11Ti	0Cr11Ti	S40900	SUH409	X6CrTi12	—
79	03Cr11Ti		S40920	SUH409L	X2CrTi12	X2CrTi12, 1.4512
80	03Cr11NbTi		S40930	—	—	—
81	08Cr13	0Cr13	S41008, 410S	SUS410S	X6Cr13	X6Cr13, 1.4000
82	03Cr12	00Cr12	—	SUS410L	—	—
83	03Cr12Ni		S40977	—	X2CrNi12	X2CrNi12, 1.4003
84	12Cr15	1Cr15	S42900, 429	SUS429	X6Cr17	—
85	12Cr17	1Cr17	S43000	SUS430	X6Cr17	X6Cr17, 1.4016
86	Y12Cr17	Y1Cr17	S43020, 430F	SUS430F	X7CrS17	X14CrMoS17, 1.4104
87	03Cr18Ti	00Cr17	S43035, 439	SUS430LX	X3CrTi17	X3CrTi17, 1.4510
88	12Cr17Mo	1Cr17Mo	S43400, 434	SUS434	X6CrMo17-1	X6CrMo17-1, 1.4113
89	12Cr17MoNb		S43600, 436	—	X6CrMoNb17-1	X6CrMoNb17-1, 1.4526
90	03Cr18Ti		SUS436L	—	—	—
91	03Cr18NbTi		S43940	—	—	X2CrTiNb18, 1.4509
92	03Cr18Mo2NbTi	00Cr18Mo2	S44400, 444	SUS444	X2CrMoTi18-2	X2CrMoTi18-2, 1.4521

续表

序号	中国 GB/T 20878—2007 新牌号	旧牌号	美国 ASTM A959—2004	日本 JIS G4303—1998 JIS G4311—1991	国际 ISO/T S15510—2003 ISO 4955—2005	欧洲 EN 10088:1—1995 EN 10095—1995
93	01Cr27Mo	00Cr27Mo	S44627, XM-27	SUSXM27	—	—
94	01Cr30Mo2	00Cr30Mo2	—	SUS447J1	—	—
95	15Cr12	1Cr12	S40300, 403	SUS403	—	—
96	15Cr13	1Cr13	S41000, 410	SUS410	X12Cr13	X12Cr13, 1.4006
97	Y25Cr13Ni2	Y2Cr13Ni2	—	—	—	—
98	05Cr13Ni5Mo		S41500	SUSF6NM	X3CrNiMo13-4	X3CrNiMo13-4, 1.4313
99	Y15Cr13	Y1Cr13	S41600, 416	SUS416	X12CrS13	X12CrS13, 1.4005
100	21Cr13	2Cr13	S42000, 420	SUS420J1	X20Cr13	X20Cr13, 1.4021
101	31Cr13	3Cr13	S42000, 420	SUS420J2	X30Cr13	X30Cr13, 1.4028
102	Y31Cr13	Y3Cr13	S42020, 420F	SUS420F	X29CrS13	X29CrS13, 1.4029
103	41Cr13	4Cr13	—	—	X39Cr13	X39Cr13, 1.4031
104	14Cr17Ni2	1Cr17Ni2	S43100, 431	SUS431	X17CrNi16-2	X17CrNi16-2, 1.4057
105	16Cr17Ni3		S43100, 431	SUS431	X17CrNi16-2	X17CrNi16-2, 1.4057
106	68Cr17	7Cr17	S44002, 440A	SUS440A	—	—
107	85Cr17	8Cr17	S44003, 440B	SUS440B	—	—
108	108Cr17	11Cr17	S44004, 440C	SUS440C	X105CrMo17	X105CrMo17, 1.4125
109	Y108Cr17	Y11Cr17	S44020, 440F	SUS440F	—	—
110	95Cr18	9Cr18	—	—	—	—
111	108Cr17Mo	9Cr18Mo	S44004, 440C	SUS440C	X105CrMo17	X105CrMo17, 1.4125
112	90Cr18MoV	9Cr18MoV	S44003, 440B	SUS440B	—	X90CrMoV18, 1.4112
113	10Cr5Mo	1Cr5Mo	S50200, 502	—	—	12CrMo19-5, 1.7362
114	12Cr12Moa	1Cr12Moa	—	—	—	—
115	13Cr13Mo	1Cr13Mo	—	SUS410J1	—	—

续表

序号	中国 GB/T 20878—2007		美国 ASTM A959—2004	日本 JIS G4303—1998 JIS G4311—1991	国际 ISO/T S15510—2003 ISO 4955—2005	欧洲 EN 10088：1—1995 EN 10095—1995
	新牌号	旧牌号				
116	32Cr13Mo	3Cr13Mo	—	—	—	—
117	15Cr11MoV	1Cr11MoV	—	—	—	—
118	15Cr12WMoV	1Cr12WMoV	—	—	—	—
119	158Cr12MoV	1Cr12MoV	—	—	—	—
120	21Cr12MoV	2Cr12MoV	—	—	—	—
121	18Cr12MoVNbN	2Cr12MoVNbN	—	SUH600	—	—
122	13Cr11Ni2W2MoV	1Cr11Ni2W2MoV	—	—	—	—
123	23Cr12NiMoWV	2Cr12NiMoV	616	SUH616	—	—
124	13Cr14Ni3W2VB	1Cr14Ni3W2VB	—	—	—	—
125	14Cr12Ni2WMoVNb	1Cr12Ni2WMoVNb	—	—	—	—
126	15Cr11NiMoNbVN	2Cr11NiMoNbVN	—	—	—	—
127	45Cr9Si3	4Cr9Si2	—	SUH1	—	X45CrSi8，1.4718
128	40Cr10Si2Mo	4Cr10Si2Mo	—	SUH3	—	X40CrSiMo10，1.4731
129	80Cr20Si2Ni	8Cr20Si2Ni	—	SUH4	—	X80CrSiNi20，1.4747
130	05Cr13Ni8Mo2Al		S13800，XM-13 S15500，XM-12	—	—	—
131	07Cr15Ni5Cu4Nb	0Cr15Ni7Mo2Al	—	—	—	—
132	07Cr17Ni4Cu4Nb	0Cr17Ni4Cu4Nb	S17400，630	SUS630	X5CrNiCuNb16-4	X5CrNiCuNb16-4，1.4542
133	09Cr17Ni7Al	0Cr17Ni7Al	S17700，631	SUS631	X7CrNi17-7	X7CrNi17-7，1.4568
134	09Cr15Ni7Mo2Al	0Cr15Ni7Mo2Al	S15700，632	—	X8CrNiMoAl15-7-2	X8CrNiMoAl15-7-2，1.4532
135	09Cr12Mn5Ni4Mo3Al	0Cr12Mn5Ni4Mo3Al	S35000，633	—	—	—
136	09Cr17Ni5Mo3N			—	—	—
137	08Cr17Ni7AlTi		S17600，635	—	—	—
138	03Cr12Ni9Cu2NbTi		S45500，XM-16	—	—	—
139	08Cr15Ni25MoTi2AlVB		S66286，660	SUH660	—	—

表 C-33.2 承压设备用各国不锈钢牌号对照表（GB 24511—2009）

GB/T 20878—2007 中序号	中国统一数字代号	新国标 GB/T 20878—2007	旧国标 GB/T 3280—1992 GB/T 4237—1992	美国 ASTM A240/A240M-08	日本 JIS G4304:2005 JIS G4305:2005	欧洲 EN 10028-7:2007
17	S30408	06Cr19Ni10	0Cr18Ni9	S30400, 304	SUS304	X5CrNi18-10, 1.4301
18	S30403	022Cr19Ni10	00Cr19Ni10	S30403, 304L	SUS304L	X2CrNi19-11, 1.4306
19	S30409	07Cr19Ni10	—	S30409, 304H	SUH304H	X6CrNi18-10, 1.4948
35	S31008	06Cr25Ni20	0Cr25Ni20	S31008, 310S	SUS310S	X12CrNi23-12, 1.4845
38	S31608	06Cr17Ni12Mo2	0Cr17Ni12Mo2	S31600, 316	SUS316	X5CrNiMo17-12-2, 1.4401
39	S31603	022Cr17Ni12Mo2	00Cr17Ni14Mo2	S31603, 316L	SUS316L	X2CrNiMo17-12-2, 1.4404
41	S31568	06Cr17Ni12Mo2Ti	0Cr18Ni12Mo2Ti	S31635, 316Ti	SUS316Ti	X6CrNiMoTi12-12-2, 1.4571
48	S39042	015Cr21Ni26Mo5Cu2	—	N08904, 904L	—	X1NiCrMoCu25-20-5, 1.4539
49	S31708	06Cr19Ni13Mo3	0Cr19Ni13Mo3	S31700, 317	SUS317	—
50	S31703	022Cr19Ni13Mo3	00Cr19Ni13Mo3	S31703, 317L	SUS317L	X2CrNiMo18-15-4, 1.4438
55	S32168	06Cr18Ni11Ti	0Cr18Ni10Ti	S32100, 321	SUS321	X6CrNiTi18-10, 1.4541
68	S21953	022Cr19Ni5Mo3Si2N	00Cr18Ni5Mo3Si2	S31500	—	—
70	S22253	022Cr22Ni5Mo3N	—	S32205, 2205	SUS329J3L	X2CrNiMoN22-5-3, 1.4462
71	S22053	022Cr23Ni5Mo3N	—	S32205, 2205	—	—
78	S11348	06Cr13Al	0Cr13Al	S40500, 405	SUS405	X6CrAl13, 1.4002
92	S11972	019Cr19Mo2NbTi	00Cr18Mo2	S44400, 444	(SUS444)	X2CrNiMoTi18-2, 1.4521
97	S11306	06Cr13	0Cr13	S41008, 410S	(SUS410S)	X6Cr13, 1.4000

表 C-34 焊接用不锈钢盘条的牌号及化学成分（GB/T 4241—2006）

类型	序号	牌号	化学成分（质量分数）/%										
			C	Si	Mn	P	S	Cr	Ni	Mo	Cu	N	其他
奥氏体	1	H05Cr22Ni11Mn6Mo3VN	≤0.05	≤0.90	4.00~7.00	≤0.030	≤0.030	20.50~24.00	9.50~12.00	1.50~3.00	≤0.75	0.10~0.30	V: 0.10~0.30
	2	H10Cr17Ni8Mn8Si4N	≤0.10	3.40~4.50	7.00~9.00	≤0.030	≤0.030	16.00~18.00	8.00~9.00	≤0.75	≤0.75	0.08~0.18	
	3	H05Cr20Ni6Mn9N	≤0.05	≤1.00	8.00~10.00	≤0.030	≤0.030	19.00~21.50	5.50~7.00	≤0.75	≤0.75	0.10~0.30	
	4	H05Cr18Ni5Mn12N	≤0.05	≤1.00	10.50~13.50	≤0.030	≤0.020	17.00~19.00	4.00~6.00	≤0.75	≤0.75	0.10~0.30	
	5	H10Cr21Ni10Mn6	≤0.10	0.20~0.60	5.00~7.00	≤0.030	≤0.030	20.00~22.00	9.00~11.00	≤0.75	≤0.75		
	6	H09Cr21Ni9Mn4Mo	0.04~0.14	0.30~0.65	3.30~4.75	≤0.030	≤0.030	19.50~22.00	8.00~10.70	0.50~1.50	≤0.75		
	7	H08Cr21Ni10Si	≤0.08	0.30~0.65	1.00~2.50	≤0.030	≤0.030	19.50~22.00	9.00~11.00	≤0.75	≤0.75		
	8	H08Cr21Ni10	≤0.08	≤0.35	1.00~2.50	≤0.030	≤0.030	19.50~22.00	9.00~11.00	≤0.75	≤0.75		
	9	H06Cr21Ni10	0.04~0.08	0.30~0.65	1.00~2.50	≤0.030	≤0.030	19.50~22.00	9.00~11.00	≤0.50	≤0.75		
	10	H03Cr21Ni10Si	≤0.030	0.30~0.65	1.00~2.50	≤0.030	≤0.030	19.50~22.00	9.00~11.00	≤0.75	≤0.75		
	11	H03Cr21Ni10	≤0.030	≤0.35	1.00~2.50	≤0.030	≤0.030	19.50~22.00	9.00~11.00	≤0.75	≤0.75		
	12	H08Cr20Ni11Mo2	≤0.08	0.30~0.65	1.00~2.50	≤0.030	≤0.030	18.00~21.00	9.00~12.00	2.00~3.00	≤0.75		
	13	H04Cr20Ni11Mo2	≤0.04	0.30~0.65	1.00~2.50	≤0.030	≤0.030	18.00~21.00	9.00~12.00	2.00~3.00	≤0.75		
	14	H08Cr21Ni10Si1	≤0.08	0.65~1.00	1.00~2.50	≤0.030	≤0.030	19.50~22.00	9.00~11.00	≤0.75	≤0.75		

附 录 C

续表

类型	序号	牌号	化学成分（质量分数）/%									
			C	Si	Mn	P	S	Cr	Ni	Mo	Cu	N	其他
奥氏体	15	H03Cr21Ni10Si1	≤0.030	0.65~1.00	1.00~2.50	≤0.030	≤0.030	19.50~22.00	9.00~11.00	≤0.75	≤0.75		
	16	H12Cr24Ni13Si	≤0.12	0.30~0.65	1.00~2.50	≤0.030	≤0.030	23.00~25.00	12.00~14.00	≤0.75	≤0.75		
	17	H12Cr24Ni13	≤0.12	≤0.35	1.00~2.50	≤0.030	≤0.030	23.00~25.00	12.00~14.00	≤0.75	≤0.75		
	18	H03Cr24Ni13Si	≤0.030	0.30~0.65	1.00~2.50	≤0.030	≤0.030	23.00~25.00	12.00~14.00	≤0.75	≤0.75		
	19	H03Cr24Ni13	≤0.030	≤0.35	1.00~2.50	≤0.030	≤0.030	23.00~25.00	12.00~14.00	≤0.75	≤0.75		
	20	H12Cr24Ni13Mo2	≤0.12	0.30~0.65	1.00~2.50	≤0.030	≤0.030	23.00~25.00	12.00~14.00	2.00~3.00	≤0.75		
	21	H03Cr24Ni13Mo2	≤0.030	0.30~0.65	1.00~2.50	≤0.030	≤0.030	23.00~25.00	12.00~14.00	2.00~3.00	≤0.75		
	22	H12Cr24Ni13Si1	≤0.12	0.65~1.00	1.00~2.50	≤0.030	≤0.030	23.00~25.00	12.00~14.00	≤0.75	≤0.75		
	23	H03Cr24Ni13Si1	≤0.030	0.65~1.00	1.00~2.50	≤0.030	≤0.030	23.00~25.00	12.00~14.00	≤0.75	≤0.75		
	24	H12Cr26Ni21Si	0.08~0.15	0.30~0.65	1.00~2.50	≤0.030	≤0.030	25.00~28.00	20.00~22.50	≤0.75	≤0.75		
	25	H12Cr26Ni21	0.08~0.15	≤0.35	1.00~2.50	≤0.030	≤0.030	25.00~28.00	20.00~22.50	≤0.75	≤0.75		
	26	H08Cr26Ni21	≤0.08	≤0.65	1.00~2.50	≤0.030	≤0.030	25.00~28.00	20.00~22.50	≤0.75	≤0.75		
	27	H08Cr19Ni12Mo2Si	≤0.08	0.30~0.65	1.00~2.50	≤0.030	≤0.030	18.00~20.00	11.00~14.00	2.00~3.00	≤0.75		
	28	H08Cr19Ni12Mo2	≤0.08	≤0.35	1.00~2.50	≤0.030	≤0.030	18.00~20.00	11.00~14.00	2.00~3.00	≤0.75		

续表

类型	序号	牌号	化学成分（质量分数）/%									
			C	Si	Mn	P	S	Cr	Ni	Mo	Cu	N	其他
奥氏体	29	H06Cr19Ni12Mo2	0.04~0.08	0.30~0.65	1.00~2.50	≤0.030	≤0.030	18.00~20.00	11.00~14.00	2.00~3.00	≤0.75		
	30	H03Cr19Ni12Mo2Si	≤0.030	0.30~0.65	1.00~2.50	≤0.030	≤0.030	18.00~20.00	11.00~14.00	2.00~3.00	≤0.75		
	31	H03Cr19Ni12Mo2	≤0.030	≤0.35	1.00~2.50	≤0.030	≤0.030	18.00~20.00	11.00~14.00	2.00~3.00	≤0.75		
	32	H08Cr19Ni12Mo2Si1	≤0.08	0.65~1.00	1.00~2.50	≤0.030	≤0.030	18.00~20.00	11.00~14.00	2.00~3.00	≤0.75		
	33	H03Cr19Ni12Mo2Si1	≤0.030	0.65~1.00	1.00~2.50	≤0.030	≤0.030	18.00~20.00	11.00~14.00	2.00~3.00	1.00~2.50		
	34	H03Cr19Ni12Mo2Cu2	≤0.030	≤0.65	1.00~2.50	≤0.030	≤0.030	18.00~20.00	11.00~14.00	2.00~3.00	≤0.75		
	35	H08Cr19Ni14Mo3	≤0.08	0.30~0.65	1.00~2.50	≤0.030	≤0.030	18.50~20.50	13.00~15.00	3.00~4.00	≤0.75		
	36	H03Cr19Ni14Mo3	≤0.030	0.30~0.65	1.00~2.50	≤0.030	≤0.030	18.50~20.50	13.00~15.00	3.00~4.00	≤0.75		
	37	H08Cr19Ni12Mo2Nb	≤0.08	0.30~0.65	1.00~2.50	≤0.030	≤0.030	18.00~20.50	11.00~14.00	2.00~3.00	≤0.75		Nb[②]: 8×C~1.00
	38	H07Cr20Ni34Mo2Cu3Nb	≤0.07	≤0.60	≤2.50	≤0.030	≤0.030	19.00~21.00	32.00~36.00	2.00~3.00	3.00~4.00		Nb[②]: 8×C~1.00
	39	H02Cr20Ni34Mo2Cu3Nb	≤0.025	≤0.15	1.50~2.00	≤0.030	≤0.015	19.00~21.00	32.00~36.00	2.00~3.00	3.00~4.00		Nb[②]: 8×C~0.40
	40	H08Cr19Ni10Ti	≤0.08	0.30~0.65	1.00~2.50	≤0.030	≤0.030	18.50~20.50	9.00~10.50	≤0.75	≤0.75		Ti: 9×C~1.00
	41	H21Cr16Ni35	0.18~0.25	0.30~0.65	1.00~2.50	≤0.030	≤0.030	15.00~17.00	34.00~37.00	≤0.75	≤0.75		
	42	H08Cr20Ni10Nb	≤0.08	0.30~0.65	1.00~2.50	≤0.030	≤0.030	19.00~21.00	9.00~11.00	≤0.75	≤0.75		Nb[②]: 10×C~1.00

续表

类型	序号	牌号	化学成分（质量分数）/%										
			C	Si	Mn	P	S	Cr	Ni	Mo	Cu	N	其他
奥氏体	43	H08Cr20Ni10SiNb	≤0.08	0.65~1.00	1.00~2.50	≤0.030	≤0.030	19.00~21.50	9.00~11.00	≤0.75	≤0.75		Nb[②]: 10×C~1.00
	44	H02Cr27Ni32Mo3Cu	≤0.025	≤0.50	1.00~2.50	≤0.030	≤0.030	26.50~28.50	30.00~33.00	3.20~4.20	0.70~1.50		
	45	H02Cr20Ni25Mo4Cu	≤0.025	≤0.50	1.00~2.50	≤0.020	≤0.030	19.50~21.50	24.00~26.00	4.20~5.20	1.20~2.00		
	46	H06Cr19Ni10TiNb	0.04~0.08	0.30~0.65	1.00~2.00	≤0.020	≤0.030	18.50~20.00	9.00~11.00	≤0.25	≤0.75		Ti: ≤0.05 Nb[②]: ≤0.05
	47	H10Cr16Ni8Mo2	≤0.10	0.30~0.65	1.00~2.00	≤0.030	≤0.030	14.50~16.50	7.50~9.50	1.00~2.00	≤0.75		
	48	H03Cr22Ni8Mo3N	≤0.030	≤0.90	0.50~2.00	≤0.030	≤0.030	21.50~23.50	7.50~9.50	2.60~3.50	≤0.75	0.08~0.20	
奥氏体加铁素体	49	H04Cr25Ni5Mo3Cu2N	≤0.04	≤1.00	≤1.50	≤0.040	≤0.030	24.00~27.00	4.50~6.50	2.90~3.90	1.50~2.50	0.10~0.25	
	50	H15Cr30Ni9	≤0.15	0.30~0.65	1.00~2.50	≤0.030	≤0.030	28.00~32.00	8.00~10.50	≤0.75	≤0.75		
马氏体	51	H12Cr13	≤0.12	≤0.50	≤0.60	≤0.030	≤0.030	11.50~13.50	≤0.60	≤0.75	≤0.75		
	52	H06Cr12Ni4Mo	≤0.06	≤0.50	≤0.60	≤0.030	≤0.030	11.00~12.50	4.00~5.00	0.40~0.70	≤0.75		
	53	H31Cr13	0.25~0.40	≤0.50	≤0.60	≤0.030	≤0.030	12.00~14.00	≤0.60	≤0.75	≤0.75		

续表

类型	序号	牌号	化学成分(质量分数)/%									
			C	Si	Mn	P	S	Cr	Ni	Mo	Cu	N	其他
铁素体	54	H06Cr14	≤0.06	0.30~0.70	0.30~0.70	≤0.030	≤0.030	13.00~15.00	≤0.60	≤0.75	≤0.75		
	55	H10Cr17	≤0.10	≤0.50	≤0.60	≤0.030	≤0.030	15.50~17.00	≤0.60	≤0.75	≤0.75		
	56	H01Cr26Mo	≤0.015	≤0.40	≤0.40	≤0.020	≤0.020	25.00~27.50	Ni+Cu ≤0.50	0.75~1.50	Ni+Cu ≤0.50	≤0.015	
	57	H08Cr11Ti	≤0.08	≤0.80	≤0.80	≤0.030	≤0.030	10.50~13.50	≤0.60	≤0.50	≤0.75		Ti: 10×C~1.50
	58	H08Cr11Nb	≤0.08	≤1.00	≤0.80	≤0.040	≤0.030	10.50~13.50	≤0.60	≤0.50	≤0.75		Nb[②]: 10×C~0.75
沉淀硬化	59	H05Cr17Ni4Cu4Nb	≤0.05	≤0.75	0.25~0.75	≤0.030	≤0.030	16.00~16.75	4.50~5.00	≤0.75	3.25~4.00		Nb[②]: 15~0.30

注：① 在对表中给出元素进行分析时，如果发现有其他元素存在，其总量(除铁外)不应超过0.50%。
② Nb 可报告为 Nb + Ta。

表 C-35 不锈钢药芯焊丝熔敷金属化学成分

焊丝型号	化学成分(质量分数)/%						
	C	Cr	Ni	Mo	Mn	Si	其他
气体保护焊药芯焊丝							
E307T×-×	0.13	18.0~20.5	9.0~10.5	0.5~1.5	3.30~4.75	1.00	—
E308T×-×	0.08	18.0~21.0	9.0~11.0	0.5	0.5~2.5	1.00	—
E308LT×-×	0.04	18.0~21.0	9.0~11.0	0.5	0.5~2.5	1.00	—
E308HT×-×	0.04~0.08	18.0~21.0	9.0~11.0	0.5	0.5~2.5	1.00	—
E308MoT×-×	0.08	18.0~21.0	9.0~11.0	2.0~3.0	0.5~2.5	1.00	—
E308LMoT×-×	0.04	18.0~21.0	9.0~12.0	2.0~3.0	0.5~2.5	1.00	—
E309T×-×	0.10	22.0~25.0	12.0~14.0	0.5	0.5~2.5	1.00	—
E309LCbT×-×	0.04	22.0~25.0	12.0~14.0	0.5	0.5~2.5	1.00	Nb=0.7~1.0
E309LT×-×	0.04	22.0~25.0	12.0~14.0	0.5	0.5~2.5	1.00	—
E309MoT×-×	0.12	21.0~25.0	12.0~16.0	2.0~3.0	0.5~2.5	1.00	—
E309LMoT×-×	0.04	22.0~25.0	12.0~16.0	2.0~3.0	0.5~2.5	1.00	—
E309LNiMoT×-×	0.04	20.5~23.5	15.0~17.0	2.5~3.5	0.5~2.5	1.00	—
E310T×-×	0.20	25.0~28.0	20.0~22.5	0.5	1.0~2.5	1.00	—
E312T×-×	0.15	28.0~32.0	8.0~10.5	0.5	0.5~2.5	1.00	—
E316T×-×	0.08	17.0~20.0	11.0~14.0	2.0~3.0	0.5~2.5	1.00	—
E316LT×-×	0.04	17.0~20.0	11.0~14.0	2.0~3.0	0.5~2.5	1.00	—
E317LT×-×	0.04	18.0~21.0	12.0~14.0	3.0~4.0	0.5~2.5	1.00	—

续表

焊丝型号	化学成分(质量分数)/%						
	C	Cr	Ni	Mo	Mn	Si	其他
气体保护焊药芯焊丝							
E347T×-×	0.08	18.0~21.0	9.0~11.0	0.5	0.5~2.5	1.00	(Nb+Ta)=8C~1.00
E409T×-×	0.10	10.5~13.5	0.60	0.5	0.80	1.00	—
E410T×-×	0.12	11.0~13.5	0.60	0.5	1.2	1.00	—
E410NiMoT×-×	0.06	11.0~12.5	4.0~5.0	0.4~0.7	1.0	1.00	—
E410NiTiT×-×	0.04	11.0~12.0	3.6~4.5	0.5	0.7	0.50	Ti=10C~1.5
E430T×-×	0.10	15.0~18.0	0.60	0.5	1.2	1.00	—
自保护药芯焊丝							
E307T0-3	0.13	19.5~22.0	9.0~10.5	0.5~1.5	3.30~4.75	1.00	—
E308T0-3	0.08	19.5~22.0	9.0~11.0	0.5	0.5~2.5	1.00	—
E308LT0-3	0.03	19.5~22.0	9.0~11.0	0.5	0.5~2.5	1.00	—
E308HT0-3	0.04~0.08	19.5~22.0	9.0~11.0	0.5	0.5~2.5	1.00	—
E308MoT0-3	0.08	18.0~21.0	9.0~11.0	2.0~3.0	0.5~2.5	1.00	—
E308LMoT0-3	0.03	18.0~21.0	9.0~12.0	2.0~3.0	0.5~2.5	1.00	—
E308HMoT0-3	0.07~0.12	19.0~21.5	9.0~10.7	1.8~2.4	1.25~2.25	0.25~0.80	—
E309T0-3	0.10	23.0~25.5	12.0~14.0	0.5	0.5~2.5	1.00	—
E309LCbT0-3	0.04	23.0~25.5	12.0~14.0	0.5	0.5~2.5	1.00	Nb=0.7~1.0
E309LT0-3	0.03	23.0~25.5	12.0~14.0	0.5	0.5~2.5	1.00	—

续表

焊丝型号	化学成分(质量分数)/%						
	C	Cr	Ni	Mo	Mn	Si	其他
自保护药芯焊丝							
E309MoT0-3	0.12	21.0~25.0	12.0~16.0	2.0~3.0	0.5~2.5	1.00	—
E309LMoT0-3	0.04	21.0~25.0	12.0~16.0	2.0~3.0	0.5~2.5	1.00	—
E309LNiMoT×-×	0.04	20.5~23.5	15.0~17.0	2.5~3.5	0.5~2.5	1.00	—
E310T0-3	0.20	25.0~28.0	20.0~22.5	0.5	1.0~2.5	1.00	—
E312T0-3	0.15	28.0~32.0	8.0~10.5	0.5	0.5~2.5	1.00	—
E316T0-3	0.08	18.0~20.5	11.0~14.0	2.0~3.0	0.5~2.5	1.00	—
E316LT0-3	0.03	18.0~20.5	11.0~14.0	2.0~3.0	0.5~2.5	1.00	—
E316LKT0-3	0.04	17.0~20.0	11.0~14.0	2.0~3.0	0.5~2.5	1.00	—
E317LT0-3	0.03	18.5~21.0	13.0~15.0	3.0~4.0	0.5~2.5	1.00	—
E347T0-3	0.08	19.0~21.5	9.0~11.0	0.5	0.5~2.5	1.00	(Nb+Ta)=8C~1.00
E409T0-3	0.10	10.5~13.5	0.6	0.5	0.80	1.00	—
E410T0-3	0.12	11.0~13.5	0.60	0.5	1.0	1.00	—
E410NiMoT0-3	0.06	11.0~12.5	4.0~5.0	0.4~0.7	1.0	1.00	Ti=10C~1.5
E410NiTiT0-3	0.04	11.0~12.0	3.6~4.5	0.5	0.7	0.50	—
E430T0-3	0.10	15.0~18.0	0.60	0.5	1.2	1.00	N=0.08~0.20
E2209T0-3	0.04	21.0~24.0	7.5~10.0	2.5~4.0	0.5~2.0	1.0	N=0.10~0.20
E2553T0-3	0.04	24.0~27.0	8.5~10.5	2.9~3.9	0.5~1.5	0.75	Cu=1.5~2.5

续表

焊丝型号	化学成分(质量分数)/%						
	C	Cr	Ni	Mo	Mn	Si	其他
钨极氩弧焊用药芯焊丝							
R308LT1-5	0.03	18.0~21.0	9.0~11.0	0.5	0.5~2.5	1.2	—
R309LT1-5	0.03	22.0~25.0	12.0~14.0	0.5	0.5~2.5	1.2	—
R316LT1-5	0.03	17.0~20.0	11.0~14.0	2.0~3.0	0.5~2.5	1.2	—
R347LT1-1	0.08	18.0~21.0	9.0~11.0	0.5	0.5~2.5	1.2	(Nb+Ta)=8C~1.00

注：1. 表中单值均为最大值。

2. 当对表中给出的元素进行化学成分分析还存在其他元素时，这些元素的总量不得超过0.5%（铁除外）。

3. "T"后面的"×"表示焊接位置，1代表全位置焊接；0代表平焊或横焊。"-"后面的"×"表示保护介质，-1代表CO_2；-3代表自保护；4代表75%~80%Ar+25%~20%CO_2；-5代表纯氩。

4. 除特别注明外，所有焊丝中的$w(Cu)$不大于0.5%，$w(P)$不大于0.04%，$w(S)$不大于0.03%。

表C-36 不锈钢埋弧焊几种焊丝与焊剂的选配

焊剂牌号	焊丝牌号	焊接特点
HJ150	1Cr13、2Cr13	直流正极、工艺性能良好、脱渣容易
HJ151	H0Cr21Ni10、H0Cr20Ni10Ti、H00Cr21Ni10	直流正极、工艺性能良好、脱渣容易，增碳少、烧损铬少
HJ151Nb	H0Cr20Ni10N、H00Cr24Ni12Nb	直流正极、工艺性能良好、焊接含铌钢时脱渣容易，增碳少、烧损铬少
HJ172	Cr12型热强马氏体不锈钢 H0Cr21Ni10、H0Cr20Ni10Nb	直流正极、工艺性能良好、焊接含铌或含钛不锈钢时不粘渣
HJ260	H0Cr21Ni10、H0Cr20Ni10Ti	直流正极、脱渣容易，铬烧损较多
SJ601	H0Cr21Ni10、H00Cr20Ni10、H00Cr19Ni12Mo2	直流正极、工艺性能良好，几乎不增碳、烧损铬少，特别适用于低碳与超低碳不锈钢的焊接
SJ608	H0Cr21Ni10、H0Cr20Ni10Ti、H00Cr21Ni10	可交直流两用，直流正极焊接时具有良好的工艺性能，增碳与烧铬都很少
SJ701	H0Cr20Ni10Ti、H0Cr21Ni10	可交直流两用，直流正极焊接时具有良好的工艺性能，焊接时钛的烧损少，特别适用H1Cr18Ni9Ti等含钛不锈钢的焊接

附录 C

表 C-37 国外超级奥氏体不锈钢的化学成分

牌号	ASTM编号	化学成分(质量分数)/%									
		C	Si	Mn	Cr	Ni	Mo	Cu	N	P	S
20Cb3	N08020	0.07	1.0	2.0	19.0~21.0	32.0~38.0	2.0~3.0	3.0~4.0	8C≤Nb≤1.0	0.045	0.035
904L	N08904	0.02	1.0	2.0	19.0~23.0	23.0~28.0	4.0~5.0	1.0~2.0	0.10	0.045	0.035
25-6MO	N08925	0.02	0.5	1.0	19.0~21.0	24.0~26.0	6.0~7.0	0.8~1.5	0.18~0.20	0.045	0.030
20Mo6	N08026	0.03	0.5	1.0	22.0~26.0	33.0~37.0	5.0~6.7	2.0~4.0	—	0.030	0.030
URB28	N08028	0.03	1.0	2.5	26.0~28.0	29.5~32.0	3.0~4.0	0.6~1.4	—	0.030	0.030
SANICRO28	N08028	0.03	1.0	2.5	26.0~28.0	29.5~32.5	3.0~4.0	0.6~1.4	—	0.030	0.030
AL-6×N	N08367	0.03	1.0	2.0	20.0~22.0	23.5~25.5	6.0~7.0	0.75	0.18~0.25	0.040	0.030
JS700	N08700	0.04	1.0	2.0	19.0~23.0	24.0~26.0	4.3~5.0	0.5	8C≤Nb≤0.5	0.040	0.030
317LM	S31725	0.03	0.75	2.0	18.0~20.0	13.0~17.0	4.0~5.0	—	—	0.045	0.030
17-14-4LN	S32726	0.03	0.75	2.0	17.0~20.0	13.5~17.5	4.0~5.0	—	0.10~0.20	0.030	0.030
URB25	S31254	0.02	0.8	1.0	19.5~20.5	17.5~18.5	6.0~6.5	0.5~1.0	0.18~0.22	0.030	0.010
254SMO	S31254	0.02	0.8	1.0	19.5~20.5	17.5~18.5	6.0~6.5	0.5~1.0	0.18~0.22	0.040	0.030

注:1. 20Cb3 和 20Mo6 钢为 Carpenter Technology Corporation 公司的注册商标。
   URB25 和 URB28 钢为 Creusot-Loire Indudtrie 公司的注册商标。
   AL-6XN 钢为 Allegheny Ludlum Corporation 公司的注册商标。
   SANICRO 钢为 AB Sandvik 公司的注册商标。
   254SMO 钢为 Avesta Jernwerke AB 公司的注册商标。
   25-6MO 钢为 INCO 公司的注册商标。
   JS700 钢为 Jessop Steel 公司的注册商标。
2. 表中的单值为最大值。

表 C-38　奥氏体不锈钢对接焊坡口形式与尺寸示例　　　　　　　　mm

板厚/mm	焊条电弧焊　钨极氩弧焊	熔化极气体保护焊
1.2 以下		
1.2~6		
6~12		
12~25		
25 以上		

注：厚度不同时的对接接头。

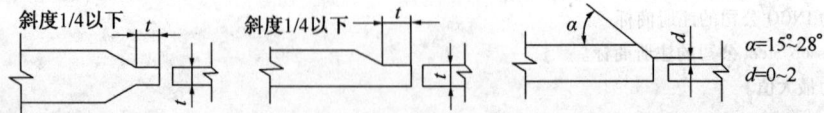

$\alpha=15°\sim28°$　$d=0\sim2$

表 C-39 奥氏体不锈钢角接焊缝的坡口形式与尺寸示例   mm

板厚/mm	形 状
12 以下	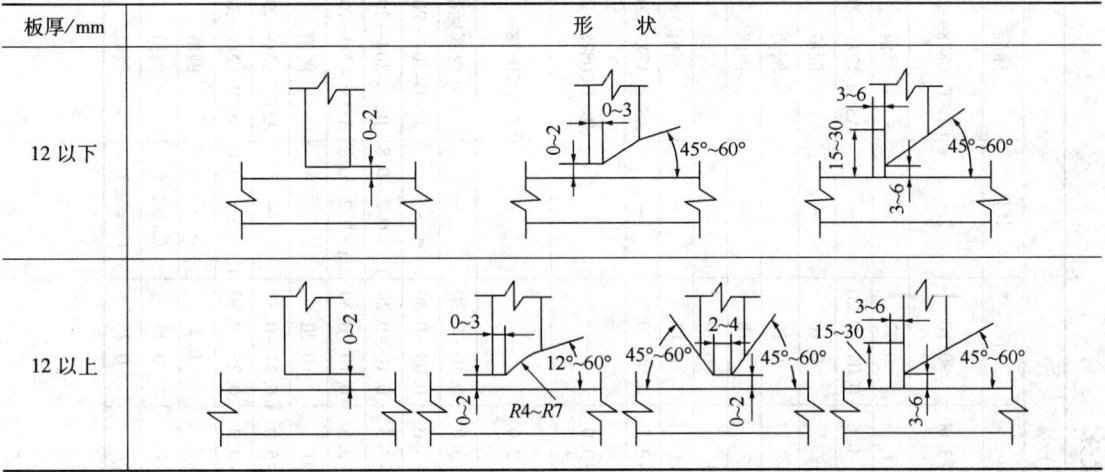
12 以上	

表 C-40 奥氏体不锈钢埋弧焊坡口形式、焊接参数示例

板厚 t/mm	θ_1	θ_2	a/mm	b/mm	c/mm	正面焊道 电流/A	正面焊道 电压/V	正面焊道 速度/(cm/min)	反面焊道 电流/A	反面焊道 电压/V	反面焊道 速度/(cm/min)	焊丝直流/mm
6	0	0	0	6	0	400	28	80	450	30	70	4.0
9	0	0	0	9	0	550	29	70	600	30	60	4.0
12	0	0	0	12	0	600	30	60	700	32	50	4.0
16	80°	80°	5	6	5	500	32	50	650	32	40	4.0
20	80°	80°	7	7	6	600	32	50	800	32	40	4.0

表 C-41 常用低碳及超级马氏体不锈钢的化学成分

钢号	标准	化学成分(质量分数)/%						
		C	Mn	Si	Cr	Ni	Mo	其他
ZG0Cr13Ni4Mo（中国）	JB/T 7349—2002	0.06	1.0	1.0	11.5~14.0	3.5~4.5	0.4~1.0	—
ZG0Cr13Ni5Mo（中国）	JB/T 7349—2002	0.06	1.0	1.0	11.5~14.0	4.5~5.5	0.4~1.0	—
CA-6Nm（美国）	ASTM A734/A734M—2003	0.06	1.0	1.0	11.5~14.0	3.5~4.5	0.4~1.0	—
Z4 CND 13-4-M（法国）	AFNOR NF A32-059—1984	0.06	1.0	0.8	12.0~14.0	3.5~4.5	0.7	—
ZG0Cr16Ni5Mo（中国）	企业内部标准	0.04	0.8	0.5	15.0~16.5	4.8~6.0	0.5	S=0.01
Z4 CND 16-4-M（法国）	AFNOR NF A32-059—1984	0.06	1.0	1.0	15.5~17.5	4.0~5.5	0.7~1.50	—
12Cr-4.5Ni-1.5Mo（法国）	CLI 公司标准	0.015	2.0	0.4	11.0~13.0	4.0~5.0	1.0~2.0	N=0.012 S=0.002
12Cr-6.5Ni-2.5Mo（法国）	CLI 公司标准	0.015	2.0	0.4	11.0~13.0	6.0~7.0	2.0~3.0	N=0.012 S=0.002

注：1. 表中的单值为最大值。
    2. 其他钢种的 P、S 的质量分数不大于 0.03%。

表 C-42 国内外常用铁素体-奥氏体双相不锈钢的化学成分

类型	牌号	国家	化学成分(质量分数)/%								标准
			C	Si	Mn	Cr	Ni	Mo	N	其他	
Cr18型	00Cr18Ni5Mo3Si2(热轧钢板)	中国	0.030	1.30~2.0	1.0~2.0	18.0~19.50	4.50~5.50	2.50~3.00	0.10	—	GB/T 20878—2007
	3RE60	瑞典	0.030	1.6	1.5	18.5	4.9	2.7	0.07	—	例值
Cr23(无Mo)型	S32304	美国	0.030	—	—	21.5~24.5	3.0~5.0	0.05~0.6	0.05~0.20	—	ASTM A790—2005b
	SAF2304	瑞典	0.030	0.5	1.2	23	4.5	—	0.10	—	例值
	UR 35N	法国	0.030	1.0	—	23	4	—	0.10	—	例值
Cr22型	SAF2205	瑞典	0.030	—	2.0	22	5	3.2	0.18	—	例值
	UR 45N	法国	0.030	—	—	22	5.3	3	0.16	—	例值
	AF22	德国	0.030	—	—	2	5.3	3	0.14	—	例值
	S31803	美国	0.08	1.00	1.5	21.0~23.0	4.5~6.5	2.5~3.5	0.08~0.20	—	ASTM A790—2005b
	0Cr26Ni5Mo2(热轧钢板)	中国	0.08	1.00	1.5	23.0~28.0	3.0~6.0	1.0~3.0	0.10~0.20	—	GB/T 20878—2007
	0Cr26Ni5Mo2(无缝钢管)	中国	0.08	1.00	1.5	23.0~28.0	3.0~6.0	1.0~3.0	0.08~0.30	—	GB/T 20878—2007
Cr25普通双相不锈钢	00Cr25Ni5Mo3N	中国	0.03	1.00	1.0	24.0~26.0	5.0~8.0	2.5~3.0	0.10~0.20	—	企业内部标准
	SUS329J1	日本	0.08	1.00	1.5	23.0~28.0	3.0~6.0	1.0~3.0	0.08~0.30	—	JIS G4304—2005
	DP3[①]	日本	0.03	0.70	1.10	24.0~26.0	5.5~7.5	2.5~3.5	0.10~0.20	Cu=0.2~0.8	JIS G4304—2005
	S31260[①]	美国	0.03	0.50	0.80	24.0~26.0	5.5~7.5	2.5~3.5	0.10~0.30	Cu=0.2~0.8	ASTM A790—2005b
	UR 47N	法国	0.030	—	—	25.0	6.5	3.0	0.20	—	例值
Cr25超级双相不锈钢	S32750	美国	0.030	—	—	24.0~26.0	6.0~8.0	3.0~5.0	0.24~0.32	—	ASTM A790—2005b
	S32760[②]	美国	0.030	0.8	1.2	24.0~26.0	6.0~8.0	3.0~4.0	0.25~0.30	Cu=0.5~1.0	ASTM A790—2005b
	SAF2507	瑞典	0.030	—	—	25	7	4	0.3	—	例值
	UR 52N*	法国	0.030	—	—	25	6.5	3.5	0.25	Cu≥1.5	例值
	ZERON 100[③]	比利时	0.030	0.5	1.0	25	7	3.7	0.25	Cu=0.7	例值

注:① 还含有 $w(W)=0.1\%~0.5\%$。
② 还含有 $w(W)=0.5\%~1.0\%$。
③ 还含有 $w(W)=0.7\%$。

表 C-43　国内外常用铁素体-奥氏体双相不锈钢的力学性能

类型	牌号	国家	屈服强度/MPa	抗拉强度/MPa	伸长率/%	冲击吸收功/J	硬度	点蚀指数 PREN	其他
Cr18 型	00Cr18Ni5Mo3Si2（热轧钢板）	中国	390	590	18	—	HBW≤277	25~30	GB 4237
	3RE60	瑞典	450	700	30	100	HV≤260		例值
Cr23（无Mo）型	S32307	美国	400	600	25	—	HRC≤30.5	~25	ASTM A790—2005b, A789—2005b
	SAF2304	瑞典	400	600~820	25	100	HV≤230		例值
	UR 35N	法国	400	600	25	100	HV≤290		例值
Cr22 型	SAF2205	瑞典	450	680~880	25	100	HV≤260	~35	例值
	S31803	美国	450	620	25	—	HRC≤32		ASTM A790—2005b, A789—2005b
	UR 45N	法国	460	680	25	100	HBW≤240		例值
Cr25 普通双相不锈钢	0Cr26Ni5Mo2（热轧钢板）	中国	390	590	20	—	HRC≤30	36~39	GB/T 4237—2007
	0Cr26Ni5Mo2（无缝钢管）	中国	390	590	18	—	—		GB 13296—2007
	S3 1260	美国	440	630	30	—	HRC≤30.5		ASTM A790—2005b, A789—2005b
	UR 47N	法国	500	700	25	—	—		例值
Cr25 超级双相不锈钢	SAF2507	瑞典	550	800~1000	25	150	HV≤290	40~42	例值
	UN 52N*	法国	550	770	25	100	HV≤280		例值
	ZERON 100	比利时	550	800	25	100	HV≤290		例值

表 C-44　铁素体-奥氏体双相不锈钢焊焊接工艺方法选择及坡口形式与尺寸

管子	平板	板厚(t) 坡口形式与尺寸	焊接顺序	焊条电弧焊	钨极氩弧焊	气体保护焊（实芯）	气体保护焊（药芯）	埋弧焊
√	√	t=2~5mm	单面焊 1层		√			
			2~3层		√	√	√	
			双面层 1层	√	√	√	√	
			2~3层	√	√	√	√	

续表

管子	平板	板厚(t) 坡口形式与尺寸	焊接顺序		焊条 电弧焊	钨极氩 弧焊	气体保护焊		埋弧焊
							(实芯)	(药芯)	
√	√	$t=3\sim10\text{mm}$ $a=1\sim1.5$ $70°\sim80°$ $2\sim3$		单面焊 1层	√	√			
				2层	√	√	√	√	
				3层~ 盖面	√	√	√	√	√
	√	$t=3\sim10\text{mm}$ $a=2\sim3$ $70°\sim80°$ $2\sim3$		双面焊 1层	√	√	√	√	
				2层~ 盖面	√	√	√	√	√
				背面	√	√	√	√	√
√		$t>10\text{mm}$ $a=1.5$ $20°$ $R4$		单面焊 1层		√			
				2层		√	√	√	
				3层~ 盖面	√	√	√	√	√
	√	$t>10\text{mm}$ $a=10$ $60°\sim70°$ $2\sim3$		双面层 1~2层	√	√	√	√	
				2层~ 盖面,正面	√	√	√	√	√
				x层~ 盖面, 背面	√	√	√	√	√

表 C-45 铁素体-奥氏体双相不锈钢焊接材料

母材(板、管)类型	焊接材料	焊接工艺方法
Cr18 型	Cr22-Ni9-Mo3 型超低碳焊条 Cr22-Ni9-Mo3 型超低碳焊丝(包括药芯气体保护焊焊丝) 可选用的其他焊接材料:含 Mo 的奥氏体型不锈钢焊接材料,如 A022Si(E316L-16)、A042(E309MoL-16)	焊条电弧焊 钨极氩弧焊 熔化极气体保护焊埋弧焊(与合适的碱性焊剂相匹配)
Cr23 无 Mo 型	Cr22-Ni9-Mo3 型超低碳焊条 Cr22-Ni9-Mo3 型超低碳焊丝(包括药芯气保焊焊丝) 可选用的其他焊接材料:奥氏体型不锈钢焊接材料,如 A062(E309L-16)焊条	焊条电弧焊 钨极氩弧焊 熔化极气体保护焊埋弧焊(与合适的碱性焊剂相匹配)
Cr22 型	Cr22-Ni9-Mo3 型超低碳焊条 Cr22-Ni9-Mo3 型超低碳焊丝(包括药芯气保焊焊丝) 可选用的其他焊接材料:含 Mo 的奥氏体型不锈钢焊接材料,如 A042(E309MoL-16)	焊条电弧焊 钨极氩弧焊 熔化极气体保护焊埋弧焊(与合适的碱性焊剂相匹配)
Cr25 型	Cr25-Ni25-Mo3 型焊条 Cr25-Ni5-Mo3 型焊丝 Cr25-Ni9-Mo4 型超低碳焊条 Cr25-Ni9-Mo4 型超低碳焊丝 可选用的其他焊接材料:不含 Nb 的高 Mo 镍基焊接材料,如无 Nb 的 NiCrMo-3 型焊接材料	焊条电弧焊 钨极氩弧焊 熔化极气体保护焊埋弧焊(与合适的碱性焊剂相匹配)

表 C-46 铁素体-奥氏体双相不锈钢典型焊接材料熔敷金属化学成分

焊材类型	牌号	标准	C	Si	Mn	Cr	Ni	Mo	N	Cu
Cr22-Ni9-Mo3 型超低碳焊条与焊丝	E2209 焊条	ANSI/AWS A5.4:2006	0.04	1.00	0.5~2.0	21.5~23.5	8.5~10.5	2.5~3.5	0.08~0.20	0.75
	E2293L 焊条	EN(欧洲标准)	0.04	1.2	2.5	21.0~24.0	8.0~10.5	2.5~4.0	0.08~0.2	0.75
	产品例值		0.03	0.8	0.8	22	9	3.0	0.13	—
	ER2209 焊丝	ANSI/AWS A5.9:2006	0.03	0.90	0.5~2.0	21.5~23.5	7.5~9.5	2.5~3.5	0.08~0.20	0.75
	产品例值		0.02	0.5	1.6	23	9	3.2	0.16	—
Cr25-Ni9-Mo4 型与 Cr25-Ni5-Mo3 型焊条与焊丝	E2553 焊条	ANSI/AWS A5.4:2006	0.06	1.0	0.5~1.5	24.0~27.0	6.5~8.5	2.9~3.9	0.10~0.25	1.5~2.5
	产品例值		0.03	0.6	1.2	25.5	7.5	3.5	0.17	2.0
	E2572 焊条	EN(欧洲标准)	0.08	1.2	2.5	24.0~28.0	6.0~7.0	1.0~3.0	0.2	0.75
	E2593 CuL 焊条	EN(欧洲标准)	0.04	1.2	2.5	24.0~27.0	7.5~10.5	2.5~4.0	0.10~0.25	1.5~3.5
	E2594L 焊条	EN(欧洲标准)	0.04	1.2	2.5	24.0~27.0	8.0~10.5	2.5~4.0	0.20~0.30	1.5 W=1.0
	ER2553 焊丝	ANSI/AWS A5.9:2006	0.04	1.0	1.5	24.0~27.0	4.5~6.5	2.9~3.9	0.10~0.25	1.5~2.5

注:表中的单值为最大值。

表 C-47 典型析出硬化马氏体不锈钢的化学成分

钢种	化学成分(质量分数)/%									
	C	Mn	Si	Cr	Ni	Cu	Ti	Al	Nb + Ta	Mo
17-4PH	0.07	1.00	1.00	15.5~17.5	3.0~4.0	3.0~4.0	—	—	0.15~0.45	—
15-5PH	0.07	1.00	1.00	14.0~5.5	3.5~5.5	2.5~4.5	—	—	0.15~0.45	—
13-8Mo	0.05	0.10	0.10	12.25~13.25	7.5~8.5	—	—	0.90~1.35	—	2.0~2.5
AM362	0.05	0.50	0.30	14.0~15.0	6.0~7.0	—	0.55~0.90	—	—	—
AM363	0.05	0.30	0.15	11.0~12.0	4.0~5.0	—	0.30~0.60	—	—	—
Custom455				12	9	2	—	1	—	—

表 C-48 典型析出硬化马氏体不锈钢的力学性能

钢种	处理工艺	形状	屈服强度/MPa	抗拉强度/MPa	伸长率/%	硬度/HRC
17-4PH	H-900	板材或带材	1171	1308	5	40~48
17-4PH	H-1250	板材或带材	998	1067	5	35~43
15-5PH	AH-900	板材或带材	1096	1309	10	HR:388~488
13-8Mo	SRH	棒材或锻件	1372	1548	11~18	—
AM362	AH-900	薄板	1205	1240	10	—
AM363	AH-900	薄板	812	853	11.5	—

表 C-49 析出硬化半奥氏体不锈钢的化学成分

钢种	化学成分(质量分数)/%							
	C	Mn	Si	Cr	Ni	Mo	Al	N
0Cr17Ni7Al（中国）	0.09 (0.08)	1.00 (0.50)	1.00 (0.5)	16.00~15.00 (17.0)	6.50~7.75 (7.0)	—	0.75~1.5 (1.1)	—
17-7PH（美国）	0.09 (0.07)	1.00 (0.60)	1.00 (0.40)	16.00~18.00 (17.0)	6.50~7.75 (7.0)	—	0.75~1.5 (1.2)	—
PH15-7Mo（美国）	0.09 (0.07)	1.00 (0.60)	1.00 (0.40)	14.00~16.00 (15.0)	6.50~7.75 (7.0)	2.0~3.0 (2.2)	0.75~1.5 (1.2)	—
PH14-8Mo（美国）	0.02~0.05 (0.04)	1.00 (0.02)	1.00 (0.02)	13.50~15.50 (15.1)	7.5~9.5 (8.2)	2.0~3.0 (2.2)	0.75~1.5 (1.2)	—
AM-350（美国）	0.10 (0.10)	0.80 (0.80)	0.50 (0.25)	17.0~18.0 (16.5)	3.5~4.5 (4.3)	2.5~3.0 (2.75)	—	(0.10)
AM-355（美国）	0.10~0.15 (0.13)	0.50~1.25 (0.95)	0.50 (0.25)	15.0~16.0 (15.5)	4.0~5.0 (4.3)	2.5~3.25 (2.75)	—	0.07~0.13 (0.12)
FV520	0.07	2.00	1.00	14.0~18.0	4.0~7.0	1.0~3.0	Ti = 0.5, Cu = 1.0~3.0	

注：表中的单值为最大值，括号内为名义值。

表 C-50 析出硬化半奥氏体不锈钢的力学性能

钢种	处理工艺	形状	屈服强度/MPa	抗拉强度/MPa	伸长率/%	硬度/HRC
17-7PH	TH-1050	薄板或带材	1276	1379	9	43
17-7PH	RH-950	薄板或带材	1440	1548	6	47
PH15-7Mo	RH-950	薄板或带材	1551	1655	6	48
PH15-7Mo	CH-900	薄板或带材	1793	1827	2	49
PH14-8Mo	SRH-950	薄板或带材	1482	1586	6	48
AM-350	SCT-850	薄板或带材	1207	1420	12	46
AM-355	SCT-850	薄板或带材	1248	1510	13	48
FV520	ATH-1050	薄板或带材	1078	1264	10	41

注：1. TH-1050 = 相变处理 + 析出硬化处理(566℃)。
  2. RH-950 = 冷处理 + 析出硬化处理(510℃)。
  3. CH-950 = 冷加工 + 析出处理(482℃)。
  4. SRH-950 = 固溶 + 深冷 + 时效硬化(510℃)。
  5. SCT-850 = 深冷 + 回火(454℃)。
  6. ATH-1050 = 固溶 + 相变处理 + 析出硬化处理(450℃)。

表 C-51 析出硬化奥氏体不锈钢的典型化学成分

钢种	化学成分(质量分数)/%										
	C	Mn	Si	Cr	Ni	P	S	Mo	Al	V	Ti
A-286	0.05	1.45	0.50	14.75	25.25	0.030	0.020	1.30	0.15	0.30	2.15
17-10P	0.10	0.60	0.50	17.0	11.0	0.30	≤0.01	—	—	—	—

表 C-52 析出硬化奥氏体不锈钢 A-286 低温拉伸性能(冷变形 53% 后时效)

试验温度/℃	屈服强度/MPa	抗拉强度/MPa	伸长率/%	断面收缩率/%
24	1333	1435	14.0	42.3
-73	1464	1532	14.0	41.3
-129	1510	1590	18.3	41.8
-196	1582	1781	21.0	41.4
-253	1708	1968	23.3	38.9

表 C-53 析出硬化不锈钢的焊接材料

钢号	焊接材料	焊接工艺方法
17-4PH	E0-Cr16-Ni5-Mo-Cu4-Nb 低碳焊条 ER630：0-Cr16-Ni5-Mo-Cu4-Nb 气保焊焊丝	焊条电弧焊 气体保护焊
15-5PH	E0-Cr16-Ni5-Mo-Cu4-Nb 低碳焊条 ER630：0-Cr16-Ni5-Mo-Cu4-Nb 气保焊焊丝	焊条电弧焊 气体保护焊
FV520	FV520-1：Cr14-Ni5-Mo1.5-Cu-1.5-Nb0.3 低碳焊条 MET-CORE FV520：Cr14-Ni5-Mo1.5-Cu1.5-Nb0.3 焊丝	焊条电弧焊 气体保护焊

表 C-54 异种金属的熔焊焊接性

	Ag	Al	Au	Be	Cd	Co	Cr	Cu	Fe	Mg	Mn	Mo	Nb	Ni	Pb	Pt	Sn	Ta	Ti	V	W
Al	×	Al																			
Au	▽	×	Au																		
Be	×	⊗	×	Be																	
Cd	×	⊗	×	×	Cd																
Co	⊗	×	⊗	×	○	Co															
Cr	⊗	×	⊗	×	⊗	×	Cr														
Cu	⊗	×	▽	×	⊗	⊗	×	Cu													
Fe	○	×	⊗	×	○	▽	▽	⊗	Fe												
Mg	×	▽	×	×	▽	×	×	×	○	Mg											
Mn	⊗	×	×	○	⊗	⊗	▽	×	⊗	×	Mn										
Mo	○	×	⊗	×	×	⊗	▽	×	⊗	×	×	Mo									
Nb	×	×	×	×	×	×	⊗	○	×	×	×	▽	Nb								
Ni	⊗	×	▽	×	×	▽	⊗	▽	▽	×	▽	×	▽	Ni							
Pb	⊗	⊗	×	×	⊗	⊗	⊗	⊗	×	×	⊗	×	⊗	×	Pb						
Pt	▽	×	▽	×	×	×	×	×	▽	×	×	×	▽	▽	×	Pt					
Sn	×	⊗	×	⊗	×	×	×	×	×	×	×	×	×	×	⊗	×	Sn				
Ta	×	×	×	×	×	○	×	×	×	×	▽	▽	▽	×	×	×	×	Ta			
Ti	×	×	×	×	×	×	▽	×	○	×	▽	×	○	▽	×	×	×	×	▽	Ti		
V	○	×	×	×	×	⊗	○	×	▽	×	×	×	×	×	×	×	×	×	×	▽	V
W	○	×	×	×	×	×	○	×	×	×	×	▽	▽	×	×	×	×	▽	⊗	▽	W
Zr	×	×	×	×	○	×	×	×	⊗	×	×	▽	×	×	×	×	×	⊗	▽	×	Zr

注：▽—焊接性好；⊗—焊接性较好；○—焊接性尚可；×—焊接性差；□—无报道。

表 C-55 珠光体钢与马氏体钢采用熔化极混合气体保护焊的焊接参数

母材厚度/mm	接头形式	焊丝直径/mm	焊接电流/A	电弧电压/V	送丝速度/m·min^{-1}	焊接速度/mm·min^{-1}	气体流量/L·min^{-1}
1.6+1.6	T形接头	0.8	85	15	4.6	425~475	15
2.0+2.0	T形接头	0.8	90	15	4.8	325~375	15
1.6+1.6	对接接头	0.8	85	15	4.6	375~525	15
2.0+2.0	对接接头	0.8	90	15	4.8	285~315	15

注：1. 采用短路过渡形式。

2. 混合保护气体为 Ar+1%~3%（体积分数）的 O_2。

表 C-56 铝及铝合金的牌号及化学成分（GB/T 3190—2008）

变形铝

序号	牌号	化学成分（质量分数）/%											其他		Al
		Si	Fe	Cu	Mn	Mg	Cr	Ni	Zn		Ti	Zr	单个	合计	
1	1035	0.35	0.6	0.10	0.05	0.05	—	—	0.10	0.05V	0.03	—	0.03	—	99.35
2	1040	0.30	0.50	0.10	0.05	0.05	—	—	0.10	0.05V	0.03	—	0.03	—	99.40
3	1045	0.30	0.45	0.10	0.05	0.05	—	—	0.05	0.05V	0.03	—	0.03	—	99.45
4	1050	0.25	0.40	0.05	0.05	0.05	—	—	0.05	0.05V	0.03	—	0.03	—	99.50
5	1050A	0.25	0.40	0.05	0.05	0.05	—	—	0.07	—	0.05	—	0.03	—	99.50
6	1060	0.25	0.35	0.05	0.03	0.03	—	—	0.05	0.05V	0.03	—	0.03	—	99.60
7	1065	0.25	0.30	0.05	0.03	0.03	—	—	0.06	0.05V	0.03	—	0.03	—	99.65
8	1070	0.20	0.25	0.04	0.03	0.03	—	—	0.04	0.05V	0.03	—	0.03	—	99.70
9	1070A	0.20	0.25	0.03	0.03	0.03	—	—	0.07	—	0.03	—	0.03	—	99.70
10	1080	0.15	0.15	0.03	0.02	0.02	—	—	0.03	0.03Ga, 0.05V	0.03	—	0.02	—	99.80
11	1080A	0.15	0.15	0.03	0.02	0.02	—	—	0.06	0.06Ga①	0.02	—	0.02	—	99.80
12	1085	0.10	0.12	0.03	0.02	0.02	—	—	0.03	0.03Ga, 0.05V	0.02	—	0.01	—	99.85
13	1100	0.95Si+Fe		0.05~0.20	0.05	—	—	—	0.10	①	—	—	0.05	0.15	99.00
14	1200	1.00Si+Fe		0.05	0.05	—	—	—	0.10	—	0.05	—	0.05	0.15	99.00
15	1200A	1.00Si+Fe		0.10	0.05	0.30	—	—	0.10	—	—	—	0.05	0.15	99.00
16	1120	0.10	0.40	0.05~0.35	0.01	0.20	0.01	—	0.05	0.03Ga, 0.05B, 0.02V+Ti	—	—	0.03	0.10	99.20
17	1230②	0.70Si+Fe		0.10	0.05	0.05	—	—	0.10	0.05V	0.03	—	0.03	—	99.30
18	1235	0.65Si+Fe		0.05	0.05	0.05	—	—	0.10	0.05V	0.06	—	0.03	—	99.35
19	1435	0.15	0.30~0.50	0.02	0.05	0.05	—	—	0.10	0.05V	0.03	—	0.03	—	99.35
20	1145	0.55Si+Fe		0.05	0.05	0.05	—	—	0.05	0.05V	—	—	0.03	—	99.45
21	1345	0.30	0.40	0.10	0.05	0.05	—	—	0.05	0.05V	0.03	—	0.03	—	99.45
22	1350	0.10	0.40	0.05	0.01	—	0.01	—	0.05	0.03Ga, 0.05B, 0.02V+Ti	—	—	0.03	0.10	99.50

续表

变形铝

化学成分(质量分数)/%

序号	牌号	Si	Fe	Cu	Mn	Mg	Cr	Ni	Zn		Ti	Zr	其他 单个	其他 合计	Al
23	1450	0.25	0.40	0.05	0.05	0.05	—	—	0.07	①	0.10~0.20	—	0.03	—	99.50
24	1250	0.40Si+Fe		0.04	0.01	0.03	—	—	0.05	0.05V①	0.03	—	0.03	—	99.60
25	1370	0.10	0.25	0.02	0.01	0.02	0.01	—	0.04	0.03Ga, 0.02B, 0.02V+Ti	—	—	0.02	0.10	99.70
26	1275	0.08	0.12	0.05~0.10	0.02	0.02	—	—	0.03	0.03Ga, 0.03V	0.02	—	0.01	—	99.75
27	1185	0.15Si+Fe		0.01	0.02	0.02	—	—	0.03	0.03Ga, 0.05V	0.02	—	0.01	—	99.85
28	1285	0.08③	0.08③	0.02	0.01	0.01	—	—	0.03	0.03Ga, 0.05V	0.02	—	0.01	—	99.85
29	1385	0.05	0.12	0.02	0.01	0.02	0.01	—	0.03	0.03Ga, 0.03V+Ti④	—	—	0.01	—	99.85
30	2004	0.20	0.20	5.5~6.5	0.10	0.50	—	—	0.10	⑤	0.05	0.30~0.50	0.05	0.15	余量
31	2011	0.40	0.7	5.0~6.0	—	—	—	—	0.30		—	—	0.05	0.15	余量
32	2014	0.50~1.2	0.7	3.9~5.0	0.40~1.2	0.20~0.8	0.10	—	0.25	⑥	0.15	0.20Zr+Ti	0.05	0.15	余量
33	2014A	0.50~0.9	0.50	3.9~5.0	0.40~1.2	0.20~0.8	0.10	0.10	0.25	⑥	0.15	—	0.05	0.15	余量
34	2214	0.50~1.2	0.30	3.9~5.0	0.40~1.2	0.20~0.8	0.10	—	0.25	⑥	0.15	—	0.05	0.15	余量
35	2017	0.20~0.8	0.7	3.5~4.5	0.40~1.0	0.40~1.0	0.10	—	0.25		—	—	0.05	0.15	余量
36	2017A	0.20~0.8	0.7	3.5~4.5	0.40~1.0	0.40~1.0	0.10	—	0.25		—	0.25Zr+Ti	0.05	0.15	余量
37	2117	0.8	0.7	2.2~3.0	0.20	0.20~0.50	0.10	—	0.25		—	—	0.05	0.15	余量
38	2218	0.9	1.0	3.5~4.5	0.20	1.2~1.8	0.10	1.7~2.3	0.25		—	—	0.05	0.15	余量
39	2618	0.10~0.25	0.9~1.3	1.9~2.7	—	1.3~1.8	—	0.9~1.2	0.10		0.04~0.10	0.20Zr+Ti	0.05	0.15	余量
40	2618A	0.15~0.25	0.9~1.4	1.8~2.7	0.25	1.2~1.8	—	0.8~1.4	0.15		0.20	0.25Zr+Ti	0.05	0.15	余量
41	2219	0.20	0.30	5.8~6.8	0.20~0.40	0.02	—	—	0.10	0.05~0.15V	0.02~0.10	0.10~0.25	0.05	0.15	余量
42	2519	0.25⑦	0.30⑦	5.3~6.4	0.10~0.500	0.05~0.40	—	—	0.10	0.05~0.15V	0.02~0.10	0.10~0.25	0.05	0.15	余量
43	2024	0.50	0.50	3.8~4.9	0.30~0.9	1.2~1.8	0.10	—	0.25		0.15	—	0.05	0.15	余量
44	2024A	0.15	0.20	3.7~4.5	0.15~0.8	1.2~1.5	0.10	—	0.25	⑥	0.15	—	0.05	0.15	余量
45	2124	0.20	0.30	3.8~4.9	0.30~0.9	1.2~1.8	0.10	—	0.25	⑥	0.15	—	0.05	0.15	余量

续表

变形铝 化学成分(质量分数)/%

序号	牌号	Si	Fe	Cu	Mn	Mg	Cr	Ni	Zn	其他	Ti	Zr	其他 单个	其他 合计	Al
46	2324	0.10	0.12	3.8~4.4	0.30~0.9	1.2~1.8	0.10	—	0.25	—	0.15	—	0.05	0.15	余量
47	2524	0.06	0.12	4.0~4.5	0.45~0.7	1.2~1.6	0.05	—	0.15	—	0.10	—	0.05	0.15	余量
48	3002	0.08	0.10	0.15	0.05~0.25	0.05~0.20	—	—	0.05	0.05V	0.03	—	0.03	0.10	余量
49	3102	0.40	0.7	0.10	0.05~0.40	—	—	—	0.30	—	0.10	—	0.05	0.15	余量
50	3003	0.6	0.7	0.05~0.20	1.0~1.5	—	—	—	0.10	—	—	—	0.05	0.15	余量
51	3103	0.50	0.7	0.10	0.9~1.5	0.30	0.10	—	0.20	①	—	0.10Zr+Ti	0.05	0.15	余量
52	3103A	0.50	0.7	0.10	0.7~1.4	0.30	0.10	—	0.20	—	0.10	0.10Zr+Ti	0.05	0.15	余量
53	3203	0.6	0.7	0.05	1.0~1.5	—	—	—	0.10	①	—	—	0.05	0.15	余量
54	3004	0.30	0.7	0.25	1.0~1.5	0.8~1.3	0.10	—	0.25	—	—	—	0.05	0.15	余量
55	3004A	0.40	0.7	0.25	0.8~1.5	0.8~1.5	—	—	0.25	0.03Pb	0.05	—	0.05	0.15	余量
56	3104	0.6	0.8	0.05~0.25	0.8~1.4	0.8~1.3	—	—	0.25	0.05Ga,0.05V	0.10	—	0.05	0.15	余量
57	3204	0.30	0.7	0.10~0.25	0.8~1.5	0.8~1.5	0.10	—	0.25	—	—	—	0.05	0.15	余量
58	3005	0.6	0.7	0.30	1.0~1.5	0.20~0.6	0.10	—	0.25	—	0.10	—	0.05	0.15	余量
59	3105	0.6	0.7	0.30	0.30~0.8	0.20~0.8	0.20	—	0.40	—	0.10	—	0.05	0.15	余量
60	3105A	0.6	0.7	0.30	0.30~0.8	0.20~0.8	0.20	—	0.25	—	0.10	—	0.05	0.15	余量
61	3006	0.50	0.7	0.10~0.30	0.50~0.8	0.30~0.6	0.20	—	0.5~0.40	—	0.10	—	0.05	0.15	余量
62	3007	0.50	0.7	0.05~0.30	0.30~0.8	0.6	0.20	—	0.40	—	0.10	—	0.05	0.15	余量
63	3107	0.6	0.7	0.05~0.15	0.40~0.9	—	—	—	0.20	—	0.10	—	0.05	0.15	余量
64	3207	0.30	0.45	0.10	0.40~0.8	0.10	—	—	0.10	—	—	—	0.05	0.10	余量
65	3207A	0.35	0.6	0.25	0.30~0.8	0.40	0.20	—	0.25	—	0.10	—	0.05	0.15	余量
66	3307	0.6	0.8	0.30	0.50~0.9	0.30	0.20	—	0.40	—	—	—	0.05	0.15	余量
67	4004②	9.0~10.5	0.8	0.25	0.10	1.0~2.0	—	—	0.20	—	—	—	0.05	0.15	余量
68	4032	11.0~13.5	1.0	0.50~1.3	—	0.8~1.3	0.10	0.50~1.3	0.25	—	—	—	0.05	0.15	余量

续表

变形铝

序号	牌号	化学成分(质量分数)/%											其他		Al
		Si	Fe	Cu	Mn	Mg	Cr	Ni	Zn		Ti	Zr	单个	合计	
69	4043	4.5~6.0	0.8	0.30	0.05	0.05	—	—	0.10	①	0.20	—	0.05	0.15	余量
70	4043A	4.5~6.0	0.6	0.30	0.15	0.20	—	—	0.10	①	0.15	—	0.05	0.15	余量
71	4343	6.8~8.2	0.8	0.25	0.10	—	—	—	0.20	—	—	—	0.05	0.15	余量
72	4045	9.0~11.0	0.8	0.30	0.05	0.05	—	—	0.10	—	0.20	—	0.05	0.15	余量
73	4047	11.0~13.0	0.8	0.30	0.15	0.10	—	—	0.20	①	—	—	0.05	0.15	余量
74	4047A	11.0~13.0	0.6	0.30	0.15	0.10	—	—	0.20	①	0.15	—	0.05	0.15	余量
75	5005	0.30	0.7	0.20	0.20	0.50~1.1	0.10	—	0.25	—	—	—	0.05	0.15	余量
76	5005A	0.30	0.45	0.05	0.15	0.7~1.1	0.10	—	0.20	—	—	—	0.05	0.15	余量
77	5205	0.15	0.7	0.03~0.10	0.10	0.6~1.0	0.10	—	0.05	—	—	—	0.05	0.15	余量
78	5006	0.40	0.8	0.10	0.40~0.8	0.8~1.3	0.10	—	0.25	—	0.10	—	0.05	0.15	余量
79	5010	0.40	0.7	0.25	0.10~0.30	0.20~0.6	0.15	—	0.30	—	0.10	—	0.05	0.15	余量
80	5019	0.40	0.50	0.10	0.10~0.6	4.5~5.6	0.20	—	0.20	0.10~0.6Mn+Cr	0.20	—	0.05	0.15	余量
81	5049	0.40	0.50	0.10	0.50~1.1	1.6~2.5	0.30	—	0.20	—	0.10	—	0.05	0.15	余量
82	5050	0.40	0.7	0.20	0.10	1.1~1.8	0.10	—	0.25	—	—	—	0.05	0.15	余量
83	5050A	0.40	0.7	0.10	0.30	1.1~1.8	0.10	—	0.25	—	—	—	0.05	0.15	余量
84	5150	0.08	0.10	0.10	0.03	1.3~1.7	—	—	0.10	—	0.06	—	0.03	0.10	余量
85	5250	0.08	0.10	0.10	0.04~0.15	1.3~1.8	—	—	0.05	0.03Ga, 0.05V	—	—	0.03	0.10	余量
86	5051	0.40	0.7	0.25	0.20	1.7~2.2	0.10	—	0.25	—	—	—	0.05	0.15	余量
87	5251	0.40	0.50	0.15	0.10~0.50	1.7~2.4	0.15	—	0.15	—	0.15	—	0.05	0.15	余量
88	5052	0.25	0.40	0.10	0.10	2.2~2.8	0.15~0.35	—	0.10	—	—	—	0.05	0.15	余量
89	5154	0.25	0.40	0.10	0.10	3.1~3.9	0.15~0.35	—	0.20	①	0.20	—	0.05	0.15	余量
90	5154A	0.50	0.50	0.10	0.50	3.1~3.9	0.25	—	0.20	0.10~0.50Mn+Cr①	0.20	—	0.05	0.15	余量
91	5454	0.25	0.40	0.10	0.50~1.0	2.4~3.0	0.05~0.20	—	0.25	—	0.20	—	0.05	0.15	余量
92	5554	0.25	0.40	0.10	0.50~1.0	2.4~3.0	0.05~0.20	—	0.25	①	0.05~0.20	—	0.05	0.15	余量

续表

变形铝

化学成分(质量分数)/%

序号	牌号	Si	Fe	Cu	Mn	Mg	Cr	Ni	Zn	Ti	其他		Zr	Al
												单个	合计	
93	5754	0.40	0.40	0.10	0.50	2.6~3.6	0.30	—	0.20	0.15	0.10~0.6Mn+Cr	0.05	0.15	—	余量
94	5056	0.30	0.40	0.10	0.05~0.20	4.5~5.6	0.05~0.20	—	0.10	—	—	0.05	0.15	—	余量
95	5356	0.25	0.40	0.10	0.05~0.20	4.5~5.5	0.05~0.20	—	0.10	0.06~0.20	①	0.05	0.15	0.05~0.25	余量
96	5456	0.25	0.40	0.10	0.50~1.0	4.7~5.5	0.05~0.20	—	0.25	0.20	—	0.05	0.15	—	余量
97	5059	0.45	0.50	0.25	0.6~1.2	5.0~6.0	0.25	—	0.40~0.9	0.20	—	0.05	0.15	0.05~0.25	余量
98	5082	0.20	0.35	0.15	0.15	4.0~5.0	0.15	—	0.25	0.10	—	0.05	0.15	—	余量
99	5182	0.20	0.35	0.15	0.20~0.50	4.0~5.0	0.10	—	0.25	0.10	—	0.05	0.15	—	余量
100	5083	0.40	0.40	0.10	0.40~1.0	4.0~4.9	0.05~0.25	—	0.25	0.15	—	0.05	0.15	—	余量
101	5183	0.40	0.40	0.10	0.50~1.0	4.3~5.2	0.05~0.25	—	0.25	0.15	①	0.05	0.15	—	余量
102	5383	0.25	0.25	0.20	0.7~1.0	4.0~5.0	0.25	—	0.40	0.15	—	0.05	0.15	0.20	余量
103	5086	0.40	0.50	0.10	0.20~0.7	3.5~4.5	0.05~0.25	—	0.25	0.15	—	0.05	0.15	—	余量
104	6101	0.30~0.7	0.50	0.10	0.03	0.35~0.8	0.03	—	0.10	—	0.06B	0.03	0.10	—	余量
105	6101A	0.30~0.7	0.40	0.05	—	0.40~0.9	—	—	—	—	—	0.03	0.10	—	余量
106	6101B	0.30~0.6	0.10~0.30	0.05	0.05	0.35~0.6	—	—	0.10	—	—	0.03	0.10	—	余量
107	6201	0.50~0.9	0.50	0.10	0.03	0.6~0.9	0.03	—	0.10	—	0.06B	0.03	0.10	—	余量
108	6005	0.6~0.9	0.35	0.10	0.10	0.40~0.6	0.10	—	0.10	0.10	—	0.05	0.15	—	余量
109	6005A	0.50~0.9	0.35	0.30	0.50	0.40~0.7	0.30	—	0.20	0.10	0.12~0.50Mn+Cr	0.05	0.15	—	余量
110	6105	0.6~1.0	0.35	0.10	0.15	0.45~0.8	0.10	—	0.10	0.10	—	0.05	0.15	—	余量
111	6106	0.30~0.6	0.35	0.25	0.05~0.20	0.40~0.8	0.20	—	0.10	—	—	0.05	0.10	—	余量
112	6009	0.6~1.0	0.50	0.15~0.6	0.20~0.8	0.40~0.8	0.10	—	0.25	0.10	—	0.05	0.15	—	余量
113	6010	0.8~1.2	0.50	0.15~0.6	0.20~0.8	0.6~1.0	0.10	—	0.25	0.10	—	0.05	0.15	—	余量
114	6111	0.6~1.1	0.40	0.50~0.9	0.10~0.45	0.50~1.0	0.10	—	0.15	0.10	—	0.05	0.15	—	余量
115	6016	1.0~1.5	0.50	0.20	0.20	0.25~0.6	0.10	—	0.20	0.15	—	0.05	0.15	—	余量

续表

变 形 铝

| 序号 | 牌号 | 化学成分(质量分数)/% ||||||||||| 其他 || Al |
		Si	Fe	Cu	Mn	Mg	Cr	Ni	Zn	Ti	Zr		单个	合计	
116	6043	0.40~0.9	0.50	0.30~0.9	0.35	0.6~1.2	0.15	—	0.20	0.15	—	0.40~0.7Bi	0.05	0.15	余量
117	6351	0.7~1.3	0.50	0.10	0.40~0.8	0.40~0.8	—	—	0.20	0.20	—	0.20~0.40Sn	0.05	0.15	余量
118	6060	0.30~0.6	0.10~0.30	0.10	0.10	0.35~0.6	0.05	—	0.15	0.10	—	—	0.05	0.15	余量
119	6061	0.40~0.8	0.7	0.15~0.40	0.15	0.8~1.2	0.04~0.35	—	0.25	0.15	—	—	0.05	0.15	余量
120	6061A	0.40~0.8	0.7	0.15~0.40	0.15	0.8~1.2	0.04~0.35	—	0.25	0.15	—	⑧	0.05	0.15	余量
121	6262	0.40~0.8	0.7	0.15~0.40	0.15	0.8~1.2	0.04~0.14	—	0.25	0.15	—	⑨	0.05	0.15	余量
122	6063	0.20~0.6	0.35	0.10	0.10	0.45~0.9	0.10	—	0.10	0.10	—	—	0.05	0.15	余量
123	6063A	0.30~0.6	0.15~0.35	0.10	0.15	0.6~0.9	0.05	—	0.15	0.10	—	—	0.05	0.15	余量
124	6463	0.20~0.6	0.15	0.20	0.05	0.45~0.9	—	—	0.05	—	—	—	0.05	0.15	余量
125	6463A	0.20~0.6	0.15	0.25	0.05	0.30~0.9	—	—	0.05	—	—	—	0.05	0.15	余量
126	6070	1.0~1.7	0.50	0.15~0.40	0.40~1.0	0.50~1.2	0.10	—	0.25	0.15	—	—	0.05	0.15	余量
127	6181	0.8~1.2	0.45	0.10	0.15	0.6~1.0	0.10	—	0.20	0.10	—	—	0.05	0.15	余量
128	6181A	0.7~1.1	0.15~0.50	0.25	0.40	0.6~1.0	0.15	—	0.30	0.25	—	0.10V	0.05	0.15	余量
129	6082	0.7~1.3	0.50	0.10	0.40~1.0	0.6~1.2	0.25	—	0.20	0.10	—	—	0.05	0.15	余量
130	6082A	0.7~1.3	0.50	0.25	0.40~1.0	0.6~1.2	0.25	—	0.20	0.20	—	⑧	0.05	0.15	余量
131	7001	0.35	0.40	1.6~2.6	0.20	2.6~3.4	0.18~0.35	—	6.8~8.0	0.20	—	—	0.05	0.15	余量
132	7003	0.30	0.35	0.20	0.30	0.50~1.0	0.20	—	5.0~6.5	0.05	0.05~0.25	—	0.05	0.15	余量
133	7004	0.25	0.35	0.05	0.20~0.7	1.0~2.0	0.05	—	3.8~4.6	0.05	0.10~0.20	—	0.05	0.15	余量
134	7005	0.35	0.40	0.10	0.20~0.7	1.0~1.8	0.06~0.20	—	4.0~5.0	0.01~0.06	0.08~0.20	—	0.05	0.15	余量
135	7020	0.35	0.40	0.20	0.05~0.50	1.0~1.4	0.10~0.35	—	4.0~5.0	—	—	⑩	0.05	0.15	余量
136	7021	0.25	0.40	0.25	0.10	1.2~1.8	0.05	—	5.0~6.0	0.10	0.08~0.18	—	0.05	0.15	余量
137	7022	0.50	0.50	0.50~1.0	0.10~0.40	2.6~3.7	0.10~0.30	—	4.3~5.2	—	—	0.20Ti+Zr	0.05	0.15	余量
138	7039	0.30	0.40	0.10	0.10~0.40	2.3~3.3	0.15~0.25	—	3.5~4.5	0.10	—	—	0.05	0.15	余量
139	7049	0.25	0.35	1.2~1.9	0.20	2.0~2.9	0.10~0.22	—	7.2~8.2	0.10	—	—	0.15	0.05	余量
140	7049A	0.40	0.50	1.2~1.9	0.50	2.1~3.1	0.05~0.25	—	7.2~8.4	—	—	0.25Zr+Ti	0.05	0.15	余量
141	7050	0.12	0.15	2.0~2.6	0.10	1.9~2.6	0.04	—	5.7~6.7	0.06	0.08~0.15	—	0.05	0.15	余量
142	7150	0.12	0.15	1.9~2.5	0.10	2.0~2.7	0.04	—	5.9~6.9	0.06	0.08~0.15	—	0.05	0.15	余量
143	7055	0.10	0.15	2.0~2.6	0.05	1.8~2.3	0.04	—	7.6~8.4	0.06	0.08~0.25	—	0.05	0.15	余量

续表

变形铝

序号	牌号	化学成分(质量分数)/%													
		Si	Fe	Cu	Mn	Mg	Cr	Ni	Zn		Ti	Zr	其他		Al
													单个	合计	
144	7072[2]	0.7Si+Fe[3]		0.10	0.10	0.10	—	—	0.8~1.3	—	—	—	0.05	0.15	余量
145	7075	0.40	0.50	1.2~2.0	0.30	2.1~2.9	0.18~0.28	—	5.1~6.1	[11]	0.20	—	0.05	0.15	余量
146	7175	0.15	0.20	1.2~2.0	0.10	2.1~2.9	0.18~0.28	—	5.1~6.1	—	0.10	—	0.05	0.15	余量
147	7475	0.10	0.12	1.2~1.9	0.06	1.9~2.6	0.18~0.25	—	5.2~6.2	—	0.06	—	0.05	0.15	余量
148	7085	0.06	0.08	1.3~2.0	0.04	1.2~1.8	0.04	—	7.0~8.0	—	0.06	0.08~0.15	0.05	0.15	余量
149	8001	0.17	0.45~0.7	0.15	—	—	—	0.9~1.3	0.05	[12]	—	—	0.05	0.15	余量
150	8006	0.40	1.2~2.0	0.30	0.30~1.0	0.10	—	—	0.10	—	0.08	—	0.05	0.15	余量
151	8011	0.50~0.9	0.5~1.0	0.10	0.20	0.05	0.05	—	0.10	—	0.08	—	0.05	0.15	余量
152	8011A	0.40~0.8	0.50~1.0	0.10	0.20~0.6	0.10	0.10	—	0.10	—	0.10	—	0.05	0.15	余量
153	8014	0.30	1.2~1.6	0.20	0.20~0.6	—	—	—	—	—	—	—	0.05	0.15	余量
154	8021	0.15	1.2~1.7	0.05	—	—	—	—	—	—	—	—	0.05	0.15	余量
155	8021B	0.40	1.1~1.7	0.05	0.03	0.01	0.03	—	0.05	—	0.05	—	0.03	0.10	余量
156	8050	0.15~0.30	1.1~1.2	0.05	0.45~0.55	0.05	0.05	—	0.10	—	0.05	—	0.05	0.15	余量
157	8150	0.30	0.9~1.3	—	0.20~0.7	—	—	—	—	—	—	—	0.05	0.15	余量
158	8079	0.05~0.30	0.7~1.3	0.05	—	—	—	—	—	—	—	—	0.05	0.15	余量
159	8090	0.20	0.30	1.0~1.6	0.10	0.6~1.3	0.10	—	0.25	[13]	0.10	0.04~0.16	0.05	0.15	余量

注: ①焊接电极及填料焊丝的$w(Be) \leq 0.0003\%$。
②主要用作包覆材料。
③$w(Si+Fe) \leq 0.14\%$。
④$w(B) \leq 0.02\%$。
⑤$w(Bi): 0.20\% \sim 0.6\%$, $w(Pb): 0.20\% \sim 0.6\%$。
⑥经供需双方协商同意,挤压产品与锻件的$w(Zr+Ti)$最大可达0.20%。
⑦$w(Si+Fe) \leq 0.40\%$。
⑧$w(Pb) \leq 0.003\%$。
⑨$w(Bi): 0.40\% \sim 0.7\%$, $w(Pb): 0.40\% \sim 0.7\%$。
⑩$w(Zr): 0.08\% \sim 0.20\%$, $w(Zr+Ti): 0.08\% \sim 0.25\%$。
⑪经供需双方协商同意,挤压产品与锻件的$w(Zr+Ti)$最大可达0.25%。
⑫$w(B) \leq 0.001\%$, $w(Cd) \leq 0.003\%$, $w(Co) \leq 0.001\%$, $w(Li) \leq 0.008\%$。
⑬$w(Li): 2.2\% \sim 2.7\%$。

续表

铝合金 化学成分（质量分数）/%

序号	牌号	Si	Fe	Cu	Mn	Mg	Cr	Ni	Zn	Ti	Zr	其他 单个	其他 合计	Al	备注
1	1A99	0.003	0.003	0.005	—	—	—	—	0.001	0.002	—	0.002	—	99.99	LG5
2	1B99	0.0013	0.0015	0.0030	—	—	—	—	0.001	0.001	—	0.001	—	99.993	—
3	1C99	0.0010	0.0010	0.0015	—	—	—	—	0.001	0.001	—	0.001	—	99.995	—
4	1A97	0.015	0.015	0.005	—	—	—	—	0.001	0.002	—	0.005	—	99.97	LG4
5	1B97	0.015	0.030	0.006	—	—	—	—	0.001	0.005	—	0.005	—	99.97	—
6	1A95	0.030	0.030	0.010	—	—	—	—	0.003	0.008	—	0.005	—	99.95	—
7	1B95	0.030	0.040	0.010	—	—	—	—	0.003	0.008	—	0.005	—	99.95	—
8	1A93	0.040	0.040	0.010	—	—	—	—	0.005	0.010	—	0.007	—	99.93	LG3
9	1B93	0.040	0.050	0.010	—	—	—	—	0.005	0.010	—	0.007	—	99.93	—
10	1A90	0.060	0.060	0.010	—	—	—	—	0.008	0.015	—	0.01	—	99.90	LG2
11	1B90	0.060	0.060	0.010	—	—	—	—	0.008	0.010	—	0.01	—	99.90	—
12	1A85	0.08	0.10	0.01	—	—	—	—	0.01	0.01	—	0.01	—	99.85	LG1
13	1A80	0.15	0.15	0.03	0.02	0.02	—	—	0.03	0.03	—	0.02	—	99.80	—
14	1A80A	0.15	0.15	0.03	0.02	0.02	—	—	0.06	0.02	—	0.02	—	99.80	—
15	1A60	0.11	0.25	0.01	—	—	—	—	—	0.02V+Ti+Mn+Cr	—	0.03	—	99.60	—
16	1A50	0.30	0.30	0.01	0.05	0.05	—	—	0.03	—	—	0.03	—	99.50	LB2
17	1R50	0.11	0.25	0.01	—	—	—	—	—	0.02V+Ti+Mn+Cr	—	0.03	—	99.50	—
18	1R35	0.25	0.35	0.05	0.03	0.03	—	—	0.05	0.03	—	0.03	—	99.35	—
19	1A30	0.10~0.20	0.15~0.30	0.05	0.01	0.01	—	0.01	0.02	0.02	—	0.03	—	99.30	L4-1
20	1B30	0.05~0.15	0.20~0.30	0.03	0.12~0.18	0.03	—	—	0.03	0.02~0.05	—	0.03	—	99.30	—

Other composition notes:
- 13 (1A80): 0.03Ga, 0.05V
- 14 (1A80A): 0.03Ga
- 16 (1A50): 0.45Fe+Si
- 17 (1R50): 0.03~0.30RE
- 18 (1R35): 0.10~0.25RE, 0.05V

续表

铝合金

化学成分(质量分数)/%

序号	牌号	Si	Fe	Cu	Mn	Mg	Cr	Ni	Zn		Ti	Zr	其他		Al	备注
													单个	合计		
21	2A01	0.50	0.50	2.2~3.0	0.20	0.20~0.50	—	—	0.10	—	0.15	—	0.05	0.10	余量	LY1
22	2A02	0.30	0.30	2.5~3.2	0.45~0.7	2.0~2.4	—	—	0.10	—	0.15	—	0.05	0.10	余量	LY2
23	2A04	0.30	0.30	3.2~3.7	0.50~0.8	2.1~2.6	—	—	0.10	0.001~0.01Be①	0.05~0.40	—	0.05	0.10	余量	LY4
24	2A06	0.50	0.50	3.8~4.3	0.50~1.0	1.7~2.3	—	—	0.10	0.001~0.005Be①	0.03~0.15	—	0.05	0.10	余量	LY6
25	2B06	0.20	0.30	3.8~4.3	0.40~0.9	1.7~2.3	—	—	0.10	0.0002~0.005Be	0.10	—	0.05	0.10	余量	—
26	2A10	0.25	0.20	3.9~4.5	0.30~0.500	0.15~0.30	—	—	—	—	0.15	—	0.05	0.10	余量	LY10
27	2A11	0.50	0.7	3.8~4.8	0.40~0.8	0.40~0.8	—	0.10	0.30	0.7Fe+Ni	0.15	—	0.05	0.10	余量	LY11
28	2B11	0.50	0.50	3.8~4.5	0.40~0.8	0.40~0.8	—	—	0.10	—	0.15	—	0.05	0.10	余量	LY8
29	2A12	0.50	0.50	3.8~4.9	0.30~0.9	1.2~1.8	—	0.10	0.30	0.50Fe+Ni	0.15	—	0.05	0.10	余量	LY12
30	2B12	0.50	0.50	3.8~4.5	0.30~0.9	1.2~1.6	—	—	0.10	—	0.15	—	0.05	0.10	余量	LY9
31	2D12	0.20	0.33	3.8~4.9	0.30~0.9	1.2~1.8	—	0.05	0.10	—	0.10	—	0.05	0.10	余量	—
32	2E12	0.06	0.12	4.0~4.6	0.40~0.7	1.2~1.8	—	—	0.15	0.0002~0.005Be	0.15	—	0.10	0.15	余量	—
33	2A13	0.7	0.6	4.0~5.0	—	0.30~0.50	—	—	0.6	—	0.15	—	0.05	0.10	余量	LY13
34	2A14	0.6~1.2	0.7	3.9~4.8	0.40~1.0	0.40~0.8	—	0.10	0.30	—	0.15	—	0.05	0.10	余量	LD10
35	2A16	0.30	0.30	6.0~7.0	0.40~0.8	0.05	—	—	0.10	—	0.10~0.20	0.20	0.05	0.10	余量	LY16
36	2B16	0.25	0.20	5.8~6.8	0.20~0.40	0.05	—	—	—	—	0.08~0.20	0.10~0.25	0.05	0.10	余量	LY16-1
37	2A17	0.30	0.30	6.0~7.0	0.40~0.8	0.25~0.45	—	—	0.10	—	0.10~0.20	—	0.05	0.10	余量	LY17
38	2A20	0.20	0.30	5.8~6.8	—	0.02	—	—	—	0.05~0.15V	0.07~0.160	0.10~0.25	0.10	0.15	余量	LY20
39	2A21	0.20	0.20~0.6	3.0~4.0	0.05	0.8~1.2	—	1.8~2.3	0.20	0.05~0.15V 0.001~0.01B	0.05	—	0.05	0.15	余量	—
40	2A23	0.05	0.06	1.8~2.8	0.20~0.6	0.6~1.2	—	—	0.15	0.30~0.9Li	0.15	0.06~0.16	0.10	0.15	余量	—
41	2A24	0.20	0.30	3.8~4.8	0.6~0.9	1.2~1.8	0.10	—	0.25	—	0.20Ti+Zr	0.80~0.12	0.05	0.15	余量	—
42	2A25	0.06	0.06	3.6~4.2	0.50~0.7	1.0~1.5	—	0.06	0.10	—	—	—	0.05	0.10	余量	—
43	2B25	0.05	0.15	3.1~4.0	0.20~0.8	1.2~1.8	—	0.15	0.10	0.0003~0.0008Be	0.03~0.07	0.08~0.25	0.05	0.10	余量	—

续表

铝合金化学成分(质量分数)/%

序号	牌号	Si	Fe	Cu	Mn	Mg	Cr	Ni	Zn	其__	Ti	Zr	其他单个	其他合计	Al	备注
44	2A39	0.05	0.06	3.4~5.0	0.30~0.8	0.30~0.8	—	—	0.30	0.30~0.5Ag	0.15	0.10~0.25	0.05	0.15	余量	—
45	2A40	0.25	0.35	4.5~5.2	0.40~0.6	0.50~1.0	0.10~0.20	—	—	—	0.04~0.12	0.10~0.25	0.05	0.15	余量	—
46	2A49	0.25	0.8~1.2	3.2~3.8	0.30~0.5	1.8~2.2	—	—	—	—	0.08~0.12	—	0.05	0.15	余量	LD5
47	2A50	0.7~1.2	0.7	1.8~2.6	0.40~0.8	0.40~0.8	—	0.8~1.2	0.30	0.7Fe+Ni	0.15	—	0.05	0.10	余量	LD6
48	2B50	0.7~1.2	0.7	1.8~2.6	0.40~0.8	0.40~0.8	—	0.10	0.30	0.7Fe+Ni	0.02~0.10	—	0.05	0.10	余量	LD7
49	2A70	0.35	0.9~1.5	1.9~2.5	0.20	1.4~1.8	—	0.9~1.5	0.30	—	0.02~0.10	—	0.05	0.10	余量	—
50	2B70	0.25	0.9~1.4	1.8~2.7	0.20	1.2~1.8	—	0.8~1.4	0.15	0.05Pb,0.05Sn	0.10	0.20Ti+Zr	0.05	0.15	余量	LD8
51	2D70	0.10~0.25	0.9~1.4	2.0~2.6	0.10	1.2~1.8	0.10	0.9~1.4	0.10	—	0.05~0.10	—	0.05	0.10	余量	—
52	2A80	0.50~1.2	1.0~1.6	1.9~2.5	0.20	1.4~1.8	—	0.8~1.5	0.30	—	0.15	—	0.05	0.10	余量	LD9
53	2A90	0.50~1.0	0.50~1.0	3.5~4.5	—	0.40~0.8	—	1.8~2.3	0.30	—	0.15	—	0.05	0.10	余量	—
54	2A97	0.15	0.15	2.0~3.2	0.20~0.6	0.25~0.50	—	—	0.17~1.0	0.001~0.10Be 0.8~2.3Li	0.001~0.10	0.08~0.20	0.05	0.15	余量	—
55	3A21	0.5	0.7	0.20	1.0~1.6	0.05	—	—	0.10²	—	0.15	—	0.05	0.10	余量	LF21
56	4A01	4.5~6.0	0.6	0.20	—	—	—	—	0.10Zn+Sn	—	0.15	—	0.05	0.15	余量	LT1
57	4A11	11.5~13.5	1.0	0.50~1.3	0.20	0.8~1.3	0.10	0.50~1.3	0.25	—	0.15	—	0.05	0.15	余量	LD11
58	4A13	6.8~8.2	0.50	0.15Cu+Zn	0.50	0.05	—	—	—	0.10Ca	0.15	—	0.05	0.15	余量	LT13
59	4A17	11.0~12.5	0.50	0.15Cu+Zn	0.50	0.05	—	—	—	0.10Ca	0.15	—	0.05	0.15	余量	LT17
60	4A91	1.0~4.0	0.7	0.7	1.2	1.0	0.20	0.20	1.2	—	0.20	—	0.05	0.15	余量	—
61	5A01	0.40Si+Fe		0.10	0.30~0.7 或Co.15~0.40	6.0~7.0	0.10~0.20	—	0.25	—	0.15	0.10~0.20	0.05	0.15	余量	LF15
62	5A02	0.40	0.40	0.10	0.20~0.6	2.0~2.8	—	—	—	0.6Si+Fe	0.15	—	0.05	0.15	余量	LF2
63	5B02	0.40	0.40	0.10	0.20~0.6	1.8~2.6	0.05	—	0.20	—	0.10	—	0.05	0.10	余量	—
64	5A03	0.50~0.8	0.50	0.10	0.30~0.6	3.2~3.8	—	—	0.20	—	0.15	—	0.05	0.10	余量	LF3

续表

序号	牌号	化学成分（质量分数）/% 铝合金										其他		Al	备注
		Si	Fe	Cu	Mn	Mg	Cr	Ni	Zn		Ti	Zr	单个	合计		
65	5A05	0.50	0.50	0.10	0.30~0.6	4.8~5.5	—	—	0.20	—	—	—	0.05	0.10	余量	LF5
66	5B05	0.40	0.40	0.20	0.20~0.6	4.7~5.7	—	—	—	0.6Si+Fe	0.15	—	0.05	0.10	余量	LF10
67	5A06	0.40	0.40	0.10	0.50~0.8	5.8~6.8	—	—	0.20	0.0001~0.005Be①	0.02~0.10	—	0.05	0.10	余量	LF6
68	5B06	0.40	0.40	0.10	0.50~0.8	5.8~6.8	—	—	0.20	0.0001~0.005Be①	0.10~0.30	—	0.05	0.10	余量	LF14
69	5A12	0.30	0.30	0.05	0.40~0.8	8.3~9.6	—	0.10	0.20	0.005Be 0.004~0.05Sb	0.05~0.15	—	0.05	0.10	余量	LF12
70	5A13	0.30	0.30	0.05	0.40~0.8	9.2~10.5	—	0.10	—	0.005Be 0.004~0.05Sb	0.05~0.15	—	0.05	0.10	余量	LF13
71	5A85	0.20	0.30	—	0.05~0.50	5.0~6.3	—	—	—	0.0002~0.002Be 0.10~0.40Sc	0.10	0.06~0.20	0.10	0.15	余量	—
72	5A30	0.40Si+Fe		0.10	0.50~1.0	4.7~5.5	—	—	0.25	0.05~0.20Cr	0.03~0.15	—	0.05	0.10	余量	LF16
73	5A33	0.35	0.35	0.10	0.10	6.0~7.5	—	—	0.50~1.5	0.0005~0.005Be①	0.05~0.15	0.10~0.30	0.05	0.10	余量	LF33
74	5A41	0.40	0.40	0.10	0.30~0.6	6.0~7.0	—	—	0.20	—	0.02~0.10	—	0.05	0.15	余量	LT41
75	5A43	0.40	0.40	0.10	0.15~0.40	0.6~1.4	—	—	—	—	0.15	0.05~0.15	0.05	0.15	余量	LF43
76	5A56	0.15	0.20	0.10	0.30~0.40	5.5~6.5	0.10~0.20	—	0.50~1.0	—	0.10~0.18	—	0.05	0.15	余量	—
77	5A66	0.005	0.01	0.005	—	1.5~2.0	—	—	—	—	—	—	0.005	0.01	余量	LT66
78	5A70	0.15	0.25	0.05	0.30~0.7	5.5~6.3	—	—	0.05	0.15~0.30Se 0.0005~0.005Be	0.02~0.05	0.05~0.15	0.05	0.15	余量	—
79	5B70	0.10	0.20	0.05	0.15~0.40	5.5~6.5	—	—	0.05	0.20~0.40Se 0.0005~0.005Be	0.02~0.05	0.10~0.20	0.05	0.15	余量	—
80	5A71	0.20	0.30	0.05	0.30~0.7	5.8~6.8	—	—	0.05	0.20~0.35Sc 0.0005~0.005Be	0.05~0.15	0.05~0.15	0.05	0.15	余量	—
81	5B71	0.20	0.30	0.10	0.30	5.8~6.8	0.30	—	0.30	0.30~0.50Sc 0.0005~0.005Be 0.003B	0.02~0.05	0.08~0.15	0.05	0.15	余量	—

续表

铝合金化学成分(质量分数)/%

序号	牌号	Si	Fe	Cu	Mn	Mg	Cr	Ni	Zn	其他	Ti	Zr	其他单个	其他合计	Al	备注
82	5A90	0.15	0.20	0.05	—	4.5~6.0	—	—	—	0.005Na 1.9~2.3Li	0.10	0.08~0.15	0.05	0.15	余量	—
83	6A01	0.40~0.9	0.35	0.35	0.50	0.40~0.8	0.30	—	0.25	—	—	—	0.05	0.10	余量	6N01
84	6A02	0.50~1.2	0.50	0.20~0.6	或Cr0.15~0.35	0.45~0.9	—	—	0.20	0.50Mn+Cr	0.15	—	0.05	0.10	余量	LD2
85	6B02	0.7~1.1	0.40	0.10~0.40	0.10~0.30	0.40~0.8	0.10	—	0.15	—	—	—	0.05	0.10	余量	LD2-1
86	6R05	0.40~0.9	0.30~0.50	0.15~0.25	0.10	0.20~0.6	—	—	—	0.10~0.20RE	0.01~0.04	—	0.05	0.15	余量	—
87	6A10	0.7~1.1	0.50	0.30~0.8	0.30~0.9	0.7~1.1	0.05~0.25	—	0.20	—	0.10	—	0.05	0.15	余量	—
88	6A51	0.50~0.7	0.50	0.15~0.35	—	0.45~0.6	—	—	—	0.15~0.35Sn	0.01~0.04	0.02~0.10 0.04~0.20	0.05	0.15	余量	—
89	6A60	0.7~1.1	0.30	0.6~0.8	0.50~0.7	0.7~1.0	—	—	0.20~0.40	0.30~0.50Ag	0.04~0.12 0.10~0.20		0.05	0.15	余量	—
90	7A01	0.30	0.30	0.01	—	1.2~1.6	—	—	0.9~1.3	0.45Si+Fe	—	—	0.05	—	余量	LB1
91	7A03	0.20	0.20	1.8~2.4	0.10	1.8~2.8	0.05	—	6.0~6.7	—	0.02~0.08	—	0.05	0.10	余量	LC3
92	7A04	0.50	0.50	1.4~2.0	0.20~0.6	1.8~2.8	0.10~0.25	—	5.0~7.0	—	0.10	—	0.05	0.10	余量	LC4
93	7B04	0.10	0.05~0.25	1.4~2.0	0.20~0.6	1.8~2.8	0.10~0.25	0.10	5.0~6.5	—	0.05	—	0.05	0.10	余量	—
94	7C04	0.30	0.30	1.4~2.0	0.20~0.50	2.0~2.8	0.10~0.25	—	5.5~6.5	—	—	0.08~0.16	0.05	0.15	余量	—
95	7D04	0.10	0.15	1.4~2.2	0.10	2.0~2.6	0.05	—	5.5~6.7	0.02~0.07Be	0.10	0.10~0.25	0.05	0.10	余量	—
96	7A05	0.25	0.25	0.20	0.15~0.40	1.1~1.7	0.05~0.15	—	4.4~5.0	—	0.02~0.06 0.10~0.25		0.05	0.15	余量	7N01
97	7B05	0.30	0.35	0.20	0.20~0.7	1.0~2.0	0.30	—	4.0~5.0	0.10V	0.20	0.25	0.05	0.10	余量	—
98	7A09	0.50	0.50	1.2~2.0	0.15	2.0~3.0	0.16~0.30	—	5.1~6.1	—	0.10	—	0.05	0.10	余量	LC9
99	7A10	0.30	0.30	0.50~1.0	0.20~0.35	3.0~4.0	0.10~0.20	—	3.2~4.2	—	0.10	—	0.05	0.10	余量	LC10
100	7A12	0.10	0.06~0.15	0.8~1.2	0.10	1.6~2.2	0.05	—	5.3~7.2	0.0001~0.02Be	0.03~0.06 0.10~0.18		0.05	0.10	余量	—
101	7A15	0.50	0.50	0.50~1.0	0.10~0.40	2.4~3.0	0.10~0.30	—	4.4~5.4	0.005~0.01Be	0.05~0.15	—	0.05	0.15	余量	LC15

附 录 C

续表

| 序号 | 牌号 | 化学成分(质量分数)% 铝合金 ||||||||||||| 备注 |
| | | Si | Fe | Cu | Mn | Mg | Cr | Ni | Zn | Ti | Zr | 其他 || Al | |
												单个	合计		
102	7A19	0.30	0.40	0.08~0.30	0.30~0.50	1.3~1.9	0.10~0.20	—	4.5~5.3	0.0001~0.004Be[①]	—	0.08~0.20	0.05	0.15	余量	LC19
103	7A31	0.30	0.6	0.10~0.40	0.20~0.40	2.5~3.3	0.10~0.20	—	3.6~4.5	0.0001~0.001Be[①]	0.02~0.10	0.08~0.25	0.05	0.15	余量	—
104	7A33	0.25	0.30	0.25~0.55	0.05	2.2~2.7	0.10~0.20	—	4.6~5.4	—	0.05	—	0.05	0.10	余量	—
105	7B50	0.12	0.15	1.8~2.6	0.10	2.0~2.8	0.04	—	6.0~7.0	0.0002~0.002Be	0.10	0.08~0.16	0.05	0.15	余量	—
106	7A52	0.25	0.30	0.05~0.20	0.20~0.50	2.0~2.8	0.15~0.25	—	4.0~4.8	—	0.05~0.18	0.05~0.15	0.05	0.15	余量	LC52
107	7A55	0.10	0.15	1.8~2.5	0.05	1.8~2.8	0.04	—	7.5~8.5	—	0.01~0.05	0.08~0.20	0.05	0.15	余量	—
108	7A68	0.15	0.35	2.0~2.6	0.15~0.40	1.6~2.5	0.10~0.20	—	6.5~7.2	0.005Be	0.05~0.20	0.05~0.20	0.05	0.15	余量	—
109	7B68	0.05	0.05	2.0~2.6	0.05	1.8~2.8	0.04	—	7.8~9.0	—	0.01~0.05	0.08~0.25	0.10	0.15	余量	—
110	7D68	0.12	0.25	2.0~2.6	0.10	2.3~3.0	0.05	—	8.0~9.0	0.0002~0.002Be	0.03	0.10~0.20	0.05	0.10	余量	—
111	7A85	0.05	0.08	1.2~2.0	0.10	1.2~2.0	0.05	—	7.0~8.2	—	0.05	0.08~0.16	0.05	0.15	余量	—
112	7A88	0.50	0.55	1.0~2.0	0.20~0.6	1.5~2.8	0.05~0.20	0.20	4.5~6.0	—	0.10	—	0.10	0.20	余量	7A60
113	8A01	0.05~0.30	0.18~0.40	0.15~0.35	0.08~0.35	—	—	—	—	—	0.01~0.03	—	0.05	0.15	余量	—
114	8A06	0.55	0.50	0.10	0.10	0.10	—	—	0.10	1.0Si+Fe	—	—	0.05	0.15	余量	L6

注:① 铍含量均按规定加入,可不作分析。
② 做铆钉线材的3a21合金,锌含量不大于0.03%。

表 C-56a 表 C-56 所涉字符牌号与其曾用牌号对照表

表 C-56 所涉字符牌号	曾用牌号	表 C-56 所涉字符牌号	曾用牌号	表 C-56 所涉字符牌号	曾用牌号
1A99	LG5	2A21	214	5A66	LT66
1B99	—	2A23	—	5A70	—
1C99	—	2A24	—	5B70	—
1A97	LG4	2A25	225	5A71	—
1B97	—	2B25	—	5B71	—
1A95	—	2A39	—	5A90	—
1B95	—	2A40	—	6A01	6N01
1A93	LG3	2A49	149	6A02	LD2
1B93	—	2A50	LD5	6B02	LD21
1A90	LG2	2B50	LD6	6R05	—
1B90	—	2A70	LD7	6A10	—
1A85	LG1	2B70	LD7-1	6A51	651
1A80	—	2D70	—	6A60	—
1A80A	—	2A80	LD8	7A01	LB1
1A60	—	2A90	LD9	7A03	LC3
1A50	LB2	2A97	—	7A04	LC4
1R50	—	3A21	LF21	7B04	—
1R35	—	4A01	LT1	7C04	—
1A30	L4-1	4A11	LD11	7D04	—
1B30	—	4A13	LT13	7A05	705
2A01	LY1	4A17	LT17	7B05	7N01
2A02	LY2	4A91	491	7A09	LC9
2A04	LY4	5A01	2102、LF15	7A10	LC10
2A06	LY6	5A02	LF2	7A12	—
2B06	—	5B02	—	7A15	LC15、157
2A10	LY10	5A03	LF3	7A19	919、LC19
2A11	LY11	5A05	LF5	7A31	183-1
2B11	LY8	5B05	LF10	7A33	LB733
2A12	LY12	5A06	LF6	7B50	—
2B12	LY9	5B06	LF14	7A52	LC52、5210
2D12	—	5A12	LF12	7A55	—
2E12	—	5A13	LF13	7A68	—
2A13	LY13	5A25	—	7B68	—
2A14	LD10	5A30	2103、LF16	7D68	7A60
2A16	LY16	5A33	LF33	7A85	—
2B16	LY16-1	5A41	LT41	7A88	—
2A17	LY17	5A43	LF43	8A01	—
2A20	LY20	5A56	—	8A06	L6

表 C-57 铝及铝合金轧制钢板的力学性能(GB/T 3880—2006)

牌号	包铝分类	供应状态	试样状态	厚度①/mm	抗拉强度② R_m/MPa	规定非比例延伸强度① $R_{p0.2}$/MPa	断后伸长率/% A_{50mm}	$A_{5.65}$③	弯曲半径④
					不 小 于				
1A97 1A93	—	H112	H112	>4.50~80.00	附实测值				—
		F	—	>4.50~150.00	—				—
1A90 1A85	—	H112	H112	>4.50~12.50	50	—	21	—	—
				>12.50~20.00				19	—
				>20.00~80.00	附实测值				—
		F	—	>4.50~150.00	—				—
1235	—	H12 H22	H12 H22	>0.20~0.30	95~130	—	2	—	—
				>0.30~0.50			3	—	—
				>0.50~1.50			6	—	—
				>1.50~3.00			8	—	—
				>3.00~4.50			9	—	—
		H14 H24	H14 H24	>0.20~0.30	115~150	—	1	—	—
				>0.30~0.50			2	—	—
				>0.50~1.50			3	—	—
				>1.50~3.00			4	—	—
		H16 H26	H16 H26	>0.20~0.50	130~165	—	1	—	—
				>0.50~1.50			2	—	—
				>1.50~4.00			3	—	—
		H18	H18	>0.20~0.50	145	—	1	—	—
				>0.50~1.50			2	—	—
				>1.50~3.00			3	—	—
1070	—	0	0	>0.20~0.30	55~95	15	15	—	0t
				>0.30~0.50			20	—	0t
				>0.50~0.80			25	—	0t
				>0.80~1.50			30	—	0t
				>1.50~6.00			35	—	0t
				>6.00~12.50			35	—	—
				>12.50~50.00			—	30	—
		H12 H22	H12 H22	>0.20~0.30	70~100	55	2	—	0t
				>0.30~0.50			3	—	0t
				>0.50~0.80			4	—	0t
				>0.80~1.50			6	—	0t
				>1.50~3.00			8	—	0t
				>3.00~6.00			9	—	0t

续表

牌号	包铝分类	供应状态	试样状态	厚度①/mm	抗拉强度② R_m/MPa	规定非比例延伸强度① $R_{p0.2}$/MPa	断后伸长率/% A_{50mm}	$A_{5.65}$③	弯曲半径④
					不	小	于		
1070	—	H14 H24	H14 H24	>0.20~0.30	85~120	—	1	—	0.5t
				>0.30~0.50			2	—	0.5t
				>0.50~0.80			3	—	0.5t
				>0.80~1.50		65	4	—	1.0t
				>1.50~3.00			5	—	1.0t
				>3.00~6.00			6	—	1.0t
		H16 H26	H16 H26	>0.20~0.50	100~135	—	1	—	1.0t
				>0.50~0.80			2	—	1.0t
				>0.80~1.50		75	3	—	1.5t
				>1.50~4.00			4	—	1.5t
		H18	H18	>0.20~0.50	120	—	1	—	—
				>0.50~0.80			2	—	—
				>0.80~1.50			3	—	—
				>1.50~3.00			4	—	—
		H112	H112	>4.50~6.00	75	36	13	—	—
				>6.00~12.50	70	35	15	—	—
				>12.50~25.00	60	25	—	20	—
				>25.00~75.00	55	15	—	25	—
		F	—	>2.50~150.00	—				
1060	—	O	O	>0.20~0.30	60~100	15	15	—	—
				>0.30~0.50			18	—	—
				>0.50~1.50			23	—	—
				>1.50~6.00			25	—	—
				>6.00~80.00			25	22	—
		H12 H22	H12 H22	>0.50~1.50	80~120	60	6	—	—
				>1.50~6.00			12	—	—
		H14 H24	H14 H24	>0.20~0.30	95~135	70	1	—	—
				>0.30~0.50			2	—	—
				>0.50~0.80			2	—	—
				>0.80~1.50			4	—	—
				>1.50~3.00			6	—	—
				>3.00~6.00			10	—	—
		H16 H26	H16 H26	>0.20~0.30	110~155	75	1	—	—
				>0.30~0.50			2	—	—
				>0.50~0.80			2	—	—
				>0.80~1.50			3	—	—
				>1.50~4.00			5	—	—

续表

牌号	包铝分类	供应状态	试样状态	厚度①/mm	抗拉强度② R_m/MPa	规定非比例延伸强度① $R_{p0.2}$/MPa	断后伸长率/% A_{50mm}	$A_{5.65}$③	弯曲半径④
						不小于			
1060	—	H18	H18	>0.20~0.30	125	85	1	—	—
				>0.30~0.50			2	—	—
				>0.50~1.50			3	—	—
				>1.50~3.00			4	—	—
		H112	H112	>4.50~6.00	75	—	10	—	—
				>6.00~12.50	75		10	—	—
				>12.50~40.00	70		—	18	—
				>40.00~80.00	60		—	22	—
		F	—	>2.50~150.00	—				
1050	—	O	O	>0.20~0.50	60~100	—	15	—	0t
				>0.50~0.80			20	—	0t
				>0.80~1.50		20	25	—	0t
				>1.50~6.00			30	—	0t
				>6.00~50.00			28	28	—
		H12 H22	H12 H22	>0.20~0.30	80~120	65	2	—	0t
				>0.30~0.50			3	—	0t
				>0.50~0.80			4	—	0t
				>0.80~1.50			6	—	0.5t
				>1.50~3.00			8	—	0.5t
				>3.00~6.00			9	—	0.5t
		H14 H24	H14 H24	>0.20~0.30	95~130	75	1	—	0.5t
				>0.30~0.50			2	—	0.5t
				>0.50~0.80			3	—	0.5t
				>0.80~1.50			4	—	1.0t
				>1.50~3.00			5	—	1.0t
				>3.00~6.00			6	—	1.0t
		H16 H26	H16 H26	>0.20~0.50	120~150	85	1	—	2.0t
				>0.50~0.80			2	—	2.0t
				>0.80~1.50			3	—	2.0t
				>1.50~4.00			4	—	2.0t
		H18	H18	>0.20~0.50	130	—	1	—	—
				>0.50~0.80			2	—	—
				>0.80~1.50			3	—	—
				>1.50~3.00			4	—	—

续表

牌号	包铝分类	供应状态	试样状态	厚度①/mm	抗拉强度② R_m/MPa	规定非比例延伸强度① $R_{p0.2}$/MPa	断后伸长率/% A_{50mm}	$A_{5.65}$③	弯曲半径④
						不小于			
1050	—	H112	H112	>4.50~6.00	85	45	10	—	—
				>6.00~12.50	80	45	10	—	—
				>12.50~25.00	70	35	—	16	—
				>25.00~50.00	65	30	—	22	—
				>50.00~75.00	65	30	—	22	—
		F	—	>2.50~150.00					
1050A	—	O	O	>0.20~0.50	>65~95	20	20	—	0t
				>0.50~1.50			22	—	0t
				>1.50~3.00			26	—	0t
				>3.00~6.00			29	—	0.5t
				>6.00~12.50			35	—	—
				>6.00~50.00				32	
		H12	H12	>0.20~0.50	>85~125	65	2	—	0t
				>0.50~1.50			4	—	0t
				>1.50~3.00			5	—	0.5t
				>3.00~6.00			7	—	1.0t
		H22	H22	>0.20~0.50	>85~125	55	4	—	0t
				>0.50~1.50			5	—	0t
				>1.50~3.00			6	—	0.5t
				>3.00~6.00			11	—	1.0t
		H14	H14	>0.20~0.50	>105~145	85	2	—	0t
				>0.50~1.50			3	—	0.5t
				>1.50~3.00			4	—	1.0t
				>3.00~6.00			5	—	1.5t
		H24	H24	>0.20~0.50	>105~145	75	3	—	0t
				>0.50~1.50			4	—	0.5t
				>1.50~3.00			5	—	1.0t
				>3.00~6.00			8	—	1.5t
		H16	H16	>0.20~0.50	>120~160	100	1	—	0.5t
				>0.50~1.50			2	—	1.0t
				>1.50~4.00			3	—	1.5t
		H26	H26	>0.20~0.50	>120~160	90	2	—	0.5t
				>0.50~1.50			3	—	1.0t
				>1.50~4.00			4	—	1.5t

续表

牌号	包铝分类	供应状态	试样状态	厚度①/mm	抗拉强度② R_m/MPa	规定非比例延伸强度① $R_{p0.2}$/MPa	断后伸长率/% A_{50mm}	$A_{5.65}$③	弯曲半径④
					不 小 于				
1050A	—	H18	H18	>0.20~0.50	140	120	1	—	1.0t
				>0.50~1.50			2	—	2.0t
				>1.50~3.00			2	—	3.0t
		H112	H112	>4.50~12.50	75	30	20	—	—
				>12.50~75.00	70	25	—	20	—
		F	—	>2.50~150.00	—				
1145	—	O	O	>0.20~0.50	600~100	20	15	—	
				>0.50~0.80			20	—	
				>0.80~1.50			25	—	
				>1.50~6.00			30	—	
				>6.00~10.00			28	—	
		H12 H22	H12 H22	>0.20~0.30	80~120	65	2	—	
				>0.30~0.50			3	—	
				>0.50~0.80			4	—	
				>0.80~1.50			6	—	
				>1.50~3.00			8	—	
				>3.00~4.50			9	—	
		H14 H24	H14 H24	>0.20~0.30	95~125	75	1	—	
				>0.30~0.50			2	—	
				>0.50~0.80			3	—	
				>0.80~1.50			4	—	
				>1.50~3.00			5	—	
				>3.00~4.50			6	—	
		H16 H26	H16 H26	>0.20~0.50	120~145	85	1	—	
				>0.50~0.80			2	—	
				>0.80~1.50			3	—	
				>1.50~4.50			4	—	
		H18	H18	>0.20~0.50	125	—	1	—	
				>0.50~0.80			2	—	
				>0.80~1.50			3	—	
				>1.50~4.50			4	—	
		H112	H112	>4.50~6.50	85	45	10	—	
				>6.50~12.50	85	45	10	—	
				>12.50~25.00	70	35	—	16	
		F	—	>2.50~150.00	—				

续表

牌号	包铝分类	供应状态	试样状态	厚度①/mm	抗拉强度② R_m/MPa	规定非比例延伸强度① $R_{p0.2}$/MPa	断后伸长率/% A_{50mm}	$A_{5.65}$③	弯曲半径④
					不小于				
1100	—	0	0	>0.20~0.30	75~105	25	15	—	0t
				>0.30~0.50			17	—	0t
				>0.50~1.50			22	—	0t
				>1.50~6.00			30	—	0t
				>6.00~80.00			28	25	0t
		H12 H22	H12 H22	>0.20~0.50	95~130	75	3	—	0t
				>0.50~1.50			5	—	0t
				>1.50~6.00			8	—	0t
		H14 H24	H14 H24	>0.20~0.30	110~145	95	1	—	0t
				>0.30~0.50			2	—	0t
				>0.50~1.50			3	—	0t
				>1.50~4.00			5	—	0t
		H16 H26	H16 H26	>0.20~0.30	130~165	115	1	—	2t
				>0.30~0.50			2	—	2t
				>0.50~1.50			3	—	2t
				>1.50~4.00			4	—	2t
		H18	H18	>0.20~0.50	150	—	1	—	—
				>0.50~1.50			2	—	—
				>1.50~3.00			4	—	—
		H112	H112	>6.00~12.50	90	50	9	—	—
				>12.50~40.00	85	40	—	12	—
				>40.00~80.00	80	30	—	18	—
		F	—	>2.50~150.00	—				
1200	—	0 H111	0 H111	>0.20~0.50	75~105	25	19	—	0t
				>0.50~1.50			21	—	0t
				>1.50~3.00			24	—	0t
				>3.00~6.00			28	—	0.5t
				>6.00~12.50			33	—	1.0t
				>12.50~50.00			—	30	—
		H12	H12	>0.20~0.50	95~135	75	2	—	0t
				>0.50~1.50			4	—	0t
				>1.50~3.00			5	—	0.5t
				>3.00~6.00			6	—	1.0t
		H14	H14	>0.20~0.50	115~155	95	2	—	0t
				>0.50~1.50			3	—	0.5t
				>1.50~3.00			4	—	1.0t
				>3.00~6.00			5	—	1.5t

续表

牌号	包铝分类	供应状态	试样状态	厚度①/mm	抗拉强度② R_m/MPa	规定非比例延伸强度① $R_{p0.2}$/MPa	断后伸长率/% A_{50mm}	$A_{5.65}$③	弯曲半径④
						不小于			
1200	—	H16	H16	>0.20~0.50	130~170	115	1	—	0.5t
				>0.50~1.50			2	—	1.0t
				>1.50~4.00			3	—	1.5t
		H18	H18	>0.20~0.50	150	130	1	—	1.0t
				>0.50~1.50			2	—	2.0t
				>1.50~3.00			2	—	3.0t
		H22	H22	>0.20~0.50	95~135	65	4	—	0t
				>0.50~1.50			5	—	0t
				>1.50~3.00			6	—	0.5t
				>3.00~6.00			10	—	1.0t
		H24	H24	>0.20~0.50	115~155	90	3	—	0t
				>0.50~1.50			4	—	0.5t
				>1.50~3.00			5	—	1.0t
				>3.00~5.00			7	—	1.5t
		H26	H26	>0.20~0.50	130~170	105	2	—	0.5t
				>0.50~1.50			3	—	1.0t
				>1.50~4.00			4	—	1.5t
		H112	H112	6.00~12.50	85	35	16	—	—
				>12.50~80.00	80	30	—	16	—
		F	—	>2.50~150.00	—				
2017	正常包铝或工艺包铝		0	>0.50~1.50	≤215	≤110	12	—	0.5t
				>1.50~3.00					1.0t
				>3.00~6.00					1.5t
				>12.50~25.00			—	12	—
		0	T42⑤	>0.50~1.50	355	195	15	—	
				>1.50~3.00			17	—	
				>3.00~6.50			15	—	
				>6.50~12.50	335	185	12	—	
				>12.50~25.00		185	—	12	—
		T3	T3	>0.50~1.50	375	215	15	—	2.5t
				>1.50~3.00			17	—	3t
				>3.00~6.00			15	—	3.5t
		T4	T4	>0.50~1.50	355	195	15	—	2.5t
				>1.50~3.00			17	—	3t
				>3.00~6.00			15	—	3.5t

续表

牌号	包铝分类	供应状态	试样状态	厚度[①]/mm	抗拉强度[②] R_m/MPa	规定非比例延伸强度[①] $R_{p0.2}$/MPa	断后伸长率/% A_{50mm}	$A_{5.65}$[③]	弯曲半径[④]
					不小于				
2017	正常包铝或工艺包铝	H112	T42	>4.50~6.50		195	15	—	—
				>6.50~12.50	355	185	12	—	
				>12.50~25.00		185	—	12	
				>25.00~40.00	330	195		8	
				>40.00~70.00	310	195	—	6	
				>70.00~80.00	285	195	—	4	
		F	—	>4.50~150.00	—				
2A11	正常包铝或工艺包铝	0	0	>0.50~3.00	≤225		12		
				>3.00~10.00	≤235		12		
			T42[⑤]	>0.50~3.00	350	185	15		
				>3.00~10.00	355	195	15		
		T3	T3	>0.50~1.50			15		
				>1.50~3.00	375	215	17		
				>3.00~10.00			15		
		T4	T4	>0.50~3.00	360	185	15		
				>3.00~10.00	370	195	15		
		H112	T42	>4.50~10.00	355	195	15		
				>10.00~12.50	370	215	11		
				>12.50~25.00	370	215	—	11	
				>25.00~40.00	330	195		8	
				>40.00~70.00	310	195	—	6	
				>70.00~80.00	285	195	—	4	
		F	—	>4.50~150.00	—				
2014	工艺包铝或不包铝	0	0	>0.50~12.50	≤220	≤110	16	—	
				>12.50~25.00	≤220	—	—	9	
			T62	>0.50~1.00	440	395	6		
				1.00~6.00	455	400	7		
				6.00~12.50	460	405	7		
				>12.50~25.00	460	405	—	5	
			T42[⑤]	>0.50~12.50	400	235	14		
				>12.50~25.00	400	235	—	12	
		T6	T6	>0.50~1.00	440	395	6		
				>1.00~6.00	455	400	7		
				>6.00~12.50	460	405	7		
		T4	T4	>0.50~6.00	405	240	14		
				>6.00~12.50	400	250			
		T3	T3	>0.50~1.00	405	240	14		
				>1.00~6.00	405	250	14		
		F	—	>4.50~150.00	—				

续表

牌号	包铝分类	供应状态	试样状态	厚度①/mm	抗拉强度② R_m/MPa	规定非比例延伸强度① $R_{p0.2}$/MPa	断后伸长率/% A_{50mm}	$A_{5.65}$③	弯曲半径④
					不小于				
2014	正常包铝	0	0	>0.50~12.50	≤205	≤95	16	—	—
				>12.50~25.00	≤220	—	—	9	
		0	T62	>0.50~1.00	426	370	7	—	
				>1.00~12.50	440	395	8	—	
				>12.50~25.00	450	405	—	5	
			T42⑤	>0.50~1.00	370	215	14	—	
				>1.00~12.50	395	235	15	—	
				>12.50~25.00	400	235	—	12	
		T6	T6	>0.50~1.00	425	370	7	—	
				>1.00~12.50	440	395	8	—	
		T4	T4	>0.50~1.00	370	215	14	—	
				>1.00~6.00	395	235	15	—	
				>6.00~12.50	395	250	15	—	
		T3	T3	>0.50~1.00	380	235	14	—	
				>1.00~6.00	395	240	15	—	
		F	—	>4.50~150.00	—				
	不包铝	0	0	>0.50~12.50	≤220	≤95	12	—	
				>12.50~45.00	≤220	—	—	10	
		0	T42⑤	>0.50~6.00	425	260	15	—	
				>6.00~12.50	425	260	12	—	
				>12.50~25.00	420	260	—	7	
			T62⑤	>0.50~12.50	440	345	5	—	
				>12.50~25.00	435	345	—	4	
		T3	T3	>0.50~6.00	435	290	15	—	
				>6.00~12.50	440	290	12	—	
		T4	T4	>0.50~6.00	425	275	15	—	
		F	—	>4.50~150.00	—				
2024	正常包铝或工艺包铝	0	0	>0.50~1.50	≤205	≤95	12	—	
				>1.50~12.50	≤220	≤95	12	—	
				>12.50~45.00	220	—	—	10	
		0	T42⑤	>0.50~1.50	395	235	15	—	
				>1.50~6.00	415	250	15	—	
				>6.00~12.50	415	250	12	—	
				>12.50~25.00	420	260	—	7	
				>25.00~40.00	415	260	—	6	
			T62⑤	>0.50~1.50	415	325	5	—	
				>1.50~12.50	425	335	5	—	
		T3	T3	>0.50~1.50	405	270	15	—	
				>1.50~6.00	420	275	15	—	
				>6.00~12.50	425	275	12	—	
		T4	T4	>0.50~1.50	400	245	15	—	
				>1.50~6.00	420	275	15	—	
		F	—	>4.50~150.00	—				

续表

牌号	包铝分类	供应状态	试样状态	厚度[1]/mm	抗拉强度[2] R_m/MPa	规定非比例延伸强度[1] $R_{p0.2}$/MPa	断后伸长率/% A_{50mm}	断后伸长率/% $A_{5.65}$[3]	弯曲半径[4]
					不小于				
3003	—	0	0	>0.20~0.50	95~140	35	15	—	0t
				>0.50~1.50			17	—	0t
				>1.50~3.00			20	—	0t
				>3.00~6.00			23	—	1.0t
				>6.00~12.50			24	—	1.5t
				>12.50~50.00			—	23	—
		H12	H12	>0.20~0.50	120~160	90	3	—	0t
				>0.50~1.50			4	—	0.5t
				>1.50~3.00			5	—	1.0t
				>3.00~6.00			6	—	1.0t
		H14	H14	>0.20~0.50	145~195	125	2	—	0.5t
				>0.50~1.50			2	—	1.0t
				>1.50~3.00			3	—	1.0t
				>3.00~6.00			4	—	2.0t
		H16	H16	>0.20~0.50	170~210	150	1	—	1.0t
				>0.50~1.50			2	—	1.5t
				>1.50~4.00			2	—	2.0t
		H18	H18	>0.20~0.50	190	170	1	—	1.5t
				>0.50~1.50			2	—	2.5t
				>1.50~4.00			2	—	3.0t
		H22	H22	>0.20~0.50	120~160	80	6	—	0t
				>0.50~1.50			7	—	0.5t
				>1.50~3.00			8	—	1.0t
				>3.00~6.00			9	—	1.0t
		H24	H24	>0.20~0.50	145~195	115	4	—	0.5t
				>0.50~1.50			4	—	1.0t
				>1.50~3.00			5	—	1.0t
				>3.00~6.00			6	—	2.0t
		H26	H26	>0.20~0.50	170~210	140	2	—	1.0t
				>0.50~1.50			3	—	1.5t
				>1.50~4.00			3	—	2.0t
		H28	H28	>0.20~0.50	190	150	2	—	1.5t
				>0.50~1.50			2	—	2.5t
				>1.50~3.00			3	—	3.0t
		H112	H112	>5.00~12.50	115	70	10	—	—
				>12.50~80.00	100	40	—	18	—
		F	—	>2.50~150.00	—				—

续表

牌号	包铝分类	供应状态	试样状态	厚度①/mm	抗拉强度② R_m/MPa	规定非比例延伸强度① $R_{p0.2}$/MPa	断后伸长率/% A_{50mm}	$A_{5.65}$③	弯曲半径④
						不小于			
3004 3104	—	O H111	O H111	>0.20~0.50	155~200	60	13	—	0t
				>0.50~1.50			14	—	0t
				>1.50~3.00			15	—	0t
				>3.00~6.00			16	—	1.0t
				>6.00~12.50			16	—	2.0t
				>12.50~50.00			—	14	—
		H12	H12	>0.20~0.50	190~240	155	2	—	0t
				>0.50~1.50			3	—	0.5t
				>1.50~3.00			4	—	1.0t
				>3.00~6.00			5	—	1.5t
		H14	H14	>0.20~0.50	220~265	180	1	—	0.5t
				>0.50~1.50			2	—	1.0t
				>1.50~3.00			2	—	1.5t
				>3.00~6.00			3	—	2.0t
		H16	H16	>0.20~0.50	240~285	200	1	—	1.0t
				>0.50~1.50			1	—	1.5t
				>1.50~3.00			2	—	2.5t
		H18	H18	>0.20~0.50	260	230	1	—	1.5t
				>0.50~1.50			1	—	2.5t
				>1.50~3.00			2	—	—
		H22 H32	H22 H32	>0.20~0.50	190~240	145	4	—	0t
				>0.50~1.50			5	—	0.5t
				>1.50~3.00			6	—	1.0t
				>3.00~6.00			7	—	1.5t
		H24 H34	H24 H34	>0.20~0.50	220~265	170	3	—	0.5t
				>0.50~1.50			4	—	1.0t
				>1.50~3.00			4	—	1.5t
		H26 H36	H26 H36	>0.20~0.50	240~285	190	3	—	1.0t
				>0.50~1.50			3	—	1.5t
				>1.50~3.00			3	—	2.5t
		H28 H38	H28 H38	>0.20~0.50	260	220	2	—	1.5t
				>0.50~1.50			3	—	2.5t
		H112	H112	>6.00~12.50	160	60	7	—	—
				>12.50~40.00			—	6	—
				>40.00~80.00			—	6	—
		F	—	>2.50~80.00		—			

续表

牌号	包铝分类	供应状态	试样状态	厚度①/mm	抗拉强度② R_m/MPa	规定非比例延伸强度① $R_{p0.2}$/MPa	断后伸长率/% A_{50mm}	$A_{5.65}$③	弯曲半径④
						不 小 于			
3005	—	0 H111	0 H111	>0.20~0.50	115~165	45	12	—	0t
				>0.50~1.50			14	—	0t
				>1.50~3.00			16	—	0.5t
				>3.00~6.00			19	—	1.0t
		H12	H12	>0.20~0.50	145~195	125	3	—	0t
				>0.50~1.50			4	—	0.5t
				>1.50~3.00			4	—	1.0t
				>3.00~6.00			5	—	1.5t
		H14	H14	>0.20~0.50	170~215	150	1	—	0.5t
				>0.50~1.50			2	—	1.0t
				>1.50~3.00			2	—	1.5t
				>3.00~6.00			3	—	2.0t
		H16	H16	>0.20~0.50	195~240	175	1	—	1.0t
				>0.50~1.50			2	—	1.5t
				>1.50~4.00			2	—	2.5t
		H18	H18	>0.20~0.50	220	200	1	—	1.5t
				>0.50~1.50			2	—	2.5t
				>1.50~3.00			2	—	—
		H22	H22	>0.20~0.50	145~195	110	5	—	0t
				>0.50~1.50			5	—	0.5t
				>1.50~3.00			6	—	1.0t
				>3.00~6.00			7	—	1.5t
		H24	H24	>0.20~0.50	170~215	130	4	—	0.5t
				>0.50~1.50			4	—	1.0t
				>1.50~3.00			4	—	1.5t
		H26	H26	>0.20~0.50	195~240	160		—	1.0t
				>0.50~1.50			3	—	1.5t
				>1.50~3.00			3	—	2.5t
		H28	H28	>0.20~0.50	220	190	2	—	1.5t
				>0.50~1.50			2	—	2.5t
				>1.50~3.00			3	—	—
3105	—	0 H111	0 H111	>0.20~0.50	100~155	40	14	—	0t
				>0.50~1.50			15	—	0t
				>1.50~3.00			17	—	0.5t

附 录 C

续表

牌号	包铝分类	供应状态	试样状态	厚度①/mm	抗拉强度② R_m/MPa	规定非比例延伸强度① $R_{p0.2}$/MPa	断后伸长率/% A_{50mm}	$A_{5.65}$③	弯曲半径④
						不 小 于			
3105	—	H12	H12	>0.20~0.50	130~180	105	3	—	1.5t
				>0.50~1.50			4	—	1.5t
				>1.50~3.00			4	—	1.5t
		H14	H14	>0.20~0.50	150~200	130	2	—	2.5t
				>0.50~1.50			2	—	2.5t
				>1.50~3.00			—	—	2.5t
		H16	H16	>0.20~0.50	175~225	160	1	—	—
				>0.50~1.50			2	—	—
				>1.50~3.00			2	—	—
		H18	H18	>0.20~3.00	195	180	1	—	—
		H22	H22	>0.20~0.50	130~180	105	6	—	—
				>0.50~1.50			6	—	—
				>1.50~3.00			7	—	—
		H24	H24	>0.20~0.50	150~200	120	4	—	2.5t
				>0.50~1.50			4	—	2.5t
				>1.50~3.00			5	—	2.5t
		H26	H26	>0.20~0.50	175~225	150	3	—	—
				>0.50~1.50			3	—	—
				>1.50~3.00			3	—	—
		H28	H28	>0.20~1.50	195	170		—	—
3102	—	H18	H18	>0.20~0.50	160	—	3	—	—
				>0.50~3.00			2	—	—
5182	—	0 H111	0 H111	>0.20~0.50	255~315	110	11	—	1.0t
				>0.50~1.50			12	—	1.0t
				>1.50~3.00			13	—	1.0t
		H19	H19	>0.20~0.50	380	320	1	—	—
				>0.50~1.50			1	—	—
5A03	—	0	0	>0.50~4.50	195	100	16	—	—
		H14、H24、H34	H14、H24、H34	>0.50~4.50	225	195	8	—	—
		H112	H112	>4.50~10.00	185	80	16	—	—
				>10.00~12.50	175	70	13	—	—
				>12.50~25.00	175	70	—	13	—
				>25.00~50.00	165	60	—	12	—
		F	—	>4.50~150.00	—	—	—	—	—

续表

牌号	包铝分类	供应状态	试样状态	厚度①/mm	抗拉强度② R_m/MPa	规定非比例延伸强度① $R_{p0.2}$/MPa	断后伸长率/% A_{50mm}	$A_{5.65}$③	弯曲半径④
						不小于			
5A05	—	0	0	0.50~4.50	275	145	16	—	—
		H112	H112	>4.50~10.00	275	125	16	—	—
				>10.00~12.50	265	115	14	—	—
				>12.50~25.00	265	115	—	14	—
				>25.00~50.00	255	105	—	13	—
		F	—	>4.50~150.00	—	—	—	—	—
5A06	工艺包铝	0	0	0.50~4.50	315	155	16	—	—
		H112	H112	>4.50~10.00	315	155	16	—	—
				>10.00~12.50	305	145	12	—	—
				>12.50~25.00	305	145	—	12	—
				>25.00~50.00	295	135	—	6	—
		F	—	>4.50~150.00	—	—	—	—	—
5082	—	H18/H38	H18/H38	>0.20~0.50	335	—	1	—	—
		H19/H39	H19/H39	>0.20~0.50	355	—	1	—	—
		F	—	>4.50~150.00	—	—	—	—	—
5005	—	0/H111	0/H111	>0.20~0.50	100~145	35	15	—	0t
				>0.50~1.50			19	—	0t
				>1.50~3.00			20	—	0t
				>3.00~6.00			22	—	1.0t
				>6.00~12.50			24	—	1.5t
				>12.50~50.00			—	20	—
		H12	H12	>0.20~0.50	125~165	95	2	—	0t
				>0.50~1.50			2	—	0.5t
				>1.50~3.00			4	—	1.0t
				>3.00~6.00			5	—	1.0t
		H14	H14	>0.20~0.50	145~185	120	2	—	0.5t
				>0.50~1.50			2	—	1.0t
				>1.50~3.00			3	—	1.0t
				>3.00~6.00			4	—	2.0t
		H16	H16	>0.20~0.50	165~205	145	1	—	1.0t
				>0.50~1.50			2	—	1.5t
				>1.50~3.00			3	—	2.0t
				>3.00~4.00			3	—	2.5t

续表

牌号	包铝分类	供应状态	试样状态	厚度① /mm	抗拉强度② R_m/MPa	规定非比例延伸强度① $R_{p0.2}$/MPa	断后伸长率/% A_{50mm}	$A_{5.65}$③	弯曲半径④
5005	—					不 小 于			
		H18	H18	>0.20~0.50	185	165	1	—	1.5t
				>0.50~1.50			2	—	2.5t
				>1.50~3.00			2	—	3.0t
		H22 H32	H22 H32	>0.20~0.50	125~165	80	4	—	0t
				>0.50~1.50			5	—	0.5t
				>1.50~3.00			5	—	1.0t
				>3.00~6.00			8	—	1.0t
		H24 H34	H24 H34	>0.20~0.50	145~185	110	3	—	0.5t
				>0.50~1.50			4	—	1.0t
				>1.50~3.00			5	—	1.0t
				>3.00~6.00			6	—	2.0t
		H26 H36	H26 H36	>0.20~0.50	165~205	135	2	—	1.0t
				>0.50~1.50			3	—	1.5t
				>1.50~3.00			4	—	2.0t
				>3.00~4.00			4	—	2.5t
		H28 H38	H28 H38	>0.20~0.50	185	160	1	—	1.5t
				>0.50~1.50			2	—	2.5t
				>1.50~3.00			3	—	3.0t
		H112	H112	>6.00~12.50	115		8	—	—
				>12.50~40.00	105	—	—	10	—
				>40.00~80.00	100		—	16	—
		F	—	>2.50~150.00	—	—	—	—	—
5052	—	0 H111	0 H111	>0.20~0.50	170~215	65	12	—	0t
				>0.50~1.50			14	—	0t
				>1.50~3.00			16	—	0.5t
				>3.00~6.00			18	—	1.0t
				>6.00~12.50			19	—	2.0t
				>12.50~50.00			—	18	—
		H12	H12	>0.20~0.50	210~260	160	4	—	—
				>0.50~1.50			5	—	—
				>1.50~3.00			6	—	—
				>3.00~6.00			8	—	—
		H14	H14	>0.20~0.50	230~280	180	3	—	—
				>0.50~1.50			3	—	—
				>1.50~3.00			4	—	—
				>3.00~6.00			4	—	—

续表

牌号	包铝分类	供应状态	试样状态	厚度[①]/mm	抗拉强度[②] R_m/MPa	规定非比例延伸强度[①] $R_{p0.2}$/MPa	断后伸长率/% A_{50mm}	断后伸长率/% $A_{5.65}$[③]	弯曲半径[④]
					不小于				
5052	—	H16	H16	>0.20~0.50	250~300	210	2	—	—
				>0.50~1.50			3	—	—
				>1.50~3.00			3	—	—
				>3.00~4.00			3	—	—
		H18	H18	>0.20~0.50	270	240	1	—	—
				>0.50~1.50			2	—	—
				>1.50~3.00			2	—	—
		H22 H32	H22 H32	>0.20~0.50	210~260	130	5	—	0.5t
				>0.50~1.50			6	—	1.0t
				>1.50~3.00			7	—	1.5t
				>3.00~6.00			10	—	1.5t
		H24 H34	H24 H34	>0.20~0.50	230~280	150	4	—	0.5t
				>0.50~1.50			5	—	1.5t
				>1.50~3.00			6	—	2.0t
				>3.00~6.00			7	—	2.5t
		H26 H36	H26 H36	>0.20~0.50	250~300	180	3	—	1.5t
				>0.50~1.50			4	—	2.0t
				>1.50~3.00			5	—	3.0t
				>3.00~4.00			6	—	3.5t
		H38	H38	>0.20~0.50	270	210	3	—	—
				>0.50~1.50			3	—	—
				>1.50~3.00			4	—	—
		H112	H112	>6.00~12.50	190	80	7	—	—
				>12.50~40.00	170	70	—	10	—
				>40.00~80.00	170	70	—	14	—
		F	—	>2.50~150.00	—				—
5083	—	0 H111	0 H111	>0.20~0.50	275~350	125	11	—	0.5t
				>0.50~1.50			12	—	1.0t
				>1.50~3.00			13	—	1.0t
				>3.00~6.00			15	—	1.5t
				>6.00~12.50			16	—	2.5t
				>12.50~50.00			—	15	
				>50.00~80.00	270~345	115	—	14	
		H12	H12	>0.20~0.50	315~375	250	3	—	—
				>0.50~1.50			4	—	—
				>1.50~3.00			5	—	—
				>3.00~6.00			6	—	—

续表

牌号	包铝分类	供应状态	试样状态	厚度①/mm	抗拉强度② R_m/MPa	规定非比例延伸强度① $R_{p0.2}$/MPa	断后伸长率/% A_{50mm}	$A_{5.65}$③	弯曲半径④
						不小于			
5083	—	H14	H14	>0.20~0.50	340~400	280	2	—	—
				>0.50~1.50			3	—	—
				>1.50~3.00			3	—	—
				>3.00~6.00			3	—	—
		H16	H16	>0.20~0.50	360~420	300	1	—	—
				>0.50~1.50			2	—	—
				>1.50~3.00			2	—	—
				>3.00~4.00			2	—	—
		H22 H32	H22 H32	>0.20~0.50	305~380	215	5	—	0.5t
				>0.50~1.50			6	—	1.5t
				>1.50~3.00			7	—	2.0t
				>3.00~6.00			8	—	2.5t
		H24 H34	H24 H34	>0.20~0.50	340~400	250	4	—	1.0t
				>0.50~1.50			5	—	2.0t
				>1.50~3.00			6	—	2.5t
				>3.00~6.00			7	—	3.5t
		H26 H36	H26 H36	>0.20~0.50	360~420	280	2	—	—
				>0.50~1.50			3	—	—
				>1.50~3.00			3	—	—
				>3.00~4.00			3	—	—
		H112	H112	>6.00~12.50	275	125	12	—	—
				>12.50~40.00	275	125		10	—
				>40.00~50.00	270	115	—	10	—
		F	—	>4.50~150.00	—				
5086	—	0 H111	0 H111	>0.20~0.50	240~310	100	11	—	0.5t
				>0.50~1.50			12	—	1.0t
				>1.50~3.00			13	—	1.0t
				>3.00~6.00			15	—	1.5t
				>6.00~12.50			17	—	2.5t
				>12.50~80.00			—	16	
		H12	H12	>0.20~0.50	275~335	200	3	—	—
				>0.50~1.50			4	—	—
				>1.50~3.00			5	—	—
				>3.00~6.00			6	—	—

续表

牌号	包铝分类	供应状态	试样状态	厚度①/mm	抗拉强度② R_m/MPa	规定非比例延伸强度① $R_{p0.2}$/MPa	断后伸长率/% A_{50mm}	$A_{5.65}$③	弯曲半径④
					不小于				
5086	—	H14	H14	>0.20~0.50	300~360	240	2	—	—
				>0.50~1.50			3	—	—
				>1.50~3.00			3	—	—
				>3.00~6.00			3	—	—
		H16	H16	>0.20~0.50	325~385	270	1	—	—
				>0.50~1.50			2	—	—
				>1.50~3.00			2	—	—
				>3.00~4.00			2	—	—
		H18	H18	>0.20~0.50	345	290	1	—	—
				>0.50~1.50			1	—	—
				>1.50~3.00			1	—	—
		H22 H32	H22 H32	>0.20~0.50	275~335	185	5	—	0.5t
				>0.50~1.50			6	—	1.5t
				>1.50~3.00			7	—	2.0t
				>3.00~6.00			8	—	2.5t
		H24 H34	H24 H34	>0.20~0.50	300~360	220	4	—	1.0t
				>0.50~1.50			5	—	2.0t
				>1.50~3.00			6	—	2.5t
				>3.00~6.00			7	—	3.5t
		H26 H36	H26 H36	>0.20~0.50	325~385	250	2	—	—
				>0.50~1.50			3	—	—
				>1.50~3.00			3	—	—
				>3.00~4.00			3	—	—
		H112	H112	>6.00~12.50	250	105	8	—	—
				>12.50~40.00	240	105	—	9	—
				>40.00~50.00	240	100	—	12	—
		F	—	>4.50~150.00	—	—	—	—	—
6061	—	O	O	0.40~1.50	≤150	≤85	14	—	0.5t
				>1.50~3.00			16	—	1.0t
				>3.00~6.00			19	—	1.0t
				>6.00~12.50			16	—	2.0t
				>12.50~25.00			—	16	—
			T42⑤	0.40~1.50	205	95	12	—	1.0t
				>1.50~3.00			14	—	1.5t
				>3.00~6.00			16	—	3.0t
				>6.00~12.50			18	—	4.0t
				>12.50~40.00			—	15	—

附录 C

续表

牌号	包铝分类	供应状态	试样状态	厚度①/mm	抗拉强度② R_m/MPa	规定非比例延伸强度① $R_{p0.2}$/MPa	断后伸长率/% A_{50mm}	断后伸长率/% $A_{5.65}$③	弯曲半径④
					不 小 于				
6061	—	O	T62	0.40~1.50	290	240	6	—	2.5t
				>1.50~3.00			7	—	3.5t
				>3.00~6.00			10	—	4.0t
				>6.00~12.50			9	—	5.0t
				>12.50~40.00			—	8	—
		T4	T4	>0.40~1.50	205	110	12	—	1.0t
				>1.50~3.00			14	—	1.5t
				>3.00~6.00			16	—	3.0t
				>6.00~12.50			18	—	4.0t
		T6	T6	>0.40~1.50	290	240	6	—	2.5t
				>1.50~3.00			7	—	3.5t
				>3.00~6.00			10	—	4.0t
				>6.00~12.50			9	—	5.0t
6063	—	F	F	>2.50~150.00	—				
		O	O	0.50~5.00	≤130	—	20	—	—
				>5.00~12.50			15	—	—
				>12.50~20.00			—	15	—
			T62⑤	0.50~5.00	230	180	—	8	—
				>5.00~12.50	220	170	—	6	—
				>12.50~20.00	220	170	6	—	—
		T4	T4	0.50~5.00	150	—	10	—	—
				5.00~10.00	130		10	—	—
		T6	T6	0.50~5.00	240	190	8	—	—
				>5.00~10.00	230	180	8	—	—
6A02	—	O	O	>0.50~4.50	≤145	—	21	—	—
				>4.50~10.00			16	—	—
			T62⑤	>0.50~4.50	295	—	11	—	—
				>4.50~10.00			8	—	—
		T4	T4	>0.50~0.80	195	—	19	—	—
				>0.80~3.00			21	—	—
				>3.00~4.50			19	—	—
				>4.50~10.00	175		17	—	—
		T6	T6	>0.50~4.50	295	—	11	—	—
				>4.50~10.00			8	—	—

续表

牌号	包铝分类	供应状态	试样状态	厚度① /mm	抗拉强度② R_m/MPa	规定非比例延伸强度① $R_{p0.2}$/MPa	断后伸长率/% A_{50mm}	$A_{5.65}$③	弯曲半径④
						不小于			
6A02	—	H112	T62⑤	>4.50~12.50	295	—	8	—	—
				>12.50~25.00	295		—	7	—
				>25.00~40.00	285		—	6	—
				>40.00~80.00	275		—	6	—
			T42⑤	>4.50~12.50	175	—	17	—	—
				>12.50~25.00	175		—	14	—
				>25.00~40.00	165		—	12	—
				>40.00~80.00	165		—	10	—
		F	—	>4.50~150.00	—	—	—	—	—
6082	—	O	0	0.40~1.50	≤150	≤85	14	—	0.5t
				>1.50~3.00			16	—	1.0t
				>3.00~6.00			18	—	1.5t
				>6.00~12.50			17	—	2.5t
				>12.50~25.00	≤155	—	—	16	—
			T42⑤	0.40~1.50	205	95	12	—	1.5t
				>1.50~3.00			14	—	2.0t
				>3.00~6.00			15	—	3.0t
				>6.00~12.50			14	—	4.0t
				>12.50~25.00			—	13	—
			T62⑤	0.40~1.50	310	260	6	—	2.5t
				>1.50~3.00			7	—	3.5t
				>3.00~6.00			10	—	4.5t
				>6.00~12.50	300	255	9	—	6.0t
				>12.50~25.00	295	240	—	8	—
		T4	T4	0.40~1.50	205	110	12	—	1.5t
				>1.50~3.00			14	—	2.0t
				>3.00~6.00			15	—	3.0t
				>6.00~12.50			14	—	4.0t
		T6	T6	0.40~1.50	310	260	6	—	2.5t
				>1.50~3.00			7	—	3.5t
				>3.00~6.00			10	—	4.5t
				>6.00~12.50	300	255	9	—	6.0t
		F	F	>4.50~150.00	—	—	—	—	—

续表

牌号	包铝分类	供应状态	试样状态	厚度①/mm	抗拉强度② R_m/MPa	规定非比例延伸强度① $R_{p0.2}$/MPa	断后伸长率/% A_{50mm}	$A_{5.65}$③	弯曲半径④
					不 小 于				
7075	正常包铝	0	0	>0.50~1.50	≤250	≤140	10	—	—
				>1.50~4.00	≤260	≤140	10	—	—
				>4.00~12.50	≤270	≤145	10	—	—
				>12.50~25.00	≤275	—	—	9	—
		0	T62⑤	>0.50~1.00	485	415	7	—	—
				>1.00~1.50	495	425	8	—	—
				>1.50~4.00	505	435	8	—	—
				>4.00~6.00	515	440	8	—	—
				>6.00~12.50	515	445	9	—	—
				>12.50~25.00	540	470	—	6	—
		T6	T6	>0.50~1.00	485	415	7	—	—
				>1.00~1.50	495	425	8	—	—
				>1.50~4.00	505	435	8	—	—
				>4.00~6.00	515	440	8	—	—
		F	—	>6.00~100.00	—	—	—	—	—
	不包铝或工艺包铝	0	0	>0.50~12.50	≤275	≤145	10	—	—
				>12.50~50.00	≤275			9	—
		0	T62⑤	>0.50~1.00	525	465	7	—	—
				>1.00~3.00	540	470	8	—	—
				>3.00~6.00	540	475	8	—	—
				>6.00~12.50	540	460	9	—	—
				>12.50~25.00	540	470	—	6	—
				>25.00~50.00	530	460	—	5	—
		T6	T6	>0.50~1.00	525	460	7	—	—
				>1.00~3.00	540	470	8	—	—
				>3.00~6.00	540	475	8	—	—
		F	—	>6.00~100.00	—	—	—	—	—
8A06	—	0	0	>0.20~0.30	≤110	—	16	—	—
				>0.30~0.50			21	—	—
				>0.50~0.80			26	—	—
				>0.80~10.00			30	—	—
		H14 H24	H14 H24	>0.20~0.30	100	—	1	—	—
				>0.30~0.50			3	—	—
				>0.50~0.80			4	—	—
				>0.80~1.00			5	—	—
				>1.00~4.50			6	—	—

续表

牌号	包铝分类	供应状态	试样状态	厚度①/mm	抗拉强度② R_m/MPa	规定非比例延伸强度① $R_{p0.2}$/MPa	断后伸长率/% A_{50mm}	$A_{5.65}$③	弯曲半径④
						不 小 于			
8A06	—	H18	H18	>0.20~0.30	135	—	1	—	—
				>0.30~0.80			2	—	—
				>0.80~4.50			3	—	—
		H112	H112	>4.50~10.00	70		19	—	
				>10.00~12.50	80		19		
				>12.50~25.00	80		—	19	
				>25.00~80.00	65			16	
		F	—	>2.50~150.00					
8011A	—	0 H111	0 H111	>0.20~0.50	80~130	30	19		
				>0.50~1.50			21		
				>1.50~3.00			24		
		H14	H14	>0.20~1.50	125~165	110	2		
				>1.50~3.00			3		
		H24	H24	>0.20~0.50	125~165	100	3		
				>0.50~1.50			4		
				>1.50~3.00			5		
		H18	H18	>0.20~0.50	165	145	1		
				>0.50~3.00			2		

注：① 厚度大于40mm的板材，表中数值仅供参考。当需方要求时，供方提供中心层试样的实测结果。
② 1050、1060、1070、1035、1235、1145、1100、8A06合金的抗拉强度上限值及规定非比例伸长应力极限值对H22、H24、H26状态的材料不适用。
③ $A_{5.65}$表示原始标距(L_0)为$5.65\sqrt{S_0}$的断后伸长率。
④ 3105、3102、5182板、带材弯曲180°，其他板、带材弯曲90°，t为板或带材的厚度。
⑤ 2×××、6×××、7×××系合金以0状态供货时，其T42、T65状态性能仅供参考。

表 C-58 铸造铝合金化学成分（GB/T 1173—95）

合金牌号	合金代号	主要化学成分(质量分数)/%							
		Si	Cu	Mg	Zn	Mn	Ti	其他	Al
ZAlSi7Mg	ZL101	6.5~7.5	—	0.25~0.45	—	—	—	—	余量
ZAlSi7MgA	ZL101A	6.5~7.5	—	0.25~0.45	—	—	0.08~0.20	—	余量
ZAlSi12	ZL102	10.0~13.0	—	—	—	—	—	—	余量
ZAlSi9Mg	ZL104	8.0~10.5	—	0.17~0.35	—	0.2~0.5	—	—	余量
ZAlSi5Cu1Mg	ZL105	4.5~5.5	1.0~1.5	0.4~0.6	—	—	—	—	余量
ZAlSi5Cu1MgA	ZL105A	4.5~5.5	1.0~1.5	0.4~0.55	—	—	—	—	余量
ZAlSi8Cu1Mg	ZL106	7.5~8.5	1.0~1.5	0.3~0.5	—	0.3~0.5	0.10~0.25	—	余量
ZAlSi7Cu1	ZL107	6.5~7.5	3.5~4.5	—	—	—	—	—	余量
ZAlSi12Cu2Mg1	ZL108	11.0~13.0	1.0~2.0	0.4~1.0	—	0.3~0.9	—	—	余量
ZAlSi12Cu1Mg1Ni1	ZL109	11.0~13.0	0.5~1.5	0.8~1.3	—	—	—	Ni0.8~1.5	余量
ZAlSi5Cu6Mg	ZL110	4.0~6.0	5.0~8.0	0.2~0.5	—	—	—	—	余量

续表

合金牌号	合金代号	主要化学成分(质量分数)/%							
		Si	Cu	Mg	Zn	Mn	Ti	其他	Al
ZAlSi9Cu2Mg	ZL111	8.0~10.0	1.3~1.8	0.4~0.6	—	0.10~0.35	0.10~0.35	—	余量
ZAlSi7Mg1A	ZL114A	6.5~7.5	—	0.45~0.60			0.10~0.20	Be 0.04~0.07(1)	余量
ZAlSi5Zn1Mg	ZL115	4.8~6.2		0.4~0.65	1.2~1.8			Sb 0.1~0.25	余量
ZAlSi8MgBe	ZL116	6.5~8.5	—	0.35~0.55			0.10~0.30	Be 0.15~0.40	余量
ZAlCu5Mn	ZL201	—	4.5~5.3	—		0.6~1.0	0.15~0.35		余量
ZAlCu5MnA	ZL201A		4.8~5.3			0.6~1.0	0.15~0.35		余量
ZAlCu4	ZL203		4.0~5.0						余量
ZAlCu5MnCdA	ZL204A		4.6~5.3			0.6~0.9	0.15~0.35	Cd 0.15~0.25	余量
ZAlCu5MnCdVA	ZL205A		4.6~5.3			0.3~0.5	0.15~0.35	Cd 0.15~0.25	余量
								V 0.05~0.3	
								Zr 0.05~0.2	
								B 0.005~0.06	
ZAlRE5Cu3Si2	ZL207	1.6~2.0	3.0~3.4	0.15~0.25		0.9~1.2		Ni 0.2~0.3	余量
								Zr 0.15~0.25	
								RE 4.4~5.0(2)	
ZAlMg10	ZL301			9.5~11.0					余量
ZAlMg5Si1	ZL303	0.8~1.3		4.5~5.5		0.1~0.4			余量
ZAlMg8Zn1	ZL305			7.5~9.0	1.0~1.5		0.1~0.2	Be 0.03~0.1	余量
ZAlZn11Si7	ZL401	6.0~8.0		0.1~0.3	9.0~13.0				余量
ZAlZn6Mg	ZL402			0.5~0.65	5.0~6.5		0.15~0.25	Cr 0.4~0.6	余量

注:1.在保证合金力学性能的前提下,可以不加铍(Be)。混合稀土中含各种稀土总量不小于98%,其中含铈(Ce)约45%。

2.合金代号由ZL(铸、铝汉语拼音第一个字母)及其后三个阿拉伯数字组成;ZL后第一个数字表示合金系列,其中1、2、3、4分别表示铝硅、铝铜、铝镁、铝锌系列,ZL后第二、第三两个数字表示合金的顺序号。优质合金在数字后面附加字母"A"。

3.铝硅系需要变质的合金中含钠盐进行变质处理,在不降低合金使用性能前提下,允许用其他变质剂或变质方法进行变质处理。在海洋环境中使用时,ZL101中铜含量不大于0.1%,用金属型铸造时,ZL203硅含量允许达3.0%。与食品接触的铝合金制品,不许含有铍,砷含量不大于0.015%,锌含量不大于0.3%,铅含量不大于0.15%。

4.ZL105中当铁含量大于0.4%时,锰含量应大于铁含量的一半。当ZL201、ZL201A用于制作高温下工作的零件时,应加入锆0.05%~0.20%。

5.为提高力学性能,在ZL101、ZL102中允许含钇0.08%~0.20%;在ZL203中允许含钛0.08%~0.20%,此时其铁含量应不大于0.3%。

6.当用杂质总和来表示杂质含量时,如无特殊规定,其中每一种未列出的元素含量不大于0.05%。

表C-59 铸造铝合金杂质允许含量(GB/T 1173—95)

合金牌号	合金代号	杂质含量(质量分数)/%(不大于)													
		Fe		Si	Cu	Mg	Zn	Mn	Ti	Zr	Ti+Zr	Be	Ni	Sn	Pb	杂质总和	
		S[①]	J[②]													S	J
ZAlSi7Mg	ZL101	0.5	0.9	—	0.2	—	0.3	0.35	—		0.25	0.1		0.01	0.05	1.1	1.5
ZAlSi7MgA	ZL101A	0.2	0.2		0.1		0.10			0.20				0.01	0.03	0.7	0.7
ZAlSi12	ZL102	0.7	1.0		0.30	0.10	0.1	0.5	0.20							2.0	2.2
ZAlSi9Mg	ZL104	0.6	0.9		0.1		0.25				0.15			0.01	0.05	1.1	1.4
ZAlSi5Cu1Mg	ZL105	0.6	1.0								0.15	0.1		0.01	0.05	1.1	1.4
ZAlSi5Cu1MgA	ZL105A	0.2	0.2				0.1				0.15	0.1		0.01	0.05	0.5	0.5
ZAlSi8Cu1Mg	ZL106	0.6	0.8				0.2							0.01	0.05	0.9	1.0
ZAlSi7Cu4	ZL107	0.5	0.6			0.1	0.3	0.5						0.01	0.05	1.0	1.2

续表

合金牌号	合金代号	杂质含量(质量分数)/%(不大于)													
		Fe || Si	Cu	Mg	Zn	Mn	Ti	Zr	Ti+Zr	Be	Ni	Sn	Pb	杂质总和	
		S[①]	J[②]													S	J
ZAlSi12Cu2Mg1	ZL108	—	0.7	—	—	—	0.2	—	0.20	—	—	—	0.3	0.01	0.05	—	1.2
ZAlSi12Cu1Mg1Ni1	ZL109	—	0.7	—	—	—	0.2	0.2	0.20	—	—	—	—	0.01	0.05	—	1.2
ZAlSi5Cu6Mg	ZL110	—	0.8	—	—	—	0.6	0.5	—	—	—	—	—	0.01	0.05	—	2.7
ZAlSi9Cu2Mg	ZL111	0.4	0.4	—	—	—	0.1	—	—	—	—	—	—	0.01	0.05	1.0	1.0
ZAlSi7Mg1A	ZL114A	0.2	0.2	—	—	0.1	—	0.1	0.1	—	0.20	—	—	0.01	0.03	0.75	0.75
ZAlSi5Zn1Mg	ZL115	0.3	0.3	—	0.1	—	—	0.1	—	—	—	—	—	0.01	0.05	0.8	1.0
ZAlSi8MgBe	ZL116	0.60	0.60	—	—	0.3	—	0.3	0.1	—	0.20	B0.10	—	0.01	0.05	1.0	1.0
ZAlCu5Mn	ZL201	0.25	0.3	0.3	—	0.05	0.2	—	—	0.2	—	—	0.1	—	—	1.0	1.0
ZAlCu5MnA	ZL201A	0.15	—	0.1	—	0.05	—	—	—	0.15	—	—	0.05	—	—	0.4	—
ZAlCu4	ZL203	0.8	0.8	1.2	—	0.05	0.25	—	0.20	0.1	—	—	—	0.01	0.05	2.1	2.1
ZAlCu5MnCdA	ZL204A	0.15	0.15	0.06	—	0.05	—	—	—	0.15	—	—	—	—	—	0.8	0.8
ZAlCu5MnCdVA	ZL205A	0.15	0.15	0.06	—	0.05	—	—	—	—	—	—	—	0.01	—	0.3	0.3
ZAlRE5Cu3Si2	ZL207	0.6	0.6	—	—	—	0.2	—	—	—	—	—	—	—	—	0.8	0.8
ZAlMg10	ZL301	0.3	0.3	0.30	0.10	—	0.15	0.15	0.15	0.20	—	—	0.07	0.05	0.01	0.05	1.0	1.0
ZAlMg5Si1	ZL303	0.5	0.5	—	0.1	—	0.2	0.2	—	—	—	—	—	—	—	0.7	0.7
ZAlMg8Zn1	ZL305	0.3	—	0.2	0.2	—	—	0.1	—	—	—	—	—	—	—	0.9	—
ZAlZn11Si7	ZL401	0.7	1.2	—	0.6	—	—	0.5	—	—	—	—	—	—	—	1.8	2.0
ZAlZn6Mg	ZL402	0.5	0.8	0.3	0.25	—	—	0.1	—	—	—	—	—	0.01	—	1.35	1.65

① 砂型铸造。
② 金属型铸造。

表 C-60 铝及铝合金焊条芯的化学成分 (GB/T 3669—2001)

型号	化学成分(质量分数)/%								
	Si	Fe	Cu	Mn	Mg	Zn	Be	其他元素总量		Al
								单个	合计	
E1100	Si+Fe=0.95		0.05~0.20	0.05	—	—	—	0.05	0.15	≥99.00
E3003	0.6	0.7	1.0~1.5	—	0.10	0.0008			余量
E4043	0.45~6.0	0.8	0.30	0.05	0.05				

表 C-61 铝及铝合金焊丝的化学成分 (GB/T 10858—2008)

类别	型号	化学成分(质量分数)/%										其他元素含量
		Si	Fe	Cu	Mn	Mg	Cr	Zn	Ti	V	Zr	Al	
纯铝	SAl-1	Fe+Si 1.0		0.05	0.05	—	—	0.10	0.05	—	—	≥99.0	
	SAl-2	0.20	0.25	0.40	0.30	0.03	—	0.04	0.03	—	—	≥99.7	
	SAl-3	0.30	0.30	—	—	—	—	—	—	—	—	≥99.5	
铝镁	SAlMg-1	0.25	0.40	0.10	0.50~1.0	2.40~3.0	0.05~0.20	—	0.05~0.20	—	—	余量	0.15
	SAlMg-2	Fe+Si 0.45		0.05	0.01	3.10~3.90	0.15~0.35	0.20	0.05~0.15	—	—		
	SAlMg-3	0.40	0.40	0.10	0.50~1.0	4.30~5.20	0.05~0.25	0.25	0.10	—	—		
	SAlMg-5	0.40	0.40	—	0.20~0.60	4.70~5.70	—	—	0.05~0.20	—	—		

续表

类别	型号	化学成分(质量分数)/%											其他元素含量
		Si	Fe	Cu	Mn	Mg	Cr	Zn	Ti	V	Zr	Al	
铝铜	SAlCu	0.20	0.30	5.8~6.8	0.20~0.40	0.02	—	0.10	0.10~0.205	0.05~0.15	0.10~0.25	余量	0.15
铝锰	SAlMn	0.60	0.70	—	1.0~1.6	—	—	—	—	—	—		
铝硅	SAlSi-1	4.5~6.0	0.80	0.30	0.05	0.05	—	0.10	0.20	—	—		
	SAlSi-2	11.0~13.0	0.80	0.30	0.15	0.10	—	0.20	—	—	—		

注：除规定外，单个数值表示最大值。

表 C-62 铝及铝合金气焊、碳弧焊的溶剂配方　　　　%(质量分数)

序号\组成	铝块晶石	氟化钠	氟化钙	氯化钠	氯化钾	氯化钡	氯化锂	硼砂	其他	备注
1	—	7.5~9.0	—	27~30	49.5~52	—	13.5~15	—	—	气剂401
2	—	—	4	19	29	48	—	—	—	
3	30	—	—	30	40	—	—	—	—	
4	20	—	—	—	40	40	—	—	—	
5	—	15	—	45	30	—	10	—	—	
6	—	—	—	27	18	—	—	14	硝酸钾41	
7	—	20	—	20	40	20	—	—	—	
8	—	—	—	25	25	—	—	40	硫酸钠10	
9	4.8	—	14.8	—	—	33.3	19.5	氧化镁2.8	氟化镁248	
10	—	氟化锂15	—	—	—	70	15	—	—	
11	—	—	—	9	3	—	—	40	硫酸钾20 硝酸钾28	
12	4.5	—	—	—	40	15	—	—	—	
13	20	—	—	—	30	50	—	—	—	

表 C-63 铝及铝合金气焊焊接接头及平坡口形式

零件厚度/mm	接头形式	坡口简图	坡口尺寸/mm			备注
			间隙 a	钝边 P	角度 α	
1~2	卷边		<0.5	4~5	—	不加填充焊丝
2~3	卷边		<0.5	5~6	—	
1~5	无坡口留间隙		0.5~3	—	—	

续表

零件厚度/mm	接头形式	坡口简图	坡口尺寸/mm			备注
			间隙 a	钝边 P	角度 α	
12~20	V形坡口		4~6	3~5	80°±5°	
	X形坡口					多层焊

表 C-64 铝及铝合金钨极氩弧焊焊接接头及坡口形式

接头及坡口形式		示意图	板厚 δ/mm	间隙 b/mm	钝边 P/mm	坡口角度 α/(°)
对接接头	卷边		≤2	<0.5	<2	—
	I形坡口		1~5	0.5~2	—	—
	V形坡口		3~5	1.5~2.5	1.5~2	60~70
			5~12	2~3	2~3	60~70
	X形坡口		>10	1.5~3	2~4	60~70
搭接接头			<1.5	0~0.5	L≥2δ	—
			1.5~3	0.5~1	L≥2δ	—
角接接头	I形坡口		<12	<1	—	—
	V形坡口		3~5	0.8~1.5	1~1.5	50~60
			>5	1~2	1~2	50~60

续表

接头及坡口形式		示意图	板厚 δ/mm	间隙 b/mm	钝边 P/mm	坡口角度 α/(°)
T形接头	I形坡口		3~5	<1	—	—
			6~10	<1.5	—	—
	K形坡口		10~16	<1.5	1~2	60

表 C-65　铝及铝合金熔化极惰性气体保护焊焊接接头及坡口形式

板厚/mm	接头和坡口形式	根部间隙 b/mm	钝边 P/mm	坡口角度 α/(°)
≤12		0~3	—	—
5~25		0~3	1~3	60~90
8~30		3~6	2~4	60
20以上		0~3	3~5	15~20
8以下		0~3	3~6	70
20以上		0~3	6~10	70
≤3		0~1	—	—
4~12		1~2	2~3	45~55

续表

板厚/mm	接头和坡口形式	根部间隙 b/mm	钝边 P/mm	坡口角度 α/(°)
>12		1~3	1~4	40~50

表 C-66　铝及铝合金手工钨极交流氩弧焊焊接参数

板材厚度/mm	焊丝直径/mm	钨极直径/mm	预热温度/℃	焊接电流/A	氩气流量/(L/min)	喷嘴孔径/mm	焊接层数（正面/反面）	备注
1	1.6	2	—	45~60	7~9	8	正1	卷边焊
1.5	1.6~2.0	2	—	50~80	7~9	8	正1	卷边或单面对接焊
2	2~2.5	2~3	—	90~120	8~12	8~12	正1	对接焊
3	2~3	3	—	150~180	8~12	8~12	正1	V形坡口对接
4	3	4	—	180~200	10~15	8~12	1~2/1	V形坡口对接
5	3~4	4	—	180~240	10~15	10~12	1~2/1	V形坡口对接
6	4	5	—	240~280	16~20	14~16	1~2/1	V形坡口对接
8	4~5	5	100	260~320	16~20	14~16	2/1	V形坡口对接
10	4~5	5	100~150	280~340	16~20	14~16	3~4/1~2	V形坡口对接
12	4~5	5~6	150~200	300~360	18~22	16~20	3~4/1~2	V形坡口对接
14	5~6	5~6	180~200	340~380	20~24	16~20	3~4/1~2	V形坡口对接
16	5~6	6	200~260	360~400	25~30	20~22	4~5/1~2	V形坡口对接
18	5~6	6	200~240	360~400	25~30	16~20	4~5/1~2	V形坡口对接
18	5~6	6	200~240	360~400	25~30	16~20	4~5/1~2	V形坡口对接
20	5~6	6	200~260	360~400	25~30	20~22	4~5/1~2	V形坡口对接
16~20	5~6	6	200~260	360~380	25~30	16~20	2~3/2~3	X形坡口对接
22~25	5~6	6~7	200~260	360~400	30~35	20~22	3~4/3~4	X形坡口对接

表 C-67　铝及铝合金手工钨极交流氩弧焊焊接参数

焊件厚度/mm	焊接层数	钨极直径/mm	焊丝直径/mm	喷嘴孔径/mm	氩气流量/(L/min)	焊接电流/A	送丝速度/(m/h)
1	1	1.5~2	1.6	8~10	5~6	120~160	—
2	1	3	1.6~2	8~10	12~14	180~220	65~70
3	1~2	4	2	10~14	14~18	220~240	65~70
4	1~2	5	2~3	10~14	14~18	240~280	70~75
5	2	5	2~3	12~16	16~20	280~320	70~75
6~8	2~3	5~6	3	14~18	18~24	280~320	75~80
8~12	2~3	6	3~4	14~18	18~24	300~340	80~85

表 C-68　铝合金钨极脉冲交流氩弧焊工艺参数

材料	厚度/mm	焊丝直径/mm	$I_{脉}$/A	$I_{基}$/A	脉冲频率/Hz	脉宽比/%	电弧电压/V	气体流量/(L/min)
5A03	2.5	2.5	95	50	2	33	15	5
	1.5	2.5	80	45	1.7	33	14	5
5A06	2.0	2	83	44	2.5	33	10	5
2A12	2.5	2	140	52	2.6	36	13	8

表 C-69　铝及铝合金手工钨极直流氩弧焊焊接参数

材料厚度/mm	坡口形式	钨极直径/mm	焊丝直径/mm	氩气流量/(L/min)	焊接电流/A	电弧电压/V	焊接速度/(cm/min)	焊接层数
0.8	平口对接	1.0	1.2	9.5	20	21	42	1
1.0	平口对接	1.0	1.6	9.5	26	20	40	1
1.5	平口对接	1.0	1.6	9.5	44	20	50	1
2.4	平口对接	1.6	2.4	14	80	17	28	1
3	平口对接	1.6	3.2	9.5	118	15	40	1
6	平口对接	3.2	4.0	14	250	14	3	1
12	V形,90°钝边6mm	3.2	4.0	19	310	14	14	2
18	X形,90°钝边5mm	3.2	4.0	24	300	17	10	2
25	X形,90°	3.2	6.4	24	300	19	3.5	5

表 C-70　铝及铝合金自动钨极直流正接氩弧焊焊接参数

材料厚度/mm	电极直径 ϕ/mm	填充焊丝直径 ϕ/mm	送丝速度/(cm/min)	氩气流量/(L/min)	焊接电流/A	电弧电压/V	焊接速度/(cm/min)	备注
0.6	1.2	1.2	150	28	100	10	150	
0.8	1.2	1.2	192	28	110	10	150	
1.0	1.2	1.2	173	28	125	10	150	
1.2	1.2	1.2	162	28	150	12	150	不开坡口、钍钨极、平焊位置、单层焊道
1.6	1.2	1.2	252	28	145	13	150	
2.0	1.2	1.2	254	28	290	10	150	
3.0	1.6	1.6	140	14	240	11	110	
6.0	1.6	1.6	102	14	350	11	38	
10	1.6	1.6	76	19	430	11	20	

表 C-71　半自动 MIG 焊参数

板厚/mm	坡口及坡口形式/mm	焊丝直径/mm	焊接电流/A	电弧电压/V	焊接速度/(m/h)	气体流量/(L/min)	焊道数
<4		0.8~1.2	70~150	12~16	24~36	8~12	1~2
4~6	对接	1.2	140~240	19~22	20~30	10~18	2
8~10	I形坡口	1.2~2	220~300	22~25	15~25	15~18	2
12		2	280~300	23~25	15~18	15~20	2

续表

板厚/mm	坡口及坡口形式/mm	焊丝直径/mm	焊接电流/A	电弧电压/V	焊接速度/(m/h)	气体流量/(L/min)	焊道数
5~8	对接、V形坡口加垫板	1.2~2	220~280	21~24	20~25	12~18	2~3
10~12		1.6~2	260~280	21~25	15~20	15~20	3~4
12~16	对接 X形坡口	2	280~360	24~26	20~25	18~24	2~4
20~25		2	330~360	26~28	18~20	20~24	3~8
30~60		2	330~360	26~28	18~20	24~30	10~30
4~6	丁字接头	1.2	200~260	18~22	20~30	14~18	1
8~16	角接接头	1.2~2	270~330	24~26	20~25	15~22	2~6
20~30	搭接接头	2	330~360	26~28	20~25	24~28	10~20

表 C-72 自动 MIG 焊参数

板厚/mm	坡口及坡口形式/mm	焊丝直径/mm	焊接电流/A	电弧电压/V	焊接速度/(m/h)	气体流量/(L/min)	焊道数
4~6	对接 I形坡口	1.4~2	140~240	19~22	25~30	15~18	2
8~10		1.4~2	220~300	20~25	15~25	18~22	2
12		1.4~2	280~300	20~25	15~20	20~25	2
6~8	对接、V形坡口加垫板	1.4~2	240~280	22~25	15~25	20~22	1
10		2~2.5	420~460	27~29	15~20	24~30	1
12~16	对接 X形坡口	2~2.5	280~300	24~26	12~15	20~25	2~4
20~25		2.5~4	380~520	26~30	10~20	28~30	2~4
30~40		2.5~4	420~540	27~30	10~20	28~30	3~5
50~60		2.5~4	460~540	28~32	10~20	28~30	5~8
4~6	丁字接头	1.4~2	200~260	18~22	20~30	20~22	1
8~16		2	270~330	24~26	20~25	24~28	1~12

表 C-73 脉冲 MIG 半自动焊参数

板厚/mm	焊丝直径/mm	脉冲速率/Hz	焊接电流/A	电弧电压/V	焊接速度/(m/h)	气体流量/(L/min)	焊道数
4	1.1~1.6	50	130~150	17~19	20~25	10~12	1
5	1.4~1.6	50	140~170	17~19	20~25	10~13	1
6	1.4~1.6	100	160~180	18~21	20~25	12~14	1
8	2	100	160~190	22~24	25~30	15~18	2
10	2	100	220~280	24~26	25~30	18~20	2

表 C-74 脉冲 MIG 自动焊参数

板厚/mm	接头形式	焊接位置	焊丝直径/mm	焊接电流/A	电弧电压/V	焊接速度/(cm/min)	气体流量/(L/min)	焊道数
3	I 形坡口对接	水平	1.4~1.6	70~100	18~20	21~24	8~9	1
		横向	1.4~1.6	70~100	18~20	21~24	13~15	
		立(下向)	1.4~1.6	60~80	17~18	21~24	8~9	
		仰	1.2~1.6	60~80	17~18	18~21	8~10	
4~6	T 形接头	水平	1.6~2.0	180~200	22~23	14~20	10~12	
		立(向上)	1.6~2.0	150~180	21~22	12~18	10~12	
		仰	1.6~2.0	120~180	20~22	12~18	8~12	
14~25	T 形接头	立(向上)	2.0~2.5	220~230	21~24	6~15	12~25	3
		仰	2.0~2.5	240~300	23~24	6~12	14~26	

表 C-75 铝及铝合金板材对接平焊焊接规范参数

板厚/mm	坡口形式	层数 正面	层数 背面	钨极直径/mm	焊接电流/A	焊丝直径/mm	喷嘴孔径/mm	氩气流量/(L/min)	预热温度/℃
1		1		1.5~2	45~70	1.5~2.5	5~7	2.5~3.5	
2		1		2	60~100	2~3	6~8	3~5	
3		1		3	90~140	3~3.2	8~10	6~8	
4		1		3~4	140~210	3.2~4	8~12	6~8	
6	V 形,背面封底	1~2	1	4	180~260	4~5	10~12	8~12	
8	V 形,背面封底	2	1	5	240~320	5	12~14	12~16	
10	V 形,背面封底	2	1	6	300~380	5~7	12~14	12~20	
12	V 形,背面封底	2~3	1	6~7	360~440	6~7	12~16	14~22	
12	V 形,背面封底	2~3	1	5	260~300	6~7	12~14	12~20	150~200
14	V 形,背面封底	3~4	1	6	280~320	6~7	12~14	14~24	180~200
16	V 形,背面封底	4	1~2	6	280~360	6~7	14~16	16~26	200~220
18	V 形,背面封底	4~5	1~2	6	300~380	6~7	14~16	18~26	200~240
20	V 形	4~5	1~2	6	320~400	6~7	16~18	20~32	200~260
6~20	偏 X 形	2~3	2~3	6	280~400	5~7	14~16	16~26	200~260

表 C-76 纯铜的代号及化学成分

名称	代号	化学成分(质量分数)/%							
		Cu≥	Mn	Bi	Pb	S	P	O	总和
纯铜	T1	99.95		0.002	0.005	0.005	0.001	0.02	0.05
	T2	99.90	—	0.002	0.005	0.005	—	0.06	0.1
	T3	99.70		0.002	0.01	0.01		0.1	0.3
	T4	99.50	—	0.003	0.05	0.01	—	0.1	0.5
无氧铜	TU1	99.97	—	0.002	0.005	0.005	0.003	0.003	0.03
	TU2	99.95	—	0.002	0.005	0.005	0.003	0.003	0.05
	TUP	99.50	—	0.003	0.01	0.01	0.01~0.04	0.01	0.49
	TUMn	99.60	0.1~0.3	0.002	0.007		0.003	—	0.30
磷脱氧铜	TP1	99.90		0.002		0.005	0.005~0.012	0.01	0.1
	TP2	99.85		0.002		0.005	0.013~0.050	0.01	0.15

表 C-77　纯铜的力学性能

材料状态	拉伸强度 σ_b/MPa	屈服强度 σ_s/MPa	伸长率 δ_5/%	断面收缩率 ψ/%
软态(轧制并退火)	196~235	68.6	50	75
硬态(冷加工变形)	392~490	372.4	6	36

表 C-78　常用黄铜的牌号及化学成分

材料名称	牌号	化学成分(质量分数)/%							杂质≤
		Cu	Zn	Sn	Mn	Al	Si	其他	
压力加工黄铜	H68	67.0~70.0	余量	—	—	—	—	—	0.3
	H62	60.5~63.5		—	—	—	—	—	0.5
	H59	57.0~60.0		—	—	—	—	—	0.9
	HPb59-1	57.0~60.0		—	—	—	—	Pb 0.8~1.9	0.75
	HSn62-1	61.0~63.0		0.7~1.1	—	—	—	—	0.3
	HMn58-2	57.0~60.0		—	1.0~2.0	—	—	—	1.2
	HFe59-1-1	57.0~60.0		0.3~0.7	0.5~0.8	0.1~0.4	—	Fe 0.6~1.2	0.25
	HSi80-3	79.0~81.0		—	1.5~2.5	—	2.5~4.0	—	1.5
铸造黄铜	ZHAlFeMn 66-6-3-2	64.0~68.0		—	1.5~2.5	6.0~7.0	—	Fe 2.0~4.0	2.1
	ZHMnFe55-3	53.0~68.0		—	3.0~4.0	—	—	Fe 0.5~1.5	2.0
	ZHSi80-3	79.0~81.0		—	—	—	2.5~4.5	—	2.8
	ZHMn58-2-2	57.0~60.0		—	1.5~2.5	—	—	Pb 1.5~2.5	2.5

表 C-79　常用黄铜的力学性能及物理性能

牌号	材料状态	力学性能		物理性能				
		σ_b/MPa	δ_5/%	密度/(g/cm³)	线膨胀系数(20℃)/(10^{-6}/K)	热导率/[W/(m·k)]	电阻率/($10^{-8}\Omega \cdot m$)	熔点/℃
H68	软态	313	55	8.5	19.9	117.0	6.8	932
	硬态	646	3					
H62	软态	323	49	8.43	20.6	108.7	7.1	905
	硬态	588	3					
ZHSi 80-3	砂模	245	10	8.3	17.0	41.8	—	900
	金属模	294	15					
ZHAl66 6-3-1	砂模	588	7	8.5	19.8	49.7	—	899
	金属模	637	7					

表 C-80 常用青铜的化学成分

材料名称	代号	化学成分(质量分数)/%							
		Cu	Zn	Sn	Mn	Al	Si	Ni+Co	其他	杂质≤
压力加工青铜	QSn4-3	余量	2.7~3.3	3.5~4.5	—	0.002	0.002	—	P0.03	0.2
	QSn4-4-4		3~5	3~5		0.002		—	0.03	0.2
	QSn6.5-0.4		—	6.0~7.0		0.002	0.002	—	P0.3~0.4	0.1
	QSn7-0.2		—	6~8		0.01	0.02	—	P0.1~0.25	0.15
	QAl5		0.5	0.1	0.5	4~6	0.1	—	P0.1	1.6
	QAl7		0.5	0.1	0.5	6~8				1.6
	QAl9-2		1.0	0.1	1.5~2.5	8~10	0.1			1.7
	QAl10-4-4		0.5	0.1	0.3	9.5~11	0.1	3.5~5.5	P0.01	1.0
	QAl11-6-6		0.6	0.2	0.5	10~11.5	0.2	5.0~6.5	P0.1	1.5
	QSi1-3		0.2	0.1	0.1~0.4		0.6~1.1	2.4~3.4		0.5
	QSi3-1		0.5	0.25	1.0~1.5	—	2.7~3.5	0.2	—	1.1
	QBe2		—	—		0.15	0.15	0.2~0.5	Be 1.8~2.1	0.5
	QBe1.9-0.1		—		0.15		0.15	—	Be 1.85~2.1	0.5
	QMn2			0.05	1.5~2.5	0.07	0.1			0.5
	QMn5		0.4	0.1	4.5~5.5		0.1			0.9
铸造青铜	ZQSnP10-1		—	9~11	—	—	—	—	P0.8~1.2	0.75
	ZQSnZnPb6-6-3		5~7	5~7	—	—	—	—	Pb2~4	1.3
	ZQSnZn10-2		1~3	9~11	—	—	—	—		1.5
	ZQAlFe9-4		—	—	—	8~10	—	—	Fe2~4	2.7
	ZQAlMn9-2				8~10	1.5~2.5	8~10			2.8
	ZQAlFe10-3						8.5~11			1.0
	ZQPbSn10-10			9~11	—	—	—	—	Pb8~11	1.0
	ZQPbSnZn17-4-4		2~6	3.5~5	—	—	—	—	Pb14~20	0.75

表 C-81 常用青铜的力学性能及物理性能

材料名称	代号	材料状态	力学性能		物理性能				
			σ_b/MPa	δ_5/%	密度/(g/cm³)	线膨胀系数(20℃)/(10^{-6}/K)	热导率/[W/(m·K)]	电阻率/(10^{-8}Ω·m)	熔点/℃
锡青铜	QSn65-0.4	软态	343~441	60~70	8.8	19.1	50.16	17.6	995
		硬态	686~784	7.5~12					
铝青铜	QAl9-4	软态	490~588	40	7.5	16.2	58.52	12	1040
		硬态	784~980	5					
	ZQAl9-4	软态	392	10	7.6	18.1	58.52	12.4	1040
		硬态	294~490	10~20					
硅青铜	QSi3-1	软态	343~392	50~60	8.4	15.8	45.98	15	1025
		硬态	637~735	1~5					

表 C-82 白铜的化学成分

牌号	代号	化学成分(质量分数)/%							
		Cu	Zn	Mn	Al	Si	Ni+Co	Fe	杂质≤
5白铜	B5	余量	—	—	—	—	4.4~5	0.20	0.5
9白铜	B19	余量	0.3	0.50	—	—	18~20	0.50	1.8
10-1-1铁白铜	BFe10-1-1	余量	0.3	0.5~1.0	—	—	9~11	1.0~1.5	0.7
30-1-1铁白铜	BFe30-1-1	余量	0.3	0.5~1.2	—	—	29~33	0.5~1.0	0.7
3-12锰白铜	BMn3-12	余量	—	11.5~13.5	0.2	0.1~0.3	2~3.5	0.2~0.5	0.5
16-1.5铝白铜	BAl16-1.5	余量	—	0.2	1.2~1.8	—	5.5~6.5	0.5	1.1
15-20锌白铜	BZn15-20	62~65	余量	—	—	—	13.5~16.5	0.5	0.9

表 C-83 白铜的力学性能和物理性能

代号	材料状态	力学性能		物理性能				
		σ_b/MPa	δ_5/%	密度/(g/cm³)	线膨胀系数(20℃)/(10^{-6}/K)	热导率/[W/(m·K)]	电阻率/(10^{-8}Ω·m)	熔点/℃
BFe10-1-1	软态	300	25	—	—	30.93	—	1149
	硬态	340	8					
BFe10-1-1	软态	372	25	8.9	16	47.20	42	1230
	硬态	490	6					

表 C-84 铜及铜合金焊条电弧焊参数

材料	板厚/mm	坡口形式	焊条直径/mm	焊接电流/A	备注
纯铜	2	I	3.2	110~150	铜及铜合金焊条电弧焊所选用的电流一般可按 $I=(35\sim45)d$(其中 I 为焊接电流,d 为焊条直径)来确定:
	3	I	3.2~4	120~200	
	4	I	4	150~220	
	5	V	4~5	180~300	

续表

材料	板厚/mm	坡口形式	焊条直径/mm	焊接电流/A	备注
纯铜	6	V	4~5	200~350	
	8	V	5~7	250~380	
	10	V	5~7	250~380	
黄铜	2	I	2.5	50~80	
	3	I	3.2	60~90	
铝青铜	2	I	3.2	60~90	1) 随着板厚增加,热量损失大,焊条电流选用高限,甚至可能超过直径5倍
	4	I	3.2~4	120~150	
	6	V	5	230~250	2) 在一些特殊情况下,工件的预热受限制,也可适当提高焊接电流予以补充
	8	V	5~6	230~280	
	12	V	5~6	280~300	
锡青铜	1.5	I	3.2	60~100	
	3	I	3.2~4	80~150	
	4.5	V	3.2~4	150~180	
	6	V	4~5	200~300	
	12	V	6	300~350	
白铜	6~7	I	3.2	110~120	平焊
	6~7	V	3.2	100~115	平焊和仰焊

表 C-85 铜及铜合金埋弧焊焊接参数

材料	板厚/mm	接头,坡口形式	焊丝直径/mm	焊接电流/A	电弧电压/V	焊接速度/(m/s)	备注
纯铜	5~6	对接不开坡口	—	500~550	38~42	45~40	—
	10~12		—	700~800	40~44	20~15	—
	16~20		—	850~1000	45~50	12~8	—
	25~30	对接U形坡口		1000~1100	45~50	8~6	
	35~40			1200~1400	48~55	6~4	
	16~20	对接单面焊		850~1000	45~50	12~8	
	25~30			1000~1100	45~50	8~6	
	35~40	角接U形坡口		1200~1400	48~55	6~4	
	45~60			1400~1600	48~55	5~3	
黄铜	4	—	1.5	180~200	24~26	20	单面焊
	4	—	1.5	140~160	24~26	25	双面焊
	8	—	1.5	360~380	26~28	20	单面焊
	8	—	1.5	260~300	29~30	22	封底焊缝
	12	—	2.0	450~470	30~32	25	单面焊
	12	—	2.0	360~375	30~32	25	封底焊缝
黄铜	18	—	3.0	650~700	32~34	30	封底焊缝
	18	—	3.0	700~750	32~34	30	第二道
铝青铜	10	V形坡口	焊剂层厚度25mm	450	35~36	25	双面焊
	15	V形坡口	25	550	35~36	25	第一道

续表

材料	板厚/mm	接头,坡口形式	焊丝直径/mm	焊接电流/A	电弧电压/V	焊接速度/(m/s)	备注
铝青铜	15	V形坡口	30	650	36~38	20	第一道
	15	V形坡口	30	650	36~38	25	封底焊缝
	26	X形坡口	30	750	36~38	25	第一道
	26	X形坡口	30	750	36~38	20	第二道

表C-86 纯铜的MIG焊参数

板厚/mm	坡口形式及尺寸				焊丝直径/mm	电流/A	电压/V	Ar气流量/(L/min)	焊速/(m/h)	层数	预热温度/℃
	形式	间隙/mm	钝边/mm	角度/(°)							
3	I	0	—	—	1.6	300~500	25~30	16~20	40~45	1	—
5	I	0~1	—	—	1.6	350~400	25~30	16~20	30	1~2	100
6	V	0	3	70~90	1.6	400~425	32~34	16~20	30	2	250
6	I	0~2	—	—	2.5	450~480	25~30	20~25	30	1	100
8	V	0~2	1~3	70~90	2.5	460~480	32~35	25~30	25	2	250~300
9	V	0	2~3	80~90	2.5	500	25~30	25~30	21	2	250
10	V	0	2~3	80~90	2.5~3	480~500	32~35	25~30	20~23	2	400~500
12	V	0	3	80~90	2.5~3	550~650	28~32	25~30	18	2	450~500
12	X	0~2	2~3	80~90	1.6	350~400	30~35	25~30	18~21	2~4	350~400
15	X	0	3	30	2.5~3	500~600	30~35	25~30	15~21	2~4	450
20	V	1~2	2~3	70~80	4	700	28~30	25~30	23~25	2~3	600
22~30	V	1~2	2~4	80~90	4	700~750	32~36	30~40	20	2~3	600

表C-87 铜合金的MIG焊参数

材料	板厚/mm	坡口形式	焊丝直径/mm	电流/A	电压/V	送丝速度/(m/min)	Ar(He)流量/(L/min)	备注
黄铜	3	I	1.6	275~285	25~28	—	16	—
	9	V	1.6	275~285	25~28	—	16	—
	12	V	1.6	275~285	25~28	—	16	—
锡青铜	1.5	I	0.8	130~140	25~26	—	—	—
	3	I	1.0	140~160	26~27	—	—	—
	6	I	1.0	165~185	27~28	—	—	—
	9	V	1.6	275~285	28~29	—	(18)	预热100~150℃
	12	V	1.6	315~335	29~30	—	(18)	预热200~250℃
	18	—	2	365~385	31~32	—	—	—
	25	—	2.5	440~460	33~34	—	—	—
铝青铜	3	I	1.6	260~300	26~28	—	20	—
	6	V	1.6~2.0	280~320	26~28	4.5~5.5	20	—
	9	V	1.6	300~330	26~28	5.5~6.0	20~25	—
	10	X	4.0	450~550	32~34	—	50~55	—
	12	V	1.6	320~380	26~28	6.0~6.5	30~32	—
	16	X	2.5	400~440	26~28	—	30~35	—
	18	V	1.6	320~350	26~28	6.0~6.5	30~35	—
	24	X	2.5	450~500	28~30	6.5~7.0	40~45	—

续表

材料	板厚/mm	坡口形式	焊丝直径/mm	电流/A	电压/V	送丝速度/(m/min)	Ar(He)流量/(L/min)	备注
硅青铜	3	I	1.6	260~270	27~30	—	16	—
	6	I	1.6	300~320	26	5.5	16	
	9	V	1.6	300	27~30	5.5	16	
	12	V	1.6	310	27	5.5~7.5	16	
	20	X	2~2.5	350~380	27~30	—	16~20	
白铜	3	I	1.6	280	22~28		16	
	6	I	1.6	270~330	22~28		16	
	9	V	1.6	300~330	22~28		16	
	10	V	1.6	300~360	22~28		16	
	12	V	1.6	350~400	22~28			
	18	—	—	350~400	24~28			
	≥25			350~400	26~28			
	>25	—	—	370~420	26~28			

表 C-88 磷脱氧紫铜的气焊规范

板厚/mm	填充焊丝直径/mm	根部间隙/mm	乙炔气流量/(L/min)	预热气流量/(L/min)	焊炬及焊嘴号
1.5	1.6	无	4	无	H01~2 焊炬，4~5 号焊嘴
3.0	2.0	1.5	6	无	H01~6 焊炬，3~4 号焊嘴
4.5	3.0	2.0	8	12	H01~12 焊炬，1~2 号焊嘴
6.0	4.0	3.0	12	12	H01~12 焊炬，2~3 号焊嘴
9.0	5.0	4.0	14	16	H01~12 焊炬，3~4 号焊嘴
12.0	6.0	4.5	16	16	H01~12 焊炬，3~4 号焊嘴

表 C-89 纯铜气焊参数

板厚/mm	焊丝直径/mm	焊炬及焊嘴号	乙炔流量/(L/h)	焊接方向	火焰性质
<1.5	1.5	H01-2 焊炬，4~5 号焊嘴	150	左焊法	中性焰
1.5~2.5	2	H01-6 焊炬，3~4 号焊嘴	350	左焊法	中性焰
2.5~4	3	H01-12 焊炬，1~2 号焊嘴	500	左焊法	中性焰
4~8	5	H01-12 焊炬，2~3 号焊嘴	750	右焊法	中性焰
8~15	6	H01-12 焊炬，3~4 号焊嘴	1000	右焊法	中性焰

表 C-90 纯铜碳弧焊焊接参数

厚度/mm	焊丝直径/mm	电极直径/mm 碳极	电极直径/mm 石墨极	焊接电流/A	电弧电压/V	预热温度/℃
1~2	2	15	12	140~180	32~38	200~300
2~5	2~3	15	12	220~300	32~38	200~300
6~8	4	18	15	320~380	35~40	300~400
9~10	5	22	18	450~550	40~42	300~400

表 C-91 纯铜的 TIG 焊参数

板厚/mm	钨极直径/mm	焊丝直径/mm	电流/A	氩气流量/(L/min)	预热温度/℃	备注
0.3~0.5	1	—	30~60	8~10	不预热	卷边接头
1	2	1.6~2.0	120~160	10~12	不预热	—
1.5	2~3	1.6~2.0	140~180	10~12	不预热	—
2	2~3	2	160~200	14~16	不预热	—
3	3~4	2	200~240	14~16	不预热	单面焊双面成形
4	4	3	220~260	16~20	300~350	双面焊
5	4	3~4	240~320	16~20	350~400	双面焊
6	4~5	3~4	280~360	20~22	400~450	—
10	4~5	4~5	340~400	20~22	450~500	—
12	5~6	4~5	360~420	20~24	450~500	—

表 C-92 青铜和白铜的 TIG 焊参数

材料	板厚/mm	钨极直径/mm	焊丝直径/mm	电流/A	气流量/(L/min)	焊速/(mm/min)	预热温度/℃	备注
铝青铜	≤1.5	1.5	1.5	25~80	10~16	—	不预热	I形接头
	1.5~3.0	2.5	3	100~130	10~16	—	不预热	I形接头
	3.0	4	4	130~160	16	—	不预热	I形接头
	5.0	4	4	150~225	16	—	150	V形接头
	6.0	4~5	4~5	150~300	16	—	150	V形接头
	9.0	4.5	4~5	210~330	16	—	150	V形接头
	12.0	4~5	4~5	250~325	16	—	150	V形接头
锡青铜	0.3~1.5	3.0	—	90~150	12~16	—	—	卷边焊
	1.5~3	3.0	1.5~2.5	100~180	12~16	—	—	I形接头
	5	4	4	160~200	14~16	—	—	V形接头
	7	4	4	210~250	16~20	—	—	V形接头
	12	5	5	260~300	20~24	—	—	V形接头
硅青铜	1.5	3	2	100~130	8~10	—	不预热	I形接头
	3	4	2~3	120~160	12~16	—	不预热	I形接头
	4.5	3~4	2~3	150~220	12~16	—	不预热	V形接头
	6	4	3	180~220	16~20	—	不预热	V形接头
	9	4	3~4	250~300	18~22	—	不预热	V形接头
	12	4	4	270~320	20~24	—	不预热	V形接头
白铜	3	4~5	1.5	310~320	12~16	350~450	—	B10自动焊，I形
	<3	4~5	3	300~310	12~16	130	—	B10自动焊，I形
	3~9	4~5	3~4	300~310	12~16	150	—	B10自动焊，V形
	<3	4~5	3	270~290	12~16	130	—	B10自动焊，I形
	3~9	4~5	5	270~290	12~16	150	—	B10自动焊，V形

表 C-93 铜与铜合金异种接头 MIG 焊用焊丝、预热温度和道间温度

异种金属接头中的一种金属	填充金属（预热、焊道间温度）					
	异种金属接头中的另一种金属					
	铜	低锌黄铜	高锌黄铜、锡黄铜和特殊黄铜	磷青铜	铝青铜	硅青铜
低锌黄铜	ERCuSn-C 或 ERCu(540℃)	—	—	—	—	—
高锌黄铜、锡黄铜和特殊黄铜	ERSnSi、ERCuSn-C 或 ERCu(540℃)	ERCu-Sn-C (350℃)	—	—	—	—
磷青铜	ERCu-Sn-C 或 ERCu(540℃)	ERCu-Sn-C (260℃)	ERCu-Sn-C (350℃)	—	—	—
铝青铜	ERCuAl-A2 (540℃)	ERCuAl-A2 (315℃)	ERCuAl-A2 (315℃)	RCuAl-A2 (540℃) 或 ERCuSn-C (250℃)	—	—
硅青铜	ERCuSn-C 或 RCu(540℃)	ERCuAl A2 (540℃) 或 ERCuSi-C (最大 65℃)	ERCuAl A2 (540℃) 或 ERCuSi-C (最大 65℃)	ERCuSi (最大 65℃)	ERCuAl-A2 (最大 65℃)	—
铜镍合金	ERCuAl-A2、ERCuNi 或 ERCu(540℃)	ERCuAl-A2 (最大 65℃)	ERCuAl-A2 (最大 65℃)	ERCuSn-C (最大 65℃)	ERCuAl-A2 (最大 65℃)	ERCcuAl-A2 (最大 65℃)

表 C-94 铜与铜合金一种接头 TIG 焊用填充金属、预热及焊层间温度

异种金属接头中的一种金属	填充金属（预热、多道焊层间温度）			
	异种金属接头中的另一种金属			
	纯铜	磷青铜	铝青铜	硅青铜
低锌黄铜	ECuSn-C 或 ECu(540℃)	—	—	—
磷青铜	ECuSn-C 或 ECu(540℃)	—	—	—
铝青铜	RCuAl-A2 (540℃)	RCuAl-A2(540℃) 或 CuSn-C(250℃)	—	—
硅青铜	ECuSn-C 或 RCu(540℃)	RCuSi-A (最大 65℃)	RCuAl-A2 (最大 65℃)	—
铜镍合金	RCuAl-A2 或 ECuNi(540℃)	ECuSn-C (最大 65℃)	RCuAl-A2 (最大 65℃)	RCuAl-A2 (最大 65℃)

表C-95 钛及钛合金牌号和化学成分（GB/T 3620.1—2007）

合金牌号	名义化学成分	化学成分（质量分数）/% 主要成分								杂质，不大于					其他元素	
		Ti	Al	Sn	Mo	Pd	Ni	Si	B	Fe	C	N	H	O	单一	总和
TA1ELI	工业纯钛	余量	—	—	—	—	—	—	—	0.10	0.03	0.012	0.008	0.10	0.05	0.20
TA1	工业纯钛	余量	—	—	—	—	—	—	—	0.20	0.08	0.03	0.015	0.18	0.10	0.40
TA1-1	工业纯钛	余量	≤0.20	—	—	—	—	≤0.08	—	0.15	0.05	0.03	0.003	0.12	—	0.10
TA2ELI	工业纯钛	余量	—	—	—	—	—	—	—	0.20	0.05	0.03	0.008	0.10	0.05	0.20
TA2	工业纯钛	余量	—	—	—	—	—	—	—	0.30	0.08	0.03	0.015	0.25	0.10	0.40
TA3ELI	工业纯钛	余量	—	—	—	—	—	—	—	0.25	0.05	0.04	0.008	0.18	0.05	0.20
TA3	工业纯钛	余量	—	—	—	—	—	—	—	0.30	0.08	0.05	0.015	0.35	0.10	0.40
TA4ELI	工业纯钛	余量	—	—	—	—	—	—	—	0.30	0.05	0.05	0.008	0.25	0.05	0.20
TA4	工业纯钛	余量	—	—	—	—	—	—	—	0.50	0.08	0.05	0.015	0.40	0.10	0.40
TA5	Ti-4Al-0.005B	余量	3.3~4.7	—	—	—	—	—	0.005	0.30	0.08	0.04	0.015	0.15	0.10	0.40
TA6	Ti-5Al	余量	4.0~5.5	—	—	—	—	—	—	0.30	0.08	0.05	0.015	0.15	0.10	0.40
TA7	Ti-5Al-2.5Sn	余量	4.0~6.0	2.0~3.0	—	—	—	—	—	0.50	0.08	0.05	0.015	0.20	0.10	0.40
TA7ELI[①]	Ti-5Al-2.5SnELI	余量	4.50~5.75	2.0~3.0	—	—	—	—	—	0.25	0.05	0.035	0.0125	0.12	0.05	0.30
TA8	Ti-0.05Pd	余量	—	—	—	0.04~0.08	—	—	—	0.30	0.08	0.03	0.015	0.25	0.10	0.40
TA8-1	Ti-0.05Pd	余量	—	—	—	0.04~0.08	—	—	—	0.20	0.08	0.03	0.015	0.18	0.10	0.40
TA9	Ti-0.2Pd	余量	—	—	—	0.12~0.25	—	—	—	0.30	0.08	0.03	0.015	0.25	0.10	0.40
TA9-1	Ti-0.2Pd	余量	—	—	—	0.12~0.25	—	—	—	0.20	0.08	0.03	0.015	0.18	0.10	0.40
TA10	Ti-0.3Mo-0.8Ni	余量	—	—	0.2~0.4	—	0.6~0.9	—	—	0.30	0.08	0.03	0.015	0.25	0.10	0.40
TA11	Ti-8AL-1Mo-1V	余量	7.35~8.35	—	0.75~1.25	—	—	—	—	0.30	0.08	0.05	0.015	0.12	0.10	0.30
TA12	Ti-5.5Al-4Sn-2Zr-1Mo-1Nd-0.25Si	余量	4.8~6.0	3.7~4.7	0.75~1.25	—	1.5~2.5	0.2~0.35	0.6~1.2	0.25	0.05	0.05	0.0125	0.15	0.10	0.40
TA12-1	Ti-5.5Al-4Sn-2Zr-1Mo-1Nd-0.25Si	余量	4.5~5.5	3.7~4.7	1.0~2.0	—	1.5~2.5	0.2~0.35	0.6~1.2	0.25	0.08	0.04	0.0125	0.15	0.10	0.30
TA13	Ti-2.5Cu	余量	Cu: 2.0~3.0	—	—	—	—	—	—	0.20	0.08	0.05	0.010	0.20	0.10	0.30
TA14	Ti-2.3Al-11Sn-5Zr-1Mo-0.2Si	余量	2.0~2.5	10.52~11.5	0.8~1.2	—	4.0~6.0	0.10~0.50	—	0.20	0.08	0.05	0.0125	0.20	0.10	0.30

续表

合金牌号	名义化学成分	化学成分(质量分数)/%													
		主要成分								杂质，不大于				其他元素	
		Ti	Al	Sn	Mo	Pd	Ni	Si	B	Fe	C	N	H	O	单一	总和
TA15	Ti-6.5Al-1Mo-1V-2Zr	余量	5.5~7.1	—	0.5~2.0	0.8~2.5	1.5~2.5	≤0.15	—	0.25	0.08	0.05	0.015	0.15	0.10	0.30
TA15-1	Ti-2.5Al-1Mo-1V-1.5Zr	余量	2.0~3.0	—	0.5~1.5	0.5~1.5	1.0~2.0	≤0.10	—	0.15	0.05	0.04	0.003	0.12	0.10	0.30
TA15-2	Ti-4Al-1Mo-1V-1.5Zr	余量	3.5~4.5	—	0.5~1.5	0.5~1.5	1.0~2.0	≤0.10	—	0.15	0.05	0.04	0.003	0.12	0.10	0.30
TA16	Ti-2Al-2.5Zr	余量	1.8~2.5	—	—	—	2.0~3.0	≤0.12	—	0.25	0.08	0.04	0.006	0.15	0.10	0.30
TA17	Ti-4Al-2V	余量	3.5~4.5	—	—	1.5~3.0	—	≤0.15	—	0.25	0.05	0.05	0.015	0.15	0.10	0.30
TA18	Ti-3Al-2.5V	余量	2.0~3.5	—	—	1.5~3.0	—	≤0.12	—	0.25	0.08	0.05	0.015	0.12	0.10	0.30
TA19	Ti-6Al-2Sn-4Zr-2Mo-0.1Si	余量	5.5~6.5	1.8~2.2	1.8~2.2	—	3.5~4.4	≤0.13	—	0.25	0.05	0.05	0.0125	0.15	0.10	0.30
TA20	Ti-4Al-3V-1.5Zr	余量	3.5~4.5	—	2.5~3.5	—	1.0~2.0	≤0.10	—	0.15	0.05	0.04	0.003	0.12	0.10	0.30
TA21	Ti-1Al-1Mn	余量	0.4~1.5	—	—	0.5~1.3	≤0.30	≤0.12	—	0.30	0.10	0.05	0.012	0.15	0.10	0.30
TA22	Ti-3Al-1Mo-1Ni-1Zr	余量	2.5~3.5	0.5~1.5	Ni: 0.3~1.0	0.3~1.0	0.3~2.0	≤0.15	—	0.20	0.10	0.05	0.008	0.10	0.10	0.30
TA22-1	Ti-3Al-1Mo-1Ni-1Zr	余量	2.5~3.5	0.2~0.8	Ni: 0.3~0.8	—	0.5~1.0	≤0.04	—	0.20	0.10	0.04	0.010	0.15	0.10	0.30
TA23	Ti-2.5Al-2Zr-1Fe	余量	2.2~3.0	—	Fe: 0.8~1.2	0.8~1.2	1.7~2.3	≤0.15	—	—	0.10	0.04	0.008	0.15	0.10	0.30
TA23-1	Ti-2.5Al-2Zr-1Fe	余量	2.2~3.0	—	Fe: 0.8~1.1	0.8~1.1	1.7~2.3	≤0.10	—	—	0.10	0.04	0.008	0.15	0.10	0.30
TA24	Ti-3Al-2Mo-2Zr	余量	2.5~3.5	1.0~2.5	—	—	1.0~3.0	≤0.15	—	0.30	0.10	0.05	0.015	0.15	0.10	0.30
TA24-1	Ti-3Al-2Mo-2Zr	余量	1.5~2.5	1.0~2.0	—	—	1.0~3.0	≤0.04	—	0.15	0.10	0.04	0.010	0.10	0.10	0.30
TA25	Ti-3Al-2.5V-0.05Pd	余量	2.5~3.5	—	2.0~3.0	—	—	Pd: 0.04~0.08	—	0.25	0.08	0.03	0.015	0.15	0.10	0.40
TA26	Ti-3Al-2.5V-0.1Ru	余量	2.5~3.5	—	2.0~3.0	—	—	Ru: 0.08~0.14	—	0.25	0.08	0.03	0.015	0.15	0.10	0.40
TA27	Ti-0.10Ru	余量	—	—	Ru: 0.08~0.14	—	—	—	—	0.30	0.08	0.03	0.015	0.25	0.10	0.40
TA27-1	Ti-0.10Ru	余量	—	—	—	0.08~0.14	—	—	—	0.20	0.08	0.03	0.015	0.18	0.10	0.40
TA28	Ti-3Al	余量	2.0~3.0	—	—	—	—	—	—	0.30	0.08	0.05	0.015	0.15	0.10	0.40

① TA7ELI牌号的杂质"Fe+O"的总和应不大于0.32%。

续表

合金牌号	名义化学成分	化学成分（质量分数）/%											杂质，不大于				其他元素	
		主要成分															单一	总和
		Ti	Al	Sn	Mo	V	Cr	Fe	Zr	Pd	Nb	Si	Fe	C	N	H	O		
TB2	Ti−5Mo−5V−8Cr−3Al	余量	2.5~3.5	—	4.7~5.7	4.7~5.7	7.5~8.5	—	—	—	—	—	0.30	0.05	0.04	0.015	0.15	0.10	0.40
TB3	Ti−3.5Al−10Mo−8V−1Fe	余量	2.7~3.7	—	9.5~11.0	7.5~8.5	—	0.8~1.2	—	—	—	—	—	0.05	0.04	0.015	0.15	0.10	0.40
TB4	Ti−4Al−7Mo−10V−2Fe−1Zr	余量	3.0~4.5	—	6.0~7.8	9.0~10.5	—	1.5~2.5	0.5~1.5	—	—	—	—	0.05	0.04	0.015	0.20	0.10	0.40
TB5	Ti−15V−3Al−3Cr−3Sn	余量	2.5~3.5	2.5~3.5	—	14.0~16.0	2.5~3.5	—	—	—	—	—	—	0.05	0.05	0.015	0.15	0.10	0.30
TB6	Ti−10V−2Fe−3Al	余量	2.6~3.4	—	—	9.0~11.0	—	1.6~2.2	—	—	—	—	0.25	0.05	0.05	0.0125	0.13	0.10	0.30
TB7	Ti−32Mo	余量	—	—	30.0~34.0	—	—	—	—	—	—	—	—	0.08	0.05	0.015	0.20	0.10	0.40
TB8	Ti−15Mo−3Al−2.7Nb−0.25Si	余量	2.5~3.5	—	14.0~16.0	—	—	—	—	—	2.4~3.2	0.15~0.25	0.30	0.05	0.05	0.015	0.17	0.10	0.40
TB9	Ti−3Al−8V−6Cr−4Mo−4Zr	余量	3.0~4.0	—	3.5~4.5	7.5~8.5	5.5~6.5	—	3.5~4.5	≤0.10	—	—	0.30	0.05	0.03	0.030	0.14	0.10	0.40
TB10	Ti−5Mo−5V−2Cr−3Al	余量	2.5~3.5	—	4.5~5.5	4.5~5.5	1.5~2.5	—	—	—	—	—	0.30	0.05	0.04	0.015	0.15	0.10	0.40
TB11	Ti−15Mo	余量	—	—	14.0~16.0	—	—	—	—	—	—	—	0.10	0.10	0.05	0.015	0.20	0.10	0.40

续表

合金牌号	名义化学成分	化学成分（质量分数）/%													
		主要成分										杂质，不大于				其他元素	
		Ti	Al	Sn	Mo	V	Cr	Fe	Mn	Cu	Si	Fe	C	N	H	O	单一	总和
TC1	Ti-2Al-1.5Mn	余量	1.0~2.5	—	—	—	—	—	0.7~2.0	—	—	0.30	0.08	0.05	0.012	0.15	0.10	0.40
TC2	Ti-4Al-1.5Mn	余量	3.5~5.0	—	—	—	—	—	0.8~2.0	—	—	0.30	0.08	0.05	0.012	0.15	0.10	0.40
TC3	Ti-5Al-4V	余量	4.5~6.0	—	—	3.5~4.5	—	—	—	—	—	0.30	0.08	0.05	0.015	0.15	0.10	0.40
TC4	Ti-6Al-4V	余量	5.5~6.75	—	—	3.5~4.5	—	—	—	—	—	0.30	0.08	0.05	0.015	0.20	0.10	0.40
TC4ELI	Ti-6Al-4VELI	余量	5.5~6.5	—	—	3.5~4.5	—	—	—	—	—	0.25	0.08	0.03	0.0120	0.13	0.10	0.30
TC6	Ti-6Al-1.5Cr-2.5Mo-0.5Fe-0.3Si	余量	5.5~7.0	—	2.0~3.0	—	0.8~2.3	0.2~0.7	—	—	0.15~0.40	—	0.08	0.05	0.015	0.18	0.10	0.40
TC8	Ti-6.5Al-3.5Mo-0.25Si	余量	5.8~6.8	—	2.8~3.8	—	—	—	—	—	0.20~0.35	0.40	0.08	0.05	0.015	0.15	0.10	0.40
TC9	Ti-6.5Al-3.5Mo-2.5Sn-0.3Si	余量	5.8~6.8	1.8~2.8	2.8~3.8	—	—	—	—	—	0.2~0.4	0.40	0.08	0.05	0.015	0.15	0.10	0.40
TC10	Ti-6Al-6V-2Sn-0.5Cu-0.5Fe	余量	5.5~6.5	1.5~2.5	—	5.5~6.5	—	0.35~1.0	—	0.35~1.0	—	—	0.08	0.04	0.015	0.20	0.10	0.40

续表

合金牌号	名义化学成分	化学成分(质量分数)/%														
		主要成分										杂质,不大于					其他元素	
		Ti	Al	Sn	Mo	V	Cr	Fe	Zr	Nb	Si	Fe	C	N	H	O	单一	总和
TC11	Ti-6.5Al-3.5Mo-1.5Zr-0.3Si	余量	5.8~7.0	—	2.8~3.8	—	—	—	0.8~2.0	—	0.2~0.35	0.25	0.08	0.05	0.012	0.15	0.10	0.40
TC12	Ti-5Al-4Mo-4Cr-2Zr-2Sn-1Nb	余量	4.5~5.5	1.5~2.5	3.5~4.5	—	3.5~4.5	—	1.5~3.0	0.5~1.5	—	0.30	0.08	0.05	0.015	0.20	0.10	0.40
TC15	Ti-5Al-2.5Fe	余量	4.5~5.5	1.5~2.5	3.5~4.5	—	3.5~4.5	—	1.5~3.0	0.5~1.5	—	0.30	0.08	0.05	0.015	0.20	0.10	0.40
TC16	Ti-3Al-5Mo-4.5V	余量	2.2~3.8	—	4.5~5.5	4.0~5.0	—	—	—	—	≤0.15	0.25	0.08	0.05	0.012	0.15	0.10	0.30
TC17	Ti-5Al-2Sn-2Zr-4Mo-4Cr	余量	4.5~5.5	1.5~2.5	3.5~4.5	—	—	—	1.5~2.5	—	≤0.15	0.25	0.05	0.05	0.0125	0.08~0.13	0.10	0.30
TC18	Ti-5Al-4.75Mo-4.75v-1Cr-1Fe	余量	4.4~5.7	—	4.0~5.5	4.0~5.5	0.5~1.5	0.5~1.5	≤0.30	—	—	—	0.04	0.05	0.015	0.18	0.10	0.40
TC19	Ti-6Al-2Sn-4Zr-6Mo	余量	5.5~6.5	1.75~2.25	5.5~6.5	—	—	—	3.5~4.5	—	—	0.15	0.04	0.04	0.125	0.15	0.10	0.40
TC20	Ti-6Al-7Nb	余量	5.5~6.5	—	—	—	—	—	—	6.5~7.5	Ta≤0.5	0.25	0.08	0.05	0.009	0.20	0.10	0.40
TC21	Ti-6Al-2Mo-1.5Cr-2Zr-2Sn-2Nb	余量	5.2~6.8	1.6~2.5	2.2~3.3	—	0.9~2.0	—	1.6~2.5	1.7~2.3	—	0.15	0.08	0.05	0.015	0.15	0.1	0.40
TC22	Ti-6Al-4V-0.05Pd	余量	5.5~6.75	—	—	3.5~4.5	—	—	—	—	Pd:0.04~0.08	0.40	0.08	0.05	0.015	0.13	0.10	0.40
TC23	Ti-6Al-4V-0.1Ru	余量	5.5~6.75	—	—	3.5~4.5	—	—	—	—	Ru:0.08~0.14	0.25	0.08	0.05	0.010	0.15	0.10	0.40
TC24	Ti-4.5Al-3V-2Mo-2Fe	余量	4.0~5.0	—	1.8~2.2	2.5~3.5	—	1.7~2.3	—	—	—	—	0.05	0.04	0.012	0.15	0.10	0.40
TC25	Ti-6.5Al-2Mo-1Zr-1Sn-1W-0.2Si	余量	6.2~7.2	0.8~2.5	1.5~2.5	—	—	—	0.8~2.5	—	0.10~0.25	0.15	0.10	0.05	0.012	0.15	0.10	0.30
TC26	Ti-13Nb-13Zr	余量	—	—	—	—	—	—	12.5~14.0	12.5~14.0	W:0.5~1.5	0.25	0.08	0.05	0.012	0.15	0.10	0.40

表 C-96 钛及钛合金 TIG 焊焊接坡口形式

名 称	接头形式	母材厚度 δ/mm	间隙/mm 手 工 焊	间隙/mm 自 动 焊
无坡口对接		≤1.5 1.6~2.0	$b = (0\% \sim 30\%)\delta$ $b = 0 \sim 0.5$	$b = (0\% \sim 30\%)\delta$
单面 V 形坡口对接		2.5~6.0	$b = 0 \sim 0.5$ $P = 0.5 \sim 1.0$	$P = 1 \sim 2$ $b = 0$
X 形坡口		6~38	$b = 0 \sim 0.5$ $P = 0.5 \sim 1.0$	$b = 0 \sim 0.5$ $P = 1 \sim 2$
卷边接		<1.2	$a = (1.0 \sim 2.5)\delta$ R 按图样	—
T 形焊		≥0.5	b：贴合良好 局部允许 1δ	—
无坡口角接		≤1.5 1.6~2.0	$b = (0\% \sim 30\%)\delta$ $b = 0 \sim 0.5$	—
V 形坡口角接		2.0~3.0	$b = 0 \sim 0.5$ $P = 0.5 \sim 1.0$	—
搭 接		0.5~1.5 1.6~3.0	$b = 0 \sim 0.3$ $b = 0 \sim 0.5$	—

表 C-97　钛及钛合金自动钨极氩弧焊焊接参数

母材厚度/ mm	焊丝直径/ mm	钨极直径/ mm	电流强度/ A	电弧电压/ V	焊接速度/ (m/min)	送丝速度/ (m/min)	氩气流量/(L/min)		
							正面	背面	拖罩
0.5	—	1.5	25~40	8~10	0.20~0.50	—	8~12	2~4	10~15
0.8			45~55						
1.0			50~65						
1.5		2.0	90~120	10~12	0.15~0.40		10~15	3~6	12~18
1.0	1.0~1.6	1.5	70~80	10~14	0.20~0.45	0.25~0.50	8~12	2~4	10~15
1.2	1.6	1.5	80~100						
1.5	1.6	2.0	110~140						
2.0	1.6~2.0	2.5	150~190			0.25~0.60	10~15	3~6	12~18
2.5	1.6~2.0	3.0	180~250		0.15~0.40	0.30~0.75			

表 C-98　钛及钛合金手工钨极氩弧焊焊接参数

母材厚度/ mm	焊丝直径/ mm	钨极直径/ mm	电流强度/ A	电弧电压/ V	氩气流量/(L/min)	
					正面	反面
0.4		1.0~1.5	14~20	8~13	11~15	4~6
0.5			18~25			
0.6			20~25			
0.8	1.6		25~40			
1.0			35~45			
1.5		1.5	50~80	10~15	10~15	
2.0			60~90			
2.5			90~100			
3.0			110~140			

表 C-99　钛及钛合金等离子弧焊典型焊接参数

厚度/ mm	喷嘴孔径/ mm	电流强度/ A	电弧电压/ V	焊接速度/ (m/min)	送丝速度/ (m/min)	焊丝直径/ mm	氩气流量/(L/min)			
							离子气	保护气	拖罩	背面
0.2	0.8	5	—	7.5	—	0.25	10			2
0.4	0.8	6	—	7.5	—	0.25	10			2
1	1.5	35	18	12	—	0.5	12	15		2
3	3.5	150	24	23	60	1.5	4	15	20	6
6	3.5	160	30	18	68	1.5	7	20	25	15
8	3.5	172	30	18	72	1.5	7	20	25	15
10	3.5	250	25	9	46	1.5	7	20	25	15

注：直流、正接。

附录 C

表 C-100 钛及钛合金真空电子束焊焊接参数

材料厚度/mm	加速电压/kV	焊接束流/mA	焊接速度/(m/min)	材料厚度/mm	加速电压/kV	焊接束流/mA	焊接速度/(m/min)
1.0	13	50	2.1	16	30	260	1.5
2.0	18.5	90	1.9	25	40	350	1.3
3.2	20	95	0.8	50	45	450	0.7
5	28	170	2.5				

表 C-101 钛及钛合金无坡口对接埋弧自动焊焊接参数

工件厚度/mm	接头形式	焊丝直径/mm	焊接电流/A	电弧电压/V	送丝速度/(m/h)	焊接速度/(m/h)
2.5	钛保留垫板	2.0	180~200	30~32	150~170	45~55
3	钛保留垫板	2.0	190~210	28~30	150~170	45~55
3	钛保留垫板	2.5	240~260	30~32		45~55
4	钛保留垫板	2.5	270~290	30~32	170~190	45~55
4	铜垫板		340~360		145~155	45~55
5	钛保留垫板		350~380	32~34	150~160	45~55
5	铜垫板	3.0	370~390	32~34	160~170	45~55
6	钛保留垫板		420~450		200~210	45~55
6	铜垫板		390~420	30~32	170~180	45~55
6	双面焊	2.5	240~260	30~32	160~170	45~55
8	双面焊	3.0	350~380	32~34	160~170	45~55
8	铜垫板	4.0	590~600	30~32	90~100	40~45
10	双面焊	3.0	440~460	32~34	180~190	45~55
12	双面焊	3.0	450~500	32~34	180~190	45~55
16	双面焊	4.0	590~600	30~32	90~100	40~45
18~20	双面焊	4.0	600~610	32~34	90~100	40~45

表 C-102 钛及钛合金埋弧自动焊接头尺寸和焊接参数

接头形式	坡口形状	坡口尺寸/mm	焊接速度/(m/h)	送丝速度/(m/h)	焊接电流/A	电弧电压/V	焊丝直径/mm
钛保留垫板		$\delta = 3~4$ $b = 0 + 0.2$ $\delta_1 = 2$ $B = 15~20$ $\delta = 5~6$ $b = 1.5$ $\delta_1 = 3$ $B = 15~20$	50	150	350	36	3

续表

接头形式	坡口形状	坡口尺寸/mm	焊接速度/(m/h)	送丝速度/(m/h)	焊接电流/A	电弧电压/V	焊丝直径/mm
铜垫		$\delta = 7 \sim 8$ $b = 2$	46~50	178	420	35	3
焊剂垫		$\delta = 8 \sim 9$ $b = 0 + 0.2$ $P = 4$	46	162	380	35	3
		$\delta = 10$ $b = 0 + 0.2$ $P = 5$	46	205	470	35	3
铜垫		$\delta = 12$ $P = 5$	46	150	350	36	3
		$\delta = 14$ $P = 6$	50	178	420	35	3
		$\delta = 16$ $P = 8$	50	235	500	36	3

表 C-103 大厚度钛及钛合金埋弧焊自动对接焊焊接参数

坡口形状尺寸	焊接顺序	焊接方法	焊丝直径/mm	焊接电流/A	电弧电压/V	送丝速度/(m/h)	焊接速度/(m/h)
	1	双丝	3/3	500/500	36/37	253/253	46
	2	单丝	3/—	500/—	36/—	253/—	46
	3	双丝	3/3	500/500	36/37	253/253	46
	1	单丝	4/—	700/—	38/—	166/—	50
	2	单丝	4/—	700/—	38/—	166/—	50
	3	双丝	4/4	700/700	39/40	166/166	50
	4	双丝	4/4	700/700	39/40	166/166	50
	1	单丝	5/—	1000/—	44/—	166/—	46
	2	单丝	5/—	1000/—	44/—	166/—	46
	3	双丝	5/4	1000/950	44/40	166/253	46
	4	双丝	5/4	1000/950	44/40	166/253	46
	5	双丝	5/4	1000/950	44/40	166/253	46
	6	双丝	5/4	1000/950	44/40	166/253	46

表 C-104 我国常用变形高温合金的化学成分[①]

序号	牌号	化学成分（质量分数）/%													
		C	Cr	Ni	W	Mo	Nb	Al	Ti	Fe	Mn	Si	S	P	其他
1	GH1015	≤0.08	19.0~22.0	34.0~39.0	4.80~5.80	2.50~3.20	1.10~1.60	—	—	余	≤1.50	≤0.60	≤0.015	≤0.020	B≤0.010 Ce≤0.050
2	GH1035	0.06~0.12	20.0~23.0	35.0~40.0	2.50~3.50	—	1.20~1.70	≤0.50	—	余	≤0.70	≤0.80	≤0.020	≤0.030	Ce≤0.050
3	GH1140	0.06~0.12	20.0~23.0	35.0~40.0	1.40~1.80	2.00~2.50	—	0.20~0.60	0.70~1.20	余	≤0.70	≤0.80	≤0.015	≤0.025	Ce≤0.050
4	GH1131	≤0.10	19.0~22.0	25.0~30.0	4.80~6.00	2.80~3.50	0.70~1.30	—	0.70~1.20	余	≤1.20	≤0.80	≤0.020	≤0.020	B≤0.005 N=0.15~0.30
5	GH2132	≤0.08	13.5~16.0	24.0~27.0	—	1.00~1.50	—	≤0.40	1.75~2.35	余	1.00~2.00	≤1.00	≤0.020	≤0.030	B=0.001~0.010 V=0.10~0.50
6	GH2302	≤0.08	12.0~16.0	38.0~42.0	3.50~4.50	1.50~2.50	—	1.80~2.30	2.30~2.80	余	≤0.60	≤0.60	≤0.015	≤0.020	B≤0.01 Zr≤0.05 Ce≤0.02
7	GH2018	≤0.06	18.0~21.0	40.0~44.0	1.80~2.20	3.70~4.30	0.90~1.40	0.35~0.75	1.80~2.20	余	≤0.50	≤0.60	≤0.015	≤0.020	B≤0.015 Zr≤0.05 Ce≤0.02
8	GH2150	≤0.05	14.0~16.0	45.0~50.0	2.50~3.50	4.50~6.00	—	0.80~1.30	1.80~2.40	余	≤0.40	≤0.40	≤0.015	≤0.015	B≤0.01 Zr≤0.05 Ce≤0.02 Cu≤0.07

续表

序号	牌号	化学成分（质量分数）/%													
		C	Cr	Ni	W	Mo	Nb	Al	Ti	Fe	Mn	Si	S	P	其他
9	GH2907	≤0.06	≤1.0	35.0~40.0	—	—	4.3~5.2	≤0.20	1.30~1.80	余	≤1.0	0.07~0.35	≤0.015	≤0.015	Co=12.0~16.0 B≤0.012 Cu≤0.50
10	GH2903	≤0.05	—	36.0~39.0	—	—	2.70~3.50	0.70~1.15	1.35~1.75	余	≤0.2	≤0.35	≤0.015	≤0.015	Co=14.0~17.0 B=0.005~0.010
11	GH3030	≤0.12	19.0~22.0	余	—	—	—	≤0.15	0.15~0.35	≤1.50	≤0.70	≤0.80	≤0.020	≤0.030	Cu≤0.2② Pb≤0.001
12	GH3039	≤0.08	19.0~22.0	余	—	1.80~2.30	0.90~1.30	0.35~0.75	0.35~0.75	≤3.0	≤0.40	≤0.80	≤0.012	≤0.020	—
13	GH3044	≤0.10	23.5~26.5	余	13.0~16.0	≤1.50	—	0.50	0.30~0.70	≤4.0	≤0.50	≤0.80	≤0.013	≤0.013	Cu≤0.070
14	GH3128	≤0.05	19.0~22.0	余	7.5~9.0	7.5~9.0	—	0.40~0.80	0.40~0.80	≤2.0	≤0.50	≤0.80	≤0.013	≤0.013	B≤0.005 Ce≤0.05 Zr≤0.06
15	GH3536	0.05~0.15	20.5~23.0	余	0.20~1.00	8.0~10.0	—	≤0.50	≤0.15	17.0~20.0	≤1.00	≤1.00	≤0.015	≤0.025	B≤0.01 Co=0.50~2.50
16	GH3625	≤0.10	20.0~23.0	余	—	8.0~10.0	3.15~4.15	≤0.40	≤0.40	≤5.0	≤0.50	≤0.50	≤0.015	≤0.015	Co≤1.00
17	GH3170	≤0.06	18.0~22.0	余	17.0~21.0	—	—	≤0.50	—	—	≤0.50	≤0.80	≤0.013	≤0.013	La 0.10 B≤0.005 Zr=0.1~0.2 Co=15.0~22.0

续表

序号	牌号	化学成分（质量分数）/%											
		C	Cr	Ni	W	Mo	Nb	Al	Ti	Fe	Mn	Si	S	P	其他
18	GH4163	0.04~0.08	19.0~21.0	余	—	5.60~6.10	19.0~21.0	0.30~0.60	1.90~2.40	≤0.70	≤0.60	≤0.40	≤0.007	—	B≤0.005[③] Cu≤0.2 Pb≤0.002
19	GH4169	≤0.08	17.0~21.0	50.0~55.0	—	2.80~3.30	—	0.20~0.60	0.65~1.15	余	≤0.35	≤0.35	≤0.015	≤0.015	Nb=4.75~5.5[④] B≤0.006
20	GH4099	≤0.08	17.0~20.0	余	5.00~7.00	3.50~4.50	—	1.70~2.40	1.00~1.50	≤2.0	≤0.40	≤0.50	≤0.015	≤0.015	B≤0.005 Ce≤0.02 Mg≤0.01 Co=5.00~8.00
21	GH4141	0.06~0.12	18.0~20.0	余	—	9.00~10.5	—	1.40~1.80	3.00~3.50	≤5.0	≤0.50	≤0.50	≤0.015	≤0.015	B=0.003~0.01 Co=10.0~12.0
22	GH4033	0.03~0.03	19.0~22.0	余	—	—	—	0.60~1.00	2.40~2.80	≤4.0	≤0.35	≤0.65	≤0.007	≤0.015	B≤0.010
23	GH5188	0.05~0.15	20.0~24.0	20.0~24.0	13.0~16.0	—	Co余	—	—	≤3.0	≤1.25	0.20~0.50	≤0.015	≤0.020	B≤0.015[⑤] La=0.03~0.12
24	GH5605	0.05~0.15	19.0~21.0	9.0~11.0	14.0~18.0	—	Co余	—	—	≤3.00	1.0~2.0	≤0.14	≤0.03	≤0.04	—

注：① 列入国家标准的牌号和成分摘自 GB/T 14992—2005，未列入国家标准的牌号和成分摘自《中国航空材料手册》第2卷。
② 按板材标准，摘自《中国航空材料手册》第2卷。
③ GH4163 合金中 $w(Al+Ti) = 2.4\% \sim 2.8\%$。
④ GH 4169 合金的成分有标准成分、优质成分和高纯成分三种，表中为标准成分的数据。
⑤ GH 5188 合金还要求 $w(Ag) \leq 0.00010\%$，$w(Pb) \leq 0.0010\%$。

表 C-105　我国铸造高温合金的化学成分及性能

合金牌号	化学成分（质量分数）/%												拉伸性能			持久性能		
	C	Cr	Ni	Co	W	Mo	Al	Ti	Fe	B	Zr	其他	T/℃	σ_b/MPa	δ_5/%	T/℃	σ/MPa	t/%
K213	<0.1	14~16	34~38	—	4~7	—	1.5~2.0	3.0~4.0	余	0.05~0.10	—	—	—	—	—	850	216	100
K214	≤0.1	11~13	40~45	—	6.5~8.0	—	1.8~2.4	4.2~5.0	余	0.10~0.15	—	—	—	—	—	850	245	≥60
K401	≤0.1	14~17	余	—	7~10	≤0.3	4.5~5.5	1.5~2.0	<0.2	0.03~0.1	—	—	—	—	—	850	245	≥60
K403	0.11~0.18	10~12	余	4.5~6.0	4.8~5.5	3.8~4.5	5.3~5.9	2.3~2.9	≤2.0	0.012~0.022	0.03~0.08	Ce0.01	800	785	2.0	975	195	≥40
K405	0.1~0.18	9.5~11	余	9.5~10.5	4.5~5.2	3.5~4.2	5~5.8	2~2.9	≤0.5	0.015~0.026	0.03~0.1	Ce0.01	900	675	6	900 950	315 215	≥80 ≥80
K406	0.1~0.2	14~17	余	—	—	4.5~6	3.25~4.0	2~3	≤1.0	0.05~0.1	0.03~0.08	—	800	665	4	850	275	≥50
K417	0.13~0.22	8.5~9.5	余	14~16	—	2.5~3.5	4.8~5.7	4.5~5.0	≤1.0	0.012~0.022	0.05~0.09	V=0.6~0.9	900	635	6	900 950	315 235	≥70 ≥40
K418	0.08~0.16	11.5~13.5	余	—	—	3.8~4.8	5.5~6.4	0.5~1.0	≤1.0	0.008~0.02	0.06~0.15	Nb=1.8~2.5	20 800	755 755	3 4	800	490	≥45
K419	0.09~0.14	5.5~6.5	余	11~13	9.5~10.5	1.7~2.3	5.2~5.7	1.0~1.5	≤0.5	0.05~0.10	0.03~0.08	V≤0.1 Nb=2.5~3.3	—	—	—	750 950	685 255	≥45 ≥80
DZ404	0.1~0.16	9~10	余	5.5~6.5	5.1~5.8	3.5~4.2	5.6~6.4	1.6~2.2	≤1.0	0.012~0.025	≤0.02	—	900	≥735	4	850	275	≥50
DZ422	0.12~0.16	8~10	余	9~11	11.5~12.5	—	4.75~5.25	1.75~2.25	≤0.2	0.01~0.02	≤0.05	Nb=0.75~1.25 Hf=1.4~1.8	20	≥980	≥5	980	220	≥32
DD403	≤0.01	9~10	余	4.5~5.5	5~6	3.5~4.5	5.5~6.2	1.7~2.4	≤0.5	0.005	0.0075	—	900	≥835	≥6	1000 1040	195 165	≥70 ≥70
JG4006 (IC6)	≤0.02	—	余	—	—	13.5~14.3	7.4~8.0	—	≤1.0	0.02~0.06	—	—	1100	500	32	1100	90	≥302

表 C-106 镍基高温合金的化学成分示例 %(质量分数)

合金牌号	强化方式	C	Cr	Ni	W	Mo	Al	Ti	Nb	Co	Fe	B	Si	Mn	S	P	其他
GH3128	固溶强化	≤0.05	19.0~22.0	余量	7.5~9.0	7.5~9.0	0.40~0.80	0.40~0.80	—	—	—	≤0.005	≤0.80	≤0.50	≤0.013	≤0.013	Ce ≤0.05 Zr≤0.006
GH22	固溶强化	0.05~0.15	20.5~23.0	余量	0.20~1.00	8.0~10.0	≤0.50	≤0.15	—	0.50~2.50	17.0~22.0	≤0.010	≤1.00	≤1.00	≤0.020	≤0.025	Cu≤0.50
GH170		≤0.06	18.0~22.0	余量	17.0~19.0	—	≤0.50	—	—	15.0~22.0	—	≤0.005	≤0.80	≤0.50	≤0.013	≤0.013	La 0.10
GH163	时效强化	0.04~0.08	19.0~21.0	余量	—	5.60~6.10	0.30~0.60	1.90~2.40	—	19.0~21.0	≤0.70	≤0.005	≤0.40	≤0.040	≤0.015	≤0.007	Cu≤0.20
GH4169	时效强化	≤0.08	17.0~21.0	余量	—	2.80~3.30	0.20~0.60	0.65~1.15	4.75~5.50	—	—	≤0.006	≤0.35	0.35	≤0.015	≤0.015	Ce≤0.02
GH99		≤0.08	17.0~20.0	余量	5.0~7.0	3.50~4.50	1.70~2.40	1.00~1.50	—	5.0~8.0	≤2.00	≤0.005	≤0.50	≤0.50	≤0.015	≤0.015	Mg≤0.01

表 C-107 典型镍基合金的物理性能

合金牌号	熔化温度/℃	热导率/[W/(m·℃)] ℃						线膨胀系数 α/(×10⁻⁶/℃) ℃						密度/(g/cm³)	电阻率/10⁻⁶ Ω·m ℃				弹性模量① ED/GPa ℃				
		100	400	600	800	900		20~100	20~400	20~600	20~800	20~1000			20	600	800	900	20	600	800	1000	
GH3128	1340~1390	11.3	15.5	18.6	21.4	23.0		11.2	12.8	13.7	15.2	16.3		8.81	1.37	—	—	1.39	208	187	162	144	
GH22	1288~1374	8.7	14.0	17.4	21.4	24.1		12.7	15.5	17.4	19.1	—		8.23	—	—	—	—	206	174	158	—	
GH170	1395~1425	13.4	16.3	18.0	20.5	—		11.7	12.9	13.8	15.4	16.5		9.34	1.19	1.273	1.273	1.272	253	214	198	—	
GH163	1320~1375	12.6	19.3	23.4	27.7	30.1		11.6	13.4	14.6	16.2	18.0		8.35	1.21	1.41	1.41	1.38	248	196	150	143	
GH4169	1260~1320	14.6	18.8	21.8	24.3	—		13.2	14.0	15.0	17.0	18.7		8.24	1.37	1.42	1.42	—	205	169	—	—	
GH99	1345~1390	10.5	15.9	19.9	23.5	27.2		12.0	13.0	14.2	15.1	17.4		8.47	1.37	1.46	—	1.39	223	194	178	146	

注：① ED 为弹性模量。

表 C-108 典型镍基合金的热处理制度

合金牌号	热处理制度	
	固溶处理	时效处理
GH3128	1140~1180℃，空冷	
GH22C(GH536)	1140~1180℃，空冷或水冷	
GH170	1190~1240℃，空冷	
GH163	1150℃±10℃，水冷	800℃±10℃，8h，空冷
GH69	950~980℃，1h，油冷、水冷或空冷	720℃±5℃，8h，以50℃/h炉冷至620℃±5℃，8h，空冷
GH4099	1120~1160℃，空冷	

表 C-109 镍基高温合金板材的力学性能

合金牌号	数据特征[①]	热处理状态	试验温度/℃	力学性能 σ_b MPa	力学性能 $\sigma_{0.2}$ MPa	δ_5/%	持久性能 σ/MPa	断裂时间/h	δ_5/%
GH3128	A	供态[②]	20	735	—	40	—	—	—
			950	176	—	40	42	100	—
GH22	A	供态	20	725	304	35	—	—	—
			815	342	—	62	110	24	8
GH170	A	1190~1240℃，空冷	20	725	—	40	—	—	—
			1000	137	—	40	39	100	—
GH163	A	1150℃±10℃，水冷	20	540	—	9	—	—	—
				780	465	—	5	—	—	—
	B	1150℃，水冷+800℃，8h，空冷	20	1049	608	40	—	—	—
							420	100	—
			700	814	451	41	360	500	—
			780	618	441	39	210	100	—
			850	412	353	56	155	500	—
GH4169	B	960℃，1h，水冷+720℃，8h，冷至620℃，8h，空冷	20	1270	1030	12	—	—	—
			650	1005	865	12	690	25	4
GH99	A	1140℃，空冷	20	1128	—	30	—	—	—
			900	374	—	15	118	23	6
	B	1140℃，空冷+900℃，4h，空冷	20	1046	604	50	—	—	—
			600	930	514	52	—	—	—
			700	832	588	19	—	—	—
			800	635	575	13	—	—	—
			900	478	361	40	118	100	—
			950	260	221	65	—	—	—

注：① A 为技术条件规定的力学性能数据的下限值；B 为试验数据。
② 供态为固溶处理+平整。

表 C-110 典型铁基高温合金板材的化学成分和热处理制度

%（质量分数）

	合金牌号	C	Cr	Ni	W	Mo	Al	Ti	Nb	Fe	B	Si	Mn	S	P	其他	热处理制度
固溶强化	GH1015	≤0.08	19.0~22.0	34.0~39.0	4.80~5.80	2.50~3.20	—	—	1.10~1.60	余量	≤0.010	≤0.60	≤1.50	≤0.015	≤0.020	—	1140~1170℃，空冷
	GH1140	0.06~0.12	20.0~23.0	35.0~40.0	1.40~1.80	2.00~2.50	0.20~0.50	0.70~1.05	—	余量	—	≤0.80	≤0.70	≤0.015	≤0.025	—	1050~1090℃，空冷
	GH1131	≤0.10	19.0~22.0	25.0~30.0	4.60~6.00	2.80~3.50	—	—	0.70~1.30	余量	≤0.005	≤0.80	≤1.20	≤0.015	≤0.020	—	1130~1170℃，空冷
时效强化	GH2132	≤0.08	13.0~16.0	24.0~27.0	1.00~1.50	1.00~1.50	≤0.40	1.75~2.30	—	余量	0.301~0.01	≤0.40 1.00	1.00~2.00	≤0.03	≤0.020	V0.10~0.50	980~1000℃，空冷 700~720℃，12~16h，空冷
	GH2018	≤0.05	18.0~21.0	40.0~44.0	1.80~2.20	3.70~4.30	0.35~0.75	1.80~2.20	—	余量	≤0.015	≤0.40	≤0.50	≤0.015	≤0.020	—	1110~1150℃，空冷 800℃±10℃，16h，空冷
	GH150	≤0.03	14.0~16.0	45.0~50.0	2.50~3.50	4.50~6.00	0.80~1.30	2.40	0.90~1.40	余量	≤0.010	≤0.40	≤0.40	≤0.015	≤0.015	Ce≤0.020 Cu≤0.070 Zr≤0.050	1040~1080℃，空冷 750℃，16h，空冷

表 C-111 铁基高温合金板材的物理性能

合金牌号	熔化温度/℃	热导率/[W/(m·℃)] ℃						线膨胀系数α/(×10⁻⁶/℃) ℃						密度/(g·cm⁻³)	电阻率/10⁻⁶Ωm ℃			弹性模量①E/GPa ℃				
		100	400	600	800	900		20~100	20~400	20~600	20~800	20~1000			20	600	800	20	600	800	1000
GH1015	—	11.7	17.2	20.8	25.0	26.8		14.4	15.4	16.1	16.7	17.2		8.32	—	—	—	200	166	148	129
GH1140	—	5.2	19.3	22.1	25.0	26.3		12.7	14.6	15.4	16.3	17.5		8.09	1.07	—	—	192	159	143	—
GH1131	—	10.46	16.32	19.3	22.6	24.7		14.7	14.8	16.2	17.3	18.1		8.33	0.91	1.16	1.21	220	174	176	166
GH2132	1362~1424	14.2	18.8	22.2	25.5	27.6		15.4	16.8	18.1	19.6	19.6		7.93	1.21	—	1.23	198	157	139	—
GH2018	—	10.5	16.3	19.7	23.0	25.1		14.6	15.0	15.6	16.2	—		8.16	—	—	—	186	147	136	—
GH150	1320~1365	11.3	16.2	18.9	23.6	—		12.5	13.9	14.8	15.8	17.8		8.26	1.36	1.34	1.37	204	171	157	135
低碳钢		45.89						11.4						7.86	0.15						

表 C-112 铁基高温合金板材的力学性能

合金牌号	数据特征	热处理状态	试验温度/℃	拉伸性能 σ_b MPa	拉伸性能 $\sigma_{0.2}$ MPa	δ_5/%	持久性能 σ/MPa	持久性能 断裂时间/h
GH1015	A	1150℃，空冷	20	686	—	40	—	—
			900	176	—	40	68	20
	B		20	737	314	48	—	—
			600	581	211	50	400	100
			700	478	205	45	235	100
			800	318	194	77	118	100
			900	189	137	103	55	100
GH1140	A	1080℃，空冷	20	637	—	40	—	—
			800	225	—	40	—	—
	B		20	662	255	46	—	—
			500	542	198	48	—	—
			600	524	196	45	450	100
			700	422	232	47	235	100
			800	260	175	62	78	100
							22	1000
			900	183	38	81	26	100
GH1131	A	1130~1170℃，空冷	20	735	—	34	—	—
			900	177	—	40	—	—
	B	1150℃，空冷	20	830	—	43	—	—
			600	660	—	46	—	—
			700	523	—	30	252	100
			800	343	—	34	178	100
			900	215	—	63	97	100
			1000	110	—	56	—	—
GH2132	A	980~1000℃，空冷 +700~720℃ 12~16h 空冷，时效	20	882	—	20	—	—
			500	784	—	16	584	100
			650	686	—	15	392	100
GH2018	A		20	932	—	15	—	—
			800	432	—	15	—	—
	B	1110~1150℃，空冷，+800℃，16h，空冷	20	1026	590	25	—	—
			550	836	487	26	235	20
			700	740	490	26	—	—
			780	538	394	—	177	276
			800	564	—	24	103	182
GH150	A	1120℃，空冷	20	707	—	30	—	—
			800	633	—	10	245	30
	B	1120℃，空冷+800℃，8h，空冷	20	1231	—	23	—	—
			600	1104	—	18	—	—
			700	950	—	39	—	—
			800	644	—	23	245	97

表 C-113　典型钴基高温合金(板材)的化学成分和热处理工艺　%(质量分数)

合金牌号	C	Cr	Ni	Co	W	Fe	B	La	Mn	Si	P	S	热处理制度
GH188	0.05~0.15	20.0~24.0	20.0~24.0	余量	13.0~16.0	≤3.0	≤0.03	0.05~0.12	≤1.25	0.20~0.50	≤0.02	≤0.015	1180℃±10℃，空冷或水冷
GH605	0.05~0.15	19.0~21.0	9.0~11.0	余量	14.0~18.0	—	—	—	1.0~2.0	≤0.40	≤0.04	≤0.03	1120℃±10℃，空冷或水冷

表 C-114　典型钴基高温合金(板材)的物理性能

合金牌号	熔化温度/℃	热导率/[W/(m·℃)] ℃					线膨胀系数 $\alpha/(10^6/℃)$ ℃				密度/(g/cm³)
		100	400	600	800	900	20~100	20~400	20~600	20~800	20~1000	
GH188	1300~1360	11.7	18.9	23.1	26.2	—	11.4	14.2	17.0	16.8	—	9.13
GH605	1329~1410											

合金牌号	熔化温度/℃	电阻率/$10^{-6}\Omega m$ ℃				弹性模量 ED/GPa ℃			
		20	600	800	900	20	600	800	1000
GH188	1300~1360	—	—	—	—	227	187	166	158
GH605	1329~1410								

表 C-115　典型钴基高温合金(板材)的力学性能

合金牌号	数据特征	热处理状态	试验温度/℃	拉伸性能			持久性能		
				σ_b MPa	$\sigma_{0.2}$ MPa	δ/%	试验温度/℃	σ/MPa	断裂时间/h
GH188	A	1180℃，水或空冷	20	86	38	45	—	—	—
			815				815	165	23
	B	1180℃，水或空冷	20	1000	—	51	815	154	100
			700	720		70		110	1000
			800	580		66	875	105	100
			900	310		62		70	1000
			1000	165		60			
GH605	A	供态	20	890	370	35	—	—	—
							815	165	23
	B	1120℃，水或空冷	20	940	—	60	815	165	100
			400	760		74		117	1000
			600	580		40	870	107	100
			800	480		30		72	1000
			1000	180		36	980	48	100
								26	1000

表 C-116 焊接用高温合金常用牌号及化学成分

化学成分(质量分数)/%

合金牌号	C	Cr	Ni	W	Mo	Al	Ti	Fe	Nb	V	B	Ce	Mn	Si	P	S	Cu	其他
HGH1035	0.06~0.12	20.0~23.0	35.0~40.0	2.50~3.50	—	≤0.50	0.70~1.20	余	—	—	—	≤0.05	≤0.70	≤0.80	≤0.02	≤0.02	≤0.20	—
HGH1040	≤0.10	15.0~17.5	24.0~27.0	—	5.50~7.00	—	—	余	—	—	—	—	1.00~2.00	0.50~1.00	≤0.030	≤0.020	≤0.20	—
HGH1068	≤0.10	14.0~16.0	21.0~23.0	7.00~8.00	2.00~3.00	—	—	余	—	—	—	≤0.02	5.00~6.00	≤0.20	≤0.010	≤0.010	—	N:0.10~0.20
HGH1131	≤0.10	19.0~22.0	25.0~30.0	4.80~6.00	2.80~3.50	—	—	余	0.70~1.30	—	≤0.005	—	≤1.20	≤0.80	≤0.020	≤0.020	≤0.20	—
HGH1139	≤0.12	23.0~26.0	14.0~18.0	—	—	—	—	余	—	—	≤0.010	—	5.00~7.00	≤1.00	≤0.030	≤0.025	—	N:0.15~0.30
HGH1140	0.06~0.12	20.0~23.0	35.0~40.0	1.40~1.80	2.00~2.50	—	—	余	—	—	—	—	≤0.70	≤0.80	≤0.020	≤0.015	≤0.20	—
HGH2036	0.34~0.40	11.5~13.5	7.0~9.0	—	1.10~1.40	—	≤0.12	余	0.25~0.50	1.25~1.55	—	—	7.50~9.50	0.30~0.80	≤0.035	≤0.030	—	N:0.25~0.45
HGH2038	≤0.10	10.0~12.5	18.0~21.0	—	2.00~2.50	≤0.50	2.30~2.80	余	—	—	≤0.008	—	≤1.00	≤1.00	≤0.020	≤0.020	≤0.20	—
HGH2042	≤0.05	11.5~13.0	34.5~36.5	—	1.00~1.50	0.90~1.20	2.70~3.20	余	—	0.10~0.50	≤0.001~0.010	—	0.80~1.30	0.60~1.00	0.020	0.020	≤0.20	—
HGH2132	≤0.08	13.5~16.0	24.5~27.0	—	1.00~1.50	≤0.35	1.75~2.35	余	—	—	—	≤0.03	1.00~2.00	0.40~1.00	≤0.020	≤0.015	—	—
HGH2135	≤0.06	14.0~16.0	33.0~36.0	1.70~2.20	1.70~2.20	2.40~2.80	2.10~2.50	余	—	—	≤0.015	—	≤0.40	≤0.50	≤0.020	≤0.020	—	—

续表

合金牌号	化学成分（质量分数）/%																	
	C	Cr	Ni	W	Mo	Al	Ti	Fe	Nb	V	B	Ce	Mn	Si	P	S	Cu	其他
HGH3030	≤0.12	19.0~22.0	余	—	—	≤0.15	0.15~0.35	≤1.0	—	—	—	—	≤0.70	≤0.80	≤0.015	≤0.010	≤0.20	—
HGH3039	≤0.80	19.0~22.0	余	—	1.80~2.30	0.35~0.75	0.35~0.75	≤3.0	0.90~1.30	—	—	—	≤0.40	≤0.80	≤0.020	≤0.012	≤0.20	—
HGH3041	≤0.25	20.0~23.0	72.0~78.0	—	—	—	—	—	≤1.7	—	—	—	0.20~1.50	≤0.60	≤0.035	≤0.030	≤0.20	—
HGH3044	≤0.10	23.5~26.5	余	13.6~16.0	—	≤0.50	0.30~0.70	≤4.0	—	—	—	—	≤0.50	≤0.80	≤0.013	≤0.013	≤0.20	—
HGH3113	≤0.08	14.5~16.5	余	3.00~4.50	15.0~17.0	—	—	4.0~4.7	—	≤0.35	≤0.005	≤0.05	≤1.00	≤1.00	≤0.015	≤0.015	≤0.20	—
HGH3128	≤0.05	19.0~22.0	余	7.50~9.00	7.50~9.00	0.40~0.80	0.40~0.80	≤2.0	—	—	—	—	≤0.50	≤0.80	≤0.013	≤0.013	≤0.20	—
HGH3536	0.05~0.15	20.5~23.0	余	0.20~1.00	8.00~10.0	—	—	17.0~20.0	—	—	≤0.010	—	≤1.00	≤1.00	≤0.025	≤0.025	—	Zr≤0.06
HGH3600	≤0.10	14.0~17.0	≥72.0	—	—	—	—	6.0~10.0	—	—	—	—	≤1.00	≤0.50	≤0.020	≤0.015	≤0.50	Co: 0.50~2.50
HGH4033	≤0.06	19.0~22.0	余	—	—	0.60~1.00	2.40~2.80	≤1.0	—	—	≤0.010	≤0.01	≤0.35	≤0.65	≤0.015	≤0.007	≤0.07	—
HGH4145	≤0.80	14.0~17.0	余	—	—	0.40~1.00	2.50~2.75	5.0~9.0	0.70~1.20	—	—	—	≤1.00	≤0.50	≤0.020	≤0.010	≤0.20	Co≤1.00
HGH4169	≤0.08	17.0~21.0	50.0~55.0	—	2.80~3.30	0.20~0.60	0.65~1.15	余	4.75~5.50	—	≤0.006	—	≤0.35	≤0.30	≤0.015	≤0.015	≤0.20	—

表 C-117 相同和不同牌号高温合金 TIG 焊用焊丝（包括与不锈钢焊接用焊丝）

序号	合金牌号	GH3030 (1)	GH3039 (2)	GH3044 (3)	GH3128 (4)	GH625 (5)	GH22 (GH536) (6)	GH163 (7)	GH4169 (8)	GH99 (9)	GH1015 (10)	GH1016 (11)	GH1140 (12)	GH1035 (13)	GH2132 (14)	GH2302 (15)	GH2018 (16)	GH150 (17)	GH188 (18)	GH605 (19)
(1)	GH3030	1																		
(2)	GH3039	1 2	2																	
(3)	GH3044	1 3	2 3	3																
(4)	GH3128	1 4	2 4	3 4	4															
(5)	GH625	1 5	2 5	3 5	4 5	5														
(6)	GH22 (GH536)	1 6	2 6	3 6	6	6	6													
(7)	GH163	1 7				5 7	6 7	7												
(8)	GH4169	1 8				5 8 20	6 8	7 8 20	8											
(9)	GH99	1 9 23	2 9 23	3 9 23						9 23										
(10)	GH15	1 10	2 10	3 10			6 10			9 10 23	10									
(11)	GH16	1 11	2 11	3 11			6 11			9 11 23	10 11	11								
(12)	GH1140	1 12	2 12	3 12	4 12		6 12			9 12 6	10 12	11 12	12							
(13)	GH1035	1 13	2 13	3 13									12 13	13						

续表

序号	合金牌号	(1)GH3030	(2)GH3039	(3)GH3044	(4)GH3128	(5)GH625	(6)GH22(GH536)	(7)GH163	(8)GH4169	(9)GH99	(10)GH1015	(11)GH1016	(12)GH1140	(13)GH1035	(14)GH2132	(15)GH2302	(16)GH2018	(17)GH150	(18)GH188	(19)GH605
(14)	GH2132	1	2 14	3 14		5 14/20	6 14	7 14/20	8 14/21				12 14/20		14					
(15)	GH2032	1	2 15	3 15			6 15									15				
(16)	GH2018	16/21	3 16	3 16		5 16/21											16			
(17)	GH150	17/23	2 17/23	3 17/23		5 18/21		7 18/21	8 18/21	9 17/23			12 17/23					17 23		
(18)	GH188	18/21	2 18/21	3 18/21		5 18/21	6 18/21	7 19/21	8 19/21						14 18/21				18	
(19)	GH605	19/21				5 21	6 24	7 19/21	8 19/21					13 24/6	14 24/6				18	19
(20)	1Cr18Ni9Ti	1	24	1/2 24/3	4/6	6	6	7		6 20/23	1C 24/6	11 24/6	12 24/6	24/6	24/6					19/21
(21)	1Cr13(2Cr13)	1	2 6	3 6																
(22)	Cr17Ni2	1	2 6	3 6																

注：1. (1)~(6)为匠容镍基合金，(7)~(9)为沉淀强化镍基合金，(10)~(13)为固溶铁镍基合金，(14)~(17)为沉淀强化铁镍基合金，(18)~(19)为钴基合金。

2. ~24 的焊丝牌号为：1HGH3030 2HGH3039 3HGH3044 4HGH3128 5GH625 6GH22(GH536) 7GH163 8HGH4169 9GH99 10GH1015 11GH1016 12HGH1140 13HGH1035 14HGH2132 15GH2032 16HGH2018 17GH150 18GH188 19GH605 20HGH3113 21HSG-1 22HSG-1 23лH533 24H1Cr18Ni9Ti(H0Cr20Ni10Ti) 其中 21~23 均为 Ni 基合金焊丝。

表 C-118　高温合金手工 TIG 焊焊接参数

母材厚度/mm	焊丝直径/mm	钨极直径/mm	保护气体		焊接电流/A
			气体种类	气体流量/(L/min)	
0.5	0.5~0.8	1.0~1.2	Ar	8~10	15~25
1.0	1.0~1.2	1.5~2.0	Ar	8~12	35~60
1.5	1.2~2.0	1.5~2.0	Ar	10~15	50~85
2.0	2.0~2.5	2.0~2.5	Ar	12~15	75~110
2.5	2.0~2.5	2.0~2.5	Ar 或 He	12~15	95~120
3.0	2.5	2.5~3.0	Ar 或 He	15~20	100~130

注：1. 表中所列焊接参数为大致的参数，可作适当调整；焊枪采用陶瓷喷嘴，其内径为 10~18mm，焊枪内装有气透镜。
2. 焊接电压控制在 8~18V 之间。
3. 背面 Ar 流量为焊枪的 30%~45%。

表 C-119　高温合金自动 TIG 焊焊接参数

母材厚度/mm	焊丝直径/mm	钨极直径/mm	保护气流量/(L/min)		电弧电压/V	焊接电流/A	焊接速度/(m/min)	送丝速度/(m/min)
			正	反				
0.8	不加丝	1.0~2.0	10~15	4~6	10~12	40~70	0.45~0.65	—
1.0	0.8~1.0	1.6~2.5	10~15	4~6	10~12	60~100	0.45~0.65	0.4~0.5
1.5	1.2~1.6	2.0~3.0	15~25	5~8	12~15	110~150	0.25~0.45	0.3~0.5
2.0	1.2~1.6	3.0~3.5	15~25	5~8	12~15	130~180	0.25~0.45	0.3~0.5

注：电流衰减时间 8~10s。

表 C-120　镍基高温合金 TIG 焊接头的力学性能

合金牌号[①]	焊接方法	试样状态[②]	试验温度/℃	拉伸性能		持久性能	
				σ_b/MPa	接头强度系数[③]/%	σ/MPa	t/h
GH3030	手工	焊态	20	725	100	—	—
			800	199	100	—	—
	自动（不加焊丝）		20	654	95	—	—
			700	397	98	—	—
GH3039	手工	焊态	20	794	98	—	—
			800	276	97	58.8	>100
	自动		20	818	100	—	—
			800	346	92	58.8	>100
GH3044	手工		20	763	98	—	—
			900	299	97	51.0	83
	自动		20	765	95	—	—
			900	265	95	51.0	50

续表

合金牌号[①]	焊接方法	试样状态[②]	试验温度/℃	拉伸性能		持久性能	
				σ_b/MPa	接头强度系数(%)[③]	σ/MPa	t/h
GH3128	手工	焊态	20	755	96	—	—
			800	392	95	—	—
			950	186	95	34.0	>100
GH3536	手工	焊态	20	800	100	—	—
			650	586	100	294.0	>200
			815	337	100	110.0	46
	自动		20	806	100	294.0	>250
			650	514	98	—	—
GH3625[④]	手工		20	910	—	—	—
	自动			840	—	—	—
GH3170	手工		20	974	100	—	—
			1000	170	94	39.0	150
GH4163	手工	焊后固溶时效	20	1069	—	—	—
			700	863	—	402.0	138
			780	637	—	196.0	>300
			850	412	—	103.0	166
GH4169	手工	焊后固溶时效	20	1260	—	—	—
			800	623	—	—	—
GH4099	手工	焊态	20	970	95	—	—
			900	478	91	117.0	47
		焊后固溶时效	20	1097	96	—	—
			900	499	98	117.0	52
GH4141	手工	焊态	20	980	92	—	—
			900	480	95	117.0	>100
		焊后固溶时效	20	1250	98	—	—
			900	520	97	117.0	98
GH3030+GH3044	手工	焊态	20	720	—	—	—
GH1140+GH3039				667	—	—	—
GH1140+GH3080				659	—	—	—
GH4099+GH3080				735	—	—	—
GH3030+GH2150				735	—	—	—

续表

合金牌号[①]	焊接方法	试样状态[②]	试验温度/℃	拉伸性能 σ_b/MPa	接头强度系数[③]/%	持久性能 σ/MPa	t/h
GH1015	手工	焊态	20	785	100	—	—
			900	180	92	51.0	150
GH1015	自动	焊态	20	735	98	—	—
			700	478	100	—	—
			800	313	98	—	—
			900	211	100	51.0	151
GH1016	手工	焊态	20	852	100	—	—
			900	212	97	61.0	85
	自动	焊后固溶	20	820	—	—	—
			900	208	—	61.0	85
GH1035	手工		20	652	—	—	—
			800	299	—	—	—
	自动		20	674	100	—	—
			800	299	98	—	—
GH1140	手工		20	648[⑥]	98	—	—
			20	681[⑦]	100	—	—
			20	688[⑦]	100	—	—
			800	284[⑥]	100	58.5	>100
			800	237[⑦]	91	80	84
			800	223	86	80	86
			900	141	99	—	—
	自动	焊态	20	696	100	—	—
			800	299	100	—	—
			900	186	100	—	—
GH1131	自动		20	841	—	—	—
			700	519	—	—	—
			800	356	—	51.5	170
			900	205	—	—	—
GH2132	手工		20	602	—	—	—
			20	960	—	—	—
			650	710	—	588	>100
	自动	焊后固溶时效	20	916	—	—	—
			650	663	—	—	—
GH2302	手工		20	1223	—	—	—
			800	669	—	215.0	>100
GH2018			20	1025	—	—	—
			800	456	—	177.0	133~318

续表

合金牌号①	焊接方法	试样状态②	试验温度/℃	拉伸性能		持久性能	
				σ_b/MPa	接头强度系数③/%	σ/MPa	t/h
GH2150⑤	手工	焊态	20	856	—	—	—
			800	727		490.0	>30
		焊后固溶时效	20	1290			
			500	1057			
			600	1116			
			700	970		490.0	>30
GH5188	手工	焊态	20	960			
GH5605				1200			

注：① 板厚主要为1.5mm，焊丝牌号与母材相同，不同合金组合焊时，选用性能较低的合金焊丝牌号，力学性能试件焊缝余高未去除。
② 试样焊前状态为供态或固溶状态。
③ 强度系数为接头强度与母材强度之比值的百分数。
④ 手工焊时填加 HSC—1 合金焊丝，自动焊时未填丝。
⑤ GH2150 合金采用了 HGH3533 焊丝。
⑥ 用 GGH3113 焊丝的接头数据。
⑦ 用 HGH3536 焊丝的接头数据。

表 C-121　高温合金 MIG 焊焊接参数

母材厚度/mm	熔滴过渡形式	焊丝		保护气体	焊接位置	焊接电流/A	电弧电压/V	
		直径/mm	熔化速度/(m/min)				平均	脉冲
6	喷射	1.6	5.0	氩	平焊	265	28~30	—
	脉冲喷射	1.1	3.6	氩或氦	立焊	90~120	20~22	44
	短路	0.9	6.8~7.4	氩或氦		120~130	16~18	—
3	短路	1.6		氩或氦	平焊	160	15	
		1.6	4.7			175	15	

表 C-122　典型镍基高温合金等离子弧焊焊接参数

母材牌号	母材厚度/mm	焊接电流/A	弧压/V	焊速/(m/min)	离子流量/(L/min)	保护气流量/(L/min)	孔道比	钨极内缩长/mm	预热
GH3039	8.5	310	30	0.22	5.5	20	4.0	4.0	—
GH2132	7.0	300	30	0.20	4.5	25	3.0/2.8	3.0	—
GH3536	0.25	58	—	0.20		20	48		预热
GH3536	0.50	10		0.25		20	48		
GH1140	1.0	20		0.28		36	36		

注：1. 均为平对接头。
2. 后三个参数为微束等离子弧焊。

表 C-123.1 中国变形耐蚀合金牌号及化学成分（GB/T 15007—2008）

序号	统一数字代号	新牌号	旧牌号	化学成分（质量分数）/%																
				C	N	Cr	Ni	Fe	Mo	W	Cu	Al	Ti	Nb	V	Co	Si	Mn	P	S
1	H01101	NS1101	NS111	≤0.10	—	19.0~23.0	30.0~35.0	余量			≤6.75	0.15~0.60	0.15~0.60	—	—	—	≤1.00	≤1.50	≤0.030	≤0.015
2	H01102	NS1102	NS112	0.05~0.10	—	19.0~28.0	30.0~35.0	余量			≤0.75	0.15~0.60	0.15~0.60	—	—	—	≤1.00	≤1.50	≤0.030	≤0.015
3	H01103	NS1103	NS113	≤0.030	—	24.0~26.5	34.0~37.0	余量				0.15~0.45	0.15~0.60	—	—	—	0.30~0.70	0.5~1.50	≤0.030	≤0.030
4	H01301	NS1301	NS131	≤0.05	—	19.0~21.0	42.0~44.0	余量	12.5~13.5					—	—	—	≤0.70	≤1.00	≤0.030	≤0.030
5	H01401	NS1401	NS141	≤0.05	—	25.0~27.0	34.0~37.0	余量	2.0~3.0		3.0~4.0		0.40~0.90	—	—	—	≤0.70	≤1.00	≤0.030	≤0.030
6	H01402	NS1402	NS142	≤0.05	—	19.0~23.5	38.0~46.0	余量	2.5~3.5		1.5~3.0	≤0.20	0.60~1.20	—	—	—	≤0.50	≤1.00	≤0.030	≤0.030
7	H01403	NS1403	NS143	≤0.07	—	19.0~21.0	32.0~38.0	余量	2.0~3.0		3.0~4.0			8×C~1.00	—	—	≤1.00	≤2.00	≤0.030	≤0.030

续表

序号	统一数字代号	新牌号	旧牌号	化学成分（质量分数）/%															
				C	N	Cr	Ni	Fe	Mo	W	Cu	Al	Ti	Nb	V	Co	Si	Mn	P	S
8	H01501	NS1501	—	≤0.030	0.17~0.24	22.0~24.0	34.0~36.0	余量	7.0~8.0	—	—	—	—	—	—	—	≤1.00	≤1.00	≤0.030	≤0.010
9	H01601	NS1601	—	≤0.015	0.15~0.25	26.0~28.0	30.0~32.0	余量	6.0~7.0	—	0.5~1.5	—	—	—	—	—	≤0.30	≤2.00	≤0.020	≤0.010
10	H01602	NS1602	—	≤0.015	0.35~0.60	31.0~35.0	余量	30.0~33.0	0.50~2.0	—	0.30~1.20	—	—	—	—	—	≤0.50	≤2.00	≤0.020	≤0.010
11	H03101	NS3101	NS311	≤0.06	—	28.0~31.0	余量	≤1.0	—	—	—	≤0.30	—	—	—	—	≤0.50	≤1.20	≤0.020	≤0.020
12	H03102	NS3102	NS312	≤0.15	—	14.0~17.0	余量	6.0~10.0	—	—	≤0.50	—	—	—	—	—	≤0.50	≤1.00	≤0.030	≤0.015
13	H03103	NS3103	NS313	≤0.10	—	21.0~25.0	余量	10.0~15.0	—	—	≤1.00	1.00~1.70	—	—	—	—	≤0.50	≤1.00	≤0.030	≤0.015
14	H03104	NS3104	NS314	≤0.030	—	35.0~38.0	余量	≤1.0	—	—	—	0.20~0.50	—	—	—	—	≤0.50	≤1.00	≤0.030	≤0.020

续表

序号	统一数字代号	新牌号	旧牌号	化学成分(质量分数)/%															
				C	N	Cr	Ni	Fe	Mo	W	Cu	Al	Ti	Nb	V	Co	Si	Mn	P	S
15	H03105	NS3105	NS315	≤0.05	—	27.0~31.0	余量	7.0~11.0	—	—	≤0.50	—	—	—	—	—	≤0.50	≤0.50	≤0.030	≤0.015
16	H03201	NS3201	NS321	≤0.05	—	≤1.00	余量	4.0~6.0	26.0~30.0	—	—	—	—	—	0.20~0.40	≤2.5	≤1.00	≤1.00	≤0.030	≤0.030
17	H03202	NS3202	NS322	≤0.020	—	≤1.00	余量	≤2.0	26.0~30.0	—	—	—	—	—	—	≤1.0	≤0.10	≤1.00	≤0.040	≤0.030
18	H03203	NS3203	—	≤0.010	—	1.0~3.0	≥65.0	1.0~3.0	27.0~32.0	≤3.0	≤0.20	≤0.50	≤0.20	≤0.20	≤0.20	≤3.00	≤0.10	≤3.00	≤0.030	≤0.010
19	H03204	NS3204	—	≤0.010	—	0.5~1.5	≥65.0	1.0~6.0	26.0~30.0	—	≤0.5	0.1~0.5	—	—	—	≤2.50	≤0.05	≤1.5	≤0.040	≤0.010
20	H03301	NS3301	NS331	≤0.030	—	14.0~17.0	余量	≤8.0	2.0~3.0	—	—	—	0.40~0.90	—	—	—	≤0.70	≤1.00	≤0.030	≤0.020
21	H03302	NS3302	NS332	≤0.030	—	17.0~19.0	余量	≤1.0	16.0~18.0	—	—	—	—	—	—	—	≤0.70	≤1.00	≤0.030	≤0.030

续表

序号	统一数字代号	新牌号	旧牌号	化学成分(质量分数)/%																
				C	N	Cr	Ni	Fe	Mo	W	Cu	Al	Ti	Nb	V	Co	Si	Mn	P	S
22	H03303	NS3303	NS333	≤0.08	—	14.5~16.5	余量	4.0~7.0	15.0~17.0	3.0~4.5		—	—	—	≤0.35	≤2.5	≤1.00	≤1.00	≤0.040	≤0.030
23	H03304	NS3304	NS334	≤0.020	—	14.5~16.5	余量	4.0~7.0	15.0~17.0	3.0~4.5		—	—	—	≤0.35	≤2.5	≤0.08	≤1.00	≤0.040	≤0.030
24	H03305	NS3305	NS335	≤0.015	—	14.0~18.0	余量	≤3.0	14.0~17.0			≤0.40	≤0.70	—	—	≤2.0	≤0.08	≤1.00	≤0.040	≤0.030
25	H03306	NS3306	NS336	≤0.10	—	20.0~23.0	余量	≤5.0	8.0~10.0	—	—	—	≤0.40	3.15~4.15	—	≤1.0	≤0.50	≤0.50	≤0.015	≤0.015
26	H03307	NS3307	NS337	≤0.030	—	19.0~21.0	余量	≤5.0	15.0~17.0	2.5~3.5	≤0.10	—	—	—	—	≤0.10	≤0.40	0.50~1.50	≤0.020	≤0.020
27	H03308	NS3308	—	≤0.015	—	20.0~22.5	余量	2.0~6.0	12.5~14.5	—	—	—	0.02~0.025	—	≤0.35	≤2.50	≤0.08	≤0.50	≤0.020	≤0.020
28	H03309	NS3309	—	≤0.010	—	19.0~23.0	余量	≤5.0	15.0~17.0	3.0~4.4		—	—	—	—	—	≤0.08	≤0.75	≤0.040	≤0.020

续表

序号	统一数字代号	新牌号	旧牌号	化学成分（质量分数）/%															
				C	N	Cr	Ni	Fe	Mo	W	Cu	Al	Ti	Nb	V	Co	Si	Mn	P	S
29	H03310	NS3310	—	≤0.015	—	19.0~31.0	余量	15.0~20.0	8.0~10.0	≤1.0	≤0.50	≤0.4	—	≤0.5	—	≤2.5	≤1.00	≤1.00	≤0.040	≤0.015
30	H03311	NS3311	—	≤0.010	—	22.0~24.0	余量	≤1.5	15.0~16.5	—	—	0.1~0.4	—	—	—	≤0.3	≤0.10	≤0.50	≤0.015	≤0.005
31	H03401	NS3401	NS341	≤0.030	—	19.0~21.0	余量	≤7.0	2.0~3.0	—	1.0~2.0	—	0.4~0.9	—	—	—	≤0.70	≤1.00	≤0.030	≤0.030
32	H03402	NS3402	—	≤0.05	—	21.0~23.0	—	18.0~21.0	5.5~7.5	≤1.0	1.5~2.5	—	—	1.75~2.50	—	≤2.5	≤1.0	1.0~2.0	≤0.030	≤0.030
33	H03403	NS3403	—	≤0.015	—	21.0~23.5	余量	18.0~21.0	6.0~8.0	≤1.5	1.5~2.5	—	—	≤0.50	—	≤5.0	≤1.0	≤1.50	≤0.040	≤0.030
34	H03404	NS3404	—	≤0.03	—	28.0~31.5	余量	13.0~17.0	4.0~6.0	1.5~4.0	1.0~2.4	≤0.50	—	0.30~1.50	—	≤5.0	≤0.80	≤1.50	≤0.04	≤0.020
35	H03405	NS3405	—	≤0.010	—	22.0~24.0	余量	≤3.0	15.0~17.0	—	1.3~1.9	—	—	—	—	≤2.0	≤0.08	≤0.50	≤0.025	≤0.010

附录 C

续表

化学成分（质量分数）/%

序号	统一数字代号	新牌号	旧牌号	C	Cr	Ni	Fe	Mo	W	Cu	Al	Ti	Nb	V	Co	Si	Mn	P	S
36	H04101	NS4101	NS411	≤0.05	19.0~21.0	余量	5.0~9.0	—	—	—	0.40~1.00	2.25~2.75	0.70~1.20	—	—	≤0.80	≤1.00	≤0.030	≤0.030

表 C-123.2 中国铸造耐蚀合金牌号及化学成分（GB/T 15007—2008）

化学成分（质量分数）/%

序号	统一数字代号	合金牌号	C	Cr	Ni	Fe	Mo	W	Cu	Al	Ti	Nb	V	Co	Si	Mn	P	S
1	C71301	ZNS1301	≤0.050	19.5~23.5	38.0~44.0	余量	2.5~3.5	—	—	—	—	0.60~1.2	—	—	≤1.0	≤1.0	≤0.03	≤0.03
2	C73101	ZNS3101	≤0.40	14.0~17.0	余量	≤11.0	—	—	—	—	—	—	—	—	≤3.0	≤1.5	≤0.03	≤0.03
3	C73201	ZNS3201	≤0.12	≤1.00	余量	4.0~6.0	26.0~30.0	—	—	—	—	—	0.20~0.60	—	≤1.00	≤1.00	≤0.040	≤0.030
4	C73202	ZNS3202	≤0.07	≤1.00	余量	≤3.00	30.0~33.0	—	—	—	—	—	—	—	≤1.00	≤1.00	≤0.040	≤0.040
5	C73301	ZNS3301	≤0.12	15.5~17.5	余量	4.5~7.5	16.0~18.0	3.75~5.25	—	—	—	—	0.20~0.40	—	≤1.00	≤1.00	≤0.040	≤0.030
6	C73302	ZNS3302	≤0.07	17.0~20.0	余量	≤3.0	17.0~20.0	≤1.0	—	—	—	—	—	—	≤1.00	≤1.00	≤0.040	≤0.030
7	C73303	ZNS3303	≤0.02	15.0~17.5	余量	≤2.0	15.0~17.5	—	—	—	—	—	—	—	≤0.80	≤1.00	≤0.03	≤0.03
8	C73304	ZNS3304	≤0.02	15.0~16.5	余量	1.50	15.0~16.5	—	—	—	—	—	—	—	≤0.50	≤1.00	≤0.020	≤0.020
9	C73305	ZNS3305	≤0.05	20.0~22.50	余量	2.0~6.0	12.5~14.5	2.5~3.5	—	—	—	—	≤0.35	—	≤0.80	≤1.00	≤0.025	≤0.025
10	C74301	ZNS4301	≤0.06	20.0~23.0	余量	≤5.0	8.0~10.0	—	—	—	—	3.15~4.15	—	—	≤1.00	≤1.00	≤0.015	≤0.015

表 C-124 美国镍合金牌号及化学成分

合金[1]	UNS编号[2]	化学成分(质量分数)/%													
		Ni[3]	C	Cr	Mo	Fe	Co	Cu	Al	Ti	Nb[4]	Mn	Si	W	B	其他
纯镍																
200	N02200	99.5	0.08	—	—	0.2	—	0.1	—	—	—	0.2	0.2	—	—	—
201	N02201	99.5	0.01	—	—	0.2	—	0.1	—	—	—	0.2	0.2	—	—	—
205	N02205	99.5	0.08	—	—	0.1	—	0.08	—	0.03	—	0.2	0.08	—	—	Mg0.05
固溶合金																
400	N04400	66.5	0.2	—	—	1.2	—	31.5	—	—	—	1	0.2	—	—	—
404	N04404	54.5	0.08	—	—	0.2	—	44	0.03	—	—	0.05	0.05	—	—	—
R-405	N04405	66.5	0.2	—	—	1.2	—	31.5	—	—	—	0.1	0.02	—	—	—
X	N06002	47	0.10	22	9	18	1.5	—	—	—	—	1	1	0.6	—	—
NICR80	N06003	76	0.1	20	—	1	—	—	—	—	—	2	1	—	—	—
NICR60	N06004	57	0.1	16	—	余量	—	—	—	—	—	1	1	—	—	—
G	N06007	44	0.1	22	6.5	20	2.5	2	—	—	2	1.5	1	1	—	—
IN 102	N06102	68	0.06	15	3	7	—	—	0.4	0.6	3	—	3	0.005	—	Zr0.03 Mg0.02
RA333	N06333	45	0.05	25	3	18	3	—	—	—	1	1.5	1.2	3	—	—
600	N06600	76	0.08	15.5	—	8	—	0.2	—	—	—	0.5	0.2	—	—	—
601	N06601	60.5	0.05	23	—	14	—	—	1.4	—	—	—	—	—	—	—
617	N06617	52	0.07	22	9	1.5	12.5	—	1.2	0.3	—	0.5	0.5	—	—	—
622	N06622	59	0.005	20.5	14.2	2.3	—	—	—	—	—	—	—	3.2	—	—
625	N06625	61	0.05	21.5	9	2.5	—	—	0.2	0.2	3.6	0.2	0.2	—	—	—
686	N06686	58	0.005	20.5	16.3	1.5	—	—	—	—	—	—	—	3.8	—	—
690	N06690	60	0.02	30	—	9	—	—	—	—	—	0.5[5]	0.5[5]	—	—	—
725	N07725	73	0.02	15.5	—	2.5	—	—	0.7	2.5	1.0	—	—	—	—	—
825	N08825	42	0.03	21.5	3	30	—	2.25	0.1	0.9	—	0.5	0.25	—	—	—
B	N10001	61	0.05	1	28	5	2.5	—	—	—	—	1	1	—	—	—
N	N10003	70	0.06	7	16.5	5	—	—	—	—	—	0.8	0.5	—	—	—
W	N10004	60	0.12	5	24.5	5.5	2.5	—	—	—	—	1	1	—	—	—
C-276	N10276	57	0.01[5]	15.5	16	5	2.5[5]	—	—	0.7[5]	—	1[5]	0.08[5]	4	—	V0.35[5]
C-22	N06022	56	0.010[5]	22	13	3	2.5[5]	—	—	—	—	0.5[5]	0.08[5]	3	—	V0.35[5]
B-2	N10665	69	0.01[5]	1[5]	28	2[5]	1[5]	—	—	—	—	1[5]	0.1[5]	—	—	—
C-4	N06455	65	0.01[5]	16	15.5	3[5]	2[5]	—	—	—	—	1[5]	0.08[5]	—	—	—
G-3	N06985	44	0.015[5]	22	7	19.5	5[5]	2.5	—	—	0.5[5]	1[5]	1[5]	1.5[5]	—	—
G-30	N06030	43	0.03[5]	30	5.5	15	5[5]	2	—	—	1.5[5]	0.5[5]	1[5]	2.5	—	—
S	N06635	67	0.02[5]	16	15	3[5]	2[5]	—	0.25	—	—	0.5	0.4	1[5]	0.015[5]	La0.02
230	N06230	57	0.10	22	2	3[5]	5[5]	—	0.3	—	—	0.5	0.4	14	0.015[5]	La0.02

续表

合金[1]	UNS 编号[2]	化学成分(质量分数)/%													
		Ni[3]	C	Cr	Mo	Fe	Co	Cu	Al	Ti	Nb[4]	Mn	Si	W	B	其他
沉淀合金																
301	N03301	96.5	0.15	—		0.3		0.13	4.4	0.6	—	0.25	0.5	—	—	—
K-500	N05500	66.5	0.10			1	—	29.5	2.7	0.6		0.08	0.2			
Waspaloy	N07001	58	0.08	19.5	4	—	13.5		1.3	3	—				0.006	Zr 0.06
R 41	N07041	55	0.10	19	10	1	10		1.5	3		0.05	0.1		0.005	
80A	N07080	76	0.06	19.5					1.6	2.4		0.3	0.3		0.006	Zr 0.06
90	N07090	59	0.07	19.5			16.5		1.5	2.5		0.3	0.3		0.003	Zr 0.06
M252	N07252	55	0.15	20	10		10		1	2.6		0.5	0.5		0.005	
U-500	N07500	54	0.08	18	4		18.5		2.9	2.9		0.5	0.5		0.006	Zr 0.05
713C[6]	N07713	74	0.12	12.5					6	0.8	2				0.012	Zr 0.10
718	N07718	52.5	0.04	19	3	18.5			0.5	0.9	5.1	0.2	0.2		—	—
X-750	N07750	73	0.04	15.5		7			0.7	2.5	1	0.5	0.5			
706	N09706	41.5	0.03	16		40			0.2	1.8	2.9	0.2	0.2			
901	N09901	42.5	0.05	12.5		36	6		0.2	2.8		0.1	0.1		0.015	
C 902	N09902	42.2	0.03	5.3		48.5			0.6	2.6		0.4	0.5			

注：① 使用名称的一部分或登记注册名。
② UNS 为美国统一数字编码系统的英文缩写。
③ 如果没有规定 Co 含量，则含有少量的 Co。
④ 含有 Ta(Nb + Ta)。
⑤ 最大值。
⑥ 铸造合金。

表 C-125 美国铁镍基合金牌号及化学成分

合金[1]	UNS 编号	化学成分(质量分数)/%									
		Ni[2]	Cr	Co	Fe	Mo	Ti	Nb[3]	Al	C	其他
固溶类型											
20Cb3	N08020	35	20	—	36	2.5		0.5	—	0.04	Cu3.5, Mn1, Si0.5
800	N08800	32.5	21.0	—	45.7		0.40		0.40	0.05	
800HT	N08811	33.0	21.0		45.8		0.50		0.50	0.08	—
801	N08801	32.0	20.5		46.3		1.13			0.05	
802	N08802	32.5	21.0		44.8		0.75		0.58	0.35	
RA330	N08330	36.0	19.0		45.1					0.05	
沉淀类型											
903	N19903	38.0	—	15.0	41.0	0.10	1.40	3.0	0.70	0.04	—

注：① 使用名称一部分或登记注册名。
② 如果没有规定 Co 含量，则含有少量的 Co。
③ 如果没有规定 Ta 含量，则含有 Ta。

表 C-126 美国镍合金的物理性能和力学性能

合金	UNS 编号	密度/(kg/m³)	熔化区间/℃	线胀系数(21~93℃)/[(μm/m)/℃]	热导率(21℃)/[W/(m·K)]	电阻率(21℃)/μΩ·cm	拉伸弹性模量(21℃)/GPa	抗拉强度(室温)/MPa	屈服强度(室温)/MPa
200	N02200	8885	1435~1446	13.3	70	9.5	204	469	172
201	N02201	8885	1435~1446	13.3	79	7.6	207	379	138
400	N04400	8830	1298~1348	13.9	20	51.0	179	552	276
R-405	N04405	8830	1298~1348	13.9	20	51.0	179	552	241
K-500	N05500	8470	1315~1348	13.7	16	61.5	179	965①	621①
502	N05502	8442	1315~1348	13.7	16	61.5	179	896	586
600	N06600	8415	1354~1412	13.3	14	103.0	207	621	276
601	N06601	8055	1301~1367	13.7	12	120.5	206	738	338
625	N06625	8442	1287~1348	12.8	9	129.0	207	896	483
713C	N07713	7916	1260~1287	10.6	19②	—	206	848③	738③
706	N09706	8055	1334~1370	14.0	12	98.4	210	1207①	1000①
718	N07718	8193	1260~1336	13.0	11	124.9	205	1310①	1103①
X-750	N07750	8248	1393~1426	12.6	11	121.5	214	1172①	758①
U-500	N07500	8027	1301~1393	12.2	12	120.7	214	1213①	758①
R-41	N07041	8249	1315~1371	11.9	11④	136.3	215	1103①	827①
Waspaloy	N07001	8193	1402~1413	12.2	12	126.5	211	1276①	793①
800	N08800	7944	1357~1385	14.2	11	98.9	196	621	276
825	N08825	8138	1371~1398	14.0	10	112.7	193	621	276
20Cb3	N08020	8083	1370~1425	14.9	—	103.9	193	621	276
901	N09901	8221	—	13.0		110.0	193	1207	896
B	N10001	9245	1301~1368	10.1	11	134.8	179	834	393
C-276	N10276	8941	1265~1343	11.3	11	129.5	205	834	400
G	N06007	8304	1260~1343	13.5	13	—	192	710	386
N	N10003	8858	1301~1398	11.3	11	138.8	216	793	310
W	N10004	8996	1315	11.3				848	365
X	N06002	8221	1260~1354	13.9	8	118.3	197	786	359

注：① 热处理状态。
② 93℃。
③ 铸态。
④ 149℃。

表 C-127.1 中国与美国耐蚀合金牌号对照表①

中国	NS111	NS112	NS142	NS143	NS312	NS315	NS321	NS322	NS333	NS334	NS335	NS336
美国	800	800H	825	20cb3	600	690	B	B—2	C	C—276	C—4	625

注：表中，中国耐蚀合金牌号为旧牌号，对应新牌号按表中顺序为 NS1101、NS1102、NS1402、NS1403、NS3102、NS3105、NS3201、NS3202、NS3303、NS3304、NS3305、NS3306。

表 C-127.2 国内外耐蚀合金牌号对照表

本标准中合金牌号	国内使用过的合金牌号	美国 ASTM	德国 DIN	英国 BS	日本 JIS
NS1101	0Cr20Ni32AlTi	N08800 (Incoloy 800)	—	NA15 Ni-Fe-Cr	NCF 800 (NCF 2B)
NS1102	1Cr20Ni32AlTi	N08810 (Incoloy 800H)	—	—	—
NS1103	00Cr25Ni35AlTi	—	—	—	—
NS1301	0Cr20Ni43Mo13	—	—	—	—
NS1302	—	N08354	—	—	—
NS1401	00Cr25Ni35Mo3Cu4Ti	—	—	—	—
NS1402	0Cr21Ni42Mo3Cu2Ti	N08825 (Incoloy 825)	NiCr21Mo Z.4858	NA16 Ni-Fe-Cr-Mo	NCF 825
NS1403	0Cr20Ni35Mo3Cu4Nb	N08020 (Alloy 20cb3)	—	—	—
NS1404	—	N08031 Alloy 31	1.4562X1NiCrMoCu32-28-7 Nicrofer 3127hMo	—	—
NS1405	—	R20033 Alloy 33	1.4591X1CrNiMoCuN33-32-1 Nicrofer 3033	—	—
NS3101	0Cr30Ni70	—	—	—	—
NS3102	1Cr15Ni75Fe8	N06600 (Inconel 600)	NiCr15Fe Z.4816	NA14 Ni-Cr-Fe	NCF 600 (NCF 1B)
NS3103	1Cr23Ni60Fe13Al	—	NiCr23Fe Z.4851	—	NCF 601
NS3104	00Cr36Ni65Al	—	—	—	—
NS3105	0Cr30Ni60Fe10	N06690 (Inconel 690)	—	—	—
NS3201	0Ni65Mo28Fe5V	N08800 (Hastelloy B)	—	—	—
NS3202	00Ni70Mo28	N10665 (Hastelloy B-2)	NiMo28 Z.4617 Nimofer 6928	—	—
NS3203	—	N10675 (Hastelloy B-3)	2.4600	—	—
NS3204	—	N10629 (Hastelloy B-4)	Nimofer 6929 2.4600	—	—
NS3301	00Cr16Ni75Mo2Ti	—	—	—	—

续表

本标准中合金牌号	国内使用过的合金牌号	美国 ASTM	德国 DIN	英国 BS	日本 JIS
NS3302	00Cr18Ni60Mo17	—	—	—	—
NS3303	0Cr15Ni60Mo16W5Fe5	(Hastelloy C)	—	—	—
NS3304	00Cr15Ni60Mo16W5Fe5	N10276 (Inconel 276)	NiMo 16Cr15W Z.4819	—	—
NS3305	00Cr16Ni65Mo16Ti	N06455 (Hastelloy C-4)	NiMo16Cr16Ti Z.4610	—	—
NS3306	0Cr20Ni65Mo10Nb4	N06625 (Inconel 625)	NiCr22Mo9Nb Z.4856	NA21 Ni-Cr-Mo-Nb	—
NS3307	0Cr20Ni60Mo16	—	—	—	—
NSS3308	—	N06022 (Hastelloy C-22) (Inconel 522)	2.4602 NiCr21Mo14W Nicrofer 5621 hMow	—	—
NS3309	—	N06686 (Inconel 686)	2.4606	—	—
NS3310	—	N06950 (Hastelloy G-50)	—	—	—
NS3311	—	N06059	Nicrofer5923hMo alloy 59 2.4605	—	—
NS3310	—	N06950 (Hastelloy G-50)	—	—	—
NS3401	0Cr20Ni70Mo3Cu2Ti	—	—	—	—
NS3402	—	N06007 (Hastelloy G)	Nicrofer 4520hMo 2.4618	—	—
NS3403	—	N06985 (Hastelloy G-3)	Nicrofer 4023hMo 2.4619	—	—
NS3404	—	N06030 (Hastelloy G-30)	2.4603	—	—
NS3405	—	N06200 (Hastelloy C-2000)	2.4675	—	—
NS4101	0Cr20Ni65Ti2AlNbFe7	—	—	—	—

表 C-128 镍铜合金的牌号和化学成分(GB/T 5235—2007)

名称	牌号	元素	化学成分(质量分数)/%							
			Ni+Co	Cu	Si	Mn	C	Mg	S	P	Fe
40-2-1 镍铜合金	NCu40-2-1	最小值	余量	38.0	—	1.25	—	—	—	—	0.2
		最大值		42.0	0.15	2.25	0.30	—	0.02	0.005	1.0
28-1-1 镍铜合金	NCu28-1-1	最小值	余量	28	—	1.0	—	—	—	—	1.0
		最大值		32	—	1.4	—	—	—	—	1.4
28-2.5-1.5 镍铜合金	NCu28-2.5-1.5	最小值	余量	27.0	—	1.2	—	—	—	—	2.0
		最大值		29.0	0.1	1.8	0.20	0.10	0.02	0.005	3.0
30 镍铜合金	NCu30(NW4400)(N04400)	最小值	63.0	28.0	—	—	—	—	—	—	—
		最大值	—	34.0	0.5	2.0	0.3	—	0.024	0.005	2.5
30-3-0.5 镍铜合金	NCu30-3-0.5(NW5500)(N05500)	最小值	63.0	27.0	—	—	—	—	—	—	—
		最大值	—	33.0	0.5	1.5	0.1	—	0.01	—	2.0

表 C-129 我国对应于 Monel 合金的耐蚀合金牌号和化学成分

牌号	化学成分(质量分数)/%							对应美国商品名称
	Ni	Cu	Fe	C	Si	Mn	其他	
Ni66Cu30	>63	28~34	≤2.5	≤0.30	≤0.50	≤2.0	—	Monel 400
Ni70Cu28S	63~70	余量	≤2.5	≤0.30	≤0.50	≤2.0	S 0.025~0.060	Monel 405
Ni70Cu28AlTi	63~70	余量	≤2.0	≤0.25	≤0.50	≤1.5	Al=2.30~3.15, Ti=0.35~0.85	Monel K-500
Ni70Cu28 Al	≥63	27~33	≤2.0	≤0.10	≤0.50	≤1.5	Al=2.3~3.5, Ti<0.5	Monel 502

表 C-130 常用 Ni-Cr 合金牌号和化学成分

牌号	化学成分(质量分数)/%							对应商品名称
	Ni	Cr	Fe	Si	Mn	C	其他	
0Ni60Cr35	62	35	≤2.0	≤0.6	≤1.0	≤0.08	—	Corronel 230
0Ni50Cr50	余量	48	—	—	—	≤0.05	Ti 0.35	Inconel 671
00Ni55Cr40Al	余量	39~41	≤0.6	≤0.1	≤0.1	≤0.03	Al 3.3~3.8	3TT795
0Ni70Cr30	余量	28~31	≤1.0	≤0.5	≤1.2	≤0.05	Al≤0.30	3H442

表 C-131 常用 Ni-Mo 合金的牌号和化学成分

牌号	化学成分(质量分数)/%								对应商品名称
	Ni	Mo	Fe	Cr	Mn	C	Si	其他	
00Ni62Mo29FeCr	余量	27~32	1.0~3.0	1.0~3.0	≤3.0	≤0.01	≤0.10	Nb≤0.20, Ti≤0.20, Al≤0.50	Hastelloy B-3
00Ni65Mo29FeCr	余量	26~30	1.0~6.0	0.5~1.5	≤1.5	≤0.01	≤0.05	Al 0.1~0.5	Hastelloy B-4
Ni70MoV	余量	25~27	≤0.5	—	≤0.5	≤0.02	≤0.10	V 1.4~1.7, W 0.1~0.45	3π814

表 C-132 适用于某些镍基耐蚀合金的电弧焊方法

合金牌号	UNS 编号	SMAW	GTAW, PAW	GMAW	SAW
纯镍					
200	N02200	△	△	△	△
201	N02201	△	△	△	△
固溶合金(细晶粒)					
400	N04400	△	△	△	△
404	N04404	△	△	△	—
R-405	N04405	△	△	△	—
X	N06002	△	△	△	—
NICR 80	N06003	△	△	—	—
NICR 60	N06004	△	△	—	—
G	N06007	△	△	△	—
RA333	N06333	—	△	—	—
600	N06600	△	△	△	—
601	N06601	△	△	△	—
625	N06625	△	△	△	—
20cb3	N08020	△	△	△	△
800	N08800	△	△	△	△
825	N08825	△	△	△	—
B	N10001	△	△	△	—
C	N10002	△	△	△	—
N	N10003	△	△	—	—
沉淀硬化合金					
K-500	N05500	—	△	—	—
Waspaloy	N07001	—	△	—	—
R-41	N07041		△	—	—
80A	N07080		△		
90	N07090		△		
M252	N07252		△		
U-500	N07500		△		
718	N07718		△		
X-750	N07750		△		
706	N09706		△		
901	N09901		△		

注:1. UNS 为美国统一数字编码系统的英文缩写。
  2. △表示推荐使用。
  3. SMAW—焊条电弧焊;GTAW—钨极气体保护电弧焊;PAW—等离子弧焊;GMAW—熔化极气体保护电弧焊;SAW—埋弧焊。
  4. 晶粒尺寸不大于 ASTM 标准 5 级为细晶粒。

表 C－133 镍基耐蚀合金焊条熔敷金属化学成分（GB/T 13814—2008）

焊条型号	化学成分代号	化学成分（质量分数）/%															
		C	Mn	Fe	Si	Cu	Ni[①]	Co	Al	Ti	Cr	Nb[②]	Mo	V	W	S	P	其他[③]
镍																	
ENi2061	NiTi3	0.10	0.7	0.7	1.2	0.2	≥92.0	—	1.0	1.0~4.0	—	—	—	—	—	—	0.020	—
ENi2061A	NiNbTi	0.06	2.5	4.5	1.5	—	—	—	0.5	1.5	—	2.5	—	—	—	0.015	0.015	—
镍铜																	
ENi4060	NiCu30Mn3Ti	0.15	4.0	2.5	1.5	27.0~34.0	≥62.0	—	—	1.0	—	—	—	—	—	—	—	—
ENi4061	NiCu27Mn3NbTi	—	—	—	1.3	24.0~31.0	—	—	1.0	1.5	—	3.0	—	—	—	—	—	—
镍铬																	
ENi6082	NCr20Mn3Nb	0.10	2.0~6.0	4.0	0.8	0.5	≥63.0	—	—	0.5	18.0~22.0	1.5~3.0	2.0	—	—	0.015	0.020	—
ENi6231	NiCr22W14Mo	0.05~0.10	0.3~1.0	3.0	0.3~0.7	—	≥45.0	5.0	0.5	0.1	20.0~24.0	—	1.0~3.0	—	13.0~15.0	—	—	—
镍铬铁																	
ENi6025	NiCr25Fe10AlY	0.01~0.25	0.5	8.0~11.0	0.8	—	≥55.0	—	1.5~2.2	0.3	24.0~26.0	—	—	—	—	—	—	Y: 0.15
ENi6062	NiCr15Fe8Nb	0.08	3.5	11.0	—	—	≥62.0	—	—	—	—	0.5~4.0	—	—	—	—	—	—
ENi6093	NiCr15Fe8NbMo	0.20	1.0~5.0	—	1.0	—	≥60.0	—	—	—	13.0~17.0	1.0~3.5	1.0~3.5	—	—	—	—	—
ENi6094	NiCr14Fe4NbMo	0.15	1.0~4.5	12.0	—	—	≥55.0	—	—	—	12.0~17.0	0.5~3.0	2.5~5.5	—	—	—	—	—
ENi5095	NiCr15Fe8NbMoW	0.20	1.0~3.5	—	0.8	—	≥62.0	—	—	—	13.0~17.0	0.5~3.5	1.0~3.5	—	1.5~3.5	0.015	0.020	—
ENi6133	NiCr16Fe12NbMo	0.10	1.0~3.5	—	—	—	—	—	—	—	13.0~17.0	0.5~3.0	0.5~2.5	—	—	—	—	—
ENi6152	NiCr30Fe9Nb	0.05	5.0	7.0~12.0	—	—	≥50.0	—	0.5	0.5	28.0~31.5	1.0~2.5	0.5	—	—	—	—	—

续表

焊条型号	化学成分代号	化学成分(质量分数)/%															
		C	Mn	Fe	Si	Cu	Ni①	Co	Al	Ti	Cr	Nb②	Mu	V	W	S	P	其他③
ENi6182	NiCr15Fe6Mn	0.10	5.0~10.0	10.0	1.0	0.5	≥60.0	镍铬铁	—	1.0	13.0~17.0	1.0~3.5	—	—	—	—	—	Ya: 0.3
ENi6333	NiCr25Fe16CoNbW	0.1.2~2.0	1.2~2.0	≥16.0	0.8~1.2	—	44.0~47.0	2.5~3.5	—	—	24.0~26.0	—	2.5~3.5	—	2.5~3.5	—	—	—
ENi6701	NiCr36Fe7Nb	0.35~0.50	0.5~2.0	7.0	0.5~2.0	—	42.0~48.0	—	—	—	33.0~39.0	0.8~1.8	—	—	—	0.015	0.020	—
ENi6702	NiCr28Fe6W	0.50	0.5~1.5	6.0	—	—	47.0~50.0	—	—	—	27.0~30.0	—	—	—	4.0~5.5	—	—	—
ENi6704	NiCr25Fe10Al3YC	0.15~0.30	0.5	8.0~11.0	0.8	—	≥55.0	—	1.8~2.8	0.3	24.0~26.0	—	2.5~3.5	—	—	—	—	Y: 0.15
ENi8025	NiCr29Fe30Mo	0.06	1.0~3.0	30.0	0.7	1.5~3.0	35.0~40.0	—	0.1	1.0	27.0~31.0	1.0	3.5~4.5	—	—	—	—	—
ENi8165	NiCr25Fe30Mo	0.03	3.0	—	—	—	37.0~42.0	—	—	—	23.0~27.0	—	7.5	—	—	—	—	—
ENi1001	NiMo28Fe5	0.07	1.0	4.0~7.0	1.0	0.5	≥55.0	镍钼 2.5	—	—	1.0	—	26.0~30.0	—	1.0	—	—	—
ENi1004	NiMo25Cr5Fe5	0.12	1.0	—	—	—	≥60.0	—	—	—	2.5~5.5	—	23.0~27.0	0.6	—	—	—	—
ENi1008	NiMo19WCr	0.10	1.5	10.0	0.8	—	≥62.0	—	—	—	0.5~3.5	—	17.0~20.0	—	2.0~4.0	—	—	—
ENi1009	NiMo20WCu	0.02	2.0	7.0	0.7	0.3~1.3	≥60.0	—	—	—	—	—	18.0~22.0	—	4.0	0.015	0.020	—
ENi1062	NiMo24Cr8Fe6	0.02	2.0	4.0~7.0	0.2	—	≥64.5	—	—	—	6.0~9.0	—	22.0~26.0	—	1.0	—	—	—
ENi1066	NiMo28	0.02	2.0	2.2	0.2	0.5	≥62.0	—	—	—	1.0	—	26.0~30.0	—	—	—	—	—
ENi1067	NiMo30Cr	0.02	1.0	1.0~3.0	0.2	—	≥65.0	3.0	—	—	3.0	—	27.0~32.0	—	3.0	—	—	—
ENi1069	NiMo28Fe4Cr	0.02	1.0	2.0~5.0	0.7	—	—	1.0	0.5	—	0.5~1.5	—	26.0~30.0	—	—	0.015	0.020	—

续表

焊条型号	化学成分代号	化学成分（质量分数）/%																
		C	Mn	Fe	Si	Cu	Ni①	Co	Al	Ti	Cr	Nb②	Mu	V	W	S	P	其他③
		镍铬钼																
ENi6002	NiCr22Fe18Mo	0.05~0.15	—	17.0~20.0	1.0	—	≥45.0	0.5~2.5	—	—	20.0~23.0	—	8.0~10.0	—	0.2~1.0			
ENi5012	NiCr22Mo9	0.103	1.0	3.5	0.7	0.5	≥58.0	—	0.4	0.4	—	1.5	8.5~10.5	—	—			
ENi6022	NiCr21Mo13W3	0.02	—	2.0~6.0	0.2	—	≥49.0	2.5	—	—	20.0~22.5	—	12.5~14.5	—	2.5~3.5			
ENi6024	NiCr26Mo14		0.5	1.5			≥55.0	—	—	—	25.0~27.0	—	13.5~15.0	0.4	—			
ENi6030	NiCr-29Mo5Fe15W2	0.03	1.5	13.0~17.0	1.0	1.0~2.4	≥36.0	5.0	—	—	28.0~31.5	0.3~1.5	4.0~6.0	—	1.5~4.0			
ENi6059	NiCr23Mo16		1.0	1.5			≥56.0	—	—	—	22.0~24.0	—	15.0~16.5	—	—			
ENi6200	NiCr23Mo16Cu2	0.02	—	3.0	0.2	1.3~1.9	≥45.0	2.0	—	—	20.0~24.0	—	15.0~17.0	—	—			
ENi6205	NiCr25Mo16		0.5	5.0		2.0		—	0.4	—	22.0~27.0	—	13.5~16.5	—	—			
ENi6275	NiCr15Mo16Fe5W3	0.10	1.0	4.0~7.0	1.0		≥50.0	2.5	—	—	14.5~16.5	—	15.0~18.0	0.4	3.0~4.5			
ENi6276	NiCr15Mo15Fe6W4	0.02			0.2			—	—	—		—	15.0~17.0	—	—			
ENi6452	NiCr19Mo15	0.025	2.0	1.5	0.4	0.5	≥56.0	—	—	0.7	18.0~20.0	0.4	14.0~16.0	—	—			
ENi6455	NiCr16Mo15Ti	0.02	1.5	3.0	0.2			2.0	—	—	14.0~18.0	—	14.0~17.0	—	0.5			
ENi6620	NiCr14Mo7Fe	0.10	2.0~4.0	10.0	1.0	—	≥55.0	—	—	—	12.0~17.0	0.5~2.0	5.0~9.0	—	1.0~2.0			

续表

焊条型号	化学成分代号	化学成分(质量分数)/%															
		C	Mn	Fe	Si	Cu	Ni①	Co	Al	Ti	Cr	Nb②	Mo	V	W	S	P	其他③
ENi6625	NiCr22Mo9Nb	0.10	2.0	7.0	0.8	—	≥55.0	—	—	—	20.0~23.0	3.0~4.2	8.0~10.0	—	—			
ENi6627	NiCr21MoFeNb	0.03	2.2	5.0	0.7	0.5	≥57.0	—	—	—	20.5~22.5	1.0~2.8	8.8~10.0	—	0.5	0.015		
ENi6650	NiCr20Fe14Mo11WN	0.03	0.7	12.0~15.0	0.6	—	≥44.0	1.0	0.5	—	19.0~22.0	0.3	10.0~13.0	—	1.0~2.0	0.02		
ENi6686	NiCr21Mo16W4	0.02	1.0	5.0	0.3	—	≥49.0	—	—	0.3	19.0~23.0	—	15.0~17.0	—	3.0~4.4			
ENi6985	NiCr22Mo7Fe19	0.02	1.0	18.0~21.0	1.0	1.5~2.5	≥45.0	5.0	—	—	21.0~23.5	1.0	6.0~8.0	—	1.5	0.015	0.020	
镍铬钴钼																		
ENi6117	NiCr22Co12Mo	0.05~0.15	3.0	5.0	1.0	0.5	≥45.0	9.0~15.0	1.5	0.6	20.0~26.0	1.0	8.0~10.0	—	—	0.015	0.020	N:0.15

注：除 Ni 外另有规定，所有单值均为最大值。
① 除非另有规定，Co 含量应低于该含量的 1%，也可供需双方协商，要求较低的 Co 含量。
② Ta 含量应低于该含量的 20%。
③ 未规定数值的元素总量不应超过 0.5%。

表 C-134　镍基耐蚀合金焊条代号及熔敷金属化学成分（ISO 14172:2003）

数字符号	化学成分（质量分数）/%											
	C	Mn	Fe	Si	Cu	Ni[①]	Al	Ti	Cr	Nb[②]	Mo	其他[③④]
纯 Ni												
Ni 2061	≤0.10	≤0.7	≤0.7	≤1.2	≤0.2	≥92.0	≤1.0	1.0~4.0	—	—	—	—
Ni-Cu												
Ni 4060	≤0.15	≤4.0	≤2.5	≤1.5	27.0~34.0	≥62.0	≤1.0	≤1.0	—	—	—	—
Ni 4061	≤0.15	≤4.0	≤2.5	≤1.3	24.0~31.0	≥62.0	≤1.0	≤1.5	—	≤3.0	—	—
Ni-Cr												
Ni 6082	≤0.10	2.0~6.0	≤4.0	≤0.8	≤0.5	≥63.0	—	≤0.5	18.0~22.0	1.5~3.0	≤2.0	—
Ni 6231	0.05~0.10	0.3~1.0	≤3.0	0.3~0.7	≤0.5	≥45.0	≤0.5	≤0.1	20.0~24.0	—	1.0~3.0	Co≤5.0 W=13.0~15.0
Ni-Cr-Fe												
Ni 6025	0.10~0.25	≤0.5	8.0~11.0	≤0.8	—	≥55.0	1.5~2.2	≤0.3	24.0~26.0	—	—	Y≤0.15
Ni 6062	≤0.08	≤3.5	≤11.0	≤0.8	≤0.5	≥62.0	—	—	13.0~17.0	0.5~4.0	—	—
Ni 6093	≤0.20	1.0~5.0	≤12.0	≤1.0	≤0.5	≥60.0	—	—	13.0~17.0	1.0~3.5	1.0~3.5	—
Ni 6094	≤0.15	1.0~4.5	≤12.0	≤0.8	≤0.5	≥55.0	—	—	12.0~17.0	0.5~3.0	2.5~5.5	W≤1.5
Ni 6095	≤0.20	1.0~3.5	≤12.0	≤0.8	≤0.5	≥55.0	—	—	13.0~17.0	1.0~3.5	1.0~3.5	W=1.5~3.5
Ni 6133	≤0.10	1.0~3.5	≤12.0	≤0.8	≤0.5	≥62.0	—	—	13.0~17.0	0.5~3.0	0.5~2.5	—
Ni 6152	≤0.05	≤5.0	7.0~12.0	≤0.8	≤0.5	≥50.0	≤0.5	≤0.5	28.0~31.5	1.0~2.5	≤0.5	—
Ni 6182	≤0.10	5.0~10.0	≤10.0	≤1.0	≤0.5	≥60.0	—	≤1.0	13.0~17.0	1.0~3.5	—	有规定时 Ta≤0.3
Ni 6333	≤0.10	1.2~2.0	≥16.0	0.8~1.2	≤0.5	44.0~47.0	—	—	24.0~26.0	—	2.5~3.5	W=2.5~3.5 Co=2.5~3.5

续表

数字符号	化学成分(质量分数)/%											
	C	Mn	Fe	Si	Cu	Ni[①]	Al	Ti	Cr	Nb[②]	Mo	其他[③④]
Ni 6701	0.35~0.50	0.5~2.0	≤7.0	0.5~2.0	—	42.0~48.0	—	—	33.0~39.0	0.8~1.8	—	—
Ni 6702	0.35~0.50	0.5~1.5	≤6.0	0.5~2.0	—	47.0~50.0	—	—	27.0~30.0	—	—	W=4.0~5.5
Ni 6704	0.15~0.30	≤0.5	8.0~11.0	≤0.8	—	≥55.0	1.8~2.8	≤0.3	24.0~26.0	—	—	Y≤0.15
Ni 8025	≤0.06	1.0~3.0	≤30.0	≤0.7	1.5~3.0	35.0~40.0	≤0.1	≤1.0	27.0~31.0	≤1.0	2.5~4.5	或Nb
Ni 8165	≤0.03	1.0~3.0	≤30.0	≤0.7	≤1.5~3.0	37.0~42.0	≤0.1	≤1.0	23.0~27.0	—	3.5~7.5	
Ni–Mo												
Ni 1001	≤0.07	≤1.0	4.0~7.0	≤1.0	≤0.5	≥55.0	—	—	≤1.0	—	26.0~30.0	Co≤2.5 V≤0.6 W≤1.0
Ni 1004	≤0.12	≤1.0	4.0~7.0	≤1.0	≤0.5	≥60.0	—	—	2.5~5.5	—	23.0~27.0	V≤0.6 W≤1.0
Ni 1008	≤0.10	≤1.5	≤10.0	≤0.8	0.5	≥60.0	—	—	0.5~3.5	—	17.0~20.0	W=2.0~4.0
Ni 1009	≤0.10	≤1.5	≤7.0	≤0.8	0.3~1.3	≥62.0	—	—	—	—	18.0~22.0	W=2.0~4.0
Ni 1062	≤0.02	≤1.0	4.0~7.0	≤0.7	—	≥60.0	—	—	6.0~9.0	—	22.0~26.0	—
Ni 1066	≤0.02	≤2.0	≤2.2	≤0.2	≤0.5	≥64.5	—	—	≤1.0	—	26.0~30.0	W≤1.0
Ni 1067	≤0.02	≤2.0	1.0~3.0	≤0.2	≤0.5	≥62.0	—	—	1.0~3.0	—	27.0~32.0	Co≤3.0 W≤3.0
Ni 1069	≤0.02	≤1.0	2.0~5.0	≤0.7	—	≥65.0	≤0.5	—	0.5~1.5	—	26.0~30.0	Co≤1.0
Ni–Cr–Mo												
Ni 6002	0.05~0.15	≤1.0	17.0~20.0	≤1.0	≤0.5	≥45.0	—	—	20.0~23.0	—	8.0~10.0	Co=0.5~2.5 W=0.2~1.0

续表

数字符号	化学成分(质量分数)/%											
	C	Mn	Fe	Si	Cu	Ni①	Al	Ti	Cr	Nb②	Mo	其他③④
Ni 6012	≤0.03	≤1.0	≤3.5	≤0.7	≤0.5	≥58.0	≤0.4	≤0.4	20.0~23.0	≤1.5	8.5~10.5	—
Ni 6022	≤0.02	≤1.0	2.0~6.0	≤0.2	≤0.5	≥49.0	—	—	20.0~22.5	—	12.5~14.5	Co≤2.5 V≤0.4 W=2.5~3.5
Ni 6024	≤0.02	≤0.5	≤1.5	≤0.2	≤0.5	≥55.0	—	—	25.0~27.0	—	13.5~15.0	
Ni 6030	≤0.03	≤1.5	13.0~17.0	≤1.0	1.0~2.4	≥36.0	—	—	28.0~31.5	0.3~1.5	4.0~6.0	Co≤5.0 W=1.5~4.0
Ni 6059	≤0.02	≤1.0	≤1.5	≤0.2	—	≥56.0	—	—	22.0~24.0	—	15.0~16.5	
Ni 6200	≤0.02	≤1.0	≤3.0	≤0.2	1.3~1.9	≥45.0	—	—	20.0~24.0	—	15.0~17.0	Co≤2.0
Ni 6205	≤0.02	≤0.5	≤5.0	≤0.2	≤2.0	≥50.0	≤0.4	—	22.0~27.0	—	13.5~16.5	
Ni 6275	≤0.10	≤1.0	4.0~7.0	≤1.0	≤0.5	≥50.0	—	—	14.5~16.5	—	15.0~18.0	Co≤2.5 V≤0.4 W=3.0~4.5
Ni 6276	≤0.02	≤1.0	4.0~7.0	≤0.2	≤0.5	≥50.0	—	—	14.5~16.5	—	15.0~17.0	Co≤2.5 V≤0.4 W=3.0~4.5
Ni 6452	≤0.025	≤2.0	≤1.5	≤0.4	≤0.5	≥56.0	—	—	18.0~20.0	≤0.4	14.0~16.0	V≤0.4
Ni 6455	≤0.02	≤1.5	≤3.0	≤0.2	≤0.5	≥56.0	—	≤0.7	≤14.0~18.0	—	14.0~17.0	Co≤2.0 W≤0.5
Ni 6620	≤0.10	2.0~4.0	≤10.0	≤1.0	≤0.5	≥55.0	—	—	12.0~17.0	0.5~2.0	5.0~9.0	W=1.0~2.0
Ni 6625	≤0.10	≤2.0	≤7.0	≤0.8	≤0.5	≥55.0	—	—	20.0~23.0	3.0~4.2	8.0~10.0	
Ni 6627	≤0.03	≤2.2	≤5.0	≤0.7	≤0.5	≥57.0	—	—	20.5~22.5	1.0~2.8	8.8~10.0	W≤0.5

续表

数字符号	化学成分(质量分数)/%											
	C	Mn	Fe	Si	Cu	Ni①	Al	Ti	Cr	Nb②	Mo	其他③④
Ni 6650	≤0.03	≤0.7	12.0~15.0	≤0.6	≤0.5	≥44.0	≤0.5	—	19.0~22.0	≤0.3	10.0~13.0	Co≤1.0 W=1.0~2.0 N≤0.15 S≤0.02
Ni 6686	≤0.02	≤1.0	≤5.0	≤0.3	≤0.5	≥49.0	—	≤0.3	19.0~23.0	—	15.0~17.0	W=3.0~4.4
Ni 6985	≤0.02	≤1.0	18.0~21.0	≤1.0	1.5~2.3	≥45.0	—	—	21.0~23.5	—	6.0~8.0	Co≤5.0 W≤1.5
Ni-Cr-Co-Mo												
Ni 6117	0.05~0.15	≤3.0	≤5.0	≤1.0	≤0.5	≥45.0	≤1.5	≤0.6	20.0~26.0	≤1.0	8.0~10.0	Co=9.0~15.0

注：① 除非另有规定，可以含有小于1% Ni 含量的 Co。
② 可以含有小于20% Nb 含量 Ta。
③ 没有规定的其他元素的质量分数之和不超过0.5%。
④ $w(P) \leq 0.020\%$，$w(S) \leq 0.015\%$。

表 C-135 与国际标准对应的一些国家标注镍基耐蚀合金焊条分类(ISO 14172：2003)

数字符号	化学符号名	AWS A5.11/A5.11M：1997	JIS Z3224：1999	DIN 1736：1985
纯 Ni				
Ni 2061	NiTi3	ENi-1	DNi-1	2.4156
Ni-Cu				
Ni 4060	NiCu30Mn3Ti	ENiCu-7	DNiCu-7	2.4366
Ni 4061	NiCu27Mn3NbTi		DNiCu-1	
Ni-Cr				
Ni 6082	NiCr20Mn3Nb	—		2.4648
Ni 6231	NiCr22W14Mo	ENiCrWMo-1		
Ni-Cr-Fe				
Ni 6025	NiCr25Fe10AlY			
Ni 6062	NiCr15Fe8Nb	ENiCrFe-1	DNiCrFe—1	—
Ni 6093	NiCr15Fe8NbMo	ENiCrFe-4		2.4625
Ni 6094	NiCr14Fe4NbMo	ENiCrFe-9		—
Ni 6095	NiCr15Fe8NbMoW	ENiCrFe-10	—	—
Ni 6133	NiCr16Fe12NbMo	ENiCrFe-2	DNiCrFe-2	2.4805

续表

数字符号	化学符号名	AWS A5.11/A5.11M:1997	JIS Z3224:1999	DIN 1736:1985
Ni 6152	NiCr30Fe9Nb	ENiCrFe-7	—	—
Ni 6182	NiCr15Fe6Mn	ENiCrFe-3	DNiCrFe-3	2.4807
Ni 6333	NiCr25Fe16CoNbW	—	—	—
Ni 6701	NiCr36Fe7Nb	—	—	—
Ni 6702	NiCr28Fe6W	—	—	—
Ni 6704	NiCr25Fe10Al3YC	—	—	—
Ni 8025	NiFe30Cr29Mo	—	—	2.4653
Ni 8165	NiFe30Cr25Mo	—	—	2.4652
Ni-Mo				
Ni 1001	NiMo28Fe5	ENiMo-1	DNiMo-1	—
Ni 1004	NiMo25Cr3Fe5	ENiMo-3	—	—
Ni 1008	NiMo19WCr	ENiMo-8	—	—
Ni 1009	NiMo20WCu	ENiMo-9	—	—
Ni 1062	NiMo24Cr8Fe6	—	—	—
Ni 1066	NiMo28	ENiMo-7	—	2.4616
Ni 1067	NiMo30Cr	ENiMo-10	—	—
NI 1069	NiMo28 Fe4Cr	—	—	—
Ni-Cr-Mo				
Ni 6002	NiCr22 Fe18Mo	ENiCrMo-2	DNiCrMo-2	—
Ni 6012	NiCr22Mo9	—	—	—
Ni 6022	NiCr21Mo13W3	ENiCrMo-10	—	2.4638
Ni 6024	NiCr26Mo14	—	—	—
Ni 6030	NiCr29Mo5Fe15W2	FNiCrMo—11	—	—
Ni 6059	NiCr23Mo16	ENiCrMo-13	—	2.4609
Ni 6200	NiCr23Mo16Cu2	ENiCrMo-17	—	—
Ni 6205	NiCr25Mo16	—	—	—
Ni 6275	NiCr15Mo16Fe5W3	ENiCrMo-5	DNiCrMo-5	—
Ni 6276	NiCr15Mo15Fe6W4	ENiCrMo-4	DNiCrMo-4	2.4887
Ni 6452	NiCr19Mo15	—	—	2.4657
Ni 6455	NiCr16Mo15Ti	ENiCrMo-7	—	2.4612
Ni 6620	NiCr14Mo7Fe	ENiCrMo-6	—	—
Ni 6625	NiCr22Mo9Nb	ENiCrMo-3	DNiCrMo—3	2.4621
Ni 6627	NiCr21MoFeNb	ENiCrMo-12	—	—
Ni 6650	NiCr20Fe14Mo11WN	—	—	—
Ni 6686	NiCr21Mo16W4	ENiCrMo-14	—	—
Ni 6985	NiCr22Mo7Fe19	ENiCrMo-9	—	2.4623

续表

数字符号	化学符号名	AWS A5.11/A5.11M:1997	JIS Z3224:1999	DIN 1736:1985
Ni-Cr-Co-Mo				
Ni 6117	NiCr22Co12Mo	ENiCrCoMo-1	—	2.4628

表 C-136　镍基耐蚀合金焊缝熔敷金属的拉伸性能（ISO 14172:2003）

数字符号	最小规定非比例延伸强度/MPa	最小抗拉强度/MPa	最小伸长率/%
纯 Ni			
Ni 2061	200	410	18
Ni-Cu			
Ni 4060, Ni 4061	200	480	27
Ni-Cr			
Ni 6082	360	600	22
Ni 6231	350	620	18
Ni-Cr-Fe			
Ni 6025	400	690	12
Ni 6062	360	550	27
Ni 6093, Ni 6094, Ni 6095	360	650	18
Ni 6133, Ni 6152 Ni 6182	360	550	27
Ni 6333	360	550	18
Ni 6701, Ni 6702	450	650	8
Ni 6704	400	690	12
Ni 8025, Ni 8165	240	550	22
Ni-Mo			
Ni 1001, Ni 1004	400	690	22
Ni 1008, Ni 1009	360	650	22
Ni 1062	360	550	18
Ni 1066	400	690	22
Ni 1067	350	690	22
Ni 1069	360	550	20
Ni-Cr-Mo			
Ni 6002	380	650	18
Ni 6012	410	650	22
Ni 6022, Ni 6024	350	690	22
Ni 6030	350	585	22
Ni 6059	350	690	22

续表

数字符号	最小规定非比例延伸强度/MPa	最小抗拉强度/MPa	最小伸长率/%
Ni 6200，Ni 6275，Ni 6276	400	690	22
Ni 6205，Ni 6452	350	690	22
Ni 6455	300	690	22
Ni 6620	350	620	32
Ni 6625	420	760	27
Ni 6627	400	650	32
Ni 6650	420	660	30
Ni 6686	350	690	27
Ni 6985	350	620	22
Ni - Cr - Co - Mo			
Ni 6117	400	620	22

表 C-137 镍及镍合金焊丝化学成分（GB/T 15620—2008）

焊丝型号	化学成分代号	C	Mn	Fe	Si	Cu	Ni[①]	Co[①]	Al	Ti	Cr	Nb[②]	Mo	W	其他[③]
镍															
SNi2061	NiTi3	≤0.15	≤1.0	≤1.0	≤0.7	≤0.2	≥92.0	—	—	2.0~3.5	—	—	—	—	—
镍钢															
SNi4060	NiCu30Mn3Ti	≤0.15	2.0~4.0	≤2.5	≤1.2	28.0~32.0	≥62.0	—	≤1.2	1.5~3.0	—	—	—	—	—
SNi4061	NiCu30Mn3Nb	≤0.15	≤4.0	≤2.5	≤1.25	28.0~32.0	≥60.0	—	≤1.0	≤1.0	—	≤3.0	—	—	—
SNi5504	NiCu25Al3Ti	≤0.25	≤1.5	≤2.0	≤1.0	≥20.0	63.0~70.0	—	2.0~4.0	0.3~1.0	—	—	—	—	—
镍-铬															
SNi6072	NiCr44Ti	0.01~0.10	≤0.20	≤0.50	≤0.20	≤0.50	≥52.0	—	—	0.3~1.0	42.0~46.0	—	—	—	—
SNi6076	NiCr20	0.08~0.25	≤1.0	≤2.00	≤0.30	0.50	≥75.0	—	≤0.4	≤0.5	19.0~21.0	—	—	—	—
SNi6082	NiCr20Mn3Nb	≤0.10	2.5~3.5	≤3.0	≤0.5	≤0.5	≥67.0	—	—	≤0.7	18.0~22.0	2.0~3.0	—	—	—
镍-铬-铁															
SNi6002	NiCr21Fe18Mo9	0.05~0.15	≤2.0	17.0~20.0	≤1.0	≤0.5	≥44.0	0.5~2.5	—	—	20.5~23.0	—	8.0~10.0	0.2~1.0	—
SNi6025	NiCr25Fe10AlY	0.15~0.25	≤0.5	8.0~11.0	≤0.5	≤0.1	≥59.0	—	1.8~2.4	0.1~0.2	24.0~26.0	—	—	—	Y:0.05~0.12;Zr:0.01~0.10
SNi6030	NiCr30Fe15Mo5W	≤0.03	≤1.5	13.0~17.0	≤0.8	1.0~2.4	≥36.0	≤5.0	—	—	28.0~31.5	0.3~1.5	4.0~6.0	1.5~4.0	—

续表

焊丝型号	化学成分代号	C	Mn	Fe	Si	Cu	Ni①	Co①	Al	Ti	Cr	Nb②	Mo	W	其他③
SNi6052	NiCr30Fe9	≤0.04	≤1.0	7.0~11.0	≤0.5	≤0.3	≥54.0	—	≤1.1	1.0	28.0~31.5	0.10	0.5	—	Al+Ti ≤1.5
SNi6062	NiCr15Fe8Nb	≤0.08	≤1.0	6.0~10.0	≤0.3	≤0.5	≥70.0	—	—	—	14.0~17.0	1.5~3.0	—	—	
SNi6176	NiCr16Fe6	≤0.05	≤0.5	5.5~7.5	≤0.5	≤0.1	≥76.0	≤0.05	—	—	15.0~17.0	—	—	—	
SNi6601	NiCr23Fe15Al	≤0.10	1.0	≤20.0	≤0.5	≤1.0	58.0~63.0	—	1.0~1.7	—	21.0~25.0	—	—	—	
SNi6701	NiCr36Fe7Nb	0.35~0.50	0.5~2.0	≤7.0	0.5~2.0	—	42.0~48.0	—	—	—	33.0~39.0	0.8~1.8	—	—	
SNi6704	NiCr25FeAl3YC	0.15~0.25	≤0.5	8.0~11.0	≤0.5	≤0.1	≥55.0	—	1.8~2.8	0.1~0.2	24.0~26.0	—	—	—	Y: 0.05~0.12; Zr: 0.01~0.10
SNi6975	NiCr25Fe13Mo6	≤0.03	≤1.0	10.0~17.0	≤1.0	0.7~1.2	≥47.0	—	—	0.70~1.50	23.0~26.0	—	5.0~7.0	—	
SNi6985	NiCr22Fe20Mo7Cu2	≤0.01	≤1.0	18.0~21.0	≤1.0	1.5~2.5	≥40.0	≤5.0	—	—	21.0~23.5	≤0.50	6.0~8.0	≤1.5	
SNi7069	NiCr15Fe7Nb	≤0.08	≤1.0	5.0~9.0	≤0.50	≤0.50	≥70.0	—	0.4~1.0	2.0~2.7	14.0~17.0	0.70~1.20	—	—	
SNi7092	NiCr15Ti3Mn	≤0.08	2.0~2.7	≤8.0	≤0.3	≤0.5	≥67.0	—	—	2.5~3.5	14.0~17.0	—	—	—	
SNi7718	NiFe19Cr19Nb5Mo3	≤0.08	≤0.3	≤24.0	≤0.3	≤0.3	50.0~55.0	—	0.2~0.8	0.7~1.1	17.0~21.0	4.8~5.5	2.8~3.3	—	B: 0.006 P: 0.015
SNi8025	NiFe30Cr29Mo	≤0.02	1.0~3.0	≤30.0	≤0.5	1.5~3.0	35.0~40.0	—	≤0.2	≤1.0	27.0~31.0	—	2.5~4.5	—	
SNi8065	NiFe30Cr21Mo3	≤0.05	1.0	≥22.0	≤0.5	1.5~3.0	38.0~46.0	—	≤0.2	0.6~1.2	19.5~23.5	—	2.5~3.5	—	
SNi8125	NiFe26Cr25Mo	≤0.02	1.0~3.0	≤30.0	≤0.5	1.5~3.0	37.0~42.0	—	≤0.2	≤1.0	23.0~27.0	—	3.5~7.5	—	
镍－钼															
SNi1001	NiMo28Fe	≤0.08	≤1.0	4.0~7.0	≤1.0	≤0.5	≥55.0	≤2.5	—	—	≤1.0	—	26.0~30.0	≤1.0	V: 0.20~0.40
SNi1003	NiMo17Cr7	0.04~0.08	≤1.0	≤5.0	≤1.0	≤0.50	≥65.0	≤0.20	—	—	6.0~8.0	—	15.0~18.0	≤0.50	V≤0.50
SNi1004	NiMo25Cr5Fe5	≤0.12	≤1.0	≤4.0~7.0	≤1.0	≤0.5	≥62.0	≤2.5	—	—	4.0~6.0	—	23.0~26.0	≤1.0	V≤0.60
SNi1008	NiMo19WCr	≤0.1	≤1.0	≤10.0	≤0.50	≤0.50	≥60.0	—	—	—	0.5~3.5	—	18.0~21.0	2.0~4.0	—
SNi1009	NiMo20WCu	≤0.1	≤1.0	≤5.0	≤0.5	0.3~1.3	≥65.0	—	—	1.0	—	—	19.0~22.0	2.0~4.0	

续表

焊丝型号	化学成分代号	C	Mn	Fe	Si	Cu	Ni[①]	Co[①]	Al	Ti	Cr	Nb[②]	Mo	W	其他[③]
SNi1062	NiMo24Cr8Fe6	≤0.01	≤0.5	5.0~7.0	≤0.1	≤0.4	≥62.0	—	0.1~0.4	—	7.0~8.0	—	23.0~25.0	—	—
SNi1066	NiMo28	≤0.02	≤1.0	2.0	≤0.1	≤0.5	≥64.0	≤1.0	—	—	≤1.0	—	26.0~30.0	≤1.0	—
SNi1067	NiMo30Cr	≤0.01	≤3.0	1.0~3.0	≤0.1	≤0.2	≥52.0	≤3.0	≤0.5	≤0.2	1.0~3.0	≤0.2	27.0~32.0	≤3.0	V≤0.20
SNi1069	NiMo28Fe4Cr	≤0.01	≤1.0	2.0~5.0	0.05	≤0.01	≥65.0	≤1.0	—	≤0.5	0.5~1.5	—	26.0~30.0	—	—
镍-铬-钼															
SNi6012	NiCr22Mo9	≤0.05	≤1.0	≤3.0	≤0.5	≤0.5	≥58.0	—	≤0.4	≤0.4	20.0~23.0	≤1.5	8.0~10.0	—	—
SNi6022	NiCr21Mo13Fe4W3	≤0.01	≤0.5	2.0~6.0	≤0.1	≤0.5	≥49.0	≤2.5	—	—	20.0~22.5	—	12.5~14.5	2.5~3.5	V≤0.3
SNi6057	NiCr30Mo11	≤0.02	≤1.0	≤2.0	≤1.0	—	≥53.0	—	—	—	29.0~31.0	—	10.0~12.0	—	V≤0.4
SNi6058	NiCr25Mo16	≤0.02	≤0.5	≤2.0	≤0.2	≤0.2	≥50.0	—	≤0.4	—	22.0~27.0	—	13.5~16.5	—	—
SNi6059	NiCr23Mo16	≤0.01	≤0.5	≤1.5	≤0.1	—	≥56.0	≤0.3	0.1~0.4	—	22.0~24.0	—	15.0~16.5	—	—
SNi6200	NiCr23Mo16Cu2	≤0.01	≤0.5	≤3.0	≤0.08	1.3~1.9	≥52.0	≤2.0	—	—	22.0~24.0	—	15.0~17.0	—	—
SNi6276	NiCr15Mo16Fe6W4	≤0.02	≤1.0	4.0~7.0	≤0.08	≤0.5	≥50.0	≤2.5	—	—	14.5~16.5	—	15.0~17.0	3.0~4.5	V≤0.3
SNi6452	NiCr20Mo15	≤0.01	≤1.0	≤1.5	≤0.1	≤0.5	≥56.0	—	—	—	19.0~21.0	≤0.4	14.0~16.0	—	V≤0.4
SNi6455	NiCr16Mo16Ti	≤0.01	≤1.0	≤3.0	≤0.08	≤0.5	≥56.0	≤2.0	—	≤0.7	14.0~18.0	—	14.0~18.0	—	≤0.5
SNi6625	NiCr22Mo9Nb	≤0.1	≤0.5	≤5.0	≤0.5	≤0.5	≥58.0	—	≤0.4	≤0.4	20.0~23.0	3.0~4.2	8.0~10.0	—	—
SNi6650	NiCr20Fe14Mo11WN	≤0.03	≤0.5	12.0~16.0	≤0.5	≤0.3	≥45.0	—	≤0.5	—	18.0~21.0	≤0.5	9.0~13.0	≤0.5~2.5	N:0.05~0.25; S≤0.010
SNi6660	NiCr22Mo10W3	≤0.03	≤0.5	≤2.0	≤0.5	≤0.3	≥58.0	≤0.2	≤0.4	≤0.4	21.0~23.0	≤0.2	9.0~11.0	2.0~4.0	—
SNi6686	NiCr21Mo16W4	≤0.01	≤1.0	≤5.0	≤0.08	≤0.5	≥49.0	—	—	≤0.25	19.0~23.0	—	15.0~17.0	3.0~4.4	—
SNi7725	NiCr21Mo8Nb3Ti	≤0.03	≤0.4	≥8.0	≤0.20	—	55.0~59.0	—	≤0.35	1.0~1.7	19.0~22.5	2.75~4.00	7.0~9.5	—	—
SNi6160	NiCr28Co30Si3	≤0.15	≤1.5	≤3.5	2.4~3.0	—	≥30.0	27.0~33.0	—	0.2~0.8	26.0~30.0	—	≤1.0	≤1.0	≤1.0
SNi6617	NiCr22Co12Mo9	0.05~0.15	≤1.0	≤3.0	≤1.0	≤0.5	≥44.0	10.0~15.0	0.8~1.5	≤0.6	20.0~24.0	—	8.0~10.0	—	—
SNi7090	NiCr20Co18Ti3	≤0.13	≤1.0	≤1.5	≤1.0	≤0.2	≥50.0	15.0~21.0	1.0~2.0	2.0~3.0	18.0~21.0	—	—	—	[④]

续表

焊丝型号	化学成分代号	C	Mn	Fe	Si	Cu	Ni①	Co①	Al	Ti	Cr	Nb②	Mo	W	其他③
SNi7263	NiCr20Co20Mo6Ti2	0.04~0.08	≤0.6	≤0.7	≤0.4	≤0.2	≥47.0	19.0~21.0	0.3~0.6	1.9~2.4	19.0~21.0	—	5.6~6.1	—	Al+Ti：2.4~2.8⑤
SNi6231	NiCr22W14Mo2	0.05~0.15	0.3~1.0	≤3.0	≤0.25~0.75	≤0.50	≥48.0	≤5.0	0.2~0.5	—	20.0~24.0	—	1.0~3.0	13.0~15.0	

注：1."其他"包括未规定数值的元素总和，总量应不超过 0.5%。
2. 根据供需双方协议，可生产使用其他型号的焊丝。用 SNiZ 表示，化学成分代号由制造商确定。
① 除非另有规定，Co 含量应低于该含量的 1%，也可供需双方协商，要求较低的 Co 含量。
② Ta 含量应低于该含量的 20%。
③ 除非具体说明，P 最高含量 0.020%，S 最高含量 0.015%。
④ $w(Ag) \leq 0.0005\%$，$w(B) \leq 0.020\%$，$w(Bi) \leq 0.0001\%$，$w(pb) \leq 0.0020\%$，$w(Zr) \leq 0.15\%$。
⑤ $w(S) \leq 0.007\%$，$w(Ag) \leq 0.0005\%$，$w(B) \leq 0.005\%$，$w(Bi) \leq 0.0001\%$。

表 C-138　镍及镍合金焊丝和焊带代号及化学成分（ISO 18274：2004）

数字符号	化学成分（质量分数）/%											
	C	Mn	Fe	Si	Cn	Ni①	Al	Ti	Cr	Nb②	Mo	其他③④
纯 Ni												
Ni 2061	≤0.15	≤1.0	≤1.0	≤0.7	≤0.2	≥92.0	≤1.5	2.0~3.5	—	—	—	—
Ni-Cu												
Ni 4060	≤0.15	2.0~4.0	≤2.5	≤1.2	28.0~32.0	≥62.0	≤1.2	1.5~3.0	—	—	—	—
Ni 4061	≤0.15	≤4.0	≤2.5	≤1.25	28.0~32.0	≥60.0	≤1.0	≤1.0	—	—	≤3.0	—
Ni 5504	≤0.25	≤1.5	≤2.0	≤1.0	≥20.0	63.0~70.0	2.0~4.0	0.3~1.0	—	—	—	—
Ni-Cr												
Ni 6072	0.01~0.10	≤0.20	≤0.50	≤0.20	≤0.50	≥52.0	—	—	42.0~46.0	—	—	—
Ni 6076	0.08~0.25	≤1.0	≤2.00	≤0.30	≤0.50	≥75.0	≤0.4	≤0.5	19.0~21.0	—	—	—
Ni 6082	≤0.10	2.5~3.5	≤3.0	≤0.5	≤0.5	≥67.0	—	≤0.7	18.0~22.0	2.0~3.0	—	—
Ni-Cr-Fe												
Ni 6002	0.05~0.15	≤2.0	17.0~20.0	≤1.0	≤0.5	≥44.0	—	—	20.5~23.0	—	8.0~10.0	Co=0.5~2.5 W=0.2~1.0
Ni 6025	0.15~0.25	≤0.5	8.0~11.0	≤0.5	≤0.1	≥59.0	1.8~2.4	0.1~0.2	24.0~26.0	—	—	Y=0.05~0.12 Zr=0.01~0.10
Ni 6030	≤0.03	≤1.5	13.0~17.0	≤0.8	1.0~2.4	≥36.0	—	—	28.0~31.5	0.3~1.5	4.0~6.0	Co≤5.0 W=1.5~4.0
Ni 6052	≤0.04	≤1.0	7.0~11.0	≤0.5	≤0.3	≥54.0	≤1.1	≤1.0	28.0~31.5	≤0.10	≤0.5	Al+Ti<1.5
Ni 6062	≤0.08	≤1.0	6.0~10.0	≤0.3	≤0.5	≥70.0	—	—	14.0~17.0	1.5~3.0	—	—

续表

数字符号	化学成分(质量分数)/%										
	C	Mn	Fe	Si	Cn	Ni①	Al	Ti	Cr	Nb②	Mo	其他③④
Ni 6176	≤0.05	≤0.5	5.5~7.5	≤0.5	≤0.1	≥76.0	—	—	15.0~17.0	—	—	Co≤0.05
Ni 6601	≤0.10	≤1.0	≤20.0	≤0.5	≤1.0	58.0~63.0	1.0~1.7	—	21.0~25.0	—	—	
Ni 6701	0.35~0.50	0.5~2.0	≤7.0	0.5~2.0	—	42.0~48.0	—	—	33.0~39.0	0.8~1.8	—	
Ni 6704	0.15~0.25	≤0.5	8.0~11.0	≤0.5	≤0.1	≥55.0	1.8~2.8	0.1~0.2	24.0~26.0	—	—	Y=0.05~0.12 Zr=0.01~0.10
Ni 6975	≤0.03	≤1.0	10.0~17.0	≤1.0	0.7~1.2	≥47.0	—	0.70~1.50	23.0~26.0	—	5.0~7.0	—
Ni 6985	≤0.01	≤1.0	18.0~21.0	≤1.0	1.5~2.5	≥40.0	—	—	21.0~23.5	≤0.50	6.0~8.0	Co≤5.0 W≤1.5
Ni 7069	≤0.08	≤1.0	5.0~9.0	≤0.50	≤0.50	≥70.0	0.4~1.0	2.0~2.7	14.0~17.0	0.70~1.20	—	—
Ni 7092	≤0.08	2.0~2.7	≤8.0	≤0.3	≤0.5	≥67.0	—	2.5~3.5	14.0~17.0	—	—	
Ni 7718	≤0.08	≤0.3	≤24.0	≤0.3	≤0.3	50.0~55.0	0.2~0.8	0.7~1.1	17.0~21.0	4.8~5.5	2.8~3.3	B≤0.006 P≤0.15
Ni 8025	≤0.02	1.0~3.0	≤30.0	≤0.5	1.5~3.0	35.0~40.0	≤0.2	≤1.0	27.0~31.0	—	2.5~4.5	
Ni 8065	≤0.05	≤1.0	≥22.0	≤0.5	1.5~3.0	38.0~46.0	≤0.2	0.6~1.2	19.5~23.5	—	2.5~3.5	
Ni 8125	≤0.02	1.0~3.0	≤30.0	≤0.5	1.5~3.0	37.0~42.0	≤0.2	≤1.0	23.0~27.0	—	3.5~7.5	—
Ni-Mo												
Ni 1001	≤0.08	≤1.0	4.0~7.0	≤1.0	≤0.5	≥55.0	—	—	≤1.0	—	26.0~30.3	Co≤2.5 W≤1.0 V=0.20~0.40
Ni 1003	0.04~0.08	≤1.0	≤5.0	≤1.0	≤0.5	≥65.0	—	—	6.0~8.0	—	15.0~18.0	Co≤0.20 W≤0.50 V≤0.50
Ni 1004	≤0.12	≤1.0	4.0~7.0	≤1.0	≤0.5	≥62.0	—	—	4.0~6.0	—	23.0~26.0	Co≤2.5 W≤1.0 V≤0.60
Ni 1008	≤0.1	≤1.0	≤10.0	≤0.50	≤0.50	≥60.0	—	—	0.5~3.5	—	18.0~21.0	W=2.0~4.0
Ni 1009	≤0.1	≤1.0	≤5.0	≤0.5	0.3~1.3	≥65.0	≤1.0	—	—	—	19.0~22.0	W=2.0~4.0
Ni 1062	≤0.01	≤0.5	5.0~7.0	≤0.1	≤0.4	≥62.0	0.1~0.4	—	7.0~8.0	—	23.0~25.0	
Ni 1066	≤0.02	≤1.0	≤2.0	≤0.1	≤0.5	≥64.0	—	—	≤1.0	—	26.0~30.0	Co≤1.0 W≤1.0
Ni 1067	≤0.01	≤3.0	1.0~3.0	≤0.1	≤0.2	≥52.0	≤0.5	≤0.2	1.0~3.0	≤0.2	27.0~32.0	Co≤3.0 W≤3.0 V≤0.20

续表

数字符号	化学成分(质量分数)/%											
	C	Mn	Fe	Si	Cn	Ni[①]	Al	Ti	Cr	Nb[②]	Mo	其他[③④]
Ni 1069	≤0.01	≤1.0	2.0~5.0	≤0.05	≤0.01	≥65.0	≤0.5	—	0.5~1.5	—	26.0~30.0	Co≤1.0
Ni–Co–Mo												
Ni 6012	≤0.05	≤1.0	≤3.0	≤0.5	≤0.5	≥58.0	≤0.4	≤0.4	20.0~23.0	≤1.5	8.0~10.0	—
Ni 6022	≤0.01	≤0.5	2.0~6.0	≤0.1	≤0.5	≥49.0	—	—	20.0~22.5	—	12.5~14.5	Co≤2.5 W=2.5~3.5 V≤0.3
Ni 6057	≤0.02	≤1.0	≤2.0	≤1.0	—	≥53.0	—	—	29.0~31.0	—	10.0~12.0	V≤0.4
Ni 6059	≤0.01	≤0.5	≤1.5	≤0.1	—	≥56.0	0.1~0.4	—	22.0~24.0	—	15.0~16.5	Co≤0.3
Ni 6200	≤0.01	≤0.5	≤3.0	≤0.08	1.3~1.9	≥52.0	—	—	22.0~24.0	—	15.0~17.0	Co≤2.0
Ni 6205	≤0.02	≤0.5	≤2.0	≤0.2	≤0.2	≥50.0	≤0.4	—	22.0~27.0	—	13.5~16.5	—
Ni 6276	≤0.02	≤1.0	4.0~7.0	≤0.08	≤0.5	≥50.0	—	—	14.5~16.5	—	15.0~17.0	Co≤2.5 W=3.0~4.5 V≤0.3
Ni 6452	≤0.01	≤1.0	≤1.5	≤0.1	≤0.5	≥56.0	—	—	19.0~21.0	≤0.4	14.0~16.0	V≤0.4
Ni 6455	≤0.01	≤1.0	≤3.0	≤0.08	≤0.5	≥56.0	—	≤0.7	14.0~18.0	—	14.0~18.0	Co≤2.0 W≤0.5
Ni 6625	≤0.1	≤0.5	≤5.0	≤0.5	≤0.5	≥58.0	≤0.4	≤0.4	20.0~23.0	3.0~4.2	8.0~10.0	—
Ni 6650	≤0.03	≤0.5	12.0~16.0	≤0.5	≤0.3	≥45.0	≤0.5	—	18.0~21.0	≤0.5	9.0~13.0	W=0.5~2.5 N=0.05~0.25 S≤0.010
Ni 6660	≤0.03	≤0.5	≤2.0	≤0.5	≤0.3	≥58.0	≤0.4	≤0.4	21.0~23.0	≤0.2	9.0~11.0	Co≤0.2 W=2.0~4.0
Ni 6686	≤0.01	≤1.0	≤5.0	≤0.08	≤0.5	≥49.0	≤0.5	≤0.25	19.0~23.0	—	15.0~17.0	W=3.0~4.4
Ni 7725	≤0.03	≤0.4	≥8.0	≤.20	—	55.0~59.0	≤0.35	1.0~1.7	19.0~22.5	2.75~4.00	7.0~9.5	—
Ni–Cr–Co												
Ni 6160	≤0.15	≤1.5	≤3.5	2.4~3.0	—	≥30.0	—	0.2~0.8	26.0~30.0	≤1.0	≤1.0	Co=27.0~33.0 W≤1.0

续表

数字符号	化学成分(质量分数)/%											
	C	Mn	Fe	Si	Cn	Ni[①]	Al	Ti	Cr	Nb[②]	Mo	其他[③④]
Ni 6617	0.05~0.15	≤1.0	≤3.0	≤1.0	≤0.5	≥44.0	0.8~1.5	≤0.6	20.0~24.0	—	8.0~10.0	Co=10.0~15.0
Ni 7090	≤0.13	≤1.0	≤1.5	≤1.0	≤0.2	≥50.0	1.0~2.0	2.0~3.0	18.0~21.0	—	—	Co=15.0~21.0[⑤]
Ni 7263	0.04~0.08	≤0.6	≤0.7	≤0.4	≤0.2	≥47.0	0.3~0.6	1.9~2.4	19.0~21.0	—	5.6~6.1	Co=19.0~21.0 Al+Ti=2.4~2.8[⑥]
Ni-Cr-W												
Ni 6231	0.05~0.15	0.3~1.0	≤3.0	0.25~0.75	≤0.50	≥48.0	0.2~0.5		20.0~24.0		1.0~3.0	Co≤5.0 W=13.0~15.0

注：① 除非另有规定，可以含有1% Ni 含量的 Co。
② 可以含有20% Nb 含量的 Ta。
③ 没有规定的其他元素的质量分数之和不超过0.5%。
④ 除非另有规定，$w(P)$不超过0.020%，$w(S)$不超过0.015%。
⑤ $w(Ag) \leq 0.0005\%$，$w(B) \leq 0.020\%$，$w(Bi) \leq 0.0001\%$，$w(Pb) \leq 0.0020\%$，$w(Zr) \leq 0.15\%$。
⑥ $w(S) \leq 0.007\%$，$w(Ag) \leq 0.0005\%$，$w(B) \leq 0.005\%$，$w(Bi) \leq 0.0001\%$。

表 C-139　与国际标准对应的一些国家标准镍及镍合金焊丝(ISO 18274:2004)

数字符号	化学符号名	AWS A5.14/A5.14M:1997	BS 2901-5:1990	DIN 1736:1985	JIS Z3334:1999
纯 Ni					
Ni 2061	Ni Ti3	ERNi-1	NA32	2.4155	YNi-1
Ni-Cu					
Ni 4060	NiCu30Mn3Ti	ERNiCu-7	NA33	2.4377	YNiCu-7
Ni 4061	NiCu30Mu3Nb	—			YNiCu-1
Ni 5504	NiCu25Al3Ti	ERNiCu-8		2.4373	
Ni-Cr					
Ni 6072	NiCr44Ti	ERNiCr-4			
Ni 6076	NiCr20	ERNiCr-6	NA34	2.4639	—
Ni 6082	NiCr20Mn3Nb	ERNiCr-3	NA35	2.4806	YNiCr-3
Ni-Cr-Fe					
Ni 6002	NiCr21Fe18Mo9	ERNiCrMe-2	NA40	2.4613	YNiCrMo-2

续表

数字符号	化学符号名	AWS A5.14/A5.14M:1997	BS 2901-5:1990	DIN 1736:1985	JIS Z3334:1999
Ni 6025	NiCr25Fe10A1Y	—	—	2.4649	—
Ni 6030	NiCr30Fe15Mo5W	ERNiCrMo-11	—	2.4659	—
Ni 6052	NiCr30Fe9	ERNiCrFe-7	—	2.4642	—
Ni 6062	NiCr15Fe8Nb	ERNiCrFe-5	—	—	YNiCrFe-5
Ni 6176	NiCr16Fe6	—	—	—	—
Ni 6601	NiCr23Fe15A1	ERNiCrFe-11	NA49	2.4626	—
Ni 6701	NiCr36Fe7Nb	—	—	—	—
Ni 6704	NiCr25FeAl3YC	—	—	2.4647	—
Ni 6975	NiCr25Fe13Mo6	ERNiCrMo-8	—	—	YNiCrMe-8
Ni 6985	NiCr22Fe20Mo7Cu2	ERNiCrMo-9	—	—	—
Ni 7069	NiCr15Fe7Nb	ERNiCrFe-8	—	—	—
Ni 7092	NiCr15Ti3Mn	ERNiCrFe-6	NA39	—	YNiCrFe-6
Ni 7718	NiFe19Cr19Nb5Mo3	ERNiFeCr-2	NA51	2.4667	—
Ni 8025	NiFe30Cr29Mo	—	—	2.4656	—
Ni 8065	NiFe30Cr21Mo3	ERNiFeCr-1	NA41	—	YNiFeCr-1
Ni 8125	NiFe26Cr25Mo	—	—	2.4655	—
Ni-Mo					
Ni 1001	NiMo28Fe	ERNiMo-1	NA44	—	YNiMo-1
Ni 1003	NiMo17Cr7	ERNiMo-2	—	—	—
Ni 1004	NiMo25Cr5Fe5	ERNiMo-3	—	—	—
Ni 1008	NiMo19WCr	ERNiMo-8	—	—	—
Ni 1009	NiMo20WCu	ERNiMo-9	—	—	—
Ni 1062	NiMo24Cr8Fe6	—	—	2.4702	—
Ni 1066	NiMo28	ERNiMo-7	—	2.4615	YNiMo-7

续表

数字符号	化学符号名	AWS A5.14/A5.14M: 1997	BS 2901-5: 1990	DIN 1736: 1985	JIS Z3334: 1999
Ni 1067	NiMo30Cr	ERNiMo-10	—	—	—
Ni 1069	NiMo28Fe4Cr	—	—	2.4701	—
Ni-Co-Mo					
Ni 6012	NiCr22Mo9				
Ni 6022	NiCr21Mo13Fe4W3	ERNiCrMo-10		2.4635	
Ni 6057	NiCr30Mo11	ERNiCrMo-16			
Ni 6059	NiCr23Mo16	ERNiCrMo-13		2.4607	
Ni 6200	NiCr23Mo16Cu2	ERNiCrMo-17			
Ni 6276	NiCr15Mo16Fe6W4	ERNiCrMo-4	NA48	2.4886	YNiCrMo-4
Ni 6452	NiCr20Mo15			2.4839	
Ni 6455	NiCr16Mo16Ti	ERNiCrMo-7	NA45	2.4611	
Ni 6625	NiCr22Mo9Nb	ERNiCrMo-3	NA43	2.4831	YNiCrMo-3
Ni 6650	NiCr20Fe14Mo11WN	ERNiCrMo-18			
Ni 6686	NiCr21Mo16W4	ERNiCrMo-14		2.4606	
Ni 7725	NiCr21Mo8Nb3Ti	ERNiCrMo-15			
Ni-Cr-Co					
Ni 6160	NiCr28Co30Si3	—			
Ni 6617	NiCr22Co12Mo9	ERNiCrCoMo-1	NA50	2.4627	—
Ni 7090	NiCr20Co18i3	—	NA36		
Ni 7263	NiCr20Co20Mo6Ti2	—	NA38	2.4650	
Ni-Cr-W					
Ni 6231	NiCr22W14Mo2	ERNiCrWMo-1	—	—	—

表 C-140 镍基耐蚀合金 MIG 焊的典型焊接参数

母材	焊丝类型	过渡类型	焊丝直径/mm	送丝速度/(mm/s)	保护气体	焊接位置	电弧电压/V 平均值	电弧电压/V 峰值	接电流/A
200	ERNi-1	S	1.6	87	Ar	平	29~31	—	375
400	ERNiCu-7	S	1.6	85	Ar	平	28~31	—	290
600	ERNiCr-3	S	1.6	85	Ar	平	28~30	—	265
200	ERNi-1	PS	1.1	68	Ar 或 Ar+He	垂直	21~22	46	150
400	ERNiCu-7	PS	1.1	59	Ar 或 Ar+He	垂直	21~22	40	110

续表

母材	焊丝类型	过渡类型	焊丝直径/mm	送丝速度/(mm/s)	保护气体	焊接位置	电弧电压/V 平均值	电弧电压/V 峰值	接电流/A
600	ERNiCr-3	PS	1.1	59	Ar 或 Ar+He	垂直	20~22	44	90~120
200	ERNi-1	SC	0.9	152	Ar+He	垂直	20~21	—	160
400	ERNiCu-7	SC	0.9	116~123	Ar+He	垂直	16~18	—	130~135
600	ERNiCr-3	SC	0.9	114~123	Ar+He	垂直	16~18	—	120~130
B-2	ERNiMo-7	SC	1.6	78	Ar+He	平	25	—	175
C	ERNiCrMo-1	SC	1.6	—	Ar+He	平	25	—	160
C-4	ERNiCrMo-7	SC	1.6	—	Ar+He	平	25	—	180

注：1. S—喷射过渡。
2. PS—脉冲喷射过渡。
3. SC—短路过渡。

表 C-141 镍基耐蚀合金采用小孔法等离子弧焊典型焊接参数

合金牌号	母材厚度/mm	离子气流量/(L/min)	保护气流量/(L/min)	焊接电流/A	电弧电压/V	焊接速度/(mm/s)
200	3.2	5	21	160	31.0	8
200	6.0	5	21	245	31.5	6
200	7.3	5	21	250	31.5	4
400	6.4	6	21	210	31.0	6
600	5.0	6	21	155	31.0	7
600	6.6	6	21	210	31.0	7
800	3.2	5	21	115	31.0	8
800	5.8	6	21	185	31.5	7
800	8.3	7	21	270	31.5	5

注：喷嘴直径：3.5mm；离子气和保护气：Ar+5%H_2（体积分数）；背面保护气：Ar。

表 C-142 镍基耐蚀合金埋弧焊的典型焊接参数

母材	焊丝类型	焊剂牌号	焊丝直径/mm	焊丝伸出长度/mm	焊接电流/A	电压/V	焊接速度/(mm/min)
200	ERNi-1	Flux 6	1.6	22~25	250	28~30	250~300
400	ERNiCu-7	Flux 5	1.6	22~25	260~280	30~33	200~280
600	ERNiCr-3	Flux 4	1.6 2.4	22~25	250 250~300	30~33	200~280

注：1. 600 合金的工艺参数也适用 800 合金。
2. 接头完全拘束。
3. 焊剂为 Inco Alloys International, Inc. 生产的专用焊剂。
4. 电源类型：直流恒压。
5. 焊丝极性：接正极。

表 C-143 镍基耐蚀合金在钢上埋弧堆焊典型焊接参数

焊丝与焊剂组合	焊丝直径/mm	焊接电流/A	电压/V	焊接速度/(mm/mim)	摆动频率/(周/min)	摆动宽度/mm	焊丝伸出长度/mm
ERNiCr-3 和 Flux4	1.6	240~260	32~34	89~130	45~70	22~38	22~25
	2.4	300~400	34~37	76~130	35~50	25~51	29~51
ERNiCu-7 和 Flux5	1.4	260~280	32~35	89~150	50~70	22~38	22~25
	2.4	300~400	34~37	76~130	35~50	25~51	29~51
	1.6	260~280	32~35	180~230	没有用	—	22~25
	2.4	300~350	35~37	200~250	没有用	—	32~38
ERNi-1 和 Flux6	1.6	250~280	30~32	89~130	50~70	22~38	22~25
ERNiCr-3 和 Flux6	1.6	240~260	32~34	76~130	45~70	22~38	22~25
	2.4	300~400	34~37	76~130	35~50	25~51	29~51
ERNiCrMe-3 和 Flux6	1.6	240~260	32~34	89~130	50~60	22~38	22~25

注：采用直流焊丝接负极。

表 C-144 镍基耐蚀合金在钢上埋弧堆焊的堆焊层化学成分

焊丝与焊剂组合	层数	化学成分(质量分数)/%										
		Ni	Fe	Cr	Cu	C	S	Si	Mn	Ti	Nb+Ta	Mo
ERNiCr-3 和 Flux4	1	63.5	12.5	17.00	—	0.07	0.008	0.40	2.95	0.15	3.4	—
	2	70.0	5.3	17.50	—	0.07	0.008	0.40	3.00	0.15	3.5	—
	3	71.5	2.6	18.75	—	0.07	0.008	0.40	3.05	0.15	3.5	—
ERNiCu-7 和 Flux5	1	60.6	12.0	—	21.0	0.06	0.014	0.90	5.00	0.45	—	—
	2	64.6	4.55	—	24.0	0.04	0.015	0.90	5.50	0.45	—	—
ERNi-1 和 Flux6	2	88.8	8.4	—	—	0.07	0.004	0.64	0.40	1.70	—	—
ERNiCr-3 和 Flux6	2	68.6	7.2	18.50	—	0.04	0.007	0.37	3.00	—	2.2	—
ERNiCrMo-3 和 Flux7	1	60.2	3.6	21.59	—	0.02	0.001	0.29	0.74	0.13	3.29	8.6

注：在 ASTM SA 212 Grade B 钢上堆焊，采用直径 φ1.6mm 焊丝，使用摆动工艺。

表 C-145 镍基耐蚀合金在钢上自动熔化极气体保护电弧焊参数和堆焊层化学成分

堆焊焊丝	电流/A	电压/V	层数	化学成分(质量分数)/%										
				Ni	Fe	Cr	Cu	C	Mn	S	Si	Mg	Ti	Al	Nb+Ta
ERNi-1	280~290	27~28	1	71.6	25.5	—	—	0.12	0.28	0.005	0.32	—	2.08	0.06	—
			2	84.7	12.1	—	—	0.09	0.17	0.006	0.35	—	2.46	0.07	—
			3	94.9	1.7	—	—	0.06	0.09	0.003	0.37	—	2.76	0.08	—

续表

堆焊焊丝	电流/A	电压/V	层数	化学成分(质量分数)/%										
				Ni	Fe	Cr	Cu	C	Mn	S	Si	Mg	Ti	Al	Nb+Ta
ERNiCu-7	280~300	27~29	2	66.3	7.8	—	19.9	0.06	2.81	0.003	0.84	0.008	2.19	0.05	—
			3	65.5	2.9	—	24.8	0.04	3.51	0.004	0.94	0.006	2.26	0.04	—
ERNiCr-3	280~300	29~30	1	51.3	28.5	15.8	0.07	0.17	2.35	0.012	0.20	0.017	0.23	0.06	1.74
			2	68.0	8.8	18.9	0.06	0.040	2.67	0.008	0.12	0.015	0.30	0.06	2.27
			3	72.3	2.5	19.7	0.06	0.029	2.78	0.007	0.11	0.020	0.31	0.06	2.38

注：1. ERNiCu-7 堆焊第一层用 ERNi-1 焊丝。

2. 在 SA 212 Grade B 钢上堆焊，采用 ϕ1.6mm 焊丝堆焊。

表 C-146 镍基耐蚀合金在钢上焊条电弧焊堆焊参数和堆焊层性能

堆焊金属	焊条类型	焊丝直径/mm	焊接电流(直流)/A	25mm 伸长率/%	堆焊层硬度	
					层数	HRB
镍	ENi-1	2.4	70~105	45	1	88
		3.2	100~135		2	87
		4.0	120~175		3	86
		4.8	170~225			
镍-铜	ENiCu-7	2.4	55~75	43	1	84
		3.2	75~100		2	86
		4.0	110~150		3	83
		4.8	150~190			
镍-铬-铁	ENiCrFe-3	2.4	40~65	39	1	91
		3.2	65~95		2	93
		4.0	95~125		3	92
		4.8	125~165			

表 C-147 镍基耐蚀合金在钢上热丝等离子弧堆焊焊接条件

焊丝类型	等离子弧		热丝		焊接速度/(mm/min)	摆动		焊缝		熔化速度/(kg/h)
	电流/A	电压/V	电流/A	电压/V		频率/(周/min)	宽度/mm	宽度/mm	厚度/mm	
ERNiCu-7	490	36	200	17	190	44	38	50	5	18
ERNiCr-3	490	36	175	24	190	44	38	56	5	18

注：1. 等离子弧电源为直流，电极接负极。热丝电源为交流。

2. 离子气：75%He+25%Ar(体积分数)，流量：26L/min。保护气：Ar，流量：19L/min。跟踪保护气：Ar，流量：21L/min。

3. 焊丝直径为 ϕ1.6mm。

4. 预热温度120°C。

附 录 C

表 C-148 镍基耐蚀合金在钢上热丝等离子弧焊堆焊层化学成分

焊丝类型	层数	化学成分(质量分数)/%									
		Ni	Fe	Cr	Cu	C	Mn	S	Si	Ti	Al	Nb+Ta
ERNiCu-7	1	61.1	5.5	—	27.0	0.07	3.21	0.006	0.86	2.14	0.05	—
ERNiCu-7	2	63.7	1.5	—	28.2	0.07	3.32	0.006	0.88	2.25	0.04	—
ERNiCr-3	1	68.3	8.3	18.4	0.05	0.02	2.67	0.010	0.16	0.24	—	2.16
ERNiCr-3	2	73.2	1.7	20.4	0.02	0.01	2.86	0.010	0.17	0.24	—	2.31

注：在 ASTM A387 Grade B 钢上堆焊，焊丝直径为 ϕ1.6mm。

表 C-149 铸铁焊接用焊条熔敷金属化学成分(GB/T 10044—2006)

型号	化学成分(质量分数)/%											
	C	Si	Mn	S	P	Fe	Ni	Cu	Al	V	球化剂	其他元素总量
EZC	2.0~4.0	2.5~6.5	≤0.75	≤0.10	≤0.15	余	—	—	—	—	—	—
EZCQ	3.2~4.2	3.2~4.2	≤0.80	≤0.10	≤0.15	余	—	—	—	—	0.04~0.15	—
EZNi-1	≤2.0	≤2.5	≤1.0	≤0.03		≤8.0	≥90	—	—			≤1.0
EZNi-2	≤2.0	≤4.0	≤2.5	≤0.03		≤8.0	≥85	≤1.0	—			≤1.0
EZNi-3	≤2.0	≤4.0	≤2.5	≤0.03		余	≥85	1.0~3.0	—			≤1.0
EZNiFe-1	≤2.0	≤4.0	≤2.5	≤0.03		余	45~60	≤1.0	≤2.5			≤1.0
EZNiFe-2	≤2.0	≤4.0	≤2.5	≤0.03		余	45~60	1.0~3.0	≤2.5			≤1.0
EZNiFeMn	≤2.0	≤1.0	10~14	≤0.03		余	35~45	≤1.0	≤2.5			≤1.0
EZNiCu-1	0.35~0.55	≤0.75	≤2.3	≤0.025		3.0~6.0	60~70	25~35	—			≤1.0
EZNiCu-2	0.35~0.55	≤0.75	≤2.3	≤0.025		3.0~6.0	50~60	35~45	—			≤1.0
EZNiFeCu	≤2.0	≤2.0	≤1.5	≤0.03		余	45~60	4~10	—			≤1.0
EZV	≤0.25	≤0.07	≤1.50	≤0.04	≤0.04	余	—	—	—	8~13		≤1.0

表 C-150 灰铸铁气焊焊丝的成分(GB/T 10044—2006)   %(质量分数)

型号	C	Si	Mn	S	P	Ni	Mo	用途
RZC-1	3.20~3.50	2.70~3.00	0.60~0.75	≤0.10	0.50~0.70	—	—	灰铸铁气焊热焊
RZC-2	3.50~4.50	3.00~3.80	0.30~0.80	≤0.10	≤0.50	—	—	灰铸铁一般气焊

续表

型号	C	Si	Mn	S	P	Ni	Mo	用途
RZCH	3.20~3.50	2.00~2.50	0.50~0.70	≤0.10	0.20~0.40	1.20~1.60	0.25~0.45	高强度或合金铸铁气焊

表 C-151 铸铁焊接用气体保护焊焊丝化学成分（GB/T 10044—2006）

型号	化学成分（质量分数）/%									其他元素总量
	C	Si	Mn	S	P	Fe	Ni	Cu	Al	
ERZNi	≤1.0	≤0.75	≤2.5	≤0.03	—	≤4.0	≥90	≤4.0	—	≤1.0
ERZNiFeMn	≤0.50	≤1.0	10~14	≤0.03		余	35~45	≤2.5	≤1.0	

表 C-152 铸铁焊接用药芯焊丝熔敷金属化学成分（GB/T 10044—2006）

型号	化学成分（质量成分）/%									其他元素总量
	C	Si	Mn	S	P	Fe	Ni	Cu	Al	
ET3ZNiFe	≤2.0	≤1.0	3.0~5.0	≤0.03	—	余	45~60	≤2.5	≤1.0	≤1.0

表 C-153 球罐定位焊、支柱与赤道板组合焊缝的焊接规范（举例）

焊接位置	焊条直径/mm	焊接电流/A	焊接电压/V	焊接速度/(mm/min)	焊接线能量/(kJ/cm)
平位	3.2	110~130	22~24	80~120	17~20
	4	160~180	24~26	100~160	24~26
立位	3.2	90~110	22~24	60~100	17~20
	4	140~160	24~26	100~140	25~28
横位	3.2	90~110	22~24	90~150	12~16
	4	150~170	24~26	100~170	15~18
仰位	3.2	110~130	22~24	80~120	16~18
	4	150~170	24~26	100~160	20~24

附录 C

表 C-154　1000m³ 16MnR 球罐焊接规范(举例)

焊接位置	焊接层次	焊条牌号	焊条直径/mm	焊接电流/A	焊接电压/V	焊接速度/(mm/min)	线能量/(kJ/cm)	预温与层间温度/℃
立焊	外1~2 外3~7 外8	J507	3.2 4 3.2	100~130 160~180 110~130	22~24 24~26 22~24	56~76 54~74 50~70	24.6~34.5 37.9~52.0 24.7~34.5	125~150
	内1 内2~4 内5	J507	3.2 4 3.2	110~130 160~180 110~130	22~24 22~26 22~24	65~85 54~74 50~70	22.6~28.8 37.9~52.0 26.7~37.5	125~150
横焊	外1~1 外2~2 外3~3 外4~4 外5~4 外6~5 外7~6	J507	3.2 4 4 4 4 4 4	110~130 160~180 160~180 160~180 160~180 160~180 160~180	22~24 24~26 24~26 24~26 24~26 24~26 24~26	75~95 96~116 146~166 127~147 150~170 270~290 290~310	19.7~24.9 24.2~29.2 16.9~19.2 19.1~22.1 16.5~18.5 9.8~10.4 9.1~9.7	145~165
	内1~1 内2~2 内3~3 内4~4 内5~5	J507	3.2 4 4 4 4	120~140 160~180 160~180 160~180 160~180	22~24 24~26 24~26 24~26 24~26	110~130 96~116 170~190 170~190 170~190	15.5~18.3 24.2~39.2 14.7~16.5 14.7~16.5 14.7~16.5	145~165
仰(平)焊	外1 外2 外3~7	J507	3.2	90~110 110~130 110~130	22~24 22~24 22~24	50~70 60~80 45~66	22.6~31.6 23.4~31.2 28.8~41.5	125~150
	内1 内2~5	J507	3.2 4	120~140 160~180	22~24 24~26	48~68 58~78	29.6~44.8 36.0~48.4	125~150

表 C-155　2000m³ CF-62 钢球罐焊接规范(举例)

焊接位置	焊接层次	焊条牌号	焊条直径/mm	焊接电流/A	焊接电压/V	焊接速度/(mm/min)	线能量/(kJ/cm)	预温与层间温度/℃
平焊	外1~13	J607RH	4	170~180	26~28	120~200	12~25	100~200
	内1~8	J607RH	4	170~180	26~28	120~200	12~25	100~200
立焊	外1~13	J607RH	4	140~150	24~26	80~150	12~30	100~200
	内1~8	J607RH	4	140~150	24~26	80~150	12~30	100~200
横焊	外1~13	J607RH	4	150~160	23~25	100~150	12~25	100~200
	内1~8	J607RH	4	150~160	23~25	100~150	12~25	100~200
仰(平)焊	外1~13	J607RH	4	170~180	26~28	120~200	13~30	100~200
	内1~8	J607RH	4	130~140	24~26	70~150	12~30	100~200

附录 D 相关技术标准

序号	标准号	标准名称
1	ANSI/AWS A5.4—1992	不锈钢焊条
2	ANSI/AWS A5.20—1995	电弧焊用碳钢芯焊丝规程
3	ANSI/AWS A5.20—1995	不锈钢药芯焊丝
4	GB 10044—2006	铸铁焊条及焊丝
5	GB 1173—95	铸造铝合金
6	GB 12337—1998	钢制球形储罐
7	GB 12470—2003	埋弧焊用低合金钢焊丝和焊剂
8	GB 13148—2008	不锈复合钢板焊接技术条件
9	GB 13149—2009	钛及钛合金复合板焊接技术要求
10	GB 1348—2009	球墨铸铁件
11	GB 13814—2008	镍及镍合金焊条
12	GB 14957—1994	熔化焊用钢丝
13	GB 15007—2008	耐蚀合金牌号
14	GB 150—2011	压力容器
15	GB 151—1999	管壳式换热器
16	GB 15620—2008	镍及镍合金焊丝化学成分
17	GB 17493—2008	低合金钢药芯焊丝
18	GB 17493—2008	低合金钢药芯焊丝
19	GB 17583—1999	不锈钢药芯焊丝
20	GB 19189—2003	压力容器用调质高强度钢板
21	GB 20878—2007	不锈钢和耐热钢牌号及化学成分
22	GB 221—2000	钢铁产品牌号表示方法
23	GB 228.1—2010	金属材料 拉伸试验 第1部分：室温试验方法
24	GB 229—2007	金属材料 夏比摆锤冲击试验方法
25	GB 232—2010	金属材料 弯曲试验方法
26	GB 24511—2009	承压设备用不锈钢板及钢带
27	GB 3190—2008	变形铝及铝合金化学成分
28	GB 3531—2008	低温压力容器用低合金钢板
29	GB 3620.1—2007	钛及钛合金牌号和化学成分
30	GB 3621—2007	钛及其合金板材
31	GB 3669—2001	铝及铝合金焊条
32	GB 3670—1995	铜及铜合金焊条
33	GB 4171—2000	高耐候结构钢
34	GB 4172—2000	焊接结构用耐候钢
35	GB 4238—2007	耐热钢板和钢带
36	GB 4241—2006	焊接用不锈钢盘条

续表

序号	标 准 号	标 准 名 称
37	GB 4842—2006	氩
38	GB 50094—2010	球形储罐施工及验收规范
39	GB 5117—1995	碳钢焊条
40	GB 5118—1995	低合金钢焊
41	GB 5232—2007	加工镍及镍合金化学成分和产品形状
42	GB 5293—1999	埋弧焊用碳钢焊丝和焊剂
43	GB 5310—2008	高压锅炉无缝钢管
44	GB 6418—2008	铜基钎料
45	GB 699—1999	优质碳素结构钢
46	GB 713—2008	锅炉和压力容器用钢板
47	GB 8165—2008	不锈复合钢板和钢带
48	GB 8547—2006	钛－钢复合板
49	GB 9440—2010	可锻铸铁件
50	GB 983—1995	不锈钢焊条
51	GB 984—2001	堆焊焊条
52	GB 985.1—2008	气焊、焊条电弧焊、气体保护焊和高能束焊的推荐坡口
53	GB/T 10045—2001	碳钢药芯焊丝
54	GB/T 10858—2008	铝及铝合金焊丝
55	ISO 14172：2003	镍和镍合金焊条
56	ISO 14174：2004	焊接材料—埋弧焊剂分类
57	ISO 18274：2004	镍和镍合金电弧焊用焊丝和条式电极
58	JB 4708—2000	钢制压力容器焊接工艺评定
59	JB 4733—1996	压力容器用爆炸不锈钢复合钢板
60	JB/T 4403—1999	蠕墨铸铁件
61	JT/T 4709—2007	钢制压力容器焊接规程
62	JB/T 4730.5—2005	承压设备无损检测—渗透检测
63	JB/T 4745—2002	钛制焊接容器
64	JB/T 4747.1—2007	承压设备用焊接材料技术条件
65	JB/T 6045—2008	硬钎焊和钎剂
66	NB/T 47014—2011	承压设备用焊接工艺评定
67	NB/T 47015—2011	压力容器焊接规程
68	SH/T 3096—2011	加工高硫原油重点装置主要设备和管道设计选材导则
69	SH/T 3129—2011	加工高酸原油重点装置主要设备和管道设计选材导则
70	SH/T 3527—2009	石油化工不锈钢复合钢焊接规程
71	TSG R0004—2009	固定式压力容器安全监察规程
72	TSG R7001—2004	压力容器定期检验规则

参 考 文 献

1. 机械工程手册、电机工程手册编辑委员会. 机械工程手册. 北京:机械工业出版社,1982
2. 张德姜,王怀义等. 石油化工装置工艺管道安装设计手册(第四版). 北京:中国石化出版社,2009
3. 张康达,洪起超. 压力容器手册. 北京:劳动人事出版社,1990
4. 化工设备设计全书编辑委员会,丁伯民等. 化工容器. 北京:化学工业出版社,2003
5. 化工设备设计全书编辑委员会,丁伯民等. 高压容器. 北京:化学工业出版社,2002
6. 化工设备设计全书编辑委员会,邵国华等. 超高压容器. 北京:化学工业出版社,2002
7. 凌星中. 石油化工厂设备检修手册. 焊接(第二版). 北京:中国石化出版社,2011
8. 王嘉麟,侯贤忠等. 球形储罐焊接工程技术. 北京:机械工程出版社,2000
9. 余国琮等. 化工容器及设备. 北京:化工工业出版社,1980
10. 张石铭等. 化工容器及设备. 湖北:湖北科学技术出版社,1984
11. 崔崑等. 钢铁材料及有色金属材料. 北京:机械工业出版社,1981
12. 中国石化集团洛阳石油化工工程公司. 石油化工设备设计便查手册(第二版). 北京:中国石化出版社,2007
13. 武建军等. 机械工程材料. 北京:国防工业出版社,2004
14. 中国石油和石化工程研究会. 炼油设备工程师手册(第二版). 北京:中国石化出版社,2010
15. 李世玉等. 压力容器设计工程师培训教程. 北京:新华出版社,2005
16. 化学工业部化工机械研究院. 腐蚀与防护手册:耐蚀金属材料及防蚀技术. 北京:化学工业出版社,1990
17. 化学工业部化工机械研究院. 腐蚀与防护手册:化工生产装置的腐蚀与防护. 北京:化学工业出版社,1991
18. 杨武等. 金属的局部腐蚀. 北京:化学工业出版社,1995
19. 王正樵等. 不锈钢. 北京:化学工业出版社,1991
20. 左景伊,左禹. 腐蚀数据与选材手册. 北京:化学工业出版社,1995
21. 中国石化北京设计院. 石油炼厂设备. 北京:中国石化出版社,2001
22. 邵国华等. 超高压容器设计. 上海:上海科学技术出版社,1984
23. 中国机械工程学会. 焊接手册第1卷—焊接方法及设备(第三版). 北京:机械工业出版社,2007
24. 中国机械工程学会. 焊接手册第2卷—材料的焊接(第三版). 北京:机械工业出版社,2007
25. 机械设计手册编委会. 机械设计手册第1卷(第三版). 北京:机械工业出版社,2004
26. 中国材料工程大典编委会. 中国材料工程大典第4卷—有色金属材料工程(上). 化学工业出版社,2006
27. 孙朝阳,刘仲礼. 金属工艺学. 北京:北京大学出版社,2006
28. 王凯等. 搅拌设备. 北京:化学工业出版社,2003
29. 中国石油化工设备管理协会. 石油化工装置设备腐蚀与防护手册. 北京:中国石化出版社,1996
30. 朱秋尔等. 高压容器设计. 上海:上海科学技术出版社,1986